周沛耕　刘建业　著

平面几何题的解题规律

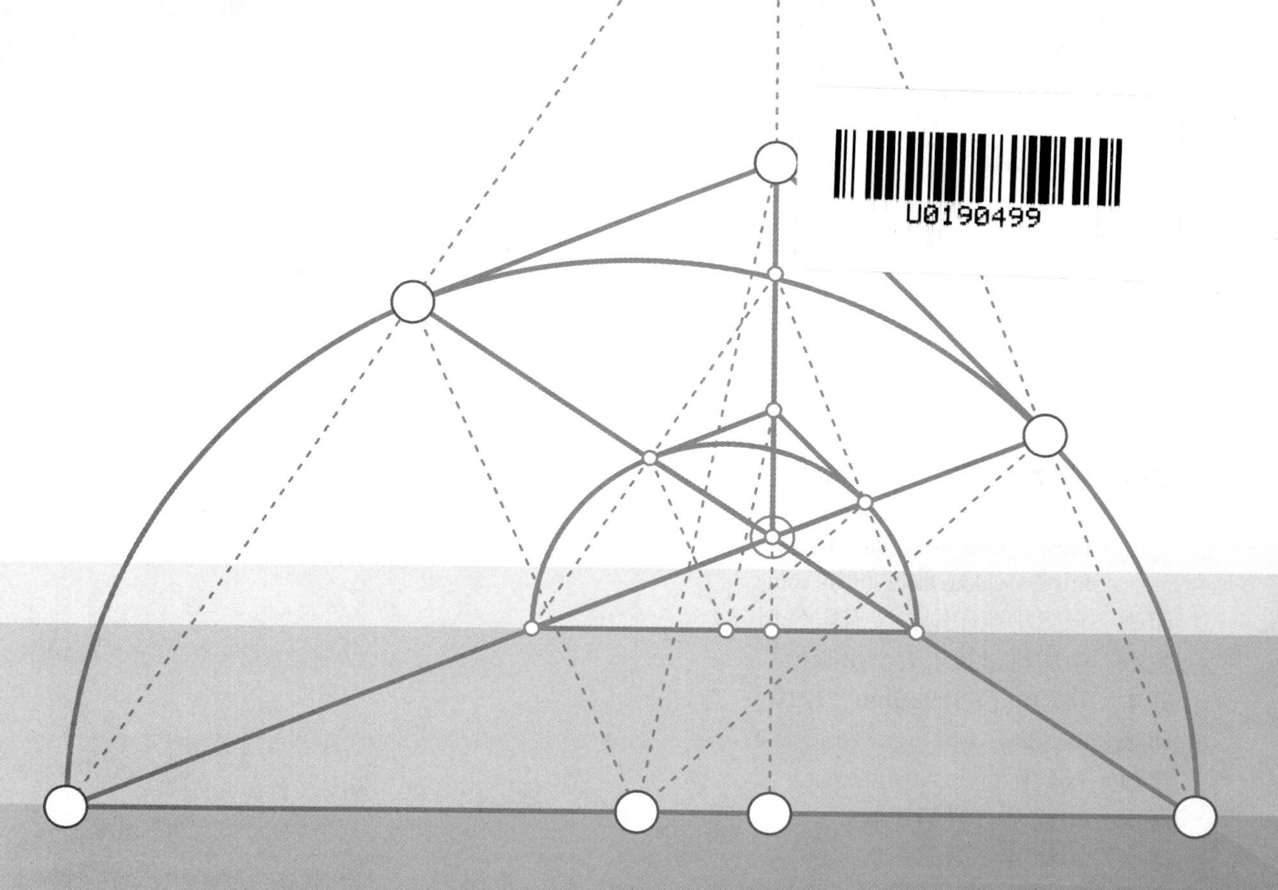

中国科学技术大学出版社

内容简介

本书是作者在长期进行国际数学奥林匹克竞赛培训的基础上编写而成的，主要内容包括线段相等，线段的和差倍分问题，角和角的和差倍分问题，垂直与平行关系，线段成比例问题，线段的平方和面积问题，几何不等式，定值问题，点共线、线共点、点共圆问题，计算题，作图题，杂题等12个方面.书中收录了大量的几何题，对每一道题都采用不同思路、不同方法加以求解，既有技巧性很强的方法，也有通用性很好的一般方法，有助于读者拓宽视野，提升解题能力，养成多角度思考问题的习惯.

本书适合中学生、中学数学教师、高等院校尤其师范类院校的数学系师生阅读使用，也可供数学爱好者参考.

图书在版编目(CIP)数据

平面几何题的解题规律/周沛耕，刘建业著.—合肥：中国科学技术大学出版社，2017.3(2025.1重印)

ISBN 978-7-312-04053-5

Ⅰ.平…　Ⅱ.① 周… ② 刘…　Ⅲ.平面三角—研究　Ⅳ.O124.1

中国版本图书馆CIP数据核字(2016)第315098号

出版　中国科学技术大学出版社
安徽省合肥市金寨路96号，230026
http://press.ustc.edu.cn
https://zgkxjsdxcbs.tmall.com

印刷　合肥华苑印刷包装有限公司

发行　中国科学技术大学出版社

开本　787 mm×1092 mm　1/16

印张　29.75

字数　724千

版次　2017年3月第1版

印次　2025年1月第7次印刷

印数　23001—27000册

定价　78.00元

前　　言

平面几何对于培养学生形象思维能力和逻辑思维能力有着重要作用.学生们经过努力,解出一个又一个平面几何题,会感到很兴奋,很有成就感.这门学科有利于激发青年人的创造力,有利于提升他们的理性思维品质.

在数学各分类中,平面几何是历史非常悠久的分支之一,在从公元4世纪中叶以来近1700年的发展中积累了十分丰富的几何知识和解题方法.平面几何又是各国中学数学教材和各种级别的数学考试(包括国际数学奥林匹克竞赛(IMO))中的重点.从全社会来看,许多并不是学生和数学教师的人,比如科研人员、商务人士、公司职员、公务员等,他们对平面几何也很感兴趣.

解平面几何题常要添加一些辅助线.这是对解题者能力的挑战.有些题目中精彩的辅助线能让人赏心悦目,交口称赞,可以说是对平面几何解题方法的贡献.辅助线的功能是"沟通"和"显现",沟通这部分图形与那部分图形的关系,显现可用定理和判断的依据.在添加辅助线时不应有思维定势,要具体情况具体分析.解题时可供选择的辅助线有:线段、射线、直线、角、弧、圆以及基本图形(例如正三角形、正方形等).也有的题目可以不添加辅助线.下面介绍几例.

[例1]　如序图1所示,在$\triangle ABC$中,$AD\perp BC$于D,$CE\perp AB$于E,F、G分别在AB、AC上,$FG\parallel BC$,$FG=CE$.求证:$\angle BDF=\dfrac{1}{2}\angle BCE$.

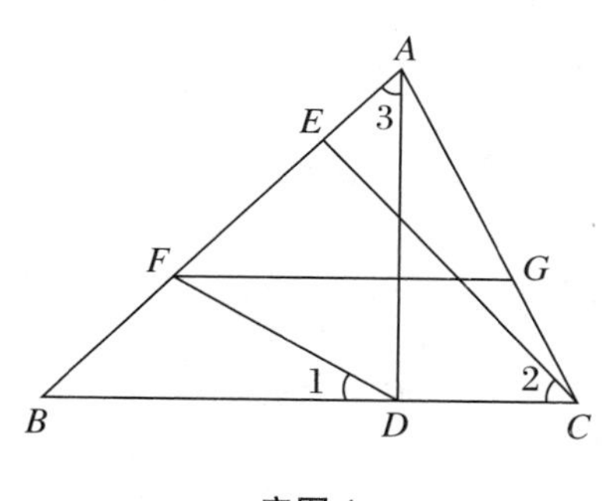

序图1

证明　由$\mathrm{Rt}\triangle ADB\backsim\mathrm{Rt}\triangle CEB$知$\angle 2=\angle 3$.

由$FG\parallel BC$知$\dfrac{AF}{AB}=\dfrac{FG}{BC}=\dfrac{CE}{BC}$,所以$AB\cdot CE=AF\cdot BC$.

由面积算法知$AB\cdot CE=AD\cdot BC$,所以$AD=AF$,$\triangle AFD$是等腰三角形,所以

$$\begin{aligned}\angle AFD&=\angle AFG+\angle GFD\\&=\angle B+\angle 1\\&=\angle ADF\\&=90^\circ-\angle 1.\end{aligned}$$

所以$90^\circ-\angle B=2\angle 1$,即$\angle 2=2\angle 1$.

注 本例没有添加辅助线.思路很通畅.

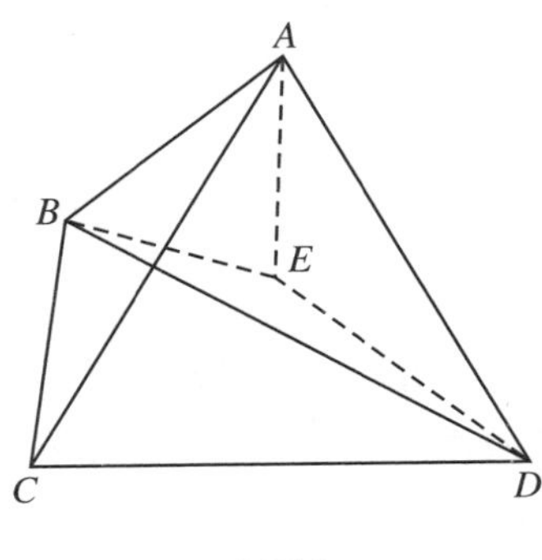

序图 2

[例 2] 如序图 2 所示,在凸四边形 $ABCD$ 中,求证:$AC \cdot BD \leqslant AB \cdot CD + AD \cdot BC$.并指出等号成立时,四边形 $ABCD$ 的特征.

证明 作 $\angle BAE = \angle CAD$,$\angle ABE = \angle ACD$,连 ED,则 $\triangle ABE \backsim \triangle ACD$,所以 $\dfrac{BE}{CD} = \dfrac{AB}{AC}$,即

$$AB \cdot CD = BE \cdot AC. \quad ①$$

由 $\dfrac{AD}{AC} = \dfrac{AE}{AB}$ 得到 $\triangle ADE \backsim \triangle ACB$,所以 $\dfrac{AC}{AD} = \dfrac{BC}{ED}$,即

$$BC \cdot AD = AC \cdot ED. \quad ②$$

式①+式②,得

$$AB \cdot CD + BC \cdot AD = AC(BE + ED) \geqslant AC \cdot BD.$$

等号成立时,$BE + ED = BD$,即 E 点在 BD 上.此时 $\angle ABD = \angle ACD$.故 A、B、C、D 四点共圆.

注 本例中添加了 3 条辅助线,产生了 2 对相似三角形.

[例 3] 如序图 3 所示,在 $\triangle ABC$ 中,分别以 AC、BC 为斜边向外作两个直角三角形:$\triangle ACE$、$\triangle BCF$.其中 $\angle AEC = \angle BFC = 90^\circ$,$\angle ACE = \angle BCF$.$M$ 为 AB 的中点.求证:$ME = MF$.

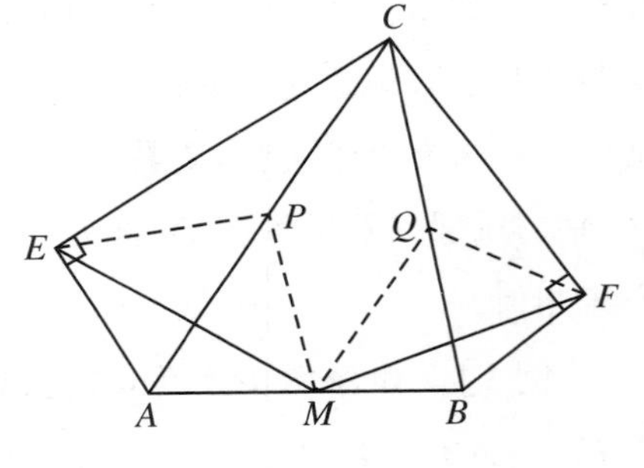

序图 3

证明 易知 $\triangle ACE \backsim \triangle BCF$.取 AC、BC 的中点 P、Q,连 PM、PE、QM、QF.

PM 是 $\triangle ABC$ 的中位线,故 $PM = \dfrac{1}{2}BC$,QF 是 $\text{Rt}\triangle BFC$ 的斜边上的中线,故 $QF = \dfrac{1}{2}BC$,所以 $PM = QF$.

同理 $QM = PE$.

由 $PM /\!/ BC$,$QM /\!/ AC$ 知 $\angle APM = \angle ACB = \angle BQM$.又因为 $\angle EPA = 2\angle ECA = 2\angle FCB = \angle FQB$,所以 $\angle EPA + \angle APM = \angle FQB + \angle BQM$,即 $\angle EPM = \angle FQM$.

所以 $\triangle EPM \cong \triangle FQM$,所以 $ME = MF$.

注 本例中添加了 4 条辅助线,呈现了全等三角形的对应边相等的性质.

[例 4] 如序图 4 所示,求证:$AB^2 \cdot DC + AC^2 \cdot BD - AD^2 \cdot BC = BD \cdot BC \cdot DC$.

证明 因为

$$AC^2 = AD^2 + DC^2 - 2AD \cdot DC \cdot \cos\angle ADC,$$
$$AB^2 = AD^2 + DB^2 - 2AD \cdot DB \cdot \cos\angle ADB,$$

所以

$$\begin{aligned}
&AB^2 \cdot DC + AC^2 \cdot BD \\
&\quad = (AD^2 + DB^2) \cdot DC + (AD^2 + DC^2) \cdot BD \\
&\quad = AD^2 \cdot (DC + BD) + BD \cdot DC(BD + DC) \\
&\quad = AD^2 \cdot BC + BD \cdot BC \cdot DC.
\end{aligned}$$

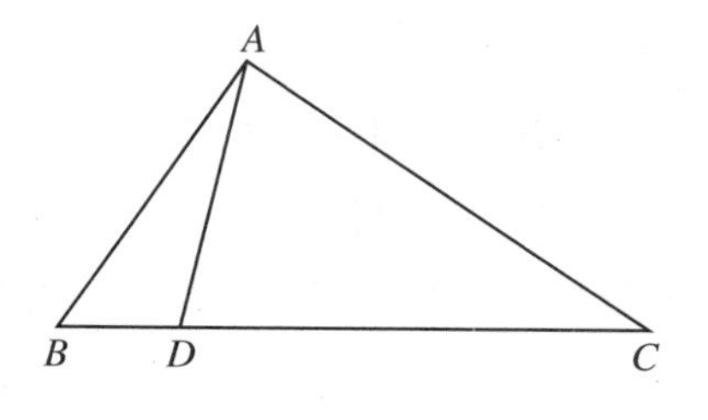

序图 4

注　本例中运用了余弦定理，未添加辅助线，从而解决了这个图形简单、结论不简单的问题.

[例 5]　如序图 5 所示，$\angle BAD = \angle CAE$. 求证：$\dfrac{BD}{DC} \cdot \dfrac{BE}{EC} = \dfrac{AB^2}{AC^2}$.

证明　因为

$$\frac{S_{\triangle ABD}}{S_{\triangle ADC}} = \frac{\frac{1}{2} AB \cdot AD \cdot \sin \alpha}{\frac{1}{2} AD \cdot AC \cdot \sin(\alpha + \beta)} = \frac{BD}{DC},$$

$$\frac{S_{\triangle ABE}}{S_{\triangle AEC}} = \frac{\frac{1}{2} AB \cdot AE \cdot \sin(\alpha + \beta)}{\frac{1}{2} AE \cdot AC \cdot \sin \alpha} = \frac{BE}{EC},$$

所以$\dfrac{BD}{DC} \cdot \dfrac{BE}{EC} = \dfrac{AB^2}{AC^2}$.

注　本例运用了面积方法，未添加辅助线.

[例 6]　如序图 6 所示，求证：$PB \cdot \sin\angle APC = PC \cdot \sin\angle APB + PA \cdot \sin\angle BPC$.

证明　连 BC、AC、AB. 记$\angle APB = \alpha$，$\angle BPC = \beta$，则$\angle APC = \alpha + \beta$.

设圆的半径为 R，由正弦定理，得

$$\frac{AC}{\sin(\alpha + \beta)} = \frac{AB}{\sin \alpha} = \frac{BC}{\sin \beta} = 2R.$$

根据托勒密(Ptolemy)定理，有 $AC \cdot PB = AB \cdot PC + BC \cdot PA$，所以 $PB \cdot 2R\sin(\alpha + \beta) = PC \cdot 2R\sin \alpha + PA \cdot 2R\sin \beta$，即 $PB \cdot \sin(\alpha + \beta) = PC \cdot \sin \alpha + PA \cdot \sin \beta$.

注　本例用到的托勒密(Ptolemy)定理就是前言例 2 中等号成立的情况.

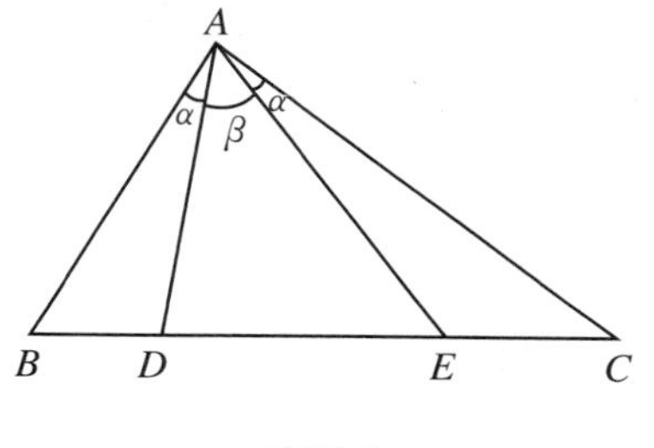

序图 5

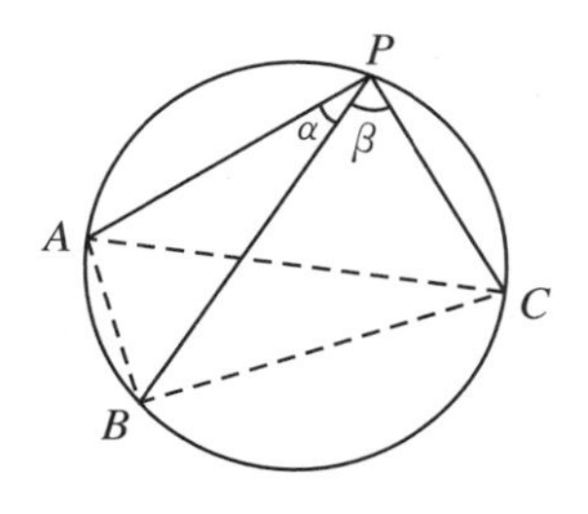

序图 6

[例 7]　$\odot O_1$、$\odot O_2$、$\odot O_3$ 的半径相等，且两两相交，如序图 7 所示. 求证：$\overset{\frown}{AB} + \overset{\frown}{CD} +$

$\overset{\frown}{EF} \overset{\text{m}}{=} 180°$.

证明 连 O_1C、O_1D、O_2E、O_2F、O_3A、O_3B、O_1A、O_3D.

根据“两圆相交，连心线是公共弦的中垂线”，可知 O_1AO_3D 是菱形. 同理 O_2FO_3B、O_1EO_2C 是菱形，所以 $O_3A \mathrel{\underline{\parallel}} O_1D$，$O_2F \mathrel{\underline{\parallel}} O_3B$，$O_1E \mathrel{\underline{\parallel}} O_2C$.

设想把扇形 O_1CD，扇形 O_2EF，扇形 O_3AB 平移，使 O_1、O_2、O_3 重合于 O，则 $\overset{\frown}{AB}$、$\overset{\frown}{CD}$、$\overset{\frown}{EF}$合为一个圆中三段互相分离的弧，如序图 8 所示，易知 AD、CE、BF 是$\odot O$ 的直径.

所以$\overset{\frown}{AB}+\overset{\frown}{CD}+\overset{\frown}{EF} \overset{\text{m}}{=} 180°$.

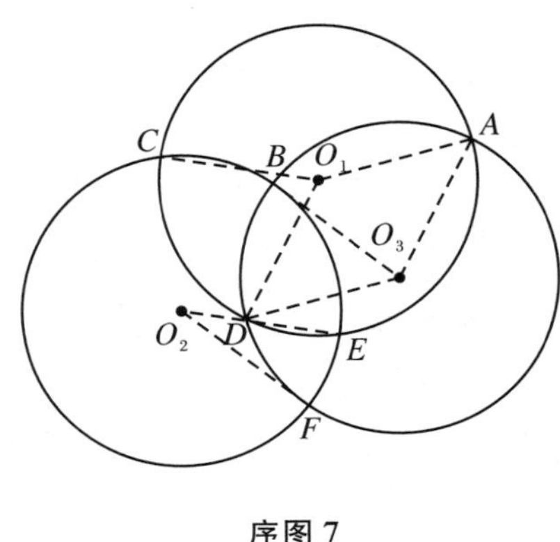

序图 7

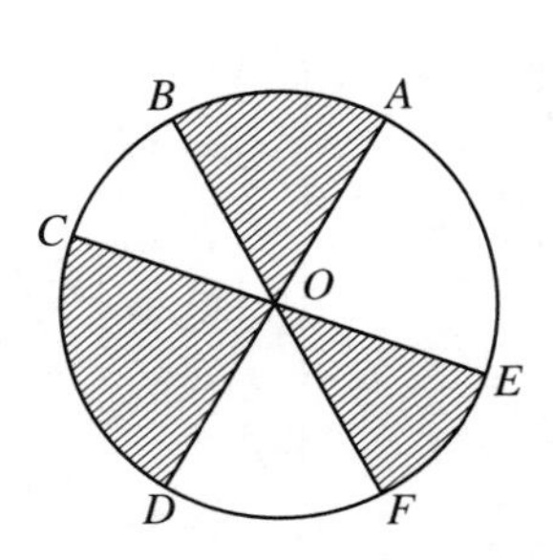

序图 8

注 $O_3A \mathrel{\underline{\parallel}} O_1D$、$O_2F \mathrel{\underline{\parallel}} O_3B$、$O_1E \mathrel{\underline{\parallel}} O_2C$ 是三个扇形平移的基础. 平移法是证明平面几何题的方法之一.

在证明过程中不必把所有辅助线都作出，可用“同理”处理.

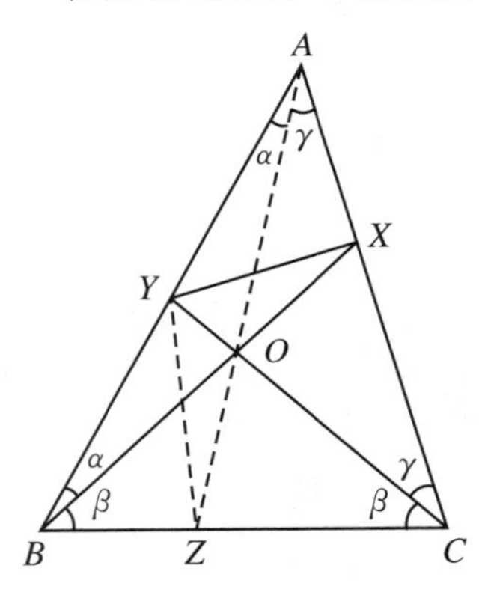

序图 9

［例 8］ 如序图 9 所示，在$\triangle ABC$ 中，O 是外心. 射线 BO 交 AC 于 X，射线 CO 交 AB 于 Y. $\angle AYX=\angle XYC=\angle BAC$. 求$\triangle ABC$ 的各内角的度数.

分析 $\triangle ABC$ 是一个特殊三角形. 解题时应从特殊条件$\angle AYX=\angle XYC=\angle BAC$ 入手，并发挥外心的作用. 为了获取更多的几何信息，显现可用几何定理的“环境”，可考虑添加一些辅助线.

解 连 AO 并延长，交 BC 于Z，连 YZ.

记等腰$\triangle ABO$、$\triangle OBC$、$\triangle OCA$ 的底角分别为α、β、γ，则

$$\alpha+\beta+\gamma=90°, \qquad ①$$

$$\begin{aligned}\angle AYC &= 2\angle BAC = 2(\alpha+\gamma)\\ &= \angle YBC+\angle BCY\\ &= \alpha+2\beta. \qquad ②\end{aligned}$$

由 YX 是$\angle AYC$ 的平分线，可知$\dfrac{YA}{YC}=\dfrac{AX}{XC}$.

在$\triangle ABC$中，由塞瓦(Ceva)定理，有

$$\frac{AY}{YB}\cdot\frac{BZ}{ZC}\cdot\frac{CX}{XA}=1.$$

由上述两个比例式，可得

$$\frac{BZ}{ZC}=\frac{YB}{YC}.$$

可见YZ平分$\angle BYC$.

根据YX、YZ分别是$\angle AYC$、$\angle BYC$的平分线，可知$YZ\perp YX$，即$\angle OYZ+\angle OYX=\angle OYZ+(\alpha+\gamma)=90^\circ$. 再由①式可知$\angle OYZ=\beta$.

在四边形$YBZO$中，$\angle OYZ=\angle OBZ$，所以Y、B、Z、O四点共圆，所以$\angle YZO=\angle YBO=\alpha$.

在$\triangle AYZ$中，由内角和定理，有

$$2(\alpha+\gamma)+\beta+2\alpha=180^\circ. \quad ③$$

由式①、式②、式③，得

$$\begin{cases}\alpha=20^\circ,\\ \beta=40^\circ,\\ \gamma=30^\circ.\end{cases}$$

所以

$$\begin{cases}\angle BAC=\alpha+\beta=50^\circ,\\ \angle ABC=\alpha+\beta=60^\circ,\\ \angle ACB=\beta+\gamma=70^\circ.\end{cases}$$

注　① 辅助线AOZ是出于与BOX、COY“地位对等”而添加的，目的是充分发挥外心O的作用.

② Ceva定理、角平分线性质定理及逆定理在建立α、β、γ之间的代数关系中起到了桥梁作用.

③ 四点(Y、B、Z、O)共圆的判定定理及性质的作用是得到式③，否则α、β、γ是求不出来的.

笔者在20世纪60年代初以优异成绩考入北京大学数学力学系，1968年毕业后在北大附中任教. 培养过几个北京市高考状元，培养过我国第一位参加国际数学奥林匹克竞赛(IMO)的考生王锋，还培养过出自同一个班的3名IMO竞赛中国队队员张里钊、王绍昱、刘彤威(中国队只有6名队员). 曾任中国数学奥林匹克集训队教练、北京集训队主教练，在近50年的教学过程中积累了数学教师培训，中学生数学竞赛指导，中、高考命题研究以及教材

建设等多方面较为丰富的经验.

本书不仅讲解了平面几何问题的求解,更重要的是介绍了研究平面几何的方法,书中的题目既可以作为考试命题的素材,也可以成为深入研究平面几何的起点.

周沛耕

2016年初于北京大学

符号与公式

符　　号

① Rt:直角,如 Rt$\triangle ABC$(直角$\triangle ABC$).

② $\mathrel{\underline{\underline{/\!/}}}$:平行且相等,如 $AB \mathrel{\underline{\underline{/\!/}}} CD$($AB$ 平行且等于 CD).

③ $\square$:平行四边形,如$\square ABCD$(平行四边形 $ABCD$).

④ $\frown$:弧,如 $\overset{\frown}{AB}$(AB 弧),$\overset{\frown}{ABCD}$(过 A、B、C、D 的弧).

⑤ l:弧长,如 $l_{\overset{\frown}{AB}}$($\overset{\frown}{AB}$ 的弧长).

⑥ $\overset{\mathrm{m}}{=}$:度量相等,如 $\overset{\frown}{AB} \overset{\mathrm{m}}{=} 30^\circ$($\overset{\frown}{AB}$ 的度数为 30°).

⑦ S:面积,如 $S_{\triangle ABC}$($\triangle ABC$ 的面积),S_{ABCDE}(五边形 $ABCDE$ 的面积),$S_{扇形AOB}$(扇形 AOB 的面积).

⑧ $M(a,b)$:平面直角坐标系中点 M 的坐标,其中 a 是横坐标,b 是纵坐标.

⑨ M_x:点 M 的横坐标.

⑩ M_y:点 M 的纵坐标.

⑪ $\max(a,b,c)$:元素 a、b、c 中的最大者,例如 $a \geqslant b$,$a \geqslant c$,则 $\max(a,b,c)=a$.

公　　式

设在$\triangle ABC$ 中,$BC=a$,$CA=b$,$AB=c$,$s=\frac{1}{2}(a+b+c)$,BC 边上的中线长 m_a,高线长 h_a,$\angle A$ 的平分线长 t_a(余类推).

① 中线长:

$$m_a = \frac{1}{2}\sqrt{2b^2+2c^2-a^2},$$

$$m_b = \frac{1}{2}\sqrt{2c^2+2a^2-b^2},$$

$$m_c = \frac{1}{2}\sqrt{2a^2+2b^2-c^2}.$$

② 角平分线长：

$$t_a = \frac{2}{b+c}\sqrt{bcs(s-a)},$$

$$t_b = \frac{2}{a+c}\sqrt{acs(s-b)},$$

$$t_c = \frac{2}{a+b}\sqrt{abs(s-c)}.$$

③ 高线长：

$$h_a = \frac{2}{a}\sqrt{s(s-a)(s-b)(s-c)},$$

$$h_b = \frac{2}{b}\sqrt{s(s-a)(s-b)(s-c)},$$

$$h_c = \frac{2}{c}\sqrt{s(s-a)(s-b)(s-c)}.$$

④ 面积：

$$\begin{aligned} S_{\triangle ABC} &= \sqrt{s(s-a)(s-b)(s-c)} \\ &= rs \quad (r\text{ 为内切圆半径}) \\ &= \frac{abc}{4R} \quad (R\text{ 为外接圆半径}) \\ &= \frac{1}{2}ab\sin\angle C = \frac{1}{2}bc\sin\angle A = \frac{1}{2}ca\sin\angle B. \end{aligned}$$

⑤ 外接圆半径：

$$\begin{aligned} R &= \frac{a}{2\sin\angle A} = \frac{b}{2\sin\angle B} = \frac{c}{2\sin\angle C} \\ &= \frac{abc}{4S_{\triangle ABC}}. \end{aligned}$$

⑥ 内切圆半径：

$$\begin{aligned} r &= \sqrt{\frac{(s-a)(s-b)(s-c)}{s}} \\ &= (s-a)\tan\frac{\angle A}{2} = (s-b)\tan\frac{\angle B}{2} = (s-c)\tan\frac{\angle C}{2}. \end{aligned}$$

⑦ 余弦定理：

$$a^2 = b^2 + c^2 - 2bc\cos\angle A,$$

$$b^2 = c^2 + a^2 - 2ca\cos\angle B,$$

$$c^2 = a^2 + b^2 - 2ab\cos\angle C.$$

目　　录

绪　　论

平面几何题主要分证明题、计算题和作图题三类.每类问题都离不开证明.

证明方法分为直接证法和间接证法两种.直接证法是从题设出发,根据公理、定理,用逻辑推理方法作出一系列判断而得到结论的方法.间接证法一般指反证法和同一法.反证法的证题过程是:先作出与待证结论相反的假设,再根据公理、定理进行逻辑推理,直到出现与公理、定理或题设矛盾的结论,从而否定假设,完成证明.同一法的证题过程是:利用辅助线先作出与待证结论一致的图形,然后从题设出发,根据公理、定理进行逻辑推理,最后根据某些具有一定特点的几何元素(点或直线等)位置的唯一性证出结论.可见,无论哪一种证明方法都离不开逻辑推理.

从推理方式看,证明方法可分为综合法和分析法(即倒推法)两种.综合法是从已知条件出发,运用公理、定理层层推进,最后得到结论;分析法则是从待证结论出发,找出产生结论的条件,再进一步找出产生这个条件的条件……最后归结到已知条件.一些较难的题目是通过交替使用综合法和分析法得到结论的.

平面几何题按问题类型大致可分为12类,每一类又有相应的规范方法和较灵活的特殊方法,本书将分章介绍它们.读者在读完每章的范例和研究题的基础上应充分理解"解法概述"中的内容.

中学数学的各分支(代数、几何、三角、解析几何)间有一定联系.解几何题除了使用"纯几何"的方法之外,也可以用代数、三角或解析的方法.为配合平面几何的教学与研究,本书在介绍几何题的各种解法时着重介绍"纯几何"的方法.

在不少几何题的证明过程中需要在已知的图形上添加辅助线.辅助线是沟通已知条件和待证结论的桥梁,是使公理、定理能在具体条件下起作用的媒介.添辅助线往往是解某些几何题的关键,也是初学时的难点.常用的辅助线有下列14种.

① 在等腰三角形中,如图1所示,作底边的中线 AD,则有三线合一定理可用;作腰上的高,则有$\triangle BEC\backsim\triangle ADC$,又可写出面积算式.

② 如图2所示,在直角三角形中,作斜边上的中线,则可引用斜边中线定理,产生等腰$\triangle MCB$ 和等腰$\triangle MAC$;作斜边上的高线,则出现相似三角形,可引用射影定理.

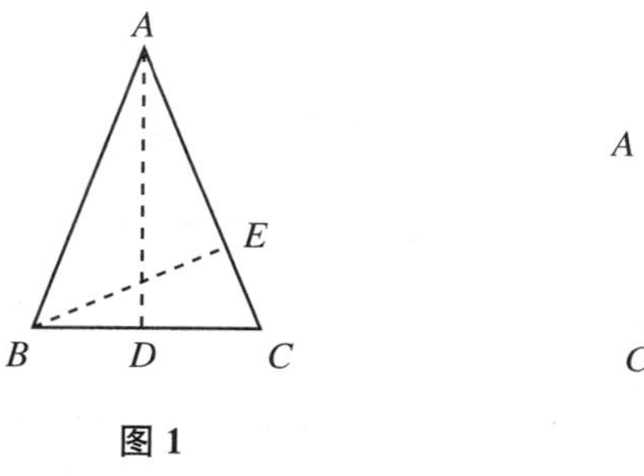

图1

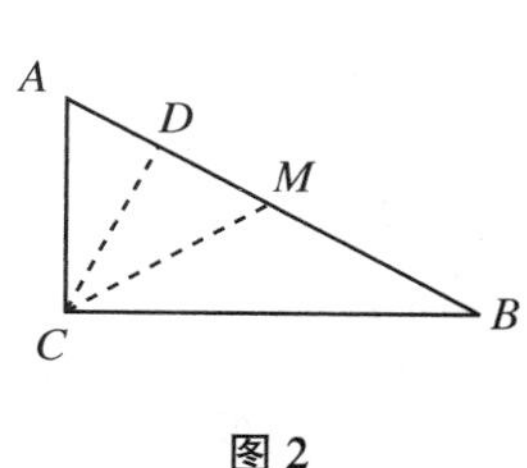

图2

③ 如图 3 所示，在有中线的三角形中，把中线延长一倍，可得到▱$ABDC$；作 $BE /\!/ AM$，交直线 CA 于 E，可引用三角形中位线定理.

④ 如图 4 所示，在有角平分线的三角形中，设 AD 是 $\angle BAC$ 的平分线，作 $CE \perp AD$，交 AB 于 E，或作 $BF \perp AD$，交 AC 的延长线于 F，则可得到等腰$\triangle ACE$ 和等腰$\triangle ABF$，AD 是 CE、BF 的中垂线，在$\angle C \geqslant \angle B$ 时，$\angle BCE = \frac{1}{2}(\angle C - \angle B)$，$\angle AEC = \frac{1}{2}(\angle C + \angle B)$.

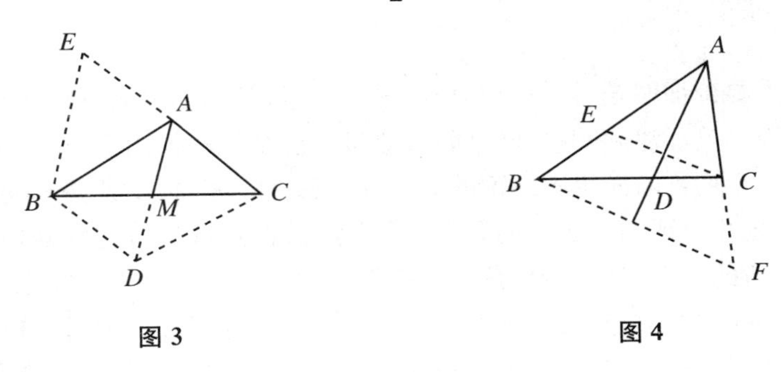

图 3　　图 4

⑤ 如图 5 所示，在有两条边的中点的三角形中，作中位线 MD，则有 $MD \mathrel{\underline{\parallel}} \frac{1}{2}AB$；连中线 AM，则有 $S_{\triangle AMB} = S_{\triangle AMC}$.

⑥ 如图 6 所示，已知$\angle C = 2\angle B$ 时，延长 BC 到 D，使 $CD = AC$，连 AD，则得到等腰$\triangle ABD$ 和$\triangle CDA$，这两个三角形相似.

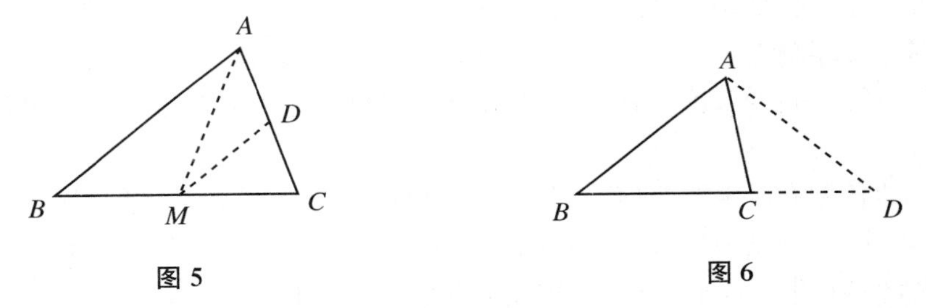

图 5　　图 6

⑦ 如图 7 所示，在有高线的三角形中，作出另一边上的高 BE，交 AD 于 H，则可利用面积等式 $AD \cdot BC = BE \cdot AC$，又有 D、C、E、H 共圆，H 是垂心.

⑧ 如图 8 所示，已知梯形一腰的中点 M 时，作出中位线 MN，则 $MN = \frac{1}{2}(AB + CD)$，$MN /\!/ AB$；连 AM 并延长，交 DC 的延长线于 E，则有$\triangle AMB \cong \triangle EMC$；连 DM，则有 $S_{\triangle AMD} = S_{\triangle AMB} + S_{\triangle DMC} = \frac{1}{2} S_{ABCD}$.

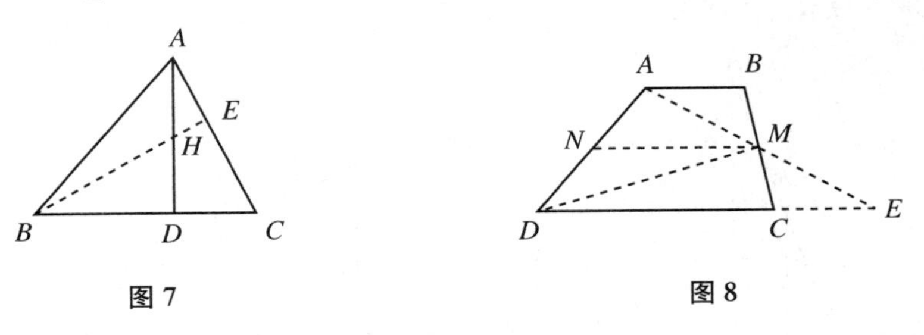

图 7　　图 8

⑨ 如图 9 所示，在等腰梯形中，作 AM、$BN \perp CD$，则有 $\mathrm{Rt}\triangle AMD \cong \mathrm{Rt}\triangle BNC$，$AM =$

BN;延长 DA、CB 交于 O,则$\triangle ODC$、$\triangle OAB$ 是等腰三角形;作 $BE /\!/$ 对角线 AC,交 DC 的延长线于 E,则得到等腰$\triangle BDE$,又得到$\square ABEC$.

⑩ 如图 10 所示,已知内切圆的三角形,连内心和切点,则 $OD \perp BC$,$OE \perp AC$,$OF \perp AB$,O、D、C、E,O、E、A、F,O、F、B、D 分别共圆;连 OA、OB、OC,则 OA、OB、OC 分别是$\triangle ABC$ 各个内角的平分线;又可引用切线长定理.

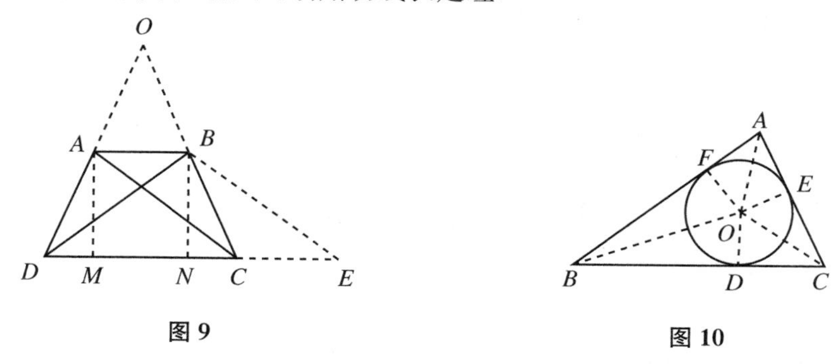

图 9　　　　图 10

⑪ 如图 11 所示,在已知外接圆的三角形中,作 $OD \perp BC$,$OE \perp AC$,$OF \perp AB$,则有垂径定理可用;作直径 CM,连 BM,则有$\angle CBM = 90^\circ$,$\angle CMB = \angle A$.

⑫ 如图 12 所示,过直线形图形的交点或顶点,作出已知直线的平行线,例如作 CN、$EQ /\!/ AB$,作 ER、$FP /\!/ BC$,作 $FM /\!/ AC$ 等,则可引用平行截比定理和相似三角形.

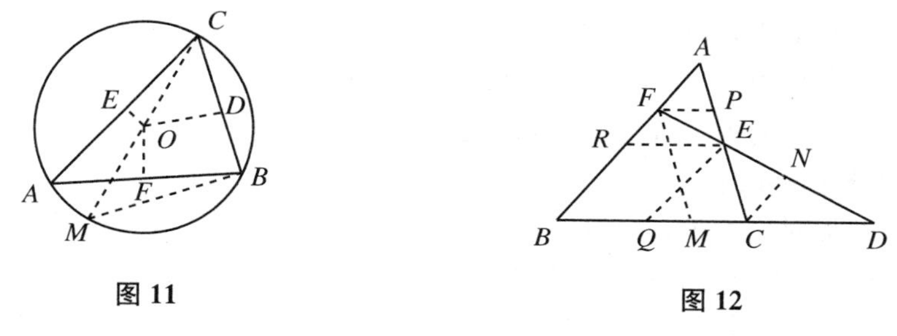

图 11　　　　图 12

⑬ 如图 13 所示,两圆相切,作连心线,则 $O_1O_2 = |R_1 \pm R_2|$(外切为 +,内切为 −,这里 R_1、R_2 为两圆半径),O_1O_2 必过切点 C;作公切线,则可引用切线长定理、切割线定理、弦切角定理;连圆心和切点,则有 $O_1A /\!/ O_2B$,$O_1A \perp AB$ 等.

⑭ 如图 14 所示,两圆相交,连公共弦,则连心线 O_1O_2 是公共弦的中垂线.

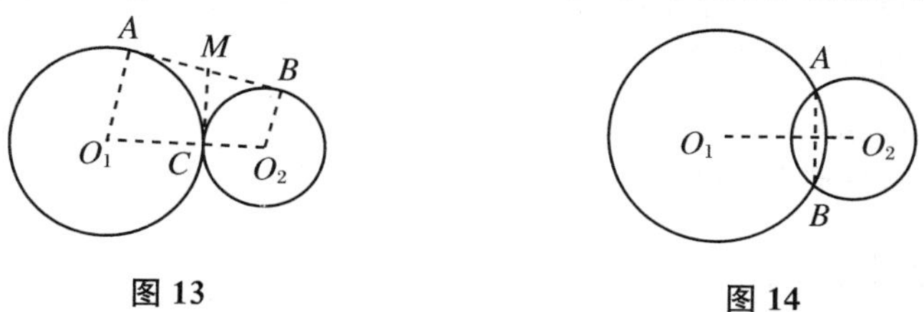

图 13　　　　图 14

除这些常用的辅助线外,还有些不常用的辅助线,例如作出辅助圆、辅助角,作出相似图形、位似图形,作出对称图形(中心对称或轴对称),作出特殊图形(例如正三角形)等.作这些辅助线需要一定的经验,读者可从本书例题中体会.总之,添辅助线要具体情况具体分析,目的要明确.一般来说,添加的辅助线的数目要尽量少,但这不是绝对的,有的题目要添七八条辅助线之多.只要熟悉常用辅助线的添法和目的,多研究、多练习些题目,添辅助线的经验就会逐渐积累起来,解题能力也会逐渐提高.

第1章　线段相等

1.1　解法概述

一、常用的主要定理

(1) 全等三角形的对应边相等.

(2) 线段的垂直平分线上的点到线段两端的距离相等.

(3) 角平分线上的点到角两边的距离相等.

(4) 同一个三角形中,等角对等边.

(5) 在等腰三角形中,底边上的高、顶角的平分线平分底边.

(6) 过三角形一边的中点且平行于另一边的直线平分第三边.

(7) 平行等分线段定理.

(8) 平行四边形对边相等,对角线互相平分;矩形、正方形对角线相等;菱形、正方形四边相等;等腰梯形两腰相等;等腰梯形两对角线相等.

(9) 正多边形各边长相等,半径相等,边心距相等.

(10) 平行线间距离相等.

(11) 直角三角形斜边上的中线等于斜边的一半;30°角所对的直角边等于斜边的一半.

(12) 同圆或等圆的半径相等.

(13) 同圆或等圆中,等弧对等弦.等弦的弦心距相等;反之,弦心距相等的弦相等.

(14) 垂直于弦的直径平分弦.

(15) 两圆相交,连心线垂直平分公共弦.

(16) 自圆外一点向圆作的两切线长相等.

二、常用的主要方法

简单的题目可直接引用上述定理,但是更多的情况下需要认真分析已知条件,把已知条件改换、集中、深化后才可应用上述定理,主要方法如下.

(1) 平移法:把某线段平行移动到适当位置.

(2) 旋转法:把某线段绕其一端旋转到适当位置.

(3) 等量代换法:找一条线段作为"媒介",利用相等关系的传递性证明两线段相等.

(4) 添加适当的辅助线.

三、其他方法

(1) 利用比例线段和比例性质.
(2) 计算法.
(3) 面积法.
(4) 间接证法(反证法、同一法等).

1.2 范例分析

[**范例1**] 在$\triangle ABC$中,$AB=3AC$,AD是$\angle A$的平分线,BE垂直AD于E,则$AD=DE$.

分析1 如图F1.1.1所示,把角平分线的垂线延长,直到与另一边相交,就得到了等腰三角形,这是一种有效的常用辅助线作法.这样$AB=3AC$的条件就变换成了$AF=3AC$,即$CF=2AC$,取CF的中点M,则$CM=AC$,于是从$\triangle AEM$看,问题转化为证明$CD\parallel EM$的问题,这可在$\triangle BCF$中利用中位线定理证出.

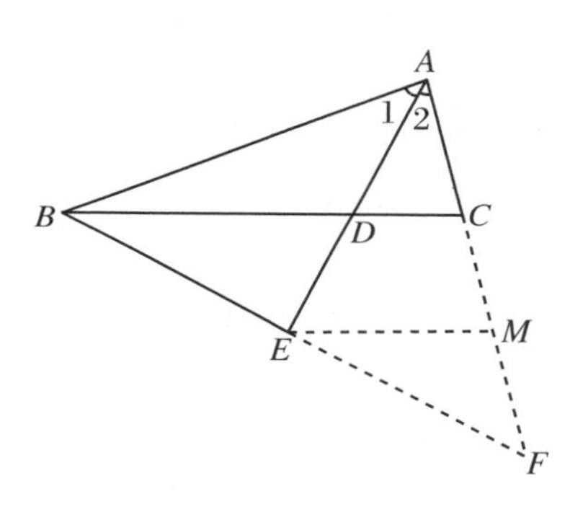

图 F1.1.1

证明1 延长BE,交AC的延长线于F,取CF的中点M,连EM.

因为$\angle 1=\angle 2$,$AE\perp BF$,所以$\triangle ABF$是等腰三角形,所以$BE=EF$.

在$\triangle BCF$中,EM是中位线,所以$EM\parallel BC$,又因为$AB=AF$,所以$AF=3AC$,所以$CM=AC$.

在$\triangle AEM$中,C为AM的中点,$EM\parallel CD$,所以D为AE的中点,所以$AD=DE$.

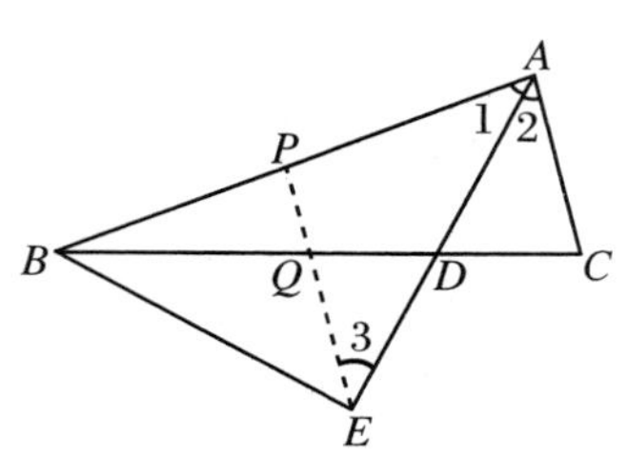

图 F1.1.2

分析2 如图F1.1.2所示,作出Rt$\triangle AEB$的斜边上的中线EP,并交BC于Q,就有$PE=PA=\frac{1}{2}AB$,$\angle 1=\angle 3=\angle 2$,可见$EQ\parallel AC$.如果$AD=DE$,就一定有$\triangle ADC\cong\triangle EDQ$,$AC=EQ$.反过来,如果能证出$AC=EQ$,也可通过三角形全等证明$AD=DE$.由已知,$AC=\frac{1}{3}AB$,注意到$PQ$是$\triangle ABC$的中位线,所以$PQ=\frac{1}{2}AC=\frac{1}{6}AB$,这就可求出

$$EQ=EP-PQ=\frac{1}{2}AB-\frac{1}{6}AB=\frac{1}{3}AB,$$

所以$EQ=AC$.

直角三角形的斜边上的中线是一种常用的辅助线.(证明略.)

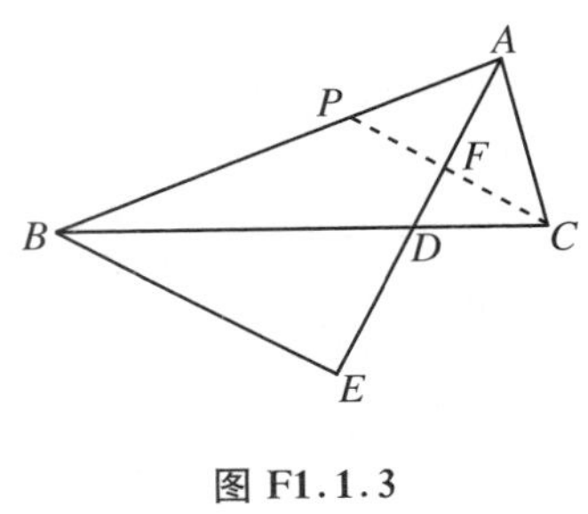

图 F1.1.3

分析 3 如图 F1.1.3 所示，和分析 1 类似，从 C 作 $\angle A$ 的平分线的垂线，这也是一种常用辅助线，设 $CP \perp AE$，交 AE 于 F，交 AB 于 P，容易推出 $AP = AC = \frac{1}{3}AB$，$CP /\!/ BE$，$\triangle CFD \backsim \triangle BED$，所以 $\frac{DF}{DE} = \frac{CD}{BD}$. 由角平分线性质定理，$\frac{CD}{BD} = \frac{AC}{AB} = \frac{1}{3}$，所以 $DF = \frac{1}{3}DE$. 为证明 $AD = DE$，只要算出 AF 和 DE 的关系，由平行截比定理知 $\frac{AF}{EF} = \frac{AP}{BP} = \frac{1}{2}$，所以

$$AF = \frac{1}{2}EF = \frac{1}{2}(DE + DF) = \frac{1}{2}\left(DE + \frac{1}{3}DE\right) = \frac{2}{3}DE.$$

最后就得到 $AD = AF + DF = \frac{2}{3}DE + \frac{1}{3}DE = DE$.（证明略.）

［**范例 2**］ 在正方形 $ABCD$ 中，延长 AD 到 E，使 $AD = DE$；延长 DE 到 F，使 $DF = BD$，连 BF，设 BF 与 CE、CD 分别交于 H、G，则 $DH = GH$.

分析 1 如图 F1.2.1 所示，由已知条件可以看出 $\triangle DBF$ 是等腰三角形，$\triangle CDE$ 是等腰直角三角形，$DBCE$ 是平行四边形，从而可推得 $\angle 1 = \angle 4$，$\angle 2 = \angle 3$，$\angle 1 = \angle 2$. 这时发现 $\triangle BCH$ 和 $\triangle DCH$ 是等腰三角形，要证 $DH = GH$，只要 $\angle 6 = \angle 5$. 利用已知的特殊角和特殊图形，通过计算得出角的相等关系是一种常用的方法.

证明 1 因为 $\angle ADB = \angle DEC = 45^\circ$，所以 $BD /\!/ CE$，$\angle 1 = \angle 4$. 因为 $BD = DF$，所以 $\angle 1 = \angle 2$. 因为 $EF /\!/ BC$，所以 $\angle 2 = \angle 3$，所以 $\angle 3 = \angle 4$，所以 $BC = CH = CD$.

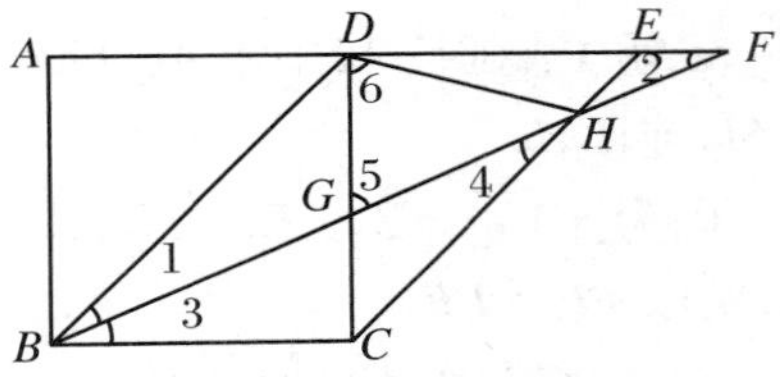

图 F1.2.1

在等腰 $\triangle CDH$ 中，$\angle 6 = \frac{1}{2}(180^\circ - 45^\circ) = 67.5^\circ$.

在等腰 $\triangle DBF$ 中，$\angle 1 = \frac{1}{2} \times 45^\circ = 22.5^\circ$.

因为 $\angle 5$ 是 $\triangle DGB$ 的外角，所以 $\angle 5 = \angle 1 + \angle BDG = 22.5^\circ + 45^\circ = 67.5^\circ$.

所以 $\angle 6 = \angle 5$，所以 $HD = HG$.

分析 2 对于 $\mathrm{Rt}\triangle GDF$ 而言，如果 $HD = HG$，则 HD 是斜边上的中线，所以只要证 H 是 GF 的中点，根据已知条件容易看出 $\triangle FDG \backsim \triangle FAB$，$\triangle FEH \backsim \triangle FDB$，所以 $FG = \frac{DF \cdot BF}{AF}$，$FH = \frac{BF \cdot EF}{DF}$，所以 $\frac{FG}{FH} = \frac{DF^2}{AF \cdot EF}$. 又

$$DF = BD = \sqrt{2}AD,$$
$$AF = DF + AD = (\sqrt{2} + 1)AD,$$
$$EF = DF - DE = (\sqrt{2} - 1)AD,$$

所以 $\frac{FG}{FH} = \frac{2AD^2}{(\sqrt{2}+1)(\sqrt{2}-1)AD^2} = 2$.（证明略.）

分析 3 如图 F1.2.2 所示，HD 和 HG 分别在 $\triangle HDE$ 和 $\triangle GHC$ 中. 在分析 1 中已得到 $DE = BC = CH$，$\angle 1 = \angle 2 = 45^\circ$，$EH = EF$，若能证出 $HE = GC$，则可由 $\triangle HDE \cong \triangle GHC$ 得

到$HD=HG$，但是直接证明$HE=GC$有困难，所以采取等量代替的办法. 因为$HE=EF=DF-DE=DB-BC$，只要证明$CG=DB-BC$. 进一步采用截取法，即从BD上取$BP=BC$，此时可证$\triangle GPB\cong\triangle GCB$，所以$\angle GPB=\angle GCB=90^\circ$，进而推知$\triangle DPG$是等腰直角三角形. 于是

$$CG=GP=DP=DB-BP=DB-BC.$$

最后得到$GC=HE$.（证明略.）

图 F1.2.2

［范例 3］ E、F分别是$\triangle ABC$中AC、AB上的点，$\angle EBC=\angle FCB=\frac{1}{2}\angle A$，则$BF=CE$.

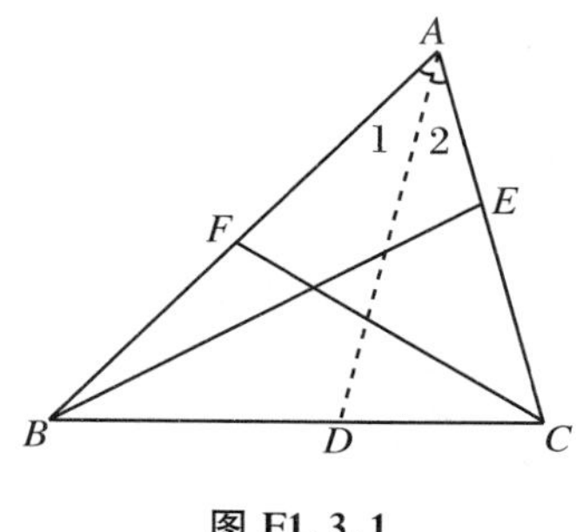

图 F1.3.1

分析 1 如图 F1.3.1 所示，$\angle EBC=\angle FCB=\frac{1}{2}\angle A$是倍分条件，可以考虑“折半”辅助线：作$\angle A$的平分线$AD$. 由图可知$\angle 1=\angle 2=\angle EBC=\angle FCB$，所以$\frac{AB}{BD}=\frac{AC}{CD}$.

注意到$\triangle ABD\backsim\triangle CBF$，$\triangle ACD\backsim\triangle BCE$，可知

$$\frac{AB}{BD}=\frac{BC}{BF},\quad \frac{AC}{CD}=\frac{BC}{CE},$$

这就得到$\frac{BC}{BF}=\frac{BC}{CE}$，所以$BF=CE$.（证明略.）

分析 2 还可以采用另一种方式的“折半”辅助线. 如图F1.3.2所示，延长BA到M，使$AM=AC$，延长CA到N，使$AN=AB$，连BN、CM，则知

$$\angle M=\frac{1}{2}\angle BAC=\angle N,\quad BM=CN=AB+AC.$$

在$\triangle BCF$和$\triangle BMC$中，$\angle CBF$是公共角，$\angle BCF=\angle M=\frac{1}{2}\angle A$，所以$\triangle BCF\backsim\triangle BMC$. 由此得到$BC^2=BF\cdot BM$.

同理又有$BC^2=CE\cdot CN$.

所以$BF=CE$.（详证略.）

以上两法中都用了“折半”辅助线.

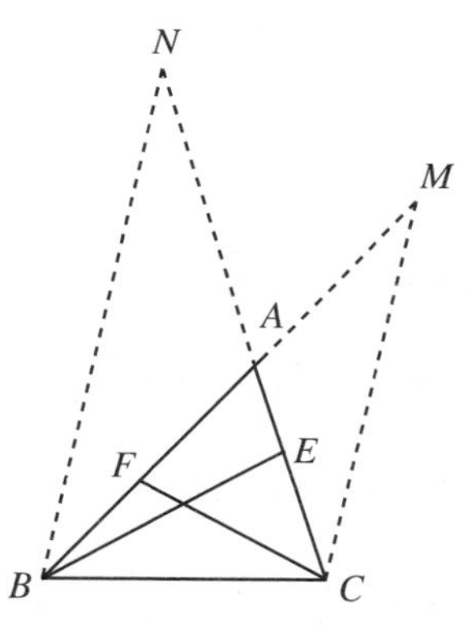

图 F1.3.2

分析 3 BF、CE间的联系不直接，想办法找一个媒介量，在图 F1.3.3 中，由$\angle 1=\angle 2$，我们以等腰$\triangle OBC$为基础，以BC为底，CE为腰，BE为对角线作等腰梯形$PBCE$，那么另一腰BP就和BF处在同一个三角形中. 利用A、F、O、E共圆的条件可证出$\angle 4=\angle 5=\angle 6$，所以$\angle 3=\angle 6$，$BP=BF$. 这样$BP$就起到了把$CE$和$BF$联系起来的媒介的作用，这种方法叫媒介法.

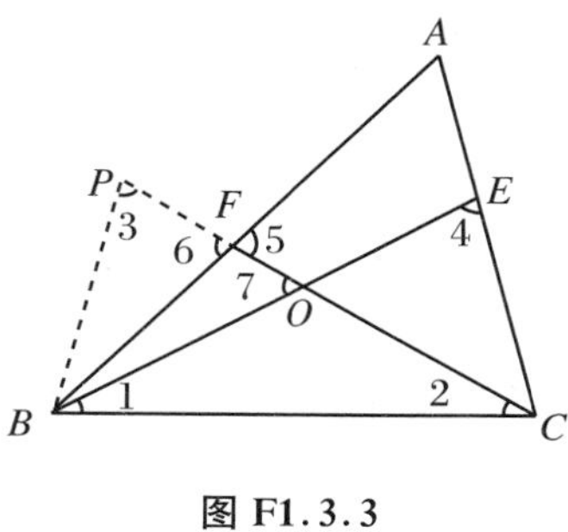

图 F1.3.3

证明 3 以BC为边，B为顶点，在A点所在的一侧作$\angle PBC=\angle ACB$. 设BP与CF（或它的延长线）交于P，则$\triangle PBC\cong\triangle ECB$，所以$\angle 3=\angle 4$，$BP=CE$.

因为$\angle 7=\angle 1+\angle 2=\angle A$，所以 A、E、O、F 共圆，所以$\angle 5=\angle 4$. 又$\angle 5=\angle 6$，所以$\angle 6=\angle 4$. 所以$\angle 6=\angle 3$，所以 $BP=BF$，所以 $CE=BF$.

分析 4 （平移法）如图 F1.3.4 所示，以 BF、CF 为边作平行四边形，就把 BF 平移到了 CP. 这样，CP 和 CE 处在一个三角形中. 为证 $CE=CP$，只要证$\angle 1=\angle 2$. 注意到 A、F、O、E 共圆，所以$\angle 3=\angle 4$. 因为 $BFCP$ 是平行四边形，所以$\angle BPC=\angle 4$，所以$\angle 3=\angle BPC$，所以 E、B、P、C 共圆，所以$\angle 1=\angle 6$，$\angle 2=\angle 7$. 因为$\angle 6=\angle BCF=\angle 7$，所以$\angle 1=\angle 2$.（证明略.）

分析 5 利用以 BF、CE 为对应边的三角形全等证明 $BF=CE$，这是证明线段相等时常用的一种方法. 但题目已知条件中没有这样的三角形，这就需要添加适当的辅助线. 最简单的办法是作 $BM\perp CF$，$CN\perp BE$，如图 F1.3.5 所示. 这样，先由 $\text{Rt}\triangle BMC\cong\text{Rt}\triangle CNB$ 证出 $BM=CN$，再由 A、F、O、E 共圆证出$\angle 3=\angle 4$，最后可以由 $\text{Rt}\triangle BMF\cong\text{Rt}\triangle CNE$ 得到 $BF=CE$.（证明略.）

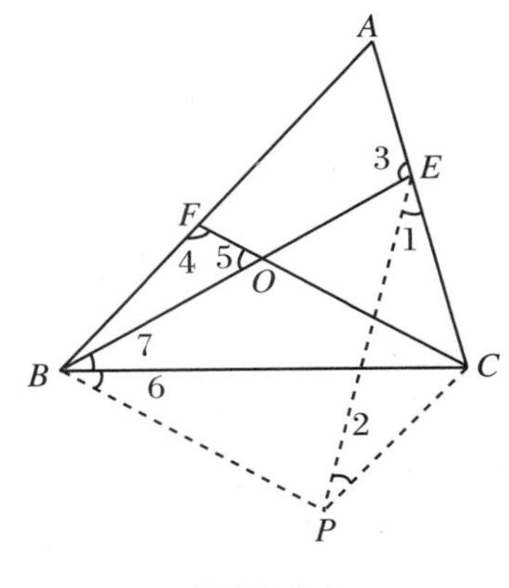

图 F1.3.4

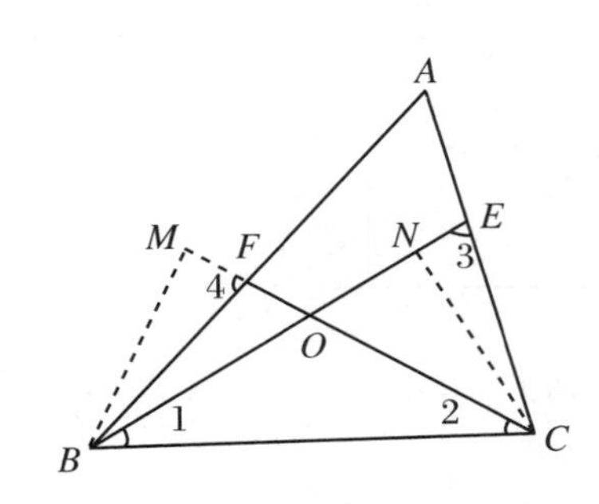

图 F1.3.5

分析 6 由前可知，A、F、O、E 共圆，对 B 点和 C 点应用相交弦定理，分别有 $CE\cdot CA=CO\cdot CF$，$BF\cdot BA=BO\cdot BE$. 两式相除，注意到 $CO=BO$，得出$\dfrac{CE}{BF}\cdot\dfrac{CA}{BA}=\dfrac{CF}{BE}$. 要证 $CE=BF$，只要证出$\dfrac{CA}{BA}=\dfrac{CF}{BE}$. 但是 CA、BA、CF、BE 所在的两个三角形不相似，不能直接证出这个比例式，能不能找到第三个比作为媒介，把$\dfrac{CA}{BA}$和$\dfrac{CF}{BE}$联系起来呢？注意到$\angle 1=\angle 2$，作出高线 BM、CN，如图 F1.3.6 所示，就发现 $\text{Rt}\triangle BME\backsim\text{Rt}\triangle CNF$，得到$\dfrac{CF}{BE}=\dfrac{CN}{BM}$. 下面只要证明$\dfrac{CN}{BM}=\dfrac{CA}{BA}$. 把它写成乘积. 就是 $BM\cdot CA=CN\cdot BA$. 注意到 $BM\cdot CA$ 和 $CN\cdot BA$ 都等于 $2S_{\triangle ABC}$，问题就解决了.（证明略.）

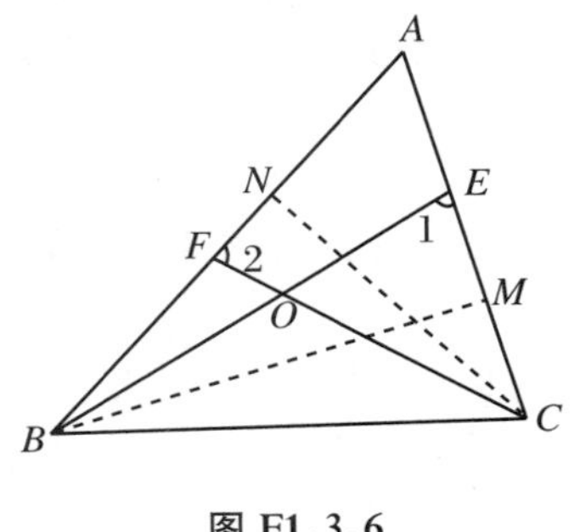

图 F1.3.6

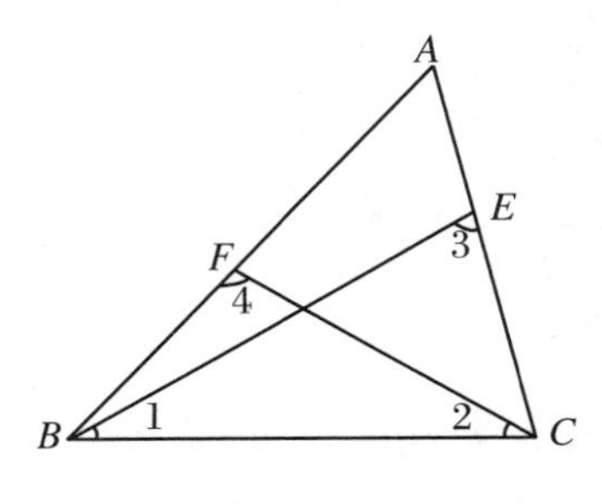

图 F1.3.7

注 此题应用"等圆中相等的圆周角对等弦"的定理，证明也很简单. 如图 F1.3.7 所示，这需要先由 A、F、O、E 共圆得出 $\angle 3 = 180^\circ - \angle 4$，再由正弦定理证出 $\triangle BCE$ 和 $\triangle BCF$ 的外接圆是等圆，而 $\angle 1$ 和 $\angle 2$ 是等圆中两个相等的圆周角，CE、BF 分别是这两个圆周角对的弦，所以 $CE = BF$. 这种办法的优点在于不用添辅助线.

[范例 4] AB 是 $\odot O$ 的直径，OC 是与 AB 垂直的半径，E 为 OC 上任一点，$EF \parallel AB$，交 $\odot O$ 于 F，OF、BE 交于 P，$PQ \perp AB$，垂足为 Q，则 $OP = QB$.

分析 1 如图 F1.4.1 所示，OP、QB 不在全等三角形中，为此采用平行移动法把 OP 移到 QN. 利用"过梯形对角线交点作底的平行线，该平行线被梯形两腰截得的线段被对角线交点平分"的结论，最后利用等腰 $\triangle OBF$ 与 $\triangle QBN$ 的相似关系证出 $QB = QN$. 这里 QN 是媒介线段.

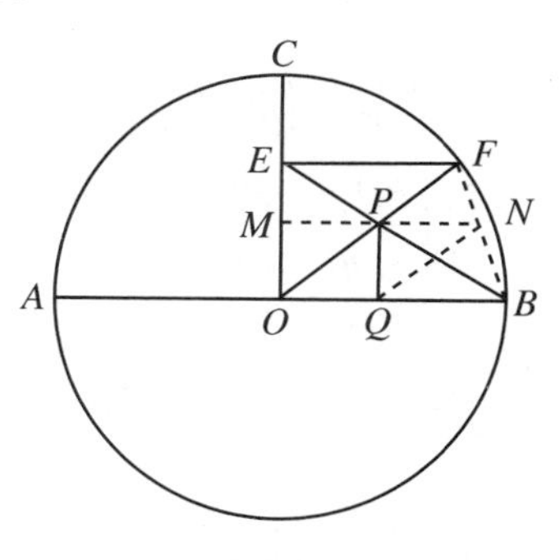

图 F1.4.1

证明 1 连 BF. 过 P 作 $MN \parallel OB$，分别与 OE、BF 交于 M、N. 连 QN.

由三角形相似和平行截比定理易知

$$\frac{PM}{OB} = \frac{EM}{EO} = \frac{FN}{FB} = \frac{PN}{OB},$$

所以 $PM = PN$.

因为 $PQOM$ 是矩形，所以 $PM \underline{\parallel} OQ$，所以 $PN \underline{\parallel} OQ$，所以 $PNQO$ 是平行四边形，所以 $QN \underline{\parallel} OP$.

由 $\triangle BOF \backsim \triangle BQN$ 及 $OB = OF$ 知 $QB = QN$，所以 $QB = OP$.

分析 2 如图 F1.4.2 所示，容易看出图中有两对相似的直角三角形，利用比例关系也可把 QB 与 OP 联系起来.

证明 2 由 $\text{Rt}\triangle OPQ \backsim \text{Rt}\triangle FOE$，得 $\frac{OP}{OF} = \frac{PQ}{OE}$. 因为 $OF = OB$，所以 $\frac{OP}{OB} = \frac{PQ}{OE}$. 由 $\text{Rt}\triangle BPQ \backsim \text{Rt}\triangle BEO$，得 $\frac{BQ}{OB} = \frac{PQ}{OE}$，所以 $\frac{BQ}{OB} = \frac{OP}{OB}$，所以 $BQ = OP$.

分析 3 如图 F1.4.3 所示，作出矩形 $QPMO$ 并连 QM，则 $OP = QM$. 这样 QM 和 QB 处在同一个 $\triangle QMB$ 之中，只要证出它是等腰三角形. 直接证 $\triangle QMB$ 是等腰三角形不容易，找一个与它相似的三角形，若后一个三角形是等腰的，问题就解决了. 这种证明中采用了对称法并包括了三点共线的证明，不如前两种方法简捷，仅供参考.

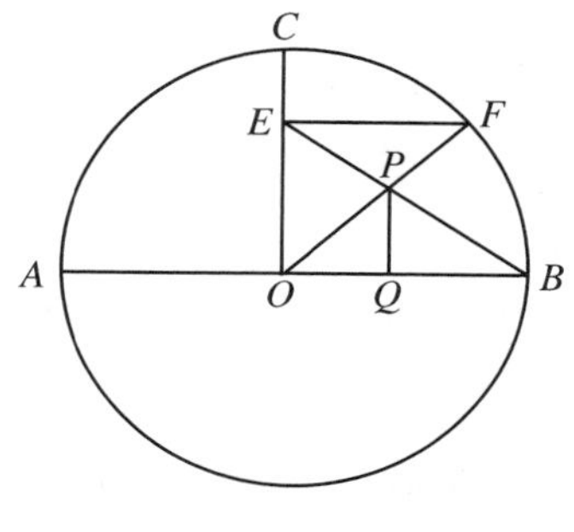

图 F1.4.2

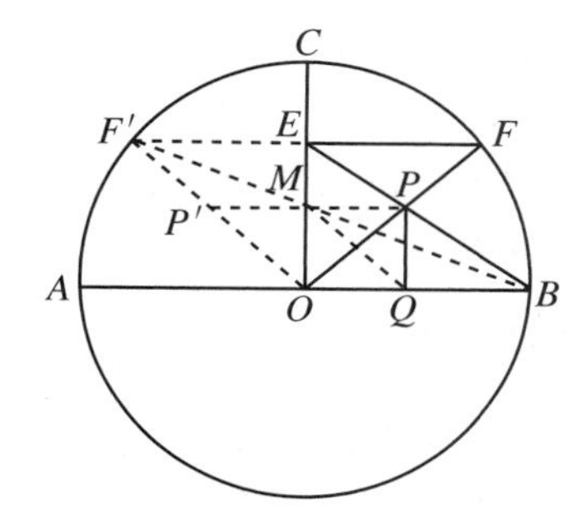

图 F1.4.3

证明 3 作 F 关于 OC 的对称点 F'. 由于圆的轴对称性，F' 在 $\odot O$ 上. 连 OF'. 作 $PM \perp OC$，垂足为 M，延长 PM，交 OF' 于 P'，则 P' 是 P 关于 OC 的对称点.

由对称性知 $\angle F = \angle F'$. 因为 $FF' \parallel AB$，$PM \parallel AB$，所以 $\angle F' = \angle F'OA$，$\angle F = \angle MPO$. 易证 $OQPM$ 是矩形，所以 $\angle MPO = \angle MQO$，所以 $\angle F'OA = \angle MQO$，所以 $MQ \parallel OF'$.

连 BF'、BM. 在 $\triangle BEF'$ 和 $\triangle BPM$ 中，$\dfrac{MP}{EF'} = \dfrac{MP}{EF}$. 在 $\triangle OEF$ 中，$\dfrac{MP}{EF} = \dfrac{OP}{OF}$. 由 $\triangle PEF \backsim \triangle PBO$，$\dfrac{OP}{OF} = \dfrac{BP}{BE}$，知 $\dfrac{BP}{BE} = \dfrac{MP}{EF'}$. 因为 $EF' \parallel PM$，所以 $\angle BEF' = \angle BPM$，所以 $\triangle BPM \backsim \triangle BEF'$，所以 $\angle PBM = \angle EBF'$，所以 B、M、F' 共线.

因为 $OB = OF'$，所以 $\angle OBF' = \angle OF'B$.

因为 $MQ \parallel OF'$，所以 $\angle QMB = \angle OF'B = \angle OBM$，所以 $QB = QM$. 在矩形 $CQPM$ 中，$OP = QM$，所以 $OP = QB$.

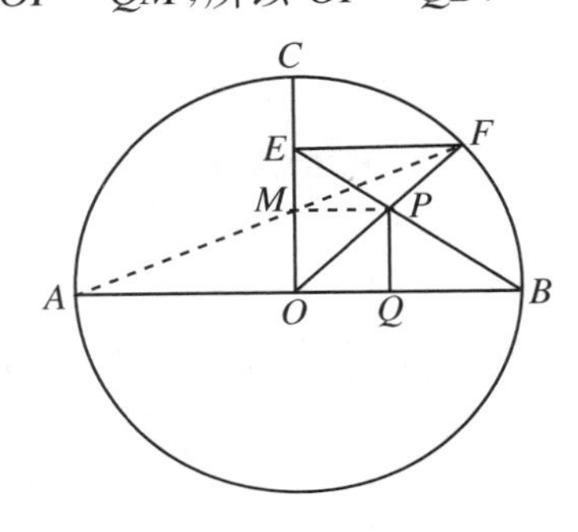

图 F1.4.4

分析 4 如图 F1.4.4 所示. 因为 $OB = OF$，OP、QB 各是它们的一部分，只要证出 $PF = OQ$ 即可. 作 $PM \perp OC$，垂足为 M. 由于 $OQPM$ 是矩形，所以 $MP = OQ$，这样，只需证 $\triangle PMF$ 是等腰三角形. 连 FA，则 $\triangle OAF$ 是等腰三角形. 因此只要证出 A、M、F 共线，则可由 $\triangle OAF$ 与 $\triangle PMF$ 的相似证出 $PM = PF$. A、M、F 共线的证明与证明 3 的方法基本相同.（证明略.）

［范例 5］ AB 是 $\odot O$ 的直径，AC 是切线，$AC = AB$. CO 交 $\odot O$ 于 D，BD 的延长线交 AC 于 E，则 $AE = CD$.

分析 1 AE 和 CD 间的联系不明显，必须设法把它们联系起来. 如图 F1.5.1 所示，连 AD，形成直径上的圆周角，这是常用的一种辅助线. 再作出 Rt$\triangle ADE$ 的斜边上的中线 DF，就可看出 $\angle 3 = \angle 1 = \angle 5 = \angle 2 = \angle 4$，所以 $\angle CDF = \angle ADE = 90^\circ$，进一步分析发现 Rt$\triangle CDF \backsim$ Rt$\triangle CAO$，可得到 $\dfrac{CD}{DF} = \dfrac{CA}{AO} = 2$，即 $CD = 2DF$. 这样，通过 $2DF$ 为媒介，证得了 $AE = CD$.

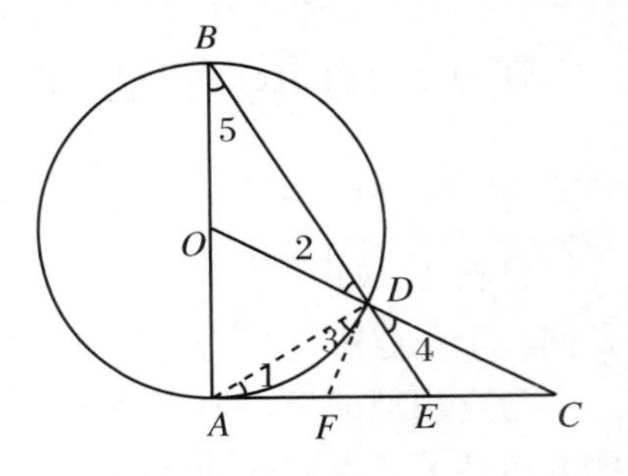

图 F1.5.1

证明 1 连 AD. 取 AE 的中点 F，连 DF. 因为 AB 是直径，所以 $\angle ADB = 90^\circ$，所以 DF 是 Rt$\triangle ADE$ 的斜边上的中线，所以 $2DF = AE$.

因为 AC 为 $\odot O$ 的切线，所以 $\angle 1 = \angle 5$. 又 $\angle 3 = \angle 1$，$\angle 5 = \angle 2 = \angle 4$，所以 $\angle 3 = \angle 4$，所以 $\angle CDF = \angle ADE = 90^\circ$.

由 Rt$\triangle CDF \backsim$ Rt$\triangle CAO$，知 $\dfrac{CD}{DF} = \dfrac{CA}{AO} = 2$，即 $2DF = CD$，所以 $AE = CD$.

分析 2 作出常用辅助线 AD 之后，不作 DF，可以通过计算的方法把 CD 和 AE 分别求出来. 设 $\odot O$ 的直径为 $2a$，则 $OA = OD = a$，$AC = 2a$. 在 Rt$\triangle CAO$ 中，由勾股定理可求出 $CD = (\sqrt{5} - 1)a$. 这样只需用 a 表示出 AE.

如证明1所证，$\angle 4=\angle 1$.可见 CD 是$\triangle ADE$ 的外接圆的切线，所以 $CE\cdot AC=CD^2$，即$(AC-AE)\cdot AC=CD^2$，把 $CD=(\sqrt{5}-1)a$，$AC=2a$ 代入，可求出 $AE=(\sqrt{5}-1)a$，所以 $AE=CD$.

这种计算法是证明等式或不等式的一种基本方法.(证明略.)

分析3 能否把 AE 和 CD 放在两个全等三角形的对应边的位置呢？这就需要添加一些形成三角形的辅助线.从已知条件看，AE 已经在 $\mathrm{Rt}\triangle ABE$ 中，又有 $AC=AB$.如图F1.5.2所示，以 AC 为直角边作一个 $\mathrm{Rt}\triangle ACF$（F 点在直线 BE 上），易知 A、D、C、F 共圆，所以$\angle 1=\angle 3$，$\angle 4=\angle 5$.又$\angle 1=\angle 2=\angle 6=\angle 4$，所以$\angle 3=\angle 4$，$\angle 2=\angle 5$.因此 $CD=CF$.又有 $\mathrm{Rt}\triangle ABE\cong\mathrm{Rt}\triangle CAF$，所以 $AE=CF$.最后得到 $AE=CD$.(证明略.)

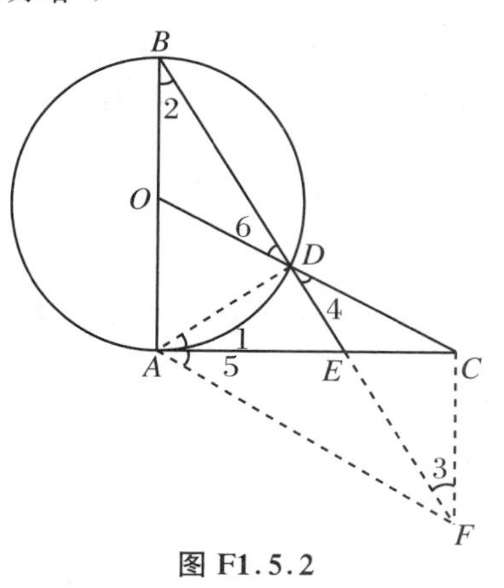

图 F1.5.2

[范例6] AB 是半圆的直径，弦 $CD\,/\!/\,AB$，BE 切半圆于B，直线 AD 交BE 于E，过 E 作直线AC 的垂线，垂足为 F，则 $AC=CF$.

分析1 本题有直径条件，因此可以作出常用辅助线，连 BC，如图F1.6.1所示.这样 $BC\,/\!/\,EF$.

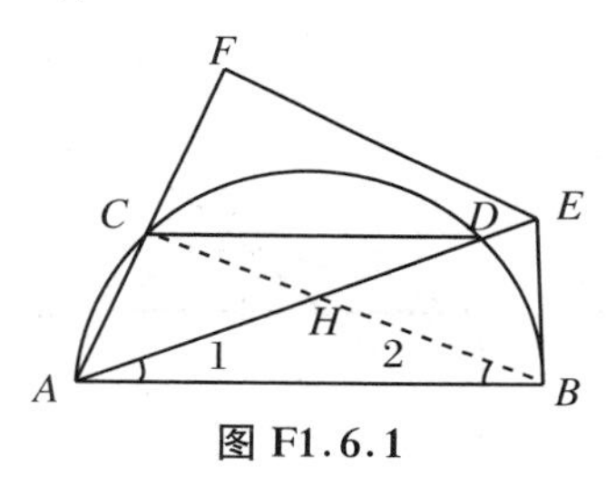

图 F1.6.1

设 BC 交 AE 于 H，若 $AC=CF$，则必有 $AH=HE$.也就是说，BH 应当恰是 $\mathrm{Rt}\triangle ABE$ 中斜边 AE 上的中线.注意到 $CD\,/\!/\,AB$ 的条件，可知 $\overset{\frown}{AC}=\overset{\frown}{BD}$，所以$\angle 1=\angle 2$，所以 $HA=HB$.容易看出$\angle AEB+\angle 1=90^\circ$，$\angle HBE+\angle 2=90^\circ$，所以$\angle AEB=\angle HBE$，所以 $HE=HB$.推理回去，命题得证.这种由结论逐步探讨结论的充要条件(实际上探讨结论的充分条件即可)最后实现证题的方法叫倒推分析法.(证明略.)

分析2 作出 BC 后，我们知道问题归结为证明 $AH=HE$.在此基础下，再作出平行截比辅助线 AM，使 $AM\,/\!/\,BC$，如图F1.6.2所示.这样只需证出 $BM=BE$.容易证出$\angle 1=\angle 2$，$\angle 2=\angle 3$.进一步由 $\mathrm{Rt}\triangle ABE\cong\mathrm{Rt}\triangle ABM$，命题得证.(证明略.)

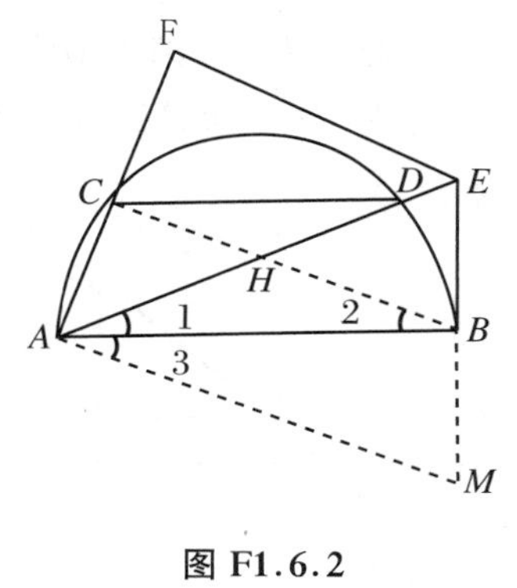

图 F1.6.2

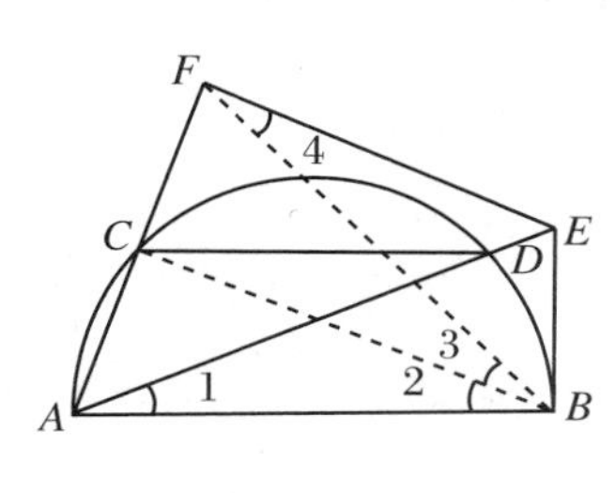

图 F1.6.3

分析3 仍然用倒推分析法.若 $AC=CF$，则 BC 是 AF 的中垂线，连 FB，如图F1.6.3所示.如能证出$\angle 2=\angle 3$，则可由 $\mathrm{Rt}\triangle BCA\cong\mathrm{Rt}\triangle BCF$ 完成证明.由 $BC\,/\!/\,EF$，有$\angle 3=\angle 4$，

由 A、B、E、F 共圆,有$\angle 1=\angle 4$,利用$\angle 1=\angle 2$,问题就解决了.(证明略.)

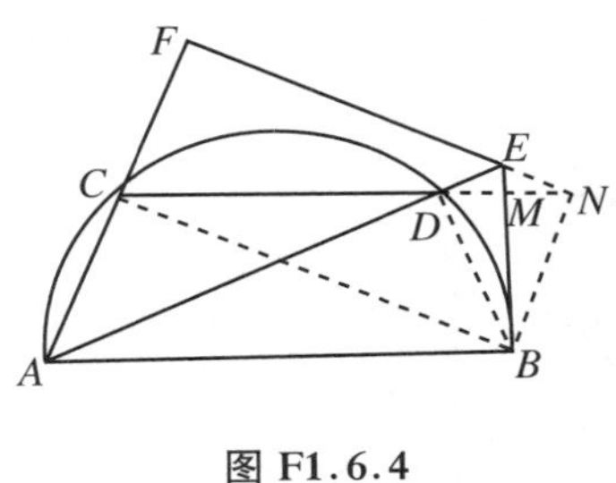

图 F1.6.4

分析 4 找一个线段为媒介,是证明线段相等的常用办法.为此作 $BN /\!/ AF$,交 CD 的延长线于N,如图 F1.6.4 所示,则 $ABNC$ 是平行四边形,所以 $AC=BN$.设 BE 交 CN 于M.连 BD、EN、BC,易证 $BD=BN$,由 Rt$\triangle BMD \cong$ Rt$\triangle BMN$,所以 $MD=MN$.这说明 BE 是DN 的中垂线,即 BE 是$BNED$ 的对称轴.由此推知$\angle BNE=\angle BDE=90^\circ$.

因为 $EN\perp BN$,$EF\perp AF$,$BN /\!/ AF$,所以 N、E、F 三点共线,即 $BNFC$ 是矩形,所以 $CF=BN$.

这样,BN 就充当了 AC 和CF 的媒介.(证明略.)

1.3 研 究 题

[**例 1**] 过线段 AB 的端点作AB 的垂线段AC、BD,设 O 为CD 的中点,则 $OA=OB$.

注 C、D 居于AB 的同侧和异侧时的证明过程相似,我们仅就 C、D 在AB 的异侧的情况给出证明.

证明 1(平行截比定理、线段中垂线的性质)

如图 Y1.1.1 所示,作 $OE\perp AB$ 于E,则 $AC /\!/ BD /\!/ OE$.由平行截比定理,$\dfrac{AE}{EB}=\dfrac{CO}{OD}=1$,所以 $AE=EB$,这说明 OE 是线段 AB 的中垂线,所以 $OA=OB$.

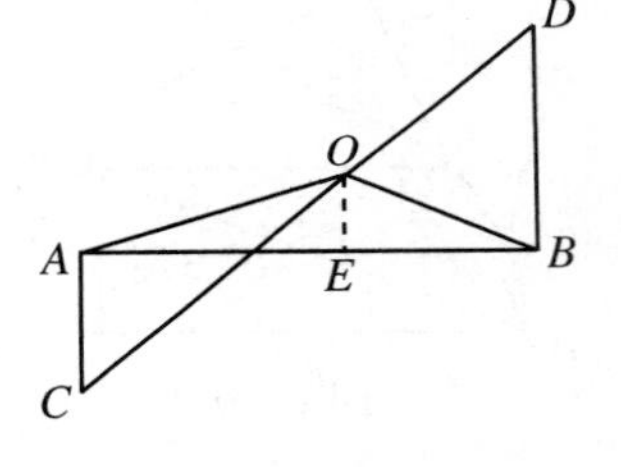

图 Y1.1.1

证明 2(三角形全等、斜边中线定理)

如图 Y1.1.2 所示,延长 AO,交 BD 于E.因为 $OC=OD$,$AC /\!/ DE$,所以$\triangle AOC\cong\triangle EOD$,所以 $AO=OE$,即 OB 是 Rt$\triangle ABE$ 的斜边上的中线,所以 $OA=OB$.

证明 3(三角形全等、矩形的性质)

如图 Y1.1.3 所示,过 O 作$EF /\!/ AB$,各交直线 CA、BD 于E、F,则 $EABF$ 是矩形,所以 $AE=BF$.易证 Rt$\triangle OEC\cong$Rt$\triangle OFD$,所以 $OE=OF$.再由 Rt$\triangle OEA\cong$Rt$\triangle OFB$,知 $OA=OB$.

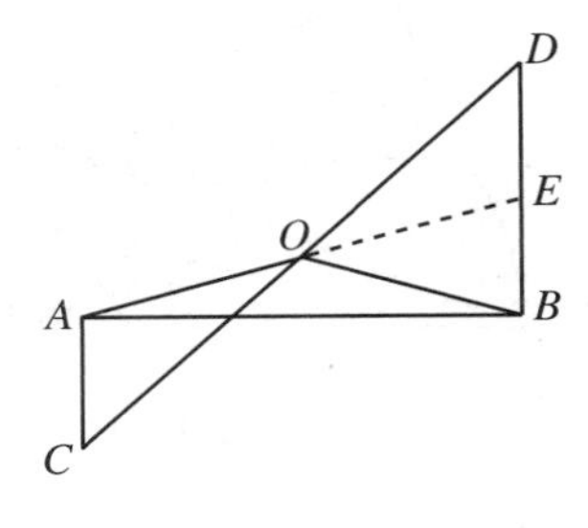

图 Y1.1.2

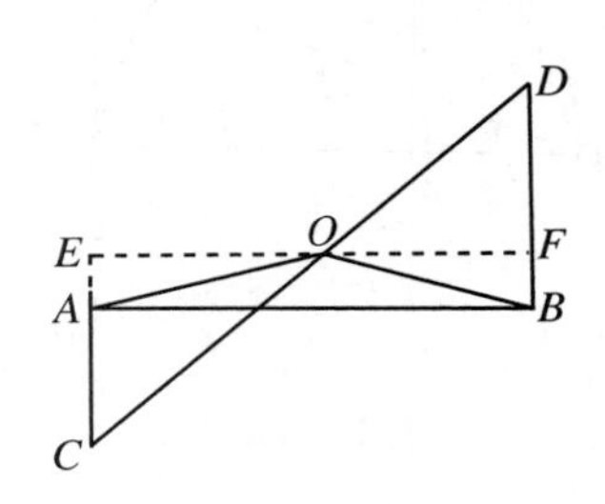

图 Y1.1.3

证明4(等腰梯形的性质、三角形的中位线)

如图Y1.1.4所示,延长CA到E,延长DB到F,使$AE=AC$,$BF=BD$.连ED、CF.易证$EDFC$是等腰梯形,$ED=CF$.

因为AO、OB分别是$\triangle CED$、$\triangle DCF$的中位线,所以$OA=\frac{1}{2}ED$,$OB=\frac{1}{2}CF$,所以$OA=OB$.

证明5(中线定理、勾股定理)

如图Y1.1.5所示,连AD、BC,AO、OB分别是$\triangle ACD$和$\triangle CDB$的中线.由中线定理,$AC^2+AD^2=2(AO^2+OD^2)$,$BC^2+BD^2=2(BO^2+OD^2)$.

在$\text{Rt}\triangle ABD$和$\text{Rt}\triangle ABC$中,由勾股定理,知$AC^2+AB^2=BC^2$,$AB^2+BD^2=AD^2$.

把BC^2、AD^2的式子代入中线定理的等式,易得$AO^2=BO^2$,所以$AO=OB$.

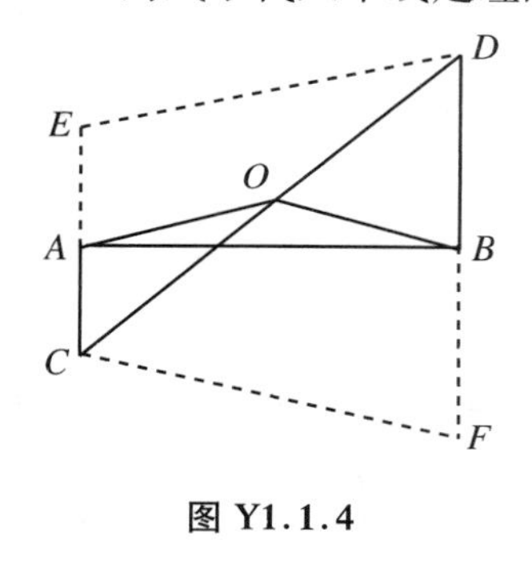

图Y1.1.4

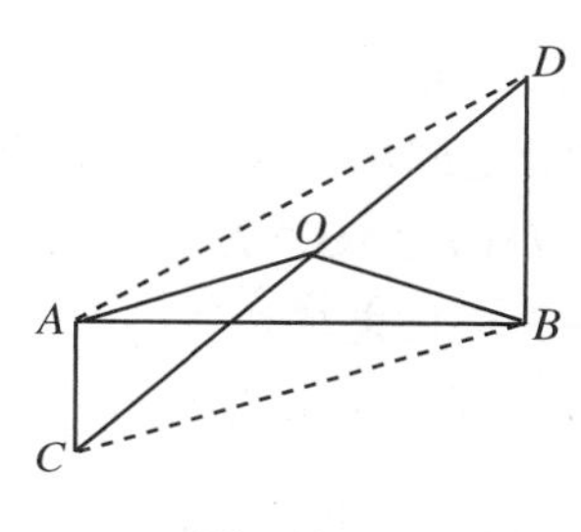

图Y1.1.5

证明6(三角法)

设$OC=OD=a$,$AC=m$,$BD=n$,$\angle ACO=\alpha$,则$\angle BDO=\alpha$.设$OA=x$,$OB=y$.

在$\triangle AOC$和$\triangle BOD$中,由余弦定理,$x^2=a^2+m^2-2am\cos\alpha$,$y^2=a^2+n^2-2an\cos\alpha$,所以$x^2-y^2=(m-n)\cdot(m+n-2a\cos\alpha)$.

作$CE/\!/AB$,交DB的延长线于E,如图Y1.1.6所示,则$DE=2a\cos\alpha=m+n$,可见$m+n-2a\cos\alpha=0$.

所以$x^2-y^2=0$,所以$x=y$,即$OA=OB$.

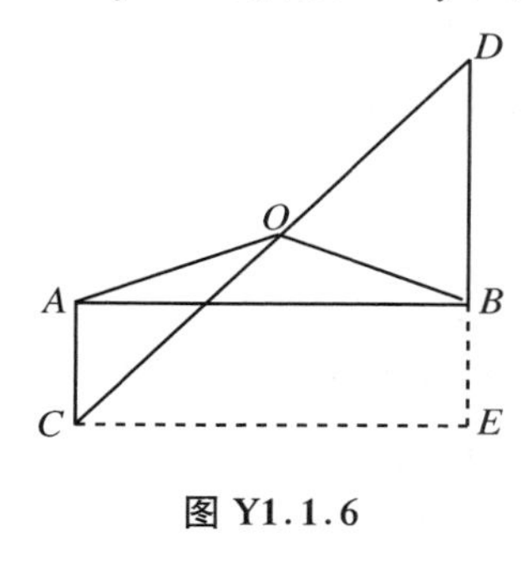

图Y1.1.6

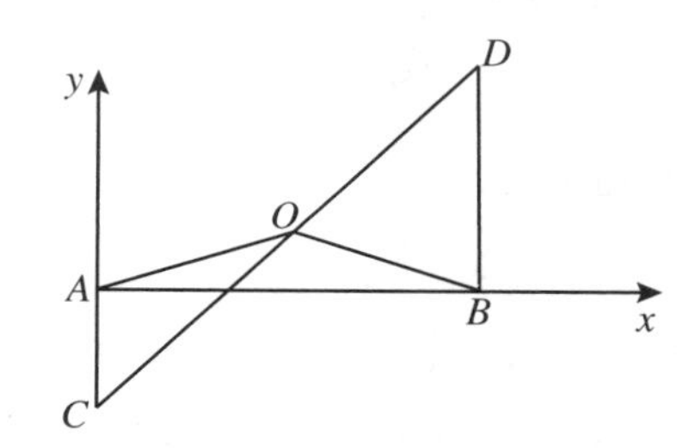

图Y1.1.7

证明7(解析法)

如图Y1.1.7,建立直角坐标系.

设$B(a,0)$,$C(0,m)$,$D(a,n)$,则O点坐标是$\left(\frac{a}{2},\frac{m+n}{2}\right)$,故

$$OA=\sqrt{\left(\frac{a}{2}\right)^2+\left(\frac{m+n}{2}\right)^2},\quad OB=\sqrt{\left(a-\frac{a}{2}\right)^2+\left(\frac{m+n}{2}\right)^2}.$$

所以 $OA = OB$.

说明 ① 本题是在 C、D 位于 AB 两侧的情况下证明的,容易验证,当 C、D 位于 AB 的同侧或有一点与 AB 的端点重合时,仍有同样的结论. ② 特例:若 A、C 重合,就推得直角三角形斜边中线定理.

[**例 2**] 在$\triangle ABC$ 中,$AB = AC$,D 为 AB 上的点,E 为 AC 的延长线上的点,DE 与 BC 交于 F,若 $BD = CE$,则 $DF = EF$.

证明 1(全等三角形、等腰三角形的性质)

如图 Y1.2.1 所示,作 $DG \parallel AC$,交 BC 于 G. 易证$\triangle DBG$ 是等腰三角形,所以 $DB = DG$,所以 $CE = DG$.

易证$\triangle DFG \cong \triangle EFC$,所以 $DF = EF$.

证明 2(直角三角形全等)

如图 Y1.2.2 所示,作 $DM \perp BC$,$EN \perp BC$,垂足各为 M、N. 因为 $BD = CE$,$\angle B = \angle NCE$,所以 $\text{Rt}\triangle BMD \cong \text{Rt}\triangle CNE$,所以 $DM = EN$.

易证 $\text{Rt}\triangle DMF \cong \text{Rt}\triangle ENF$,所以 $DF = EF$.

证明 3(平行截比定理)

如图 Y1.2.3 所示,作 $DP \parallel BC$,交 AC 于 P,$\triangle ADP$ 也是等腰三角形,$AD = AP$,所以 $BD = CP = CE$. 由平行截比定理,$\dfrac{DF}{EF} = \dfrac{CP}{CE} = 1$,所以 $DF = EF$.

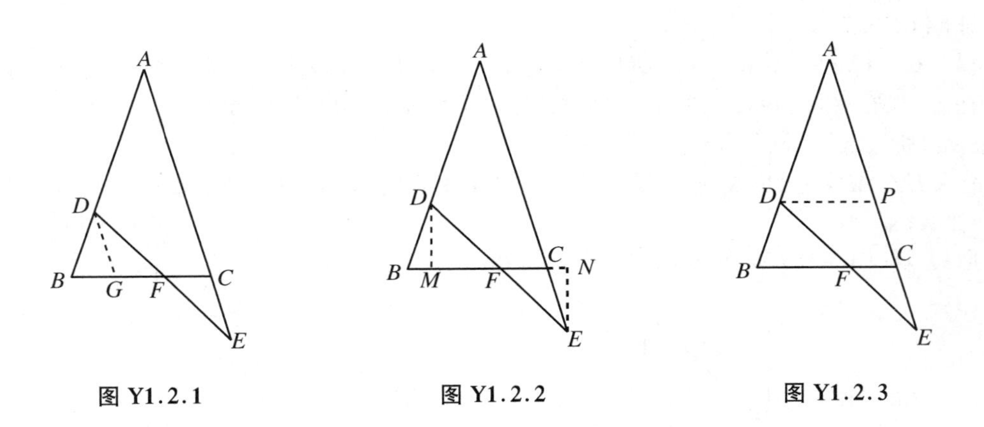

图 Y1.2.1　　图 Y1.2.2　　图 Y1.2.3

证明 4(面积法)

如图 Y1.2.4 所示,$\triangle DBF$ 和$\triangle CEF$ 有一对等角,且$\angle B = 180^\circ - \angle ECF$.

所以$\dfrac{S_{\triangle DBF}}{S_{\triangle CEF}} = \dfrac{DF \cdot BF}{EF \cdot CF} = \dfrac{BD \cdot BF}{CE \cdot CF} = \dfrac{BF}{CF}$,所以$\dfrac{DF}{EF} = 1$,即 $DF = EF$.

证明 5(平行四边形和等腰梯形的性质、媒介法)

如图 Y1.2.5 所示,作 $EG \parallel BC$,$FG \parallel AB$,设 EG、FG 交于 G,连 BG,则$\angle 3 = \angle CEG$,$\angle 1 = \angle 4 = \angle 2$. 因为$\angle 1 = \angle 3$,所以$\angle 2 = \angle CEG$,所以 $CEGF$ 为等腰梯形,所以 $CE = GF = BD$.

因为 $GF \mathrel{\underline{\parallel}} BD$,所以 $BDFG$ 为平行四边形. 因为 $EG \parallel BF$,$DF \mathrel{\underline{\parallel}} BG$,所以 $BFEG$ 为平行四边形,所以 $EF = BG = DF$.

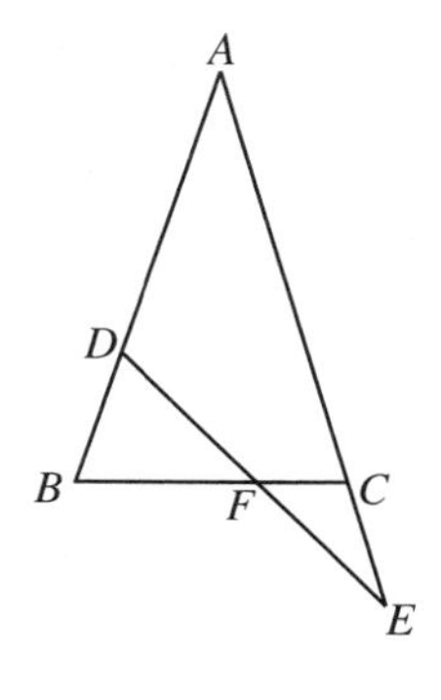

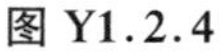
图 Y1.2.4

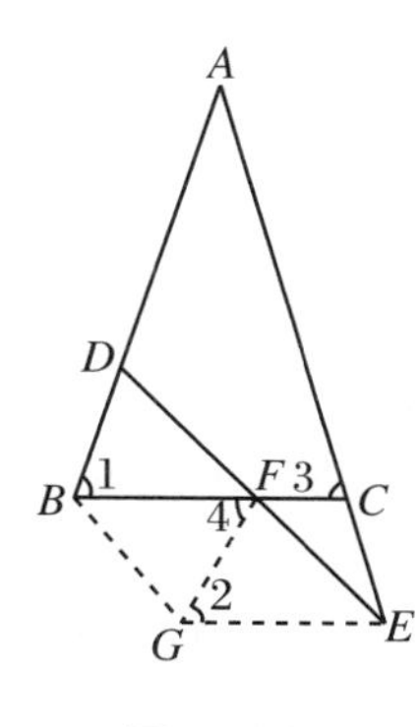

图 Y1.2.5

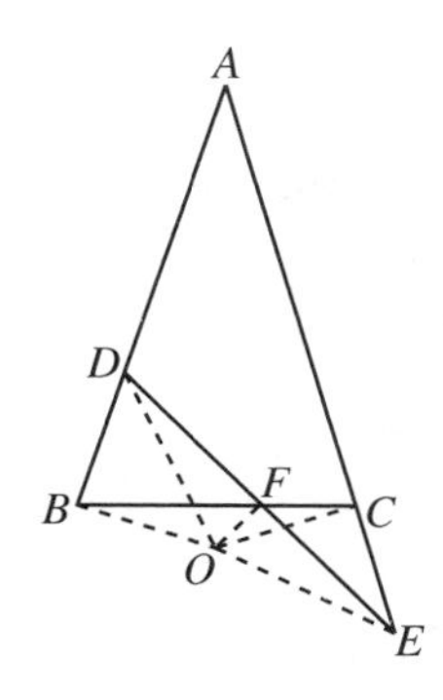

图 Y1.2.6

证明 6(三角形相似、共圆、等腰三角形的性质、对称法)

如图 Y1.2.6 所示,分别过 B、C 点作 AB、AC 的垂线,并设两垂线的交点为 O,连 OD、OF、OE.

由等腰三角形的轴对称性知 $OB=OC$. 因为 $BD=CE$,所以 $\mathrm{Rt}\triangle OBD\cong\mathrm{Rt}\triangle OCE$,所以$\angle BOD=\angle COE$,$OD=OE$,即$\triangle ODE$ 是等腰三角形.

所以$\angle BOD+\angle DOC=\angle BOC=\angle COE+\angle DOC=\angle DOE$,所以$\triangle DOE\backsim\triangle BOC$,所以$\angle OBF=\angle ODF$,所以 D、B、O、F 四点共圆,所以$\angle OFD=\angle OBD=90^\circ$,即 $OF\perp DE$.

在等腰$\triangle ODE$ 中,由三线合一定理,$DF=EF$.

证明 7(解析法)

如图 Y1.2.7 所示,建立直角坐标系.

设$\angle B=\alpha$,$BC=2a$,$BD=CE=b$,则 $B(-a,0)$,$C(a,0)$,$D(b\cos\alpha-a,b\sin\alpha)$,$E(b\cos\alpha+a,-b\sin\alpha)$. 设 DE 的中点为 F_1,由中点坐标公式,$F_1(b\cos\alpha,0)$.

另一方面,直线 EF 的方程为$\dfrac{y+b\sin\alpha}{2b\sin\alpha}=\dfrac{x-b\cos\alpha-a}{-2a}$,直线 BC 的方程为 $y=0$,由两直线求交点,又得 $F(b\cos\alpha,0)$.

由点、实数对的一一对应性知 F 与 F_1 重合,即 F 是 DE 的中点.

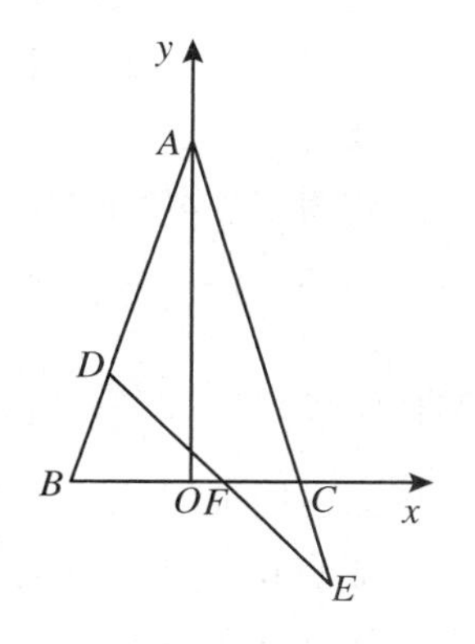

图 Y1.2.7

[例 3] 在$\triangle ABC$ 中,$\angle A=90^\circ$,$AD\perp BC$,CE 是$\angle C$ 的平分线,CE 交 AD 于 O,$OF/\!/BC$,交 AB 于 F,则 $AE=BF$.

证明 1(菱形和平行四边形的性质、媒介法)

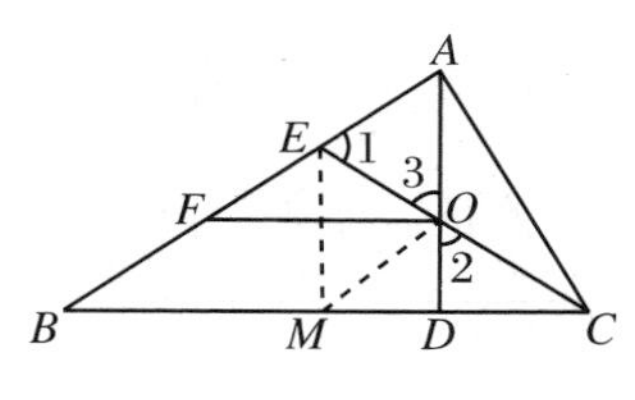

图 Y1.3.1

如图 Y1.3.1 所示,作 $EM/\!/AD$,交 BC 于 M. 连 OM,则 $EM\perp BC$.

因为 CE 是角平分线,所以 $EM=AE$. 在 $\mathrm{Rt}\triangle EAC$ 和 $\mathrm{Rt}\triangle ODC$ 中,$\angle 1+\dfrac{\angle C}{2}=90^\circ$,$\angle 2+\dfrac{\angle C}{2}=90^\circ$,所以$\angle 1=\angle 2=\angle 3$,所以 $AE=AO$,所以 $AO\underline{/\!/}EM$,所以 $AEMO$ 是菱形,所以 $AE\underline{/\!/}OM$.

因为 $FB/\!/OM$,$OF/\!/BM$,所以 $BMOF$ 是平行四边形,所以 $BF=OM$,所以 $AE=BF$.

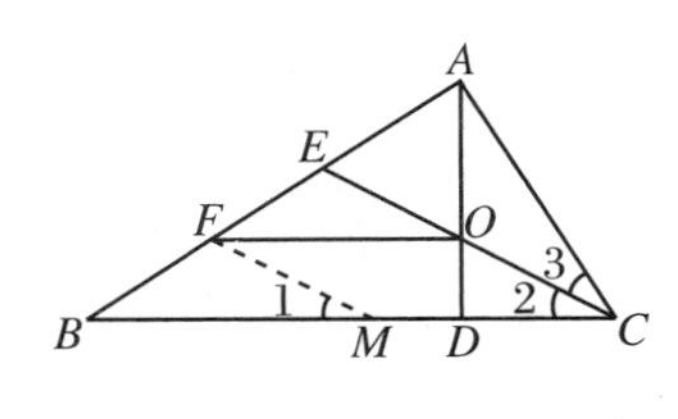

图 Y1.3.2

证明 2(三角形全等、平行四边形的性质、媒介法)

如图 Y1.3.2 所示,作 $FM /\!/ CE$,交 BC 于 M,则 $\angle 1 = \angle 2$.又因为 $\angle 2 = \angle 3$,故

$$\angle 1 = \angle 3, \quad ①$$

$$\angle CAO = 90^\circ - \angle BAD = \angle MBF. \quad ②$$

因为 $FMCO$ 为平行四边形,所以

$$OC = FM. \quad ③$$

由式①、式②、式③的结果,$\triangle BFM \cong \triangle AOC$,所以 $BF = AO$.

又如证明 1 所证,$AE = AO$,所以 $AE = BF$.

证明 3(直角三角形全等、矩形性质、媒介法)

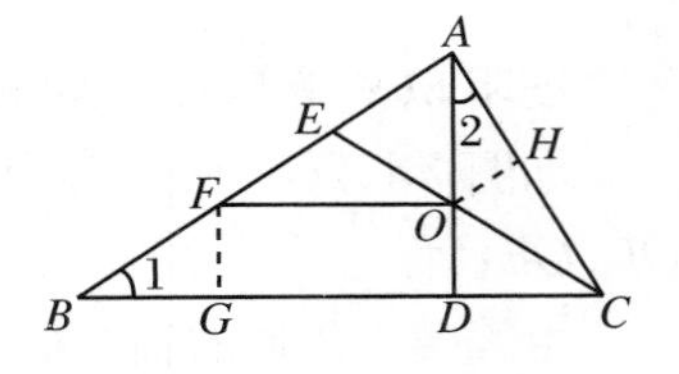

图 Y1.3.3

如图 Y1.3.3 所示,作 $OH \perp AC$,$FG \perp BC$,垂足分别为 H、G,则 $ODGF$ 是矩形,所以 $FG = OD$.因为 OC 是角平分线,所以 $OH = OD$,所以 $OH = FG$.因为 $\angle 1 = \angle 2$,所以 $\text{Rt}\triangle FGB \cong \text{Rt}\triangle OHA$,所以 $BF = OA$.

如证明 1 所证,$AE = OA$,所以 $AE = BF$.

证明 4(直角三角形全等、等量之差)

如图 Y1.3.4 所示,作 $EM \perp BC$,垂足为 M.如证明 1 所证,$AO = EM$.

因为 $\angle 1 = \angle 2$,所以 $\text{Rt}\triangle BME \cong \text{Rt}\triangle AOF$.

所以 $BE = AF$,所以 $AE = BF$.

证明 5(三角形相似、平行截比定理)

如图 Y1.3.5 所示.

因为 $\angle 1 = \angle 2$,$\angle 3 = \angle 4$,所以 $\triangle AOC \backsim \triangle BEC$,所以 $\dfrac{AO}{BE} = \dfrac{OC}{CE}$.因为 $OF /\!/ BC$,由平行截比定理,$\dfrac{OC}{CE} = \dfrac{BF}{BE}$,所以 $\dfrac{BF}{BE} = \dfrac{AO}{BE}$,所以 $BF = AO$.

以下同证明 1.

证明 6(利用圆周角、三角形全等)

如图 Y1.3.6 所示,作 $BP \perp CE$,垂足为 P,连 PA、PE、PF,则 B、P、A、C 共圆,所以 $\angle 1 = \angle 5$,$\angle 2 = \angle 4$.又 $\angle 1 = \angle 2$,所以 $\angle 4 = \angle 5$,所以 $PA = PB$.

因为 $OF /\!/ BC$,所以 $\angle 2 = \angle 3$,所以 $\angle 4 = \angle 3$,所以 A、P、F、O 共圆,所以 $\angle APF = 180^\circ - \angle AOF = 180^\circ - 90^\circ = 90^\circ$,所以 $\text{Rt}\triangle APF \cong \text{Rt}\triangle BPE$,所以 $AF = BE$,所以 $AE = BF$.

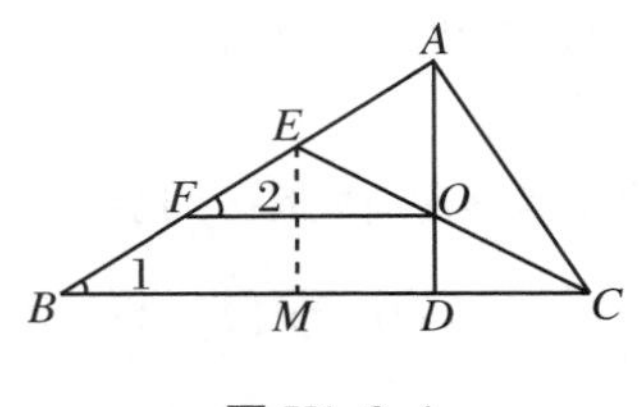

图 Y1.3.4

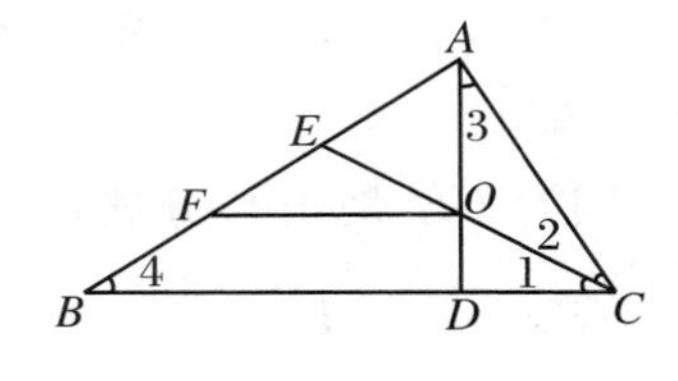

图 Y1.3.5

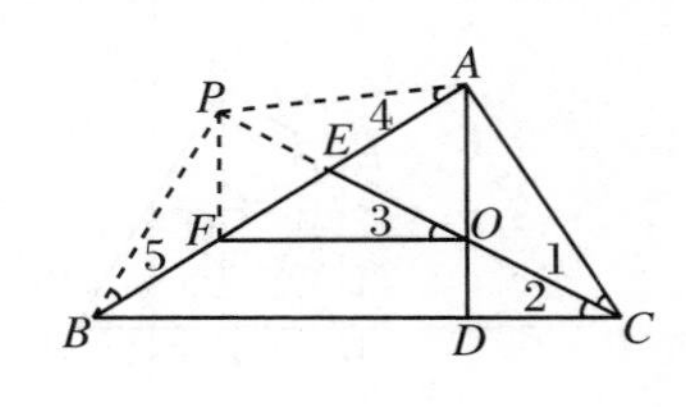

图 Y1.3.6

证明7(三角法)

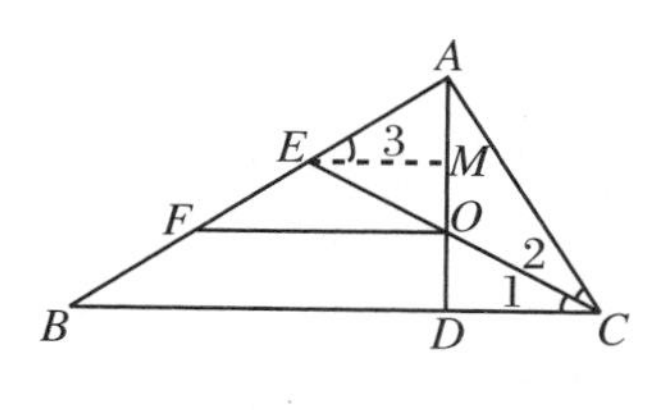

图 Y1.3.7

如图 Y1.3.7 所示,作 $EM\perp AD$,垂足为 M.设 $\angle C=2\alpha$,则 $\angle 3=\angle B=90^\circ-2\alpha$,$\angle 1=\angle 2=\alpha$.

在 Rt$\triangle AME$ 和 Rt$\triangle CAE$ 中,$AM=AC\cdot\tan\alpha\cdot\cos2\alpha$.

在 Rt$\triangle ADC$ 和 Rt$\triangle ODC$ 中,$OD=AC\cdot\tan\alpha\cdot\cos2\alpha$.

所以 $AM=OD$.

由平行截比定理,$\dfrac{AE}{BF}=\dfrac{AM}{OD}=1$,所以 $AE=BF$.

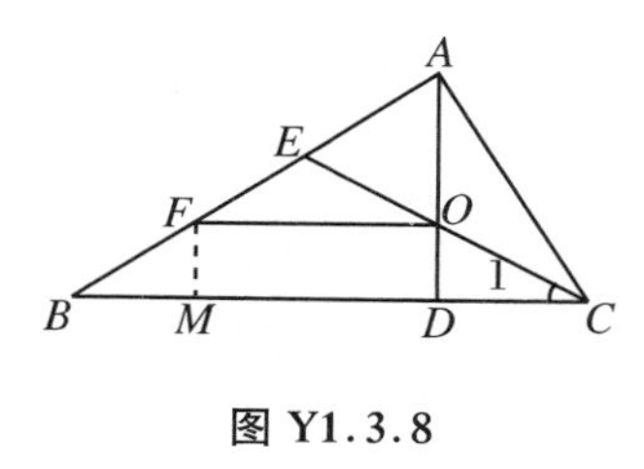

图 Y1.3.8

证明8(三角法)

如图 Y1.3.8 所示,作 $FM\perp BC$,垂足为 M.设 $\angle 1=\beta$,$\angle CAD=\angle B=\alpha$,则 $AE=AC\cdot\tan\beta$,$BF=\dfrac{FM}{\sin\alpha}=\dfrac{OD}{\sin\alpha}=\dfrac{DC\cdot\tan\beta}{\sin\alpha}=\dfrac{AC\cdot\sin\alpha\tan\beta}{\sin\alpha}=AC\cdot\tan\beta$.

所以 $AE=BF$.

[例4] 在$\triangle ABC$中,AM是BC边的中线,AD是$\angle A$的平分线,过M作AD的平行线,分别交直线AB、AC于E、F,则 $BE=CF=\dfrac{1}{2}(AB+AC)$.

证明1(媒介法、角平分线、平行四边形的性质)

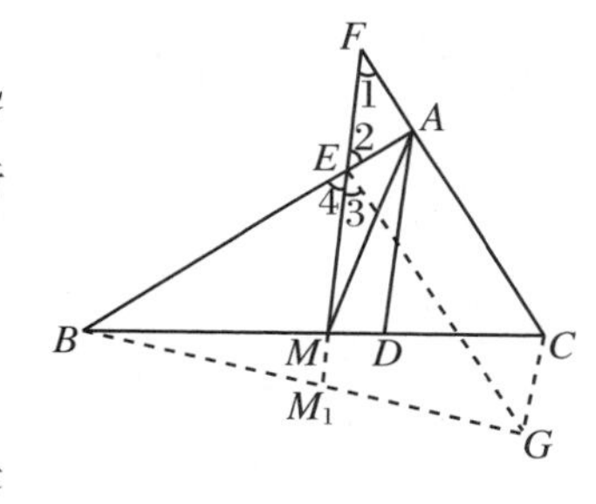

图 Y1.4.1

如图 Y1.4.1 所示,作 $EG\parallel AC$,$CG\parallel AD$,设 EG、CG 的交点为 G.连 BG,延长 EM,交 BG 于 M_1,则 $CGEF$ 是平行四边形,所以 $EG\mathrel{\underline{\parallel}}CF$,$\angle 1=\angle 3$.

因为 $AD\parallel EF$,所以$\angle 1=\angle DAC$,$\angle 2=\angle EAD$.

因为$\angle DAC=\angle EAD$,所以$\angle 1=\angle 2$,所以 $AE=AF$.

因为$\angle 2=\angle 4$,$\angle 1=\angle 3$,所以$\angle 3=\angle 4$,即 EM_1 是$\angle BEG$的角平分线.

因为 $MM_1\parallel CG$,M是BC的中点,由中位线逆定理,M_1 是 BG 的中点,即 EM_1 又是$\triangle EBG$中BG边的中线.由三线合一的逆定理,$\triangle EBG$是等腰三角形,所以 $BE=EG$,故 $BE=CF$,于是

$$BE+CF=(AB-AE)+(AC+AF)=AB+AC,$$

$$BE=CF=\frac{1}{2}(AB+AC).$$

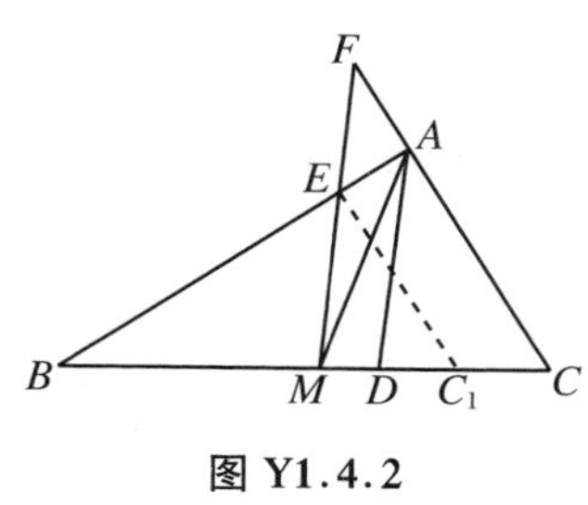

图 Y1.4.2

证明2(角平分线性质定理、三角形相似)

如图 Y1.4.2 所示,作 $EC_1\parallel AC$,交 BC 于 C_1.

由$\triangle MCF\backsim\triangle MC_1E$,$\dfrac{CF}{C_1E}=\dfrac{CM}{C_1M}$.

易证 EM 是$\angle BEC_1$的平分线.由角平分线性质定理,$\dfrac{BE}{C_1E}=\dfrac{BM}{C_1M}$.

在上面两个等式中,注意到 $BM=CM$,所以 $BE=CF$.以下同证明1.

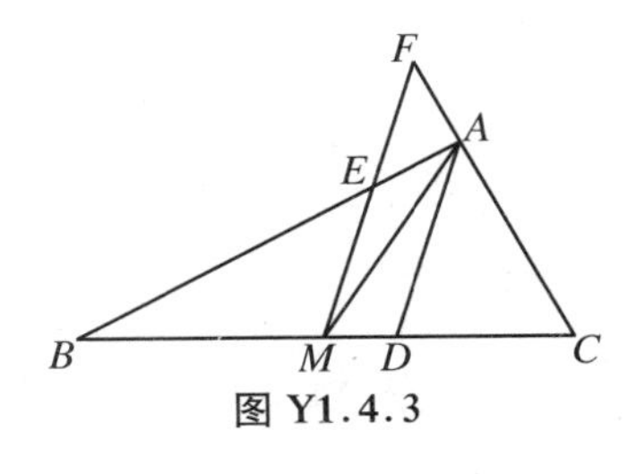

图 Y1.4.3

证明 3(平行截比定理、角平分线的性质)

如图 Y1.4.3 所示,由 $MF /\!/ AD$ 知$\dfrac{CF}{CM}=\dfrac{CA}{CD}$,$\dfrac{BE}{BM}=\dfrac{BA}{BD}$.把两个等式相除,并以 $BM=CM$ 代入,得$\dfrac{CF}{BE}=\dfrac{CA\cdot BD}{CD\cdot BA}$.

在$\triangle ABC$ 中,由角平分线的性质,$\dfrac{CA}{AB}=\dfrac{CD}{BD}$,所以$\dfrac{CF}{BE}=1$,所以 $CF=BE$.以下同证明 1.

证明 4(等腰三角形、三角形中位线定理)

如图 Y1.4.4 所示,作 $MG /\!/ AC$,交 AB 于 G,作 $MH /\!/ AB$,交 AC 于 H.由中位线定理,$MG=\dfrac{1}{2}AC$,$MH=\dfrac{1}{2}AB$.

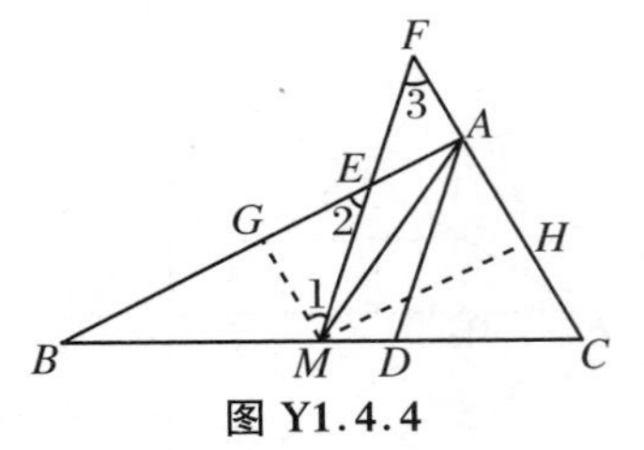

图 Y1.4.4

因为 $MG /\!/ AC$,所以$\angle 1=\angle 3=\angle DAC$,$\angle 2=\angle DAB$.因为$\angle DAB=\angle DAC$,所以$\angle 1=\angle 2$,所以 $GM=GE$.同理可证 $MH=HF$,所以

$$BE=BG+GE=\frac{1}{2}AB+\frac{1}{2}AC=\frac{1}{2}(AB+AC),$$

$$CF=CH+HF=\frac{1}{2}AC+\frac{1}{2}AB=\frac{1}{2}(AC+AB).$$

证明 5(平行截比定理、等腰三角形)

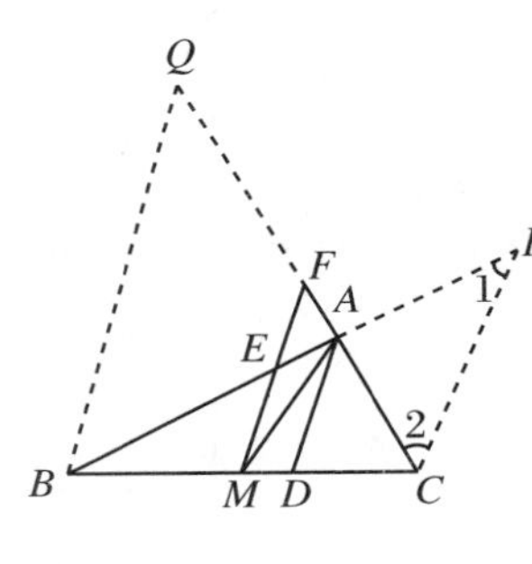

图 Y1.4.5

如图 Y1.4.5 所示,作 $CP /\!/ FM$,交 BA 的延长线于 P.因为$\angle 1=\angle BAD=\angle DAC=\angle 2$,所以 $AC=AP$,所以 $BP=AB+AC$.因为 M 为 BC 的中点,$ME /\!/ CP$,所以 E 为 BP 的中点,所以 $BE=\dfrac{1}{2}BP=\dfrac{1}{2}(AB+AC)$.

同理,若作 $BQ /\!/ FM$,交 CF 的延长线于 Q,又有 $CF=\dfrac{1}{2}CQ=\dfrac{1}{2}(AB+AC)$.

证明 6(三点共线的 Menelaus 定理)

如图 Y1.4.6 所示,在$\triangle ABC$ 中,M、E、F 共线,所以$\dfrac{BM}{MC}\cdot\dfrac{CF}{FA}\cdot\dfrac{AE}{EB}=1$.由 $BM=MC$ 并结合证明 1 的结果 $AE=AF$,代入上式得 $CF=EB$.以下同证明 1.

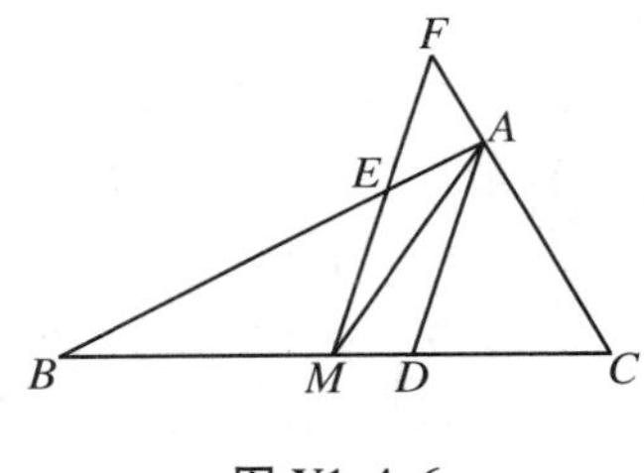

图 Y1.4.6

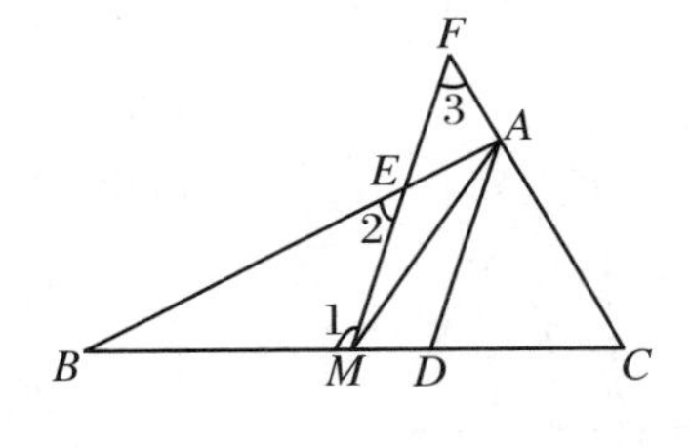

图 Y1.4.7

证明 7(三角法)

如图 Y1.4.7 所示,在$\triangle BME$ 和$\triangle CFM$ 中,由正弦定理,分别有$\dfrac{BE}{\sin\angle 1}=\dfrac{BM}{\sin\angle 2}$,

$\frac{CF}{\sin(180^\circ-\angle 1)}=\frac{CM}{\sin\angle 3}$. 因为$\angle 2=\angle BAD=\angle DAC=\angle 3$，$BM=CM$，代入上面两等式，即$BE=CF$. 以下同前面的方法.

证明8（面积法）

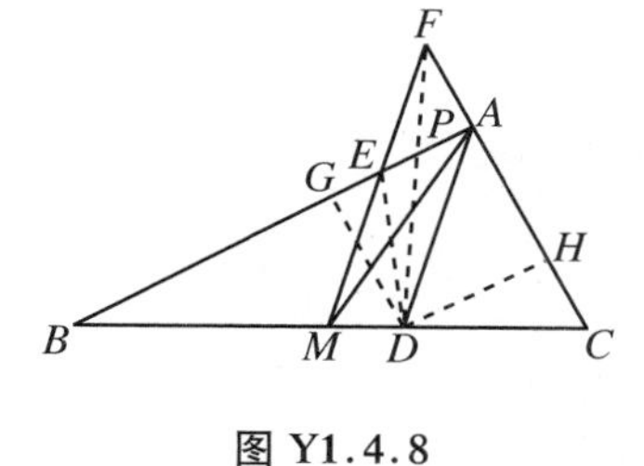

图 Y1.4.8

如图 Y1.4.8 所示，作$DG\perp AB$，$DH\perp AC$，垂足分别是G、H. 连ED、FD，设FD交AB于P. 因为M为BC的中点，所以$S_{\triangle ABM}=S_{\triangle AMC}=\frac{1}{2}S_{\triangle ABC}$. 因为$FM/\!/AD$，所以

$$S_{\triangle AEM}=S_{\triangle DEM},\quad S_{\triangle EDA}=S_{\triangle DAF},$$

所以

$$S_{\triangle BDE}=S_{\triangle BME}+S_{\triangle EDM}=S_{\triangle BME}+S_{\triangle EAM}=S_{\triangle ABM}=\frac{1}{2}S_{\triangle ABC}.$$

所以$S_{EACD}=\frac{1}{2}S_{\triangle ABC}$，即

$$S_{\triangle EDA}+S_{\triangle ADC}=S_{\triangle DAF}+S_{\triangle ADC}=S_{\triangle FDC}=\frac{1}{2}S_{\triangle ABC}.$$

所以$S_{\triangle BDE}=S_{\triangle FDC}$，所以$\frac{1}{2}BE\cdot DG=\frac{1}{2}CF\cdot DH$. 因为$AD$是角平分线，所以$DG=DH$，所以$BE=CF$. 以下同前面的方法.

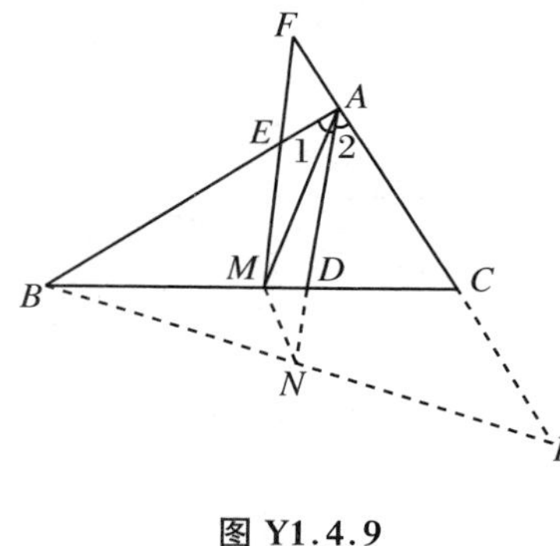

图 Y1.4.9

证明9（作角平分线的垂线）

如图 Y1.4.9 所示，作$BP\perp AD$，交直线AC于P，交直线AD于N，连MN. 因为AD是角平分线，所以AD是BP的中垂线. 由此知MN是$\triangle BCP$的中位线，$MN \underline{\underline{/\!/}} \frac{1}{2}CP$. 因为$MF/\!/AN$，所以$ANMF$是平行四边形，所以$MN=AF$. 注意到$\angle AFE=\angle 2=\frac{1}{2}\angle BAC=\angle 1=\angle AEF$，所以$AE=AF$，所以$CP=2MN=2AF=2AE$，所以$CF=AC+AF=AP-AF=AB-AE=BE$.

［例5］ D是$\triangle ABC$中$\angle A$的平分线上任一点，连BD、DC，作$CE/\!/DB$，$BF/\!/DC$，设CE、BF分别与AB、AC的延长线交于E、F，则$BE=CF$.

证明1（平行截比定理、角平分线的性质）

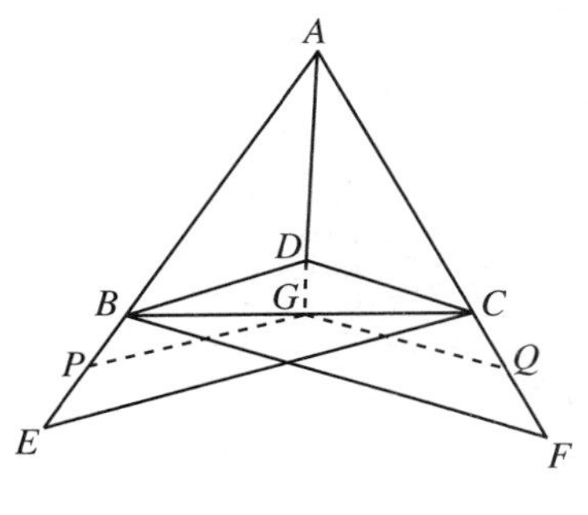

图 Y1.5.1

如图 Y1.5.1 所示，延长AD，交BC于G. 作$GP/\!/BD$，$GQ/\!/DC$，分别交BE、CF于P、Q. 由平行截比定理，有

$$\frac{BP}{BE}=\frac{BG}{BC},\qquad ①$$

$$\frac{CQ}{CF}=\frac{CG}{BC},\qquad ②$$

$$\frac{BP}{AB}=\frac{DG}{AD}=\frac{CQ}{AC}\Rightarrow\frac{BP}{CQ}=\frac{AB}{AC}.\qquad ③$$

由式①÷式②，得

$$\frac{BP}{CQ}\cdot\frac{CF}{BE}=\frac{BG}{CG}.\qquad ④$$

由角平分线的性质，有

$$\frac{AB}{AC}=\frac{BG}{GC}.\qquad ⑤$$

把式③、式⑤代入式④，则有 $BE=CF$.

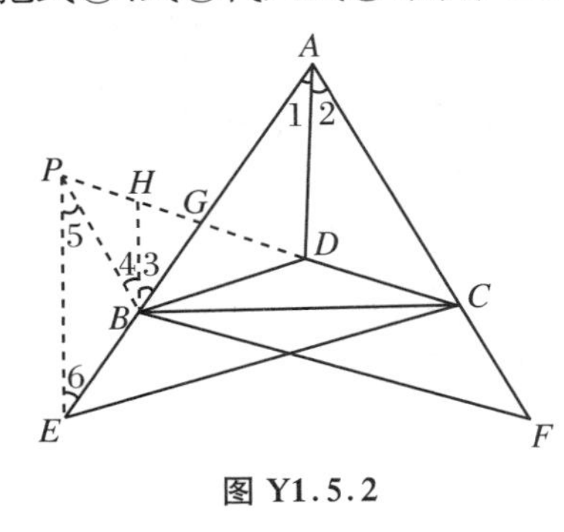

图 Y1.5.2

证明 2（平移法、三角形相似）

如图 Y1.5.2 所示，作 $BP \mathrel{\underline{\parallel}} CF$，连 CP，设 CP 交 AB 于 G. 连 PE. 作 $BH/\!/AD$，交 PC 于 H. 因为 $BP \mathrel{\underline{\parallel}} CF$，所以 $BFCP$ 是平行四边形，所以 $CP/\!/FB$. 又 $CD/\!/FB$，所以 C、D、P 三点共线. 由 $\angle 3+\angle 4=\angle 1+\angle 2$，$\angle 3=\angle 1$，$\angle 1=\angle 2$，所以 $\angle 3=\angle 4$. 因为 $\triangle BHG\backsim\triangle ADG$，$\triangle BPH\backsim\triangle ACD$，所以 $\frac{HG}{GD}=\frac{BH}{AD}$，$\frac{PH}{DC}=\frac{BH}{AD}$，所以 $\frac{HG}{PH}=\frac{GD}{DC}$. 因为 $BD/\!/EC$，由平行截比定理，$\frac{GD}{DC}=\frac{GB}{BE}$，所以 $\frac{HG}{PH}=\frac{GB}{BE}$，所以 $BH/\!/PE$，所以 $\angle 5=\angle 4=\angle 3=\angle 6$，所以 $PB=BE$. 又 $PB=CF$，所以 $BE=CF$.

证明 3（平行截比定理、相似三角形）

如图 Y1.5.3 所示，延长 AD，分别交 BC、CE、BF 于 P、G、H. 由平行截比定理，$\frac{AB}{BE}=\frac{AD}{DG}$，$\frac{AC}{CF}=\frac{AD}{DH}$. 因此

$$\frac{AB\cdot CF}{AC\cdot BE}=\frac{DH}{DG}.\qquad ①$$

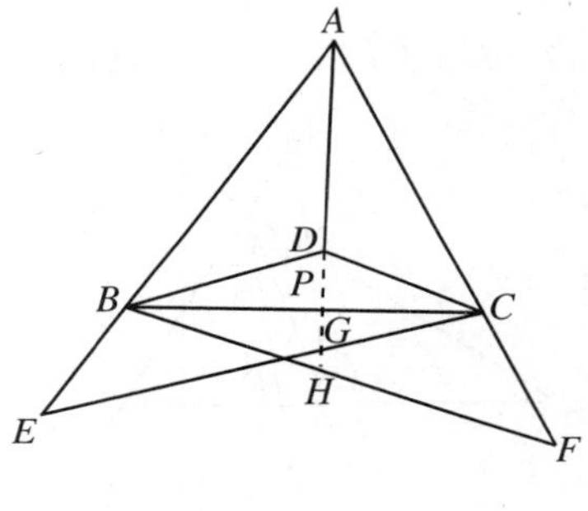

图 Y1.5.3

由 $\triangle CDG\backsim\triangle BHD$，$\triangle BDP\backsim\triangle CGP$，知

$$\frac{DH}{DG}=\frac{BD}{CG},\quad \frac{BD}{CG}=\frac{BP}{PC}.$$

由角平分线的性质，$\frac{BP}{PC}=\frac{AB}{AC}$，所以

$$\frac{DH}{DG}=\frac{AB}{AC}.\qquad ②$$

由式①、式②立得 $BE=CF$.

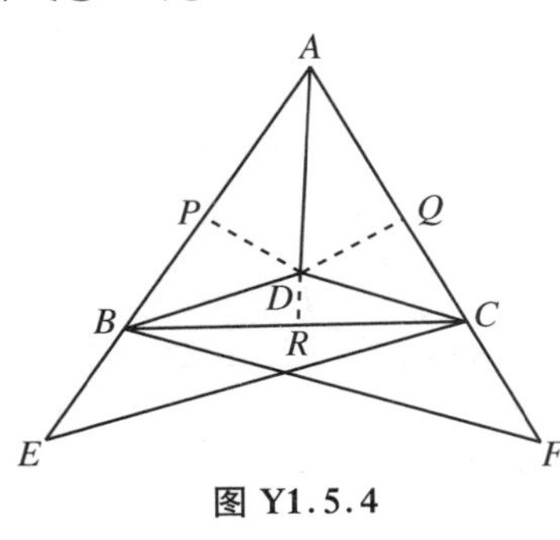

图 Y1.5.4

证明 4（三角法）

如图 Y1.5.4 所示，从 D 分别作 AB、BC、CA 的垂线 DP、DR、DQ，垂足分别为 P、R、Q.

设 $DR=h_1$，$DP=h_2$，$DQ=h_3$，$\angle DBC=\angle BCE=\alpha_1$，$\angle ABD=\angle AEC=\alpha_2$，$\angle DCB=\angle CBF=\beta_1$，$\angle ACD=\angle AFB=\beta_2$. 在 $\triangle BCE$ 和 $\triangle BCF$ 中，由正弦定理，有

$$\frac{BE}{BC}=\frac{\sin\alpha_1}{\sin\alpha_2},\quad \frac{CF}{BC}=\frac{\sin\beta_1}{\sin\beta_2}.$$

因为

$$\sin\alpha_1=\frac{h_1}{BD},\quad \sin\alpha_2=\frac{h_2}{BD},\quad \sin\beta_1=\frac{h_1}{CD},\quad \sin\beta_2=\frac{h_3}{CD},$$

所以

$$\frac{\sin\alpha_1}{\sin\alpha_2}=\frac{h_1}{h_2},\quad \frac{\sin\beta_1}{\sin\beta_2}=\frac{h_1}{h_3}.$$

因为 AD 是角平分线，所以 $h_2=h_3$，所以$\frac{\sin\alpha_1}{\sin\alpha_2}=\frac{\sin\beta_1}{\sin\beta_2}$，所以$\frac{BE}{BC}=\frac{CF}{BC}$，所以 $BE=CF$.

证明 5(面积法)

如图 Y1.5.5 所示，连 DE、DF，则 $S_{\triangle BEC}=S_{\triangle CDE}$，$S_{\triangle BCF}=S_{\triangle BDF}$.

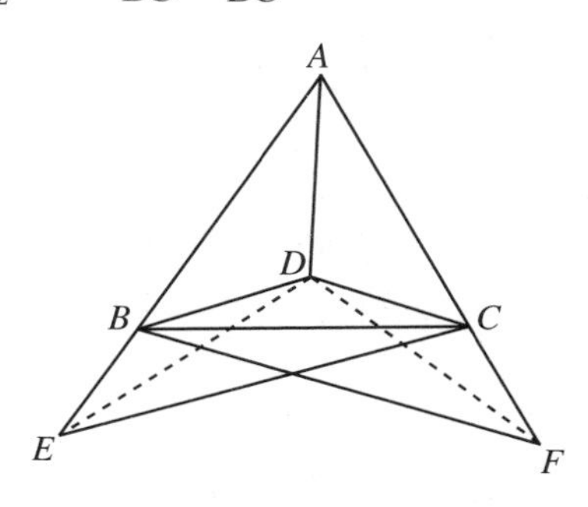

图 Y1.5.5

因为$\angle DBF=\angle DCE$，所以

$$\frac{S_{\triangle CDE}}{S_{\triangle BDF}}=\frac{DC\cdot CE}{BD\cdot BF}. \quad ①$$

设在$\triangle ABC$ 中，AB、AC 上的高分别为 h_c、h_b，则

$$\frac{S_{\triangle BEC}}{S_{\triangle BCF}}=\frac{\frac{1}{2}BE\cdot h_c}{\frac{1}{2}CF\cdot h_b}. \quad ②$$

因为 $S_{\triangle ABC}=\frac{1}{2}AB\cdot h_c=\frac{1}{2}AC\cdot h_b$，所以

$$\frac{h_c}{h_b}=\frac{AC}{AB}. \quad ③$$

由式①、式②、式③，有

$$\frac{DC\cdot CE}{BD\cdot BF}=\frac{BE\cdot AC}{CF\cdot AB}. \quad ④$$

再由下列四对有等角的三角形面积的比：

$$\frac{S_{\triangle ADC}}{S_{\triangle ABF}}=\frac{AC\cdot DC}{AF\cdot BF},\quad \frac{S_{\triangle ABD}}{S_{\triangle AEC}}=\frac{AB\cdot BD}{AE\cdot EC},$$

$$\frac{S_{\triangle AEC}}{S_{\triangle ABF}}=\frac{AC\cdot AE}{AB\cdot AF},\quad \frac{S_{\triangle ADC}}{S_{\triangle ADB}}=\frac{AD\cdot AC}{AD\cdot AB},$$

得

$$\begin{aligned}\frac{S_{\triangle ADC}\cdot S_{\triangle AEC}}{S_{\triangle ABF}\cdot S_{\triangle ABD}}&=\frac{AC\cdot DC\cdot AE\cdot CE}{AF\cdot BF\cdot AB\cdot BD}=\frac{(DC\cdot EC)(AC\cdot AE)}{(BD\cdot BF)(AF\cdot AB)}\\&=\frac{S_{\triangle ADC}}{S_{\triangle ABD}}\cdot\frac{S_{\triangle AEC}}{S_{\triangle ABF}}=\frac{(AD\cdot AC)\cdot(AC\cdot AE)}{(AD\cdot AB)\cdot(AB\cdot AF)}\\&=\frac{AC}{AB}\cdot\frac{AC\cdot AE}{AB\cdot AF}.\end{aligned}$$

所以

$$\frac{AC}{AB}=\frac{DC\cdot EC}{BD\cdot BF}. \quad ⑤$$

由式④、式⑤立得 $BE=CF$.

证明 6(三线共点的 Ceva 定理)

如图 Y1.5.6 所示，延长 BD，交 AC 于P，延长 CD，交 AB 于Q，延长 AD，交 BC 于M.

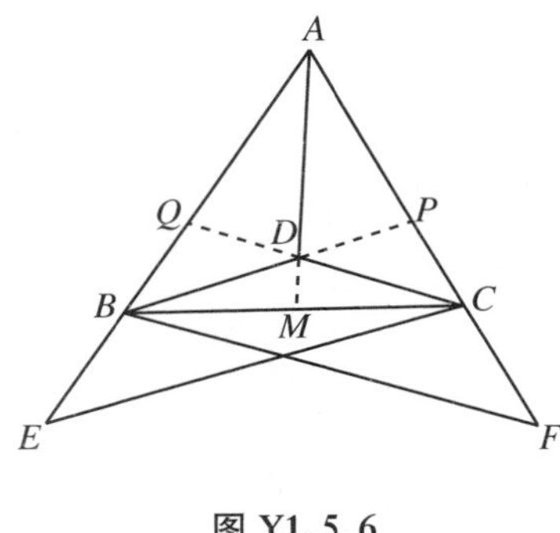

图 Y1.5.6

由平行截比定理，$\dfrac{BE}{AB}=\dfrac{PC}{AP}$，$\dfrac{CF}{BQ}=\dfrac{AC}{AQ}$，所以 $BE=\dfrac{AB\cdot PC}{AP}$，$CF=\dfrac{AC\cdot BQ}{AQ}$，所以

$$\frac{BE}{CF}=\frac{AB\cdot AQ\cdot PC}{AC\cdot PA\cdot BQ}. \quad ①$$

由角平分线的性质，$\dfrac{AB}{AC}=\dfrac{BM}{MC}$，式①成为

$$\frac{BE}{CF}=\frac{AQ\cdot PC\cdot BM}{PA\cdot BQ\cdot MC}. \quad ②$$

因为 AM、BP、CQ 三线共点，由 Ceva 定理，有

$$\frac{AQ\cdot BM\cdot PC}{QB\cdot MC\cdot PA}=1. \quad ③$$

由式②、式③立得 $BE=CF$.

［例 6］ 在▱$ABCD$ 中，E、F 分别为 BC、CD 的中点，AE、AF 分别交 BD 于 P、Q，则 $BP=PQ=QD$.

证明 1（三角形相似）

如图 Y1.6.1 所示，由于△QDF∽△QBA，所以 $\dfrac{DQ}{BQ}=\dfrac{DF}{AB}=\dfrac{1}{2}$，所以 $DQ=\dfrac{1}{2}BQ=\dfrac{1}{3}BD$.

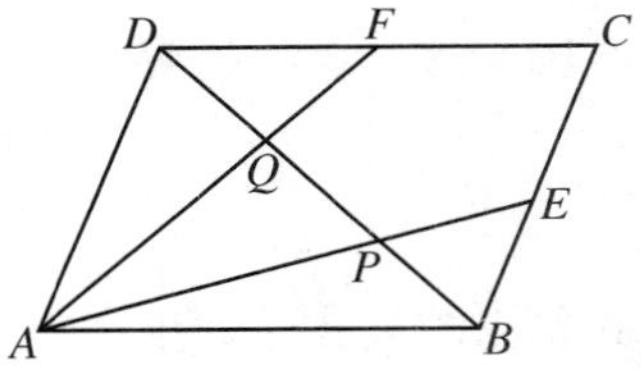

图 Y1.6.1

同理可知 $BP=\dfrac{1}{3}BD$.

所以 $BP=PQ=QD$.

证明 2（三角形全等、平行截比定理）

如图 Y1.6.2 所示，连 FE 并延长，交 AB 的延长线于 M. 由△ECF≌△EBM，所以 $EF=EM$.

在△AFM 中，由平行截比定理，$\dfrac{QP}{PB}=\dfrac{EF}{EM}=1$，所以 $QP=PB$.

同理可证 $QP=DQ$，所以 $DQ=QP=PB$.

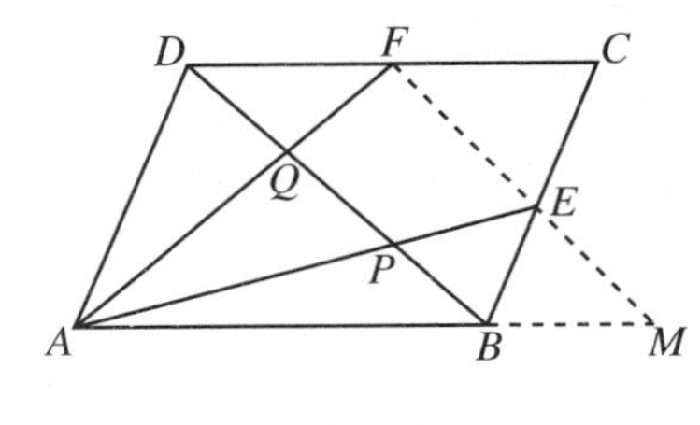

图 Y1.6.2

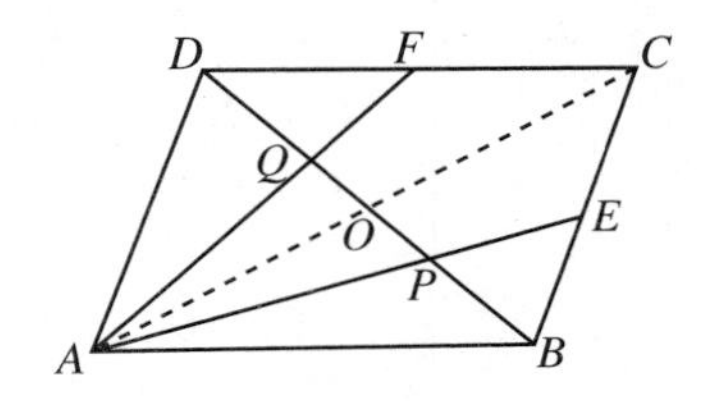

图 Y1.6.3

证明 3（重心的性质）

如图 Y1.6.3 所示，连 AC，交 BD 于 O，则 $OA=OC$，$OB=OD$.

在△ACD 中，DO、AF 是两条中线，DO、AF 交于 Q，所以 Q 为△ACD 的重心，所以 $DQ=2OQ$，所以 $DQ=\dfrac{2}{3}OD=\dfrac{1}{3}BD$.

同理 $BP=\frac{1}{3}BD$，所以 $DQ=QP=PB$.

证明4（三角形中位线定理、平行截比定理）

如图 Y1.6.4 所示，连 EF，EF 是 $\triangle CBD$ 的中位线，$EF \mathrel{\underline{\underline{\parallel}}} \frac{1}{2}BD$，连 AC，设 AC 交 BD、EF 于 O、M.

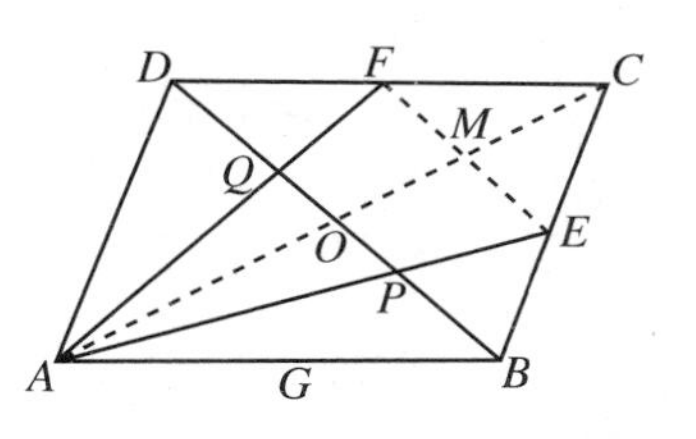

图 Y1.6.4

由平行截比定理，$\frac{CM}{MO}=\frac{CE}{EB}=1$，所以 $CM=MO$.

由 $\triangle APQ \backsim \triangle AEF$，知 $\frac{PQ}{EF}=\frac{AO}{AM}=\frac{\frac{1}{2}AC}{\frac{3}{4}AC}=\frac{2}{3}$，即 $\frac{PQ}{\frac{1}{2}BD}=\frac{2}{3}$，所以 $PQ=\frac{1}{3}BD$.

由平行截比定理，$\frac{OQ}{OP}=\frac{MF}{ME}=\frac{OD}{OB}=1$，所以 $OQ=OP=\frac{1}{6}BD$，所以 $DQ=PB=\left(\frac{1}{2}-\frac{1}{6}\right)BD=\frac{1}{3}BD$，所以 $DQ=QP=PB$.

证明5（平行截比定理、平行四边形的性质）

如图 Y1.6.5 所示，连 CP 并延长，交 AB 于 G. 因为 BO、AE 是 $\triangle ABC$ 的两条中线，它们交于 P 点，所以 CG 是 AB 边上的中线. 因为 $AG \mathrel{\underline{\underline{\parallel}}} CF$，所以 $AGCF$ 是平行四边形，所以 $CG \parallel AF$.

在 $\triangle DPC$ 中，由平行截比定理，$\frac{DQ}{QP}=\frac{DF}{FC}=1$，所以 $DQ=QP$. 同理可证 $BP=PQ$，所以 $DQ=QP=PB$.

证明6（平行四边形的性质、平行截比定理）

如图 Y1.6.6 所示，延长 BC 到 M，使 $CM=CE$，连 DM.

易证 $AEMD$ 是平行四边形，所以 $AE \parallel DM$.

由平行截比定理，$\frac{BP}{BD}=\frac{BE}{BM}=\frac{1}{3}$，即 $BP=\frac{1}{3}BD$.

同样，若延长 DC 到 N，使 $CN=CF$，又可得到 $DQ=\frac{1}{3}BD$，所以 $DQ=QP=PB$.

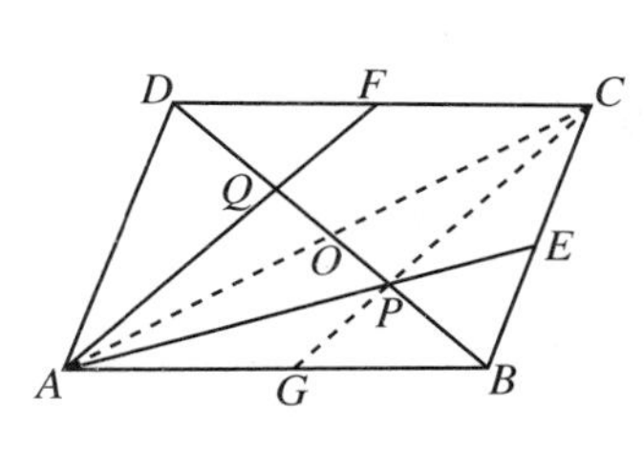

图 Y1.6.5

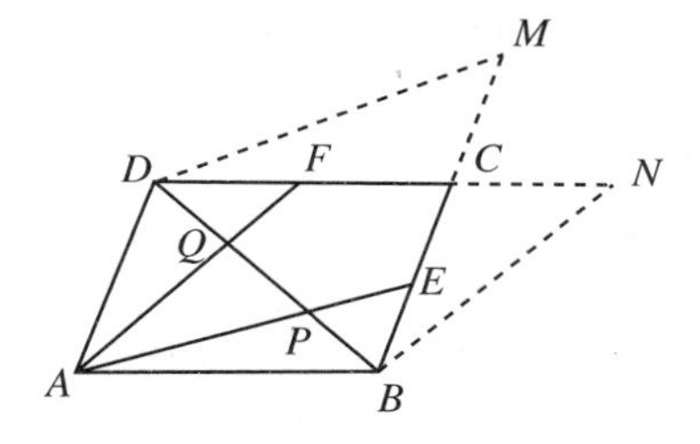

图 Y1.6.6

证明7(面积法)

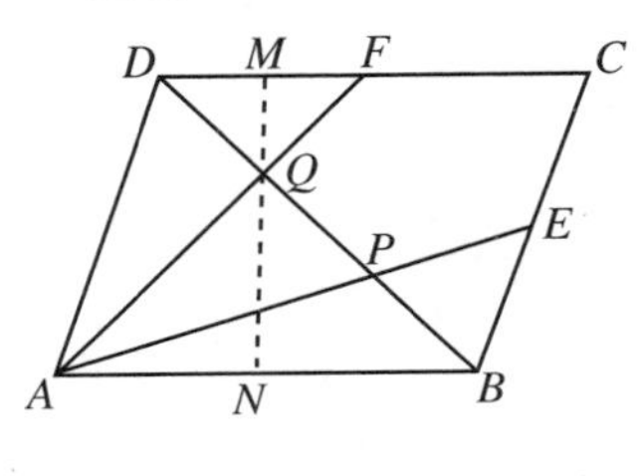

图 Y1.6.7

如图 Y1.6.7 所示,过 Q 作 $MN\perp CD$,分别交 CD、AB 于 M、N,则 QM、QN 分别是$\triangle QDF$ 和$\triangle QAB$ 中,DF、AB 边上的高.

因为$\triangle QDF\backsim\triangle QBA$,所以$\dfrac{S_{\triangle QDF}}{S_{\triangle QBA}}=\left(\dfrac{DF}{AB}\right)^2=\dfrac{1}{4}$,即

$$\frac{\frac{1}{2}DF\cdot QM}{\frac{1}{2}AB\cdot QN}=\frac{1}{4}.$$

所以$\dfrac{QM}{QN}=\dfrac{AB}{4DF}=\dfrac{1}{2}$,所以$\dfrac{S_{\triangle QAB}}{S_{\triangle DAB}}=\dfrac{QN}{MN}=\dfrac{2}{3}$,所以$\dfrac{S_{\triangle QAB}}{S_{\triangle DAB}-S_{\triangle QAB}}=\dfrac{2}{3-2}=2$,即$\dfrac{S_{\triangle QAB}}{S_{\triangle ADQ}}=2$,所以 $BQ=2DQ$.

同理可证 $DP=2BP$,所以 $DQ=QP=PB$.

证明8(解析法)

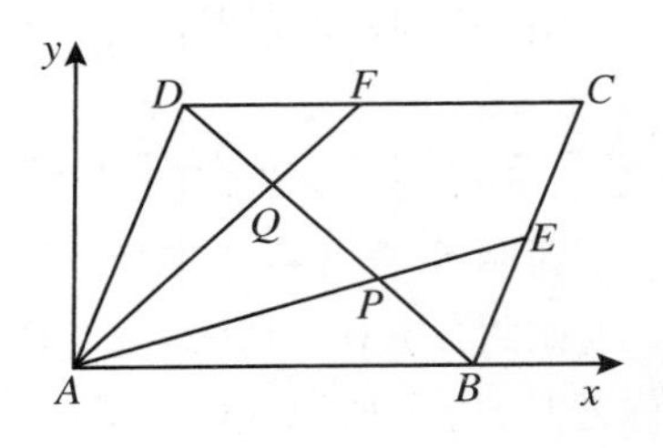

图 Y1.6.8

如图 Y1.6.8 所示,建立直角坐标系.

设$\angle DAB=\alpha$,$AB=a$,$AD=b$,则 $D(b\cos\alpha,b\sin\alpha)$,$B(a,0)$,$C(a+b\cos\alpha,b\sin\alpha)$,$E\left(a+\dfrac{b}{2}\cos\alpha,\dfrac{b}{2}\sin\alpha\right)$,$F\left(\dfrac{a}{2}+b\cos\alpha,b\sin\alpha\right)$.

BD、AE、AF 的方程分别是

$$y=\frac{b\sin\alpha}{b\cos\alpha-a}(x-a),\tag{①}$$

$$y=\frac{\frac{b}{2}\sin\alpha}{a+\frac{b}{2}\cos\alpha}x,\tag{②}$$

$$y=\frac{b\sin\alpha}{\frac{a}{2}+b\cos\alpha}x.\tag{③}$$

把式①与式②、式①与式③联立,分别解出 P、Q 的坐标:

$$P\left(\frac{2a}{3}+\frac{b}{3}\cos\alpha,\frac{b}{3}\sin\alpha\right),\quad Q\left(\frac{a}{3}+\frac{2b}{3}\cos\alpha,\frac{2b}{3}\sin\alpha\right).$$

由距离公式分别有

$$BP^2=\left(\frac{2a+b\cos\alpha}{3}-a\right)^2+\left(\frac{b\sin\alpha}{3}\right)^2=\frac{1}{9}(a^2+b^2-2ab\cos\alpha),$$

$$PQ^2=\left(\frac{2a+b\cos\alpha}{3}-\frac{a+2b\cos\alpha}{3}\right)^2+\left(\frac{2b\sin\alpha}{3}-\frac{b\sin\alpha}{3}\right)^2$$

$$=\frac{1}{9}(a^2+b^2-2ab\cos\alpha),$$

$$QD^2=\left(b\cos\alpha-\frac{a+2b\cos\alpha}{3}\right)^2+\left(b\sin\alpha-\frac{2b\sin\alpha}{3}\right)^2$$

$$=\frac{1}{9}(a^2+b^2-2ab\cos\alpha).$$

所以 $BP^2=PQ^2=QD^2$，所以 $BP=PQ=QD$.

［**例7**］ 在正方形 $ABCD$ 中，以 A 为顶点在其内任作 $\angle EAF=45^\circ$，AE 交 BC 于 E，AF 交 CD 于 F. 作 $AP\perp EF$，垂足为 P，则 $AP=AB$.

证明1（旋转法）

如图 Y1.7.1 所示，把 Rt$\triangle AFD$ 以 A 为轴沿顺时针方向旋转 90°，这样，AD 与 AB 重合，AF 旋转到 AG 处. 因为 $\angle ABC=\angle ABG=90^\circ$，所以 C、B、G 共线，$\angle EAG=\angle 1+\angle 2=\angle 1+\angle 3=90^\circ-\angle EAF=45^\circ$，所以 $\angle EAF=\angle EAG$.

因为 $AF=AG$，AE 为公共边，所以 $\triangle EAF\cong\triangle EAG$. 而 AB、AP 是对应高，所以 $AP=AB$.

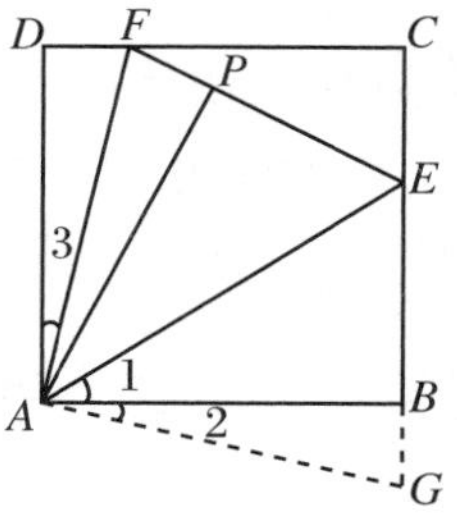

图 Y1.7.1

证明2（同一法）

如图 Y1.7.2 所示，作 B 关于 AE 的对称点 P_1，连 P_1E、P_1F、P_1A，则 $\triangle ABE\cong\triangle AP_1E$，$\angle 1=\angle 2$，$AP_1\perp P_1E$，$AP_1=AB$.

所以 $\angle P_1AF=45^\circ-\angle 1=45^\circ-\angle 2=\angle 3$. 又 $AP_1=AB=AD$，AF 为公共边，所以 $\triangle DAF\cong\triangle P_1AF$，所以 $\angle AP_1F=\angle D=90^\circ$.

因为 $\angle AP_1E=\angle AP_1F=90^\circ$，所以 E、P_1、F 共线，可见 AP、AP_1 都是过 A 向 EF 所作的垂线，所以 P、P_1 重合，所以 $AP=AB$.

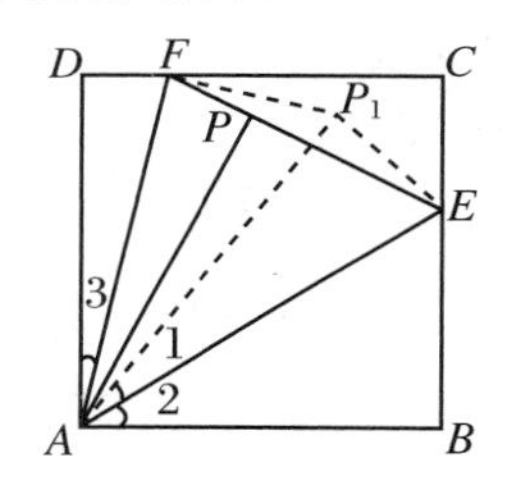

图 Y1.7.2

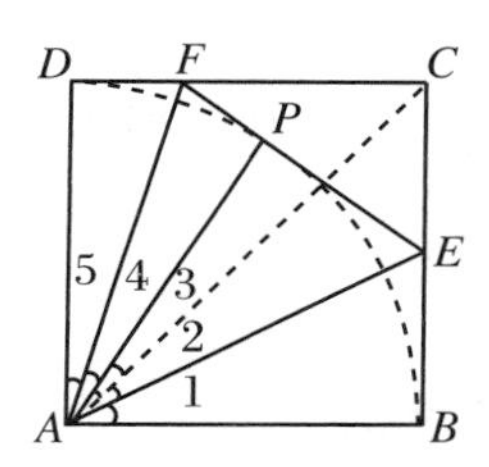

图 Y1.7.3

证明3（辅助圆、等价命题转化法）

容易看出，命题“在正方形 $ABCD$ 内，任作一条 $\overset{\frown}{BD}$（圆心在 A）的切线，切线交 BC、DC 于 E、F，切点为 P，则 $\angle EAF=45^\circ$”与原命题等价，为此改证该命题.

连 AC、AP，如图 Y1.7.3 所示，则 $\angle 1+\angle 2=45^\circ$，$\angle 3+\angle 4+\angle 5=45^\circ$.

由切线长定理易知 $\triangle ABE\cong\triangle APE$，所以 $\angle 1=\angle 2+\angle 3$，所以 $(\angle 2+\angle 3)+\angle 2=2\angle 2+\angle 3=45^\circ$，同理 $2\angle 4+\angle 3=45^\circ$，所以 $\angle 2=\angle 4=\angle 5$，所以 $\angle EAF=\angle 2+\angle 3+\angle 4=\angle 5+\angle 3+\angle 4=45^\circ$.

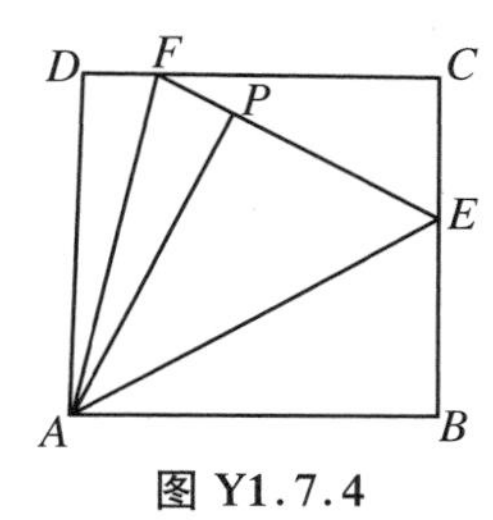

图 Y1.7.4

证明4（三角法）

如图 Y1.7.4 所示，设正方形边长为 a，$\angle DAF=\alpha$，则 $\angle EAB=45^\circ-\alpha$，$DF=a\tan\alpha$，$CF=a(1-\tan\alpha)$，$AF=\dfrac{a}{\cos\alpha}$，$BE=a\tan(45^\circ-\alpha)$，$CE=a[1-\tan(45^\circ-\alpha)]$，$AE=\dfrac{a}{\cos(45^\circ-\alpha)}$.

在 Rt△ECF 中,由勾股定理,$EF=a\sqrt{(1-\tan\alpha)^2+[1-\tan(45^\circ-\alpha)]^2}$.

再利用两种算法写下的面积等式$\frac{1}{2}AE\cdot AF\sin45^\circ=\frac{1}{2}AP\cdot EF$,把 AE、AF、EF 的表达式代入,利用三角恒等式

$$\cos\alpha\cdot\cos(45^\circ-\alpha)\cdot\sqrt{(1-\tan\alpha)^2+[1-\tan(45^\circ-\alpha)]^2}=\frac{1}{\sqrt{2}},\qquad(*)$$

不难得出 $AP=a$.

以下证明(*)式:

$$\begin{aligned}左端&=\sqrt{\cos^2(45^\circ-\alpha)(\cos\alpha-\sin\alpha)^2+\cos^2\alpha[\cos(45^\circ-\alpha)-\sin(45^\circ-\alpha)]^2}\\&=\sqrt{\left[\frac{1}{\sqrt{2}}(\cos\alpha+\sin\alpha)\right]^2\cdot(\cos\alpha-\sin\alpha)^2+\cos^2\alpha(\sqrt{2}\sin\alpha)^2}\\&=\sqrt{\frac{1}{2}(\cos^2\alpha-\sin^2\alpha)^2+2\sin^2\alpha\cdot\cos^2\alpha}\\&=\sqrt{\frac{1}{2}(\sin^2\alpha+\cos^2\alpha)^2}=\frac{1}{\sqrt{2}}=右端.\end{aligned}$$

(*)式得证.

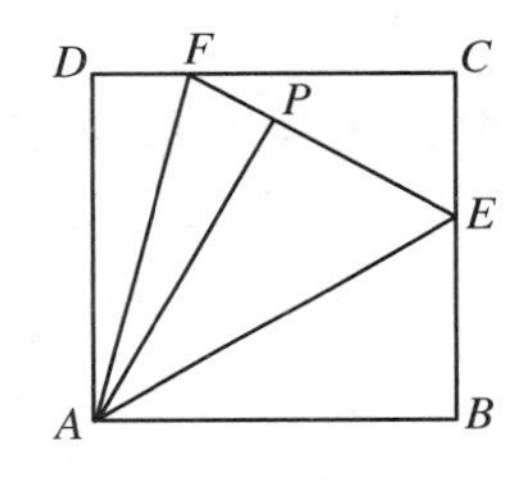

图 Y1.7.5

证明 5(代数方程法、引用第 6 章例 9 的结论)

如图 Y1.7.5 所示,设正方形边长为 a,$BE=x$,$DF=y$.

由第 6 章例 9 的结论,有

$$S_{ABCD}=2S_{\triangle AEF}+xy=a^2.\qquad①$$

在△ECF 中,由勾股定理,得

$$EF^2=(a-x)^2+(a-y)^2.\qquad②$$

又 $AE=\sqrt{a^2+x^2}$,$AF=\sqrt{a^2+y^2}$,利用△AEF 的面积表达式

$$EF\cdot AP=2S_{\triangle AEF}=AE\cdot AF\sin45^\circ=\frac{1}{\sqrt{2}}\sqrt{(a^2+x^2)(a^2+y^2)}.\qquad③$$

在△AEF 中,由余弦定理,有

$$\begin{aligned}EF^2&=AE^2+AF^2-2AE\cdot AF\cos45^\circ\\&=(a^2+x^2)+(a^2+y^2)-\sqrt{2}\sqrt{(a^2+x^2)(a^2+y^2)}.\end{aligned}\qquad④$$

比较式②、式④,得到

$$2a(x+y)=\sqrt{2(a^2+x^2)(a^2+y^2)}.\qquad⑤$$

把式⑤代入式③,得

$$EF\cdot AP=a(x+y),\qquad⑥$$

把式⑥代入式①,得

$$xy=a^2-a(x+y).\qquad⑦$$

由式②,把 EF 代入式③,得

$$AP=\frac{1}{\sqrt{2}}\cdot\sqrt{\frac{(a^2+x^2)(a^2+y^2)}{(a-x)^2+(a-y)^2}}.\qquad⑧$$

最后,把式⑤、式⑦两式代入式⑧,就有

$$AP=\sqrt{\frac{a^2(x+y)^2}{(a-x)^2+(a-y)^2}}=a\cdot\sqrt{\frac{x^2+y^2+2xy}{[2a^2-2a(x+y)]+x^2+y^2}}$$
$$=a\sqrt{\frac{x^2+y^2+2xy}{2xy+x^2+y^2}}=a.$$

证明6(解析法)

如图 Y1.7.6 所示,建立直角坐标系.

设$\angle EAB=\alpha$,则$\angle FAB=45^\circ+\alpha$,设 $AB=a$,则

$$E(a,a\tan\alpha),\quad F(a\cot(45^\circ+\alpha),a).$$

所以直线 EF 的方程为

$$y-a\tan\alpha=\frac{a(1-\tan\alpha)}{a[\cot(45^\circ+\alpha)-1]}(x-a),$$

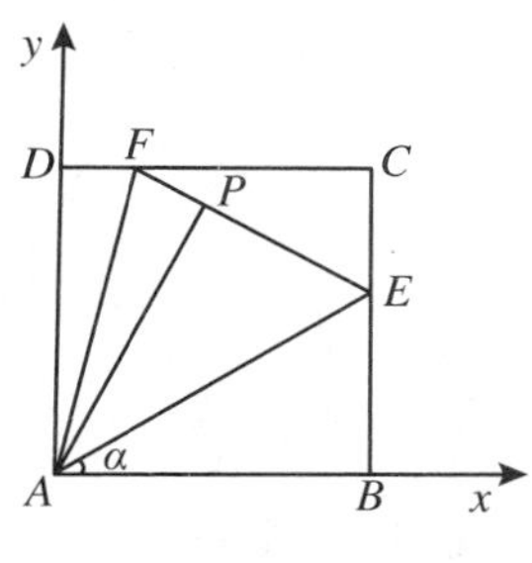

图 Y1.7.6

即

$$a(1-\tan\alpha)x+a[1-\cot(45^\circ+\alpha)]y+a^2\{\tan\alpha-1+\tan\alpha[\cot(45^\circ+\alpha)-1]\}=0.$$

点 $A(0,0)$到直线 EF 的距离为

$$AP=\frac{|a^2\{(\tan\alpha-1)+\tan\alpha[\cot(45^\circ+\alpha)-1]\}|}{\sqrt{a^2(1-\tan\alpha)^2+a^2[1-\cot(45^\circ+\alpha)]^2}}$$
$$=a\cdot\frac{|\tan\alpha\cdot\cot(45^\circ+\alpha)-1|}{\sqrt{(1-\tan\alpha)^2+[\cot(45^\circ+\alpha)-1]^2}}.$$

注意到 $\cot(45^\circ+\alpha)=\dfrac{1-\tan45^\circ\cdot\tan\alpha}{\tan45^\circ+\tan\alpha}=\dfrac{1-\tan\alpha}{1+\tan\alpha}$,由上式立得 $AP=a$.

[例8] 在$\triangle ABC$中,$\angle A=90^\circ$,以 AB、AC 为边,向外分别作正方形 $ABDE$、$ACFG$,连 DC、BF,分别与 AB、AC 交于M、N,则 $AM=AN$.

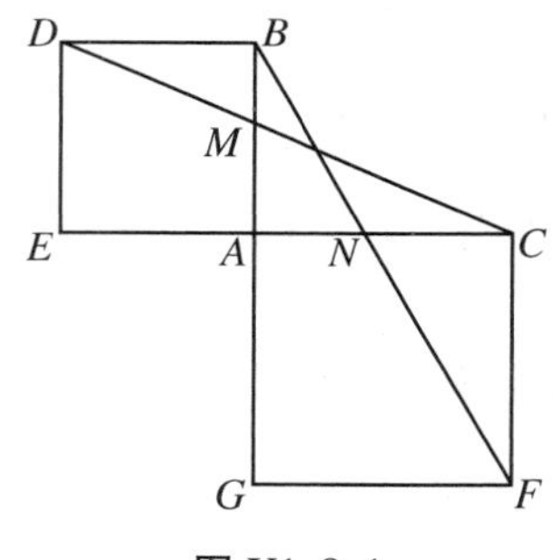

图 Y1.8.1

证明1(三角形相似)

如图 Y1.8.1 所示,设 $AB=b$,$AC=a$.

因为$\triangle CMA\backsim\triangle CDE$,所以

$$\frac{MA}{b}=\frac{a}{a+b}.\qquad ①$$

因为$\triangle BAN\backsim\triangle BGF$,所以

$$\frac{AN}{a}=\frac{b}{a+b}.\qquad ②$$

式①÷式②得 $AM=AN$.

证明2(平行截比逆定理、等腰直角三角形的性质)

如图 Y1.8.2 所示,连 MN、AF.设 $AB=b$,$AC=a$.

由$\triangle BMD\backsim\triangle AMC$ 知$\dfrac{BM}{MA}=\dfrac{BD}{AC}=\dfrac{b}{a}$.

由$\triangle BNA\backsim\triangle FNC$ 知$\dfrac{BN}{NF}=\dfrac{BA}{CF}=\dfrac{b}{a}$.

所以$\dfrac{BM}{MA}=\dfrac{BN}{NF}$.

由平行截比定理的逆定理,$MN\,/\!/\,AF$,所以$\angle1=\angle2=45^\circ$,所以$\triangle MAN$ 是等腰直角三角形,所以 $AM=AN$.

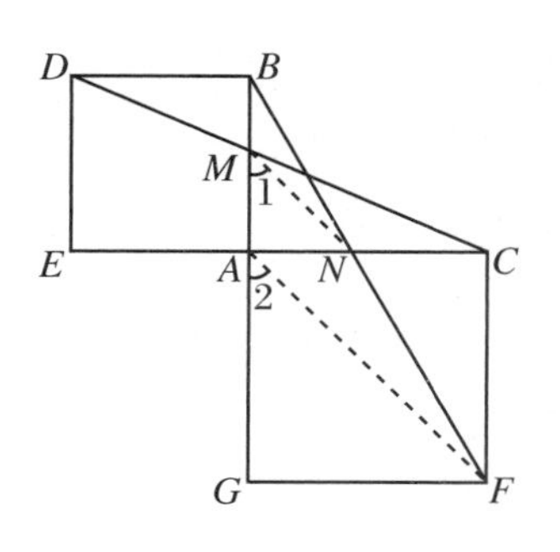

图 Y1.8.2

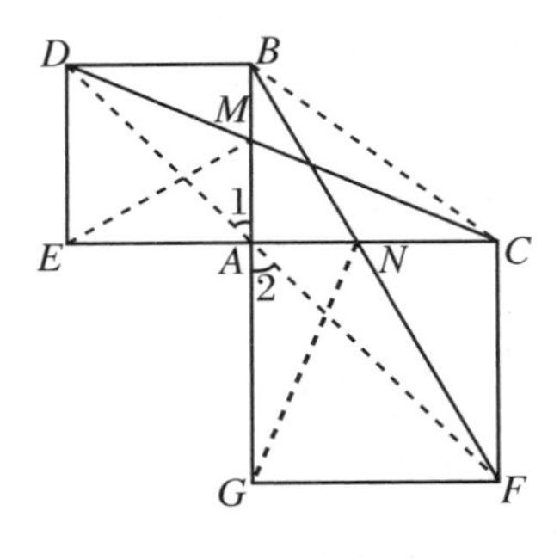

图 Y1.8.3

证明 3(面积法)

如图 Y1.8.3 所示,连 AD、AF、EM、GN、BC.

因为$\angle BAC=\angle CAG=90^\circ$,所以 B、A、G 共线;因为$\angle 1=\angle 2=45^\circ$,所以 D、A、F 共线.

因为 $S_{\triangle ANF}=S_{\triangle ANG}$,所以 $S_{\triangle BAF}=S_{\triangle BNG}$. 同理 $S_{\triangle CAD}=S_{\triangle CME}$. 因为 $S_{\triangle CAD}=S_{\triangle CAB}=S_{\triangle BAF}$,所以 $S_{\triangle BNG}=S_{\triangle CME}$,即

$$\frac{1}{2}BG\cdot AN=\frac{1}{2}EC\cdot AM.$$

因为 $BG=EC$,所以 $AM=AN$.

证明 4(面积计算法)

设 $AB=b$,$AC=a$.

$S_{\triangle GNF}=\frac{1}{2}S_{ACFG}=\frac{1}{2}a^2$. 同理 $S_{\triangle DME}=\frac{1}{2}b^2$. 故

$$S_{\triangle BNG}=S_{\triangle BFG}-S_{\triangle GNF}=\frac{1}{2}a(a+b)-\frac{1}{2}a^2=\frac{1}{2}ab.$$

同理 $S_{\triangle CME}=\frac{1}{2}ab$,所以 $S_{\triangle CME}=S_{\triangle BNG}$,即

$$\frac{1}{2}CE\cdot AM=\frac{1}{2}BG\cdot AN,$$

所以 $AM=AN$.

证明 5(垂心的性质、共圆、三角形全等)

如图 Y1.8.4 所示,延长 AC 到P,使 $CP=AB$. 连 BP、GP,设 GP 交BF 于Q. 连 GN 并延长,交 CD 于L,交 BP 于H. 易证 $\mathrm{Rt}\triangle PAG\cong\mathrm{Rt}\triangle BGF$,所以$\angle 1=\angle 2$.

因为 $BG\perp GF$,所以 $GQ\perp BF$.(等角的对应边平行或垂直.)

在$\triangle GPB$ 中,$PA\perp BG$,$BQ\perp GP$,所以 N 为垂心,所以 $GH\perp BP$.

因为 $CP \mathrel{\underline{\mathrel{/\!/}}} BD$,所以 $CPBD$ 是平行四边形,所以 $CD/\!/BP$,所以 $GH\perp CD$,即$\angle NLM=90^\circ=\angle MAN$,所以 A、N、L、M 四点共圆,所以$\angle 4=\angle 5$.

因为 $AG=AC$,$\angle 4=\angle 5$,所以 $\mathrm{Rt}\triangle ACM\cong\mathrm{Rt}\triangle AGN$,所以 $AM=AN$.

证明 6(解析法)

如图 Y1.8.5 所示,建立直角坐标系.

设 $AC=a$,$AB=b$,则 $C(a,0)$,$B(0,b)$,$D(-b,b)$,$F(a,-a)$. DC 的方程为

$$y=\frac{b}{-b-a}(x-a), \tag{①}$$

BF 的方程为

$$y=\frac{-a-b}{a}(x-a)-a. \tag{②}$$

在方程①中,令 $x=0$,得 M 点纵坐标 $y_M=\frac{ab}{a+b}$,在方程②中,令 $y=0$,得到 N 点横坐标 $x_N=\frac{ab}{a+b}$.

所以 $x_N=y_M$,所以 $AN=AM$.

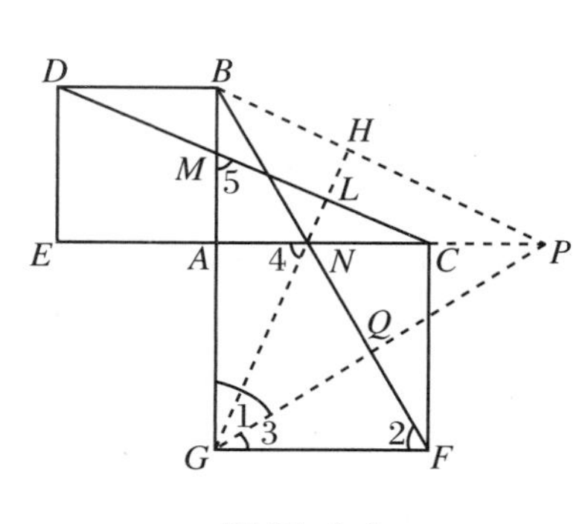

图 Y1.8.4

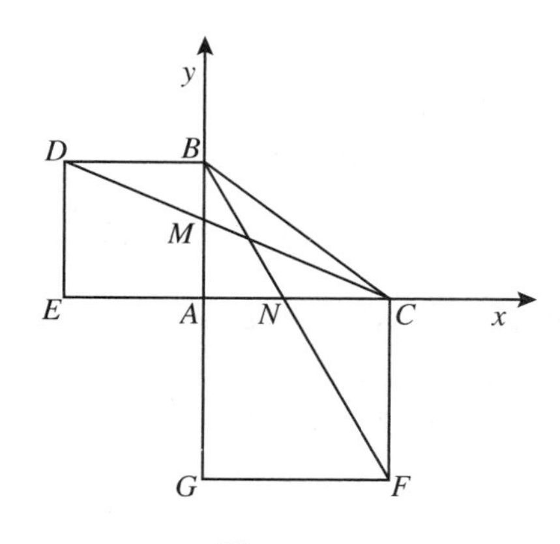

图 Y1.8.5

［例 9］　过正方形 $ABCD$ 的顶点 A 作直线 $MN /\!/ BD$，在 MN 上取 E 点，使 $BE = BD$，设 BE 交 AD 于 F，则 $DE = DF$.

证明 1（含 30°角的直角三角形的性质）

如图 Y1.9.1 所示，连 AC，设 AC 交 BD 于 O，O 为正方形的中心.

作 $BG \perp MN$，G 为垂足，易证 $OAGB$ 是正方形，所以 $OA = BG$，所以 $BG = \frac{1}{2}BD = \frac{1}{2}BE$，所以 $\angle 1 = 30^\circ$.

在等腰 $\triangle BDE$ 中，顶角 $\angle 2 = \angle 1 = 30^\circ$，所以 $\angle 3 = \frac{1}{2}(180^\circ - 30^\circ) = 75^\circ$.

因为 $\angle 4$ 是 $\triangle DBF$ 的外角，所以 $\angle 4 = \angle 2 + \angle BDF = 30^\circ + 45^\circ = 75^\circ$.

所以 $\angle 3 = \angle 4$，故 $DE = DF$.

证明 2（三角形相似、对称法）

如图 Y1.9.2 所示，作 D 关于 MA 的对称点 D_1，连 DD_1、ED_1、AD_1，则 $\angle 2 = \angle 1 = 45^\circ$，$AD_1 = AD$，$\angle 3 = \angle 4$.

因为 $\angle DAB = \angle DAD_1 = 90^\circ$，所以 B、A、D_1 三点共线.

因为 $\frac{BE}{BA} = \frac{BD_1}{BE} = \sqrt{2}$，$\angle ABE$ 为公共角，所以 $\triangle EBA \backsim \triangle D_1BE$，所以 $\angle 3 = \angle 5$. 因为 $\angle 3 = \angle 4$，所以 $\angle 5 = \angle 4$.

因为 $MA /\!/ BD$，所以 $\angle 5 = \angle 6$，所以 $\angle 4 = \angle 6$，而 $\angle DEB$ 为公共角，所以 $\triangle DEF \backsim \triangle BDE$.

因为 $\triangle BDE$ 是等腰三角形，所以 $\triangle DEF$ 也是等腰三角形，所以 $DE = DF$.

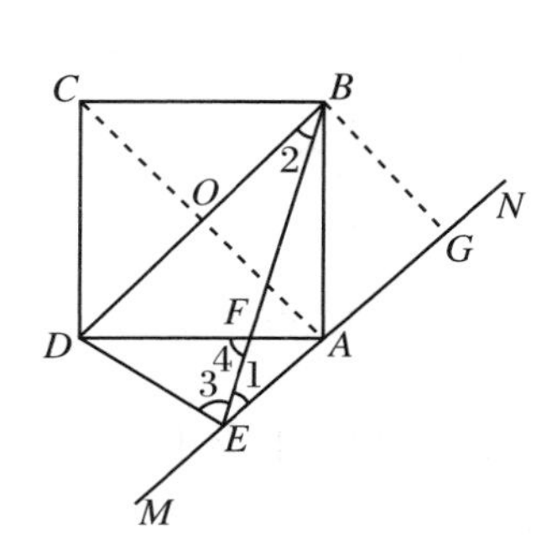

图 Y1.9.1

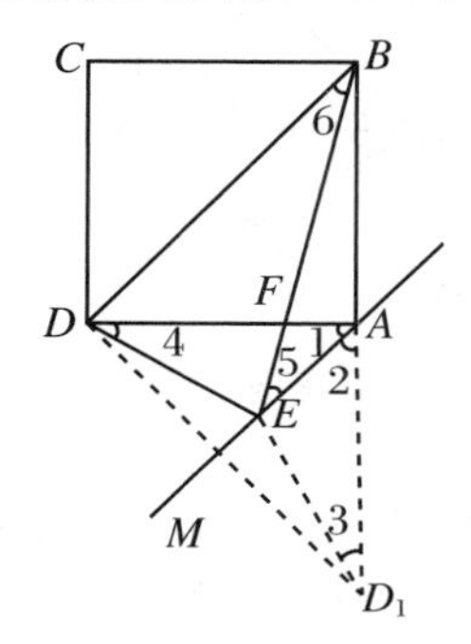

图 Y1.9.2

证明 3(三角法)

如图 Y1.9.3 所示,$\angle BAE=\angle BAD+\angle DAE=\angle BAD+\angle ADB=90^\circ+45^\circ=135^\circ$.

在$\triangle ABE$中,由正弦定理,得

$$\sin\angle BEA=\frac{BA}{BE}\cdot\sin\angle BAE=\frac{1}{\sqrt{2}}\cdot\sin 135^\circ=\frac{1}{2},$$

且$\angle BEA$为锐角,所以$\angle BEA=30^\circ$,所以$\angle DBE=\angle BEA=30^\circ$. 以下同证明 1.

证明 4(面积法、解析法)

如图 Y1.9.4 所示,建立直角坐标系. 设 $A(a,0)$,则 $B(a,a)$. 设 $E(x_1,y_1)$.

因为 $S_{\triangle BEA}=S_{\triangle ADE}$,即

$$\frac{1}{2}\begin{vmatrix} x_1 & y_1 & 1\\ a & a & 1\\ a & 0 & 1\end{vmatrix}=\frac{1}{2}\begin{vmatrix} x_1 & y_1 & 1\\ 0 & 0 & 1\\ a & 0 & 1\end{vmatrix},$$

得到

$$x_1-y_1=a. \quad ①$$

因为 $BE=BD=\sqrt{2}a$,由距离公式,有

$$(a-x_1)^2+(a-y_1)^2=2a^2. \quad ②$$

联立式①、式②可得 $x_1=\dfrac{3-\sqrt{3}}{2}a$,$y_1=\dfrac{1-\sqrt{3}}{2}a$.

直线 BE 的方程为 $y-a=\dfrac{\frac{1}{2}(1-\sqrt{3})a-a}{\frac{1}{2}(3-\sqrt{3})a-a}(x-a)$,即 $y=(2+\sqrt{3})(x-a)+a$. 在 BE 的方程中,令 $y=0$,求出 F 的横坐标 $x_F=(\sqrt{3}-1)a$,所以 $DF=(\sqrt{3}-1)a$.

由距离公式,$DE=\sqrt{\left(\dfrac{3-\sqrt{3}}{2}a\right)^2+\left(\dfrac{1-\sqrt{3}}{2}a\right)^2}=(\sqrt{3}-1)a$.

所以 $DE=DF$.

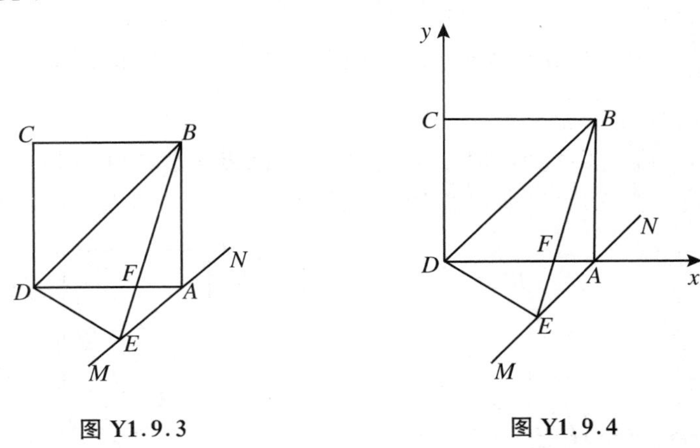

图 Y1.9.3　　　　图 Y1.9.4

[例 10]　MN 是$\odot O$的直径,半径 $OB\perp MN$,A 为 MN 上异于 O 的任一点,连 BA,交$\odot O$于 C,过 C 作$\odot O$的切线,交 MN 的延长线于 D,则 $DC=DA$.

证明1(圆内角、弦切角、垂径定理)

如图 Y1.10.1 所示.

$\angle 1$ 是圆内角,所以$\angle 1 \overset{m}{=} \frac{1}{2}(\overset{\frown}{BM}+\overset{\frown}{CN})$.

$\angle 2$ 是弦切角,所以$\angle 2 \overset{m}{=} \frac{1}{2}\overset{\frown}{BNC}=\frac{1}{2}(\overset{\frown}{BN}+\overset{\frown}{CN})$.

由垂径定理,$\overset{\frown}{BM}=\overset{\frown}{BN}$.

所以$\angle 1=\angle 2$,所以 $DA=DC$.

证明2(切线的性质、等角的余角相等)

如图 Y1.10.2 所示,连 OC,$\triangle OBC$ 是等腰三角形,所以$\angle 4=\angle 5$.

在 Rt$\triangle BOA$ 中,$\angle 1+\angle 5=90^\circ$.又$\angle 1=\angle 2$,所以$\angle 2+\angle 4=90^\circ$.

因为 CD 是切线,OC 是过切点的半径,所以 $OC\perp CD$,即$\angle 3+\angle 4=90^\circ$.

所以$\angle 2=\angle 3$,所以 $DA=DC$.

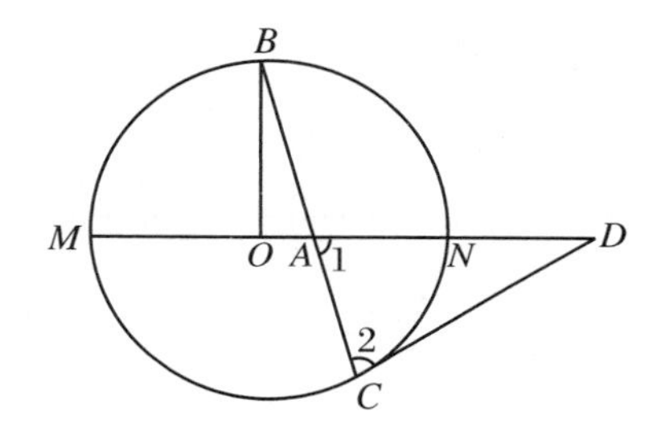

图 Y1.10.1

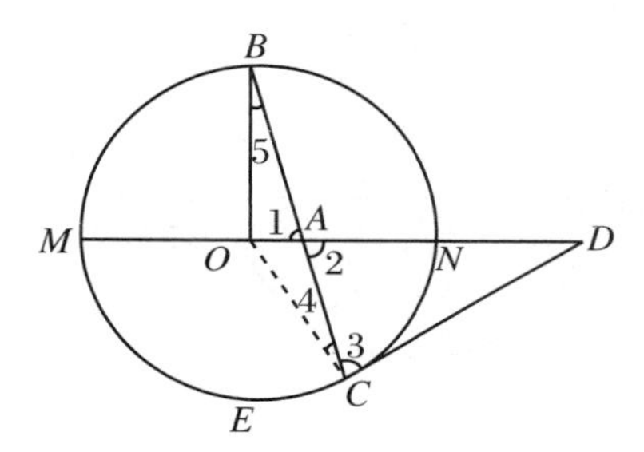

图 Y1.10.2

证明3(直径上的圆周角)

如图 Y1.10.3 所示,作直径 CE,连 BE,则$\angle CBE$ 是直径对的圆周角,所以$\angle 1+\angle 2=90^\circ$.

在 Rt$\triangle BOA$ 中,$\angle 2+\angle 3=90^\circ$.又$\angle 4=\angle 3$,所以$\angle 4=\angle 1$.

由弦切角定理,$\angle 5=\angle 6$.

因为$\triangle OBE$ 是等腰三角形,所以$\angle 6=\angle 1$,所以$\angle 5=\angle 4$,所以 $DA=DC$.

证明4(共圆、弦切角定理)

如图 Y1.10.4 所示,作直径 BE,连 CE,则 $BC\perp CE$,所以 O、A、C、E 共圆,所以$\angle 1=\angle 2$.

由弦切角定理,$\angle 3=\angle 2$,所以$\angle 3=\angle 1$,所以 $AD=CD$.

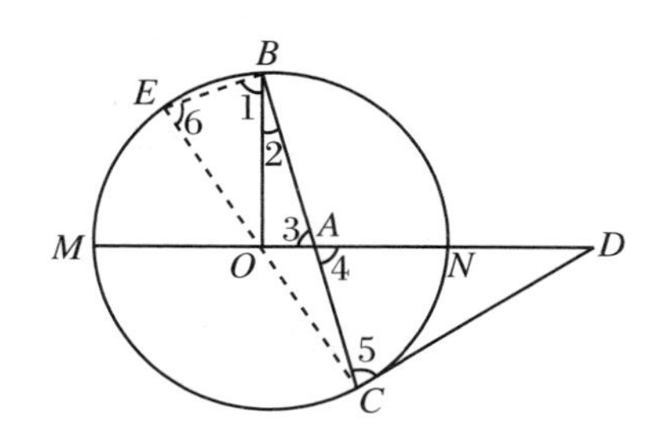

图 Y1.10.3

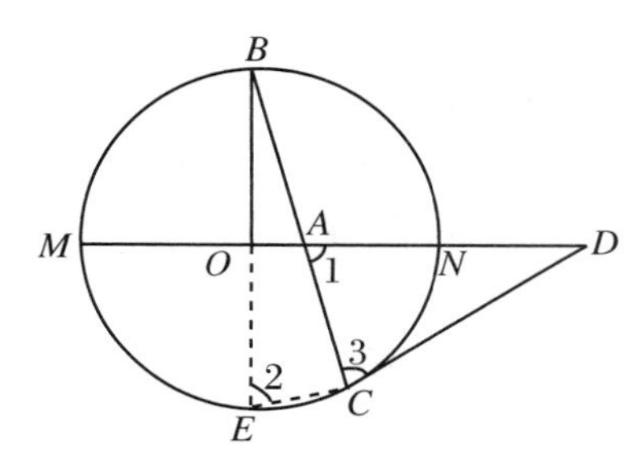

图 Y1.10.4

证明 5(三角法)

如图 Y1.10.5 所示,延长 DC,交 BO 的延长线于E,连 OC.易证$\angle 1=\angle 2$.记$\angle 1=2\alpha$,设半径为 r,则$\angle B=\alpha$.

在 Rt$\triangle OCD$ 和 Rt$\triangle BOA$ 中,有

$$CD=r\cot 2\alpha,\quad OA=r\tan\alpha,\quad OD=\frac{r}{\sin 2\alpha}.$$

$$AD=OD-OA=\frac{r}{\sin 2\alpha}-r\tan\alpha=r\left(\frac{1+\tan^2\alpha}{2\tan\alpha}-\tan\alpha\right)$$

$$=r\left(\frac{1-\tan^2\alpha}{2\tan\alpha}\right)=r\cot 2\alpha.$$

所以 $AD=CD$.

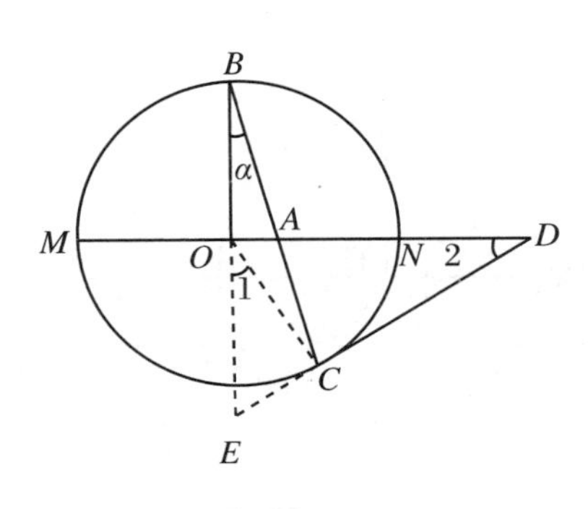

图 Y1.10.5

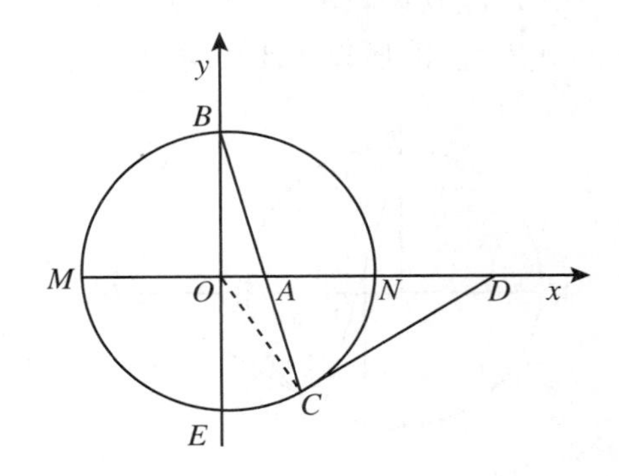

图 Y1.10.6

证明 6(解析法)

如图 Y1.10.6 所示,建立直角坐标系.连 OC.

设$\angle OBC=\alpha$,则$\angle EOC=2\alpha$.设圆的半径为 r,则 $B(0,r)$,$C(r\sin 2\alpha,-r\cos 2\alpha)$.

圆的方程为 $x^2+y^2=r^2$,切线 CD 的方程为$(r\sin 2\alpha)x+(-r\cos 2\alpha)y=r^2$.在切线方程中,令 $y=0$,可得 D 点横坐标$x_D=\dfrac{r}{\sin 2\alpha}$.

直线 BC 的方程是$y=(-\cot\alpha)x+r$,在 BC 的方程中,令 $y=0$,得到 $x_A=r\cdot\tan\alpha$,所以

$$AD=x_D-x_A=\frac{r}{\sin 2\alpha}-r\tan\alpha=r\cdot\cot 2\alpha.$$

另一方面,$CD=\sqrt{\left(r\sin 2\alpha-\dfrac{r}{\sin 2\alpha}\right)^2+(-r\cos 2\alpha)^2}=r\cdot\cot 2\alpha$,所以 $AD=CD$.

[**例 11**] 以 Rt$\triangle ABC$ 的斜边 AB 为直径作圆,过 C 作该圆的切线,设切线分别交以 AC、BC 为直径的圆于D、E 点,则 $CD=CE$.

证明 1

如图 Y1.11.1 所示,取 AB 的中点O,连 OC、AD、BE,则它们都与 DE 垂直,所以 $AD\parallel OC\parallel BE$.

因为 $AO=OB$,由平行截比定理,$CD=CE$.

证明2(三角形相似、弦切角定理、比例法)

如图 Y1.11.2 所示,连 AD、BE.易证 $AD\parallel BE$.

在⊙AB 中,由弦切角定理,$\angle 1=\angle 2$,$\angle 3=\angle 4$.

因为 $\mathrm{Rt}\triangle ADC\backsim\mathrm{Rt}\triangle ACB\backsim\mathrm{Rt}\triangle CEB$,所以$\dfrac{CE}{BC}=\dfrac{AC}{AB}$,$\dfrac{DC}{BC}=\dfrac{AC}{AB}$,所以$\dfrac{CE}{BC}=\dfrac{DC}{BC}$.

所以 $CE=CD$.

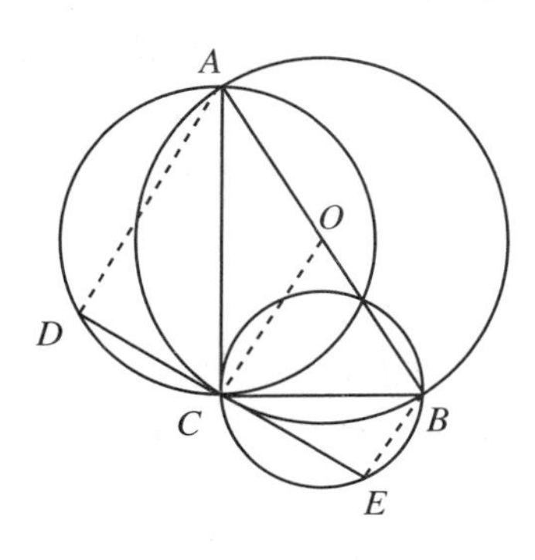

图 Y1.11.1

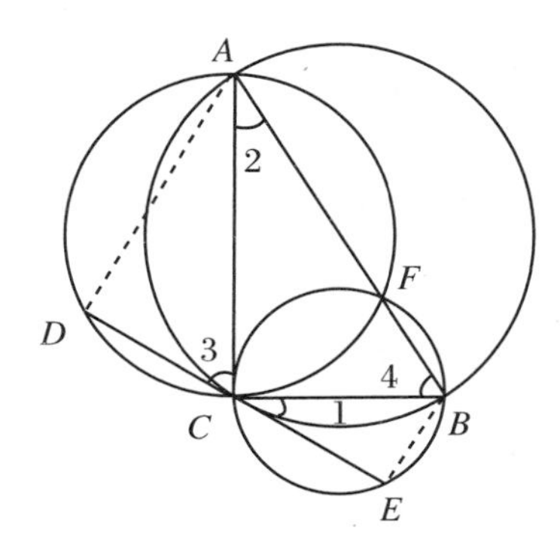

图 Y1.11.2

证明3(角平分线、等圆周角对等弦、媒介法)

如图 Y1.11.3 所示,连 AD、BE.设⊙AC、⊙BC 异于 C 的另一交点为 F,连 FC、FA、FB.

因为 AC、BC 是直径,所以$\angle AFC=\angle BFC=90^\circ$,所以$\angle AFB$ 为平角,即 A、F、B 共线,F 在 AB 上.

在⊙AB中,由弦切角定理,$\angle 1=\angle 2$.

因为$\angle DCE$ 为平角,$\angle ACB=90^\circ$,所以$\angle 1+\angle 4=90^\circ$.

在 $\mathrm{Rt}\triangle CEB$ 中,$\angle 3+\angle 4=90^\circ$,所以$\angle 2=\angle 1=\angle 3$,即 BC 是$\angle EBF$ 的角平分线.同理,AC 是$\angle DAF$ 的角平分线.由等圆周角对等弦定理,$CE=CF=CD$.

证明4(等腰三角形三线合一、三角形全等)

如图 Y1.11.4 所示,连 AD,连 BE 并延长,交 AC 的延长线于 F.

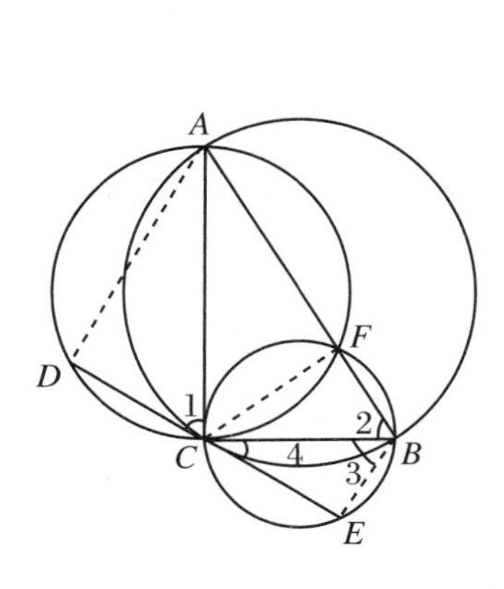

图 Y1.11.3

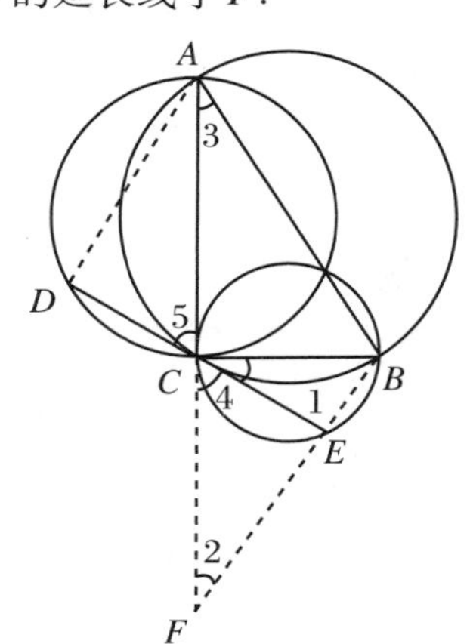

图 Y1.11.4

因为 $BC \perp CF$，$CE \perp BF$，所以$\angle 1 = \angle 2$.

因为$\angle 1$是弦切角，所以$\angle 1 = \angle 3$，所以$\angle 2 = \angle 3$，即$\triangle BAF$是等腰三角形，BC是底边的高，由三线合一定理，$AC = CF$.

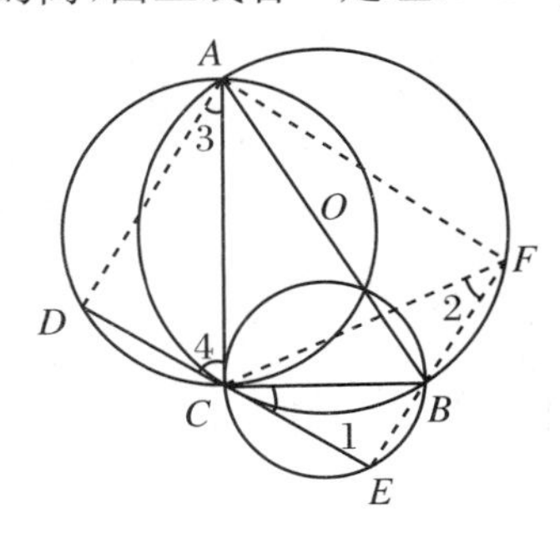

图 Y1.11.5

又$\angle 5 = \angle 4$，所以 $\text{Rt}\triangle ADC \cong \text{Rt}\triangle FEC$，所以 $DC = CE$.

证明 5(三角形全等、矩形的性质)

如图 Y1.11.5 所示，连 AD、EB 并延长 EB，交$\odot AB$ 于 F. 连 AF、CF. 易证 $AD /\!/ EF$，$DE /\!/ AF$，所以 $ADEF$ 是矩形，故

$$AD = EF. \quad ①$$

因为$\angle 1$是弦切角，所以$\angle 1 = \angle BAC = \angle 2$.

因为 $\angle 1 + \angle BCA + \angle 4 = 180^\circ$，即 $\angle 1 + \angle 4 = 90^\circ$，在 $\text{Rt}\triangle ADC$ 中，$\angle 3 + \angle 4 = 90^\circ$，所以

$$\angle 1 = \angle 3 = \angle 2. \quad ②$$

由式①、式②知 $\text{Rt}\triangle ADC \cong \text{Rt}\triangle FEC$，所以 $DC = CE$.

证明 6(三角计算法)

连 AD、BE. 如图 Y1.11.3 所示，$\triangle ADC$、$\triangle BEC$ 是直角三角形.

设 $AB = m$，$\angle BAC = \alpha$，则$\angle BCE = \alpha$，$\angle ACD = 90^\circ - \alpha$.

所以 $CE = m\sin\alpha\cos\alpha$，$CD = m\cos\alpha\cos(90^\circ - \alpha) = m\cos\alpha\sin\alpha$，所以 $DC = EC$.

［例 12］ C、D 是四分之一圆弧$\overset{\frown}{AB}$上的三等分点，连 AB、CD，设 AB 分别交 OC、OD 于 E、F，则有 $AE = CD = BF$.

证明 1(圆周角定理、相似三角形)

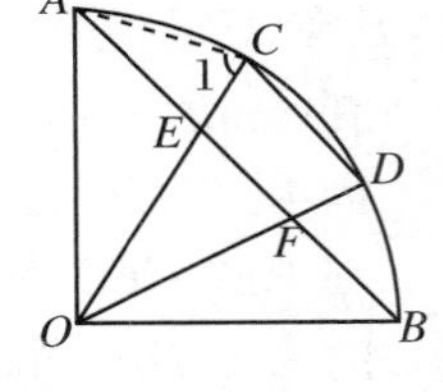

图 Y1.12.1

如图 Y1.12.1 所示，连 AC，$\angle CAB$ 是圆周角，$\angle AOC$ 是圆心角，$\triangle AOC$ 是等腰三角形，则

$$\angle CAB \overset{\text{m}}{=} \frac{1}{2}\overset{\frown}{CB} = \overset{\frown}{AC} \overset{\text{m}}{=} \angle AOC.$$

又$\angle 1$为公共角，所以$\triangle ACE \backsim \triangle OCA$，所以$\triangle ACE$也是等腰三角形，即 $AE = AC$.

因为 $\overset{\frown}{AC} = \overset{\frown}{CD}$，所以 $AC = CD$，所以 $AE = CD$.

同理有 $BF = CD$.

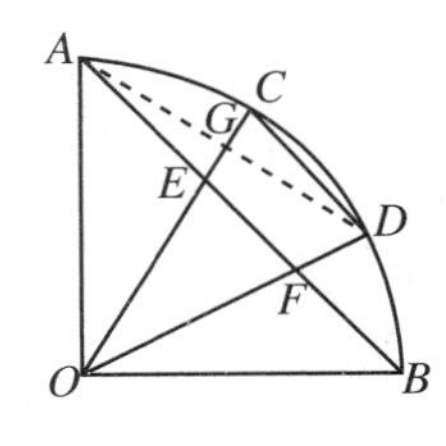

图 Y1.12.2

证明 2(垂径定理、全等三角形)

如图 Y1.12.2 所示，连 AD. 设 AD 交 OC 于 G.

因为 C 是 $\overset{\frown}{AD}$ 的中点，OC 是半径，由垂径定理，$OC \perp AD$，$AG = GD$.

因为$\angle CDA \overset{\text{m}}{=} \frac{1}{2}\overset{\frown}{AC} = \frac{1}{2}\overset{\frown}{BD} \overset{\text{m}}{=} \angle DAB$，$AG = GD$，所以 $\text{Rt}\triangle CGD \cong \text{Rt}\triangle EGA$，所以 $AE = CD$.

同理 $BF = CD$.

证明 3(比例的性质、角平分线的性质)

如图 Y1.12.2 所示，在$\triangle AOF$中，$\angle AOF$的平分线是 OE. 由角平分线的性质，有

$$\frac{AE}{EF}=\frac{AO}{OF}. \qquad ①$$

因为$\angle CDA \overset{m}{=} \frac{1}{2}\overset{\frown}{AC}=\frac{1}{2}\overset{\frown}{BD} \overset{m}{=} \angle DAB$，所以$CD /\!/ AB$，所以$\triangle OCD \backsim \triangle OEF$. 故

$$\frac{CD}{EF}=\frac{OD}{OF}. \qquad ②$$

由式①÷式②并注意到$OA=OD$，则有$\frac{AE}{CD}=1$，所以$AE=CD$. 同理$BF=CD$.

证明4（共圆、平行四边形的性质）

如图Y1.12.3所示，连AC、BD、ED. 如证明3，有$CD /\!/ AB$.

因为$\angle 3 \overset{m}{=} \overset{\frown}{CD}=\frac{1}{2}\overset{\frown}{AD} \overset{m}{=} \angle 4$，所以$O$、$B$、$E$、$D$共圆，所以$\angle 2=\angle OBD$.

图 Y1.12.3

易证等腰$\triangle OAC \cong$等腰$\triangle OBD$，所以$\angle 1=\angle OBD$，所以$\angle 1=\angle 2$，所以$AC /\!/ ED$.

因为$AC /\!/ ED$，$CD /\!/ AB$，所以$AEDC$是平行四边形，所以$AE=CD$. 同理$BF=CD$.

证明5（垂径定理、平行截比定理）

如图Y1.12.4所示，连AD，作$DH /\!/ OC$，交AB于H.

如前所证，$AB /\!/ CD$，所以$CEHD$是平行四边形，所以$CD=EH$.

因为C为$\overset{\frown}{AD}$的中点，由垂径定理，$AG=GD$.

在$\triangle ADH$中，由平行截比定理，$\frac{AE}{EH}=\frac{AG}{GD}=1$，所以$AE=EH$，所以$AE=CD$. 同理，$BF=CD$.

证明6（三角法）

如图Y1.12.5所示，设圆的半径为R. 在$\triangle OCD$中，有

$$CD=\sqrt{2R^2(1-\cos 30^\circ)}=\sqrt{2-\sqrt{3}}R.$$

在$\triangle AOE$中，由正弦定理，得

$$AE=\frac{AO\cdot\sin 30^\circ}{\sin(180^\circ-45^\circ-30^\circ)}=\frac{\sqrt{6}-\sqrt{2}}{2}R$$
$$=\sqrt{\frac{(\sqrt{6}-\sqrt{2})^2}{4}}R=\sqrt{2-\sqrt{3}}R.$$

所以$AE=CD$.

同理$BF=CD$.

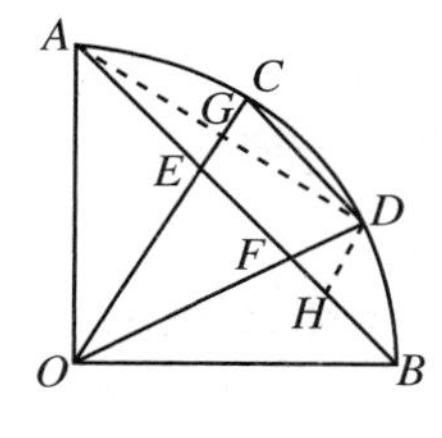

图 Y1.12.4

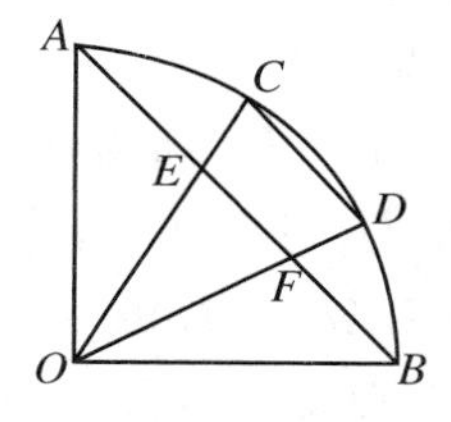

图 Y1.12.5

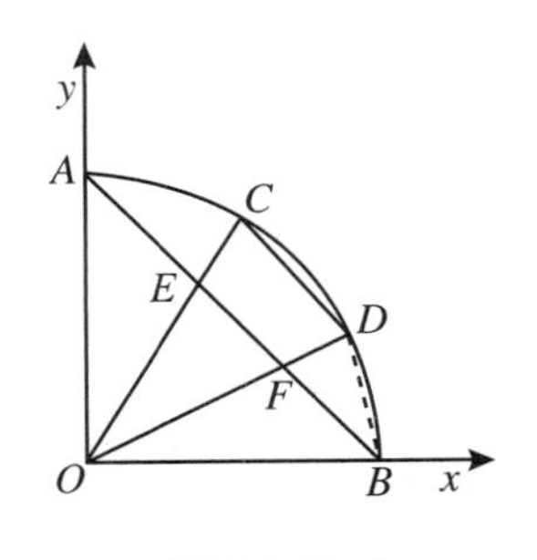

图 Y1.12.6

证明 7(解析法)

如图 Y1.12.6 所示,建立直角坐标系,设半径为 R.

直线 AB 的方程为 $y=-x+R$.

直线 OD 的方程为 $y=(\tan 30^\circ)x=\frac{\sqrt{3}}{3}x$.

两方程联立,可得 $F\left(\frac{3-\sqrt{3}}{2}R,\frac{\sqrt{3}-1}{2}R\right)$.

另一方面,$D\left(\frac{\sqrt{2}}{2}R,\frac{1}{2}R\right)$,由距离公式,有

$$BF=\sqrt{\left(\frac{3-\sqrt{3}}{2}R-R\right)^2+\left(\frac{\sqrt{3}-1}{2}R\right)^2}=\frac{\sqrt{6}-\sqrt{2}}{2}R,$$

$$BD=\sqrt{\left(\frac{\sqrt{3}}{2}R-R\right)^2+\left(\frac{R}{2}\right)^2}=\frac{\sqrt{6}-\sqrt{2}}{2}R.$$

所以 $BD=BF$.

又因为 $BD=CD$,所以 $CD=BF$.同理 $CD=AE$.

[**例 13**] 两圆交于 A、B.EAF 和 CAD 是两条公共割线,满足$\angle EAB=\angle DAB$,则 $CD=EF$.

证明 1(三角形全等)

如图 Y1.13.1 所示,连 CE、BE、BC、BF、BD.

因为$\angle 1=\angle 2$,$\angle 2=\angle 3$,所以$\angle 1=\angle 3$.

因为$\angle 1$是圆内接四边形 $ABEC$ 的外角,所以$\angle 1=\angle 4$,所以$\angle 3=\angle 4$,所以 $BC=BE$.

在$\triangle BEF$ 和 $\triangle BCD$ 中,$\angle BEA=\angle BCA$,$\angle BDA=\angle BFA$,$BC=BE$,所以$\triangle BEF\cong\triangle BCD$,所以 $CD=EF$.

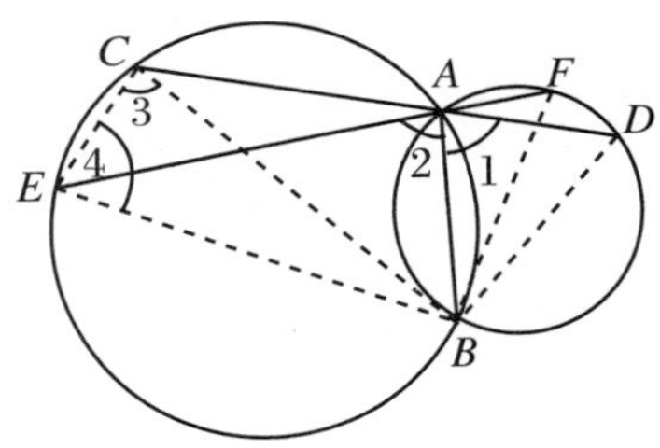

图 Y1.13.1

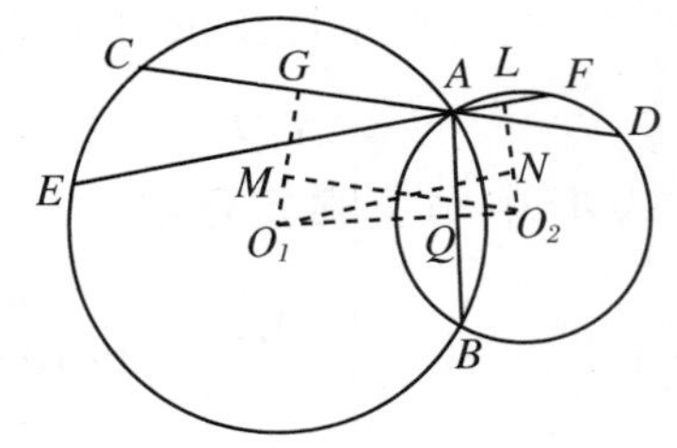

图 Y1.13.2

证明 2(折半法、垂径定理)

如图 Y1.13.2 所示,设 O_1O_2 为两圆的圆心,连 O_1O_2,交 AB 于 Q,由连心线定理知,O_1O_2 为 AB 的中垂线.

作 $O_1G\perp CD$,$O_2L\perp EF$,垂足分别是 G、L.由垂径定理知 G、L 分别是 AC、AF 的中点.再作 $O_1N\perp O_2L$、$O_2M\perp O_1G$,垂足分别是 N、M.

因为$\angle EAB=\angle DAB$,$\angle EAC=\angle DAF$,所以$\angle CAB=\angle FAB$.

因为 $O_1G\perp AG$,$O_1Q\perp AQ$,所以 O_1、G、A、Q 共圆,所以$\angle GO_1Q=180^\circ-\angle GAQ$.同理$\angle LO_2Q=180^\circ-\angle LAQ$,所以$\angle GO_1Q=\angle LO_2Q$.

因为$\angle GO_1Q=\angle LO_2Q$，$O_1O_2$为公共边，所以$\mathrm{Rt}\triangle O_1MO_2\cong\mathrm{Rt}\triangle O_2NO_1$，所以$O_1N=O_2M$.

由垂径定理易证$O_1N=\frac{1}{2}EF$，$O_2M=\frac{1}{2}CD$，所以$EF=CD$.

证明3（三角形全等、角平分线的性质、相似）

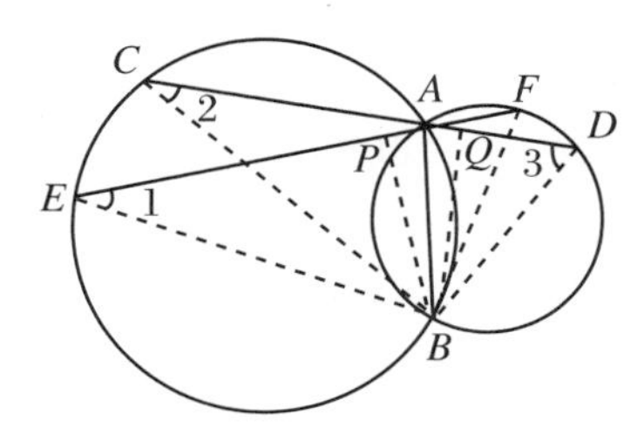

图 Y1.13.3

如图Y1.13.3所示，连BE、BC、BD、BF. 作$BP\perp EF$，$BQ\perp CD$，垂足分别是P、Q.

因为AB是$\angle EAD$的平分线，所以$BP=BQ$.

因为$\angle 1=\angle 2$，$\angle 3=\angle AFB$，所以$\triangle BEF\backsim\triangle BCD$. BP、BQ是对应高，可见相似比为$\frac{BP}{BQ}=1$，所以$\triangle BEF\cong\triangle BCD$，所以$EF=CD$.

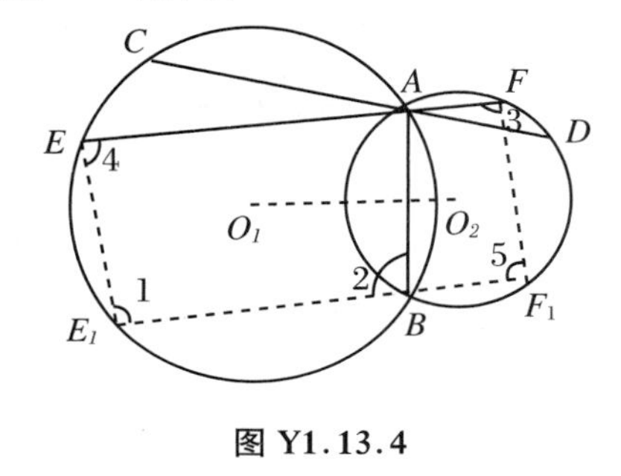

图 Y1.13.4

证明4（对称法、平行四边形、等腰梯形）

如图Y1.13.4所示，过B作$E_1F_1\parallel EF$，分别交两圆于E_1、F_1. 易证ABE_1E、ABF_1F都是等腰梯形，所以$\angle 1=\angle 2$. 因为$\angle 2$是圆内接四边形ABF_1F的外角，所以$\angle 2=\angle 3$，所以$\angle 1=\angle 3$. 同理$\angle 4=\angle 5$，所以EFF_1E_1是平行四边形，所以$EF=E_1F_1$.

因为$E_1F_1\parallel FE$，所以$\angle ABF_1=\angle BAE$. 又$\angle BAE=\angle BAD$，所以$\angle ABF_1=\angle BAD$. 可见E_1F_1和CD是关于连心线O_1O_2对称的两线段. 由相交圆关于连心线的对称性知$CD=E_1F_1$，所以$CD=EF$.

证明5（三角法、面积法）

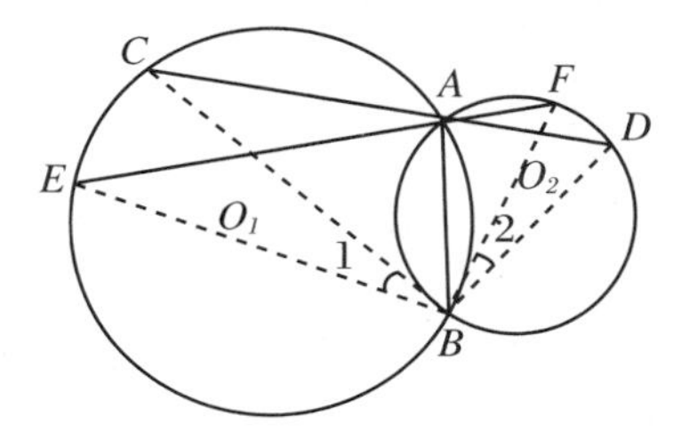

图 Y1.13.5

如图Y1.13.5所示，连BE、BC、BF、BD.

因为$\angle BAE=\angle BAD$，$\angle CAE=\angle DAF$，所以$\angle BAC=\angle BAF$. 又因为$\angle 1=\angle CAE$，$\angle 2=\angle DAF$，所以$\angle 1=\angle 2$，所以$\angle 1+\angle CBF=\angle 2+\angle CBF$，即$\angle EBF=\angle CBD$.

设两圆的半径分别为R_1、R_2. 由正弦定理，在$\triangle ABC$和$\triangle ABF$中分别有$BF=2R_2\cdot\sin\angle BAF$，$BC=2R_1\cdot\sin\angle BAC$. 同理，在$\triangle BAD$和$\triangle BAE$中，$BD=2R_2\cdot\sin\angle BAD$，$BE=2R_1\cdot\sin\angle BAE$.

所以$BE\cdot BF=4R_1R_2\cdot\sin\angle BAE\cdot\sin\angle BAF=BC\cdot BD$，所以$\frac{1}{2}BF\cdot BF\cdot\sin\angle EBF=\frac{1}{2}BC\cdot BD\cdot\sin\angle CBD$，即$S_{\triangle EBF}=S_{\triangle CBD}$.

设$\triangle BEF$、$\triangle BCD$中EF和CD边的高分别为h_1、h_2，由AB是$\angle EAD$的平分线知$h_1=h_2$，所以$\frac{1}{2}h_1\cdot EF=\frac{1}{2}h_2\cdot CD$，所以$EF=CD$.

［**例14**］ 从圆上的一点P向直径AB作垂线PM，M为垂足，过A、P分别作圆的切线，设两切线交于Q点，连BQ，则BQ平分PM.

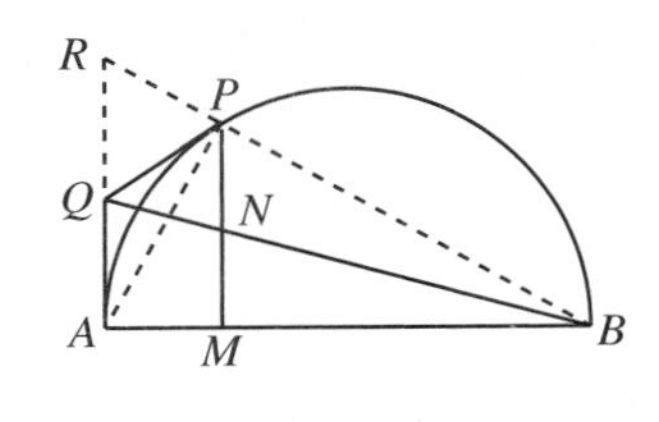

图 Y1.14.1

证明 1（斜边中线定理、平行截比定理）

如图 Y1.14.1 所示，设 AQ、BP 的延长线交于 R.

因为 AB 为直径，所以 $\angle APB=90^\circ$，所以 $\angle APR=90^\circ$.

在 Rt$\triangle APR$ 中，$AQ=QP$，由斜边中线的逆定理，$AQ=QR$.

在 $\triangle BAR$ 中. 因为 $AR\,/\!/\,PM$，$AQ=QR$，由平行截比定理，$PN=NM$.

证明 2（三角形相似）

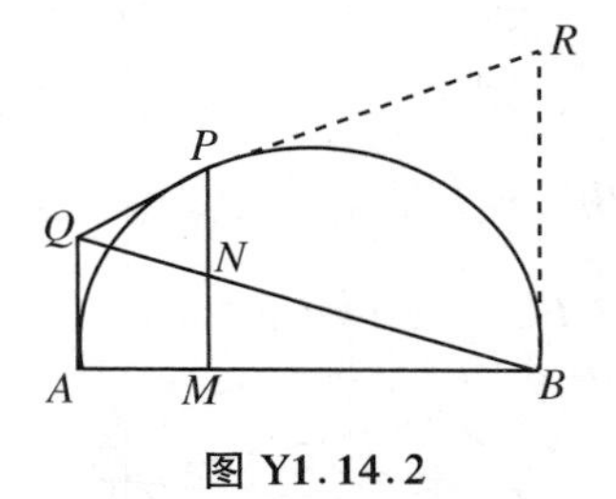

图 Y1.14.2

如图 Y1.14.2 所示，过 B 作切线 BR，交 QP 的延长线于 R.

因为 AB 是直径，所以 $AQ\,/\!/\,BR\,/\!/\,PM$.

由 $\triangle QPN\backsim\triangle QRB$ 知 $\dfrac{PN}{QP}=\dfrac{BR}{QR}=\dfrac{PR}{QR}$.

由 $\triangle BMN\backsim\triangle BQA$ 知 $\dfrac{MN}{QA}=\dfrac{BN}{QB}$.

由平行截比定理，$\dfrac{PR}{QR}=\dfrac{BN}{QB}$，所以 $\dfrac{PN}{QP}=\dfrac{MN}{QA}$. 又因为 $QP=QA$，所以 $PN=MN$.

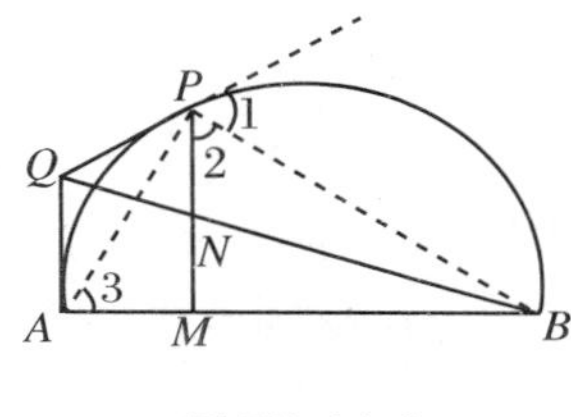

图 Y1.14.3

证明 3（三角形外角的平分线的性质、相似三角形）

如图 Y1.14.3 所示，连 PA、PB. 因为 AB 为直径，所以 $PA\perp PB$. 因为 $PM\perp AB$，所以 $\angle 2=\angle 3$.

因为 $\angle 1$ 是弦切角，所以 $\angle 1=\angle 3$，所以 $\angle 1=\angle 2$，即 PB 是 $\angle QPN$ 的外角平分线. 由角平分线性质定理，$\dfrac{BQ}{BN}=\dfrac{PQ}{PN}$. 又 $PQ=AQ$，所以 $\dfrac{BQ}{BN}=\dfrac{AQ}{PN}$.

由 $\triangle BQA\backsim\triangle BNM$ 知 $\dfrac{BQ}{BN}=\dfrac{AQ}{MN}$.

所以 $\dfrac{AQ}{PN}=\dfrac{AQ}{MN}$，所以 $PN=MN$.

证明 4（利用三点共线的 Menelaus 定理）

如图 Y1.14.4 所示，过 B 作切线 BR，交 QP 的延长线于 R；延长 PQ，交 BA 的延长线于 F. 易证 $\dfrac{PQ}{QF}=\dfrac{QA}{QF}=\dfrac{BR}{RF}=\dfrac{PR}{RF}=\dfrac{BM}{BF}$.

另一方面，在 $\triangle FPM$ 中，Q、N、B 三点共线，由 Menelaus 定理，有

$$\frac{FB}{BM}\cdot\frac{MN}{NP}\cdot\frac{PQ}{QF}=1,$$

把 $\dfrac{PQ}{QF}=\dfrac{BM}{BF}$ 代入上式，立得 $MN=NP$.

证明 5（利用已知结论、三点共线的证明）

如图 Y1.14.5 所示，两向延长 PQ，与 BA 的延长线交于 C，与过 B 所作的切线交于 R. 由平行截比定理及相似三角形，易知

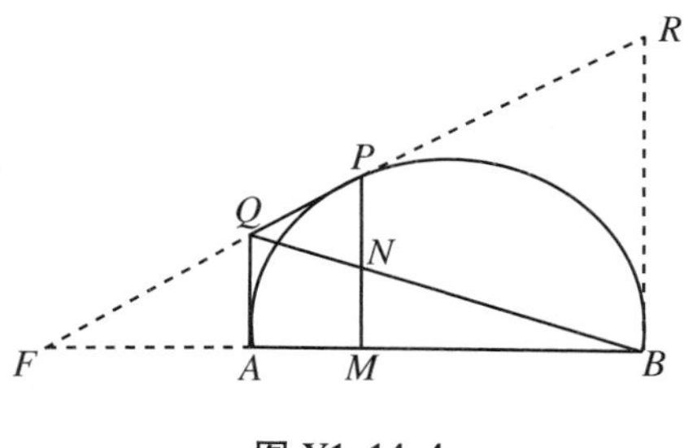

图 Y1.14.4

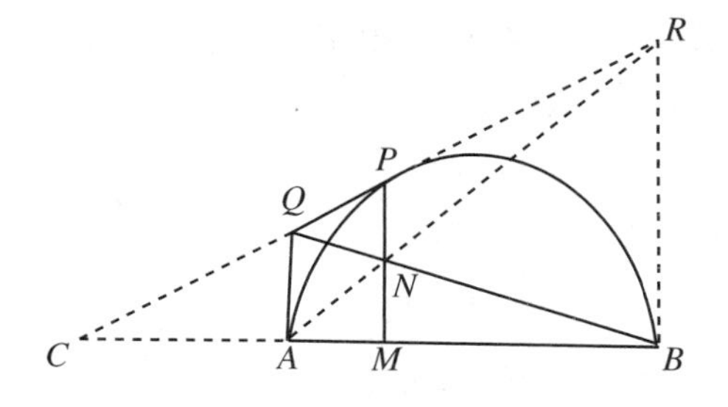

图 Y1.14.5

$$\frac{CA}{AB}=\frac{CQ}{QR},$$

$$\frac{BN}{NQ}=\frac{BM}{MA}=\frac{PR}{PQ}=\frac{BR}{AQ},$$

$$\frac{CA}{AB}\cdot\frac{BN}{NQ}=\frac{CQ}{QR}\cdot\frac{BR}{AQ}.$$

由$\triangle CAQ\backsim\triangle CBR$，$\frac{CQ}{AQ}=\frac{RC}{BR}$，代入上式得到$\frac{CA}{AB}\cdot\frac{BN}{NQ}=\frac{RC}{BR}\cdot\frac{BR}{QR}=\frac{RC}{QR}$，即$\frac{CA}{AB}\cdot\frac{BN}{NQ}\cdot\frac{QR}{RC}=1$. 由三点共线的 Menelaus 定理知，$A$、$N$、$R$ 三点共线.

连直线 ANR. 在梯形 $ABRQ$ 中，N 是对角线交点且 $PM\parallel AQ$. 引用"过梯形对角线交点平行于底的直线截于两腰内的线段被对角线交点平分"的结论，则有 $PN=NM$.

证明 6(三角法)

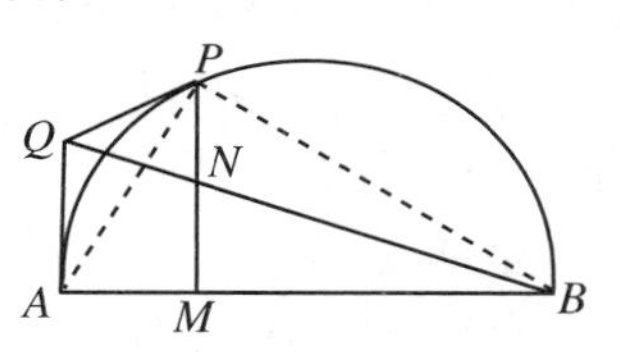

图 Y1.14.6

如图 Y1.14.6 所示，连 PA、PB，则 $PA\perp PB$. 设$\angle QAP=\alpha$，$AQ=a$，则 $PA=2a\cos\alpha$. 由于$\angle APM=\angle QAP=\alpha$，因此

$$PM=PA\cos\alpha=2a\cos^2\alpha,$$

$$AM=PA\cdot\sin\alpha=2a\sin\alpha\cos\alpha,$$

$$AB=\frac{AP}{\sin\alpha}=2a\cot\alpha,$$

$$BM=AB-AM=2a\cot\alpha-2a\sin\alpha\cos\alpha=2a\cos\alpha\cot\alpha.$$

另一方面，由$\triangle BMN\backsim\triangle BAQ$，$\frac{BM}{BA}=\frac{MN}{AQ}$，则

$$MN=\frac{BM\cdot AQ}{BA}=\frac{(2a\cos^2\alpha\cdot\cot\alpha)\cdot a}{2a\cot\alpha}=a\cos^2\alpha.$$

所以 $MN=\frac{1}{2}PM$，即 $PN=NM$.

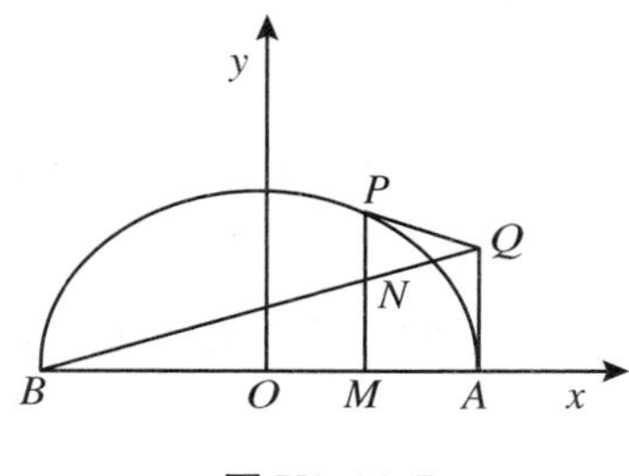

图 Y1.14.7

证明 7(解析法)

如图 Y1.14.7 所示，建立直角坐标系.

设 $A(a,0)$，$B(-a,0)$，$M(x_0,0)(-a\leqslant x_0\leqslant a)$，圆的方程是

$$x^2+y^2=a^2. \quad ①$$

直线 PM 的方程是

$$x=x_0. \quad ②$$

由式①、式②联立,可得 $P(x_0,\sqrt{a^2-x_0^2})$.

切线 PQ 的方程为

$$x_0x+\sqrt{x^2-x_0^2}y=a^2. \tag{③}$$

切线 AQ 的方程为

$$x=a. \tag{④}$$

由式③、式④联立,可得 $Q\left(a,\dfrac{a^2-ax_0}{\sqrt{a^2-x_0^2}}\right)$.

直线 BQ 的方程为

$$y=\left(\frac{\dfrac{a^2-ax_0}{\sqrt{a^2-x_0^2}}}{a-(-a)}\right)(x+a). \tag{⑤}$$

由式⑤、式②联立,可得 $N\left(x_0,\dfrac{\sqrt{a^2-x_0^2}}{2}\right)$.

比较 P 和 N 的坐标,立得 $PM=2MN$.

［**例 15**］ 以⊙O 的半径 OA 为直径作一圆,内切于⊙O,任作小圆的一弦 EF,连 OE 并延长,交⊙O 于 C,作 $CG\perp OF$,垂足为 G,则 $EF=CG$.

证明 1(等圆中相等的圆周角对等弦)

如图 Y1.15.1 所示.因为 $CG\perp OF$,所以 CO 是$\triangle OCG$ 外接圆的直径,可见,$\triangle OCG$ 的外接圆与$\triangle OEF$ 的外接圆是等圆.

注意到$\angle EOF$ 同时是上述两个等圆的圆周角,CG、EF 分别是它在两等圆中所对的弦,所以 $CG=EF$.

证明 2(直角三角形全等)

如图 Y1.15.2 所示,作小圆的直径 FH,连 EH,则$\angle EHF=\angle EOF$,$FH=OC$,$\angle FEH=90^\circ$,所以 $\mathrm{Rt}\triangle FEH\cong\mathrm{Rt}\triangle CGO$,所以 $CG=EF$.

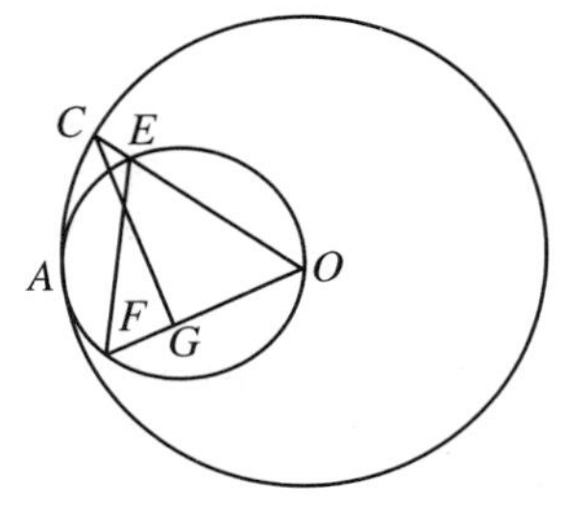

图 Y1.15.1

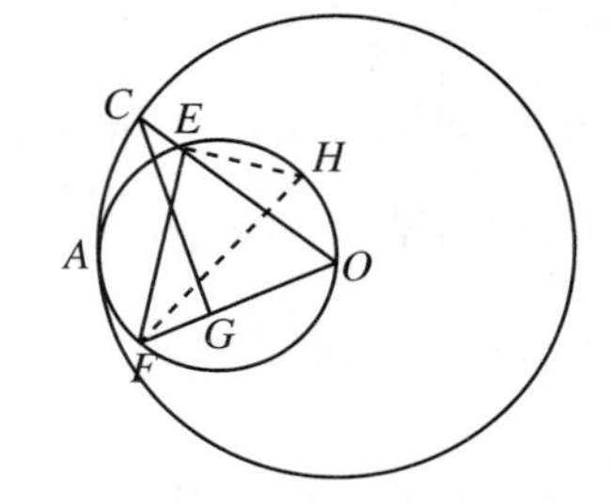

图 Y1.15.2

证明 3(三角形相似、圆中角)

设小圆圆心为 O_1.连 O_1E、O_1F,延长 CG,交⊙O 于 H,连 OH,如图 Y1.15.3 所示.由垂径定理知,G 为 CH 的中点,所以$\angle COH=2\angle COG=2\angle EOF=\angle EO_1F$.

所以等腰$\triangle OCH\backsim$等腰$\triangle O_1EF$,所以$\dfrac{CH}{EF}=\dfrac{OC}{O_1E}=2$.故 $CH=2EF$,即 $2CG=2EF$,所以 $CG=EF$.

证明4(共圆、矩形、等腰三角形的相似)

连 FA 并延长,作 $CM\perp FA$,垂足为 M,如图 Y1.15.4 所示.易证 $CMFG$ 是矩形,所以 $MF=CG$.

连 ME、AE、AC.

因为$\angle AEO=\angle AMC=90^\circ$,所以 A、M、C、E 共圆,所以$\angle AME=\angle ACE$.

在小圆中,$\angle AFE=\angle AOE$,所以$\triangle OCA\backsim\triangle FEM$.

因为 $OA=OC$,所以 $EF=MF$,所以 $EF=CG$.

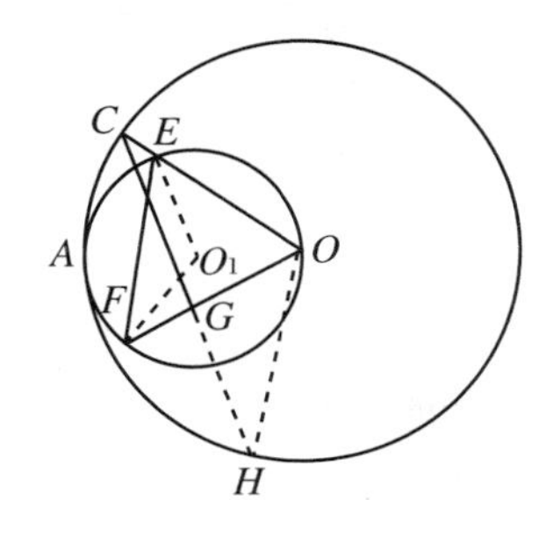

图 Y1.15.3

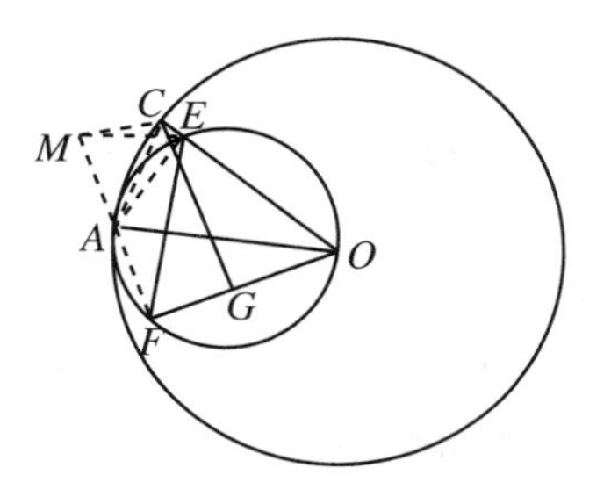

图 Y1.15.4

证明5(三角法)

设小圆半径为 R.由正弦定理,$EF=2R\cdot\sin\angle EOF$.

在 Rt$\triangle OGC$ 中,$CG=OC\cdot\sin\angle COG$.注意到 $OC=2R$,所以 $CG=2R\sin\angle COG$.

所以 $EF=CG$.

[例 16] 在正方形 $ABCD$ 中,以 A 为圆心,AB 为半径画弧 $\overset{\frown}{BD}$.$\odot O$ 与 $\overset{\frown}{BD}$ 内切于 E,与 AB、AD 分别切于 N、M,则 $OE=EC$.

证明1(同一法、切线长定理)

过 E 作$\odot O$ 和 $\overset{\frown}{BD}$ 的公切线 EF,设 EF 交 CD 于 F;过 F 作 $FN'/\!/AD$,交 AC 于 O',交 AB 于 N';过 O' 作 $O'M'/\!/AB$,交 AD 于 M',如图 Y1.16.1 所示.

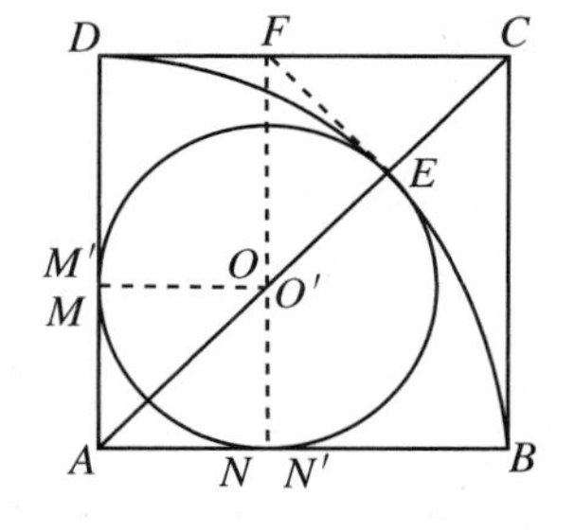

图 Y1.16.1

由对称性,$\odot O$ 的圆心 O 在 AC 上,所以 $EF\perp AC$,所以$\triangle FEC$ 是等腰直角三角形.由作法知$\triangle FEO'$也是等腰直角三角形,所以 $O'E=EF=EC$.

易证 $DFO'M'$是矩形,所以 $O'M'=EF=O'E$.

易证 $O'M'AN'$是正方形,所以 $O'N'=O'M'=O'E$.可见,O'到 AD、AB、EF 三直线等距离.因此 O'是 AD、AB、EF 三直线围成的三角形内切圆的圆心,所以 O'与 O 重合.

所以 $O'E=OE=EC$.

证明2(平行截比定理、等腰三角形的性质)

如图 Y1.16.2 所示,连 ON,则 $ON\perp AB$;连 EN、EB,则$\triangle ONE$ 是等腰三角形,其顶角的外角$\angle AON=45^\circ$,所以$\angle 1=\angle 2=22.5^\circ$,所以$\angle 3=90^\circ-22.5^\circ=67.5^\circ$.

因为$\triangle ABE$ 是顶角为 45°的等腰三角形,所以$\angle 4=\dfrac{1}{2}(180^\circ-45^\circ)=67.5^\circ$.

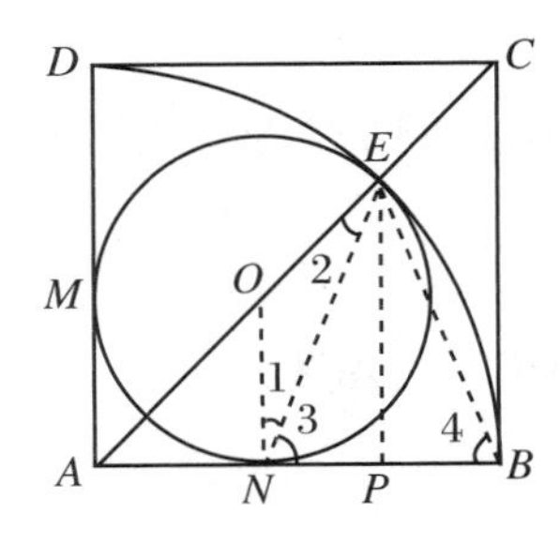

图 Y1.16.2

因为$\angle 3=\angle 4$,所以 $EN=EB$.

作 $EP\perp BN$,垂足为 P.由等腰三角形三线合一定理,$NP=PB$.

因为 ON、EP、BC 都与 AB 垂直,所以 $ON\parallel EP\parallel BC$.由平行截比定理,$\dfrac{OE}{EC}=\dfrac{NP}{PB}=1$,所以 $OE=EC$.

证明 3(计算法)

设$\odot O$ 的半径为 r,正方形的边长为 a,则 $AC=\sqrt{2}a$,$AE=a$,所以 $EC=(\sqrt{2}-1)a$.

因为 $AO=\sqrt{2}r$,$OE=a-\sqrt{2}r=r$,所以 $OE=r=(\sqrt{2}-1)a$.

所以 $OE=EC$.

证明 4(反证法)

如图 Y1.16.3 所示,作 $OP\perp BC$,$OQ\perp CD$,垂足分别是 P、Q.连 PQ,设 PQ 交 AC 于 E_1,易证 $OPCQ$ 是正方形,所以 $OE_1=E_1C$,$PB=OE$.

若 E_1 与 E 不重合,设 E 在 E_1C 内.过 E 作 AC 的垂线,分别交 BC、CD 于 P_1、Q_1,则 $P_1Q_1\parallel PQ$.由平行截比定理易知,P_1、Q_1 各在 PC、QC 的内部,即

$$BP_1>BP. \qquad ①$$

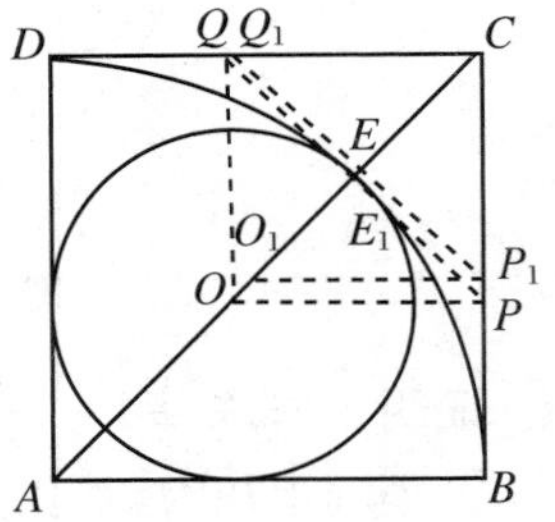

图 Y1.16.3

过 P_1 作 $P_1O_1\parallel OP$,交 AC 于 O_1,由平行截比定理可知 O_1 在 OE 的内部,即 $O_1E<OE$.

易知$\triangle O_1EP_1$ 是等腰直角三角形,所以 $O_1E=EP_1$.

由切线长定理,$EP_1=P_1B$.可见又有

$$P_1B<OE. \qquad ②$$

因为 $PB=OE$,可见,式①、式②两个不等式矛盾,此矛盾表明 E 和 E_1 应重合.

同理,E 在 E_1C 外时也可证 E 和 E_1 重合,所以 $OE=EC$.

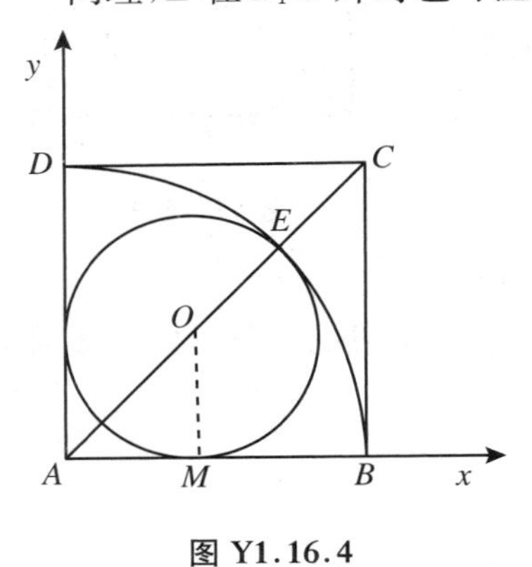

图 Y1.16.4

证明 5(解析法)

如图 Y1.16.4 所示,建立直角坐标系.

设 $B(a,0)$,则 $C(a,a)$,$D(0,a)$,$E\left(\dfrac{\sqrt{2}}{2}a,\dfrac{\sqrt{2}}{2}a\right)$.

$$EC=\sqrt{\left(\frac{\sqrt{2}}{2}a-a\right)^2+\left(\frac{\sqrt{2}}{2}a-a\right)^2}=(\sqrt{2}-1)a.$$

设 $O(x,y)$.连 OM,则 $OM=OE$,所以 $OM^2=OE^2$,于是

$$\left(x-\frac{\sqrt{2}}{2}a\right)^2+\left(y-\frac{\sqrt{2}}{2}a\right)^2=y^2.$$

注意到 O 在 AC 上,故 O 点坐标满足 AC 的方程 $y=x$.把 $y=x$ 代入上式,得到 $x=y=(\sqrt{2}-1)a$.

所以 $OE=EC$.

［例17］　在$\odot O$中，P为弦MN的中点，过P任作两弦AB、CD，A、C在MN的同侧．连BC、AD，各交MN于E、F点，则$PE=PF$．（这个结论叫蝴蝶定理．）

证明1（对称法、共圆、三角形全等）

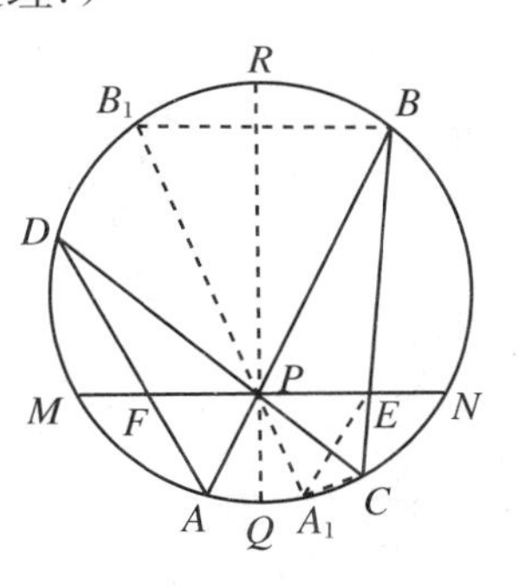

图 Y1.17.1

如图Y1.17.1所示，过P作$\odot O$的直径QR．作AB关于QR的对称弦A_1B_1．显然A_1B_1也过P点．连BB_1、A_1E、A_1C．

由对称性，$BB_1\perp QR$，所以$BB_1\parallel MN$，所以$\angle B_1BE=\angle MEC$．

因为B_1BCA_1内接于圆，所以$\angle B_1BC+\angle B_1A_1C=180^\circ$，所以$\angle PEC+\angle PA_1C=180^\circ$．

所以P、E、C、A_1共圆，所以$\angle PA_1E=\angle PCE$．

因为$\angle PCE$与$\angle PAF$是同弧上的圆周角，所以$\angle PCE=\angle PAF$．

由对称性，$PA=PA_1$，$\angle APM=\angle A_1PN$，所以$\triangle PAF\cong\triangle PA_1E$，所以$PF=PE$．

证明2（共圆、三角形相似、垂径定理）

如图Y1.17.2所示，作$OR\perp AD$，$OS\perp BC$，R、S分别为垂足，由垂径定理知R、S分别是AD、BC的中点．

连OE、OF、PR、PS、OP，易证O、P、E、S和O、P、F、R分别共圆，所以$\angle 1=\angle 3$，$\angle 2=\angle 4$．

因为$\triangle DPA\backsim\triangle BPC$，$PR$、$PS$是对应中线，所以$\triangle PRA\backsim\triangle PSC$，所以$\angle 1=\angle 2$，所以$\angle 3=\angle 4$．

所以$\text{Rt}\triangle OPE\cong\text{Rt}\triangle OPF$，所以$PE=PF$．

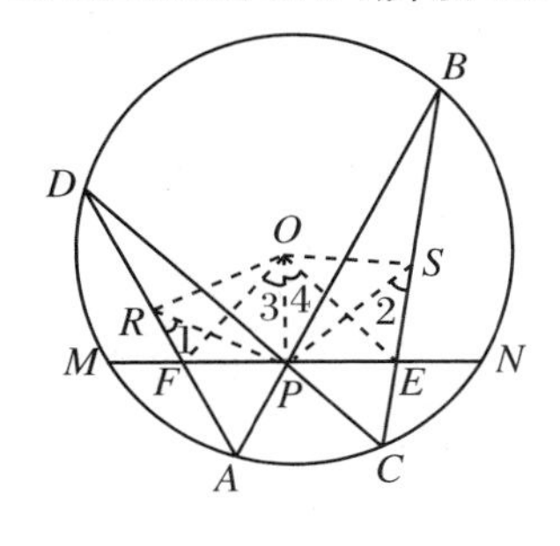

图 Y1.17.2

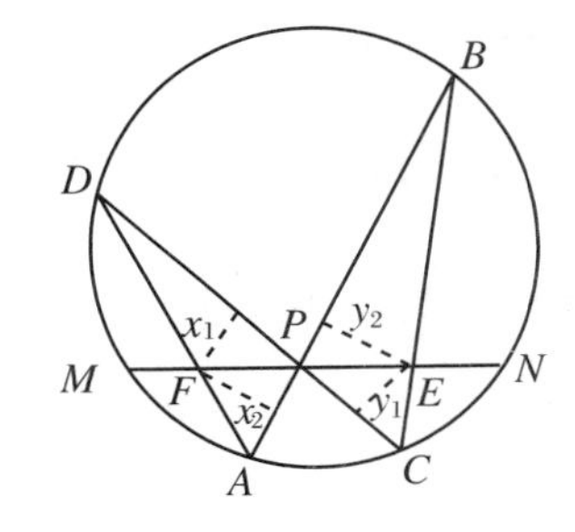

图 Y1.17.3

证明3（相交弦定理、直角三角形相似）

过E、F分别作AB、CD的垂线，如图Y1.17.3所示，设相应的垂线长为y_1、y_2、x_1、x_2．由成对的相似直角三角形，有

$$\frac{PF}{PE}=\frac{x_1}{y_1},\quad \frac{PF}{PE}=\frac{x_2}{y_2},\quad \frac{DF}{BE}=\frac{x_1}{y_2},\quad \frac{AF}{CE}=\frac{x_2}{y_1}.$$

所以$\dfrac{PF^2}{PE^2}=\dfrac{x_1x_2}{y_1y_2}=\dfrac{DF\cdot AF}{BE\cdot CE}$．

另一方面，由相交弦定理，$DF\cdot AF=MF\cdot NF$，$BE\cdot CE=ME\cdot NE$，代入上式，有

$$\frac{PF^2}{PE^2}=\frac{DF\cdot AF}{BE\cdot CE}=\frac{MF\cdot NF}{ME\cdot NE}=\frac{(MP-PF)(NP+PF)}{(MP+PE)(NP-PE)}=\frac{MP^2-PF^2}{MP^2-PE^2}.$$

由等比定理，上式变形为

$$\frac{PF^2}{PE^2}=\frac{(MP^2-PF^2)+PF^2}{(MP^2-PE^2)+PE^2}=\frac{MP^2}{MP^2}=1,$$

所以 $PF^2=PE^2$，所以 $PF=PE$.

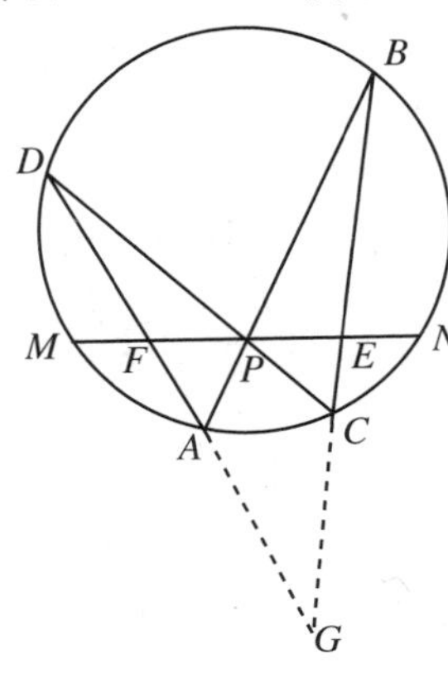

图 Y1.17.4

证明 4(相交弦定理、三点共线的 Menelaus 定理)

延长 DA、BC，两者交于 G，如图 Y1.17.4 所示.

对$\triangle GEF$，A、P、B 和 C、P、D 分别共线. 由 Menelaus 定理，有

$$\frac{GA}{AF}\cdot\frac{FP}{PE}\cdot\frac{EB}{BG}=1,\quad \frac{GD}{DF}\cdot\frac{FP}{PE}\cdot\frac{EC}{CG}=1,$$

两式相乘，则有

$$\frac{FP^2}{PE^2}\cdot\frac{GA\cdot GD\cdot EB\cdot EC}{BG\cdot CG\cdot AF\cdot DF}=1.$$

由相交弦定理，$GA\cdot GD=BG\cdot CG$，上式成为 $\frac{FP^2}{PE^2}=\frac{AF\cdot DF}{EB\cdot EC}$. 下面的证明同证明 3.

证明 5(面积法)

设$\angle BPE=\alpha$，则$\angle APF=\alpha$. 设$\angle CPE=\beta$，则$\angle DPF=\beta$.

连 OP，作 OG、OH 各与 CD、AB 垂直，垂足分别为 G、H，如图 Y1.17.5 所示. 由垂径定理，G、H 分别是 CD、AB 的中点.

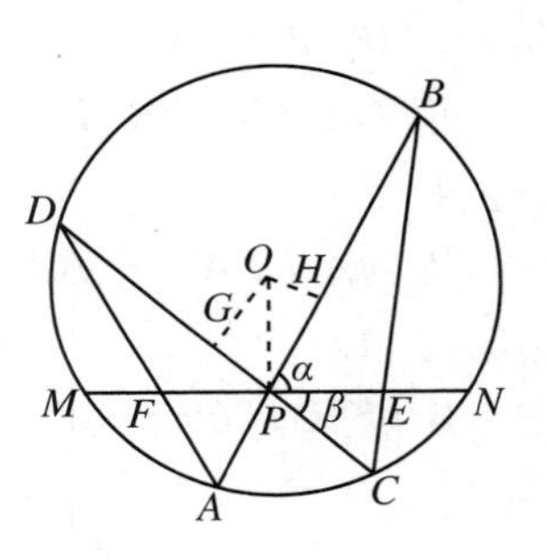

图 Y1.17.5

因为 $S_{\triangle BPC}=S_{\triangle BPE}+S_{\triangle EPC}$，即

$$\frac{1}{2}PB\cdot PC\cdot\sin(\alpha+\beta)$$
$$=\frac{1}{2}PB\cdot PE\cdot\sin\alpha+\frac{1}{2}PE\cdot PC\cdot\sin\beta.$$

用 $\frac{1}{2}PB\cdot PC\cdot PE$ 除上式，得到

$$\frac{\sin(\alpha+\beta)}{PE}=\frac{\sin\alpha}{PC}+\frac{\sin\beta}{PB}.$$

同理又有

$$\frac{\sin(\alpha+\beta)}{PF}=\frac{\sin\alpha}{PD}+\frac{\sin\beta}{PA}.$$

两式相减得

$$\sin(\alpha+\beta)\left(\frac{1}{PE}-\frac{1}{PF}\right)=\sin\alpha\left(\frac{1}{PC}-\frac{1}{PD}\right)+\sin\beta\left(\frac{1}{PB}-\frac{1}{PA}\right),$$

即

$$\sin(\alpha+\beta)\cdot\left(\frac{1}{PE}-\frac{1}{PF}\right)=\frac{PD-PC}{PC\cdot PD}\sin\alpha+\frac{PA-PB}{PA\cdot PB}\sin\beta.$$

因为 $PD-PC=2PG$，$PA-PB=-2PH$，$PG=OP\cdot\cos(90^\circ-\beta)=OP\sin\beta$，$PH=OP\cdot\cos(90^\circ-\alpha)=OP\sin\alpha$，由相交弦定理，$PA\cdot PB=PC\cdot PD$，这样，有

$$\sin(\alpha+\beta)\cdot\left(\frac{1}{PE}-\frac{1}{PF}\right)=\frac{1}{PA\cdot PB}(2OP\sin\beta\cdot\sin\alpha-2OP\sin\alpha\cdot\sin\beta)=0.$$

所以 $PE=PF$.

证明 6(三角法)

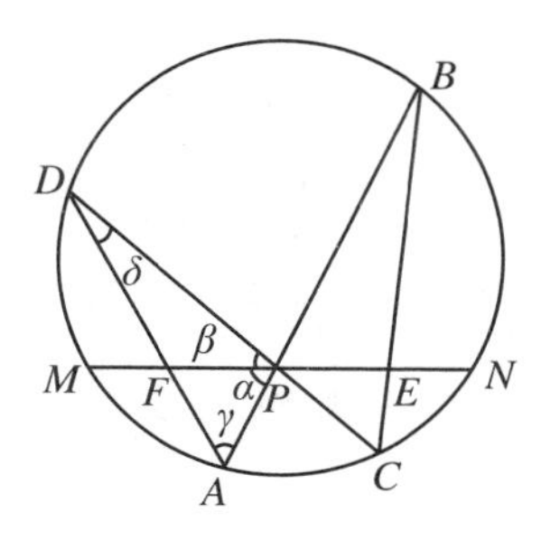

图 Y1.17.6

如图 Y1.17.6 所示,设$\angle FPA=\alpha$,$\angle FPD=\beta$,$\angle PAD=\gamma$,$\angle PDA=\delta$,则$\angle EPB=\alpha$,$\angle EPC=\beta$,$\angle PCB=\gamma$,$\angle PBC=\delta$.

在$\triangle FPA$ 中,由正弦定理,$AF=\dfrac{PF\cdot\sin\alpha}{\sin\gamma}$.

同理,在$\triangle FPD$ 中有 $FD=\dfrac{PF\cdot\sin\beta}{\sin\delta}$.

所以 $AF\cdot FD=PF^2\cdot\dfrac{\sin\alpha\cdot\sin\beta}{\sin\delta\cdot\sin\gamma}$.

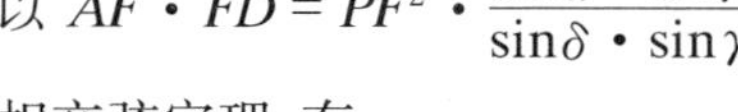

由相交弦定理,有

$$\begin{aligned}AF\cdot FD&=MF\cdot FN=(PM-PF)(PN+PF)\\&=(PM-PF)(PM+PF)=PM^2-PF^2.\end{aligned} \quad ①$$

所以 $PF^2\cdot\dfrac{\sin\alpha\cdot\sin\beta}{\sin\gamma\cdot\sin\delta}=PM^2-PF^2$.

同理,在$\triangle PEB$、$\triangle PEC$ 中结合相交弦定理,又有

$$PE^2\cdot\frac{\sin\alpha\cdot\sin\beta}{\sin\gamma\cdot\sin\delta}=PM^2-PE^2. \quad ②$$

由式①和式②,立得 $PF^2=PE^2$,即 $PF=PE$.

[例 18] $\triangle ABC$ 的内切圆的圆心为O,BC 边的切点为D,DE 为内切圆的直径,连 AE 并延长,交 BC 于F,则 $BF=DC$.

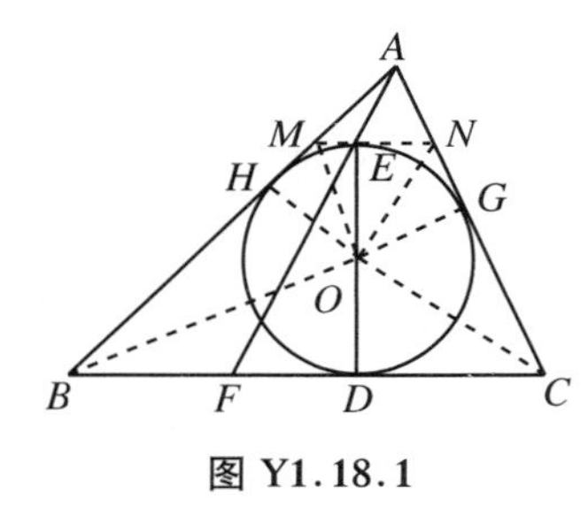

图 Y1.18.1

证明 1(三角形相似)

如图 Y1.18.1 所示,过 E 作切线MN,交 AB 于M,交 AC 于 N.设 AB、AC 边上的切点分别为H、G,连 OB、OC、OH、OG、OM、ON.

因为 $MN\perp ED$,$BC\perp ED$,所以 $MN/\!/BC$.由切线长定理易证 OM、OB 分别是$\angle NMB$ 和$\angle MBC$ 的平分线,而$\angle NMB+\angle MBC=180^\circ$,所以$\angle OMB+\angle OBM=90^\circ$,所以 $OM\perp OB$.

注意到$\angle BOD$ 和$\angle OME$ 两双边对应垂直,所以$\angle BOD=\angle OME$,所以 $\mathrm{Rt}\triangle BOD\backsim\mathrm{Rt}\triangle OME$.所以$\dfrac{OE}{BD}=\dfrac{ME}{OD}$,故

$$ME=\frac{OE\cdot OD}{BD}. \quad ①$$

同理,$\mathrm{Rt}\triangle ONE\backsim\mathrm{Rt}\triangle COD$,因此

$$NE=\frac{OE\cdot OD}{CD}. \quad ②$$

由 $MN/\!/BC$ 可知$\dfrac{ME}{NE}=\dfrac{BF}{FC}$.把式①、式②代入,得到$\dfrac{CD}{BD}=\dfrac{BF}{FC}$.

由合比定理,$\dfrac{CD}{CD+BD}=\dfrac{BF}{BF+FC}$,即$\dfrac{CD}{BC}=\dfrac{BF}{BC}$,所以 $CD=BF$.

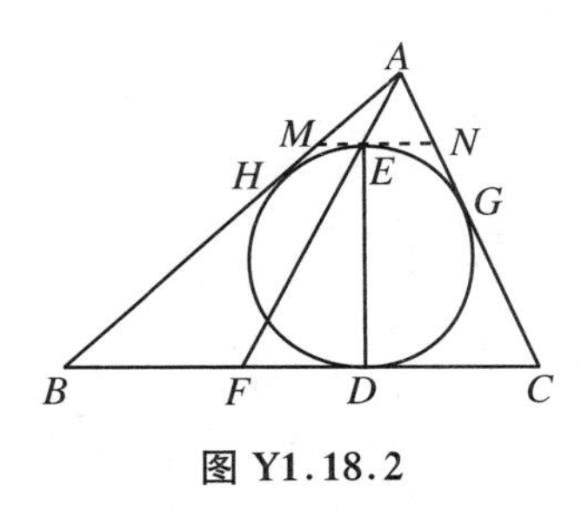

图 Y1.18.2

证明 2(切线长定理、三角形相似、代数计算法)

如图 Y1.18.2 所示,设 AB、AC 边的切点为 H、G.过 E 作切线 MN,交 AB 于 M,交 AC 于 N,则 $MN /\!/ BC$.设 $EN=m$,$EM=n$,$AH=AG=p$,则 $AN=AG-NG=AG-EN=p-m$,$AM=p-n$.

设 $AN=a$,$AM=b$,则

$$b-a=m-n. \quad ①$$

设 $CD=x$,$DF=y$,$BF=\delta$.由平行截比定理,有

$$\frac{ME}{BF}=\frac{NE}{CF},\quad \frac{AN}{AM}=\frac{AC}{AB}=\frac{AC-AN}{AB-AM},$$

即

$$\frac{n}{\delta}=\frac{m}{x+y}, \quad ②$$

$$\frac{a}{b}=\frac{m+x}{n+\delta+y},$$

$$a=b\frac{m+x}{n+\delta+y}. \quad ③$$

因为$\triangle AME\backsim\triangle ABF$,所以$\dfrac{AM}{AB}=\dfrac{ME}{BF}$,即$\dfrac{n}{\delta}=\dfrac{b}{b+y+\delta+n}$,故

$$b=\frac{n(y+\delta+n)}{\delta-n}. \quad ④$$

由式④-式③得

$$b-a=\frac{n(y+\delta+n)}{\delta-n}-\frac{n(y+\delta+n)}{\delta-n}\cdot\frac{m+x}{n+\delta+y}. \quad ⑤$$

把式①代入式⑤并去分母,有$(\delta-n)(m-n)=n(y+\delta+n-x-m)$,即

$$n(y+\delta-x)=\delta(m-n). \quad ⑥$$

把式②代入式⑥,有 $n(y+\delta-x)=n(x+y)-n\delta$,即 $2n\delta=2nx$,所以 $\delta=x$,即 $BF=CD$.

证明 3(比例中项定理、平行截比定理)

如图 Y1.18.3 所示,过 E 作切线 MN,交 AB 于 M,交 AC 于 N.连 ON、OC.设 G 为 AC 边上的切点,H 为 AB 边上的切点,连 OH、OG.有 $OG\perp NC$.

易证$\angle NOC=90^\circ$.在 Rt$\triangle NOC$ 中,由比例中项定理,有

$$OG^2=NG\cdot GC=NE\cdot DC. \quad ①$$

同理,

$$OH^2=ME\cdot BD. \quad ②$$

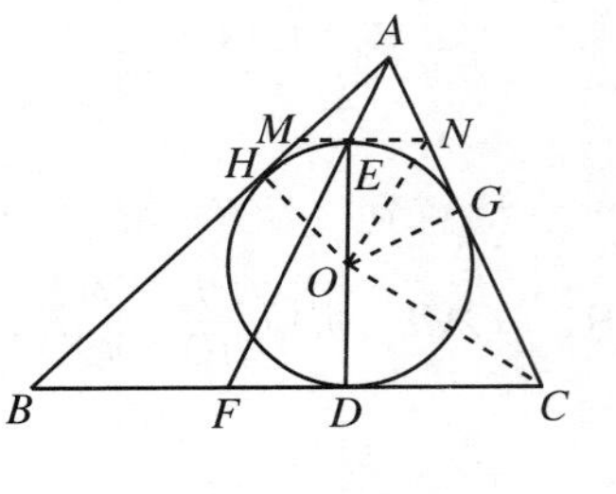

图 Y1.18.3

注意到 $OG=OH$,由式①、式②得到

$$\frac{ME}{NE}=\frac{DC}{BD}. \quad ③$$

因为 $MN /\!/ BC$,由平行截比定理,有

$$\frac{ME}{NE}=\frac{BF}{FC}. \quad ④$$

所以$\frac{DC}{BD}=\frac{BF}{FC}$，即$\frac{DC}{BC-DC}=\frac{BF}{BC-BF}$.

由反比定理，$\frac{BC-DC}{DC}=\frac{BC-BF}{BF}$，即$\frac{BC}{DC}=\frac{BC}{BF}$，所以 $DC=BF$.

证明4(计算法)

设 $AB=c, BC=a, AC=b$，内切圆半径为 r，记 $s=\frac{1}{2}(a+b+c)$. 设 G 为 AC 边的切点.

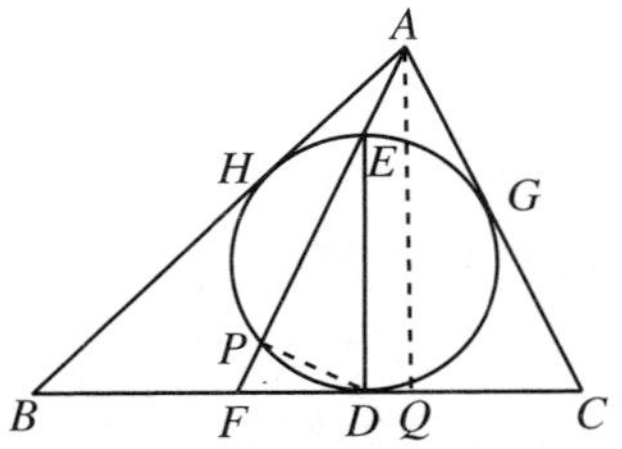

易证 $AG=s-a, CD=s-c, BD=s-b$.

设 AE 交圆于 P，$AE=x, EP=y, PF=\delta$，作 $AQ\perp BC$，垂足为 Q. 连 DP，如图 Y1.18.4 所示.

图 Y1.18.4

因为 ED 为直径，所以 $DP\perp EP, ED\perp BC$.

在 Rt$\triangle EDF$ 中，由比例中项定理，$ED^2=EP\cdot EF$，即

$$4r^2=y\cdot(y+\delta). \quad ①$$

同理，

$$DF^2=PF\cdot EF=\delta\cdot(y+\delta). \quad ②$$

由切割线定理，$AG^2=AE\cdot AP$，即

$$(s-a)^2=x\cdot(x+y). \quad ③$$

由$\triangle FED\backsim\triangle FAQ$，所以$\frac{ED}{AQ}=\frac{EF}{AF}$，即

$$\frac{2r}{AQ}=\frac{y+\delta}{x+y+\delta}. \quad ④$$

注意到 $r=\sqrt{\frac{(s-a)(s-b)(s-c)}{s}}$，$AQ=\frac{2\sqrt{s(s-a)(s-b)(s-c)}}{a}$，所以$\frac{2r}{AQ}=\frac{a}{s}$，所以$\frac{a}{s}=\frac{y+\delta}{x+y+\delta}$，故

$$x=\frac{(s-a)(y+\delta)}{a}. \quad ⑤$$

把式⑤代入式③，得

$$(s-a)^2=\frac{(y+\delta)^2(s-a)^2}{a^2}+\frac{(y+\delta)(s-a)}{a}\cdot y.$$

由式①得

$$y=\frac{4r^2}{y+\delta}=\frac{4(s-a)(s-b)(s-c)}{s(y+\delta)}. \quad ⑥$$

将式⑥代入$(s-a)^2$ 的表达式，得

$$\frac{(y+\delta)^2(s-a)^2}{a^2}+4\frac{(y+\delta)(s-a)^2(s-b)(s-c)}{as(y+\delta)}=(s-a)^2,$$

即

$$(y+\delta)^2=a^2-\frac{4a}{s}(s-b)(s-c),$$

所以

$$y+\delta=\sqrt{\frac{sa^2-4a(s-b)(s-c)}{s}}. \qquad ⑦$$

由式⑥、式⑦可得

$$y=\frac{4(s-a)(s-b)(s-c)}{\sqrt{s}\sqrt{sa^2-4a(s-b)(s-c)}},$$

$$\delta=\frac{\sqrt{s}[a^2-4(s-b)(s-c)]}{\sqrt{sa^2-4a(s-b)(s-c)}}.$$

把 y、δ 的表达式代入式②，得

$$DF^2=\delta(y+\delta)=a^2-4(s-b)(s-c)=a^2-(a+c-b)(a+b-c)=(b-c)^2.$$

设 $c>b$，则 $DF=c-b$. 这样 $BF=BD-DF=(s-b)-(c-b)=s-c$，$CD=s-c$.

所以 $BF=CD$.

证明 5（平行截比定理、中位线定理、斜边中线定理、三角形全等、切线长定理、相似）

如图 Y1.18.5 所示，设 AC、AB 边的切点各为 M、N. 过 A 作 BC 的平行线 PQ. 连 DM、DN 并分别延长，交 PQ 于 P、Q；连 PN、QM 并各自延长，分别交直线 BC 于 R、S；连 EN、EM；过 B、C 分别作 BC 的垂线 BY、CX，分别与 PR、QS 交于 Y、X；连 FY、DX.

由切线长定理，$CD=CM$，$BD=BN$，$AM=AN$.

由$\triangle APM\backsim\triangle CDM$，$\triangle AQN\backsim\triangle BDN$，可知$\triangle APM$、$\triangle AQN$ 也是等腰三角形，所以 $AM=PA$，$AN=QA$，所以 $PA=QA$.

因为 ED 是直径，所以 $EN\perp ND$.

因为在$\triangle PQN$ 中，$PA=QA=AN$，所以$\triangle PQN$ 是直角三角形，所以 $PN\perp QN$.

因为 NE、NP 都与 QN 垂直，所以 P、E、N 三点共线.

同理，Q、E、M 三点共线. 易见 E 为$\triangle PQD$ 的垂心.

在$\triangle PQM$ 和$\triangle DSM$ 中. 因为 $PA=AQ$，所以 $SC=CD$. 同理 $BD=BR$，$SF=FR$.

在$\triangle EDS$ 中，$CX/\!/ED$，C 为 SD 的中点，所以 X 为 SE 的中点，由斜边中线定理，$DX=\frac{1}{2}ES$.

在$\triangle ERS$ 中，FY 是中位线，所以 $FY=\frac{1}{2}ES$.

所以 $FY=DX$.

在$\triangle EDS$ 和$\triangle EDR$ 中，ED 为公共边，CX、BY 为中位线，所以 $CX=BY=\frac{1}{2}ED$.

所以 Rt$\triangle XCD\cong$Rt$\triangle YBF$，所以 $DC=BF$.

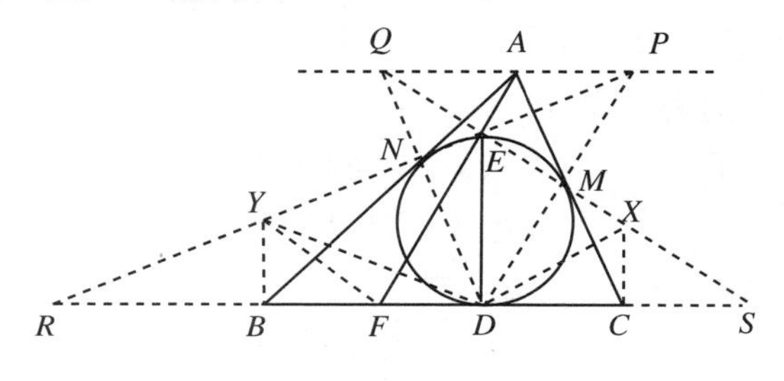

图 Y1.18.5

证明6(三角法)

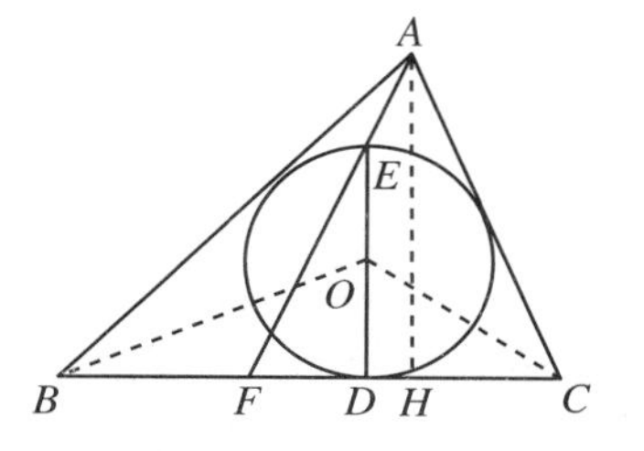

图 Y1.18.6

如图 Y1.18.6 所示,作 $AH\perp BC$,垂足为 H.连 OB、OC.设 $AH=h$,内切圆的半径为 r,$DF=x$.

由 $\triangle AFH\backsim\triangle EFD$ 知 $\dfrac{FD}{FH}=\dfrac{ED}{AH}$,所以 $\dfrac{FD}{FH-FD}=\dfrac{ED}{AH-ED}$,即

$$x=\frac{2r\cdot DH}{h-2r}.\qquad ①$$

在$\triangle ABC$中,由高线公式,得

$$h=2r\cdot\frac{\cos\dfrac{\angle B}{2}\cdot\cos\dfrac{\angle C}{2}}{\sin\dfrac{\angle A}{2}},\qquad ②$$

$$\begin{aligned}DH&=CD-CH=r\cot\frac{\angle C}{2}-h\cot\angle C=r\,\frac{1+\cos\angle C}{\sin\angle C}-h\,\frac{\cos\angle C}{\sin\angle C}\\&=\frac{r(1+\cos\angle C)-h\cos\angle C}{\sin\angle C}\\&=r\cdot\frac{\sin\dfrac{\angle A}{2}+\sin\dfrac{\angle A}{2}\cos\angle C-2\cos\dfrac{\angle B}{2}\cdot\cos\dfrac{\angle C}{2}\cdot\cos\angle C}{\sin\dfrac{\angle A}{2}\cdot\sin\angle C}\\&=r\,\frac{\sin\dfrac{\angle A}{2}-\cos\angle C\cdot\cos\dfrac{\angle B-\angle C}{2}}{\sin\dfrac{\angle A}{2}\cdot\sin\angle C},\end{aligned}\qquad ③$$

$$\frac{2r}{h-2r}=\frac{2r}{2r\left(\dfrac{\cos\dfrac{\angle B}{2}\cdot\cos\dfrac{\angle C}{2}}{\sin\dfrac{\angle A}{2}}-1\right)}=\frac{\sin\dfrac{\angle A}{2}}{\sin\dfrac{\angle B}{2}\cdot\sin\dfrac{\angle C}{2}}.\qquad ④$$

把式③、式④代入式①,得到 $x=r\,\dfrac{\sin\dfrac{\angle A}{2}-\cos\angle C\cdot\cos\dfrac{\angle B-\angle C}{2}}{\sin\dfrac{\angle B}{2}\cdot\sin\dfrac{\angle C}{2}\cdot\sin\angle C}$,

$$BF=BD-x=r\left(\cot\frac{\angle B}{2}-\frac{\sin\dfrac{\angle A}{2}-\cos\angle C\cdot\cos\dfrac{\angle B-\angle C}{2}}{\sin\dfrac{\angle B}{2}\cdot\sin\dfrac{\angle C}{2}\cdot\sin\angle C}\right).\qquad ⑤$$

$$\frac{\sin\dfrac{\angle A}{2}-\cos\angle C\cdot\cos\dfrac{\angle B-\angle C}{2}}{\sin\dfrac{\angle B}{2}\cdot\sin\dfrac{\angle C}{2}\cdot\sin\angle C}$$

$$=\frac{\cos\dfrac{\angle B+\angle C}{2}-\left(1-2\sin^2\dfrac{\angle C}{2}\right)\cdot\cos\dfrac{\angle B-\angle C}{2}}{\sin\dfrac{\angle B}{2}\cdot\sin\dfrac{\angle C}{2}\cdot\sin\angle C}$$

$$=\frac{\cos\frac{\angle B+\angle C}{2}-\cos\frac{\angle B-\angle C}{2}+2\sin^2\frac{\angle C}{2}\cdot\cos\frac{\angle B-\angle C}{2}}{\sin\frac{\angle B}{2}\cdot\sin\frac{\angle C}{2}\cdot\sin\angle C}$$

$$=\frac{-2\sin\frac{\angle B}{2}\sin\frac{\angle C}{2}+2\sin^2\frac{\angle C}{2}\cos\frac{\angle B-\angle C}{2}}{2\sin\frac{\angle B}{2}\cdot\sin^2\frac{\angle C}{2}\cos\frac{\angle C}{2}}=\frac{\cos\frac{\angle B-\angle C}{2}}{\sin\frac{\angle B}{2}\cdot\cos\frac{\angle C}{2}}-\frac{1}{\sin\frac{\angle C}{2}\cos\frac{\angle C}{2}}$$

$$=\cot\frac{\angle B}{2}+\tan\frac{\angle C}{2}-\frac{2}{\sin\angle C}=\cot\frac{\angle B}{2}+\tan\frac{\angle C}{2}-2\cdot\frac{1+\tan^2\frac{\angle C}{2}}{2\tan\frac{\angle C}{2}}$$

$$=\cot\frac{\angle B}{2}+\tan\frac{\angle C}{2}-\cot\frac{\angle C}{2}-\tan\frac{\angle C}{2}=\cot\frac{\angle B}{2}-\cot\frac{\angle C}{2}.$$

所以由式⑤，有 $BF=r\cdot\cot\frac{\angle C}{2}$.

在 Rt△ODC 中，$CD=r\cdot\cot\frac{\angle C}{2}$.

所以 $CD=BF$.

证明 7（相似三角形、三角法）

如图 Y1.18.7 所示，设 AB、AC 边上的切点分别为 N、M. 连 DM 并延长，与过 A 且平行于 BC 的直线 PQ 交于 P 点，连 DN 并延长，与 PQ 交于 Q 点. 连 PN 并延长，交直线 BC 于 R，连 QM 并延长，交 BC 于 S. 连 EM、EN. 延长 DE，交 PQ 于 T.

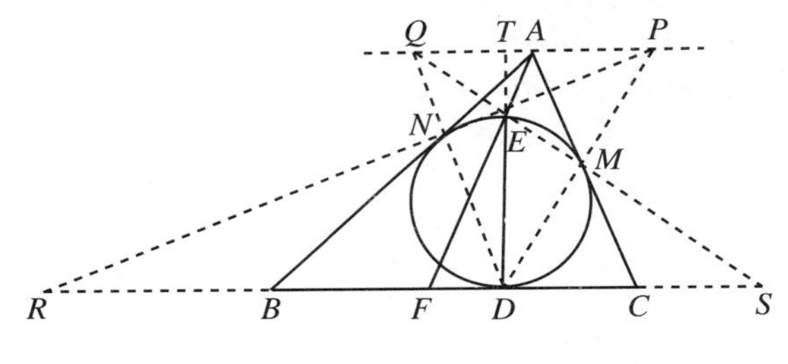

图 Y1.18.7

如证明 5 所证，P、E、N、R 共线，Q、E、M、S 共线，E 是△DPQ 的垂心，$AP=AQ$.

设△DPQ 的三内角为∠D、∠P、∠Q.

因为 T、P、M、E 共圆，所以∠P = ∠MED；因为 T、Q、N、E 共圆，所以∠Q = ∠TEP. 在Rt△EMD和 Rt△QMD 中，$DM=DE\sin\angle P$，$DM=DQ\cos\angle D$，故

$$DE=DQ\cdot\frac{\cos\angle D}{\sin\angle P}. \quad ①$$

在 Rt△DTP 和 Rt△ETP 中，$TP=DP\cos\angle P$，$ET=TP\cot\angle TEP=TP\cot\angle Q$，故

$$ET=DP\cos\angle P\cdot\cot\angle Q. \quad ②$$

因为△DMC∽△PMA，所以 $DC=AP\cdot\frac{DM}{PM}=AP\cdot\frac{DQ\cos\angle D}{PQ\cos\angle P}$. 因为 $PQ=2AP$，所以

$$DC=\frac{DQ\cdot\cos\angle D}{2\cos\angle P}. \quad ③$$

因为$\triangle BDN \backsim \triangle AQN$，所以 $BD = AQ \cdot \dfrac{ND}{NQ} = AQ \cdot \dfrac{PD \cdot \cos\angle D}{PQ \cdot \cos\angle Q}$. 因为 $PQ = 2AQ$，所以

$$BD = \frac{PD \cdot \cos\angle D}{2\cos\angle Q}. \tag{4}$$

因为$\triangle DFE \backsim \triangle TAE$，所以

$$FD = AT \cdot \frac{ED}{ET}, \tag{5}$$

$$AT = AQ - QT = \frac{PQ}{2} - DQ\cos\angle Q. \tag{6}$$

把式⑥、式①、式②代入式⑤并利用$\dfrac{DQ}{\sin\angle P} = \dfrac{DP}{\sin\angle Q}$的结果（正弦定理），得

$$FD = \left(\frac{PQ}{2} - DQ \cdot \cos\angle Q\right) \cdot \frac{DQ \cdot \dfrac{\cos\angle D}{\sin\angle P}}{DP \cdot \dfrac{\cos\angle P \cdot \cos\angle Q}{\sin\angle Q}}$$

$$= \left(\frac{PQ}{2} - DQ \cdot \cos\angle Q\right)\frac{\cos\angle D \cdot \dfrac{DQ}{\sin\angle P}}{\cos\angle P \cdot \cos\angle Q \cdot \dfrac{DP}{\sin\angle Q}}$$

$$= \left(\frac{PQ}{2} - DQ \cdot \cos\angle Q\right) \cdot \frac{\cos\angle D}{\cos\angle P \cdot \cos\angle Q}.$$

$$BF = BD - FD = \frac{PD \cdot \cos\angle D}{2\cos\angle Q} - \left(\frac{PQ}{2} - DQ \cdot \cos\angle Q\right) \cdot \frac{\cos\angle D}{\cos\angle P\cos\angle Q}$$

$$= \frac{\cos\angle D}{2\cos\angle P \cdot \cos\angle Q}(PD \cdot \cos\angle P - PQ + 2DQ \cdot \cos\angle Q)$$

$$= \frac{\cos\angle D}{2\cos\angle P \cdot \cos\angle Q}(PT - PQ + 2QT)$$

$$= \frac{\cos\angle D}{2\cos\angle P \cdot \cos\angle Q}[(PT + QT) - PQ + QT]$$

$$= \frac{DQ \cdot \cos\angle D \cdot \cos\angle Q}{2\cos\angle P \cdot \cos\angle Q} = \frac{DQ \cdot \cos\angle D}{2\cos\angle P}. \tag{7}$$

最后，比较式③、式⑦，得到 $BF = DC$.

证明 8（解析法）

如图 Y1.18.8 所示，建立直角坐标系.

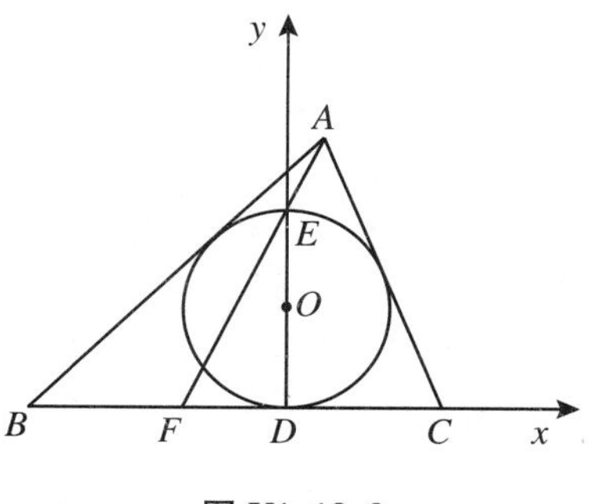

图 Y1.18.8

设 $C(a,0)$，$B(b,0)$，圆的半径为 r，则 $O(0,r)$，$E(0,2r)$.

设 AC 的斜率为 k_1，则 AC 的方程为 $y = k_1(x - a)$，即 $k_1 x - y - k_1 a = 0$，所以 O 点到 AC 的距离是 $r = \dfrac{|0 - r - k_1 a|}{\sqrt{k_1^2 + 1}}$，所以 $k_1 = \dfrac{2ar}{r^2 - a^2}$.

设直线 AB 的斜率为 k_2，同理可得 $k_2 = \dfrac{2br}{r^2 - b^2}$.

所以 AC、AB 的方程各是

$$y=\frac{2ar}{r^2-a^2}x-\frac{2a^2r}{r^2-a^2},$$

$$y=\frac{2br}{r^2-b^2}x-\frac{2b^2r}{r^2-b^2},$$

即

$$(r^2-a^2)y-2arx+2a^2r=0,$$

$$(r^2-b^2)y-2brx+2b^2r=0.$$

可见,过 AC、AB 的交点 A 的直线的方程是

$$\lambda[(r^2-a^2)y-2arx+2a^2r]+[(r^2-b^2)y-2brx+2b^2r]=0. \quad ①$$

因为直线 AF 过 E 点,把 $E(0,2r)$ 代入式①可定出 $\lambda=-1$,所以 AF 的方程是

$$(a^2-b^2)y+2r(a-b)x+2r(b^2-a^2)=0. \quad ②$$

在式②中,令 $y=0$,得到 F 点的横坐标 $x_F=a+b$.

所以 $BF=(a+b)-b=a$,所以 $BF=DC$.

第2章 线段的和差倍分问题

2.1 解法概述

一、常用的主要定理

(1) 直角三角形斜边中线定理;在含 30° 角的直角三角形中,30° 角所对的直角边等于斜边的一半.

(2) 三角形中位线定理、梯形中位线定理.

(3) 三角形的重心分中线为 $2:1$ 的两部分.

(4) 圆的外切四边形对边之和相等.

二、常用的主要方法

(1) 证明线段 $a=b+c$ 时,常采用延长法或截取法,化为线段相等的问题.

(2) 证明线段 $a=2b$ 时,常采用加倍法或折半法,化为线段相等的问题.

(3) 证明线段 $a_1+a_2+\cdots+a_m=b_1+b_2+\cdots+b_n$ 时,常化为 $a=b+c$ 型或通过证出 $(a_1+a_2+\cdots+a_m)+c=(b_1+b_2+\cdots+b_n)+c$,再证出原结论的方法.这种方法常称为补偿法.

三、其他方法

(1) 媒介法:借助于第三量代换,常采用比例代换的方式.

(2) 计算法.

(3) 平行移动法:把线段或线段的和、差、倍、分形成的线段平行移动,证明线段重合或相等.

(4) 归结为已证出的结论.

2.2 范例分析

[范例1] 过一点 P 向正$\triangle ABC$ 的三中线作垂线 PE、PF、PG,E、F、G 为垂足.若 $PG=\max(PE,PF,PG)$,则 $PG=PE+PF$.

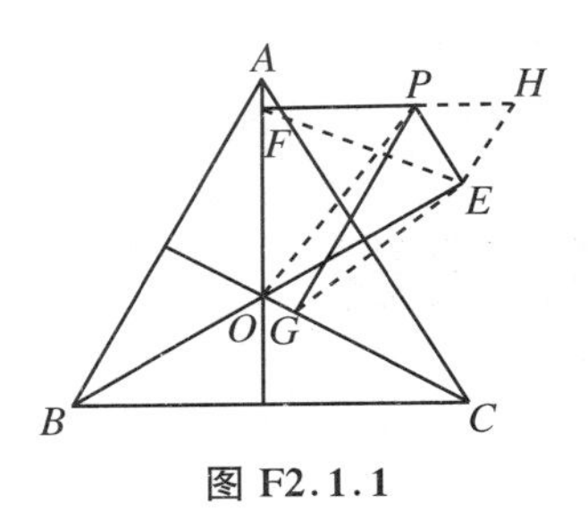

图 F2.1.1

分析 1 作出一条线段与 $PE+PF$ 等长，再证它与 PG 等长，通常采用延长法. 例如延长 FP 到 H，使 $PH=PE$，如图 F2.1.1所示，这样只要证 $PG=FH$. 注意到 PG、FH 分别在 $\triangle PGE$ 和 $\triangle HFE$ 中，由四点共圆和 $\triangle PEH$ 是正三角形的条件，易证 $\triangle PGE\cong\triangle HFE$.

证明 1 延长 FP 到 H，使 $PH=PE$，则 $FH=PE+PF$. 连 HE、PO、EF、EG.

因为 P、E、O、F 共圆，所以 $\angle HPE=\angle EOF=60^\circ$，所以 $\triangle HPE$ 是顶角为 60° 的等腰三角形，即正三角形，所以 $\angle PHE=60^\circ$.

因为 P、G、O、F 共圆，所以

$$\angle FPG=180^\circ-\angle FOG=180^\circ-120^\circ=60^\circ,$$

$$\angle EPG=180^\circ-\angle HPE-\angle FPG=180^\circ-60^\circ-60^\circ=60^\circ,$$

所以 $\angle EPG=\angle EHF$.

因为 E、P、F、O、G 共圆，所以 $\angle PGE=\angle PFE$.

所以 $\triangle PGE\cong\triangle HFE$，所以 $PG=FH$，所以 $PG=PE+PF$.

分析 2 采用截取法. 如图 F2.1.2 所示，在 PG 上截取 $PH=PE$. 只要证出 $HG=PF$，即证明了原来的命题. 至于 $HG=PF$ 的证明，可以从 $\triangle PFE$ 和 $\triangle HGE$ 的全等得证.

证明 2 在 PG 上截取 $PH=PE$，连 HE、FE、GE.

因为 P、E、G、O 共圆，所以 $\angle EPH=\angle EOG=60^\circ$，所以 $\triangle EPH$ 是正三角形，$EP=EH$. 因为 $\angle EHP=60^\circ$，所以 $\angle EHG=180^\circ-\angle ENP=180^\circ-60^\circ=120^\circ$.

因为 F、P、G、O 共圆，所以 $\angle FPG+\angle AOG=180^\circ$，所以

$$\angle FPG=180^\circ-\angle AOG=180^\circ-120^\circ=60^\circ,$$

所以 $\angle EPF=120^\circ$.

所以 P、E、G、O、F 五点共圆，所以 $\angle PFE=\angle PGE$.

所以 $\triangle PFE\cong\triangle HGE$，所以 $HG=PF$，所以 $PG=PE+PF$.

分析 3 条件中有“正三角形”“到三中线的距离”等，利用共圆特性，易知三垂足 E、F、G 是正三角形的顶点且 P、E、G、F 共圆，于是可引用本章例 13 的结论.

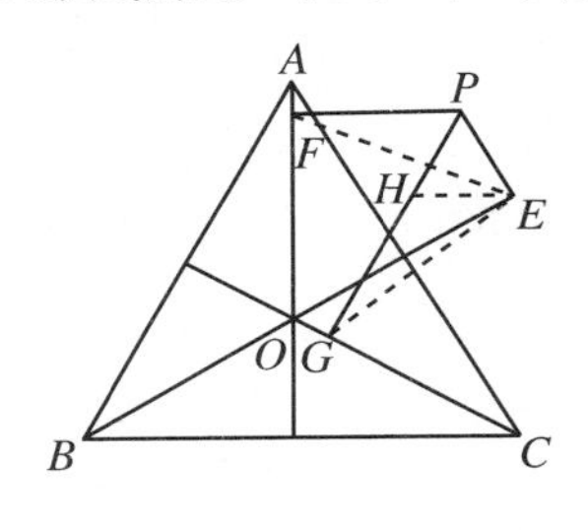

图 F2.1.2

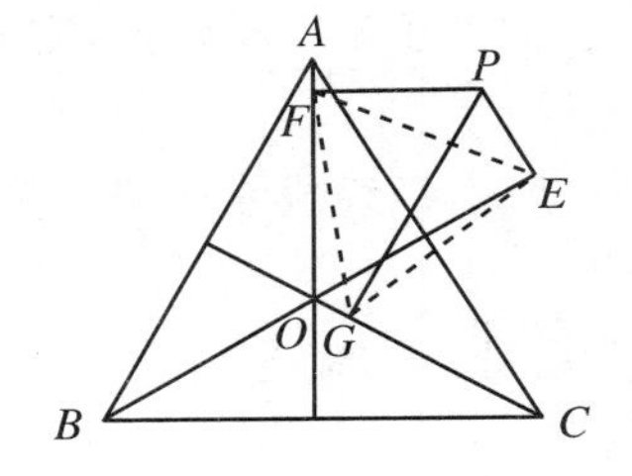

图 F2.1.3

证明 3 如图 F2.1.3 所示，连 EF、EG、GF，易证 P、E、G、O、F 五点共圆，$\angle EFG=\angle EOG=60^\circ$，$\angle EGF=\angle EOF=60^\circ$，所以 $\triangle EFG$ 是正三角形，P 在其外接圆上.

由本章例 13 的结论知 $PG=PE+PF$.

分析 4 正三角形的三条高线两两夹角为 60°，即 $\angle EOF=60^\circ$. 若过 P 作 $MN\,/\!/\,OC$，如图 F2.1.4 所示，则成正 $\triangle MON$，PE、PE 是正 $\triangle MON$ 一边上的 P 点到另两边的距离. 由本

章例3的结果知 $PE+PF$ 等于正$\triangle MON$ 的高线 OP_1. 而 $OGPP_1$ 是矩形，最后就有 $PE+PF=PG$.（详证略.）

［范例2］ 在$\triangle ABC$ 中，$AB=AC$，O 为外心，H 为垂心，D 为 BC 的中点，直线 CH 与直线 OB 交于 E，则 $BE=2HD$.

分析1 采用折半法. 如图 F2.2.1 所示，取 BE 的中点 M，连 DM. 于是只要证明 $EM=HD$.

设直线 CH 交 AB 于 F. 连 AD. 因为$\triangle ABC$ 是等腰三角形，所以 AD 是其对称轴，所以 A、O、H、D 共线.

由外心条件知$\angle 1=\angle 2$.

由垂心条件知 $CF\perp AB$，所以$\angle 3=\angle 1$.

由等腰条件知 $AD\perp BC$.

这时容易发现 $\mathrm{Rt}\triangle BFE\backsim\mathrm{Rt}\triangle CDH$，由此推知$\angle BEF=\angle CHD$，所以$\angle OEH=\angle OHE$，即 $OE=OH$.

要证 $EM=HD$，归结为求证 $DM/\!/CE$. 注意到 M、D 各是 BE、BC 的中点，所以 DM 是$\triangle BCE$ 的一条中位线，所以 $DM/\!/CE$.（证明略.）

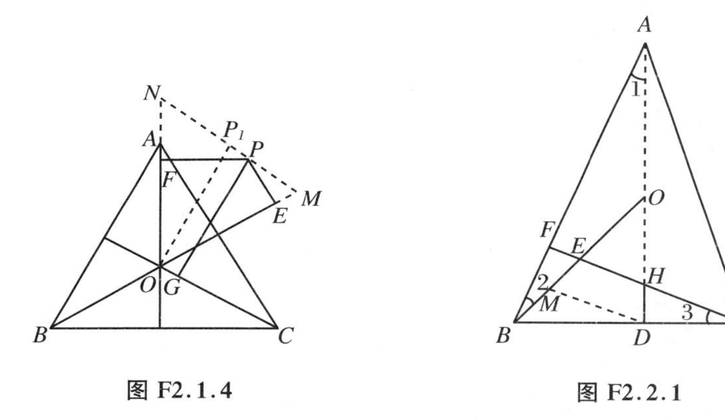

图 F2.1.4　　　　图 F2.2.1

分析2 利用三角形中位线的性质，通过平移折半的方法，可取 CE 的中点 N，连 DN，如图 F2.2.2 所示，则 $BE\underline{\underline{/\!/}}2DN$. 这样只需证 $DN=DH$.

如分析1的前一半，证出 $OE=OH$ 后，容易看出$\triangle OEH\backsim\triangle DNH$，所以 $DN=DH$.（证明略.）

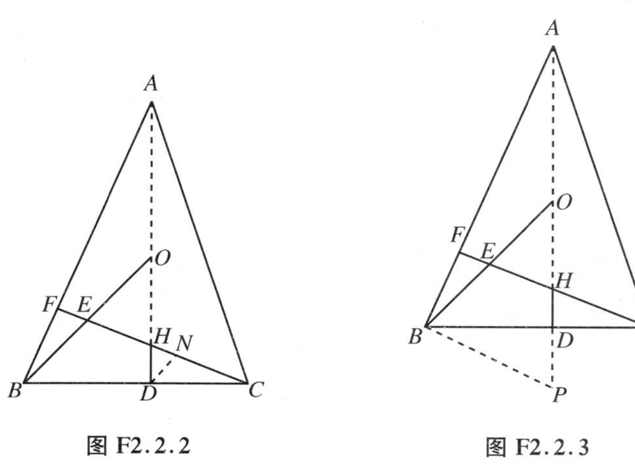

图 F2.2.2　　　　图 F2.2.3

分析 3 用加倍法，可把 HD 延长到 P，使 $DP=DH$，连 BP，如图 F2.2.3 所示. 问题归结为证明 $BE=HP$.

利用得到的 $OE=OH$，只需证明 $BP/\!/CH$.

注意到四边形 $BPCH$ 的对角线已具有互相平分的性质，可见 B、P、C、H 是平行四边形（实际上是菱形）的四个顶点，由此知 $BP/\!/CE$.（证明略.）

分析 4 使用平行移动加倍法，这只要过 B 作 $BQ/\!/OD$，交直线 CE 于 Q，如图 F2.2.4 所示. 易证 HD 是 $\triangle CBQ$ 的一条中位线，所以 $BQ \underline{\underline{/\!/}} 2DH$，问题归结为证明 $BE=BQ$.

在证出 $\triangle OEH$ 是等腰三角形的基础上，证明 $\triangle BEQ \backsim \triangle OEH$，便知 $BE=BQ$.（证明略.）

分析 5 除上述折半或加倍的证法外，还可通过直接作出相似三角形来证出 $BE=2DH$. 作 $DM/\!/AB$，设 DM 交 CE 于 M，如图 F2.2.5 所示，则 $DM\perp CE$，进而推知 $DM \underline{\underline{/\!/}} \frac{1}{2}BF$. 于是问题归结为证明 $\mathrm{Rt}\triangle BFE \backsim \mathrm{Rt}\triangle DMH$.

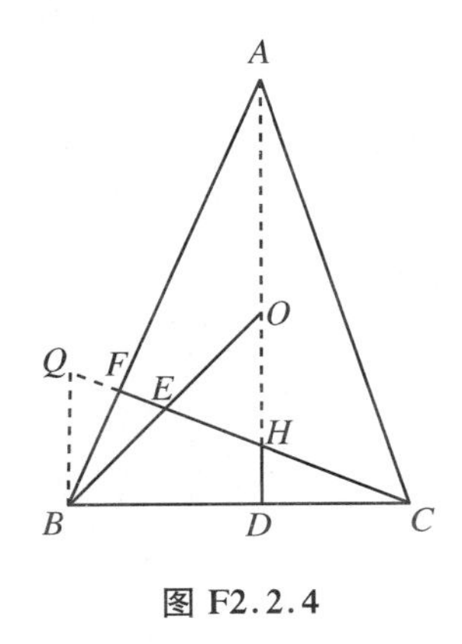

图 F2.2.4

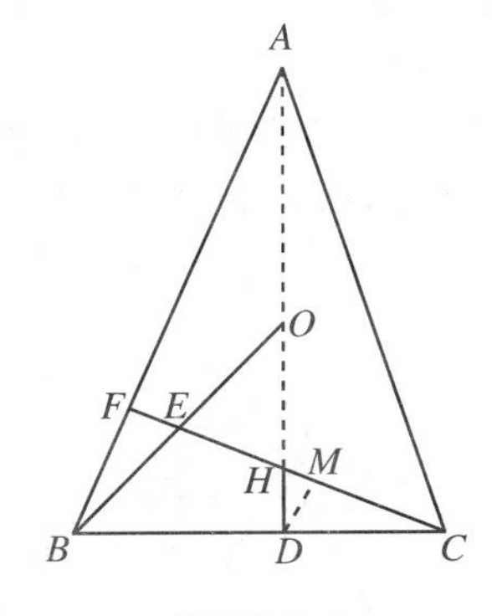

图 F2.2.5

注意到 $\angle EBF=\angle BAD=\angle DCE$，另一方面由 $\mathrm{Rt}\triangle DMH \backsim \mathrm{Rt}\triangle CDH$，又有 $\angle DCH=\angle MDH$，所以 $\angle MDH=\angle EBF$. 这就证出了 $\mathrm{Rt}\triangle BFE \backsim \mathrm{Rt}\triangle DMH$.（证明略.）

［**范例 3**］ 在正方形 $ABCD$ 中，对角线 AC、BD 交于 O，从 A 作 $\angle CBD$ 的平分线的垂线，垂足为 F，直线 AF 交 BC 于 E，交 BD 于 G，则 $OG=\frac{1}{2}CE$.

分析 1 采用延长法. 如图 F2.3.1 所示，在 BD 上取 P 点，使 $GP=2OG$，O 点位于线段 GP 内部. 由 $\triangle AOG \cong \triangle COP$，可知 $AG/\!/CP$.

注意到 BF 是角平分线的条件，又 $AF\perp BF$，可见 $\triangle BEG$ 是等腰三角形，$BE=BG$. 由平行截比定理可得出 $CE=GP$.（证明略.）

分析 2 采用折半法，即取 CE 的中点 P，再证出 $EP=OG$（如图 F2.3.2 所示）. 容易看出 $BE=BG$，为了证出 $EP=OG$，只要证出 $AE/\!/OP$. 这在 $\triangle CAE$ 中应用中位线定理可证.（证明略.）

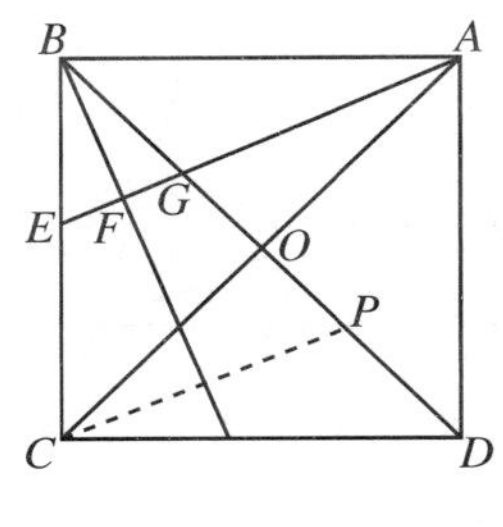

图 F2.3.1

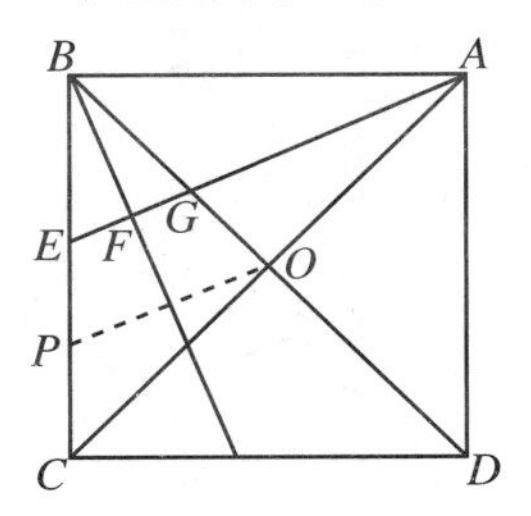

图 F2.3.2

分析3　折半法也可不在线段上进行.利用中位线性质,作出$\triangle AEC$的中位线OP,如图F2.3.3所示,就相当于把CE折半后再平移.这时,只要证出$\triangle OPG$是等腰三角形即可.这很容易由等腰$\triangle BEG$与$\triangle OPG$的相似证出.(证明略.)

分析4　把OG加倍后再平移,即把OG看作某个三角形的一条中位线,作出这个三角形,就得到$\triangle ACP$,如图F2.3.4所示.这样,$CP=2OG$,于是只要证出$\triangle CPE$是等腰三角形即可.(证明略.)

分析5　不作辅助线,利用角平分线性质定理也可以证出命题的结论.如图F2.3.5所示.因为A、B、F、O共圆,所以$\angle FBG=\angle 2$,又$\angle FBG=\angle EBF$,$\angle EBF=\angle 1$,所以$\angle 1=\angle 2$,即AE是$\angle BAC$的角平分线.

在$\triangle ABC$和$\triangle ABO$中分别应用角平分线性质定理,就有$\dfrac{CE}{EB}=\dfrac{AC}{AB}=\sqrt{2}$,$\dfrac{OG}{GB}=\dfrac{AO}{AB}=\dfrac{\sqrt{2}}{2}$,又$EB=GB$,由上面两式立得$CE=2OG$.(证明略.)

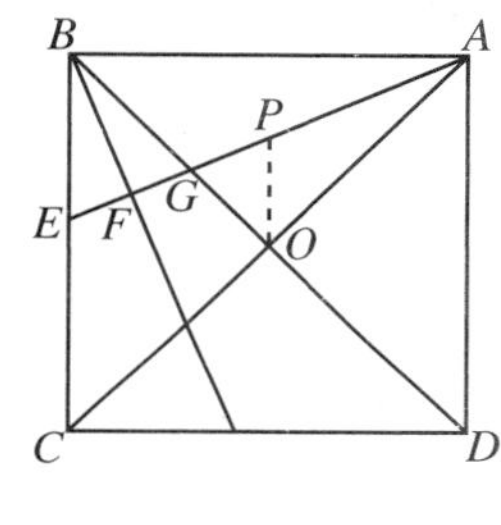

图F2.3.3

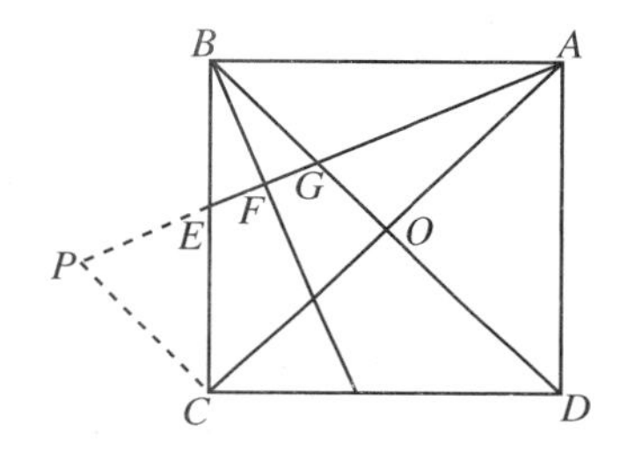

图F2.3.4

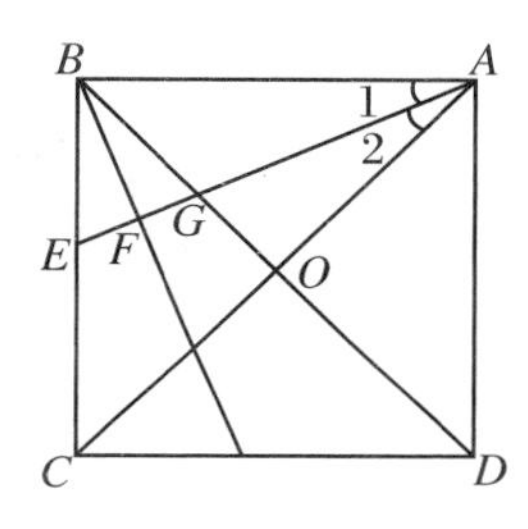

图F2.3.5

分析6　用计算法把CE、OG用正方形的边长a表示出来,这也是研究线段间关系的常用方法.在$\mathrm{Rt}\triangle AOG$中,有

$$OG=AO\cdot\tan 22.5^\circ=\frac{\sqrt{2}}{2}a\tan 22.5^\circ;$$

在$\triangle AEC$中,由正弦定理,有

$$CE=AC\cdot\frac{\sin 22.5^\circ}{\sin(90^\circ+22.5^\circ)}=AC\cdot\frac{\sin 22.5^\circ}{\cos 22.5^\circ}=\sqrt{2}a\cdot\tan 22.5^\circ.$$

所以$CE=2OG$.

[**范例4**]　从$\square ABCD$各顶点分别作$AA_1\parallel BB_1\parallel CC_1\parallel DD_1$,分别交形外一直线于$A_1$、$B_1$、$C_1$、$D_1$,则$AA_1+CC_1=BB_1+DD_1$.

分析1　等式中有四条线段,如果能有一条线段,它与等式两端的线段之和分别相等,则可用这条线段作为媒介完成证明.注意到AA_1C_1C和BB_1D_1D都是梯形,且具有公共的中位线,这样,梯形的中位线就起到了媒介的作用.

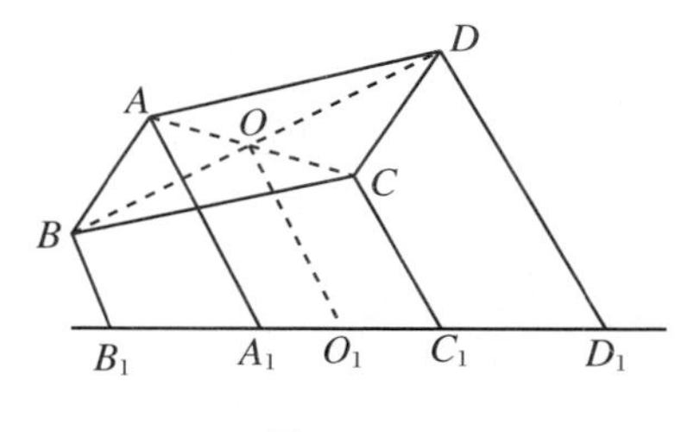

图F2.4.1

证明1　如图F2.4.1所示,连AC、BD,设AC、BD交于O,再作$OO_1\parallel AA_1$,交已知直线于O_1,则$OO_1\parallel AA_1\parallel BB_1\parallel CC_1\parallel DD_1$.

因为$OB=OD$,$OA=OC$,由平行截比定理知$O_1B_1=O_1D_1$,$O_1A_1=O_1C_1$,即OO_1是梯形AA_1C_1C和梯形BB_1D_1D的公共中位线.故

$$2OO_1 = AA_1 + CC_1 = BB_1 + DD_1.$$

分析 2 如图 F2.4.2 所示，过 B 作已知直线的平行线，就把 AA_1、BB_1、CC_1、DD_1 截去了相等的线段，于是只要证 $DD_2 = AA_2 + CC_2$. 若再进一步过 C 作已知直线的平行线，把 CC_2、DD_2 再截掉相等的线段，这样只要证 $AA_2 = DD_3$，化为了线段相等的证明. 而 $AA_2 = DD_3$ 是很容易由 $\triangle AA_2B \cong \triangle DD_3C$ 得到证明的.（证明略.）

分析 3 和截取法相反，还可采用补偿法，即把 BB_1 和 CC_1 都补上一段 B_1B_2、C_1C_2，使 $BB_2 = AA_1$，$CC_2 = DD_1$，如图 F2.4.3 所示，这时显然命题成立，再证出 $B_1B_2 = C_1C_2$ 即可. 后者可通过 $\triangle A_1B_1B_2 \cong \triangle D_1C_1D_2$ 证出.（证明略.）

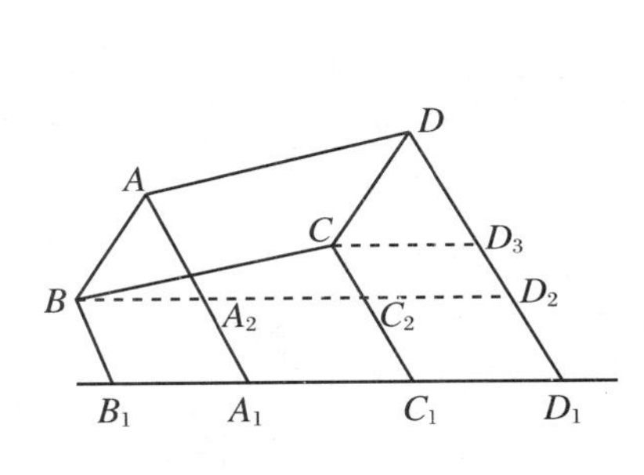

图 F2.4.2

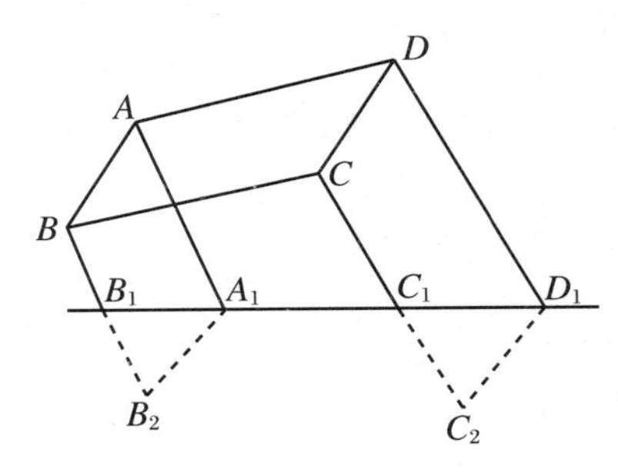

图 F2.4.3

［范例 5］ P 是正五边形 $ABCDE$ 的外接圆上的 $\overset{\frown}{AB}$ 上的任一点，则 $PA + PB + PD = PC + PE$.

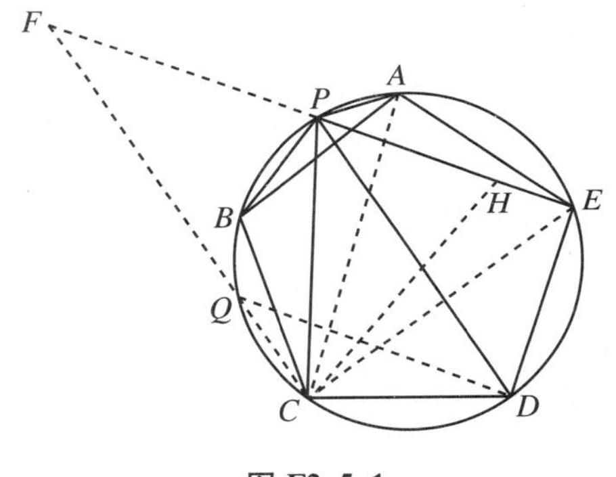

图 F2.5.1

分析 1 处理多线段间的等量关系时，常通过把某些线段延长或截取来将其逐渐化为较少线段间的关系. 如图 F2.5.1 所示，延长 EP 到 F，使 $PF = PC$，则化为证明 $EF = PA + PB + PD$ 的问题.

设 CF 交圆于 Q，可证 $\angle PCF = \angle PFC = \angle BCA = 36^\circ$，所以 $\angle QCB = \angle PCA$，所以 $\overset{\frown}{BQ} = \overset{\frown}{PA}$，所以 $\overset{\frown}{CQ} = \overset{\frown}{BP}$，所以 $CQ = BP$. 易证 $PDQF$ 是平行四边形，所以 $PD = FQ$，所以 $CF = PD + PB$. 于是只要证 $EF - CF = PA$. 这时采用截取法，不难由 $\triangle PAC \cong \triangle HEC$ 证出.

证明 1 延长 EP 到 F，使 $PF = PC$，设 CF 交圆于 Q，连 QD、CA、CE、CF.

因为 $\angle CPE \overset{m}{=} \dfrac{1}{2}\overset{\frown}{CDE} \overset{m}{=} 72^\circ$，所以 $\angle CPF = 108^\circ$，所以 $\angle F = \angle PCF = 36^\circ$，所以 $\angle F = \angle DQC$，所以 $PF /\!/ DQ$. 因为 $\angle F = \angle DPE$，所以 $FQ /\!/ PD$，所以 $FPDQ$ 是平行四边形，所以 $PD = FQ$.

因为 $\angle PCQ = \angle BCA = 36^\circ$，所以 $\angle BCQ = \angle PCA$，所以 $\overset{\frown}{BQ} = \overset{\frown}{PA}$，所以 $\overset{\frown}{BC} - \overset{\frown}{BQ} = \overset{\frown}{AB} - \overset{\frown}{PA}$，即 $\overset{\frown}{CQ} = \overset{\frown}{BP}$，所以 $CQ = BP$.

所以 $CF = CQ + QF = PB + PD$.

在 EF 上截取 $FH = FC$，连 CH，则 $\angle FHC = \dfrac{1}{2}(180^\circ - \angle F) = \dfrac{1}{2}(180^\circ - 36^\circ) = 72^\circ$，所以 $\angle CHE = 180^\circ - 72^\circ = 108^\circ$. 又 $\angle CPA \overset{m}{=} \dfrac{3}{10} \times 360^\circ = 108^\circ$，所以 $\angle CHE = \angle CPA$.

因为$\angle CEP=\angle CAP$，$CE=CA$，$\angle CHE=\angle CPA$，所以$\triangle CAP\cong\triangle CEH$，所以 $HE=PA$.

所以 $EF=PE+PC=PA+PB+PD$.

分析 2　$\triangle DCE$ 和$\triangle DAB$ 是等腰三角形．P 是外接圆上一点，引用第 8 章例 8 的结论，则有$\dfrac{PA+PB}{PD}=\dfrac{a}{b}$，$\dfrac{PC+PE}{PD}=\dfrac{b}{a}$，即$\dfrac{PA+PB+PD}{PD}=\dfrac{a+b}{b}$．于是只要证出$\dfrac{a+b}{b}=\dfrac{b}{a}$，即 $a^2=b(b-a)$．后者通过在$\triangle CDF$ 的外接圆上应用切割线定理可证．

证明 2　如图 F2.5.2 所示，设正五边形的边长为 a，对角线长为 b．因为$\triangle DCE$、$\triangle DAB$ 是等腰三角形，由第 8 章例 8 的结论，$\dfrac{PA+PB}{PD}=\dfrac{a}{b}$，$\dfrac{PC+PE}{PD}=\dfrac{b}{a}$，所以

$$\frac{PA+PB+PD}{PD}=\frac{a+b}{b}.$$

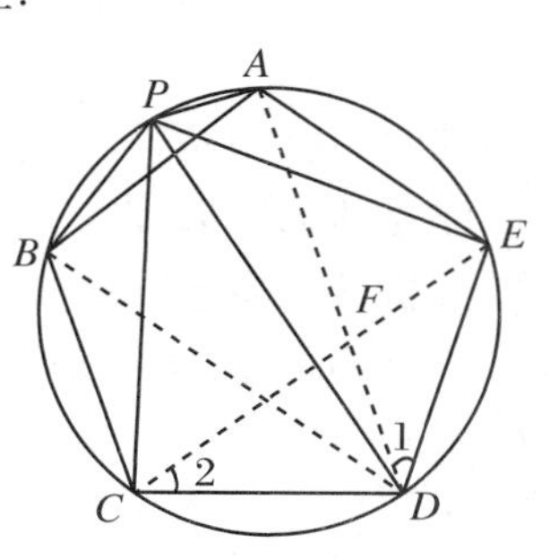

图 F2.5.2

因为$\angle 1=\angle 2=36^\circ$，可见 ED 是$\triangle CDF$ 的外接圆的切线，D 为切点．由切割线定理，$ED^2=EC\cdot EF$．易证$\triangle DCF$ 是等腰三角形，上式就是 $a^2=b(b-a)$，所以$\dfrac{b}{a}=\dfrac{a+b}{b}$，所以

$$\frac{PA+PB+PD}{PD}=\frac{PC+PE}{PD},$$

所以 $PA+PB+PD=PC+PE$.

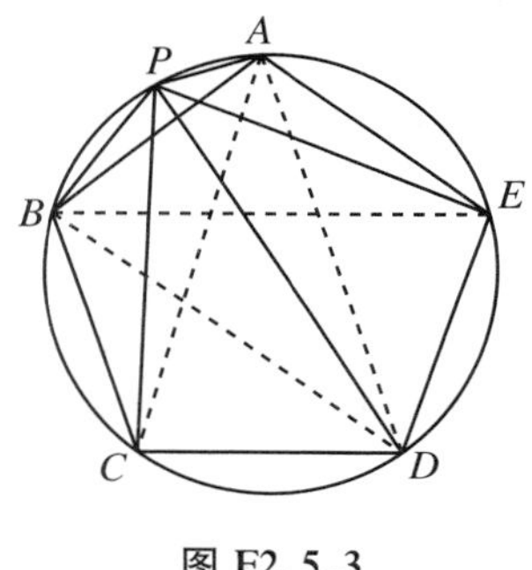

图 F2.5.3

分析 3　在四边形 $BCAP$、$BEAP$、$BDAP$ 中应用托勒密定理，再进行代数运算，很容易得到要证的结论．

证明 3　如图 F2.5.3 所示，连 BE、BD、AD、AC．在圆的内接四边形 $PADB$、$PAEB$、$PACB$ 中分别应用托勒密定理，设正五边形边长为 a，对角线长为 b，则有

$$PD\cdot a=(PA+PB)b,$$
$$PE\cdot a=PB\cdot a+PA\cdot b,$$
$$PC\cdot a=PA\cdot a+PB\cdot b.$$

于是 $PC+PE=PA+PB+\dfrac{b}{a}(PA+PB)=PA+PB+PD$.

［范例 6］　在$\triangle ABC$ 中，$\angle BAC=90^\circ$，M 为 BC 的中点，$\odot O$ 是$\triangle AMC$ 的外接圆，$AD\perp BC$ 于 D，直线 BO 交 AD 于 H，则 $AH=2HD$.

分析 1　如图 F2.6.1 所示，$\odot O$ 中圆周角$\angle CAB=90^\circ$，设 AB 交$\odot O$ 于 N，显然 CN 是直径，即 CN 过 O 点．CN 是常用的辅助线．

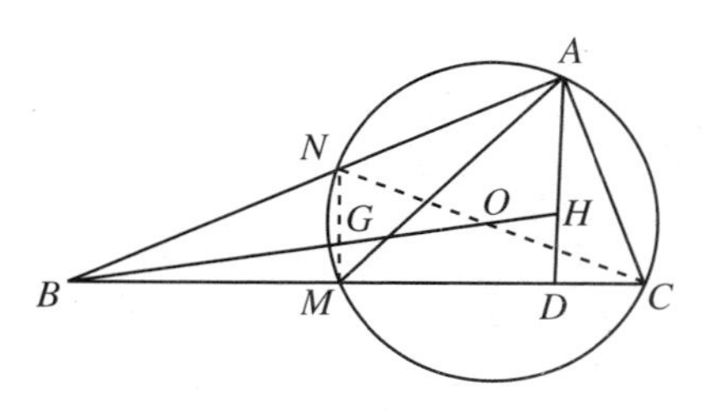

图 F2.6.1

作出直径 CN 后，再作出常用的辅助线 NM．易见 $NM\perp BC$，所以 $NM/\!/AD$.

设 NM 交 BH 于 G．问题归结为证出 $NG=2GM$．注意到 G 是$\triangle NBC$ 的重心的事实，问题便解决了．（证明略．）

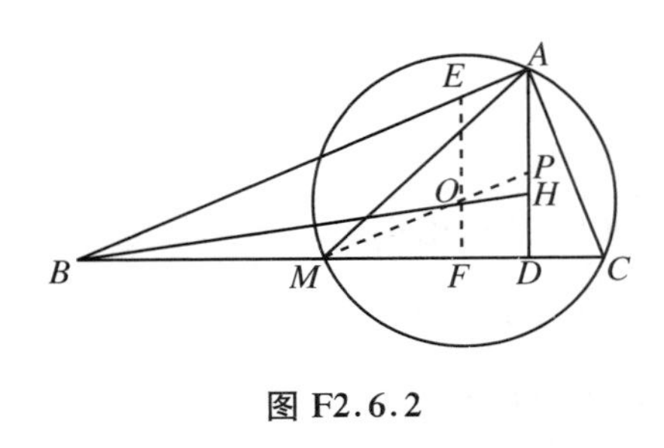

图 F2.6.2

分析 2　过 O 作 $EF /\!/ AD$(见图 F2.6.2),则 $\frac{AH}{HD}=\frac{OE}{OF}$,问题可转化为证明 $OE=2OF$.

连 MO 并延长,交 AD 于 P,注意到 O 为等腰 $\triangle AMC$ 的外心,则 $MP\perp AC$.这时发现 P 是 $\triangle AMC$ 的垂心.

引用本章例 14 的结论知 $AP=2OF$.这样问题归结为证明 $AP=OE$.

注意到 $APOE$ 是平行四边形,立得 $AP=OE$.(证明略.)

分析 3　如图 F2.6.3 所示,作出常用的辅助线——弦心距 OP,则 $MP=PC$.由 $\triangle BHD\backsim\triangle BOP$,$\frac{HD}{OP}=\frac{BD}{BP}$.

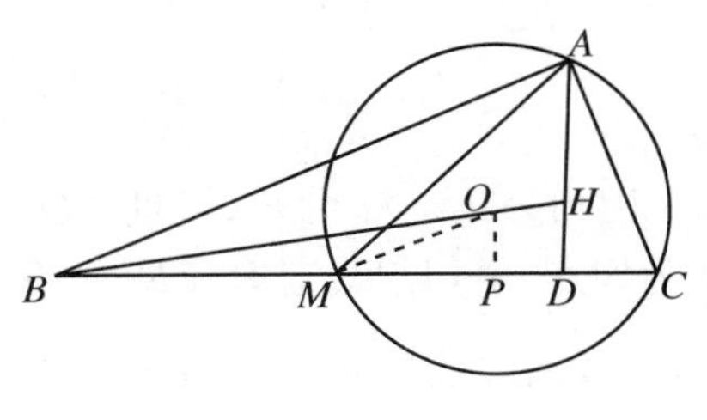

图 F2.6.3

连 OM,易知 $OM /\!/ AB$,所以 $\angle MOP=\angle BAD=\angle C$,由 $\triangle ADC\backsim\triangle MPO$,又有 $\frac{MP}{OP}=\frac{AD}{DC}$.把这两个比例式相除,得到 $\frac{HD}{MP}=\frac{BD\cdot DC}{AD\cdot BP}$.

在 Rt$\triangle BAC$ 中,$BD\cdot DC=AD^2$,代入上式,整理后得 $\frac{AD}{HD}=\frac{BP}{MP}=\frac{MP+2MP}{MP}=3$.

所以 $AH=2HD$.

2.3　研　究　题

[例 1]　在 $\triangle ABC$ 中,$AB=AC$,延长 AB 到 D 点,使 $BD=AB$,设 E 为 AB 的中点,则 $CD=2CE$.

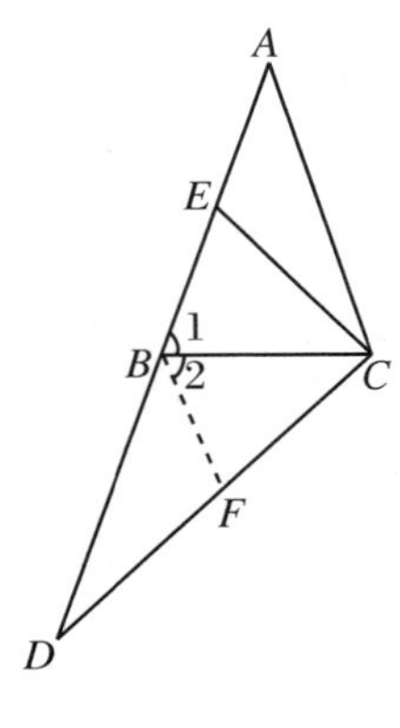

图 Y2.1.1

证明 1(折半法)

如图 Y2.1.1 所示,取 CD 的中点 F,连 BF. BF 是 $\triangle ACD$ 的中位线,所以 $BF /\!/ AC$,所以 $\angle 2=\angle ACB$.

因为 $AB=AC$,所以 $\angle 1=\angle ACB$,所以 $\angle 1=\angle 2$.

因为 $BE=\frac{1}{2}AB=\frac{1}{2}AC$,$BF=\frac{1}{2}AC$,所以 $BE=BF$,所以 $\triangle CBE\cong\triangle CBF$,所以 $CE=CF=\frac{1}{2}CD$.

证明 2(延长线、平行四边形的性质、全等)

如图 Y2.1.2 所示,延长 CE 到 F,使 $EF=CE$.连 AF、BF,则 $ACBF$ 是平行四边形,所以 $BF=AC=AB=BD$,$\angle FBC=180^\circ-\angle ACB=180^\circ-\angle ABC=\angle DBC$.

所以$\triangle FBC\cong\triangle DBC$，所以 $CD=CF=2CE$.

证明 3（平移法、三角形的中位线、全等）

如图 Y2.1.3 所示，作 $BF/\!/DC$，交 AC 于 F，则 BF 是$\triangle ADC$ 的中位线，所以 $BF\underline{\underline{/\!/}}\frac{1}{2}CD$.

因为 F 为 AC 的中点，所以 $CF=\frac{1}{2}AC=\frac{1}{2}AB=BE$.

因为 $AB=AC$，所以$\angle ACB=\angle ABC$.

所以$\triangle FBC\cong\triangle ECB$，所以 $CE=BF=\frac{1}{2}CD$.

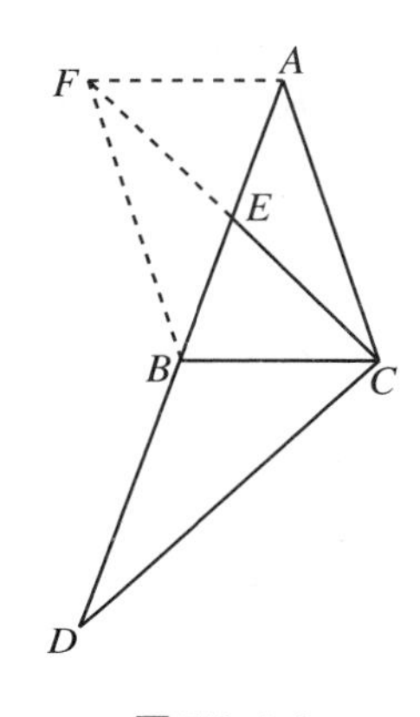

图 Y2.1.2

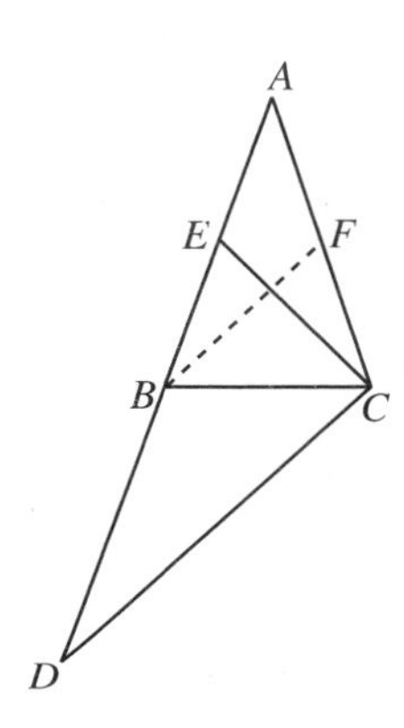

图 Y2.1.3

证明 4（平移法、三角形的中位线、全等、相似）

如图 Y2.1.4 所示，作 $BF/\!/EC$，交 AC 的延长线于 F，由平行截比定理知 CE 是$\triangle ABF$ 的中位线，所以 $CE\underline{\underline{/\!/}}\frac{1}{2}BF$，所以$\angle ABF=\angle AEC$.

因为$\angle A$ 为公共角，$\frac{AE}{AC}=\frac{2AE}{2AC}=\frac{AC}{AD}$，所以$\triangle AEC\backsim\triangle ACD$，所以$\angle AEC=\angle ACD$.

所以$\angle ABF=\angle ACD$，所以$\triangle ACD\cong\triangle ABF$，所以 $CD=BF=2CE$.

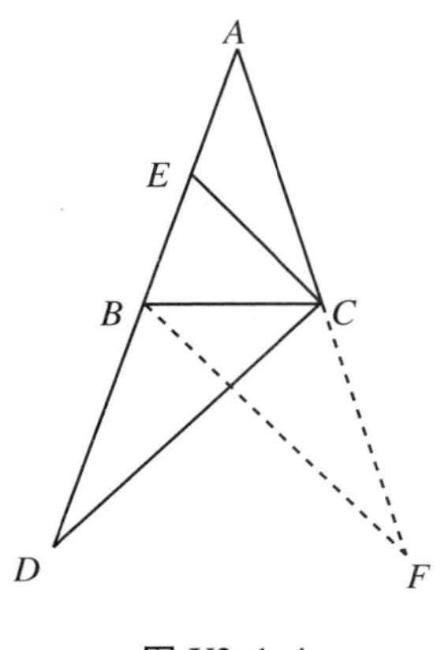

图 Y2.1.4

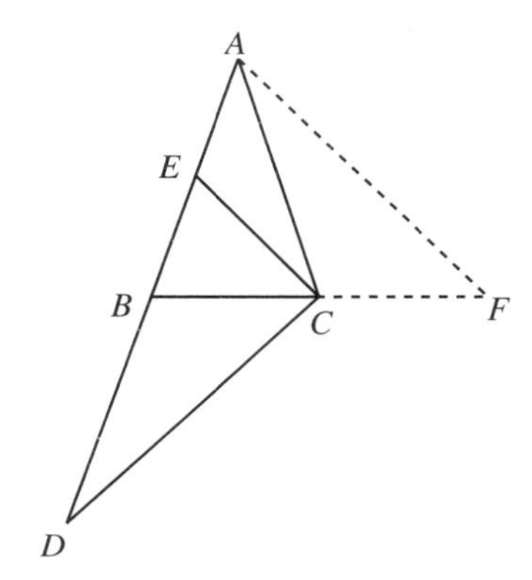

图 Y2.1.5

证明 5（平移法、三角形的中位线、全等）

如图 Y2.1.5 所示，作 $AF/\!/CE$，交 BC 的延长线于 F，则 CE 是$\triangle ABF$ 的中位线，所以

$CE \underline{\underline{/\!/}} \frac{1}{2}AF$.

因为 $BC = CF$，$AC = BD$，$\angle ACF = 180^\circ - \angle ACB = 180^\circ - \angle ABC = \angle DBC$，所以 $\triangle ACF \cong \triangle DBC$，所以 $CD = AF = 2CE$.

证明 6(三角形相似)

在 $\triangle AEC$ 和 $\triangle ACD$ 中，$\angle A$ 为公共角，$\frac{AE}{AC} = \frac{2AE}{2AC} = \frac{AB}{2AB} = \frac{AC}{AD}$，所以 $\triangle AEC \backsim \triangle ACD$，所以 $\frac{CE}{CD} = \frac{AE}{AC} = \frac{1}{2}$，所以 $CE = \frac{1}{2}CD$.

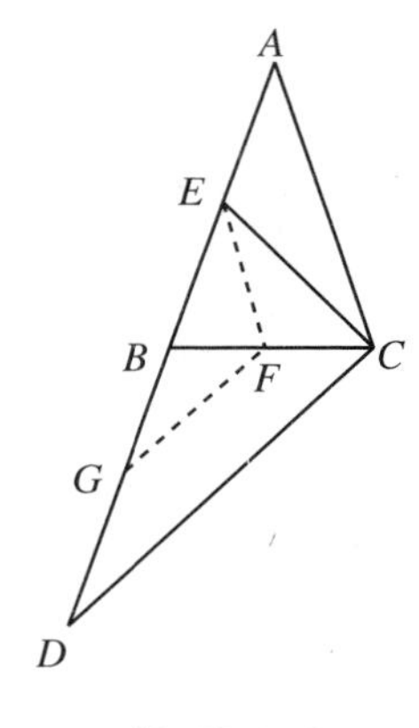

图 Y2.1.6

证明 7(平移法、三角形的中位线、全等)

如图 Y2.1.6 所示，分别取 BC、BD 的中点 F、G，连 EF、FG，则 EF、FG 分别是 $\triangle ABC$ 和 $\triangle BDC$ 的中位线.

所以

$$EF \underline{\underline{/\!/}} \frac{1}{2}AC = \frac{1}{2}AB = \frac{1}{2}BD = BG,$$

$$\angle EFC = 180^\circ - \angle ACB = 180^\circ - \angle ABC = \angle GBF,$$

所以 $\triangle GBF \cong \triangle EFC$，所以 $CE = GF = \frac{1}{2}CD$.

证明 8(中线定理、计算法)

CE、BC 分别是 $\triangle ABC$ 和 $\triangle ADC$ 的中线. 由中线定理，$2(CE^2 + AE^2) = AC^2 + BC^2$，$2(BC^2 + AB^2) = AC^2 + CD^2$.

因为 $AE = \frac{1}{2}AB$，$AB = AC$，所以由上面两式可得 $CE^2 = \frac{1}{4}CD^2$，即 $CE = \frac{1}{2}CD$.

证明 9(解析法)

如图 Y2.1.7 所示，建立直角坐标系.

设 $BC = a$，$\triangle ABC$ 中 BC 边上的高为 b，则 $B(0,0)$，$C(a,0)$，$A\left(\frac{a}{2}, b\right)$，$E\left(\frac{a}{4}, \frac{b}{2}\right)$，$D\left(-\frac{a}{2}, -b\right)$.

由距离公式，有

$$CD = \sqrt{\left(a + \frac{a}{2}\right)^2 + b^2} = \sqrt{\left(\frac{3}{2}a\right)^2 + b^2},$$

$$CE = \sqrt{\left(a - \frac{a}{4}\right)^2 + \left(b - \frac{b}{2}\right)^2} = \frac{1}{2}\sqrt{\left(\frac{3}{2}a\right)^2 + b^2}.$$

所以 $CE = \frac{1}{2}CD$.

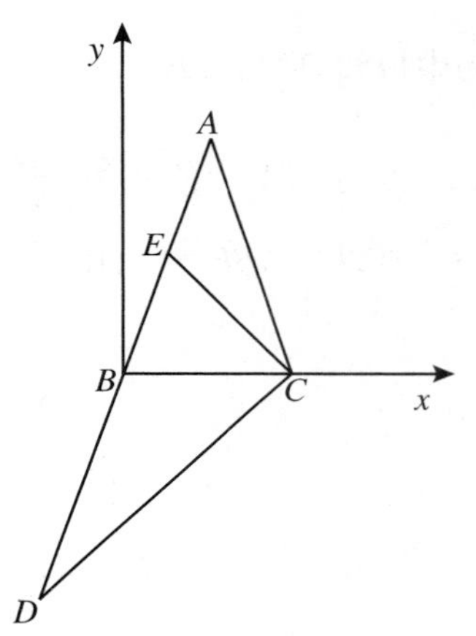

图 Y2.1.7

[**例 2**]　直角三角形的斜边上的中线等于斜边的一半.

证明 1(三角形的中位线、三线合一逆定理)

如图 Y2.2.1 所示，作 $DE /\!/ CB$，交 AB 于 E，则 DE 是 $\triangle ABC$ 的中位线，所以 $DE /\!/ BC$，所以 $DE \perp AB$，$AE = EB$.

由三线合一逆定理知 $\triangle ADB$ 是等腰三角形，所以 $BD = AD = \frac{1}{2}AC$.

证明2（延长法、矩形的性质）

如图Y2.2.2所示，延长 BD 到 E，使 $DE=BD$，连 AE、EC，则 $ABCE$ 是矩形，所以 $BE=AC$.

所以 $AC=2BD$.

证明3（平移法、矩形的性质）

如图Y2.2.3所示，作 $DE/\!/CB$，$DF/\!/AB$，分别交 AB、BC 于 E、F，连 EF，则 $BFDE$ 是矩形，所以 $BD=EF$.

因为 EF 是 $\triangle ABC$ 的中位线，所以 $EF=\dfrac{1}{2}AC$，所以 $BD=\dfrac{1}{2}AC$.

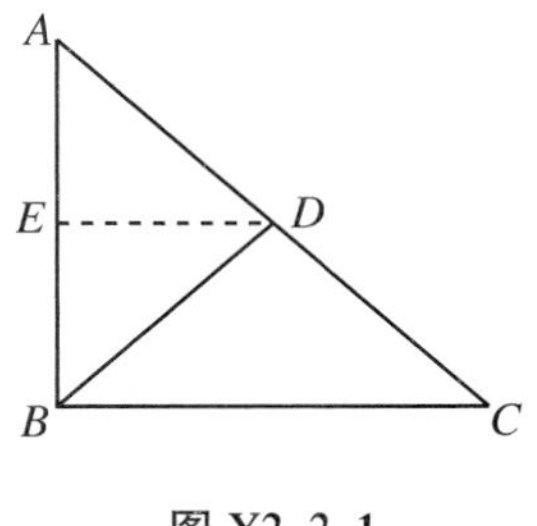

图Y2.2.1

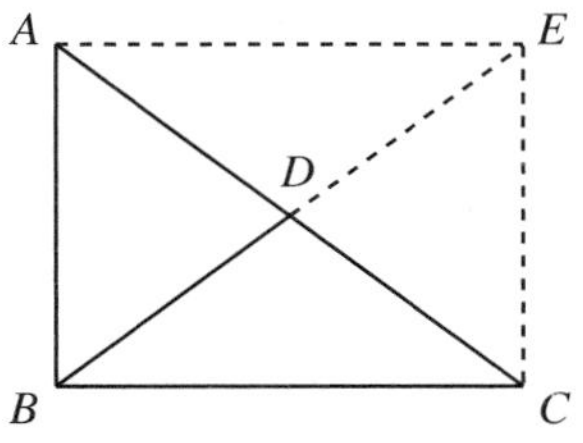

图Y2.2.2

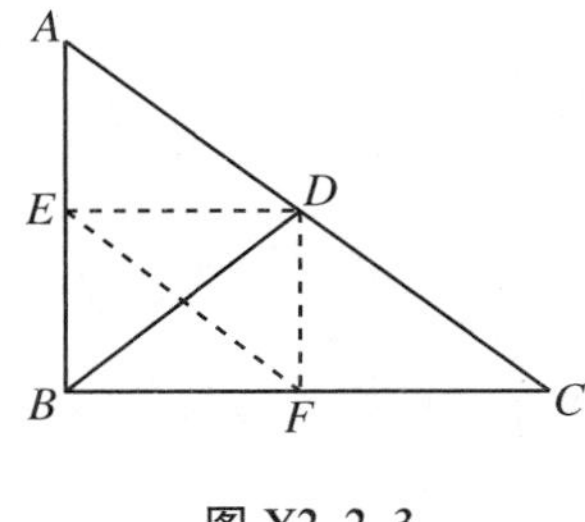

图Y2.2.3

证明4（平移法、三角形的中位线、三线合一逆定理）

如图Y2.2.4所示，延长 CB 到 E，使 $BE=BC$，连 AE，则 BD 是 $\triangle AEC$ 的中位线，所以 $BD=\dfrac{1}{2}AE$.

因为 $AB\perp CE$，$BC=BE$，由三线合一的逆定理知 $\triangle ACE$ 是等腰三角形，所以 $AE=AC$，所以 $BD=\dfrac{1}{2}AC$.

证明5（中线定理、勾股定理、计算法）

如图Y2.2.5所示，由中线定理，$2(BD^2+CD^2)=AB^2+BC^2$，由勾股定理，$AB^2+BC^2=AC^2=(2CD)^2=4CD^2$.

所以 $2(BD^2+CD^2)=4CD^2$，所以 $2BD^2=2CD^2$，所以 $BD=CD=\dfrac{1}{2}AC$.

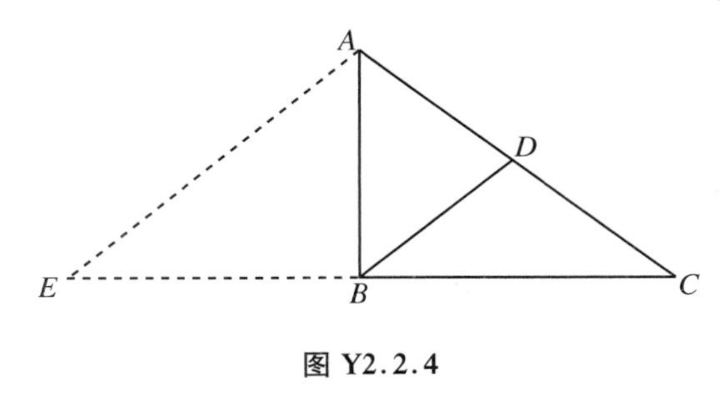

图Y2.2.4

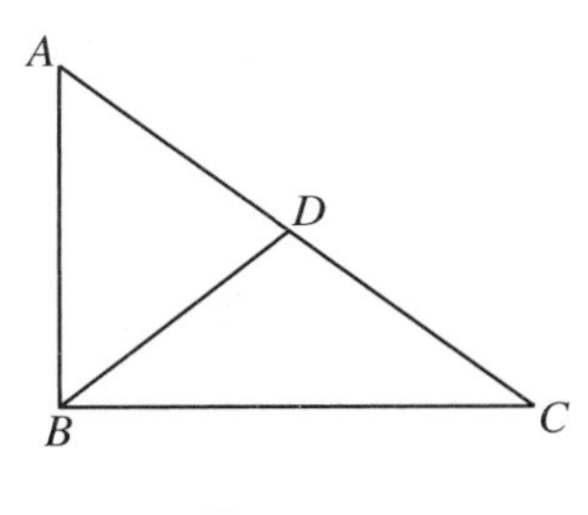

图Y2.2.5

证明6（直径上的圆周角）

如图Y2.2.6所示，以 AC 为直径作圆，则 D 是圆心.

因为 $\angle ABC=90^\circ$，AC 是直径，所以 B 在圆上，所以 BD 是半径.

所以 $BD=\dfrac{1}{2}AC$.

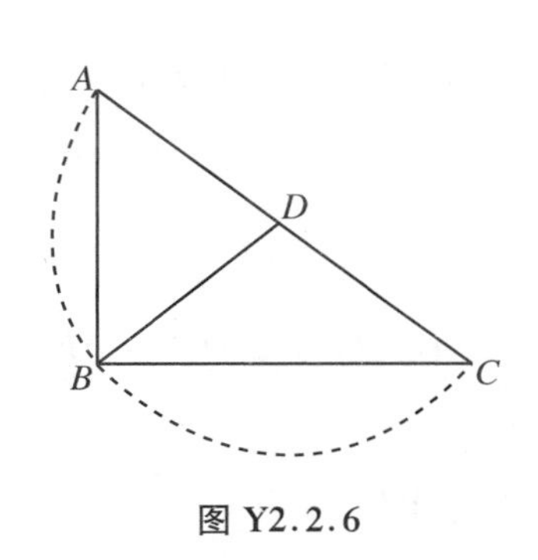

图 Y2.2.6

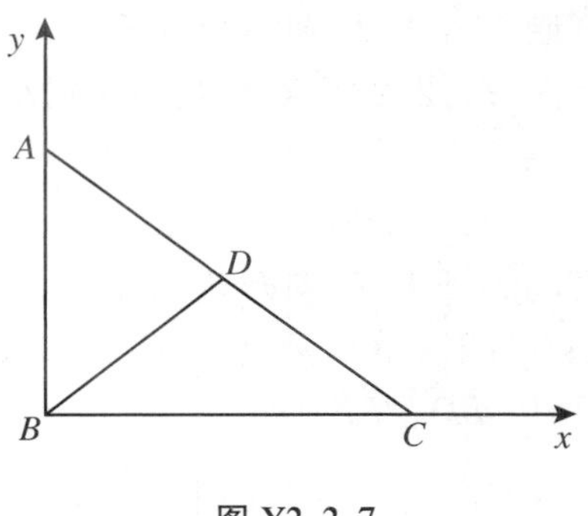

图 Y2.2.7

证明 7(解析法)

如图 Y2.2.7 所示,建立直角坐标系.

设 $C(a,0)$,$A(0,c)$,则 $D\left(\frac{a}{2},\frac{c}{2}\right)$.

所以 $AC=\sqrt{a^2+c^2}$,$BD=\sqrt{\left(\frac{a}{2}\right)^2+\left(\frac{c}{2}\right)^2}=\frac{1}{2}\sqrt{a^2+c^2}$,所以 $BD=\frac{1}{2}AC$.

[例 3] 等腰△ABC 的底边 BC 上的任一点 P 到两腰的距离之和等于一腰上的高.

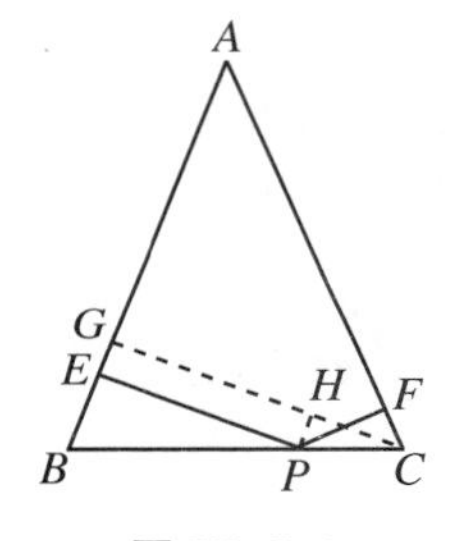

图 Y2.3.1

证明 1(截取法、矩形的性质、全等)

如图 Y2.3.1 所示,作 $CG\perp AB$,垂足为 G,则 $CG\parallel PE$.在 CG 上取 H,使 $HG=PE$,连 HP,则 $GHPE$ 是矩形,所以 $\angle PHC=90^\circ$,$\angle HPC=\angle B=\angle ACP$.

由 Rt△PHC≌Rt△CFP 知 $CH=PF$,所以 $PE+PF=HG+CH=CG$.

证明 2(延长法、矩形的性质、全等)

如图 Y2.3.2 所示,作 $CG\perp AB$,G 为垂足.作 $CH\perp EP$,H 为垂足.易证 $EGCH$ 是矩形,所以 $EH=CG$.

易证△PCH≌△PCF,所以 $PH=PF$,所以 $PE+PF=PE+PH=EH=CG$.

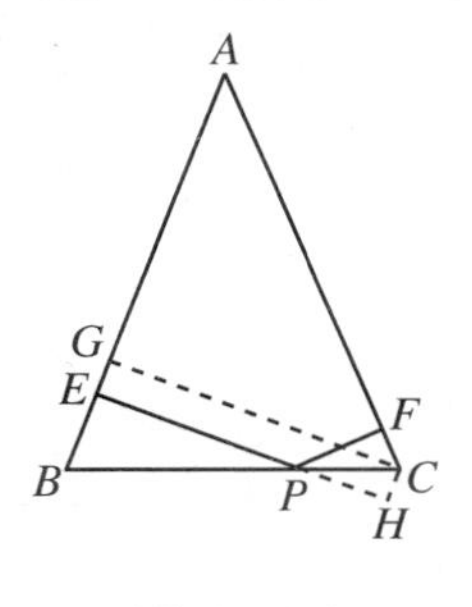

图 Y2.3.2

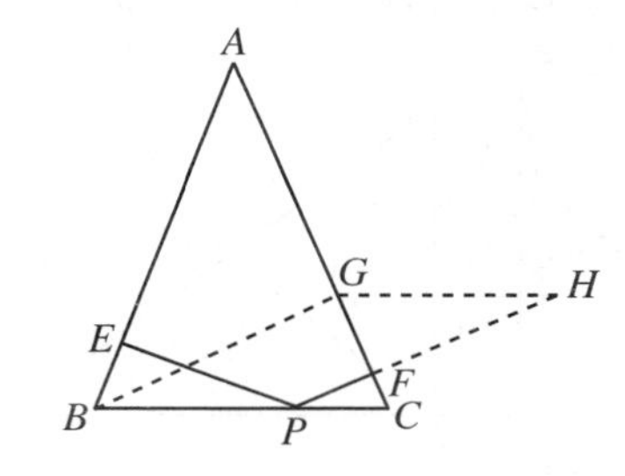

图 Y2.3.3

证明 3(平移法、平行四边形的性质、全等)

如图 Y2.3.3 所示,作 $BG\perp AC$,垂足为 G.延长 PF 到 H,使 $PH=BG$,连 GH.

易证 $BPHG$ 是平行四边形,所以 $BP \mathrel{\underline{\parallel}} GH$,所以 $\angle HGF=\angle C=\angle ABC$,所以 Rt△$PEB$≌Rt△$HFG$,所以 $PE=FH$.

所以 $BG=PH=PF+FH=PF+PE$.

证明4(三角形相似)

如图 Y2.3.4 所示,作 $CG \perp AB$,垂足为 G.

由$\triangle BPE \backsim \triangle BCG$,$\triangle BCG \backsim \triangle CPF$ 知$\dfrac{BP}{BC}=\dfrac{PE}{CG}$,$\dfrac{PC}{BC}=\dfrac{PF}{CG}$.把两式相加,得$\dfrac{BP+PC}{BC}=\dfrac{PE+PF}{CG}=\dfrac{BC}{BC}=1$,所以 $PE+PF=CG$.

证明5(截取法、平行四边形、全等)

如图 Y2.3.5 所示,作 $BG \perp AC$,垂足为 G.作 $FH // BC$,交 BG 于 H.易证 $BPFH$ 是平行四边形,所以 $BH=PF$,$HF // BP$,所以$\angle GFH=\angle C=\angle ABC$.于是 $\mathrm{Rt}\triangle PBE \cong \mathrm{Rt}\triangle HFG$,所以 $PE=HG$,所以 $PE+PF=HG+BH=BG$.

证明6(面积法)

如图 Y2.3.6 所示,作 $CG \perp AB$,垂足为 G.连 AP,则

$$\begin{aligned}S_{\triangle ABC} &= S_{\triangle ABP}+S_{\triangle APC}=\frac{1}{2}AB \cdot PE+\frac{1}{2}AC \cdot PF \\ &= \frac{1}{2}AB(PE+PF)=\frac{1}{2}AB \cdot CG.\end{aligned}$$

所以 $CG=PE+PF$.

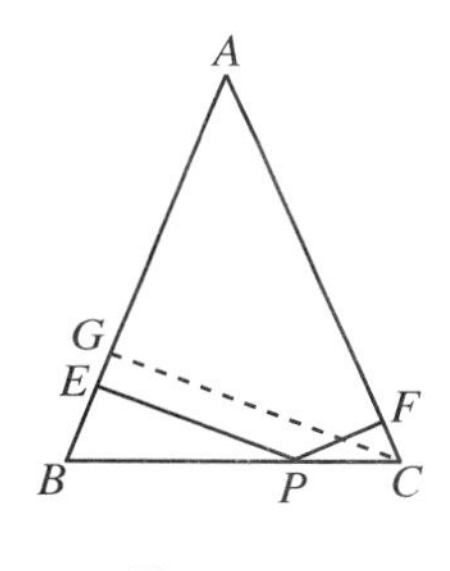

图 Y2.3.4

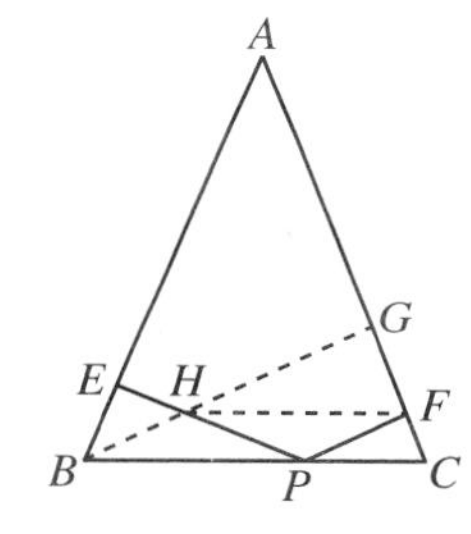

图 Y2.3.5

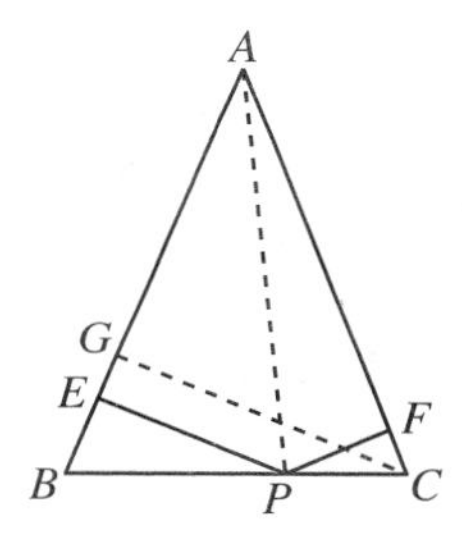

图 Y2.3.6

证明7(三角法)

如图 Y2.3.7 所示,设 CG 是 AB 上的高,$\angle ABC=\angle ACB=\alpha$.

在 $\mathrm{Rt}\triangle BPE$、$\mathrm{Rt}\triangle CPF$、$\mathrm{Rt}\triangle CGB$ 中,$PE=PB\sin\alpha$,$PF=PC\sin\alpha$,$CG=BC\sin\alpha$,所以 $PE+PF=CG$.

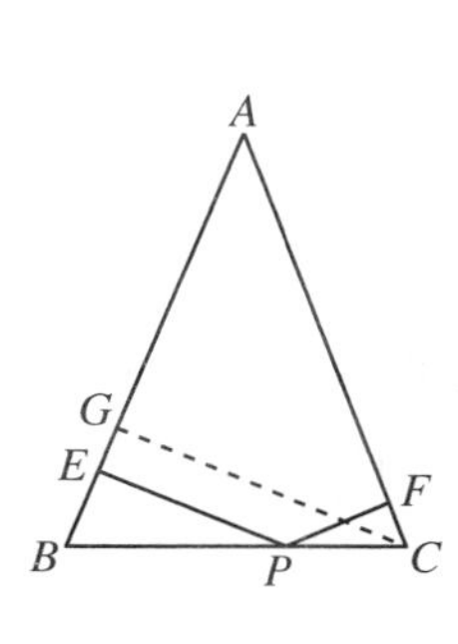

图 Y2.3.7

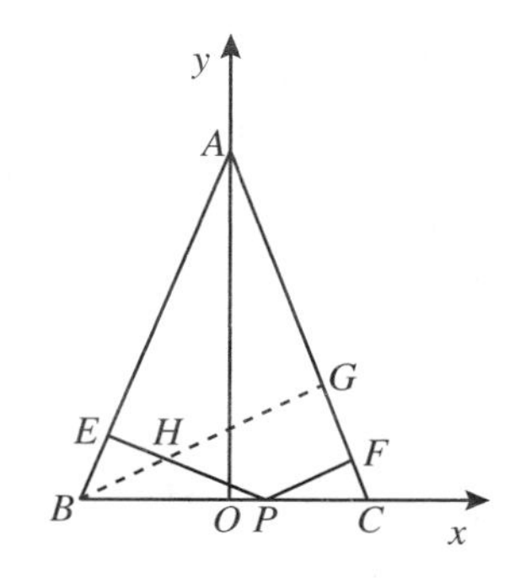

图 Y2.3.8

证明8(解析法)

如图 Y2.3.8 所示,建立直角坐标系.

设 $AO=h$，$\angle ABC=\angle ACB=\alpha$，则 $C(h\cot\alpha,0)$，$B(-h\cot\alpha,0)$．设 $P(x_0,0)$，则 AB 的方程为 $y=x\cdot\tan\alpha+h$，AC 的方程为 $y=-x\cdot\tan\alpha+h$．

由距离公式，$PE=\dfrac{|x_0\tan\alpha+h|}{\sqrt{\tan^2\alpha+1}}$，$PF=\dfrac{|x_0\tan\alpha-h|}{\sqrt{\tan^2\alpha+1}}$．

因为 P 在 BC 内，所以 $x_0\tan\alpha\leqslant h$，所以

$$PE=\frac{x_0\tan\alpha+h}{\sec\alpha},\quad PF=\frac{h-x_0\tan\alpha}{\sec\alpha},$$

所以 $PE+PF=\dfrac{2h}{\sec\alpha}$．

再由点到直线的距离的公式，又求得 AC 边上的高 $BG=\dfrac{|h\cot\alpha\cdot\tan\alpha+h|}{\sqrt{\tan^2\alpha+1}}=\dfrac{2h}{\sec\alpha}$．

所以 $PE+PF=BG$．

［例 4］　在$\triangle ABC$ 中，$\angle B=2\angle C$，M 为 BC 的中点，$AD\perp BC$，垂足为 D，则 $MD=\dfrac{1}{2}AB$．

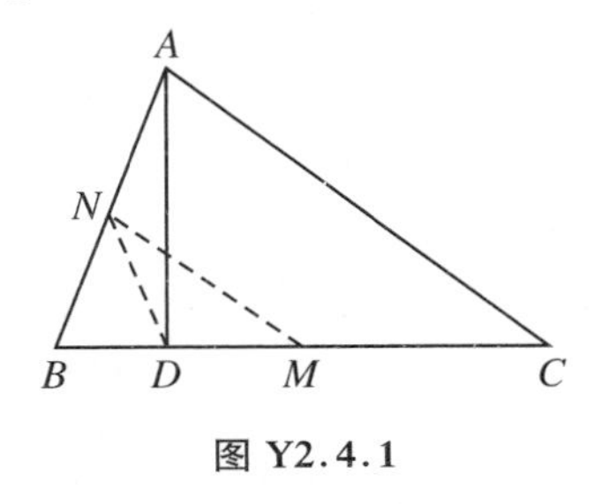

图 Y2.4.1

证明 1（媒介法、斜边中线定理、等腰三角形）

如图 Y2.4.1 所示，取 AB 的中点 N，连 NM、ND，则 ND 是 Rt$\triangle ADB$ 的斜边上的中线，所以 $ND=\dfrac{1}{2}AB$，所以$\angle NDB=\angle B$．因为$\angle B=2\angle C$，所以$\angle NDB=2\angle C$．

因为 MN 是$\triangle ABC$ 的中位线，所以 $MN\,/\!/\,AC$，所以$\angle BMN=\angle C$，所以$\angle NDB=2\angle DMN$，所以$\triangle DMN$ 是等腰三角形，$DM=DN$．

所以 $DM=\dfrac{1}{2}AB$．

证明 2（媒介法、中位线、斜边上的中线、等腰三角形）

如图 Y2.4.2 所示，取 AC 的中点 N，连 NM、ND，则 MN 是$\triangle ABC$ 的中位线，所以 $MN\mathrel{\underline{\underline{/\!/}}}\dfrac{1}{2}AB$，$\angle B=\angle NMC$．

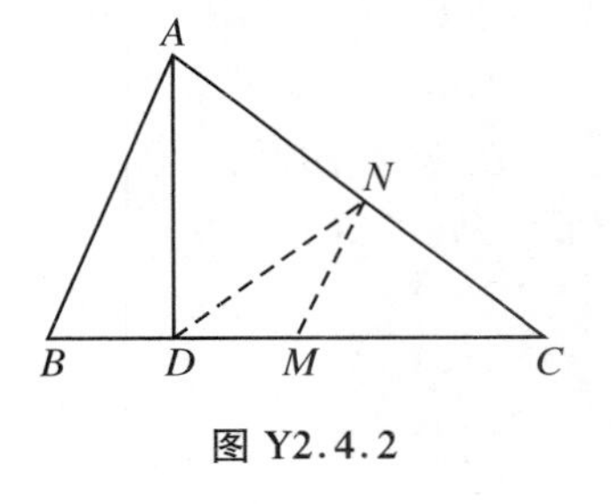

图 Y2.4.2

因为$\angle B=2\angle C$，所以$\angle NMC=2\angle C$．

因为 ND 是直角$\triangle ADC$ 的斜边上的中线，所以$\angle NDC=\angle C$，所以$\angle NMC=2\angle NDM$，所以$\triangle MDN$ 是等腰三角形，$DM=MN$．

所以 $DM=\dfrac{1}{2}AB$．

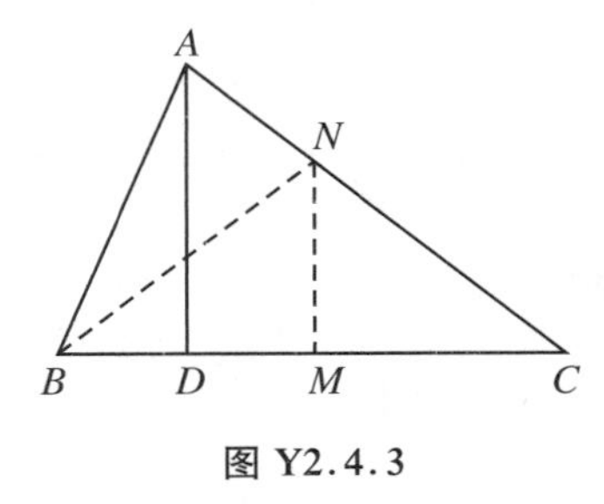

图 Y2.4.3

证明 3（角平分线的性质、中垂线的性质）

如图 Y2.4.3 所示，作 $MN\perp BC$，交 AC 于 N，连 BN．MN 是 BC 的中垂线，所以$\angle NBC=\angle C$．

因为$\angle B=2\angle C$，所以 BN 是$\angle B$ 的平分线．

在$\triangle ABC$ 中，由角平分线的性质，$\dfrac{AN}{NC}=\dfrac{AB}{BC}$．

因为 $MN\,/\!/\,AD$，所以$\dfrac{AN}{NC}=\dfrac{DM}{MC}$．

所以$\frac{DM}{MC}=\frac{AB}{BC}=\frac{AB}{2MC}$，所以 $AB=2DM$.

证明4(加倍法、等腰梯形的性质)

如图 Y2.4.4 所示，作$\angle ACE=\angle ACB$，作 $AE\parallel BC$，设 AE、CE 交于E，则$\angle B=\angle BCE$，$ABCE$是等腰梯形，$\angle 1=\angle 2=\angle 3$，所以 $AE=EC$.

取 AE 的中点N，连 MN，则 MN 是连接等腰梯形的两底中点的线段，所以 $DM=AN=\frac{1}{2}AE=\frac{1}{2}EC=\frac{1}{2}AB$.

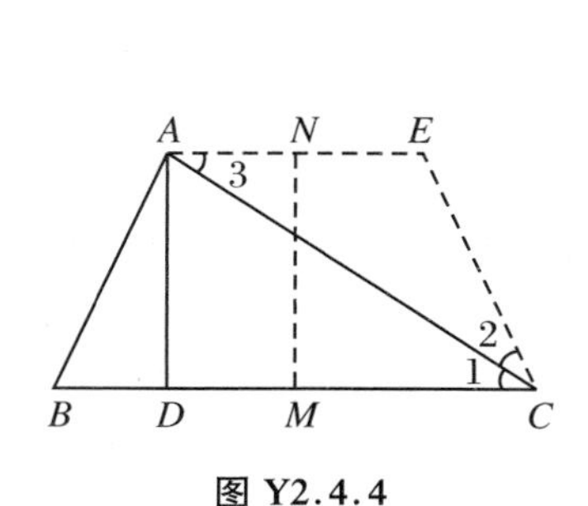

图 Y2.4.4

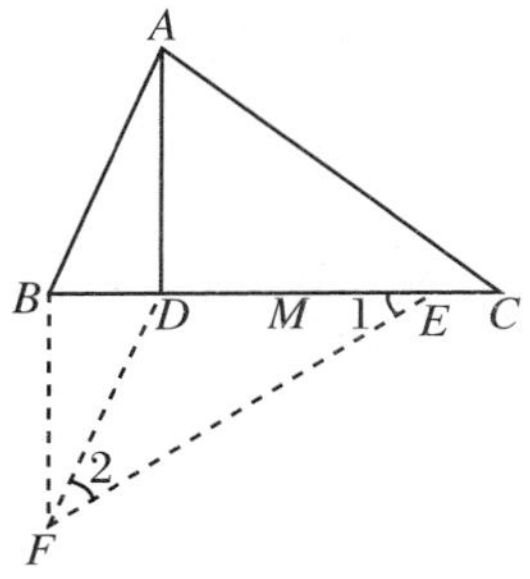

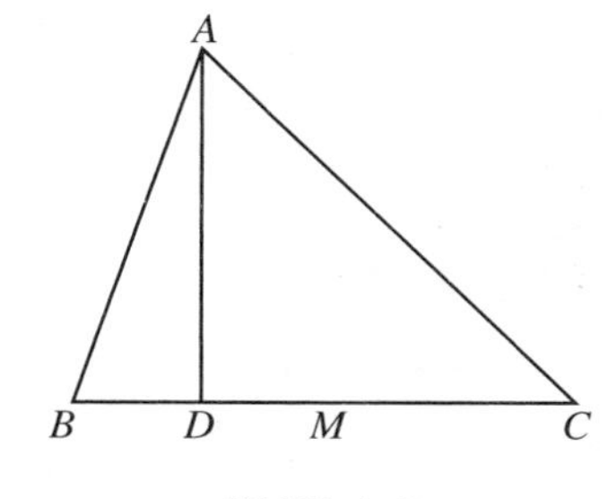
图 Y2.4.5

证明5(平移法、加倍法、全等、三角形的外角)

如图 Y2.4.5 所示，在 MC 上取E，使 $ME=DM$，作 $DF\perp\!\!\!\!=AB$，连 BF、FE. 设$\angle C=\alpha$，则$\angle ABC=2\alpha$，$\angle BDF=2\alpha$，在$\triangle DEF$ 中，$2\alpha=\angle 1+\angle 2$.

易证 $BF\perp\!\!\!\!=AD$，$BF\perp BC$. 在 Rt$\triangle ADC$ 和 Rt$\triangle FBE$ 中，$DC=DE+EC=DE+(MC-ME)=DE+(MC-DM)=DE+(BM-DM)=DE+BD=BE$，$AD=BF$，所以 Rt$\triangle ADC\cong$Rt$\triangle FBE$，所以$\angle 1=\angle C=\alpha$，所以$\angle 1=\angle 2=\alpha$，即$\triangle DEF$ 是等腰三角形，$DE=DF$.

所以 $AB=2DM$.

证明6(计算法、等腰三角形、外角、内角和)

如图 Y2.4.6 所示，作 B 关于AD 的对称点B_1，连 AB_1. 设$\angle C=\alpha$，则$\angle AB_1B=\angle B=2\alpha$，所以$\triangle AB_1C$ 是等腰三角形，所以 $B_1C=AB_1=AB$，所以

$$BD+DB_1+B_1C=2BD+AB=BC=2BM,$$
$$AB=2BM-2BD=2(BM-BD)=2DM.$$

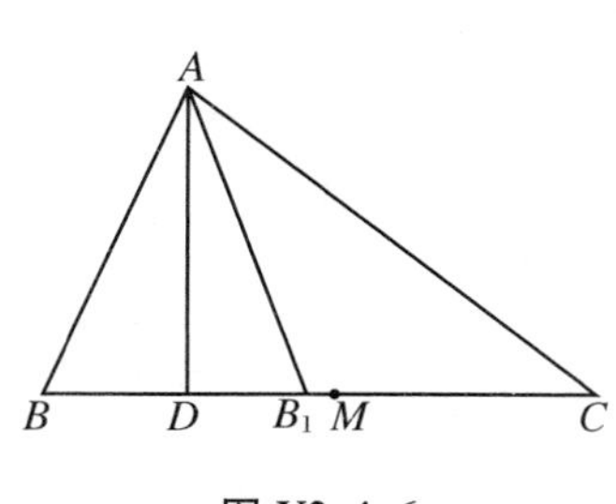

图 Y2.4.6

图 Y2.4.7

证明7(三角法)

如图 Y2.4.7 所示，设 $AD=h$，$\angle C=\alpha$，则$\angle B=2\alpha$，所以

$$BD = h\cot 2\alpha,\quad CD = h\cot\alpha,\quad AB = \frac{h}{\sin 2\alpha},$$

$$\begin{aligned}2DM &= CD - BD = h\cot\alpha - h\cot 2\alpha \\ &= h\left(\frac{\cos\alpha}{\sin\alpha} - \frac{\cos 2\alpha}{\sin 2\alpha}\right) = h\cdot\frac{\sin 2\alpha\cdot\cos\alpha - \cos 2\alpha\cdot\sin\alpha}{\sin\alpha\cdot\sin 2\alpha} \\ &= h\cdot\frac{\sin\alpha}{\sin\alpha\cdot\sin 2\alpha} = \frac{h}{\sin 2\alpha},\end{aligned}$$

所以 $AB = 2DM$.

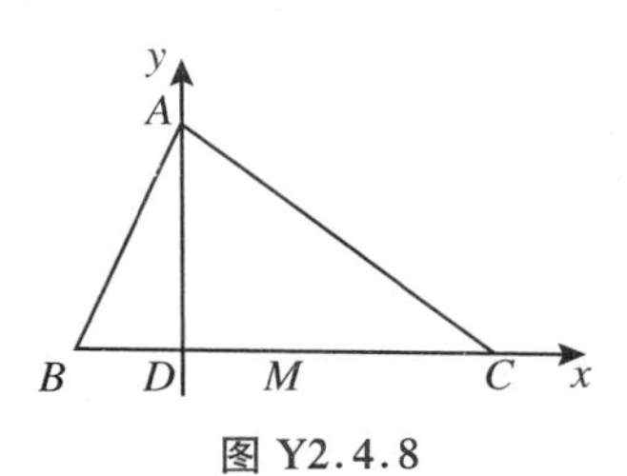

图 Y2.4.8

证明 8(解析法)

如图 Y2.4.8 所示,建立直角坐标系.

设$\angle C = \alpha$,则$\angle B = 2\alpha$.设 B 点的坐标为$(-b,0)$,则直线 AB 的方程是$y = (\tan 2\alpha)(x + b)$.令 $x = 0$,可得 A 点的纵坐标,所以 $A(0, b\cdot\tan 2\alpha)$,所以

$$AB = \sqrt{b^2 + b^2\tan^2 2\alpha} = b\sec 2\alpha. \qquad ①$$

因为直线 AC 的倾角为 $180^\circ - \alpha$,所以 AC 的方程是

$$y = [\tan(180^\circ - \alpha)]x + b\tan 2\alpha.$$

令 $y = 0$,可得 C 点的横坐标,所以 $C(b\cdot\tan 2\alpha\cdot\cot\alpha, 0)$.

所以 BC 的中点为$M\left(\dfrac{b\tan 2\alpha\cot\alpha - b}{2}, 0\right)$,所以 $DM = \dfrac{b\tan 2\alpha\cot\alpha - b}{2}$.

因为$\dfrac{b\tan 2\alpha\cdot\cot\alpha}{2} = \dfrac{b}{2}\cdot\dfrac{2\tan\alpha}{1-\tan^2\alpha}\cdot\cot\alpha = \dfrac{b}{1-\tan^2\alpha}$,所以

$$\begin{aligned}DM &= \frac{b}{1-\tan^2\alpha} - \frac{b}{2} = \frac{b}{2}\left(\frac{2}{1-\tan^2\alpha} - 1\right) = \frac{b}{2}\cdot\frac{1+\tan^2\alpha}{1-\tan^2\alpha} \\ &= \frac{b}{2}\cdot\frac{1}{\cos 2\alpha} = \frac{b\sec 2\alpha}{2}. \qquad ②\end{aligned}$$

由式①、式②知 $DM = \dfrac{1}{2}AB$.

[**例 5**] 过三角形的重心任作一直线,则在此直线同侧的两顶点到此直线的距离之和等于另一侧的顶点到该直线的距离.

证明 1(媒介法、梯形的中位线、相似三角形)

设 AA_1、BB_1、CC_1 都与过重心 G 的已知直线垂直,垂足各是 A_1、B_1、C_1,设 BC 的中点为D,作 $DD_1\perp B_1C_1$,垂足为 D_1,如图 Y2.5.1 所示,则 DD_1 是梯形 BCC_1B_1 的中位线,$2DD_1 = BB_1 + CC_1$.

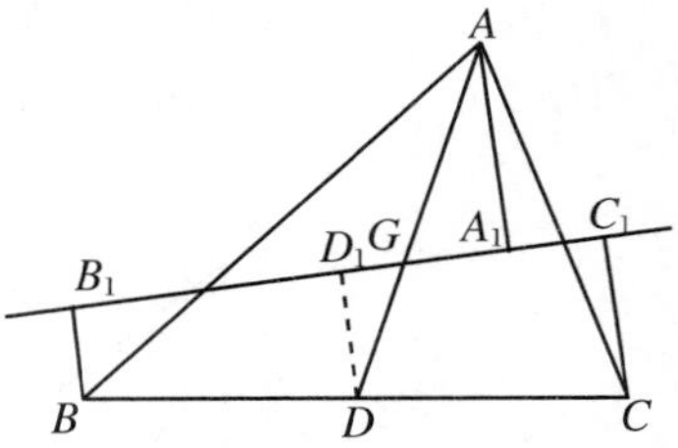

图 Y2.5.1

易证$\triangle AA_1G\backsim\triangle DD_1G$,所以$\dfrac{AA_1}{DD_1} = \dfrac{AG}{GD} = 2$,所以 $AA_1 = 2DD_1$,所以 $AA_1 = BB_1 + CC_1$.

证明 2(矩形、全等三角形、平行截比定理)

如图 Y2.5.2 所示,过 D 作 B_1C_1 的平行线,分别交直线 B_1B、C_1C 于 M、N,则 MNC_1B_1 是矩形.

易证$\triangle BMD\cong\triangle CND$,所以 $BM = CN$,所以 $BB_1 + CC_1 = BB_1 + BM + CC_1 - CN = B_1M + C_1N = 2B_1M$.

延长 AA_1，交 MN 于 A_2，则 $A_1A_2=B_1M$.

在$\triangle ADA_2$ 中，由平行截比定理，$\dfrac{AA_1}{A_1A_2}=\dfrac{AG}{GD}=2$，所以 $AA_1=2A_1A_2=2B_1M=BB_1+CC_1$.

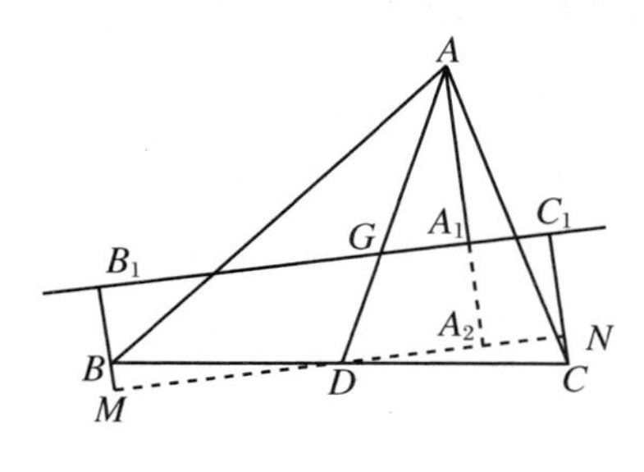

图 Y2.5.2

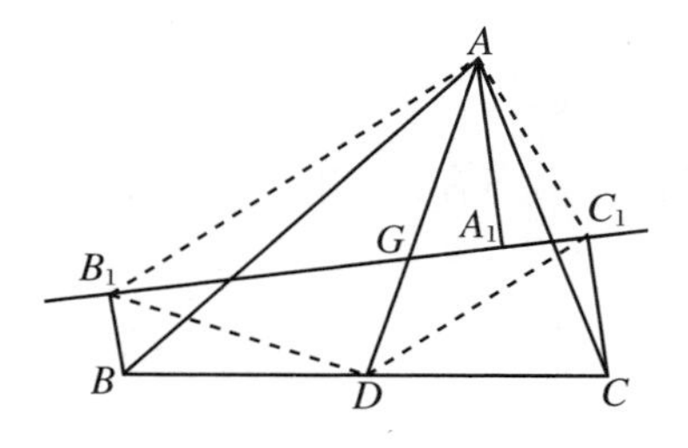

图 Y2.5.3

证明 3（面积法）

如图 Y2.5.3 所示，连 B_1D、C_1D、AB_1、AC_1. 设 D 到 B_1C_1 的距离为 d，这也是梯形 BCC_1B_1 的中位线长. 因为 $S_{\triangle DB_1C_1}=\dfrac{1}{2}B_1C_1\cdot d$，$S_{BCC_1B_1}=\dfrac{BB_1+CC_1}{2}\cdot B_1C_1=B_1C_1\cdot d$，所以 $S_{\triangle DB_1C_1}=\dfrac{1}{2}S_{BCC_1B_1}$.

因为$\triangle AB_1C_1$ 和$\triangle DB_1C_1$ 有公共底，所以$\dfrac{S_{\triangle AB_1C_1}}{S_{\triangle DB_1C_1}}=\dfrac{AG}{GD}=2$，即 $S_{\triangle AB_1C_1}=2S_{\triangle DB_1C_1}$，所以 $S_{\triangle AB_1C_1}=S_{BCC_1B_1}$.

所以$\dfrac{1}{2}B_1C_1\cdot AA_1=\dfrac{1}{2}(BB_1+CC_1)\cdot B_1C_1$.

所以 $AA_1=BB_1+CC_1$.

证明 4（三点共线的 Menelaus 定理）

若 $B_1C_1/\!/BC$，命题显然成立.

若 B_1C_1 不平行于 BC，设 B_1C_1 与 AB、AC、CB 或其延长线分别交于 M、N、P，如图 Y2.5.4 所示.

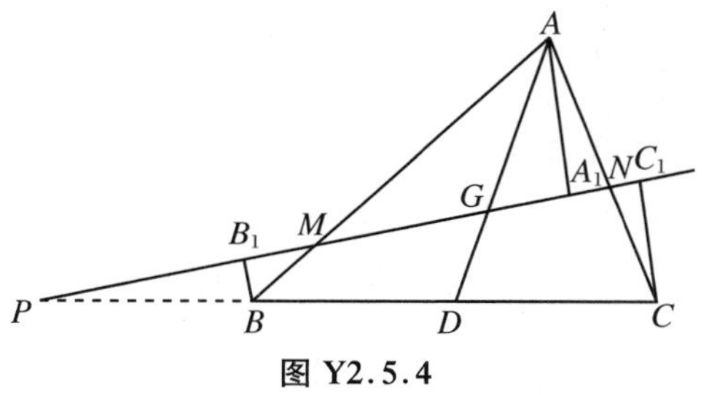

图 Y2.5.4

由 $\triangle BB_1M\backsim\triangle AA_1M$ 和 $\triangle CC_1N\backsim\triangle AA_1N$，各有$\dfrac{AA_1}{BB_1}=\dfrac{AM}{BM}$，$\dfrac{CC_1}{AA_1}=\dfrac{CN}{AN}$，于是

$$BB_1=AA_1\cdot\frac{BM}{AN},\quad CC_1=AA_1\cdot\frac{CN}{AN}.$$

$$BB_1+CC_1=AA_1\left(\frac{BM}{AM}+\frac{CN}{AN}\right).\tag{①}$$

在$\triangle ABD$ 中，P、M、G 共线，由 Menelaus 定理，$\dfrac{AM}{MB}\cdot\dfrac{BP}{PD}\cdot\dfrac{DG}{GA}=1$. 因为$\dfrac{DG}{GA}=\dfrac{1}{2}$，所以

$$\frac{BM}{AM}=\frac{BP}{2DP}.\tag{②}$$

在$\triangle ADC$中,N、G、P共线,同理可得$\dfrac{AG}{GD}\cdot\dfrac{DP}{PC}\cdot\dfrac{CN}{NA}=1$,故

$$\frac{CN}{AN}=\frac{CP}{2DP}. \qquad ③$$

把式②、式③代入式①,注意到$CP+BP=DP+DC+DP-BD=2DP$.最后得到$AA_1=BB_1+CC_1$.

证明 5(解析法)

如图 Y2.5.5 所示,建立直角坐标系.

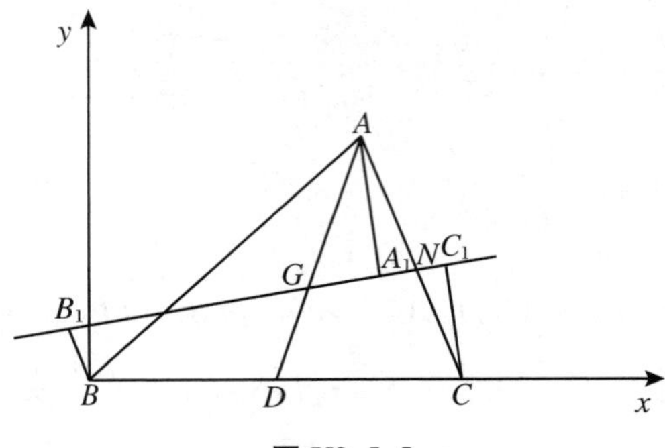

图 Y2.5.5

设$C(a,0)$,$A(b,c)$,则$D\left(\dfrac{a}{2},0\right)$.

由分点坐标公式,可求出点G的坐标为

$$x_G=\frac{\dfrac{a}{2}+\dfrac{1}{2}\cdot b}{1+\dfrac{1}{2}}=\frac{a+b}{3},\quad y_G=\frac{0+\dfrac{1}{2}c}{1+\dfrac{1}{2}}=\frac{c}{3}.$$

设B_1C_1的斜率为k,则直线B_1C_1的方程是$y-\dfrac{c}{3}=k\left(x-\dfrac{a+b}{3}\right)$,即$kx-y+\dfrac{c}{3}-\dfrac{k(a+b)}{3}=0$,所以

$$AA_1=\frac{\left|kb-c+\dfrac{c}{3}-\dfrac{k(a+b)}{3}\right|}{\sqrt{k^2+1}},$$

$$BB_1=\frac{\left|\dfrac{c}{3}-\dfrac{k(a+b)}{3}\right|}{\sqrt{k^2+1}},$$

$$CC_1=\frac{\left|ka+\dfrac{c}{3}-\dfrac{k(a+b)}{3}\right|}{\sqrt{k^2+1}}.$$

因为A和B、C分别位于B_1C_1两侧,所以BB_1、CC_1的表达式的分子的绝对值内代数式的值同号,AA_1的表达式的分子的绝对值内代数式的值与前面的异号.因此

$$\begin{aligned}BB_1+CC_1&=\frac{\pm 1}{\sqrt{k^2+1}}\left[\frac{c}{3}-\frac{k(a+b)}{3}+ka+\frac{c}{3}-\frac{k(a+b)}{3}\right]\\&=\frac{\pm 1}{\sqrt{k^2+1}}\left(\frac{2c}{3}+\frac{ka}{3}-\frac{2kb}{3}\right),\end{aligned}$$

$$AA_1 = \frac{\pm 1}{\sqrt{k^2+1}}\left(-\frac{2c}{3}-\frac{ka}{3}+\frac{2kb}{3}\right).$$

所以 $AA_1 = BB_1 + CC_1$.

［例6］　在等腰$\triangle ABC$中，$\angle A = 100^\circ$，$\angle B$的平分线为BE，则$AE + BE = BC$.

证明1(截取法、角平分线的性质、相似三角形)

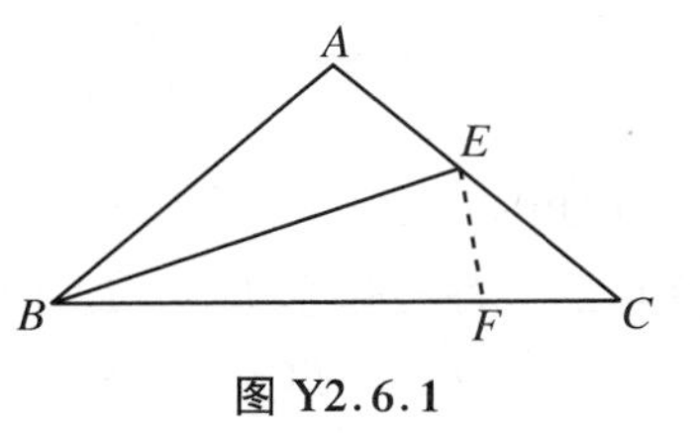

图 Y2.6.1

如图Y2.6.1所示，在BC上取F，使$CF = AE$. 连EF.

由角平分线性质定理，$\dfrac{AB}{BC} = \dfrac{AE}{EC} = \dfrac{CF}{EC}$.

因为 $AB = AC$，$\angle ABC = \angle ACB$，所以$\triangle ABC \backsim \triangle FCE$，所以$\angle EFC = \angle A = 100^\circ$，$\angle FEC = 40^\circ$，所以

$$\angle BFE = 180^\circ - \angle EFC = 180^\circ - 100^\circ = 80^\circ,$$

$$\angle EBF = \frac{1}{2}\angle ABC = \frac{1}{2}\times 40^\circ = 20^\circ,$$

$$\angle BEF = 180^\circ - 80^\circ - 20^\circ = 80^\circ = \angle BFE.$$

即$\triangle BEF$是等腰三角形，所以$BE = BF$，所以$BC = BF + FC = BE + AE$.

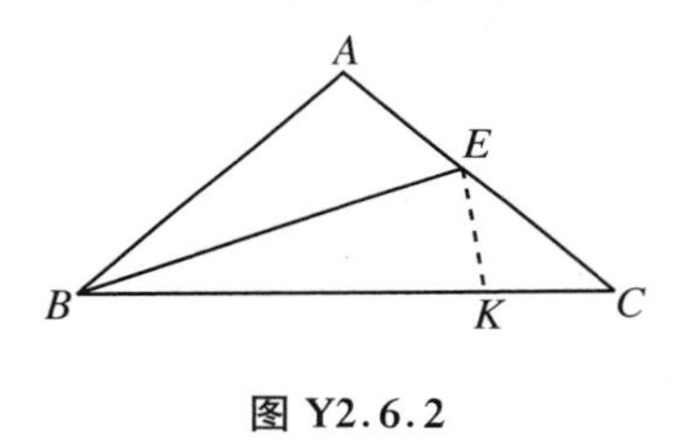

图 Y2.6.2

证明2(截取法、共圆、等腰三角形的性质)

如图Y2.6.2所示，在BC上取K，使$BK = BE$，连EK，则$\angle EBK = 20^\circ$，所以$\angle EKB = \dfrac{180^\circ - 20^\circ}{2} = 80^\circ$，所以$\angle A + \angle EKB = 100^\circ + 80^\circ = 180^\circ$，所以$A$、$B$、$K$、$E$四点共圆.

因为圆周角$\angle ABE =$圆周角$\angle EBK$，所以$AE = EK$.

因为$\angle EKB = 80^\circ$，$\angle C = 40^\circ$，所以$\angle CEK = 80^\circ - 40^\circ = 40^\circ$，所以$KE = KC$.

所以$BC = BK + KC = BE + AE$.

证明3(延长法、全等)

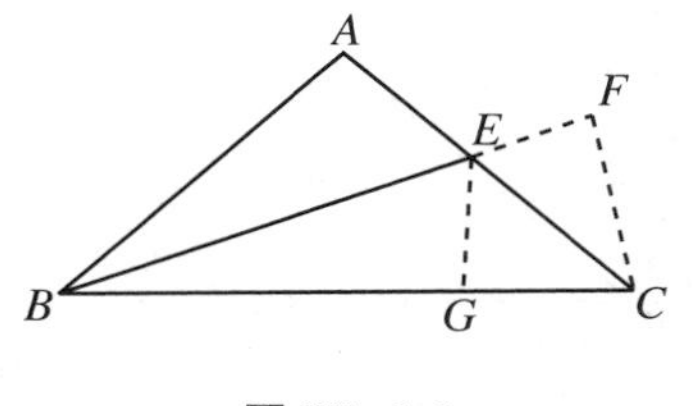

图 Y2.6.3

如图Y2.6.3所示，延长BE到F，使$EF = AE$. 连FC. 作$\angle BEC$的角平分线，交BC于G，则$\angle AEB = 180^\circ - 100^\circ - 20^\circ = 60^\circ$，所以$\angle BEG = \angle GEC = 60^\circ$.

因为BE为公共边，$\angle ABE = \angle EBG$，$\angle AEB = \angle GEB$，所以$\triangle AEB \cong \triangle GEB$，所以 $AE = EG$，$\angle BGE = \angle A = 100^\circ$.

因为EC为公共边，$EG = AE = EF$，$\angle GEC = \angle FEC$，所以$\triangle GEC \cong \triangle FEC$，所以$\angle GCF = 2\angle GCE = 80^\circ$.

因为$\angle BGE = 100^\circ$，所以$\angle EGC = \angle EFC = 80^\circ$，所以$\triangle BCF$是等腰三角形，所以$BC = BF = BE + EF = BE + AE$.

证明4(延长法、三角形全等、含30°角的直角三角形的性质)

如图Y2.6.4所示，延长BE到F，使$EF = AE$，连FA并延长，从B向FA作垂线，垂足为H，作$AD \perp BC$，垂足为D.

因为$\angle AEB = 180^\circ - 20^\circ - 100^\circ = 60^\circ$，$\angle AEB = \angle EFA + \angle EAF$，所以$\angle EFA = 30^\circ$，所

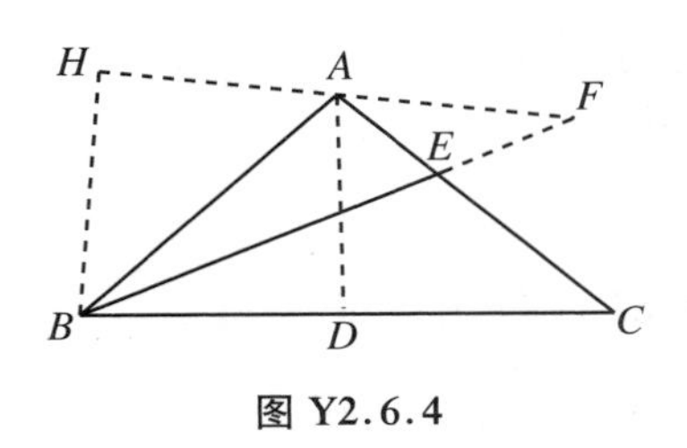

图 Y2.6.4

以在 Rt$\triangle BHF$ 中，$BH=\frac{1}{2}BF$. 又$\angle HBA=90^\circ-30^\circ-20^\circ=40^\circ$，所以$\angle HBA=\angle ABC$.

由$\triangle ABH\cong\triangle ABD$，易得 $BH=BD=\frac{1}{2}BC$，所以 $BF=BC=BE+EF=BE+AE$.

证明 5（延长法、圆的性质、中垂线的性质）

如图 Y2.6.5 所示，以 B 为圆心，BC 为半径画弧，延长 BA、BE，各交弧于 P、F，连 PF、PC、PE.

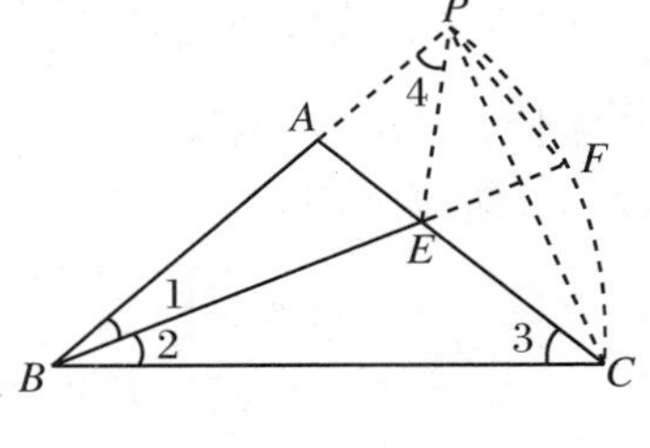

图 Y2.6.5

因为 $BP=BC$，$\angle 1=\angle 2$，所以 $BF\perp PC$，所以 BF 是 PC 的中垂线，所以 $PE=EC$，$\angle 3=\angle 4=40^\circ$.

因为$\angle CPF$ 是圆周角，$\angle CBF$ 是同弧的圆心角，所以 $\angle CPF=\frac{1}{2}\angle CBF=10^\circ$.

在$\triangle EPC$ 中，有

$$\angle EPC=\angle ECP=\frac{1}{2}(180^\circ-40^\circ-2\times 40^\circ)=30^\circ,$$

$$\angle EPF=30^\circ+10^\circ=40^\circ.$$

所以$\angle EPF=\angle APE$.

因为$\angle PAE$ 是$\triangle ABE$ 的外角，所以$\angle PAE=180^\circ-100^\circ=80^\circ$.

因为$\triangle BPF$ 是等腰三角形，所以$\angle PFB=\frac{1}{2}(180^\circ-20^\circ)=80^\circ$.

因为 PE 为公共边，$\angle PFE=\angle PAE$，$\angle EPF=\angle EPA$，所以$\triangle EPF\cong\triangle EPA$，所以 $AE=EF$.

所以 $BC=BF=BE+EF=BE+AE$.

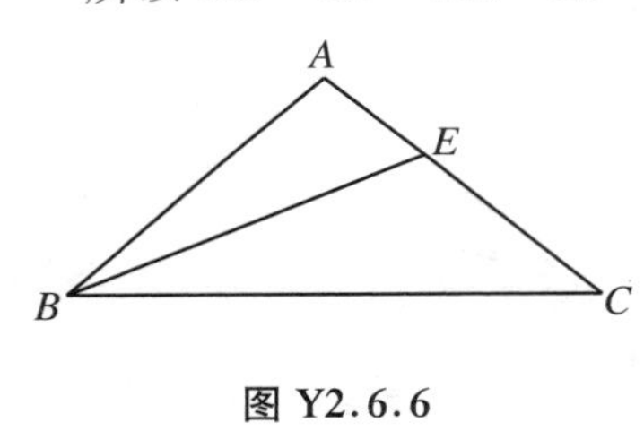

图 Y2.6.6

证明 6（三角法）

如图 Y2.6.6 所示，在$\triangle ABE$ 中，由正弦定理，得

$$AE=BE\cdot\frac{\sin\angle ABE}{\sin\angle A}=BE\cdot\frac{\sin 20^\circ}{\sin 100^\circ}.$$

在$\triangle BEC$ 中，同理

$$BC=BE\cdot\frac{\sin 120^\circ}{\sin 40^\circ},$$

$$AE+BE=BE\left(1+\frac{\sin 20^\circ}{\sin 100^\circ}\right)=BE\cdot\frac{\sin 100^\circ+\sin 20^\circ}{\sin 100^\circ}$$

$$=BE\cdot\frac{2\sin 60^\circ\cdot\cos 40^\circ}{2\sin 40^\circ\cos 40^\circ}=BE\cdot\frac{\sin 120^\circ}{\sin 40^\circ}=BC.$$

证明 7（三角法）

设 $AB=AC=a$，$BC=b$.

由角平分线的性质，$\frac{AE}{EC}=\frac{a}{b}$，即$\frac{AE}{a-AE}=\frac{a}{b}$，所以$\frac{AE}{a}=\frac{a}{a+b}$，所以 $AE=\frac{a^2}{a+b}$.

由角平分线的长度公式，得

$$BE=\frac{2}{a+b}\sqrt{abs(s-a)}=\frac{2}{a+b}\sqrt{ab\left(a+\frac{b}{2}\right)\frac{b}{2}}=\frac{b}{a+b}\sqrt{2a^2+ab}.$$

$$AE+BE=\frac{b}{a+b}\sqrt{2a^2+ab}+\frac{a^2}{a+b}.$$

于是只要证 $b=\frac{b}{a+b}\sqrt{2a^2+ab}+\frac{a^2}{a+b}$.

把 $b=2a\cdot\cos40^\circ$代入上式，就得到

$$2a\cos40^\circ=\frac{2a\cos40^\circ}{a+2a\cos40^\circ}\sqrt{2a^2+2a^2\cos40^\circ}+\frac{a^2}{a+2a\cos40^\circ},$$

即 $2\cos40^\circ=\frac{2\cos40^\circ}{1+2\cos40^\circ}\left(2\sqrt{\frac{1+\cos40^\circ}{2}}\right)+\frac{1}{1+2\cos40^\circ}$. 去分母，即只要证

$$2\cos40^\circ+4\cos^2 40^\circ=4\cos40^\circ\cos20^\circ+1.$$

因为 $\cos20^\circ-\cos40^\circ=-2\sin30^\circ\cdot\sin(-10^\circ)=\sin10^\circ=\cos80^\circ=2\cos^2 40^\circ-1$，所以

$$4\cos^2 40^\circ+2\cos40^\circ=2\cos20^\circ+2,$$

$$\begin{aligned}4\cos40^\circ\cdot\cos20^\circ+1&=2(2\cos40^\circ\cdot\cos20^\circ)+1\\&=2(\cos60^\circ+\cos20^\circ)+1\\&=2+2\cos20^\circ,\end{aligned}$$

$$4\cos^2 40^\circ+2\cos40^\circ=4\cos40^\circ\cdot\cos20^\circ+1.$$

命题得证.

［**例 7**］　如图 Y2.7.1 所示，在$\triangle ABC$ 中，$AD\perp BC$，$BE\perp AC$，H 为垂心，$AD=BC$，P 为 BC 的中点，则 $PH+HD=PC$.

证明 1(三角形相似、勾股定理)

易证 $\text{Rt}\triangle BDH\backsim\text{Rt}\triangle ADC$，所以$\frac{BD}{AD}=\frac{DH}{DC}$，即

$$BD\cdot DC=AD\cdot DH. \quad ①$$

设 $AD=BC=a$，则 $BD=\frac{a}{2}+PD$，$DC=\frac{a}{2}-PD$，式①成为

$$\left(\frac{a}{2}\right)^2-PD^2=a\cdot DH. \quad ②$$

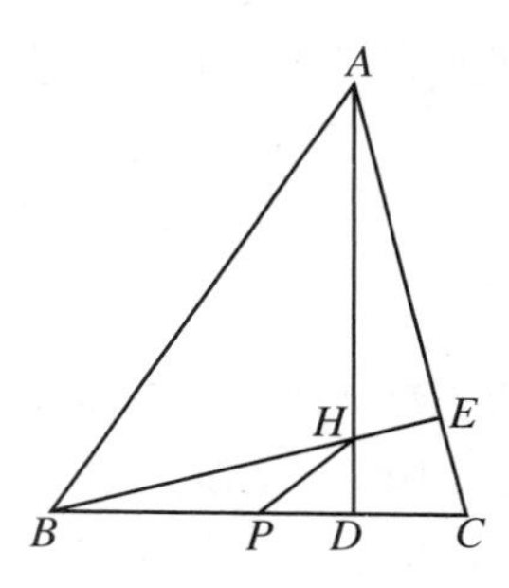

图 Y2.7.1

在 $\text{Rt}\triangle PDH$ 中，由勾股定理，有 $PD^2=PH^2-DH^2$，式②就是

$$\left(\frac{a}{2}\right)^2-(PH^2-DH^2)=a\cdot DH,$$

即

$$\left(\frac{a}{2}\right)^2-2\cdot\frac{a}{2}\cdot DH+DH^2=PH^2,$$

即$\left(\frac{a}{2}-DH\right)^2=PH^2$.

所以$\frac{a}{2}-DH=PH$，即 $PH+DH=PC$.

证明 2(共圆、三角形相似、勾股定理、等腰三角形的性质、Simson 定理)

如图 Y2.7.2 所示，以 BC 为直径作$\odot P$，则$\odot P$ 过E 点；延长 PH，交$\odot P$ 于F；连 FD

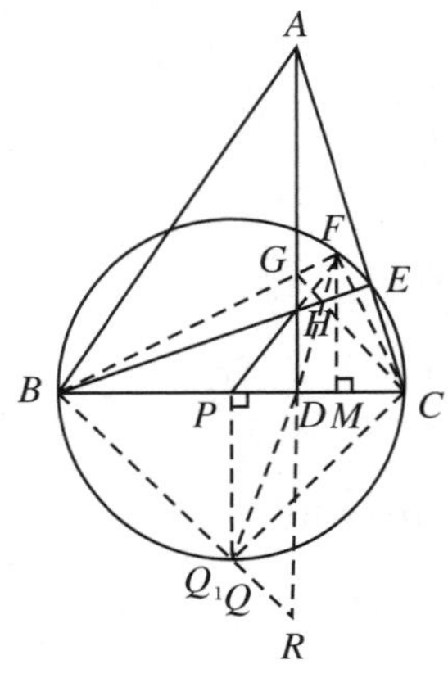

图 Y2.7.2

并延长，交⊙P 于 Q；作 $PQ_1 \perp BC$，交⊙P 于 Q_1；连 BF，交 AD 于 G；连 BQ_1、CG；延长 AD，交 BQ_1 的延长线于 R；连 CF、CQ_1；作 $FM \perp BC$，垂足为 M.

设 $BP = r$，$PD = a$，则 $AD = BC = 2r$.

由△ADC∽△BDH，得

$$DH = \frac{CD \cdot BD}{AD} = \frac{(r-a)(r+a)}{2r} = \frac{r^2-a^2}{2r}. \quad ①$$

在△PFM 中，由勾股定理得

$$PM^2 + FM^2 = PF^2 = r^2. \quad ②$$

由△PHD∽△PFM，得

$$FM = \frac{PM \cdot DH}{PD}. \quad ③$$

把式①代入式③，再代入式②，则有 $PM^2\left[\dfrac{a^2+\left(\dfrac{r^2-a^2}{2r}\right)^2}{a^2}\right] = r^2$，故

$$PM = \frac{2ar^2}{a^2+r^2}, \quad ④$$

$$BM = PM + BP = \frac{2ar^2}{a^2+r^2} + r = \frac{r(r+a)^2}{a^2+r^2}. \quad ⑤$$

由△BGD∽△BFM，得

$$GD = \frac{BD \cdot FM}{BM}. \quad ⑥$$

把式③代入式⑥，再把式④、式①、式⑤代入，并注意到 $BD = r + a$，则式⑥成为

$$GD = \frac{PM \cdot DH \cdot BD}{PD \cdot BM} = \frac{\dfrac{2ar^2}{a^2+r^2} \cdot \dfrac{r^2-a^2}{2r} \cdot (r+a)}{a \cdot \dfrac{r(r+a)^2}{a^2+r^2}} = r - a,$$

即 $GD = PC - PD$，所以 $GD = CD$，即△CDG 是等腰直角三角形，$\angle CGD = 45°$.

因为$\angle DBR = 45° = \angle CGD$，所以 C、G、B、R 四点共圆，即 C 是△GBR 外接圆上一点.

因为 BC 是直径，所以 $CF \perp BG$，同理 $CQ_1 \perp BR$. 因为 $CD \perp GR$，F、D、Q_1 是垂足，由 Simson 定理知 F、D、Q_1 共线. 因为 Q、Q_1 都是直线 FD 与⊙P 的交点，所以 Q、Q_1 重合.

所以△FPQ_1∽△FHD，所以$\dfrac{FH}{HD} = \dfrac{FP}{PQ} = 1$，所以 $FH = HD$，所以 $PH + DH = PH + FH = PF = PC$.

证明 3（三角法）

如图 Y2.7.3 所示，设 AD 的中点为 O，连 OP. 因为 $\tan\angle 2 = \dfrac{PD}{DH}$，$\tan\angle 1 = \dfrac{PD}{OD}$，则

$$\tan(2\angle 1) = \frac{2\tan\angle 1}{1-\tan^2\angle 1} = \frac{2 \cdot \dfrac{PD}{OD}}{1-\left(\dfrac{PD}{OD}\right)^2}$$

$$= \frac{2PD \cdot OD}{(OD+PD)(OD-PD)}$$

$$=\frac{PD\cdot AD}{(BP+PD)(PC-PD)}$$

$$=\frac{PD\cdot AD}{BD\cdot CD}=\frac{PD}{DH}\cdot\frac{DH\cdot AD}{BD\cdot CD}.$$

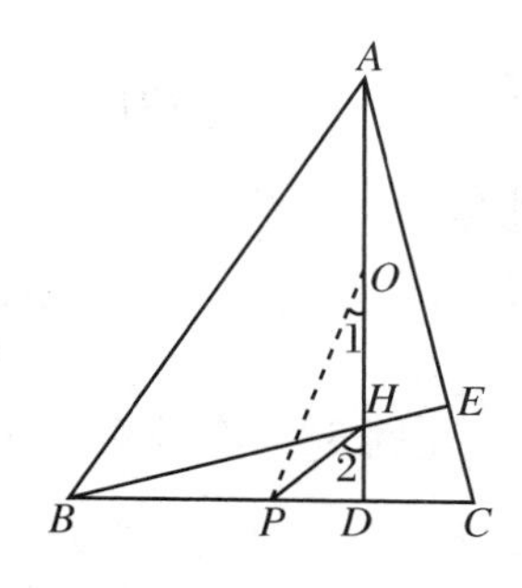

图 Y2.7.3

因为$\triangle BDH\backsim\triangle ADC$，所以$\frac{DH}{CD}=\frac{BD}{AD}$，即 $DH\cdot AD=BD\cdot CD$，所以$\tan(2\angle 1)=\frac{PD}{DH}=\tan\angle 2$.

因为$\angle 2$ 是锐角，所以 $2\angle 1=\angle 2$，所以$\triangle HPO$ 是等腰三角形，即 $PH=HO$，所以

$$PH+HD=HO+HD=OD=\frac{1}{2}AD=\frac{1}{2}BC=PC.$$

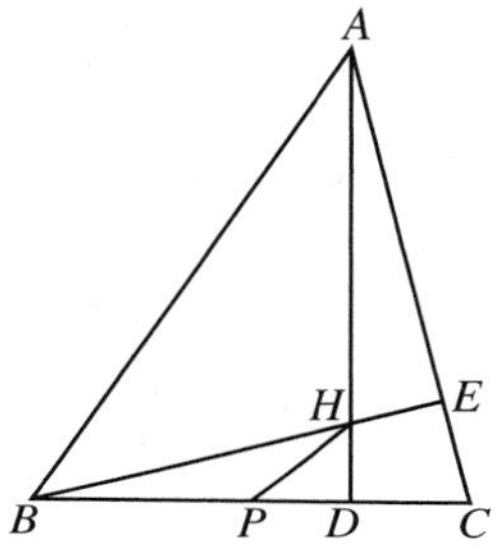

图 Y2.7.4

证明 4（三角法）

如图 Y2.7.4 所示，设 $AD=BC=a$，$\angle CAD=\angle CBE=\alpha$，则

$$CD=a\cdot\tan\alpha,\quad BD=a(1-\tan\alpha),$$

$$PD=BD-BP=\frac{a}{2}-a\tan\alpha,$$

$$HD=BD\cdot\tan\alpha=a(1-\tan\alpha)\cdot\tan\alpha.$$

在 Rt$\triangle HDP$ 中，有

$$PH=\sqrt{PD^2+DH^2}=\sqrt{\left(\frac{a}{2}-a\tan\alpha\right)^2+(a\tan\alpha-a\tan^2\alpha)^2}$$

$$=\sqrt{\left(\frac{1}{2}-\tan\alpha+\tan^2\alpha\right)^2a^2},$$

因为$\frac{1}{2}+\tan^2\alpha-\tan\alpha=\left(\tan\alpha-\frac{1}{2}\right)^2+\frac{1}{4}>0$，上式即为

$$PH=\left(\frac{1}{2}-\tan\alpha+\tan^2\alpha\right)a=\frac{a}{2}-(a\tan\alpha-a\tan^2\alpha)=PC-HD.$$

所以 $PH+HD=PC$.

证明 5（解析法）

如图 Y2.7.5 所示，建立直角坐标系.

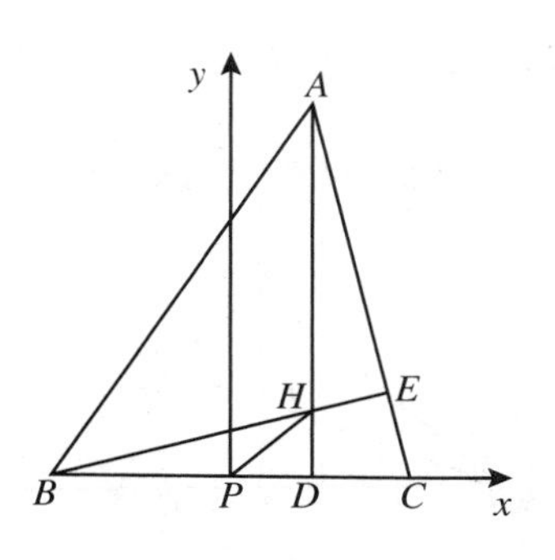

图 Y2.7.5

设 $BC=AD=a$，$PD=b$，则有 $B\left(-\frac{a}{2},0\right)$，$C\left(\frac{a}{2},0\right)$，$D(b,0)$，$A(b,a)$.

所以直线 BE 的方程为$y=\frac{\frac{a}{2}-b}{a}\left(x+\frac{a}{2}\right)$. 由

$$\begin{cases}y=\dfrac{\frac{a}{2}-b}{a}\left(x+\dfrac{a}{2}\right)\\x=b\end{cases}$$

解得 $H\left(b,\frac{a^2-4b^2}{4a}\right)$，即 $DH=\frac{a^2-4b^2}{4a}$.

在 Rt$\triangle PDH$ 中，有

$$PH=\sqrt{PD^2+DH^2}=\sqrt{b^2+\left(\frac{a^2-4b^2}{4a}\right)^2}=\frac{a^2+4b^2}{4a},$$

所以

$$PH+DH=\frac{a^2+4b^2}{4a}+\frac{a^2-4b^2}{4a}=\frac{a}{2}=PC.$$

［例 8］ 在等腰△ABC 中，底角∠B 的平分线为 BD，过 D 作 $DE\perp BC$，$DF\perp BD$，分别交 BC 于 E、F，M 为 BC 的中点，则 $ME=\frac{1}{4}BF$.

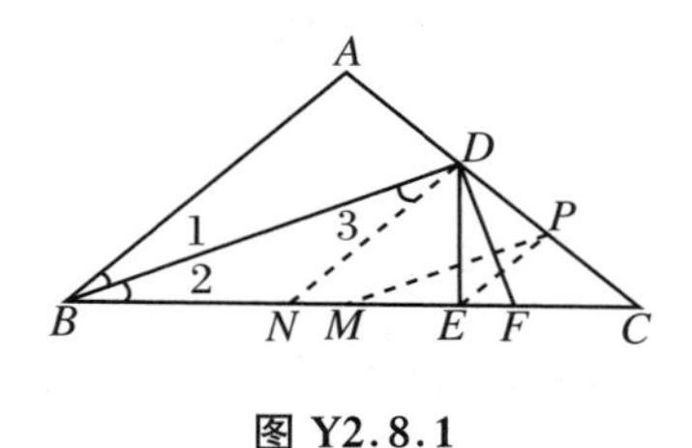

图 Y2.8.1

证明 1（直角三角形斜边中线定理、中位线）

如图 Y2.8.1 所示，取 BF 的中点 N，连 ND，则 ND 是 Rt△BDF 斜边上的中线，∠2 = ∠3. 因为∠1 = ∠2，所以∠1 = ∠3，所以 $AB\parallel ND$，所以∠DNC = ∠ABC = ∠C，所以 $ND=CD$.

取 CD 的中点 P，连 PM、PE，则 PE 是 Rt△DEC 斜边上的中线，所以 $EP=\frac{1}{2}CD$，所以 $EP=\frac{1}{2}ND=\frac{1}{4}BF$.

因为 MP 是△BDC 的中位线，EP 是△DNC 的中位线，所以 $MP\parallel BD$，$EP\parallel ND$，所以△EPM∽△NDB，即△EPM 也是等腰三角形，所以 $EP=ME$.

所以 $ME=\frac{1}{4}BF$.

证明 2（斜边中线定理、菱形的性质、矩形）

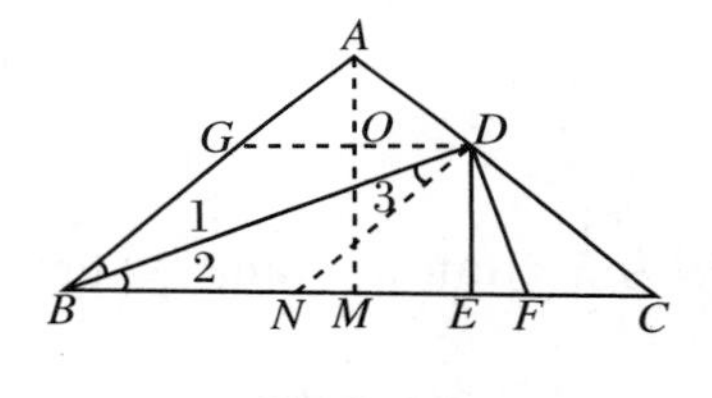

图 Y2.8.2

如图 Y2.8.2 所示，取 BF 的中点 N，连 ND，作 $DG\parallel BC$，交 AB 于 G，连 AM，AM 交 DG 于 O，则 $ODEM$ 是矩形，所以 $ME=OD=\frac{1}{2}DG$.

因为 ND 是 Rt△BDF 斜边上的中线，所以∠2 = ∠3. 因为∠1 = ∠2，所以∠1 = ∠3. 因为 $BN=ND$，所以 $BNDG$ 是菱形，所以 $DG=BN=\frac{1}{2}BF$.

所以 $ME=\frac{1}{2}DG=\frac{1}{4}BF$.

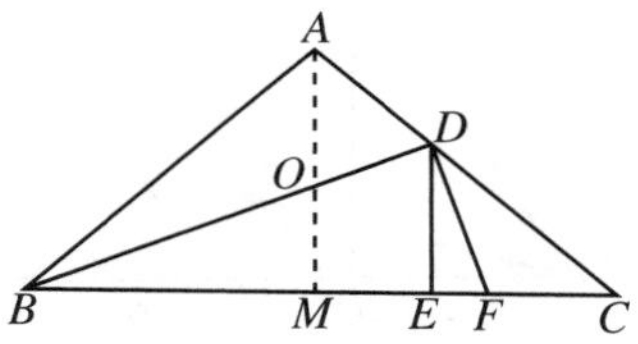

图 Y2.8.3

证明 3（三角形相似、平行截比定理、角平分线性质定理）

如图 Y2.8.3 所示，连 AM，设 AM 交 BD 于 O，则 $AM\parallel DE$. 由平行截比定理，$\frac{ME}{EC}=\frac{AD}{DC}$.

在△ABC 中，由角平分线的性质，$\frac{AD}{DC}=\frac{AB}{BC}=\frac{AB}{2BM}$.

由△ABM∽△DCE 知 $\frac{AB}{BM}=\frac{DC}{CE}$，因此 $\frac{ME}{EC}=\frac{DC}{2EC}$，即 $ME=\frac{1}{2}DC$.

如证明 1 所证，$DC=\frac{1}{2}BF$，所以 $ME=\frac{1}{4}BF$.

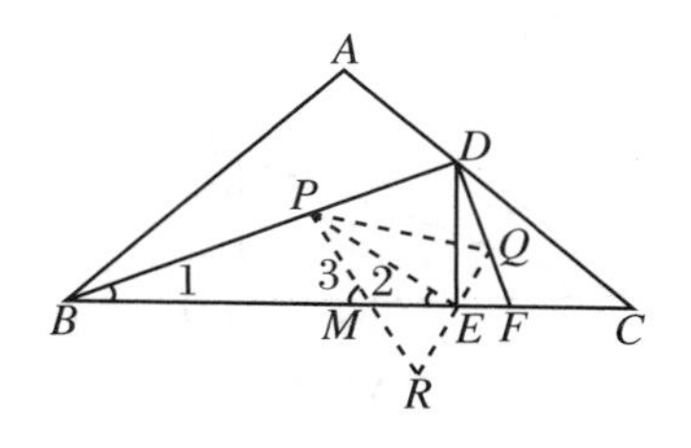

图 Y2.8.4

证明4(三角形的中位线、斜边中线定理)

如图 Y2.8.4 所示,设 BD、DF 的中点分别是 P、Q,连 PQ、PE、QE、PM 并延长 PM,与 QE 的延长线交于 R,则 QE 是 Rt△DEF 斜边上的中线,PE 是 Rt△BDE 斜边上的中线,PQ 是△BDF 的中位线,PM 是△BDC 的中位线.

所以$\angle 3=\angle C=\angle ABC=2\angle 1=2\angle 2$,所以△$MPE$ 是等腰三角形,所以 $MP=ME$.

因为$\angle QED=\angle QDE$,$\angle PED=\angle PDE$,所以$\angle PEQ=\angle PDQ=90^\circ$,所以$\angle PER=90^\circ$,即△$PER$ 是直角三角形,PR 是斜边.因为 $MP=ME$,所以 M 为 Rt△PER 斜边的中点,所以 $ME=\frac{1}{2}PR$.

因为$\angle MPE=\angle 2$,$\angle EPQ=\angle 2$,所以$\angle MPE=\angle EPQ$,由三线合一逆定理知,△PQR 是等腰三角形,$PR=PQ$.因为 PQ 是△BDF 的中位线,所以

$$ME=\frac{1}{2}PQ=\frac{1}{2}\left(\frac{1}{2}BF\right)=\frac{1}{4}BF.$$

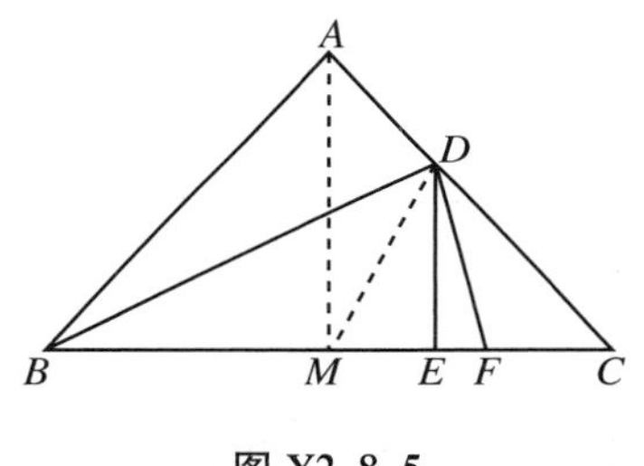

图 Y2.8.5

证明5(计算法、角平分线的性质、角平分线的长度公式、直角三角形内比例中项定理)

如图 Y2.8.5 所示,连 AM、DM.设 $AB=AC=a$,$BC=b$.

由 $AM /\!/ DE$ 知$\frac{CD}{DA}=\frac{CE}{EM}$.

由角平分线性质定理,$\frac{CD}{DA}=\frac{BC}{AB}=\frac{b}{a}$,所以$\frac{CE}{EM}=\frac{b}{a}$,即$\frac{\frac{b}{2}-EM}{EM}=\frac{b}{a}$.于是

$$EM=\frac{ab}{2(a+b)}, \quad ①$$

$$BE=BM+EM=\frac{b}{2}+\frac{ab}{2(a+b)}=\frac{b(2a+b)}{2(a+b)}. \quad ②$$

在 Rt△BDF 中,由比例中项定理,$BD^2=BE\cdot BF$,所以 $BF=\frac{BD^2}{BE}$.因为 BD 是角平分线,由角平分线的长度公式,有

$$BD^2=\frac{1}{(a+b)^2}\cdot ab[(a+b)^2-a^2]=\frac{ab^2(2a+b)}{(a+b)^2},$$

因此

$$BF=\frac{2ab^2(2a+b)(a+b)}{(a+b)^2\cdot b(2a+b)}=\frac{2ab}{a+b}. \quad ③$$

比较式①、式③两式,立得 $ME=\frac{1}{4}BF$.

证明6(三角法)

如图 Y2.8.6 所示,设 $AB=AC=a$,$BC=b$,$\angle B=\angle C=2\alpha$,连 AM.由角平分线性质

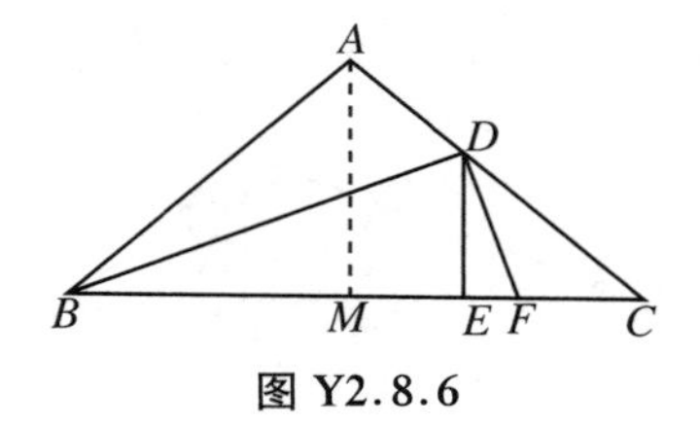

图 Y2.8.6

定理，$\dfrac{DA}{DC}=\dfrac{a}{b}$，即

$$\frac{DA+DC}{DC}=\frac{a+b}{b},$$

所以 $DC=\dfrac{ab}{a+b}$.

在 Rt△CDE 中，$CE=CD\cdot\cos2\alpha$. 在 Rt△ABM 中，$\cos2\alpha=\dfrac{BM}{AB}=\dfrac{b}{2a}$，所以

$$ME=MC-CE=\frac{b}{2}-\frac{ab}{a+b}\cos2\alpha,$$

因此

$$4ME=2b-\frac{4ab}{a+b}\cos2\alpha=2b-\frac{2b^2}{a+b}=\frac{2ab}{a+b}. \qquad ①$$

在△BDC 中，由正弦定理，$BD=CD\cdot\dfrac{\sin2\alpha}{\sin\alpha}=2CD\cos\alpha$. 在 Rt△$BDF$ 中，$BD=BF\cos\alpha$，因此

$$BF=2CD=\frac{2ab}{a+b}. \qquad ②$$

比较式①、式②，立得 $BF=4ME$.

证明 7（解析法）

如图 Y2.8.7 所示，建立直角坐标系.

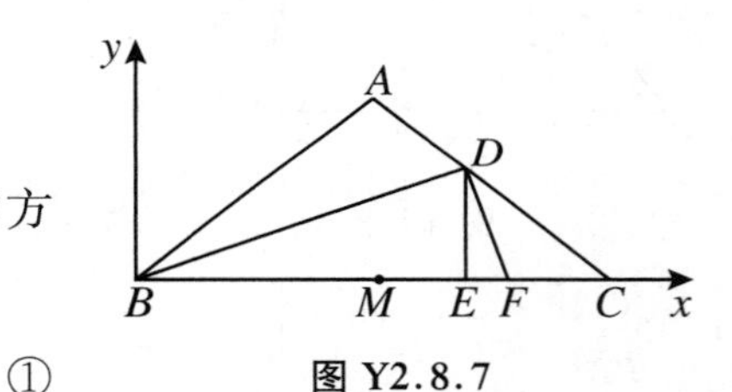

图 Y2.8.7

设 $C(b,0)$，$\angle B=\angle C=2\alpha$，则 $M\left(\dfrac{b}{2},0\right)$，$BD$ 的方程为

$$y=x\cdot\tan\alpha, \qquad ①$$

AC 的方程为

$$y=[\tan(180^\circ-2\alpha)](x-b)=(-\tan2\alpha)\cdot(x-b). \qquad ②$$

由式①、式②联立可得 $D\left(\dfrac{2b}{3-\tan^2\alpha},\dfrac{2b\tan\alpha}{3-\tan^2\alpha}\right)$，所以

$$ME=\frac{2b}{3-\tan^2\alpha}-\frac{b}{2}=\frac{b}{2}\left(\frac{\tan^2\alpha+1}{3-\tan^2\alpha}\right). \qquad ②$$

因为 $BD\perp DF$，所以直线 DF 的方程为 $y-\dfrac{2b\tan\alpha}{3-\tan^2\alpha}=(-\cot\alpha)\left(x-\dfrac{2b}{3-\tan^2\alpha}\right)$. 在 DF 的方程中，令 $y=0$，可求得 F 点的横坐标 $x_F=\dfrac{2b\tan^2\alpha}{3-\tan^2\alpha}+\dfrac{2b}{3-\tan^2\alpha}=2b\left(\dfrac{\tan^2+1}{3-\tan^2\alpha}\right)$，所以

$$BF=2b\left(\frac{\tan^2\alpha+1}{3-\tan^2\alpha}\right). \qquad ④$$

比较式③、式④，立得 $BF=4ME$.

［例 9］ 连接梯形的对角线的中点的线段平行于两底，并且等于两底差的绝对值的一半.

证明 1（平行四边形的性质、三角形的中位线）

如图 Y2.9.1 所示，作 $CE /\!/ AD$，交 AB 于 E，则 $AECD$ 是平行四边形，AC、DE 是其对

角线，$AE=CD$. 因为 M 是 AC 的中点，所以 M 也是 DE 的中点.

在$\triangle BDE$ 中，MN 是中位线，所以 $MN \parallel BE$，$MN=\frac{1}{2}BE$. 又 $BE=AB-AE=AB-CD$，所以 $MN=\frac{1}{2}(AB-CD)$.

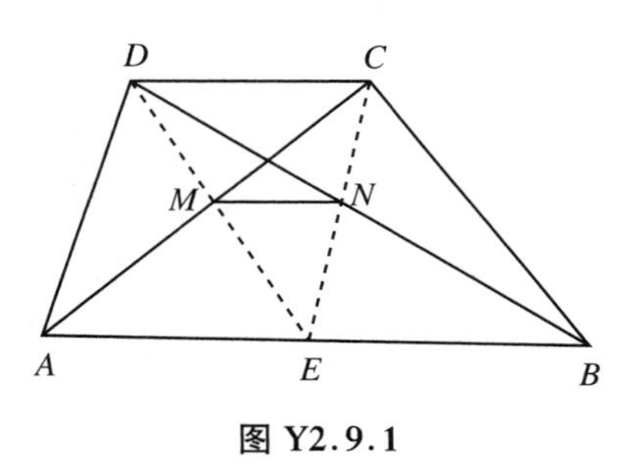

图 Y2.9.1

证明 2（三角形全等、三角形的中位线）

如图 Y2.9.2 所示，连 DM 并延长，交 AB 于E.

易证$\triangle DMC \cong \triangle EMA$，所以 $DM=ME$，$AE=CD$，所以 $BE=AB-AE=AB-CD$.

在$\triangle DBE$ 中，MN 是中位线，所以 $MN \parallel BE$，$MN=\frac{1}{2}EB$，所以 $MN=\frac{1}{2}(AB-CD)$.

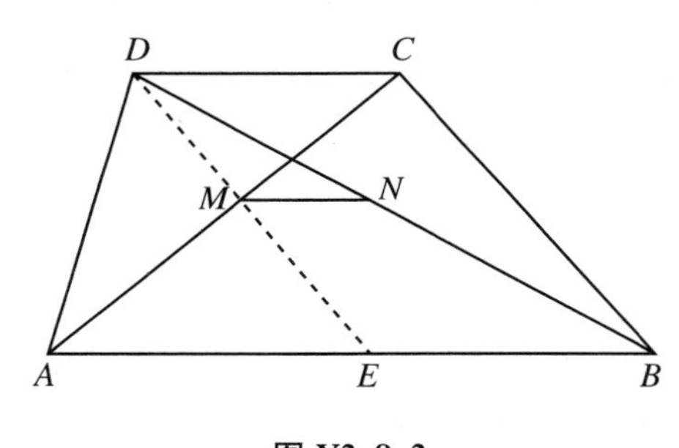

图 Y2.9.2

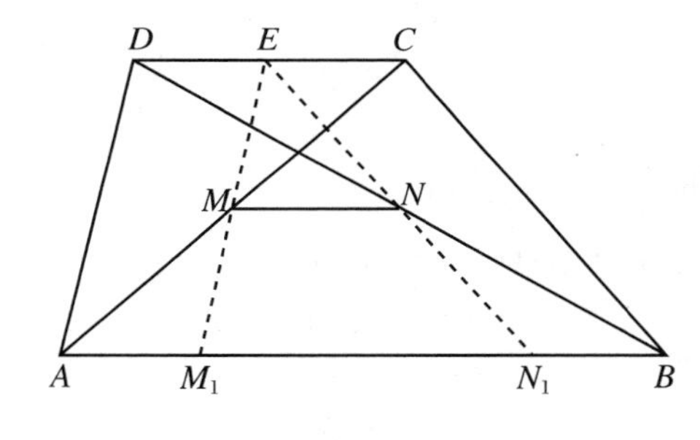

图 Y2.9.3

证明 3（三角形全等、三角形的中位线）

如图 Y2.9.3 所示，取 CD 的中点E，连 EM、EN 并延长，分别交 AB 于M_1、N_1.

易证$\triangle DEN \cong \triangle BN_1N$，$\triangle CEM \cong \triangle AM_1M$，所以 $EN=NN_1$，$EM=MM_1$，所以 $AM_1=EC=BN_1=DE=\frac{1}{2}CD$，所以 $M_1N_1=AB-CD$.

在$\triangle EM_1N_1$ 中，MN 是中位线，所以 $MN=\frac{1}{2}M_1N_1=\frac{1}{2}(AB-CD)$.

证明 4（平行四边形、三角形全等）

如图 Y2.9.4 所示，连 AN 并延长，交 DC 的延长线于C_1，连 BC_1. 易证 ABC_1D 是平行四边形，所以 $C_1D=AB$，所以 $CC_1=C_1D-CD=AB-CD$. 因为 $AN=NC_1$，所以在$\triangle ACC_1$ 中，MN 是中位线，所以 $MN=\frac{1}{2}CC_1$，即

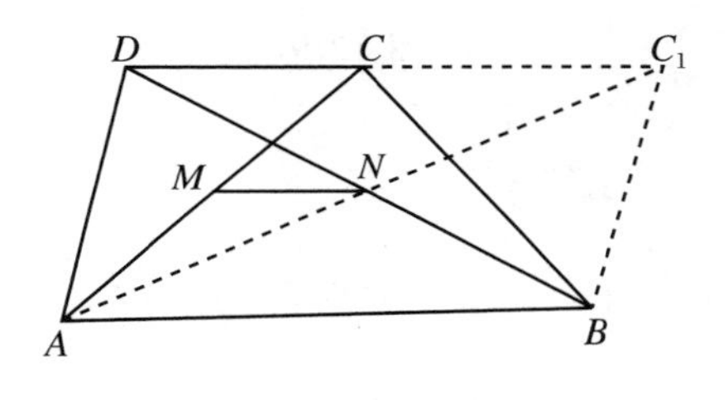

图 Y2.9.4

$$MN=\frac{1}{2}(AB-CD).$$

证明 5(三角形的中位线、三点共线定理)

如图 Y2.9.5 所示,取 BC 的中点 E,连 ME、NE,则 ME、NE 各是$\triangle ABC$、$\triangle BDC$ 的中位线,所以 $ME /\!/ AB$,$NE /\!/ CD$.又 $AB /\!/ CD$,所以 $ME /\!/ NE$,E 点是它们的公共点,所以 M、N、E 共线,所以

$$MN=ME-EN=\frac{1}{2}AB-\frac{1}{2}CD=\frac{1}{2}(AB-CD).$$

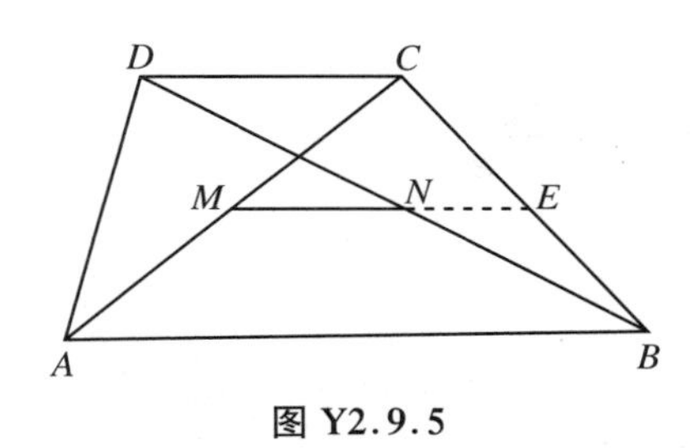

图 Y2.9.5

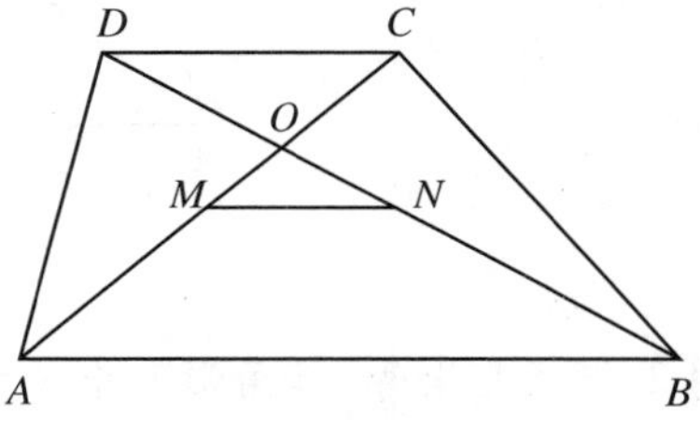

图 Y2.9.6

证明 6(平行截比定理、三角形相似)

如图 Y2.9.6 所示,设 AC、BD 交于 O.因为 $AB /\!/ CD$,所以$\frac{DO}{BO}=\frac{CO}{AO}$,即

$$\frac{DN-ON}{BN+ON}=\frac{CM-OM}{AM+OM},$$

可推得$\frac{ON}{BN}=\frac{OM}{AM}$.

由$\triangle OMN\backsim\triangle OCD\backsim\triangle OAB$,有

$$\frac{AB}{MN}=\frac{OA}{OM},\quad \frac{CD}{MN}=\frac{OC}{OM},$$

$$\frac{AB-CD}{MN}=\frac{OA-OC}{OM}=\frac{(MA+OM)-(MC-OM)}{OM}=2,$$

$$MN=\frac{1}{2}(AB-CD).$$

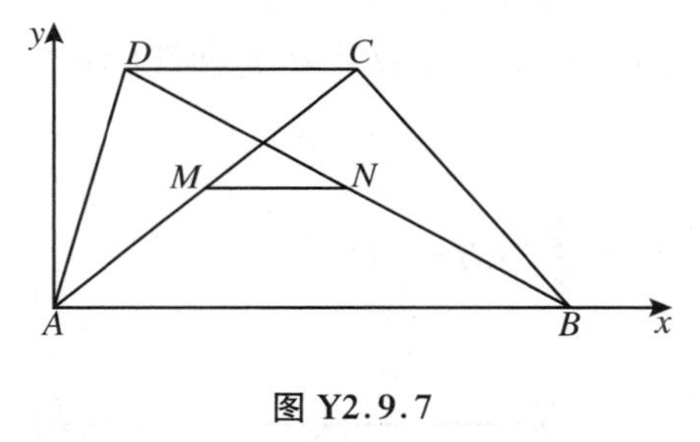

图 Y2.9.7

证明 7(解析法)

如图 Y2.9.7 所示,建立直角坐标系.

设 $B(b,0)$,$D(c,h)$,$C(a+c,h)$,则 $M\left(\frac{a+b}{2},\frac{h}{2}\right)$,$N\left(\frac{b+c}{2},\frac{h}{2}\right)$.因为直线 MN 的斜率为$\dfrac{\frac{h}{2}-\frac{h}{2}}{\frac{b+c}{2}-\frac{a+c}{2}}=0$,所以 $MN /\!/ AB$.

由距离公式,有

$$MN=\sqrt{\left(\frac{a+c}{2}-\frac{b+c}{2}\right)^2+\left(\frac{h}{2}-\frac{h}{2}\right)^2}=\frac{|a-b|}{2},$$

$$MN=\frac{1}{2}(AB-CD).$$

［例10］　在正方形 $ABCD$ 中，P 为 BC 边上的任一点，AQ 是 $\angle DAP$ 的角平分线，则 $AP-BP=DQ$.

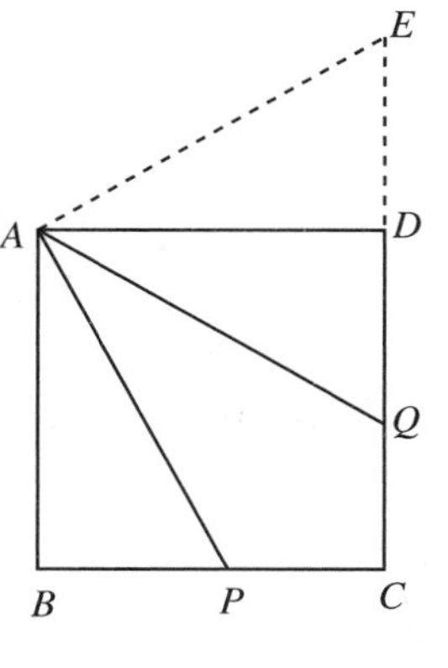

图 Y2.10.1

证明1（旋转法、三角形全等）

如图 Y2.10.1 所示，延长 CD 到 E，使 $DE=BP$，连 AE. 易证 $\mathrm{Rt}\triangle ADE\cong\mathrm{Rt}\triangle ABP$，所以 $AP=AE$，$\angle BAP=\angle DAE$，所以 $\angle BAP+\angle PAQ=\angle DAE+\angle DAQ$，即 $\angle BAQ=\angle QAE$.

因为 $AB\parallel CD$，所以 $\angle BAQ=\angle AQE$，所以 $\angle AQE=\angle QAE$，所以 $AE=EQ=ED+DQ$.

所以 $AP=BP+DQ$，即 $AP-BP=DQ$.

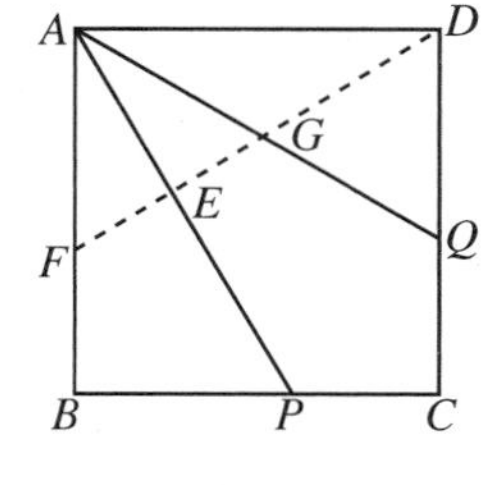

图 Y2.10.2

证明2（截取法、三角形全等、等腰三角形）

如图 Y2.10.2 所示，在 AB 上取 F，使 $AF=BP$，连 DF，设 DF 交 AP 于 E，交 AQ 于 G.

易证 $\mathrm{Rt}\triangle DAF\cong\mathrm{Rt}\triangle ABP$，所以 $AP=DF$，$\angle BAP=\angle ADF$.

因为 $\angle AGF$ 是 $\triangle AGD$ 的外角，所以

$$\angle AGF=\angle ADG+\angle DAG=\angle BAP+\angle PAQ=\angle BAG,$$

所以 $AF=FG=BP$.

因为 $\angle DGQ=\angle AGF$，$\angle DQG=\angle BAG$，所以 $\angle DGQ=\angle DQG$，所以 $DG=DQ$，所以 $AP=DF=DG+DF=DQ+AF=DQ+BP$，所以 $AP-BP=DQ$.

证明3（截取法、三角形全等）

如图 Y2.10.3 所示，在 AP 上取 M，使 $PM=BP$. 连 BM 并延长，交 AQ、AD 于 T、N.

因为 $\angle 1=\angle 2$，$\angle 2=\angle 3+\angle 4$，$\angle 1+\angle 3=90^\circ$，$\angle 4+2\angle PAQ=90^\circ$，所以 $\angle 3=\angle PAQ=\angle QAD$.

因为 $AB=AD$，所以 $\mathrm{Rt}\triangle ABN\cong\mathrm{Rt}\triangle DAQ$，所以 $AN=DQ$.

由 $\triangle AMN\backsim\triangle PMB$，知 $AM=AN$.

所以 $AP=AM+MP=AN+BP=DQ+BP$，所以 $AP-BP=DQ$.

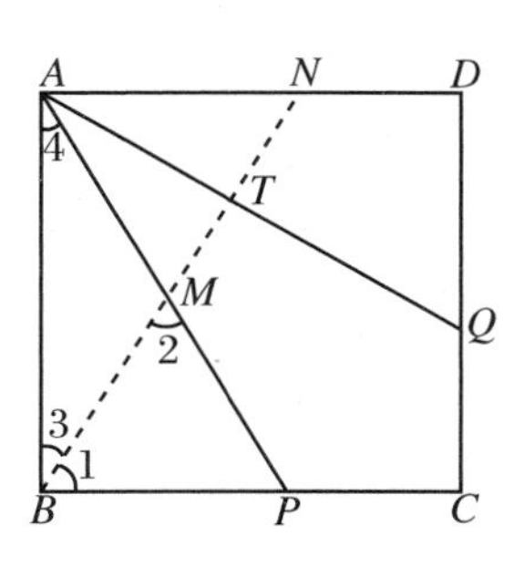

图 Y2.10.3

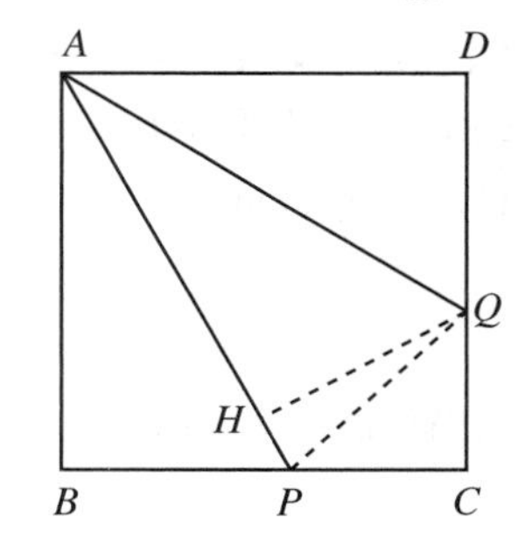

图 Y2.10.4

证明4（面积法）

如图 Y2.10.4 所示，作 $QH\perp AP$，垂足为 H，连 PQ.

设 $AB=a$，则

$$S_{\triangle ABP}=\frac{1}{2}a\cdot BP,$$

$$S_{\triangle PCQ}=\frac{1}{2}\cdot PC\cdot CQ=\frac{1}{2}(a-BP)(a-DQ),$$

$$S_{\triangle AQD}=\frac{1}{2}a\cdot DQ,$$

$$S_{\triangle APQ}=\frac{1}{2}AP\cdot HQ.$$

因为 AQ 是$\angle PAD$ 的平分线,所以 $QH=QD$,所以 $S_{\triangle APQ}=\frac{1}{2}AP\cdot DQ$.于是

$$\begin{aligned}S_{ABCD}&=a^2=S_{\triangle ABP}+S_{\triangle PCQ}+S_{\triangle AQD}+S_{\triangle APQ}\\&=\frac{1}{2}a\cdot BP+\frac{1}{2}(a-BP)(a-DQ)+\frac{1}{2}a\cdot DQ+\frac{1}{2}AP\cdot DQ,\end{aligned}$$

$$BP\cdot DQ+AP\cdot DQ=(AP+BP)DQ=a^2.$$

由勾股定理,$a^2=AP^2-BP^2$,代入上式,得

$$DQ(AP+BP)=AP^2-BP^2=(AP+BP)(AP-BP),$$

$$AP-BP=DQ.$$

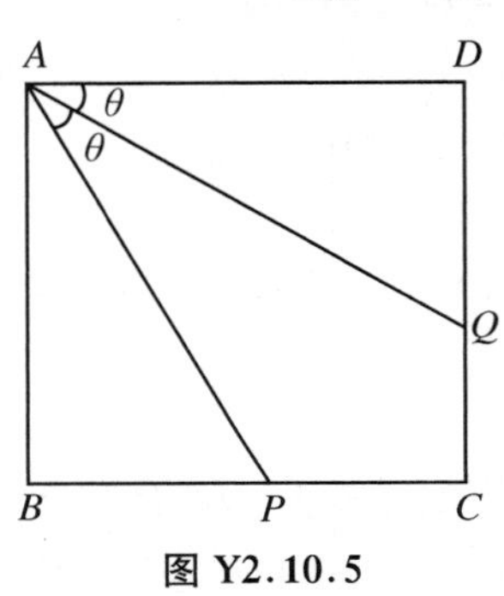

图 Y2.10.5

证明 5(三角法)

如图 Y2.10.5 所示,设$\angle PAQ=\angle QAD=\theta$,$AB=a$,则$\angle APB=\angle PAD=2\theta$,所以

$$AP=\frac{AB}{\sin2\theta}=\frac{a}{\sin2\theta}=\frac{a(1+\tan^2\theta)}{2\tan\theta},$$

$$BP=a\cot2\theta=\frac{a(1-\tan^2\theta)}{2\tan\theta},$$

$$DQ=a\tan\theta.$$

所以 $AP-BP=\frac{a(1+\tan^2\theta)}{2\tan\theta}-\frac{a(1-\tan^2\theta)}{2\tan\theta}=a\tan\theta=DQ$.

[例 11] 以$\triangle ABC$ 的 AB、AC 为边向形外各作正方形 $ACDE$、$ABGF$,连 EF,H 为 EF 的中点,则 $AH=\frac{1}{2}BC$.

证明 1(平移法、三角形的中位线、全等)

如图 Y2.11.1 所示,分别取 AB、AC 的中点 P、Q,取 AE 的中点 M,连 PQ、HM.

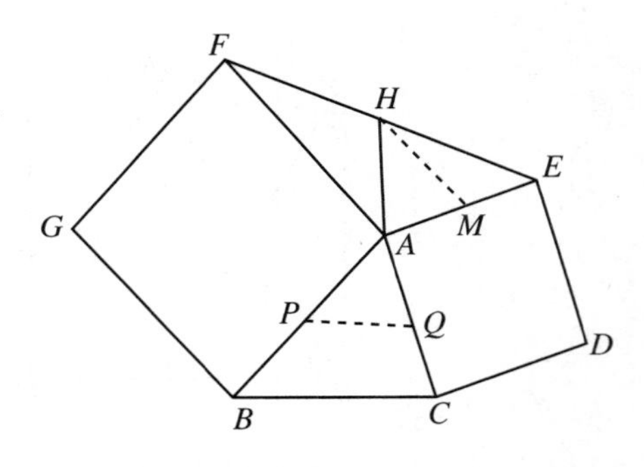

图 Y2.11.1

在$\triangle ABC$ 中,PQ 是中位线,所以 $PQ=\frac{1}{2}BC$.

在$\triangle EFA$ 中,HM 是中位线,$HM \mathrel{\underline{\underline{\parallel}}} \frac{1}{2}AF=AP$,$\angle HMA+\angle MAF=180^\circ$.

因为$\angle MAF+\angle FAP+\angle PAQ+\angle QAM=360^\circ$,所以$\angle MAF+\angle PAQ=180^\circ$,所以$\angle PAQ=\angle HMA$.

因为 $AQ=AM$,$\angle PAQ=\angle HMA$,$HM=AP$,所以$\triangle PAQ\cong\triangle HMA$,所以 $HA=PQ=\frac{1}{2}BC$.

证明 2(平移法、三角形的中位线、全等)

如图 Y2.11.2 所示,延长 EA 到 M,使 $AM = AE$,连 MF,则 HA 是$\triangle EFM$ 的中位线,所以 $HA = \frac{1}{2}FM$.

因为 $AF = AB$, $AM = AE = AC$, $\angle FAM = 90^\circ - \angle MAB = \angle BAC$,所以$\triangle FAM \cong \triangle BAC$,所以 $BC = FM = 2HA$,即 $HA = \frac{1}{2}BC$.

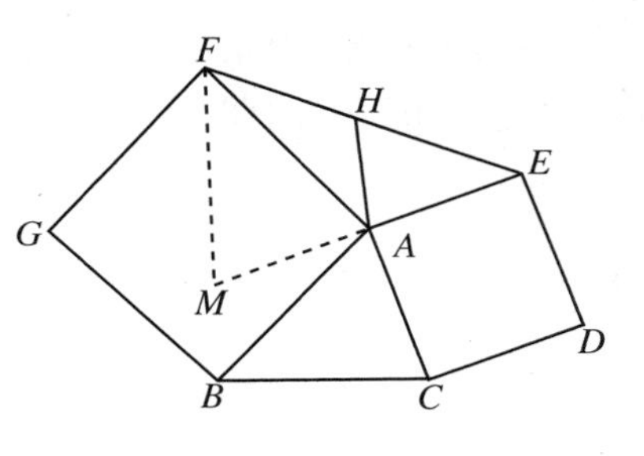

图 Y2.11.2

证明 3(折半法、平行四边形的性质、全等)

如图 Y2.11.3 所示,作 $BN /\!/ AC$, $CN /\!/ AB$,设 BN、CN 交于 N 点,则 $ABNC$ 是平行四边形. 连 AN,设 AN 交 BC 于 M,则 M 为 BC 的中点.

因为$\angle ACN + \angle BAC = 180^\circ$, $\angle EAF + \angle BAC = 180^\circ$,所以$\angle ACN = \angle EAF$. 因为 $AF = AB = NC$, $AE = AC$,所以$\triangle EAF \cong \triangle ACN$,所以它们的对应边上的中线也相等,即 $AH = CM = \frac{1}{2}BC$.

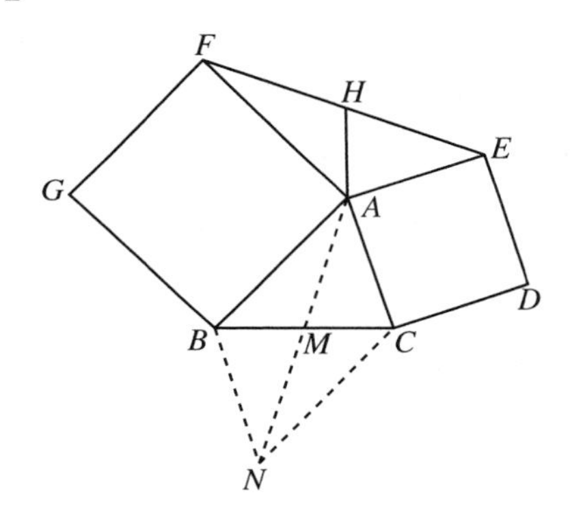

图 Y2.11.3

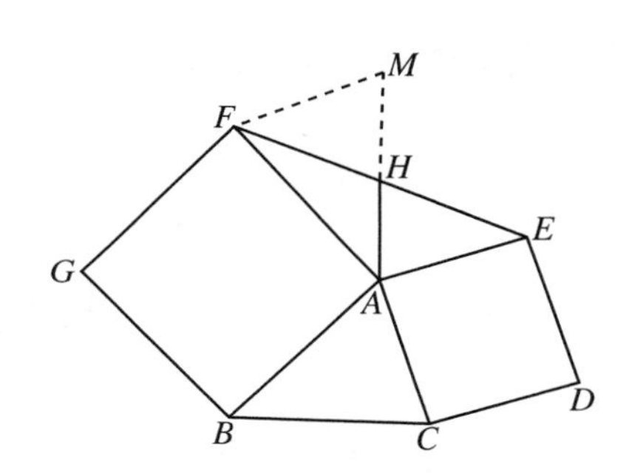

图 Y2.11.4

证明 4(加倍法、平行四边形、全等)

如图 Y2.11.4 所示,延长 AH 到 M,使 $HM = AH$,连 MF,则 A、E、M、F 是平行四边形的四个顶点,所以 $FM \underline{\underline{/\!/}} AE$, $\angle MFA + \angle FAE = 180^\circ$. 因为$\angle CAB + \angle FAE = 180^\circ$,所以$\angle MFA = \angle CAB$.

因为 $AF = AB$, $FM = AE = AC$, $\angle MFA = \angle CAB$,所以$\triangle MFA \cong \triangle CAB$,所以 $BC = AM = 2AH$.

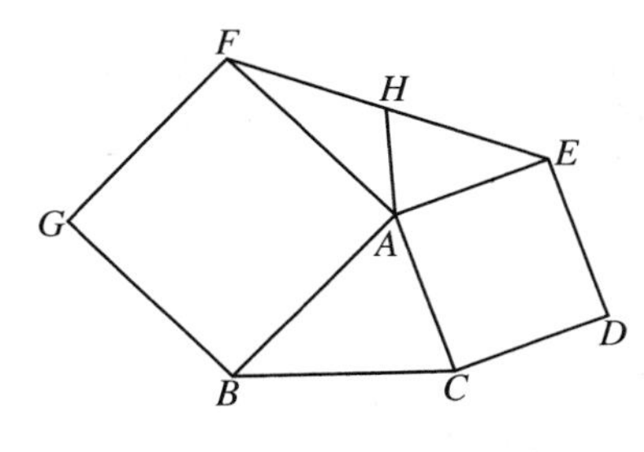

图 Y2.11.5

证明 5(中线定理、余弦定理)

如图 Y2.11.5 所示,在$\triangle AEF$ 中,由中线定理,有

$$AE^2 + AF^2 = 2(AH^2 + HE^2),$$

$$AH^2 = \frac{1}{2}(AE^2 + AF^2) - HE^2,$$

$$(2AH)^2 = 2(AE^2 + AF^2) - 4HE^2. \quad ①$$

设 $ACDE$ 的边长为 a, $AFGB$ 的边长为 b, $\angle EAF = \beta$, $\angle BAC = \alpha$,则 $\alpha + \beta = 180^\circ$.

在$\triangle ABC$中，由余弦定理，$BC^2=a^2+b^2-2ab\cos\alpha$.

在$\triangle EAF$中，同理$EF^2=a^2+b^2-2ab\cos\beta=a^2+b^2+2ab\cos\alpha$，所以

$$\cos\alpha=\frac{EF^2-a^2-b^2}{2ab},$$

所以

$$BC^2=a^2+b^2-2ab\frac{EF^2-a^2-b^2}{2ab}=2(a^2+b^2)-EF^2$$
$$=2(AE^2+AF^2)-EF^2=2(AE^2+AF^2)-(2HE)^2. \quad ②$$

比较式①、式②，立得$BC^2=(2AH)^2$，所以$AH=\frac{1}{2}BC$.

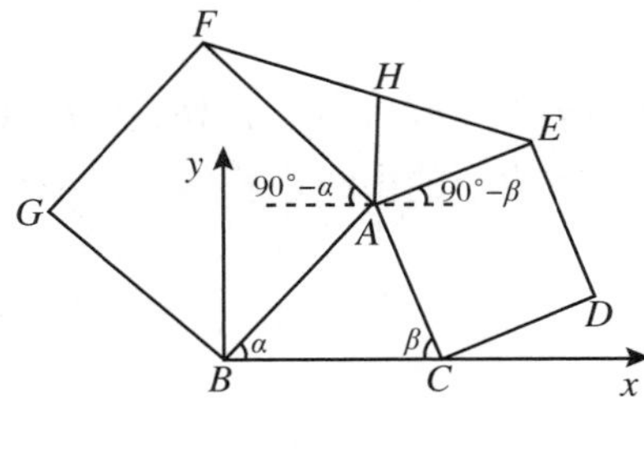

图 Y2.11.6

证明 6（解析法）

如图 Y2.11.6 所示，建立直角坐标系. 设$BC=a$，$\angle ABC=\alpha$，$\angle ACB=\beta$，则$C(a,0)$.

在$\triangle ABC$中，由正弦定理，有

$$\frac{AB}{\sin\beta}=\frac{BC}{\sin(\alpha+\beta)},$$
$$\frac{AC}{\sin\alpha}=\frac{BC}{\sin(\alpha+\beta)},$$

所以

$$AB=\frac{a\sin\beta}{\sin(\alpha+\beta)},$$
$$AC=\frac{a\sin\alpha}{\sin(\alpha+\beta)},$$

所以

$$A\left(\frac{a\sin\beta\cdot\cos\alpha}{\sin(\alpha+\beta)},\frac{a\sin\alpha\cdot\sin\beta}{\sin(\alpha+\beta)}\right),$$
$$F\left(\frac{a\sin\beta}{\sin(\alpha+\beta)}(\cos\alpha-\sin\alpha),\frac{a\sin\beta}{\sin(\alpha+\beta)}(\sin\alpha+\cos\alpha)\right),$$
$$E\left(\frac{a\sin\beta}{\sin(\alpha+\beta)}(\cos\alpha+\sin\alpha),\frac{a\sin\alpha}{\sin(\alpha+\beta)}(\sin\beta+\cos\beta)\right),$$

由中点公式，得

$$H\left(\frac{a\sin\beta\cos\alpha}{\sin(\alpha+\beta)},\frac{a[\sin(\alpha+\beta)+2\sin\alpha\cdot\sin\beta]}{2\sin(\alpha+\beta)}\right).$$

最后，由距离公式，得

$$AH=\sqrt{\left[\frac{a\sin\beta\cos\alpha}{\sin(\alpha+\beta)}-\frac{a\sin\beta\cos\alpha}{\sin(\alpha+\beta)}\right]^2+\left[\frac{a}{2}+\frac{a\sin\alpha\sin\beta}{\sin(\alpha+\beta)}-\frac{a\sin\alpha\sin\beta}{\sin(\alpha+\beta)}\right]^2}$$
$$=\frac{a}{2}.$$

所以$AH=\frac{1}{2}BC$.

［**例 12**］ $\square ABCD$中，E为AB的中点，F为AD的三等分点中离A近的分点，EF交AC于P，则$AP=\frac{1}{5}AC$.

证明 1（相似三角形、平行截比定理）

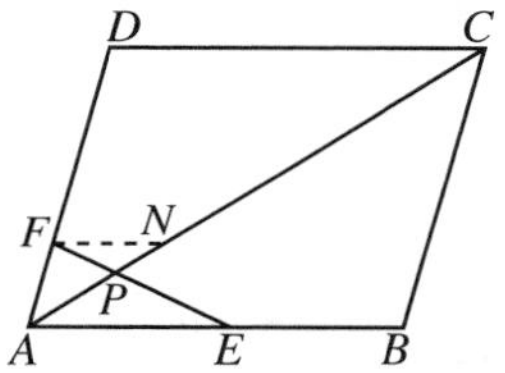

如图 Y2.12.1 所示，作 $FN /\!/ AB$，交 AC 于 N，则 $\dfrac{AN}{AC}=\dfrac{AF}{AD}$，所以 $AN=\dfrac{AF}{AD}\cdot AC=\dfrac{1}{3}AC$.

图 Y2.12.1

由 $\triangle ANF\backsim\triangle ACD$ 知 $\dfrac{FN}{CD}=\dfrac{AF}{AD}$，所以 $FN=\dfrac{1}{3}AB=\dfrac{2}{3}AE$.

由 $\triangle PNF\backsim\triangle PAE$ 知 $AP=\dfrac{3}{2}PN$，所以

$$AP=\frac{3}{2}(AN-AP)=\frac{3}{2}\left(\frac{1}{3}AC-AP\right),$$

$$AP=\frac{1}{5}AC.$$

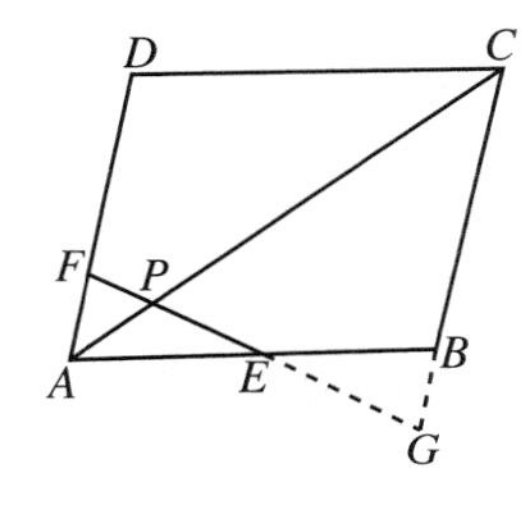

图 Y2.12.2

证明 2（三角形相似、三角形全等）

如图 Y2.12.2 所示，延长 FE，交 CB 的延长线于 G，易证 $\triangle AEF\cong\triangle BEG$，所以 $AF=BG=\dfrac{1}{3}BC$.

因为 $\triangle APF\backsim\triangle CPG$，所以

$$\frac{AP}{PC}=\frac{AF}{CG}=\frac{\frac{1}{3}BC}{\frac{4}{3}BC}=\frac{1}{4}.$$

所以 $AP=\dfrac{1}{5}AC$.

证明 3（平行截比定理）

设 AD 的另一个三等分点为 G，BC 边的三等分点为 F_1、G_1，CD 的中点为 E_1. 连 BG、DF_1、E_1G_1，设它们与 AC 的交点分别为 Q、R、S. 如图 Y2.12.3 所示.

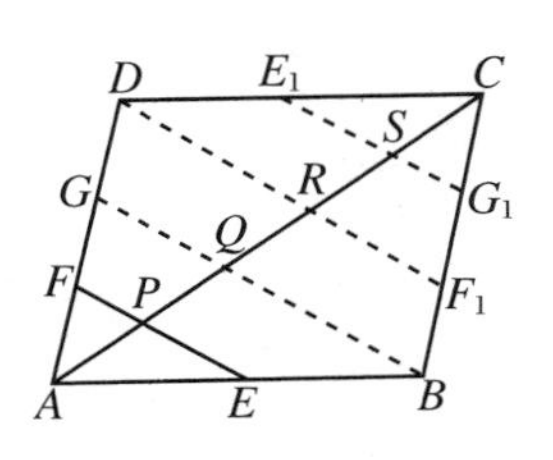

图 Y2.12.3

易证 $DG \underline{/\!/} BF_1$，所以 $BG \underline{/\!/} DF_1$. 由 $\dfrac{AE}{EB}=\dfrac{AF}{FG}$，根据平行截比逆定理知 $BG /\!/ EF$，同理 $DF_1 /\!/ E_1G_1$，所以 EF、BG、DF_1、E_1G_1 为四条平行线.

在 $\triangle ADR$ 中，由平行截比定理知 $AP=PQ=QR$. 同理 $QR=RS=SC$，所以 P、Q、R、S 是 AC 的四个五等分点，所以 $AP=\dfrac{1}{5}AC$.

证明 4（三角形相似、合比定理）

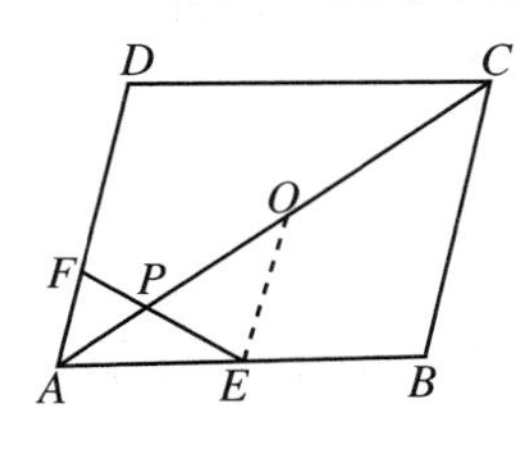

图 Y2.12.4

作 $EO /\!/ BC$，交 AC 于 O，如图 Y2.12.4 所示. 由平行截比定理，O 为 AC 的中点. 因为 $\triangle APF\backsim\triangle OPE$，所以 $\dfrac{AF}{OE}=\dfrac{AP}{PO}$.

对上式使用合比定理，有

$$\frac{AF}{OE+AF}=\frac{AP}{AP+PO}=\frac{AP}{AO},$$

即

$$\frac{\frac{1}{3}AD}{\frac{1}{2}AD+\frac{1}{3}AD}=\frac{AP}{\frac{1}{2}AC},$$

所以 $AP=\frac{1}{5}AC$.

证明 5(对称法、面积法)

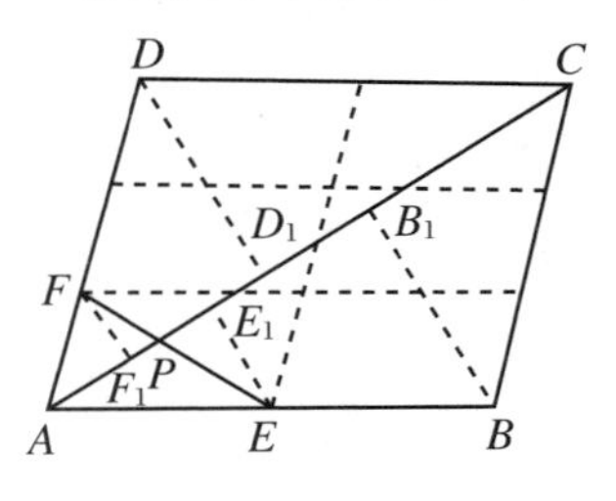

图 Y2.12.5

分别过 B、D、F、E 向 AC 作垂线,垂足分别为 B_1、D_1、F_1、E_1,如图 Y2.12.5 所示.由对称性,$BB_1 \mathrel{\underline{\mathrel{/\!/}}} DD_1$.由三角形相似易证 $EE_1=\frac{1}{2}BB_1$,$FF_1=\frac{1}{3}DD_1=\frac{1}{3}BB_1$.

过 E 作 BC 的平行线,过 AD 边上的两个三等分点各作 AB 的平行线,$\square ABCD$ 被分成六个全等的平行四边形.于是

$$S_{\triangle AEF}=\frac{1}{12}S_{ABCD}=\frac{1}{12}AC\cdot BB_1, \qquad ①$$

$$\begin{aligned}S_{\triangle AEF}&=S_{\triangle APE}+S_{\triangle APF}=\frac{1}{2}AP\cdot EE_1+\frac{1}{2}AP\cdot FF_1\\&=\frac{AP}{2}(EE_1+FF_1)=\frac{AP}{2}\left(\frac{1}{2}BB_1+\frac{1}{3}BB_1\right)=\frac{5}{12}\cdot AP\cdot BB_1.\end{aligned} \qquad ②$$

比较式①、式②,则有 $AP=\frac{1}{5}AC$.

证明 6(面积法、三角法)

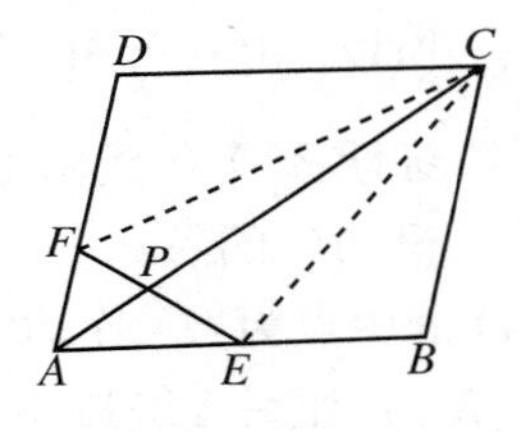

图 Y2.12.6

如图 Y2.12.6 所示,连 EC、FC,设 $AB=a$,$AD=b$,$\angle A=\alpha$,则

$$S_{ABCD}=ab\cdot\sin\alpha,$$

$$S_{\triangle AEF}=\frac{1}{2}\cdot\frac{a}{2}\cdot\frac{b}{3}\sin\alpha=\frac{1}{12}ab\sin\alpha,$$

$$S_{\triangle EBC}=\frac{1}{2}\cdot\frac{a}{2}\cdot b\cdot\sin(180^\circ-\alpha)=\frac{1}{4}ab\sin\alpha,$$

$$S_{\triangle DFC}=\frac{1}{2}\cdot\frac{2}{3}b\cdot a\cdot\sin(180^\circ-\alpha)=\frac{1}{3}ab\sin\alpha.$$

所以

$$S_{\triangle EFC}=\left(1-\frac{1}{12}-\frac{1}{4}-\frac{1}{3}\right)S_{ABCD}=\frac{1}{3}S_{ABCD}.$$

因为$\triangle EFC$ 和$\triangle AEF$ 具有公共底,所以$\frac{S_{\triangle EFC}}{S_{\triangle AEF}}=\frac{PC}{AP}$,所以$\frac{PC}{AP}=\frac{\frac{1}{3}S_{ABCD}}{\frac{1}{12}S_{ABCD}}=4$,所以 $AP=\frac{1}{5}AC$.

证明 7(解析法)

如图 Y2.12.7 所示,建立直角坐标系.

设 $AB=a$,$AD=b$,$\angle DAB=\alpha$,则

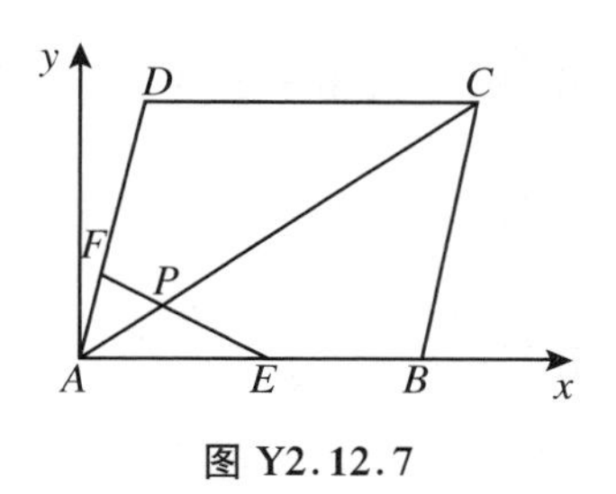

图 Y2.12.7

$B(a,0)$，$E\left(\frac{a}{2},0\right)$，$D(b\cos\alpha,b\sin\alpha)$，

$C(a+b\cos\alpha,b\sin\alpha)$，$F\left(\frac{b}{3}\cos\alpha,\frac{b}{3}\sin\alpha\right)$.

AC 的方程为

$$y=\frac{b\sin\alpha}{a+b\cos\alpha}\cdot x. \quad ①$$

EF 的方程为

$$y=\frac{\frac{b}{3}\sin\alpha}{\frac{b}{3}\cos\alpha-\frac{a}{2}}\left(x-\frac{a}{2}\right). \quad ②$$

由式①、式②联立，可求出 P 点坐标 $P\left(\frac{a+b\cos\alpha}{5},\frac{b\sin\alpha}{5}\right)$. 设 P 分 AC 的比值为 λ，则

$$\frac{b\sin\alpha}{5}=\frac{0+\lambda\cdot b\sin\alpha}{1+\lambda},$$

所以 $\lambda=\frac{1}{4}$，即 $\frac{AP}{PC}=\frac{1}{4}$，所以 $AP=\frac{1}{5}AC$.

［例 13］ P 为正三角形的外接圆上的劣弧 $\overset{\frown}{BC}$ 上的一点，则 $PA=PB+PC$.

证明 1（截取法）

如图 Y2.13.1 所示，在 AP 上取 D，使 $PD=PB$，连 BD. 因为 $\angle BPD=\angle BCA=60^\circ$，所以 $\triangle BPD$ 是正三角形，所以 $BP=BD$，$\angle DBP=60^\circ$.

因为 $\angle ABC=\angle DBP$，所以 $\angle ABD=\angle CBP$.

因为 $AB=CB$，$BD=BP$，$\angle ABD=\angle CBP$，所以 $\triangle ABD\cong\triangle CBP$，所以 $AD=PC$.

所以 $PA=PD+DA=PB+PC$.

证明 2（延长法）

延长 PC 到 D，使 $CD=PB$，连 AD，如图 Y2.13.2 所示，则 $\angle ACD$ 是圆的内接四边形 $ABPC$ 的外角，所以 $\angle ACD=\angle ABP$.

因为 $AB=AC$，$\angle ACD=\angle ABP$，$BP=CD$，所以 $\triangle ABP\cong\triangle ACD$，所以 $AP=AD$. 因为 $\angle APD=\angle ABC=60^\circ$，所以 $\triangle APD$ 是正三角形，所以 $AP=PD=PC+CD=PC+PB$.

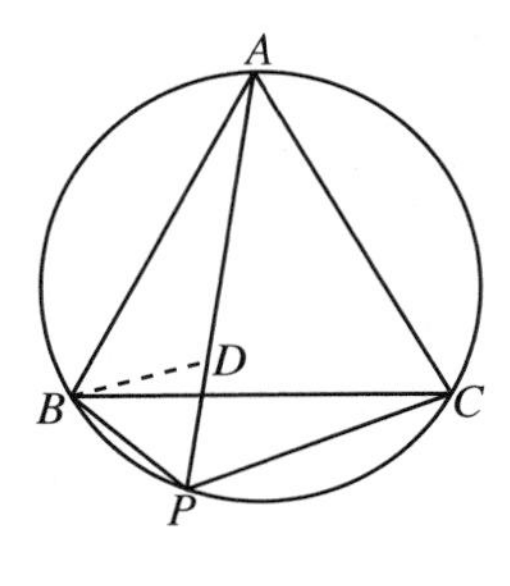

图 Y2.13.1

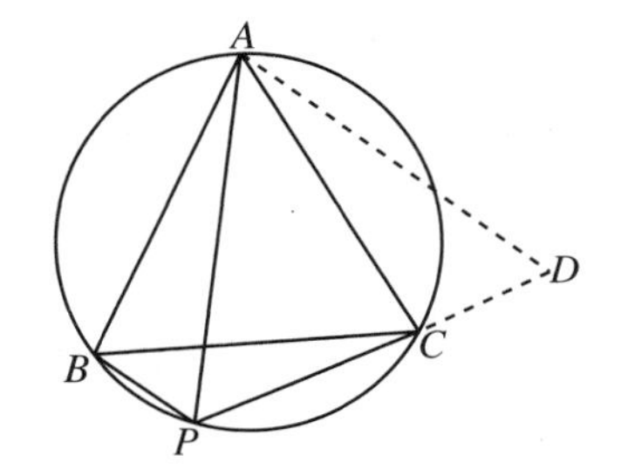

图 Y2.13.2

证明 3（角平分线的性质、等比定理）

如图 Y2.13.3 所示，设 PA、BC 交于 D，$BC=a$. 因为 $\angle 1=\angle 3=\angle 2=\angle 4$，所以 PD 是

$\triangle PBC$ 中的角平分线.由角平分线性质定理知$\dfrac{PC}{CD}=\dfrac{PB}{BD}$.

易证$\triangle PCD\backsim\triangle PAB$,所以$\dfrac{PC}{CD}=\dfrac{PA}{AB}=\dfrac{PA}{a}$.因为$\dfrac{PC}{CD}=\dfrac{PB}{BD}=\dfrac{PA}{a}$,由等比定理,$\dfrac{PA}{a}=\dfrac{PC+PB}{CD+BD}=\dfrac{PC+PB}{a}$,所以$PA=PB+PC$.

证明 4(相交弦定理、三角形相似)

如图 Y2.13.4 所示,设 PA、BC 交点为 D,$BC=a$,由$\triangle BDP\backsim\triangle ADC$ 知$\dfrac{BP}{AC}=\dfrac{PD}{DC}$.

由$\triangle ABD\backsim\triangle CPD$ 知$\dfrac{PC}{AB}=\dfrac{CD}{AD}$,所以$\dfrac{BP+PC}{a}=\dfrac{PD}{DC}+\dfrac{CD}{AD}=\dfrac{PD\cdot AD+CD^2}{AD\cdot DC}$.

由相交弦定理,$AD\cdot PD=BD\cdot CD$,于是

$$\frac{BP+PC}{a}=\frac{BD\cdot CD+CD^2}{AD\cdot DC}=\frac{BD+CD}{AD}=\frac{BC}{AD}=\frac{a}{AD},$$

$$BP+PC=\frac{a^2}{AD}.$$

由$\triangle ADC\backsim\triangle ACP$ 知 $AP=\dfrac{a^2}{AD}$.

所以 $AP=BP+PC$.

证明 5(托勒密定理)

如图 Y2.13.5 所示,$ABPC$ 是圆的内接四边形.由托勒密定理,$AP\cdot BC=PB\cdot AC+PC\cdot AB$.注意到 $BC=AC=AB$,此式即为 $AP=PB+PC$.

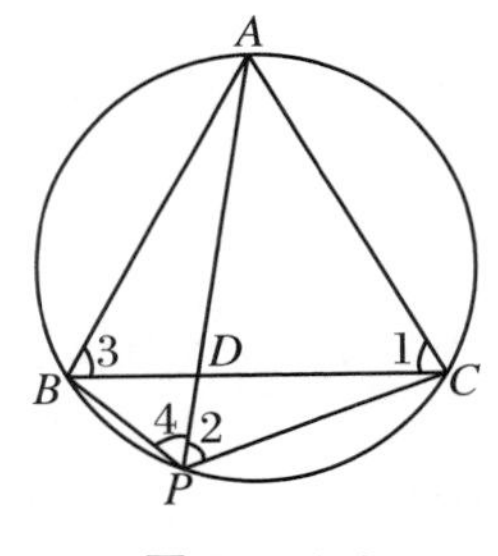

图 Y2.13.3

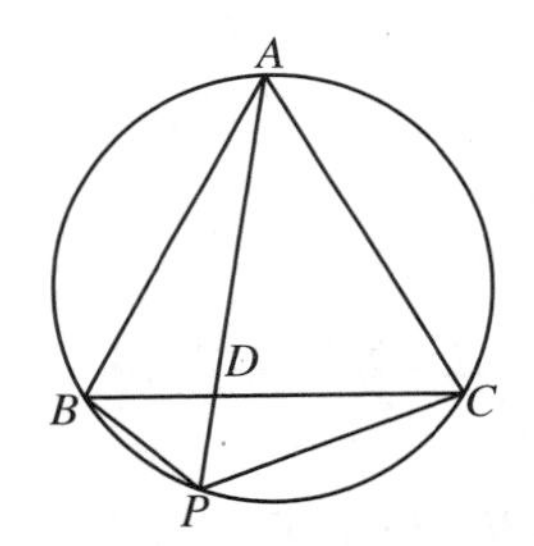

图 Y2.13.4

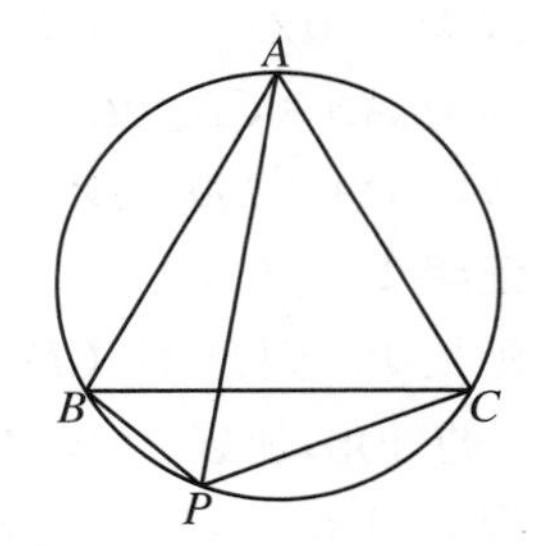

图 Y2.13.5

证明 6(三角法)

设圆的半径为 R,$\angle PCB=\alpha$,则$\angle PAB=\alpha$,$\angle PBC=\angle PAC=60^\circ-\alpha$,$\angle PCA=60^\circ+\alpha$.由正弦定理,

$$PA=2R\sin(60^\circ+\alpha),$$
$$PB=2R\sin\alpha,$$
$$PC=2R\sin(60^\circ-\alpha).$$

所以

$$\begin{aligned}PB+PC&=2R\sin\alpha+2R\sin(60^\circ-\alpha)=4R\sin30^\circ\cdot\cos(30^\circ-\alpha)\\&=2R\sin(60^\circ+\alpha)=PA.\end{aligned}$$

证明 7(解析法)

如图 Y2.13.6 所示,建立直角坐标系.设圆的半径为 R,$P(x_0,y_0)$,则 $A(0,R)$,

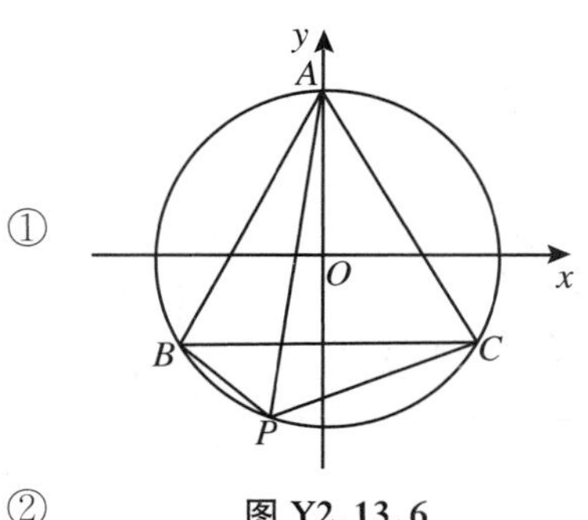

图 Y2.13.6

$B\left(-\frac{\sqrt{3}}{2}R, -\frac{1}{2}R\right), C\left(\frac{\sqrt{3}}{2}R, -\frac{1}{2}R\right), x_0^2 + y_0^2 = R^2$.

$$\begin{aligned} PA^2 &= x_0^2 + (y_0 - R)^2 = x_0^2 + y_0^2 + R^2 - 2y_0 R \\ &= 2R^2 - 2Ry_0, \end{aligned} \quad ①$$

$$\begin{aligned} PB^2 &= \left(x_0 + \frac{\sqrt{3}}{2}R\right)^2 + \left(y_0 + \frac{1}{2}R\right)^2 \\ &= x_0^2 + y_0^2 + R^2 + \sqrt{3}Rx_0 + Ry_0 \\ &= 2R^2 + \sqrt{3}Rx_0 + Ry_0, \end{aligned} \quad ②$$

$$\begin{aligned} PC^2 &= \left(x_0 - \frac{\sqrt{3}}{2}R\right)^2 + \left(y_0 + \frac{1}{2}R\right)^2 \\ &= 2R^2 - \sqrt{3}Rx_0 + Ry_0, \end{aligned} \quad ③$$

$$\begin{aligned} 2PB \cdot PC &= 2\sqrt{(2R^2 + \sqrt{3}Rx_0 + Ry_0)(2R^2 - \sqrt{3}Rx_0 + Ry_0)} \\ &= 2\sqrt{(2R^2 + Ry_0)^2 - (\sqrt{3}Rx_0)^2} \\ &= 2\sqrt{4R^4 + R^2y_0^2 - 4R^3y_0 - 3R^2(R^2 - y_0^2)} \\ &= 2\sqrt{R^4 + 4R^2y_0^2 + 4R^3y_0} = 2R\sqrt{(R + 2y_0)^2}. \end{aligned}$$

因为 P 在劣弧$\overset{\frown}{BC}$上，在图 Y2.13.6 所示的坐标系下，$y_0 \leqslant -\frac{1}{2}R$，所以 $R + 2y_0 \leqslant 0$，

$$2PB \cdot PC = -2R(R + 2y_0). \quad ④$$

式②＋式③＋式④，得

$$\begin{aligned} (PB + PC)^2 &= (2R^2 + \sqrt{3}Rx_0 + Ry_0) + (2R^2 - \sqrt{3}Rx_0 + Ry_0) - 2R(R + 2y_0) \\ &= 2R^2 - 2Ry_0. \end{aligned}$$

与式①比较，得 $(PB + PC)^2 = PA^2$，所以 $PA = PB + PC$.

［例 14］　三角形的垂心到一顶点的距离等于外心到该顶点的对边的距离的两倍.

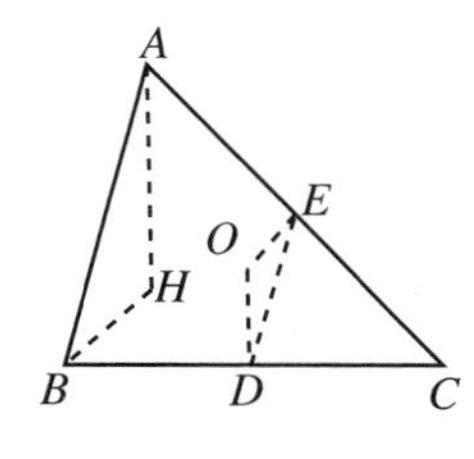

图 Y2.14.1

证明 1（三角形相似）

如图 Y2.14.1 所示，分别取 BC、AC 的中点 D、E，连 DE、OD、OE，则 $OD \perp BC$，$OE \perp AC$，DE 是 $\triangle ABC$ 的中位线，所以 $DE \mathrel{\underline{\mathrel{/\!/}}} \frac{1}{2}AB$.

连 HB、HA，则 $HA \perp BC$，$HB \perp AC$. 因为 $HA /\!/ OD$，$HB /\!/ OE$，$DE /\!/ AB$，所以 $\triangle ODE \backsim \triangle HAB$，所以 $\frac{HA}{OD} = \frac{AB}{DE} = 2$，即 $HA = 2OD$.

证明 2（平移加倍法）

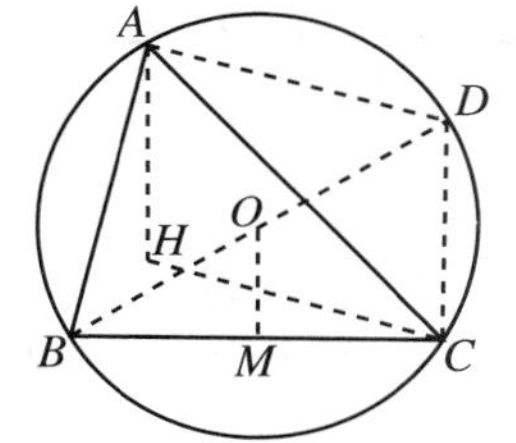

图 Y2.14.2

如图 Y2.14.2 所示，作外接圆⊙O，作 $OM \perp BC$，M 为垂足，则 M 为 BC 的中点，连 BO 并延长，交⊙O 于 D，连 CD、AD、HC.

因为 BD 是直径，所以 $DC \perp BC$. 因为 OM 是 $\triangle BCD$ 的中位线，

所以 $OM = \frac{1}{2}CD$.

因为 $AH \perp BC$，所以 $AH /\!/ DC$. 同理 $CH /\!/ DA$，所以 $ADCH$ 是

平行四边形，所以 $AH=CD$.

所以 $AH=2OM$.

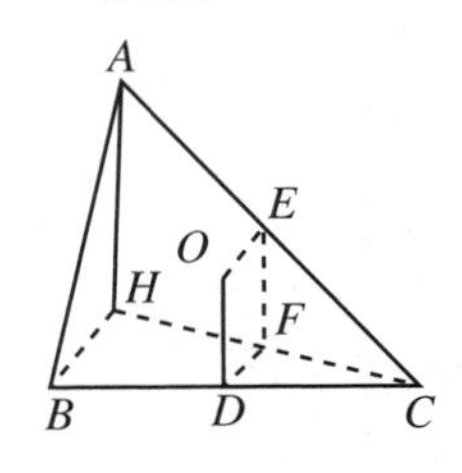

图 Y2.14.3

证明 3(平移折半法)

如图 Y2.14.3 所示，连 HA、HB、HC，取 HC 的中点 F，连 DF、OD，过 F 作 $FE/\!/AH$，交 AC 于 E，则 E 为 AC 的中点，所以 $EF \underline{\underline{/\!/}} \frac{1}{2}AH$.

因为 $DF/\!/BH$，$BH\perp AC$，所以 $DF\perp AC$. 因为 $OE\perp AC$，所以 $OE/\!/DF$，所以 $OEFD$ 是平行四边形，所以 $OD=EF$.

所以 $OD=\frac{1}{2}AH$.

证明 4(三角形的中位线、平行四边形的性质)

如图 Y2.14.4 所示，作外接圆⊙O，作直径 AE. 连 BE、CE、BH、CH、AH、HE，如图 Y2.14.4 所示. 因为 AE 是直径，所以 $EC\perp AC$，$EB\perp AB$. 因为 H 为垂心，所以 $BH\perp AC$，$CH\perp AB$，所以 $BH/\!/EC$，$CH/\!/EB$，所以 $BECH$ 是平行四边形，其对角线交点 D 是 BC 的中点，也是 HE 的中点. 连 OD，则在△AHE 中，OD 是中位线，所以 $OD=\frac{1}{2}AH$.

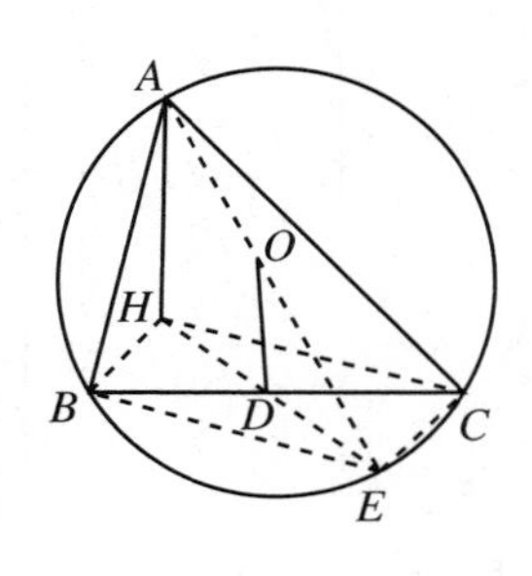

图 Y2.14.4

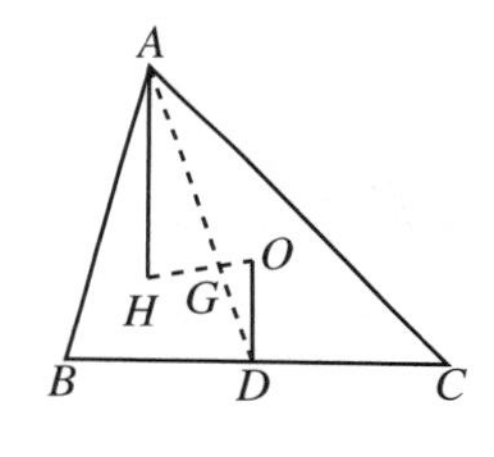

图 Y2.14.5

证明 5(三角形的重心、垂心、外心共线(欧拉定理)，三角形相似)

设 D 为 BC 的中点，连 OD，则 $OD\perp BC$. 连 AH、AD、OH，设 OH 交 AD 于 G，如图 Y2.14.5 所示.

由欧拉定理知 G 为△ABC 的重心，$\frac{HG}{GO}=2$.

因为 $AH\perp BC$，$OD\perp BC$，所以 $AH/\!/OD$，所以△AHG∽△DOH，所以$\frac{HG}{OG}=\frac{AH}{OD}=2$，即 $OD=\frac{1}{2}AH$.

证明 6(三角形相似、勾股定理)

如图 Y2.14.6 所示，过 A、B、C 分别作对边的平行线，两两相交得 A_1、B_1、C_1，则△ABC∽△$A_1B_1C_1$，且相似比为$\frac{1}{2}$.

设△ABC 的外接圆半径为 R，$BC=a$，作 $OD\perp BC$，D 为垂足，连 OB，则 D 为 BC 的中点，$OB=R$，$OD=\sqrt{R^2-\left(\frac{a}{2}\right)^2}$.

连 AH、HB_1，又有 $HA=\sqrt{HB_1^2-AB_1^2}$.

设△$A_1B_1C_1$ 的外接圆的半径为 R_1，$B_1C_1=a$. 因为△ABC∽△$A_1B_1C_1$，所以 $\frac{R_1}{R}=\frac{a_1}{a}=2$，所以 $R_1=$

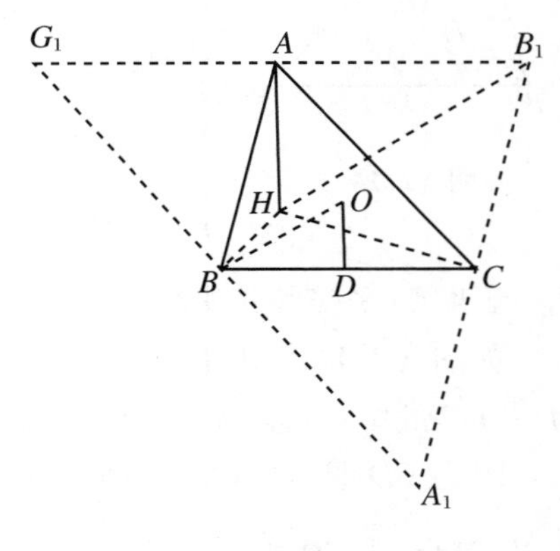

图 Y2.14.6

$2R$，$a_1=2a$.于是

$$HA=\sqrt{HB_1^2-AB_1^2}=\sqrt{R_1^2-\left(\frac{a_1}{2}\right)^2}=\sqrt{(2R)^2-\left(\frac{2a}{2}\right)^2}=2\sqrt{R^2-\left(\frac{a}{2}\right)^2}.$$

所以 $HA=2OD$.

证明 7(三角法)

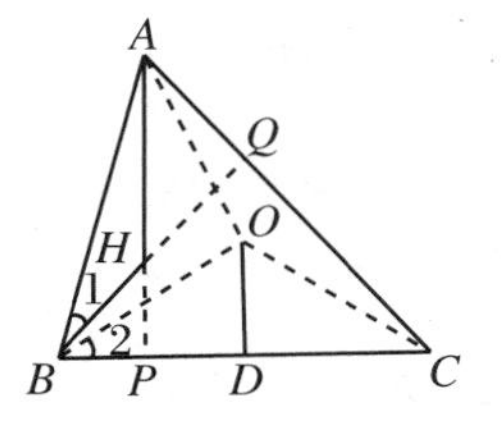

图 Y2.14.7

如图 Y2.14.7 所示，连 OA、OB、OC，连 AH 并延长，交 BC 于 P，连 BH 并延长，交 AC 于 Q，则 $AP\perp BC$，$BQ\perp AC$，取 D 为 BC 的中点，连 OD，则 $OD\perp BC$.

在 Rt$\triangle OBD$ 中，有

$$OD=BD\cdot\tan\angle 2=\frac{BC}{2}\cdot\tan\angle 2. \quad ①$$

在$\triangle ABC$ 的外接圆中，$\angle BOC$ 是圆心角，$\angle BAC$ 是同弧对的圆周角，所以$\angle BAC=\frac{1}{2}\angle BOC=\angle BOD$，所以 Rt$\triangle BQA\backsim$Rt$\triangle BDO$，所以$\angle 1=\angle 2$.

由正弦定理，$AH=AB\cdot\frac{\sin\angle 1}{\sin\angle AHB}=AB\cdot\frac{\sin\angle 1}{\sin\angle BHP}$.因为 P、H、Q、C 共圆，所以$\angle BHP=\angle C$，于是

$$\begin{aligned}AH&=AB\cdot\frac{\sin\angle 1}{\sin\angle C}=\frac{AB}{\sin\angle C}\cdot\sin\angle 1=\frac{BC}{\sin\angle A}\cdot\sin\angle 1\\&=\frac{BC}{\sin(90^\circ-\angle 1)}\cdot\sin\angle 1=BC\cdot\tan\angle 1. \quad ②\end{aligned}$$

比较式①、式②并注意到$\angle 1=\angle 2$，立得 $AH=2OD$.

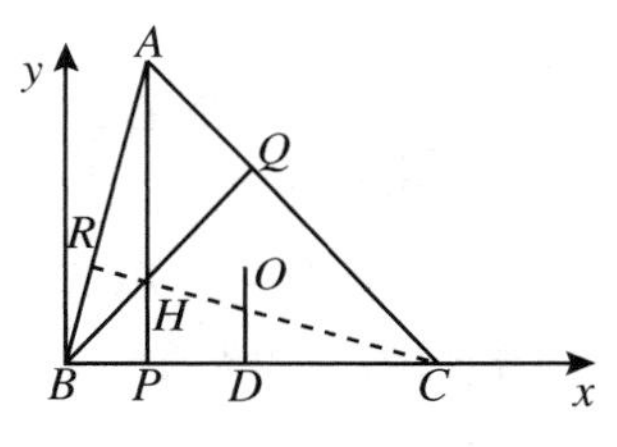

图 Y2.14.8

证明 8(解析法)

如图 Y2.14.8 所示，建立直角坐标系.

设 AP、BQ、CR 为三条高，设 $A(m,n)$，$C(a,0)$，外心 $O(x_0,y_0)$，则外心坐标应满足

$$x_0^2+y_0^2=(x_0-a)^2+y_0^2=(x_0-m)^2+(y_0-n)^2.$$

解之，得 $x_0=\frac{a}{2}$，$y_0=\frac{m^2+n^2-am}{2m}$.因此

$$OD=|y_0|=\frac{m^2+n^2-am}{2n}. \quad ①$$

因为 $k_{AC}=\frac{n}{m-a}$，所以 $k_{BQ}=\frac{a-m}{n}$，所以 BQ 的方程为 $y=\frac{a-m}{n}x$.AP 的方程为 $x=m$.由$\begin{cases}y=\frac{a-m}{n}x\\x=m\end{cases}$，得到垂心 H 的坐标为$H\left(m,\frac{m}{n}(a-m)\right)$，所以

$$AH=n-\frac{m}{n}(a-m)=\frac{m^2+n^2-am}{n}. \quad ②$$

比较式①、式②可得 $AH=2OD$.

[**例 15**]　对角线互相垂直的圆的内接四边形中，外接圆的圆心到一边的距离等于对边边长的一半.

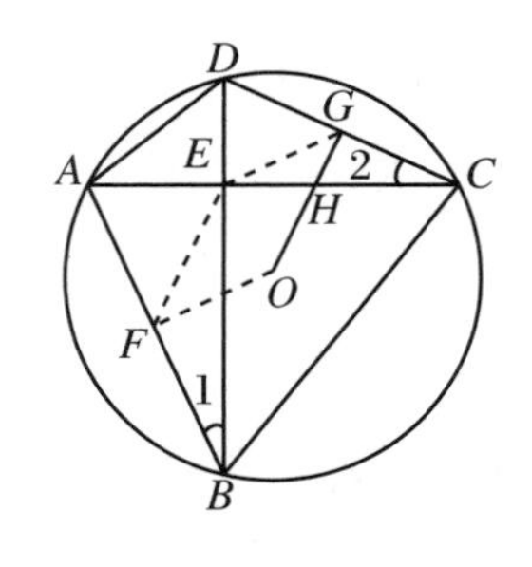

图 Y2.15.1

证明1(平行四边形的性质、斜边中线定理)

如图 Y2.15.1 所示,设 $OG\perp CD$,取 AB 的中点 F,连 OF、EF、EG.

因为 EF 是 $\mathrm{Rt}\triangle AEB$ 的斜边上的中线,所以 $EF=\dfrac{1}{2}AB$,$\angle EAF=\angle AEF$.

因为$\angle 1=\angle 2$,所以 $\mathrm{Rt}\triangle BEA\backsim\mathrm{Rt}\triangle CGH$,所以$\angle BAE=\angle CHG$,所以$\angle AEF=\angle CHG=\angle EHO$,所以 $EF/\!/OG$.

同理 $EG/\!/OF$,所以 $OFEG$ 是平行四边形,所以 $EF=OG$,所以 $OG=\dfrac{1}{2}AB$.

证明2(三角形的中位线、等弧对等弦)

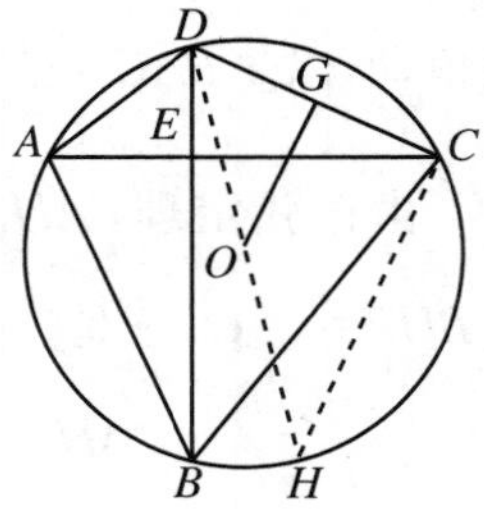

如图 Y2.15.2 所示,作直径 DH,连 CH,作 $OG\perp CD$,垂足为 G,由垂径定理知 G 是 CD 的中点,所以 OG 是$\triangle DCH$ 的中位线,$OG=\dfrac{1}{2}CH$. 因为 DH 是直径,$\angle CDH$、$\angle CHD$ 是圆周角,所以 $\angle CDH+\angle CHD\overset{\mathrm{m}}{=}\dfrac{1}{2}(\overset{\frown}{CH}+\overset{\frown}{CD})\overset{\mathrm{m}}{=}90^\circ$.

因为$\angle AEB=90^\circ$,所以$\dfrac{1}{2}(\overset{\frown}{AB}+\overset{\frown}{CD})\overset{\mathrm{m}}{=}90^\circ$.

所以$\overset{\frown}{AB}=\overset{\frown}{CH}$,所以 $AB=CH$,所以 $OG=\dfrac{1}{2}AB$.

图 Y2.15.2

证明3(三角形全等、本章例 14 的结果)

作 $OG\perp CD$,G 为垂足,作 $BH\perp CD$,交 CE 于 H,如图Y2.15.3 所示. 在$\triangle BCD$ 中. 因为 $CE\perp BD$,$BH\perp CD$,所以 H 为垂心,O 为外心,由本章例 14 的结果,$BH=2OG$.

因为$\angle ECD$ 与$\angle HBE$ 两双边对应垂直,所以$\angle ECD=\angle EBH$,又$\angle ABD=\angle ECD$,所以$\angle ABD=\angle EBH$. BE 为公共边,所以 $\mathrm{Rt}\triangle AEB\cong\mathrm{Rt}\triangle HEB$,故 $AB=BH=2OG$.

证明4(三角形全等、圆周角与圆心角)

作 $OG\perp CD$,垂足为 G;作 $OP\perp AB$,垂足为 P;连 OA、OB、OC、OD. 如图 Y2.15.4 所示.

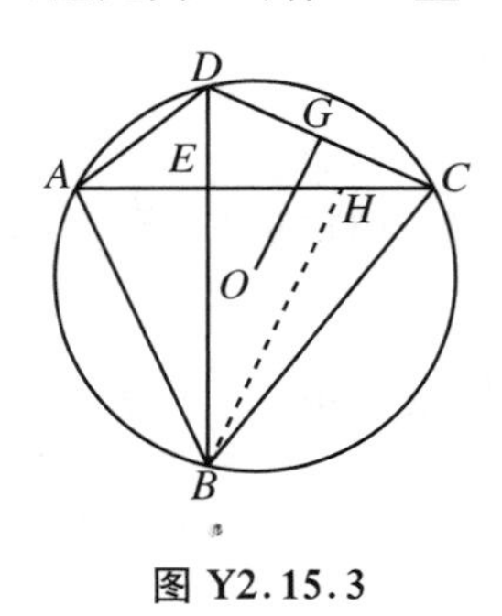

图 Y2.15.3

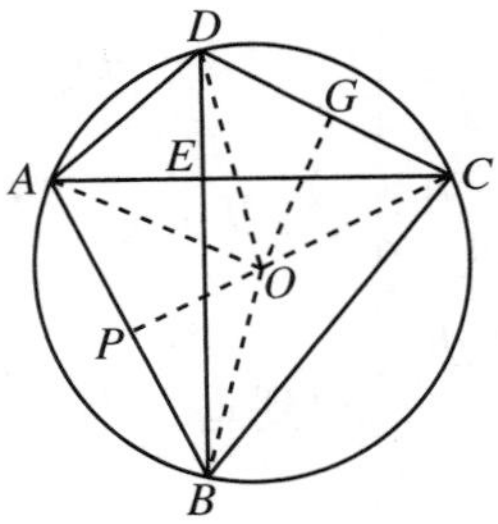

图 Y2.15.4

因为$\angle AOB$ 是圆心角,$\angle ADB$ 是同弧上的圆周角,所以$\angle ADB=\dfrac{1}{2}\angle AOB=\angle AOP$. 同理$\angle CAD=\angle COG$.

因为$\angle OAP+\angle AOP=90^\circ$，$\angle CAD+\angle ADB=90^\circ$，所以$\angle OAP=\angle CAD$，所以$\angle OAP=\angle COG$.

因为$OA=OC$，所以$\triangle OAP\cong\triangle OCG$，所以$OG=AP=\dfrac{1}{2}AB$.

证明5(三角形全等、相似、三角函数的定义)

设AB的中点为F，连EF；作$FH\perp AC$，垂足为H；连CO并延长，交$\odot O$于I，则CI是直径，连BI；作$OG\perp CD$，垂足为G，则G是CD的中点.如图Y2.15.5所示.

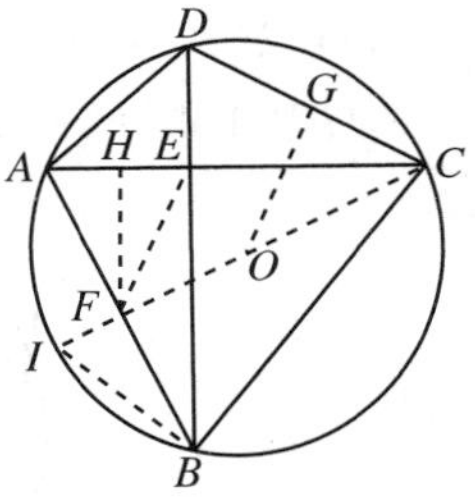

图Y2.15.5

易证$\triangle AHF\cong\triangle EHF$，$\triangle AHF\backsim\triangle DEC$，$\triangle FHE\backsim\triangle CED$，所以

$$\frac{EF}{CD}=\frac{FH}{EC}=\frac{\frac{1}{2}BE}{EC}=\frac{1}{2}\tan\angle ECB. \qquad ①$$

在$\mathrm{Rt}\triangle OGC$中，有

$$\frac{OG}{CD}=\frac{OG}{2CG}=\frac{1}{2}\tan\angle OCG. \qquad ②$$

因为$\angle CIB$、$\angle CDB$同弧，所以$\angle CIB=\angle CDB$.由$\mathrm{Rt}\triangle CIB\backsim\mathrm{Rt}\triangle CDE$，得到$\angle DCE=\angle ICB$，故

$$\angle ECB=\angle OCG. \qquad ③$$

由式①、式②、式③知$OG=EF=\dfrac{1}{2}AB$.

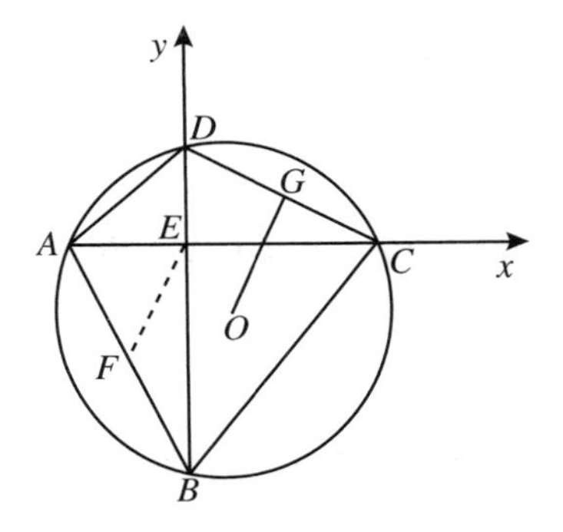

图Y2.15.6

证明6(解析法)

如图Y2.15.6所示，建立直角坐标系.

设$A(-a,0)$，$B(0,-b)$，$C(c,0)$，$D(0,d)$，则$F\left(-\dfrac{a}{2},-\dfrac{b}{2}\right)$. $OG\perp CD$，垂足为G.由垂径定理，$G\left(\dfrac{c}{2},\dfrac{d}{2}\right)$.

设$O(x_0,y_0)$，它满足条件

$$(x_0+a)^2+y_0^2=x_0^2+(y_0+b)^2=x_0^2+(y_0-d)^2=(x_0-c)^2+y_0^2.$$

由此解出$x_0=\dfrac{c-a}{2}$，$y_0=\dfrac{d-b}{2}$，所以

$$OG=\sqrt{\left(\frac{c-a}{2}-\frac{c}{2}\right)^2+\left(\frac{d-b}{2}-\frac{d}{2}\right)^2}=\sqrt{\left(\frac{a}{2}\right)^2+\left(\frac{b}{2}\right)^2},$$

$$EF=\sqrt{\left(-\frac{a}{2}\right)^2+\left(-\frac{b}{2}\right)^2}=\sqrt{\left(\frac{a}{2}\right)^2+\left(\frac{b}{2}\right)^2},$$

$$OG=EF=\frac{1}{2}AB.$$

［**例16**］　M为优弧$\overset{\frown}{AB}$的中点，C为不包含B的$\overset{\frown}{AM}$上的任一点，$ME\perp BC$，垂足为E，则$AC+CE=BE$.

证明1（截取法、三角形全等）

如图Y2.16.1所示，在BC上取F，使$BF=AC$，连MB、MF、MA、MC.

因为$\overset{\frown}{AM}=\overset{\frown}{MB}$，所以$AM=BM$，又$\angle CAM=\angle FBM$，$AC=FB$，所以$\triangle ACM\cong\triangle BFM$，所以$MF=MC$.

因此$\triangle CEM\cong\triangle FEM$，所以$CE=EF$，所以$AC+CE=BF+EF=BE$.

证明2（截取法、圆周角的性质）

在EB上取F，使$EF=EC$，连MC、MF并延长MF，交圆于P，连PB.如图Y2.16.2所示.

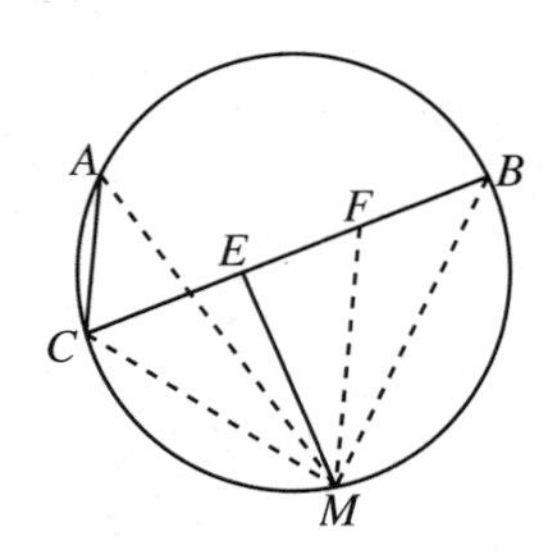

图 Y2.16.1

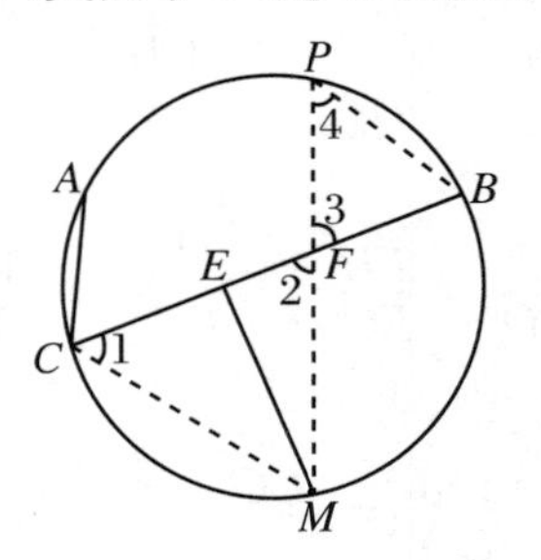

图 Y2.16.2

易证$\triangle MCF$是等腰三角形，所以$\angle 1=\angle 2$.

因为$\angle 1=\angle 4$，$\angle 2=\angle 3$，所以$\angle 3=\angle 4$，所以$BF=BP$.

因为M为$\overset{\frown}{AB}$的中点，所以$\overset{\frown}{BM}=\overset{\frown}{MA}=\overset{\frown}{MC}+\overset{\frown}{CA}$.

因为$\angle 1$是圆周角，所以$\frac{1}{2}\overset{\frown}{BM}\overset{m}{=}\angle 1$.

因为$\overset{\frown}{MA}=\overset{\frown}{MB}$，所以$\angle 1\overset{m}{=}\frac{\overset{\frown}{MA}}{2}=\frac{1}{2}(\overset{\frown}{MC}+\overset{\frown}{CA})$.

因为$\angle 2\overset{m}{=}\frac{1}{2}(\overset{\frown}{MC}+\overset{\frown}{BP})$，$\angle 1=\angle 2$，所以$\overset{\frown}{CA}=\overset{\frown}{BP}$，所以$CA=BP$，所以$CA=BF$.

所以$AC+CE=EF+BF=BE$.

证明3（延长法、圆外角、等腰三角形的性质）

如图Y2.16.3所示，在$\overset{\frown}{CMB}$上取F，使$\overset{\frown}{CF}=\overset{\frown}{CA}$.连$MF$并延长，交$BC$的延长线于$P$.连$CF$、$BM$，则$\angle P\overset{m}{=}\frac{1}{2}(\overset{\frown}{BM}-\overset{\frown}{CF})=\frac{1}{2}(\overset{\frown}{AM}-\overset{\frown}{AC})=\frac{1}{2}\overset{\frown}{CM}$，$\angle B\overset{m}{=}\frac{1}{2}\overset{\frown}{CM}$，所以$\angle B=\angle P$.

易证$\triangle PEM\cong\triangle BEM$，所以$PE=EB$.

因为$\angle PFC$是圆的内接四边形$CFMB$的外角，所以$\angle PFC=\angle B$，又$\angle P=\angle B$，所以$\angle P=\angle CFP$，所以$CP=CF$，即$AC=CF=CP$.

所以$AC+CE=PC+CE=PE=EB$.

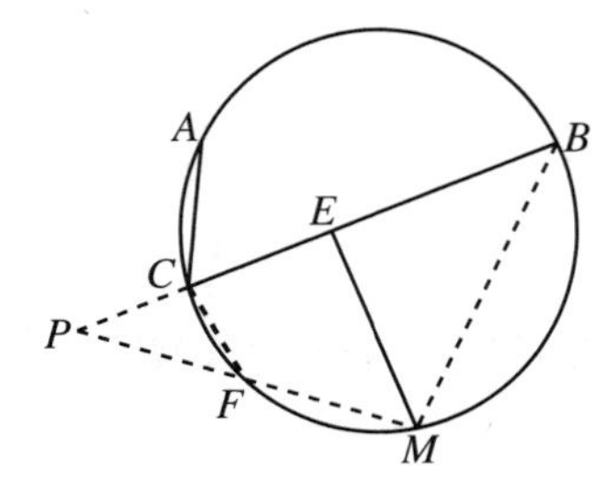

图 Y2.16.3

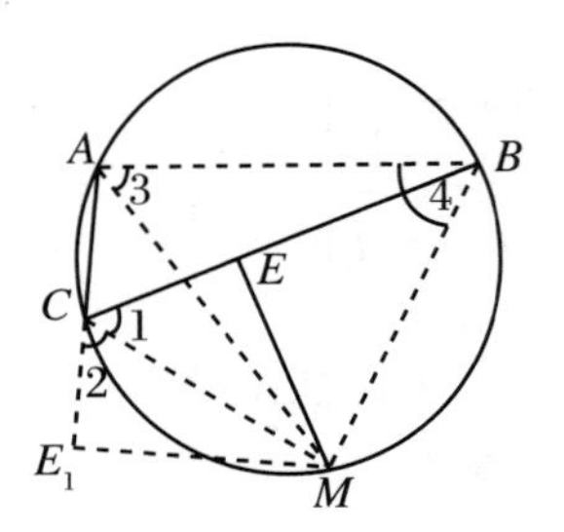

图 Y2.16.4

证明4(延长法、三角形全等)

延长 AC 到E_1,使 $CE_1 = CE$.连 E_1M、CM、AM、BM、AB.如图 Y2.16.4 所示.

因为$\overset{\frown}{MA} = \overset{\frown}{MB}$,所以$\angle 3 = \angle 4$,所以 $AM = BM$.因为$\angle 2$ 是圆的内接四边形 $CMBA$ 的外角,所以$\angle 2 = \angle 4$,所以$\angle 2 = \angle 3$.因为$\angle 1 = \angle 3$,所以$\angle 1 = \angle 2$.

易证$\triangle CE_1M \cong \triangle CEM$,所以$\angle CE_1M = \angle CEM = 90^\circ$,$E_1M = EM$,所以$\triangle AME_1 \cong \triangle BME$,所以 $AE_1 = BE$.

所以 $BE = AE_1 = AC + CE_1 = AC + CE$.

证明5(共圆、相似三角形、三角函数)

连 MA、MB、AB,作 $MP \perp AB$,$CD \perp AC$,设 CD 交AM 于D,作 $CN // EM$,交 BM 的延长线于N,连 DN、MC.如图 Y2.16.5 所示.

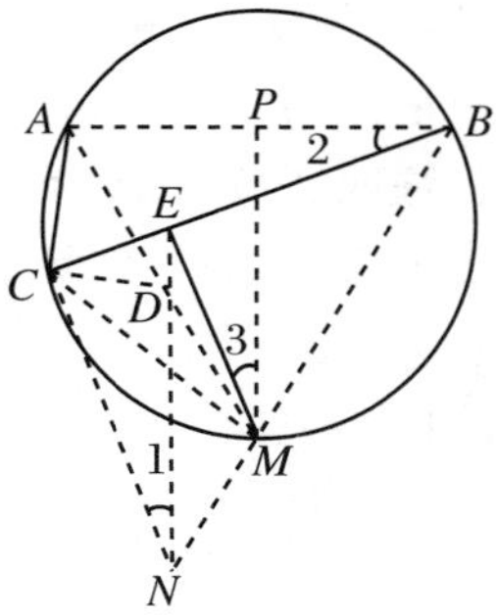

图 Y2.16.5

设$\angle MBE = \alpha$,在$\triangle BME$ 中,有

$$BM = \frac{BE}{\cos\alpha}, \qquad ①$$

在$\triangle ACD$ 中,有

$$AD = \frac{AC}{\cos\alpha}. \qquad ②$$

在$\triangle CBN$ 中,由平行截比定理,$\dfrac{MN}{CE} = \dfrac{BM}{BE} = \dfrac{1}{\cos\alpha}$,所以

$$MN = \frac{CE}{\cos\alpha}. \qquad ③$$

因为$\angle ACB = 90^\circ - \angle BCD = \angle DCN$,$\angle ACB = \angle AMB$,所以$\angle AMB = \angle DCN$,所以 C、D、M、N 共圆,所以$\angle CMN = \angle CDN$.

因为$\angle CMN$ 是圆的内接四边形$CMBA$ 的外角,所以$\angle CMN = \angle BAC$,所以$\angle CDN = \angle BAC$.又$\angle ACB = \angle DCN$,故$\triangle CAB \backsim \triangle CDN$,因此$\angle 1 = \angle 2$.

因为$\angle MEB = \angle MPB = 90^\circ$,所以 M、E、P、B 共圆,所以$\angle 2 = \angle 3$,所以$\angle 1 = \angle 3$.

因为 $NC // ME$,所以 $ND // MP$,所以$\angle MND = \angle MDN = \dfrac{1}{2}\angle AMB$,所以 $DM = MN$.把它代入式③,就是

$$DM = \frac{CE}{\cos\alpha}. \qquad ④$$

由式①、式②、式④,有

$$AD + DM = (CE + AC)\frac{1}{\cos\alpha} = AM = BM = \frac{BE}{\cos\alpha},$$

所以 $BE = CE + AC$.

[**例17**]　在等腰$\triangle ABC$ 中,$AB = AC$.过 C 作外接圆的切线,交 AB 的延长线于D,过 D 作AC 的垂线DE,E 为垂足,则 $BD = 2CE$.

证明1(勾股定理、切割线定理)

如图 Y2.17.1 所示,在 Rt$\triangle CDE$ 中,有

$$CE^2 = CD^2 - DE^2. \qquad ①$$

在 Rt$\triangle ADE$ 中,有

$$DE^2 = AD^2 - AE^2 = (AB + BD)^2 - (AC + CE)^2$$
$$= AB^2 + BD^2 + 2AB \cdot BD - AC^2 - CE^2 - 2AC \cdot CE$$
$$= BD^2 - CE^2 + 2AB \cdot BD - 2AC \cdot CE. \qquad ②$$

由切割线定理，有

$$CD^2 = AD \cdot BD = (AB + BD) \cdot BD = BD^2 + AB \cdot BD. \qquad ③$$

由式①、式②、式③，有

$$CE^2 = BD^2 + AB \cdot BD - BD^2 + CE^2 - 2AB \cdot BD + 2AC \cdot CE.$$

即 $AB \cdot BD = 2AC \cdot CE$.

所以 $BD = 2CE$.

证明 2(加倍法、中垂线的性质)

如图 Y2.17.2 所示，延长 CE 到 F，使 $EF = CE$，连 DF，则 DE 是 CF 的中垂线，所以 $\angle 1 = \angle 2$.

因为 $\angle 1 = \angle 3$，$\angle 3 = \angle 4$，$\angle 4 = \angle 5$，所以 $\angle 2 = \angle 5$，所以 $BC \parallel DF$.

由平行截比定理，$\dfrac{AB}{AC} = \dfrac{BD}{CF} = 1$，所以 $BD = CF = 2CE$.

证明 3(折半法、斜边中线定理、平行截比定理)

如图 Y2.17.3 所示，作 $EF \parallel BC$，交 AD 于 F，交 CD 于 G. 在 $\triangle ABC$ 中，$\angle A + \angle 3 + \angle 4 = 180^\circ$. 因为 $\angle ACE$ 为平角，所以 $\angle 5 + \angle 3 + \angle 1 = 180^\circ$.

由弦切角定理，$\angle 5 = \angle A$，所以 $\angle 1 = \angle 4 = \angle 3$.

因为 $BC \parallel EF$，所以 $\angle 2 = \angle 3$，所以 $\angle 1 = \angle 2$，所以 $CG = EG$. 可见，G 是 Rt$\triangle CED$ 斜边的中点.

由平行截比定理，$\dfrac{CG}{GD} = \dfrac{BF}{FD}$，所以 $BF = FD = \dfrac{1}{2}BD$.

由平行截比定理易证 $CE = BF$，所以 $CE = \dfrac{1}{2}BD$.

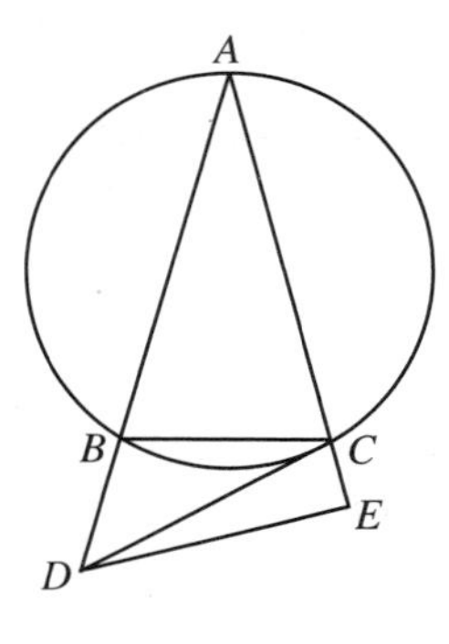

图 Y2.17.1

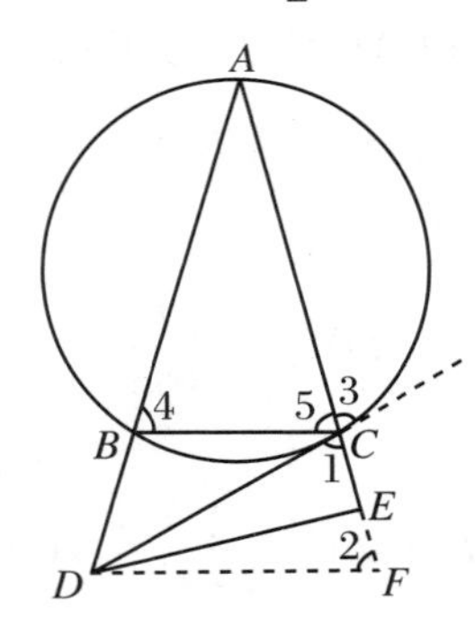

图 Y2.17.2

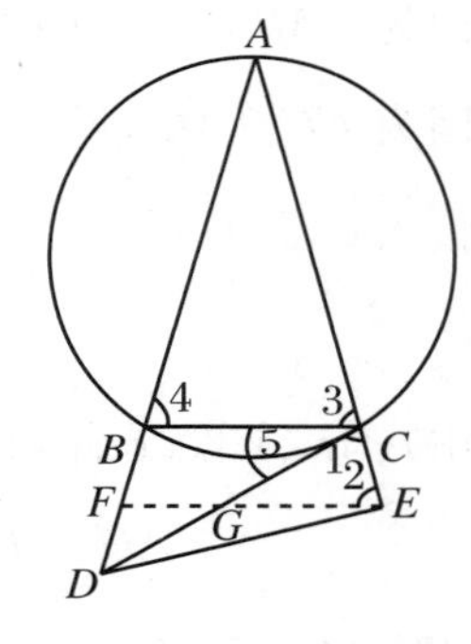

图 Y2.17.3

证明 4(平移法、中位线、斜边上的中线、等腰梯形的性质)

取 BC 的中点 G、DC 的中点 F，连 GF、EF. 如图 Y2.17.4 所示.

在 $\triangle BDC$ 中，GF 为中位线，所以 $GF \underline{\parallel} \dfrac{1}{2}BD$，$\angle 3 = \angle 4$.

在 Rt$\triangle CED$ 中，EF 为斜边上的中线，所以 $EF = FC$，$\angle 1 = \angle 2$.

如前所证，$\angle 1 = \angle ABC = \angle ACB$，所以 $\triangle CAB \backsim \triangle CFE$，$BC \parallel EF$，所以 $\angle CFE = \angle A$，

所以$\angle GFE=\angle 4+\angle A=\angle 3+\angle A$.

因为$\angle 1=\angle 3+\angle A$,所以$\angle 1=\angle GFE=\angle 2$,所以 $GCEF$ 是等腰梯形,所以 $CE=GF=\frac{1}{2}BD$.

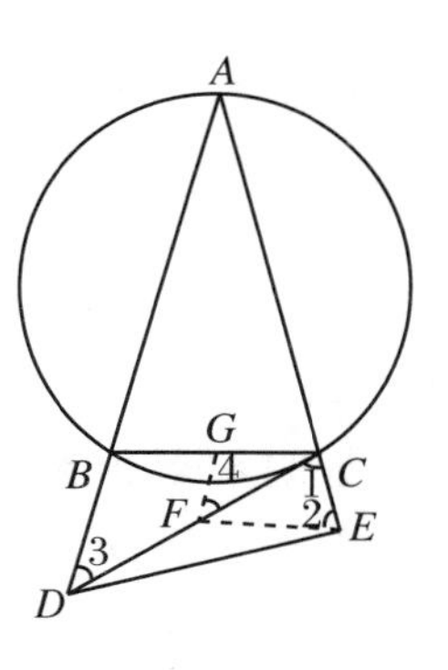

图 Y2.17.4

证明 5(三角形相似、弦切角定理)

如图 Y2.17.5 所示,作 $AM\perp BC$,M 为垂足,则 $BM=MC$.如前所证,$\angle 1=\angle 2$,所以 $\text{Rt}\triangle AMC\backsim\text{Rt}\triangle DEC$,所以$\frac{CE}{CD}=\frac{MC}{AC}$,故

$$CE=\frac{CD\cdot CM}{AC}=\frac{BC\cdot CD}{2AC}. \quad ①$$

因为$\angle BCD=\angle A$,$\angle ADC$ 为公共角,所以$\triangle BCD\backsim\triangle CAD$,因此$\frac{BD}{BC}=\frac{CD}{AC}$,故

$$BD=\frac{CD\cdot BC}{AC}. \quad ②$$

由式①、式②知 $BD=2CE$.

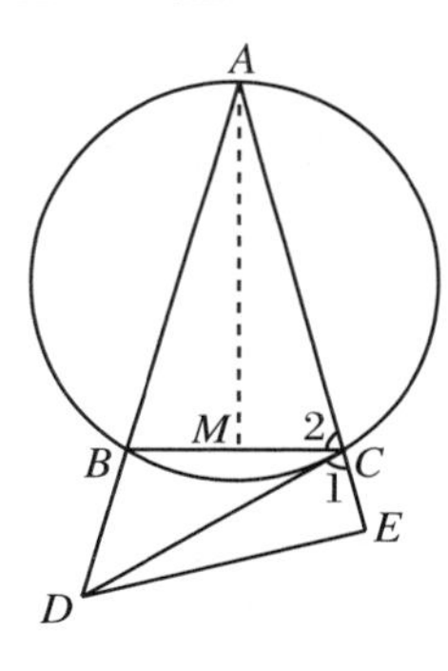

图 Y2.17.5

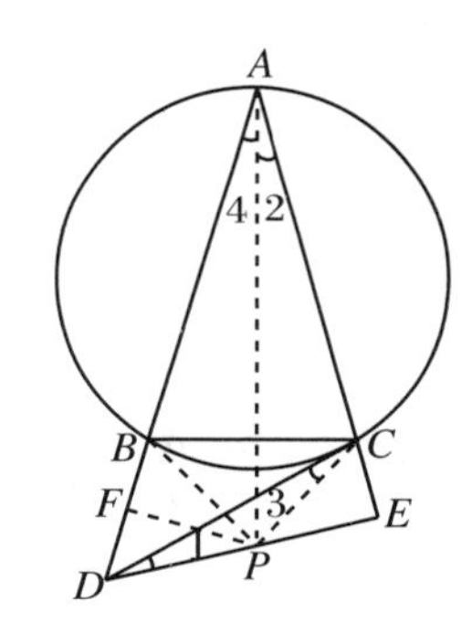

图 Y2.17.6

证明 6(对称法、共圆、等腰三角形的性质)

作 $AP\perp BC$,交 DE 于P,连 PB、PC,作 $PF\perp AD$,垂足为 F.如图 Y2.17.6 所示.

由等腰三角形的轴对称性,$PE=PF$,$PB=PC$,$CE=BF$.

如前所证,$\angle 1=\angle 2$,所以 D、P、C、A 共圆,所以$\angle 3=\angle 4$,所以$\angle 3=\angle 2=\angle 1$,所以 $DP=CP=BP$.

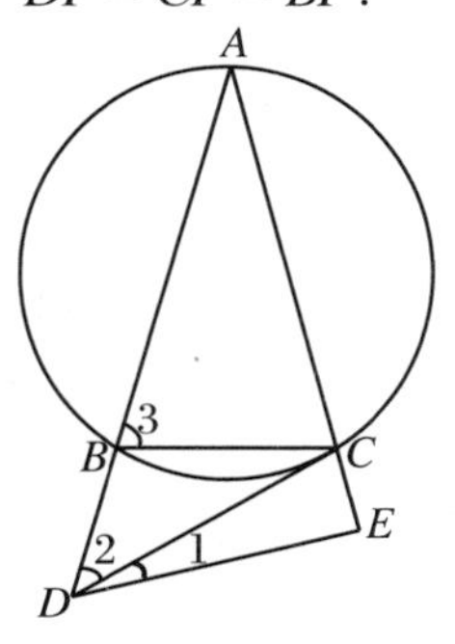

图 Y2.17.7

在等腰$\triangle PBD$ 中,由三线合一定理,$BD=2BF$,所以 $BD=2CE$.

证明 7(三角法)

如图 Y2.17.7 所示,由前法证出$\angle 1=\frac{1}{2}\angle A$.

在 $\text{Rt}\triangle DEC$ 中,$CE=DC\cdot\sin\frac{\angle A}{2}$,

在$\triangle BDC$ 中,由正弦定理,

$$BD=DC\cdot\frac{\sin\angle A}{\sin(180^\circ-\angle 3)}=DC\cdot\frac{\sin\angle A}{\sin\angle 3}$$

$$= DC \cdot \frac{\sin\angle A}{\sin\dfrac{180^\circ - \angle A}{2}} = DC \cdot \frac{\sin\angle A}{\cos\dfrac{\angle A}{2}}$$

$$= 2DC \cdot \sin\frac{\angle A}{2}.$$

所以 $BD = 2CE$.

证明 8(解析法)

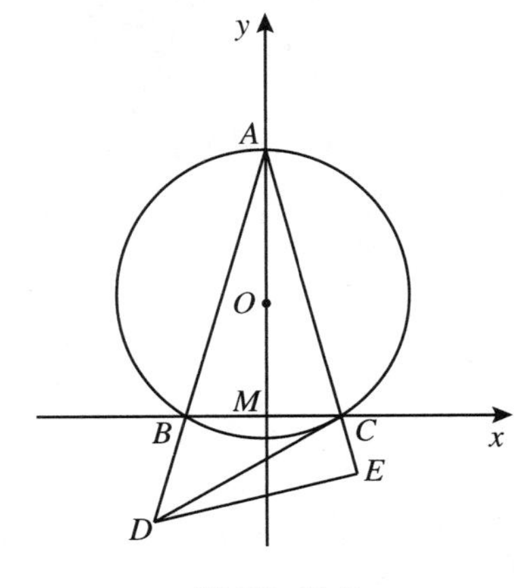

图 Y2.17.8

如图 Y2.17.8 所示,建立直角坐标系.

设 $B(-a,0)$,$C(a,0)$,$A(0,b)$.

设 $O(0,y_0)$,其坐标满足 $(b-y_0)^2 = y_0^2 + a^2$,所以 $y_0 = \dfrac{b^2-a^2}{2b}$,所以 $O\left(0,\dfrac{b^2-a^2}{2b}\right)$.

因为 $k_{OC} = \dfrac{\dfrac{b^2-a^2}{2b}}{-a} = \dfrac{a^2-b^2}{2ab}$,所以 $k_{DC} = -\dfrac{1}{k_{OC}} = \dfrac{2ab}{b^2-a^2}$,所以 CD 的方程是

$$y = \frac{2ab}{b^2-a^2}(x-a). \qquad ①$$

AB 的方程为

$$\frac{x}{-a} + \frac{y}{b} = 1. \qquad ②$$

由式①、式②联立可得 $D\left(\dfrac{a(a^2+b^2)}{3a^2-b^2},\dfrac{4a^2b}{3a^2-b^2}\right)$.

$$BD^2 = \left(\frac{4a^2b}{3a^2-b^2}\right)^2 + \left[\frac{a(a^2+b^2)}{3a^2-b^2} + a\right]^2$$

$$= \frac{16a^4(a^2+b^2)}{(3a^2-b^2)^2}. \qquad ③$$

因为 $k_{AC} = -\dfrac{b}{a}$,所以 $k_{DE} = -\dfrac{1}{k_{AC}} = \dfrac{a}{b}$,所以 DE 的方程为 $y - \dfrac{4a^2b}{3a^2-b^2} = \dfrac{a}{b}\left[x - \dfrac{a(a^2+b^2)}{3a^2-b^2}\right]$,即

$$ax - by - \frac{a^2(a^2+b^2)}{3a^2-b^2} + \frac{4a^2b^2}{3a^2-b^2} = 0.$$

由点到直线的距离公式,可得

$$CE^2 = \left[\frac{\left|a^2 - \dfrac{a^2(a^2+b^2)}{3a^2-b^2} + \dfrac{4a^2b^2}{3a^2-b^2}\right|}{\sqrt{a^2+(-b)^2}}\right]^2 = \frac{4a^4(a^2+b^2)}{(3a^2-b^2)^2}. \qquad ④$$

由式③、式④立得 $BD^2 = 4CE^2$,所以 $BD = 2CE$.

第3章 角和角的和差倍分问题

3.1 解法概述

一、常用的主要定理

(1) 平行线的同位角相等,内(外)错角相等.

(2) 全等三角形的对应角相等,相似三角形的对应角相等,相似多边形的对应角相等.

(3) 同角(或等角)的余角(或补角)相等.

(4) 等腰三角形的底角相等,等腰梯形的底角相等;等腰三角形的底边上的中线平分顶角.

(5) 对顶角相等;一个角的两条边分别垂直于另一个角的两条边,这两个角相等或互补;一个角的两条边分别平行于另一角的两条边,这两个角相等或互补.

(6) 平行四边形的对角相等、邻角互补;菱形的对角线平分内角.

(7) 同圆或等圆中,同弧(或等弧)上的圆周角相等;同弧(或等弧)上的圆心角是圆周角的两倍;弦切角与它所夹的弧上的圆周角相等.

(8) 圆的内接四边形的外角等于内对角.

(9) 过三角形顶点的直线分对边为两线段,如果两线段之比等于两邻边之比,则该直线是该内角的平分线.

(10) 三角形的外角等于不相邻的两内角之和.

二、常用的主要方法

(1) 平行移动法:通过作出辅助平行线,使要证的角联系起来.

(2) 媒介法:要证$\angle A=\angle B$,设法找一个$\angle C$,证出$\angle A=\angle C$,$\angle B=\angle C$,从而$\angle A=\angle B$;或者先证出$\angle A=\angle A_1$,$\angle B=\angle B_1$,$\angle A_1=\angle B_1$,从而$\angle A=\angle B$;或者先证出$\angle A=f(\angle C)$,$\angle B=f(\angle C)$,从而$\angle A=\angle B$.(这里$f(\angle C)$指关于$\angle C$的某个代数式.)

(3) 加倍法、折半法:要证$\angle A=2\angle B$,可以把$\angle B$扩大2倍(或把$\angle A$缩为原来的二分之一),再证它们相等.

(4) 在证明角的和、差关系的等式时,常先作出某些角的和(或差),最后化为角相等的证明.

三、其他方法

(1) 间接证法(同一法或反证法).
(2) 代数计算法.
(3) 等价命题转换法.

3.2 范例分析

[范例 1] 在等腰$\triangle ABC$中,$AB=AC$,$\angle A=90^\circ$,D、E分别是AB、AC上的点,$AD=\frac{2}{3}AB$,$AE=\frac{1}{3}AC$,则$\angle ADE=\angle EBC$.

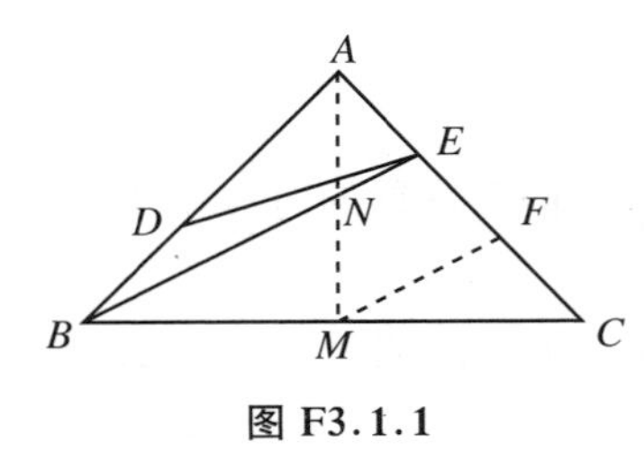

图 F3.1.1

分析 1 相似三角形的对应角相等.由题目条件可知,$\angle ADE$是$Rt\triangle EAD$的锐角.如果$\angle EBC$也是某直角三角形的锐角,则可通过证明三角形相似证出两个角相等.由等腰直角三角形的特点我们知道,只要作出底边上的中线AM,则$\triangle BMN$就是直角三角形,如图 F3.1.1 所示.由于在$\triangle EAD$中$\frac{EA}{AD}=\frac{1}{2}$,这就要证出$\frac{MN}{BM}=\frac{1}{2}$.因为$BM=AM$,只要证明$N$是$AM$的中点.注意到$M$是$BC$的中点,作出$\triangle BCE$的中位线$MF$,可知$MF\parallel BE$,$AE=EF$.最后在$\triangle AMF$中通过平行截比定理证出$AN=NM$.

证明 1 作$AM\perp BC$于M,交BE于N,则M是BC的中点,且$AM=BM$.取CE的中点F,连MF,则$AE=EF$,$MF\parallel BE$.在$\triangle AMF$中,由平行截比定理,$\frac{AN}{NM}=\frac{AE}{EF}=1$,所以$NM=\frac{1}{2}AM=\frac{1}{2}BM$.

因为$\frac{NM}{BM}=\frac{AE}{AD}=\frac{1}{2}$,所以$Rt\triangle EAD\backsim Rt\triangle NMB$,所以$\angle ADE=\angle NBM=\angle EBC$.

注 作$EP\perp BC$于P,证出$Rt\triangle EAD\backsim Rt\triangle EPB$,或者作$FQ\perp BC$于$Q$,证出$Rt\triangle EAB\backsim Rt\triangle FQB$,同样能证明本题结论.请读者自证.

分析 2 如图 F3.1.2 所示,把ED延长,就得到$\triangle DPB$,于是只要证$\angle PDB=\angle EBC$.它们如果是相似三角形的对应角,问题就解决了.作出$EQ\parallel AB$,交BC于Q,通过计算,很容易证出$\frac{EQ}{BQ}=\frac{PB}{BD}$.

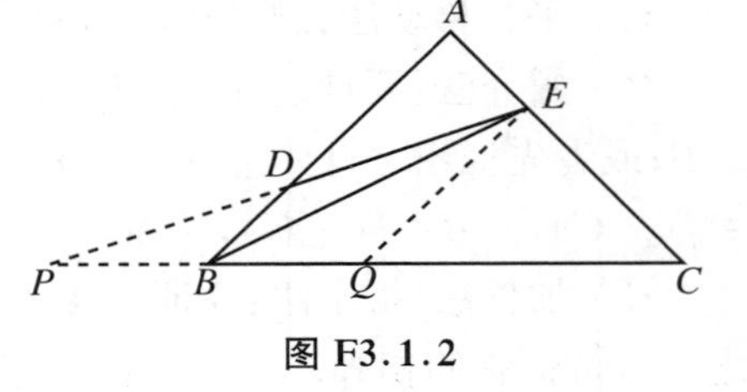

图 F3.1.2

证明 2 延长ED,交CB的延长线于P,作$EQ\parallel AB$,交BC于Q.设$AB=a$,则

$$\frac{EQ}{AB}=\frac{EC}{AC}=\frac{2}{3},\quad EQ=\frac{2}{3}a.$$

同理可知 $BQ=\frac{1}{3}BC=\frac{\sqrt{2}}{3}a$，所以$\frac{EQ}{BQ}=\frac{\frac{2}{3}a}{\frac{\sqrt{2}}{3}a}=\sqrt{2}$.

在$\triangle PEQ$中，由三角形相似有$\frac{PB}{PB+BQ}=\frac{BD}{EQ}$，所以 $PB=\frac{BQ}{\frac{EQ}{BD}-1}=\frac{\sqrt{2}}{3}a$，所以$\frac{PB}{BD}=\frac{\frac{\sqrt{2}}{3}a}{\frac{1}{3}a}$ $=\sqrt{2}$.

所以$\frac{EQ}{BQ}=\frac{PB}{BD}$. 而$\angle DBP=\angle BQE$，所以$\triangle DBP\backsim\triangle BQE$，所以$\angle PDB=\angle EBQ$，即$\angle ADE=\angle EBC$.

分析3　保留$\triangle EBC$不动，如果能找到一个以$\angle ADE$为内角的三角形与$\triangle EBC$相似，作为对应角的$\angle ADE$和$\angle EBC$相等就是必然的结果. 为此目的，取AD的中点F，则$AE=AF=\frac{1}{3}AB$. 连CF，如图F3.1.3所示. 由对称性，$\angle BEC=\angle CFB$. 这时，我们看到，要证出$\angle ADE=\angle EBC$，必然有$\triangle FDH\backsim\triangle EBC$，因此$\angle FHD=\angle ECB=45^\circ$. 反之，若能先证出$\angle FHD=\angle ECB=45^\circ$，也一定有$\angle ADE=\angle EBC$. 可见，关键在于证出$\angle FHD=45^\circ$. 为使证明较容易，采用平移法，把$\angle FHD$平行移动到$\angle FGB$，这只要作$BM/\!/DE$即可. 由平行截比定理知$M$是$AC$的中点. 这样，只要证出下述命题："等腰直角$\triangle ABC$中，$\angle A=90^\circ$，$F$为$AB$的三等分点中离$A$近的分点，$M$为$AC$的中点，$CF$和$BM$交于$G$，则$\angle FGB=45^\circ$."这个命题用解析法或三角法很容易证明. 下面用平面几何中的面积计算法给予证明：以BC为对角线作正方形$ABA'C$. 取BA'的中点M'，连CM'、FM'，作$FD\perp CM'$于D. 如图F3.1.4所示.

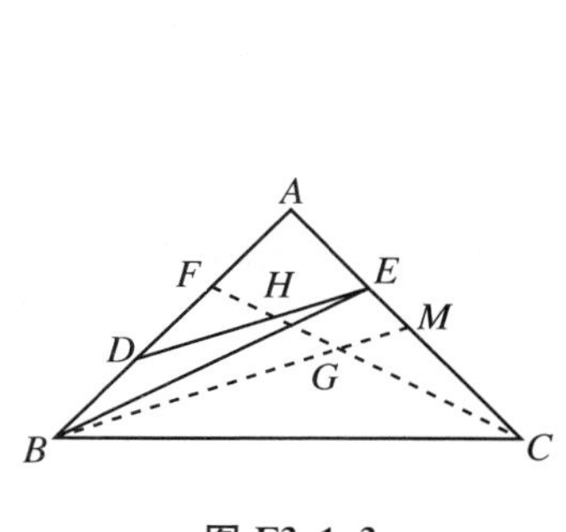

图 F3.1.3

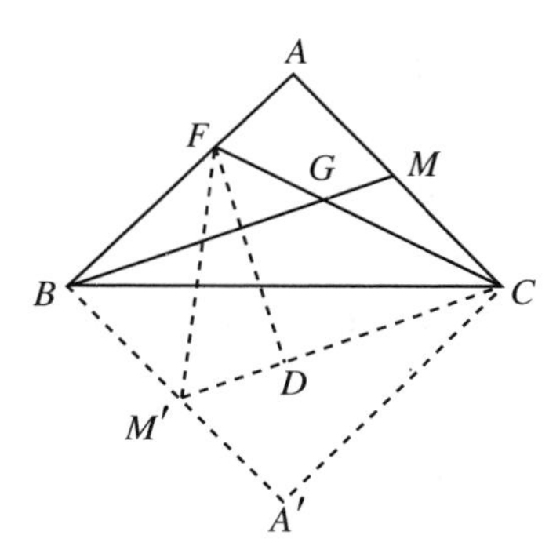

图 F3.1.4

易证$BMCM'$是平行四边形，所以$\angle FGB=\angle FCM'$.

设正方形$ABA'C$的边长为a，则

$$\begin{aligned}S_{\triangle CFM'}&=S_{ABA'C}-S_{\triangle CAF}-S_{\triangle FBM'}-S_{\triangle M'A'C}\\&=a^2-\frac{1}{2}a\cdot\frac{1}{3}a-\frac{1}{2}\cdot\frac{1}{2}a\cdot\frac{2}{3}a-\frac{1}{2}\cdot\frac{1}{2}a\cdot a\\&=\frac{5}{12}a^2.\end{aligned}$$

另一方面，$S_{\triangle CFM'}=\frac{1}{2}CM'\cdot FD$，所以

$$FD=\frac{2S_{\triangle CFM'}}{CM'}=\frac{\frac{5}{6}a^2}{\sqrt{a^2+\left(\frac{a}{2}\right)^2}}=\frac{\sqrt{5}}{3}a.$$

而 $CF=\sqrt{a^2+\left(\frac{a}{3}\right)^2}=\frac{\sqrt{10}}{3}a$，所以$\frac{CF}{FD}=\frac{\frac{\sqrt{10}}{3}a}{\frac{\sqrt{5}}{3}a}=\sqrt{2}$，可见$\angle FCD=45^\circ$.

利用这个结果，证出$\triangle FDH\backsim\triangle EBC$，最后就推得$\angle ADE=\angle EBC$.（证明略.）

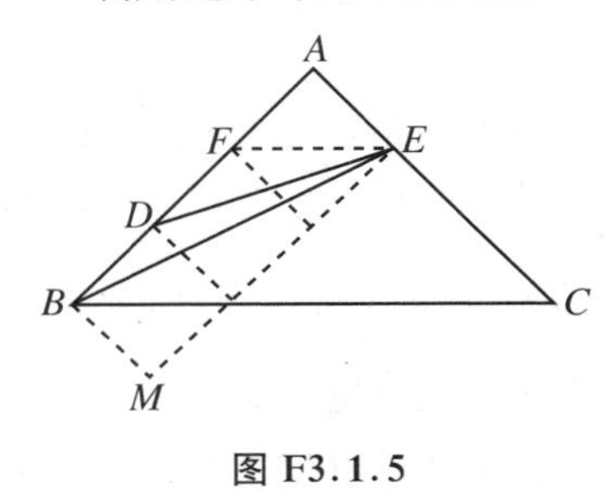

图 F3.1.5

分析 4　由题目条件知$\angle ABE+\angle EBC=45^\circ$. 要证$\angle ADE=\angle EBC$，只要证$\angle ADE+\angle ABE=45^\circ$. 如图F3.1.5所示，如果把 E 和 AD 的中点 F 连起来，则$\angle AFE=45^\circ$，这样只要证$\angle AFE+\angle ADE+\angle ABE=90^\circ$. 注意到矩形 $ABME$ 的两边之比为 3∶1 的特点，立刻发现这正是大家较熟悉的一个题目的结果. 这部分证明请参阅本章例 17.（证明略.）

［**范例 2**］　在 Rt$\triangle ACB$ 中，$\angle C=90^\circ$，$AE\parallel BC$，BE 交 AC 于 D，交 AE 于 E，且 $DE=2AB$，则$\angle ABD=2\angle DBC$.

分析 1　条件 $DE=2AB$ 很分散，应当设法把它们联系起来. 从已知条件中可以看出$\triangle DAE$ 是直角三角形，它的斜边是某线段的 2 倍. 联想到斜边中线定理也有两倍关系，因此作斜边上的中线 AM，如图 F3.2.1 所示，就得到 $AM=AB$，$\angle ABM=\angle AMB$. 这样就把问题转化为求证$\angle AMB=2\angle DBC$. 再由斜边中线定理知$\triangle MAE$ 是等腰三角形，所以$\angle AMB=2\angle AEM$. 这时只要证出$\angle AEM=\angle DBC$. 利用 $AE\parallel BC$ 的条件可立刻推出这个结果.

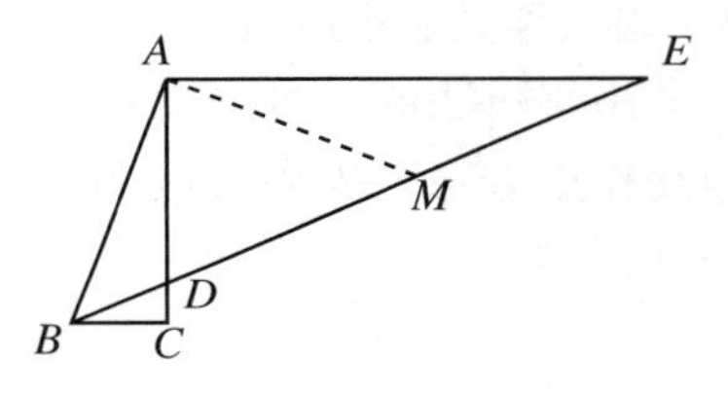

图 F3.2.1

证明 1　取 DE 的中点 M，连 AM，则 AM 是 Rt$\triangle DAE$ 斜边上的中线，所以$\angle AMD=2\angle AED$，$2AM=DE$.

因为 $2AB=DE$，所以 $AB=AM$，所以$\angle AMB=\angle ABM$.

因为 $AE\parallel BC$，所以$\angle AEB=\angle EBC$.

所以$\angle ABD=2\angle DBC$.

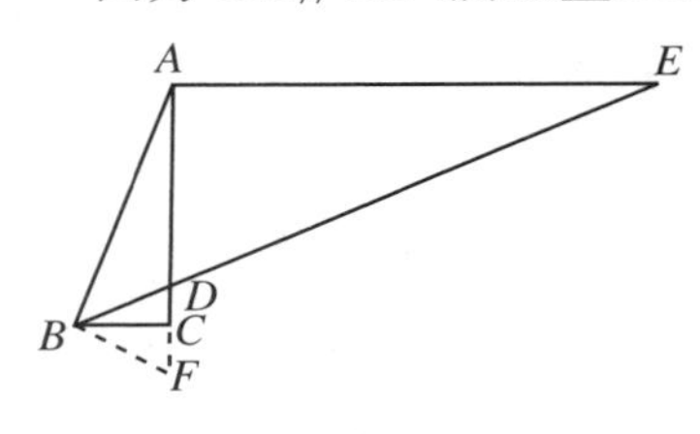

图 F3.2.2

分析 2　要证$\angle ABD=2\angle DBC$，可采用加倍法，作出$2\angle DBC$，再和$\angle ABD$ 比较. 这只要延长 DC 到 F，使 $DC=CF$，连 BF，如图 F3.2.2 所示. 易见$\triangle DBF$ 是等腰三角形，$\angle DBF=2\angle DBC$. 这时只要证$\angle ABD=\angle DBF$，即要证 BD 是$\triangle ABF$ 的角平分线. 据角平分线定理的逆定理，只要证$\frac{AB}{BF}=\frac{AD}{DF}$，即$\frac{AB}{BD}=\frac{AD}{2DC}$. 我们看到，$AB$、$BD$、$AD$、$DC$ 分

别在$\triangle ABD$、$\triangle DBC$、$\triangle ADE$中.其中由$\triangle ADE\backsim\triangle CDB$可得出$\frac{AD}{DC}=\frac{DE}{BD}$.结合$DE=2AB$即得$\frac{AD}{2DC}=\frac{AB}{BD}$.(证明略.)

分析3　把$\angle ABD$折半也是一种常用的办法.为使折半后的角与已知条件$DE=2AB$联系得更紧,可用平移的办法,作$DF\,/\!/\,AB$,使$DF=2AB$,如图F3.2.3所示.这时$DF=DE$,即$\triangle DEF$是等腰三角形.再把$\angle DBC$平移,只要作$AM\,/\!/\,BD$,设AM交DF于G,交EF于M.这时$ABDG$是平行四边形,所以$DG=AB=\frac{1}{2}DF$.因此,GM是过$\triangle FDE$一边的中点与另一边平行的直线,所以M是EF的中点.连DM,它是$\angle EDF$的角平分线,折半的目的就达到了.由于$\angle 1=\angle DBC$,$\angle 2=\frac{1}{2}\angle EDF=\frac{1}{2}\angle ABD$,只要证$\angle 1=\angle 2$.注意到$\angle DAE=\angle DME=90^\circ$,所以$D$、$A$、$M$、$E$共圆,所以$\angle 1=\angle 3$.又$AM\,/\!/\,BE$,有$\angle 3=\angle 2$,所以$\angle 1=\angle 2$.

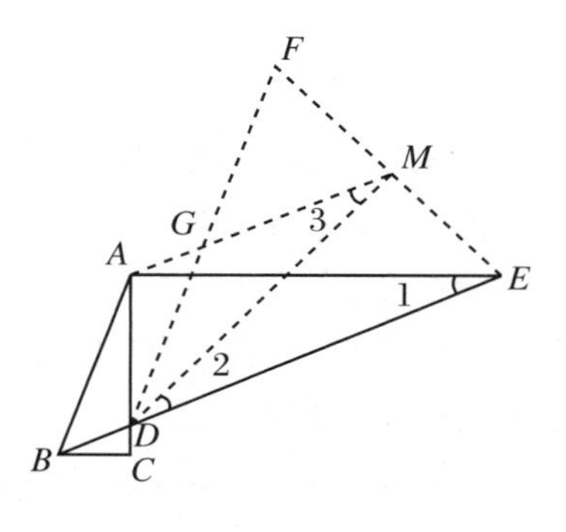

图 F3.2.3

这种平移折半的方法对本题而言虽然算不上简单的好方法,但这种方法告诉我们,作辅助线时,要随时注意作出的辅助线与另外一些线的交点是否为特殊点,如此题中M是EF的中点.否则,就可能给证明带来许多不便.(证明略.)

[**范例3**]　在四边形$ABCD$中,E、F分别是AB、DC上的点,满足条件$\frac{AE}{EB}=\frac{DF}{FC}=\frac{AD}{BC}$,则$DA$、$CB$的延长线与$FE$的延长线成等角.

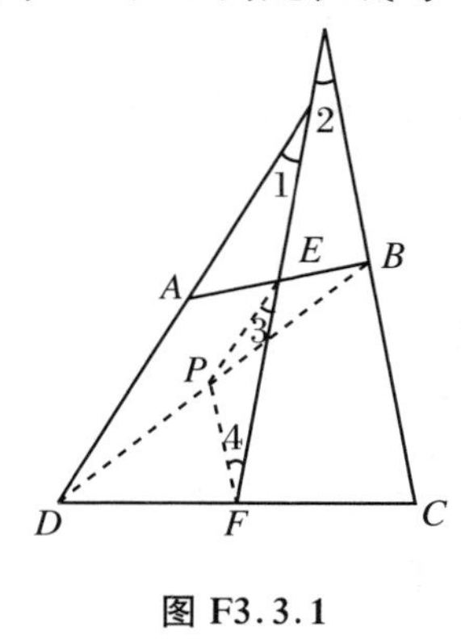

图 F3.3.1

分析1　此题中,$\angle 1$和$\angle 2$分散在两个不相关的三角形之中,证明途径一般是设法将它们集中在一个三角形中.采用平移法,把$\angle 1$、$\angle 2$设法作在一个三角形中,再证这个三角形是等腰三角形.为平移$\angle 1$,只要作$EP\,/\!/\,AD$,如图F3.3.1所示.设$\frac{AE}{EB}=\frac{DF}{FC}=\frac{AD}{BC}=k$,易知$\frac{EP}{AD}=\frac{BE}{AB}=\frac{1}{k+1}$,所以$EP=\frac{AD}{k+1}$.因为$\frac{DF}{FC}=k$,连$PF$,则$\frac{PF}{BC}=\frac{DF}{DC}=\frac{k}{k+1}$,所以$PF=\frac{k\cdot BC}{1+k}$,而$\frac{AD}{BC}=k$,所以$EP=PF$.这就证出了$\triangle PEF$是等腰三角形.

证明1　设$\frac{AE}{EB}=\frac{DF}{FC}=\frac{AD}{BC}=k$,则$\frac{AE+EB}{EB}=k+1$,$\frac{DF}{DF+FC}=\frac{k}{1+k}$,所以

$$\frac{EB}{AB}=\frac{1}{k+1},\quad \frac{DF}{DC}=\frac{k}{k+1}.$$

作$EP\,/\!/\,AD$,设EP交BD于P,连PF.

由$\triangle BEP\backsim\triangle BAD$知$\frac{EP}{AD}=\frac{BE}{AB}=\frac{1}{k+1}$,故

$$EP=\frac{AD}{k+1}. \quad ①$$

因为$\frac{DP}{PB}=k=\frac{AE}{EB}=\frac{DF}{FC}$，所以 $PF /\!/ BC$，由$\triangle DPF \backsim \triangle DBC$ 知$\frac{PF}{BC}=\frac{DF}{DC}=\frac{k}{1+k}$，故

$$PF=\frac{k \cdot BC}{1+k}. \quad ②$$

注意到 $AD=kBC$，比较式①、式②，得到 $EP=PF$，所以$\angle 3=\angle 4$.

因为 $EP /\!/ AD$，所以$\angle 3=\angle 1$. 因为 $PF /\!/ BC$，所以$\angle 2=\angle 4$，所以$\angle 1=\angle 2$.

分析 2 把$\angle 1$、$\angle 2$ 平移到一个三角形中，并且使它们具有一条公共边，则只要证出这个角的公共边是这个三角形的角平分线，就完成了原命题的证明. 后一个问题利用角平分线性质的逆定理可证.

证明 2 如图 F3.3.2 所示，作 $EP \mathrel{\underline{\underline{/\!/}}} AD$，$EQ \mathrel{\underline{\underline{/\!/}}} BC$，连 DP、CQ、PF、FQ，则 $AEPD$、$EBCQ$ 都是平行四边形，所以 $DP \mathrel{\underline{\underline{/\!/}}} AE$，$CQ \mathrel{\underline{\underline{/\!/}}} BE$，$\frac{DP}{CQ}=\frac{AE}{EB}=\frac{DF}{FC}$，且$\angle PDF=\angle QCF$（因为 $DP /\!/ QC$），所以$\triangle PDF \backsim \triangle QCF$，所以$\angle PFD=\angle QFC$，所以 P、F、Q 三点共线. 于是$\frac{PF}{FQ}=\frac{DF}{FC}=\frac{AD}{BC}=\frac{EP}{EQ}$，可见 EF 是$\triangle PEQ$ 中$\angle PEQ$ 的角平分线，所以$\angle 3=\angle 4$. 因为 $PE /\!/ AD$，所以$\angle 3=\angle 1$. 因为 $EQ /\!/ BC$，所以$\angle 4=\angle 2$，所以$\angle 1=\angle 2$.

分析 3 作出 DA 和 CB 的夹角，再证出$\angle 1$、$\angle 2$ 各等于作出的角的一半. 为此，作 $BP \mathrel{\underline{\underline{/\!/}}} AD$，连 DP、CP. 作$\angle PBC$ 的平分线 BQ，与 PC 交于 Q，连 FQ. 如图 F3.3.3 所示.

由 $ABPD$ 是平行四边形知 $PD \mathrel{\underline{\underline{/\!/}}} AB$. 由角平分线性质定理，$\frac{PQ}{QC}=\frac{BP}{BC}=\frac{AD}{BC}=\frac{DF}{FC}$，所以 $FQ /\!/ PD$.

因为$\frac{FQ}{PD}=\frac{CF}{CD}=\frac{EB}{AB}$，$PD=AB$，所以 $FQ=EB$，即 $FQ \mathrel{\underline{\underline{/\!/}}} EB$，所以 $FQBE$ 是平行四边形，所以 $BQ /\!/ EF$，所以$\angle 4=\angle 2$，$\angle 3=\angle 1$，所以$\angle 1=\angle 2$.（证明略.）

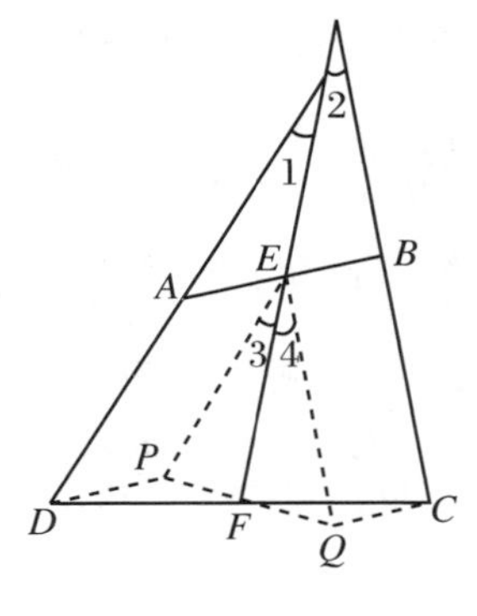

图 F3.3.2

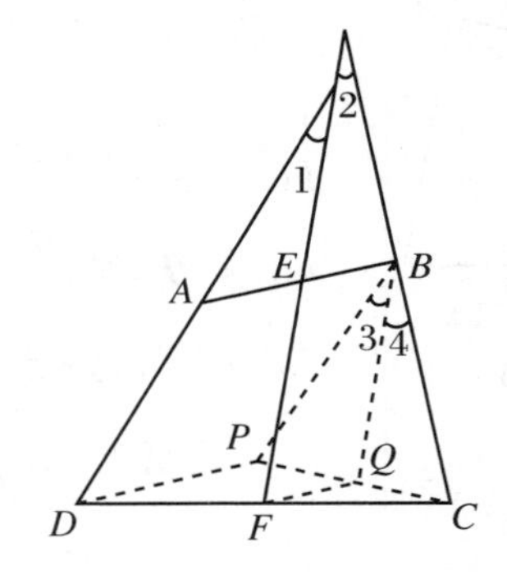

图 F3.3.3

分析 4 把$\angle 1$、$\angle 2$ 分别平移到另外两个三角形中，再证这两个三角形相似. 这只要作 AM、BN 都与 EF 平行，如图 F3.3.4 所示，则$\angle 3=\angle 1$，$\angle 4=\angle 2$. 分别过 D、C 作 AM、BN 的垂线，垂足分别为 M、N，则 $AP /\!/ EF /\!/ BQ$. 由平行截比定理，$\frac{AE}{EB}=\frac{PF}{FQ}=\frac{DF}{FC}=\frac{DF-PF}{FC-FQ}$

$=\dfrac{DP}{CQ}$.

注意到 $DM /\!/ CN$，所以 $\text{Rt}\triangle DMP \backsim \text{Rt}\triangle CNQ$，所以 $\dfrac{DP}{CQ}=\dfrac{DM}{CN}=\dfrac{AD}{BC}$，所以 $\text{Rt}\triangle ADM \backsim \text{Rt}\triangle BCN$，所以 $\angle 3=\angle 4$，所以 $\angle 1=\angle 2$.（证明略.）

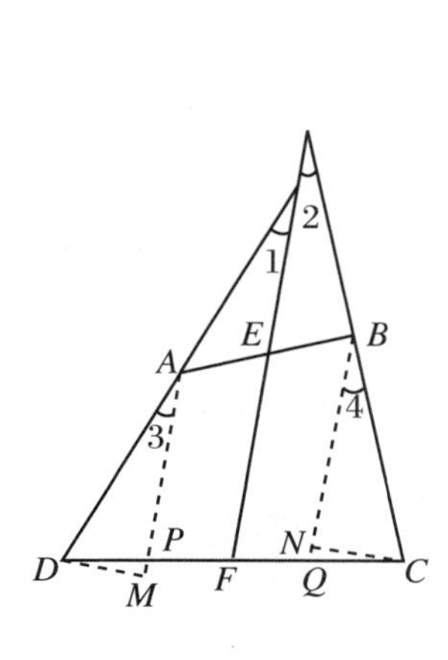

图 F3.3.4

图 F3.3.5

分析 5　通过平移把 $\angle 1$、$\angle 2$ 移到同一个三角形中，再证其等腰. 为此可作 $AG /\!/ EF$，设 AG 交 BF 的延长线于 G，连 DG，如图 F3.3.5 所示. 只要证明 $\angle 1=\angle 3$，$\angle 2=\angle 4$，且 $\triangle ADG$ 是等腰三角形就可以了.

因为 $\dfrac{AE}{EB}=\dfrac{GF}{FB}=\dfrac{DF}{FC}$，所以 $\triangle DFG \backsim \triangle CFB$，所以

$$\frac{DG}{BC}=\frac{GF}{FB}=\frac{DF}{FC}=\frac{AD}{BC},$$

所以 $DG=AD$. 同时. 因为 $\triangle DFG \backsim \triangle CFB$，所以 $\angle GDF=\angle BCF$，所以 $DG /\!/ BC$，所以 $\angle 4=\angle 2$，$\angle 1=\angle 3$，至此，命题已全部解决.（证明略.）

分析 6　同样的方法，采用不同的辅助线，还可过 C 作 EF 的平行线 CG，设 CG 交 DE 的延长线于 G，连 BG，如图 F3.3.6所示，再证 $\angle 1=\angle 3$，$\angle 2=\angle 4$，$\triangle BCG$ 是等腰三角形.

由 $\triangle DCG$ 中的比例关系 $\dfrac{DF}{FC}=\dfrac{DE}{EG}=\dfrac{AE}{EB}$ 知，$\triangle AED \backsim \triangle BEG$，所以 $AD /\!/ BG$，所以 $\angle 1=\angle 3$，$\angle 2=\angle 4$.

另一方面，$\dfrac{AD}{BC}=\dfrac{AE}{EB}=\dfrac{AD}{BG}$，所以 $BC=BG$，所以 $\angle 3=\angle 4$，所以 $\angle 1=\angle 2$.（证明略.）

图 F3.3.6

［**范例 4**］　D、E、F 是 $\triangle ABC$ 的内切圆在 BC、CA、AB 边上的切点，则 $\angle EDF=90^\circ-\dfrac{\angle A}{2}$.

分析 1　从图 F3.4.1 中看出，$\angle EDF$ 和两个弦切角 $\angle 1$、$\angle 2$ 共同形成一个平角. $\angle 1$ 和 $\angle 2$ 分别是等腰 $\triangle BDF$、$\triangle CDE$ 的底角，这样可以用内角和定理把 $\angle EDF$ 和 $\angle A$ 连系起来.

证明 1　$\angle EDF=180^\circ-(\angle 1+\angle 2)$. 由切线长定理，$\angle 1$、$\angle 2$ 分别是等腰 $\triangle BDF$ 和等

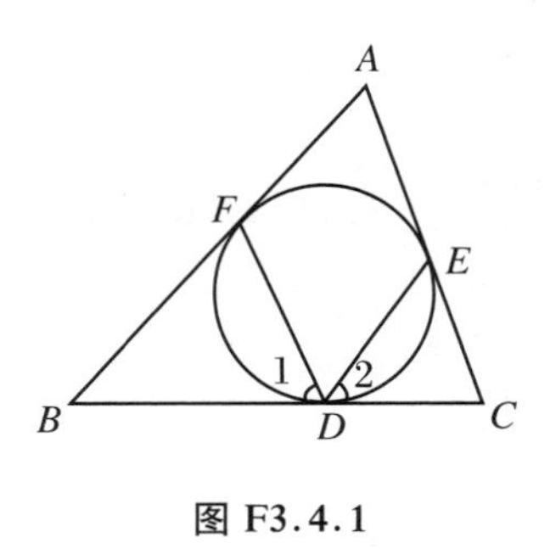

图 F3.4.1

腰$\triangle CDE$的底角，所以$\angle 1=\frac{1}{2}(180^\circ-\angle B)$，$\angle 2=\frac{1}{2}(180^\circ-\angle C)$. 因为$\angle A+\angle B+\angle C=180^\circ$，故

$$\begin{aligned}\angle EDF&=180^\circ-\left(\frac{180^\circ-\angle B}{2}+\frac{180^\circ-\angle C}{2}\right)\\&=\frac{1}{2}(\angle B+\angle C)\\&=\frac{1}{2}(180^\circ-\angle A)=90^\circ-\frac{\angle A}{2}.\end{aligned}$$

分析 2 把要证的等式$\angle EDF=90^\circ-\frac{\angle A}{2}$两端乘2，则$2\angle EDF=180^\circ-\angle A$. 若能证出后一等式，则命题得证. 利用同弧上的圆心角和圆周角的关系，可知$\angle EOF=2\angle EDF$. 注意到A、E、O、F共圆，便可完成证明. 这种把等式两边同时扩大(或缩小)同样倍数后，再证明由此得到的新的等式是这类问题的常用方法之一.

证明 2 如图 F3.4.2 所示，设O为内心，连OE、OF，则$OE\perp AC$，$OF\perp AB$，所以A、E、O、F共圆，所以$\angle A+\angle EOF=180^\circ$.

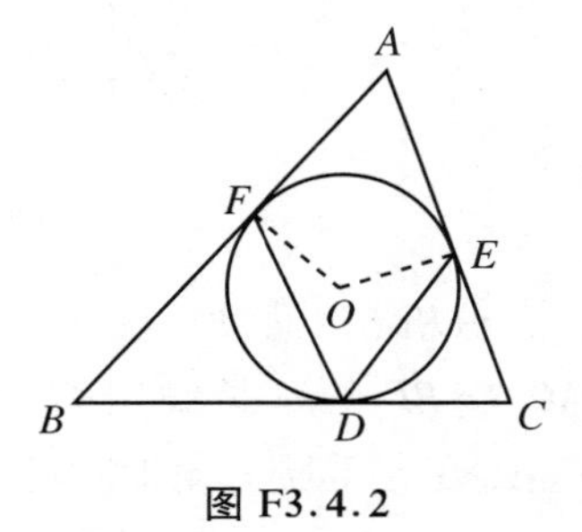

图 F3.4.2

在劣弧$\overset{\frown}{EF}$上，有圆心角$\angle EOF$和圆周角$\angle EDF$，所以$\angle EDF=\frac{1}{2}\angle EOF$，所以

$$\angle EDF=\frac{1}{2}(180^\circ-\angle A)=90^\circ-\frac{\angle A}{2}.$$

分析 3 采用媒介法，需要找一个角，考虑到要证的式中有$\left(90^\circ-\frac{\angle A}{2}\right)$，若连$EF$并作$AG\perp EF$，交$EF$于$G$，则易证$\angle AEG=90^\circ-\frac{\angle A}{2}$. 另一方面，由弦切角定理，$\angle AEG=\angle EDF$，可见，$\angle AEG$就是媒介角.

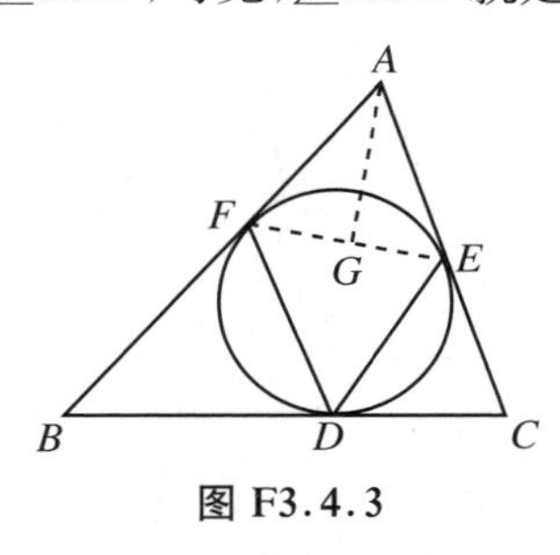

图 F3.4.3

证明 3 连EF，作$AG\perp EF$，垂足为G，如图 F3.4.3 所示. 由切线长定理，$\triangle AEF$是等腰三角形，由三线合一定理知，AG是$\angle EAF$的角平分线. 在$\mathrm{Rt}\triangle EAG$中，$\angle AEG=90^\circ-\frac{\angle A}{2}$.

因为$\angle AEF$是弦切角，所以$\angle AEF=\angle EDF$.

所以$\angle EDF=90^\circ-\frac{\angle A}{2}$.

分析 4 把要证的等式两端$\angle EDF$和$\left(90^\circ-\frac{\angle A}{2}\right)$各自表示成为某些角的和、差、倍的代数式，若它们的表达式相同，则命题得证. 由共圆和切线长定理可知$\angle EDF=\angle 2+\angle 3=\angle 1+\angle 4=\frac{1}{2}\angle B+\frac{1}{2}\angle C$. 另一方面，$90^\circ-\frac{\angle A}{2}=\frac{180^\circ-\angle A}{2}=\frac{\angle B+\angle C}{2}$. 至此，命题得证.

证明4　设 O 为内心，连 OD、OE、OF、OB、OC，如图F3.4.4所示，则易证 $\angle EDF=\angle 2+\angle 3=\angle 1+\angle 4=\frac{1}{2}\angle B+\frac{1}{2}\angle C$.

利用内角和定理知 $180^\circ-\angle A=\angle B+\angle C$，所以 $90^\circ-\frac{\angle A}{2}=\frac{\angle B}{2}+\frac{\angle C}{2}$.

所以 $90^\circ-\frac{\angle A}{2}=\angle EDF$.

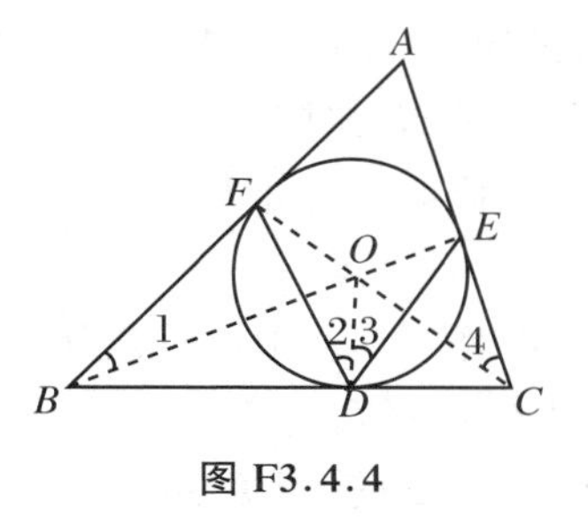

图 F3.4.4

［**范例5**］　在△ABC 中，若 $BC^2=AC\cdot(AC+AB)$，则 $\angle A=2\angle B$.

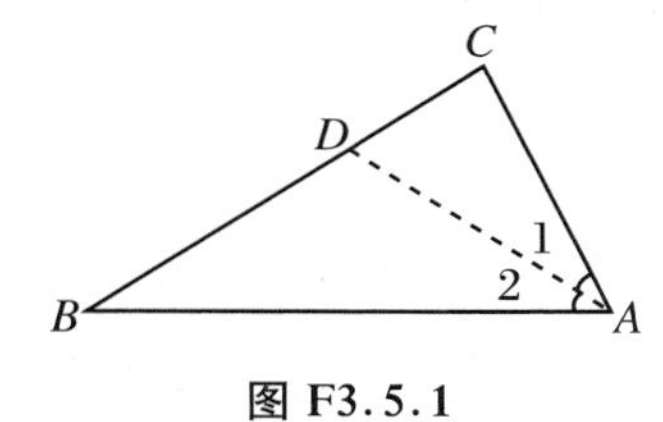

图 F3.5.1

分析1　把 $\angle A$ 折半，只要作出它的角平分线. 如图F3.5.1所示，只要证出 $\angle 1=\angle B$. 在△ACD 和△BCA 中，$\angle C$ 为公共角，只要证出它们相似即可. 于是归结为 $\frac{CA}{CD}=\frac{BC}{AC}$ 的证明. 利用已知条件 $BC^2=AC\cdot(AC+AB)$，不难证出上式.

证明1　作 $\angle A$ 的平分线 AD，则 $\angle A=2\angle 1$. 由角平分线性质定理，$\frac{DC}{DB}=\frac{AC}{AB}$，所以 $\frac{DC}{BC-DC}=\frac{AC}{AB}$，$\frac{DC}{BC}=\frac{AC}{AB+AC}$，所以

$$\frac{DC}{AC}=\frac{BC}{AC+AB}, \tag{①}$$

$$\frac{AC}{BC}=\frac{AC\cdot BC}{BC^2}=\frac{AC\cdot BC}{AC(AC+AB)}=\frac{BC}{AC+AB}. \tag{②}$$

比较式①、式②可知 $\frac{DC}{AC}=\frac{AC}{BC}$，所以△$ACD$∽△$BCA$，所以 $\angle B=\angle 1=\frac{1}{2}\angle A$.

分析2　折半法的另一种途径是用这个角作等腰三角形，使其为顶角的外角，则这个等腰三角形的底角是该角之半. 于是只要证明 $\angle 2=\angle 3$，这可由证出△BCA∽△DCB 得到.

证明2　延长 CA 到 D，使 $AD=AB$，连 BC，如图 F3.5.2 所示，则 $\angle 1=\angle 3$，$\angle A=2\angle 3$.

由已知，$BC^2=AC\cdot(AC+AB)=AC\cdot(AC+AD)=AC\cdot CD$，$\angle C$ 为公共角，所以△BCA∽△DCB，所以 $\angle 2=\angle 3$，所以 $\angle A=2\angle 2$.

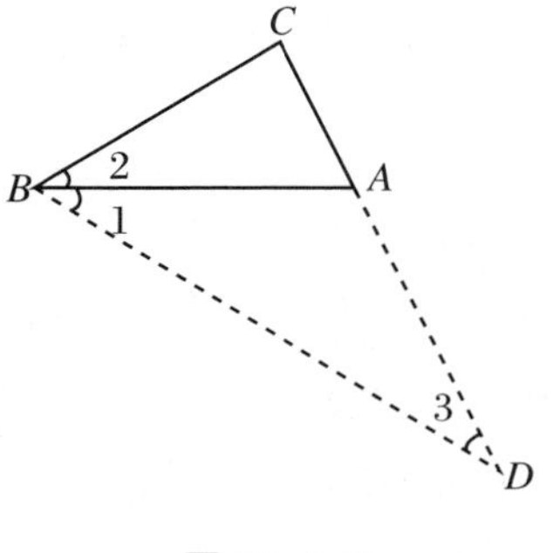

图 F3.5.2

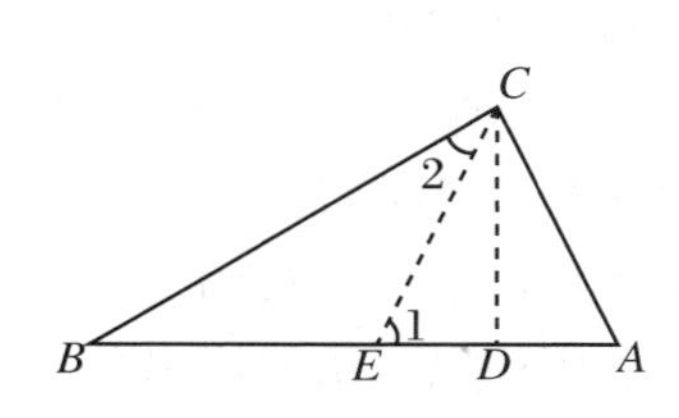

图 F3.5.3

分析3　从条件 $BC^2=AC^2+AC\cdot AB$ 看，有两项平方项，容易想到勾股定理. 为此，作 $CD\perp AB$，如图 F3.5.3 所示，在 Rt△CDB 和 Rt△CDA 中分别应用勾股定理并将两式相减，得到 $BC^2-AC^2=BD^2-AD^2=(BD+AD)(BD-AD)=AB\cdot(BD-AD)$，由已知条

件，$BC^2-AC^2=AC\cdot AB$，所以 $AC=BD-AD$. 至此，可采取截取法，即在 BD 上取 E，使 $ED=AD$，这时 $BE=BD-ED=AC$，注意到$\triangle EBC$ 是等腰三角形，命题便得证了.

证明 3 由 $BC^2=AC^2+AC\cdot AB$ 可得

$$BC^2-AC^2=AC\cdot AB. \quad ①$$

作 $CD\perp AB$，垂足为 D，在 BD 中取 E，使 $DE=DA$，连 CE，则 CD 是 AE 的中垂线，所以 $CA=CE$，$\angle 1=\angle A$.

在 Rt$\triangle CDB$ 和 Rt$\triangle CDA$ 中，由勾股定理，有

$$BC^2=CD^2+BD^2,\quad AC^2=CD^2+AD^2,$$

$$BC^2-AC^2=BD^2-AD^2=(BD+AD)(BD-AD)=AB\cdot(BD-AD). \quad ②$$

比较式①、式②可知 $AC=BD-AD=BD-DE=BE$. 而 $AC=CE$，所以 $CE=BE$，即 $\angle B=\angle 2$，$\angle 1=2\angle B$.

所以$\angle A=2\angle B$.

［**范例 6**］ 两圆内切于 P，任作大圆的一弦 AD，设 AD 交小圆于 B、C，则$\angle APB=\angle CPD$.

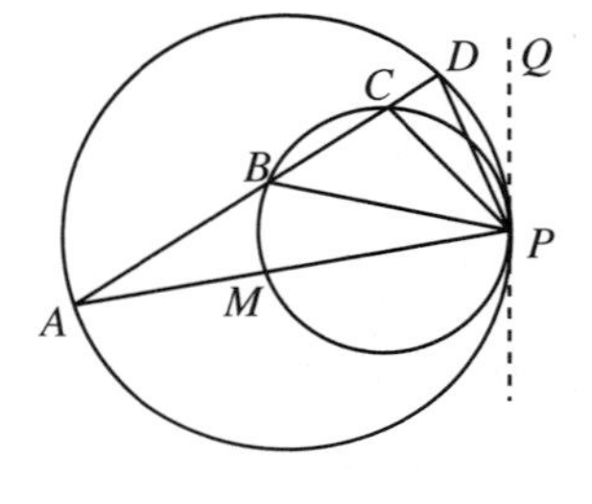

图 F3.6.1

分析 1 对于两圆相切问题，常用公切线为辅助线，作出公切线 PQ，如图 F3.6.1 所示. 利用弦切角定理，$\angle CPQ=\angle CBP$，$\angle DPQ=\angle DAP$. 注意到$\angle CBP$ 是$\triangle ABP$ 的外角，所以$\angle CBP=\angle BAP+\angle APB$，最后由等角之差可证出本题结论.

证明 1 作公切线 PQ，则$\angle DPQ$ 和$\angle CPQ$ 是弦切角，$\angle DAP$、$\angle CBP$ 分别是它们夹弦上的圆周角，由弦切角定理，$\angle DPQ=\angle DAP$，$\angle CPQ=\angle CBP$.

因为$\angle CBP$ 是$\triangle ABP$ 的外角，所以

$$\angle CBP=\angle BAP+\angle APB,$$

$$\angle CPQ=\angle CPD+\angle DPQ=\angle CPD+\angle BAP$$

$$=\angle CBP=\angle BAP+\angle APB,$$

$$\angle CPD=\angle APB.$$

分析 2 $\angle CPD$ 和$\angle APB$ 相等，从内圆来看就是两个圆周角$\angle CPN$ 和$\angle BPM$ 相等的问题. 于是转而证明 $\overset{\frown}{BM}=\overset{\frown}{CN}$，只需证明 $MN\parallel BC$. 这可由作公切线后利用弦切角定理得证.

证明 2 设 AP、DP 各与小圆交于 M、N，连 MN，作公切线 PQ，如图 F3.6.2 所示，则$\angle NPQ$ 是两个圆的弦切角，所以$\angle NPQ=\angle NMP=\angle DPQ=\angle DAP$，所以 $AD\parallel MN$，即 $BC\parallel MN$，所以 $\overset{\frown}{BM}=\overset{\frown}{CN}$，所以$\angle BPM=\angle CPN$，即$\angle APB=\angle CPD$.

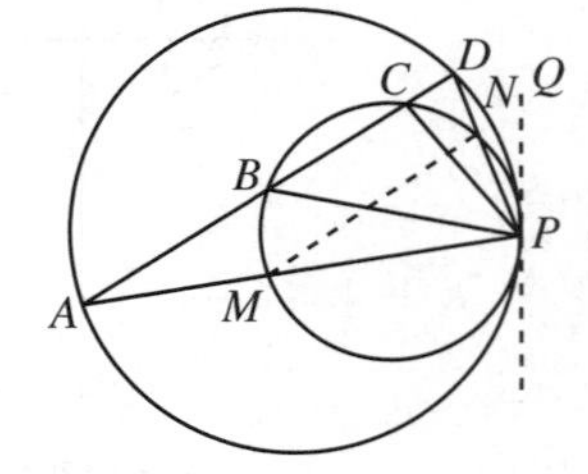

图 F3.6.2

分析 3 利用相似三角形证出角相等是一种常用的方法，这首先要作出相似三角形. 连 BM，只要证出$\triangle APN\backsim\triangle DPC$ 即可.

证明 3 如图 F3.6.3 所示，设 AP 交小圆于 M，连 BM，延长 PB，交大圆于 N，连 AN，作公切线 PQ，则$\angle BPQ$ 是两个圆的弦切角，所以$\angle BPQ=\angle BMP=\angle NAP$. 因为$\angle DCP$ 是圆内接四边形 $CBMP$ 的外角，所以

$\angle DCP=\angle BMP=\angle NAP$.

因为在大圆中，$\angle D$ 和 $\angle N$ 是同弧上的圆周角，所以 $\angle D=\angle N$，所以 $\triangle DCP\backsim\triangle NAP$，所以 $\angle APN=\angle CPD$，即 $\angle APB=\angle CPD$.

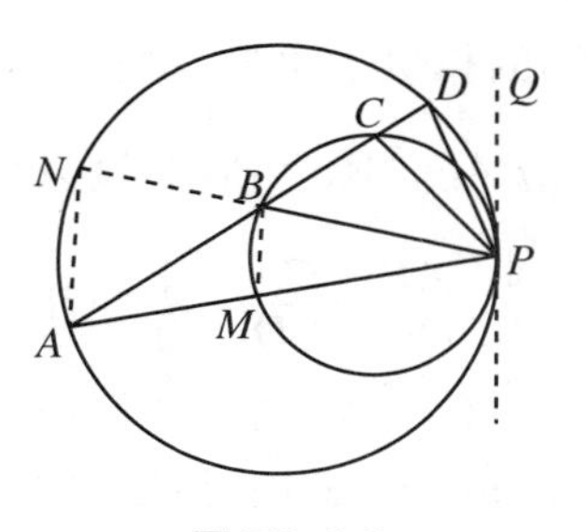

图 F3.6.3

［范例7］　AB 为 $\odot O$ 的直径，C、D 在直线 AB 的圆外部分上，满足 $CA=AB=BD$，过 C 作圆的切线 CP，切点为 P，连 AP、PD，延长 CP，则 $\angle 1=\angle 2$.

分析1　要证 $\angle 1=\angle 2$，设法通过平移把其中一个角移到新的位置，使之容易与另一个角比较. 这只要过 B 作 $BE/\!/AP$，交 CP 的延长线于 E，则要证明 $\angle 1=\angle 2$，只要证 $\angle 3=\angle 2$. 在 $\triangle CBE$ 中，由平行截比定理可证 P 是 CE 的中点，在 $\triangle CDE$ 中，又可证 $OP/\!/DE$，所以 $\triangle DEP$ 是直角三角形，于是只要证出 F 为其斜边 PD 的中点，这在 $\triangle PAD$ 中由平行截比定理可证.

证明1　如图 F3.7.1 所示，设 O 为圆心，连 OP，过 B 点作 AP 的平行线，交 CP 的延长线于 E，则 $\angle 1=\angle 3$. 连 ED.

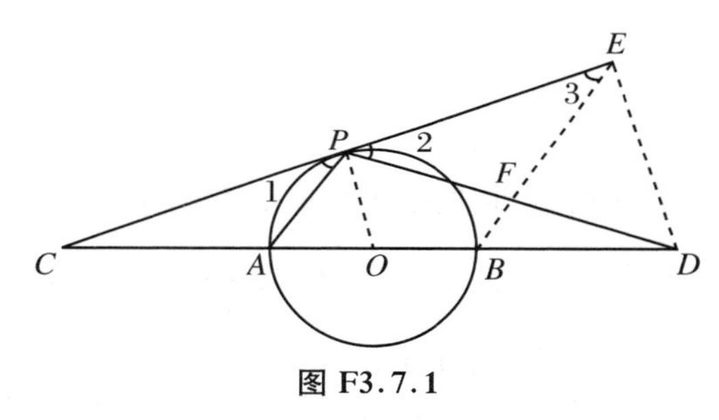

图 F3.7.1

因为 A 为 CB 的中点，$BE/\!/AP$，所以 P 为 CE 的中点.

因为 P、O 各是 CE、CD 的中点，所以 $OP/\!/DE$.

因为 CP 是圆的切线，所以 $CP\perp OP$，所以 $DE\perp PE$，$\triangle PED$ 是直角三角形.

因为 $EF/\!/AP$，B 为 AD 的中点，可见 F 是 PD 的中点，EF 是 $\mathrm{Rt}\triangle PED$ 的斜边上的中线，所以 $\angle 2=\angle 3$. 因为 $\angle 1=\angle 3$，$\angle 2=\angle 3$，所以 $\angle 1=\angle 2$.

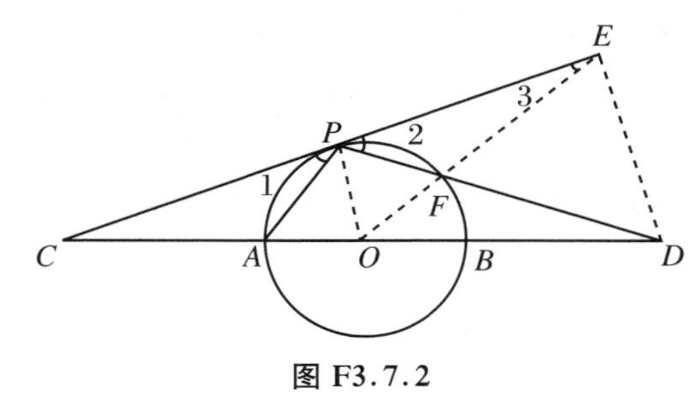

图 F3.7.2

分析2　通过全等三角形证明角相等是一个常用方法. 但题目中没直接给出全等三角形，这就要添些辅助线. 譬如说连 OP，作 $DE/\!/OP$，DE 交直线 CP 于 E. 连 OE，如图 F3.7.2 所示，必有 $\angle 3=\angle C$，$OE=OC$，设 OE 交 PD 于 F. 这时我们发现，要证 $\angle 1=\angle 2$，可归结为证明 $\triangle PAC\cong\triangle PFE$.

注意到 EO、DP 是 $\triangle CDE$ 的两条中线，可见 F 是重心，所以 $EF=\dfrac{2}{3}OE$. 另一方面，由已知条件不难发现 $AC=\dfrac{2}{3}OC$. 根据 $OE=OC$，得到 $AC=EF$，这样 $\triangle PAC$、$\triangle PFE$ 就具备了全等的条件.（证明略.）

分析3　通过三角形相似证明两个角相等也是一种常用方法，这就要通过辅助线作出适当的相似三角形.譬如说可以作 $AF /\!/ DE /\!/ OP$,把证明$\angle 1=\angle 2$ 的问题转化为证明 Rt$\triangle PAF \backsim$ Rt$\triangle PDE$,这只要证出$\dfrac{PF}{PE}=\dfrac{AF}{DE}$.利用 $AF /\!/ OP /\!/ DE$ 的特点,容易发现$\dfrac{PF}{PE}=\dfrac{OA}{OD}=\dfrac{1}{3}$,$\dfrac{AF}{DE}=\dfrac{CA}{CD}=\dfrac{1}{3}$,所以$\dfrac{PF}{PE}=\dfrac{AF}{DE}$.(证明略.)

分析 4 如图 F3.7.4 所示,连 OP 后,要证$\angle 1=\angle 2$,就是要证明 PO 是$\angle APD$ 的平分线.把 DP 延长,易知$\angle 2=\angle 3$,可见证明$\angle 1=\angle 2$ 就是要证明 PC 是$\triangle APD$ 的外角平分线.注意到在本题条件下,$\dfrac{CD}{AC}=\dfrac{OD}{OA}(=3)$,引用三角形内外角平分线性质的逆定理,问题就解决了.(证明略.)

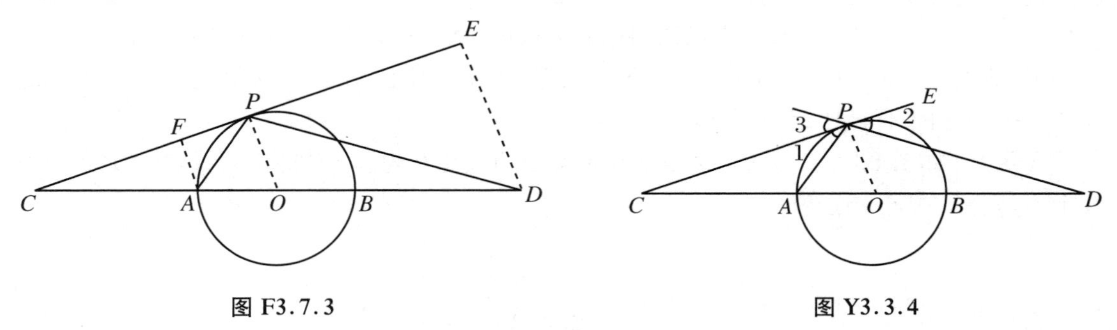

图 F3.7.3　　　　图 Y3.3.4

注 关于三角形内、外角平分线性质的逆定理及其证明.

定理 在$\triangle ABC$ 中,D 是 BC 内的点,E 是 CB 的延长线上的点,$AD\perp AE$,$\dfrac{BD}{CD}=\dfrac{BE}{CE}$,则 AD、AE 各是$\triangle ABC$ 中$\angle A$ 的内、外角平分线.

证明 过 B、C 分别作 AD 的平行线 BP、CQ,设 BP 交 CA 的延长线于 P,CQ 交 EA 的延长线于 Q,如图 F3.7.5 所示,则 $BP\perp AE$,$CQ\perp AE$.

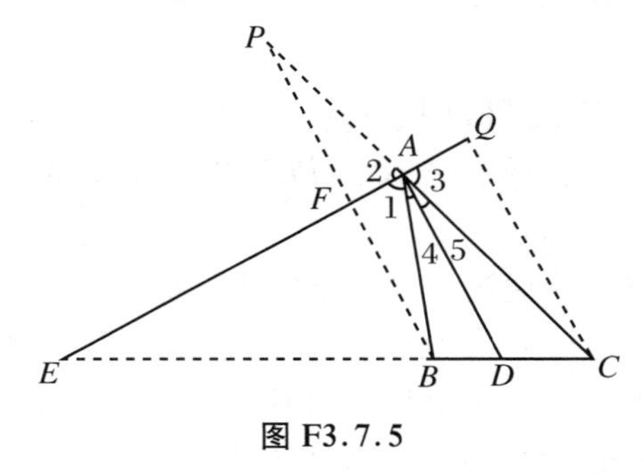

图 F3.7.5

由平行截比定理知$\dfrac{AP}{AC}=\dfrac{BD}{DC}$.

由$\triangle EBF \backsim \triangle ECQ$ 知$\dfrac{BE}{EC}=\dfrac{BF}{CQ}$.

因为$\dfrac{BD}{DC}=\dfrac{BE}{EC}$,所以$\dfrac{AP}{AC}=\dfrac{BF}{CQ}$.

因为$\triangle AFP \backsim \triangle AQC$,所以$\dfrac{AP}{AC}=\dfrac{PF}{CQ}$,所以$\dfrac{BF}{CQ}=\dfrac{PF}{CQ}$,所以 $BF=PF$.可见 AF 是 PB 的中垂线,所以

$$\angle 1=\angle 2. \qquad ①$$

因为$\angle 2=\angle 3$,所以$\angle 1=\angle 3$,所以 $90^\circ-\angle 1=90^\circ-\angle 3$,即

$$\angle 4=\angle 5. \qquad ②$$

由式①、式②的结果知,AD、AE 分别是$\triangle ABC$ 中$\angle A$ 的内、外角平分线.定理证毕.

分析 5 把分散的$\angle 1$、$\angle 2$ 集中到一个三角形内,再证此三角形是等腰三角形,这是证明分散的角相等的问题时常用的一种方法.为此目的,只要过 C 作 AP 的平行线,交 DP 的延长线于 F,连 OP,作 $CE /\!/ OP$,CE 交 DP 的延长线于 E,如图 F3.7.6 所示.这样,$\angle 3=$

$\angle 2$，$\angle 4=\angle 1$，只要证$\angle 3=\angle 4$，即 $PF=CF$. 注意到$\triangle ECP$ 是直角三角形，可见，只要证出 CF 是斜边上的中线.

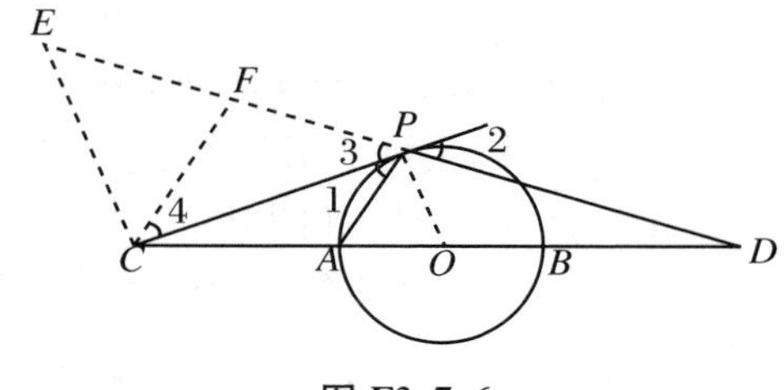

图 F3.7.6

因为 $PA /\!/ CF$，所以 $PF=PD\cdot\dfrac{CA}{AD}=\dfrac{1}{2}PD$，这样只要证 $PE=PD$. 由于 $OP /\!/ CE$，且 O 为 CD 的中点，由平行截比定理可证出.（证明略.）

［**范例 8**］　在$\triangle ABC$ 中，D、E、F 分别是内切圆在 BC、CA、AB 上的切点，$DP\perp EF$ 于 P，则$\angle PBF=\angle PCE$.

分析 1　要证的两角分别在$\triangle FPB$ 和$\triangle EPC$ 中，容易发现$\angle PFB=\angle PEC$，若能证出$\triangle PFB\backsim\triangle PEC$，则命题得证. 为证三角形相似，只能试证$\dfrac{PE}{PF}=\dfrac{CE}{BF}$. 由切线长定理知，$CE=CD$，$BF=BD$，$\angle AEF=\angle AFE$，所以$\angle PQF=\angle PRE$，分析到这里，容易联想到本章范例 3. 这里的问题实际是本章范例 3 中的命题的一种逆命题. 为此，根据这里的条件采取范例 3 中分析 3 所采用的辅助线，很容易证出$\dfrac{PE}{PF}=\dfrac{CE}{BF}$.

证明 1　延长 DP，分别交直线 AB、AC 于 Q、R，作 $EM \underline{/\!/} BF$，连 BM、CM. 作 $EN /\!/ PD$，EN 交 CM 于 N，连 DN. 如图 F3.8.1 所示.

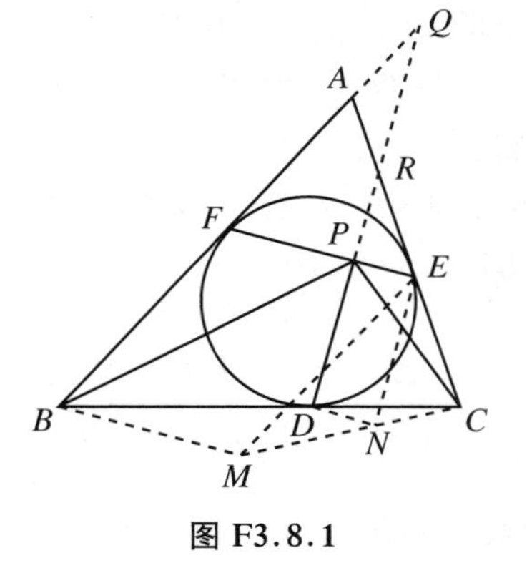

图 F3.8.1

因为 AE、AF 为切线，所以$\angle AEF=\angle AFE$，$\angle PEC=\angle PFB$，所以 Rt$\triangle QPF\backsim$Rt$\triangle RPE$，所以$\angle PQF=\angle PRE$.

因为 $EM \underline{/\!/} BF$，所以 $EMBF$ 是平行四边形，所以 $BM \underline{/\!/} EF$.

因为 $EN /\!/ PD$，所以$\angle MEN=\angle PQF$，$\angle CEN=\angle PRE$，所以 EN 是$\angle MEC$ 的平分线，所以$\dfrac{CN}{MN}=\dfrac{CE}{ME}=\dfrac{CE}{BF}$.

因为 CE、CD 是切线，BD、BF 是切线，所以 $CE=CD$，$BF=BD$，所以$\dfrac{CE}{BF}=\dfrac{CD}{BD}=\dfrac{CN}{MN}$，所以 $DN /\!/ BM$，所以 $DN /\!/ PE$，所以 $PEND$ 是平行四边形，所以 $DN=PE$.

由此可得

$$\frac{PE}{EF}=\frac{DN}{BM}=\frac{CD}{CB},$$

$$\frac{PE}{EF-PE}=\frac{PE}{PF}=\frac{CD}{BC-CD}=\frac{CD}{BD}=\frac{CE}{BF}.$$

因为$\dfrac{PE}{PF}=\dfrac{CE}{BF}$，$\angle PEC=\angle PFB$，所以$\triangle PEC\backsim\triangle PFB$，所以$\angle PCE=\angle PBF$.

分析 2　$\triangle PEC \backsim \triangle PFB$ 还可通过平行截比定理、角平分线定理、相似三角形并运用比例性质定理证出. 这只要注意到$\triangle PQF \backsim \triangle PRE$，所以$\dfrac{PF}{PE}=\dfrac{QF}{RE}$. 这样只要证$\dfrac{QF}{RE}=\dfrac{BF}{CE}$. 这个等式可通过作出 $RS /\!/ AB$，运用平行截比及角平分线定理证出.

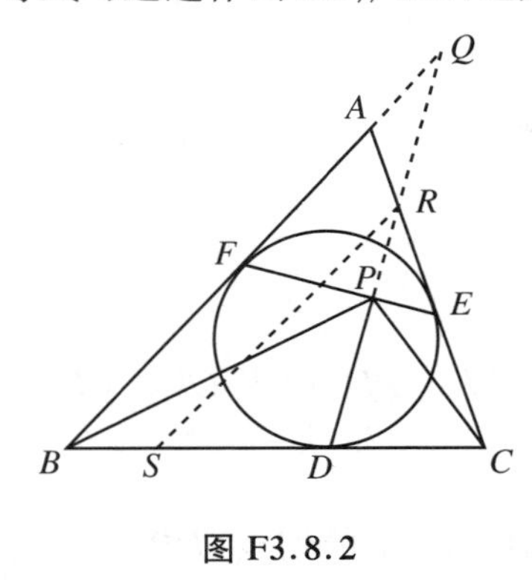

图 F3.8.2

证明 2　延长 DP，交直线 AB、AC 各于 Q、R，作 $RS /\!/ AB$，交 BC 于 S. 如图 F3.8.2 所示. 易证$\angle AEF=\angle AFE$，所以$\angle PQF=\angle PRE$. 因为 $RS /\!/ AB$，所以$\angle PRS=\angle PQF=\angle PRE$，所以 RD 是$\angle CRS$ 的角平分线，所以$\dfrac{DS}{DC}=\dfrac{RS}{RC}$.

因为 $RS /\!/ BQ$，所以$\dfrac{DS}{DB}=\dfrac{RS}{BQ}$.

上面两个等式相除，则有$\dfrac{DB}{DC}=\dfrac{BQ}{RC}$.

由切线长定理，$BD=BF$，$DC=CE$，则

$$\frac{DB}{DC}=\frac{BF}{CE}=\frac{BQ}{RC}=\frac{BQ-BF}{RC-CE}=\frac{QF}{RE}.$$

由 $\mathrm{Rt}\triangle PQF \backsim \mathrm{Rt}\triangle PRE$ 知$\dfrac{QF}{RE}=\dfrac{PF}{PE}$.

所以$\dfrac{PF}{PE}=\dfrac{BF}{CE}$. 注意到$\angle BFP=\angle CEP$，所以$\triangle BFP \backsim \triangle CEP$，所以$\angle PBF=\angle PCE$.

分析 3　要证$\angle PBF=\angle PCE$，还可先找一对等角 $\alpha=\beta$，证出$\angle PBF+\alpha=\angle PCE+\beta$，这样就可以不通过$\triangle PBF$ 和$\triangle PCE$ 的相似，而通过另外较容易证出相似的两个三角形完成证明. 本题证明 3 中的 α、β 分别是$\angle MBF$ 和$\angle NCE$.

证明 3　如图 F3.8.3 所示，作 BM、CN 与直线 EF 垂直，垂足分别为 M、N，易证$\angle AEF=\angle AFE$，所以$\angle NEC=\angle MFB$. 由 $\mathrm{Rt}\triangle BMF \backsim \mathrm{Rt}\triangle CEN$ 知$\angle FBM=\angle ECN$，$\dfrac{BM}{CN}=\dfrac{BF}{CE}=\dfrac{BD}{CD}$.

因为 DP、BM、CN 都是 EF 的垂线，所以 $DP /\!/ BM /\!/ CN$，由平行截比定理，$\dfrac{BD}{CD}=\dfrac{PM}{PN}$，所以$\dfrac{PM}{PN}=\dfrac{BM}{CN}$，所以 $\mathrm{Rt}\triangle BMP \backsim \mathrm{Rt}\triangle CNP$，所以$\angle PBM=\angle PCN$，所以$\angle PBM-\angle FBM=\angle PCN-\angle ECN$，即$\angle PBF=\angle PCE$.

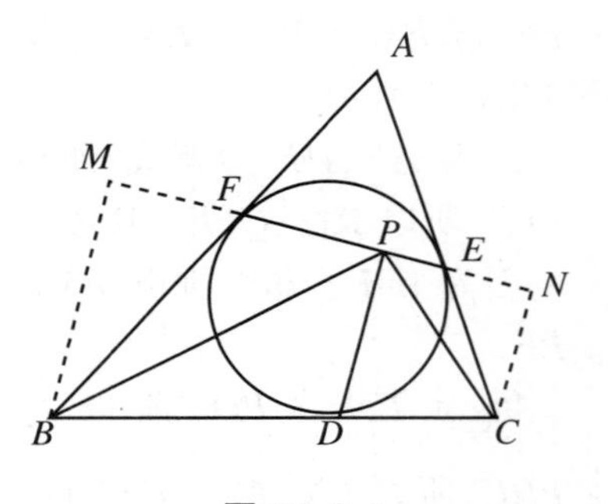

图 F3.8.3

3.3 研　究　题

［**例 1**］　在$\triangle ABC$ 中，AH 是 BC 边的高，D、E、F 分别是 BC、CA、AB 的中点，则$\angle EDF=\angle EHF$.

证明 1(平行四边形的性质、三角形全等)

如图 Y3.1.1 所示,连 EF,EF 是$\triangle ABC$ 的中位线,所以 $EF /\!/ BC$.同理,$DF /\!/ AC$,所以 $FDEA$ 是平行四边形,所以$\angle EDF=\angle A$.

由平行截比定理易证 EF 是 AH 的中垂线,所以$\triangle EAF \cong \triangle EHF$,所以$\angle EHF=\angle A$.

所以$\angle EDF=\angle EHF$.

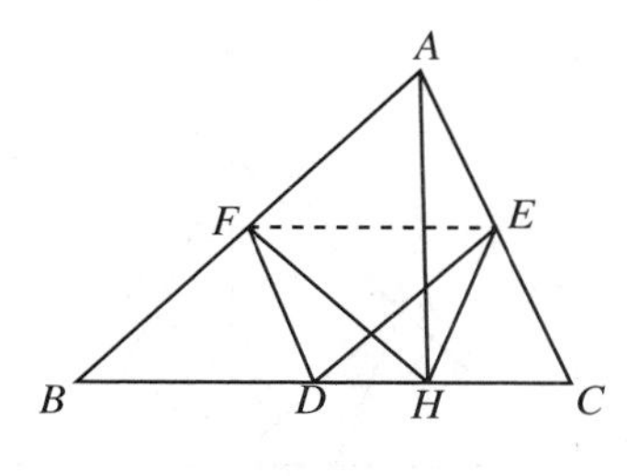

图 Y3.1.1

证明 2(斜边中线定理、三角形的内角和、相似)

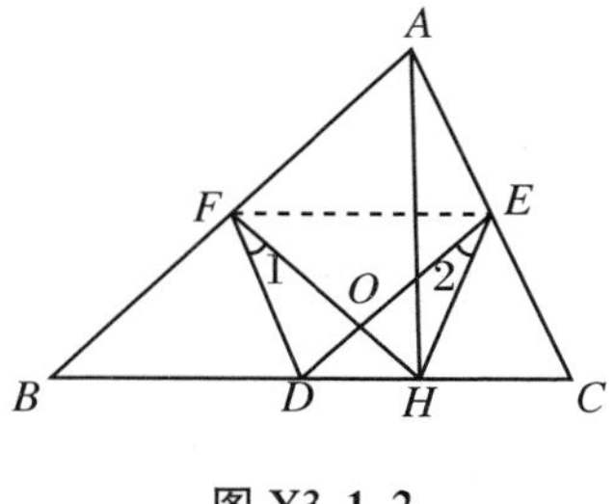

图 Y3.1.2

如图 Y3.1.2 所示.因为 HF、HE 分别是 Rt$\triangle AHB$ 和 Rt$\triangle AHC$ 的斜边上的中线,所以$\angle FHB=\angle B$,$\angle EHC=\angle C$.

因为 DE、DF 是$\triangle ABC$ 的中位线,所以$\angle BFD=\angle CED=\angle A$.于是在$\triangle BFH$ 中,有

$$\begin{aligned}\angle 1&=180^\circ-\angle B-\angle BHF-\angle BFD\\&=180^\circ-2\angle B-\angle A\\&=180^\circ-(\angle A+\angle B+\angle C)+\angle C-\angle B\\&=\angle C-\angle B,\end{aligned}$$

同理,在$\triangle CED$ 中,有$\angle 2=\angle C-\angle B$,所以$\angle 1=\angle 2$.

所以$\triangle DOF \backsim \triangle HOE$,所以$\angle EDF=\angle EHF$.

证明 3(斜边中线定理、等腰梯形的性质)

因为 DF 是$\triangle ABC$ 的中位线,EH 是 Rt$\triangle AHC$ 斜边上的中线,所以 $DF=\dfrac{1}{2}AC$,$EH=\dfrac{1}{2}AC$,所以 $DF=EH$.

因为 EF 是$\triangle ABC$ 的中位线,所以 $EF /\!/ BC$,所以 $DHEF$ 是等腰梯形,DE、FH 是其对角线,所以$\angle EDF=\angle EHF$.

证明 4(共圆、同弧上的圆周角)

因为 $EF /\!/ BC$,所以$\angle FEH=\angle EHC=\angle C$.

因为 $DF /\!/ AC$,所以$\angle FDB=\angle C=\angle FEH$,所以 D、H、E、F 共圆.$\angle EDF$、$\angle EHF$ 是同弧上的圆周角,所以$\angle EDF=\angle EHF$.

证明 5(斜边中线定理、中位线的性质、等角的补角)

如图 Y3.1.3 所示.因为 DF 是中位线,EH 是 Rt$\triangle AHC$ 斜边上的中线,所以$\angle 1=\angle 2=\angle C$.同理$\angle 3=\angle 4=\angle B$,所以$\angle 1+\angle 3=\angle 2+\angle 4=\angle B+\angle C$,所以$\angle EDF=180^\circ-(\angle 1+\angle 3)=180^\circ-(\angle 2+\angle 4)=\angle EHF$.

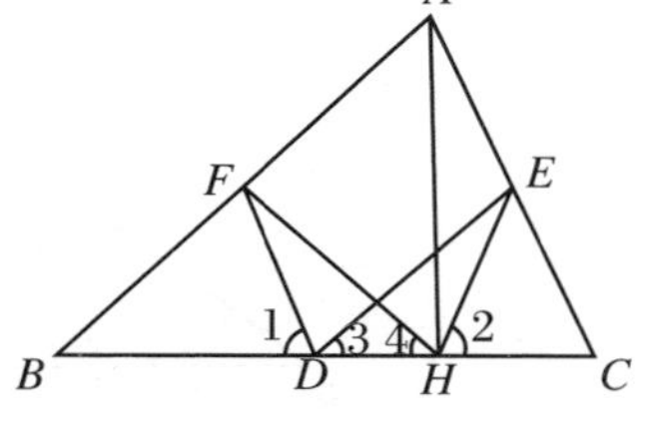

图 Y3.1.3

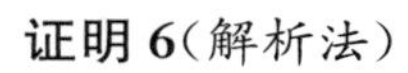

证明 6(解析法)

如图 Y3.1.4 所示,建立直角坐标系.

设 $C(c,0)$,$B(b,0)$,$A(0,h)$,则 $D\left(\dfrac{b+c}{2},0\right)$,$E\left(\dfrac{c}{2},\dfrac{h}{2}\right)$,$F\left(\dfrac{b}{2},\dfrac{h}{2}\right)$,所以

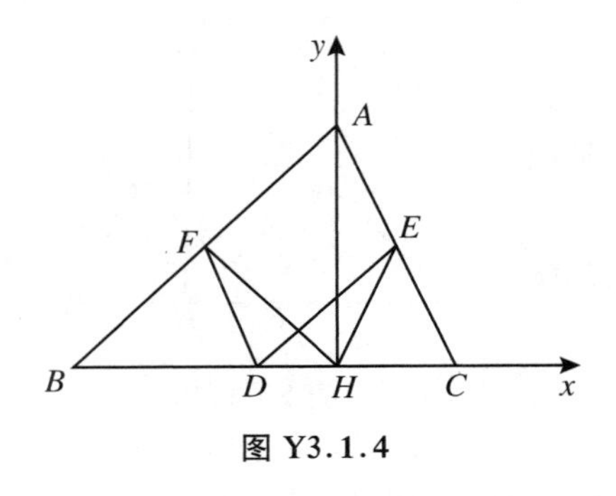

图 Y3.1.4

$$k_{DE}=\frac{\frac{h}{2}-0}{\frac{c}{2}-\frac{b+c}{2}}=-\frac{h}{b},$$

$$k_{DF}=\frac{\frac{h}{2}-0}{\frac{b}{2}-\frac{b+c}{2}}=-\frac{h}{c},$$

$$k_{HE}=\frac{\frac{h}{2}}{\frac{c}{2}}=\frac{h}{c},\quad k_{HF}=\frac{\frac{h}{2}}{\frac{b}{2}}=\frac{h}{b}.$$

$$\tan\angle EDF=\frac{k_{DF}-k_{DE}}{1-k_{DF}\cdot k_{DE}}=\frac{-\frac{h}{c}-\left(-\frac{h}{b}\right)}{1-\left(-\frac{h}{c}\right)\cdot\left(-\frac{h}{b}\right)}=\frac{(c-b)\cdot h}{bc-h^2},$$

$$\tan\angle EHF=\frac{k_{HF}-k_{HE}}{1-k_{HF}\cdot k_{HE}}=\frac{\frac{h}{b}-\frac{h}{c}}{1-\frac{h}{b}\cdot\frac{h}{c}}=\frac{(c-b)\cdot h}{bc-h^2},$$

$$\tan\angle EDF=\tan\angle EHF.$$

所以$\angle EDF=\angle EHF$.

［例 2］ 在 Rt$\triangle ABC$ 中,$\angle C=90^\circ$,AD 是$\angle A$ 的平分线,$CM\perp AD$,CM 交 AD 于 M,交 AB 于 N,$NE\perp BC$,垂足为 E,则$\angle B=\angle EMD$.

证明 1(角度的计算、同角的余角相等)

如图 Y3.2.1 所示,在 Rt$\triangle ACD$ 中,$\angle 2=\angle 4=\frac{1}{2}\angle A$,易证 M 是 CN 的中点,所以 EM 是 Rt$\triangle CEN$ 斜边上的中线,所以$\angle 3=\angle 4$.

所以$\angle EMD=\angle EMC-\angle DMC=(180^\circ-\angle 3-\angle 4)-90^\circ=90^\circ-2\angle 2=90^\circ-\angle A=\angle B$.

证明 2(相似三角形、斜边中线定理)

如证明 1 所证,$\angle 3=\angle 4=\angle 2=\angle 1$,$\angle EDM$ 是公共角,所以$\triangle EDM\backsim\triangle ADB$,所以$\angle EMD=\angle B$.

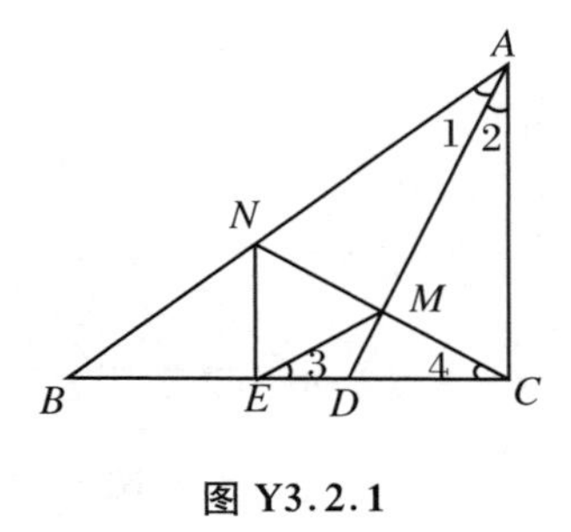

图 Y3.2.1

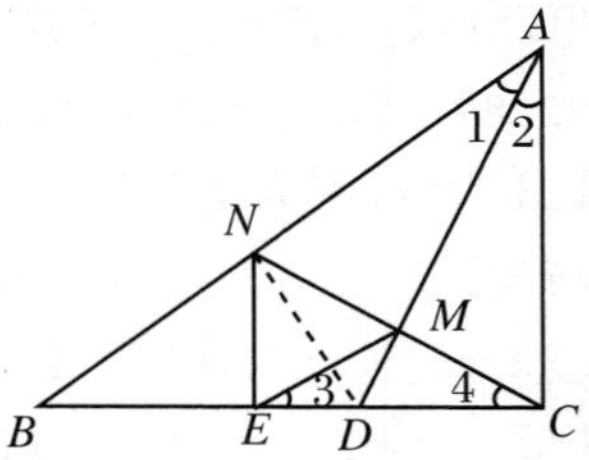

图 Y3.2.2

证明 3(共圆、三角形全等)

如图 Y3.2.2 所示,连 DN. 由 Rt$\triangle AMN\cong$Rt$\triangle AMC$ 知 $AN=AC$. 因为$\triangle ACD\cong\triangle AND$,所以$\angle AND=90^\circ$.

在Rt$\triangle DNB$中，$NE\perp BC$，所以$\angle DNE=\angle B$。因为$\angle NEC=\angle NMD=90^\circ$，所以$N$、$E$、$D$、$M$四点共圆，所以$\angle EMD=\angle END$，所以$\angle EMD=\angle B$。

证明4（三角形全等、矩形的性质、共圆）

如图Y3.2.3所示，延长EM，交AC于F，连NF。

因为AM是CN的中垂线，所以$CM=MN$。因为$NE\perp BC$，$AC\perp BC$，所以$NE/\!/AC$，所以$\triangle EMN\cong\triangle FMC$，所以$NE=CF$。故$ECFN$是矩形，所以$NF/\!/EC$，所以$\angle 1=\angle 2$，$\angle ANF=\angle B$。易证$\angle 2=\angle 3$，所以$\angle 1=\angle 3$，所以$A$、$N$、$M$、$F$共圆，所以$\angle AMF=\angle ANF$，故$\angle EMD=\angle B$。

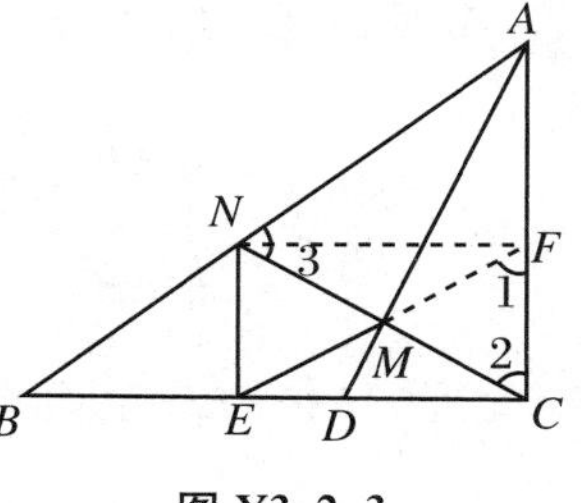

图 Y3.2.3

证明5（作辅助圆、同角的余角相等）

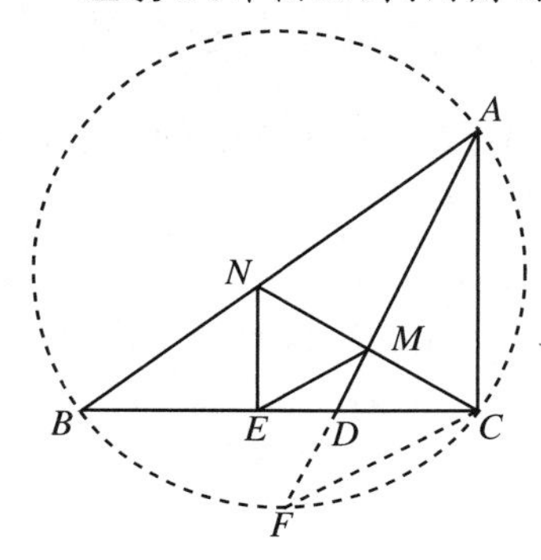

图 Y3.2.4

如图Y3.2.4所示，作$\triangle ABC$的外接圆$\odot O$，延长AD，交$\odot O$于F，连FC，则$\angle FCB=\angle FAB=\frac{1}{2}\angle A$，$\angle F=\angle B$。

易证$MN=MC$，所以ME是Rt$\triangle NEC$斜边上的中线，所以$\angle MEC=\angle MCE$。

在Rt$\triangle ACD$中。因为$CM\perp AD$，所以$\angle MCD=\angle CAM=\frac{1}{2}\angle A=\angle MAN=\angle FCB$，所以$\angle MEC=\angle FCB$，所以$ME/\!/CF$，所以$\angle EMD=\angle F=\angle B$。

[例3]　在等腰$\triangle ABC$中，顶角$\angle A=90^\circ$，D为AB边的中点，$AF\perp CD$，AF交BC于F，则$\angle ADC=\angle BDF$。

证明1（三角形全等）

如图Y3.3.1所示，作$BD_1\perp AB$，设BD_1交AF的延长线于D_1。因为$\angle 1=\angle 2$，$AB=AC$，所以Rt$\triangle ADC\cong$Rt$\triangle BD_1A$，所以$AD=BD_1$，$\angle ADC=\angle BD_1A$。因为$DB=DA$，所以$DB=D_1B$。又$\angle DBF=\angle D_1BF=45^\circ$，$BF$为公共边，所以$\triangle BDF\cong\triangle BD_1F$，所以$\angle BDF=\angle BD_1F$，所以$\angle BDF=\angle ADC$。

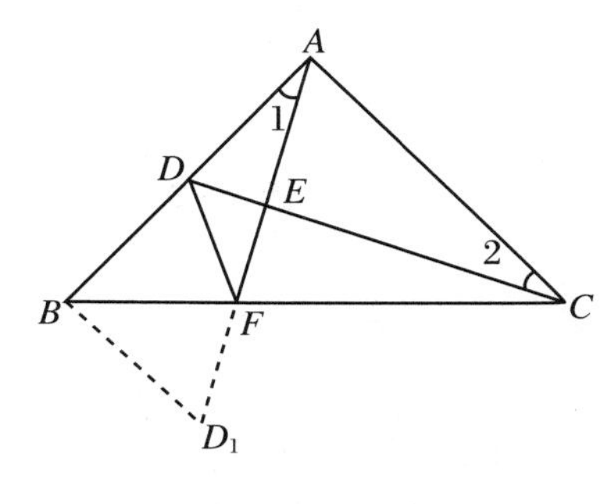

图 Y3.3.1

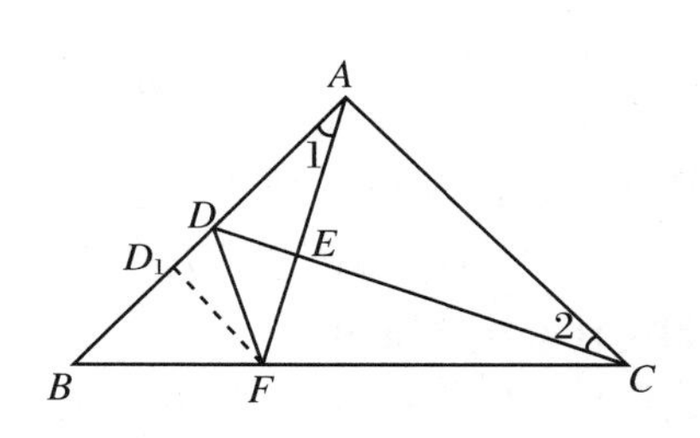

图 Y3.3.2

证明2（三角形相似）

如图Y3.3.2所示，作$FD_1\perp AB$，垂足为D_1，则$FD_1/\!/CA$，$\triangle D_1BF$是等腰直角三角形。

因为$\angle 1=\angle 2$，所以 $Rt\triangle D_1AF\backsim Rt\triangle ACD$，所以$\dfrac{D_1F}{D_1A}=\dfrac{AD}{AC}=\dfrac{1}{2}$，所以 $D_1F=\dfrac{1}{2}D_1A$，所以 $D_1B=D_1F=\dfrac{1}{2}D_1A=\dfrac{1}{3}AB$，所以 $DD_1=BD-D_1B=\dfrac{1}{2}AB-\dfrac{1}{3}AB=\dfrac{1}{6}AB$.

因为$\dfrac{DD_1}{D_1F}=\dfrac{\frac{1}{6}AB}{\frac{1}{3}AB}=\dfrac{1}{2}=\dfrac{AD}{AC}$，所以 $Rt\triangle DD_1F\backsim Rt\triangle DAC$，所以$\angle ADC=\angle BDF$.

证明 3（相似三角形、斜边中线定理、中位线）

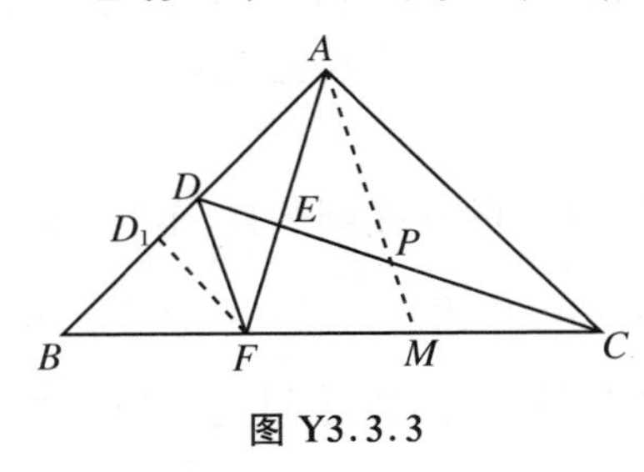

图 Y3.3.3

如图 Y3.3.3 所示，作 $FD_1\perp AB$，垂足为 D_1，则$\triangle D_1BF$ 是等腰直角三角形，如证明 2 所证，$D_1F=\dfrac{1}{3}AB$. 因为$\triangle D_1BF\backsim\triangle ABC$，所以 $BF=\dfrac{1}{3}BC$.

设 FC 的中点为 M，连 AM，则 F 为 BM 的中点，即 DF 是$\triangle ABM$ 的中位线，所以 $DF\,/\!/\,AM$，于是

$$\angle BDF=\angle BAM. \qquad ①$$

设 AM、CD 交于 P，在$\triangle CDF$ 中，由中位线逆定理知 P 为 CD 的中点，所以 AP 是 $Rt\triangle ADC$ 的斜边上的中线，所以

$$\angle DAP=\angle ADP. \qquad ②$$

由式①、式②知$\angle ADC=\angle BDF$.

证明 4（命题转化，借助于第 1 章例 6 的结论）

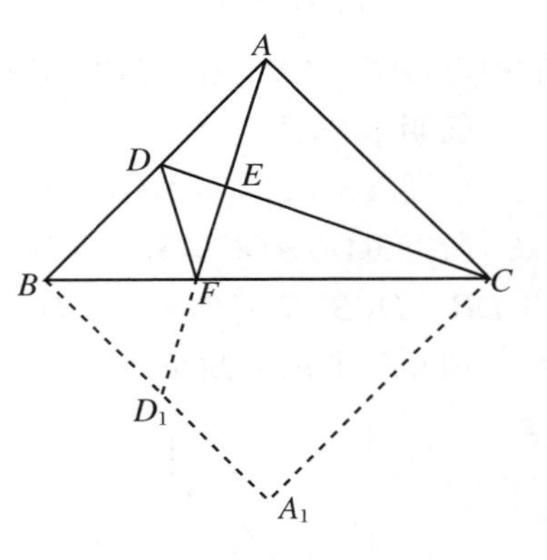

图 Y3.3.4

如图 Y3.3.4 所示，分别过 B、C 作 AC、AB 的平行线，设两条平行线交于 A_1，则 ABA_1C 是正方形. 延长 AF，交 A_1B 于 D_1.

因为$\angle BAD_1=\angle ACD$，$AB=AC$，所以 $Rt\triangle BAD_1\cong Rt\triangle ACD$，所以 $BD_1=AD=\dfrac{1}{2}AB$，即 D_1 是 BA_1 的中点.

由第 1 章例 6 的结论知 AD_1 与对角线的交点 F 是 BC 的第一个（从 B 出发）三等分点，即 $BF=\dfrac{1}{3}BC$.

因为$\dfrac{BF}{FC}=\dfrac{BD}{AC}=\dfrac{1}{2}$，$\angle DBF=\angle ACF=45^\circ$，所以$\triangle DBF\backsim\triangle ACF$，所以$\angle BDF=\angle CAF$.

在 $Rt\triangle CAD$ 中，$AE\perp CD$，所以$\angle CAE=\angle ADC$，所以$\angle ADC=\angle BDF$.

证明 5（全等三角形）

如图 Y3.3.5 所示，取 BC 的中点 O，连 AO，设 AO 交 CD 于 G. 显然$\angle DAG=\angle CAG=\angle B=45^\circ$. 因为 $AF\perp CD$，$AB\perp AC$，锐角$\angle BAF$ 与锐角$\angle DCA$ 的两双边对应垂直，可见$\angle BAF=\angle DCA$.

在$\triangle ABF$、$\triangle CAG$ 中，$AB=CA$，$\angle BAF=\angle DCA$，$\angle B=\angle CAG$，所以$\triangle ABF\cong\triangle CAG$，所以 $AG=BF$.

在$\triangle ADG$、$\triangle BDF$ 中，$AD=DB$，$AG=BF$，$\angle B=\angle DAG$，所以$\triangle ADG\cong\triangle BDF$，所以

$\angle BDF=\angle ADC$.

证明6(倍长中线法、把角集中)

如图Y3.3.6所示,延长CD到H,使$DH=CD$,则A、C、B、H是平行四边形的顶点.作BP平分$\angle HBA$,则$\angle HBP=\angle PBD=\angle DBF=45^\circ$.可由$\triangle HBP\cong\triangle ABF$证出$BP=BF$,再由$\triangle BDP\cong\triangle BDF$证出$\angle BDF=\angle BDP=\angle ADC$.(详证略.)

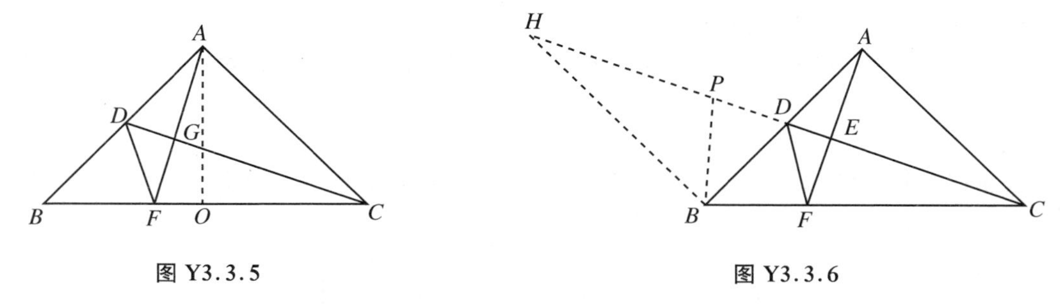

图Y3.3.5　　　　图Y3.3.6

证明7(三角形全等、共圆)

如图Y3.3.7所示,取BC的中点M,连AM、DM,则$AM=CM$,$DM/\!/AC$,$\angle AMD=\angle DMF=45^\circ$.

由A、E、M、C共圆知$\angle EAM=\angle MCP$,易证$\mathrm{Rt}\triangle AMF\cong\mathrm{Rt}\triangle CMP$,所以$MF=PM$.由此进一步证出$\triangle PMD\cong\triangle FMD$,所以$\angle FDM=\angle PDM$,所以$\angle BDF=\angle ADC$.

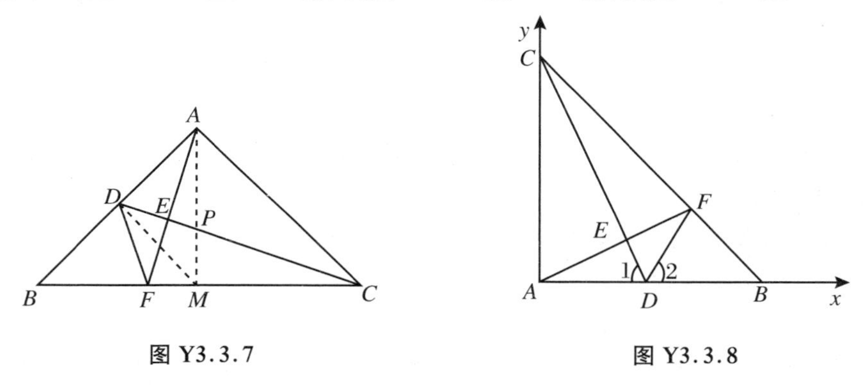

图Y3.3.7　　　　图Y3.3.8

证明8(解析法)

如图Y3.3.8所示,建立直角坐标系.设$B(a,0)$,$C(0,a)$,则$D\left(\frac{a}{2},0\right)$,所以$k_{CD}=-2$.所以直线$AF$、$BC$的方程分别是

$$y=\frac{1}{2}x, \tag{①}$$

$$x+y=a. \tag{②}$$

由式①、式②联立求得$F\left(\frac{2}{3}a,\frac{1}{3}a\right)$.

因为$\tan\angle 2=k_{DF}=\dfrac{\frac{1}{3}a-0}{\frac{2}{3}a-\frac{1}{2}a}=2$,所以$k_{DF}=-k_{CD}$,所以$\tan\angle 2=-\tan\angle BDC=-\tan(180^\circ-\angle 1)=\tan\angle 1$,所以$\angle 2=\angle 1$.

［例 4］ 在$\triangle ABC$中，$AB=AC$，$CD\perp AB$于D，则$\angle A=2\angle BCD$.

证明 1（三角形内角和、互余角）

如图 Y3.4.1 所示，在$\triangle ABC$中，$\angle A+2\angle B=180^\circ$. 在 Rt$\triangle CDB$中，$\angle B+\angle BCD=90^\circ$，所以$2\angle BCD+2\angle B=180^\circ$.

所以$\angle A+2\angle B=2\angle BCD+2\angle B$，所以$\angle A=2\angle BCD$.

证明 2（折半法、同角的余角相等）

如图 Y3.4.2 所示，作$AE\perp BC$，垂足为E，则AE是$\angle A$的平分线，即$\angle BAE=\frac{1}{2}\angle A$.

在 Rt$\triangle AEB$和 Rt$\triangle CDB$中，$\angle B$为公共角，所以$\angle BAE=\angle BCD$，所以$2\angle BCD=2\angle BAE=\angle A$.

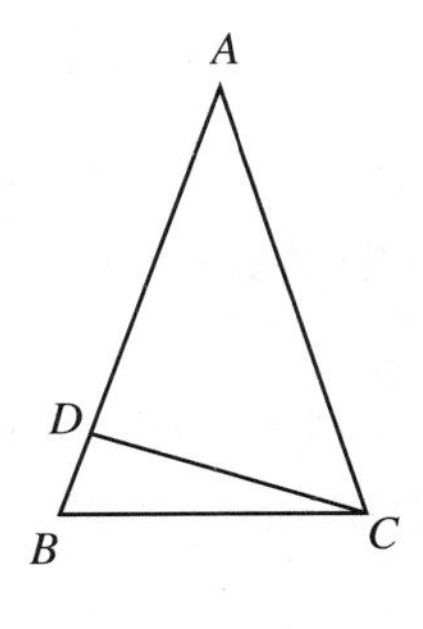

图 Y3.4.1

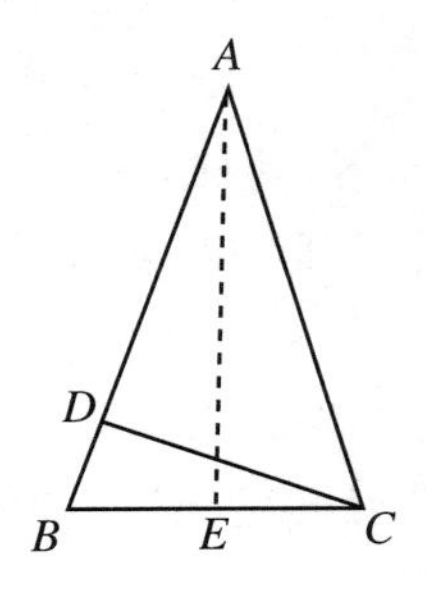

图 Y3.4.2

证明 3（加倍法、三角形相似）

如图 Y3.4.3 所示，在AD上取E，使$DE=BD$，连CE，则CD是BE的中垂线，所以$BC=CE$，即$\triangle CBE$也是等腰三角形，所以$\angle BCE=2\angle BCD$.

因为等腰$\triangle ABC$和等腰$\triangle CBE$具有公共底角$\angle B$，所以$\triangle ABC\backsim\triangle CBE$，所以$\angle BCE=\angle A$，所以$\angle A=2\angle BCD$.

证明 4（三角形外角定理、内角和）

延长CD到C_1，使$DC_1=CD$，连BC_1. 如图 Y3.4.4 所示. 易证$\triangle BCC_1$是等腰三角形，$\angle C_1BC=2\angle ABC$.

在$\triangle BC_1C$和$\triangle ABC$中，$\angle BCD+\angle BC_1D+2\angle ABC=\angle A+2\angle ABC=180^\circ$，所以$\angle A=\angle BCD+\angle BC_1D=2\angle BCD$.

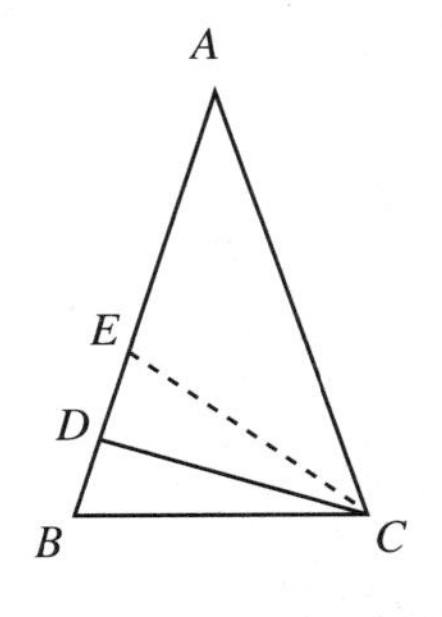

图 Y3.4.3

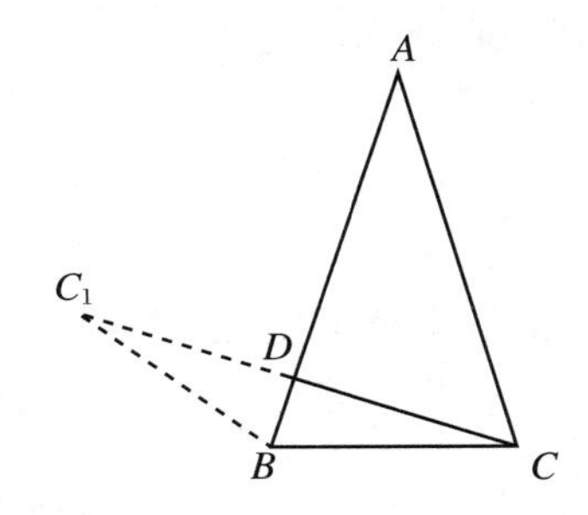

图 Y3.4.4

证明5（三角形相似）

作 $DE \perp BC$，E 为垂足，延长 DE 到 D_1，使 $ED_1 = ED$，连 CD_1．如图 Y3.4.5 所示．易证 $\angle 1 = \angle 2$，$CD = CD_1$．

因为 $\angle CDD_1$ 与 $\angle B$ 两双边对应垂直，所以 $\angle CDD_1 = \angle B$，所以等腰 $\triangle CDD_1 \backsim$ 等腰 $\triangle ABC$，所以 $\angle A = \angle DCD_1 = 2\angle BCD$．

证明6（直角三角形斜边中线定理）

取 BC 的中点 E，连 DE，如图 Y3.4.6 所示，则 DE 是直角 $\triangle BCD$ 的斜边上的中线，所以 $\angle 1 = \angle 2$，$ED = EB$．

因为 $\angle BED$ 是 $\triangle ECD$ 的外角，所以 $\angle BED = 2\angle 1$．因为 $\angle B$ 为公共角，所以等腰 $\triangle EBD \backsim$ 等腰 $\triangle ABC$，所以 $\angle A = \angle BED = 2\angle 1$．

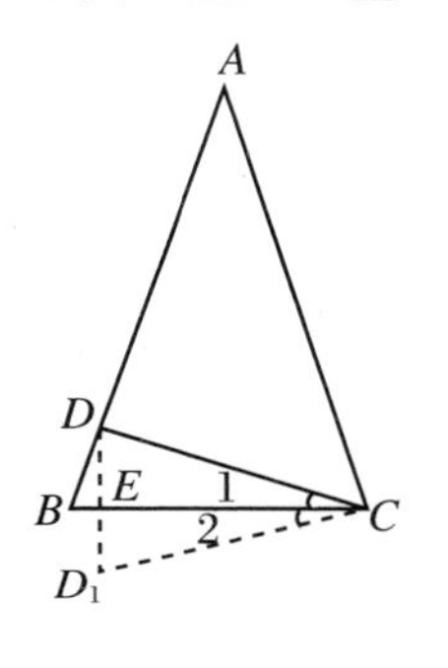

图 Y3.4.5

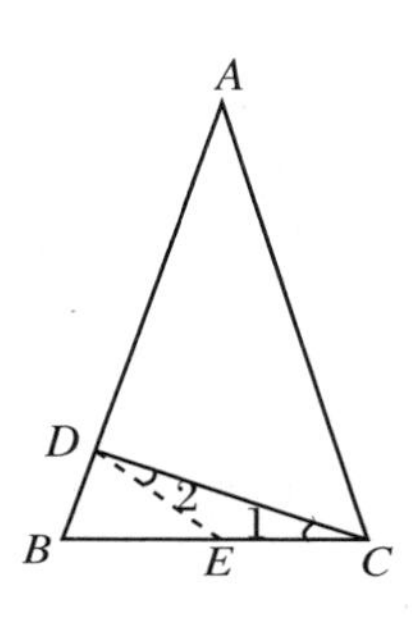

图 Y3.4.6

证明7（等腰三角形的轴对称性、共圆）

如图 Y3.4.7 所示，作 $BE \perp AC$，垂足为 E，设 BE 交 CD 于 O，由等腰三角形的轴对称性知 $\angle OBC = \angle OCB$．

因为 $\angle ADO + \angle AEO = 180^\circ$，所以 A、D、O、E 共圆，所以 $\angle DOB = \angle A$．

又 $\angle DOB$ 是等腰 $\triangle OBC$ 的顶角的外角，所以 $\angle DOB = 2\angle BCD$，所以 $\angle A = 2\angle BCD$．

证明8（三角法）

如图 Y3.4.8 所示，设 $AB = AC = a$，$BC = b$，$\angle BCD = \alpha$．在 $\triangle ABC$ 中，由余弦定理和正弦定理，$b^2 = 2a^2(1 - \cos\angle A)$，$b = \dfrac{a\sin\angle A}{\sin\angle B} = \dfrac{a\sin\angle A}{\cos\alpha}$，所以 $\dfrac{a^2\sin^2\angle A}{\cos^2\alpha} = 2a^2(1 - \cos\angle A)$，即 $1 - \cos^2\angle A = 2\cos^2\alpha(1 - \cos\angle A)$．

所以 $\cos\angle A = 2\cos^2\alpha - 1 = \cos 2\alpha$，所以 $\angle A = 2\alpha$．

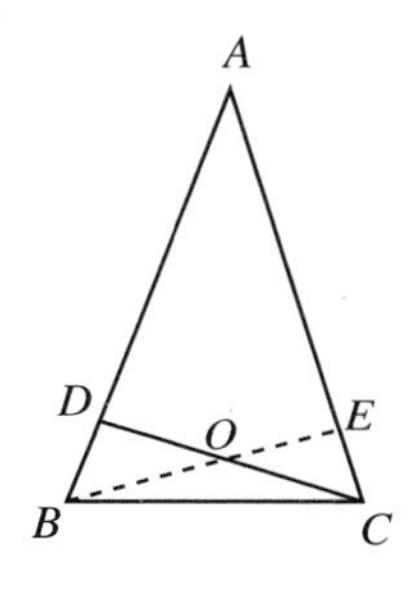

图 Y3.4.7

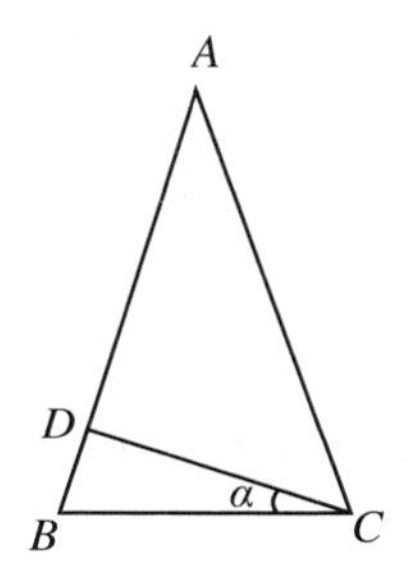

图 Y3.4.8

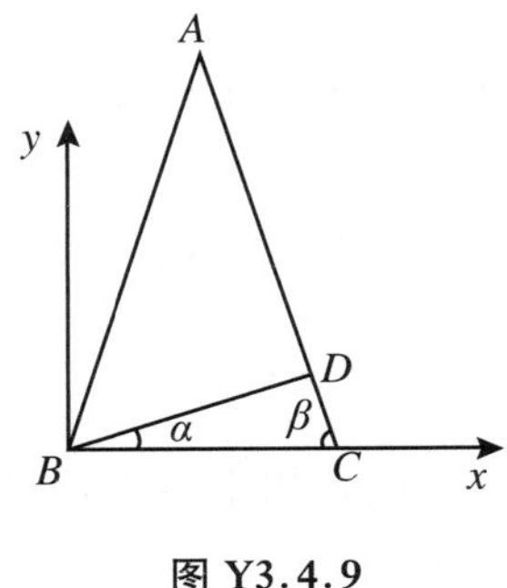

图 Y3.4.9

证明 9(解析法)

如图 Y3.4.9 所示,建立直角坐标系.

设$\angle DBC=\alpha$,则 BD 的斜率$k_{BD}=\tan\alpha$.因为$AC\perp BD$,所以$k_{AC}=-\cot\alpha$.设$\angle ABC=\angle ACB=\beta$,则$\alpha+\beta=90^{\circ}$,所以$k_{AB}=\tan\beta=\cot\alpha$.

由两线夹角正切公式可有 $\tan\angle A=\dfrac{k_{AB}-k_{AC}}{1+k_{AB}\cdot k_{AC}}=\dfrac{\cot\alpha-(-\cot\alpha)}{1+\cot\alpha(-\cot\alpha)}=\tan2\alpha$,所以$\angle A=2\alpha=2\angle DBC$.

[例 5] 如图 Y3.5.1 所示,在$\triangle ABC$中,$AD\perp BC$,AE平分$\angle A$,则$\angle DAE=\dfrac{1}{2}|\angle B-\angle C|$.

证明 1(三角形外角定理)

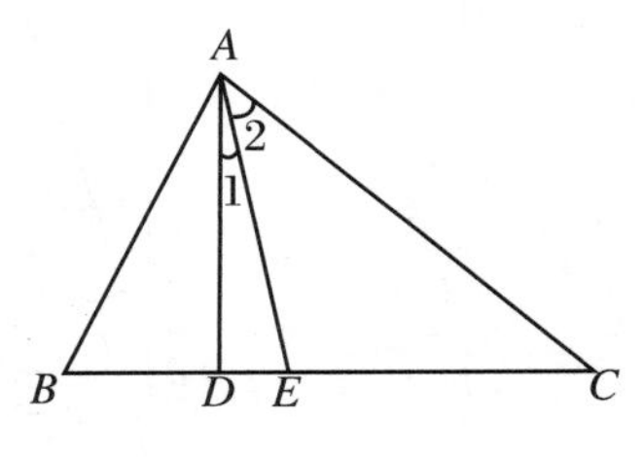

图 Y3.5.1

因为$\angle 1=90^{\circ}-\angle AED$,$\angle AED=\angle 2+\angle C=\dfrac{1}{2}\angle A+\angle C$,$\angle A=180^{\circ}-\angle B-\angle C$,所以

$$\begin{aligned}\angle 1&=90^{\circ}-\left[\frac{1}{2}(180^{\circ}-\angle B-\angle C)+\angle C\right]\\&=\frac{1}{2}(\angle B-\angle C).\end{aligned}$$

证明 2(互余角关系)

$$\begin{aligned}\angle 1&=\angle BAE-\angle BAD=\frac{1}{2}\angle A-(90^{\circ}-\angle B)\\&=\frac{1}{2}(180^{\circ}-\angle B-\angle C)-(90^{\circ}-\angle B)=\frac{1}{2}(\angle B-\angle C).\end{aligned}$$

证明 3(互余角关系)

因为$\angle B=90^{\circ}-\angle BAD=90^{\circ}-\left(\dfrac{1}{2}\angle A-\angle 1\right)$,$\angle C=90^{\circ}-\angle CAD=90^{\circ}-\left(\dfrac{1}{2}\angle A+\angle 1\right)$,所以$\dfrac{1}{2}(\angle B-\angle C)=\angle 1=\angle DAE$.

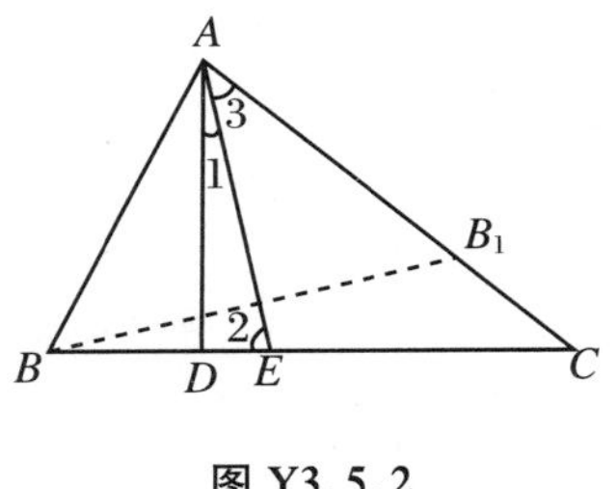

图 Y3.5.2

证明 4(媒介法)

作$BB_1\perp AE$,交 AC 于B_1,并设B_1在 AC 内,如图 Y3.5.2所示.易证$\triangle ABB_1$是等腰三角形,所以$\angle AB_1B=\angle ABB_1$.

因为$\angle B_1BC=\angle B-\angle ABB_1=\angle B-\angle AB_1B=\angle B-(\angle B_1BC+\angle C)$,所以$\angle B_1BC=\dfrac{1}{2}(\angle B-\angle C)$.

因为$AE\perp BB_1$,$AE\perp BD$,所以$\angle 1=\angle B_1BC$,所以$\angle 1=\dfrac{1}{2}(\angle B-\angle C)$.

证明 5(媒介法)

如图 Y3.5.3 所示,作$CC_1\perp AE$,交 AB 的延长线于C_1.易证$\triangle ACC_1$是等腰三角形,所以$\angle ACC_1=\angle AC_1C$.

因为 $AD\perp BC$，$AE\perp CC_1$，所以$\angle 1=\angle BCC_1$. 因为$\angle BCC_1=\angle ACC_1-\angle C=(\angle B-\angle BCC_1)-\angle C$，所以$\angle BCC_1=\frac{1}{2}(\angle B-\angle C)=\angle 1$.

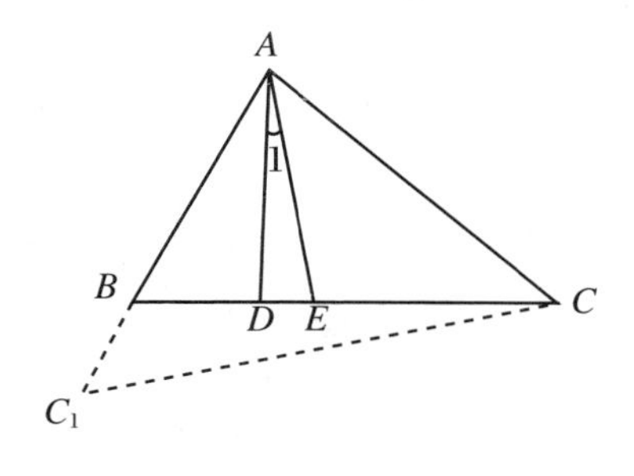

图 Y3.5.3

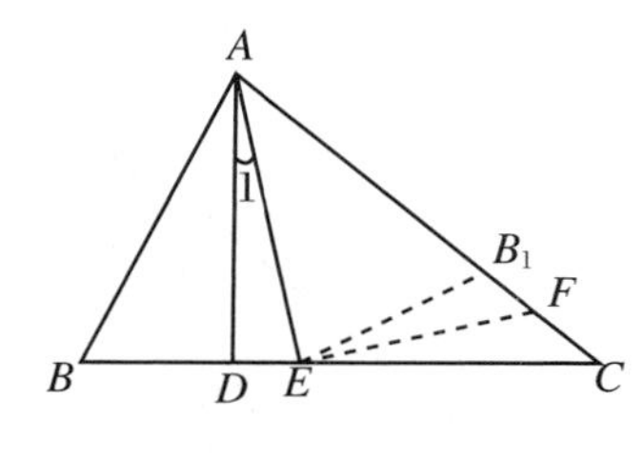

图 Y3.5.4

证明 6(外角定理、媒介法)

如图 Y3.5.4 所示，在 AC 上取 B_1，使 $AB_1=AB$，连 EB_1. 易证$\triangle AEB\cong\triangle AEB_1$，所以$\angle AEB=\angle AEB_1$，$\angle B=\angle AB_1E$.

因为$\angle AB_1E=\angle C+\angle B_1EC$，作$\angle B_1EC$ 的角平分线 EF，则$\angle AB_1E-\angle C=2\angle FEC$，即$\angle B-\angle C=2\angle FEC$.

因为 EA、EF 各是$\angle BEB_1$ 的内、外角平分线，所以 $EA\perp EF$. 因为 $AD\perp DC$，所以$\angle 1=\angle FEC$，所以$\angle B-\angle C=2\angle 1$，即$\angle 1=\frac{1}{2}(\angle B-\angle C)$.

[例 6]　在$\triangle ABC$ 中，$AD\perp BC$，$BE=EC$，$DE=\frac{1}{2}AC$，$AC<AB$，则$\angle C=2\angle B$.

证明 1(角平分线性质定理的逆定理)

如图 Y3.6.1 所示，作 $EF\perp BC$，交 AB 于 F，连 CF，易证 EF 是 BC 的中垂线，所以$\angle B=\angle ECF$，$EF/\!/AD$.

由平行截比定理，$\frac{BF}{FA}=\frac{BE}{ED}=\frac{\frac{1}{2}BC}{\frac{1}{2}AC}=\frac{BC}{AC}$，根据角平分线性质定理的逆定理知 CF 是$\angle ACB$ 的角平分线，所以$\angle B=\angle BCF=\frac{1}{2}\angle C$.

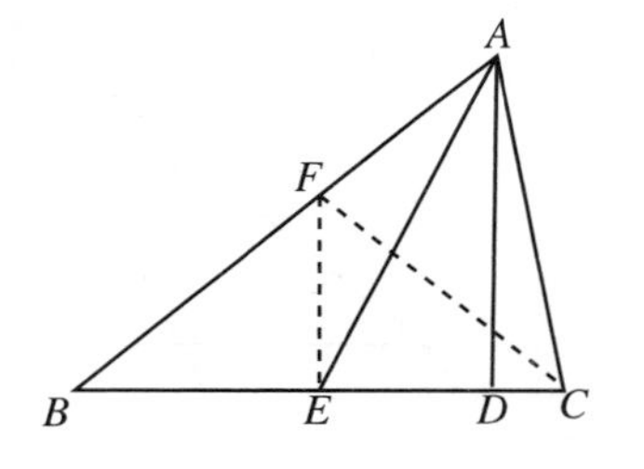

图 Y3.6.1

证明 2(中位线、斜边上的中线)

如图 Y3.6.2 所示，取 AC 的中点 F，连 EF、DF，则 EF 是$\triangle ABC$ 的中位线，DF 是 Rt$\triangle ADC$ 的斜边上的中线，所以 $DF=\frac{1}{2}AC$，$\angle C=\angle FDC$.

因为 $ED=\frac{1}{2}AC$，所以 $DF=ED$，$\triangle DEF$ 是等腰三角形，所以$\angle FDC=\angle FED+\angle EFD=2\angle FED$.

因为 $EF/\!/AB$，所以$\angle FED=\angle B$.

所以$\angle C=2\angle B$.

证明 3(三角形的中位线的性质)

如图 Y3.6.3 所示,取 AB 的中点 F,连 EF、DF,则 $EF \mathrel{\underline{\parallel}} \frac{1}{2}AC$,所以 $EF = ED$,所以$\angle 1 = \angle 2$,所以$\angle FEB = 2\angle 2 = \angle C$.

在 Rt$\triangle ADB$ 中,FD 是斜边上的中线,所以 $FD = FB$,所以$\angle 2 = \angle B$,所以$\angle C = 2\angle B$.

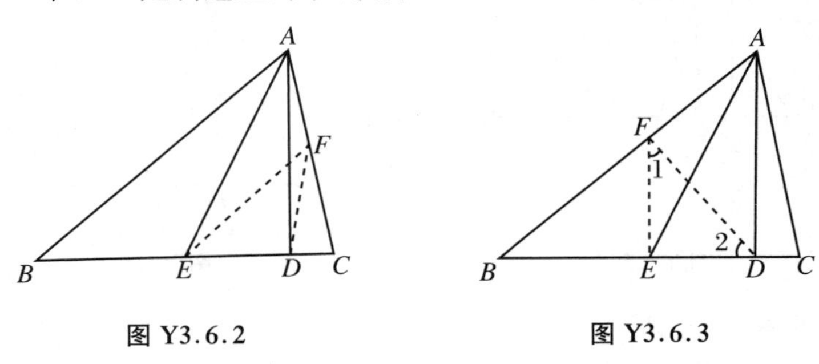

图 Y3.6.2　　　　图 Y3.6.3

证明 4(角的折半法)

如图 Y3.6.4 所示,延长 BC 到 F,使 $CF = AC$,则$\angle ACB$ 是等腰$\triangle ACF$ 的外角,所以$\angle ACB = 2\angle F$.

因为 $BE = EC$,所以 $BD = BE + DE = CE + DE = CD + 2DE = CD + AC = DF$,可见 AD 是 BF 的中垂线,所以$\angle B = \angle F$,所以$\angle ACB = 2\angle B$.

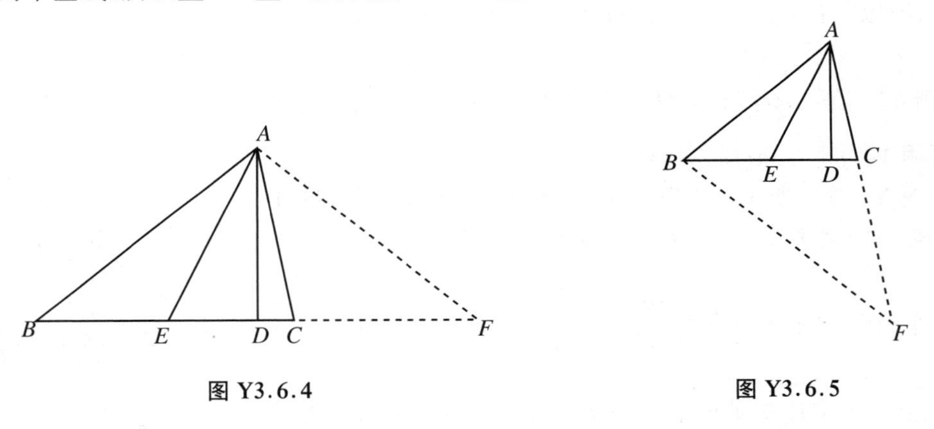

图 Y3.6.4　　　　图 Y3.6.5

证明 5(切割线定理的逆定理、折半法)

如图 Y3.6.5 所示,延长 AC 到 F,使 $CF = BC$,连 BF,则$\angle ACB$ 是等腰$\triangle BCF$ 的外角,$\angle ACB = 2\angle F$.

在$\triangle ABC$ 中,由勾股定理的推广,有

$$\begin{aligned}
AB^2 &= BC^2 + AC^2 - 2BC \cdot CD \\
&= AC^2 + BC(BC - 2CD) \\
&= AC^2 + BC(2EC - 2CD) \\
&= AC^2 + 2BC \cdot DE \\
&= AC^2 + BC \cdot AC \\
&= AC(AC + BC) \\
&= AC \cdot AF.
\end{aligned}$$

可见 AB 是△BCF 外接圆的切线，由切割线定理的逆定理知$\angle ABC=\angle AFB$.

所以$\angle ABC=\dfrac{1}{2}\angle C$.

证明 6（平移法、三角形全等）

延长 AD 到 D_1，使 $DD_1=AD$. 延长 AE 到 E_1，使 $EE_1=AE$. 连 BE_1、BD_1、CE_1、E_1D_1. 如图 Y3.6.6 所示.

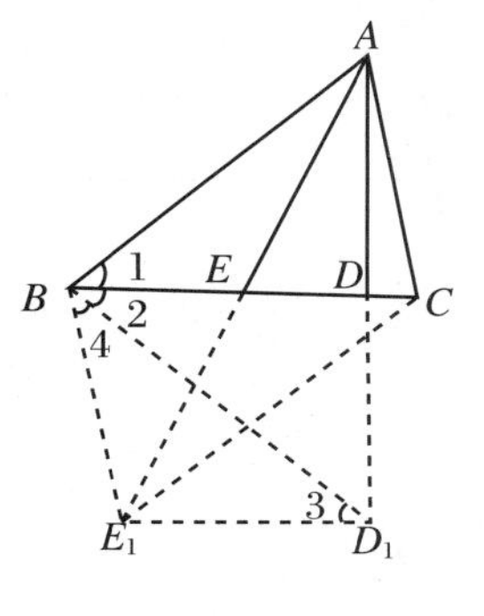

图 Y3.6.6

因为 AE_1 和 BC 互相平分，所以 ABE_1C 是平行四边形，所以 $AC=BE_1$，$\angle ACB=\angle CBE_1$. 易证 Rt△ADB≌Rt△D_1DB，所以$\angle 1=\angle 2$.

因为 ED 是△AE_1D_1 的中位线，所以 $ED\parallel E_1D_1$，所以$\angle 2=\angle 3$，$E_1D_1=2ED$，所以 $E_1D_1=AC$，所以 $E_1D_1=BE_1$，所以$\angle 3=\angle 4$.

所以$\angle 2+\angle 4=\angle C=2\angle 1$.

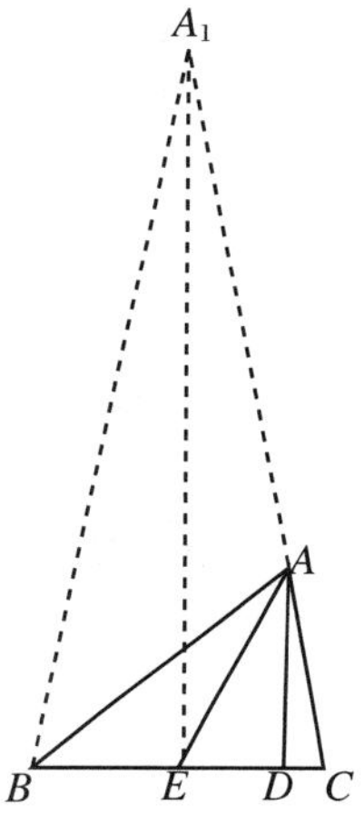

图 Y3.6.7

证明 7（平移法、等腰三角形）

如图 Y3.6.7 所示，作$\angle A_1BC=\angle C$，设 BA_1 交 CA 的延长线于 A_1，连 A_1E. 易证△A_1BC 是等腰三角形，故 $A_1E\perp BC$.

因为 $A_1E\parallel AD$，由平行截比定理，$\dfrac{AA_1}{AC}=\dfrac{ED}{DC}$. 由合比定理，有

$$\frac{AA_1}{AA_1+AC}=\frac{ED}{ED+DC},$$

$$\frac{AA_1}{A_1C}=\frac{ED}{EC}=\frac{\frac{1}{2}AC}{\frac{1}{2}BC}=\frac{AC}{BC},$$

即$\dfrac{AA_1}{AC}=\dfrac{A_1B}{BC}$. 由角平分线性质定理的逆定理知 BA 是$\angle A_1BC$ 的平分线，所以$\angle A_1BC=\angle C=2\angle ABC$.

证明 8（三角法）

如图 Y3.6.8 所示，记 $AD=h$，则 $BD=h\cot\angle B$，$CD=h\cot\angle C$，$AC=\dfrac{h}{\sin\angle C}$.

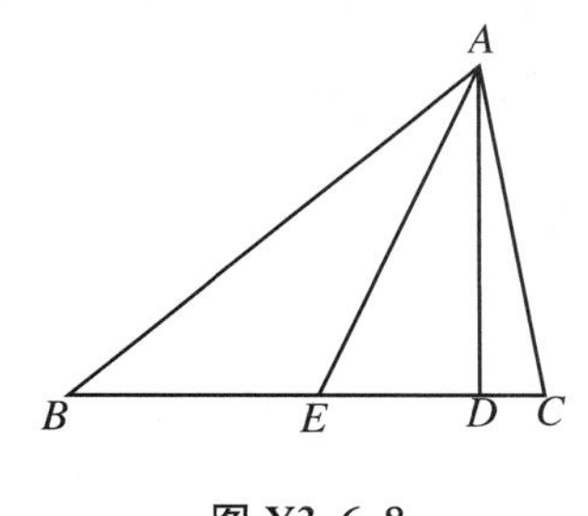

图 Y3.6.8

因为 $BD-CD=2ED=AC$，即 $\dfrac{h}{\sin\angle C}=h\cot\angle B-h\cot\angle C$，所以$\dfrac{1}{\sin\angle C}=\dfrac{\sin\angle C\cdot\cos\angle B-\cos\angle C\cdot\sin\angle B}{\sin\angle C\cdot\sin\angle B}=\dfrac{\sin(\angle C-\angle B)}{\sin\angle C\cdot\sin\angle B}$，所以 $\sin(\angle C-\angle B)=\sin\angle B$，所以$\angle C-\angle B=\angle B$，所以$\angle C=2\angle B$.

证明 9（解析法）

如图 Y3.6.9 所示，建立直角坐标系.

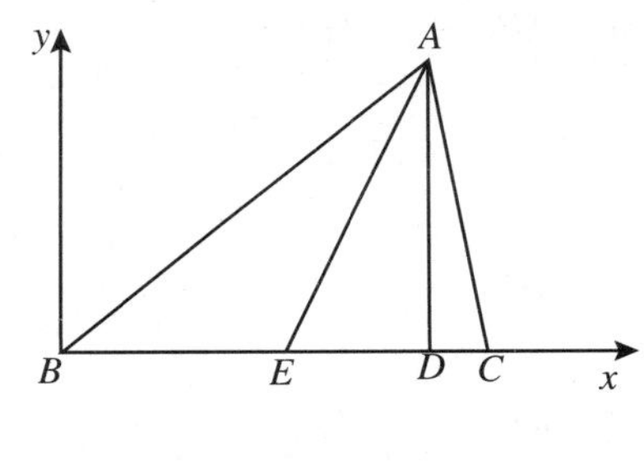

图 Y3.6.9

设 $C(a,0)$，则 $E\left(\frac{a}{2},0\right)$，设 $A(m,h)$，则 $D(m,0)$.

因为 $AC=2ED$，所以

$$\sqrt{(m-a)^2+h^2}=2\left|m-\frac{a}{2}\right|,$$

平方整理后得 $a=\frac{3m^2-h^2}{2m}$，于是

$$k_{AB}=\tan\angle B=\frac{h}{m},$$

$$-k_{AC}=\tan\angle C=\frac{h}{a-m}=\frac{h}{\frac{3m^2-h^2}{2m}-m}$$

$$=\frac{2\cdot\frac{h}{m}}{1-\left(\frac{h}{m}\right)^2}=\frac{2\tan\angle B}{1-\tan^2\angle B}=\tan 2\angle B.$$

所以$\angle C=2\angle B$.

[例 7]　在$\triangle ABC$中，AD为$\angle A$的平分线，$AB+BD=AC$，则$\angle B=2\angle C$.

证明 1(旋转法、全等)

如图 Y3.7.1 所示，在 AC 上取 B_1，使 $AB_1=AB$，连 B_1D. 易证$\triangle AB_1D\cong\triangle ABD$，所以 $B_1D=BD$，$\angle AB_1D=\angle B$.

因为 $AB+BD=AC$，所以 $AB_1+B_1D=AC$. 而 $AB_1+B_1C=AC$，所以 $B_1D=B_1C$，所以$\angle 1=\angle 2$.

所以$\angle B=\angle AB_1D=2\angle 1$.

证明 2(旋转法、全等)

如图 Y3.7.2 所示，延长 AB 到 B_1，使 $AB_1=AC$. 易证$\triangle ACD\cong\triangle AB_1D$，所以$\angle 2=\angle C$.

因为 $AB+BD=AC=AB_1=AB+B_1B$，所以 $BD=BB_1$，所以$\angle 1=\angle 2$.

所以$\angle ABC=2\angle 2=2\angle C$.

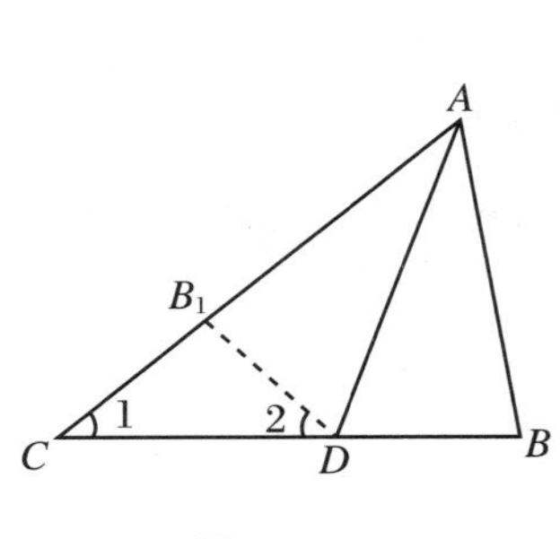

图 Y3.7.1

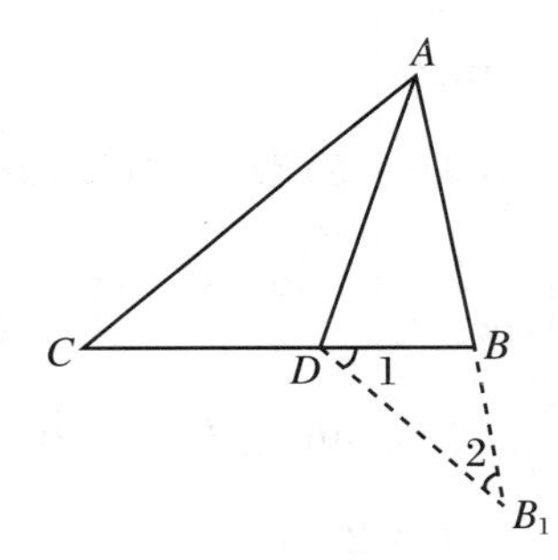

图 Y3.7.2

证明 3(折半法、相似三角形)

作$\angle B$的平分线BM，交 AD 于M，如图 Y3.7.3 所示. 在$\triangle ABD$ 中，由角平分线性质定

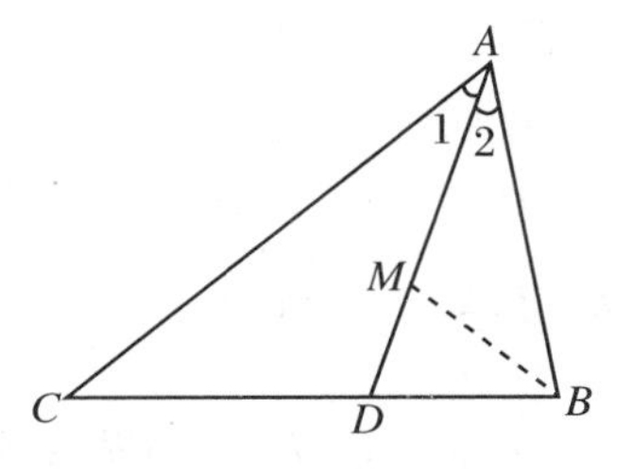

图 Y3.7.3

理，$\frac{AB}{BD}=\frac{AM}{MD}$，所以$\frac{AB}{AB+BD}=\frac{AM}{AM+MD}$，所以$\frac{AB}{AC}=\frac{AM}{AD}$. 因为$\angle 1=\angle 2$，所以$\triangle AMB\backsim\triangle ADC$，所以$\angle ABM=\angle C=\frac{1}{2}\angle B$.

证明4（媒介法、角平分线的性质）

延长 AB 到 M，使 $BM=BC$，连 CM，如图 Y3.7.4 所示，则$\angle ABC=2\angle BCM$，$AM=AB+BM=AB+BC=AB+BD+DC=AC+DC$.

在$\triangle ABC$ 中，由角平分线的性质，$\frac{AC}{CD}=\frac{AB}{BD}$，所以$\frac{AC}{AC+CD}=\frac{AB}{AB+BD}$，即$\frac{AC}{AM}=\frac{AB}{AC}$. 而$\angle BAC$ 为公共角，所以$\triangle ABC\backsim\triangle ACM$，所以$\angle ACB=\angle M=\frac{1}{2}\angle ABC$，即$\angle C=\frac{1}{2}\angle B$.

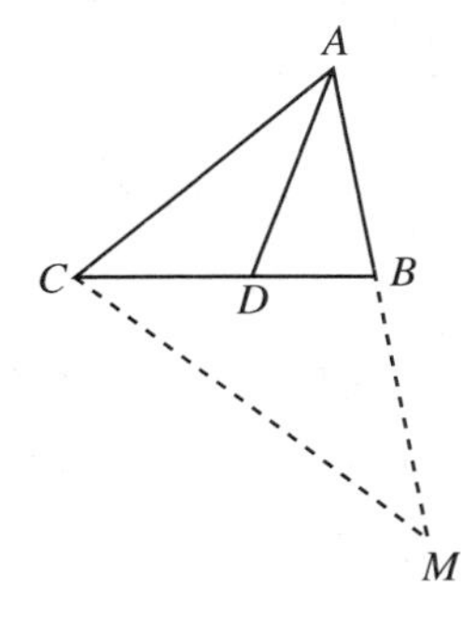

图 Y3.7.4

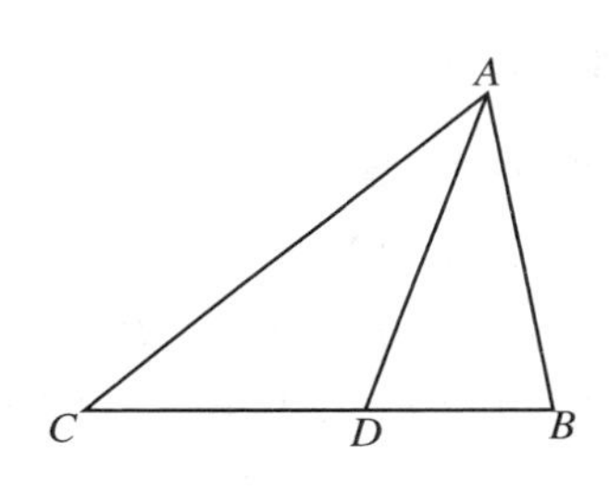

图 Y3.7.5

证明5（三角法）

如图 Y3.7.5 所示. 因为$\frac{CD}{BD}=\frac{AC}{AB}$，所以$\frac{CD+BD}{BD}=\frac{AC+AB}{AB}$，所以 $BD=\frac{AB\cdot BC}{AB+AC}$.

因为 $AB+BD=AC$，所以 $AB+\frac{AB\cdot BC}{AB+AC}=AC$，去分母，整理后得 $AC^2-AB^2=AB\cdot BC$.

由正弦定理，上式化为 $\sin^2 B-\sin^2 C=\sin A\cdot\sin C$，所以 $\sin\angle C\cdot\sin(\angle B+\angle C)=\frac{1}{2}(1-\cos 2\angle B)-\frac{1}{2}(1-\cos 2\angle C)=\frac{1}{2}(\cos 2\angle C-\cos 2\angle B)=\sin(\angle B-\angle C)\cdot\sin(\angle B+\angle C)$.

所以 $\sin\angle C=\sin(\angle B-\angle C)$.

所以$\angle C=\angle B-\angle C$，所以$\angle B=2\angle C$.

［例8］　P 为▱$ABCD$ 内一点，满足$\angle PAB=\angle PCB$，则$\angle PBA=\angle PDA$.

证明1（三角形相似）

过 P 作 $EF\parallel AB$，交 AD 于 E，交 BC 于 F，如图 Y3.8.1 所示，则$\angle EPA=\angle PAB=\angle PCF$，且$\angle PEA=\angle PFC$，所以$\triangle PAE\backsim\triangle CPF$，所以$\frac{AE}{PF}=\frac{PE}{CF}$，即$\frac{BF}{PF}=\frac{PE}{DE}$.

因为$\angle 1=\angle 2$，所以$\triangle BPF\backsim\triangle PDE$，所以$\angle BPF=\angle PDE$. 又$\angle BPF=\angle PBA$，所以

$\angle PDA=\angle PBA$.

证明 2(三角形相似)

延长 AP,交 BC 于 R,交 DC 的延长线于 Q,如图 Y3.8.2 所示,则$\angle PAB=\angle PQC$,所以$\angle PQC=\angle PCR$,所以$\triangle PCQ\backsim\triangle PRC$,所以$\dfrac{CQ}{RC}=\dfrac{PQ}{PC}$.

易证$\triangle QCR\backsim\triangle QDA$,所以$\dfrac{CQ}{RC}=\dfrac{DQ}{AD}=\dfrac{DQ}{BC}$,所以$\dfrac{PQ}{PC}=\dfrac{DQ}{BC}$,即$\dfrac{DQ}{PQ}=\dfrac{BC}{PC}$.

因为$\angle PQD=\angle PCB$,所以$\triangle PQD\backsim\triangle PCB$,所以$\angle PDC=\angle PBC$.

因为$\angle ABC=\angle ADC$,所以$\angle ABC-\angle PBC=\angle ADC-\angle PDC$,即$\angle PDA=\angle PBA$.

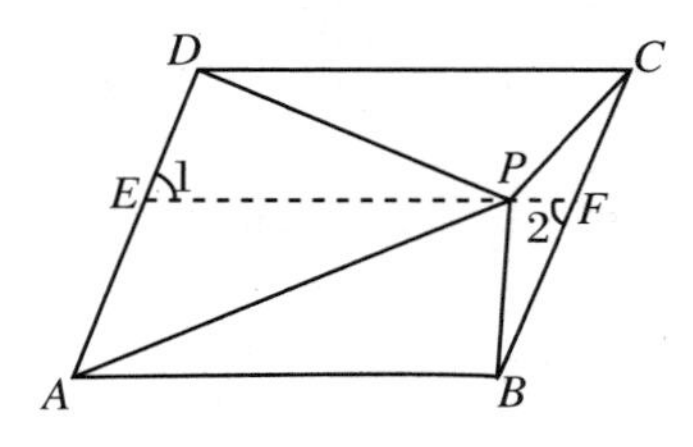

图 Y3.8.1

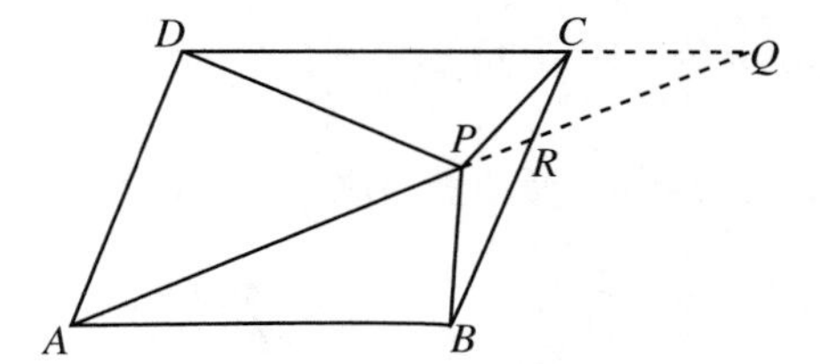

图 Y3.8.2

证明 3(共圆、三角形全等)

如图 Y3.8.3 所示,作 $PP_1 \underline{\parallel} AB$,连 P_1D、P_1A,则 $ABPP_1$、P_1PCD 都是平行四边形,所以 $AP_1=BP$,$P_1D=PC$,$\angle PP_1A=\angle PBA$.易证$\triangle ADP_1\cong\triangle BCP$,所以$\angle 1=\angle 2$.因为$\angle 3=\angle 4$,$\angle 4=\angle 2$,所以$\angle 3=\angle 2=\angle 1$,所以 A、P、D、P_1 共圆,所以$\angle PDA=\angle PP_1A=\angle PBA$.

证明 4(共圆、平行四边形的性质)

如图 Y3.8.4 所示,作 $PP_1 \underline{\parallel} BC$,连 P_1A、P_1B,则 PP_1BC、PP_1AD 是平行四边形,所以$\angle PCB=\angle PP_1B$.因为$\angle PCB=\angle PAB$,所以$\angle PAB=\angle PP_1B$,所以 A、P_1、B、P 共圆,所以$\angle 3=\angle 2$.

因为$\angle 3=\angle 1$,所以$\angle 1=\angle 2$,即$\angle PDA=\angle PBA$.

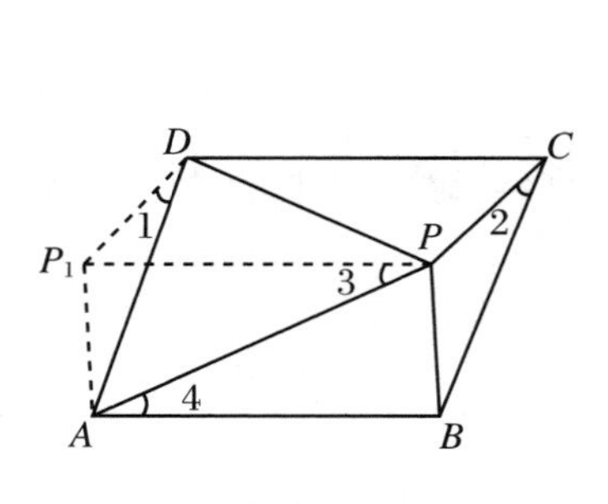

图 Y3.8.3

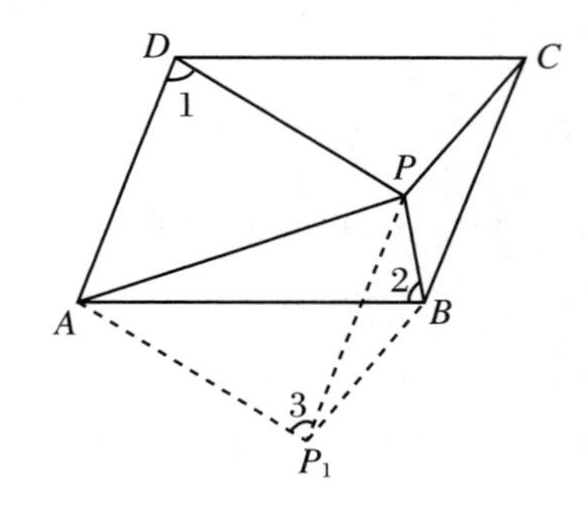

图 Y3.8.4

证明 5(共圆)

过 P 分别作 AB、BC 的垂线 EG、FH(见图 Y3.8.5),则 D、E、P、H,A、E、P、F,B、F、P、G,G、P、H、C 分别共圆,所以

$$\angle PFG=\angle PBG,\quad \angle PDH=\angle PEH,$$

$$\angle PHG=\angle PCG,\quad \angle PEF=\angle PAF.$$

因为$\angle PAB=\angle PCG$，所以$\angle PHG=\angle PEF$，所以E、F、G、H共圆，所以$\angle PFG=\angle PEH$，所以$\angle PBG=\angle PDH$.

因为$\angle ADC=\angle ABC$，所以

$$\angle ADC-\angle PDH=\angle ABC-\angle PBG,$$

所以$\angle PDA=\angle PBA$.

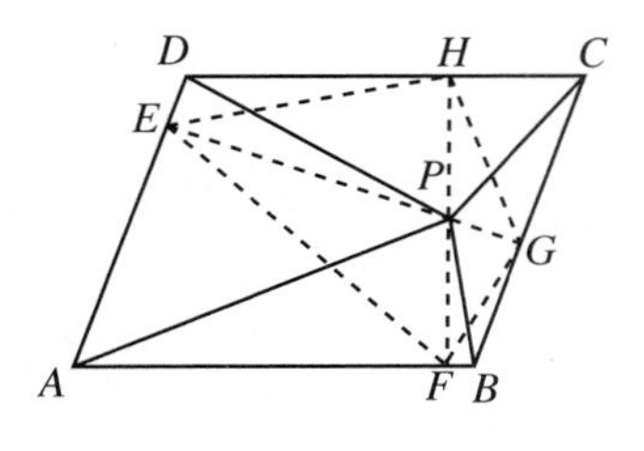

图 Y3.8.5

证明6(等腰梯形、三角形全等、辅助圆)

作$\triangle BPC$的外接圆. 延长AB、DC，分别与外接圆交于L、K，连KL、PK、PL. 如图Y3.8.6所示.

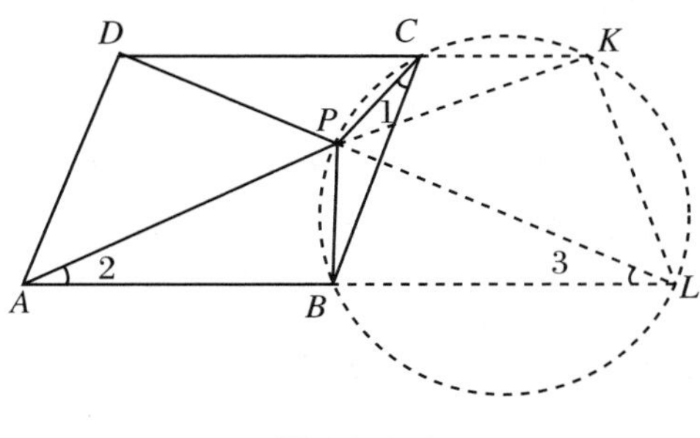

图 Y3.8.6

易证$BLKC$是等腰梯形，所以$\angle KLB=\angle CBL$. 又$\angle CBL=\angle DAB$，所以$\angle DAB=\angle KLB$，所以$ALKD$是等腰梯形. 因为$\angle 2=\angle 1$，$\angle 1=\angle 3$，所以$\angle 2=\angle 3$，所以$PA=PL$，$\angle DAB-\angle 2=\angle KLB-\angle 3$，即$\angle DAP=\angle KLP$.

因为$PA=PL$，$AD=KL$，$\angle DAP=\angle KLP$，所以$\triangle DAP\cong\triangle KLP$，所以$\angle PDA=\angle PKL$.

因为$\angle PBA$是四边形$BLKP$的外角，所以$\angle PBA=\angle PKL$，所以$\angle PBA=\angle PDA$.

[**例9**] 在$\mathrm{Rt}\triangle ABC$中，$\angle A=90^\circ$，以BC为边向外作正方形，设正方形对角线交点为O，则AO是$\angle A$的平分线.

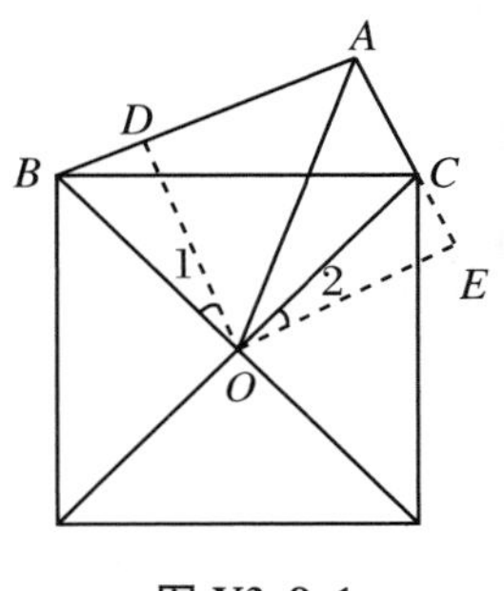

图 Y3.9.1

证明1(三角形全等)

如图Y3.9.1所示，作$OD\perp AB$、$OE\perp AC$，D、E为垂足，则$ADOE$是矩形，$\angle DOE=90^\circ$.

因为$\angle BOC=90^\circ$，所以$\angle 1=\angle 2$.

因为$OB=OC$，所以$\mathrm{Rt}\triangle ODB\cong\mathrm{Rt}\triangle OEC$，所以$OD=OE$，即$O$到$AB$、$AC$的距离相等，所以$AO$是$\angle A$的平分线.

证明2(角平分线性质定理的逆定理、相似三角形)

延长AC，交BO的延长线于D，如图Y3.9.2所示，则$\mathrm{Rt}\triangle BAD\backsim\mathrm{Rt}\triangle COD$，所以$\dfrac{AD}{AB}=\dfrac{OD}{OC}$.

因为$OC=OB$，所以$\dfrac{AD}{AB}=\dfrac{OD}{OB}$，由角平分线性质定理的逆定理，$AO$是$\angle A$的平分线.

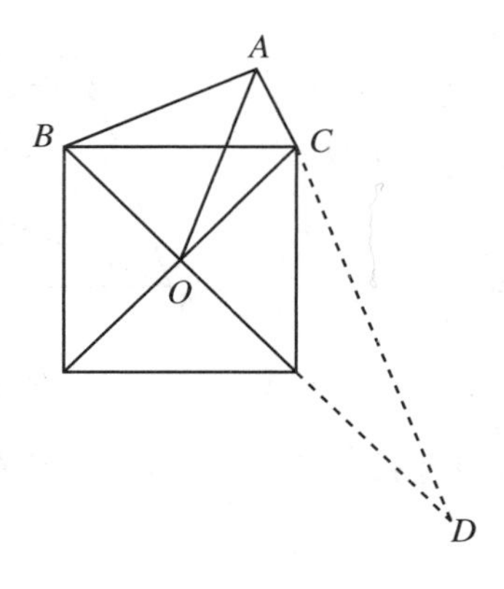

图 Y3.9.2

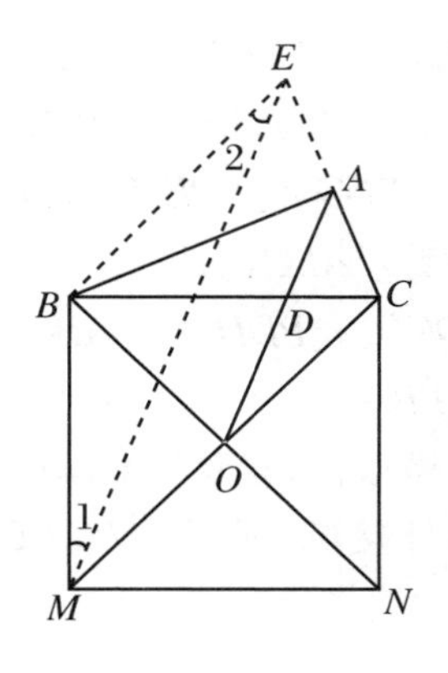

图 Y3.9.3

证明 3(三角形相似、等腰三角形)

如图 Y3.9.3 所示,设 OA 交 BC 于 D,作 $ME /\!/ OA$,交 CA 的延长线于 E,连 BE.

在 $\triangle CEM$ 中,由中位线逆定理,$CA = AE$. 可见 BA 是 CE 的中垂线,所以 $\angle ABE = \angle ABC$,$BE = BC = BM$,所以 $\angle 1 = \angle 2$,所以

$$\angle 1 + \angle ABC = \frac{1}{2}(180^\circ - \angle EBM) + \angle ABC$$

$$= \frac{1}{2}[180^\circ - (90^\circ + 2\angle ABC)] + \angle ABC = 45^\circ. \quad ①$$

又 $\angle 1 + \angle EMC = 45^\circ$,$\angle EMC = \angle AOC$,故

$$\angle 1 + \angle AOC = 45^\circ. \quad ②$$

由式①、式②知 $\angle AOC = \angle ABC$,所以 A、B、O、C 共圆,所以 $\angle OAC = \angle OBC = 45^\circ$,即 OA 是 $\angle A$ 的平分线.

证明 4(共圆)

如图 Y3.9.4 所示. 因为 $\angle BAC = \angle BOC = 90^\circ$,所以 A、B、O、C 共圆. 因为 BO、OC 为圆中的两等弦,所以它们对的圆周角相等,即 $\angle OAB = \angle OAC$,所以 OA 是 $\angle A$ 的平分线.

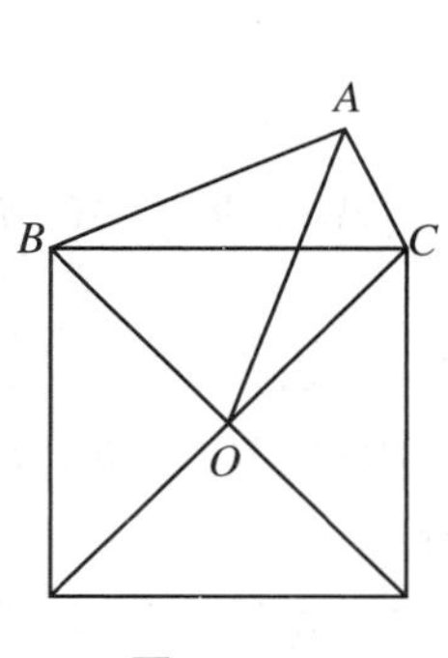

图 Y3.9.4

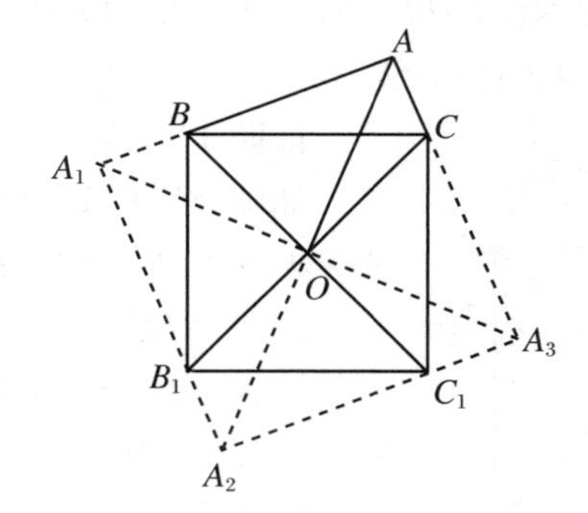

图 Y3.9.5

证明 5(对称法)

延长 AB 到 A_1,使 $BA_1 = AC$;连 A_1B_1 并延长到 A_2,使 $B_1A_2 = BA_1$;连 A_2C_1 并延长到 A_3,使 $C_1A_3 = B_1A_2$;连 A_3C. 如图 Y3.9.5 所示.

因为 $BC = BB_1$,$AC = BA_1$,$\angle ACB = \angle A_1BB_1$,所以 $\triangle A_1BB_1 \cong \triangle ACB$,所以 $\angle BA_1B_1$

$= 90^\circ$.

同理$\angle B_1A_2C_1 = \angle C_1A_3C = 90^\circ$，$AA_1 = A_1A_2 = A_2A_3 = A_3A = AB + AC$.

因为$\angle A_3CC_1 + \angle ACB + \angle BCC_1 = 180^\circ$，所以 A、C、A_3 共线.

所以 $AA_1A_2A_3$ 是正方形. 而 BB_1C_1C 也是正方形，正方形 $AA_1A_2A_3$ 和正方形 BB_1C_1C 具有公共中心 O，所以 AO 是$\angle A$ 的角平分线.

证明 6(三角法)

如图 Y3.9.6 所示，设$\angle ABO = \alpha$，$\angle ACO = \beta$，则

$$\alpha + \beta = (\angle OBC + \angle OCB) + (\angle ACB + \angle ABC) = 180^\circ.$$

在$\triangle ABO$ 和$\triangle ACO$ 中，由正弦定理，有

$$\frac{OB}{\sin\angle 1} = \frac{OA}{\sin\alpha},\quad \frac{OC}{\sin\angle 2} = \frac{OA}{\sin\beta}.$$

因为 $\sin\alpha = \sin(180^\circ - \beta) = \sin\beta$，所以$\dfrac{OB}{\sin\angle 1} = \dfrac{OC}{\sin\angle 2}$. 因为 $OB = OC$，所以 $\sin\angle 1 = \sin\angle 2$，所以$\angle 1 = \angle 2$.

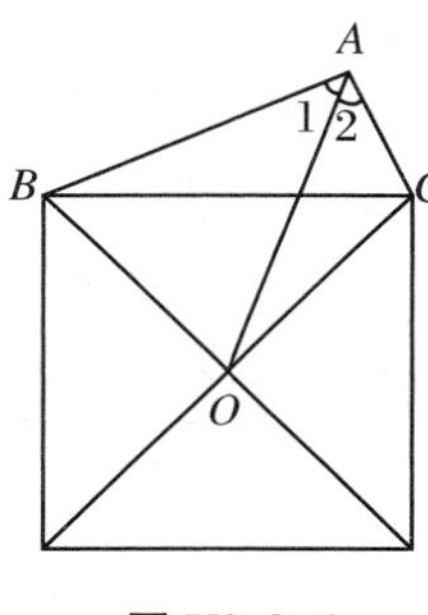

图 Y3.9.6

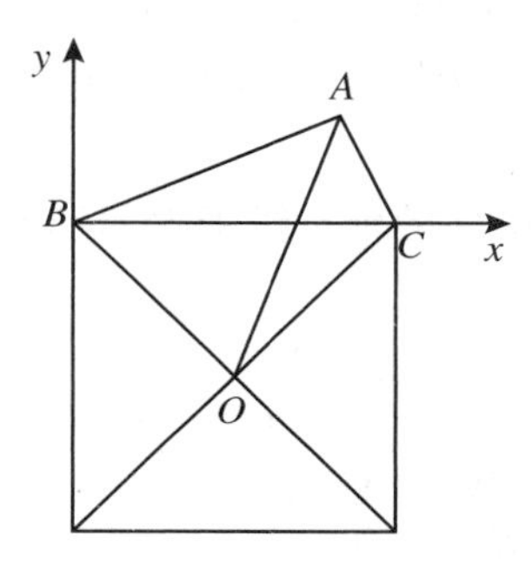

图 Y3.9.7

证明 7(解析法)

如图 Y3.9.7 所示，建立直角坐标系.

设 $BC = a$，$\angle ABC = \alpha$，$\angle BAO = \theta$，则 $B(0,0)$，$C(a,0)$，$O\left(\frac{a}{2}, -\frac{a}{2}\right)$，$A(a\cos^2\alpha, a\cos\alpha\cdot\sin\alpha)$.

所以 AO 的斜率为$k_{AO} = \dfrac{a\sin\alpha\cdot\cos\alpha + \frac{a}{2}}{a\cos^2\alpha - \frac{a}{2}} = \dfrac{\sin 2\alpha + 1}{\cos 2\alpha}$.

AB 的斜率为$k_{AB} = \tan\alpha$.

由夹角公式，则有

$$\tan\theta = \frac{k_{AO} - k_{AB}}{1 + k_{AO}\cdot k_{AB}} = \frac{\dfrac{\sin 2\alpha + 1}{\cos 2\alpha} - \tan\alpha}{1 + \tan\alpha\cdot\dfrac{\sin 2\alpha + 1}{\cos 2\alpha}}$$

$$= \frac{\cos\alpha(\sin 2\alpha + 1) - \sin\alpha\cdot\cos 2\alpha}{\cos\alpha\cdot\cos 2\alpha + \sin\alpha\cdot(\sin 2\alpha + 1)} = \frac{\sin\alpha + \cos\alpha}{\cos\alpha + \sin\alpha} = 1,$$

所以 $\theta = 45^\circ$，所以 AO 平分$\angle A$.

［例 10］ 在▱$ABCD$中，E、F分别是DC、AD上的点，且$CE=AF$，CF、AE的交点为P，则BP平分$\angle ABC$.

证明 1（三角形相似、角平分线性质定理的逆定理）

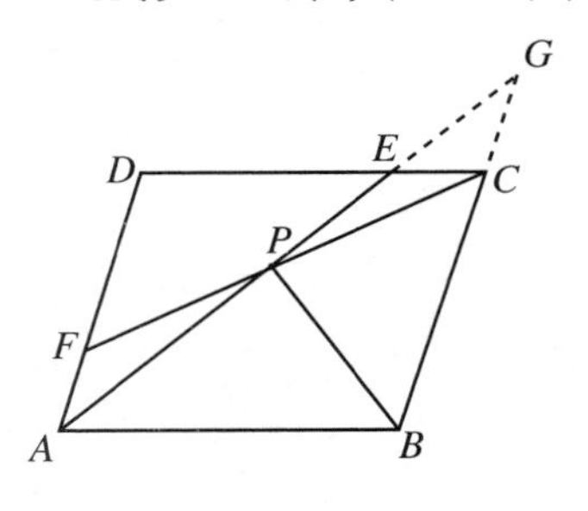

图 Y3.10.1

如图 Y3.10.1 所示，延长AE，交BC的延长线于G，则$\triangle APF\backsim\triangle GPC$，所以

$$\frac{AP}{PG}=\frac{AF}{CG}=\frac{CE}{CG}. \quad ①$$

又$\triangle GEC\backsim\triangle GAB$，故

$$\frac{CE}{CG}=\frac{AB}{BG}. \quad ②$$

由式①、式②知$\frac{AB}{BG}=\frac{AP}{PG}$.在$\triangle ABG$中，由角平分线性质定理的逆定理知$BP$平分$\angle ABC$.

证明 2（三角形相似、平行四边形性质）

作$CQ /\!/ AE$，交AB于Q，连FQ.如图 Y3.10.2 所示，则$CEAQ$为平行四边形，所以$CE=AQ=AF$，所以$\angle AQF=\angle AFQ$.

延长BP，交AD的延长线于M；延长AE，交BC的延长线于G.

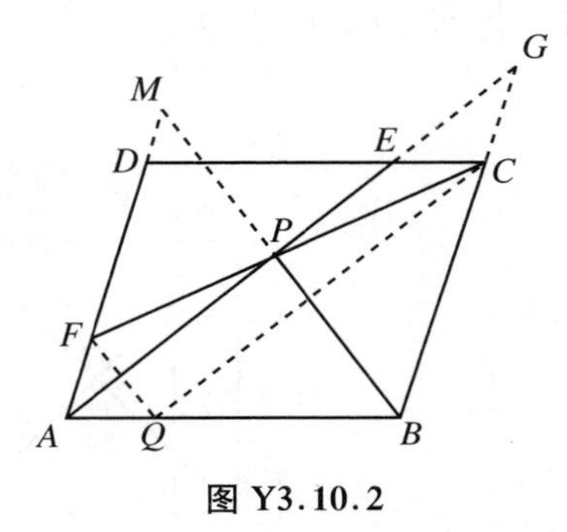

图 Y3.10.2

由$\triangle FMP\backsim\triangle CBP$知$\frac{FM}{BC}=\frac{FP}{PC}$.由$\triangle PGC\backsim\triangle PAF$知$\frac{AF}{GC}=\frac{PF}{PC}$，所以$\frac{FM}{BC}=\frac{AF}{GC}$，即

$$\frac{GC}{BC}=\frac{AF}{FM}. \quad ①$$

因为$AG /\!/ CQ$，所以

$$\frac{GC}{BC}=\frac{AQ}{QB}. \quad ②$$

由式①、式②，得$\frac{AF}{FM}=\frac{AQ}{QB}$.由平行截比逆定理，$BM /\!/ FQ$，所以$\triangle ABM\backsim\triangle AQF$，所以$\angle ABP=\angle AMB=\angle PBC$.

证明 3（面积法）

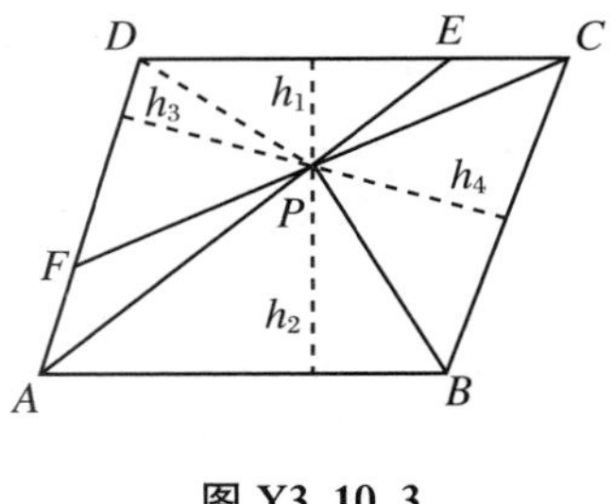

图 Y3.10.3

如图 Y3.10.3 所示，连PD，过P作平行四边形各边的垂线，h_1、h_2、h_3、h_4分别表示垂线长，设$AB=a$，$BC=b$，$AF=CE=m$，则

$$S_{\triangle PAB}+S_{\triangle PCD}=\frac{1}{2}S_{ABCD},$$

$$S_{\triangle PAB}=\frac{1}{2}S_{ABCD}-S_{\triangle PCD}=\frac{1}{2}S_{ABCD}-\frac{1}{2}ah_1.$$

同理$S_{\triangle PBC}=\frac{1}{2}S_{ABCD}-S_{\triangle PAD}=\frac{1}{2}S_{ABCD}-\frac{1}{2}bh_3$.

又因为

$$S_{\triangle PAB}=S_{ABCE}-S_{\triangle PBC}-S_{\triangle PCE}=\frac{a+m}{2}\cdot(h_1+h_2)-\frac{1}{2}b\cdot h_4-\frac{1}{2}m\cdot h_1$$
$$=\frac{1}{2}[(a+m)\cdot(h_1+h_2)-bh_4-mh_1]=\frac{1}{2}(S_{ABCD}+mh_2-bh_4).$$

同理 $S_{\triangle PBC}=\frac{1}{2}(S_{ABCD}+mh_4-ah_2)$，所以

$$S_{\triangle PAB}=\frac{1}{2}(S_{ABCD}+mh_2-bh_4)=\frac{1}{2}S_{ABCD}-\frac{1}{2}ah_1,$$
$$S_{\triangle PBC}=\frac{1}{2}(S_{ABCD}+mh_4-ah_2)=\frac{1}{2}S_{ABCD}-\frac{1}{2}bh_3,$$

即 $-ah_1+bh_4=mh_2, ah_2-bh_3=mh_4$.

把上面两式相减，得 $(-ah_1+bh_4)-(ah_2-bh_3)=m(h_2-h_4)$. 注意到 $-ah_1+bh_4-ah_2+bh_3=b(h_3+h_4)-a(h_1+h_2)=S_{ABCD}-S_{ABCD}=0$，所以 $m(h_2-h_4)=0$，所以 $h_2=h_4$，即 P 到 $\angle ABC$ 两边的距离相等.

所以 BP 平分 $\angle ABC$.

证明 4（平行截比定理、相似三角形）

作 $FQ /\!/ PB$，设 FQ 交 AB 于 Q，连 CQ. 延长 CF，交 BA 的延长线于 H. 如图 Y3.10.4 所示.

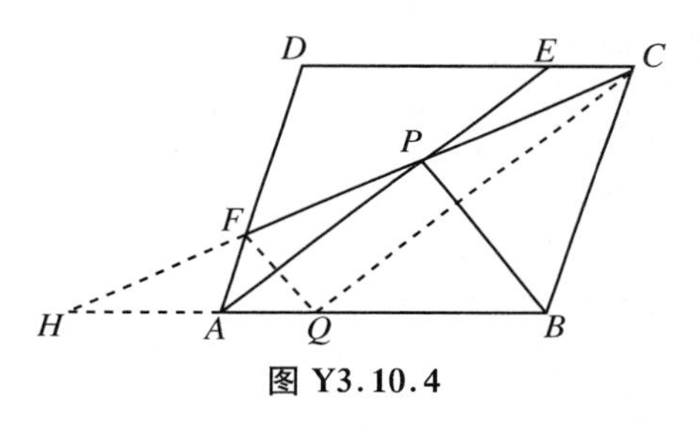

图 Y3.10.4

在 $\triangle HBP$ 中，由平行截比定理，$\frac{HQ}{HB}=\frac{HF}{HP}$.

在 $\triangle HBC$ 中，同理 $\frac{HA}{HB}=\frac{HF}{HC}$.

两式相除，得 $\frac{HQ}{HA}=\frac{HC}{HP}$. 由平行截比的逆定理知 $CQ /\!/ AP$，所以 $AQCE$ 是平行四边形，所以 $CE=AQ=AF$，所以 $\angle AFQ=\angle AQF$.

因为 $FQ /\!/ PB$，所以 $\angle PBA=\angle FQA$.

因为 $\angle AFQ$ 和 $\angle PBC$ 两双边对应平行，方向相反，所以 $\angle AFQ=\angle PBC$，所以 $\angle PBA=\angle PBC$.

证明 5（解析法）

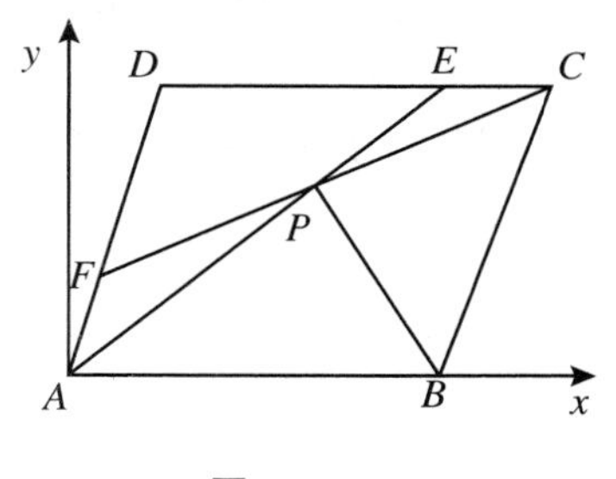

图 Y3.10.5

如图 Y3.10.5 所示，建立直角坐标系.

设 $\angle DAB=\alpha$，$AB=a$，$BC=b$，$CE=m$，则 $B(a,0)$，$D(b\cos\alpha, b\sin\alpha)$，$C(a+b\cos\alpha, b\sin\alpha)$，$F(m\cos\alpha, m\sin\alpha)$，$E(a-m+b\cos\alpha, b\sin\alpha)$. 于是 AE 的方程为

$$y=\frac{b\sin\alpha}{a-m+b\cos\alpha}\cdot x. \quad ①$$

CF 的方程为

$$y=\frac{b\sin\alpha-m\sin\alpha}{a+b\cos\alpha-m\cos\alpha}\cdot(x-\cos\alpha)+m\sin\alpha. \quad ②$$

BC 的方程为

$$y=(x-a)\cdot\tan\alpha. \quad ③$$

由式①、式②联立，可得 P 点坐标为 $\left(\dfrac{a^2-am+ab\cos\alpha}{a+b-m},\dfrac{ab\sin\alpha}{a+b-m}\right)$. 可见，$P$ 到 AB 的距离为 $\dfrac{ab\sin\alpha}{a+b-m}$.

另一方面，把式③化为直线方程的一般形式，再求 P 到 BC 的距离，就是

$$d=\frac{\left|\tan\alpha\cdot\dfrac{a^2-am+ab\cos\alpha}{a+b-m}-\dfrac{ab\sin\alpha}{a+b-m}-a\tan\alpha\right|}{\sqrt{\tan^2\alpha+1}}$$

$$=\frac{ab\cos\alpha}{a+b-m}\cdot|(\cos\alpha-1)\tan\alpha-\sin\alpha|$$

$$=\frac{ab\cos\alpha}{a+b-m}\cdot\left|\frac{(\cos\alpha-1)\sin\alpha-\sin\alpha\cos\alpha}{\cos\alpha}\right|$$

$$=\frac{ab\,|-\sin\alpha|}{a+b-m}=\frac{ab\sin\alpha}{a+b-m}.$$

所以 P 到 $\angle ABC$ 的两边等距离，所以 BP 是 $\angle ABC$ 的角平分线.

[例 11] 在▱$ABCD$ 中，$AD=2AB$，$CE\perp AB$ 于 E，M 为 AD 的中点，则 $\angle EMD=3\angle AEM$.

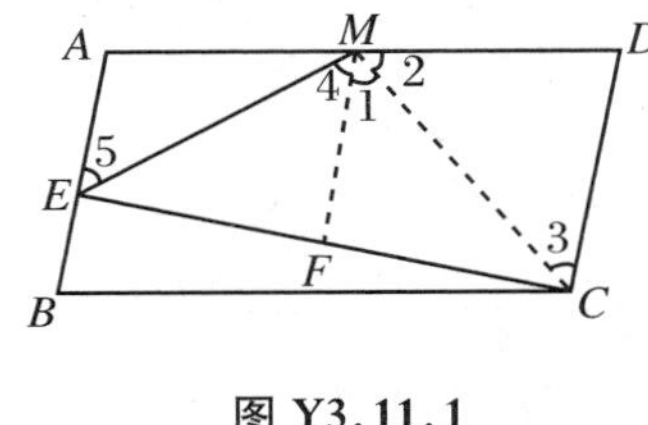

图 Y3.11.1

证明 1(梯形的中位线、三角形全等)

如图 Y3.11.1 所示，取 CE 的中点 F，连 MF、MC，则 MF 是梯形 $AECD$ 的中位线，所以 $MF\parallel CD\parallel AE$，所以 $\angle1=\angle3$，$\angle4=\angle5$，$CE\perp MF$，可见 MF 是 CE 的中垂线，所以 $\angle1=\angle4$.

因为 $CD=DM=\dfrac{1}{2}AD$，所以 $\angle2=\angle3$，所以 $\angle EMD=\angle4+\angle1+\angle2=3\angle4=3\angle AEM$.

证明 2(使用梯形中的常用辅助线)

延长 EM，交 CD 的延长线于 N，连 CM，如图 Y3.11.2 所示. 因为 $AM=MD$，$AB\parallel CD$，所以 $EM=MN$，$\angle AEM=\angle N$.

因为 $CE\perp AB$，所以 $CE\perp CD$，可见 CM 是 Rt$\triangle ECN$ 斜边上的中线，所以 $\angle MCN=\angle N$，所以 $\angle EMC=2\angle N$.

因为 $DM=DC$，所以 $\angle DCM=\angle DMC$，所以 $\angle EMD=\angle EMC+\angle CMD=3\angle N=3\angle AEM$.

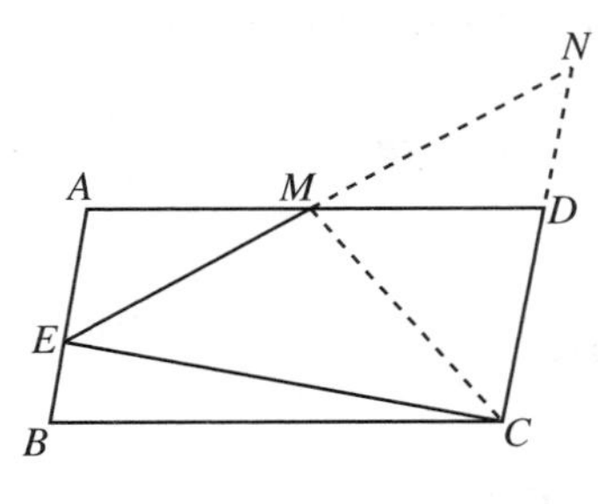

图 Y3.11.2

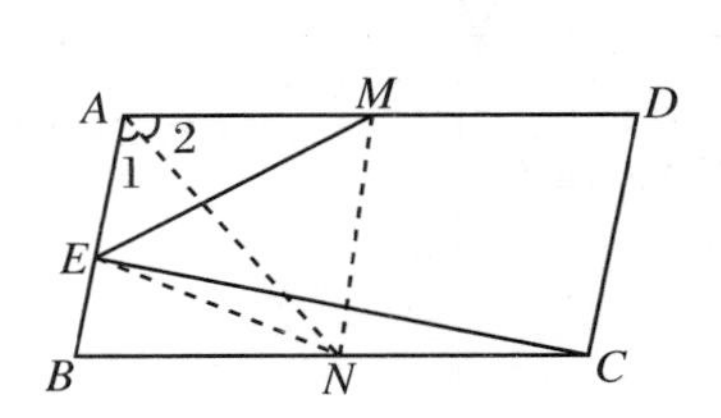

图 Y3.11.3

证明3(等腰梯形的性质、菱形的性质)

如图Y3.11.3所示，作$MN/\!/AB$，交BC于N，连AN、EN，则EN是Rt$\triangle BEC$斜边上的中线，所以$EN=\frac{1}{2}BC=AM$，所以$AENM$是等腰梯形，所以$\angle 1=\angle AEM$.

因为$AB=BN=NM=MA$，所以$ABNM$是菱形，所以$\angle 1=\angle 2$. 由此知$\angle EMD=\angle EAM+\angle AEM=2\angle 1+\angle AEM=3\angle AEM$.

证明4(共圆)

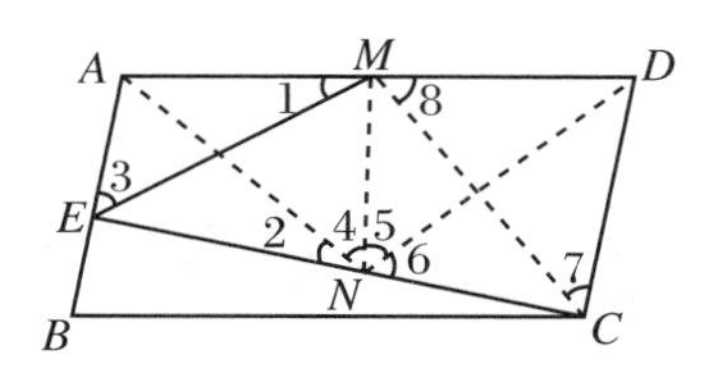

图Y3.11.4

如图Y3.11.4所示，作$MN\perp AD$，交CE于N，连NA、ND、MC，则A、E、N、M，M、N、C、D分别共圆，所以$\angle 1=\angle 2$，$\angle 3=\angle 4$，$\angle 5=\angle 7$，$\angle 6=\angle 8$. 因为$DM=DC$，所以$\angle 8=\angle 7$，所以$\angle 5=\angle 6$.

因为MN是AD的中垂线，所以$\angle 4=\angle 5$，所以$\angle 4+\angle 5+\angle 6=3\angle 3$.

因为$\angle EMD=180^\circ-\angle 1=180^\circ-\angle 2=\angle 4+\angle 5+\angle 6$，所以$\angle EMD=3\angle 3=3\angle AEM$.

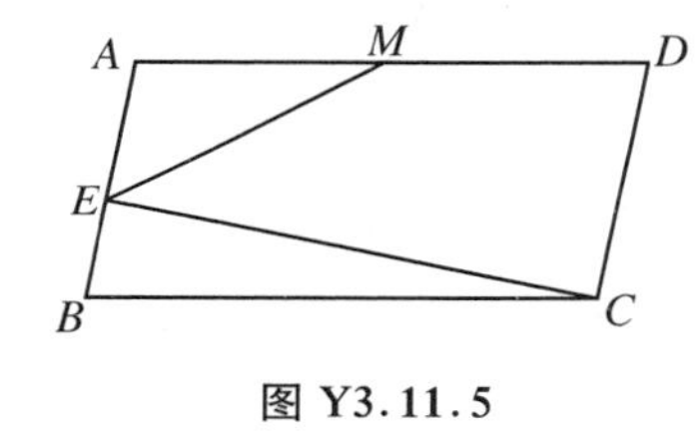

图Y3.11.5

证明5(三角法)

设$\angle EAM=\alpha$，$\angle AEM=\beta$，$AB=a$，则$AD=2a$.

如图Y3.11.5所示，在Rt$\triangle CEB$中，$BE=BC\cdot\cos(180^\circ-\alpha)=-2a\cos\alpha$，所以$AE=a-(-2a\cos\alpha)=a(1+2\cos\alpha)$.

在$\triangle AEM$中，由正弦定理，$\frac{AM}{\sin\beta}=\frac{AE}{\sin(\alpha+\beta)}$，即

$$\frac{a}{\sin\beta}=\frac{a(1+2\cos\alpha)}{\sin(\alpha+\beta)}.$$

由此得$\sin\beta(1+2\cos\alpha)=\sin(\alpha+\beta)=\sin\alpha\cos\beta+\cos\alpha\sin\beta$.

所以$\sin\beta=\sin\alpha\cos\beta-\cos\alpha\sin\beta=\sin(\alpha-\beta)$.

因为$\alpha>\beta$，所以$\beta=\alpha-\beta$，$\alpha=2\beta$.

所以$\angle EMD=\angle EAM+\angle AEM=3\angle AEM$.

证明6(解析法)

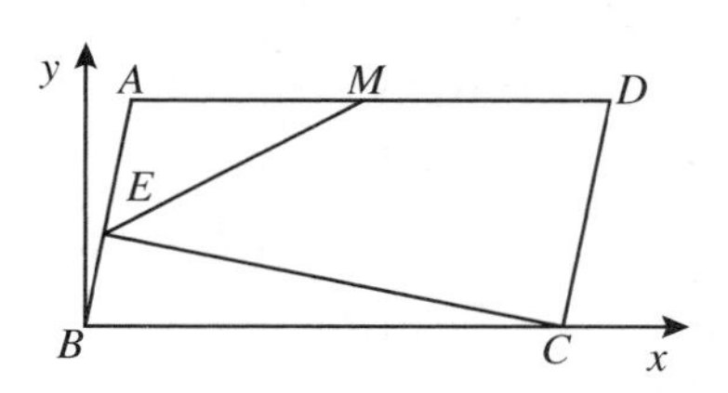

图Y3.11.6

如图Y3.11.6所示，建立直角坐标系.

设$\angle EAM=\alpha$，$\angle AEM=\beta$，只要证出$\alpha=2\beta$.

设$C(2a,0)$，则$A(-a\cos\alpha,a\sin\alpha)$，$D(2a-a\cos\alpha,a\sin\alpha)$，$M(a-a\cos\alpha,a\sin\alpha)$.

AB的方程为$y=-\tan\alpha\cdot x$，CE的方程为$y=\cot\alpha\cdot(x-2a)$. 联立可解出$E(2a\cos^2\alpha,-a\sin 2\alpha)$，所以$EM$的斜率为

$$k_{EM}=\frac{a\sin\alpha+a\sin 2\alpha}{a(1-\cos\alpha)-2a\cos^2\alpha}=\frac{\sin\alpha+\sin 2\alpha}{-\cos\alpha-a\cos 2\alpha}.$$

由夹角公式可求出AE、EM间的夹角：

$$\tan\beta=\frac{k_{AE}-k_{EM}}{1+k_{AE}\cdot k_{EM}}=\frac{-\tan\alpha-\dfrac{\sin\alpha+\sin2\alpha}{-\cos\alpha-a\cos2\alpha}}{1+(-\tan\alpha)\cdot\dfrac{\sin\alpha+\sin2\alpha}{-\cos\alpha-a\cos2\alpha}}$$

$$=\frac{(\sin\alpha+\sin2\alpha)-\tan\alpha(\cos\alpha+\cos2\alpha)}{(\cos\alpha+\cos2\alpha)+\tan\alpha(\sin\alpha+\sin2\alpha)}$$

$$=\frac{\sin\alpha+\sin2\alpha-\sin\alpha-(2\cos^2\alpha-1)\tan\alpha}{\cos\alpha+\cos2\alpha+\dfrac{\sin^2\alpha}{\cos\alpha}+2\sin^2\alpha}$$

$$=\frac{\sin2\alpha-2\sin\alpha\cdot\cos\alpha+\tan\alpha}{\cos\alpha+\cos2\alpha+\dfrac{\sin^2\alpha}{\cos\alpha}+2\sin^2\alpha}$$

$$=\frac{\tan\alpha}{\dfrac{1+\cos\alpha}{\cos\alpha}}=\frac{\sin\alpha}{1+\cos\alpha}=\tan\frac{\alpha}{2},$$

所以 $\beta=\frac{\alpha}{2}$，即 $\alpha=2\beta$. 证毕.

［例 12］ 在正方形 $ABCD$ 中，E 为 CD 的中点，F 为 CE 的中点，连 AE、AF，则 $\angle DAE=\frac{1}{2}\angle BAF$.

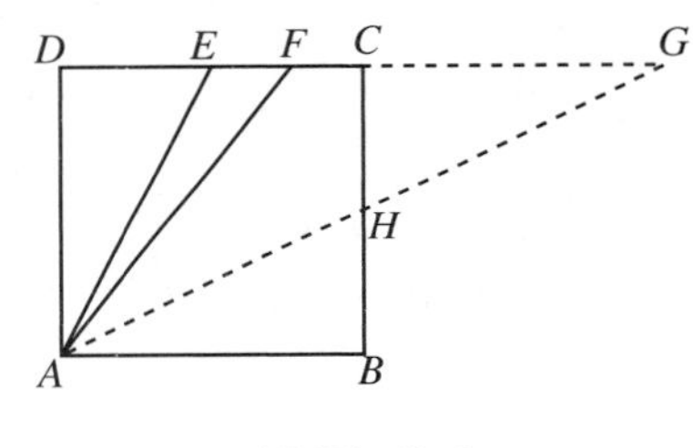

图 Y3.12.1

证明 1（三角形全等、内错角、折半法）

如图 Y3.12.1 所示，作 $\angle BAF$ 的平分线 AG，交 BC 于 H，交 DC 的延长线于 G，则 $\angle FGA=\angle GAB=\angle FAG$，$FA=FG$.

因为 $AF=\sqrt{AD^2+\left(\frac{3}{4}AD\right)^2}=\frac{5}{4}AD$，所以 $CG=FG-FC=\left(\frac{5}{4}-\frac{1}{4}\right)AD=AD$，所以 $CH=HB$，所以 $\text{Rt}\triangle ABH\cong\text{Rt}\triangle GCH\cong\text{Rt}\triangle ADE$.

所以 $\angle DAE=\angle HAB=\frac{1}{2}\angle BAF$.

证明 2（三角形全等）

作 $\angle BAF$ 的平分线 AG，交 BC 于 G，作 $GH\perp AF$，垂足为 H，连 GF. 如图 Y3.12.2 所示.

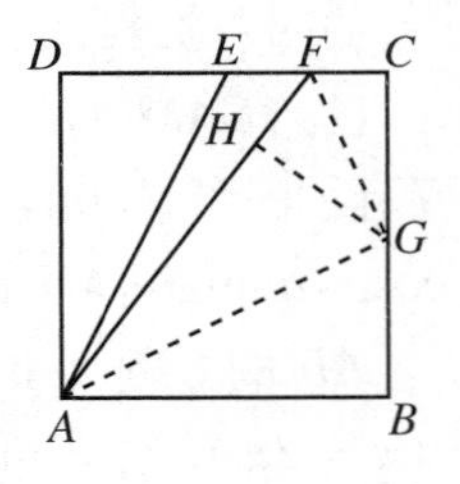

图 Y3.12.2

设 $AD=4m$，则 $DF=3m$，$AF=5m$（勾股定理）. 由 $\text{Rt}\triangle ABG\cong\text{Rt}\triangle AHG$ 知 $AH=AB=4m$，所以 $FH=m$，所以 $FH=FC$，所以 $\text{Rt}\triangle FHG\cong\text{Rt}\triangle FCG$，所以 $GH=GC$.

因为 AG 为 $\angle BAF$ 的平分线，所以 $GH=GB$，所以 $GB=GC$，所以 $\text{Rt}\triangle ABG\cong\text{Rt}\triangle ADE$，所以 $\angle DAE=\angle BAG=\frac{1}{2}\angle BAF$.

证明 3（相似三角形、外角定理）

如图 Y3.12.3 所示，作 EH，使 $\angle HEA=\angle HAE$，设 $DH=x$，$AH=y$，$\angle HEA=\alpha$，正方

形的边长为1,则 $x+y=1$, $x^2+\left(\frac{1}{2}\right)^2=y^2$.由此得 $x=\frac{3}{8}$, $y=\frac{5}{8}$.

作 $FG/\!/AD$,交 AB 于 G.因为$\frac{FG}{DE}=\frac{AG}{DH}=2$,又有$\angle FGA=\angle EDH$,所以 Rt$\triangle FGA\backsim$Rt$\triangle EDH$,所以$\angle DHE=\angle FAG$.

因为$\angle DHE$ 是等腰$\triangle HAE$ 的外角,所以$\angle DHE=2\alpha$,所以$\angle FAG=2\alpha=2\angle DAE$.

证明4(三角形相似、全等、等腰三角形)

连 BE,设 BE、AF 交于 H.如图 Y3.12.4 所示.

由$\triangle HEF\backsim\triangle HBA$ 知 $HF:HA=EF:AB=1:4$,设 $CF=m$,易求出 $AD=4m$, $DF=3m$, $AF=5m$.因为 $HF:HA=1:4$,所以 $HA=4m$,所以 $HA=AB$, $HF=EF$.

在等腰$\triangle ABH$ 中,$\angle HAB=180°-2\angle ABH$.

易证$\angle CBE=\angle DAE$, $\angle ABE=90°-\angle CBE$,所以$\angle HAB=180°-2(90°-\angle CBE)=2\angle CBE$,所以$\angle FAB=2\angle DAE$.

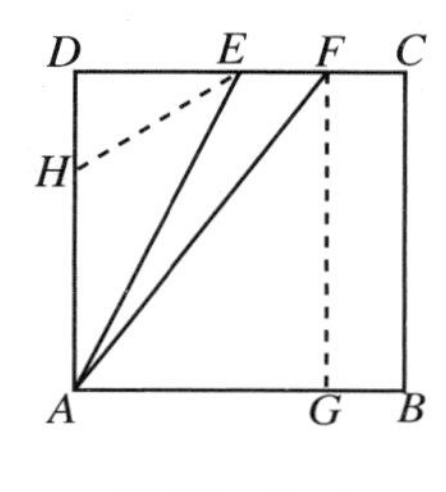

图 Y3.12.3

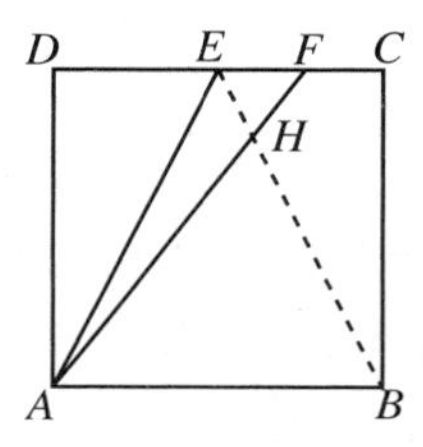

图 Y3.12.4

证明5(三角法)

如图 Y3.12.5 所示,设$\angle DAE=\alpha$, $\angle FAB=\beta$, $\tan\alpha=\frac{DE}{AD}=\frac{1}{2}$, $\tan\beta=\frac{AD}{DF}=\frac{4}{3}$,所以

$\tan\beta=\dfrac{2\times\frac{1}{2}}{1-\left(\frac{1}{2}\right)^2}=\dfrac{2\tan\alpha}{1-\tan^2\alpha}=\tan2\alpha$,所以 $\beta=2\alpha$.

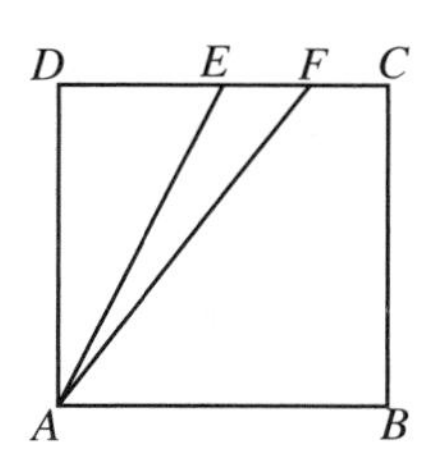

图 Y3.12.5

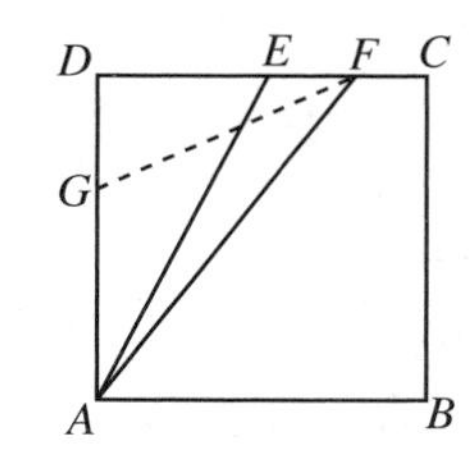

图 Y3.12.6

证明6(角平分线的性质)

作$\angle DFA$ 的平分线 FG,交 AD 于 G,如图 Y3.12.6 所示,由角平分线性质定理,有

$$\frac{DG}{GA}=\frac{DF}{FA}=\frac{\frac{3}{4}}{\sqrt{1+\left(\frac{3}{4}\right)^2}}=\frac{3}{5},$$

所以 $DG=\frac{3}{8}AD$, $AG=\frac{5}{8}AD$.

因为$\dfrac{DG}{DF}=\dfrac{DE}{AD}=\dfrac{1}{2}$，所以 Rt$\triangle DGF\backsim$Rt$\triangle DEA$，所以$\angle DFG=\angle DAE$，所以$\angle DAE=\dfrac{1}{2}\angle DFA=\dfrac{1}{2}\angle BAF$.

［例 13］ 过弦 AB 的端点 B 作切线 BC，过 A 作直径 AD，过 A 作 BC 的垂线 AC，垂足为 C，则$\angle DAB=\angle BAC$.

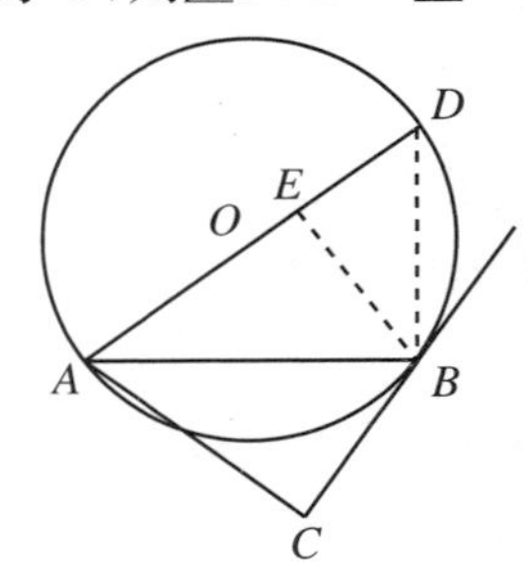

图 Y3.13.1

证明 1(三角形全等)

作 $BE\perp AD$，垂足为 E，连 BD. 如图 Y3.13.1 所示.

由弦切角定理，$\angle ABC=\angle ADB$. 因为 AD 为直径，所以 $AB\perp BD$，在 Rt$\triangle ABD$ 中，$BE\perp AD$，所以$\angle ABE=\angle ADB$.

所以$\angle ABC=\angle ABE$，而 AB 为公共边，所以 Rt$\triangle ABC\cong$Rt$\triangle ABE$，所以$\angle EAB=\angle BAC$.

证明 2(切线的性质、等腰三角形)

如图 Y3.13.2 所示，设圆心为 O，连 OB，则 $OB\perp BC$. 因为 $AC\perp BC$，所以 $AC/\!/OB$，所以$\angle BAC=\angle ABO$. 因为$\triangle OAB$ 是等腰三角形，所以$\angle OAB=\angle ABO$，所以$\angle OAB=\angle BAC$.

证明 3(三角形相似、弦切角定理)

如图 Y3.13.3 所示，连 BD. 由弦切角定理，$\angle ABC=\angle ADB$. 因为 AD 是直径，所以$\triangle ABD$ 是直角三角形，所以 Rt$\triangle ABD\backsim$Rt$\triangle ABC$，所以$\angle DAB=\angle BAC$.

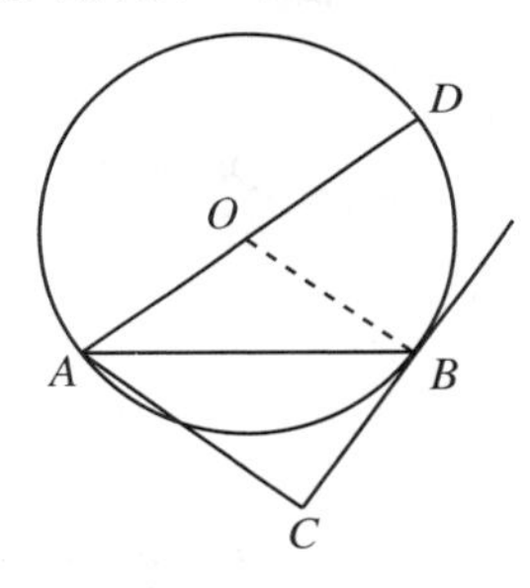

图 Y3.13.2

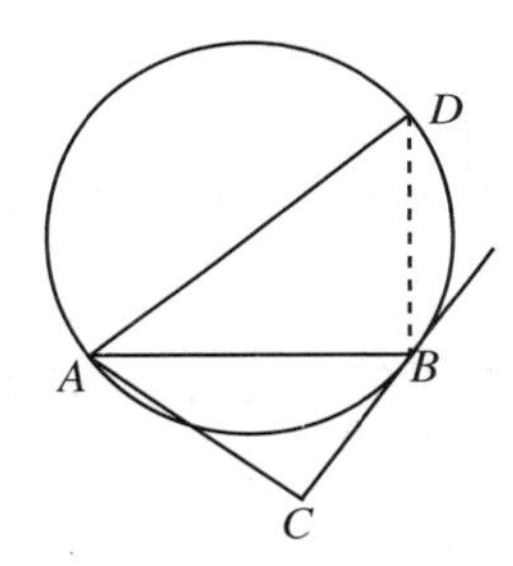

图 Y3.13.3

证明 4(切线长定理)

如图 Y3.13.4 所示，过 A 作切线 AE，交 BC 于 E. 由切线长定理知 $EA=EB$，所以$\angle EAB=\angle EBA$.

因为 $AC\perp BC$，所以$\angle BAC+\angle ABC=90^\circ$.

因为 AD 是直径，A 为切点，所以 $AE\perp AD$，所以$\angle BAD+\angle BAE=90^\circ$.

由此可知$\angle BAD=\angle BAC$.

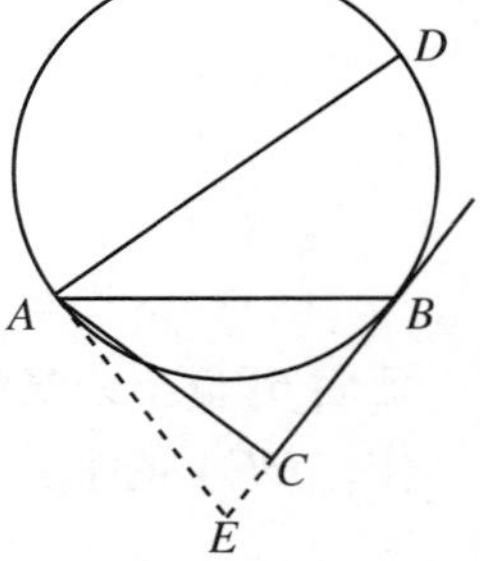

图 Y3.13.4

证明 5(平行弦所夹的弧相等，分情况证明)

(1) 若 AC 与圆交于 E，连 DE，如图 Y3.13.5(a)所示.

因为 AD 是直径，所以 $AE\perp ED$. 又 $AE\perp BC$，所以 $BC/\!/DE$，所以$\overset{\frown}{BD}=\overset{\frown}{BE}$. 因为$\angle BAD$、$\angle BAC$ 分别是$\overset{\frown}{BD}$、$\overset{\frown}{BE}$上的圆周角，所以$\angle BAD=\angle BAE$.

(2) 若 AC 和圆只有一个交点 A，即 AC 为圆的切线，如图 Y3.13.5(b)所示.

因为 AD 是直径，AC 是切线，所以 $AC\perp OA$，所以 $OACB$ 是正方形，AB 是对角线，所以 $\angle BAC=\angle BAD$.

(3) 若 CA 的延长线交圆于 E，连 DE、DB、EB，如图 Y3.13.5(c)所示.

因为 AD 是直径，所以 $DE\perp AE$. 又 $BC\perp AC$，所以 $BC\parallel DE$，所以 $\overset{\frown}{BD}=\overset{\frown}{BE}$，所以 $\angle BDE=\angle BAD$.

因为 $\angle BAC$ 是圆的内接四边形 $ABDE$ 的外角，所以 $\angle BAC=\angle BDE$，所以 $\angle BAC=\angle BAD$.

综上，原命题得证.

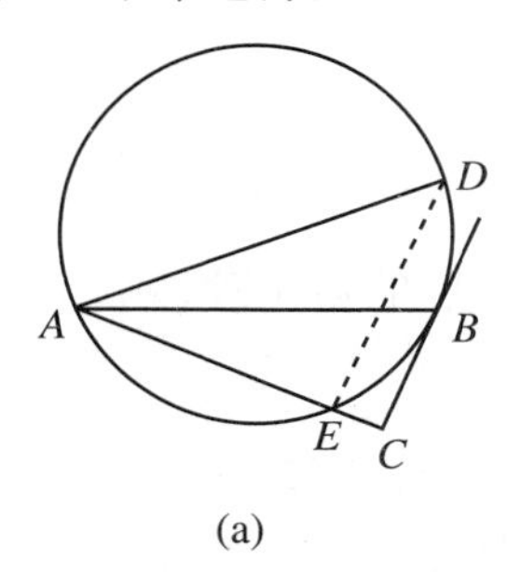

(a)

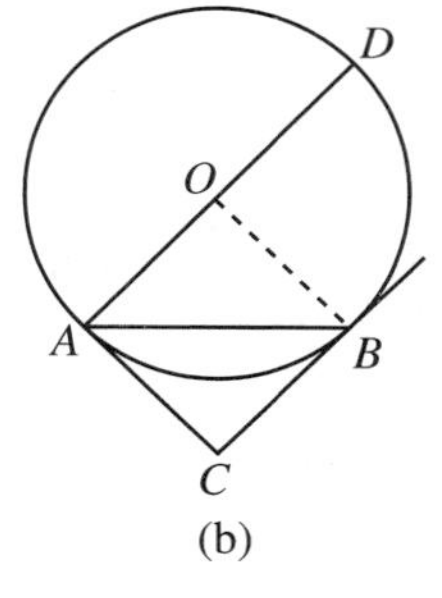

(b)

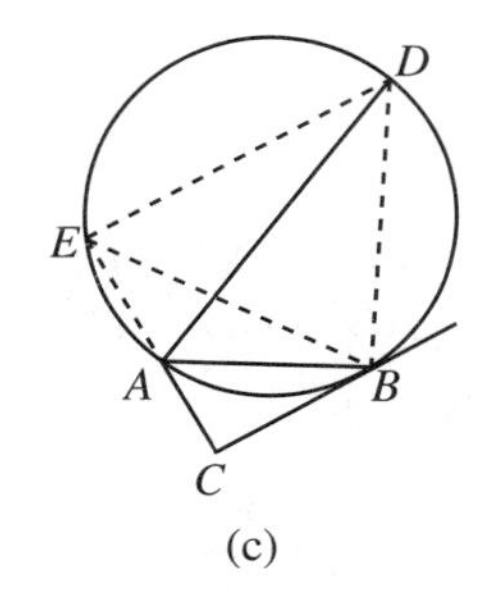

(c)

图 Y3.13.5

证明 6(解析法)

如图 Y3.13.6 所示，建立直角坐标系.

设⊙O 的半径为 r，AB 的弦心距为 $b(b<r)$，AB 的中点为 E，则 $B(\sqrt{r^2-b^2},-b)$.

连 OB，则 $k_{AC}=k_{OB}=-\dfrac{b}{\sqrt{r^2-b^2}}$. 在 Rt△$AEO$ 中，$k_{AO}=\tan\angle BAD=\dfrac{b}{\sqrt{r^2-b^2}}$，所以 $k_{AO}=-k_{AC}$. 可见，AO 的倾角与 AC 的倾角互补，所以 $\angle BAO=\angle BAC$.

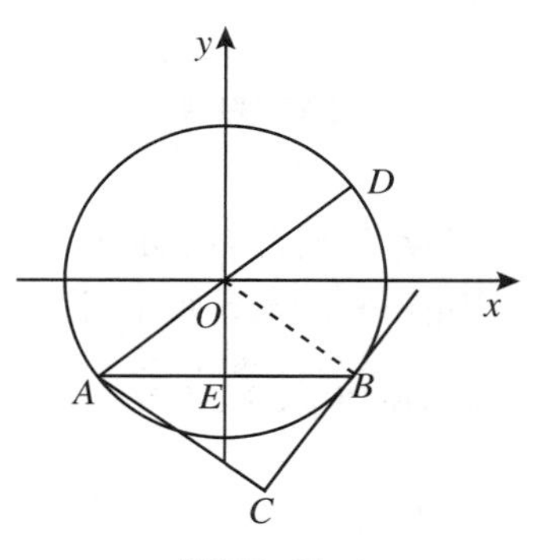

图 Y3.13.6

[例 14]　D 为圆外的一点，DA 为切线，A 为切点，DCB 是割线. 在 BC 上有 E 点，$DA=DE$，则 AE 是 $\angle BAC$ 的平分线.

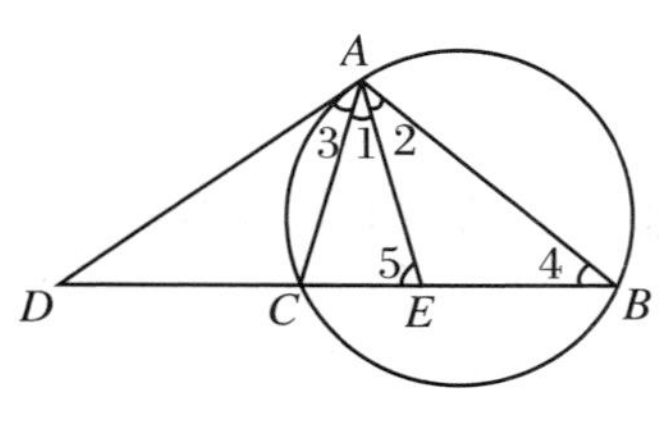

图 Y3.14.1

证明 1(三角形外角、弦切角定理)

如图 Y3.14.1 所示，由弦切角定理，$\angle 3=\angle 4$. 因为 $AD=ED$，所以 $\angle 5=\angle 3+\angle 1$. $\angle 5$ 是△AEB 的外角，所以 $\angle 5=\angle 2+\angle 4$，所以 $\angle 1=\angle 2$.

证明 2(弦切角、圆内角、圆周角定理)

延长 AE，交圆于 F，连 FC、FB. 如图 Y3.14.2 所示. 因为 $\angle AEC$ 是圆内角，所以 $\angle AEC\overset{m}{=}\dfrac{1}{2}(\overset{\frown}{AC}+\overset{\frown}{BF})$. 因为 $\angle DAE$ 是弦切角，所以 $\angle DAE\overset{m}{=}\dfrac{1}{2}(\overset{\frown}{AC}+\overset{\frown}{CF})$. 因为 $AD=DE$，所以 $\angle AEC=\angle DAE$，所以

$\overset{\frown}{BF}=\overset{\frown}{CF}$.

因为$\angle CAF$、$\angle BAF$是$\overset{\frown}{CF}$、$\overset{\frown}{BF}$弧上的圆周角,所以$\angle CAF=\angle BAF$.

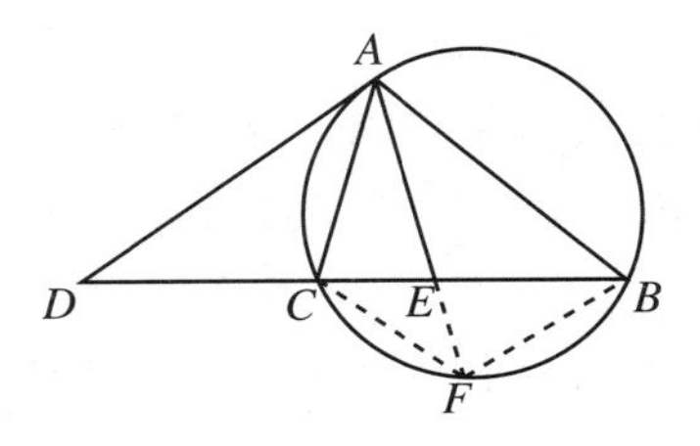

图 Y3.14.2

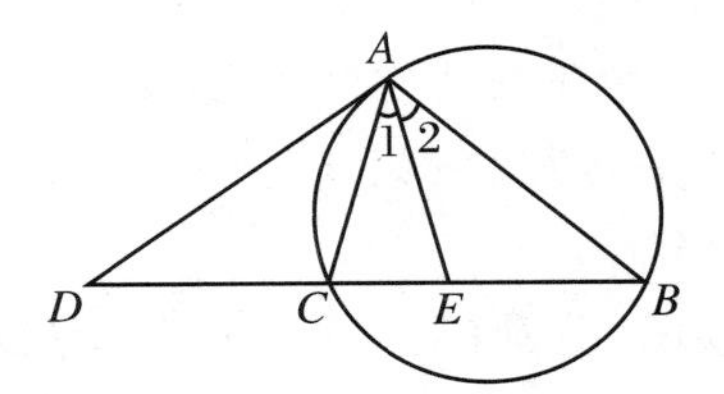

图 Y3.14.3

证明 3(三角形相似、等比定理)

如图 Y3.14.3 所示,由$\triangle ACD\backsim\triangle BAD$知$\dfrac{AC}{AB}=\dfrac{DC}{DA}=\dfrac{DC}{DE}=\dfrac{AD}{DB}=\dfrac{DE}{DB}$.

所以$\dfrac{AC}{AB}=\dfrac{DC}{DE}=\dfrac{DE}{DB}=\dfrac{DE-DC}{DB-DE}=\dfrac{EC}{EB}$.由角平分线性质定理的逆定理,$AE$是$\angle CAB$的平分线.

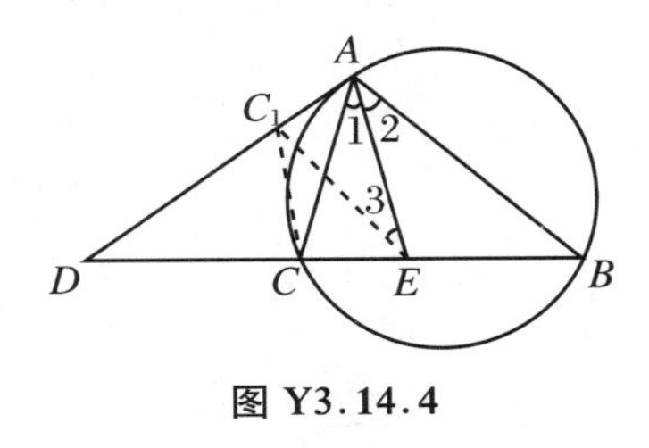

图 Y3.14.4

证明 4(切割线定理、平行截比逆定理)

如图 Y3.14.4 所示,在AD上取C_1,使$DC_1=DC$,连CC_1、C_1E.易证$AECC_1$是等腰梯形,故$\angle 1=\angle 3$.

由切割线定理,$DA^2=DC\cdot DB$.因为$DC=DC_1$,$DA=DE$,上式又可写为$DA\cdot DE=DC_1\cdot DB$,所以$\dfrac{DC_1}{DA}=\dfrac{DE}{DB}$.由平行截比逆定理,$C_1E\,/\!/\,AB$,所以$\angle 2=\angle 3$.由此可知$\angle 1=\angle 2$.

证明 5(圆外角、圆周角、三角形内角和)

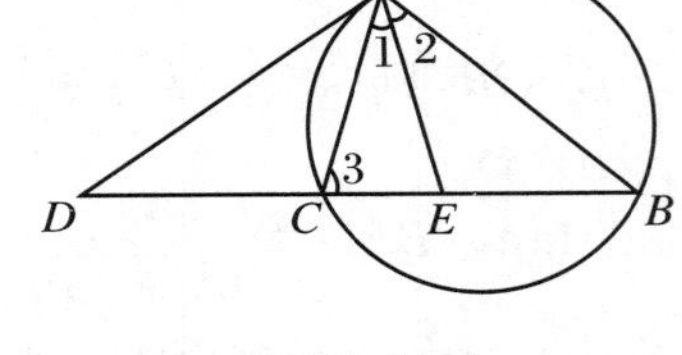

图 Y3.14.5

如图 Y3.14.5 所示,设$\angle DAE=\alpha$,则$\angle DEA=\alpha$.$\angle 3$是圆周角,所以$\angle 3\overset{m}{=}\dfrac{1}{2}\overset{\frown}{AB}$.在$\triangle ACE$中,$\angle 1=180^\circ-\angle 3-\alpha$.

$\angle D$是圆外角,所以$\angle D\overset{m}{=}\dfrac{1}{2}(\overset{\frown}{AB}-\overset{\frown}{AC})$.$\angle B$是圆周角,所以$\angle B\overset{m}{=}\dfrac{1}{2}\overset{\frown}{AC}$.在$\triangle ABD$中,$\angle 2=180^\circ-\angle B-\angle D-\alpha\overset{m}{=}180^\circ-\dfrac{1}{2}\overset{\frown}{AC}-\dfrac{1}{2}(\overset{\frown}{AB}-\overset{\frown}{AC})-\alpha=180^\circ-\angle 3-\alpha$.

由此可知$\angle 1=\angle 2$.

[例 15] AB为半圆的直径,半径$OC\perp AB$,D为OC的中点,弦$EF\,/\!/\,AB$,EF过D点,则$\angle CBE=2\angle ABE$.

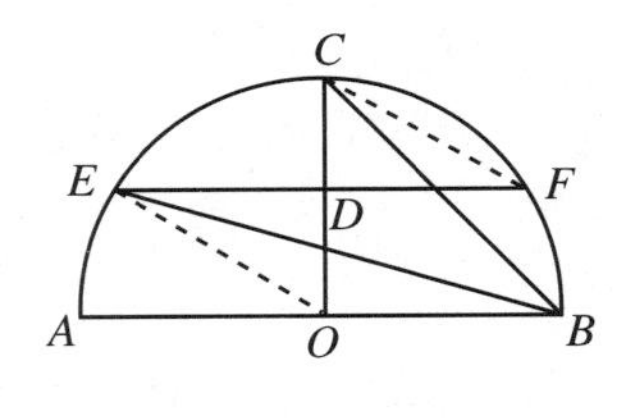

图 Y3.15.1

证明 1(菱形的性质、圆周角定理)

连CF、OE.如图 Y3.15.1 所示.

因为$EF\,/\!/\,AB$,所以$\angle AOE=\angle OED$,又因为$\angle AOE$是等腰$\triangle OBE$的外角,所以$\angle AOE=2\angle OBE$.

因为$\angle CBE$与$\angle CFE$为同弧上的圆周角,所以$\angle CBE$

$=\angle CFE$.

由垂径定理，OC 是 EF 的中垂线. 又已知 EF 是 OC 的中垂线，所以 $CEOF$ 是菱形，所以 $\angle CFE=\angle OED$，所以 $\angle CBE=2\angle ABE$.

证明 2（斜边中线定理、弦切角定理）

如图 Y3.15.2 所示，作 $CP /\!/ AB$，交 OE 的延长线于 P，连 CE. 因为 $CP\perp CD$，所以 CP 是圆的切线，$CP /\!/ DE$.

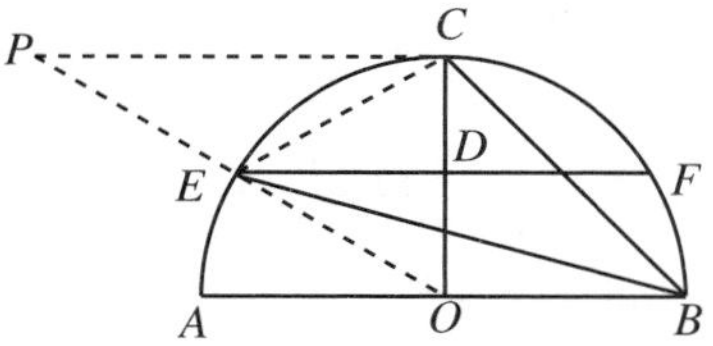

因为 $OD=DC$，$DE /\!/ CP$，所以 E 是 OP 的中点，所以 CE 是 Rt$\triangle OCP$ 的斜边上的中线，所以 $\angle P=\angle PCE$.

因为 $\angle PCE$ 是弦切角，所以 $\angle PCE=\angle EBC$.

因为 $CP /\!/ AB$，所以 $\angle P=\angle AOE$，而 $\angle AOE$ 是等腰 $\triangle OBE$ 的外角，所以 $\angle P=\angle AOE=2\angle OBE$.

所以 $\angle EBC=2\angle OBE$.

图 Y3.15.2

证明 3（加倍法、菱形和正三角形的性质）

如图 Y3.15.3 所示，作 E 关于 AB 的对称点 E_1，连 OE_1、OE、EE_1、EC. 由圆关于直径的对称性知 E_1 在此圆上.

易证 $EE_1 \mathrel{\underline{\underline{/\!/}}} OC$，所以 $EE_1=OE=OE_1$，所以 CEE_1O 是菱形，$\triangle OEE_1$、$\triangle OEC$ 是正三角形.

所以 $\overset{\frown}{CE}\overset{m}{=}60^\circ$，$\overset{\frown}{AE}\overset{m}{=}30^\circ$.

所以 $\angle EBC=2\angle ABE$.

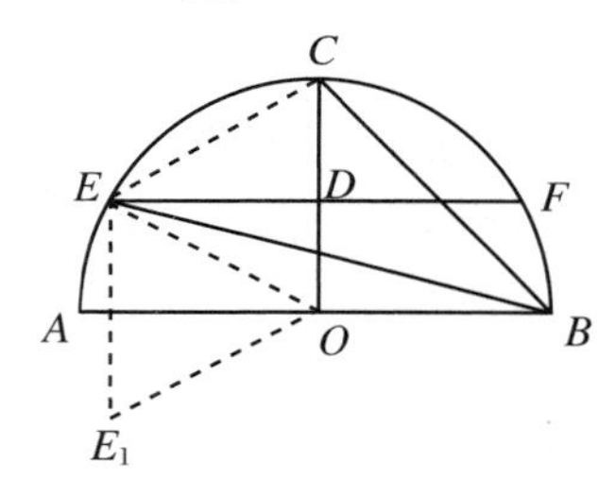

图 Y3.15.3

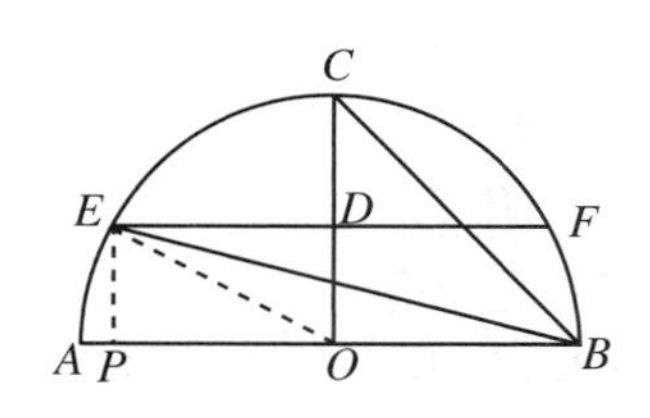

图 Y3.15.4

证明 4（含 30°锐角的直角三角形的性质）

作 $EP\perp AB$，垂足为 P，连 OE. 如图 Y3.15.4 所示.

在 Rt$\triangle OPE$ 中，$EP=\dfrac{1}{2}OE$，所以 $\angle EOP=30^\circ$，所以 $\angle EOC=60^\circ$. 因为 $\angle ABE=\dfrac{1}{2}\angle AOE$，$\angle EBC=\dfrac{1}{2}\angle EOC$，所以 $\angle EBC=2\angle ABE$.

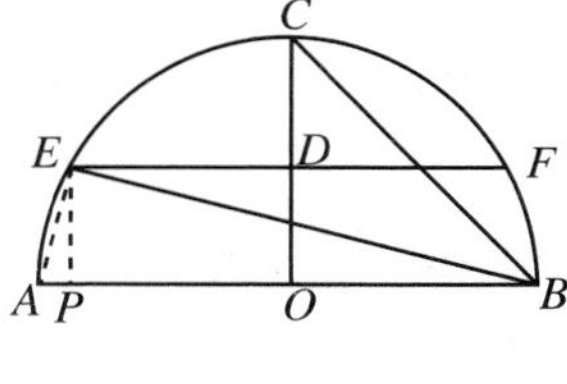

图 Y3.15.5

证明 5（三角法）

作 $EP\perp AB$，P 为垂足，连 AE. 如图 Y3.15.5 所示. 在 Rt$\triangle AEB$ 中，由比例中项定理，$EP^2=AP\cdot BP=(AB-BP)\cdot BP=AP\cdot BP-BP^2$.

设半径为 r，上式即是 $\left(\dfrac{1}{2}r\right)^2=(2r-BP)\cdot BP$，所以 $BP=$

$\left(1+\dfrac{\sqrt{3}}{2}\right)r$.

在 Rt△BEP 中，$\tan\angle PBE=\dfrac{EP}{BP}=\dfrac{\frac{1}{2}r}{\left(1+\frac{\sqrt{3}}{2}\right)r}=2-\sqrt{3}$，所以$\angle PBE=15^\circ$，又因为$\angle ABC=45^\circ$，所以$\angle EBC=30^\circ$，所以$\angle EBC=2\angle ABE$.

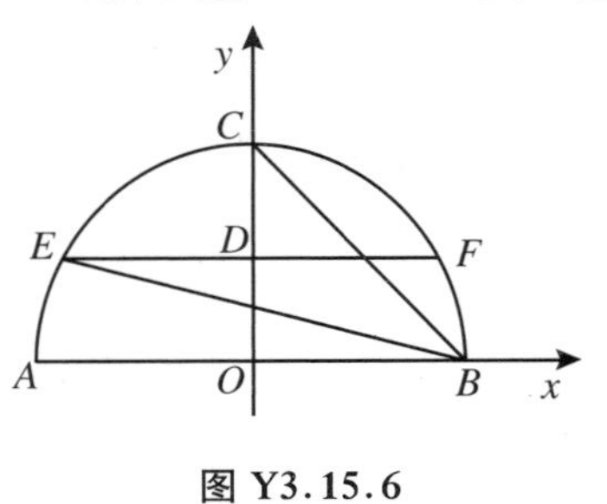

图 Y3.15.6

证明 6(解析法)

如图 Y3.15.6 所示，建立直角坐标系.

设半径为 r，则⊙O 的方程为

$$x^2+y^2=r^2. \quad ①$$

EF 的方程为

$$y=\frac{r}{2}. \quad ②$$

式①、式②联立，得 $E\left(-\dfrac{\sqrt{3}}{2}r,\dfrac{1}{2}r\right)$，$F\left(\dfrac{\sqrt{3}}{2}r,\dfrac{1}{2}r\right)$. 因为 $B(r,0)$，所以 $k_{EB}=\dfrac{\frac{1}{2}r}{-\frac{\sqrt{3}}{2}r-r}=-(2-\sqrt{3})$. 又 $k_{EB}=\tan(180^\circ-\angle ABE)=-\tan\angle ABE$，所以$\angle ABE=15^\circ$.

易求出$\angle ABC=45^\circ$，所以$\angle EBC=30^\circ$，所以$\angle EBC=2\angle ABE$.

[例 16] 在正方形 $ABCD$ 中，以 AB 为直径在正方形内作半圆，以 B 为圆心，AB 为半径在正方形内作四分之一圆弧$\overset{\frown}{AC}$. P 是半圆上的任一点，连 BP 并延长，交$\overset{\frown}{AC}$于E，连 AE，则 AE 平分$\angle DAP$.

证明 1(三角形全等)

过 E 作$MN\parallel AB$，交 AD 于M，交 BC 于N. 如图 Y3.16.1 所示，则$\angle 1=\angle 2$.

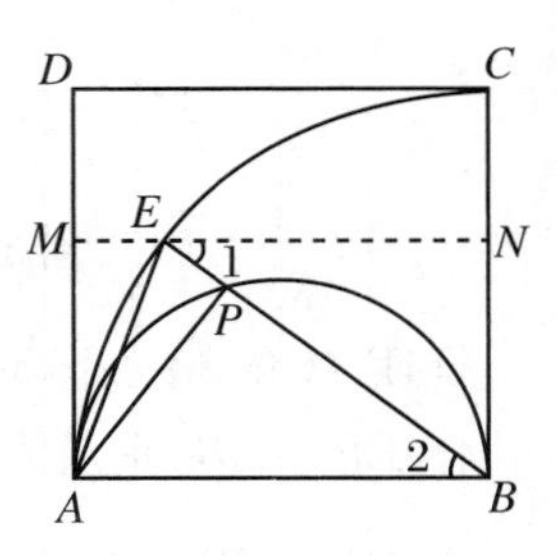

图 Y3.16.1

因为 AB 是半圆的直径，所以$\angle APB=90^\circ$. 因为 BA、BE 是四分之一圆的半径，所以 $BA=BE$.

所以 Rt△APB≌Rt△BNE，所以 $BP=NE$，即 $BE-EP=MN-ME$.

因为 $MN=AB=BE$，所以 $EP=ME$. 可见 E 到$\angle DAP$ 两边距离相等，所以 AE 平分$\angle DAP$.

证明 2(三角形全等)

过 E 作$MN\parallel AB$，交 AD 于M，交 BC 于N. 如图 Y3.16.2 所示，则$\angle MEA=\angle EAB$.

因为 $AB=BE$，所以$\angle EAB=\angle AEB$，所以$\angle MEA=\angle AEB$.

因为 AB 是直径，所以 $AP\perp PB$. 由 Rt△AEP≌Rt△AEM 知$\angle EAP=\angle EAM$.

证明 3(弦切角定理)

如图 Y3.16.3 所示，$\angle DAP$ 是半圆的弦切角，所以$\angle DAP=\angle ABP$. $\angle DAE$ 是四分之

一圆的弦切角，而$\angle ABE$是$\angle DAE$所夹弧上的圆心角，所以$\angle DAE=\frac{1}{2}\angle ABE$.

所以$\angle DAE=\frac{1}{2}\angle DAP$，即$AE$平分$\angle DAP$.

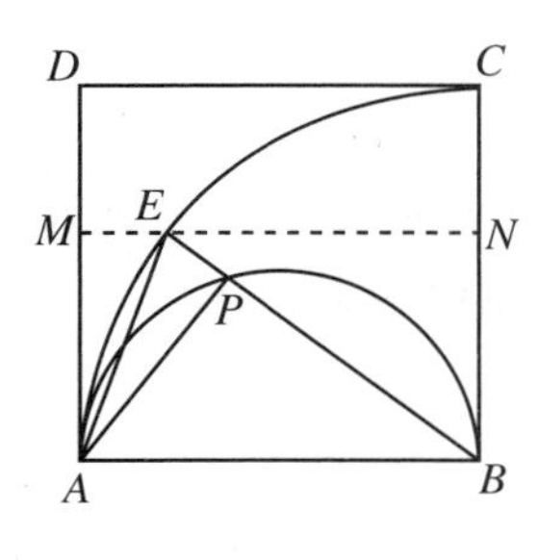

图 Y3.16.2

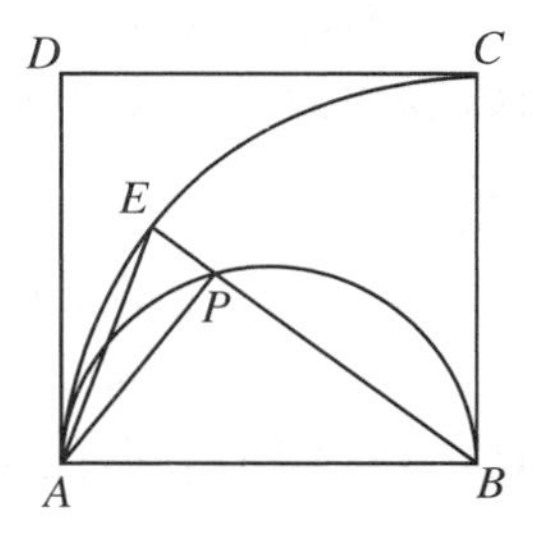

图 Y3.16.3

证明 4(垂心的性质、等腰三角形三线合一)

如图 Y3.16.4 所示，设AE交半圆于F，连BF，则$BF\perp AE$.设BF、AP交于H，则H是$\triangle ABE$的垂心.

连EH，则$EH\perp AB$，所以$EH/\!/AD$，所以$\angle 1=\angle 2$.

在等腰$\triangle BAE$中，$BF\perp AE$，由三线合一定理知$EF=FA$.易证$\angle 3=\angle 2$.

所以$\angle 3=\angle 1$，即AE平分$\angle DAP$.

证明 5(同弧上的圆周角、弦切角定理)

如图 Y3.16.5 所示，设AE交半圆于F，连BF，则$BF\perp AE$.在等腰$\triangle BAE$中，由三线合一定理知$\angle 3=\angle 4$.

因为$\angle 1$是半圆的弦切角，所以$\angle 1=\angle 3$.$\angle 2$、$\angle 4$在四分之一圆中为同弧上的圆周角，所以$\angle 2=\angle 4$.

所以$\angle 1=\angle 2$，即AE平分$\angle DAP$.

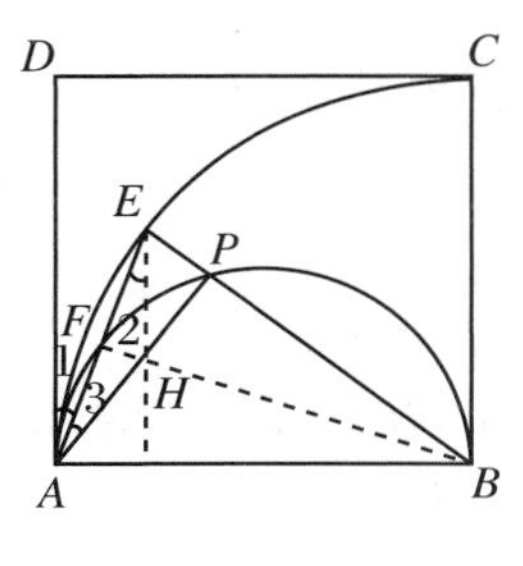

图 Y3.16.4

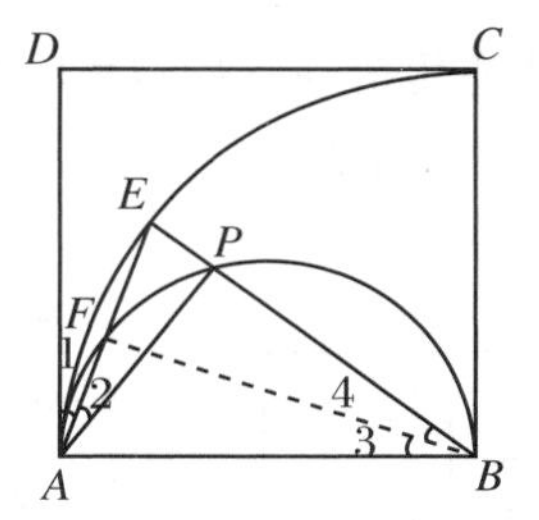

图 Y3.16.5

证明 6(解析法)

如图 Y3.16.6 所示，建立直角坐标系.

设正方形的边长为a，$\angle PAB=\alpha$，则$P(a\cos^2\alpha, a\sin\alpha\cdot\cos\alpha)$.

半圆的方程为

$$\left(x-\frac{a}{2}\right)^2+y^2=\left(\frac{a}{2}\right)^2. \quad ①$$

四分之一圆的方程为

$$(x-a)^2+y^2=a^2. \quad ②$$

直线 BP 的方程为

$$y=-\cot\alpha\cdot(x-a).\quad ③$$

由式②、式③联立得到 $E(a-a\sin\alpha, a\cos\alpha)$.

E 到 AD 的距离就是 $a-a\sin\alpha$.

E 到 AP 的距离就是 EP，由距离公式，有

$$\begin{aligned}EP&=\sqrt{(a-a\sin\alpha-a\cos^2\alpha)^2+(a\cos\alpha-a\sin\alpha\cos\alpha)^2}\\&=\sqrt{a^2\sin^2\alpha(\sin\alpha-1)^2+a^2\cos^2\alpha(1-\sin\alpha)^2}\\&=a(1-\sin\alpha).\end{aligned}$$

可见 E 到 AD、AP 等距离，所以 AE 平分 $\angle DAP$.

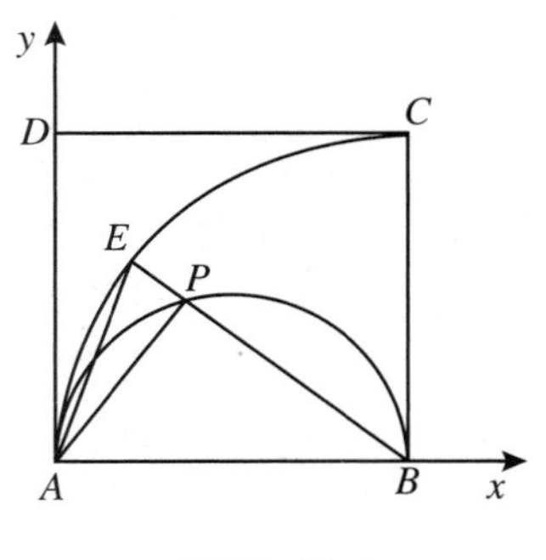

图 Y3.16.6

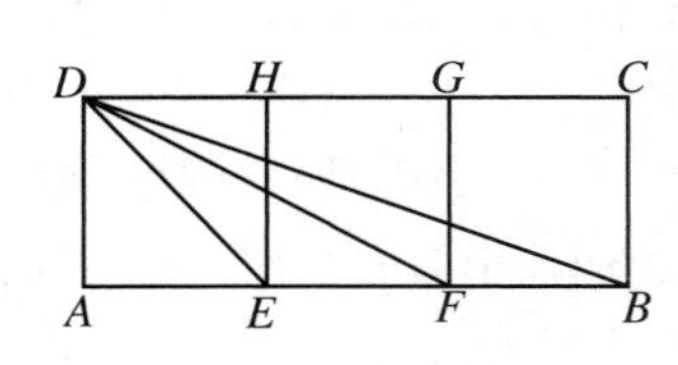

图 Y3.17.1

［**例 17**］ 如图 Y3.17.1 所示，在矩形 $ABCD$ 中，$AB=3BC$，E、F 为 AB 的三等分点，H、G 为 DC 的三等分点，则 $\angle DEA+\angle DFA+\angle DBA=90^\circ$.

证明 1（三角形相似）

因为 $\dfrac{EF}{ED}=\dfrac{1}{\sqrt{2}}$，$\dfrac{ED}{EB}=\dfrac{\sqrt{2}}{2}=\dfrac{1}{\sqrt{2}}$，所以 $\dfrac{EF}{ED}=\dfrac{ED}{EB}$.

又 $\angle DEF$ 是公共角，所以 $\triangle DEF\backsim\triangle BED$，所以 $\angle DBA=\angle FDE$.

所以 $\angle DEA+\angle DFA+\angle DBA=\angle DEA+(\angle DFE+\angle FDE)=2\angle DEA=2\times45^\circ=90^\circ$.

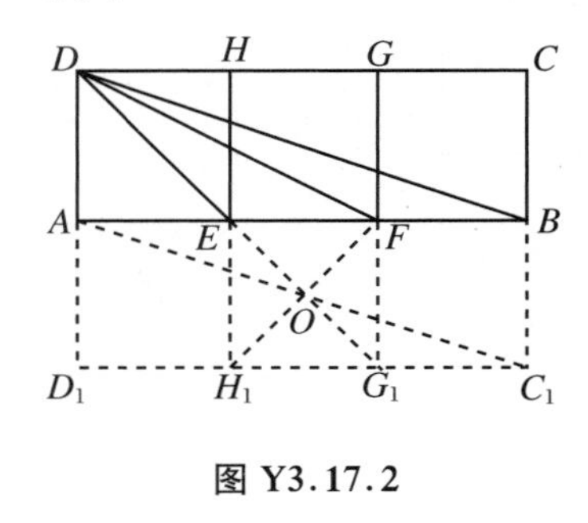

图 Y3.17.2

证明 2（共圆、三角形外角）

如图 Y3.17.2 所示，在▱$ABCD$ 的 AB 边上向外作矩形 ABC_1D_1 与原矩形全等. 设 C_1D_1 的三等分点为 G_1、H_1，连 EH_1、FG_1、AC_1、FH_1、EG_1.

由矩形的中心对称性知 AC_1 和 FH_1 的交点 O 是▱ABC_1D_1 的中心，也是正方形 EFG_1H_1 的中心，所以 O 为 EG_1、FH_1、AC_1 的公共点.

因为 $\angle AED=45^\circ=\angle G_1EH_1$，所以 D、E、G_1 共线.

因为 $\angle DAF=\angle DOF=90^\circ$，所以 D、A、O、F 共圆，所以 $\angle FAO=\angle FDO$.

易证 $ADBC_1$ 是平行四边形，所以 $\angle BAC_1=\angle DBA$.

所以

$$\begin{aligned}\angle DEA + \angle DFA + \angle DBA &= \angle DEA + (\angle DFA + \angle FAO) \\ &= \angle DEA + (\angle DFA + \angle FDO) \\ &= 2\angle DEA = 90^\circ.\end{aligned}$$

证明 3(旋转法、等腰直角三角形)

如图 Y3.17.3 所示,连 AG,则$\angle DFA = \angle GAF$.

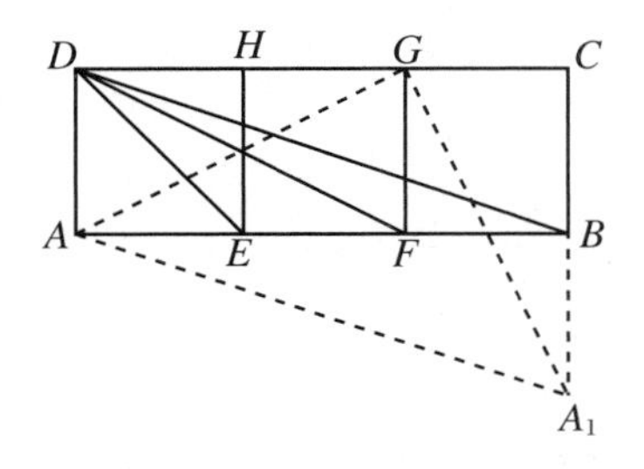

图 Y3.17.3

把 Rt$\triangle AFG$ 绕 G 逆时针旋转 90°,则 F 与 C 重合,A 转到A_1 处.连 AA_1.因为 $CA_1 = AF = 2BC$,所以 $BA_1 = BC$,$BA_1 \mathrel{\underline{\parallel}} AD$,所以 $ADBA_1$ 是平行四边形,所以 $\angle DBA = \angle BAA_1$.

易证 $\triangle AGA_1$ 是等腰直角三角形,所以 $\angle GAF + \angle BAA_1 = 45^\circ$.

所以$\angle DEA + \angle DFA + \angle DBA = \angle DEA + (\angle GAF + \angle BAA_1) = 45^\circ + 45^\circ = 90^\circ$.

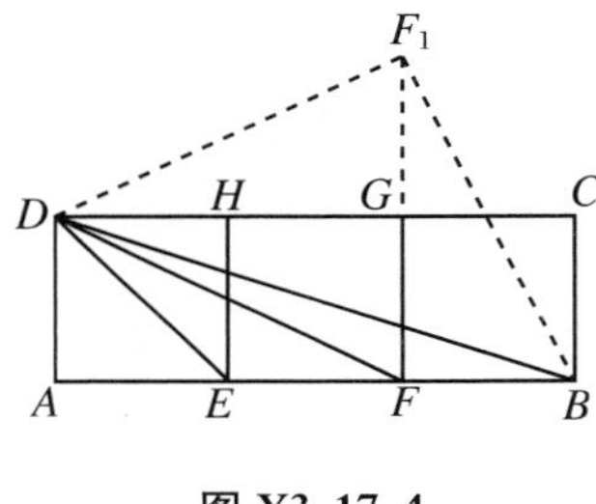

图 Y3.17.4

证明 4(翻折法)

如图 Y3.17.4 所示,把 Rt$\triangle DGF$ 以 DG 为轴向上翻折成 Rt$\triangle DGF_1$,则$\angle DFA = \angle FDG = \angle GDF_1$.连 BF_1.

易证 $\triangle F_1DB$ 是等腰直角三角形,所以 $\angle F_1DB = \angle GDF_1 + \angle BDC = 45^\circ$.

因为 $DC \parallel AB$,所以$\angle DBA = \angle BDC$,$\angle DEA = \angle CDE = 45^\circ$.

所以$\angle DEA + \angle DFA + \angle DBA = 90^\circ$.

证明 5(面积法)

如图 Y3.17.5 所示,设正方形的边长为 a,则 $DE = \sqrt{2}a$,$DF = \sqrt{5}a$,$DB = \sqrt{10}a$.

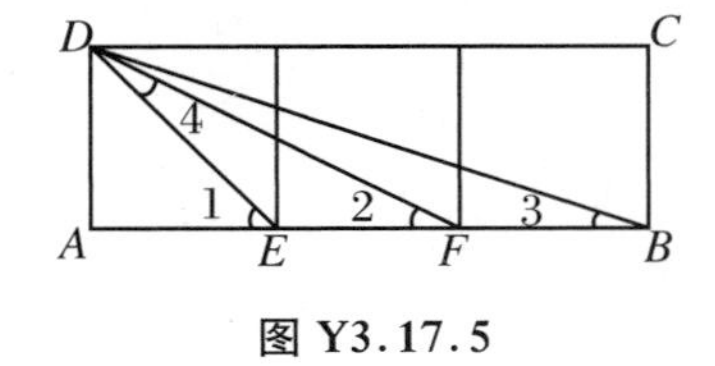

图 Y3.17.5

因为$\dfrac{S_{\triangle DEF}}{S_{\triangle ABD}} = \dfrac{EF}{AB} = \dfrac{1}{3}$,又$\dfrac{S_{\triangle DEF}}{S_{\triangle ABD}} = \dfrac{\frac{1}{2}DE \cdot DF \cdot \sin\angle 4}{\frac{1}{2}AB \cdot BD \cdot \sin\angle 3} = \dfrac{\frac{1}{2} \cdot \sqrt{5}a \cdot \sqrt{2}a \cdot \sin\angle 4}{\frac{1}{2} \cdot 3a \cdot \sqrt{10}a \cdot \sin\angle 3} = \dfrac{1}{3} \cdot \dfrac{\sin\angle 4}{\sin\angle 3}$,所以 $\sin\angle 4 = \sin\angle 3$,而$\angle 3$、$\angle 4$ 都为锐角,所以$\angle 3 = \angle 4$.

所以$\angle 1 + \angle 2 + \angle 3 = \angle 1 + \angle 2 + \angle 4 = 90^\circ$.

证明 6(三角法)

如图 Y3.17.5 所示,设正方形的边长为 a,在 Rt$\triangle ABD$ 中,$\cos\angle 3 = \dfrac{AB}{BD} = \dfrac{3}{\sqrt{10}}$.在 $\triangle DEF$ 中,$\cos\angle 4 = \dfrac{DE^2 + DF^2 - EF^2}{2DE \cdot DF} = \dfrac{(\sqrt{2}a)^2 + (\sqrt{5}a)^2 - a^2}{2 \cdot \sqrt{2}a \cdot \sqrt{5}a} = \dfrac{3}{\sqrt{10}}$.

所以 $\cos\angle 4 = \cos\angle 3$,所以$\angle 4 = \angle 3$.

所以$\angle 1+\angle 2+\angle 3=\angle 1+\angle 2+\angle 4=2\angle 1=90^\circ$.

证明7(三角法)

如图Y3.17.5所示,在Rt$\triangle ADF$中,$\tan\angle 2=\dfrac{AD}{AF}=\dfrac{1}{2}$.

在Rt$\triangle ADB$中,$\tan\angle 3=\dfrac{AD}{AB}=\dfrac{1}{3}$.

所以$\tan(\angle 2+\angle 3)=\dfrac{\tan\angle 2+\tan\angle 3}{1-\tan\angle 2\cdot\tan\angle 3}=\dfrac{\frac{1}{2}+\frac{1}{3}}{1-\frac{1}{2}\cdot\frac{1}{3}}=1$,而$\angle 2$、$\angle 3$都是锐角,由$\tan(\angle 2+\angle 3)=1$知$\angle 2+\angle 3=45^\circ$,所以$\angle 1+\angle 2+\angle 3=\angle 1+45^\circ=90^\circ$.

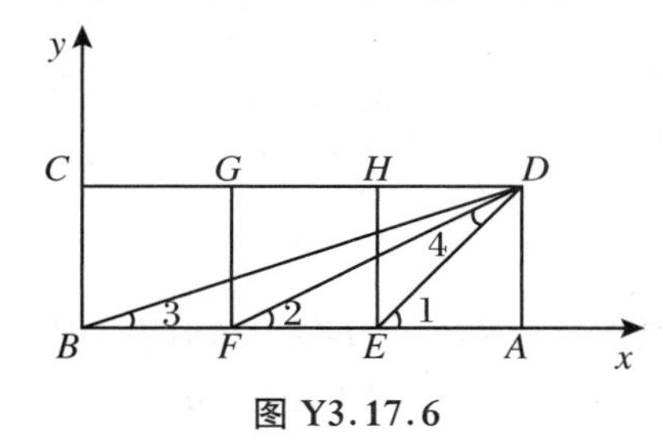

图Y3.17.6

证明8(解析法)

如图Y3.17.6所示,建立直角坐标系.

易知$k_{DE}=\dfrac{DA}{AE}=1$,$k_{DF}=\dfrac{DA}{AF}=\dfrac{1}{2}$,由夹角公式,

$$\tan\angle 4=\frac{k_{DE}-k_{DF}}{1+k_{DE}\cdot k_{DF}}=\frac{1-\frac{1}{2}}{1+1\cdot\frac{1}{2}}=\frac{1}{3}.$$

在Rt$\triangle ABD$中,$\tan\angle 3=\dfrac{1}{3}$,所以$\tan\angle 3=\tan\angle 4$,所以$\angle 3=\angle 4$,所以$\angle 1+\angle 2+\angle 3=\angle 1+\angle 2+\angle 4=2\angle 1=90^\circ$.

第4章 垂直与平行关系

4.1 解法概述

一、证明垂直的常用定理

(1) 三角形中,两内角互余,则夹第三角的两边互相垂直.
(2) 等腰三角形的三线合一定理.
(3) 勾股定理的逆定理;比例中项定理的逆定理.
(4) 菱形、正方形的对角线互相垂直平分.
(5) 邻补角的两条角平分线互相垂直.
(6) 一直线如垂直于两条平行线中的一条,则也垂直于另一条.
(7) 直径所对的圆周角是直角.
(8) 垂径定理;连心线垂直平分公共弦.
(9) 切线垂直于过切点的半径.
(10) 垂心性质.

二、证明平行的常用定理

(1) 同位角、内(外)错角相等;同旁内(外)角互补.
(2) 平行于同一直线的两直线平行.
(3) 垂直于同一直线的两直线平行.
(4) 平行四边形的对边平行;梯形的两底平行.
(5) 三角形、梯形中位线定理.
(6) 平行截比定理的逆定理.
(7) 一直线上有两点到另一直线的距离相等,则两直线平行.

三、常用的方法

(1) 平移法.
(2) 旋转法.
(3) 对称法.

（4）计算法.

（5）间接证法.

4.2 范例分析

［范例1］ 在$\triangle ABC$中，$\angle A=90^\circ$，$AD\perp BC$，D为垂足.$\angle B$的平分线交AC于E，交AD于F，$FM/\!/BC$，交AB于M，则$MD\perp ED$.

分析1 如果$MD\perp ED$，则A、M、D、E共圆，于是$\mathrm{Rt}\triangle MAE\backsim\mathrm{Rt}\triangle MFD$.容易发现，$\triangle MBF$、$\triangle AEF$是等腰三角形，所以$\dfrac{AM}{MF}=\dfrac{AE}{FD}$变为$\dfrac{AM}{BM}=\dfrac{AF}{FD}$.这正是$MF/\!/BD$的结果.

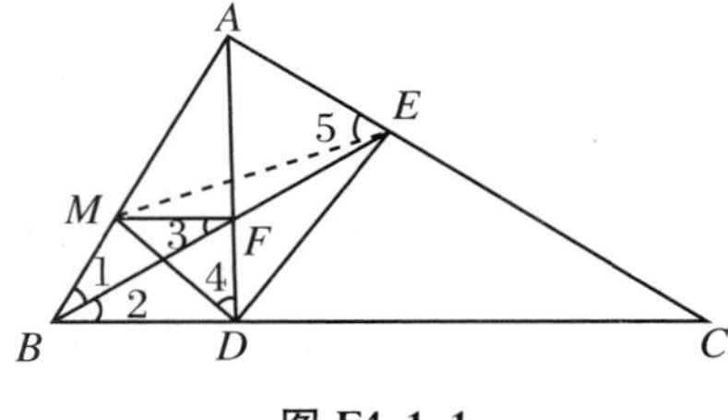

图 F4.1.1

证明1 如图F4.1.1所示，连ME.

因为$MF/\!/BC$，所以$\angle 3=\angle 2$，而$\angle 2=\angle 1$，所以$\angle 3=\angle 1$，所以$MF=MB$.

由$\mathrm{Rt}\triangle ABE\backsim\mathrm{Rt}\triangle DBF$知$\angle AEB=\angle DFB=\angle EFA$，所以$AE=AF$.

因为$MF/\!/BD$，由平行截比定理，$\dfrac{AM}{BM}=\dfrac{AF}{FD}$，即$\dfrac{AM}{MF}=\dfrac{AE}{FD}$，所以$\mathrm{Rt}\triangle AME\backsim\mathrm{Rt}\triangle FMD$，所以$\angle 5=\angle 4$，所以$A$、$E$、$D$、$M$共圆，所以$\angle MDE+\angle A=180^\circ$，所以$MD\perp ED$.

分析2 如图F4.1.2所示，如果证出$FD^2=MF\cdot FN$，由比例中项逆定理可得$MD\perp ED$.注意到$MF/\!/BD$，所以$\dfrac{AM}{MB}=\dfrac{AF}{FD}$，上式成为$FD^2=\left(\dfrac{AF\cdot MB}{AM}\right)^2=MB^2\cdot\dfrac{AF^2}{AM^2}$.

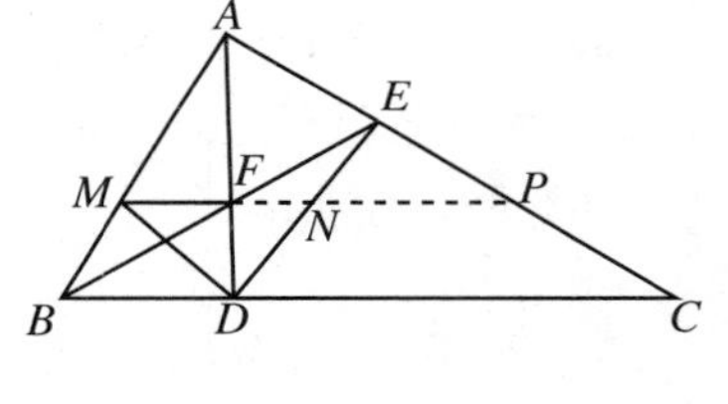

图 F4.1.2

在$\mathrm{Rt}\triangle AMP$中，由比例中项定理，$\dfrac{AF^2}{AM^2}=\dfrac{MF\cdot PF}{MF\cdot MP}=\dfrac{PF}{MP}$.注意到$\triangle MBF$是等腰三角形，又有$MB=MF$，于是只要证出$FD^2=MF^2\cdot\dfrac{PF}{MP}=MF\cdot FN$，这可由平行截比定理在$\triangle ABC$和$\triangle EBC$内证出.

证明2 延长MF，交ED于N，交AC于P.

由平行截比定理，$\dfrac{BD}{BC}=\dfrac{FN}{FP}=\dfrac{MF}{MP}$，所以

$$FN\cdot MF=MF^2\cdot\frac{FP}{MP}. \qquad ①$$

因为$MF/\!/BD$，所以$\dfrac{AM}{MB}=\dfrac{AF}{FD}$，所以$FD=\dfrac{AF\cdot MB}{AM}$，所以

$$FD^2=MB^2\cdot\frac{AF^2}{AM^2}. \qquad ②$$

易证$\triangle MBF$是等腰三角形，所以$MB=MF$. 在$\text{Rt}\triangle AMP$中，由比例中项定理，有

$$\frac{AF^2}{AM^2}=\frac{MF\cdot FP}{MF\cdot MP}=\frac{FP}{MP},$$

$$MB^2\cdot\frac{AF^2}{AM^2}=MF^2\cdot\frac{FP}{MP}. \quad ③$$

由式①、式②、式③知$FD^2=FN\cdot MF$.

在$\triangle DMN$中，由比例中项定理的逆定理，$\angle MDN=90^\circ$，所以$MD\perp ED$.

分析3　从图F4.1.3中看出$\angle 2+\angle 3=90^\circ$，只要证$\angle 1=\angle 3$. $\angle 1$已在$\text{Rt}\triangle MFD$中，因此先作辅助线，使$\angle 3$也在直角三角形中. 为此作$EN\perp BC$. 问题转为证明$\frac{MF}{FD}=\frac{EN}{DN}$. 容易发现$AE=EN$，$MF=MB$，这样只需证$\frac{MB}{FD}=\frac{AE}{DN}$，运用平行截比定理，不难在$\triangle ABD$中推得$\frac{MB}{FD}=\frac{AB}{AD}$，在$\triangle ADC$中推得$\frac{AE}{DN}=\frac{AC}{DC}$，这样，只需证得$\frac{AB}{AD}=\frac{AC}{DC}$，这是显然的.

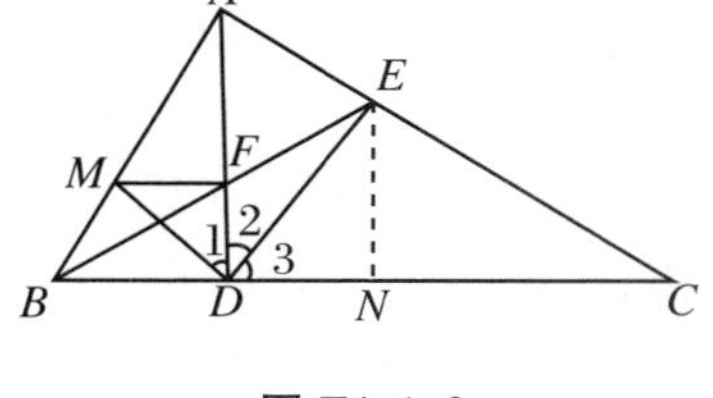

图 F4.1.3

证明3　作$EN\perp BC$，垂足为N.

因为BE是$\angle ABC$的平分线，所以$EN=EA$. 易证$\triangle MBF$是等腰三角形，$MB=MF$. 由$\text{Rt}\triangle ABD\backsim\text{Rt}\triangle CAD$知$\frac{AB}{AD}=\frac{AC}{DC}$.

在$\triangle ABD$、$\triangle CAD$中，由平行截比定理，$\frac{MB}{FD}=\frac{AB}{AD}$，$\frac{AE}{DN}=\frac{AC}{DC}$，所以$\frac{MB}{FD}=\frac{AE}{DN}$，所以$\frac{MF}{FD}=\frac{EN}{DN}$，所以$\text{Rt}\triangle MFD\backsim\text{Rt}\triangle END$，所以$\angle 1=\angle 3$.

因为$\angle 3+\angle 2=90^\circ$，所以$\angle 1+\angle 2=90^\circ$，所以$MD\perp DE$.

［**范例2**］　在$\triangle ABC$中，D为BC的中点，以AB、AC为底向形外各作等腰直角三角形$\triangle ABO_1$、$\triangle ACO_2$，则$O_1D\perp O_2D$，$O_1D=O_2D$.

分析1　直接证明$\triangle O_1DO_2$是等腰直角三角形不容易. 如果$\triangle O_1DO_2$是等腰直角三角形，那么作出O_2关于O_1D的对称点O_2'后，$\triangle O_1O_2'O_2$也是等腰直角三角形. 对称地作出O_2'后，容易发现$\triangle BO_2'E\cong\triangle AO_2C$，进而证出$\triangle O_1O_2'B\cong\triangle O_1AO_2$，再利用两等角的一组对应边垂直，另一组对应边也垂直的定理，可以证出$\triangle O_1O_2'O_2$是等腰直角三角形.

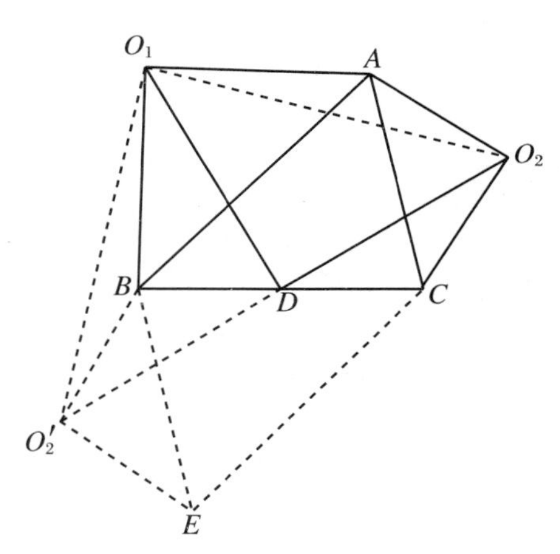

图 F4.2.1

证明1　如图F4.2.1所示，作$BE \mathrel{\underline{\parallel}} AC$，$BO_2' \mathrel{\underline{\parallel}} CO_2$，连$O_2'E$、$EC$、$O_2'D$、$O_1O_2'$、$O_1O_2$. 易证$\triangle BEO_2'\cong\triangle ACO_2$，所以$\angle EBO_2'=\angle ACO_2=45^\circ$. 因为$AC \mathrel{\underline{\parallel}} BE$，所以$ACEB$是平行四边形，所以$\angle ABE=180^\circ-\angle BAC$.

在$\triangle O_1BO_2'$和$\triangle O_1AO_2$中，$O_1B=O_1A$，$O_2'B=O_2A$，$\angle O_1AO_2=\angle O_1AB+\angle BAC+\angle CAO_2=45^\circ+\angle BAC+45^\circ=90^\circ+\angle BAC$，$\angle O_1BO_2'=360^\circ-\angle ABE-\angle ABO_1-\angle EBO_2'=360^\circ-(180^\circ-\angle BAC)-45^\circ-45^\circ=90^\circ+\angle BAC$，所以$\angle O_1BO_2'=\angle O_1AO_2$，所以$\triangle O_1BO_2'\cong\triangle O_1AO_2$，所以$O_1O_2=O_1O_2'$，$\angle O_2O_1A=\angle O_2'O_1B$.

因为$O_1B\perp O_1A$，所以$O_1O_2\perp O_1O_2'$，所以$\triangle O_1O_2'O_2$是等腰直角三角形.

因为$BO_2'\mathrel{\underline{\mathbin{/\!/}}}CO_2$，所以$B$、$O_2'$、$C$、$O_2$是平行四边形的四个顶点，$BC$、$O_2'O_2$是其对角线，且$D$为$BC$的中点，所以$O_1$、$D$、$O_2'$三点共线，所以$O_2'D=O_2D=O_1D$，所以$\triangle O_1O_2'D\cong\triangle O_1O_2D$，所以$\angle O_1DO_2'=\angle O_1DO_2=90^\circ$，即$O_1D\perp O_2D$.

分析2 考虑中点条件，可将O_1D和O_2D利用中位线平移，证明平移后的线段垂直相等，这只需延长BO_1到E，延长CO_2到F，使$BO_1=O_1E$，$CO_2=O_2F$，则$\triangle EAB$、$\triangle FAC$是等腰直角三角形. 这时，O_1D和O_2D分别是$\triangle BCE$和$\triangle BCF$的中位线，先证出$CE=BF$，$CE\perp BF$，则有$O_1D=O_2D$，$O_1D\perp O_2D$. 而CE、BF的关系可通过$\triangle ACE$和$\triangle ABF$得到.

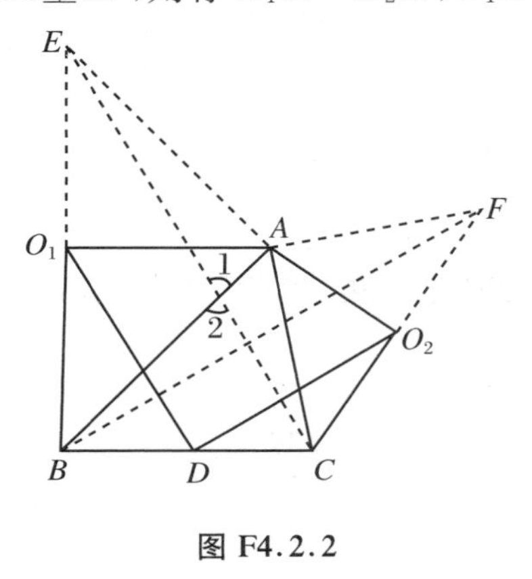

图 F4.2.2

证明2 如图F4.2.2所示，延长BO_1到E，使$O_1E=BO_1$，延长CO_2到F，使$O_2F=CO_2$，连AE、AF、CE、BF，则$\triangle ABE$、$\triangle ACF$都是等腰直角三角形，所以$AB=AE$，$AC=AF$，$\angle BAF=\angle EAC=90^\circ+\angle BAC$，所以$\triangle BAF\cong\triangle EAC$，所以$BF=CE$，$\angle ABF=\angle AEC$. 又因为$AB\perp AE$，所以$\angle AEC+\angle 1=90^\circ=\angle ABF+\angle 2$，所以$BF\perp CE$.

因为O_1D、O_2D分别是$\triangle BCE$和$\triangle CBF$的中位线，所以$O_1D\mathrel{\underline{\mathbin{/\!/}}}\frac{1}{2}CE$，$O_2D\mathrel{\underline{\mathbin{/\!/}}}\frac{1}{2}BF$，所以$O_1D=O_2D$，且$O_1D\perp O_2D$.

分析3 O_1D、O_2D能否作为全等三角形的对应边？为此，先作出两个内翻的等腰直角$\triangle ABO_1'$和$\triangle ACO_2'$. 再作出等腰直角$\triangle BAB'$和$\triangle CAC'$. 最后证出$\triangle O_1DO_2'\cong\triangle O_2DO_1'$.

应该指出，证明3的证明复杂了些，但这种证明给出了另一个有用的结果，即命题中的“向形外作等腰直角三角形”的条件改成“向内作”，命题也成立.

证明3 分别以AB、AC为底向形内作等腰直角$\triangle ABO_1'$、$\triangle ACO_2'$. 连$O_1'D$、$O_2'D$、O_1O_2'、O_2O_1'. 再分别延长BO_1'到B'，延长CO_2'到C'，使$O_1'B'=O_1'B$，$O_2'C'=O_2'C$. 连AB'、AC'、BC'、CB'. 如图F4.2.3所示.

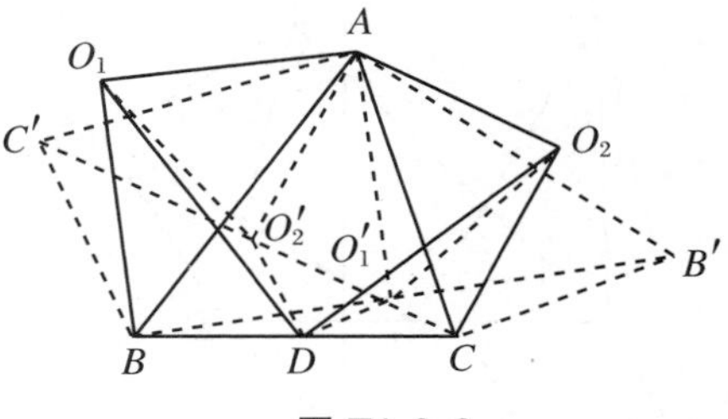

图 F4.2.3

易证$\triangle BAB'$、$\triangle CAC'$是等腰直角三角形，所以$AB=AB'$，$AC=AC'$.

在$\triangle AC'B$和$\triangle ACB'$中，$AC'=AC$，$AB=AB'$，$\angle BAC'=90^\circ-\angle BAC=\angle B'AC$，所以$\triangle AC'B\cong\triangle ACB'$，所以$BC'=B'C$，$\angle ABC'=\angle AB'C$. 因为$AB\perp AB'$，所以$BC'\perp B'C$.

在$\triangle BCC'$和$\triangle BCB'$中，DO_2'、DO_1'分别是中位线，所以$DO_2'\mathrel{\underline{\mathbin{/\!/}}}\frac{1}{2}BC'$，$DO_1'\mathrel{\underline{\mathbin{/\!/}}}\frac{1}{2}B'C$，所

以 $DO_1'=DO_2'$，$DO_1'\perp DO_2'$.

在$\triangle O_1AO_2'$和$\triangle O_1'AO_2$中，$AO_1=AO_1'$，$AO_2=AO_2'$，$\angle O_1AO_2'=\angle O_1AO_1'-\angle O_1'AO_2'=90^\circ-\angle O_1'AO_2'=\angle O_2AO_2'-\angle O_1'AO_2'=\angle O_1'AO_2$，所以$\triangle O_1AO_2'\cong\triangle O_1'AO_2$，可见$\triangle O_1'AO_2$是由$\triangle O_1AO_2'$绕 A 旋转 90°所成，所以 $O_1O_2'\perp O_1'O_2$，$O_1O_2'=O_1'O_2$.

在$\triangle O_1DO_2'$和$\triangle O_2DO_1'$中，$O_1O_2'\perp O_1'O_2$，$O_1O_2'=O_1'O_2$，$O_1'D\perp O_2'D$，$O_1'D=O_2'D$，所以 $O_1D\perp O_2D$，且 $O_1D=O_2D$.

［**范例 3**］　在$\triangle ABC$中，$AB=AC$，M 是 BC 的中点，$MH\perp AC$，垂足为 H，N 是 MH 的中点，则 $AN\perp BH$.

分析 1　如图 F4.3.1 所示，容易发现 $AM\perp BC$，因此如果 $AN\perp BH$，则就要有$\angle 1$和$\angle 2$是以 AB 为直径的圆上同弧的圆周角，所以关键在于证出$\angle 1=\angle 2$. 不难发现$\angle AMN=\angle C$，因此$\angle 1=\angle 2$可由$\triangle AMN\backsim\triangle BCH$得到. 这就归结到证出$\dfrac{AM}{MN}=\dfrac{BC}{CH}$. 利用中点条件可转化为证明$\dfrac{AM}{MH}=\dfrac{MC}{CH}$. 这不难由$\triangle AMH$和$\triangle MCH$相似得到.

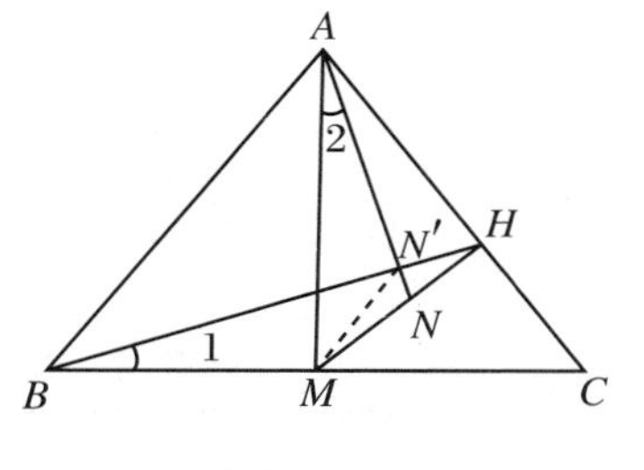

图 F4.3.1

证明 1　由等腰三角形的三线合一定理知 $AM\perp BC$. 由 $\mathrm{Rt}\triangle AMH\backsim\mathrm{Rt}\triangle MCH$ 知$\angle AMH=\angle C$，$\dfrac{AM}{MH}=\dfrac{MC}{CH}$.

因为 $2MC=BC$，$2MN=MH$，所以$\dfrac{AM}{MN}=\dfrac{AM}{\frac{1}{2}MH}=2\cdot\dfrac{AM}{MH}=2\cdot\dfrac{MC}{CH}=\dfrac{BC}{CH}$，所以$\triangle AMN\backsim\triangle BCH$，所以$\angle 1=\angle 2$.

设 AN、BH 交于N'，由$\angle 1=\angle 2$知 A、B、M、N'共圆，所以$\angle AN'B=\angle AMB=90^\circ$，即 $AN\perp BH$.

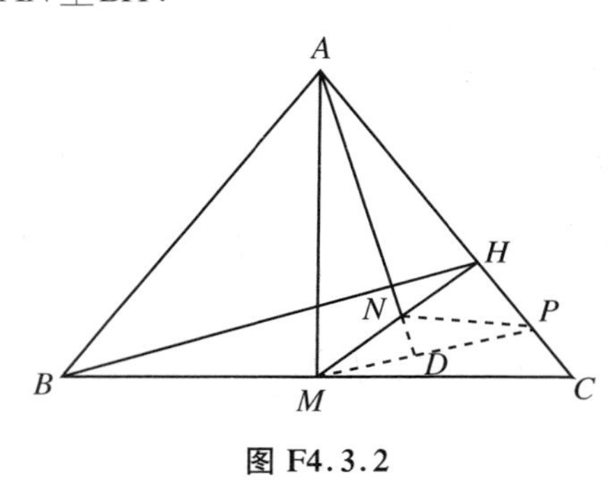

图 F4.3.2

分析 2　如果能找到一条与 BH 平行的直线并且证出它与 AN 垂直，问题就解决了. 这是证明垂直关系的一种常用方法. 利用 M 是 BC 中点的条件，可作 $MP\perp AN$ 于 D，如图 F4.3.2 所示. 这就需要证明 $MP\parallel BH$，即证出 P 是 CH 的中点. 注意到 N 是 MH 中点的条件，只要证出 $NP\parallel CM$，则可通过在$\triangle HMC$中运用平行截比定理证出 P 为 CH 的中点. 因为 $AM\perp CM$，只要证明 $AM\perp NP$. 如果注意到 N 点是$\triangle AMP$的垂心，通过三高共点定理就可完成证明. 这种利用垂心性质证明垂直关系的方法是一种常用方法.（证明略.）

分析 3　证明 1 中的关键在于证出了$\triangle AMN\backsim\triangle BCH$，从而得到了$\angle 1=\angle 2$. 从题给条件看出 AN 是$\triangle AMH$的中线且$\triangle AMH\backsim\triangle MCH$. 如果能找到一个三角形，它与$\triangle AMH$相似且又使 BH 为与 AN 对应的中线，那么作为相似三角形的对应部分也相似，同样可证出$\triangle AMN\backsim\triangle BCH$. 利用 M 为 BC 中点的条件，只要作 $BG\parallel MH$，交 AC 于 G，如图

F4.3.3 所示，则有$\triangle BCG\backsim\triangle MCH\backsim\triangle AMH$，且 BH 和 AN 是$\triangle BCG$ 和$\triangle AMH$ 的对应中线. 由此可推出$\triangle AMN\backsim\triangle BCH$.（证明略.）

分析 4 和分析 2 的想法类似，找一条平行于 BH 的直线也可通过作出$\triangle BMH$ 的中位线EN 来完成，如图 F4.3.4 所示. 于是只要证明 $AN\perp EN$，即证明 A、N、M、E 共圆. 如果能证出$\angle ANH=\angle AEM$，四点共圆即得证. 注意到 $\text{Rt}\triangle AMB\backsim\text{Rt}\triangle AHM$，则有$\dfrac{AM}{BM}=\dfrac{AH}{HM}$，所以$\dfrac{AM}{EM}=\dfrac{AH}{HN}$，所以 $\text{Rt}\triangle AME\backsim\text{Rt}\triangle ANH$，所以$\angle AEM=\angle ANH$.（证明略.）

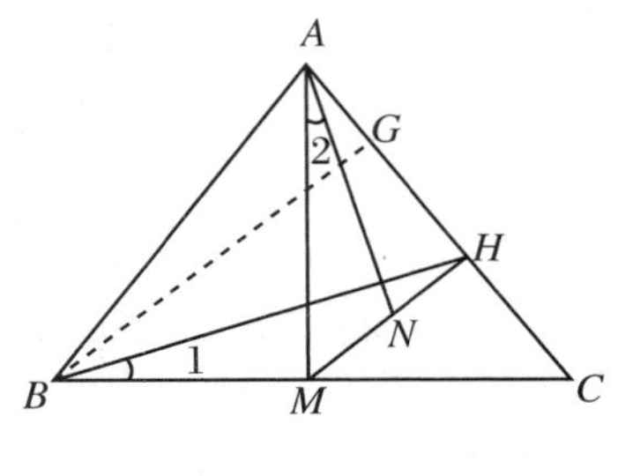

图 F4.3.3

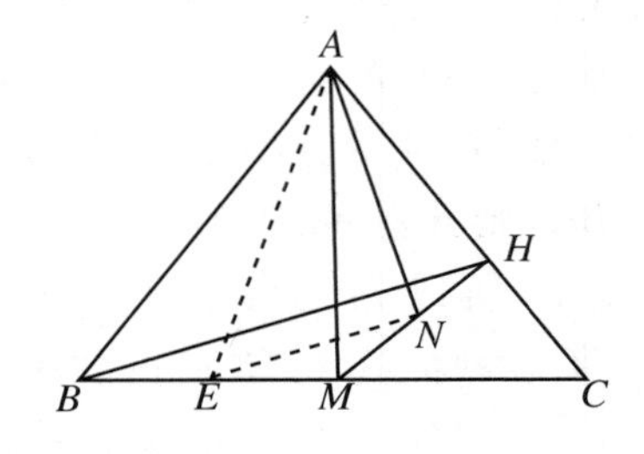

图 F4.3.4

［**范例 4**］ 圆的内接四边形 $ABCD$ 对边的延长线分别交于E、F，EG、FH 分别为$\angle E$、$\angle F$ 的平分线，则 $EG\perp FH$.

分析 1 要证两线垂直，一个基本方法是证明它们的夹角是 90°，即$\angle EPF=90°$. 对于$\triangle PFG$ 而言，$\angle EPF=\dfrac{1}{2}\angle F+\angle PGF$，对于$\triangle AEG$ 而言，$\angle PGF=\dfrac{1}{2}\angle E+\angle A$. 于是只要证$\angle A+\dfrac{\angle E+\angle F}{2}=90°$，即证明 $2\angle A+\angle E+\angle F=180°$.

因为 $2\angle A+\angle E+\angle F=(\angle A+\angle E)+(\angle A+\angle F)$，这就转化成了$\triangle AEB$ 和$\triangle ADF$ 的外角和，利用圆内接四边形对角互补的结果，可以证出 $2\angle A+\angle E+\angle F=180°$.

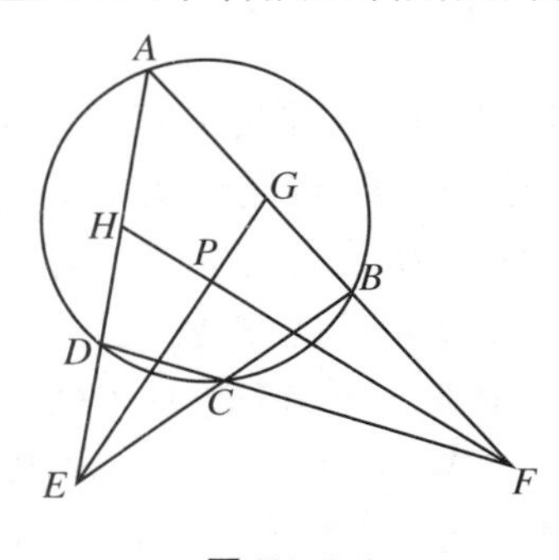

图 F4.4.1

证明 1 如图 F4.4.1 所示. 因为$\angle EPF$ 是$\triangle PFG$ 的外角，所以$\angle EPF=\dfrac{1}{2}\angle F+\angle PGF$. 因为$\angle PGF$ 是$\triangle AEG$ 的外角，所以$\angle PGF=\dfrac{1}{2}\angle E+\angle A$.

因为 $\angle ADC+\angle ABC=180°$，所以 $\angle EDC+\angle FBC=180°$.

$\angle EDC$ 是$\triangle ADF$ 的外角，所以$\angle EDC=\angle A+\angle F$. 同理$\angle FBC=\angle A+\angle E$，所以

$$\angle A+\angle F+\angle A+\angle E=2\angle A+\angle E+\angle F=180°,$$

所以$\angle A+\dfrac{1}{2}(\angle E+\angle F)=90°$.

所以$\angle EPF=\angle A+\dfrac{1}{2}(\angle E+\angle F)=90°$，所以 $EG\perp FH$.

分析 2 如图 F4.4.2 所示，把 EG、FH 延长，分别交圆于 Y、X，设 EG、FH 与圆的另一

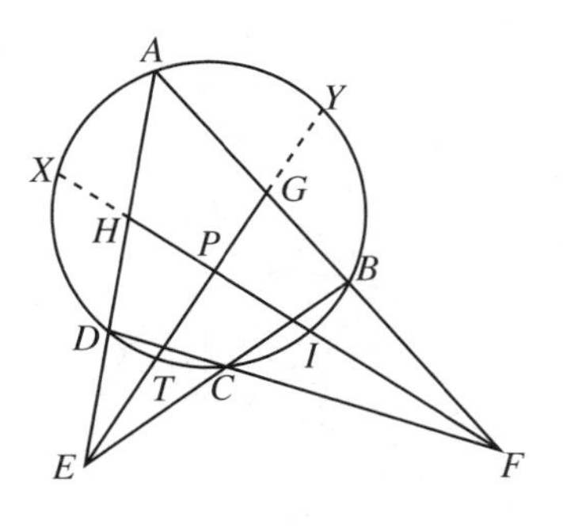

图 F4.4.2

交点分别是 T、I. 利用圆外角、圆内角定理,可把 $\frac{\angle E}{2}$、$\frac{\angle F}{2}$、$\angle EPF$ 分别用弧的度数求出,从而很方便地证出 $\angle EPF$ 是直角.

证明 2　延长 EG、FH,分别交圆于 Y、X,并设 EG、FH 与圆的另一交点分别是 T、I.

因为 $\frac{\angle E}{2}$、$\frac{\angle F}{2}$ 是圆外角,由圆外角定理,有 $\frac{\angle E}{2} \overset{m}{=} \frac{1}{2}(\overset{\frown}{AY} - \overset{\frown}{DT}) = \frac{1}{2}(\overset{\frown}{BY} - \overset{\frown}{CT})$,所以 $\overset{\frown}{AY} + \overset{\frown}{CT} = \overset{\frown}{BY} + \overset{\frown}{DT}$. 同理 $\overset{\frown}{AX} + \overset{\frown}{CI} = \overset{\frown}{DX} + \overset{\frown}{BI}$. 把两式相加,得 $\overset{\frown}{AX} + \overset{\frown}{AY} + \overset{\frown}{CI} + \overset{\frown}{CT} = \overset{\frown}{BY} + \overset{\frown}{BI} + \overset{\frown}{DX} + \overset{\frown}{DT}$.

因为 $\overset{\frown}{AX} + \overset{\frown}{AY} + \overset{\frown}{CI} + \overset{\frown}{CT} + \overset{\frown}{BY} + \overset{\frown}{BI} + \overset{\frown}{DX} + \overset{\frown}{DT} \overset{m}{=} 360^\circ$,所以 $\frac{1}{2}(\overset{\frown}{AX} + \overset{\frown}{AY} + \overset{\frown}{CI} + \overset{\frown}{CT}) = \frac{1}{2}(\overset{\frown}{BY} + \overset{\frown}{BI} + \overset{\frown}{DX} + \overset{\frown}{DT}) \overset{m}{=} 90^\circ$.

因为 $\angle EPF$ 是圆内角,所以 $\angle EPF \overset{m}{=} \frac{1}{2}(\overset{\frown}{XAY} + \overset{\frown}{TCI}) = \frac{1}{2}(\overset{\frown}{AX} + \overset{\frown}{AY} + \overset{\frown}{CI} + \overset{\frown}{CT}) = 90^\circ$,所以 $EP \perp PF$.

分析 3　若 $EP \perp PF$. 因为 EP 为 $\angle E$ 的平分线,所以必有 $EH = EI$,能否证明 $EH = EI$ 呢? 也即能否证明 $\angle EHI = \angle EIH$. 观察图形不难发现,这一点可由 $\triangle AHF$ 与 $\triangle CIF$ 的外角导出.

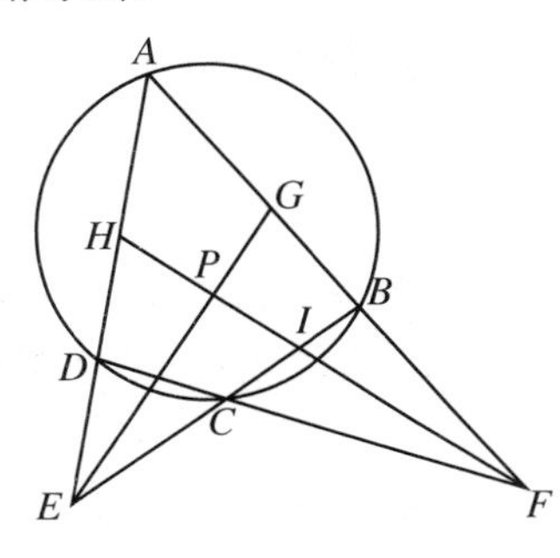

图 F4.4.3

证明 3　如图 F4.4.3 所示. 因为 $\angle EHP$ 是 $\triangle AHF$ 的外角,所以 $\angle EHP = \angle A + \frac{1}{2}\angle F$.

设 EB、FH 交于 I,$\angle EIP$ 是 $\triangle ICF$ 的外角,所以 $\angle EIP = \angle ICF + \frac{1}{2}\angle F$.

因为 $\angle ICF = \angle A$,所以 $\angle EIP = \angle EHP$,即 $\triangle EHI$ 是等腰三角形. 由三线合一定理知 $EP \perp HF$.

[范例 5]　AB 为半圆的直径,弦 AC、BD 交于 H,过 C、D 的切线交于 P,则 $PH \perp AB$.

分析 1　由直径条件,若延长 AD、BC 交于 Q,则 H 是 $\triangle QAB$ 的垂心,故 $QH \perp AB$. 要证 $PH \perp AB$,只要证 Q、P、H 共线. 设过 D 的切线交 QH 于 P',易证 $\angle 1 = \angle 2 = \angle 3 = \angle 4$,可知 P' 是 Rt$\triangle QDH$ 斜边的中点. 同理,过 C 的切线也交 QH 于其中点,所以 P' 和 P 重合.

证明 1　如图 F4.5.1 所示,连 AD、BC 并分别延长,设它们交于 Q,连 QH 并延长,交 AB 于 M,设过 D 的切线交 QH 于 P'. 因为 AB 是直径,所以 $AC \perp BQ$,$BD \perp AQ$,所以 H 为 $\triangle QAB$ 的垂心,所以 $QH \perp AB$.

因为 $\angle 1 + \angle DAB = \angle 2 + \angle DAB = 90^\circ$,所以 $\angle 1 = \angle 2$. 因为 $\angle 3$ 是弦切角,所以 $\angle 3 = \angle 2$,又 $\angle 3 = \angle 4$,所以 $\angle 4 = \angle 2 = \angle 1$,所以 $P'Q = P'D$,所以 P' 是 Rt$\triangle QDH$ 的斜边 QH 的

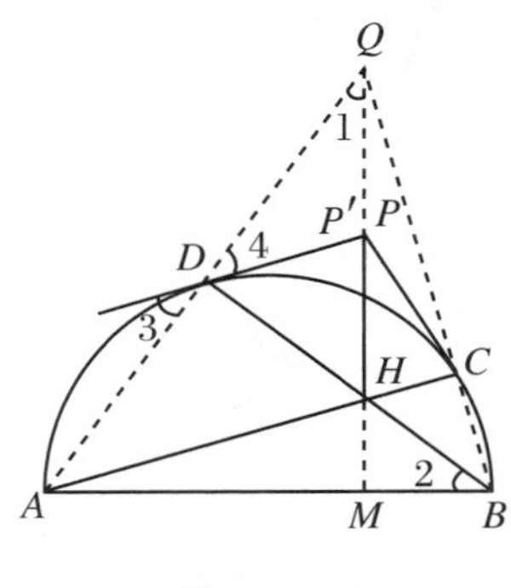

图 F4.5.1

中点.

同理,过 C 的切线也交 QH 于其中点 P',所以 P' 与 P 重合,所以 Q、P、H 共线,所以 $PH\perp AB$.

分析 2 要证 $PH\perp AB$,即 $HM\perp AB$,只要证 H、M、B、C 共圆.这通过证$\angle 1=\angle ABC$ 即可.由弦切角定理知$\angle 2=\angle ABC$,于是只要证$\triangle PHC$ 是等腰三角形.同理$\triangle PHD$ 也应是等腰三角形.如果直接比较 PH 和 PC,不容易证出它们相等,为此作出一个$\triangle EHM\backsim\triangle PHC$,转而证明 $EH=EM$.这可由$\triangle EHF\cong\triangle EMF$ 证得.而$\triangle EHF\cong\triangle EMF$ 是通过先证相似再证全等的途径证出的.

证明 2 如图 F4.5.2 所示,延长 PH,交 AB 于 M,以 M 为顶点,各作$\angle HME=\angle 2$,$\angle HMF=\angle 3$,则$\angle EMF=\angle 2+\angle 3$.连 EF.

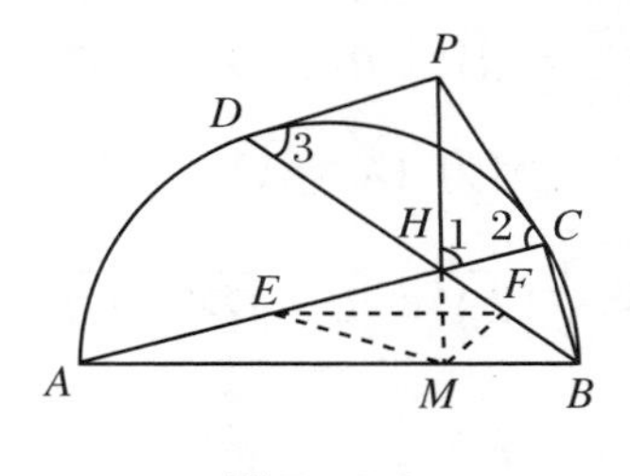

图 F4.5.2

由弦切角定理,$\angle 2\overset{\text{m}}{=}\frac{1}{2}(\overset{\frown}{AD}+\overset{\frown}{DC})$,$\angle 3\overset{\text{m}}{=}\frac{1}{2}(\overset{\frown}{BC}+\overset{\frown}{CD})$,所以$\angle 2+\angle 3\overset{\text{m}}{=}\frac{1}{2}(\overset{\frown}{AD}+\overset{\frown}{DC}+\overset{\frown}{BC}+\overset{\frown}{CD})=\frac{1}{2}(\overset{\frown}{ADCB}+\overset{\frown}{CD})$.另一方面,$\angle EHF$ 是圆内角,所以$\angle EHF\overset{\text{m}}{=}\frac{1}{2}(\overset{\frown}{CD}+\overset{\frown}{AB})$,故

$$\angle 2+\angle 3=\angle EHF=\angle EMF. \qquad ①$$

由$\triangle PHC\backsim\triangle EHM$,$\triangle PHD\backsim\triangle FHM$ 知$\frac{PC}{PH}=\frac{EM}{EH}$,$\frac{PD}{PH}=\frac{FM}{FH}$.因为 $PC=PD$,所以

$$\frac{EM}{EH}=\frac{FM}{FH}. \qquad ②$$

由式①、式②知$\triangle HEF\backsim\triangle MEF$.因为 EF 为公共对应边,所以$\triangle HEF\cong\triangle MEF$,所以 $EH=EM$,所以 $PC=PH$,所以$\angle 1=\angle 2$.由弦切角定理,$\angle 2=\angle ABC$,所以$\angle 1=\angle ABC$,所以 H、M、B、C 共圆.

因为 AB 是直径,所以$\angle ACB=90^\circ$,由$\angle ACB+\angle HMB=180^\circ$ 知$\angle HMB=90^\circ$,所以 $HM\perp AB$,即 $PH\perp AB$.

分析 3 注意到 PC 是切线,所以 $OC\perp PC$.要证 $PM\perp AB$,只要证 P、C、M、O 共圆,这通过证$\angle 1=\angle 2$ 即可得到.因为$\angle PCA=\angle ABC$,只要证$\triangle PHC\backsim\triangle OBC$.于是需要证$\frac{BC}{OB}=\frac{CH}{PC}$,即$\frac{BC}{CH}=\frac{OB}{PC}=\frac{OC}{PC}$.这只需证 Rt$\triangle BCH\backsim$Rt$\triangle OCP$.这可由$\angle 3=\angle 4$ 证得.

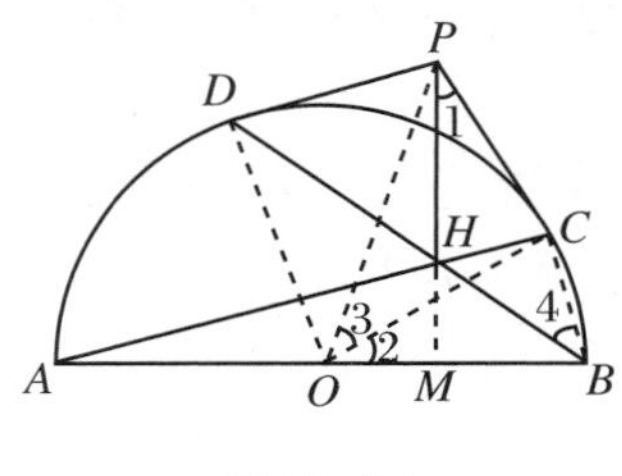

图 F4.5.3

证明 3 如图 F4.5.3 所示,延长 PH,交 AB 于 M,连 BC、OC、OD、OP.因为 $PD=PC$,所以$\angle 3=\frac{1}{2}\angle COD=\angle 4$,所以 Rt$\triangle OCP\backsim$Rt$\triangle BCH$,所以$\frac{BC}{CH}=\frac{OC}{PC}=\frac{OB}{PC}$.

由弦切角定理,$\angle PCH=\angle ABC$,所以$\triangle PHC\backsim\triangle OBC$,所以$\angle 1=\angle 2$,所以 P、C、M、O 共圆,所以$\angle OMP=\angle OCP$

$=90^{\circ}$,即 $PM\perp AB$.

[范例6] 从△ABC 的顶点 A 向∠B、∠C 的平分线作垂线 AE、AF,E、F 为垂足,则 $EF/\!/BC$.

分析1 角平分线的垂线与角两边相交后一定截出等腰三角形,且垂足是等腰三角形底边中点.若把题目中两条角平分线的垂线都延长,则可由三角形中位线定理证出命题的结论.注意,这是常用辅助线.

证明1 如图 F4.6.1 所示,延长 AE、AF,分别与 BC 交于 M、N.

因为 BE、CF 分别是∠B、∠C 的平分线,AE、AF 分别与 BE、CF 垂直,所以 E、F 分别是 AM、AN 的中点,即 EF 是△AMN 的中位线,所以 $EF/\!/MN$,即 $EF/\!/BC$.

分析2 如图 F4.6.2 所示,设∠B、∠C 的平分线交于 I,则 I 是△ABC 的内心.连 AI,则 AI 是∠A 的平分线.容易看出 A、E、I、F 共圆,于是∠1=∠3.若能证出∠3=∠2,则可由内错角相等判定两直线平行.利用三角形外角、内角关系,不难证出∠3=∠2.

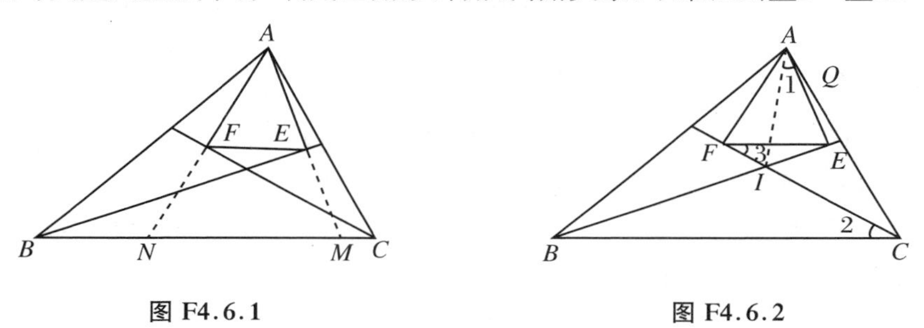

图 F4.6.1　　　　图 F4.6.2

证明2 设∠B、∠C 的平分线交于 I,则 I 是△ABC 的内心,连 AI,则 AI 平分∠A.

因为∠AIE 是△ABI 的外角,所以 $\angle AIE=\dfrac{\angle A}{2}+\dfrac{\angle B}{2}$.在 Rt△$AEI$ 中,则有

$$\angle 1=90^{\circ}-\angle AIE=90^{\circ}-\frac{1}{2}(\angle A+\angle B)$$

$$=90^{\circ}-\frac{1}{2}(180^{\circ}-\angle C)=\frac{\angle C}{2}=\angle 2.$$

易证 A、E、I、F 共圆,所以∠1=∠3.

所以∠2=∠3,所以 $EF/\!/BC$.

分析3 如图 F4.6.3 所示,过 E、F 分别作 BC 的垂线并交 BC 于 M、N,若能证出 $EM=FN$,则 $EF/\!/BC$.直接比较 EM、FN,不容易发现它们的关系,注意到角平分线的条件,若作 $EP\perp AB$,$FQ\perp AC$,则 $EP=EM$,$FQ=FN$.只要证出 $EP=FQ$.而 EP、FQ 分别是 Rt△ABE 和 Rt△ACF 中 AB、AC 边上的高,要证 $EP=FQ$,只要证 $\dfrac{S_{\triangle ABE}}{S_{\triangle ACF}}=\dfrac{AB}{AC}$.而 $S_{\triangle ABE}=\dfrac{1}{2}AE\cdot BE$,$S_{\triangle ACF}=\dfrac{1}{2}AF\cdot CF$.在 Rt△$ABE$ 和 Rt△ACF 中使用锐角三角函数定义,然后在△ABC 中应用正弦定理,则可完成证明.

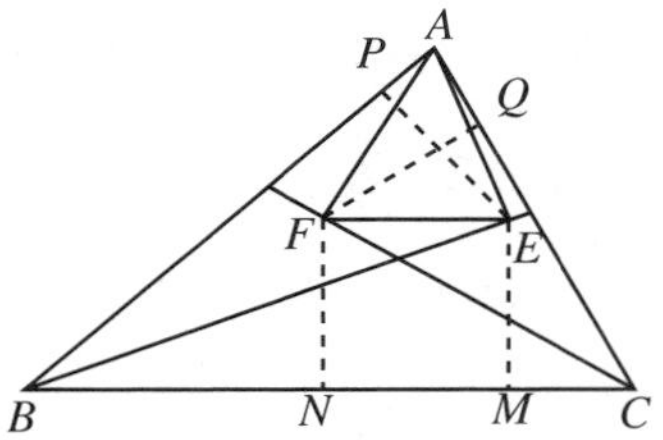

图 F4.6.3

证明3 作 $EM\perp BC$,$EP\perp AB$,M、P 为垂足,则 $EP=EM$.作 $FN\perp BC$,$FQ\perp AC$,N、

Q 为垂足，则 $FQ=FN$.

因为 EP、FQ 分别是 Rt$\triangle ABE$ 和 Rt$\triangle ACF$ 斜边上的高，所以$\dfrac{S_{\triangle ABE}}{S_{\triangle ACF}}=\dfrac{\frac{1}{2}AB\cdot EP}{\frac{1}{2}AC\cdot FQ}=$

$\dfrac{\frac{1}{2}AE\cdot BE}{\frac{1}{2}AF\cdot CF}=\dfrac{2AE\cdot BE}{2AF\cdot CF}$.

因为 $AE=AB\cdot\sin\dfrac{\angle B}{2}$，$BE=AB\cdot\cos\dfrac{\angle B}{2}$，$AF=AC\cdot\sin\dfrac{\angle C}{2}$，$CF=AC\cdot$ $\cos\dfrac{\angle C}{2}$，所以 $2AE\cdot BE=AB^2\sin\angle B$，$2AF\cdot CF=AC^2\sin\angle C$，所以$\dfrac{S_{\triangle ABE}}{S_{\triangle ACF}}=\dfrac{AB^2\sin\angle B}{AC^2\sin\angle C}$.

在$\triangle ABC$ 中，由正弦定理，$\dfrac{\sin\angle B}{\sin\angle C}=\dfrac{AC}{AB}$，上式就是$\dfrac{S_{\triangle ABE}}{S_{\triangle ACF}}=\dfrac{AB^2}{AC^2}\cdot\dfrac{AC}{AB}=\dfrac{AB}{AC}$.

所以$\dfrac{AB\cdot EP}{AC\cdot FQ}=\dfrac{AB}{AC}$，所以 $EP=FQ$，所以 $EM=FN$，所以 $EF/\!/BC$.

[范例 7]　$\odot O_1$ 和$\odot O_2$ 外离，在连心线 O_1O_2 同侧作 O_1C 切$\odot O_2$ 于 C，O_1C 交$\odot O_1$ 于 A；作 O_2D 切$\odot O_1$ 于 D，O_2D 交$\odot O_2$ 于 B，则 $O_1O_2/\!/AB$.

分析 1　通过 O_1、O_2、C、D 共圆和 A、B、C、D 共圆，可以把 AB 和 O_1O_2 的同位角联系起来，由同位角相等知两线平行.

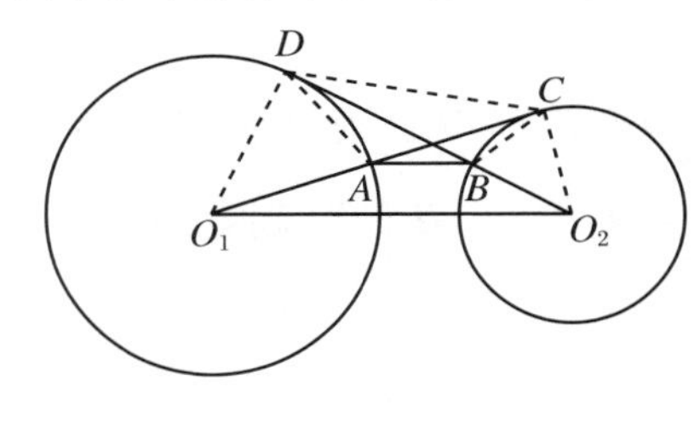

图 F4.7.1

证明 1　如图 F4.7.1 所示，连 O_1D、O_2C、CD、AD、BC.

因为 O_1C、O_2D 是切线，O_2C、O_1D 是过切点的半径，所以$\angle O_1DO_2=\angle O_1CO_2=90^\circ$，所以 O_1、O_2、C、D 共圆，所以 $\angle CO_1D=\angle CO_2D$，$\angle O_1CD=\angle O_1O_2D$.

因为$\angle O_2DA$ 是弦切角，$\angle AO_1D$ 是弦切角夹弧上的圆心角，所以$\angle O_2DA=\dfrac{1}{2}\angle AO_1D$. 同理$\angle O_1CB=\dfrac{1}{2}\angle BO_2C$，所以$\angle O_1CB=\angle O_2DA$，所以 A、B、C、D 共圆，所以$\angle ACD=\angle ABD$.

所以$\angle ABD=\angle O_1O_2D$，所以 $AB/\!/O_1O_2$.

分析 2　设 O_1C、O_2D 的交点为 P. 易知 Rt$\triangle O_1DP\backsim$Rt$\triangle O_2CP$，所以$\dfrac{O_1P}{O_2P}=\dfrac{O_1D}{O_2C}$. 注意到 $O_1D=O_1A$，$O_2C=O_2B$，应用平行截比逆定理即可证出结论. 利用比例关系证明平行问题是一种不易掌握的方法，但却是一种重要方法.

证明 2　如图 F4.7.2 所示，连 O_1D、O_2C，设 O_1C 和 O_2D 交于 P 点.

易证 Rt$\triangle O_1DP\backsim$Rt$\triangle O_2CP$，所以$\dfrac{O_1P}{O_2P}=\dfrac{O_1D}{O_2C}=\dfrac{O_1A}{O_2B}$. 在$\triangle PO_1O_2$ 中，由平行截比的逆定理可知 $AB/\!/O_1O_2$.

分析 3　过 A、B 各作 O_1O_2 的垂线 AM、BN，容易看出 Rt$\triangle O_1MA\backsim$Rt$\triangle O_1CO_2$，Rt$\triangle O_2NB\backsim$Rt$\triangle O_2DO_1$. 利用两个比例式可得 $AM=BN$. 利用直线间距离为常数证平行

是一种常用方法.

证明 3　如图 F4.7.3 所示,连 O_1D、O_2C,分别过 A、B 作 O_1O_2 的垂线 AM、BN,设垂足分别为 M、N.

易证 $\mathrm{Rt}\triangle O_1MA\backsim \mathrm{Rt}\triangle O_1CO_2$,$\mathrm{Rt}\triangle O_2NB\backsim \mathrm{Rt}\triangle O_2DO_1$,所以 $\dfrac{AM}{O_1A}=\dfrac{O_2C}{O_1O_2}$,$\dfrac{BN}{O_2B}=\dfrac{O_1D}{O_1O_2}$,所以 $AM=\dfrac{O_1A\cdot O_2C}{O_1O_2}$,$BN=\dfrac{O_1D\cdot O_2B}{O_1O_2}$.注意到 $O_1A=O_1D$,$O_2C=O_2B$,所以 $AM=BN$,所以 $AB/\!/O_1O_2$.

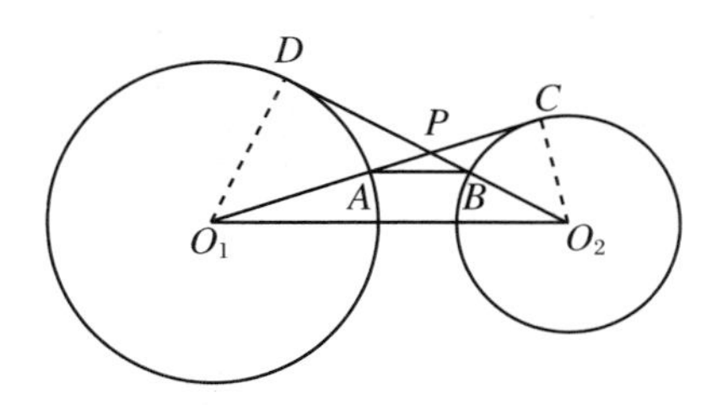

图 F4.7.2

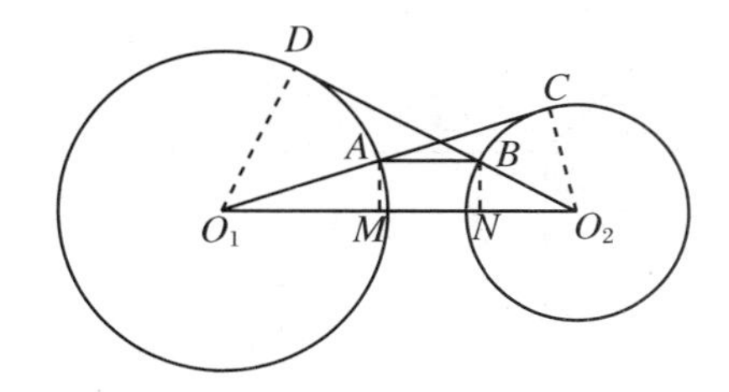

图 F4.7.3

[**范例 8**]　以 $\triangle ABC$ 的三边为边向外分别作正方形 $BCFE$、$ACMN$、$ABGH$,AE 和 BM 交于 P,AF 和 CG 交于 Q,则 $PQ/\!/BC$.

分析 1　如图 F4.8.1 所示,容易看出,$\triangle ABE\cong\triangle GBC$,$\triangle BCM\cong\triangle FCA$,所以 $\angle AEB=\angle GCB$,$\angle AFC=\angle MBC$.再利用内角和定理,可知 $\angle BPE=\angle CQF$,这样就有 $\triangle BPE\backsim\triangle LQC$,$\triangle CQF\backsim\triangle KPB$,把得到的两个比例式 $\dfrac{PE}{BP}=\dfrac{QC}{QL}$,$\dfrac{QF}{QC}=\dfrac{BP}{PK}$ 相除,所以 $\dfrac{PE}{QF}=\dfrac{PK}{QL}$.由平行截比逆定理知 $PQ/\!/BC$.

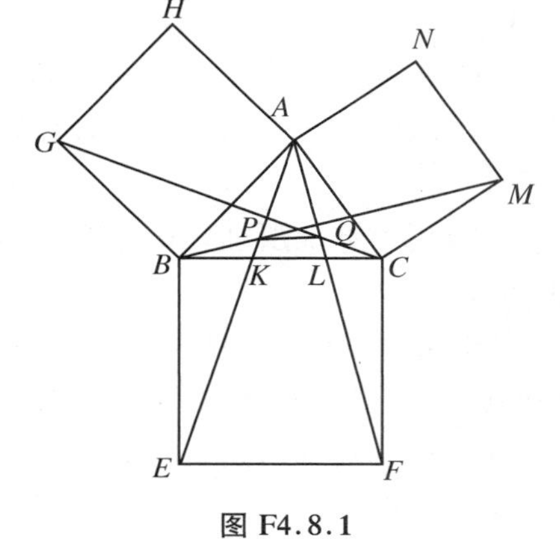

图 F4.8.1

证明 1　因为 $AB=BG$,$BE=BC$,$\angle ABE=90^\circ+\angle ABC=\angle GBC$,所以 $\triangle ABE\cong\triangle GBC$,所以 $\angle AEB=\angle GCB$.同理 $\angle AFC=\angle MBC$.

在 $\triangle BPE$ 中,$\angle BPE=180^\circ-\angle MBC-90^\circ-\angle AEB=90^\circ-\angle AEB-\angle MBC=90^\circ-\angle GCB-\angle MBC$,在 $\triangle CQF$ 中,$\angle CQF=90^\circ-\angle GCB-\angle AFC$,所以 $\angle BPE=\angle CQF$.

所以 $\triangle BPE\backsim\triangle LQC$,所以 $\dfrac{PE}{BP}=\dfrac{QC}{QL}$.同理又有 $\triangle CQF\backsim\triangle KPB$,所以 $\dfrac{QF}{QC}=\dfrac{BP}{PK}$.

两式相除,则有 $\dfrac{PE\cdot QC}{BP\cdot QF}=\dfrac{QC\cdot PK}{QL\cdot BP}$,所以 $\dfrac{PE}{QF}=\dfrac{PK}{QL}$.因为 EP、FQ 交于一点,由平行截比逆定理知 $PQ/\!/EF$,所以 $PQ/\!/BC$.

分析 2　易证 $AE\perp CG$,$AF\perp BM$,可见图 F4.8.2 中 B、E、F、C、S、R 共圆,Q、P、R、S 共圆.由此导出 PQ 和 BC 的同位角相等.

证明 2　易证 $\triangle ABE\cong\triangle GBC$,所以 $\angle BEA=\angle BCG$.因为 $BE\perp BC$,所以 $EA\perp CG$.同理 $FA\perp BM$.设 EA、CG 交于 R,FA、BM 交于 S,连 RS.由 $\angle EBC=\angle ERC$,$\angle BSF=$

$\angle BCF$ 知 E、B、R、S、C、F 共圆，所以 $\angle BCR = \angle BSR$.

因为 $\angle PSQ = \angle QRP$，所以 P、Q、S、R 共圆，所以 $\angle PSR = \angle PQR$，所以 $\angle PQR = \angle BCR$，所以 $PQ /\!/ BC$.

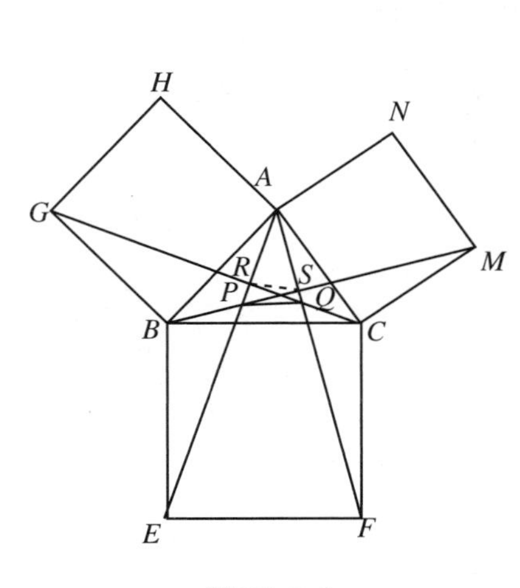

图 F4.8.2

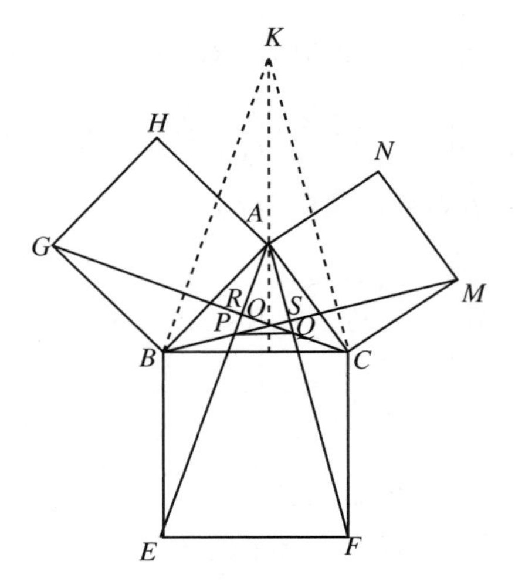

图 F4.8.3

分析 3 如图 F4.8.3 所示，设 AE、CG 交于 R，AF、BM 交于 S，由前面的分析可知 $PS \perp AQ$，$QR \perp AP$，设 PS、QR 交于 O，则 O 是 $\triangle APQ$ 的垂心，所以 $AO \perp PQ$.

AO 是否也垂直于 BC？这个问题相当于 $\triangle ABC$ 的 BC 边上的高线、BM、CG 是否共点于 O 的问题. 为此作 $AK \perp BC$，使 $AK = BC$，则易证 O 为 $\triangle KBC$ 的垂心，至此，问题得到了证明.

证明 3 如前所证，$AE \perp CG$，$AF \perp BM$，所以 O 是 $\triangle APQ$ 的垂心. 连 AO，所以 $AO \perp PQ$.

作 $AK \perp BC$，使 $AK = BC$，连 KB、KC，则 $AK \underline{\underline{/\!/}} BE \underline{\underline{/\!/}} CF$，所以 $DKBE$、$AKCF$ 都是平行四边形，所以 $BK /\!/ AE$，$CK /\!/ AF$. 因为 $BM \perp AF$，所以 $BM \perp CK$.

同理 $CG \perp BK$，这表明 O 为 $\triangle KBC$ 的垂心. 注意到 $KA \perp BC$，所以 KA 必过 O 点，即 K、A、O 共线.

因为 $AO \perp PQ$，$AO \perp BC$，所以 $PQ /\!/ BC$.

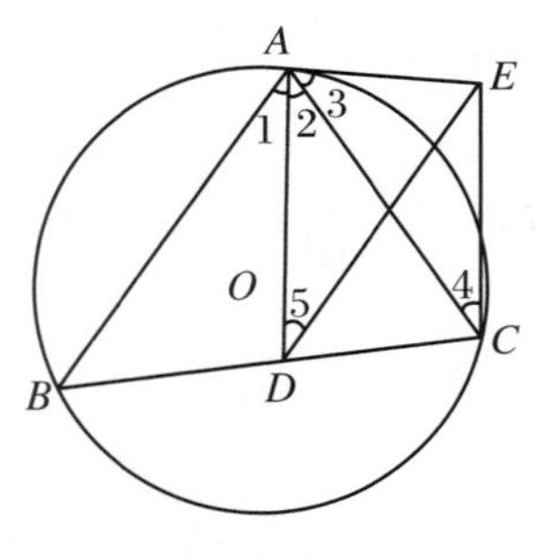

图 F4.9.1

［范例 9］ $\triangle ABC$ 的外接圆为 $\odot O$，$\angle A$ 的平分线 AD 交 BC 于 D，AE 切 $\odot O$ 于 A，$CE /\!/ AD$，CE 交 AE 于 E，则 $DE /\!/ AB$.

分析 1 如图 F4.9.1 所示，若能证出 $\angle 1 = \angle 5$，则有 $DE /\!/ AB$. 利用 $CE /\!/ AD$ 的条件知 $\angle 4 = \angle 2$，利用 AD 是角平分线的条件知 $\angle 2 = \angle 1$. 问题转化为证明 $\angle 4 = \angle 5$，也就是证明 A、D、C、E 共圆.

容易看到 $\angle 1 = \angle 4$，由弦切角定理又知 $\angle 3 = \angle B$，这样就可由 $\triangle ADB \backsim \triangle CEA$ 推知 $\angle ADB = \angle CEA$. 四点共圆的问题就解决了.（证明略.）

分析2　如图 F4.9.1 所示，可以看出$\angle 3=\angle B$，而$\angle ADC$是$\triangle ADB$的外角，所以$\angle ADC=\angle B+\angle 1=\angle 3+\angle 2$. 可见 $ADCE$ 是等腰梯形. 这就容易得出$\angle 5=\angle 2=\angle 1$，所以 $DE /\!/ AB$.（证明略.）

分析3　采用倒推分析法.

如图 F4.9.2 所示，若 $DE /\!/ AB$，当把 BA、CE 延长相交于F后，必有 $ADEF$ 是平行四边形. 这时可转而去证明 $ADEF$ 是平行四边形.

由弦切角条件得到$\angle 5=\angle 4=\angle 3$，由条件 $AD /\!/ CE$ 得到$\angle 1=\angle 2=\angle F=\angle ACF$，所以 $AF=AC$. 这就得出$\triangle FAE \cong \triangle ACD$，$EF=AD$. 这就是说 $EF \mathrel{\underline{/\!/}} AD$，所以 $ADEF$ 是平行四边形.（证明略.）

分析4　采用倒推分析法.

如果 $DE /\!/ AB$，当把 AD 延长并过C作AB的平行线时（设这两条直线交于 F），$DFCE$ 应当是平行四边形，如图 F4.9.3 所示. 这样，我们可以通过证明 $DFCE$ 是平行四边形来证明原来的命题.

由弦切角条件，$\angle 3=\angle B$，由 $CF /\!/ AB$ 知$\angle B=\angle 4$，所以$\angle 3=\angle 4$，$\angle F=\angle 1$.

又因为 $CE /\!/ AD$，所以$\angle 2=\angle ACE$，所以$\angle F=\angle ACE$.

由分析2可知 $ADCE$ 为等腰梯形，所以 $AE=DC$，所以$\triangle AEC \cong \triangle CDF$，所以 $CE=DF$. 由此证出 $DFCE$ 是平行四边形.（证明略.）

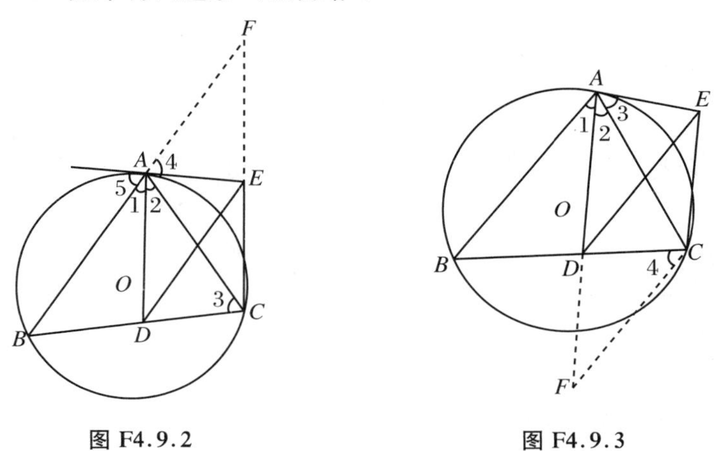

图 F4.9.2　　　　图 F4.9.3

4.3　研　究　题

［**例1**］　已知折线 $MABCN$，若$\angle ABC=\angle BAM+\angle BCN$，则 $AM /\!/ CN$.

证明1（内错角）

如图 Y4.1.1 所示，延长 CB，交 AM 于D，$\angle ABC$是$\triangle ABD$的外角，所以$\angle ABC=\angle 1+\angle 2$.

因为$\angle ABC=\angle 1+\angle 3$，所以$\angle 2=\angle 3$，所以 $AM /\!/ CN$.

证明 2（垂直于同一直线）

如图 Y4.1.2 所示，作 $BD\perp AM$，D 为垂足，延长 DB，交 CN 于 E，则 $\angle 3+\angle 4+\angle ABC=180^\circ$.

因为 $\angle ABC=\angle 1+\angle 2$，所以 $\angle 1+\angle 2+\angle 3+\angle 4=180^\circ$.

在 Rt$\triangle ADB$ 中，$\angle 1+\angle 3=90^\circ$，所以 $\angle 2+\angle 4=90^\circ$，所以

$$\angle CEB=180^\circ-(\angle 2+\angle 4)=90^\circ.$$

即 $BE\perp CN$.

因为 $DE\perp AM$，$DE\perp CN$，所以 $AM/\!/CN$.

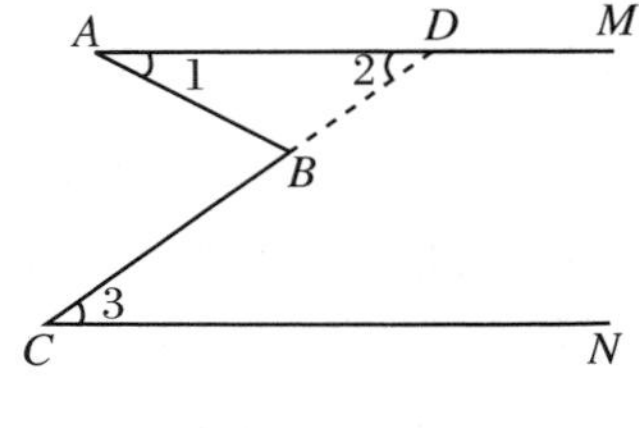

图 Y4.1.1

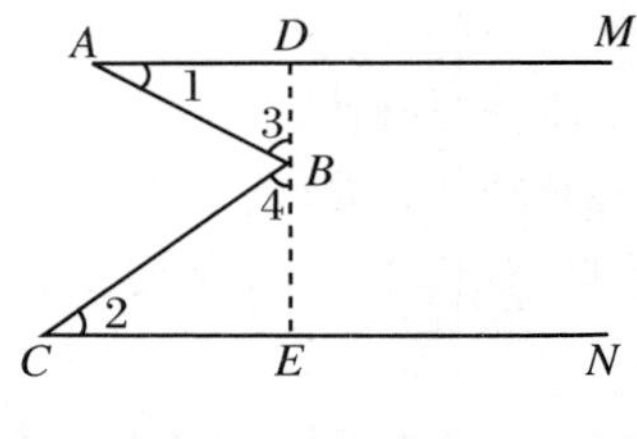

图 Y4.1.2

证明 3（同侧内角互补）

连 AC，如图 Y4.1.3 所示. 在 $\triangle ABC$ 中，$\angle ABC+\angle 3+\angle 4=180^\circ$. 因为 $\angle ABC=\angle 1+\angle 2$，所以

$$\angle 1+\angle 2+\angle 3+\angle 4=(\angle 1+\angle 3)+(\angle 2+\angle 4)=180^\circ.$$

所以 $AM/\!/CN$.

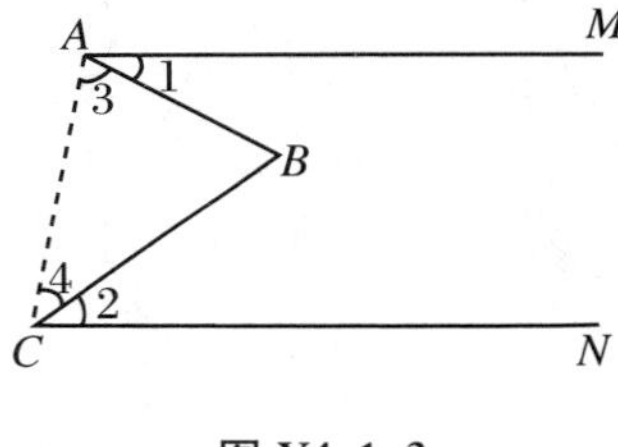

图 Y4.1.3

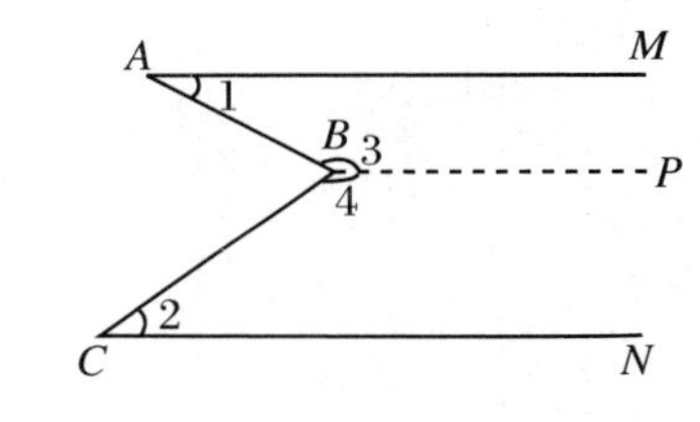

图 Y4.1.4

证明 4（平行于同一条直线）

如图 Y4.1.4 所示，作 $BP/\!/AM$，则 $\angle 1+\angle 3=180^\circ$.

因为 $\angle ABC=\angle 1+\angle 2$，$\angle ABC+\angle 3+\angle 4=360^\circ$，所以 $\angle 1+\angle 2+\angle 3+\angle 4=360^\circ$，所以 $\angle 2+\angle 4=180^\circ$，所以 $CN/\!/BP$. 因为 $AM/\!/BP$，$CN/\!/BP$，所以 $AM/\!/CN$.

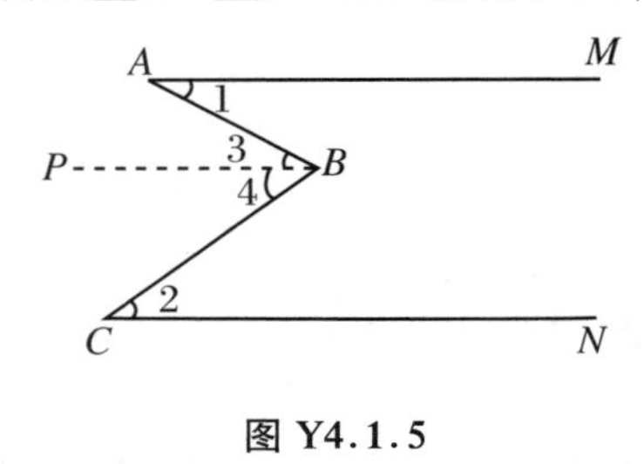

图 Y4.1.5

证明 5（平行于同一条直线）

如图 Y4.1.5 所示，作 $BP/\!/AM$，则 $\angle 1=\angle 3$.

因为 $\angle ABC=\angle 1+\angle 2$，即 $\angle 3+\angle 4=\angle 1+\angle 2$，所以 $\angle 4=\angle 2$，所以 $BP/\!/CN$，所以 $AM/\!/CN$.

证明 6（多边形内角和、同侧内角互补）

任作直线，与 AM、CN 都相交，分别交 AM、CN 于 D、E. 如图 Y4.1.6 所示，则 $ABCED$ 是五边形. 其内角和为 $\angle 1+(360^\circ-\angle ABC)+\angle 2+\angle 4+\angle 3=(5-2)\times 180^\circ$.

因为$\angle ABC=\angle 1+\angle 2$,所以$\angle 4+\angle 3=180^\circ$,所以 $AM/\!/CN$.

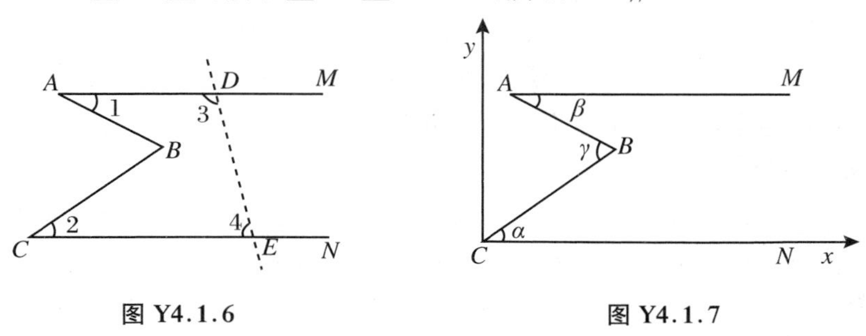

图 Y4.1.6　　图 Y4.1.7

证明7(解析法)

如图 Y4.1.7 所示,建立直角坐标系.

设$\angle BCN=\alpha$,$\angle MAB=\beta$,$\angle ABC=\gamma$.设 BC、AB、AM、CN 的斜率分别是k_{BC}、k_{AB}、k_{AM}、k_{CN},所以 $k_{BC}=\tan\alpha$.由夹角公式,有

$$\tan\gamma=\tan(\alpha+\beta)=\frac{\tan\alpha+\tan\beta}{1-\tan\alpha\cdot\tan\beta}=\frac{k_{BC}-k_{AB}}{1+k_{BC}\cdot k_{AB}}=\frac{\tan\alpha-k_{AB}}{1+k_{AB}\cdot\tan\alpha},$$

故 $k_{AB}=-\tan\beta$.再由夹角公式,有

$$\tan\beta=\frac{k_{AM}-k_{AB}}{1+k_{AM}\cdot k_{AB}}=\frac{k_{AM}-(-\tan\beta)}{1+k_{AM}\cdot(-\tan\beta)},$$

所以 $k_{AM}=0$,所以 $k_{AM}=k_{CN}$,所以 $AM/\!/CN$.

[**例2**]　在$\triangle ABC$中,$\angle A=2\angle C$,$AC=2AB$,则 $AB\perp BC$.

证明1(三角形全等、角折半法)

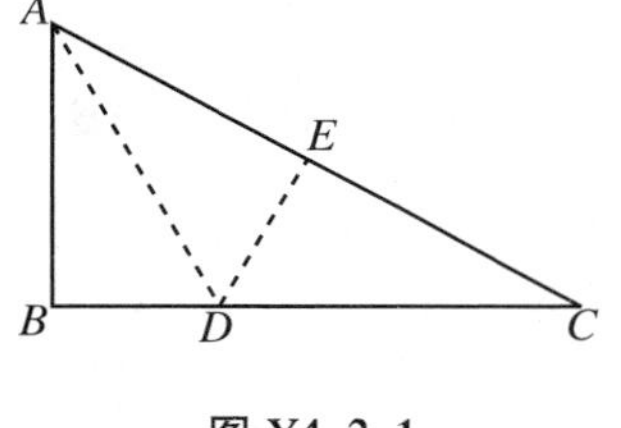

图 Y4.2.1

作$\angle A$ 的平分线AD,交 BC 于D,作 $DE\perp AC$,垂足为 E.如图 Y4.2.1 所示.

因为$\angle A=2\angle C$,所以$\angle C=\angle DAE$,即$\triangle DAE$ 是等腰三角形.由三线合一定理知 $AE=\dfrac{1}{2}AC=AB$,所以$\triangle ADB\cong\triangle ADE$,所以$\angle ABD=\angle AED=90^\circ$,所以 $AB\perp BC$.

证明2(勾股定理的逆定理、角折半法)

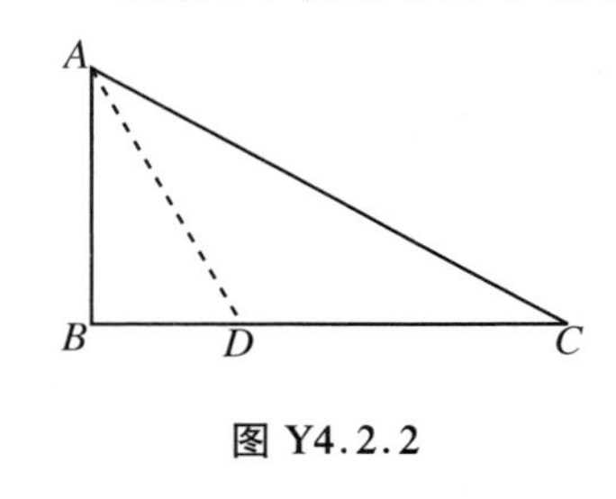

图 Y4.2.2

作$\angle A$ 的平分线AD,如图 Y4.2.2 所示,则

$$\angle C=\angle CAD=\angle DAB,$$

$$\angle ADB=\angle C+\angle CAD=2\angle C=\angle CAB,$$

所以$\triangle ADB\backsim\triangle CAB$,于是

$$\frac{CA}{AB}=\frac{AD}{BD},\quad \frac{AB}{BD}=\frac{BC}{AB},\quad \frac{AD}{AB}=\frac{AC}{BC}.$$

即

$$AD=\frac{CA}{AB}\cdot BD=2BD,$$

$$AB^2=BD\cdot BC,$$

$$AC\cdot AB=AD\cdot BC.$$

把 $AD=DC$,$AC=2AB$ 代入上面最后一式,有 $AC^2=2BC\cdot DC$,所以

$$AC^2 - AB^2 = 2BC \cdot DC - BD \cdot BC = BC \cdot (2DC - BD)$$
$$= BC \cdot (2AD - BD) = BC \cdot (AD + AD - BD)$$
$$= BC \cdot (AD + BD) = BC \cdot (DC + BD) = BC^2.$$

由勾股定理的逆定理知$\triangle ABC$是直角三角形，$\angle B$是直角，即$AB \perp BC$.

证明3（折半法）

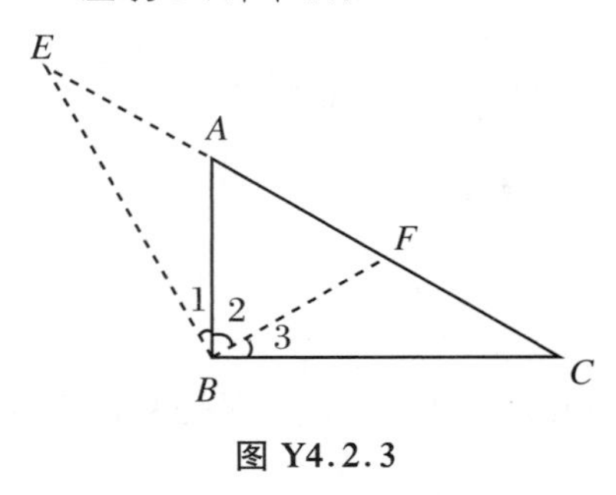

图 Y4.2.3

延长CA到E，使$AE = AB$.取AC的中点F，连BE、BF.如图Y4.2.3所示.

因为$AC = 2AB$，所以$AF = AB$.在$\triangle EBF$中，$AE = AB = AF$，所以$\angle 1 + \angle 2 = 90^\circ$.

因为$\angle BAC$是等腰$\triangle ABE$的外角，所以$\angle BAC = 2\angle E$，又$\angle BAC = 2\angle C$，所以$\angle E = \angle C$，所以$BE = BC$.

因为$AE = CF$，$BE = BC$，$\angle E = \angle C$，所以$\triangle ABE \cong \triangle FBC$，所以$\angle 1 = \angle 3$.因为$\angle 1 + \angle 2 = 90^\circ$，所以$\angle 3 + \angle 2 = 90^\circ$，即$AB \perp BC$.

证明4（加倍法）

如图Y4.2.4所示，延长BA到D，使$AD = AC$，则$\angle BAC = 2\angle ACB = 2\angle D$，即$\angle ACB = \angle D$.可见$BC$是$\triangle DAC$外接圆的切线.由切割线定理，有$BC^2 = BD \cdot AB$.

把$AB = \frac{1}{2}AC$代入，则有

$$BC^2 = AB \cdot (AB + AD) = \frac{1}{2}AC \cdot \left(\frac{1}{2}AC + AC\right) = \frac{3}{4}AC^2,$$

$$BC^2 + AB^2 = BC^2 + \frac{1}{4}AC^2 = \frac{3}{4}AC^2 + \frac{1}{4}AC^2 = AC^2.$$

由勾股定理的逆定理知$\triangle ABC$是直角三角形.

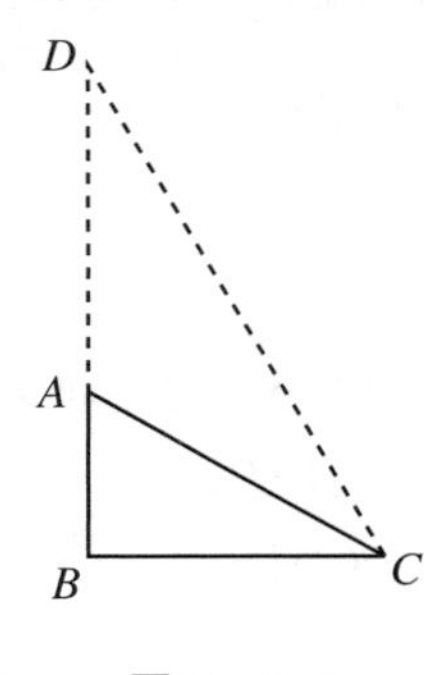

图 Y4.2.4

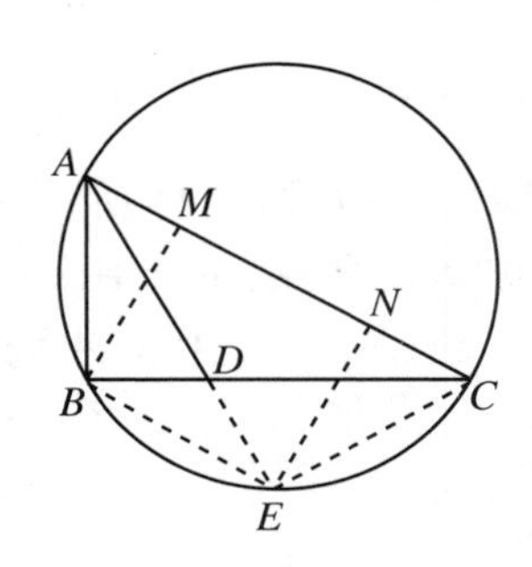

图 Y4.2.5

证明5（圆的内接等腰梯形的轴对称性）

如图Y4.2.5所示，作$\triangle ABC$的外接圆，作$\angle A$的平分线，交BC于D，交圆于E.连BE、EC.作BM、EN与AC垂直，垂足分别是M、N.

因为$\angle BAC = 2\angle ACB$，所以$\angle BAE = \angle ACB$.

因为$\angle BEA$、$\angle ACB$是同弧上的圆周角，所以$\angle ACB = \angle BEA = \angle BAE$，所以$AB = BE$.

因为$\angle AEB = \angle EAC$，所以$BE \parallel AC$，这说明$ABEC$是圆内接等腰梯形，所以$MN = BE = AB$.

因为 $AC=2AB$，所以 $AM+CN=AC-MN=2AB-AB=AB$. 根据等腰梯形的轴对称性，$AM=CN$，所以 $AM=\frac{1}{2}AB$.

在 Rt$\triangle AMB$ 中，AB 是斜边，$AB=2AM$，所以$\angle ABM=30^\circ$，$\angle BAM=60^\circ$. 又$\angle BAM=2\angle ACB$，所以$\angle ACB=30^\circ$.

在$\triangle ABC$ 中，$\angle ABC=180^\circ-(30^\circ+60^\circ)=90^\circ$，所以 $AB\perp BC$.

证明 6(三角法)

由正弦定理，$\frac{AC}{\sin\angle B}=\frac{AB}{\sin\angle C}$，把 $AC=2AB$ 代入，则得到 $\sin\angle B=2\sin\angle C$.

把$\angle B=180^\circ-(\angle A+\angle C)=180^\circ-3\angle C$ 代入上式，则有

$$\sin\angle B=\sin(180^\circ-3\angle C)=2\sin\angle C,$$

这就是

$$3\sin\angle C-4\sin^3\angle C=2\sin\angle C.$$

解之得 $\sin\angle C=\frac{1}{2}$.($\angle C$ 是锐角，取正值.)

所以$\angle C=30^\circ$，$\angle A=60^\circ$，$\angle B=90^\circ$，所以 $AB\perp BC$.

[**例 3**]　在$\triangle ABC$ 中，$AD\perp BC$，$BE\perp AC$，M 为 AB 的中点，N 为 ED 的中点，则 $MN\perp ED$.

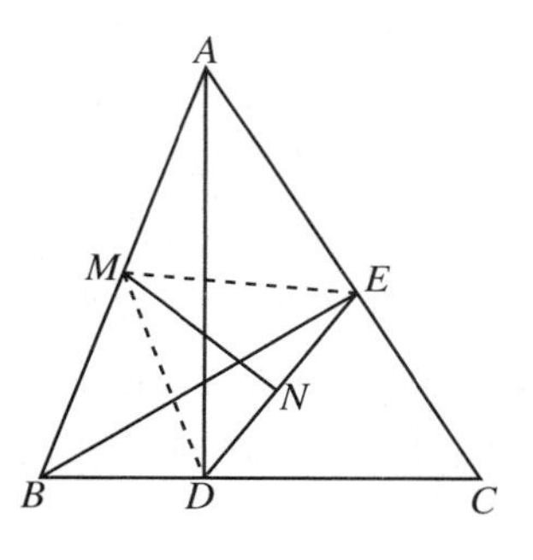

图 Y4.3.1

证明 1(直角三角形斜边中线定理、等腰三角形三线合一)

如图 Y4.3.1 所示，连 MD、ME，则 MD、ME 分别是 Rt$\triangle ABD$ 和 Rt$\triangle ABE$ 斜边上的中线，所以 $MD=\frac{1}{2}AB=ME$，所以$\triangle MDE$ 是等腰三角形.

因为 N 为 DC 的中点，由三线合一定理，$MN\perp DE$.

证明 2(共圆、垂径定理)

如图 Y4.3.2 所示. 因为$\angle ADB=\angle AEB=90^\circ$，所以 A、B、D、E 四点共圆，M 为圆心，ED 为圆中的弦.

因为 N 为弦 ED 的中点，由垂径定理，$MN\perp DE$.

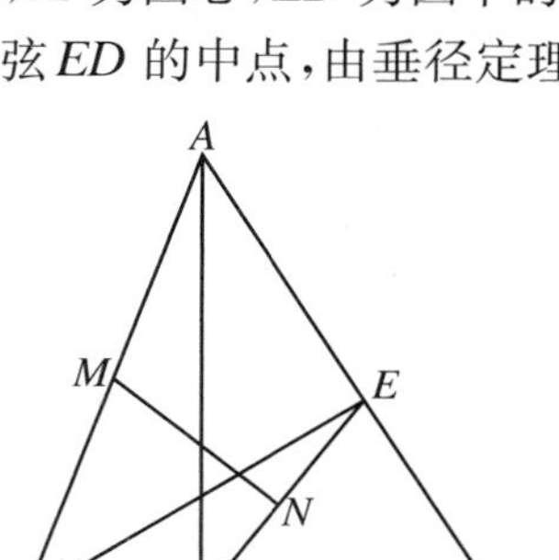

图 Y4.3.2

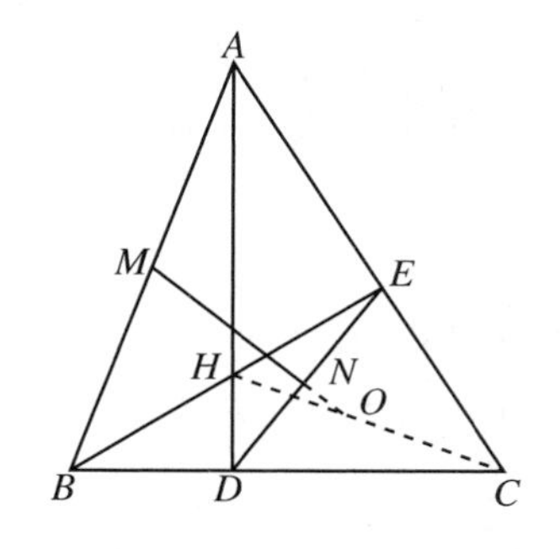

图 Y4.3.3

证明 3(共圆、连心线的性质、同一法)

设 AD、BE 交于 H. 连 CH，设 CH 的中点为 O. 连 MO，设 MO 与 DE 交于 N_1. 如图Y4.3.3所示.

因为 $AD\perp BC$，$BE\perp AC$，所以 A、B、D、E 和 H、D、C、E 分别共圆，M 和 O 分别为它们的圆心，DE 为两圆的公共弦，所以 $MO\perp DE$.

由连心线垂直平分公共弦的定理知，N_1 是 DE 的中点，又 N 是 DE 的中点，所以 N、N_1 重合.

所以 $MN\perp DE$.

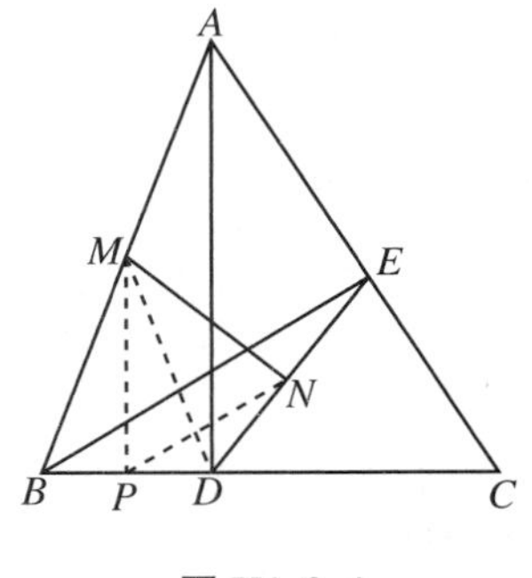

图 Y4.3.4

证明 4(三角形的中位线、共圆)

如图 Y4.3.4 所示，作 $MP\perp BD$，垂足为 P，则 $MP\parallel AD$. 因为 M 为 AB 的中点，所以 P 为 BD 的中点，所以 $\angle BMP=\angle PMD$.

连 MD、PN，则 PN 是 $\triangle DBE$ 的中位线，所以 $\angle PND=\angle BED$.

因为 A、B、D、E 共圆，所以 $\angle BED=\angle BAD$，又 $\angle BAD=\angle BMP$，$\angle BMP=\angle PMD$，所以 $\angle PMD=\angle PND$，所以 P、M、N、D 共圆，所以 $\angle MND+\angle MPD=180^\circ$，所以 $\angle MND=90^\circ$，即 $MN\perp DE$.

证明 5(斜边中线定理、中位线、共圆)

设 P 为 AD 的中点，连 PM、PN、MD，如图 Y4.3.5 所示，则 PM 是 $\mathrm{Rt}\triangle ADB$ 的中位线，所以 $PM\perp AD$ 且 $\angle PMD=\angle MDB$.

因为 MD 是 $\mathrm{Rt}\triangle ADB$ 斜边上的中线，所以 $\angle MDB=\angle MBD$.

因为 PN 是 $\triangle ADE$ 的中位线，所以 $PN\parallel AC$，所以 $\angle PNE=\angle NEC$.

因为 A、B、D、E 共圆，所以 $\angle DEC=\angle MBD$，所以 $\angle PNE=\angle PMD$，所以 P、N、D、M 共圆，所以 $\angle MND=\angle MPD=90^\circ$，所以 $MN\perp DE$.

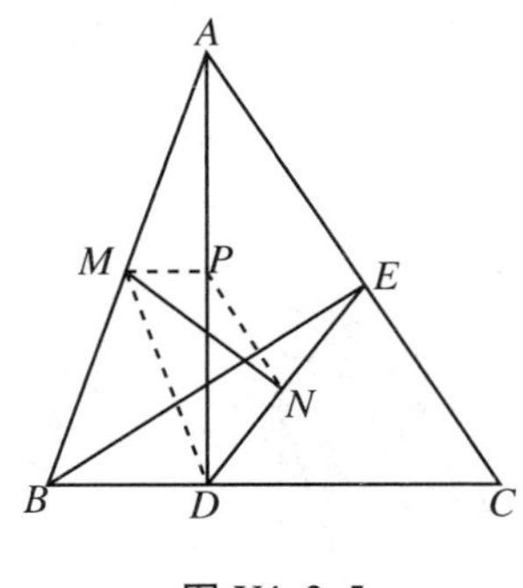

图 Y4.3.5

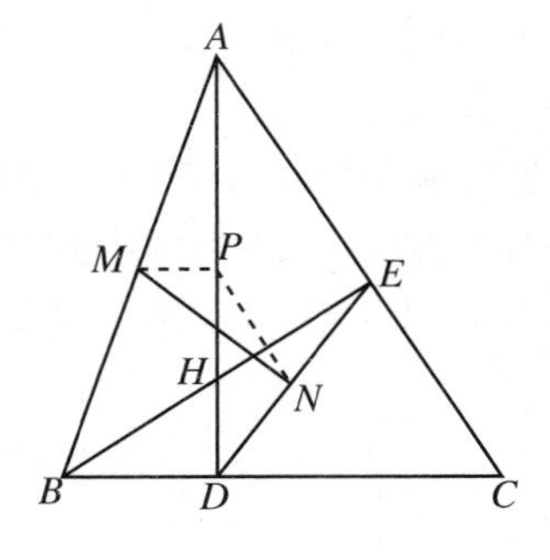

图 Y4.3.6

证明 6(三角形相似、共圆)

设 AD 的中点为 P，连 PM、PN. 设 AD、BE 交于 H，如图 Y4.3.6 所示，则 MP 是 $\triangle ABD$ 的中位线，PN 是 $\triangle ADE$ 的中位线，所以 $MP\parallel BD$，$PN\parallel AE$，$MP=\dfrac{1}{2}BD$，$PN=\dfrac{1}{2}AE$.

因为 $\angle MPN$ 和 $\angle C$ 的两双边对应平行，一边方向相反，所以 $\angle MPN=180^\circ-\angle C$.

因为 H、D、C、E 共圆，所以 $\angle EHD=180^\circ-\angle C$，所以 $\angle EHD=\angle MPN$.

由 Rt△AHE∽Rt△BHD 知$\dfrac{BD}{AE}=\dfrac{\frac{1}{2}BD}{\frac{1}{2}AE}=\dfrac{MP}{PN}=\dfrac{HD}{HE}$，所以△$MPN$∽△$DHE$，所以∠$PMN$=∠$PDN$，所以 P、M、D、N 共圆，所以∠MPD=∠$MND=90^\circ$，所以 $MN\perp DE$.

证明7（解析法）

如图 Y4.3.7 所示，建立直角坐标系.

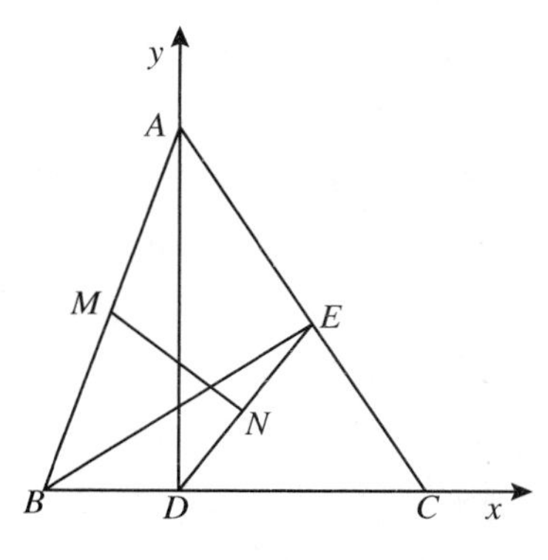

图 Y4.3.7

设 $A(0,a)$，$B(-b,0)$，$C(c,0)$，则 $M\left(-\dfrac{b}{2},\dfrac{a}{2}\right)$. 设∠$CAD=\alpha$，则∠$CBE=\alpha$.

因为 $k_{BE}=\tan\alpha=\dfrac{DC}{DA}=\dfrac{c}{a}$，所以 BE 的方程为

$$y=\frac{c}{a}(x+b). \qquad ①$$

AC 的方程为

$$\frac{x}{c}+\frac{y}{a}=1. \qquad ②$$

联立式①、式②，得到 $E\left(\dfrac{c(a^2-bc)}{a^2+c^2},\dfrac{ac(b+c)}{a^2+c^2}\right)$，所以 $N\left(\dfrac{c(a^2-bc)}{2(a^2+c^2)},\dfrac{ac(b+c)}{2(a^2+c^2)}\right)$，于是

$$k_{DE}=\frac{ac(b+c)}{c(a^2-bc)}=\frac{a(b+c)}{a^2-bc},$$

$$k_{MN}=\frac{-\dfrac{a}{2}+\dfrac{ac(b+c)}{2(a^2+c^2)}}{\dfrac{b}{2}+\dfrac{c(a^2-bc)}{2(a^2+c^2)}}=\frac{bc-a^2}{a(b+c)}.$$

所以 $k_{MN}\cdot k_{DE}=-1$，所以 $MN\perp DE$.

［例4］　在等腰直角△ABC 中，∠$A=90^\circ$，P 为BC 的中点，D 为BC 上的任一点，$DE\perp AB$，$DF\perp CA$，E、F 为垂足，则 $PE\perp PF$.

证明1（三角形全等）

连 PA. 如图 Y4.4.1 所示.

因为 $AP=BP$，$AF=ED=BE$，∠PAF=∠$PBE=45^\circ$，所以△PBE≌△PAF，所以∠BPE=∠APF. 因为∠$BPA=90^\circ$，所以∠APF+∠$APE=90^\circ$，即 $PE\perp PF$.

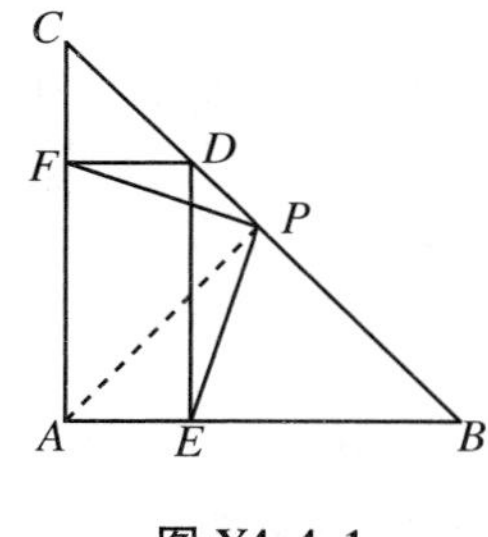

图 Y4.4.1

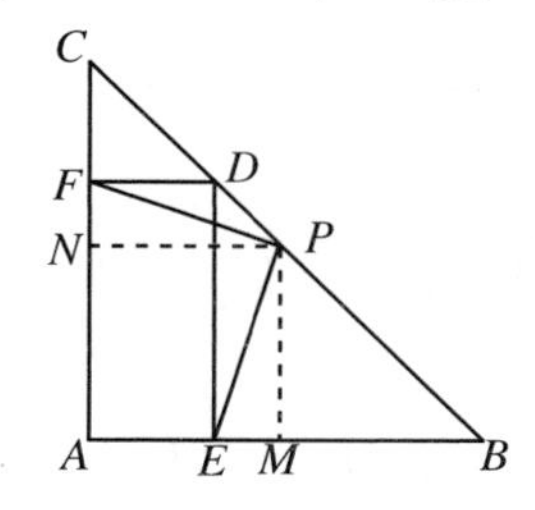

图 Y4.4.2

证明2（三角形全等）

如图 Y4.4.2 所示，作 $PM\perp AB$，$PN\perp AC$，M、N 为垂足，则 $PMAN$ 是正方形，易证 CF

$=FD=AE$.

所以 $FN=AC-AN-CF=AB-BM-AE=EM$，$PN=PM$，所以 $\mathrm{Rt}\triangle PME\cong\mathrm{Rt}\triangle PNF$. 所以 $\angle EPM=\angle FPN$，所以 $\angle EPF=\angle EPN+\angle NPF=\angle EPN+\angle MPE=\angle MPN=90^\circ$，所以 $PE\perp PF$.

证明 3（三角形全等）

如图 Y4.4.3 所示，分别过 B、C 作 AC、AB 的平行线，设两直线交于 A_1，则 ABA_1C 是正方形. 延长 EP，交 A_1C 于 E_1，连 E_1F、EF.

易证 $\triangle CPE_1\cong\triangle BPE$，所以 $CE_1=BE$，$PE_1=PE$.

易证 $\triangle CFE_1\cong\triangle AEF$，所以 $EF=E_1F$.

由 $\triangle PEF\cong\triangle PE_1F$，得 $\angle FPE=\angle FPE_1=90^\circ$，所以 $PE\perp PF$.

证明 4（共圆）

如图 Y4.4.4 所示，连 AP、AD.

因为 $\angle CDF=\angle FAP=45^\circ$，所以 A、P、D、F 共圆，所以 $\angle PFD=\angle PAD$.

因为 $DE\perp AB$，$AP\perp BC$，所以 A、E、P、D 共圆，所以 $\angle PED=\angle PAD$，所以 $\angle PED=\angle PFD$，所以 P、E、F、D 共圆，所以 $\angle EPF=\angle EDF=90^\circ$，所以 $PE\perp PF$.

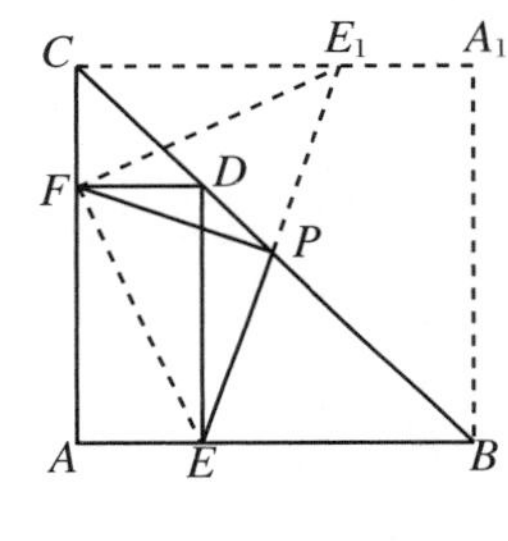

图 Y4.4.3

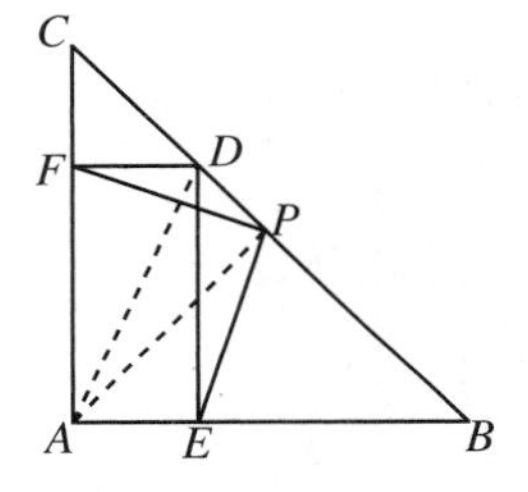

图 Y4.4.4

证明 5（共圆）

连 AD、EF、AP. 如图 Y4.4.5 所示.

因为 $\angle APD=\angle AED=90^\circ$，所以 A、E、P、D 共圆，所以 $\angle ADE=\angle APE$.

因为 $AEDF$ 是矩形，所以 $\angle ADE=\angle AFE$，所以 $\angle APE=\angle AFE$，所以 A、F、P、E 共圆，所以 $\angle EPF+\angle EAF=180^\circ$，所以 $\angle EPF=180^\circ-\angle EAF=180^\circ-90^\circ=90^\circ$，所以 $PE\perp PF$.

证明 6（勾股定理、三角法）

如图 Y4.4.6 所示，连 AP、EF. 在 $\triangle APE$ 中，由余弦定理，$PE^2=AE^2+AP^2-2AE\cdot AP\cdot\cos45^\circ$.

同理，在 $\triangle PAF$ 中又有 $PF^2=AF^2+AP^2-2AF\cdot AP\cdot\cos45^\circ$.

所以

$$\begin{aligned}PE^2+PF^2&=2AP^2+AE^2+AF^2-\sqrt{2}AP(AE+AF)\\&=AE^2+AF^2+AP\cdot[2AP-\sqrt{2}(AE+AF)]\\&=AE^2+AF^2+AP\cdot[\sqrt{2}AB-\sqrt{2}(AE+AF)]\\&=AE^2+AF^2+\sqrt{2}AP(AB-AE-EB)=AE^2+AF^2=EF^2.\end{aligned}$$

所以△EPF是直角三角形,所以$PE\perp PF$.

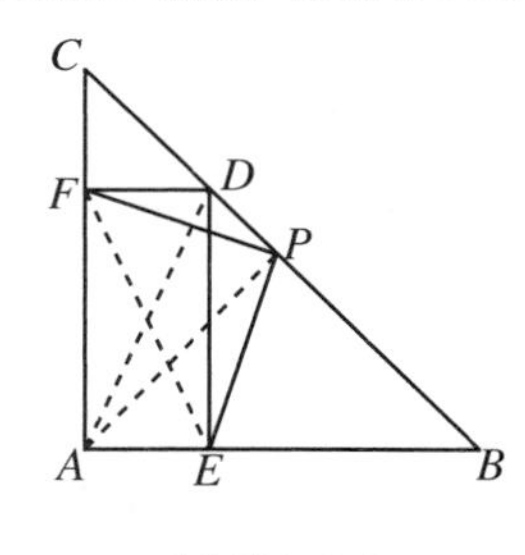

图 Y4.4.5

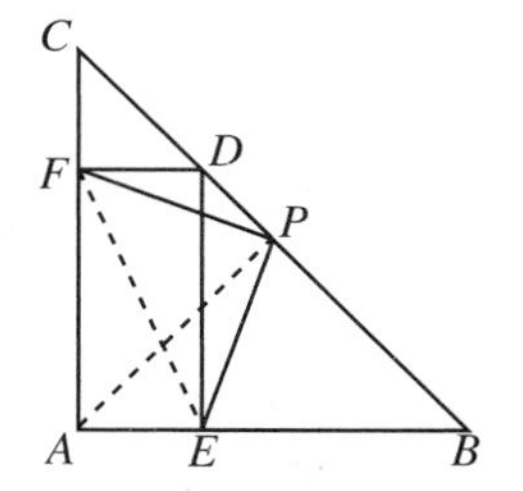

图 Y4.4.6

证明 7(解析法)

如图 Y4.4.7 所示,建立直角坐标系.设$AB=AC=a$,则$B(a,0)$,$C(0,a)$,$P\left(\frac{a}{2},\frac{a}{2}\right)$,设$E(c,0)$,$F(0,b)$$(0\leqslant b,c\leqslant a)$,则$k_{PF}=\dfrac{\frac{a}{2}-b}{\frac{a}{2}}=\dfrac{a-2b}{a}$,$k_{PE}=\dfrac{\frac{a}{2}-0}{\frac{a}{2}-c}=\dfrac{a}{a-2c}$,所以

$k_{PE}\cdot k_{PF}=\dfrac{a-2b}{a-2c}$.

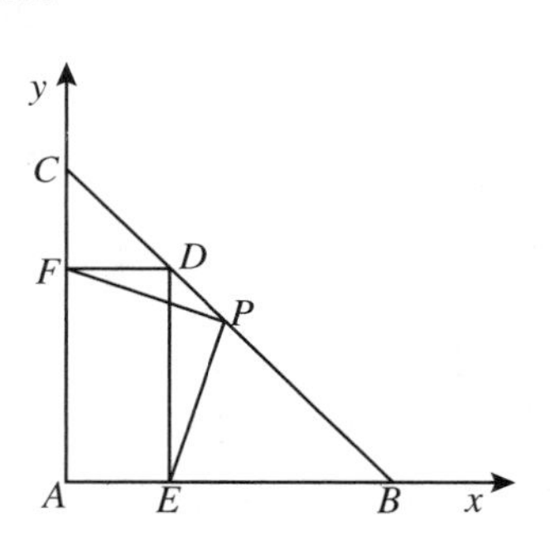

图 Y4.4.7

因为$b+c=a$,所以$k_{PE}\cdot k_{PF}=\dfrac{c-b}{b-c}=-1$,所以$PE\perp PF$.

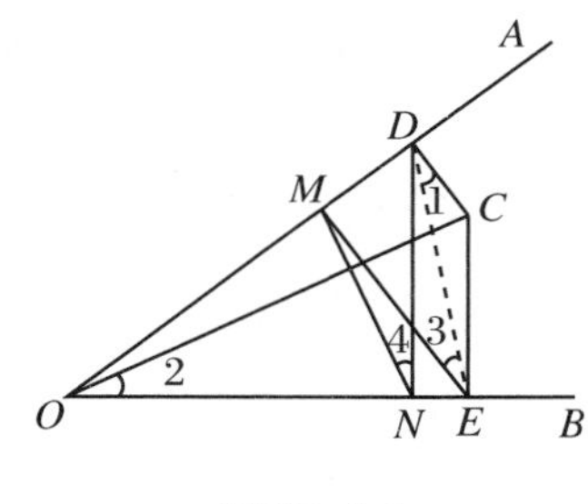

图 Y4.5.1

[例 5]　在∠AOB内任取一点C,过C作$CD\perp OA$,$CE\perp OB$,D、E为垂足,再作$DN\perp OB$,$EM\perp OA$,N、M为垂足,则$OC\perp MN$.

证明 1(共圆、同一三角形有两角互余)

如图 Y4.5.1 所示,连DE.因为$\angle CDO+\angle CEO=180^\circ$,所以$O$、$D$、$C$、$E$共圆,所以$\angle 1=\angle 2$.

因为$\angle DME=\angle DNE$,所以D、M、N、E共圆,所以$\angle 3=\angle 4$.

因为$EM/\!/CD$,所以$\angle 3=\angle 1$,所以$\angle 2=\angle 4$.

在∠2 和∠4 中,$DN\perp OB$,所以$OC\perp MN$.

证明 2(共圆、垂心的性质、同位角相等)

连DE,延长DC,交OB于P,延长EC,交OA于Q,连PQ.如图 Y4.5.2 所示.

在△OPQ中,$CE\perp OP$,$CD\perp OQ$,所以C是△OPQ的垂心,所以$OC\perp PQ$.

因为E、P、Q、D共圆,所以$\angle DEO=\angle DQP$.

因为M、N、E、D共圆,所以$\angle OMN=\angle DEN$.

所以$\angle OMN=\angle DQP$,所以$MN/\!/PQ$,所以$OC\perp MN$.

证明 3(共圆、内错角相等证平行)

如图 Y4.5.3 所示,连DE,延长EC,交OA于Q,延长DC,交OB于P,连PQ并延长,交ND的延长线于R.

易证C是△OPQ的垂心,所以$OC\perp PQ$.

因为 E、P、Q、D 共圆，所以 $\angle 1=\angle 2$.

因为 $PD /\!/ EM$，所以 $\angle 2=\angle 3$.

因为 M、N、E、D 共圆，所以 $\angle 3=\angle 4$，所以 $\angle 1=\angle 4$.

因为 $QE /\!/ RN$，所以 $\angle 1=\angle R$，所以 $\angle R=\angle 4$，所以 $MN /\!/ PR$，所以 $OC\perp MN$.

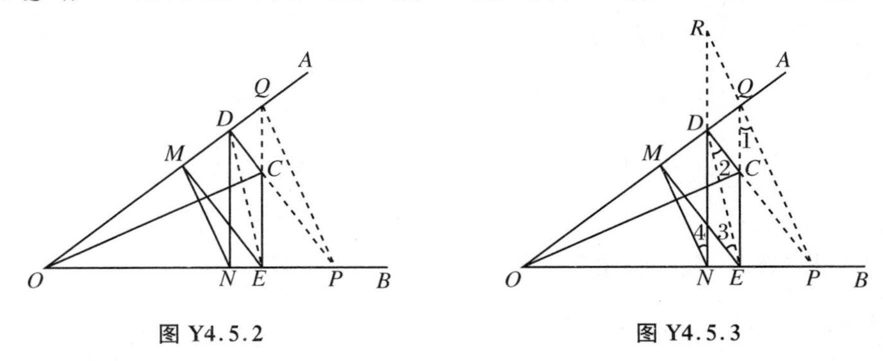

图 Y4.5.2　　　　图 Y4.5.3

证明 4(共圆、同位角相等证平行)

如图 Y4.5.4 所示，连 DE. 由 D、M、N、E 共圆，DE 是此圆的直径，作出这个圆.

延长 DC，交此圆于 P，连 NP. 由同弧上的圆周角相等，则 $\angle 1=\angle PNE$. 因为 D、C、E、O 共圆，所以 $\angle 1=\angle 2$，所以 $\angle 2=\angle PNE$，所以 $NP /\!/ OC$.

在圆的内接四边形 $DMNP$ 中，$\angle MDP+\angle MNP=180^\circ$，所以 $\angle MNP=180^\circ-\angle MDP=180^\circ-90^\circ=90^\circ$，所以 $MN\perp NP$，所以 $MN\perp OC$.

证明 5(共圆、垂足三角形的内角平分线)

如图 Y4.5.5 所示，设 OC、MN 交于 H，DN、EM 交于 P，连 DE，连 OP 并延长，交 DE 于 Q，则 P 为 $\triangle DOE$ 的垂心，所以 $OQ\perp DE$.

连 NQ，则 M、N、Q 为 $\triangle DOE$ 中三高的垂足，所以 ND 平分 $\angle MNQ$，即 $\angle PNM=\angle PNQ$，所以 $\angle ONM=\angle ENQ$.

由 P、N、E、Q 共圆知 $\angle ENQ=\angle EPQ$.

由 M、P、Q、D 共圆知 $\angle EPQ=\angle MDQ$.

由 O、D、C、E 共圆知 $\angle MDQ=\angle OCE$.

所以 $\angle ONM=\angle OCE$，所以 N、H、C、E 共圆，所以 $\angle CHN+\angle CEN=180^\circ$，所以 $\angle CHN=180^\circ-\angle CEN=180^\circ-90^\circ=90^\circ$.

所以 $OC\perp MN$.

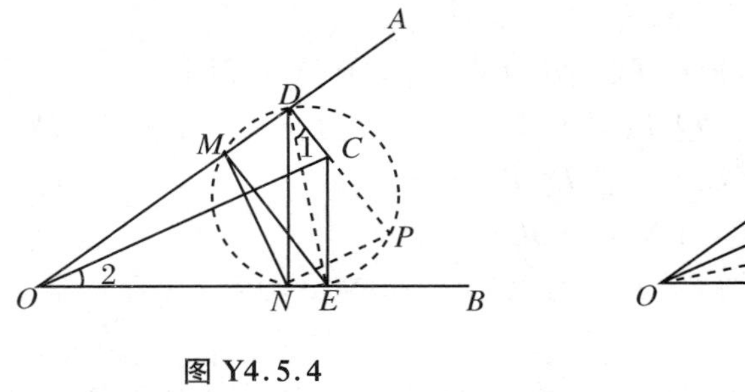

图 Y4.5.4

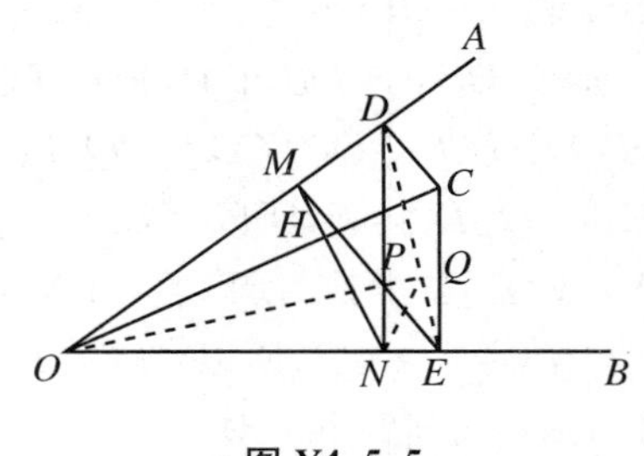

图 Y4.5.5

证明 6(解析法)

如图 Y4.5.6 所示，建立直角坐标系.

设$\angle AOB=\alpha$，$\angle COB=\beta$，$OC=l$，则

$$OM=l\cos\alpha\cdot\cos\beta,$$

$$ON=l\cos(\alpha-\beta)\cdot\cos\alpha.$$

故 M、N 的坐标为 $M(l\cos^2\alpha\cdot\cos\beta, l\cos^2\alpha\cdot\cos\beta\cdot\sin\alpha)$，$N(l\cos(\alpha-\beta)\cdot\cos\alpha, 0)$.

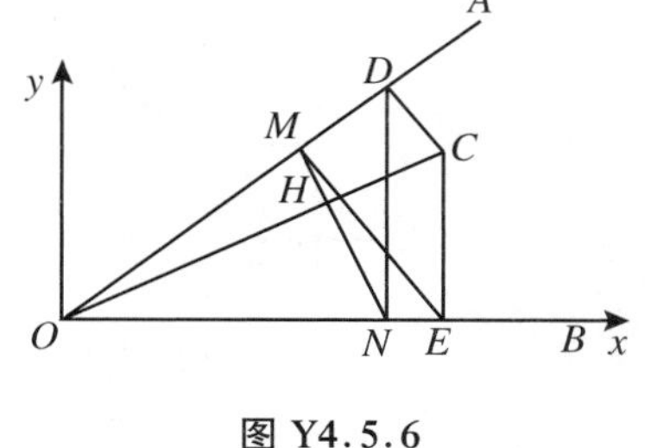

图 Y4.5.6

因为

$$k_{OC}=\tan\beta,$$

$$k_{MN}=\frac{\cos^2\alpha\cdot\cos\beta\cdot\sin\alpha}{\cos^2\alpha\cdot\cos\beta-\cos\alpha\cdot\cos(\alpha-\beta)}=-\cot\beta,$$

所以 $k_{OC}\cdot k_{MN}=-1$，所以 $OC\perp MN$.

［例 6］　在$\triangle ABC$ 中，$\angle A=90^\circ$，$AD\perp BC$，BE 是$\angle B$ 的平分线，BE、AD 交于 M，AN 是$\angle DAC$ 的平分线，则 $MN/\!/AC$.

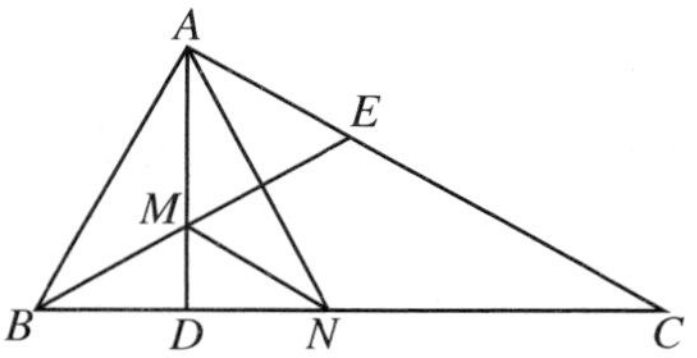

图 Y4.6.1

证明 1（角平分线性质定理、平行截比定理）

如图 Y4.6.1 所示. 因为 BM 是$\angle ABD$ 的平分线，所以$\dfrac{MD}{MA}=\dfrac{BD}{BA}$. 因为 AN 是$\angle DAC$ 的平分线，有$\dfrac{DN}{NC}=\dfrac{AD}{AC}$.

由$\triangle ABD\backsim\triangle CAD$ 知$\dfrac{BD}{BA}=\dfrac{AD}{AC}$，所以$\dfrac{MD}{MA}=\dfrac{ND}{NC}$. 由平行截比逆定理，$MN/\!/AC$.

证明 2（菱形的性质）

如图 Y4.6.2 所示，设 BE、AN 交于 O，连 EN.

因为$\angle ABD=\angle DAC$，BE、AN 是它们的角平分线，所以$\angle MBD=\angle NAD$.

因为 $AD\perp BD$，易证 $BM\perp AN$. 因为 Rt$\triangle AOB\cong$Rt$\triangle NOB$，所以 $AO=ON$. 因为 Rt$\triangle AOM\cong$Rt$\triangle AOE$，所以 $OM=OE$，所以 $AMNE$ 是菱形，所以 $MN/\!/AE$，即 $MN/\!/AC$.

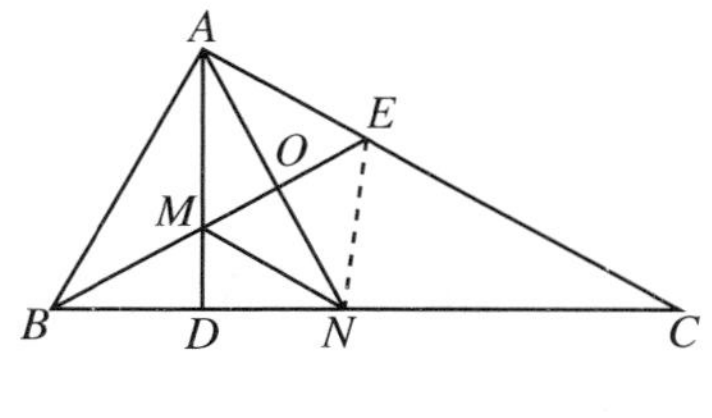

图 Y4.6.2

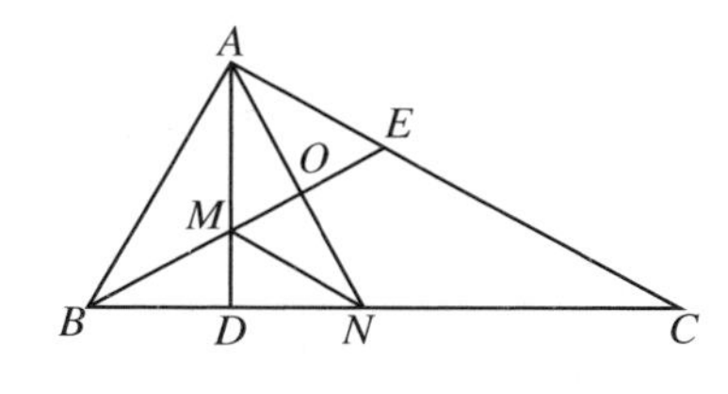

图 Y4.6.3

证明 3（垂心的性质、垂直于同一直线）

如图 Y4.6.3 所示，如证明 2 所证，$AN\perp BE$，所以 M 是$\triangle ABN$ 的垂心，所以 $MN\perp AB$.

因为 $AC\perp AB$，$MN\perp AB$，所以 $MN/\!/AC$.

证明 4（共圆、同位角相等）

设 AN、BE 交于 O，连 OD. 如图 Y4.6.4 所示. 因为$\angle 1=\angle 2$，所以 A、B、D、O 共圆，所以$\angle 3=\angle 4$. 又因为$\angle 4=\angle 6$，所以$\angle 3=\angle 6$. 因为$\angle AOB=\angle ADB=90^\circ$，所以 $BO\perp AN$，所以 M、D、N、O 共圆. 因为$\angle 3=\angle 5$，所以$\angle 5=\angle 6$，所以 $MN/\!/AC$.

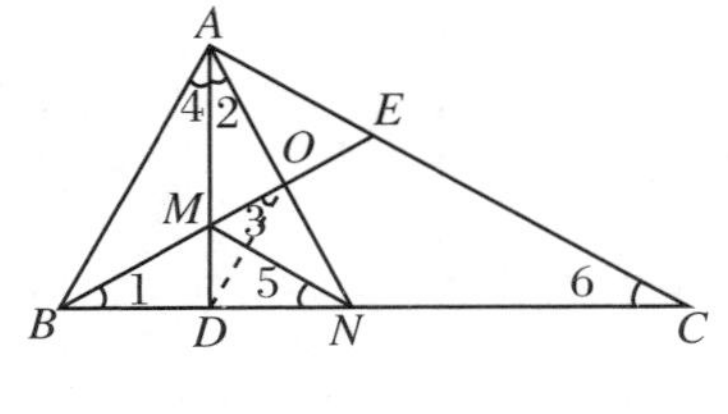

图 Y4.6.4

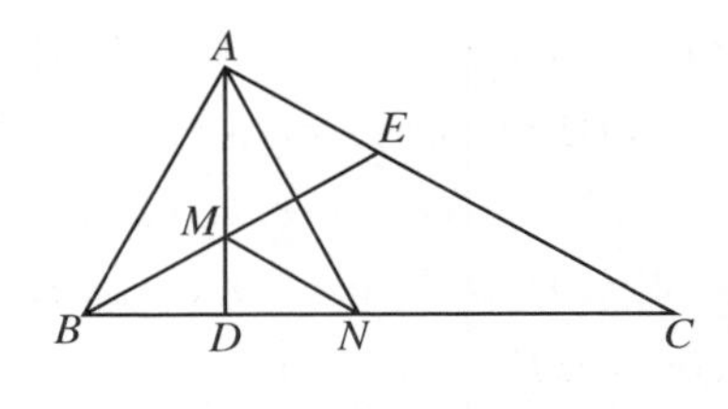

图 Y4.6.5

证明 5(用计算证同位角相等)

如图 Y4.6.5 所示,设$\angle BAD=\alpha$,则$\angle ACB=\alpha$,$\angle ABD=\angle DAC=90^\circ-\alpha$,$\angle BAN=\alpha+\frac{1}{2}(90^\circ-\alpha)=45^\circ+\frac{\alpha}{2}$.

因为$\angle BNA$是$\triangle NAC$的外角,所以$\angle BNA=\angle NAC+\angle NCA=\frac{1}{2}(90^\circ-\alpha)+\alpha=45^\circ+\frac{\alpha}{2}$,所以$\angle BNA=\angle BAN$,即$\triangle BAN$为等腰三角形.

因为BM是等腰$\triangle BAN$的顶角平分线,所以BM是它的对称轴.由等腰三角形的轴对称性,$\angle BNM=\angle BAD=\alpha$,所以$\angle BNM=\angle ACB$,所以$MN /\!/ AC$.

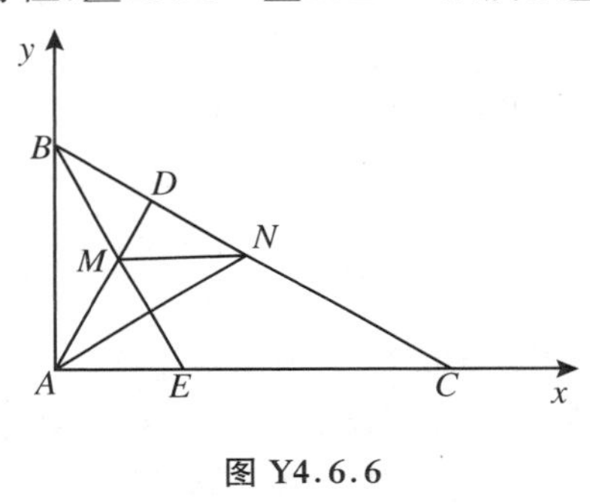

图 Y4.6.6

证明 6(解析法)

如图 Y4.6.6 所示,建立直角坐标系.

设$AE=a$,$\angle ABE=\alpha$,则$\angle ABC=2\alpha$,$\angle DAC=2\alpha$,$\angle NAC=\alpha$.

AD的方程为$y=\tan 2\alpha\cdot x$,BE的方程为$y=-\cot\alpha\cdot(x-a)$.联立解得M点的纵坐标$y_M=a\cdot\frac{1-\tan^2\alpha}{1+\tan^2\alpha}\cdot\tan 2\alpha$.

AN的方程为$y=\tan\alpha\cdot x$,BC的方程为$y=-\cot 2\alpha\cdot(x-a\cot\alpha\cdot\tan 2\alpha)$.联立解得$y_N=2a\cdot\frac{\tan\alpha}{1+\tan^2\alpha}$.

因为$\frac{1-\tan^2\alpha}{1+\tan^2\alpha}\cdot\tan 2\alpha=\frac{1-\tan^2\alpha}{1+\tan^2\alpha}\cdot\frac{2\tan\alpha}{1-\tan^2\alpha}=\frac{2\tan\alpha}{1+\tan^2\alpha}$,所以$y_M=y_N$,所以$MN /\!/ AC$.

[例 7] 在$\triangle ABC$中,O为中线AD上的任一点,延长BO,交AC于E,延长CO,交AB于F,则$EF /\!/ BC$.

证明 1(平行截比逆定理、平行四边形)

如图 Y4.7.1 所示,延长AD到P,使$DP=OD$.连BP、CP,则$BPCO$是平行四边形,所以$PC /\!/ BO$,$PB /\!/ CO$.

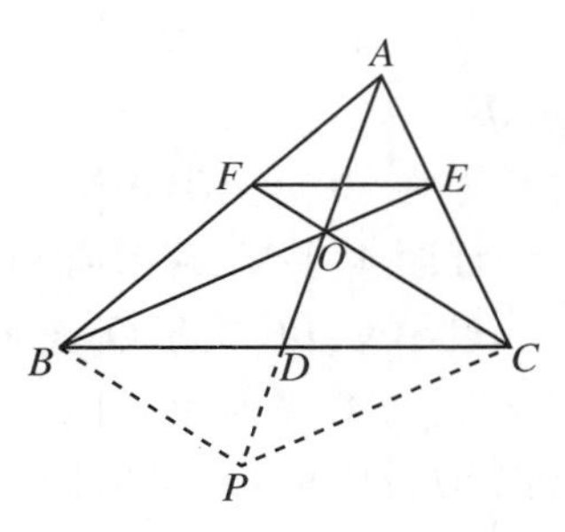

图 Y4.7.1

在$\triangle APC$和$\triangle APB$中,分别应用平行截比定理,有$\frac{AE}{EC}=\frac{AO}{OP}$,$\frac{AF}{FB}=\frac{AO}{OP}$,所以$\frac{AE}{EC}=\frac{AF}{FB}$.

由平行截比逆定理,$EF /\!/ BC$.

证明2（相似三角形、三角形的中位线、平行截比逆定理）

过 B、C 分别作 AD 的平行线，分别交 CO 和 BO 的延长线于 N、M. 如图 Y4.7.2 所示. 由 $\triangle AFO \backsim \triangle BFN$，$\triangle AEO \backsim \triangle CEM$，分别有

$$\frac{AF}{FB}=\frac{AO}{BN},\quad \frac{AE}{EC}=\frac{AO}{CM}.$$

因为 $\triangle BCN$ 和 $\triangle BCM$ 有公共中位线 OD，所以 $BN=2OD=CM$，所以 $\frac{AF}{FB}=\frac{AE}{EC}$. 由平行截比逆定理，$EF /\!/ BC$.

证明3（三角形的中位线、平行截比逆定理）

如图 Y4.7.3 所示，作 $DM /\!/ BE$，交 CE 于 M，作 $DN /\!/ CF$，交 BF 于 N，则 M、N 分别为 CE、BF 的中点.

在 $\triangle ADM$、$\triangle ADN$ 中，有

$$\frac{AE}{EM}=\frac{AO}{OD},\quad \frac{AF}{FN}=\frac{AO}{OD},$$

所以 $\frac{AE}{EM}=\frac{AF}{FN}$，即 $\frac{AE}{EC}=\frac{AF}{FB}$.

由平行截比逆定理，$EF /\!/ BC$.

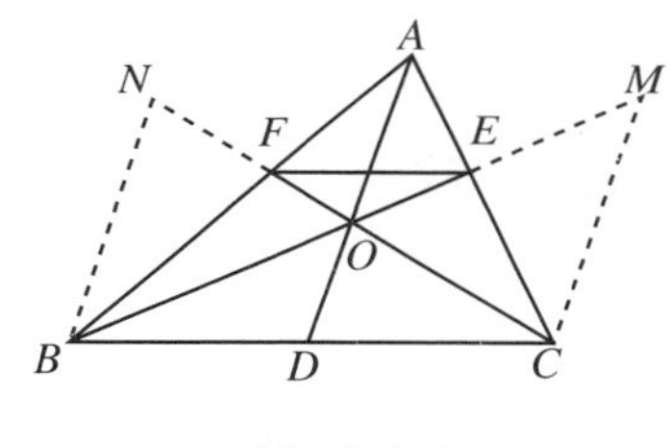

图 Y4.7.2

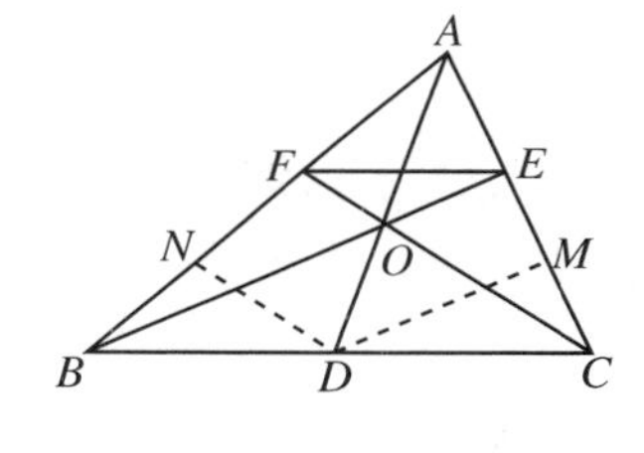

图 Y4.7.3

证明4（相似三角形、平行截比逆定理）

过 A 作 BC 的平行线，分别交 BE、CF 的延长线于 N、M. 如图 Y4.7.4 所示.

由 $\triangle AEN \backsim \triangle CEB$ 知 $\frac{AE}{EC}=\frac{AN}{BC}$.

由 $\triangle AFM \backsim \triangle CFB$ 知 $\frac{AF}{FB}=\frac{AM}{BC}$. 因为 $\frac{BD}{DC}=\frac{AN}{AM}$，$BD=DC$，所以 $AN=AM$.

所以 $\frac{AE}{EC}=\frac{AF}{FB}$，所以 $EF /\!/ BC$.

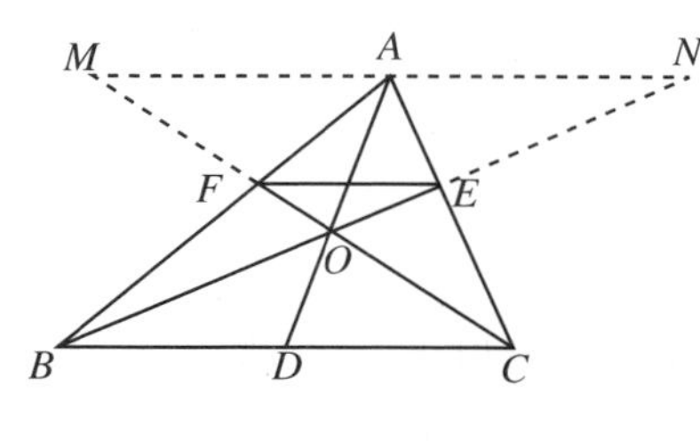

图 Y4.7.4

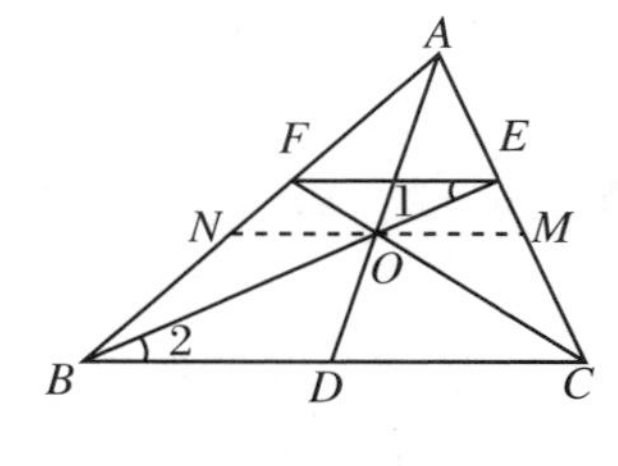

图 Y4.7.5

证明5（三角形相似证角相等）

过 O 作 $MN /\!/ BC$，交 AC 于 M，交 AB 于 N. 如图 Y4.7.5 所示. 由平行截比定理，$\frac{ON}{OM}=$

$\dfrac{BD}{DC}=1$,所以 $ON=OM$.

在$\triangle FBC$ 和$\triangle EBC$ 中,$\dfrac{FO}{FC}=\dfrac{NO}{BC}$,$\dfrac{EO}{EB}=\dfrac{MO}{BC}$,所以$\dfrac{FO}{FC}=\dfrac{EO}{EB}$.由分比定理,$\dfrac{FO}{FC-FO}=\dfrac{EO}{EB-EO}$,即$\dfrac{FO}{OC}=\dfrac{EO}{OB}$.

因为$\angle EOF=\angle BOC$,所以$\triangle EOF\backsim\triangle BOC$,所以$\angle 1=\angle 2$,所以 $EF/\!/BC$.

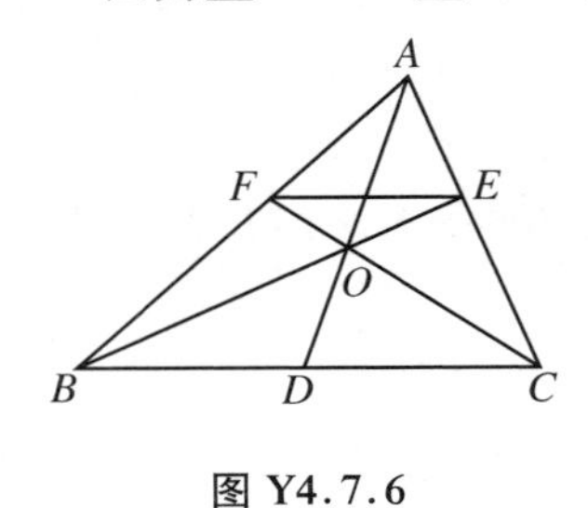

图 Y4.7.6

证明 6(三线共点的 Ceva 定理)

如图 Y4.7.6 所示,在$\triangle ABC$ 中,AD、BE、CF 共点于O,由 Ceva 定理,$\dfrac{BD}{DC}\cdot\dfrac{CE}{EA}\cdot\dfrac{AF}{FB}=1$.

因为 $BD=DC$,所以$\dfrac{CE}{EA}=\dfrac{FB}{AF}$.

所以 $EF/\!/BC$.

证明 7(三点共线的 Menelaus 定理)

在$\triangle BCE$ 中,D、O、A 共线,由 Menelaus 定理,$\dfrac{DB}{DC}\cdot\dfrac{AC}{AE}\cdot\dfrac{OE}{OB}=1$.因为 $BD=DC$,故

$$\frac{AC}{AE}=\frac{OB}{OE}. \qquad ①$$

在$\triangle ABE$ 中,F、O、C 共线,同理$\dfrac{CA}{CE}\cdot\dfrac{OE}{OB}\cdot\dfrac{FB}{FA}=1$,故

$$\frac{OB}{OE}=\frac{CA}{CE}\cdot\frac{FB}{FA}. \qquad ②$$

由式①、式②得$\dfrac{CA}{CE}\cdot\dfrac{FB}{FA}=\dfrac{AC}{AE}$,所以$\dfrac{FB}{FA}=\dfrac{CE}{AE}$,所以 $EF/\!/BC$.

证明 8(面积原理)

作 $OM/\!/AB$,$ON/\!/AC$,分别交 BC 于M、N.连 AM、AN、FM、EN.如图 Y4.7.7 所示.

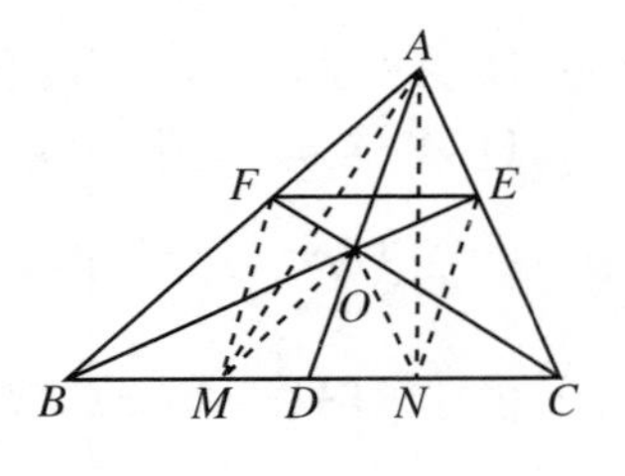

图 Y4.7.7

因为 $BD=DC$,所以 $S_{\triangle ABD}=S_{\triangle ACD}$,$S_{\triangle OBD}=S_{\triangle OCD}$,所以 $S_{\triangle AOB}=S_{\triangle AOC}$.

因为 $S_{\triangle AOB}=S_{\triangle AMB}$,$S_{\triangle AOC}=S_{\triangle ANC}$,所以 $S_{\triangle ABM}=S_{\triangle ACN}$,所以 $S_{\triangle OBM}=S_{\triangle OCN}$.

所以 $BM=CN$,所以 $BN=CM$,故

$$S_{\triangle OBN}=S_{\triangle OCM}. \qquad ①$$

又因为 $S_{\triangle OFM}=S_{\triangle OBM}$,$S_{\triangle OEN}=S_{\triangle OCN}$,所以

$$S_{\triangle OFM}=S_{\triangle OEN}. \qquad ②$$

由式①、式②,有 $S_{\triangle OFM}+S_{\triangle OCM}=S_{\triangle OEN}+S_{\triangle OBN}$,所以 $S_{\triangle BEN}=S_{\triangle CFM}$.

$\triangle BEN$、$\triangle CFM$ 有等底 BN、CM,所以两个三角形在 BC 上的高相等,即 E、F 与 BC 等距离,所以 $EF/\!/BC$.

[**例 8**] 在等腰$\triangle ABC$ 中,底角$\angle B$ 的三等分线交底边中线 AD 于 M、N,CN 的延长线交 AB 于 P,则 $PM/\!/BN$.

证明1(共圆、等腰三角形的轴对称性、内错角相等)

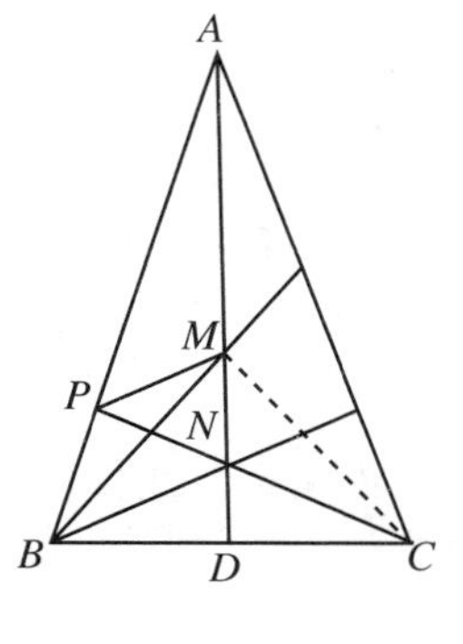

图 Y4.8.1

如图 Y4.8.1 所示,连 MC.由等腰三角形的轴对称性,$\angle NCB=\angle NBC$,$\angle MCN=\angle MBN=\angle MBP$,所以 P、B、C、M 共圆,所以 $\angle PMB=\angle PCB$.

所以$\angle PMB=\angle MBN$,所以 $PM/\!/BN$.

证明2(三角形相似、角平分线的性质、内错角相等)

如图 Y4.8.2 所示,连 MC,则$\triangle MBC$ 是等腰三角形.因为$\angle PNB$ 是$\triangle NBC$ 的外角,所以$\angle PNB=\angle NBC+\angle NCB=2\angle NBC=\angle PBN$,所以$\triangle PBN$ 也是等腰三角形.

因为$\angle MBC=\angle PBN$,所以$\triangle PBN\backsim\triangle MBC$,所以$\dfrac{PB}{BN}=\dfrac{MB}{BC}=\dfrac{MC}{BC}$.

设 BM、PN 交于O,由角平分线性质定理知$\dfrac{PB}{BN}=\dfrac{PO}{ON}$,$\dfrac{MC}{BC}=\dfrac{MO}{OB}$,所以$\dfrac{PO}{ON}=\dfrac{MO}{OB}$,所以$\triangle POM\backsim\triangle NOB$,所以$\angle OPM=\angle ONB$,所以 $PM/\!/BN$.

证明3(角平分线的性质、平行截比逆定理)

如图 Y4.8.3 所示,延长 BN 到 N_2,使 $BN_2=AB$,连 AN_2.延长 AD 到 N_1,使 $DN_1=DN$,连 BN_1.因为$\angle ABN_2=\angle NBN_1$,所以等腰$\triangle ABN_2\backsim$等腰$\triangle NBN_1$,所以$\dfrac{AB}{AN_2}=\dfrac{BN}{NN_1}=\dfrac{BN}{2ND}$,$\angle BN_2A=\angle BND$,而$\angle BND=\angle ANN_2$,所以$\angle ANN_2=\angle AN_2N$,所以 $AN=AN_2$.

所以$\dfrac{AB}{AN}=\dfrac{BN}{2ND}$,所以$\dfrac{AB}{BN}=\dfrac{AN}{2ND}$.

在$\triangle ABN$ 中,由角平分线性质定理知$\dfrac{AB}{BN}=\dfrac{AM}{MN}$.因为 AD 是中线,由第5章例2的结果知$\dfrac{AP}{PB}=\dfrac{AN}{2ND}$,所以$\dfrac{AP}{PB}=\dfrac{AM}{MN}$.由平行截比逆定理,$PM/\!/BN$.

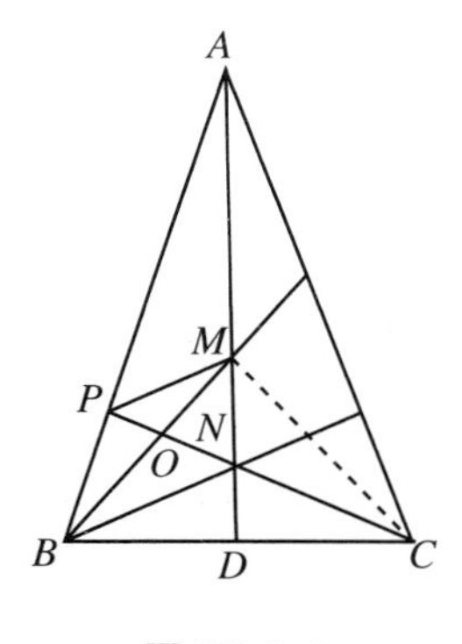

图 Y4.8.2

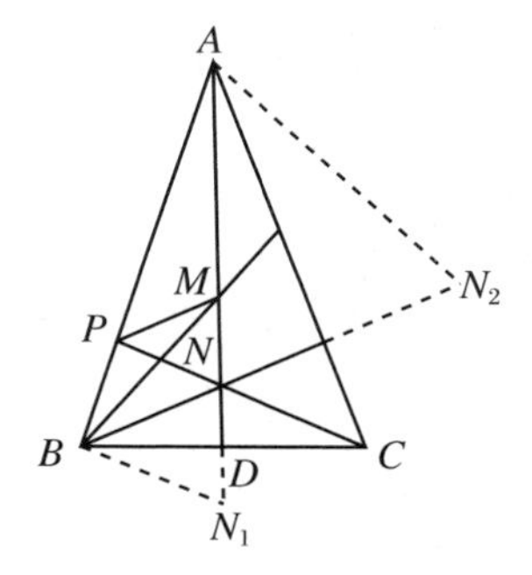

图 Y4.8.3

证明4(三角法)

在$\triangle ABN$ 中,由角平分线的性质,$\dfrac{AM}{MN}=\dfrac{AB}{BN}$,应用正弦定理,设$\angle ABC=3\alpha$,则有

$$\frac{AB}{BN}=\frac{\sin\angle ANB}{\sin\frac{1}{2}\angle A}=\frac{\sin(90^\circ+\alpha)}{\sin\frac{1}{2}(180^\circ-6\alpha)}=\frac{\cos\alpha}{\cos3\alpha}. \quad ①$$

在$\triangle PBC$中，$\frac{PB}{PC}=\frac{\sin\alpha}{\sin3\alpha}$. 在$\triangle APC$中，$\frac{AP}{PC}=\frac{\sin2\alpha}{\sin(180^\circ-6\alpha)}=\frac{\sin2\alpha}{\sin6\alpha}$，所以

$$\frac{AP}{PB}=\frac{\sin2\alpha\cdot\sin3\alpha}{\sin\alpha\cdot\sin6\alpha}=\frac{\cos\alpha}{\cos3\alpha}. \quad ②$$

由角平分线性质定理，有

$$\frac{AB}{BN}=\frac{AM}{MN}. \quad ③$$

由式①、式②、式③知$\frac{AP}{PB}=\frac{AB}{BN}=\frac{AM}{MN}$，由平行截比逆定理，$PM /\!/ BC$.

证明 5(解析法)

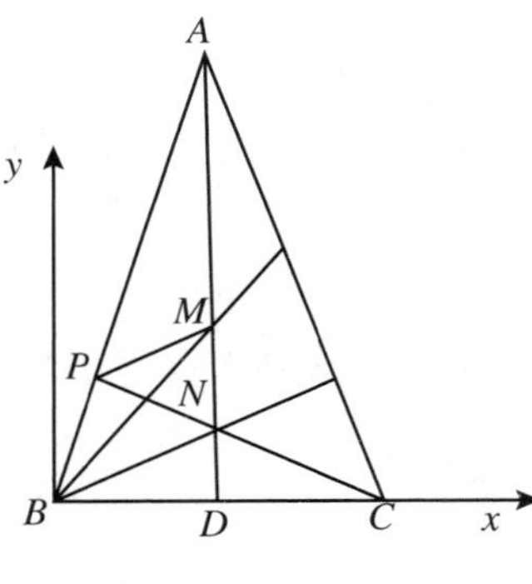

图 Y4.8.4

如图 Y4.8.4 所示，建立直角坐标系.

设$\angle ABC=3\alpha$，$C(b,0)$，则$D\left(\frac{b}{2},0\right)$，$A\left(\frac{b}{2},\frac{b}{2}\tan3\alpha\right)$.

BM的方程为$y=x\cdot\tan2\alpha$，AD的方程为$x=\frac{b}{2}$，联立可解出$M\left(\frac{b}{2},\frac{b}{2}\tan2\alpha\right)$.

CP的方程为$y=-\tan\alpha\cdot(x-b)$，AB的方程为$y=x\cdot\tan3\alpha$，联立可解出

$$P\left(b\cdot\frac{1-3\tan^2\alpha}{4-4\tan^2\alpha},b\cdot\tan\alpha\cdot\frac{3-\tan^2\alpha}{4-4\tan^2\alpha}\right).$$

所以 $k_{PM}=\dfrac{b\tan\alpha\cdot\frac{3-\tan^2\alpha}{4-4\tan^2\alpha}-\frac{b}{2}\cdot\tan2\alpha}{b\cdot\frac{1-3\tan^2\alpha}{4-4\tan^2\alpha}-\frac{b}{2}}=\tan\alpha.$

所以 $k_{PM}=k_{BN}=\tan\alpha$.

所以 $PM /\!/ BN$.

[例 9]　在正方形$ABCD$中，E为AD的中点，F为CD上距D最近的一个四等分点，则$\angle FEB=90^\circ$.

证明 1(三角形相似)

如图 Y4.9.1 所示. 因为$\angle A=\angle D=90^\circ$，$\frac{AB}{ED}=\frac{AE}{DF}=2$，所以$\triangle EAB\backsim\triangle FDE$，所以$\angle EBA=\angle FED$.

因为$\angle EBA+\angle BEA=90^\circ$，所以$\angle FED+\angle BEA=90^\circ$，所以$\angle FEB=180^\circ-\angle FED-\angle BEA=180^\circ-90^\circ=90^\circ$.

证明 2(勾股定理)

设正方形的边长为a. 连BF. 如图 Y4.9.2 所示. 由勾股定理，有

$$BE^2=a^2+\left(\frac{1}{2}a\right)^2=\frac{5}{4}a^2,$$

$$EF^2=\left(\frac{1}{2}a\right)^2+\left(\frac{1}{4}a\right)^2=\frac{5}{16}a^2,$$

$$BF^2=a^2+\left(\frac{3}{4}a\right)^2=\frac{25}{16}a^2.$$

所以 $BE^2+EF^2=BF^2$. 由勾股定理的逆定理知$\triangle BEF$ 是直角三角形,$\angle FEB=90^\circ$.

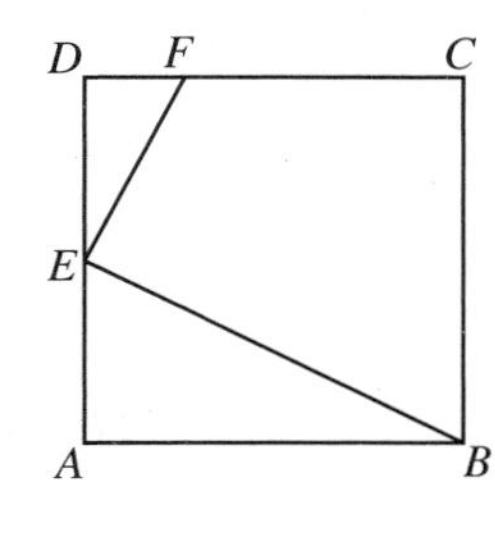

图 Y4.9.1

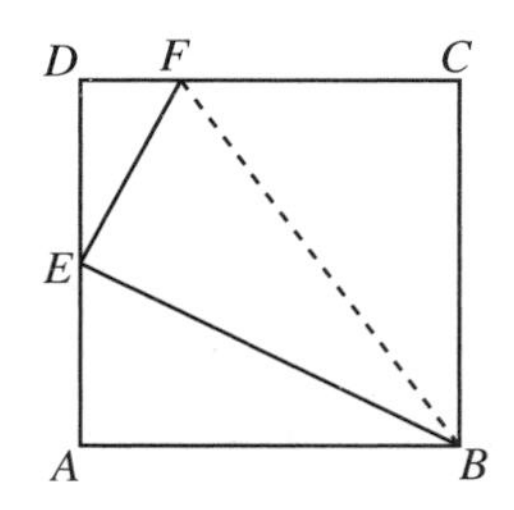

图 Y4.9.2

证明 3(三角形的中位线)

设 CD 的中点为 G,连 AG,如图 Y4.9.3 所示,易知 $\text{Rt}\triangle BAE\cong\text{Rt}\triangle ADG$,所以 $\angle ABE=\angle DAG$. 因为 $AB\perp AD$,所以$\angle ABE+\angle 1=\angle DAG+\angle 1=90^\circ$,所以 $BE\perp AG$.

在$\triangle ADG$ 中,EF 是中位线,所以 $EF/\!/AG$,所以 $EF\perp EB$,即$\angle FEB=90^\circ$.

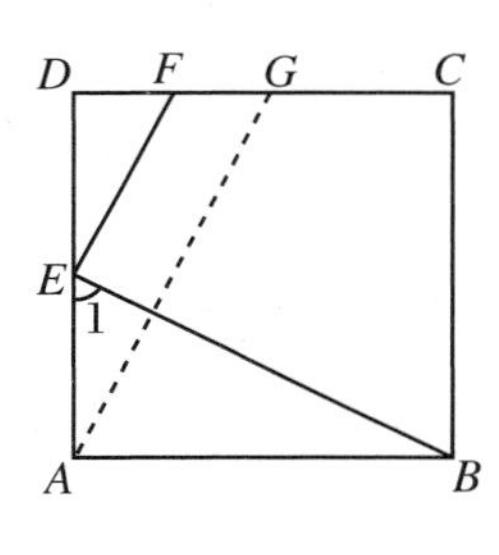

图 Y4.9.3

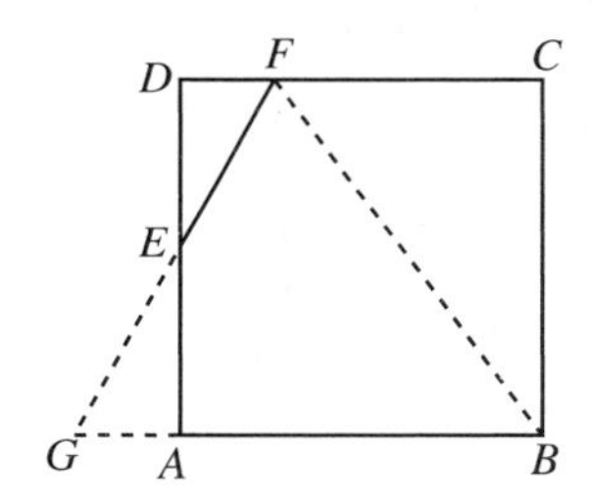

图 Y4.9.4

证明 4(等腰三角形)

延长 BA、FE,设它们交于 G,如图 Y4.9.4 所示. 易证$\triangle DEF\cong\triangle AEG$,所以 $EF=EG$, $DF=AG$.

所以 $BG=BA+AG=\frac{5}{4}a$,又因为 $BF=\sqrt{a^2+\left(\frac{3}{4}a\right)^2}=\frac{5}{4}a$,所以 $BG=BF$.

所以$\triangle BFG$ 是等腰三角形. 由于 BE 是底边上的中线,由三线合一定理,$BE\perp EF$.

证明 5(斜边中线逆定理)

如图 Y4.9.5 所示,连 BF,作 $EG/\!/AB$,交 BF 于 G,则 $DF/\!/EG/\!/AB$. 由平行截比定理知 G 是 BF 的中点,所以 EG 是梯形 $ABFD$ 的中位线,则

$$EG=\frac{1}{2}(DF+AB)=\frac{1}{2}\left(\frac{1}{4}a+a\right)=\frac{5a}{8}.$$

又 $BF=\frac{5a}{4}$,所以 $EG=\frac{1}{2}BF$. 由斜边中线逆定理,$\angle FEB=90^\circ$.

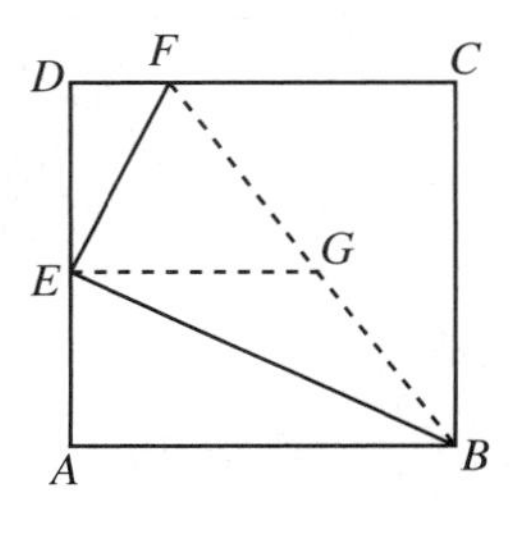

图 Y4.9.5

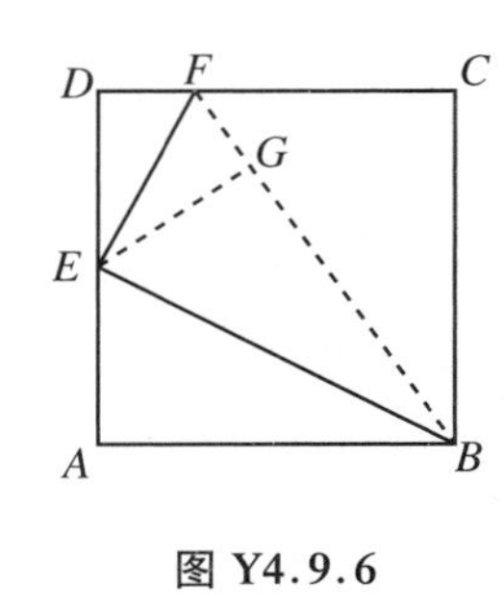

图 Y4.9.6

证明 6(三角形全等、面积原理)

连 BF,作 $EG \perp BF$,垂足为 G.如图 Y4.9.6 所示.

$$S_{\triangle FEB} = \frac{1}{2}BF \cdot EG = \frac{1}{2} \cdot \frac{5}{4}a \cdot EG.$$

另一方面,有

$$\begin{aligned} S_{\triangle FEB} &= S_{ABCD} - S_{\triangle DEF} - S_{\triangle ABE} - S_{\triangle BFC} \\ &= a^2 - \frac{1}{2} \cdot \frac{1}{2} \cdot \frac{1}{4}a^2 - \frac{1}{2} \cdot \frac{1}{2} \cdot a^2 - \frac{1}{2} \cdot \frac{3}{4} \cdot a^2 \\ &= \frac{5}{16}a^2, \end{aligned}$$

所以 $EG = \frac{1}{2}a$,所以 $EG = ED$,所以$\triangle DEF \cong \triangle GEF$,所以 $DF = FG$.同理,$AB = BG$.可见,EF、EB 分别是$\angle DEG$、$\angle GEA$ 的角平分线,所以 $EF \perp BE$.

证明 7(三角法)

设$\angle BEA = \alpha$,$\angle FED = \beta$,$\tan\alpha = \frac{AB}{AE} = 2$,$\cot\beta = \frac{DE}{DF} = 2$,所以 $\tan\alpha = \cot\beta$.因为 α、β 都是锐角,所以 $\alpha + \beta = 90^\circ$,所以$\angle FEB = 90^\circ$.

证明 8(解析法)

如图 Y4.9.7 所示,建立直角坐标系.

设 $B(a,0)$,则 $E\left(0,\frac{a}{2}\right)$,$F\left(\frac{a}{4},a\right)$,所以

$$k_{BE} = \frac{\frac{a}{2}}{-a} = -\frac{1}{2},$$

$$k_{EF} = \frac{a - \frac{a}{2}}{\frac{a}{4}} = 2,$$

图 Y4.9.7

所以 $k_{BE} \cdot k_{EF} = -1$,所以 $BE \perp EF$.

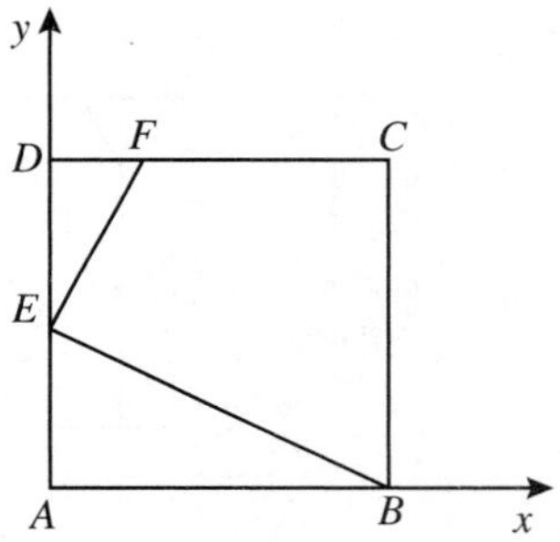

[**例 10**] 在▱$ABCD$ 中,$AD = 2AB$,两向延长 AB 到 E、F,使 $AE = AB = BF$,连 EC、FD,则 $EC \perp FD$.

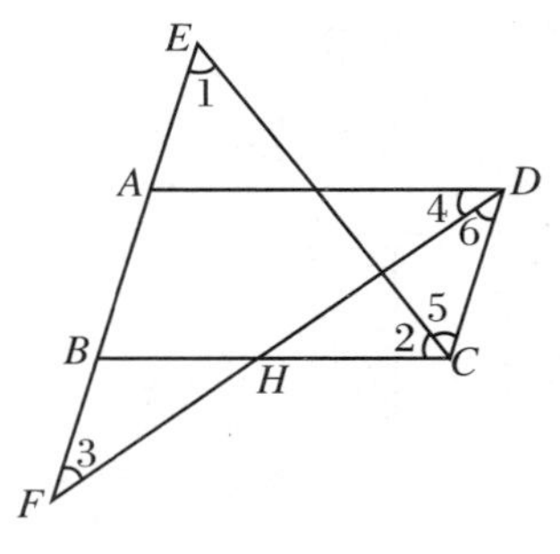

图 Y4.10.1

证明 1(平行线的同侧内角的平分线)

如图 Y4.10.1 所示.因为 $AB \parallel CD$,所以$\angle 1 = \angle 5$,$\angle 3 = \angle 6$.因为 $BE = 2AB = BC$,所以$\angle 1 = \angle 2$.同理$\angle 3 = \angle 4$,所以$\angle 2 = \angle 5$,$\angle 4 = \angle 6$.

所以 CE、DF 分别是平行线的同侧内角$\angle BCD$、$\angle ADC$ 的平分线,所以 $EC \perp FD$.

证明 2(利用菱形的性质)

如图 Y4.10.2 所示,延长 DC 到 M,使 $CM = CD$.连 FM、AM.容易看出 $ADMF$ 是菱形,所以 $AM \perp DF$.

因为 $CM \underline{\parallel} AE$,所以 $AECM$ 是平行四边形,所以 $AM \parallel CE$.

所以 $EC \perp FD$.

证明 3(直角三角形的斜边上的中线的性质)

如图 Y4.10.3 所示,延长 AE 到 M,使 $EM = EA$,连 DM. 由 $AD = AF = AM$,可知 $\triangle FDM$ 是直角三角形,$\angle FDM = 90^\circ$.

因为 $EM \underline{\parallel} CD$,所以 $EMDC$ 是平行四边形,所以 $CE \parallel DM$.

所以 $EC \perp FD$.

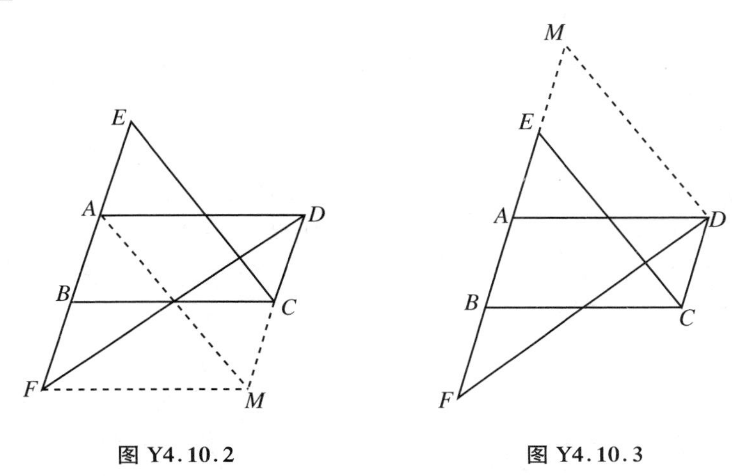

图 Y4.10.2　　　　图 Y4.10.3

证明 4(菱形的性质)

设 EC 交 AD 于 G,FD 交 BC 于 H. 连 CH,如图 Y4.10.4 所示. 易证$\triangle FBH \cong \triangle DCH$,所以 $BH = HC$,同理可证 $AG = GD$.

因为 $GD \underline{\parallel} HC$,$GD = DC$,所以 $GHCD$ 是菱形,DH、CG 是其对角线,所以 $DH \perp CG$,即 $EC \perp FD$.

证明 5(三角形的中位线、三线合一定理)

设 BC、DF 交于 H,连 AH,如图 Y4.10.5 所示. 由$\triangle FBH \cong \triangle DCH$ 知 $FH = HD$,$BH = HC$,即 AH 是$\triangle BCE$ 的中位线,所以 $AH \parallel CE$.

因为 $AF = AD$,$FH = HD$,可见 AH 是等腰$\triangle AFD$ 的底边上的中线. 由三线合一定理,$AH \perp FD$,所以 $EC \perp FD$.

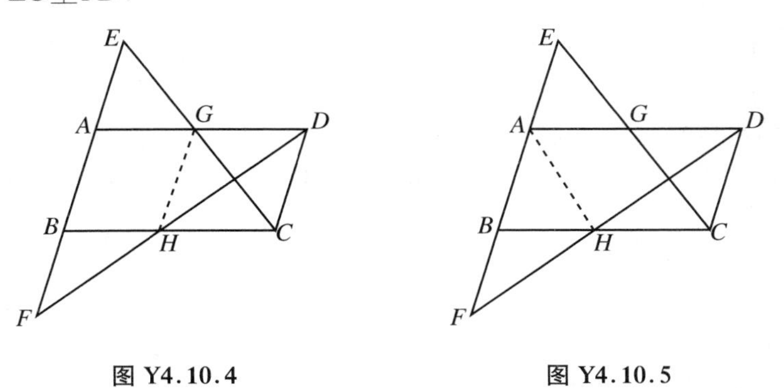

图 Y4.10.4　　　　图 Y4.10.5

证明 6(平行截比定理、斜边中线定理的逆定理)

如图 Y4.10.6 所示,设 EC、DF 交于 Q,AB 的中点为 P,连 PQ. 由$\triangle QDC \backsim \triangle QFE$ 知

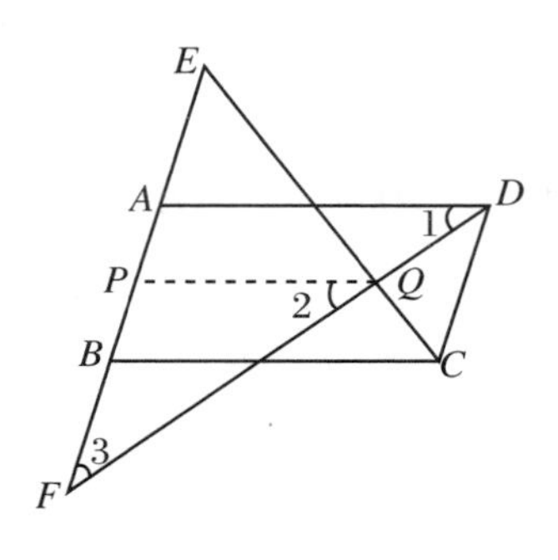

图 Y4.10.6

$\dfrac{DC}{FE}=\dfrac{QC}{QE}=\dfrac{QD}{QF}=\dfrac{1}{3}$. 因为$\dfrac{AP}{PF}=\dfrac{\frac{1}{2}AB}{\frac{1}{2}AB+AB}=\dfrac{1}{3}$，所以$\dfrac{AP}{PF}=\dfrac{QD}{QF}$. 由平行截比逆定理知 $PQ /\!/ AD$，所以$\angle 1=\angle 2$.

因为 $AD=2AB=AF$，所以$\angle 1=\angle 3$，所以$\angle 2=\angle 3$，所以 $PQ=PF$. 同理 $PQ=PE$.

在$\triangle EFQ$ 中，由斜边中线定理的逆定理知$\triangle EFQ$ 是直角三角形，所以 $EC\perp FD$.

证明 7(三角形全等、等腰三角形)

如图 Y4.10.7 所示，过 F 作 BC 的平行线，交 EC 的延长线于 P，则$\angle 5=\angle 6$.

因为 $BE=BC$，所以$\angle 5=\angle 4$，所以$\angle 4=\angle 6$，所以 $FE=FP$.

因为 $AF=AD$，所以$\angle 1=\angle 2$，又$\angle 2=\angle 3$，所以$\angle 1=\angle 3$，即 FD 是等腰$\triangle EFD$ 的顶角平分线. 由三线合一定理，$DF\perp EP$.

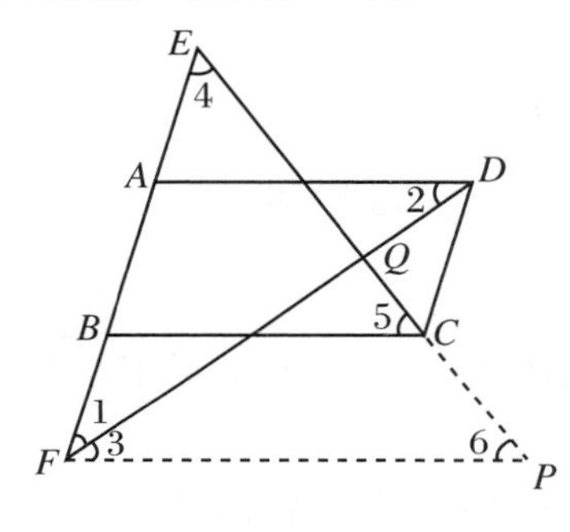

图 Y4.10.7

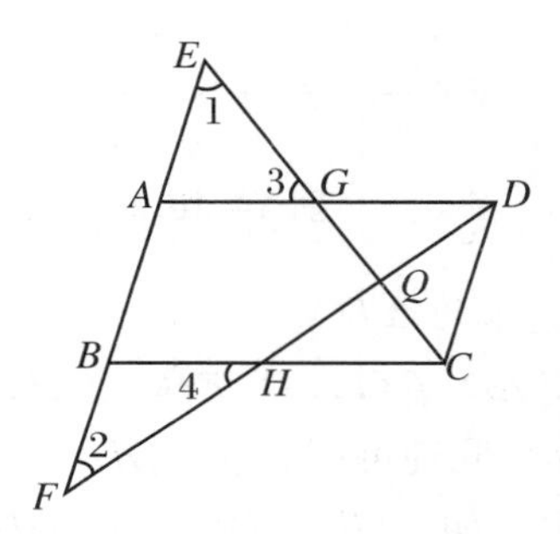

图 Y4.10.8

证明 8(顶角互补的等腰三角形)

如图 Y4.10.8 所示，由$\triangle AEG\cong\triangle DCG$，得 $AG=GD$. 同理可证 $BH=HC$. 设 EC、FD 交于 Q 点.

所以 $AE=AG$，$BF=BH$，即$\triangle AEG$、$\triangle BFH$ 都是等腰三角形. 因为$\angle EAG+\angle FBH=180^\circ$，可知这两个等腰三角形的底角必互余，即$\angle 1+\angle 2=90^\circ$.

所以在$\triangle EFQ$ 中，$\angle EQF=180^\circ-90^\circ=90^\circ$，所以 $FD\perp EC$.

证明 9(解析法)

如图 Y4.10.9 所示，建立直角坐标系.

设 $AB=a$，$\angle ABC=\alpha$，则 $A(a\cos\alpha, a\sin\alpha)$，$C(2a, 0)$，$D(2a+a\cos\alpha, a\sin\alpha)$，$E(2a\cos\alpha, 2a\sin\alpha)$，$F(-a\cos\alpha, -a\sin\alpha)$，所以

$$k_{CE}=\frac{2a\sin\alpha-0}{2a\cos\alpha-2a}=\frac{\sin\alpha}{\cos\alpha-1},$$

$$k_{DF}=\frac{a\sin\alpha-(-a\sin\alpha)}{2a+a\cos\alpha-(-a\cos\alpha)}=\frac{\sin\alpha}{\cos\alpha+1},$$

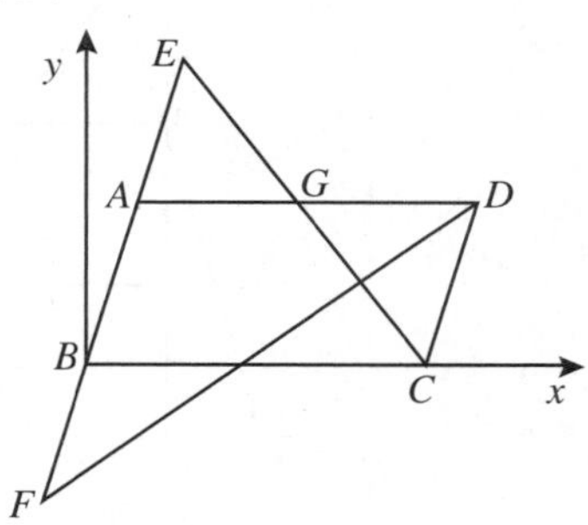

图 Y4.10.9

所以 $k_{CE} \cdot k_{DF} = \dfrac{\sin^2\alpha}{\cos^2\alpha - 1} = -1$，所以 $EC \perp FD$.

［例 11］　在矩形 $ABCD$ 中，$AB = 3BC$，F、E 分别是 AB 的三等分点，AC、DE 交于 G，则 $GF \perp DE$.

证明 1（三角形相似、平行截比定理）

如图 Y4.11.1 所示，作 $FN \perp DC$，垂足为 N，则 $DN = AF$. 延长 FG，交 CD 于 M. 由平行截比定理，$\dfrac{AF}{FE} = 1 = \dfrac{CM}{MD}$，所以 $CM = MD$，所以 $MN = \dfrac{1}{2}DN$.

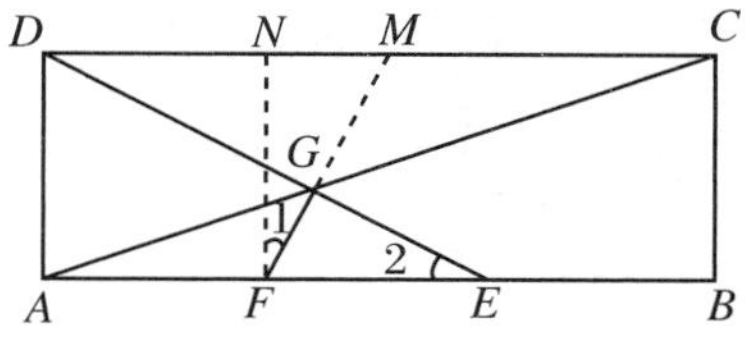

图 Y4.11.1

因为 $\dfrac{MN}{NF} = \dfrac{AD}{AE} = \dfrac{1}{2}$，$\angle MNF = \angle DAE = 90^\circ$，所以 $\triangle FNM \backsim \triangle EAD$，所以 $\angle 1 = \angle 2$.

因为 $FN \perp FE$，所以 $FG \perp EG$.

证明 2（共圆、利用第 3 章例 17 的结果）

如图 Y4.11.2 所示，连 DF、DB. 由对称性，$\angle 1 = \angle 4$. 由第 3 章例 17 的结果，$\angle 5 + \angle 2 + \angle 4 = 90^\circ$，所以 $\angle 2 + \angle 4 = 45^\circ$，所以 $\angle 2 + \angle 1 = 45^\circ$.

因为 $\angle 2 + \angle 3 = \angle 5 = 45^\circ$，所以 $\angle 3 = \angle 1$，所以 D、A、F、G 共圆，所以 $\angle DGF + \angle DAF = 180^\circ$，所以 $\angle DGF = 180^\circ - 90^\circ = 90^\circ$，即 $GF \perp DE$.

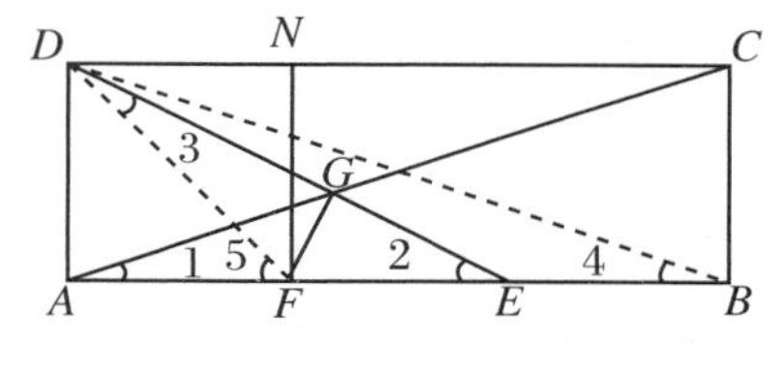

图 Y4.11.2

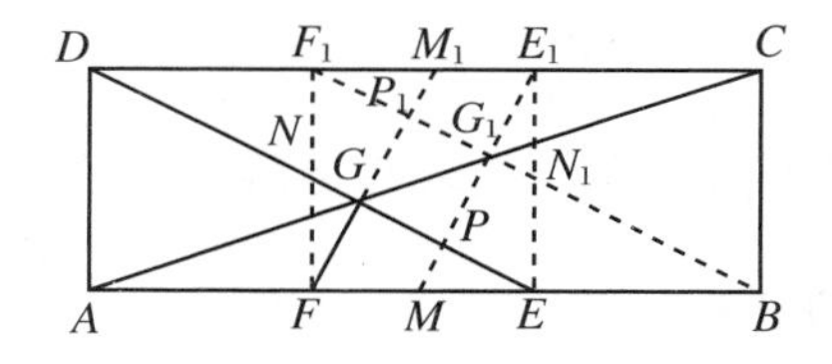

图 Y4.11.3

证明 3（对称法）

如图 Y4.11.3 所示，设 DC 上的三等分点是 F_1、E_1，设 DE 交 FF_1 于 N，延长 FG，交 DC 于 M_1，连 BF_1，交 EE_1 于 N_1，取 EF 的中点 M，连 E_1M.

由 FM_1、DE、AC 三线共点及矩形的中心对称性，可知 E_1M、BF_1、AC 三线共点，设此点为 G_1. 设 E_1M 交 DE 于 P，FM_1 交 BF_1 于 P_1，易证 N、N_1 分别是 FF_1、EE_1 的中点.

易证 GPG_1P_1 是正方形，所以 $GP \perp GP_1$，即 $GF \perp DE$.

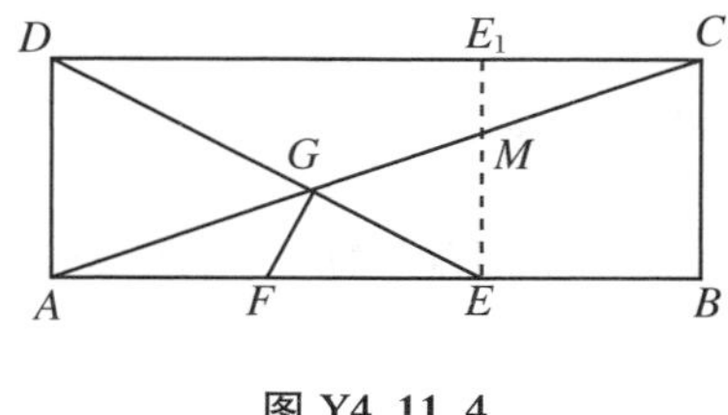

图 Y4.11.4

证明 4（勾股定理、求线段长度、三角法）

如图 Y4.11.4 所示，作 $EE_1 \perp CD$，垂足为 E_1，设 EE_1 交 AC 于 M.

由 $\triangle E_1MC \backsim \triangle EMA$，得

$$\frac{E_1M}{EM} = \frac{E_1C}{EA} = \frac{1}{2},$$

$$\frac{EM + E_1M}{EM} = \frac{EE_1}{EM} = \frac{AD}{EM} = \frac{3}{2}.$$

由$\triangle AGD\backsim\triangle MGE$，知$\frac{AG}{GM}=\frac{DG}{GE}=\frac{AD}{ME}=\frac{3}{2}$，所以$\frac{DG+GE}{GE}=\frac{5}{2}$，所以$GE=\frac{2}{5}(DG+GE)=\frac{2}{5}DE$.设每一个正方形的边长为$a$，则

$$GE=\frac{2}{5}DE=\frac{2}{5}\sqrt{a^2+(2a)^2}=\frac{2\sqrt{5}}{5}a. \quad ①$$

因为$\frac{AG}{GM+AG}=\frac{3}{5}=\frac{AG}{AM}$，所以

$$AG=\frac{3}{5}AM=\frac{3}{5}\left(\frac{2}{3}AC\right)=\frac{2}{5}AC=\frac{2\sqrt{10}}{5}a. \quad ②$$

设$\angle GAF=\alpha$，在$\text{Rt}\triangle CAB$中，$\tan\alpha=\frac{CB}{AB}=\frac{1}{3}$，于是

$$\cos\alpha=\frac{1}{\sqrt{1+\tan^2\alpha}}=\frac{1}{\sqrt{1+\left(\frac{1}{3}\right)^2}}=\frac{3\sqrt{10}}{10}. \quad ③$$

在$\triangle AGF$中，由余弦定理，把式①、式②、式③代入，则

$$GF=\sqrt{AF^2+AG^2-2AF\cdot AG\cdot\cos\alpha}$$
$$=\sqrt{a^2+\left(\frac{2\sqrt{10}}{5}a\right)^2-2a\cdot\frac{2}{5}\sqrt{10}a\cdot\frac{3\sqrt{10}}{10}}=\frac{\sqrt{5}}{5}a,$$
$$GF^2+GE^2=\left(\frac{\sqrt{5}}{5}a\right)^2+\left(\frac{2\sqrt{5}}{5}a\right)^2=a^2=EF^2.$$

由勾股定理的逆定理知$\triangle EGF$是直角三角形，所以$GF\perp GE$.

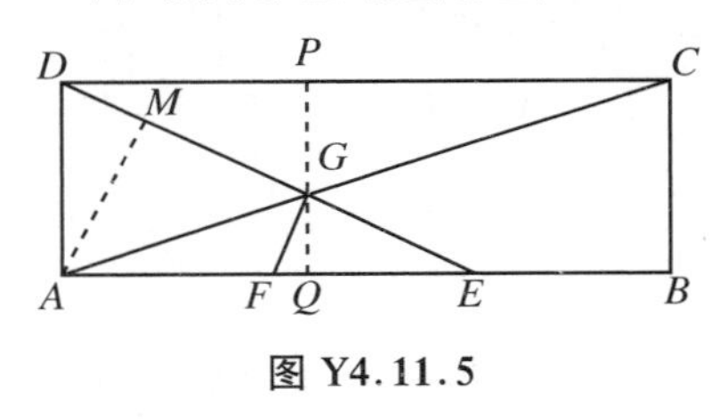

图 Y4.11.5

证明5（面积法）

设$AD=a$，如图 Y4.11.5 所示，作$AM\perp DE$，垂足为M，过G作AD的平行线，分别交DC、AB于P、Q.因为$\triangle CGD\backsim\triangle AGE$，所以$\frac{AE}{CD}=\frac{GQ}{GP}=\frac{2}{3}$，所以$GQ=\frac{2}{3}GP$，所以$GQ=\frac{2}{5}PQ=\frac{2}{5}a$.因此

$$S_{\triangle AEG}=\frac{1}{2}AE\cdot GQ=\frac{1}{2}\cdot 2a\cdot\frac{2}{5}a=\frac{2}{5}a^2. \quad ①$$

由$\triangle AME\backsim\triangle DAE$，得$\frac{S_{\triangle AME}}{S_{\triangle DAE}}=\frac{AE^2}{DE^2}=\frac{(2a)^2}{(\sqrt{5}a)^2}=\frac{4}{5}$，所以

$$S_{\triangle AME}=\frac{4}{5}S_{\triangle DAE}=\frac{4}{5}\cdot\frac{1}{2}\cdot AD\cdot AE=\frac{4}{5}a^2. \quad ②$$

由式①、式②知$S_{\triangle AEG}=\frac{1}{2}S_{\triangle AME}$.因为$\triangle AEG$和$\triangle AME$等高，所以$MG=GE$，即$FG$是$\triangle EMA$的中位线，所以$FG\parallel AM$，所以$GF\perp DE$.

证明6（面积法）

如图 Y4.11.6 所示，作$FF_1\perp CD$，垂足为F_1.

因为 $\dfrac{S_{\triangle AGE}}{S_{\triangle AGD}}=\dfrac{GE}{GD}=\dfrac{\frac{1}{2}AE\cdot AG\cdot\sin\angle 1}{\frac{1}{2}AG\cdot AD\cdot\sin\angle 2}=$

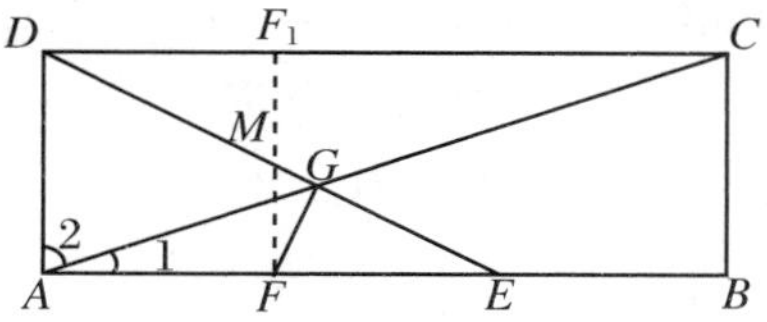

$\dfrac{AE\cdot\sin\angle 1}{AD\cdot\sin\angle 2}=\dfrac{AE\cdot\frac{1}{\sqrt{10}}}{AD\cdot\frac{3}{\sqrt{10}}}=\dfrac{AE}{3AD}=\dfrac{2}{3}$，所以 $\dfrac{GE}{DE}=\dfrac{2}{5}$，

如 Y4.11.6

所以 $GE=\dfrac{2}{5}DE=\dfrac{2}{5}\sqrt{5}a$.

设 DE 的中点为 M，易知 M 是 DE、FF_1 的交点，所以 $EM=\dfrac{1}{2}ED=\dfrac{\sqrt{5}}{2}a$.

所以 $EG\cdot EM=\dfrac{2}{5}\sqrt{5}a\cdot\dfrac{\sqrt{5}}{2}a=a^2=EF^2$，可见$\triangle FEG\backsim\triangle EMF$，所以$\angle FGE=\angle MFE=90^\circ$，所以 $GF\perp DE$.

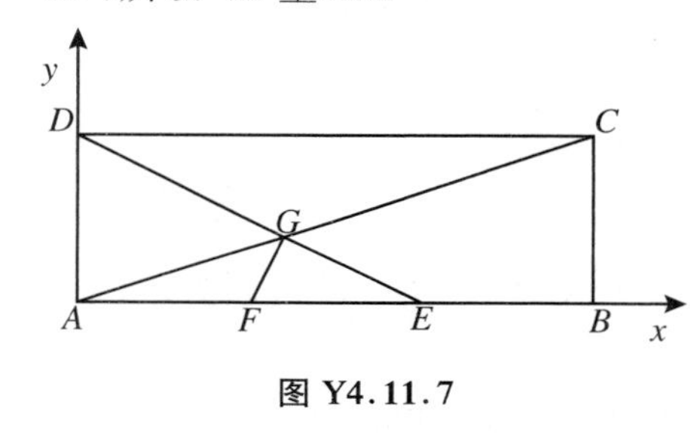

图 Y4.11.7

证明 7（解析法）

如图 Y4.11.7 所示，建立直角坐标系.

设 $AD=1$，则 $B(3,0)$，$C(3,1)$，$D(0,1)$，$E(2,0)$，$F(1,0)$.

DE 的方程为

$$y=-\frac{1}{2}(x-2).\qquad ①$$

AC 的方程为

$$y=\frac{1}{3}x.\qquad ②$$

联立式①、式②，得到 $G\left(\dfrac{6}{5},\dfrac{2}{5}\right)$，所以 $k_{GF}=\dfrac{\frac{2}{5}}{\frac{6}{5}-1}=2$，$k_{DE}=-\dfrac{1}{2}$，所以 $k_{DE}\cdot k_{GF}=-1$，所以 $DE\perp GF$.

[**例 12**]　在正方形 $ABCD$ 中，M 为 AB 上的一点，N 为 BC 上的一点，满足 $BM=BN$，$BP\perp MC$，P 为垂足，则 $DP\perp NP$.

证明 1（三角形相似）

如图 Y4.12.1 所示，易证 Rt$\triangle BPC\backsim$Rt$\triangle MPB$，所以$\angle 2=\angle 3$，$\dfrac{BP}{BM}=\dfrac{CP}{BC}=\dfrac{CP}{CD}=\dfrac{BP}{BN}$.

因为$\angle 1=\angle 2$，所以$\angle 1=\angle 3$，所以$\triangle BPN\backsim\triangle CPD$，所以$\angle 4=\angle 5$，所以$\angle 4+\angle CPN=\angle 5+\angle CPN=\angle BPC=90^\circ$，所以$\angle DPN=90^\circ$，即 $PN\perp PD$.

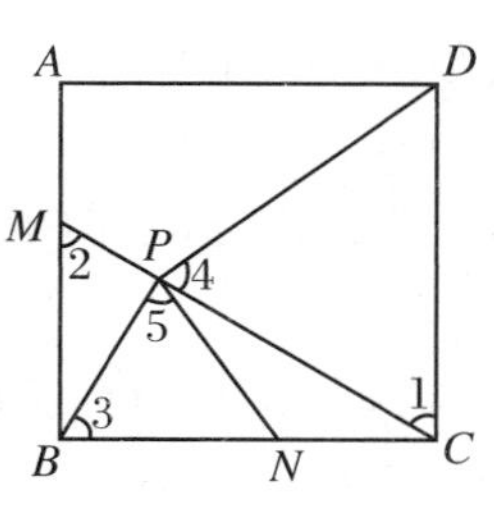

图 Y4.12.1

证明 2（共圆、割线定理）

如图 Y4.12.2 所示，延长 BP，交 AD 于 Q，连 QC.

因为$\angle QAM+\angle MPQ=90^\circ+90^\circ=180^\circ$，所以 A、M、P、Q 共圆. 由割线定理，$BP\cdot BQ$

$=BM\cdot BA=BN\cdot BC$，所以 P、Q、C、N 共圆，所以$\angle 1=\angle 2$.

因为$\angle QDC+\angle QPC=180^\circ$，所以 Q、P、C、D 共圆，所以$\angle 2=\angle 3$，所以$\angle 1=\angle 3$，所以 P、N、C、D 共圆，所以$\angle DPN+\angle DCN=180^\circ$，所以

$$\angle DPN=180^\circ-\angle DCN=180^\circ-90^\circ=90^\circ.$$

所以 $DP\perp PN$.

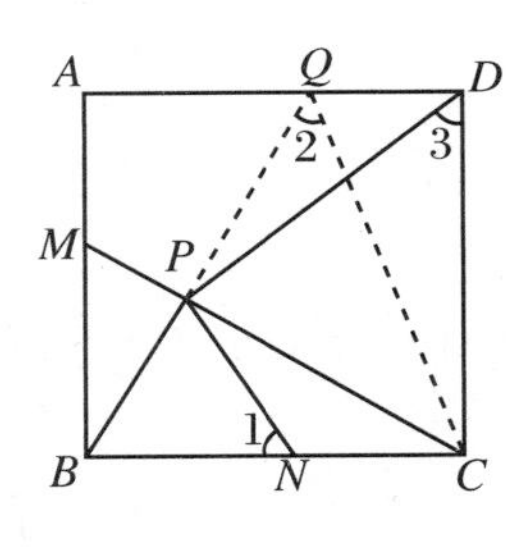

图 Y4.12.2

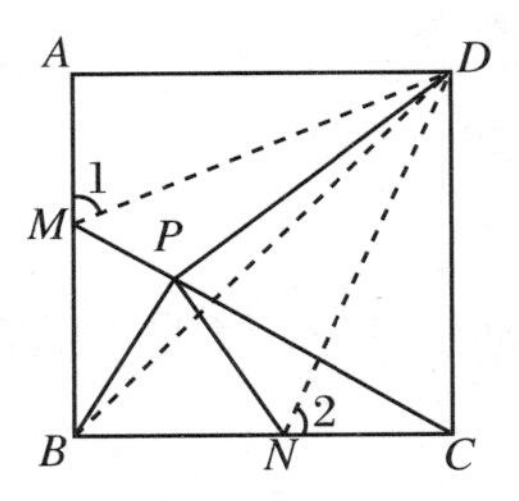

图 Y4.12.3

证明 3(三角形全等、共圆)

如图 Y4.12.3 所示，连 DM、DN、BD.

由$\triangle BMD\cong\triangle BND$ 知 $DM=DN$.

由 $\text{Rt}\triangle ADM\cong\text{Rt}\triangle CDN$ 知$\angle 1=\angle 2$.

在 $\text{Rt}\triangle CMB$ 中，由比例中项定理，$BC^2=CP\cdot CM$，故 $CD^2=CP\cdot CM$. 因为$\angle DCP$ 为公共角，所以$\triangle DCP\backsim\triangle MCD$，所以$\angle DPC=\angle CDM$.

因为 $AM/\!/CD$，所以$\angle 1=\angle CDM=\angle DPC=\angle 2$，所以 D、P、N、C 共圆，所以$\angle DPN+\angle DCN=180^\circ$，所以$\angle DPN=180^\circ-\angle DCN=180^\circ-90^\circ=90^\circ$，所以 $DP\perp PN$.

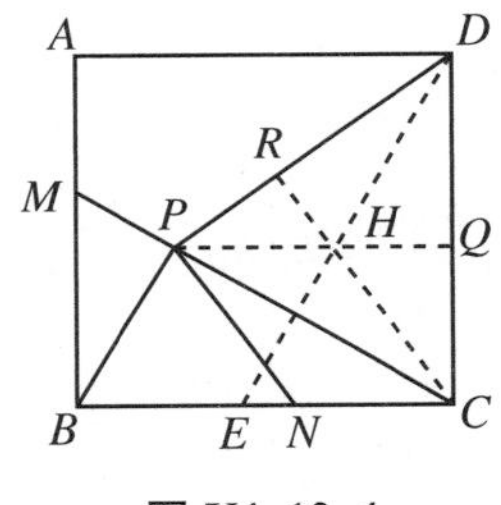

图 Y4.12.4

证明 4(三角形全等、垂心的性质)

如图 Y4.12.4 所示，作 $PQ\perp CD$，垂足为 Q，作 $CR\perp PD$，垂足为 R，设 PQ、CR 交于 H，则 H 是$\triangle PCD$ 的垂心.

连 DH 并延长，交 BC 于 E，则 $DE\perp PC$.

因为 $PB\perp CM$，$DE\perp CM$，所以 $PB/\!/DE$. 因为 $PQ\perp DC$，$BC\perp DC$，所以 $PQ/\!/BC$，所以 $BEHP$ 是平行四边形，因此

$$BE=PH. \quad ①$$

在 $\text{Rt}\triangle DEC$ 和 $\text{Rt}\triangle CBM$ 中. 因为 $DE\perp CM$，所以$\angle EDC=\angle MCB$，且有 $BC=CD$，所以 $\text{Rt}\triangle DEC\cong\text{Rt}\triangle CBM$，所以 $EC=BM$，于是 $EC=BN$，故

$$BE=NC. \quad ②$$

由式①、式②两个结果知 $PH=NC$，即 $PH\underline{/\!/}NC$，所以 $PHCN$ 是平行四边形，所以 $PN/\!/CH$.

因为 $CH\perp DP$，所以 $PN\perp DP$.

证明 5(三角形相似、共圆)

如图 Y4.12.5 所示，连 BD、MN，作 $MQ/\!/BC$，交 BD 于 Q，连 QN. 易知 $MQNB$ 是正方形，BQ 是它的对角线. 设 MN 交 BQ 于 R，则 $BR\perp MR$.

因为$\angle MPB=\angle MRB=90^\circ$，所以 B、R、P、M 共圆，所以$\angle PMR=\angle PBR$.

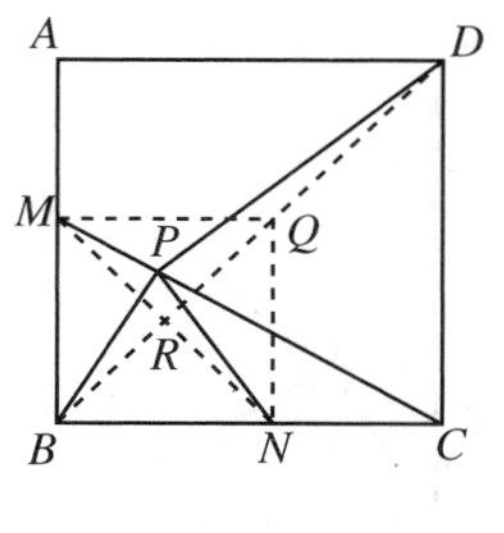

图 Y4.12.5

易知$\triangle BPC\backsim\triangle MPB$，则$\dfrac{BP}{BD}=\dfrac{BP}{\sqrt{2}BC}=\dfrac{1}{\sqrt{2}}\cdot\dfrac{MP}{MB}=\dfrac{1}{\sqrt{2}}\cdot\dfrac{MP}{\frac{1}{\sqrt{2}}MN}$ $=\dfrac{MP}{MN}$，所以$\triangle BPD\backsim\triangle MPN$，所以$\angle BPD=\angle MPN$，即

$$\angle BPN+\angle NPD=\angle BPN+\angle MPB,$$

所以$\angle NPD=\angle MPB=90^{\circ}$，所以$PD\perp PN$.

证明6(三角法)

设正方形的边长为a，$BM=BN=b$，$\angle PBN=\alpha$，则

$$\angle PMB=\angle PCD=\alpha.$$

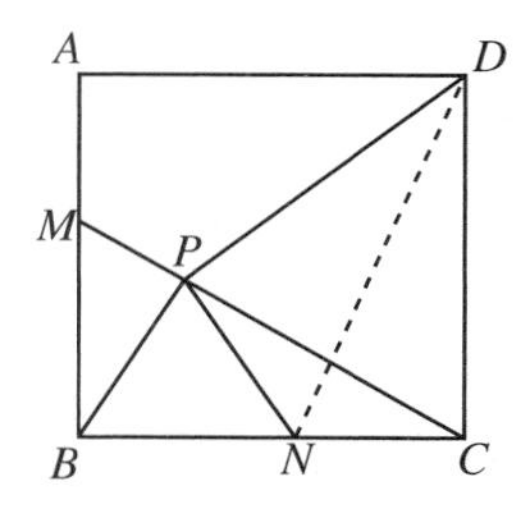

图 Y4.12.6

连DN，如图 Y4.12.6 所示. 在$\mathrm{Rt}\triangle MBC$中，$\cos\alpha=\dfrac{b}{\sqrt{a^2+b^2}}$. 另一方面，由面积等式，有

$$PB\cdot MC=BC\cdot BM,$$

$$PB=\frac{BC\cdot BM}{MC}=\frac{ab}{\sqrt{a^2+b^2}},$$

$$PC=\sqrt{BC^2-PB^2}=\frac{a^2}{\sqrt{a^2+b^2}}.$$

在$\triangle PBN$中，由余弦定理，有

$$\begin{aligned}PN^2&=PB^2+BN^2-2PB\cdot BN\cdot\cos\alpha\\&=\left(\frac{ab}{\sqrt{a^2+b^2}}\right)^2+b^2-2\frac{ab}{\sqrt{a^2+b^2}}\cdot b\cdot\frac{b}{\sqrt{a^2+b^2}}\\&=\frac{2a^2b^2+b^4-2ab^3}{a^2+b^2}.\end{aligned}\tag{①}$$

在$\triangle PCD$中，同理

$$\begin{aligned}PD^2&=PC^2+CD^2-2PC\cdot CD\cdot\cos\alpha\\&=\left(\frac{a^2}{\sqrt{a^2+b^2}}\right)^2+a^2-2\frac{a^2}{\sqrt{a^2+b^2}}\cdot a\cdot\frac{b}{\sqrt{a^2+b^2}}\\&=\frac{2a^4+a^2b^2-2a^3b}{a^2+b^2}.\end{aligned}\tag{②}$$

由式①+式②，得

$$\begin{aligned}PN^2+PD^2&=\frac{1}{a^2+b^2}(2a^2b^2+b^4-2ab^3+2a^4+a^2b^2-2a^3b)\\&=\frac{1}{a^2+b^2}[2a^2(a^2+b^2)+b^2(a^2+b^2)-2ab(a^2+b^2)]\\&=2a^2+b^2-2ab.\end{aligned}$$

在$\mathrm{Rt}\triangle DCN$中，$DN^2=DC^2+CN^2=a^2+(a-b)^2=2a^2+b^2-2ab$.

所以$DN^2=PN^2+PD^2$，所以$\triangle PND$是直角三角形，所以$PD\perp PN$.

证明7(解析法)

如图 Y4.12.7 所示，建立直角坐标系.

设$M(0,b)$，$C(a,0)$，则$A(0,a)$，$N(b,0)$，$D(a,a)$.

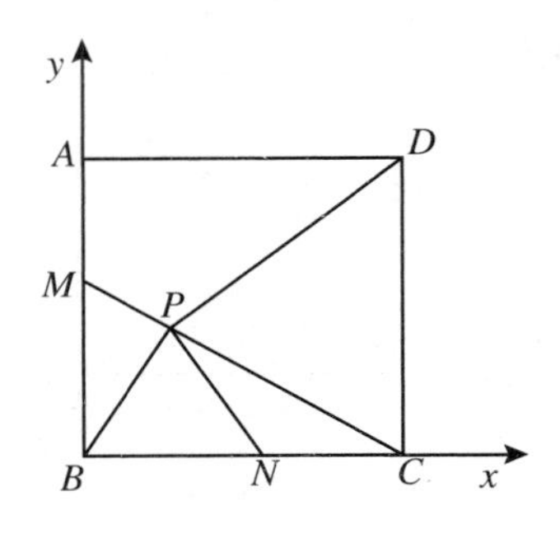

图 Y4.12.7

$k_{MC}=\dfrac{b-0}{0-a}=-\dfrac{b}{a}$，所以 MC 的方程为

$$y=-\frac{b}{a}(x-a). \qquad ①$$

因为 $k_{BP}=-\dfrac{1}{k_{MC}}=\dfrac{a}{b}$，所以 BP 的方程为

$$y=\frac{a}{b}x. \qquad ②$$

联立式①、式②，得到 $P\left(\dfrac{ab^2}{a^2+b^2},\dfrac{a^2b}{a^2+b^2}\right)$，所以

$$k_{PD}=\frac{\dfrac{a^2b}{a^2+b^2}-a}{\dfrac{ab^2}{a^2+b^2}-a}=\frac{a^2+b^2-ab}{a^2},$$

$$k_{PN}=\frac{\dfrac{a^2b}{a^2+b^2}-0}{\dfrac{ab^2}{a^2+b^2}-b}=\frac{a^2}{ab-a^2-b^2}.$$

$k_{PD}\cdot k_{PN}=-1$，所以 $PD\perp PN$.

［**例 13**］ 在梯形 $ABCD$ 中，$AB/\!/CD$，E 为 AD 上的任一点，$DF/\!/BE$，交 BC 于 F，则 $AF/\!/CE$.

证明 1（平行截比定理）

如图 Y4.13.1 所示，延长 DA、CB 交于 P. 因为 $AB/\!/CD$，由平行截比定理，$\dfrac{PA}{PD}=\dfrac{PB}{PC}$.

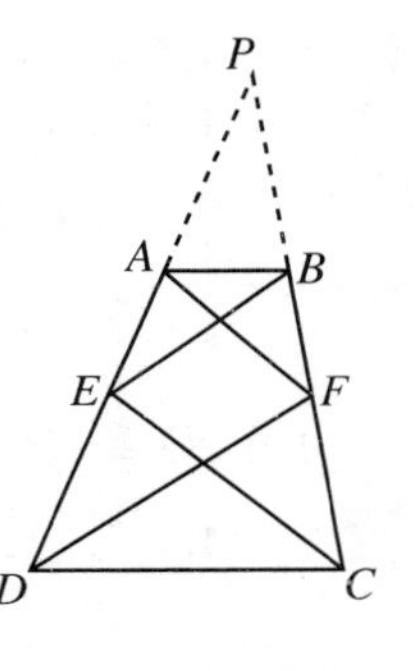

图 Y4.13.1

因为 $BE/\!/DF$，所以 $\dfrac{PD}{PE}=\dfrac{PF}{PB}$.

所以 $\dfrac{PA\cdot PD}{PD\cdot PE}=\dfrac{PB\cdot PF}{PC\cdot PB}$，即 $\dfrac{PA}{PE}=\dfrac{PF}{PC}$. 由平行截比定理的逆定理知 $AF/\!/CE$.

证明 2（平行截比定理）

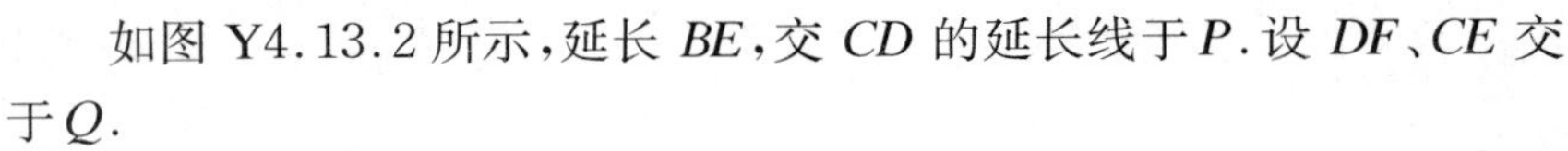

如图 Y4.13.2 所示，延长 BE，交 CD 的延长线于 P. 设 DF、CE 交于 Q.

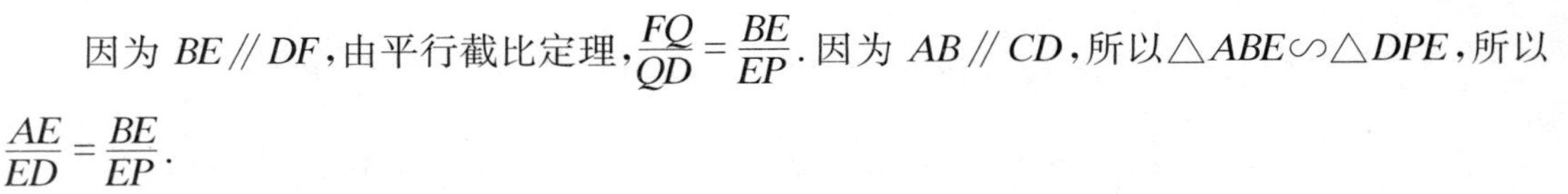

因为 $BE/\!/DF$，由平行截比定理，$\dfrac{FQ}{QD}=\dfrac{BE}{EP}$. 因为 $AB/\!/CD$，所以 $\triangle ABE\backsim\triangle DPE$，所以 $\dfrac{AE}{ED}=\dfrac{BE}{EP}$.

所以 $\dfrac{AE}{ED}=\dfrac{FQ}{QD}$. 由平行截比逆定理，$AF/\!/CE$.

证明 3（平行截比定理）

如图 Y4.13.3 所示，延长 DF、CE，分别交 AB 的延长线于 P、Q. 在 $\triangle ADP$ 中. 因为 $BE/\!/DF$，所以 $\dfrac{AE}{ED}=\dfrac{AB}{BP}$.

因为 $AB/\!/CD$，易证

$$\frac{AE}{ED}=\frac{AQ}{DC},\quad \frac{DC}{BP}=\frac{CF}{FB}.$$

所以$\frac{AQ}{DC}=\frac{AB}{BP}$,所以$\frac{AQ}{AB}=\frac{DC}{BP}=\frac{CF}{FB}$,所以 $AF /\!/ CE$.

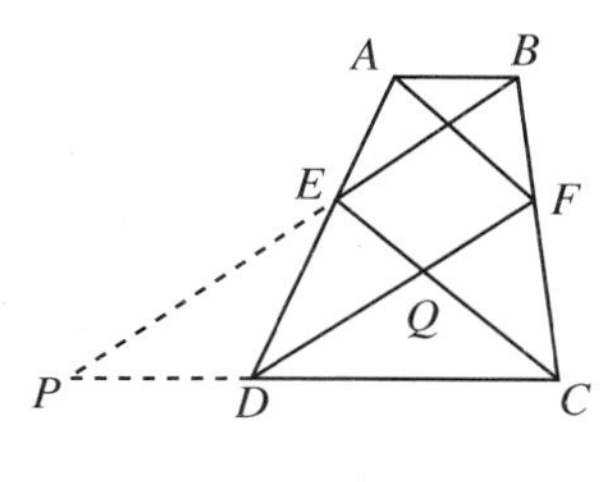

图 Y4.13.2

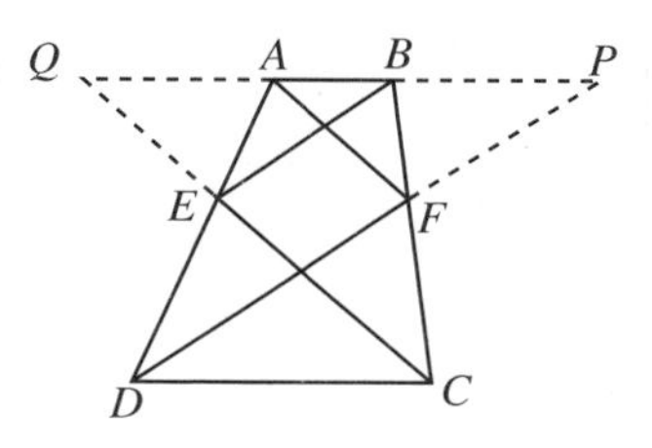

图 Y4.13.3

证明 4(共圆、同位角相等)

如图 Y4.13.4 所示,作$\triangle ABE$ 的外接圆,设外接圆交 BC 于 P.连 PA、PE、PD.

因为$\angle AEB$、$\angle APB$ 同弧,所以$\angle AEB=\angle APB$.

因为 $BE /\!/ DF$,所以$\angle AEB=\angle ADF$,所以$\angle APB=\angle ADF$,所以 A、P、F、D 共圆,所以

$$\angle AFB=\angle ADP. \quad ①$$

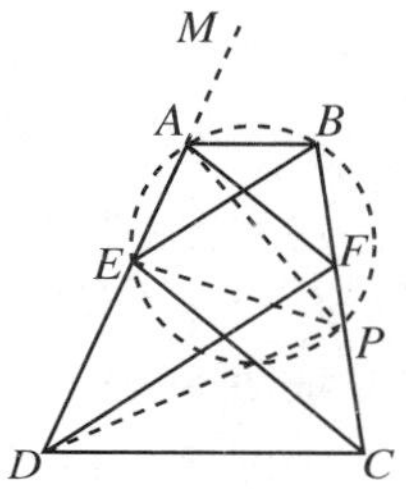

图 Y4.13.4

因为 $AB /\!/ DC$,所以$\angle MAB=\angle ADC$.因为$\angle MAB$ 是圆的内接四边形 $AEPB$ 的外角,所以$\angle MAB=\angle EPB$,故$\angle EPB=\angle ADC$,所以 E、P、C、D 共圆,因此

$$\angle ADP=\angle ECP. \quad ②$$

由式①、式②可知$\angle AFB=\angle ECP$,所以 $AF /\!/ CE$.

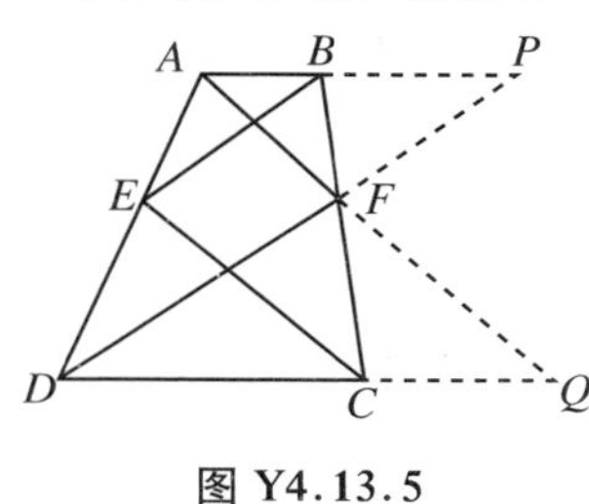

图 Y4.13.5

证明 5(平行截比定理)

如图 Y4.13.5 所示,延长 AF,交 DC 的延长线于 Q,延长 DF,交 AB 的延长线于 P.

在$\triangle ADP$ 中,由平行截比定理,$\frac{AE}{ED}=\frac{AB}{BP}$.

因为 $AB /\!/ CD$,所以$\frac{AB}{BP}=\frac{CQ}{DC}$,所以$\frac{AE}{ED}=\frac{CQ}{DC}$.由平行截比定理的逆定理知 $AF /\!/ CE$.

[**例 14**]　以 $\mathrm{Rt}\triangle ABC$ 的直角边 AB 为直径作圆,圆心为 O,该圆交斜边 AC 于 D,过 D 作切线,交 BC 于 E,则 $OE /\!/ AC$.

证明 1(切线长定理的推论、圆内角)

如图 Y4.14.1 所示,连 OD.

因为 ED、EB 是切线,所以$\angle 1=\angle 2$.

因为$\angle A$ 是圆周角,$\angle DOB$ 是同弧对的圆心角,所以$\angle A=\frac{1}{2}\angle DOB=\angle 2$,所以 $AC /\!/ OE$.

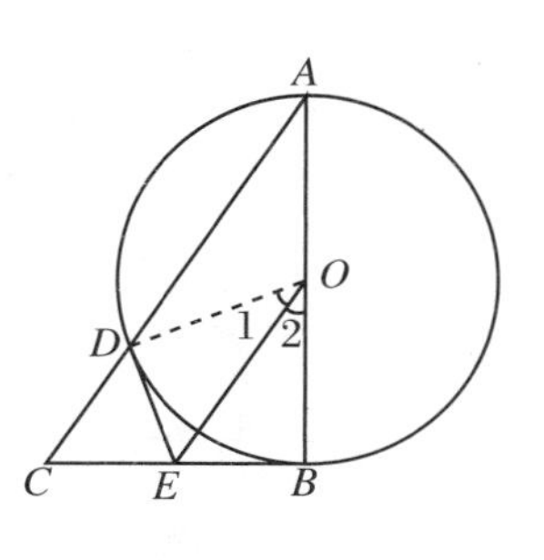

图 Y4.14.1

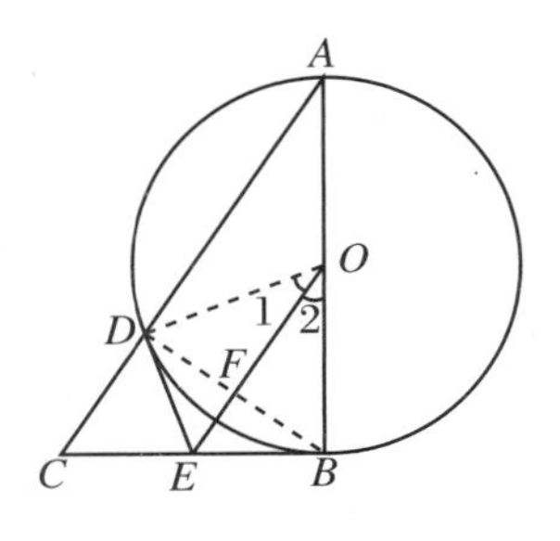

图 Y4.14.2

证明 2(直径上的圆周角、等腰三角形的性质)

如图 Y4.14.2 所示,连 OD、BD.

易证$\angle 1=\angle 2$,在等腰$\triangle ODB$中,由三线合一定理,$OE\perp BD$.

因为 AB 是直径,所以 $AD\perp BD$.

所以 $AD/\!/OE$.

证明 3(三角形全等、三角形中位线定理)

如图 Y4.12.2 所示,设 OE、BD 交于 F,易证 $\mathrm{Rt}\triangle OFD\cong\mathrm{Rt}\triangle OFB$,所以 $FD=FB$,所以 OF 是$\triangle BAD$的中位线,所以 $OF/\!/AD$.

证明 4(共圆、同角的余角)

如图 Y4.14.2 所示,连 OD、BD.

因为 $OD\perp DE$,$OB\perp BC$,所以 O、D、E、B 共圆,所以$\angle ODB=\angle OEB$.

因为 $OD=OB$,所以$\angle ODB=\angle OBD$.

在 $\mathrm{Rt}\triangle ACB$ 和 $\mathrm{Rt}\triangle ADB$ 中,$\angle C+\angle A=90^\circ$,$\angle OBD+\angle A=90^\circ$,所以$\angle C=\angle OBD=\angle OEB$,所以 $AC/\!/OE$.

证明 5(全等、面积法)

如图 Y4.14.3 所示,连 OD、AE,易证$\triangle ODE\cong\triangle OBE$,所以 $S_{\triangle ODE}=S_{\triangle OBE}$.

因为 O 为 AB 的中点,所以 $S_{\triangle AOE}=S_{\triangle OBE}$,所以 $S_{\triangle AOE}=S_{\triangle ODE}$.

因为$\triangle AOE$、$\triangle ODE$ 有公共底 OE,故 A、D 到 OE 等距离,所以 $AC/\!/OE$.

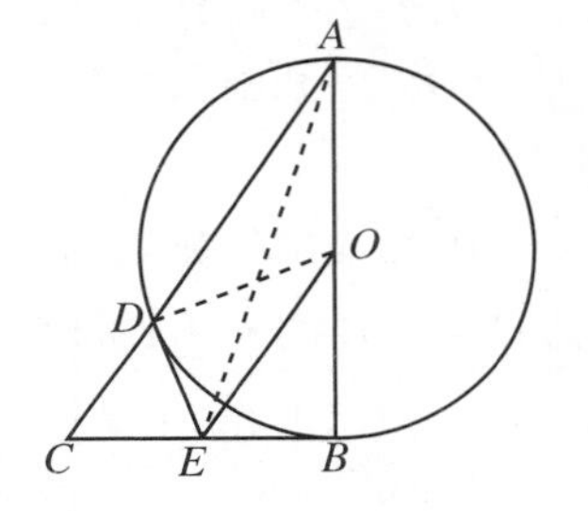

图 Y4.14.3

[例 15] AD 是$\triangle BAC$的角平分线,$\odot O$ 过 A、D 且与 BC 切于 D,$\odot O$ 分别交 AB、AC 于 E、F,则 $EF/\!/BC$.

证明 1(弦切角、圆周角定理)

如图 Y4.15.1 所示,连 ED.

易知$\angle 4=\angle 1$,$\angle 3=\angle 2$.因为$\angle 1=\angle 2$,所以$\angle 3=\angle 4$,所以 $EF/\!/BC$.

证明 2(垂径定理)

如图 Y4.15.2 所示,连 OD.

因为$\angle 1=\angle 2$,所以$\overset{\frown}{ED}=\overset{\frown}{DF}$.由垂径定理,$OD\perp EF$.

因为 BC 是切线,所以 $OD\perp BC$,所以 $EF/\!/BC$.

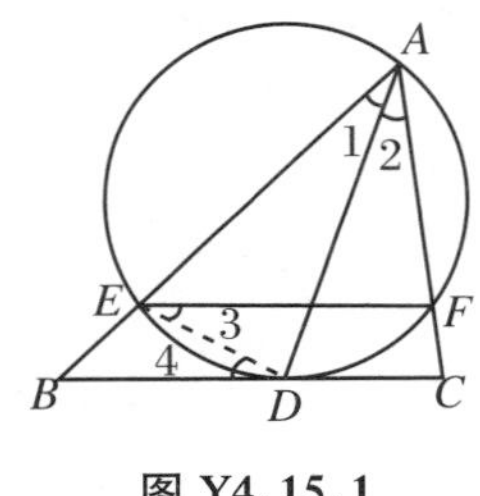

图 Y4.15.1

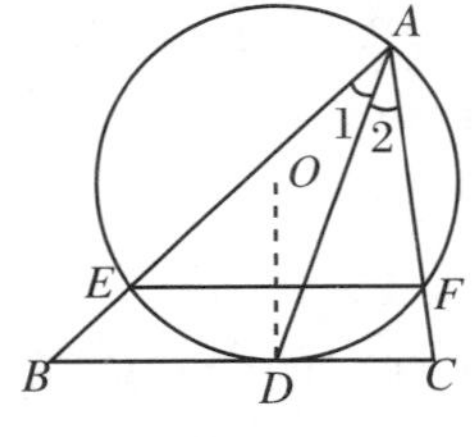

图 Y4.15.2

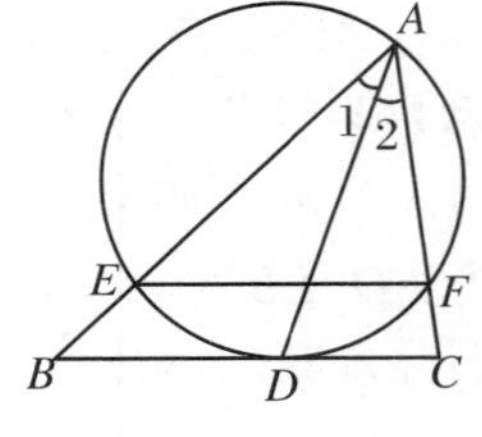

图 Y4.15.3

证明 3(圆外角、圆周角定理)

如图 Y4.15.3 所示.因为$\angle 1=\angle 2$,所以$\overset{\frown}{ED}=\overset{\frown}{DF}$.$\angle AEF$ 是圆周角,$\angle B$ 是圆外角,

因此

$$\angle AEF \stackrel{m}{=} \frac{1}{2}\overset{\frown}{AF},$$

$$\angle B \stackrel{m}{=} \frac{1}{2}(\overset{\frown}{AFD}-\overset{\frown}{ED})=\frac{1}{2}(\overset{\frown}{AF}+\overset{\frown}{FD}-\overset{\frown}{ED})=\frac{1}{2}\overset{\frown}{AF}.$$

所以$\angle B=\angle AEF$,所以$EF /\!/ BC$.

证明4(角平分线的性质、切割线定理、平行截比逆定理)

如图Y4.15.3所示,在$\triangle ABC$中,由角平分线性质定理,有$\dfrac{AB}{BD}=\dfrac{AC}{CD}$,所以$\dfrac{BD^2}{CD^2}=\dfrac{AB^2}{AC^2}$.

由切割线定理,$BD^2=BE\cdot BA$,$CD^2=CF\cdot CA$,所以$\dfrac{BD^2}{CD^2}=\dfrac{BE\cdot BA}{CF\cdot CA}=\dfrac{AB^2}{AC^2}$,所以$\dfrac{BE}{CF}=\dfrac{AB}{AC}$.

由平行截比逆定理,$EF /\!/ BC$.

证明5(面积法)

如图Y4.15.4所示,连DE、DF、BF.

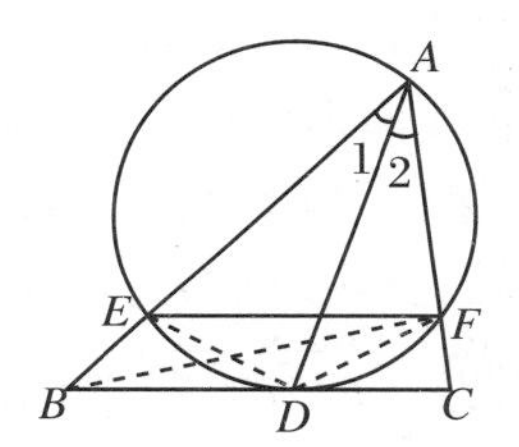

图Y4.15.4

因为$\angle 1=\angle 2$,所以$ED=DF$.因为$\angle EDB=\angle 1$,$\angle FDC=\angle 2$,所以$\angle EDB=\angle FDC$,所以

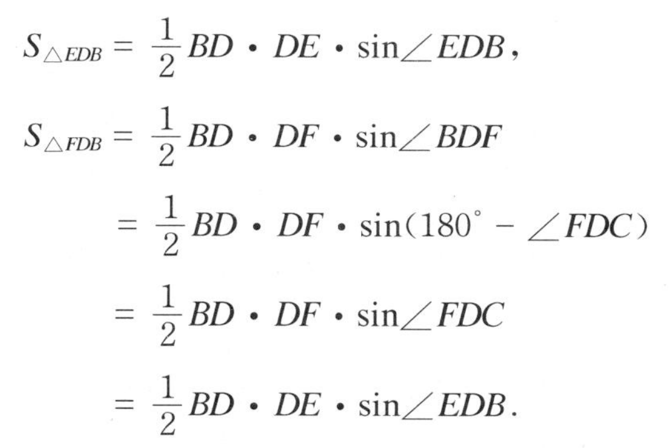

$$S_{\triangle EDB}=\frac{1}{2}BD\cdot DE\cdot \sin\angle EDB,$$

$$\begin{aligned}S_{\triangle FDB}&=\frac{1}{2}BD\cdot DF\cdot \sin\angle BDF\\&=\frac{1}{2}BD\cdot DF\cdot \sin(180^\circ-\angle FDC)\\&=\frac{1}{2}BD\cdot DF\cdot \sin\angle FDC\\&=\frac{1}{2}BD\cdot DE\cdot \sin\angle EDB.\end{aligned}$$

所以$S_{\triangle EDB}=S_{\triangle FDB}$.

因为$\triangle EDB$、$\triangle FDB$有公共底,所以E、F到BD的距离相等,所以$EF /\!/ BD$.

［**例16**］　四边形$ABCD$具有内切圆和外接圆.内切圆在各边的切点顺次为E、F、G、H,则$EG\perp FH$.

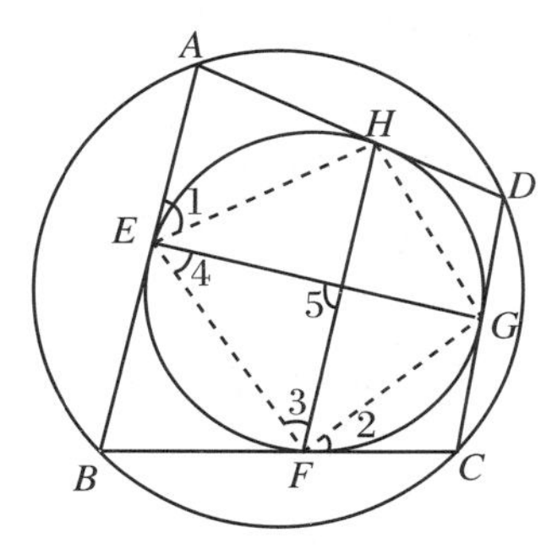

图Y4.16.1

证明1(弦切角定理、切线长定理、顶角互补的等腰三角形底角互余)

连EH、EF、FG、GH,如图Y4.16.1所示.

由切线长定理,$AE=AH$,$BE=BF$,$CF=CG$,$DG=DH$,所以$\triangle AEH$、$\triangle BEF$、$\triangle CFG$、$\triangle DGH$都是等腰三角形.

因为A、B、C、D共圆,所以$\angle A+\angle C=180^\circ$.可见,等腰$\triangle AEH$和等腰$\triangle CFG$顶角互补,所以$\angle 1+\angle 2=90^\circ$.

又因为$\angle 1=\angle 3$,$\angle 2=\angle 4$,所以$\angle 3+\angle 4=90^\circ$,所以$\angle 5=90^\circ$,即$EG\perp FH$.

证明 2(弦切角定理、四边形内角和)

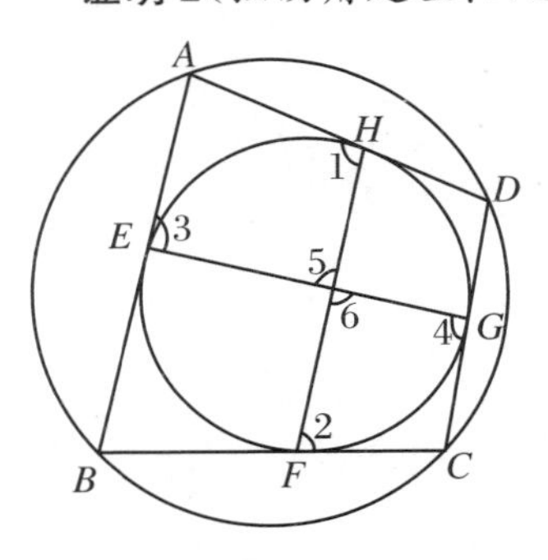

图 Y4.16.2

如图 Y4.16.2 所示,由弦切角定理,$\angle 1 \overset{m}{=} \frac{1}{2}\overparen{HEF}$,$\angle 2 \overset{m}{=} \frac{1}{2}\overparen{HGF}$,所以$\angle 1+\angle 2 \overset{m}{=} \frac{1}{2}(\overparen{HEF}+\overparen{HGF})=\frac{1}{2}\times 360^\circ=180^\circ$.

同理$\angle 3+\angle 4=180^\circ$.

因为 A、B、C、D 共圆,所以$\angle A+\angle C=180^\circ$,所以

$$\begin{aligned}&(\angle A+\angle 1+\angle 3+\angle 5)+(\angle C+\angle 2+\angle 4+\angle 6)\\&=(\angle A+\angle C)+(\angle 1+\angle 2)+(\angle 3+\angle 4)+(\angle 5+\angle 6)\\&=3\times 180^\circ+(\angle 5+\angle 6)=720^\circ,\end{aligned}$$

所以$\angle 5+\angle 6=180^\circ$.

又因为$\angle 5=\angle 6$,所以$\angle 5=90^\circ$,所以 $EG\perp FH$.

证明 3(圆周角、圆心角、共圆)

设 O 为内切圆心,连 OE、OF、OG、OH、EF,如图 Y4.16.3 所示.因为 A、E、O、H 共圆,所以$\angle A+\angle EOH=180^\circ$.同理$\angle C+\angle FOG=180^\circ$.因为 A、B、C、D 共圆,所以$\angle A+\angle C=180^\circ$,所以$\angle EOH+\angle FOG=180^\circ$.

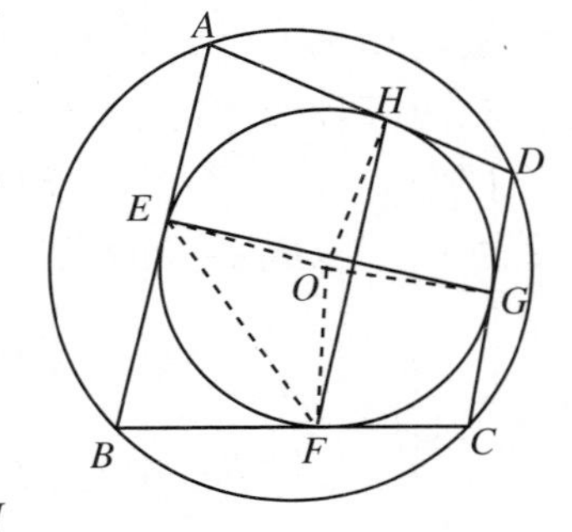

图 Y4.16.3

在$\odot O$ 中,$\angle EOH$ 是圆心角,$\angle EFH$ 是同弧上的圆周角,所以$\angle EFH=\frac{1}{2}\angle EOH$.

同理$\angle FEG=\frac{1}{2}\angle FOG$,所以$\angle EFH+\angle FEG=\frac{1}{2}\angle EOH+\frac{1}{2}\angle FOG=\frac{1}{2}(\angle EOH+\angle FOG)=90^\circ$,所以 $EG\perp FH$.

证明 4(等腰三角形、共圆)

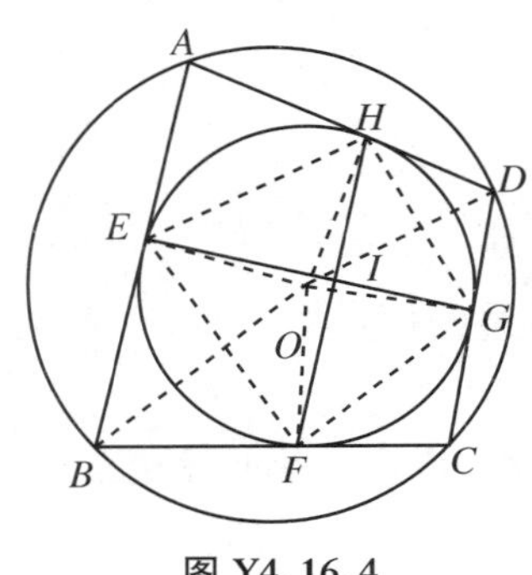

图 Y4.16.4

设 O 为内切圆的圆心,连 OE、OF、OG、OH、OB、OD,连 EF、FG、GH、HE,如图 Y4.16.4 所示,则 OB、OD 是$\angle B$、$\angle D$ 的平分线,所以$\angle OBF+\angle ODH=\frac{1}{2}(\angle B+\angle D)=90^\circ$.

因为 B、E、O、F 共圆,所以$\angle OBE=\angle OBF=\angle EFO=\angle FEO$.

因为 O、G、D、H 共圆,所以$\angle ODH=\angle OGH=\angle ODG=\angle OHG$.

因为$\angle OGH=\angle OGE+\angle EGH$,$\angle OGE=\angle OEG$,$\angle EGH=\angle EFH$,所以$\angle ODH=\angle OEG+\angle EFH$,所以$\angle ODH+\angle OBF=\angle EFH+(\angle OEG+\angle FEO)=90^\circ$.

设 EG、FH 交于 I,则$\angle EFH=\angle EFI$,$\angle OEG+\angle FEO=\angle FEI$,所以$\angle EFI+\angle FEI=90^\circ$,所以$\angle EIF=90^\circ$,所以 $EG\perp FH$.

证明 5(圆外角、平行弦、圆内角、共圆)

预备定理 圆中若有两对平行的弦,且每一对等长,则邻弦端点间的弧对应相等.

证明　设 $CD \mathrel{\underline{\parallel}} C_1D_1$，$AB \mathrel{\underline{\parallel}} A_1B_1$，连 CC_1、DD_1，设它们交于 O，如图 Y4.16.5 所示. 因为$\angle OCD = \angle OC_1D_1$，$\angle ODC = \angle OD_1C_1$，$CD \mathrel{\underline{\parallel}} C_1D_1$，所以$\triangle COD \cong \triangle C_1OD_1$，所以 $CO = OC_1$，$DO = OD_1$. 可见，CC_1、DD_1 可以互相平分，所以 CC_1、DD_1 都是直径，O 是圆心. 同理 AA_1、BB_1 也交于 O 点. 因为$\angle BOC = \angle B_1OC_1$，所以$\overset{\frown}{BC} = \overset{\frown}{B_1C_1}$，同理可证$\overset{\frown}{AD_1} = \overset{\frown}{A_1D}$. 预备定理证毕.

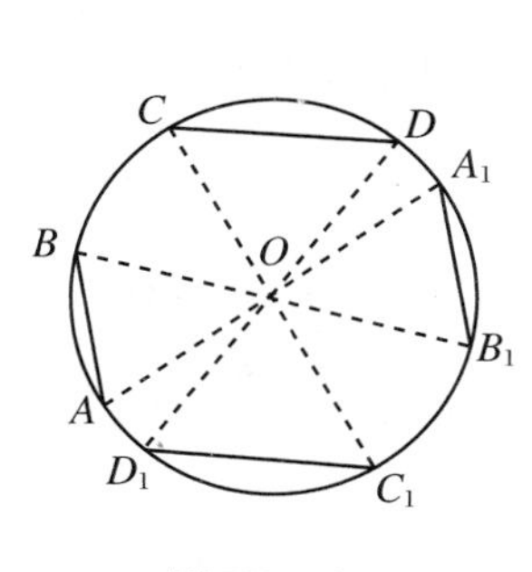

图 Y4.16.5

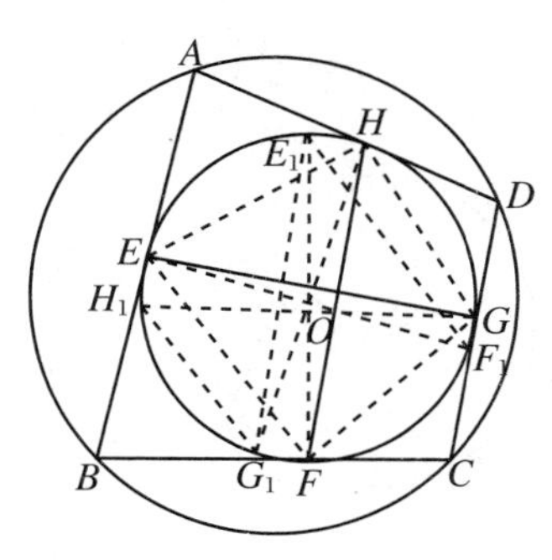

图 Y4.16.6

如图 Y4.16.6 所示，连 HG、EF、EG、FH. 在内切圆中，作弦 $H_1G_1 \mathrel{\underline{\parallel}} HG$，作弦 $E_1F_1 \mathrel{\underline{\parallel}} EF$，连 E_1G_1，设 E_1G_1 交 EG 于 O 点，则 $\overset{\frown}{G_1G} = \overset{\frown}{H_1H}$，$\overset{\frown}{HG} = \overset{\frown}{H_1G_1}$，$\overset{\frown}{FF_1} = \overset{\frown}{EE_1}$，$\overset{\frown}{E_1F_1} = \overset{\frown}{EF}$.

对内切圆而言，$\angle B$、$\angle D$ 是圆外角，由圆外角定理，有

$$\angle B \overset{\mathrm{m}}{=} \frac{1}{2}(\overset{\frown}{EHF} - \overset{\frown}{EF}) = \frac{1}{2}(\overset{\frown}{EHF} - \overset{\frown}{E_1F_1}) = \overset{\frown}{EE_1},$$

$$\angle D \overset{\mathrm{m}}{=} \frac{1}{2}(\overset{\frown}{HEG} - \overset{\frown}{HG}) = \frac{1}{2}(\overset{\frown}{HEG} - \overset{\frown}{H_1G_1}) = \overset{\frown}{GG_1}.$$

对外接圆而言，$\angle B + \angle D = 180^\circ$，所以 $\overset{\frown}{EE_1} + \overset{\frown}{GG_1} \overset{\mathrm{m}}{=} 180^\circ$，所以$\angle EOE_1 \overset{\mathrm{m}}{=} \frac{1}{2}(\overset{\frown}{EE_1} + \overset{\frown}{GG_1}) = \frac{1}{2} \times 180^\circ = 90^\circ$，因此

$$E_1G_1 \perp EG. \qquad ①$$

由预备定理，$\overset{\frown}{G_1F} = \overset{\frown}{E_1H}$，连 G_1H，则有$\angle G_1HF \overset{\mathrm{m}}{=} \frac{1}{2}\overset{\frown}{G_1F} = \frac{1}{2}\overset{\frown}{E_1H} \overset{\mathrm{m}}{=} \angle E_1G_1H$，所以

$$HF \parallel E_1G_1. \qquad ②$$

由式①、式②知 $EG \perp HF$.

［**例 17**］　$\odot O_1$、$\odot O_2$ 交于 A、B 两点，两圆半径不相等，过 A 作两圆的切线 AM、AN，分别交$\odot O_1$、$\odot O_2$ 于 M、N，过 O_1、O_2 分别作 AM、AN 的垂线，设两垂线交于 P，连 PB，则 $PB \parallel O_1O_2$.

证明 1（平行四边形、三角形的中位线）

如图 Y4.17.1 所示，连 O_1O_2、O_1A、O_2A，则 $O_2A \perp AM$，$O_1P \perp AM$，所以 $O_1P \parallel O_2A$.

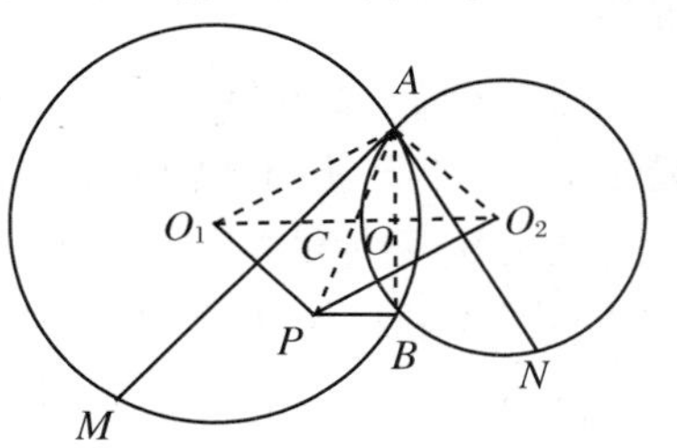

图 Y4.17.1

同理 $O_2P \parallel O_1A$，所以 AO_1PO_2 是平行四边形.

连 AB、AP，设 AB 交O_1O_2 于 O，设 AP 交O_1O_2 于 C. 由连心线的性质，$AO = OB$.

因为 AO_1PO_2 是平行四边形，AP、O_1O_2 是对角线，所以 $AC=CP$，所以 OC 是$\triangle ABP$ 的中位线，所以 $OC /\!/ PB$，所以 $O_1O_2 /\!/ PB$.

证明2（对称法、全等）

连 O_1O_2、O_1B、O_2B、O_1A、O_2A，如图 Y4.17.2 所示. 如前所证，AO_1PO_2 是平行四边形，所以$\triangle AO_1O_2 \cong \triangle PO_2O_1$.

由于图形关于连心线轴对称，又有$\triangle AO_1O_2 \cong \triangle BO_1O_2$，所以$\triangle BO_1O_2 \cong \triangle PO_2O_1$. 因为$\triangle BO_1O_2$ 和$\triangle PO_1O_2$ 有公共底，所以 P、B 到 O_1O_2 等距离，所以 $O_1O_2 /\!/ PB$.

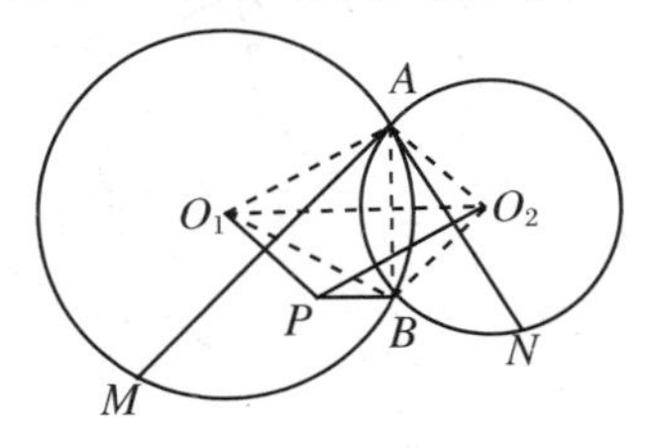

图 Y4.17.2

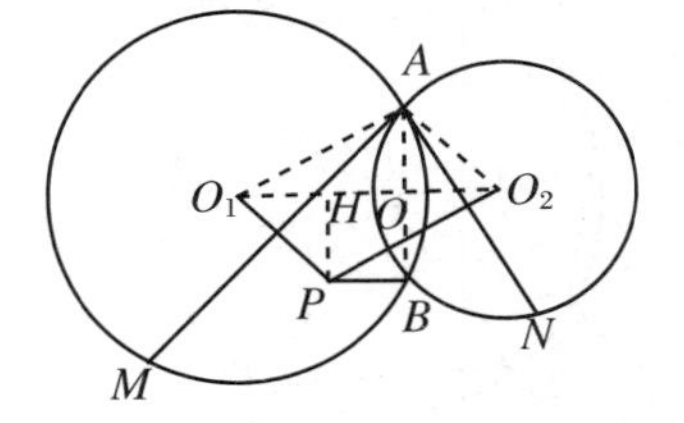

图 Y4.17.3

证明3（全等、连心线的性质）

连 O_1O_2、O_1A、O_2A、AB，设 AB 交 O_1O_2 于 O，作 $PH \perp O_1O_2$，垂足为 H. 如图 Y4.17.3 所示.

如证明 1 所证，AO_1PO_2 是平行四边形，所以$\triangle AO_1O_2 \cong \triangle PO_1O_2$.

因为 AB 是公共弦，所以 O_1O_2 是 AB 的中垂线，所以 $AO \perp O_1O_2$，$OB=AO$，可见 AO、PH 是$\triangle AO_1O_2$ 和$\triangle PO_1O_2$ 的对应高，所以 $AO=PH=BO$. 此式表明 P、B 到 O_1O_2 等距，所以 $O_1O_2 /\!/ PB$.

证明4（平行四边形的性质、三点共线的证明）

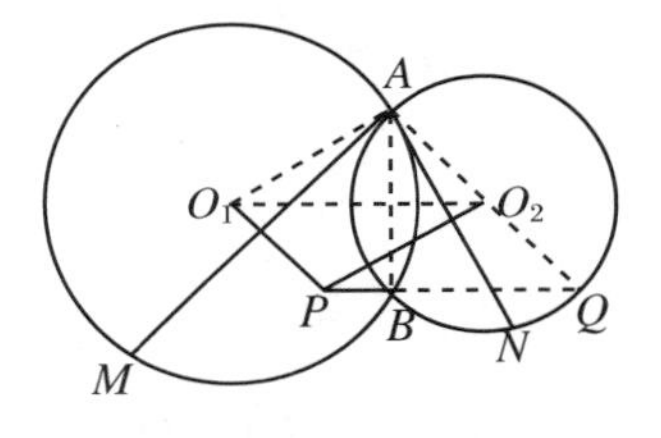

图 Y4.17.4

如前所证，AO_1PO_2 是平行四边形. 延长 AO_2，交$\odot O_2$ 于 Q，AQ 是$\odot O_2$ 的直径. 连 PQ、O_1O_2. 如图 Y4.17.4 所示.

因为 $O_2Q \mathrel{\underline{/\!/}} O_2A \mathrel{\underline{/\!/}} O_1P$，所以 O_1O_2QP 是平行四边形，所以 $O_1O_2 /\!/ PQ$.

连 AB、BQ. 在$\odot O_2$ 中，AQ 为直径，所以 $AB \perp BQ$. 因为 $AB \perp O_1O_2$，所以 $O_1O_2 /\!/ BQ$.

由此可知，P、B、Q 共线，$O_1O_2 /\!/ PB$.

证明5（对称法、辅助圆）

分别以 O_1、O_2 为圆心，$\odot O_2$ 和$\odot O_1$ 的半径为半径画圆. 连 O_1A、O_2A. 如图 Y4.17.5 所示.

如前所证，AO_1PO_2 是平行四边形，所以 $O_1P=O_2A$，$O_1A=O_2P$. 可见 P 点是大、小圆的交点，且 P、B 于 O_1O_2 同侧，由对称性，$PB /\!/ O_1O_2$.

证明6（解析法）

如图 Y4.17.6 所示，建立直角坐标系.

设$\odot O_1$、$\odot O_2$ 的半径分别为 r_1、r_2，$AB=2a$，则 $O_1O=\sqrt{r_1^2-a^2}$，$O_2O=\sqrt{r_2^2-a^2}$，所以 $B(0,-a)$，$A(0,a)$，$O_1(-\sqrt{r_1^2-a^2},0)$，$O_2(\sqrt{r_2^2-a^2},0)$，所以 $k_{O_1P}=k_{O_2A}=$

$-\dfrac{a}{\sqrt{r_2^2-a^2}}$，$k_{O_2P}=k_{O_1A}=\dfrac{a}{\sqrt{r_1^2-a^2}}$.

O_1P 的方程为

$$y=-\frac{a}{\sqrt{r_2^2-a^2}}\left(x+\sqrt{r_1^2-a^2}\right).\quad ①$$

O_2P 的方程为

$$y=\frac{a}{\sqrt{r_1^2-a^2}}\left(x-\sqrt{r_2^2-a^2}\right).\quad ②$$

联立式①、式②，解得 P 点纵坐标 $y_P=-a$. 可见，P、B 有相同的纵坐标，所以 $PB\,/\!/\,O_1O_2$.

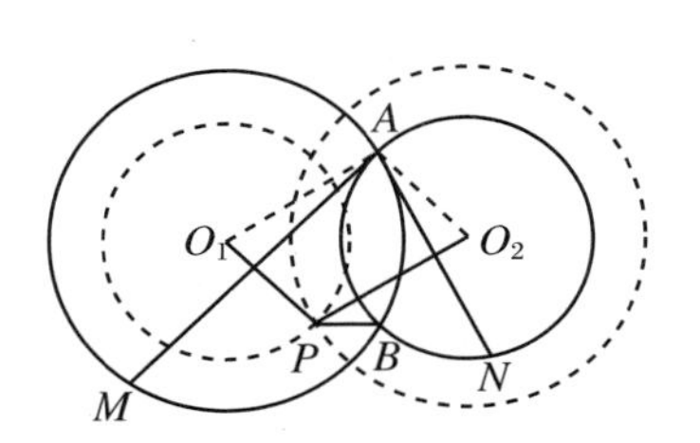

图 Y4.17.5

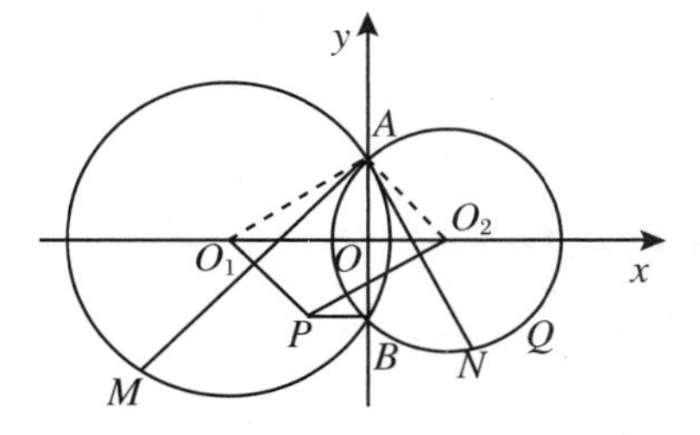

图 Y4.17.6

第 5 章　线段成比例问题

5.1　解法概述

一、常用定理

(1) 相似多边形的对应线段成比例.

(2) 平行线截割比例线段定理(平行截比定理).

(3) 三角形内、外角平分线性质定理.

(4) 直角三角形中比例中项定理.

(5) 相交弦定理、切割线定理(统称圆幂定理).

(6) Ceva 定理,Menelaus 定理,Ptolemy 定理.

(7) 关于比例性质的定理,如合比定理、分比定理、合分比定理、等比定理、更比定理、反比定理等.

二、常用方法

(1) 作出平行辅助线,以应用平行截比定理或形成相似三角形.

(2) 作出或找出相等的线段代替某些线段.

(3) 把比例式变形,把内项(或外项)交换位置.

三、其他方法

(1) 计算法.

(2) 倒推法.

(3) 面积法.

5.2　范例分析

[范例 1]　如图 F5.1.1 所示,在$\triangle ABC$中,$\angle B=90^\circ$,$BD\perp AC$,垂足为 D,E 在AC的

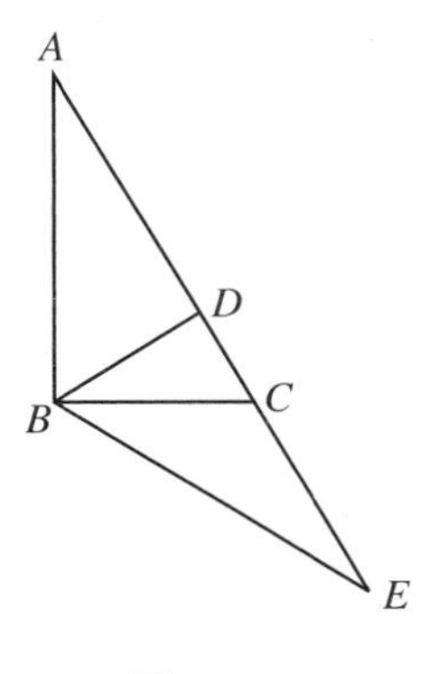

图 F5.1.1

延长线上，$\angle A=\angle CBE$，则$\dfrac{AD}{AE}=\dfrac{CD}{CE}$.

分析1 要证的等式中包含的四条线段在一条直线上，不能直接利用相似三角形.这时常用比值代换法，先把两线段的比换成另外两线段的比.容易看出 BC 是$\angle DBE$ 的平分线，因此利用角平分线性质定理可把$\dfrac{CD}{CE}$换成$\dfrac{BD}{BE}$，然后再利用相似三角形.

证明1 因为$\triangle ABD\backsim\triangle BCD$，所以$\angle A=\angle CBD$，$BD^2=AD\cdot DC$.又因为$\angle A=\angle CBE$，所以$\angle CBE=\angle CBD$，所以 BC 是$\angle DBE$ 的平分线，所以

$$\frac{CD}{CE}=\frac{BD}{BE},$$

$$\frac{BD^2}{BE^2}=\frac{CD^2}{CE^2}. \qquad ①$$

因为$\angle A=\angle CBE$，所以$\triangle CBE\backsim\triangle BAE$，所以 $BE^2=EC\cdot EA$.

把 BD^2、BE^2 的式子代入式①，得$\dfrac{AD\cdot DC}{EC\cdot EA}=\dfrac{CD^2}{CE^2}$，所以$\dfrac{AD}{AE}=\dfrac{CD}{CE}$.

分析2 把$\dfrac{CD}{CE}$换成$\dfrac{BD}{BE}$后，只要证$\dfrac{AD}{AE}=\dfrac{BD}{BE}$.若把它变成积的形式，则有 $AD\cdot BE=AE\cdot BD$.注意到 $AE\cdot BD$ 是 $2S_{\triangle ABE}$，这样只要证 $AD\cdot BE=2S_{\triangle ABE}$，也就是要证 AD 等于$\triangle ABE$ 中BE 上的高.这样就需要作出$\triangle ABE$ 中BE 上的高AF，然后由三角形全等证出 $AD=AF$.这里用的是面积法.

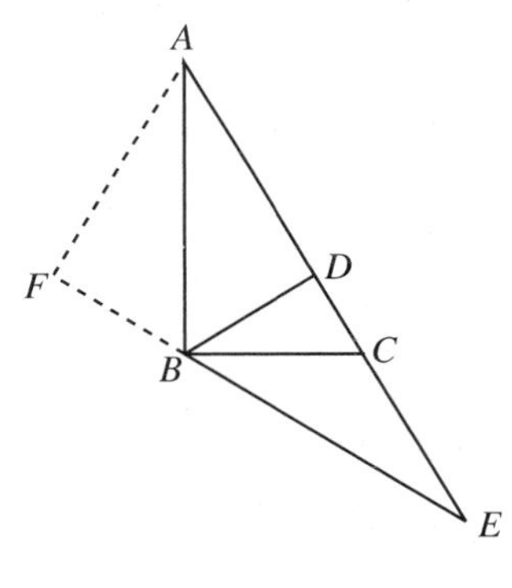

图 F5.1.2

证明2 如前所证，$\dfrac{CD}{CE}=\dfrac{BD}{BE}$.

作 $AF\perp BE$，垂足为 F.如图 F5.1.2 所示.

对于$\angle FAB$ 和$\angle CBE$，$AF\perp BE$，$AB\perp BC$，所以$\angle FAB=\angle CBE=\angle DAB$，所以 $\text{Rt}\triangle FAB\cong\text{Rt}\triangle DAB$，所以 $AD=AF$.

所以 $2S_{\triangle ABE}=BE\cdot AF=BE\cdot AD=AE\cdot BD$，所以$\dfrac{AD}{AE}=\dfrac{BD}{BE}$，所以$\dfrac{AD}{AE}=\dfrac{CD}{CE}$.

分析3 把$\dfrac{AD}{AE}$和$\dfrac{CD}{CE}$都进行代换.$\dfrac{CD}{CE}$用$\dfrac{BD}{BE}$换，$\dfrac{AD}{AE}$利用平行截比在作出 $DF/\!/AB$ 后用$\dfrac{BF}{BE}$换，很容易证出原等式.

证明3 如前证，$\dfrac{CD}{CE}=\dfrac{BD}{BE}$.

作 $DF/\!/AB$，交 BE 于F，如图 F5.1.3 所示.由平行截比定理，$\dfrac{AD}{AE}=\dfrac{BF}{BE}$.

因为 $DF/\!/AB$，$AB\perp BC$，所以 $DF\perp BC$，且 BC 是$\angle DBE$ 的平分线，所以 $BD=BF$，所以$\dfrac{CD}{CE}=\dfrac{AD}{AE}$.

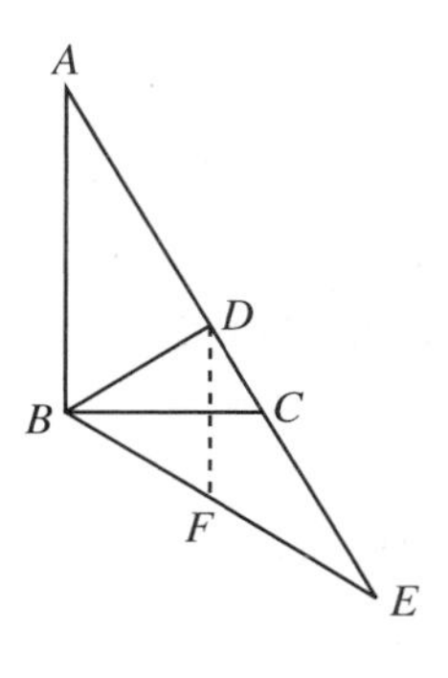

图 F5.1.3

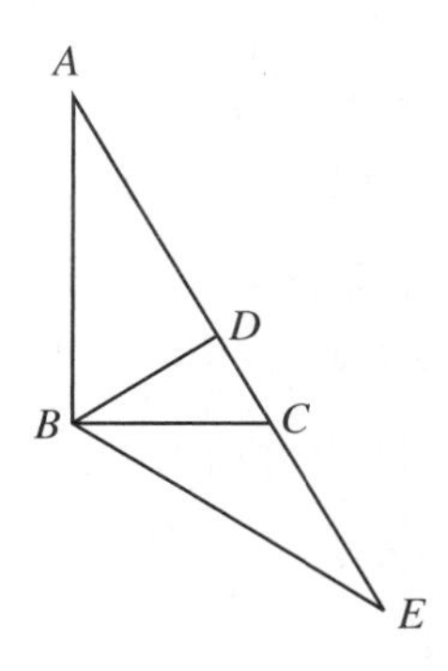

图 F5.1.4

分析 4　BC 是$\angle DBE$ 的平分线，$AB\perp BC$，可见 BA 是$\angle DBE$ 外角的平分线. 引用内、外角平分线定理，可以直接证出结论.

证明 4　如图 F5.1.4 所示. BC 是$\angle DBE$ 的平分线，$AB\perp BC$，可见 BA 是$\angle DBE$ 外角的平分线. 对于$\triangle BDE$，引用内、外角平分线性质定理，分别有$\dfrac{CD}{CE}=\dfrac{BD}{BE}$，$\dfrac{AD}{AE}=\dfrac{BD}{BE}$，所以$\dfrac{AD}{AE}=\dfrac{CD}{CE}$.

［范例 2］　在$\triangle ABC$ 中，D、E 分别是 AC、AB 上的点，$\angle DBC=\angle ECB=\dfrac{1}{2}\angle A$，则$\dfrac{AB}{AC}=\dfrac{BD}{CE}$.

分析 1　要证的等式中的四线段不在两个明显的相似三角形中，因此要采用比值代换. 为此作出 AC、AB 上的两高线 BP、CQ，容易由面积等式得到$\dfrac{BP}{CQ}=\dfrac{AB}{AC}$，这样只需证$\dfrac{BP}{CQ}=\dfrac{BD}{CE}$. 这由直角三角形相似可证. 应当指出，$P$、$Q$ 两点之一在 AE、AD 内，另一个在 AE、AD 之外.

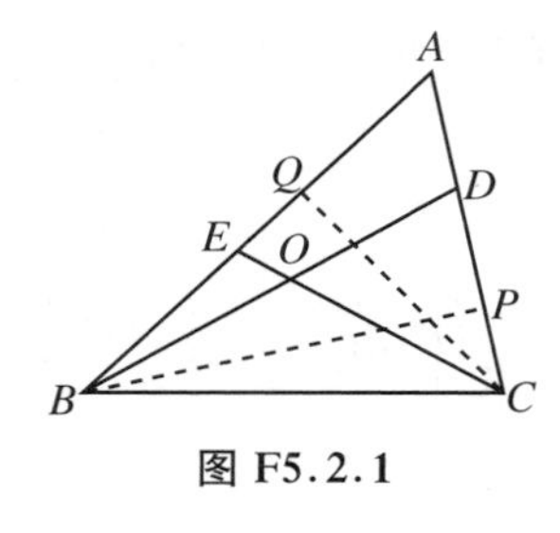

图 F5.2.1

证明 1　设 BD、CE 交于O，作 $BP\perp AC$，$CQ\perp AB$，垂足分别为 P、Q，如图 F5.2.1 所示. 由面积等式，$BP\cdot AC=CQ\cdot AB$，得

$$\frac{AB}{AC}=\frac{BP}{CQ}. \qquad ①$$

设$\angle C>\angle B$. 因为$\dfrac{\angle A}{2}+\dfrac{\angle B}{2}+\dfrac{\angle C}{2}=90^\circ$，所以$\dfrac{\angle A}{2}+\angle C>90^\circ$，$\dfrac{\angle A}{2}+\angle B<90^\circ$. 因为$\angle ADB=\angle C+\angle CBD=\angle C+\dfrac{\angle A}{2}>90^\circ$，所以 D 在 A、P 之间. 因为$\angle AEC=\angle B+\angle BCE=\angle B+\dfrac{\angle A}{2}<90^\circ$，所以 E 在 B、Q 之间.

因为$\triangle OBC$ 是等腰三角形，所以$\angle BOC=\angle EOD=180^\circ-\angle OBC-\angle OCB=180^\circ-\dfrac{\angle A}{2}-\dfrac{\angle A}{2}$，所以$\angle A+\angle EOD=180^\circ$，所以 A、E、O、D 共圆，所以$\angle AEO=\angle ODP$.

所以 $\mathrm{Rt}\triangle CQE\backsim\mathrm{Rt}\triangle BPD$，所以

$$\frac{BP}{CQ}=\frac{BD}{CE}. \qquad ②$$

由式①、式②知$\frac{AB}{AC}=\frac{BD}{CE}$.

分析 2　把要证的比例包含的四条线段之一进行等量代换，可以通过平移完成. 例如作出 $BP \mathrel{\underline{\parallel}} CE$，则 $BPCE$ 是平行四边形. 利用 B、P、C、D 共圆，可证出$\angle BDP=\angle BCP=\angle ABC$，又$\angle A=\angle DBP$，就证出了$\triangle BDP \backsim \triangle ABC$. 问题就解决了.

证明 2　作 $BP \mathrel{\underline{\parallel}} CE$，连 PC、PD，如图 F5.2.2 所示，则 $BPCE$ 是平行四边形，所以$\angle BCP=\angle ABC$，$\angle CBP=\angle BCE=\frac{\angle A}{2}$，所以$\angle DBP=\angle DBC+\angle CBP=\frac{\angle A}{2}+\frac{\angle A}{2}=\angle A$.

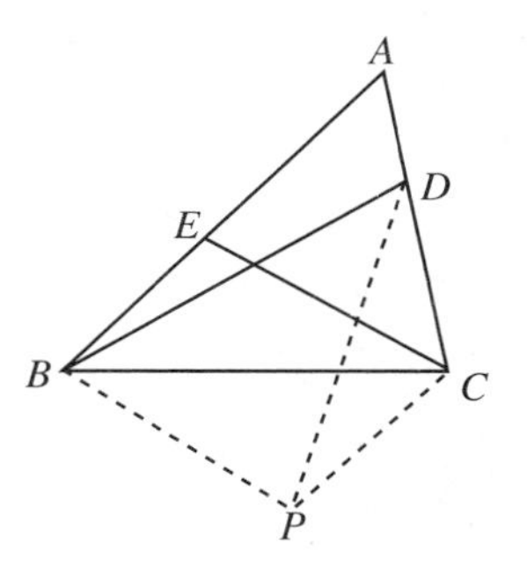

图 F5.2.2

因为$\angle ADB=\angle DBC+\angle DCB=\frac{\angle A}{2}+\angle DCB$，$\angle BEC=\angle A+\angle ACE=\angle A+\angle ACB-\frac{\angle A}{2}=\frac{\angle A}{2}+\angle ACB$，$\angle BEC=\angle BPC$，所以$\angle BPC=\angle ADB$，所以 B、P、C、D 共圆，所以$\angle BDP=\angle BCP=\angle ABC$.

所以$\triangle ABC \backsim \triangle BDP$，所以$\frac{AB}{AC}=\frac{BD}{BP}=\frac{BD}{CE}$.

分析 3　注意到$\angle DBC=\angle ECB=\frac{\angle A}{2}$的条件，若作$\angle A$ 的平分线 AP，则有$\triangle ABP \backsim \triangle CBE$，$\triangle ACP \backsim \triangle BCD$，把得到的两个比例式相除即得结论.

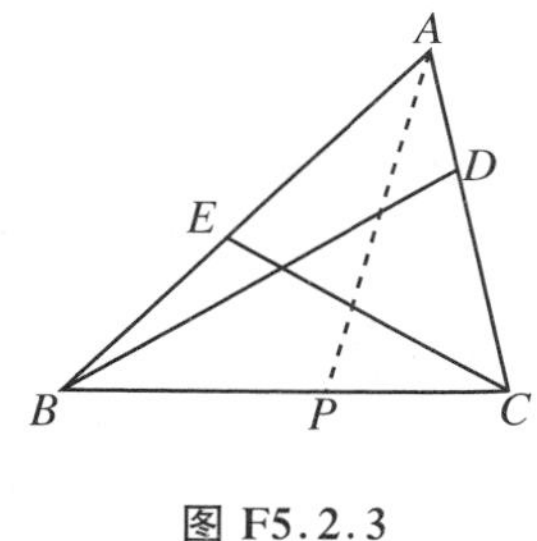

图 F5.2.3

证明 3　作$\angle A$ 的平分线 AP，交 BC 于 P，如图 F5.2.3 所示，则$\angle ECB=\angle PAB$，$\angle B$ 为公共角，所以$\triangle ABP \backsim \triangle CBE$，所以

$$\frac{AB}{AP}=\frac{BC}{CE}. \qquad ①$$

同理，$\triangle ACP \backsim \triangle BCD$，所以

$$\frac{AC}{AP}=\frac{BC}{BD}, \qquad ②$$

由式①÷式②得$\frac{AB}{AC}=\frac{BD}{CE}$.

［范例 3］　AB 为$\odot O$ 的直径，$\odot A$ 与$\odot O$ 交于 C、D，过 B 任作一直线，与$\odot A$、CD、$\odot O$ 的交点分别为 M、P、N，则 $MN^2=BN \cdot PN$.

分析 1　对于两圆相交问题，常在两圆内各自引用圆幂定理，为此延长 BN，交$\odot A$ 于另一点 H，由相交弦定理，$MP \cdot PH=CP \cdot PD=BP \cdot PN$，所以$\frac{MP}{PN}=\frac{BP}{PH}$，然后运用比例的性质证出$\frac{MN}{PN}=\frac{BN}{MN}$. 注意 $MN=NH$.

证明 1　延长 BN，交$\odot A$ 于 H，连 AN. 如图 F5.3.1 所示.

因为 AB 为$\odot O$ 的直径，所以 $AN \perp BN$，在$\odot A$ 中，由垂径定理，$MN=NH$.

由相交弦定理，$MP \cdot PH=PC \cdot PD=BP \cdot PN$，所以$\frac{PH}{PN}=\frac{BP}{MP}=\frac{PH+BP}{PN+MP}=\frac{BH}{MN}$. 又

$PH=PN+NH=PN+MN$,$BH=BN+HN=BN+MN$,把 PH、BH 的式子代入比例式,即 $1+\frac{MN}{PN}=1+\frac{BN}{MN}$,所以$\frac{MN}{PN}=\frac{BN}{MN}$,所以 $MN^2=PN\cdot BN$.

分析 2 设 AB、CD 交于 Q,容易看出 A、Q、P、N 共圆,则有 $BP\cdot BN=BQ\cdot BA$.在 Rt$\triangle ABC$ 中,$BQ\cdot BA=BC^2$,$AB^2-BC^2=AC^2=AM^2$,$AM^2-AN^2=MN^2$,这样通过在一系列直角三角形中运用勾股定理,可完成证明.

证明 2 如图 F5.3.2 所示,连 AC、BC、AN、AM.因为 AB 是直径,所以$\triangle ACB$、$\triangle ANM$ 是直角三角形.因为 AB 是连心线,CD 是公共弦,所以 $AB\perp CD$,设 AB、CD 交于 Q,则 A、Q、P、N 共圆.

由相交弦定理,$BP\cdot BN=BQ\cdot BA$.

在 Rt$\triangle ACB$ 中,$BC^2=BQ\cdot BA$.

因为 $BP=BN-PN$,所以 $BP\cdot BN=(BN-PN)\cdot BN=BN^2-PN\cdot BN=BC^2$,所以 $PN\cdot BN=BN^2-BC^2=(AB^2-AN^2)-BC^2=(AB^2-BC^2)-AN^2=AC^2-AN^2=AM^2-AN^2=MN^2$.

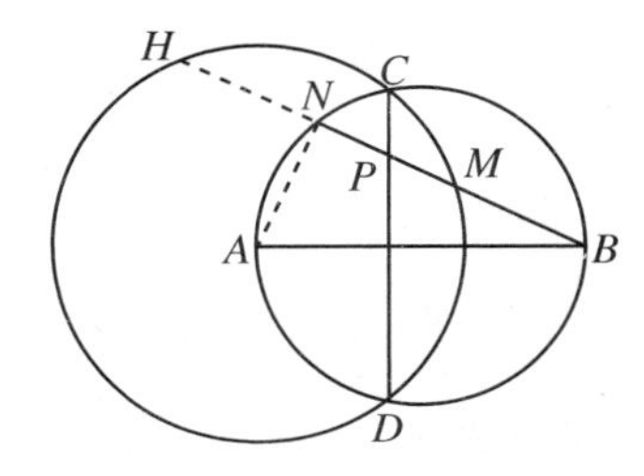

图 F5.3.1

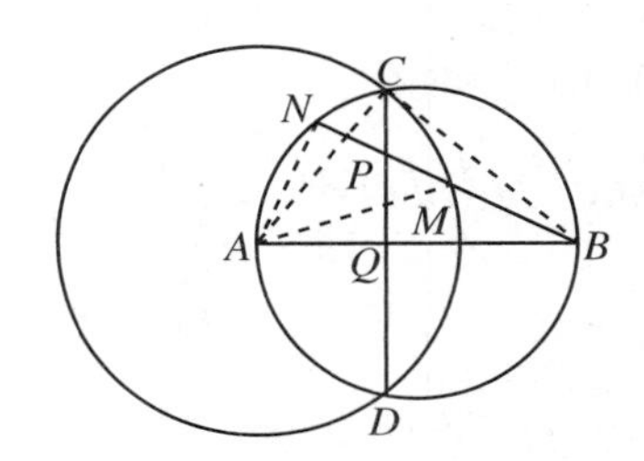

图 F5.3.2

分析 3 MN、BN、PN 在一条直线上,不能直接利用相似三角形,为此采用替换法.连 NC、ND,容易发现$\triangle BNC\backsim\triangle DNP$,所以 $BN\cdot PN=DN\cdot NC$.只要证 $MN^2=DN\cdot NC$,即$\frac{DN}{MN}=\frac{MN}{NC}$.从图中发现 DN、MN、NC 在$\triangle CMN$ 和$\triangle MDN$ 中,问题归结到证明三角形相似.注意到$\angle CNM=\angle MND$,只要证$\angle MCN=\angle DMN$.在$\odot O$ 中,$\angle MCN=\angle MBR$,这样只要证 $DM\parallel BR$,这由弦切角和圆周角定理可证.

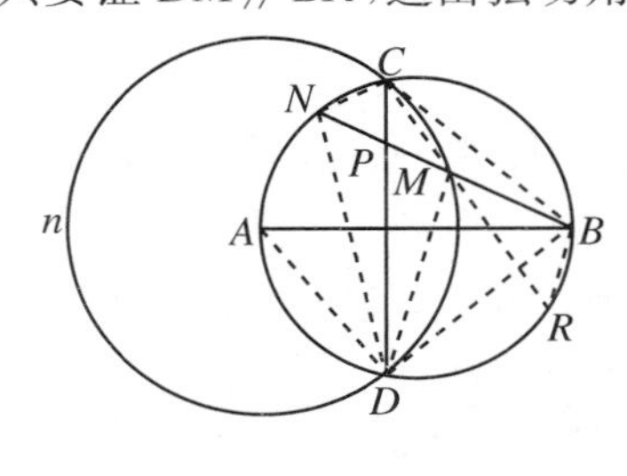

图 F5.3.3

证明 3 连 NC、ND、MD、BC,连 CM 并延长,交$\odot O$ 于 R,连 BR.如图 F5.3.3 所示.

因为 AB 是连心线,CD 是公共弦,所以 AB 是 CD 的中垂线,所以$\overset{\frown}{BC}=\overset{\frown}{BD}$,所以$\angle BNC=\angle BND$.

因为$\angle CBN=\angle CDN$,所以$\triangle BCN\backsim\triangle DPN$,所以$\frac{BN}{DN}=\frac{CN}{PN}$,即

$$BN\cdot PN=CN\cdot DN. \quad ①$$

连 BD、AD.因为 AB 是直径,所以 $BD\perp AD$,所以$\angle BDC$ 是$\odot A$ 的弦切角,所以$\angle BDC\overset{\text{m}}{=}\frac{1}{2}\overset{\frown}{CD}$,又$\angle CMD\overset{\text{m}}{=}\frac{1}{2}\overset{\frown}{CnD}$,所以$\angle CMD+\angle BDC\overset{\text{m}}{=}\frac{1}{2}(\overset{\frown}{CD}+\overset{\frown}{CnD})=180^\circ$.因为

$\angle DMR+\angle CMD=180^\circ$，所以$\angle DMR=\angle BDC$.

在$\odot O$中，$\angle BDC=\angle BRC$，所以$\angle BRC=\angle DMR$，所以$BR\parallel MD$，所以$\angle NMD=\angle NBR$.又$\angle NBR=\angle NCM$，所以$\angle NCM=\angle NMD$.

在$\triangle CMN$和$\triangle MDN$中，$\angle NCM=\angle NMD$，$\angle CNM=\angle MND$，所以$\triangle CMN\backsim\triangle MDN$，所以$\frac{CN}{MN}=\frac{MN}{DN}$，即

$$MN^2=CN\cdot DN. \qquad ②$$

由式①、式②可得$MN^2=BN\cdot PN$.

[**范例4**]　在$\triangle ABC$中，AD为$\angle A$的平分线，设以B、C为圆心，以BD、CD为半径的两个圆分别交直线AD于E、F，则$AD^2=AE\cdot AF$.

分析1　AD、AE、AF在同一条直线上，采用比值代换，需要找与$\frac{AD}{AE}$和$\frac{AF}{AD}$都相等的比值.因为AD、AE各在$\triangle ADC$和$\triangle ABE$中，通过证出$\triangle ADC\backsim\triangle AEB$，可有$\frac{AD}{AE}=\frac{DC}{BE}=\frac{DC}{BD}$.同样，通过证出$\triangle AFC\backsim\triangle ADB$，又得到$\frac{AF}{AD}=\frac{CF}{BD}=\frac{CD}{BD}$.这样$\frac{CD}{BD}$就起到了媒介比值的作用.

证明1　连BE、CF.如图F5.4.1所示.

因为$\angle BAE=\angle CAD$，$\angle BEA=\angle BDE=\angle CDA$，所以$\triangle AEB\backsim\triangle ADC$，所以$\frac{AD}{AE}=\frac{DC}{BE}=\frac{DC}{BD}$.

因为$\angle AFC=180^\circ-\angle CFD=180^\circ-\angle CDF=\angle ADB$，所以$\triangle AFC\backsim\triangle ADB$，所以$\frac{AF}{AD}=\frac{CF}{BD}=\frac{CD}{BD}$.

由此可得$\frac{AD}{AE}=\frac{AF}{AD}$，所以$AD^2=AE\cdot AF$.

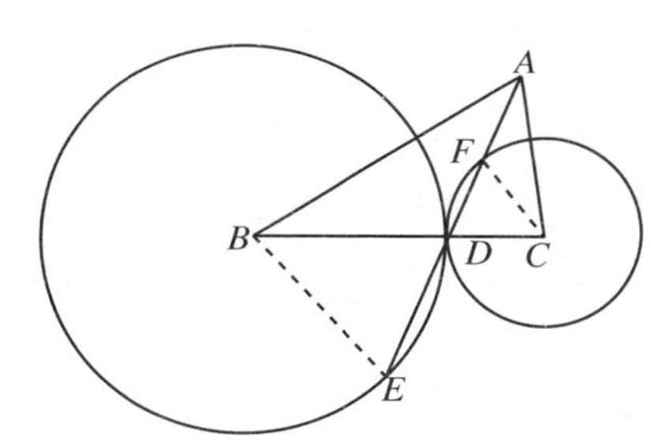

图F5.4.1

分析2　把AD用另一线段替换，则有可能进一步利用相似三角形.为此只要作出等腰$\triangle ADP$，则$AP=AD$，只要证$AP^2=AE\cdot AF$.这时连PE、PF，只要证出$\angle APF=\angle AEP$.这可从A、P、C、F共圆，A、P、E、B共圆和$\angle ACF=\angle ABC$得证.

证明2　连BE、CF，以A为圆心，AD为半径画弧，交直线BC于点P（如有两交点，则任择一个），连PE、PF、PA，如图F5.4.2所示，则$\triangle BDE$、$\triangle CDF$、$\triangle ADP$都是等腰三角形，所以$\angle BED=\angle BDE=\angle ADP=\angle APD$，所以$A$、$B$、$E$、$P$共圆，所以$\angle ABP=\angle AEP$.

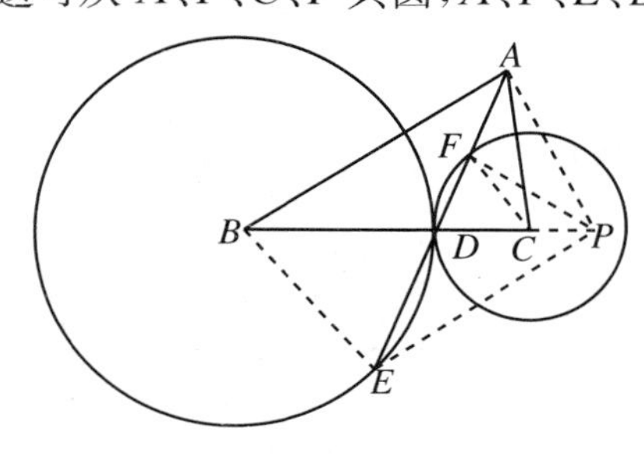

图F5.4.2

因为$\angle CDF=\angle CFD=\angle APD$，所以$A$、$F$、$C$、$P$共圆，所以$\angle APF=\angle ACF$.

又有$\triangle BAD\backsim\triangle CAF$，所以$\angle ACF=\angle ABD$.

所以$\angle APF=\angle AEP$.又$\angle PAF$为公共角，所以$\triangle PAF\backsim\triangle EAP$，所以$AP^2=AE\cdot AF$，所以$AD^2=AE\cdot AF$.

分析 3 把 AD^2 等量代换,也能完成证明.作⊙B、⊙C 的切线 AM、AN 并且证出 $\triangle AMD \backsim \triangle ADN$,就得到 $AD^2 = AM \cdot AN$.运用切割线定理即得结论.

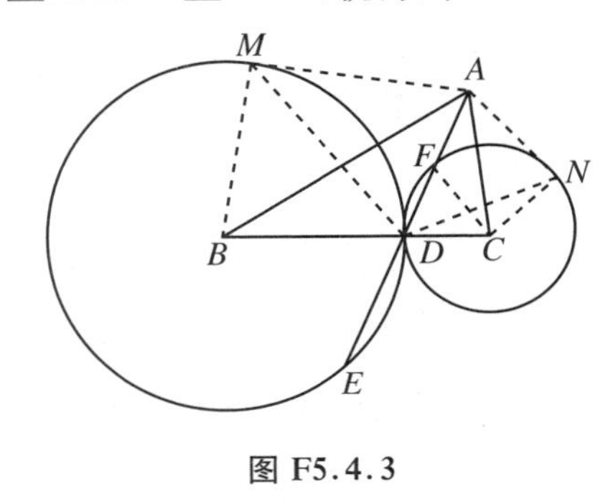

图 F5.4.3

证明 3 作⊙B、⊙C 的切线 AM、AN,M、N 分别为切点.连 BM、CN、DM、DN.如图 F5.4.3 所示.

因为 AD 是 $\angle BAC$ 的平分线,所以 $\dfrac{AB}{AC} = \dfrac{BD}{DC} = \dfrac{BM}{CN}$,所以 Rt$\triangle AMB \backsim$ Rt$\triangle ANC$,所以 $\angle BAM = \angle CAN$,所以 $\angle DAM = \angle DAN$.

连 CF,则 $\triangle CDF$ 是等腰三角形,所以 $\angle AFC = 180^\circ - \angle CFD = 180^\circ - \angle CDF = \angle ADB$.

在四边形 $AMBD$ 和 $ANCF$ 中,$\angle DAM + \angle AMB + \angle MBD + \angle BDA = \angle FAN + \angle ANC + \angle NCF + \angle CFA$,所以 $\angle MBD = \angle NCF$,所以 $\overset{\frown}{MD} \overset{m}{=} \overset{\frown}{FN}$.因为 $\angle AMD$ 是 $\overset{\frown}{MD}$ 上的弦切角,$\angle ADN$ 是 $\overset{\frown}{FN}$ 上的圆周角,所以 $\angle AMD = \angle ADN$.

又 $\angle DAM = \angle DAN$,所以 $\triangle AMD \backsim \triangle ADN$,所以 $AD^2 = AM \cdot AN$.

由切割线定理,$AM^2 = AD \cdot AE$,$AN^2 = AF \cdot AD$,所以 $AM^2 \cdot AN^2 = AD^2 \cdot AE \cdot AF$,所以 $AD^4 = AD^2 \cdot AE \cdot AF$,所以 $AD^2 = AE \cdot AF$.

[**范例 5**] 在 $\triangle ABC$ 中,AD 是角平分线,AM 是 BC 边上的中线,AN 是与 AM 关于 AD 对称的直线,AN 交 BC 于 N,则 $\dfrac{AB^2}{AC^2} = \dfrac{BN}{NC}$.

分析 1 要证的比例式中各线段的次数不同,一般地说,这是经过比例式运算的结果.在寻找可用的比例式时,应以要证的式的一部分为线索.例如先设法把 $\dfrac{AB}{AC}$ 用另外比来代替,虽然由角平分线性质定理有 $\dfrac{AB}{AC} = \dfrac{BD}{DC}$,但这样一来,$BD$、$DC$、$BN$、$NC$ 在同一直线上,不容易证,为此必须另外寻找合适的比值来替换 $\dfrac{AB}{AC}$.根据图形关于 AD 的对称性,作出 $\angle AMP = \angle C$,$\angle ANQ = \angle B$,可以发现 A、P、M、N、Q 共圆,$PQ /\!/ BC$,于是有相交弦定理和平行截比定理可用.

证明 1 以 AM 为边,M 为顶点,作 $\angle AMP = \angle C$,使 MP 交 AB 于 P,作 $\angle ANQ = \angle B$,使 NQ 交 AC 于 Q,连 PQ.如图 F5.5.1 所示.

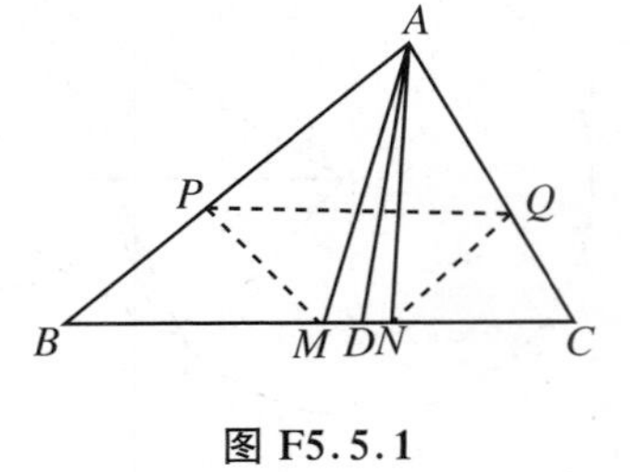

图 F5.5.1

因为 $\angle BAD = \angle DAC$,$\angle MAD = \angle DAN$,所以 $\angle BAM = \angle NAC$,所以 $\triangle APM \backsim \triangle ANC$,$\triangle AQN \backsim \triangle AMB$,所以 $\dfrac{AP}{AN} = \dfrac{AM}{AC}$,$\dfrac{AQ}{AM} = \dfrac{AN}{AB}$,即 $AP = \dfrac{AM \cdot AN}{AC}$,$AQ = \dfrac{AM \cdot AN}{AB}$.

所以 $\dfrac{AP}{AQ} = \dfrac{AB}{AC}$.由平行截比逆定理,$PQ /\!/ BC$,所以 $\angle APQ = \angle B$,而 $\angle B = \angle ANQ$,所以 $\angle ANQ = \angle APQ$,所以 A、P、N、Q 共圆.同理 A、Q、M、P 共圆,所以 A、P、M、N、Q 五点共圆.

由相交弦定理，$AB\cdot BP=BM\cdot BN$，$AC\cdot CQ=CM\cdot CN$. 两式相除得$\frac{AB\cdot BP}{AC\cdot CQ}=\frac{AB}{AC}\cdot\frac{BP}{CQ}=\frac{BM\cdot BN}{CM\cdot CN}$.

因为 $PQ/\!/BC$，所以$\frac{AB}{AC}=\frac{BP}{CQ}$，且 $BM=CM$，上式成为$\frac{AB^2}{AC^2}=\frac{BN}{CN}$.

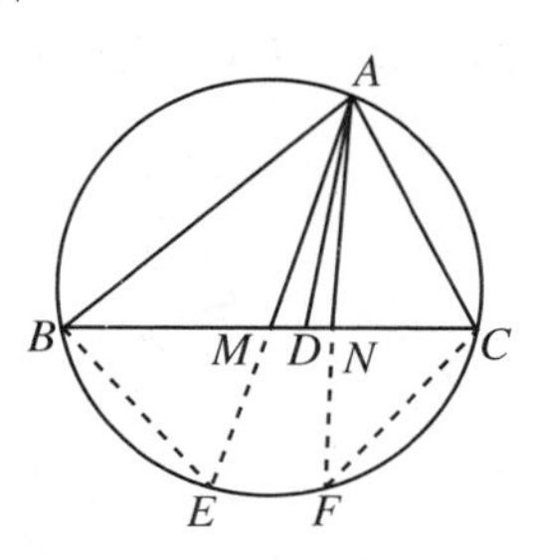

图 F5.5.2

分析 2　两线段之比等于两线段平方之比，没有直接的定理或结论可用. 如果能把$\frac{AB}{AC}$写成两种不同的比例式，再把两式相乘，则可得到$\frac{AB^2}{AC^2}$的表达式. 这就与结论接近了一步. 因此我们可以从寻找等于$\frac{AB}{AC}$的比例式入手. 注意到$\triangle ABN$ 和$\triangle ACM$ 有等高且有一对相等的角$\angle BAN=\angle CAM$，用两种办法写出它们面积之比，就得到$\frac{S_{\triangle ABN}}{S_{\triangle ACM}}=\frac{AB\cdot AN}{AC\cdot AM}=\frac{BN}{CM}$，所以$\frac{AB}{AC}=\frac{AM\cdot BN}{AN\cdot CM}$. 为得到$\frac{AB}{AC}$另外的表达式，就需要考虑相似三角形. 这些相似三角形应当包括 AB、AC、BN、CM、CN 等线段，因此仅靠一对三角形相似达不到目的. 为得到包括上述线段在内的一些相似三角形，最容易想到的办法是利用圆内的相交弦所形成的相似三角形，所以作出$\triangle ABC$ 的外接圆，把 AM、AN 延长，分别交外接圆于 E、F 点，如图 F5.5.2 所示，就得到$\triangle ABN\backsim\triangle CFN$，$\triangle ACM\backsim\triangle BEM$，所以$\frac{AB}{CF}=\frac{AN}{CN}$，$\frac{BE}{AC}=\frac{BM}{AM}$. 注意到 BE 和 CF 是圆内等圆周角对的弦，所以 $BE=CF$. 将这两个比例式相乘，得到$\frac{AB}{AC}=\frac{AN\cdot BM}{AM\cdot CN}$. 最后，把两个$\frac{AB}{AC}$的比例式相乘，再注意到 M 是 BC 的中点，就证出了这个结论.（证明略.）

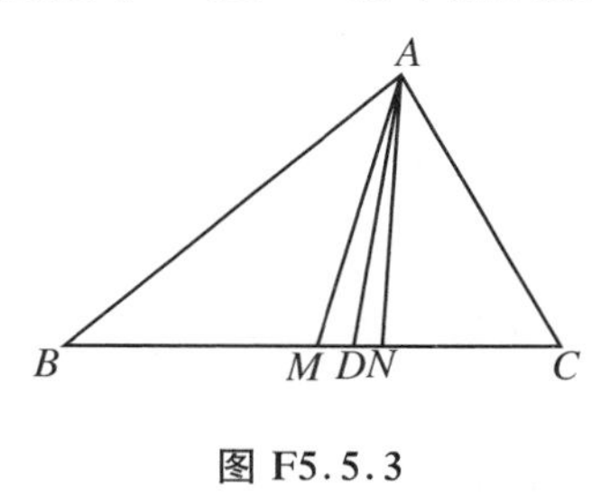

图 F5.5.3

分析 3　如图 F5.5.3 所示，利用$\triangle ABM$ 和$\triangle ACN$，$\triangle ABN$ 和$\triangle ACM$ 分别具有等高和一对等角，分别写出它们面积比的式子，就得到$\frac{AB}{AC}$的两个不同的比例式：

$$\frac{S_{\triangle ABM}}{S_{\triangle ACN}}=\frac{AB\cdot AM}{AC\cdot AN}=\frac{BM}{CN}，所以\frac{AB}{AC}=\frac{AN\cdot BM}{AM\cdot CN}.$$

$$\frac{S_{\triangle ABN}}{S_{\triangle ACM}}=\frac{AB\cdot AN}{AC\cdot AM}=\frac{BN}{CM}，所以\frac{AB}{AC}=\frac{AM\cdot BN}{AN\cdot CM}.$$

两式相乘，注意到 $BM=CM$，就证明了本题.（证明略.）

［**范例 6**］　在圆的内接四边形 $ABCD$ 中，M 为 AB 上任一点，MP、MQ、MR 分别与 BC、CD、DA 垂直，垂足分别是 P、Q、R. MQ 交 PR 于 N，则$\frac{PN}{RN}=\frac{BM}{AM}$.

分析 1　已知条件中有三条垂线，可见有 M、P、C、Q 和 M、R、D、Q 分别共圆. 因为四边形 $MPCQ$ 和圆的内接四边形 $ABCD$ 有公共角$\angle C$，所以$\angle A=\angle PMQ$. 同理$\angle B=\angle RMQ$.

把要证的比例式写成乘积，即 $AM\cdot PN=BM\cdot RN$. 这个式子两端的关系不很明显，我们采取分别找 $RN\cdot BM$ 和 $AM\cdot PN$ 的关系式，然后再进行比较的办法. RN 和 BM 分别处于$\triangle MRN$和$\triangle MBP$中，这两个三角形已有一个角相等. 但$\triangle MBP$是直角三角形，$\triangle MRN$一般来说是斜三角形，故二者不相似. 要想得到$BM \cdot RN$，必须使BM和RN分别在两个相似三角形中，且不应是对应边. 为形成相似三角形，关键在于以BM为一边，BP所在的直线为另一边的方向，并作出一个与$\angle 1$相等的角. 考虑到$MP \perp BC$，$MR \perp AD$的条件，若延长BC、AD，设它们交于E，则$\angle 1 = \angle 2$，于是$\triangle EBM \backsim \triangle RMN$，所以$BM \cdot RN = EM \cdot MN$. 同理$AM \cdot PN = EM \cdot MN$，命题得证.

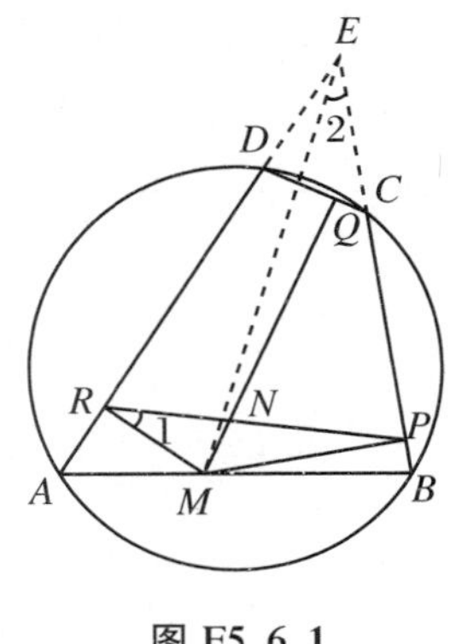

图 F5.6.1

证明1 延长AD、BC，设它们交于E(若$AD /\!/ BC$，则N与M重合，命题显然成立)，连EM，如图 F5.6.1 所示. 因为$MP \perp BC$，$MR \perp AD$，所以M、P、E、R共圆，所以$\angle 1 = \angle 2$.

因为$MR \perp AD$，$MQ \perp CD$，所以M、Q、D、R共圆，所以$\angle RDQ + \angle RMN = 180^\circ$. 又因为$\angle ADC + \angle B = 180^\circ$，所以$\angle RMN = \angle B$，所以$\triangle RMN \backsim \triangle EBM$，所以$\dfrac{MN}{RN} = \dfrac{BM}{EM}$，即$BM \cdot RN = EM \cdot MN$.

同理可证$PN \cdot AM = EM \cdot MN$，所以$PN \cdot AM = BM \cdot RN$，所以$\dfrac{PN}{RN} = \dfrac{BM}{AM}$.

分析2 如图 F5.6.2 所示，利用M、P、C、Q和M、R、D、Q分别共圆与圆的内接四边形$ABCD$的内角关系，不难得到$\angle A = \angle PMQ$，$\angle B = \angle RMQ$. 从要证的比例式中的四条线段PN、RN、AM、BM看，它们分别处于$\triangle PBM$、$\triangle RAM$、$\triangle PMN$、$\triangle RMN$中. 它们不相似，仅有两对三角形各有一个等角. 我们考虑到具有等角的两个三角形面积之比等于夹此角的两边乘积之比的关系，就有

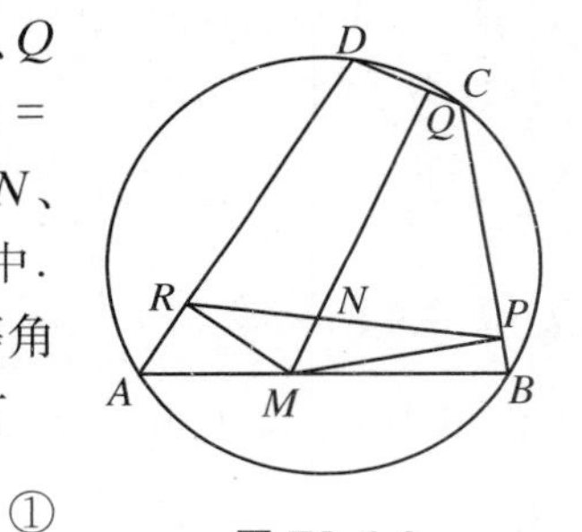

图 F5.6.2

$$\frac{S_{\triangle PMN}}{S_{\triangle RAM}} = \frac{PM \cdot MN}{AR \cdot AM}, \quad ①$$

$$\frac{S_{\triangle PBM}}{S_{\triangle RMN}} = \frac{PB \cdot BM}{RM \cdot MN}. \quad ②$$

但这些等式中还没出现PN、RN. 注意到$\triangle PBM$和$\triangle RAM$都是直角三角形，所以$\dfrac{S_{\triangle PBM}}{S_{\triangle RAM}} = \dfrac{\frac{1}{2}PB \cdot PM}{\frac{1}{2}RA \cdot RM}$. 另一方面$\triangle PNM$和$\triangle RNM$有等高，所以$\dfrac{S_{\triangle PMN}}{S_{\triangle RMN}} = \dfrac{PN}{RN}$. 这时，只要把式①、式②两式相乘，即得要证的结果.(证明略.)

分析3 能否找到中介比值与要证的比例式的两边分别相等呢? 只要作$RH /\!/ AB$，把AD、BC延长，得到交点E，连EM，交RH于G，如图 F5.6.3 所示，则有$\dfrac{BM}{AM} = \dfrac{GH}{RG}$. 于是只要证$\dfrac{PN}{RN} = \dfrac{GH}{RG}$. 由平行截比逆定理，只要证$GN /\!/ BC$.

由分析1知道$\angle B = \angle RMQ$. 因为$RH /\!/ AB$，所以$\angle B = \angle RHC$，所以只要证$\angle RHC = \angle HGN = \angle RMN$，即只要证$R$、$M$、$N$、$G$四点共圆. 注意到在$\mathrm{Rt}\triangle EMP$中，$\angle MEP + \angle GMN + \angle PMQ = 90^\circ$，即$\angle MEP + \angle GMN + \angle A = 90^\circ$，在$\mathrm{Rt}\triangle RME$中，$\angle MRN +$

$\angle NRG+\angle GRE=90^\circ$. 因为 $RH /\!/ AB$,所以$\angle GRE=\angle A$,所以$\angle MRN+\angle NRG+\angle A=90^\circ$. 由 M、R、E、P 共圆,可知$\angle MRP=\angle MEP$,最后就得到$\angle NRG=\angle GMN$,所以 R、M、N、G 共圆.(证明略.)

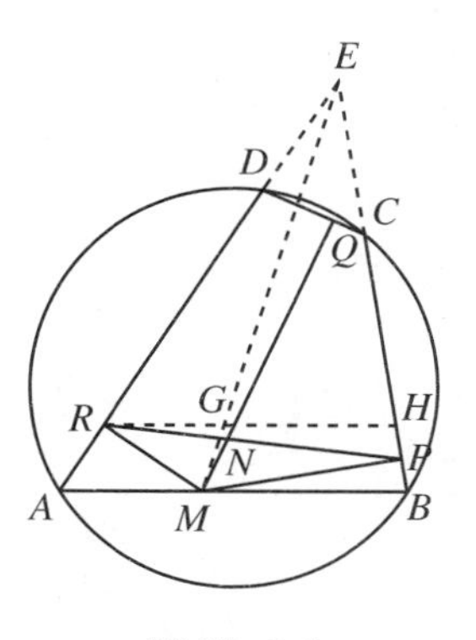

图 F5.6.3

［范例7］ BC 是$\odot O$ 的直径,P 是直线BC 上位于$\odot O$ 外的一点,PA 切$\odot O$ 于A,$AD\perp BC$ 于D,则$\dfrac{OB}{CD}=\dfrac{OP}{PC}$.

分析1 比例式中的四条线段 OB、CD、OP、PC 共线,应当通过适当的辅助线把它们的比值转换成另一些线段的比值. 如图 F5.7.1 所示,连出常用辅助线 OA,得到 $OA\perp PA$,为求出$\dfrac{OP}{PC}$,可以过 C 作$CF /\!/ OA$,设 CF 交直线PA 于F,这就得到$\dfrac{OP}{PC}=\dfrac{OA}{CF}=\dfrac{OB}{CF}$. 问题转化为证明 $CF=CD$.

连 AB、AC,由弦切角定理得出$\angle 2=\angle 1$,又$\angle 1=\angle DAC$,所以$\angle DAC=\angle 2$,即 AC 是$\angle FAD$ 的角平分线,而 CF、CD 是角平分线上的点C 到该角两边的距离,所以 $CF=CD$.(证明略.)

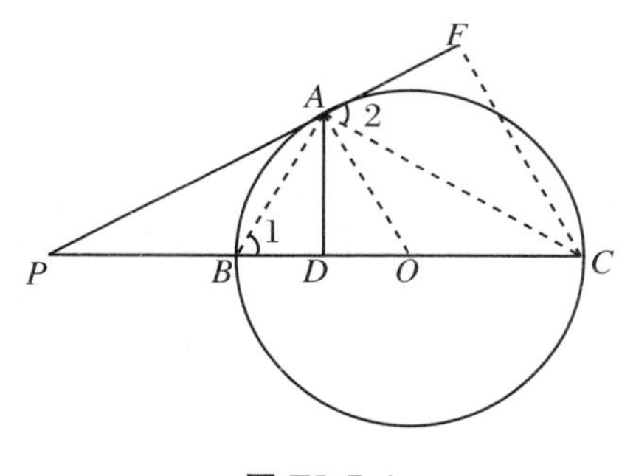

图 F5.7.1

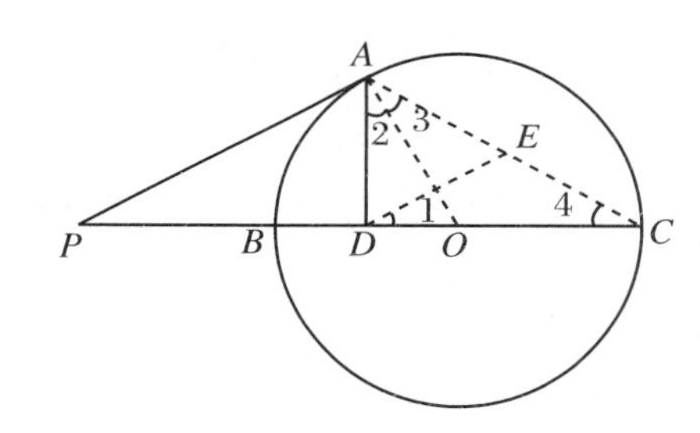

图 F5.7.2

分析2 用作平行线转换比值的方法也可以从 D 点进行. 这只要作 $DE /\!/ PA$,设 DE 交 AC 于E,连 OA,如图 F5.7.2 所示. 容易看出$\angle 1=\angle 2$,$\angle 3=\angle 4$,$\angle AED=\angle 1+\angle 4=\angle 2+\angle 3$,即$\triangle ADE$ 是一个等腰三角形,$AD=DE$.

因为 $DE /\!/ PA$,所以$\dfrac{CD}{PC}=\dfrac{DE}{PA}=\dfrac{AD}{PA}$,容易证明$\dfrac{AD}{PA}=\dfrac{OA}{OP}=\dfrac{OB}{OP}$,这就得到$\dfrac{CD}{PC}=\dfrac{OB}{OP}$,即$\dfrac{OB}{CD}=\dfrac{OP}{PC}$.

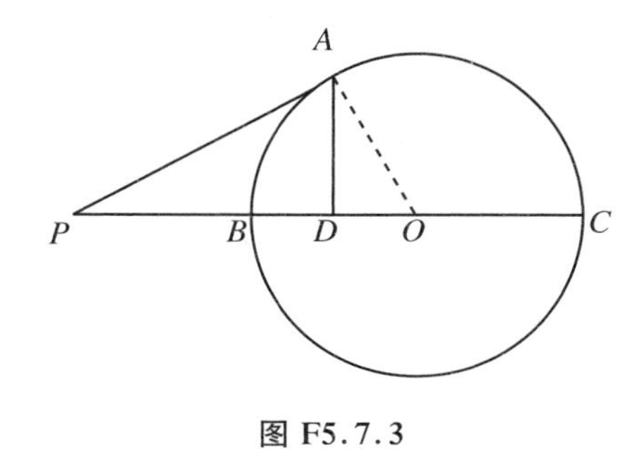

图 F5.7.3

分析3 用倒推分析法. 要证明$\dfrac{OB}{CD}=\dfrac{OP}{PC}$,只要证

$$\frac{OP}{PC}=\frac{OP-OB}{PC-CD}=\frac{PB}{PD},$$

即只要证 $PB\cdot PC=OP\cdot PD$. 由切割线定理知 $PA^2=PB\cdot PC$,问题转化为证明 $PA^2=OP\cdot PD$. 这时只要作出常用辅助线 OA,如图 F5.7.3 所示,在 $\mathrm{Rt}\triangle OAP$ 中很容易得出这个结论.

5.3 研 究 题

［例 1］ 三角形的内角平分线分对边成两线段，这两线段与夹此角的两边成比例.

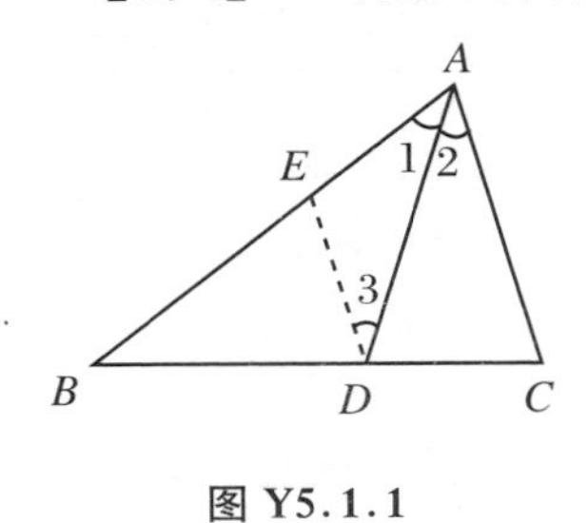

图 Y5.1.1

证明 1（平行截比定理、等腰三角形）

作 $DE /\!/ AC$，交 AB 于 E，如图 Y5.1.1 所示. 由平行截比定理，$\dfrac{BE}{EA}=\dfrac{BD}{DC}$.

因为 $\angle 1=\angle 2$，$\angle 2=\angle 3$，所以 $\angle 1=\angle 3$，所以 $AE=ED$.

因为 $\triangle ABC \backsim \triangle EBD$，所以 $\dfrac{AB}{AC}=\dfrac{EB}{ED}=\dfrac{EB}{EA}$.

所以 $\dfrac{AB}{AC}=\dfrac{BD}{DC}$.

证明 2（平行截比定理、等腰三角形）

作 $CE /\!/ AD$，交 BA 于 E，如图 Y5.1.2 所示. 因为 $\angle 1=\angle 2$，$\angle 2=\angle 4$，$\angle 1=\angle 3$，所以 $\angle 3=\angle 4$，所以 $AC=AE$.

由平行截比定理，$\dfrac{AB}{AE}=\dfrac{BD}{DC}$，所以 $\dfrac{AB}{AC}=\dfrac{BD}{DC}$.

证明 3（三角形相似、等腰三角形）

作 $CE /\!/ AB$，交 AD 的延长线于 E，如图 Y5.1.3 所示. 因为 $\angle 1=\angle 2$，$\angle 1=\angle 3$，所以 $\angle 2=\angle 3$，所以 $AC=CE$.

由 $\triangle ADB \backsim \triangle EDC$ 知 $\dfrac{AB}{CE}=\dfrac{BD}{DC}$，所以 $\dfrac{AB}{AC}=\dfrac{BD}{DC}$.

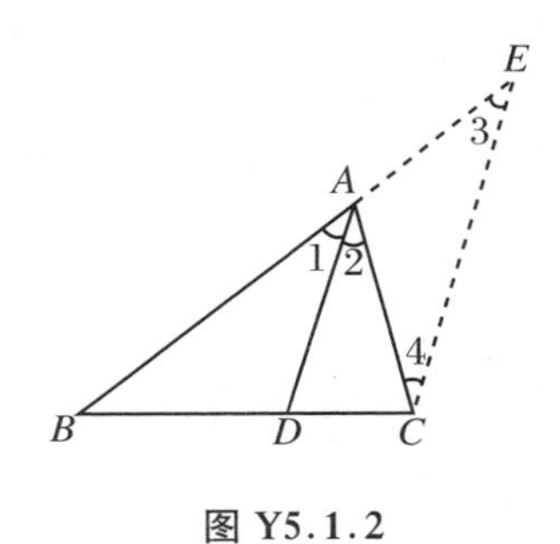

图 Y5.1.2

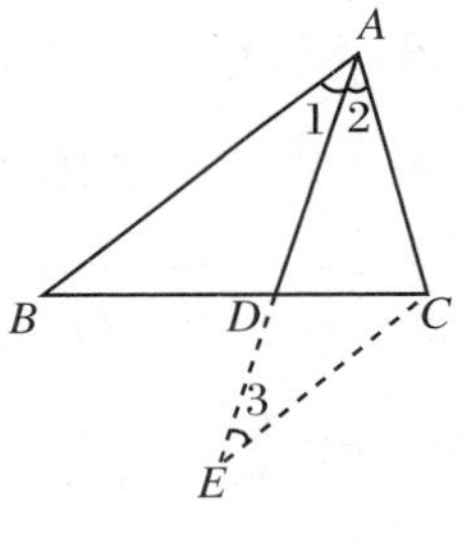

图 Y5.1.3

证明 4（三角形相似）

作 BE、CF 分别与 AD 垂直，垂足分别为 E、F. 如图 Y5.1.4 所示.

因为 $\angle BAE=\angle CAF$，所以 $\text{Rt}\triangle ABE \backsim \text{Rt}\triangle ACF$，所以 $\dfrac{AB}{AC}=\dfrac{BE}{CF}$.

同理，$\text{Rt}\triangle BED \backsim \text{Rt}\triangle CFD$，所以 $\dfrac{BE}{CF}=\dfrac{BD}{DC}$，所以 $\dfrac{AB}{AC}=\dfrac{BD}{DC}$.

证明 5（三角形相似）

如图 Y5.1.5 所示，以 CA 为边，C 为顶点作 $\angle ACE=\angle B$，设 CE 交 AD 于 E.

易证$\triangle ABD\backsim\triangle ACE$，所以$\dfrac{AB}{AC}=\dfrac{BD}{CE}$.

因为$\angle 3=\angle 2+\angle ACE=\angle 1+\angle B=\angle 4$，所以$CE=CD$，所以$\dfrac{AB}{AC}=\dfrac{BD}{CD}$.

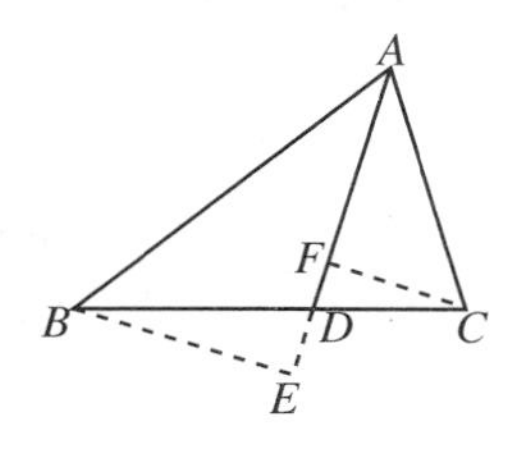

图 Y5.1.4

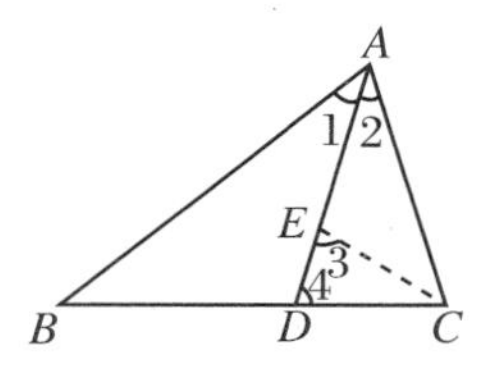

图 Y5.1.5

证明6（面积法）

如图 Y5.1.6 所示. 因为$\triangle ABD$和$\triangle ACD$有一对等角，又有等高，所以$\dfrac{S_{\triangle ABD}}{S_{\triangle ACD}}=\dfrac{AB\cdot AD}{AC\cdot AD}=\dfrac{BD}{DC}$.

所以$\dfrac{AB}{AC}=\dfrac{BD}{DC}$.

证明7（面积法）

如图 Y5.1.7 所示，作$DE\perp AB$，$DF\perp AC$，垂足分别是E、F. 因为AD是$\angle BAC$的平分线，所以$DE=DF$，所以

$$\frac{S_{\triangle ABD}}{S_{\triangle ACD}}=\frac{\frac{1}{2}AB\cdot DE}{\frac{1}{2}AC\cdot DF}=\frac{AB}{AC}.$$

因为$\triangle ABD$、$\triangle ACD$有等高，所以$\dfrac{S_{\triangle ABD}}{S_{\triangle ACD}}=\dfrac{BD}{DC}$.

所以$\dfrac{AB}{AC}=\dfrac{BD}{DC}$.

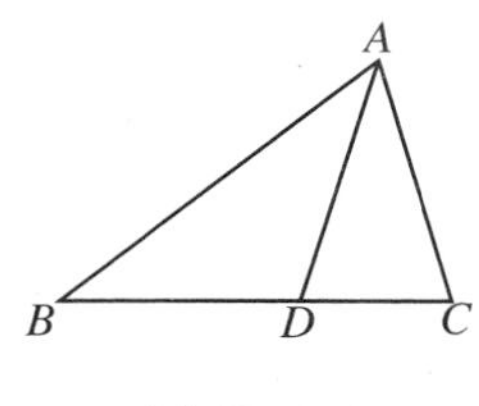

图 Y5.1.6

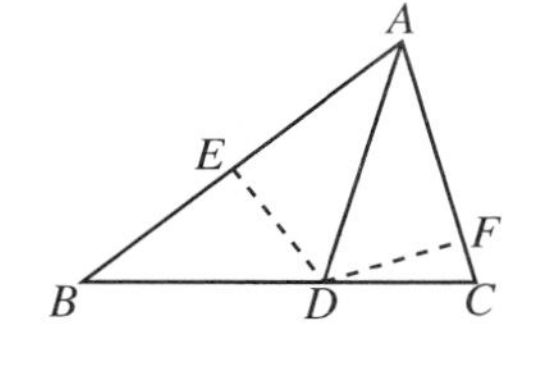

图 Y5.1.7

证明8（三角法）

设$\angle A=2\alpha$，$\angle ADB=\beta$，则$\angle BAD=\angle CAD=\alpha$，$\angle ADC=180^\circ-\beta$. 在$\triangle ADB$、$\triangle ADC$中分别由正弦定理，可得$\dfrac{AB}{\sin\beta}=\dfrac{BD}{\sin\alpha}$，$\dfrac{AC}{\sin(180^\circ-\beta)}=\dfrac{CD}{\sin\alpha}$，两式相除并注意到$\sin\beta=\sin(180^\circ-\beta)$，则有$\dfrac{AB}{AC}=\dfrac{BD}{DC}$.

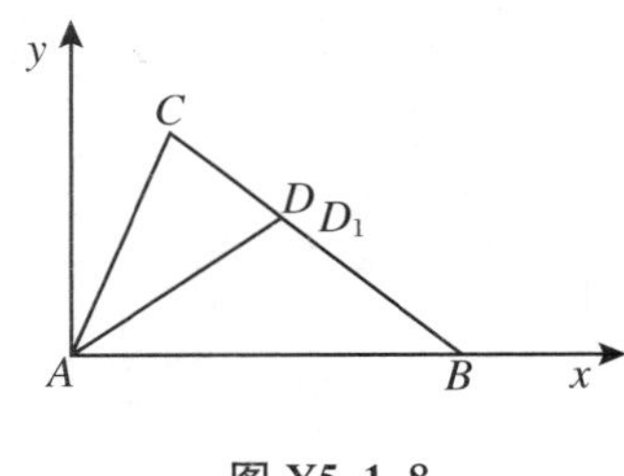

图 Y5.1.8

证明 9(解析法)

如图 Y5.1.8 所示,建立直角坐标系.

设 $B(c,0)$, $\angle CAB=2\alpha$, $CA=b$,则 $C(b\cos 2\alpha, b\sin 2\alpha)$,所以 AD 的方程是 $y=x\cdot\tan\alpha$,BC 的方程为 $y=\dfrac{b\sin 2\alpha}{b\cos 2\alpha-c}\cdot(x-c)$.

两方程联立,可解出 $D\left(\dfrac{bc(1+\cos 2\alpha)}{b+c},\dfrac{bc\sin 2\alpha}{b+c}\right)$.

另一方面,设 D_1 是分 BC 成比值 $\lambda=\dfrac{c}{b}$ 的点,由分点公式可求出 D_1 的横、纵坐标:

$$x_{D_1}=\frac{c+\dfrac{c}{b}\cdot b\cos 2\alpha}{1+\dfrac{c}{b}}=\frac{bc(1+\cos 2\alpha)}{b+c},$$

$$y_{D_1}=\frac{0+\dfrac{c}{b}\cdot b\sin 2\alpha}{1+\dfrac{c}{b}}=\frac{bc\sin 2\alpha}{b+c}.$$

可见 D 与 D_1 重合,所以 D 点是分 BC 成比值为 $\dfrac{c}{b}$ 的分点,所以 $\dfrac{AB}{AC}=\dfrac{BD}{DC}$.

[例 2] AD 是$\triangle ABC$ 中 BC 上的中线,过 B 任作一直线,交 AD 于 E,交 AC 于 F,则 $\dfrac{AE}{ED}=2\dfrac{AF}{FC}$.

证明 1(三角形中位线、平行截比定理)

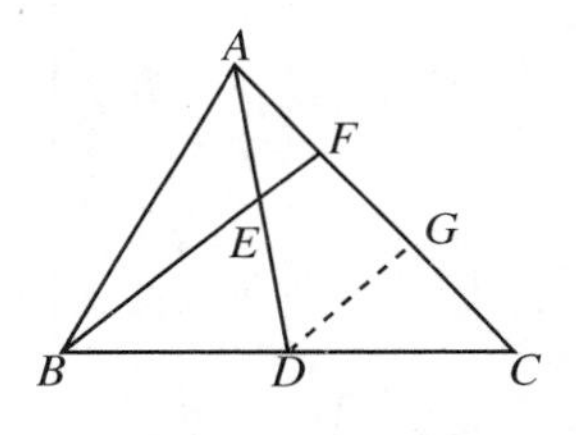

图 Y5.2.1

如图 Y5.2.1 所示,作 $DG\parallel BF$,交 CF 于 G.由平行截比定理知 $\dfrac{AE}{ED}=\dfrac{AF}{FG}$.

在$\triangle BCF$ 中.因为 D 为 BC 的中点,$DG\parallel BF$,由中位线逆定理知 G 为 CF 的中点,即 $FG=\dfrac{1}{2}CF$,故

$$\frac{AE}{ED}=\frac{AF}{\dfrac{1}{2}CF}=2\frac{AF}{CF}.$$

证明 2(三角形相似、中位线定理)

作 $DG\parallel AC$,交 BE 于 G,如图 Y5.2.2 所示.因为$\triangle AEF\backsim\triangle DEG$,所以 $\dfrac{AE}{ED}=\dfrac{AF}{DG}$.

在$\triangle BCF$ 中,由中位线逆定理,$DG=\dfrac{1}{2}CF$,所以 $\dfrac{AE}{ED}=\dfrac{AF}{\dfrac{1}{2}CF}=2\dfrac{AF}{CF}$.

证明 3(平行截比定理)

作 $AG\parallel BF$,交 CB 的延长线于 G,如图 Y5.2.3 所示,由平行截比定理,$\dfrac{AE}{ED}=\dfrac{GB}{BD}=\dfrac{GB}{\dfrac{1}{2}BC}=\dfrac{2GB}{BC}$.

同理$\dfrac{GB}{BC}=\dfrac{AF}{FC}$.

所以$\dfrac{AE}{ED}=2\dfrac{AF}{FC}$.

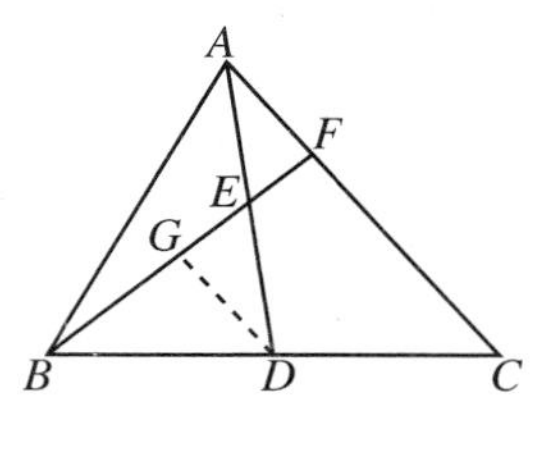

图 Y5.2.2

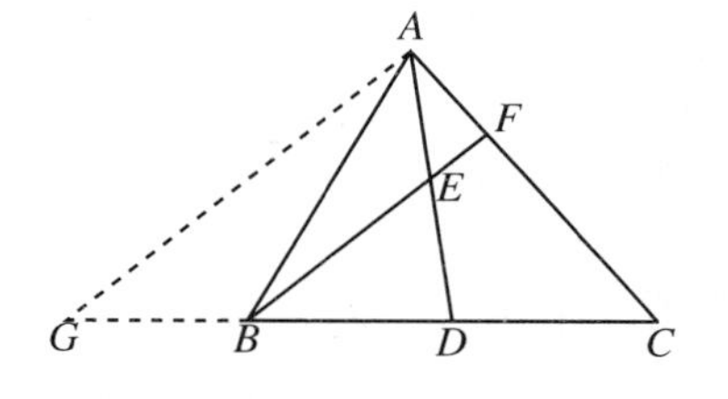

图 Y5.2.3

证明 4(三角形相似)

如图 Y5.2.4 所示,作 $AG /\!/ BC$,交 BE 的延长线于 G.

由$\triangle AGF \backsim \triangle CBF$ 知$\dfrac{AF}{FC}=\dfrac{AG}{BC}$.

由$\triangle AEG \backsim \triangle DEB$ 知$\dfrac{AG}{BD}=\dfrac{AE}{ED}=\dfrac{AG}{\frac{1}{2}BC}$,所以$\dfrac{AE}{ED}=2\dfrac{AF}{FC}$.

证明 5(平行截比定理、三角形全等)

如图 Y5.2.5 所示,作 $CG /\!/ BF$,交 AD 的延长线于 G.

由平行截比定理,$\dfrac{AF}{FC}=\dfrac{AE}{EG}$.

易证$\triangle BDE \cong \triangle CDG$,所以 $EG=2ED$,所以$\dfrac{AE}{ED}=2\dfrac{AF}{FC}$.

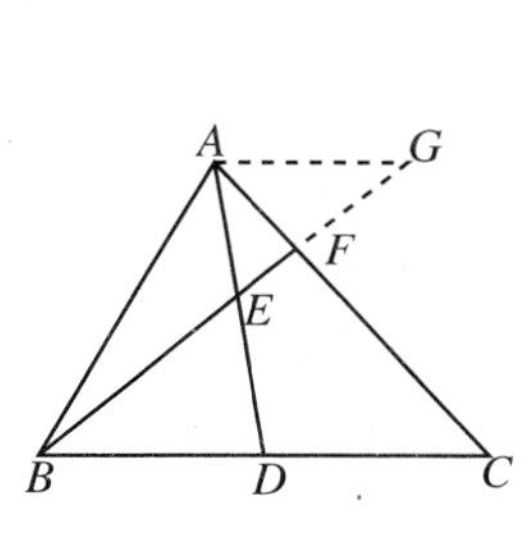

图 Y5.2.4

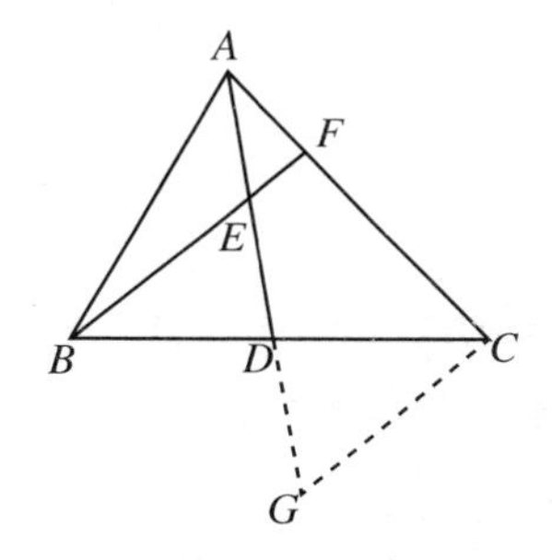

图 Y5.2.5

证明 6(三角形相似、中位线定理)

如图 Y5.2.6 所示,作 $CG /\!/ AD$,交 BE 的延长线于 G.

因为$\triangle AFE \backsim \triangle CFG$,所以$\dfrac{AF}{FC}=\dfrac{AE}{CG}$.

在$\triangle BCG$ 中,易证 ED 是中位线,所以 $CG=2ED$,所以$\dfrac{AE}{2ED}=\dfrac{AF}{FC}$,所以$\dfrac{AE}{ED}=2\dfrac{AF}{FC}$.

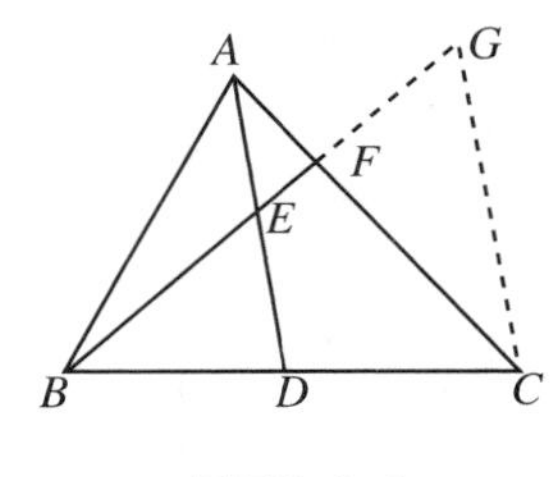

图 Y5.2.6

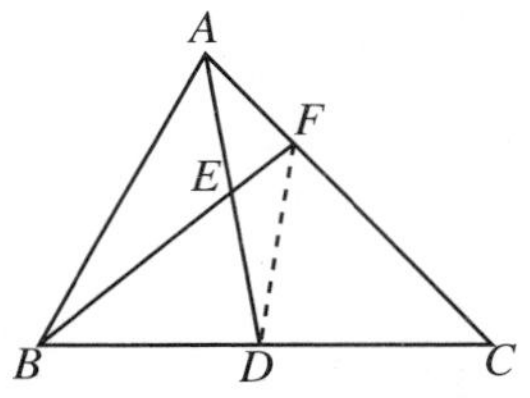

A F E B D C

图 Y5.2.7

证明 7(面积法)

如图 Y5.2.7 所示,连 DF.

因为$\triangle ABF$、$\triangle BDF$ 有公共底 BF,所以$\dfrac{S_{\triangle ABF}}{S_{\triangle BDF}}=\dfrac{AE}{ED}$.

因为$\triangle ABF$ 和$\triangle BFC$ 等高,所以$\dfrac{S_{\triangle ABF}}{S_{\triangle BFC}}=\dfrac{AF}{FC}$.

因为 D 为 BC 的中点,$\triangle BFD$ 和$\triangle BFC$ 等高,所以 $S_{\triangle BFD}=\dfrac{1}{2}S_{\triangle BFC}$.

所以$\dfrac{S_{\triangle ABF}}{\frac{1}{2}S_{\triangle BFC}}=\dfrac{AE}{ED}=\dfrac{AF}{\frac{1}{2}FC}=2\dfrac{AF}{FC}$.

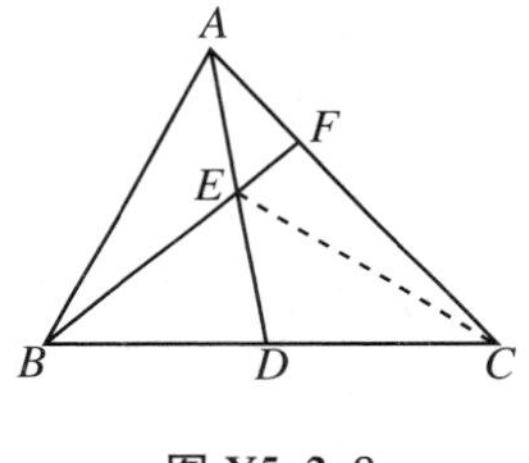

图 Y5.2.8

证明 8(面积法)

如图 Y5.2.8 所示,连 EC.

因为$\triangle ABE$ 和$\triangle CBE$ 有公共底 BE,所以$\dfrac{S_{\triangle ABE}}{S_{\triangle CBE}}=\dfrac{AF}{FC}$.

因为$\triangle ABE$ 和$\triangle BED$ 等高,所以$\dfrac{S_{\triangle ABE}}{S_{\triangle BED}}=\dfrac{AE}{ED}$.

易证 $S_{\triangle CBE}=2S_{\triangle BED}$,所以$\dfrac{S_{\triangle ABE}}{S_{\triangle BED}}=\dfrac{AE}{ED}=\dfrac{S_{\triangle ABE}}{\frac{1}{2}S_{\triangle CBE}}=\dfrac{AF}{\frac{1}{2}FC}$,所以$\dfrac{AE}{ED}=2\dfrac{AF}{FC}$.

[例 3] 在$\triangle ABC$ 中,$AB>AC$,E、F 为 AC、AB 上的点,$AE=AF$,FE 的延长线交 BC 的延长线于 D,则 $DC\cdot BF=DB\cdot CE$.

证明 1(三角形相似)

作 $CP\mathbin{/\!/}AB$,交 ED 于 P,如图 Y5.3.1 所示.由$\triangle AEF\backsim\triangle CEP$ 知 $CE=CP$.

由$\triangle PCD\backsim\triangle FBD$ 知$\dfrac{DC}{CP}=\dfrac{DB}{BF}$,即$\dfrac{DC}{CE}=\dfrac{DB}{BF}$,所以 $DC\cdot BF=DB\cdot CE$.

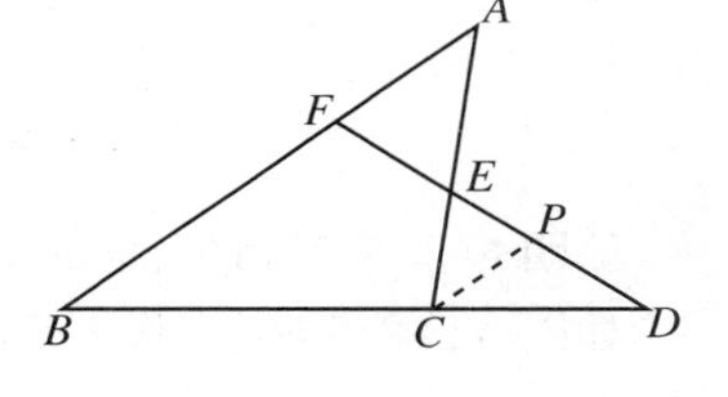

图 Y5.3.1

证明 2(三角形相似)

作 $BQ\mathbin{/\!/}AC$,交 DF 的延长线于 Q,如图 Y5.3.2 所示,易证 $BF=BQ$.

由$\triangle DQB\backsim\triangle DEC$ 知$\dfrac{DB}{BQ}=\dfrac{DC}{CE}$,所以 $DB\cdot CE=DC\cdot BQ=DC\cdot BF$.

证明3（平行截比定理）

作 $AP /\!/ ED$，交 BC 的延长线于 P，如图 Y5.3.3 所示.

由平行截比定理，有

$$\frac{BD}{DP}=\frac{BF}{AF}, \tag{①}$$

$$\frac{CD}{DP}=\frac{CE}{AE}. \tag{②}$$

式①÷式②并把 $AE=AF$ 代入，就是$\dfrac{BD}{CD}=\dfrac{BF}{CE}$，所以 $BD\cdot CE=CD\cdot BF$.

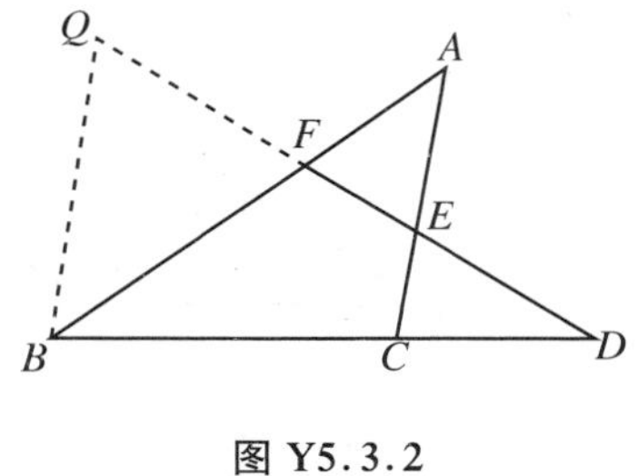

图 Y5.3.2

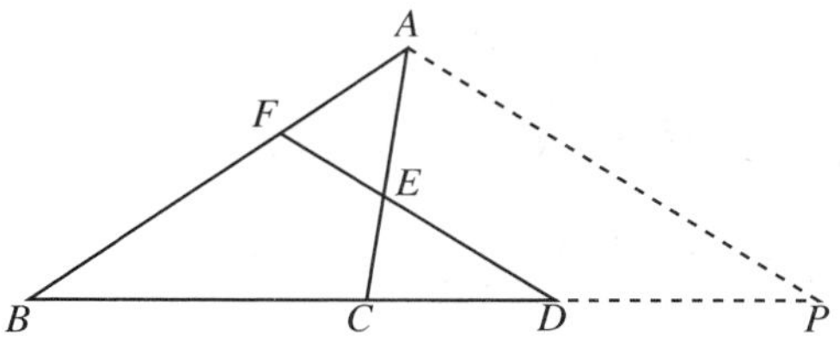

图 Y5.3.3

证明4（平行截比定理）

作 $CP /\!/ DF$，交 AB 于 P，如图 Y5.3.4 所示. 由平行截比定理，$\dfrac{AF}{FP}=\dfrac{AE}{EC}$，$\dfrac{DC}{DB}=\dfrac{PF}{BF}$.

因为 $AE=AF$，所以 $EC=FP$，所以$\dfrac{DC}{DB}=\dfrac{EC}{BF}$，所以 $DC\cdot BF=BD\cdot EC$.

证明5（三角形相似、等比定理）

如图 Y5.3.5 所示，作 $BQ /\!/ EF$，交 AC 的延长线于 Q. 因为$\dfrac{BF}{EQ}=\dfrac{AF}{AE}=1$，所以 $BF=EQ$.

由$\triangle BCQ\backsim\triangle DCE$，得$\dfrac{DC}{CE}=\dfrac{BC}{CQ}$，由等比定理，就是

$$\frac{DC}{CE}=\frac{DC+BC}{CE+CQ}=\frac{BD}{EQ}=\frac{BD}{BF},$$

所以 $DC\cdot BF=BD\cdot EC$.

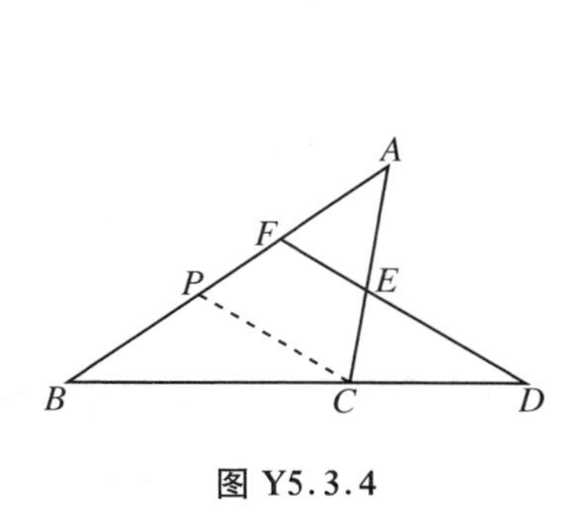

图 Y5.3.4

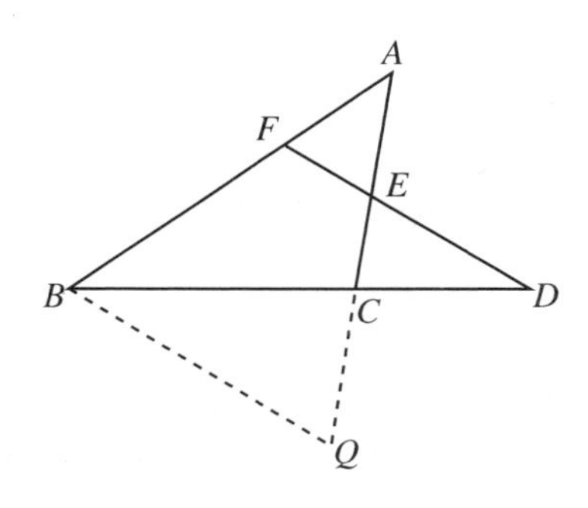

图 Y5.3.5

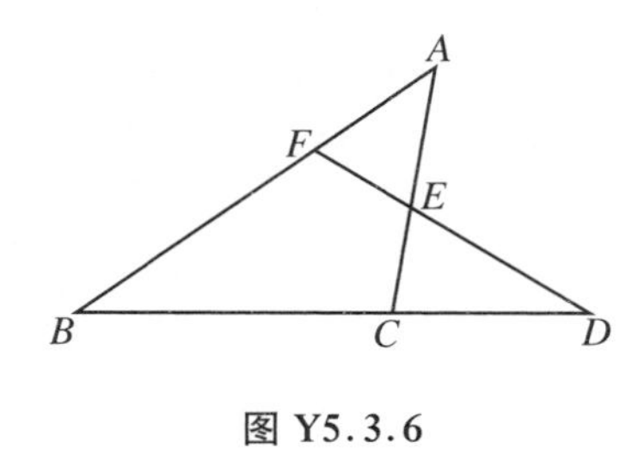

图 Y5.3.6

证明 6（Menelaus 定理）

如图 Y5.3.6 所示，在$\triangle ABC$中，D、E、F共线，由 Menelaus定理，$\frac{AF}{BF}\cdot\frac{BD}{CD}\cdot\frac{CE}{AE}=1$.

因为$AE=AF$，所以$\frac{BD\cdot CE}{BF\cdot CD}=1$，所以$BD\cdot CE=BF\cdot CD$.

［例 4］ 如图 Y5.4.1 所示，在$\mathrm{Rt}\triangle ABC$中，$\angle A=90^\circ$，$AD\perp BC$，$DE\perp AB$，$DF\perp AC$，则$AB^3:AC^3=BE:CF$.

证明 1（三角形相似）

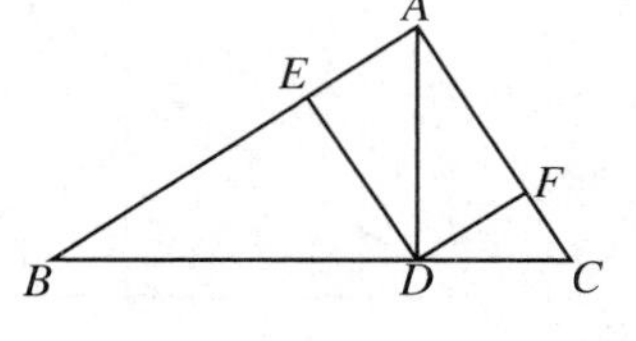

图 Y5.4.1

由$\mathrm{Rt}\triangle ABD\backsim\mathrm{Rt}\triangle CBA$，得$\frac{AB}{BC}=\frac{BD}{AB}$. 由$\mathrm{Rt}\triangle ACD\backsim\mathrm{Rt}\triangle BCA$，得$\frac{AC}{BC}=\frac{CD}{AC}$，所以$AB^2=BC\cdot BD$，$AC^2=BC\cdot CD$，所以$\frac{AB^2}{AC^2}=\frac{BD}{CD}$，所以$\frac{AB^3}{AC^3}=\frac{BD}{CD}\cdot\frac{AB}{AC}=\frac{BD}{AC}\cdot\frac{AB}{CD}$.

由$\mathrm{Rt}\triangle BDE\backsim\mathrm{Rt}\triangle ACD$，$\mathrm{Rt}\triangle DCF\backsim\mathrm{Rt}\triangle BAD$，可得$\frac{BD}{AC}=\frac{BE}{AD}$，$\frac{AB}{CD}=\frac{AD}{CF}$，所以$\frac{AB^3}{AC^3}=\frac{BE}{AD}\cdot\frac{AD}{CF}=\frac{BE}{CF}$.

证明 2（比例中项定理）

在$\mathrm{Rt}\triangle ABC$、$\mathrm{Rt}\triangle ABD$、$\mathrm{Rt}\triangle ACD$中，由比例中项定理，分别有$AB^2=BC\cdot BD$，$AC^2=BC\cdot CD$，$BD^2=AB\cdot BE$，$CD^2=AC\cdot CF$，所以$BD=\frac{AB^2}{BC}$，$CD=\frac{AC^2}{BC}$，$BE=\frac{BD^2}{AB}$，$CF=\frac{CD^2}{AC}$.

$$\text{所以}\frac{BE}{CF}=\frac{\frac{BD^2}{AB}}{\frac{CD^2}{AC}}=\frac{BD^2}{CD^2}\cdot\frac{AC}{AB}=\frac{AC}{AB}\cdot\frac{\left(\frac{AB^2}{BC}\right)^2}{\left(\frac{AC^2}{BC}\right)^2}=\frac{AB^3}{AC^3}.$$

证明 3（相似三角形、矩形的性质）

由$\mathrm{Rt}\triangle CFD\backsim\mathrm{Rt}\triangle CAB$知$\frac{DF}{CF}=\frac{AB}{AC}$.

由$\mathrm{Rt}\triangle DFA\backsim\mathrm{Rt}\triangle CAB$知$\frac{AF}{FD}=\frac{AB}{AC}$.

由$\mathrm{Rt}\triangle DEB\backsim\mathrm{Rt}\triangle CAB$知$\frac{BE}{ED}=\frac{AB}{AC}$.

以上三式相乘，得$\frac{DF\cdot AF\cdot BE}{CF\cdot FD\cdot ED}=\frac{AB^3}{AC^3}$. 因为$AEDF$是矩形，所以$AF=DE$，所以$\frac{AB^3}{AC^3}=\frac{BE}{CF}$.

证明 4（相似三角形的面积比、平行截比定理）

因为$\mathrm{Rt}\triangle ABD\backsim\mathrm{Rt}\triangle CAD$，且在$BD$、$CD$上的高相等，设它们的相似比为$k$，则$k=$

$\frac{AB}{AC}$，所以$\frac{S_{\triangle ABD}}{S_{\triangle CAD}}=k^2=\frac{AB^2}{AC^2}=\frac{BD}{CD}$，所以$\frac{BD}{AB^2}=\frac{CD}{AC^2}$，所以

$$\frac{BD}{BC}\cdot\frac{1}{AB^2}=\frac{CD}{BC}\cdot\frac{1}{AC^2}. \quad ①$$

因为 $ED /\!/ AC$，$DF /\!/ AB$，由平行截比定理，有

$$\frac{BD}{BC}=\frac{BE}{AB},\quad \frac{DC}{BC}=\frac{CF}{AC}. \quad ②$$

把式②中两个比例式代入式①，得$\frac{BE}{AB^3}=\frac{CF}{AC^3}$，所以$\frac{AB^3}{AC^3}=\frac{BE}{CF}$.

证明 5（三角法）

设 $AD=h$，则 $BE=AB-AE=\frac{h}{\sin\angle B}-h\cdot\sin\angle B=h\cdot\frac{\cos^2\angle B}{\sin\angle B}$.

同理 $CF=h\cdot\frac{\sin^2\angle B}{\cos\angle B}$，所以$\frac{BE}{CF}=\cot^3\angle B$.

在$\triangle ABC$ 中，$\cot\angle B=\frac{AB}{AC}$，所以$\frac{BE}{CF}=\frac{AB^3}{AC^3}$.

证明 6（解析法）

如图 Y5.4.2 所示，建立直角坐标系.

设 $AB=c$，$AC=b$，则 $B(c,0)$，$C(0,b)$. 故直线 BC 的方程为$\frac{x}{c}+\frac{y}{b}=1$.

因为 $AD\perp BC$，所以 $k_{AD}=-\frac{1}{k_{BC}}=-\frac{1}{-\frac{b}{c}}=\frac{c}{b}$，所以直线 AD 的方程为$y=\frac{c}{b}x$.

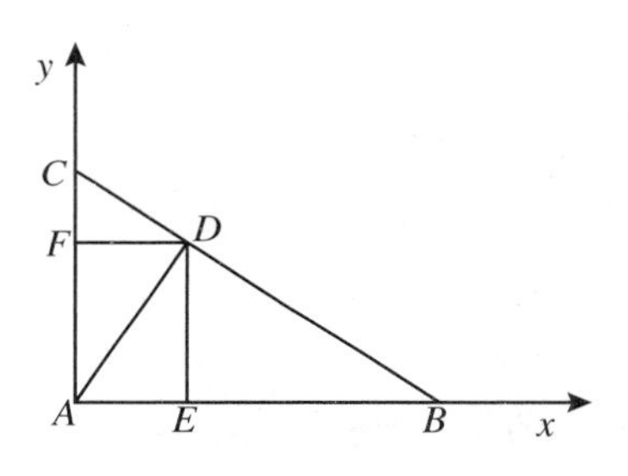

图 Y5.4.2

由上面两个方程联立可解得 $D\left(\frac{b^2c}{b^2+c^2},\frac{bc^2}{b^2+c^2}\right)$，所以 $BE=c-\frac{b^2c}{b^2+c^2}=\frac{c^3}{b^2+c^2}$，$CF=b-\frac{bc^2}{b^2+c^2}=\frac{b^3}{b^2+c^2}$，所以$\frac{BE}{CF}=\frac{c^3}{b^3}=\frac{AB^3}{AC^3}$.

［**例 5**］　一直线与$\triangle ABC$ 的三边 BC、CA、AB 分别交于 F、E、D，则$\frac{AD}{DB}\cdot\frac{BF}{FC}\cdot\frac{CE}{EA}=1$.（Menelaus 定理）

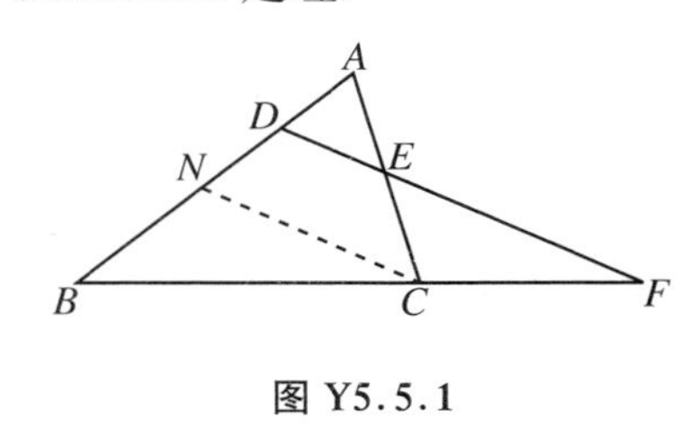

图 Y5.5.1

证明 1（平行截比定理）

如图 Y5.5.1 所示，作 $CN /\!/ DF$，交 AB 于 N. 由平行截比定理，$\frac{BF}{CF}=\frac{BD}{DN}$，$\frac{CE}{EA}=\frac{DN}{DA}$. 两式相乘得

$$\frac{BF}{CF}\cdot\frac{CE}{EA}=\frac{BD}{DN}\cdot\frac{DN}{DA},$$

所以$\frac{AD}{DB}\cdot\frac{BF}{FC}\cdot\frac{CE}{EA}=1$.

证明 2（三角形相似）

如图 Y5.5.2 所示，作 $CG /\!/ AB$，交 EF 于 G，则有$\triangle BFD\backsim\triangle CFG$，$\triangle ECG\backsim\triangle EAD$，

所以$\frac{BF}{CF}=\frac{BD}{CG}$,$\frac{CE}{AE}=\frac{CG}{AD}$.

将上面两个比例式相乘,得$\frac{BF}{CF}\cdot\frac{CE}{AE}=\frac{BD}{CG}\cdot\frac{CG}{AD}$,所以$\frac{AD}{DB}\cdot\frac{BF}{FC}\cdot\frac{CE}{EA}=1$.

证明 3(三角形相似)

作 $BM/\!/AC$,交 FD 的延长线于M,如图 Y5.5.3 所示,则有$\triangle BFM\backsim\triangle CFE$,$\triangle ADE\backsim\triangle BDM$,所以$\frac{BF}{CF}=\frac{BM}{CE}$,$\frac{AD}{BD}=\frac{AE}{BM}$.

两式相乘,就是$\frac{BF}{CF}\cdot\frac{AD}{BD}=\frac{BM}{CE}\cdot\frac{AE}{BM}$,所以$\frac{AD}{DB}\cdot\frac{BF}{FC}\cdot\frac{CE}{EA}=1$.

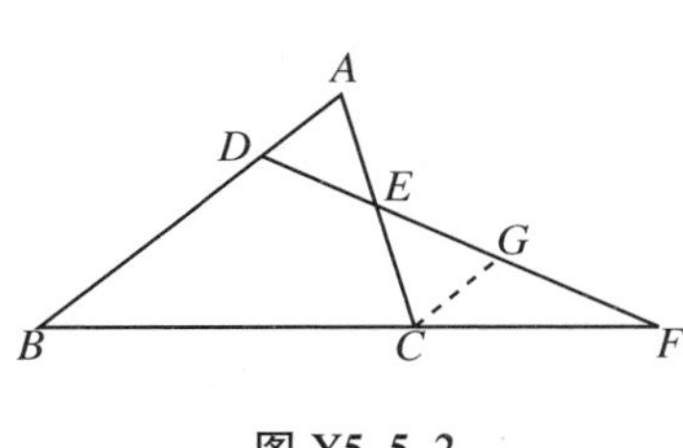

图 Y5.5.2

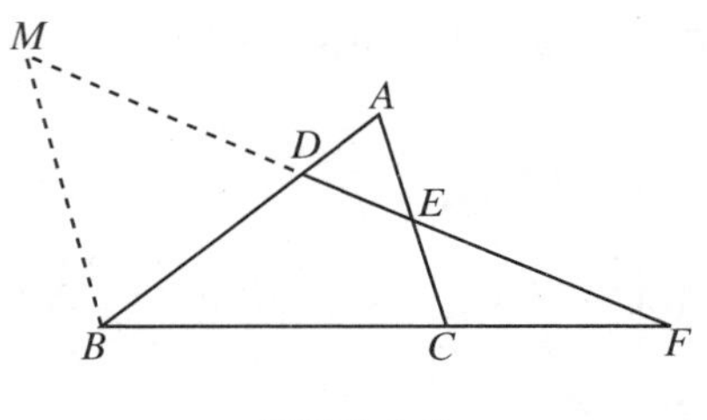

图 Y5.5.3

证明 4(相似三角形)

作 $AM/\!/BC$,交 FD 的延长线于M,如图 Y5.5.4 所示,则有$\triangle ADM\backsim\triangle BDF$,$\triangle AEM\backsim\triangle CEF$,所以$\frac{AD}{DB}=\frac{AM}{BF}$,$\frac{CE}{EA}=\frac{CF}{AM}$.

两式相乘,得$\frac{AD}{DB}\cdot\frac{CE}{EA}=\frac{AM}{BF}\cdot\frac{CF}{AM}$,所以$\frac{AD}{DB}\cdot\frac{BF}{FC}\cdot\frac{CE}{EA}=1$.

证明 5(平行截比定理)

作 $AM/\!/DF$,交 BC 的延长线于M,如图 Y5.5.5 所示.由平行截比定理,$\frac{AD}{BD}=\frac{FM}{BF}$,$\frac{CE}{AE}=\frac{CF}{FM}$.

两式相乘,得$\frac{AD}{BD}\cdot\frac{CE}{AE}=\frac{FM}{BF}\cdot\frac{CF}{FM}$,所以$\frac{AD}{DB}\cdot\frac{BF}{FC}\cdot\frac{CE}{EA}=1$.

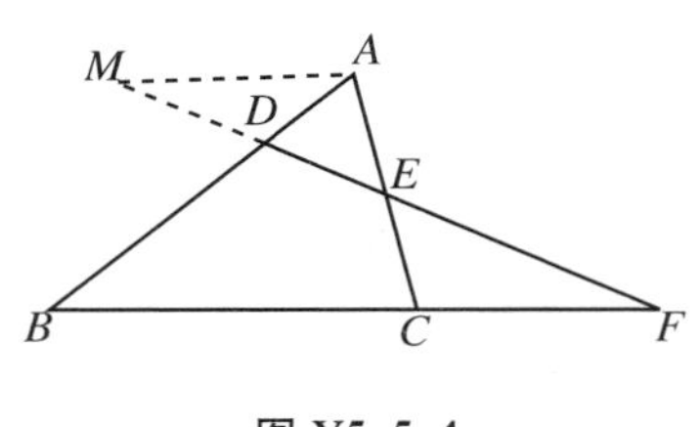

图 Y5.5.4

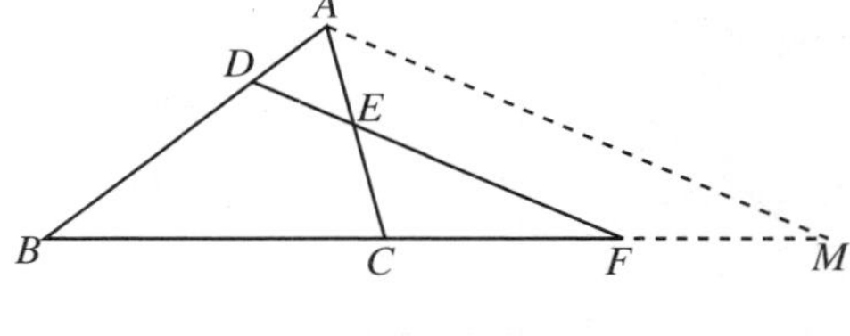

图 Y5.5.5

证明 6(平行截比定理、相似三角形、合比定理)

作 $BM/\!/DF$,交 AC 的延长线于M,如图 Y5.5.6 所示.由平行截比定理,$\frac{AD}{DB}=\frac{AE}{EM}$.

由$\triangle BCM\backsim\triangle FCE$ 知$\frac{BC}{CF}=\frac{CM}{CE}$.由合比定理,$\frac{BC+CF}{CF}=\frac{CM+CE}{CE}$,即$\frac{BF}{CF}=\frac{EM}{CE}$.

两式相乘，得$\frac{AD}{DB}\cdot\frac{BF}{CF}=\frac{AE}{EM}\cdot\frac{EM}{CE}$，所以$\frac{AD}{DB}\cdot\frac{BF}{FC}\cdot\frac{CE}{EA}=1$.

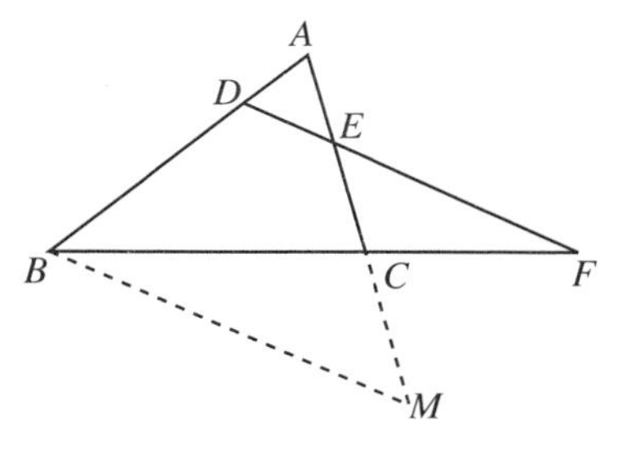

图 Y5.5.6

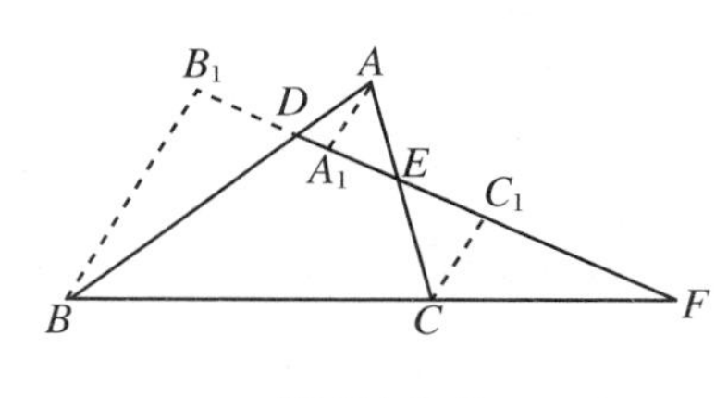

图 Y5.5.7

证明 7(相似三角形)

过A、B、C三点任引三条彼此平行的直线，使三直线与DF相交，交点设为A_1、B_1、C_1，如图 Y5.5.7 所示，则有$\triangle ADA_1\backsim\triangle BDB_1$，$\triangle BFB_1\backsim\triangle CFC_1$，$\triangle CEC_1\backsim\triangle AEA_1$.

所以$\frac{AD}{DB}=\frac{AA_1}{BB_1}$，$\frac{BF}{FC}=\frac{BB_1}{CC_1}$，$\frac{CE}{EA}=\frac{CC_1}{AA_1}$.

将上面三式相乘，得$\frac{AD}{DB}\cdot\frac{BF}{FC}\cdot\frac{CE}{EA}=\frac{AA_1}{BB_1}\cdot\frac{BB_1}{CC_1}\cdot\frac{CC_1}{AA_1}=1$.

证明 8(平行截比定理、三角形相似)

分别过D、F作AC的平行线DN、FM，设DN交BC于N，FM交BA的延长线于M，如图 Y5.5.8 所示. 由平行截比定理和相似三角形，分别有

$$\frac{BF}{CF}=\frac{BM}{AM},\quad \frac{DN}{BD}=\frac{MF}{BM},$$

$$\frac{AD}{AE}=\frac{MD}{MF},\quad \frac{CE}{DN}=\frac{EF}{FD}=\frac{AM}{DM}.$$

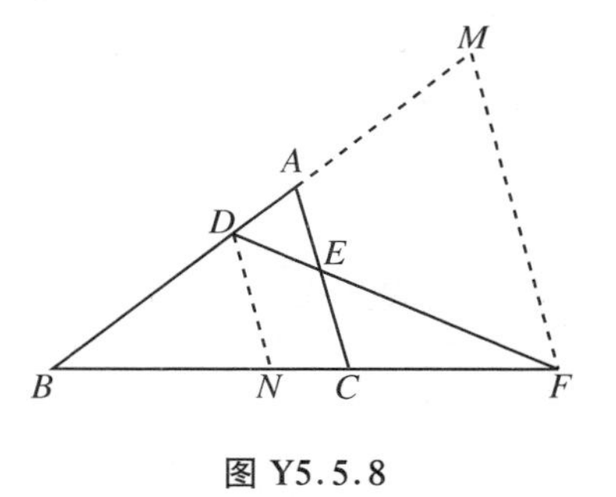

图 Y5.5.8

将上面四个比例式相乘，得

$$\frac{BF}{CF}\cdot\frac{DN}{BD}\cdot\frac{AD}{AE}\cdot\frac{CE}{DN}=\frac{BM}{AM}\cdot\frac{MF}{BM}\cdot\frac{MD}{MF}\cdot\frac{AM}{DM},$$

所以$\frac{AD}{DB}\cdot\frac{BF}{FC}\cdot\frac{CE}{EA}=1$.

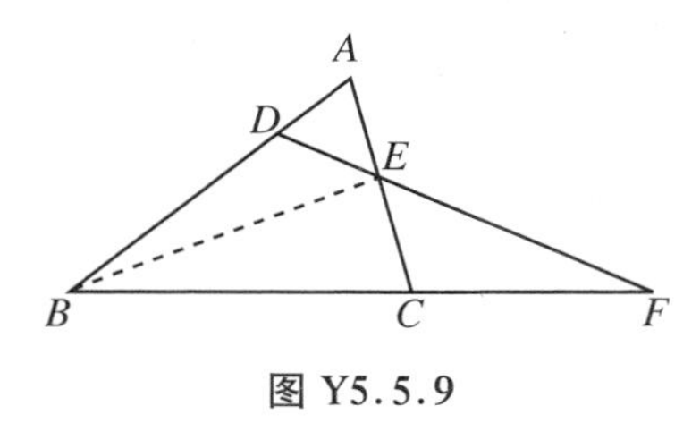

图 Y5.5.9

证明 9(面积法)

如图 Y5.5.9 所示，连BE. 因为$\triangle AED$和$\triangle CEF$有一对等角，所以

$$\frac{S_{\triangle AED}}{S_{\triangle CEF}}=\frac{AE\cdot ED}{CE\cdot EF}. \quad ①$$

因为$\triangle BEF$和$\triangle BDE$等高，所以

$$\frac{S_{\triangle BEF}}{S_{\triangle BDE}}=\frac{EF}{ED}. \quad ②$$

因为$\triangle AED$和$\triangle BDE$等高，所以

$$\frac{S_{\triangle AED}}{S_{\triangle BDE}}=\frac{AD}{DB}. \quad ③$$

因为$\triangle BEF$和$\triangle CEF$等高，所以

$$\frac{S_{\triangle BEF}}{S_{\triangle CEF}}=\frac{BF}{FC}. \quad ④$$

显然式①×式②=式③×式④，所以$\frac{AE\cdot ED}{EC\cdot EF}\cdot\frac{EF}{ED}=\frac{AD}{DB}\cdot\frac{BF}{FC}$，所以

$$\frac{AD}{DB}\cdot\frac{BF}{FC}\cdot\frac{CE}{EA}=1.$$

［例6］ 在$\triangle ABC$中任取一点O，AO、BO、CO的延长线分别交对边于X、Y、Z，则$\frac{BX}{CX}\cdot\frac{CY}{YA}\cdot\frac{AZ}{BZ}=1$.（Ceva定理）

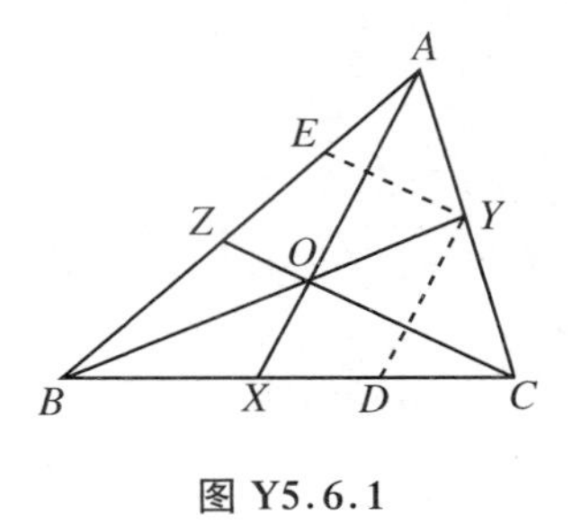

图 Y5.6.1

证明1（平行截比定理）

作$YD\parallel AX$，$YE\parallel CZ$，分别交BC、AB于D、E，如图Y5.6.1所示，由平行截比定理，有

$$\frac{CY}{AY}=\frac{CD}{DX}, \quad ①$$

$$\frac{BZ}{ZE}=\frac{BO}{OY}=\frac{BX}{XD}, \quad ②$$

$$\frac{CD}{CX}=\frac{CY}{AC}=\frac{EZ}{AZ}. \quad ③$$

式①乘以$\frac{BX}{CX}$，得

$$\frac{CY}{AY}\cdot\frac{BX}{CX}=\frac{CD}{DX}\cdot\frac{BX}{CX}, \quad ④$$

再把式②、式③代入式④，得

$$\frac{CY}{AY}\cdot\frac{BX}{CX}=\frac{EZ}{AZ}\cdot\frac{BZ}{ZE}=\frac{BZ}{AZ},$$

所以$\frac{BX}{CX}\cdot\frac{CY}{YA}\cdot\frac{AZ}{ZB}=1$.

证明2（利用相似三角形先找两个比值之积）

过A作$MN\parallel BC$，设直线BY、CZ分别交直线MN于N、M. 如图Y5.6.2所示.

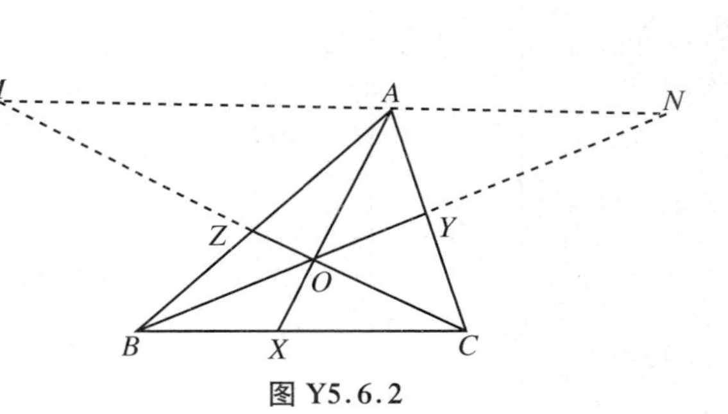

图 Y5.6.2

因为$\triangle AMZ\backsim\triangle BCZ$，所以

$$\frac{AZ}{BZ}=\frac{AM}{BC}. \quad ①$$

因为$\triangle ANY\backsim\triangle CBY$，所以

$$\frac{CY}{YA}=\frac{BC}{AN}. \quad ②$$

因为$\triangle AOM\backsim\triangle XOC$，所以

$$\frac{AM}{CX}=\frac{AO}{OX}. \quad ③$$

因为$\triangle AON\backsim\triangle XOB$，所以

$$\frac{AN}{BX}=\frac{AO}{OX}. \quad ④$$

由式③÷式④得

$$\frac{AM}{AN}\cdot\frac{BX}{CX}=1. \tag{⑤}$$

由式①×式②得

$$\frac{AZ}{BZ}\cdot\frac{CY}{YA}=\frac{AM}{AN}. \tag{⑥}$$

把式⑥代入式⑤，则有

$$\frac{BX}{CX}\cdot\frac{CY}{YA}\cdot\frac{AZ}{BZ}=1.$$

证明3（面积法）

如图Y5.6.3所示，$\triangle ABX$与$\triangle ACX$，$\triangle OBX$与$\triangle OCX$分别等高，故

$$\frac{S_{\triangle ABX}}{S_{\triangle ACX}}=\frac{S_{\triangle OBX}}{S_{\triangle OCX}}=\frac{BX}{XC}.$$

由等比定理，上式就是

$$\frac{S_{\triangle ABX}-S_{\triangle OBX}}{S_{\triangle ACX}-S_{\triangle OCX}}=\frac{S_{\triangle AOB}}{S_{\triangle AOC}}=\frac{BX}{XC}. \tag{①}$$

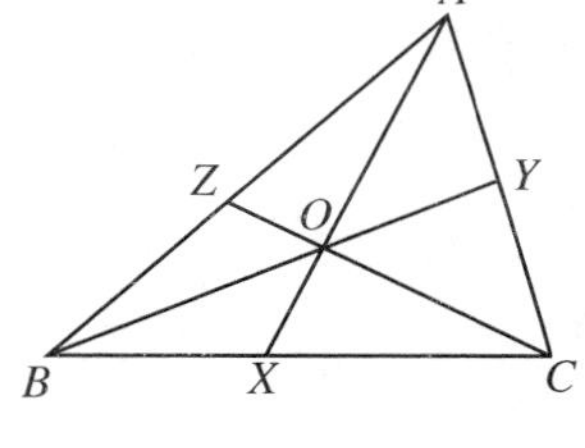

图 Y5.6.3

同理可知

$$\frac{S_{\triangle BOC}}{S_{\triangle BOA}}=\frac{CY}{YA}. \tag{②}$$

$$\frac{S_{\triangle AOC}}{S_{\triangle BOC}}=\frac{AZ}{ZB}. \tag{③}$$

由式①×式②×式③，就是

$$\frac{S_{\triangle AOB}\cdot S_{\triangle BOC}\cdot S_{\triangle AOC}}{S_{\triangle AOC}\cdot S_{\triangle BOA}\cdot S_{\triangle BOC}}=\frac{BX}{XC}\cdot\frac{CY}{YA}\cdot\frac{AZ}{ZB}=1.$$

证明4（平行截比定理）

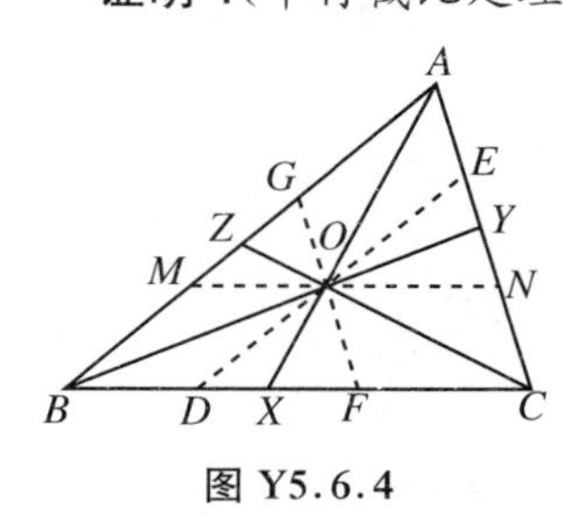

图 Y5.6.4

过O分别作BC、CA、AB的平行线MN、FG、ED.它们与各边的交点如图Y5.6.4所示.由平行截比定理，有

$$\frac{BX}{XC}=\frac{MO}{ON},\quad \frac{CY}{YA}=\frac{FO}{OG},\quad \frac{AZ}{ZB}=\frac{EO}{OD}.$$

另一方面，在$\triangle OGM$、$\triangle ODF$、$\triangle OEN$中，由正弦定理，有

$$\frac{MO}{OG}=\frac{\sin\angle A}{\sin\angle B},\quad \frac{FO}{OD}=\frac{\sin\angle B}{\sin\angle C},\quad \frac{EO}{ON}=\frac{\sin\angle C}{\sin\angle A}.$$

由此得到

$$\frac{BX}{XC}\cdot\frac{CY}{YA}\cdot\frac{AZ}{ZB}=\frac{MO}{ON}\cdot\frac{FO}{OG}\cdot\frac{EO}{OD}=\frac{MO}{OG}\cdot\frac{FO}{OD}\cdot\frac{EO}{ON}$$

$$=\frac{\sin\angle A}{\sin\angle B}\cdot\frac{\sin\angle B}{\sin\angle C}\cdot\frac{\sin\angle C}{\sin\angle A}=1.$$

证明5（引用Menelaus定理的结论）

在$\triangle AXC$中，Y、O、B共线且它们分别是直线AC、AX、CX上的点，由Menelaus定理，则

$$\frac{CY}{YA}\cdot\frac{AO}{OX}\cdot\frac{BX}{CB}=1. \tag{①}$$

在$\triangle ABX$中，对Z、O、C同理有

$$\frac{AZ}{BZ}\cdot\frac{BC}{CX}\cdot\frac{OX}{AO}=1.\tag{②}$$

把式①、式②两式相乘，就得到

$$\frac{CY}{YA}\cdot\frac{AO}{OX}\cdot\frac{BX}{CB}\cdot\frac{AZ}{BZ}\cdot\frac{BC}{CX}\cdot\frac{OX}{AO}=1,$$

这就是

$$\frac{BX}{XC}\cdot\frac{CY}{YA}\cdot\frac{AZ}{ZB}=1.$$

［例 7］ 在$\triangle ABC$中，AM是BC边上的中线，E、F分别是AB、AC上的点，$AE=AF$，EF交AM于D，则$\frac{AC}{AB}=\frac{DE}{DF}$.

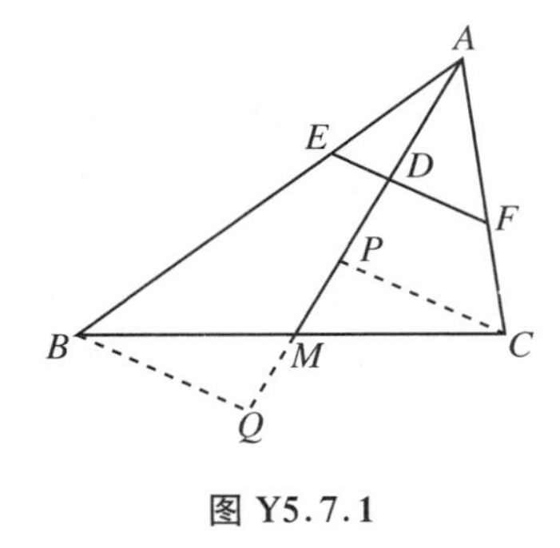

图 Y5.7.1

证明 1(三角形相似)

如图 Y5.7.1 所示，作$CP\parallel EF$、$BQ\parallel EF$，分别交直线AM于P、Q. 易证$\triangle BMQ\cong\triangle CMP$，所以$BQ=CP$.

由$\triangle ADF\backsim\triangle APC$知$\frac{AF}{DF}=\frac{AC}{CP}$.

由$\triangle ADE\backsim\triangle AQB$知$\frac{AE}{DE}=\frac{AB}{BQ}$.

两式相除并注意到$BQ=CP$，$AE=AF$，就得到

$$\frac{AC}{AB}=\frac{DE}{DF}.$$

证明 2(平行截比定理)

如图 Y5.7.2 所示，作$CQ\parallel EF$，交AM于P，交AB于Q，作$QR\parallel AM$，交BC于R. 易证$\frac{PQ}{PC}=\frac{RM}{MC}=\frac{RM}{BM}$，$\frac{RM}{BM}=\frac{AQ}{AB}$. 注意到$\frac{AQ}{AC}=\frac{AE}{AF}=1$，所以$AQ=AC$，所以$\frac{DE}{DF}=\frac{AC}{AB}$.

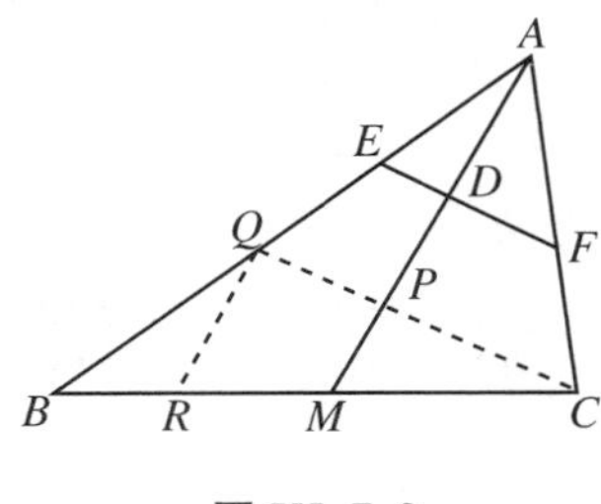

图 Y5.7.2

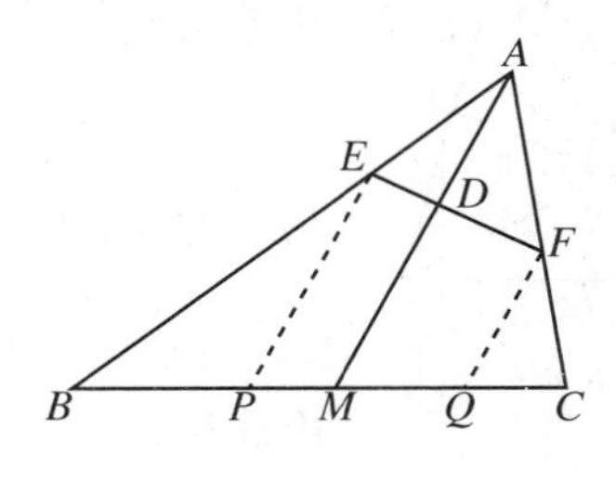

图 Y5.7.3

证明 3(平行截比定理)

如图 Y5.7.3 所示，作$EP\parallel AM$、$FQ\parallel AM$，分别交BC于P、Q. 由平行截比定理，有

$$\frac{DE}{DF}=\frac{PM}{QM},\tag{①}$$

$$\frac{PM}{BM}=\frac{AE}{AB},\tag{②}$$

$$\frac{QM}{CM}=\frac{AF}{AC}.\tag{③}$$

由式②÷式③并注意到 $AE=AF$，$BM=CM$，就得到$\dfrac{PM}{QM}=\dfrac{AC}{AB}$，所以$\dfrac{AC}{AB}=\dfrac{DE}{DF}$.

证明4（三角形相似、中位线定理）

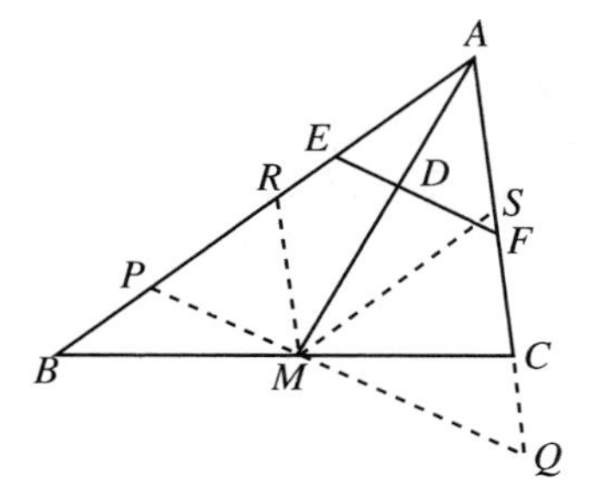

图 Y5.7.4

如图 Y5.7.4 所示，作 $MS\parallel AB$，交 AC 于 S，作 $MR\parallel AC$，交 AB 于 R，则 MS、MR 是△ABC 的中位线，所以 $MS=\dfrac{1}{2}AB$，$MR=\dfrac{1}{2}AC$，所以$\dfrac{MR}{MS}=\dfrac{AC}{AB}$.

过 M 作EF 的平行线，交 AB 于P，交 AC 的延长线于Q. 易证△RPM∽△SMQ∽△AEF，所以△RPM 和△SMQ 都是等腰三角形，所以$\dfrac{PM}{QM}=\dfrac{RM}{SM}$.

因为 $PQ\parallel EF$，由三角形相似易证$\dfrac{PM}{QM}=\dfrac{DE}{DF}$.

所以$\dfrac{AC}{AB}=\dfrac{DE}{DF}$.

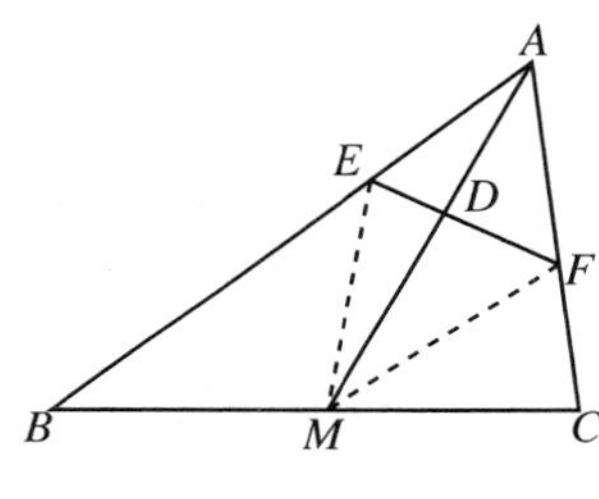

图 Y5.7.5

证明5（面积法）

连 EM、FM，如图 Y5.7.5 所示. 因为 $BM=MC$，所以 $S_{\triangle ABM}=S_{\triangle ACM}$. 因为△$AEM$ 和△AFM 有公共底，所以$\dfrac{S_{\triangle AEM}}{S_{\triangle AFM}}=\dfrac{DE}{DF}$. 于是

$$\frac{S_{\triangle ABM}-S_{\triangle BEM}}{S_{\triangle ACM}-S_{\triangle CFM}}=\frac{1-\dfrac{S_{\triangle BEM}}{S_{\triangle ABM}}}{1-\dfrac{S_{\triangle CFM}}{S_{\triangle ACM}}}=\frac{DE}{DF}. \qquad ①$$

对直线 AB 上的底边而言，△BEM 和△ABM 等高，所以

$$\frac{S_{\triangle BEM}}{S_{\triangle ABM}}=\frac{BE}{AB}, \qquad ②$$

同理

$$\frac{S_{\triangle CFM}}{S_{\triangle ACM}}=\frac{CF}{AC}. \qquad ③$$

把式②、式③代入式①，得

$$\frac{DE}{DF}=\frac{1-\dfrac{BE}{AB}}{1-\dfrac{CF}{AC}}=\frac{\dfrac{AB-BE}{AB}}{\dfrac{AC-CF}{AC}}=\frac{AC\cdot AE}{AB\cdot AF}.$$

因为 $AE=AF$，所以$\dfrac{DE}{DF}=\dfrac{AC}{AB}$.

证明6（三角形相似、面积法）

连 DB、DC，作 $DP\perp AC$ 于 P，作 $DQ\perp AB$ 于 Q，如图Y5.7.6所示.

因为 $AE=AF$，所以$\angle AEF=\angle AFE$，所以 Rt△DEQ∽Rt△DFP，因此

$$\frac{DE}{DF}=\frac{DQ}{DP}. \qquad ①$$

因为 $BM=MC$，所以 $S_{\triangle ABM}=S_{\triangle ACM}$，$S_{\triangle DBM}=S_{\triangle DCM}$，所以 $S_{\triangle ABD}=S_{\triangle ACD}$，即$\dfrac{1}{2}AB\cdot DQ$

$=\dfrac{1}{2}AC\cdot DP$，故

$$\frac{DQ}{DP}=\frac{AC}{AB}. \qquad ②$$

由式①、式②知$\dfrac{DE}{DF}=\dfrac{AC}{AB}$.

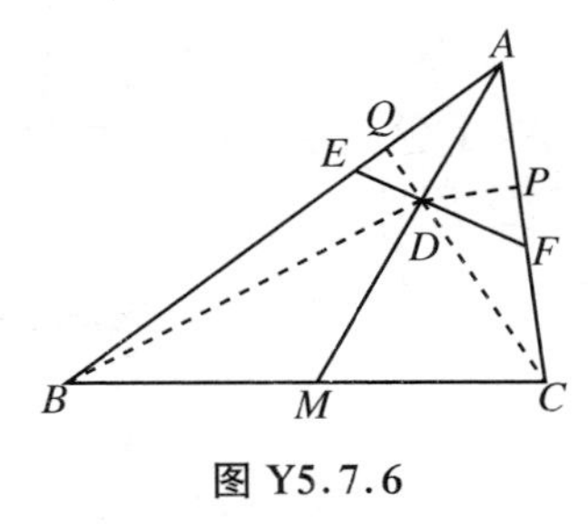

图 Y5.7.6

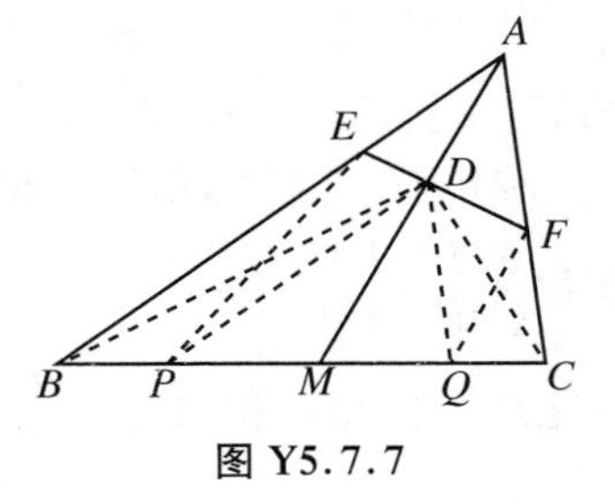

图 Y5.7.7

证明 7（三角形相似、面积法）

如图 Y5.7.7 所示，作 $DP\parallel AB$，$DQ\parallel AC$，分别交 BC 于 P、Q. 连 EP、FQ、DB、DC.

因为$\triangle DEP$ 和$\triangle BDP$ 同底等高，所以 $S_{\triangle DEP}=S_{\triangle BDP}$，同理 $S_{\triangle DFQ}=S_{\triangle DCQ}$.

因为$\triangle ABC$ 和$\triangle DPQ$ 位似，所以

$$\frac{DQ}{DP}=\frac{AC}{AB}. \qquad ①$$

因为 $BM=CM$，所以 $PM=QM$，所以 $BP=CQ$. 可见$\triangle DBP$ 和$\triangle DCQ$ 有等底等高，所以 $S_{\triangle DBP}=S_{\triangle DCQ}$，所以 $S_{\triangle EDP}=S_{\triangle FDQ}$.

因为 $DP\parallel AB$，所以$\angle AEF=\angle EDP$. 同理$\angle AFE=\angle FDQ$. 注意到 $AE=AF$，所以$\angle AEF=\angle AFE$，所以$\angle EDP=\angle FDQ$，即$\triangle EDP$ 和$\triangle FDQ$ 具有一对等角且面积相等，所以$\dfrac{S_{\triangle EDP}}{S_{\triangle FDQ}}=1=\dfrac{DE\cdot DP}{DF\cdot DQ}$，故

$$\frac{DE}{DF}=\frac{DQ}{DP}. \qquad ②$$

由式①、式②知$\dfrac{DE}{DF}=\dfrac{AC}{AB}$.

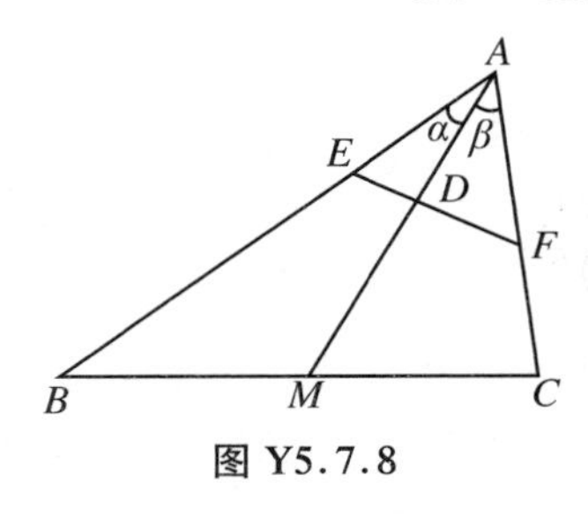

图 Y5.7.8

证明 8（三角法）

设$\angle DAE=\alpha$，$\angle DAF=\beta$，如图 Y5.7.8 所示.

因为 $AE=AF$，所以$\angle AEF=\angle AFE$.

在$\triangle ADE$ 和$\triangle ADF$ 中，由正弦定理，$DE=AD\cdot\dfrac{\sin\alpha}{\sin\angle AED}$，$DF=AE\cdot\dfrac{\sin\beta}{\sin\angle AFD}$，所以

$$\frac{DE}{DF}=\frac{\sin\alpha}{\sin\beta}. \qquad ①$$

在$\triangle ABM$ 和$\triangle ACM$ 中，同理，有

$$AC=CM\cdot\frac{\sin\angle AMC}{\sin\beta},\quad AB=BM\cdot\frac{\sin\angle AMB}{\sin\alpha}.$$

注意到$\angle AMB$ 和$\angle AMC$ 互补，所以 $\sin\angle AMB=\sin\angle AMC$，又有 $BM=CM$，所以

$$\frac{AC}{AB}=\frac{\sin\alpha}{\sin\beta}. \qquad ②$$

由式①、式②知$\dfrac{DE}{DF}=\dfrac{AC}{AB}$.

［**例8**］ 在$\triangle ABC$中，$\angle A=90^\circ$，内接有一个正方形$EFGD$，正方形的一边EF在BC上，则$EF^2=CF\cdot BE$.

证明1（三角形相似）

如图Y5.8.1所示，$\angle B$和$\angle CGF$两双边对应垂直，所以$\angle B=\angle CGF$，所以$\mathrm{Rt}\triangle BDE\backsim\mathrm{Rt}\triangle GCF$，所以$\dfrac{BE}{DE}=\dfrac{GF}{CF}$，所以$CF\cdot BE=DE\cdot GF=EF^2$.

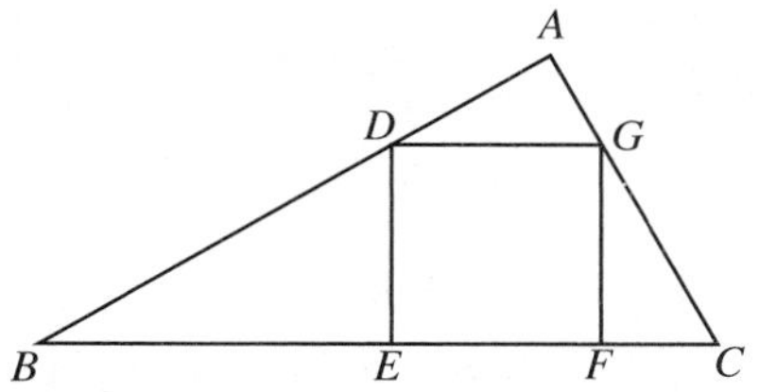

图Y5.8.1

证明2（比例中项定理）

作$DP\parallel AC$，交BC于P，如图Y5.8.2所示，则$\triangle BDP$是直角三角形，且$DE\perp BP$，由比例中项定理，$DE^2=BE\cdot EP$.

易证$\mathrm{Rt}\triangle DEP\cong\mathrm{Rt}\triangle GFC$，所以$EP=CF$.

所以$DE^2=BE\cdot CF$，所以$EF^2=BE\cdot CF$.

证明3（三角形相似）

如图Y5.8.3所示，作$AP\perp BC$，垂足为P. 由$\triangle BAP\backsim\triangle BDE$，$\triangle CAP\backsim\triangle CGF$，分别有

$$\frac{BE}{DE}=\frac{BP}{AP},\quad \frac{CF}{FG}=\frac{CP}{AP}.$$

将上面两式相乘，得

$$\frac{BE\cdot CF}{DE\cdot FG}=\frac{BP\cdot CP}{AP\cdot AP},$$

因为$AP^2=BP\cdot CP$，所以$BE\cdot CF=DE\cdot FG=EF^2$.

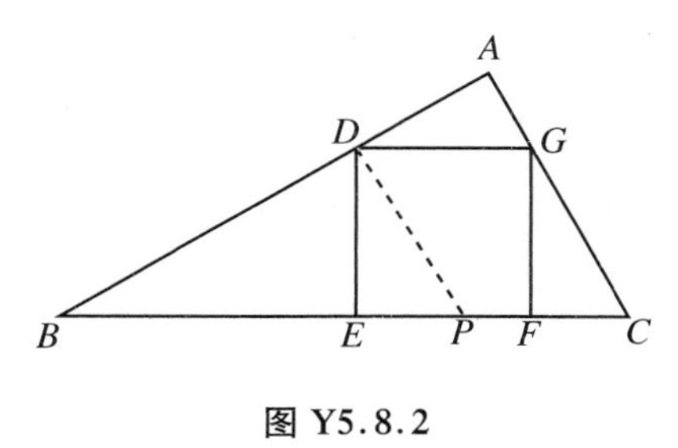

图Y5.8.2

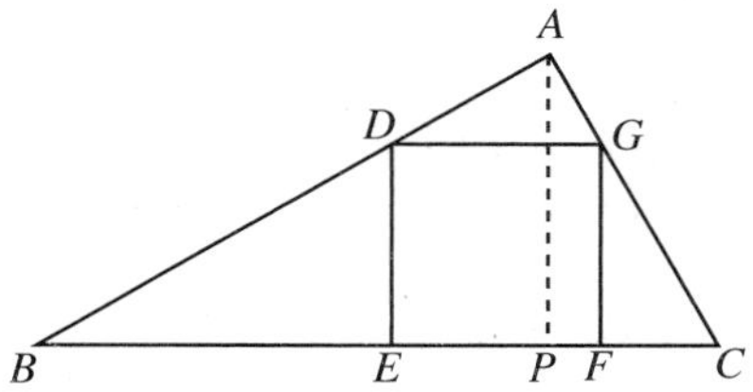

图Y5.8.3

证明4（面积法）

作$BP\parallel DE$，使$BP=CF$；作$PQ\parallel BC$，交AB于S，交DE于Q；连FQ并延长，交GD的延长线于R，交AB于M，如图Y5.8.4所示，则$PQEB$是矩形，$S_{PQEB}=BP\cdot BE=BE\cdot CF$.

易证$\mathrm{Rt}\triangle BPS\cong\mathrm{Rt}\triangle CFG\cong\mathrm{Rt}\triangle QEF$，所以$\angle 1=\angle 2$. 又$\angle 1=\angle 3$，所以$\angle 2=\angle 3$，所以$BM=MF$.

由平行截比定理易知$MD=MR$，所以$BD=FR$，所以$\mathrm{Rt}\triangle BDE\cong\mathrm{Rt}\triangle RFG$，$\mathrm{Rt}\triangle DSQ\cong\mathrm{Rt}\triangle QRD$，所以$S_{BEQS}=S_{DQFG}$，所以$S_{PBEQ}=S_{DEFG}$，所以$BE\cdot CF=EF^2$.

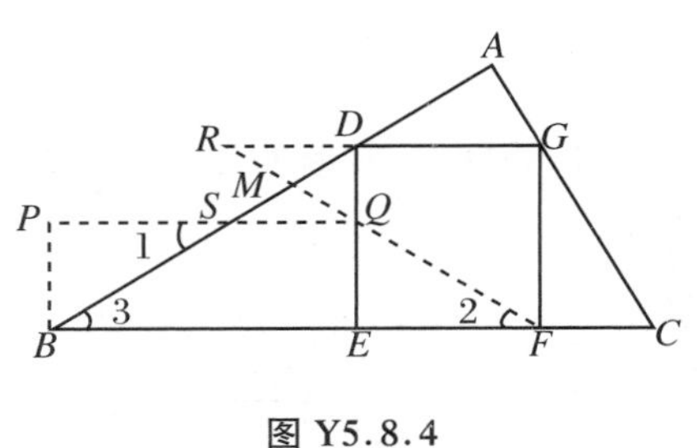

图 Y5.8.4

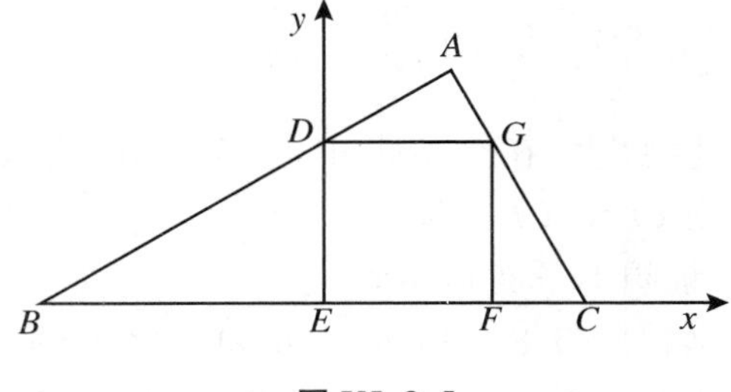

图 Y5.8.5

证明 5(解析法)

如图 Y5.8.5 所示,建立直角坐标系.

设 $EF=a$,$EC=m(m>a)$,则 $G(a,a)$,$D(0,a)$,$C(m,0)$.

所以 $k_{AC}=\dfrac{a}{a-m}$,所以 $k_{AB}=-\dfrac{1}{k_{AC}}=\dfrac{m-a}{a}$.

在 AB 的方程 $y-a=\dfrac{m-a}{a}\cdot x$ 中,令 $y=0$,可解出 B 点横坐标 $x_B=\dfrac{a^2}{a-m}$.

所以 $BE=\dfrac{a^2}{m-a}$,$CF=m-a$,所以 $BE\cdot CF=\dfrac{a^2}{m-a}\cdot(m-a)=a^2=EF^2$.

[**例 9**] E 为▱$ABCD$ 的对角线 AC 上的任一点,$EF\perp AB$,$EG\perp AD$,垂足分别是 F、G,则 $AB\cdot EF=AD\cdot EG$.

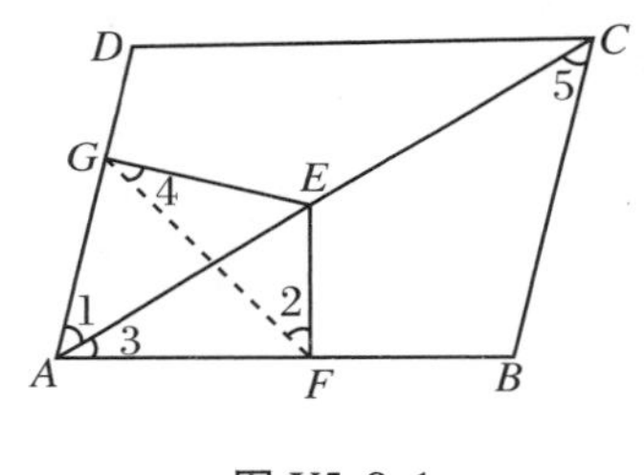

图 Y5.9.1

证明 1(三角形相似、共圆)

如图 Y5.9.1 所示,连 FG.易证 A、F、E、G 共圆,所以 $\angle 1=\angle 2$,$\angle 3=\angle 4$,又 $\angle 1=\angle 5$,所以 $\angle 2=\angle 5$,所以 $\triangle EFG\backsim\triangle BCA$,所以$\dfrac{AB}{BC}=\dfrac{EG}{EF}$,所以 $AB\cdot EF=BC\cdot EG$.

因为 $AD=BC$,所以 $AB\cdot EF=AD\cdot EG$.

证明 2(三角形相似、平行四边形位似)

作 $EM/\!/BC$,交 AB 于 M,作 $EN/\!/AB$,交 AD 于 N,如图 Y5.9.2 所示,则 $\angle GNE=\angle DAB=\angle EMF$,所以 $\mathrm{Rt}\triangle EGN\backsim\mathrm{Rt}\triangle EFM$,所以 $\dfrac{EG}{EF}=\dfrac{EN}{EM}$.

易知▱$ABCD$ 与▱$AMEN$ 位似,所以$\dfrac{EN}{EM}=\dfrac{CD}{BC}=\dfrac{AB}{AD}$,所以$\dfrac{EG}{EF}=\dfrac{AB}{AD}$,所以 $AB\cdot EF=AD\cdot EG$.

证明 3(三角形相似)

作 $CM\perp AB$,$CN\perp AD$,垂足分别是 M、N,如图 Y5.9.3 所示,则 $\angle NDC=\angle A=\angle CBM$,所以 $\mathrm{Rt}\triangle CND\backsim\mathrm{Rt}\triangle CMB$,所以$\dfrac{CN}{CM}=\dfrac{CD}{CB}=\dfrac{AB}{AD}$.

由 $\triangle ACN\backsim\triangle AEG$,$\triangle ACM\backsim\triangle AEF$ 知$\dfrac{CN}{EG}=\dfrac{AC}{AE}=\dfrac{CM}{EF}$,所以$\dfrac{CN}{CM}=\dfrac{EG}{EF}$.

所以$\dfrac{EG}{EF}=\dfrac{AB}{AD}$,所以 $AB\cdot EF=AD\cdot EG$.

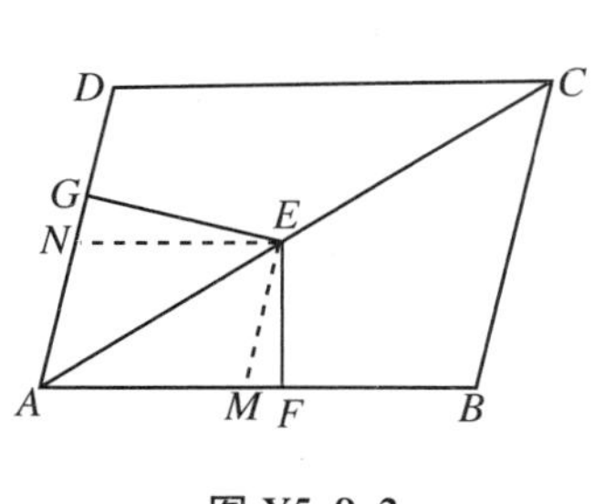

图 Y5.9.2

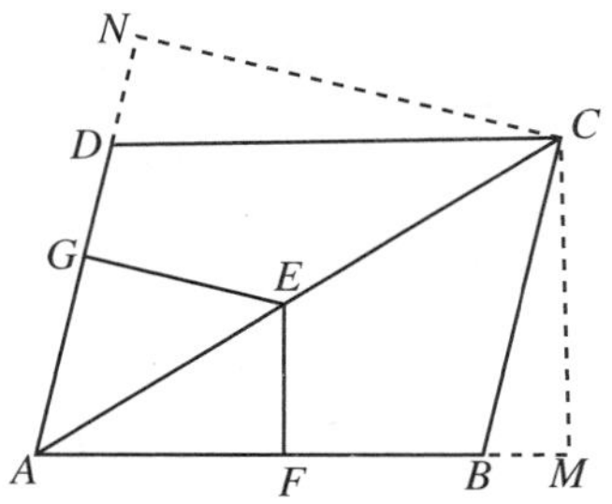

图 Y5.9.3

证明4(面积法)

如图 Y5.9.4 所示,连 BE、DE.

因为 $ABCD$ 是平行四边形,所以 B、D 到 AC 的距离相等,即$\triangle AED$ 和$\triangle AEB$ 在 AE 上的高相等,所以 $S_{\triangle AED}=S_{\triangle AEB}$.

所以$\frac{1}{2}AB\cdot EF=\frac{1}{2}AD\cdot EG$,所以 $AB\cdot EF=AD\cdot EG$.

证明5(三角法)

如图 Y5.9.5 所示,设$\angle DAC=\angle ACB=\alpha$,$\angle EAF=\beta$.在 $\mathrm{Rt}\triangle AGE$ 和 $\mathrm{Rt}\triangle AFE$ 中,$\sin\alpha=\frac{EG}{AE}$,$\sin\beta=\frac{EF}{AE}$,所以$\frac{\sin\alpha}{\sin\beta}=\frac{EG}{EF}$.

在$\triangle ABC$ 中,由正弦定理,$\frac{AB}{BC}=\frac{\sin\alpha}{\sin\beta}$,所以$\frac{AB}{BC}=\frac{EG}{EF}$,所以 $AB\cdot EF=BC\cdot EG=AD\cdot EG$.

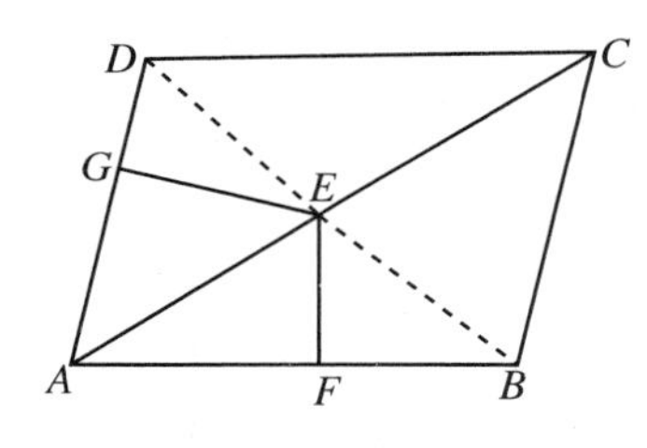

图 Y5.9.4

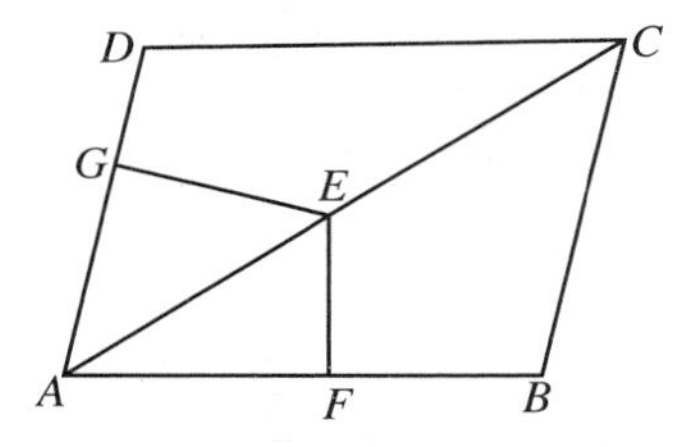

图 Y5.9.5

证明6(解析法)

如图 Y5.9.6 所示,建立直角坐标系.

设 $B(a,0)$,$D(b,c)$,则 $C(a+b,c)$,设 $E(x_0,y_0)$.

直线 AC 的方程为 $y=\frac{c}{a+b}x$.因为 E 在 AC 上,所以 E 的纵坐标就是 $y_E=\frac{c}{a+b}x_0$,所以

$$AB\cdot EF=a\cdot\frac{c}{a+b}x_0=\frac{ac}{a+b}x_0. \quad ①$$

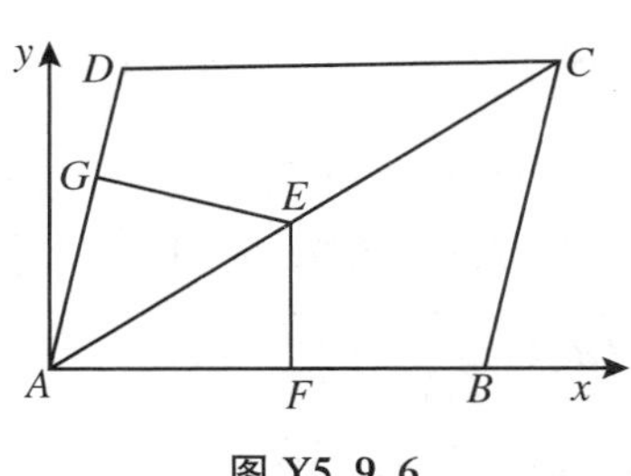

图 Y5.9.6

直线 AD 的方程为 $y=\frac{c}{b}x$,即 $cx-by=0$.由点到直线的距离公式,有

$$EG=\frac{\left|cx_0-b\cdot\frac{c}{a+b}x_0\right|}{\sqrt{b^2+c^2}}=\frac{acx_0}{(a+b)\sqrt{b^2+c^2}},$$

$$AD\cdot EG=\sqrt{b^2+c^2}\cdot\frac{acx_0}{(a+b)\sqrt{b^2+c^2}}$$

$$=\frac{acx_0}{a+b}.\qquad ②$$

由式①、式②知 $AD\cdot EG=AB\cdot EF$.

［例 10］ 过▱$ABCD$ 的顶点 A 作一直线，交 BD 于 E，交 DC 于 F，交 BC 的延长线于 G，则 $AE^2=EF\cdot EG$.

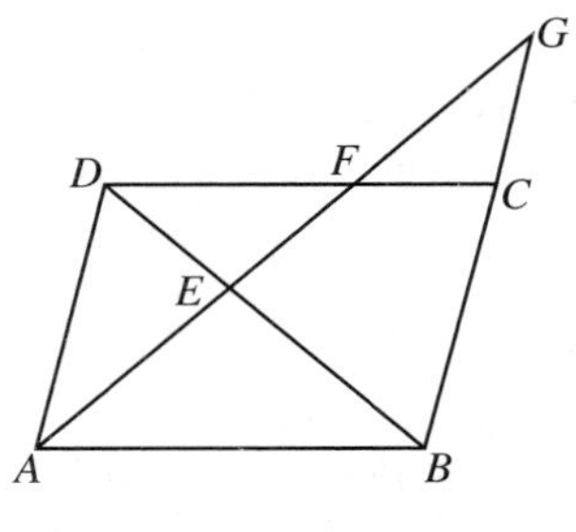

图 Y5.10.1

证明 1（三角形相似）

如图 Y5.10.1 所示，由△ABE∽△FDE，△BEG∽△DEA，得$\frac{AE}{EF}=\frac{BE}{ED}$，$\frac{BE}{ED}=\frac{EG}{AE}$，所以$\frac{AE}{EF}=\frac{EG}{AE}$，所以 $AE^2=EF\cdot EG$.

证明 2（平行截比定理、三角形相似）

如图 Y5.10.2 所示，作 $EP\parallel AB$，交 BC 于 P，由平行截比定理，有

$$\frac{EF}{AE}=\frac{CP}{BP},\quad \frac{DE}{BE}=\frac{CP}{BP}.$$

由△AED∽△GEB，得$\frac{AE}{EG}=\frac{DE}{BE}$.

所以$\frac{EF}{AE}=\frac{AE}{EG}$，所以 $AE^2=EG\cdot EF$.

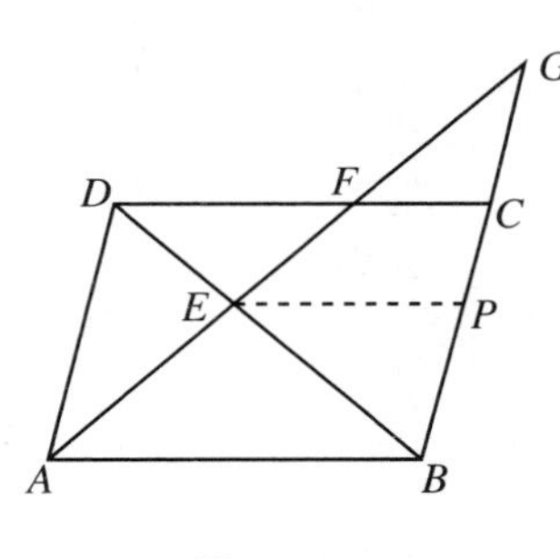

图 Y5.10.2

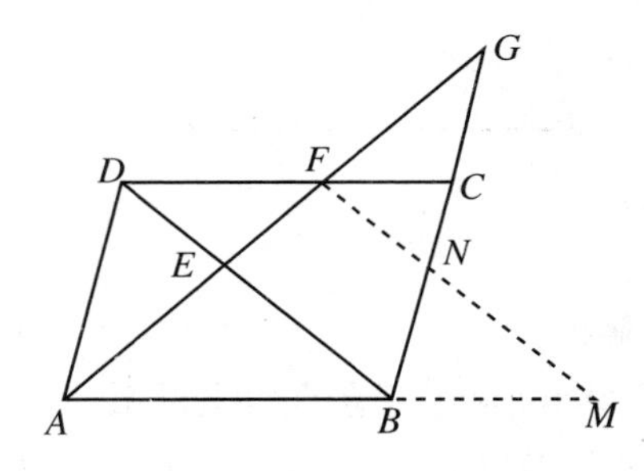

图 Y5.10.3

证明 3（平行截比定理、三角形相似）

作 $FM\parallel BD$，交 AB 的延长线于 M，交 BC 于 N，如图 Y5.10.3 所示. 由△BEG∽△DEA 知$\frac{EG}{AE}=\frac{EB}{DE}$. 由△$ABE$∽△$FDE$ 知$\frac{EB}{DE}=\frac{AB}{DF}$. 因为 $DFMB$ 是平行四边形，所以 $DF=BM$，所以$\frac{EB}{DE}=\frac{AB}{BM}$.

由平行截比定理，$\frac{AB}{BM}=\frac{AE}{EF}$，所以$\frac{AE}{EF}=\frac{EG}{AE}$，所以 $AE^2=EF\cdot EG$.

证明4（平行截比定理、三角形全等）

如图Y5.10.4所示，作 $CP\parallel AE$，交 BD 于 Q，交 AB 于 P，则 $APCF$ 是平行四边形．易证 $\triangle BCQ\cong\triangle DAE$，$\triangle PBQ\cong\triangle FDE$，所以 $EF=PQ$，$AE=CQ$．

由平行截比定理知 $\dfrac{AE}{EG}=\dfrac{PQ}{CQ}=\dfrac{EF}{AE}$，所以 $AE^2=EF\cdot EG$．

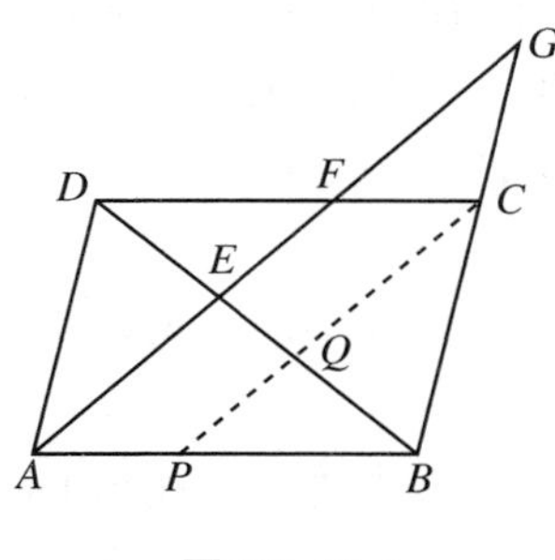

图Y5.10.4

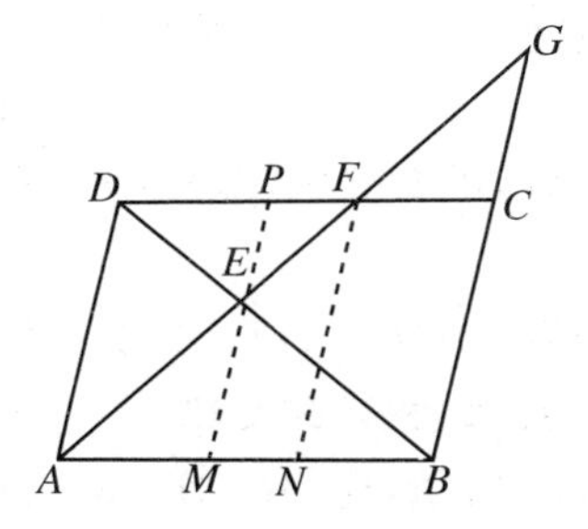

图Y5.10.5

证明5（平行截比定理、相似三角形）

作 $FN\parallel BC$，交 AB 于 N，过 E 作 BC 的平行线，分别交 AB、CD 于 M、P．如图Y5.10.5所示．

由平行截比定理知 $\dfrac{AE}{EF}=\dfrac{AM}{MN}$．

由 $\triangle EBG\backsim\triangle EDA$ 知 $\dfrac{EG}{AE}=\dfrac{BE}{ED}$．

由 $\triangle BEM\backsim\triangle DEP$ 知 $\dfrac{BE}{ED}=\dfrac{BM}{DP}$．

由平行截比定理知 $\dfrac{BM}{DP}=\dfrac{AM}{PF}=\dfrac{AM}{MN}$．

所以 $\dfrac{EG}{AE}=\dfrac{AE}{EF}$，所以 $AE^2=EF\cdot EG$．

证明6（面积法）

如图Y5.10.6所示，$\triangle DAE$ 和 $\triangle DEF$，$\triangle BEG$ 和 $\triangle BAE$ 分别等高，所以 $\dfrac{S_{\triangle DAE}}{S_{\triangle DEF}}=\dfrac{AE}{EF}$，$\dfrac{S_{\triangle BEG}}{S_{\triangle BAE}}=\dfrac{EG}{AE}$．

因为 $\triangle DAE\backsim\triangle BGE$，$\triangle DEF\backsim\triangle BEA$，所以 $\dfrac{S_{\triangle DAE}}{S_{\triangle BGE}}=\left(\dfrac{DE}{EB}\right)^2$，$\dfrac{S_{\triangle DEF}}{S_{\triangle BEA}}=\left(\dfrac{DE}{EB}\right)^2$，所以 $\dfrac{S_{\triangle DAE}}{S_{\triangle BGE}}=\dfrac{S_{\triangle DEF}}{S_{\triangle BEA}}$，所以 $\dfrac{S_{\triangle DAE}}{S_{\triangle DEF}}=\dfrac{S_{\triangle BEG}}{S_{\triangle BAE}}$，所以 $\dfrac{AE}{EF}=\dfrac{EG}{AE}$，所以 $AE^2=EF\cdot EG$．

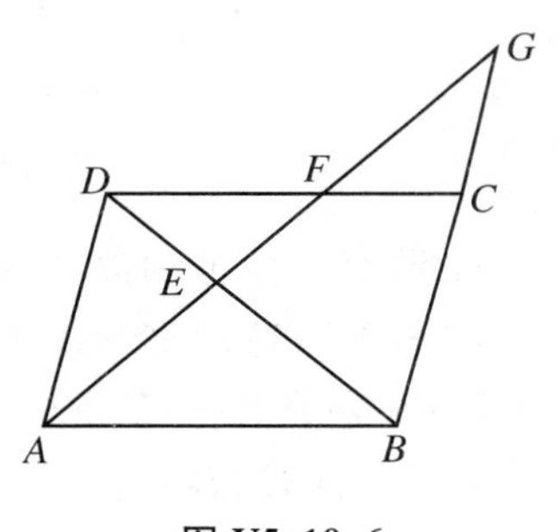

图Y5.10.6

［例11］　$\odot O$、$\odot A$ 交于 C、E 两点，A 在 $\odot O$ 上，B 为 $\odot O$ 上处于 $\odot A$ 外的任一点，BA 交 $\odot A$ 于 D，交 CE 于 F，则 $AD^2=AB\cdot AF$．

证明1（相似三角形、圆周角定理）

如图Y5.11.1所示，连 AE、AC、BC．因为 $AE=AC$，所以 $\angle AEC=\angle ACE$．

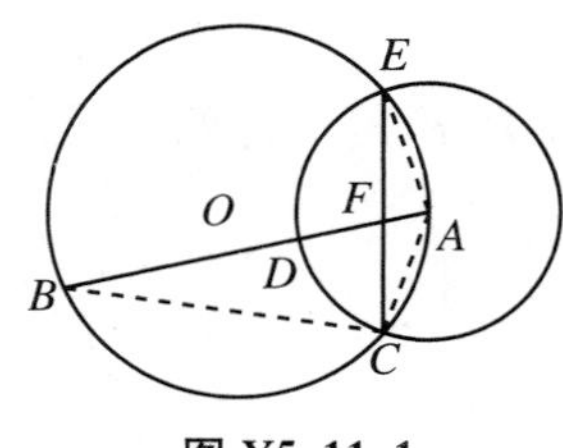

图 Y5.11.1

在⊙O 中，$\angle AEC=\angle ABC$，所以$\angle ABC=\angle ACE$，所以$\triangle CAF\backsim\triangle BAC$，所以$\dfrac{AF}{AC}=\dfrac{AC}{AB}$，所以 $AC^2=AB\cdot AF$. 因为 $AC=AD$，所以 $AD^2=AB\cdot AF$.

证明 2（相交弦定理）

延长 BA，交⊙A 于 P，如图 Y5.11.2 所示.

在⊙O 中 F 处，由相交弦定理，$EF\cdot FC=FA\cdot FB$.

在⊙A 中 F 处，由相交弦定理，$EF\cdot CF=DF\cdot FP=(AD-AF)\cdot(AD+AF)=AD^2-AF^2$.

所以 $FA\cdot FB=AD^2-AF^2$，所以 $AF(FB+AF)=AD^2$，所以 $AD^2=AB\cdot AF$.

证明 3（勾股定理、相交弦定理）

如图 Y5.11.3 所示，连 AC，作 $AG\perp CE$，垂足为 G，由垂径定理知 $CG=EG$.

在 Rt$\triangle AGF$ 和 Rt$\triangle AGC$ 中，由勾股定理，有

$$\begin{aligned}AF^2&=AG^2+GF^2,\\AC^2&=AG^2+GC^2,\\AC^2-AF^2&=(AG^2+GC^2)-(AG^2+GF^2)\\&=GC^2-GF^2=(GC+GF)\cdot(GC-GF)\\&=(GE+GF)\cdot(GC-GF)=EF\cdot FC.\end{aligned}$$

所以 $AC^2-AF^2=EF\cdot FC$.

在⊙O 中 F 点处，由相交弦定理，$EF\cdot FC=AF\cdot FB$，所以 $AC^2=AF^2+EF\cdot FC=AF^2+AF\cdot FB=AF\cdot(AF+FB)=AF\cdot AB$，所以 $AD^2=AF\cdot AB$.

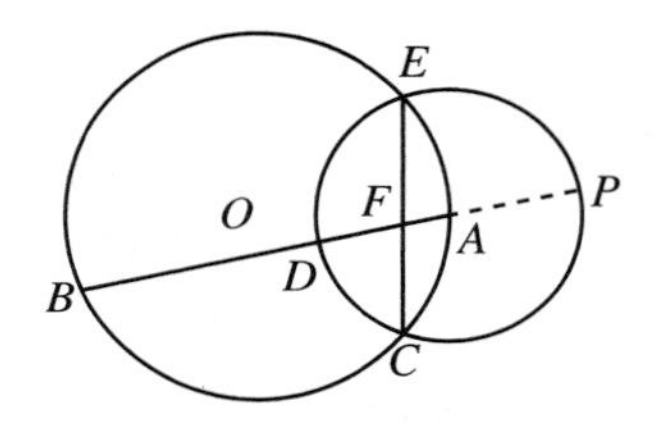

图 Y5.11.2

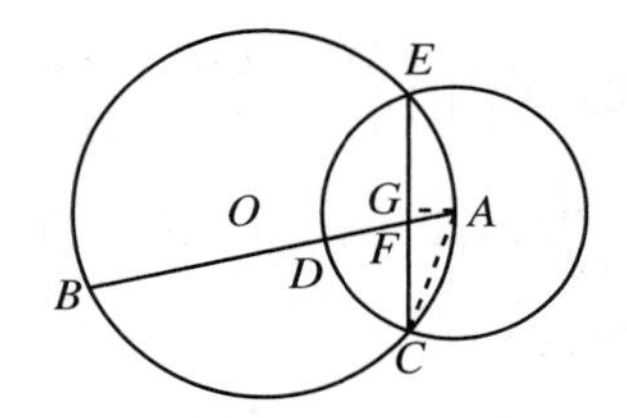

图 Y5.11.3

证明 4（三角形相似、特殊化处理）

如图 Y5.11.4 所示，作⊙O 的直径 AG，设 AG 交 CE 于 H，则 AG 是公共弦 CE 的中垂线.

连 AC、CG、BG. 因为 AG 是直径，所以$\angle ACG=\angle ABG=90^\circ$，在 Rt$\triangle ACG$ 中. 因为 $CH\perp AG$，所以 $AC^2=AH\cdot AG$，所以 $AD^2=AH\cdot AG$.

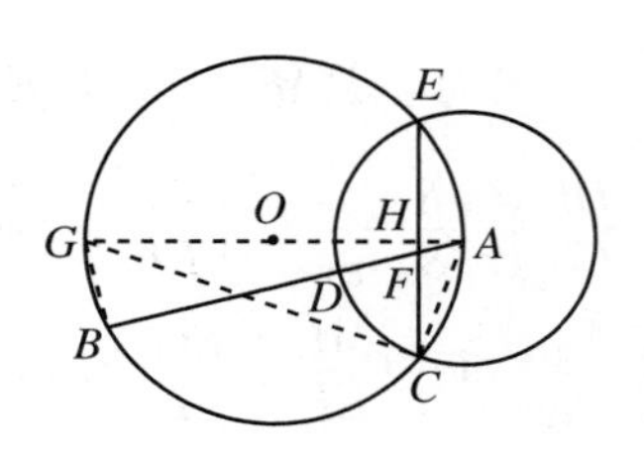

图 Y5.11.4

由 Rt$\triangle AHF\backsim$Rt$\triangle ABG$ 知$\dfrac{AB}{AH}=\dfrac{AG}{AF}$，即 $AH\cdot AG=AB\cdot AF$，所以 $AB\cdot AF=AD^2$.

证明 5（三角法）

设$\angle ABC=\alpha$，则$\angle AEC=\angle ACE=\alpha$，如图 Y5.11.1 所示.

设$\angle ACB=\beta$,则$\angle AFC=\beta$.

在$\triangle AFC$中,由正弦定理,$AF\cdot\sin\beta=AC\cdot\sin\alpha$,在$\triangle ABC$中,同理$AB\cdot\sin\alpha=AC\cdot\sin\beta$,两个式子相乘,得$AB\cdot AF=AC^2=AD^2$.

证明 6(解析法)

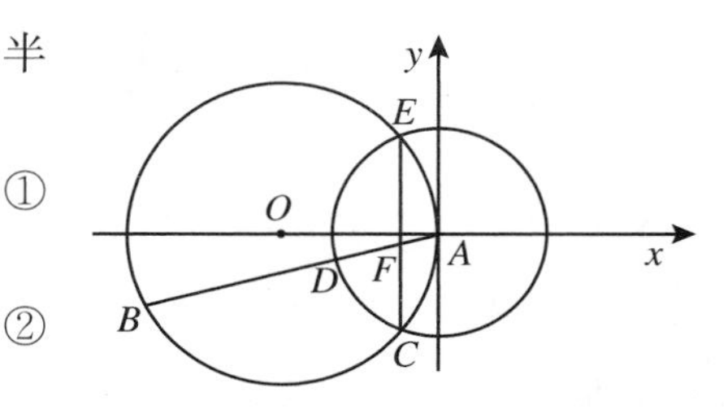

图 Y5.11.5

如图 Y5.11.5 所示,建立直角坐标系.设$\odot O$的半径为R,$\odot A$的半径为r,则$\odot A$的方程为

$$x^2+y^2=r^2. \quad ①$$

$\odot O$的方程为$(x+R)^2+y^2=R^2$,即

$$x^2+y^2+2Rx=0. \quad ②$$

由式②-式①得公共弦方程为

$$x=-\frac{r^2}{2R}. \quad ③$$

设AB的倾角为α,则AB的方程为

$$y=x\cdot\tan\alpha. \quad ④$$

联立式③、式④,解得$F\left(-\frac{r^2}{2R},-\frac{r^2}{2R}\tan\alpha\right)$.

联立式②、式④,解得$B(-2R\cos^2\alpha,-2R\cos\alpha\sin\alpha)$.于是

$$AF=\sqrt{\left(-\frac{r^2}{2R}\right)^2+\left(\frac{r^2}{2R}\tan\alpha\right)^2}=\frac{r^2}{2R}\sec\alpha,$$

$$AB=\sqrt{(-2R\cos^2\alpha)^2+(-2R\cos\alpha\sin\alpha)^2}=2R\cos\alpha,$$

$$AB\cdot AF=2R\cos\alpha\cdot\frac{r^2}{2R}\sec\alpha=r^2=AD^2.$$

[**例 12**]　AB切$\odot O$于A,BO交$\odot O$于C,$AD\perp BC$,垂足为D,则$\frac{AB}{BC}=\frac{AD}{DC}$.

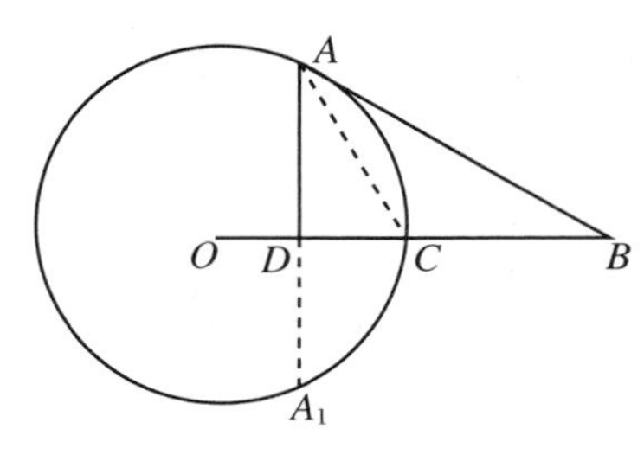

图 Y5.12.1

证明 1(垂径定理、弦切角、圆周角定理、角平分线性质定理)

如图 Y5.12.1 所示,连AC,延长AD,交$\odot O$于A_1.

由垂径定理知$\overset{\frown}{AC}=\overset{\frown}{A_1C}$.因为$\angle CAA_1$是圆周角,$\angle BAC$是弦切角,所以

$$\angle CAA_1\overset{m}{=}\frac{1}{2}\overset{\frown}{A_1C}=\frac{1}{2}\overset{\frown}{AC}\overset{m}{=}\angle BAC,$$

可见AC是$\angle BAD$的平分线.由角平分线性质定理,$\frac{AB}{BC}=\frac{AD}{DC}$.

证明 2(弦切角定理、角平分线性质定理)

如图 Y5.12.2 所示,连AC,延长BO,交$\odot O$于E,连AE,则CE是直径,所以$AE\perp AC$.

因为$AD\perp EC$,所以$\angle 1=\angle 2$.

因为$\angle 3$是弦切角,所以$\angle 3=\angle 1$,所以$\angle 3=\angle 2$,即AC是$\angle BAD$的角平分线,所以

$\frac{AD}{DC}=\frac{AB}{BC}$.

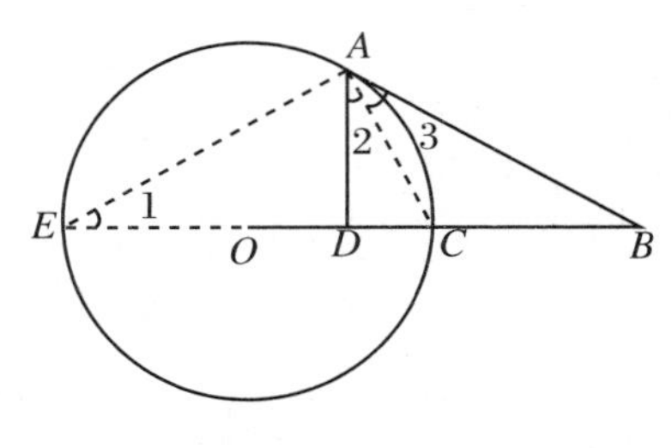

图 Y5.12.2

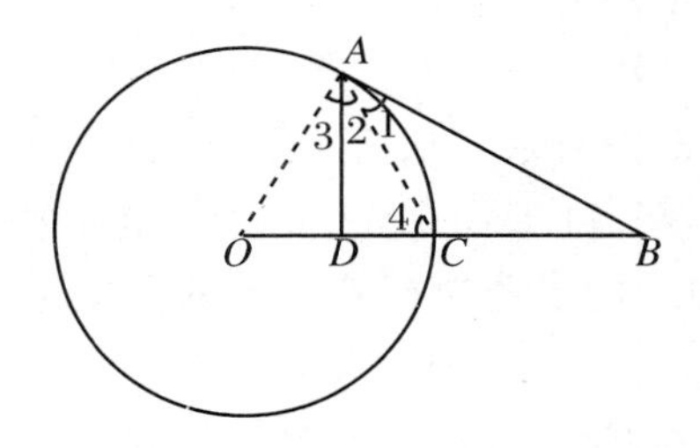

图 Y5.12.3

证明 3(角平分线性质定理、切线的性质)

如图 Y5.12.3 所示,连 OA、AC. 因为 AB 是切线,所以 $OA\perp AB$,所以$\angle 1+\angle 2+\angle 3=90^\circ$.

因为 $AD\perp OB$,所以$\angle 2+\angle 4=90^\circ$,两式相减得$\angle 1+\angle 3=\angle 4$.

因为 $OA=OC$,所以$\angle 2+\angle 3=\angle 4$,所以$\angle 1=\angle 2$,即 AC 是$\angle BAD$ 的平分线,所以$\frac{AD}{DC}=\frac{AB}{BC}$.

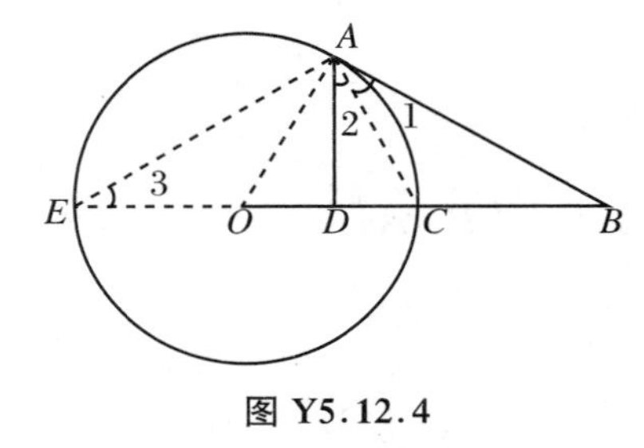

图 Y5.12.4

证明 4(三角形相似)

如图 Y5.12.4 所示,连 AC、AO,延长 BO,交$\odot O$ 于E,连 AE. 由弦切角定理,$\angle 1=\angle 3$,所以$\triangle ABE\backsim\triangle CBA$,所以$\frac{AB}{BC}=\frac{AE}{AC}$. 由$\triangle DEA\backsim\triangle DAC$ 知$\frac{AE}{AC}=\frac{AD}{DC}$,所以$\frac{AB}{BC}=\frac{AD}{DC}$.

证明 5(三角形相似、切线长定理、平行截比定理)

如图 Y5.12.5 所示,作 $CE\parallel AD$,交 AB 于E,由$\triangle ADB\backsim\triangle ECB$ 知$\frac{AD}{CE}=\frac{AB}{BE}$.

由平行截比定理知$\frac{BE}{AE}=\frac{BC}{CD}$.

由切线长定理知 $EA=EC$,所以$\frac{AD}{AE}=\frac{AB}{BE}$,所以$\frac{AD}{AB}=\frac{AE}{BE}=\frac{CD}{BC}$,所以$\frac{AB}{BC}=\frac{AD}{DC}$.

证明 6(解析法)

如图 Y5.12.6 所示,建立直角坐标系.

设 $A(x_0,y_0)$,圆的半径为 r,$\odot O$ 的方程为$x^2+y^2=r^2$,所以 $x_0^2+y_0^2=r^2$,切线 AB 的方程为$x_0x+y_0y=r^2$. 在 AB 的方程中,令 $y=0$,可得 B 的横坐标$x_B=\frac{r^2}{x_0}$,所以 $B\left(\frac{r^2}{x_0},0\right)$. 因为 $C(r,0)$,$D(x_0,0)$,由距离公式,有

$$AB=\sqrt{\left(\frac{r^2}{x_0}-x_0\right)^2+y_0^2}=\sqrt{\frac{r^4}{x_0^2}-2r^2+x_0^2+y_0^2}=\sqrt{\frac{r^4}{x_0^2}-r^2}=r\sqrt{\frac{r^2}{x_0^2}-1},$$

$$BC=\frac{r^2}{x_0}-r=r\left(\frac{r}{x_0}-1\right),$$

$$\frac{AB}{BC}=\frac{r\sqrt{\frac{r^2}{x_0^2}-1}}{r\left(\frac{r}{x_0}-1\right)}=\frac{\sqrt{r^2-x_0^2}}{r-x_0}=\frac{y_0}{r-x_0}.$$

因为$\frac{AD}{DC}=\frac{y_0}{r-x_0}$,所以$\frac{AD}{DC}=\frac{AB}{BC}$.

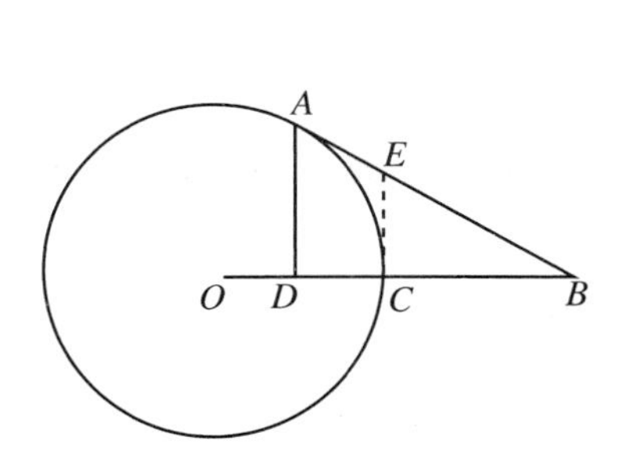

图 Y5.12.5

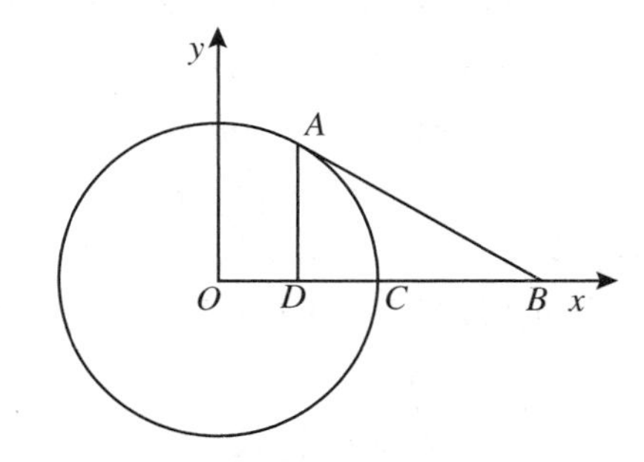

图 Y5.12.6

[例 13] C 为半圆$\overset{\frown}{AB}$上的任一点,过 C 作切线,再作 AM、BN 与切线垂直,垂足分别为 M、N,作 $CD\perp AB$,垂足为 D,则:① $CD=CM=CN$;② $CD^2=AM\cdot BN$.

证明 1(弦切角定理、比例中项定理、全等)

如图 Y5.13.1 所示,连 AC、BC,由弦切角定理,$\angle ACM=\angle ABC$,又$\angle ACD=\angle ABC$,所以$\angle ACM=\angle ACD$,所以 Rt$\triangle ACM\cong$Rt$\triangle ACD$,所以 $CM=CD$,$AD=AM$.

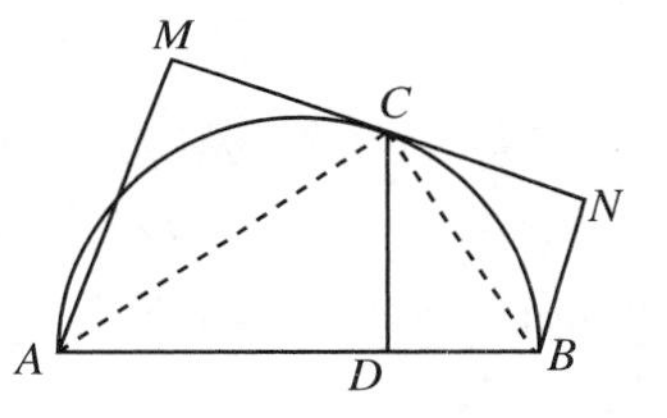

图 Y5.13.1

同理可证 $CN=CD$,$BD=BN$,所以 $CM=CN=CD$.

在 Rt$\triangle ACB$ 中,由比例中项定理,$CD^2=AD\cdot DB$,所以 $CD^2=AM\cdot BN$.

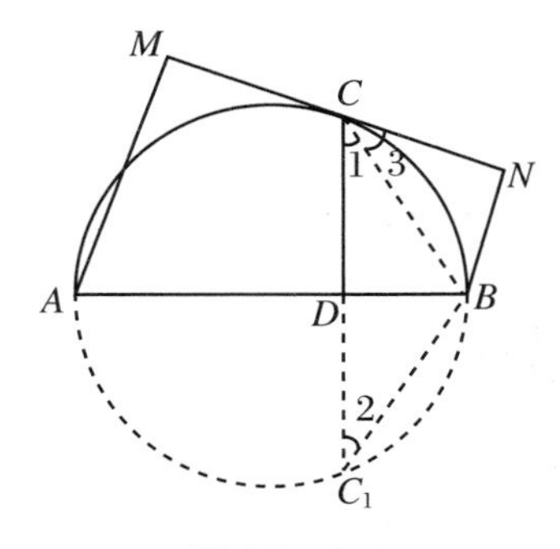

图 Y5.13.2

证明 2(全等、垂径定理、角平分线的性质)

如图 Y5.13.2 所示,延长 CD,交圆于 C_1,连 BC_1、BC.由垂径定理,$CD=C_1D$,所以 Rt$\triangle BCD\cong$Rt$\triangle BC_1D$,所以$\angle 1=\angle 2$.

因为$\angle 3$ 是弦切角,所以$\angle 3=\angle 2$,所以$\angle 3=\angle 1$,即 CB 是$\angle DCN$ 的平分线.因为 $BN\perp CN$,$BD\perp CD$,所以 $BN=BD$.

同理 $AM=AD$.

所以 $CD^2=AD\cdot DB=AM\cdot BN$.

由$\triangle CNB\cong\triangle CDB$ 可得 $CN=CD$,同理 $CM=CD$,所以 $CN=CM=CD$.

证明 3(三角形相似)

如图 Y5.13.3 所示,连 AC、BC.由弦切角定理,$\angle 1=\angle 2$,$\angle 3=\angle 4$,又$\angle 4=\angle 5$,所以$\angle 3=\angle 5$,所以 Rt$\triangle CBN\backsim$Rt$\triangle ABC$,Rt$\triangle ACM\backsim$Rt$\triangle ABC$,Rt$\triangle ACD\backsim$Rt$\triangle ABC$,所以$\frac{CN}{AC}=\frac{BC}{AB}$,$\frac{CM}{BC}=\frac{AC}{AB}$,$\frac{CD}{BC}=\frac{AC}{AB}$,所以 $CN=\frac{AC\cdot BC}{AB}$,$CM=\frac{AC\cdot BC}{AB}$,$CD=\frac{AC\cdot BC}{AB}$,所以 $CN=CM=CD$.

由 Rt△ACM∽Rt△CBN 知$\dfrac{AM}{CN}=\dfrac{CM}{BN}$,所以 $AM\cdot BN=CM\cdot CN=CD^2$.

证明 4(矩形的性质、平行线等分线段定理)

设 O 为圆心,连 OC,设 AM 与⊙O 交于 E,连 BE,设 BE 交 OC 于 F,如图 Y5.13.4 所示.

因为 AB 是直径,所以 $AE\perp EB$,所以 $BEMN$ 是矩形,所以 $BN=EM$,$MN=BE$.

易证 $OC\parallel AM\parallel BN$.因为 $AO=OB$,由平行线等分线段定理,$MC=CN=BF=FE$.

因为 $AE\perp BE$,所以 $OF\perp BE$.

因为∠1 和∠2 两双边对应垂直,所以∠1 = ∠2,又 $OB=OC$,所以 Rt△BFO≌Rt△CDO,所以 $BF=CD$,又 $CN=BF$,所以 $CN=CD=CM$.

由切割线定理,$MC^2=ME\cdot MA$,所以 $CD^2=AM\cdot BN$.

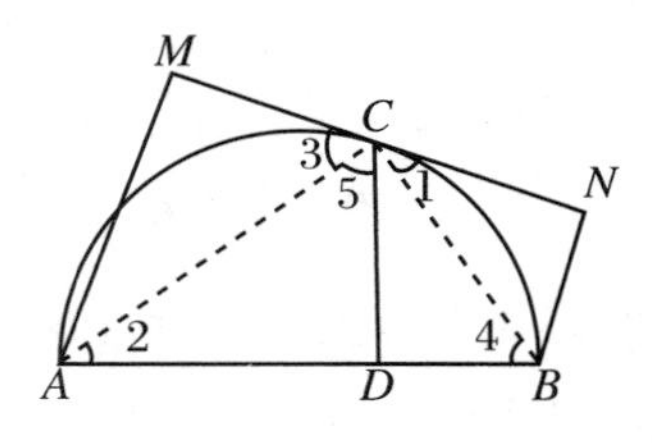

图 Y5.13.3

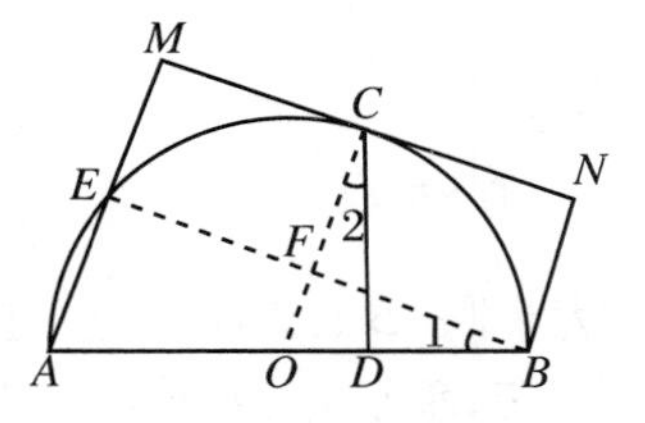

图 Y5.13.4

证明 5(矩形的性质、三角形全等)

设圆心为 O,连 OC,作 $OE\perp AM$,垂足为 E,作 $BF\perp OC$,垂足为 F,如图 Y5.13.5 所示.易证 $OEMC$、$BFCN$ 是矩形且 Rt△OEA≌Rt△BFO≌Rt△CDO,所以 $CD=BF=CN=OE=CM$.

在 Rt△OCD 中,由勾股定理,$OC^2-OD^2=CD^2$,所以 $CD^2=(OC+OD)\cdot(OC-OD)=(ME+AE)\cdot(OC-OF)=AM\cdot CF=AM\cdot BN$.

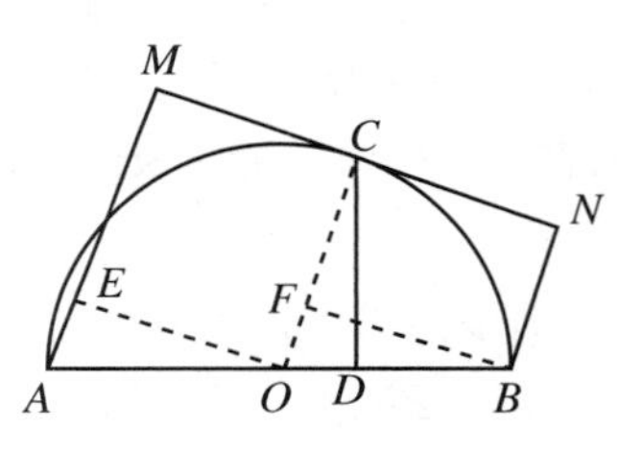

图 Y5.13.5

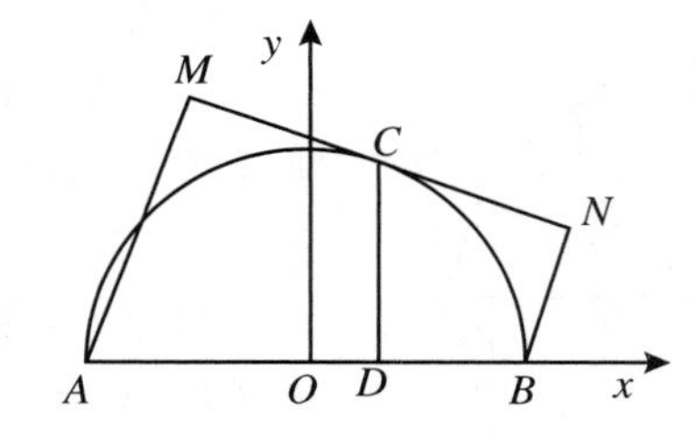

图 Y5.13.6

证明 6(解析法)

如图 Y5.13.6 所示,建立直角坐标系.

设⊙O 的半径为 a,$C(x_0,y_0)$,则有 $x_0^2+y_0^2=a^2$.

切线 MN 的方程为 $x_0x+y_0y=a^2$,所以 $k_{AM}=k_{BN}=-\dfrac{1}{k_{MN}}=\dfrac{y_0}{x_0}$.

直线 AM 的方程为 $y=\dfrac{y_0}{x_0}(x+a)$,即 $y_0x-x_0y+y_0a=0$.

直线 BN 的方程为 $y=\dfrac{y_0}{x_0}(x-a)$,即 $y_0x-x_0y-y_0a=0$.

由点到直线的距离公式，有

$$CM=\frac{|y_0x_0-x_0y_0+y_0a|}{\sqrt{x_0^2+y_0^2}}=\frac{y_0a}{a}=y_0,$$

$$CN=\frac{|x_0y_0-x_0y_0-y_0a|}{\sqrt{x_0^2+y_0^2}}=\frac{y_0a}{a}=y_0.$$

又 $CD=y_0$，所以 $CD=CN=CM$.

因为 A、B 到 MN 的距离分别是 $AM=\frac{|-x_0a+0y_0-a^2|}{a}=a+x_0$，$BN=\frac{|ax_0+0y_0-a^2|}{a}=a-x_0$，所以 $AM\cdot BN=a^2-x_0^2=y_0^2=CD^2$.

［**例14**］　有内切圆的等腰梯形的高是两底的比例中项.

证明1（勾股定理、切线长定理）

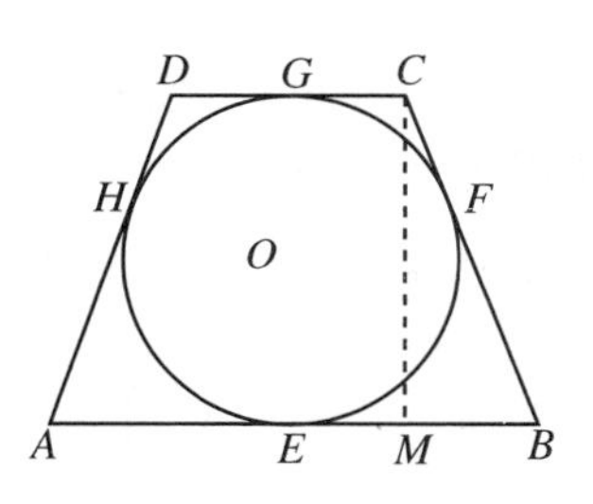

图 Y5.14.1

如图 Y5.14.1 所示，作 $CM\perp AB$，垂足为 M. 设 E、F、G、H 为各边的切点，由切线长定理，$CF=CG=\frac{1}{2}CD$，$BF=BE=\frac{1}{2}AB$，所以 $BM=BE-EM=\frac{1}{2}(AB-CD)$.

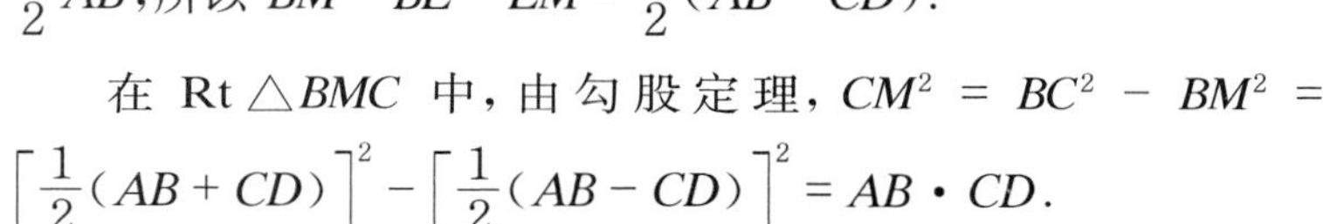

在 Rt$\triangle BMC$ 中，由勾股定理，$CM^2=BC^2-BM^2=\left[\frac{1}{2}(AB+CD)\right]^2-\left[\frac{1}{2}(AB-CD)\right]^2=AB\cdot CD$.

证明2（比例中项定理）

如图 Y5.14.2 所示，由轴对称性知 E、O、G 共线. 连 EG、OC、OF、OB. 由切线长定理，易证 OC、OB 分别是$\angle C$、$\angle B$ 的平分线. 因为$\angle C+\angle B=180^\circ$，所以$\angle OCB+\angle OBC=90^\circ$，所以$\angle COB=90^\circ$.

在 Rt$\triangle BOC$ 中，$OF\perp BC$，由比例中项定理，$OF^2=BF\cdot CF$，所以$\left(\frac{1}{2}GE\right)^2=CG\cdot BE=\frac{1}{2}CD\cdot\frac{1}{2}AB$，所以 $GE^2=AB\cdot CD$.

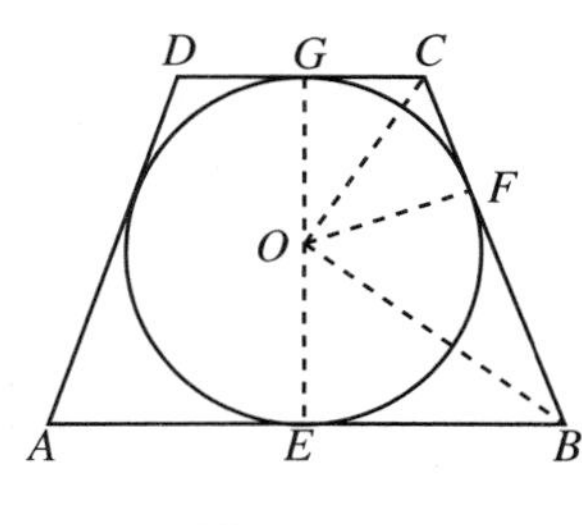

图 Y5.14.2

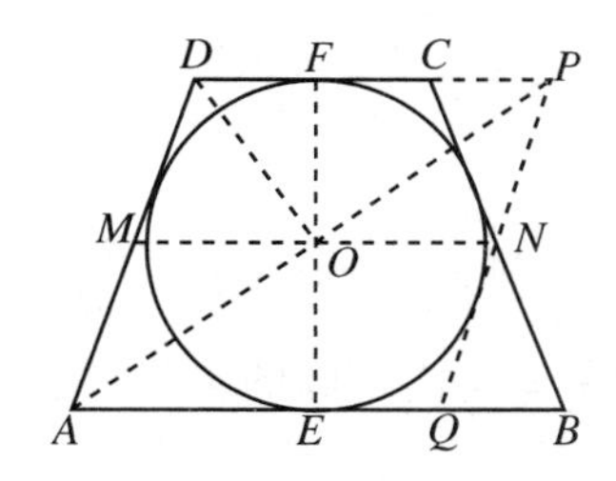

图 Y5.14.3

证明3（计算法）

如图 Y5.14.3 所示，连 EF，由对称性，EF 过 O 点. 连 OD、OA，过 O 作 $MN\parallel AB$，与 AD、BC 分别交于 M、N，过 N 作 AD 的平行线 PQ，交 DC 的延长线于 P，交 AB 于 Q，则 MN 是梯形 $ABCD$ 的中位线. 易证$\triangle CPN\cong\triangle BQN$，所以 $CP=BQ$.

因为 $AD=PQ$，$AQ=PD$，$AD+PQ=AQ+PD$，所以 $AD=AQ=PQ=PD$，所以

$AQPD$ 是菱形，所以 A、O、P 共线．连 AP．

设原梯形的上底为 a，下底为 b，高为 h，则 $S_{AQPD}=\frac{1}{2}h\cdot(a+b)=AP\cdot OD$，所以

$$h^2=\frac{4AP^2\cdot OD^2}{(a+b)^2}. \quad ①$$

在 Rt△DOF 中，有

$$DO^2=\left(\frac{a}{2}\right)^2+\left(\frac{h}{2}\right)^2. \quad ②$$

在 Rt△OAE 中，有

$$\left(\frac{AP}{2}\right)^2=\left(\frac{b}{2}\right)^2+\left(\frac{h}{2}\right)^2. \quad ③$$

把式②、式③代入式①得

$$h^2(a+b)^2=(a^2+h^2)(b^2+h^2)=a^2b^2+h^4+(a^2+b^2)h^2,$$

所以 $h^4-2abh^2+a^2b^2=0$，所以 $(h^2-ab)^2=0$，所以 $h^2=ab$．

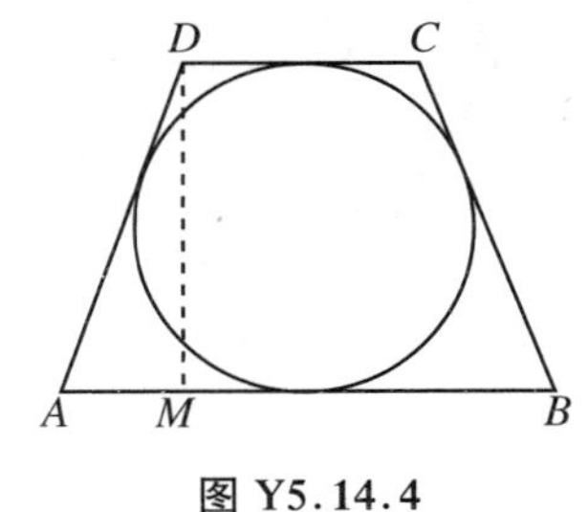

图 Y5.14.4

证明 4（三角法）

如图 Y5.14.4 所示，作 $DM\perp AB$，垂足为 M．设 $\angle DAM=\alpha$，$CD=a$，$AB=b$．

在 Rt△DMA 中，$DA=\frac{1}{2}(a+b)$，$AM=\frac{1}{2}(b-a)$，$\cos\alpha=\frac{\frac{1}{2}(b-a)}{\frac{1}{2}(b+a)}=\frac{b-a}{b+a}$，所以 $DM=AD\cdot\sin\alpha=\frac{1}{2}(a+b)\cdot\sqrt{1-\left(\frac{b-a}{b+a}\right)^2}=\frac{a+b}{2}\cdot\sqrt{\frac{4ab}{(a+b)^2}}=\sqrt{ab}$，所以 $DM^2=ab=AB\cdot CD$．

证明 5（解析法）

如图 Y5.14.5 所示，建立直角坐标系．

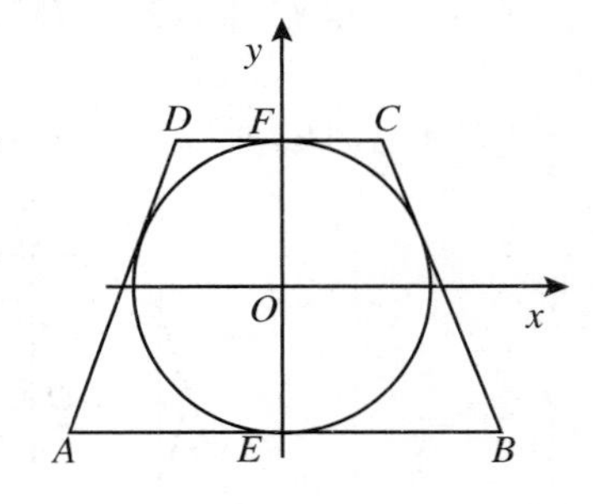

图 Y5.14.5

设 $AB=b$，$CD=a$，$EF=h$，则 $D\left(-\frac{a}{2},\frac{h}{2}\right)$，$A\left(-\frac{b}{2},-\frac{h}{2}\right)$，$k_{AD}=\frac{h}{\frac{b-a}{2}}=\frac{2h}{b-a}$，所以 AD 的方程为 $y+\frac{h}{2}=\frac{2h}{b-a}\left(x+\frac{b}{2}\right)$，即 $\frac{2h}{b-a}x-y+\frac{bh}{b-a}-\frac{h}{2}=0$．

O 到 AD 的距离是内切圆的半径，故

$$\frac{h}{2}=\frac{\left|\frac{bh}{b-a}-\frac{h}{2}\right|}{\sqrt{\left(\frac{2h}{b-a}\right)^2+(-1)^2}}.$$

平方后得 $\left(\frac{2b}{b-a}-1\right)^2=\left(\frac{2h}{b-a}\right)^2+1$，所以 $\left(\frac{b+a}{b-a}\right)^2=\left(\frac{2h}{b-a}\right)^2+1$，所以 $(b+a)^2=(2h)^2+(b-a)^2$，所以 $h^2=a\cdot b$．

［**例 15**］ AB、CD 是互相垂直的直径，K 在 AB 上，$AK=2KB$，CK 的延长线交圆于 E，

AE 交 CD 于 L，则 $CL:LD=3:1$.

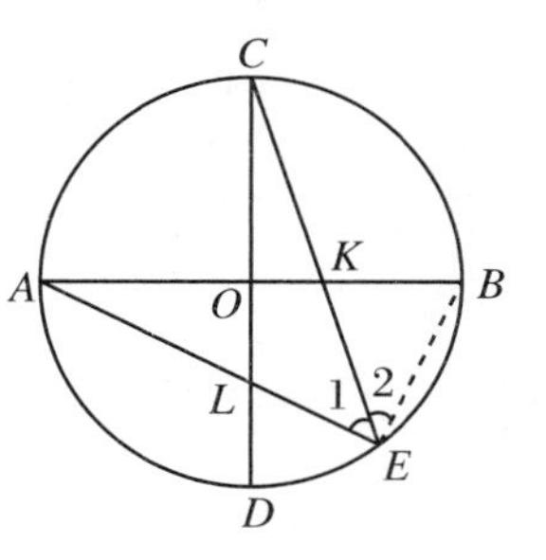

图 Y5.15.1

证明 1（角平分线性质定理、相似三角形）

如图 Y5.15.1 所示，连 BE. 因为 AB 是直径，所以 $AE\perp EB$. 易证 $\text{Rt}\triangle AOL\backsim\text{Rt}\triangle AEB$，所以 $\dfrac{AO}{OL}=\dfrac{AE}{EB}$.

因为 $\angle 1\overset{\text{m}}{=}\dfrac{1}{2}\overset{\frown}{AC}=\dfrac{1}{2}\overset{\frown}{BC}\overset{\text{m}}{=}\angle 2$，可见，$EK$ 是 $\angle AEB$ 的平分线，所以 $\dfrac{AE}{EB}=\dfrac{AK}{KB}=2$，所以 $\dfrac{AO}{OL}=2$，所以 $\dfrac{CO}{OL}=2$，所以 $OL=LD$，所以 $\dfrac{CL}{DL}=3$.

证明 2（三角形相似、角平分线的性质）

如图 Y5.15.2 所示，连 DE. 因为 CD 是直径，所以 $DE\perp CE$. 由 $\text{Rt}\triangle COK\backsim\text{Rt}\triangle CED$ 知 $\dfrac{CO}{OK}=\dfrac{CE}{DE}$.

因为 $\dfrac{AK}{KB}=2$，即 $\dfrac{AO+OK}{BO-OK}=\dfrac{CO+OK}{CO-OK}=2$，所以 $\dfrac{CO}{OK}=3$，所以 $\dfrac{CE}{DE}=3$.

因为 $\angle 1\overset{\text{m}}{=}\dfrac{1}{2}\overset{\frown}{AD}=\dfrac{1}{2}\overset{\frown}{AC}\overset{\text{m}}{=}\angle 2$，所以 EL 是 $\angle CED$ 的平分线，所以 $\dfrac{CL}{LD}=\dfrac{CE}{DE}$，所以 $\dfrac{CL}{LD}=3$.

证明 3（面积法）

连 CA、AD、DE，如图 Y5.15.3 所示.

因为 $\triangle ACE$ 和 $\triangle ADE$ 有公共底，所以 $\dfrac{S_{\triangle ACE}}{S_{\triangle ADE}}=\dfrac{CL}{LD}$.

因为 $\dfrac{S_{\triangle ACE}}{S_{\triangle ADE}}=\dfrac{\frac{1}{2}AC\cdot CE\cdot\sin\angle ACE}{\frac{1}{2}AD\cdot DE\cdot\sin\angle ADE}$，$AC=AD$，$\angle ACE=180^\circ-\angle ADE$，所以 $\dfrac{S_{\triangle ACE}}{S_{\triangle ADE}}=\dfrac{CE}{DE}$，所以 $\dfrac{CE}{DE}=\dfrac{CL}{LD}$.

因为 $\text{Rt}\triangle COK\backsim\text{Rt}\triangle CED$，所以 $\dfrac{CE}{DE}=\dfrac{CO}{OK}=\dfrac{\frac{1}{2}AB}{\left(\frac{2}{3}-\frac{1}{2}\right)AB}=3$，所以 $\dfrac{CL}{LD}=3$.

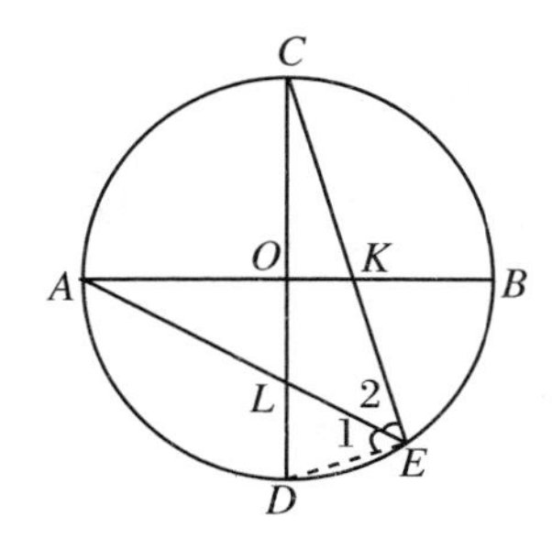

图 Y5.15.2

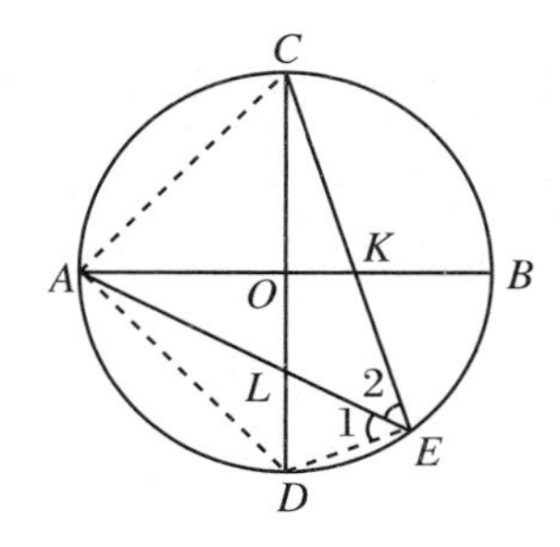

图 Y5.15.3

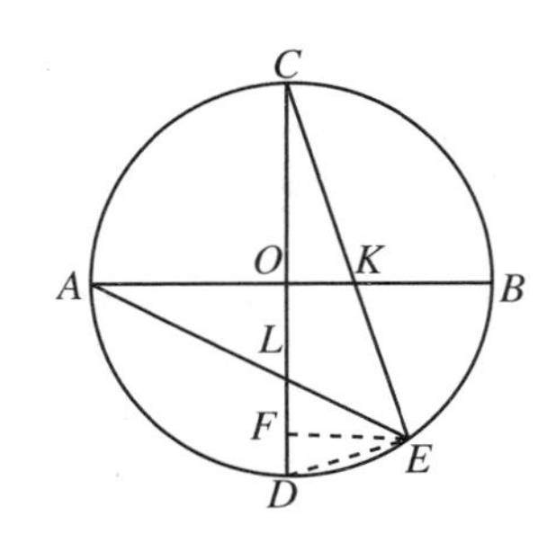

图 Y5.15.4

证明 4(三角法)

如图 Y5.15.4 所示,连 DE,作 $EF\perp CD$,垂足为 F.设$\angle C=\alpha$,$\angle BAE=\beta$,则$\angle AED=\angle AEF+\angle FED=\alpha+\beta\overset{\text{m}}{=}\frac{1}{2}\overset{\frown}{AD}=45^\circ$.

所以 $\tan\angle AED=\tan(\alpha+\beta)=\frac{\tan\alpha+\tan\beta}{1-\tan\alpha\cdot\tan\beta}=1$,把 $\tan\alpha=\frac{OK}{OC}=\frac{1}{3}$代入上式得$\frac{\frac{1}{3}+\tan\beta}{1-\frac{1}{3}\cdot\tan\beta}=1$,所以 $\tan\beta=\frac{1}{2}$,所以$\frac{OL}{AO}=\frac{1}{2}$,所以$\frac{CL}{LD}=3$.

证明 5(引用第 1 章例 17 的结论(即蝴蝶定理))

连 AD,过 L 作 AB 的平行线,交 AD 于 M,交 EC 于 N.

由蝴蝶定理,$LM=LN$.

因为 $\mathrm{Rt}\triangle CLN\backsim\mathrm{Rt}\triangle COK$,所以$\frac{LN}{CL}=\frac{OK}{CO}=\frac{1}{3}$.

因为$\angle D=45^\circ$,所以 $\mathrm{Rt}\triangle MLD$ 是等腰直角三角形,所以 $ML=LD$,所以 $LN=LD$.

所以$\frac{LD}{CL}=\frac{1}{3}$,即$\frac{CL}{LD}=3$.

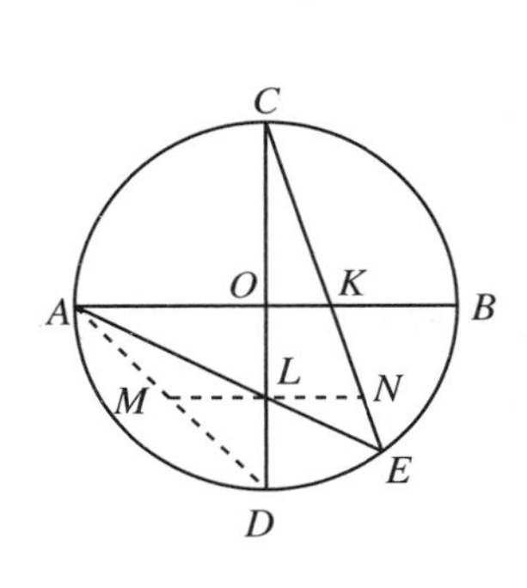

图 Y5.15.5

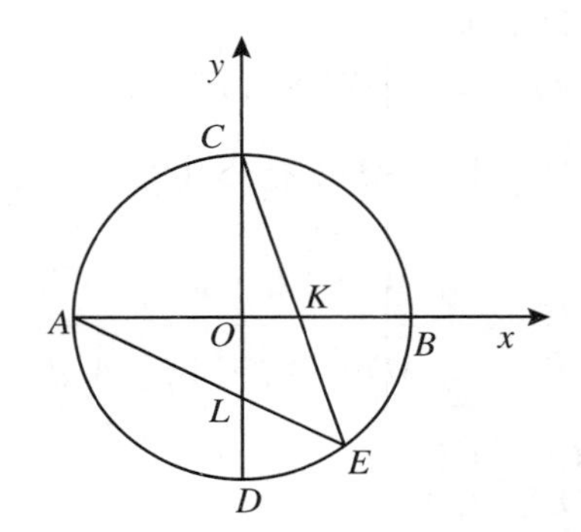

图 Y5.15.6

证明 6(解析法)

如图 Y5.15.6 所示,建立直角坐标系.

设圆的半径为 a,则 $C(0,a)$,$A(-a,0)$,$K\left(\frac{a}{3},0\right)$.

$\odot O$ 的方程为$x^2+y^2=a^2$.直线 CK 的方程为$y-a=\frac{-a}{\frac{a}{3}}\cdot x$,即$3x+y-a=0$.两方程联立,得到$E\left(\frac{3a}{5},-\frac{4a}{5}\right)$.

直线 AE 的方程为$y+\frac{4a}{5}=\frac{\frac{4a}{5}}{-a-\frac{3a}{5}}\cdot\left(x-\frac{3a}{5}\right)$.在 AE 的方程中,令 $x=0$,解出 L 点

的纵坐标 $y_L=-\dfrac{a}{2}$，所以 $\dfrac{CL}{LD}=\dfrac{a+\dfrac{1}{2}a}{a-\dfrac{1}{2}a}=3$.

［例16］ AB 是圆的直径，C 为 AB 上的任一点，$CD\perp AB$，CD 交圆于 D，E 为 CB 上的任一点，$CF\perp DE$，交 BD 于 F，则 $\dfrac{AC}{CE}=\dfrac{DF}{FB}$.

证明1（平行截比定理、垂心的性质）

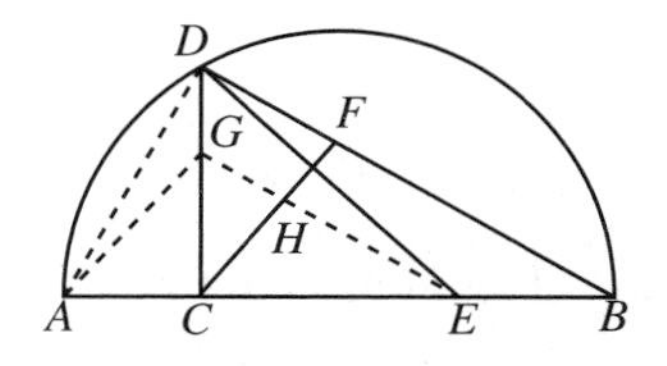

图 Y5.16.1

作 $EG/\!/BD$，交 DC 于 G，交 CF 于 H，连 AG、AD，如图 Y5.16.1 所示.

因为 AB 是直径，所以 $BD\perp AD$，所以 $EG\perp AD$.

在 $\triangle ADE$ 中，$DC\perp AE$，$EG\perp AD$，所以 G 是垂心，所以 $AG\perp DE$，所以 $AG/\!/CF$.

在 $\triangle AGE$ 和 $\triangle CBD$ 中，分别应用平行截比定理，$\dfrac{AC}{CE}=\dfrac{GH}{HE}$，$\dfrac{GH}{HE}=\dfrac{DF}{FB}$，所以 $\dfrac{AC}{CE}=\dfrac{DF}{FB}$.

证明2（平行截比定理、垂心的性质）

如图 Y5.16.2 所示，作 $FG/\!/AB$，交 CD 于 G，连 GC、AD. 因为 $AB\perp CD$，所以 $FG\perp CD$.

在 $\triangle CDF$ 中，$FG\perp CD$，$DE\perp CF$，所以 G 为垂心，所以 $CG\perp DF$.

因为 AB 是直径，所以 $AD\perp DB$，所以 $AD/\!/CG$.

在 $\triangle ADE$ 和 $\triangle DEB$ 中，由平行截比定理，$\dfrac{AC}{CE}=\dfrac{DG}{GE}$，$\dfrac{DG}{GE}=\dfrac{DF}{FB}$，所以 $\dfrac{AC}{CE}=\dfrac{DF}{FB}$.

证明3（比例中项定理、平行截比定理）

如图 Y5.16.3 所示，作 $DA_1\perp DE$，交 BA 的延长线于 A_1，则 $DA_1/\!/CF$. 连 DA.

在 $\mathrm{Rt}\triangle ADB$ 和 $\mathrm{Rt}\triangle A_1DE$ 中，由比例中项定理，$CD^2=AC\cdot CB=A_1C\cdot CE$，所以 $\dfrac{AC}{CE}=\dfrac{A_1C}{CB}$.

在 $\triangle DA_1B$ 中，由平行截比定理，$\dfrac{A_1C}{CB}=\dfrac{DF}{FB}$，所以 $\dfrac{AC}{CE}=\dfrac{DF}{FB}$.

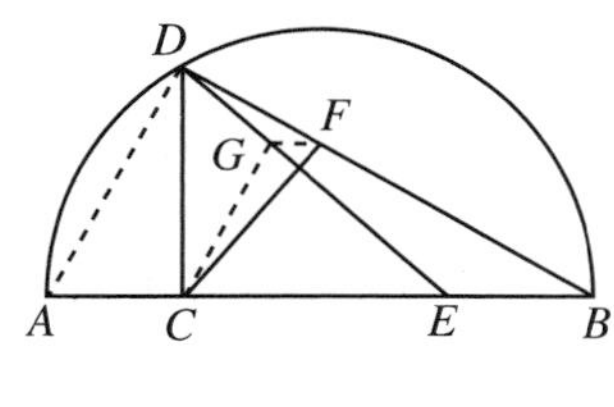

图 Y5.16.2

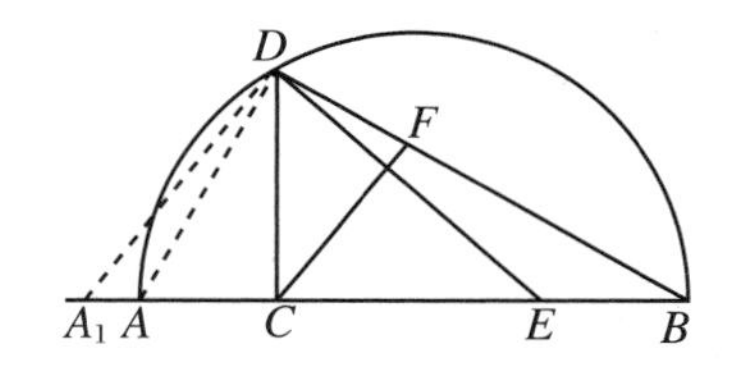

图 Y5.16.3

证明4（平行截比定理、比例中项定理）

设 CF 交 DE 于 F_1，作 $EE_1/\!/CF$，交 DB 于 E_1，连 AD，如图 Y5.16.4 所示.

在 $\triangle CFB$ 和 $\triangle EE_1D$ 中，由平行截比定理，分别有 $\dfrac{FB}{FE_1}=\dfrac{CB}{CE}$，$\dfrac{DF_1}{F_1E}=\dfrac{DF}{FE_1}$. 两式相除，得到

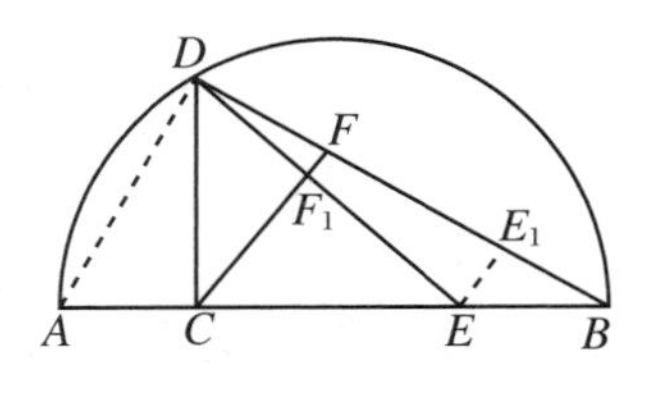

图 Y5.16.4

$$\frac{DF}{FB}=\frac{DF_1}{F_1E}\cdot\frac{CE}{CB}. \quad ①$$

在 Rt△CED 和 Rt△ADB 中，由比例中项定理，有 $CD^2=DE\cdot DF_1$，$CE^2=DE\cdot F_1E$，$CD^2=AC\cdot CB$，所以 $\frac{CD^2}{CE^2}=\frac{DF_1}{F_1E}$，所以

$$\frac{AC\cdot CB}{CE^2}=\frac{DF_1}{F_1E}. \quad ②$$

由式①、式②可知 $\frac{AC}{CE}=\frac{DF}{FB}$.

证明 5（面积法）

如图 Y5.16.5 所示，作 $FH\perp AB$，垂足为 H，作 $FG\perp CD$，垂足为 G，连 AD、GH，设 CF 交 DE 于 F_1，则 $CHFG$ 是矩形，所以 $\angle 1=\angle 3$.

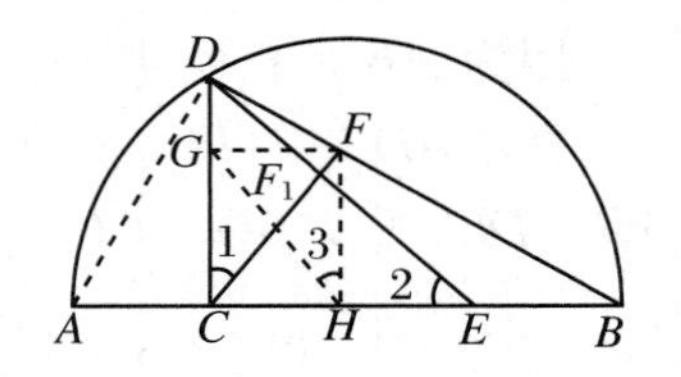

图 Y5.16.5

因为 $\angle 1$、$\angle 2$ 两双边对应垂直，所以 $\angle 1=\angle 2$，所以 $\angle 2=\angle 3$，所以 Rt△GFH∽Rt△DCE，所以 $\frac{FG}{FH}=\frac{DC}{CE}$，即

$$FG\cdot CE=DC\cdot FH. \quad ①$$

在 Rt△ADB 中，有

$$CD^2=AC\cdot CB. \quad ②$$

式①×式②，再用 4 除等式的两端，得

$$\left(\frac{1}{2}CD\cdot FG\right)\cdot\left(\frac{1}{2}CD\cdot CE\right)=\left(\frac{1}{2}AC\cdot DC\right)\cdot\left(\frac{1}{2}BC\cdot FH\right),$$

即

$$S_{\triangle DCF}\cdot S_{\triangle DCE}=S_{\triangle ACD}\cdot S_{\triangle CFB},$$

所以

$$\frac{S_{\triangle DCF}}{S_{\triangle CFB}}=\frac{S_{\triangle ACD}}{S_{\triangle DCE}}.$$

又因为△DCF 和△CFB、△ACD 和△DCE 分别等高，所以 $\frac{S_{\triangle DCF}}{S_{\triangle CFB}}=\frac{DF}{FB}$，$\frac{S_{\triangle ACD}}{S_{\triangle DCE}}=\frac{AC}{CE}$，所以 $\frac{AC}{CE}=\frac{DF}{FB}$.

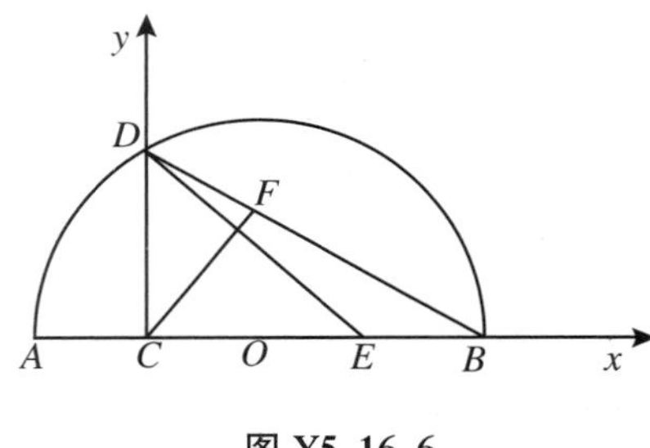

图 Y5.16.6

证明 6（解析法）

如图 Y5.16.6 所示，建立直角坐标系.

设圆心为 $O(m,0)$，半径为 a，则 $A(m-a,0)$，$B(m+a,0)$. 设 $E(x_0,0)$.

$\odot O$ 的方程为 $(x-m)^2+y^2=a^2$. 在圆的方程中，令 $x=0$ 可得 $y_D=\sqrt{a^2-m^2}$，所以 $D(0,\sqrt{a^2-m^2})$.

因为 $k_{DE}=-\frac{\sqrt{a^2-m^2}}{x_0}$,所以 $k_{CF}=\frac{x_0}{\sqrt{a^2-m^2}}$,所以 CF 的方程为

$$y=\frac{x_0}{\sqrt{a^2-m^2}}x. \qquad ①$$

DB 的方程为

$$y=-\frac{\sqrt{a^2-m^2}}{a+m}(x-a-m). \qquad ②$$

由式①、式②联立可解出 F 点坐标,其横坐标为 $x_F=\frac{a^2-m^2}{a-m+x_0}$.

设 F 内分 DB 所成的比为 λ,则由分点公式,$\frac{a^2-m^2}{a-m+x_0}=\frac{0+\lambda(m+a)}{1+\lambda}$,解得

$$\lambda=\frac{a-m}{x_0}. \qquad ③$$

设 C 内分 AE 所成的比为 μ,由定比分点定义,有

$$\mu=\frac{AC}{CE}=\frac{0-(m-a)}{x_0}=\frac{a-m}{x_0}. \qquad ④$$

由式③、式④可知 $\lambda=\mu$,所以 $\frac{AC}{CE}=\frac{DF}{FB}$.

第6章　线段的平方和面积问题

6.1　解法概述

一、常用定理

(1) 证明线段的平方以及它们的和、差

① 勾股定理及其推广.

② 中线公式.

③ 余弦定理.

④ 射影定理、直角三角形中比例中项定理.

(2) 证明线段乘积及它们的和、差

① 相似三角形、平行截比定理的乘积形式.

② 圆幂定理.

③ 圆的内接四边形的 Ptolemy 定理.

④ 角平分线的两个性质.

(3) 证明面积关系

① 等底、等高的三角形等面积；等高三角形的面积比等于底的比，等底三角形的面积比等于高的比.

② 有关三角形面积的主要公式：$S=\frac{1}{2}ab\sin C$，$S=\frac{abc}{4R}$，$S=\frac{(a+b+c)r}{2}$，$S=\sqrt{p(p-a)(p-b)(p-c)}$.

③ 含有等角或一对互补角的两个三角形的面积比等于夹此角的两边乘积的比.

④ 相似多边形的面积之比等于相似比的平方.

⑤ 面积叠加原理.

二、常用方法

(1) 对形如 $ab+cd=ef$ 的式子，常设 $ab=ex$，由此推出 $cd=ey$，且 $x+y=f$.

(2) 等积变形的方法.

(3) 计算法.

6.2　范例分析

［范例1］　在$\triangle ABC$中，$\angle A=90^{\circ}$，G为重心，则$GB^2+GC^2=5GA^2$.

分析1　要证的式中仅含平方项，可通过勾股定理解决.这只要在$\mathrm{Rt}\triangle ABE$、$\mathrm{Rt}\triangle CAF$中分别应用勾股定理并注意到$BG=\dfrac{2}{3}BE$，$CG=\dfrac{2}{3}CF$即可.

证明1　如图F6.1.1所示，设AD、BE、CF为三中线.由重心的性质知$BG=\dfrac{2}{3}BE$，$CG=\dfrac{2}{3}CF$，$AG=\dfrac{2}{3}AD$.

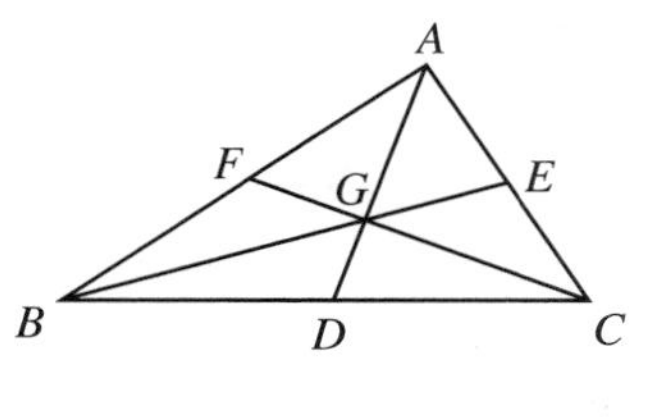

图F6.1.1

在$\mathrm{Rt}\triangle ABE$和$\mathrm{Rt}\triangle ACF$中，由勾股定理，分别有$BE^2=AB^2+\left(\dfrac{AC}{2}\right)^2$，$CF^2=AC^2+\left(\dfrac{AB}{2}\right)^2$.因为$BG^2=\left(\dfrac{2}{3}BE\right)^2=\dfrac{4}{9}\left[AB^2+\left(\dfrac{AC}{2}\right)^2\right]$，$CG^2=\left(\dfrac{2}{3}CF\right)^2=\dfrac{4}{9}\left[AC^2+\left(\dfrac{AB}{2}\right)^2\right]$，

所以$BG^2+CG^2=\dfrac{1}{9}(4AB^2+AC^2)+\dfrac{1}{9}(4AC^2+AB^2)=\dfrac{5}{9}(AB^2+AC^2)$.

因为$AB^2+AC^2=BC^2=(2AD)^2=(3AG)^2$，所以$BG^2+CG^2=\dfrac{5}{9}(3AG)^2=5AG^2$.

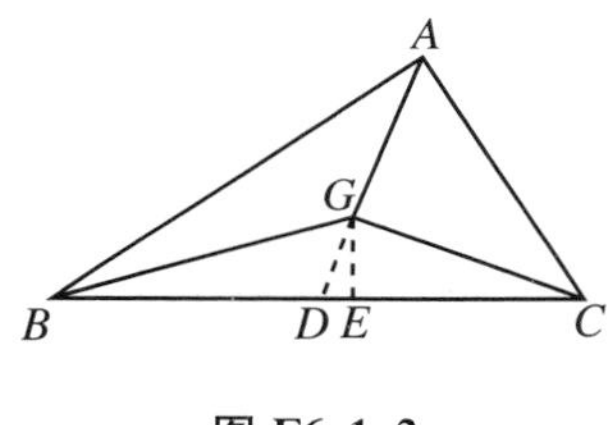

图F6.1.2

分析2　过重要的点作垂线，得到直角三角形，就为使用勾股定理创造了条件.这是一种常用的辅助线.设D为BC的中点，过G作$GE\perp BC$于E，如图F6.1.2所示，就有

$$GB^2=GE^2+BE^2,\quad GC^2=GE^2+CE^2,\quad GE^2=GD^2-DE^2.$$

所以

$$\begin{aligned}GB^2+GC^2&=2GE^2+BE^2+CE^2\\&=2GE^2+(BD+DE)^2+(CD-DE)^2\\&=2(GD^2-DE^2)+BD^2+CD^2+2DE^2\\&=2(GD^2+BD^2).\end{aligned}$$

把重心条件$BD=CD=AD=\dfrac{3}{2}AG$，$GD=\dfrac{1}{2}AG$代入上式，就完成了证明.(证明略.)

分析3　D是BC的中点，对$\triangle BGC$使用中线定理，$GB^2+GC^2=2(BD^2+GD^2)$.这正是分析2的结果.可见，遇到有中点条件的线段平方问题，中线定理是值得注意的.(证明略.)

［范例2］　在等腰梯形$ABCD$中，$AD/\!/BC$，则$AC^2=AB^2+AD\cdot BC$.

分析1　要证的等式中含有AC^2和AB^2，它们处于$\triangle ABC$中，借助于高AH，可以把AC^2-AB^2用直线BC上的线段表示出来.注意到$BH+HC=BC$，$CH-BH=AD$，问题就解决了.这是解决这类问题的常用方法之一.

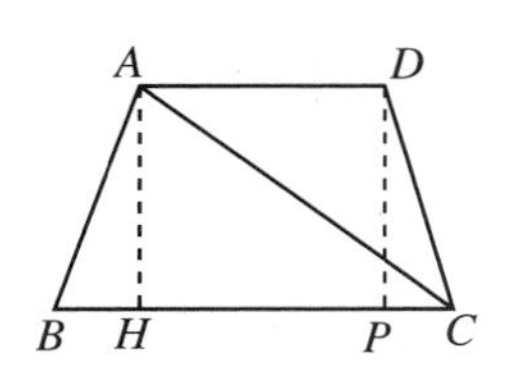

图F6.2.1

证明1　如图F6.2.1所示，作$AH\perp BC$，垂足为H.在

Rt△AHB 和 Rt△AHC 中，由勾股定理，$AC^2 = AH^2 + CH^2$，$AB^2 = AH^2 + BH^2$，所以 $AC^2 - AB^2 = CH^2 - BH^2 = (CH + BH) \cdot (CH - BH)$.

作 $DP \perp BC$，垂足为 P，由等腰梯形的轴对称性知 $CP = BH$，所以 $CH - BH = CH - CP = PH = AD$.

所以 $AC^2 - AB^2 = BC \cdot AD$，所以 $AC^2 = AB^2 + AD \cdot BC$.

分析 2 从 $AD \cdot BC$ 入手，把 AD 平移到 CE，就是 $CE \cdot BC$. 这时容易发现 $AE = AB$，若以 A 为圆心，AB 为半径作一个圆，则 $CE \cdot BC$ 就是相交弦定理的一部分. 设圆与直线 AC 交于 F、G，运用相交弦定理，问题就得到了证明.

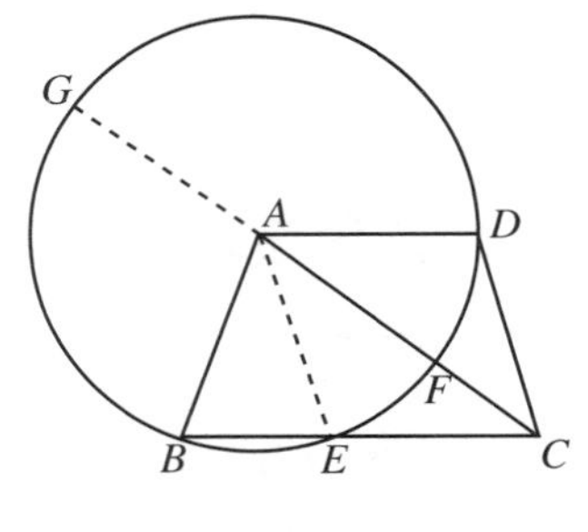

图 F6.2.2

证明 2 如图 F6.2.2 所示，以 A 为圆心，AB 为半径作一个圆，设该圆交 BC 于 E，交 AC 于 F，交 CA 的延长线于 G，则 $AE = AF = AG = AB$.

因为 $\angle ABE = \angle AEB$，$\angle ABE = \angle DCB$，所以 $\angle AEB = \angle DCB$，所以 $AE /\!/ DC$，所以 $ADCE$ 是平行四边形，所以 $AD = CE$.

由相交弦定理，$CE \cdot CB = CF \cdot CG$，即

$$AD \cdot BC = (AC - AF) \cdot (AC + AG) = AC^2 - AB^2,$$

所以 $AC^2 = AB^2 + AD \cdot BC$.

分析 3 应用 Ptolemy 定理.

证明 3 $ABCD$ 是等腰梯形，因而是圆的内接四边形，且两条对角线等长.

由 Ptolemy 定理，$AC \cdot BD = AB \cdot CD + AD \cdot BC$，就是 $AC^2 = AB^2 + AD \cdot BC$.

[**范例 3**] 在△ABC 中，$AB = AC$，任作一直线，交 AC 于 E，交 AB 于 F，交 CB 的延长线于 D，则 $DF \cdot DE = DB \cdot DC + BF \cdot CE$.

分析 1 如果有 $x + y = DE$ 且 $DB \cdot DC = x \cdot DF$，$BF \cdot CE = y \cdot DF$，则两式相加即得结论. 因此要在线段 DE 上取一点 Q，使 DQ 和 QE 分别是上述的 x 和 y. 等式 $DB \cdot DC = x \cdot DF$ 符合相交弦定理的形式，故 Q 点可取过 B、C、F 的圆与 DE 的交点. 为证 $DF \cdot QE = BF \cdot CE$，利用 $PF /\!/ DC$ 及相交弦定理 $EP \cdot CE = EF \cdot EQ$ 即可. 这种方法是解这类问题的一个重要方法.

证明 1 过 B、C、F 三点作圆，设圆与 DE 交于 Q，与 AC 交于 P，连 FP，如图 F6.3.1 所示. 易证 $BCPF$ 是等腰梯形，所以 $BF = CP$，$PF /\!/ BC$.

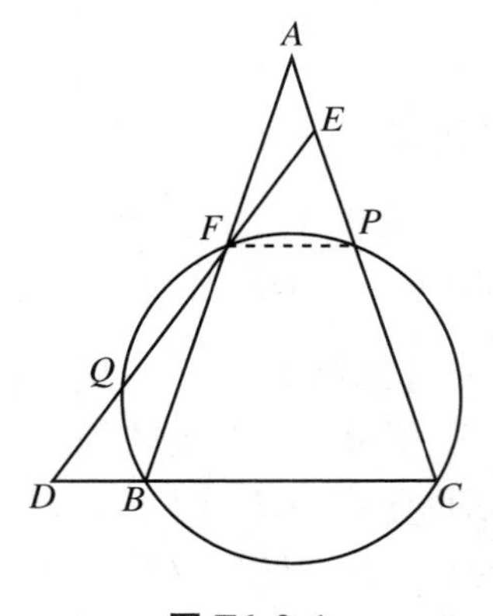

图 F6.3.1

由相交弦定理，有

$$DB \cdot DC = DQ \cdot DF, \quad ①$$

$$EP \cdot EC = EF \cdot EQ. \quad ②$$

由 $PF /\!/ BC$ 知 $\dfrac{EP}{PC} = \dfrac{EF}{FD}$，所以

$$EF = \frac{EP \cdot FD}{PC} = \frac{EP \cdot FD}{BF}. \quad ③$$

把式③代入式②，得

$$BF \cdot CE = EQ \cdot DF. \quad ④$$

式①+式④,得

$$DB \cdot DC + BF \cdot CE = DQ \cdot DF + EQ \cdot DF = (DQ + EQ) \cdot DF,$$

所以 $DB \cdot DC + BF \cdot CE = DE \cdot DF$.

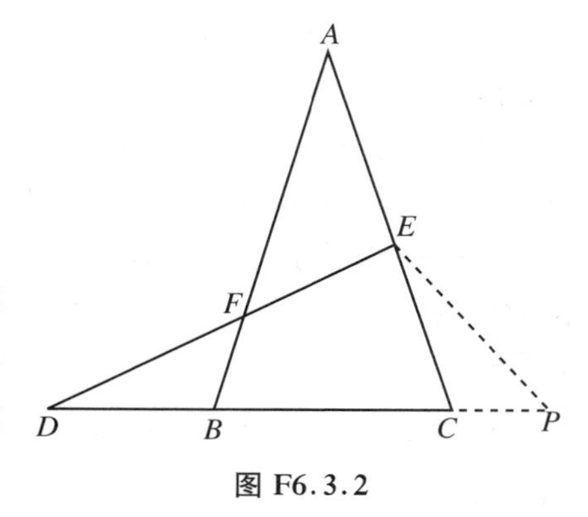

图 F6.3.2

分析 2　把要证的等式变形,得 $DF \cdot DE - DB \cdot DC = BF \cdot CE$.可以试着先把 $BF \cdot CE$ 用其等量替换.为此作出$\triangle CEP$,使之与$\triangle BDF$ 相似,就得到了 $BF \cdot CE = DB \cdot CP$.因为 $CP = DP - DC$,这就得到了

$$BF \cdot CE = DB \cdot DP - DB \cdot DC.$$

只需证出 $DB \cdot DP = DF \cdot DE$.因为$\angle DFB = \angle P$,所以 B、P、E、F 共圆.上式就是相交弦定理的结果.(证明略.)

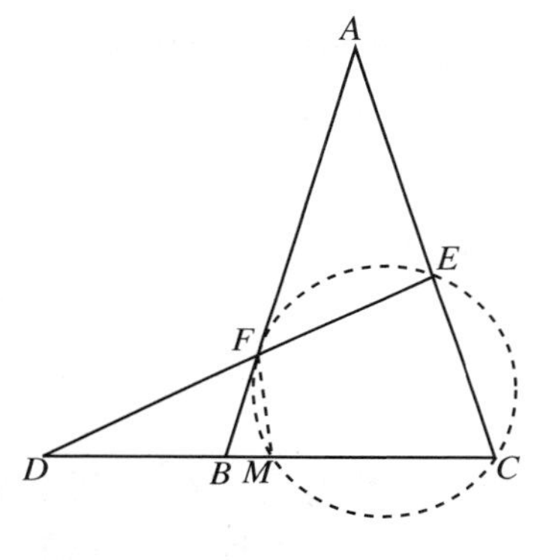

图 F6.3.3

分析 3　要证的等式中有一项是 $DE \cdot DF$.可联想到与相交弦定理有关.为使其与另一项 $DB \cdot DC$ 联系上,过 C、E、F 作圆,交 BC 于M,如图 F6.3.3 所示,则有 $DE \cdot DF = DC \cdot DM = DC \cdot (DB + BM) = DC \cdot DB + DC \cdot BM$.这时只需证 $DC \cdot BM = BF \cdot CE$,即$\frac{DC}{CE} = \frac{BF}{BM}$.注意到$\angle ACB = \angle ABC$,$\angle FMB = \angle DEC$,所以$\triangle DCE \backsim \triangle FBM$.这个比例式即得证.(证明略.)

[**范例 4**]　AB 为半圆的直径,弦 AC、BD 交于E,则 $AB^2 = AE \cdot AC + BE \cdot BD$.

分析 1　把 $AE \cdot AC$ 用AB 与另一线段的积表示出来,可设 $AE \cdot AC = AB \cdot x$,则有$\frac{AC}{AB} = \frac{x}{AE}$.于是可通过连 BC,作 $EF \perp AB$ 于 F,如图 F6.4.1 所示,得到 Rt$\triangle ACB \backsim$ Rt$\triangle AFE$,因此 $x = AF$,即 $AE \cdot AC = AB \cdot AF$.

同理又有 $BE \cdot BD = AB \cdot BF$.

把上面两式加起来就是要证的结论.(证明略.)

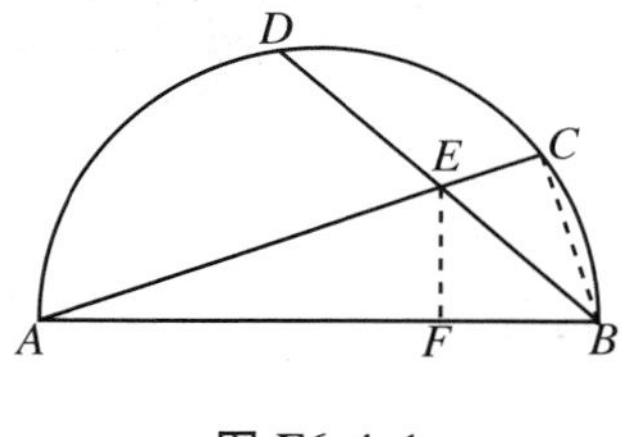

图 F6.4.1

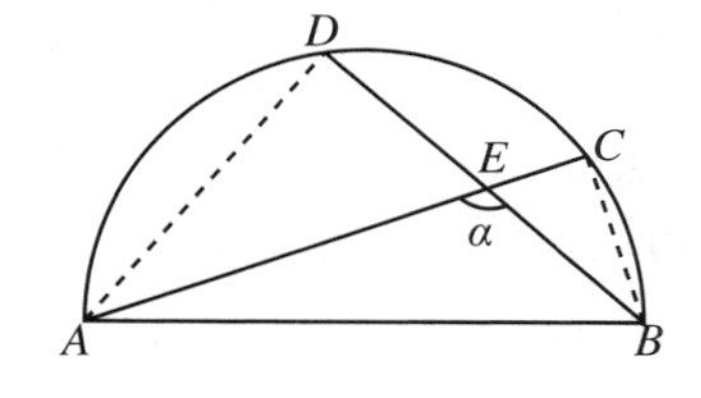

图 F6.4.2

分析 2　如图 F6.4.2 所示,作出常用辅助线 AD、BC,由勾股定理分别给出 $AB^2 = AC^2 + BC^2 = AC^2 + (BE^2 - CE^2)$,$AB^2 = BD^2 + AD^2 = BD^2 + (AE^2 - DE^2)$,所以

$$\begin{aligned} 2AB^2 &= AC^2 + BD^2 + BE^2 - CE^2 + AE^2 - DE^2 \\ &= AC^2 + BD^2 + (BE + DE)(BE - DE) + (AE + CE)(AE - CE) \\ &= AC(AC + AE - CE) + BD(BD + BE - DE) \end{aligned}$$

$=2AC\cdot AE+2BD\cdot BE.$

分析 3 $AE\cdot AC+BE\cdot BD=AE\cdot(EC+AE)+BE\cdot(ED+BE)=(AE\cdot EC+BE\cdot ED)+AE^2+BE^2$.经过这样的变形后,我们发现由相交弦定理有 $AE\cdot EC=BE\cdot ED$.问题归结为证明 $AB^2=AE^2+BE^2+2AE\cdot EC$.

容易联想到余弦定理:$AB^2=AE^2+BE^2-2AE\cdot BE\cdot\cos\alpha$(见图 F6.4.2),问题进一步归结为证明 $BE\cos\alpha=-EC$.注意到$\angle BEC=180^\circ-\alpha$,在 Rt$\triangle BEC$ 中不难得到这个结论.(证明略.)

[**范例 5**] $\triangle ABC$ 的外接圆的圆心为 O,AO、BO、CO 的延长线分别交$\odot O$ 于 A_1、B_1、C_1,则 $S_{\triangle ABC_1}+S_{\triangle BCA_1}+S_{\triangle CAB_1}=S_{\triangle ABC}$.

分析 1 因为 O 是 AA_1、BB_1、CC_1 的中点,所以 $S_{\triangle AOC}=S_{\triangle AOC_1}$,$S_{\triangle BOC}=S_{\triangle BOC_1}$,这样得到了 $S_{AOBC}=S_{AOBC_1}$,由对称性得到三个结果,再求和即完成证明.有中点条件的面积问题,常利用中点条件作面积割补.

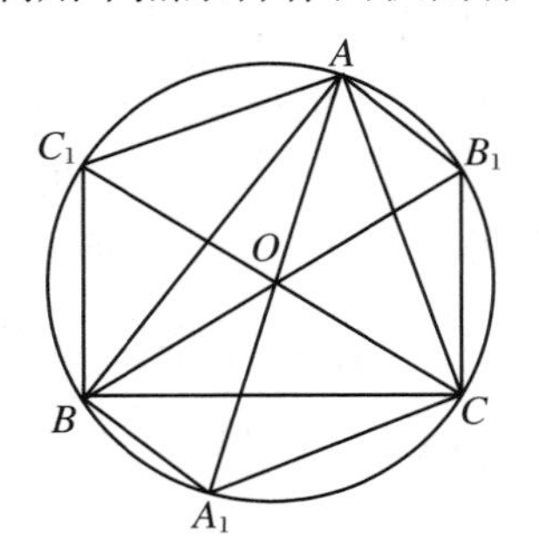

图 F6.5.1

证明 1 如图 F6.5.1 所示,O 为 CC_1 的中点,所以 $S_{\triangle AOC}=S_{\triangle AOC_1}$,$S_{\triangle BOC}=S_{\triangle BOC_1}$,所以 $S_{\triangle AOC}+S_{\triangle BOC}=S_{\triangle AOC_1}+S_{\triangle BOC_1}$,即 $S_{ABOC}=S_{ABOC_1}=S_{\triangle AOB}+S_{\triangle ABC_1}$.

同理,$S_{AOCB}=S_{\triangle AOC}+S_{\triangle ACB_1}$,$S_{BOCA}=S_{\triangle BOC}+S_{\triangle BCA_1}$.

把这三式加起来,得

$$2S_{\triangle ABC}=S_{\triangle ABC}+(S_{\triangle ABC_1}+S_{\triangle ACB_1}+S_{\triangle BCA_1}),$$

所以 $S_{\triangle ABC_1}+S_{\triangle ACB_1}+S_{\triangle BCA_1}=S_{\triangle ABC}$.

分析 2 采用平移法,可把$\triangle ACB_1$ 搬到$\triangle ABC$ 内部变成$\triangle ACO_1$.容易证明 O_1CA_1B、O_1BC_1A 都是平行四边形.这就证出了$\triangle ABC_1$、$\triangle BCA_1$ 也可同时搬到$\triangle ABC$ 内.这种方法是以三角形三边为边向外翻折,得到有规律的图形的常见方法.

证明 2 作 $AO_1\underline{\mathbin{/\!/}}B_1C$,连 O_1C、O_1B,如图 F6.5.2 所示,则 AB_1CO_1 是平行四边形,所以 $AB_1\underline{\mathbin{/\!/}}O_1C$,$S_{\triangle ACB_1}=S_{\triangle ACO_1}$.

因为 AA_1、BB_1、CC_1 是直径,所以 $AB_1\underline{\mathbin{/\!/}}A_1B$,$BC_1\underline{\mathbin{/\!/}}B_1C$.

所以 $BA_1\underline{\mathbin{/\!/}}O_1C$,$BC_1\underline{\mathbin{/\!/}}O_1A$,所以 BA_1CO_1 和 AC_1BO_1 也是平行四边形,所以 $S_{\triangle ABC_1}=S_{\triangle ABO_1}$,$S_{\triangle BCA_1}=S_{\triangle BCO_1}$,所以 $S_{\triangle ACO_1}+S_{\triangle BCO_1}+S_{\triangle ABO_1}=S_{\triangle ABC}=S_{\triangle ACB_1}+S_{\triangle ABC_1}+S_{\triangle BCA_1}$.

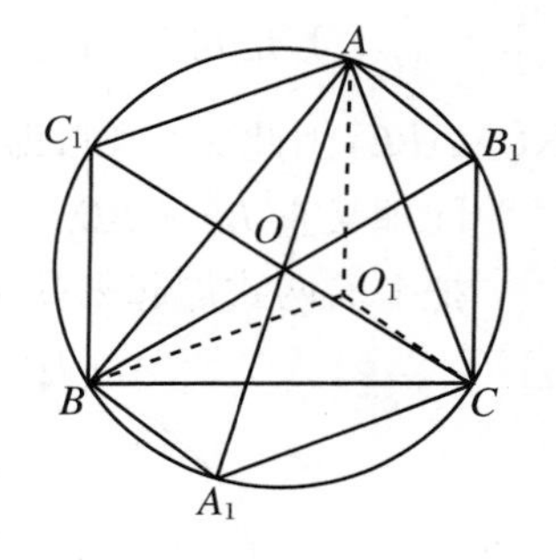

图 F6.5.2

分析 3 因为 $AB_1\underline{\mathbin{/\!/}}A_1B$,可以看出$\triangle ACB_1$ 和$\triangle BCA_1$ 有一对平行且相等的边,C 点为公共顶点.如果以 AB_1 为底,则 $S_{\triangle ACB_1}+S_{\triangle BCA_1}=S_{\triangle ABA_1}$.同样得出其余等式,相加后得证,如图 F6.5.1 所示.

证明 3 因为 $AB_1\underline{\mathbin{/\!/}}BA_1$,且$\triangle AB_1C$ 和$\triangle BA_1C$ 的公共顶点在平行线 AB_1 和 BA_1 的内部,所以 C 点到 AB_1 和 BA_1 的距离之和等于 AB,所以 $S_{\triangle ACB_1}+S_{\triangle BCA_1}=S_{\triangle ABA_1}$.

同理 $S_{\triangle ABC_1}+S_{\triangle BCA_1}=S_{\triangle ACA_1}$.

把上面两等式相加,得 $S_{\triangle ACB_1}+2S_{\triangle BCA_1}+S_{\triangle ABC_1}=S_{\triangle ABA_1}+S_{\triangle ACA_1}=S_{\triangle ABC}+S_{\triangle BCA_1}$,所以 $S_{\triangle ABC}=S_{\triangle ACB_1}+S_{\triangle BCA_1}+S_{\triangle ABC_1}$.

［**范例 6**］　在凸四边形 $ABCD$ 中，AD、BC 的延长线交于 E，AC、BD 的中点分别是 G、H，则 $S_{\triangle EHG}=\frac{1}{4}S_{ABCD}$.

分析 1　利用中点条件，把中点所在线段上的三角形分成两个等积三角形. 这就有可能把 $\triangle EHG$ 的面积用三角形面积的代数和表示出来. 为使这些三角形都与四边形 $ABCD$ 联系起来，就要连接 AH 和 HC.

证明 1　连 AH、HC. 如图 F6.6.1 所示. 由图易知 $S_{\triangle EHG}=S_{\triangle AGH}+S_{\triangle ADH}+S_{\triangle EDH}-S_{\triangle AEG}$. 而

$$S_{\triangle AGH}=\frac{1}{2}S_{\triangle ACH},$$

$$S_{\triangle ADH}=\frac{1}{2}S_{\triangle ABD},$$

$$S_{\triangle EDH}=\frac{1}{2}S_{\triangle BDE},$$

$$S_{\triangle AEG}=\frac{1}{2}S_{\triangle ACE}.$$

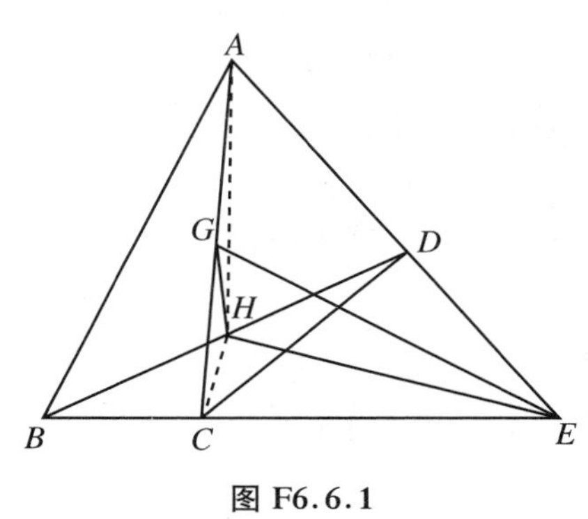

图 F6.6.1

故

$$\begin{aligned}S_{\triangle EGH}&=\frac{1}{2}(S_{\triangle ACH}+S_{\triangle ABD}+S_{\triangle BDE}-S_{\triangle ACE})\\&=\frac{1}{2}(S_{\triangle ABD}+S_{\triangle BDE})-\frac{1}{2}(S_{\triangle ACE}-S_{\triangle ACH})\\&=\frac{1}{2}S_{\triangle EAB}-\frac{1}{2}S_{AHCE}\\&=\frac{1}{2}S_{ABCH}=\frac{1}{2}(S_{\triangle ABH}+S_{\triangle BCH})\\&=\frac{1}{2}\left(\frac{1}{2}S_{\triangle ABD}+\frac{1}{2}S_{\triangle BCD}\right)=\frac{1}{4}S_{ABCD}.\end{aligned}$$

分析 2　利用中点的条件易证 $S_{BCDG}=\frac{1}{2}S_{ABCD}$，进一步又知 $S_{GDCH}=\frac{1}{2}S_{BCDG}=\frac{1}{4}S_{ABCD}$. 于是只要证 $S_{\triangle EGH}=S_{GDCH}$. 下面采取平行线等积变形法，把四边形 $GDCH$ 分成 $\triangle HMC$、$\triangle HMG$、$\triangle DGM$，然后把它们等积变形到 $\triangle EGH$ 之中.

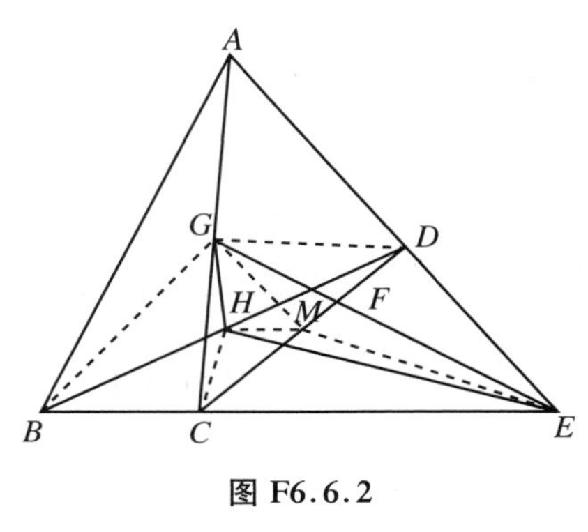

图 F6.6.2

证明 2　如图 F6.6.2 所示，连 GB、GD、HC，取 CD 的中点 M，连 HM、GM、EM.

易证 $S_{BCDG}=\frac{1}{2}S_{ABCD}$，$S_{GDCH}=\frac{1}{2}S_{BCDG}=\frac{1}{4}S_{ABCD}$.

因为 HM 是 $\triangle DBC$ 的中位线，所以 $HM\parallel BC$. 同理 $MG\parallel AD$，所以 $S_{\triangle HMC}=S_{\triangle HME}$，$S_{\triangle GMD}=S_{\triangle GME}$，所以

$$\begin{aligned}&S_{\triangle GMD}+S_{\triangle HMC}+S_{\triangle HMG}\\&=S_{GDCH}=S_{\triangle GME}+S_{\triangle HME}+S_{\triangle HMG}=S_{\triangle HGE}.\end{aligned}$$

所以 $S_{\triangle HGE}=\frac{1}{4}S_{ABCD}$.

分析 3　利用等高三角形的面积之比等于底之比、具有一对等角的两个三角形的面积比

等于夹此角的两边的乘积之比，采用计算法也能证明本题. 为方便计，设 $S_{\triangle ABE}=1$.

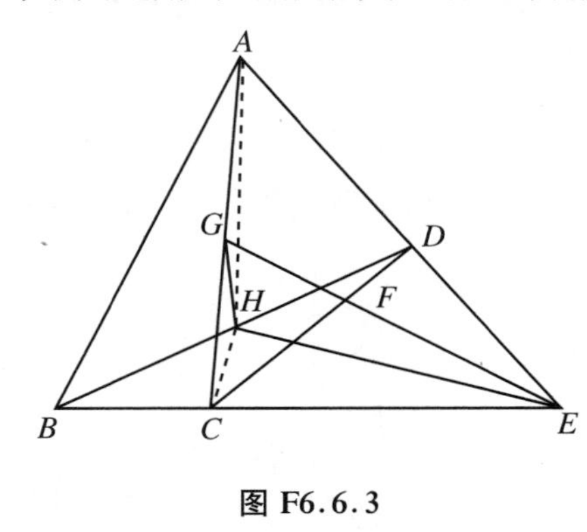

图 F6.6.3

证明 3　如图 F6.6.3 所示，连 CH、AH，则 $S_{\triangle HGE}=S_{\triangle CEG}-S_{\triangle CHG}-S_{\triangle CHE}$. 设 $S_{\triangle ABE}=1$，$\frac{ED}{EA}=x$，$\frac{EC}{EB}=y$.

所以

$$\frac{S_{\triangle BDE}}{S_{\triangle ABE}}=\frac{DE}{AE}=x,\quad \frac{S_{\triangle ACE}}{S_{\triangle ABE}}=\frac{CE}{BE}=y,$$

所以 $S_{\triangle BDE}=x$，$S_{\triangle ACE}=y$.

所以 $S_{\triangle ABD}=1-x$，$S_{\triangle ABC}=1-y$.

因为$\frac{S_{\triangle EDC}}{S_{\triangle ABE}}=\frac{ED\cdot EC}{EA\cdot EB}=xy$，所以

$$S_{\triangle EDC}=xy,\quad S_{\triangle BCD}=S_{\triangle BDE}-S_{\triangle CDE}=x-xy.$$

又

$$S_{\triangle CEG}=\frac{1}{2}S_{\triangle ACE}=\frac{y}{2},\tag{①}$$

$$\begin{aligned}S_{\triangle CHG}&=\frac{1}{2}S_{\triangle ACH}=\frac{1}{2}(S_{\triangle ABH}+S_{\triangle BCH}-S_{\triangle ABC})=\frac{1}{2}\left(\frac{S_{\triangle ABD}}{2}+\frac{S_{\triangle BCD}}{2}-S_{\triangle ABC}\right)\\&=\frac{1}{2}\left(\frac{1-x}{2}+\frac{x-xy}{2}-1+y\right)=\frac{y}{2}-\frac{xy}{4}-\frac{1}{4}.\end{aligned}\tag{②}$$

$$S_{\triangle CHE}=S_{\triangle BHE}-S_{\triangle BCH}=\frac{1}{2}S_{\triangle BDE}-\frac{1}{2}S_{\triangle BCD}=\frac{1}{2}(x-x+xy)=\frac{1}{2}xy.\tag{③}$$

把式①、式②、式③代入 $S_{\triangle HGE}$ 的面积等式，得

$$S_{\triangle HGE}=\frac{y}{2}-\frac{y}{2}+\frac{xy}{4}+\frac{1}{4}-\frac{xy}{2}=\frac{1}{4}(1-xy)=\frac{1}{4}(S_{\triangle ABE}-S_{\triangle CDE})=\frac{1}{4}S_{ABCD}.$$

注　此题所采用的三种解法均体现了面积问题的等积变换方法. 这是这类问题的重要方法.

6.3 研　究　题

［**例 1**］　直角三角形斜边的平方等于两条直角边的平方和.（勾股定理）

证明 1（三角形相似）

作 $CD\perp AB$，垂足为 D，如图 Y6.1.1 所示.

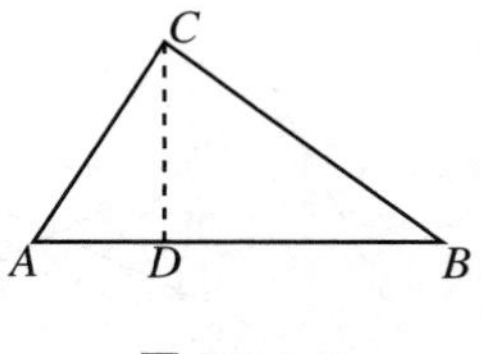

图 Y6.1.1

因为$\angle ACD$ 和$\angle B$ 的两边对应垂直，所以$\angle ACD=\angle B$，所以 Rt$\triangle ACD\backsim$Rt$\triangle ABC$，所以$\frac{AD}{AC}=\frac{AC}{AB}$，所以 $AC^2=AD\cdot AB$. 同理 $BC^2=BD\cdot AB$.

所以 $AC^2+BC^2=AD\cdot AB+BD\cdot AB=(AD+BD)\cdot AB=AB^2$.

证明 2（比例中项定理）

如图 Y6.1.2 所示，作 $AD\perp AB$，交 BC 的延长线于 D.

在$\triangle DAB$中，由比例中项定理，$AB^2 = BC \cdot BD = BC \cdot (BC + CD) = BC^2 + BC \cdot CD$.

在 Rt$\triangle DAB$ 中，同理 $AC^2 = BC \cdot CD$，所以 $AB^2 = BC^2 + AC^2$.

证明 3(切割线定理)

如图 Y6.1.3 所示，在 AB 上取 B_2，使 $BB_2 = BC$，在 AB 的延长线上取 B_1，使 $BB_1 = BC$，则 C、B_1、B_2 都在以 B 为圆心，BC 为半径的圆上.

因为 $AC \perp BC$，BC 是半径，所以 AC 是该圆的切线. 由切割线定理，$AC^2 = AB_1 \cdot AB_2 = (AB - BB_2) \cdot (AB + BB_1) = (AB - BC) \cdot (AB + BC) = AB^2 - BC^2$，所以 $AC^2 + BC^2 = AB^2$.

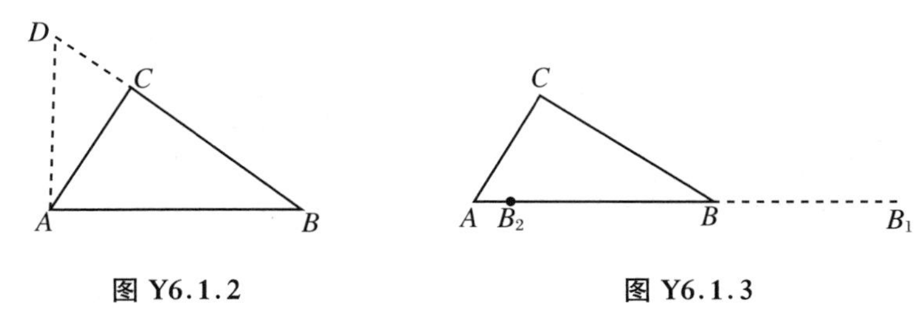

图 Y6.1.2　　　　图 Y6.1.3

证明 4(Ptolemy 定理)

设 AB 的中点为 O，作 C 关于 O 的对称点 C_1，连 AC_1、BG，则 $ACBC_1$ 是矩形. 如图 Y6.1.4 所示.

作长方形 $ACBC_1$ 的外接圆. 易证 O 为圆心. 由 Ptolemy 定理，$AC \cdot BC_1 + AC_1 \cdot BC = AB \cdot CC_1$，所以 $AC^2 + BC^2 = AB^2$.

证明 5(面积法)

如图 Y6.1.5 所示，作 $CD \perp AB$，垂足为 D，作 $DE \perp AC$，$DF \perp BC$，垂足分别是 E、F.

因为 $S_{\triangle ABC} = S_{\triangle ACD} + S_{\triangle BCD}$，即$\frac{1}{2}AB \cdot CD = \frac{1}{2}AC \cdot DE + \frac{1}{2}BC \cdot DF$，所以

$$AB \cdot CD = AC \cdot DE + BC \cdot DF. \tag{①}$$

因为 Rt$\triangle DCE \backsim$ Rt$\triangle ABC$，所以$\frac{DE}{CE} = \frac{AC}{BC}$，$\frac{CD}{CE} = \frac{AB}{BC}$，故

$$DE = CE \cdot \frac{AC}{BC}, \tag{②}$$

$$CD = CE \cdot \frac{AB}{BC}. \tag{③}$$

把式②、式③代入式①并注意到 $CE = DF$，则有 $AB^2 = AC^2 + BC^2$.

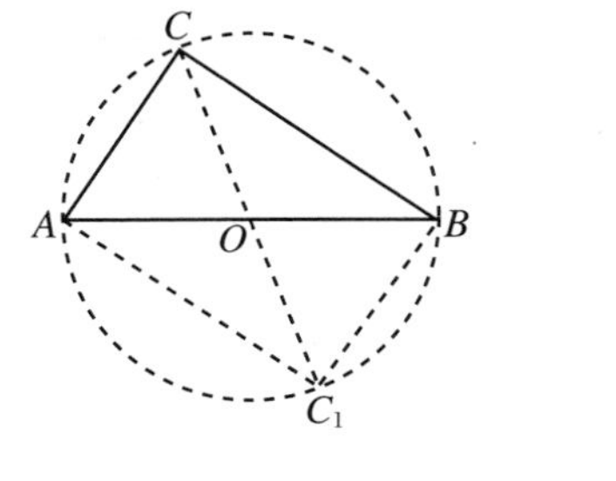

图 Y6.1.4

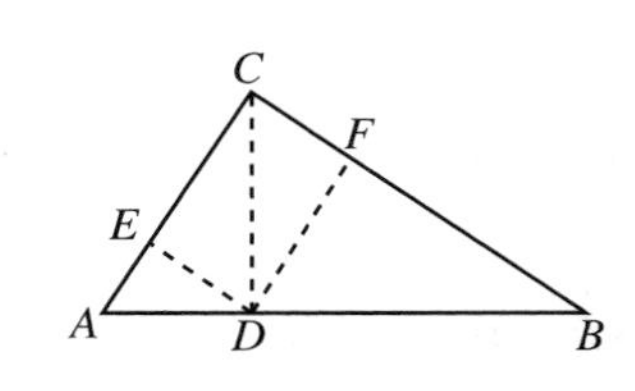

图 Y6.1.5

证明 6(面积割补法)

以$\triangle ABC$ 的三边为边向外分别作正方形 $ACKH$、$ABDE$、$BCFG$. 连 CD、AG，作 $AM \perp$

GF,垂足为 M,AM 交 BC 于 L,如图 Y6.1.6 所示.

因为 $AB=BD$,$BC=BG$,$\angle DBC=90^\circ+\angle ABC=\angle ABG$,所以$\triangle DBC\cong\triangle ABG$.

因为 $S_{\triangle DBC}=\dfrac{1}{2}S_{ABDE}$,$S_{\triangle ABG}=\dfrac{1}{2}S_{BLMG}$,所以 $S_{ABDE}=S_{BLMG}$.

同理 $S_{ACKH}=S_{CLMF}$.

所以 $S_{ABDE}+S_{ACKH}=S_{BLMG}+S_{CLME}=S_{BCFG}$,所以 $AB^2+AC^2=BC^2$.

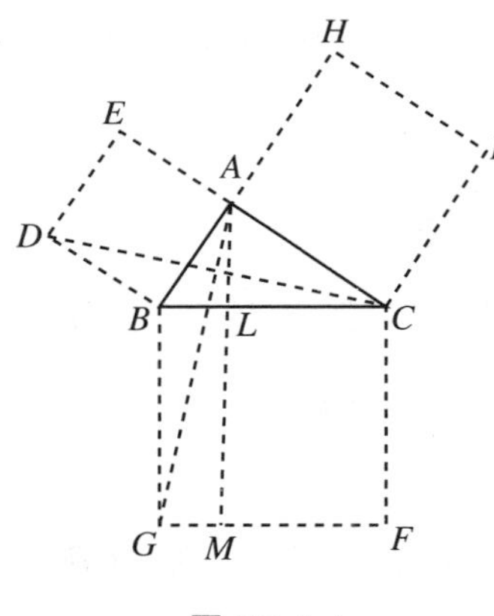

图 Y6.1.6

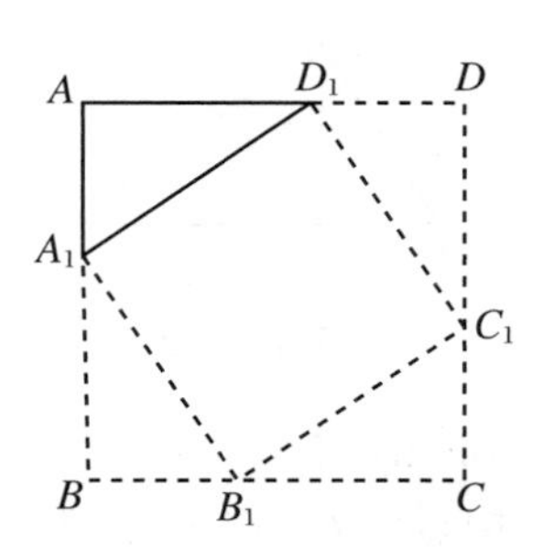

图 Y6.1.7

证明 7(面积法)

设原三角形的两直角边长分别为 a 和 b.如图 Y6.1.7 所示,以 $a+b$ 为边作一正方形 $ABCD$.在 AB、BC、CD、DA 上各取 A_1、B_1、C_1、D_1,使 $AA_1=BB_1=CC_1=DD_1=b$,则 $A_1B=B_1C=C_1D=D_1A=a$.故 $S_{ABCD}=(a+b)^2$.

易证 $S_{\triangle A_1BB_1}=S_{\triangle B_1CC_1}=S_{\triangle C_1DD_1}=S_{\triangle D_1AA_1}=\dfrac{1}{2}ab$,所以

$$S_{A_1B_1C_1D_1}=(a+b)^2-4\cdot\frac{1}{2}ab=a^2+b^2.$$

易证 $A_1B_1C_1D_1$ 也是正方形,其边长为 c,即原直角三角形的斜边长,所以 $a^2+b^2=c^2$.

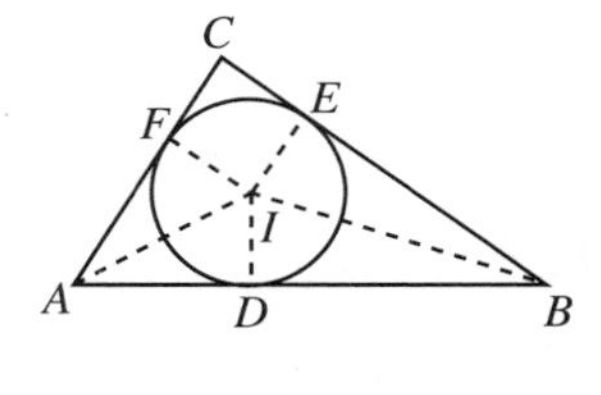

图 Y6.1.8

证明 8(切线长定理、面积法)

如图 Y6.1.8 所示,作$\triangle ABC$ 的内切圆$\odot I$,设 BC、CA、AB 上的切点分别是 E、F、D.连 ID、IE、IF、IA、IB.由切线长定理,$AF=AD$,$BE=BD$,$CE=CF$,所以 $CEIF$ 是正方形.

设内切圆的半径为 r,则 $AC^2=(AF+r)^2$,$BC^2=(BE+r)^2$,所以 $AC^2+BC^2=AF^2+BE^2+2r(AF+BE)+2r^2$.而 $AB^2=(AD+DB)^2=AD^2+DB^2+2AD\cdot DB$.

由本章例 17 的结论,$AD\cdot DB=S_{\triangle ABC}$.

因为 $2r\cdot AF=r\cdot 2AF=r\cdot(AF+AD)=r\cdot AF+r\cdot AD=2S_{ADIF}$.同理 $2r\cdot BE=S_{BEID}$,所以 $2r(AF+BE)=2S_{ABEIF}$,所以 $2r(AF+BE)+2r^2=2S_{ABEIF}+2S_{CEIF}=2S_{\triangle ABC}=2\cdot AD\cdot DB$,所以 $AB^2=AC^2+BC^2$.

[**例 2**] 在$\triangle ABC$ 中,$AD\perp BC$,$DE\perp AB$,$DF\perp AC$,R 为外接圆的半径,则 $S_{\triangle ABC}=R\cdot EF$.

证明 1(相似三角形、共圆)

如图 Y6.2.1 所示.因为 A、E、D、F 共圆,所以$\angle 1=\angle 2$,AD 是该圆的直径.因为 $AD\perp BC$,所以 BC 是该圆切线.由弦切角定理,$\angle 3=\angle 4$,所以 $\mathrm{Rt}\triangle AED\backsim\mathrm{Rt}\triangle DEB$,所以$\angle B=\angle 1$,所以$\angle B=\angle 2$,所以$\triangle ABC\backsim\triangle AFE$,所以$\dfrac{EF}{BC}=\dfrac{AD}{2R}$,所以 $AD\cdot BC=2R\cdot EF$.

所以 $S_{\triangle ABC}=\dfrac{1}{2}BC\cdot AD=R\cdot EF$.

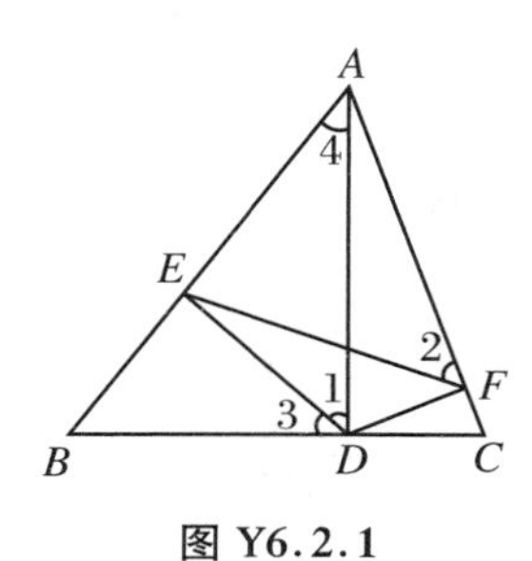

图 Y6.2.1

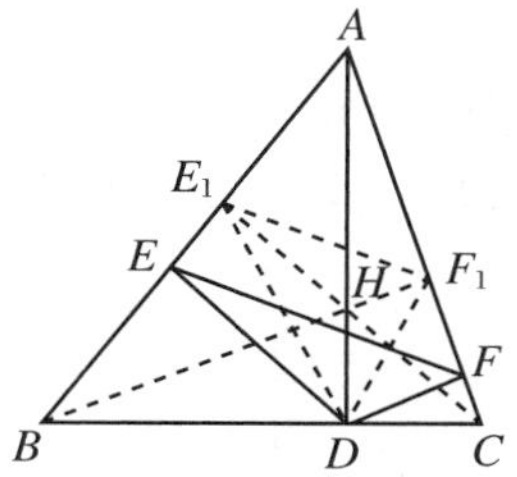

图 Y6.2.2

证明 2(垂心的性质、垂足三角形边长公式、三角形相似)

作 $BF_1\perp AC$,垂足为 F_1,设 BF_1 交 AD 于H,则 H 是$\triangle ABC$ 的垂心.连 CH 并延长,交 AB 于E_1,则 $CE_1\perp AB$.连 E_1D、F_1D.如图 Y6.2.2 所示.

因为 $HE_1/\!/DE$,$HF_1/\!/DF$,所以$\angle E_1HF_1=\angle EDF$.

因为$\dfrac{ED}{E_1H}=\dfrac{AD}{AH}=\dfrac{FD}{F_1H}$,所以$\triangle HE_1F_1\backsim\triangle DEF$.容易发现,$AH$、$AD$ 分别是$\triangle HE_1F_1$ 和$\triangle DEF$ 的外接圆的直径,所以$\dfrac{EF}{E_1F_1}=\dfrac{AD}{AH}$,所以 $EF=\dfrac{AD\cdot E_1F_1}{AH}=\dfrac{E_1F_1}{AH}\cdot AD$.

因为$\triangle DE_1F_1$ 是垂足三角形,由垂足三角形的边长公式,有

$$E_1F_1=BC\cdot\frac{AH}{2R}.\tag{$*$}$$

所以 $EF=\dfrac{BC\cdot AH\cdot AD}{2R\cdot AH}=\dfrac{1}{2R}BC\cdot AD=\dfrac{1}{R}S_{\triangle ABC}$.

所以 $S_{\triangle ABC}=R\cdot EF$.

($*$)式的证明:

设 P 为$\triangle ABC$ 内的任一点,$PA_1\perp BC$,$PB_1\perp AC$,$PC_1\perp AB$,设 $BC=a$,$CA=b$,$AB=c$.连 AP、BP、CP.如图 Y6.2.3 所示.

因为 A、C_1、P、B_1 四点共圆,所以 $B_1C_1=AP\cdot\sin A$.在$\triangle ABC$ 中,由正弦定理,$\dfrac{a}{2R}=\sin A$,所以 $B_1C_1=AP\cdot\dfrac{a}{2R}=a\cdot\dfrac{AP}{2R}$.($*$)式得证.

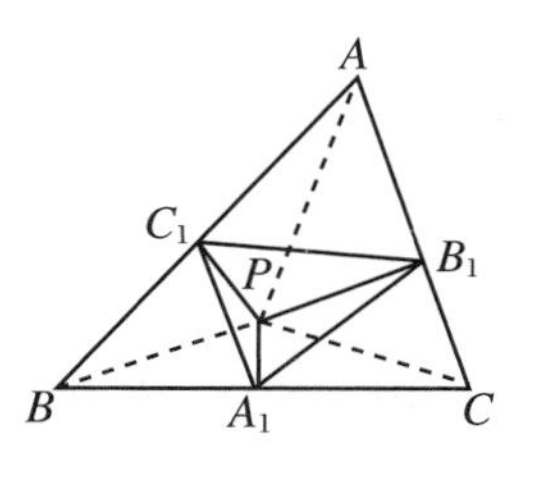

图 Y6.2.3

证明 3(共圆、正弦定理)

因为 A、E、D、F 共圆,AD 是该圆直径,由正弦定理,$AD=\dfrac{EF}{\sin A}$.(见图 Y6.2.1.)

在$\triangle ABC$ 中,同理,$BC=2R\sin A$.

所以 $S_{\triangle ABC}=\frac{1}{2}AD\cdot BC=\frac{1}{2}\frac{EF}{\sin A}\cdot 2R\sin A=R\cdot EF$.

证明 4(相似三角形、共圆、正弦定理)

作$\triangle ABC$的外接圆,作直径 AG,连 BG,如图 Y6.2.4 所示,则$\angle AGB=\angle ACB$,所以 $\mathrm{Rt}\triangle AGB\backsim\mathrm{Rt}\triangle ACD$,所以$\frac{AC}{AG}=\frac{AD}{AB}$,即 $AC\cdot AB=AG\cdot AD=2R\cdot AD$,所以

$$\frac{1}{2}AC\cdot AB\cdot\sin A=\frac{1}{2}(2R\cdot AD)\sin A=R\cdot AD\cdot\sin A.$$

即 $S_{\triangle ABC}=R\cdot(AD\cdot\sin A)$.

因为 A、E、D、F 共圆,AD 为其直径,所以 $EF=AD\cdot\sin A$,所以 $S_{\triangle ABC}=R\cdot EF$.

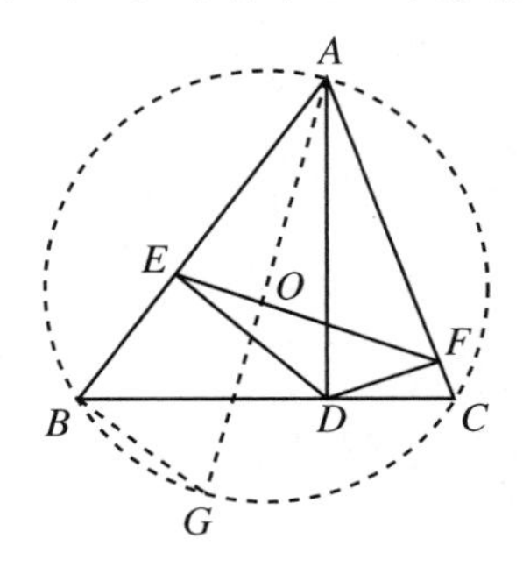

图 Y6.2.4

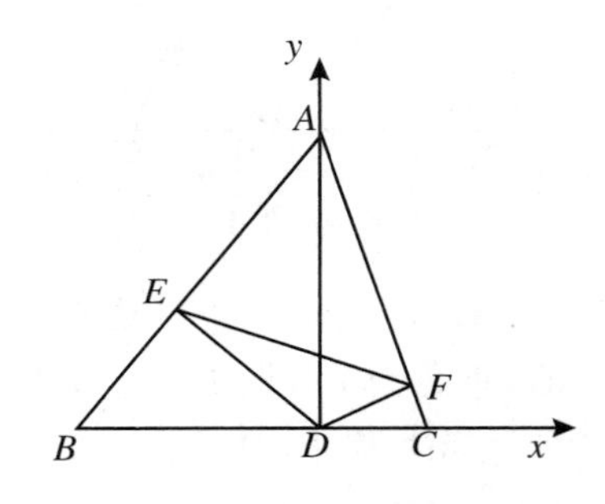

图 Y6.2.5

证明 5(解析法)

如图 Y6.2.5 所示,建立直角坐标系.

设 $C(c,0)$,$B(b,0)$,$A(0,a)$.

AB 的方程为$\frac{x}{b}+\frac{y}{a}=1$. ①

AC 的方程为$\frac{x}{c}+\frac{y}{a}=1$. ②

因为 $DE\perp AB$,$DF\perp AC$,所以 $k_{DE}=-\frac{1}{k_{AB}}=\frac{b}{a}$,$k_{DF}=-\frac{1}{k_{AC}}=\frac{c}{a}$,所以 DE 的方程为

$$y=\frac{b}{a}x, \tag{③}$$

DF 的方程为

$$y=\frac{c}{a}x. \tag{④}$$

由式①、式③联立,可解得 $E\left(\frac{a^2b}{a^2+b^2},\frac{ab^2}{a^2+b^2}\right)$. 式②、式④联立,可解得 $F\left(\frac{a^2c}{a^2+c^2},\frac{ac^2}{a^2+c^2}\right)$.

所以 $EF=\sqrt{\left(\frac{a^2b}{a^2+b^2}-\frac{a^2c}{a^2+c^2}\right)^2+\left(\frac{ab^2}{a^2+b^2}-\frac{ac^2}{a^2+c^2}\right)^2}$

$$=\sqrt{\left[\frac{a^2b(a^2+c^2)-a^2c(a^2+b^2)}{(a^2+b^2)(a^2+c^2)}\right]^2+\left[\frac{ab^2(a^2+c^2)-ac^2(a^2+b^2)}{(a^2+b^2)(a^2+c^2)}\right]^2}$$

$$=\frac{a^2(c-b)}{(a^2+b^2)(a^2+c^2)}\sqrt{b^2c^2+a^4+a^2b^2+a^2c^2}=\frac{a^2(c-b)}{\sqrt{(a^2+b^2)(a^2+c^2)}}. \qquad ⑤$$

设△ABC 的外心的坐标为(m,n)，则外接圆的方程为$(x-m)^2+(y-n)^2=R^2$. 把 A、B、C 三点坐标代入，有

$$(c-m)^2+n^2=R^2,\quad (b-m)^2+n^2=R^2,\quad m^2+(a-n)^2=R^2.$$

由此可得 $R=\dfrac{\sqrt{(a^2+b^2)(a^2+c^2)}}{2a}$. ⑥

由式⑤、式⑥相乘得 $R\cdot EF=\dfrac{a(c-b)}{2}=\dfrac{1}{2}BC\cdot AD=S_{\triangle ABC}$.

［**例 3**］　AD 是△ABC 的角平分线，则 $AD^2=AB\cdot AC-BD\cdot DC$.

证明 1（相交弦定理、三角形相似）

如图 Y6.3.1 所示，作△ABC 的外接圆，延长 AD，交外接圆于 E，连 BE.

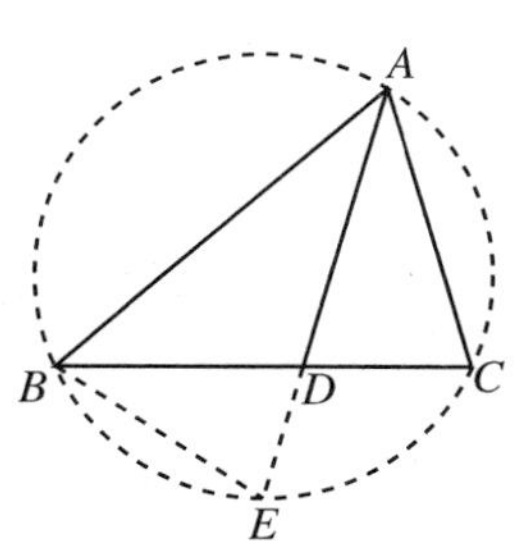

图 Y6.3.1

由相交弦定理，有

$$AD\cdot DE=BD\cdot DC. \qquad ①$$

因为$\angle E=\angle C$，$\angle BAE=\angle DAC$，所以△ABE∽△ADC，所以$\dfrac{AB}{AD}=\dfrac{AE}{AC}$，所以

$$AD\cdot AE=AB\cdot AC. \qquad ②$$

式② − 式①即得 $AD(AE-DE)=AB\cdot AC-BD\cdot DC$，所以 $AD^2=AB\cdot AC-BD\cdot DC$.

证明 2（三角形相似、角平分线性质定理）

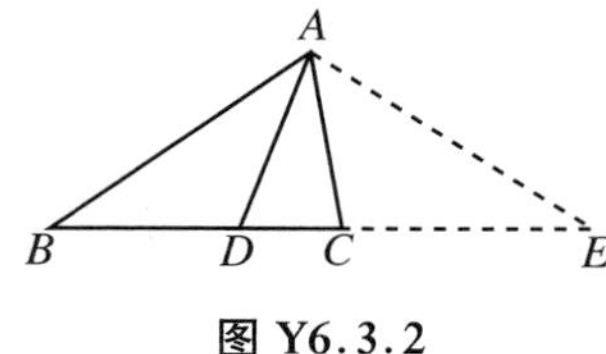

图 Y6.3.2

如图 Y6.3.2 所示，作$\angle CAE=\angle C-\dfrac{1}{2}\angle A$，设 AE 交 BC 的延长线于E，则$\angle E=\dfrac{1}{2}\angle A$，所以△$ABD$∽△$EBA$，故

$$\frac{AB}{BE}=\frac{BD}{AB}. \qquad ①$$

同法可证

$$AD^2=DC\cdot DE. \qquad ②$$

由角平分线性质定理，$\dfrac{AB}{BD}=\dfrac{AC}{CD}$，又由式①，$\dfrac{AB}{BD}=\dfrac{BE}{AB}$，所以$\dfrac{BE}{AB}=\dfrac{AC}{CD}$，所以

$$CD\cdot BE=AB\cdot AC. \qquad ③$$

把式②代入式③，得

$$\begin{aligned}AD^2&=DC\cdot DE=DC\cdot(BE-BD)=DC\cdot BE-BD\cdot DC\\&=AB\cdot AC-BD\cdot DC.\end{aligned}$$

证明 3（三角形相似、角平分线的性质）

如图 Y6.3.3 所示，在 AC 的延长线上取E，使 $CE=DC$，在 AB 上取F，使 $BF=BD$. 连 DE、DF.

因为$\angle CDE=\angle E$，所以$\angle ACB=2\angle E$.

因为$\angle ADF=180^\circ-\angle FDB-\angle ADC=180^\circ-\dfrac{1}{2}(180^\circ-\angle B)-\left(180^\circ-\dfrac{\angle BAC}{2}-\angle ACB\right)=\dfrac{\angle ACB}{2}$,所以$\angle ADF=\angle E$,所以$\triangle ADF\backsim\triangle AED$,所以$\dfrac{AD}{AE}=\dfrac{AF}{AD}$,所以 $AD^2=AE\cdot AF=(AB-BF)\cdot(AC+CE)=AB\cdot AC+AB\cdot CE-AC\cdot BF-CE\cdot BF=AB\cdot AC+AB\cdot CD-AC\cdot BD-CD\cdot BD$.

由角平分线性质定理,有 $AB\cdot CD=AC\cdot BD$,代入上式得到 $AD^2=AB\cdot AC-CD\cdot BD$.

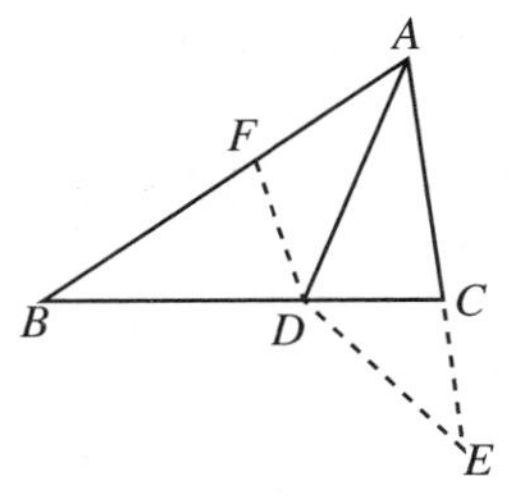

图 Y6.3.3

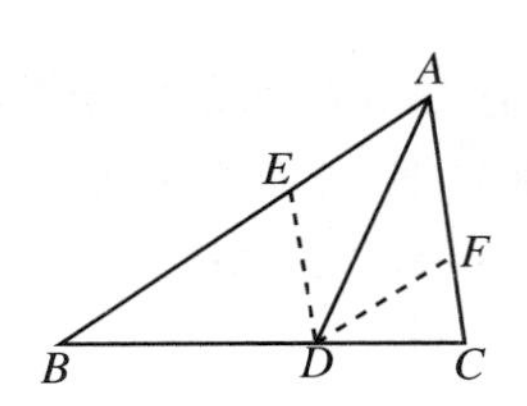

图 Y6.3.4

证明 4(切割线定理、角平分线的性质)

如图 Y6.3.4 所示,作$\angle ADE=\angle B$,DE 交 AB 于 E,取 E 关于 AD 的对称点 F,F 必在 AC 上.连 DF,则 $AE=AF$.

因为$\angle ADE=\angle B$,可见 AD 是$\triangle BDE$ 的外接圆的切线.由切割线定理,有

$$\begin{aligned}AD^2&=AE\cdot AB=AF\cdot AB=(AC-CF)\cdot AB\\&=AB\cdot AC-AB\cdot CF.\end{aligned}\qquad ①$$

由角平分线性质定理,有

$$\frac{AB}{BD}=\frac{AC}{CD}.\qquad ②$$

因为$\angle CDF=180^\circ-\dfrac{\angle BAC}{2}-\angle B-\angle C=\dfrac{1}{2}\angle BAC$,可见 CD 又是$\triangle ADF$ 的外接圆的切线,所以 $CD^2=CF\cdot CA$,即

$$\frac{AC}{CD}=\frac{CD}{CF}.\qquad ③$$

比较式②、式③可知$\dfrac{CD}{CF}=\dfrac{AB}{BD}$,所以

$$BD\cdot CD=AB\cdot CF.\qquad ④$$

把式④代入式①,得 $AD^2=AB\cdot AC-BD\cdot CD$.

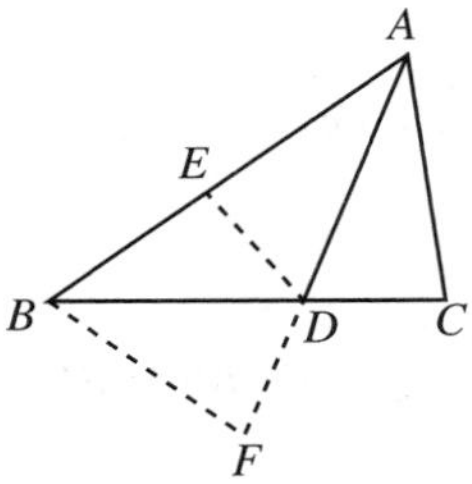

证明 5(共圆、相交弦定理)

如图 Y6.3.5 所示,作$\angle ADE=\angle ADC$,设 DE 交 AB 于 E,作$\angle DBF=\dfrac{1}{2}\angle A$,设 BF 交 AD 的延长线于 F,则 $AE=AC$,$\angle ADE=\angle ADC=\angle ABC+\dfrac{1}{2}\angle BAC=\angle EBF$,所以 D、F、B、E 共圆.

图 Y6.3.5

由相交弦定理,$AB\cdot AE=AD\cdot AF$,即

$$AB\cdot AC=AD\cdot(AD+DF)=AD^2+AD\cdot DF.\qquad ①$$

因为$\angle DBF=\angle DAC$，所以 A、B、F、C 共圆．由相交弦定理，有

$$AD\cdot DF=BD\cdot DC. \quad ②$$

由式①、式②知 $AD^2=AB\cdot AC-BD\cdot DC$．

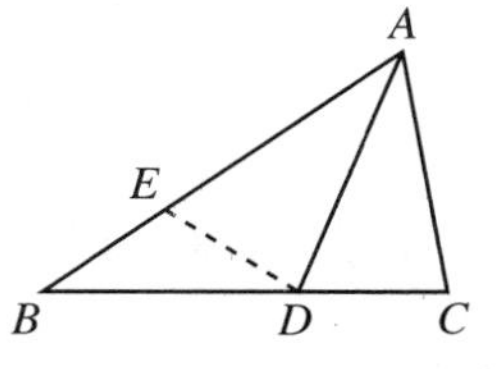

图 Y6.3.6

证明 6（相似三角形、角平分线性质定理）

作$\angle ADE=\angle C$，如图 Y6.3.6 所示，必有$\triangle AED\backsim\triangle ADC$，所以

$$\begin{aligned}AD^2&=AC\cdot AE=AC\cdot(AB-BE)\\&=AB\cdot AC-AC\cdot BE.\end{aligned} \quad ①$$

由角平分线性质定理，有

$$\frac{AB}{BD}=\frac{AC}{CD}. \quad ②$$

因为$\angle BDE=\angle BAD$，所以$\triangle BDE\backsim\triangle BAD$，所以$\dfrac{AB}{BD}=\dfrac{BD}{BE}$．　③

由式②、式③知$\dfrac{AC}{CD}=\dfrac{BD}{BE}$，所以 $AC\cdot BE=BD\cdot CD$．　④

把式④代入式①，得 $AD^2=AB\cdot AC-BD\cdot DC$．

证明 7（内心与旁心的性质、内外角平分线性质定理、共圆、相交弦定理）

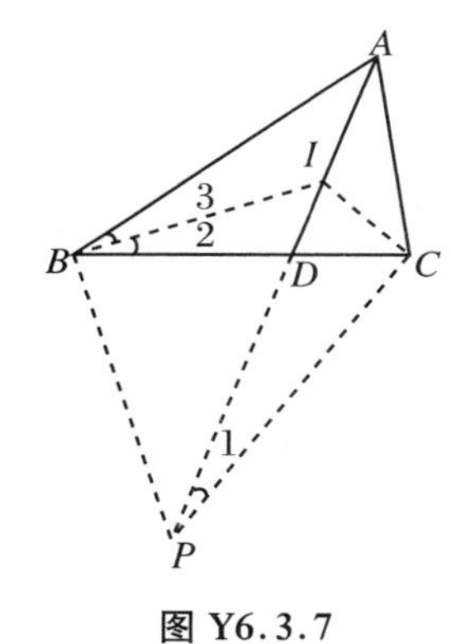

图 Y6.3.7

如图 Y6.3.7 所示，设 I 为内心，连 IC．作 $CP\perp IC$，交 AD 的延长线于 P．

因为 IC 是$\angle ACB$ 的平分线，所以 CP 是其外角平分线，P 是$\triangle ABC$ 的 BC 侧的旁心．

连 BP、BI，则 $BP\perp BI$，所以 B、I、C、P 共圆，所以$\angle 1=\angle 2$，又因为$\angle 2=\angle 3$，所以$\angle 1=\angle 3=\dfrac{1}{2}\angle B$．

由相交弦定理，有

$$BD\cdot DC=ID\cdot DP. \quad ①$$

由内、外角平分线性质定理，$\dfrac{AI}{ID}=\dfrac{AC}{CD}=\dfrac{AP}{PD}$，所以 $AI\cdot DP=AP\cdot ID$．把 $AI=AD-ID$，$AP=AD+DP$ 代入并整理，得

$$AD\cdot(DP-ID)=2ID\cdot DP. \quad ②$$

由$\triangle ABI\backsim\triangle APC$，得$\dfrac{AI}{AB}=\dfrac{AC}{AP}$，所以 $AI\cdot AP=AB\cdot AC$，把 $AI=AD-ID$，$AP=AD+DP$ 代入并整理，就是

$$AD^2+AD(DP-ID)-ID\cdot DP=AB\cdot AC. \quad ③$$

把式①、式②代入式③，则有 $AD^2=AB\cdot AC-BD\cdot DC$．

证明 8（共圆、Ptolemy 定理、相交弦定理）

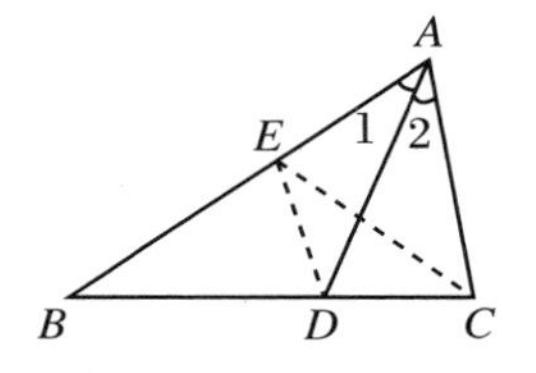

图 Y6.3.8

如图 Y6.3.8 所示，作$\angle BDE=\angle BAC$，设 DE 交 AB 于 E，连 CE，则 A、E、D、C 共圆．由相交弦定理，$AB\cdot BE=BC\cdot BD$，所以

$$\frac{AB}{BC}=\frac{BD}{BE}. \quad ①$$

因为$\angle 1=\angle 2$，DE、DC 分别是圆周角$\angle 1$、$\angle 2$ 对的弦，所以

$DE = DC$.

因为$\angle 1 = \angle BCE$,所以$\triangle ABD \backsim \triangle CBE$,所以$\dfrac{AD}{AB} = \dfrac{CE}{BC}$,所以

$$CE = \frac{AD \cdot BC}{AB}. \tag{②}$$

由 Ptolemy 定理,有

$$AD \cdot CE = AE \cdot CD + AC \cdot DE = CD(AE + AC). \tag{③}$$

把式②代入式③,有 $AD \cdot \dfrac{AD \cdot BC}{AB} = CD \cdot (AE + AC)$,所以

$$AD^2 = \frac{AB \cdot CD}{BC} \cdot (AE + AC). \tag{④}$$

把式①代入式④得

$$\begin{aligned} AD^2 &= \frac{BD}{BE} \cdot CD \cdot (AE + AC) = BD \cdot CD \cdot \frac{AB + AC - BE}{BE} \\ &= \frac{AB + AC}{BE} \cdot BD \cdot CD - BD \cdot CD. \end{aligned} \tag{⑤}$$

令 $x = \dfrac{AB + AC}{BE} \cdot BD \cdot CD - AB \cdot AC$,则

$$\begin{aligned} x &= \frac{1}{BE}(AC \cdot BD \cdot CD + AB \cdot BD \cdot CD - AB \cdot AC \cdot BE) \\ &= \frac{1}{BE}(AB \cdot BD \cdot CD + AC \cdot BD \cdot CD - BD \cdot BC \cdot AC) \\ &= \frac{1}{BE}[AB \cdot BD \cdot CD + BD \cdot AC(CD - BC)] \\ &= \frac{BD}{BE}(AB \cdot DC - AC \cdot BD). \end{aligned}$$

由角平分线性质定理,$AB \cdot DC = AC \cdot BD$,所以 $x = 0$,即

$$\frac{AB + AC}{BE} \cdot BD \cdot CD = AB \cdot AC. \tag{⑥}$$

把式⑥代入式⑤得 $AD^2 = AB \cdot AC - BD \cdot CD$.

证明9(角平分线长度公式、计算法)

设 $AB = c, BC = a, CA = b, AD = t_a, s = \dfrac{1}{2}(a + b + c)$.

由$\begin{cases} BD + DC = a \\ \dfrac{BD}{DC} = \dfrac{c}{b} \end{cases}$ 解得$BD = \dfrac{ac}{b + c}, DC = \dfrac{ab}{b + c}$.

由角平分线长度公式,$t_a = \dfrac{2}{b + c}\sqrt{bcs(s - a)}$,故

$$t_a^2 = \frac{4}{(b + c)^2} bcs(s - a). \tag{①}$$

$$\begin{aligned} &AB \cdot AC - BD \cdot DC \\ &= bc - \frac{ac}{b + c} \cdot \frac{ab}{b + c} = bc \cdot \frac{(b + c)^2 - a^2}{(b + c)^2} \end{aligned}$$

$$= bc\cdot\frac{(a+b+c)(b+c-a)}{(b+c)^2} = bc\cdot\frac{2s(2s-2a)}{(b+c)^2}$$

$$= \frac{4}{(b+c)^2}bcs(s-a). \qquad ②$$

由式①、式②知 $AD^2 = AB\cdot AC - BD\cdot DC$.

证明 10（三角法）

如图 Y6.3.9 所示，设 $\angle A=\alpha$，$\angle B=\beta$，$\angle C=\gamma$，$\angle ADB=\delta$.

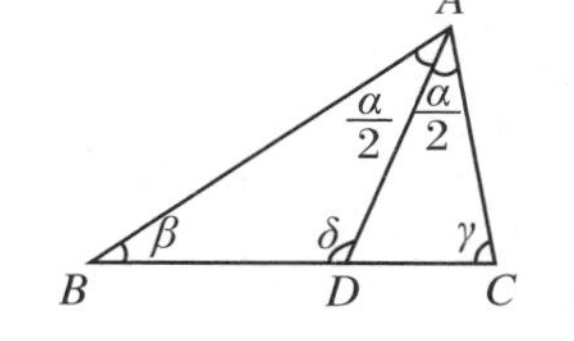

图 Y6.3.9

在 $\triangle ABD$ 和 $\triangle ADC$ 中，分别由正弦定理得 $\frac{AD}{\sin\beta}=\frac{AB}{\sin\delta}=\frac{BD}{\sin\frac{\alpha}{2}}$，$\frac{AD}{\sin\gamma}=\frac{AC}{\sin\delta}=\frac{CD}{\sin\frac{\alpha}{2}}$，所以

$$\frac{AD^2}{\sin\beta\cdot\sin\gamma}=\frac{AB\cdot AC}{\sin^2\delta}=\frac{BD\cdot CD}{\sin^2\frac{\alpha}{2}}=\frac{AB\cdot AC-BD\cdot CD}{\sin^2\delta-\sin^2\frac{\alpha}{2}}.$$

注意到

$$\sin^2\delta-\sin^2\frac{\alpha}{2}=\left(\sin\delta+\sin\frac{\alpha}{2}\right)\cdot\left(\sin\delta-\sin\frac{\alpha}{2}\right)$$

$$=2\sin\frac{\delta+\frac{\alpha}{2}}{2}\cdot\cos\frac{\delta-\frac{\alpha}{2}}{2}\cdot 2\cos\frac{\delta+\frac{\alpha}{2}}{2}\cdot\sin\frac{\delta-\frac{\alpha}{2}}{2}$$

$$=\sin\left(\delta+\frac{\alpha}{2}\right)\cdot\sin\left(\delta-\frac{\alpha}{2}\right)=\sin\left(180^\circ-\delta-\frac{\alpha}{2}\right)\cdot\sin\left(\delta-\frac{\alpha}{2}\right)$$

$$=\sin\beta\cdot\sin\gamma.$$

所以 $AD^2 = AB\cdot AC - BD\cdot DC$.

［例 4］　在 $\triangle ABC$ 中，$AB>AC$，AM、AE、AD 分别是 BC 边的中线、$\angle A$ 的平分线、BC 边上的高线，则 $(AB-AC)^2=4ME\cdot MD$.

证明 1（三角形的中位线、共圆、切割线定理、等腰三角形、截取法）

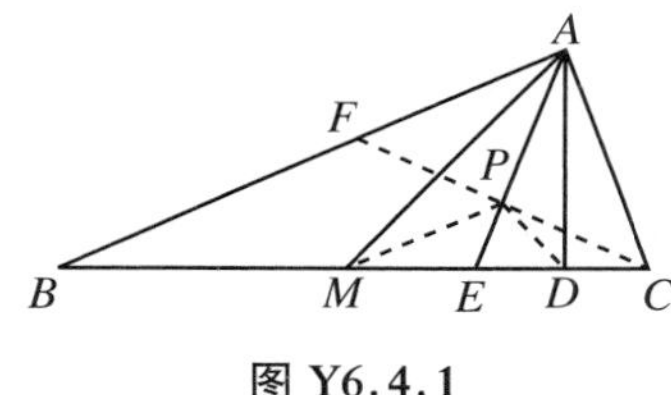

图 Y6.4.1

如图 Y6.4.1 所示，在 AB 上截取 $AF=AC$，连 CF，交 AE 于 P，连 PM、PD，则 $\triangle AFC$ 是等腰三角形，AP 是顶角的平分线，由三线合一定理，$AP\perp CF$，$PF=PC$.

因为 $\angle APC=\angle ADC=90^\circ$，所以 A、P、D、C 共圆，所以 $\angle PDE=\angle PAC=\frac{1}{2}\angle A$.

在 $\triangle CFB$ 中，PM 是中位线，所以 $PM \mathrel{\underline{\mathbin{/\!/}}} \frac{1}{2}BF$，$\angle MPE=\angle BAE=\frac{1}{2}\angle A$，所以 $\angle MPE=\angle PDE$. 可见 PM 是 $\triangle PED$ 外接圆的切线，所以 $PM^2=ME\cdot MD$.

所以 $\left(\frac{1}{2}AB-\frac{1}{2}AC\right)^2=\left(\frac{1}{2}BF\right)^2=ME\cdot MD$，所以 $(AB-AC)^2=4ME\cdot MD$.

证明 2（延长法）

如图 Y6.4.2 所示，延长 AC 到 F，使 $AF=AB$，连 BF. 延长 AE，交 BF 于 P，连 PM、PD.

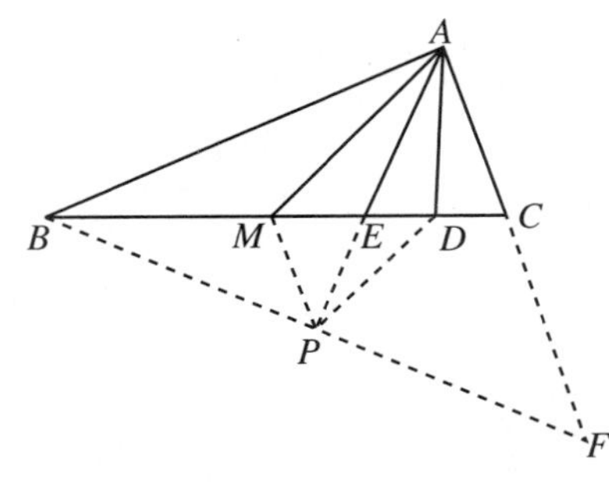

图 Y6.4.2

易证 $AP\perp BF$，$BP=PF$，PM 是$\triangle BCF$ 的中位线，所以 $PM \underline{\underline{/\!/}} \frac{1}{2}CF$，所以$\angle MPA=\angle PAF=\frac{1}{2}\angle A$.

因为$\angle ADB=\angle APB=90^\circ$，所以 A、B、P、D 共圆，所以$\angle BDP=\angle BAP=\frac{1}{2}\angle A$，所以$\angle BDP=\angle MPE$. 可见，$MP$ 是$\triangle PED$ 的外接圆的切线，所以 $PM^2=ME\cdot MD$.

所以$\left[\frac{1}{2}(AB-AC)\right]^2=ME\cdot MD$，所以$(AB-AC)^2=4ME\cdot MD$.

证明 3（角平分线的性质、切割线定理）

作$\triangle ABC$ 的外接圆，延长 AE，交圆于 F，连 MF、BF. 如图 Y6.4.3 所示.

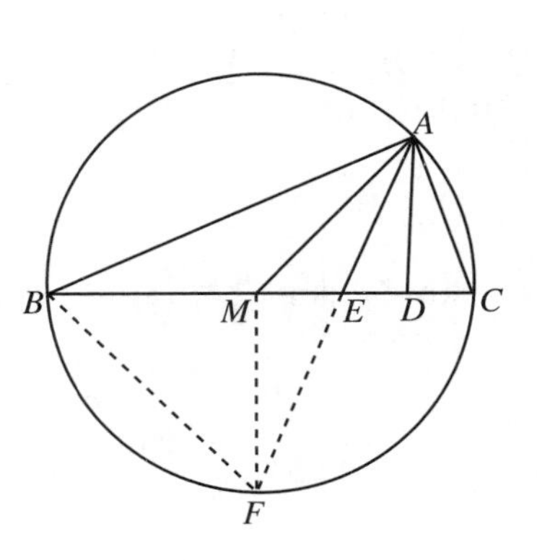

图 Y6.4.3

因为 AE 是$\angle BAC$ 的平分线，所以$\overset{\frown}{BF}=\overset{\frown}{FC}$，所以 MF 是 BC 的中垂线，所以 $AD/\!/MF$.

由角平分线性质定理，$\frac{AB}{AC}=\frac{BE}{BC}$，所以$\frac{AB-AC}{AC}=\frac{BE-EC}{EC}$. 因为 $BM=MC$，所以

$BE-EC=(BM+ME)-(CM-ME)=2EM$，

$\frac{AB-AC}{AC}=2\frac{EM}{EC}$，

$$(AB-AC)^2=4ME^2\cdot\left(\frac{AC}{EC}\right)^2. \quad ①$$

由 Rt$\triangle ADE\backsim$Rt$\triangle FME$，得$\frac{ED}{ME}=\frac{AE}{EF}$，所以$\frac{ED+ME}{ME}=\frac{AE+EF}{EF}$，所以$\frac{MD}{ME}=\frac{AF}{EF}$，故

$$AF=\frac{MD\cdot EF}{ME}. \quad ②$$

由$\triangle AEC\backsim\triangle ABF$ 知$\frac{AC}{EC}=\frac{AF}{BF}$，所以

$$\left(\frac{AC}{EC}\right)^2=\left(\frac{AF}{BF}\right)^2=\frac{AF}{BF^2}\cdot\frac{MD\cdot EF}{ME}. \quad ③$$

因为$\angle EBF=\angle EAB$，所以 BF 是$\triangle ADE$ 的外接圆的切线，由切割线定理，有

$$BF^2=EF\cdot AF, \quad ④$$

把式④代入式③，得

$$\left(\frac{AC}{EC}\right)^2=\frac{AF\cdot MD\cdot EF}{EF\cdot AF\cdot ME}=\frac{MD}{ME}. \quad ⑤$$

把式⑤代入式①，得$(AB-AC)^2=4ME\cdot MD$.

证明 4（计算法）

如图 Y6.4.4 所示，设 $BC=a$，$CA=b$，$AB=c$，$s=\frac{1}{2}(a+b+c)$，则

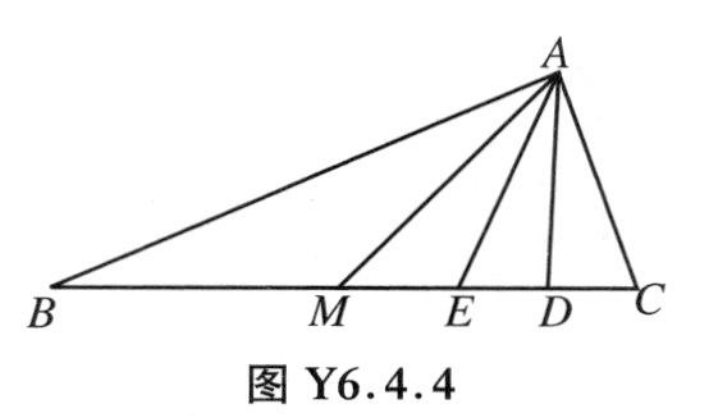

图 Y6.4.4

$$AD^2=\frac{4}{a^2}s(s-a)(s-b)(s-c),$$

$$AE^2=\frac{4}{(b+c)^2}bcs(s-a),$$

$$AM^2=\frac{b^2+c^2}{2}-\frac{a^2}{4}.$$

在 Rt$\triangle ADM$ 中,有

$$MD=\sqrt{AM^2-AD^2}=\sqrt{\left(\frac{b^2+c^2}{2}-\frac{a^2}{4}\right)-\frac{4}{a^2}s(s-a)(s-b)(s-c)}=\frac{b^2-c^2}{2a}.$$

在 Rt$\triangle AED$ 中,有

$$\begin{aligned}ED&=\sqrt{AE^2-AD^2}\\&=\sqrt{\frac{4bcs(s-a)}{(b+c)^2}-\frac{4}{a^2}s(s-a)(s-b)(s-c)}\\&=\sqrt{(2bc-a^2+b^2+c^2)\left[\frac{bc}{(b+c)^2}-\frac{2bc+a^2-b^2-c^2}{4a^2}\right]}\\&=\frac{(b-c)(2bc-a^2+b^2+c^2)}{2a(b+c)}.\end{aligned}$$

所以

$$\begin{aligned}ME\cdot MD&=(MD-ED)\cdot MD=MD^2-MD\cdot ED\\&=\left(\frac{b^2-c^2}{2a}\right)^2-\frac{(b-c)(2bc-a^2+b^2+c^2)}{2a(b+c)}\cdot\frac{b^2-c^2}{2a}=\frac{(b-c)^2}{4}.\end{aligned}$$

所以$(b-c)^2=4ME\cdot MD$,即$(AB-AC)^2=4ME\cdot MD$.

［例 5］　在$\triangle ABC$ 中,BC、CA、AB 上分别有 A_1、B_1、C_1,满足 $AC_1:C_1B=BA_1:A_1C=CB_1:B_1A=\lambda$(实数),$AA_1$、$BB_1$、$CC_1$ 交于 D、E、F,则$\frac{S_{\triangle DEF}}{S_{\triangle ABC}}=\frac{(\lambda-1)^2}{\lambda^2+\lambda+1}$.

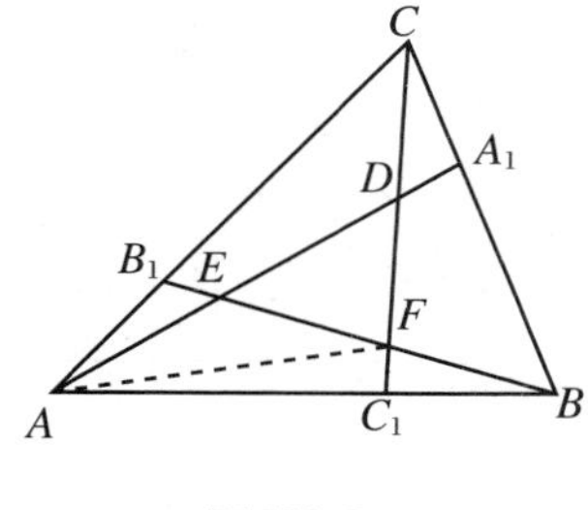

图 Y6.5.1

证明 1(面积比)

如图 Y6.5.1 所示,连 AF,则

$$\frac{S_{\triangle AFC_1}}{S_{\triangle BFC_1}}=\frac{AC_1}{C_1B}=\lambda,\quad\frac{S_{\triangle CFB_1}}{S_{\triangle AFB_1}}=\frac{CB_1}{B_1A}=\lambda,\quad\frac{S_{\triangle BB_1C}}{S_{\triangle BB_1A}}=\lambda,$$

所以

$$S_{\triangle AFC_1}=\lambda S_{\triangle BFC_1},\quad\frac{S_{\triangle BB_1C}-S_{\triangle CFB_1}}{S_{\triangle BB_1A}-S_{\triangle AFB_1}}=\frac{S_{\triangle BCF}}{S_{\triangle BAF}}=\lambda,$$

所以 $S_{\triangle BCF}=\lambda S_{\triangle BAF}$,即

$$S_{\triangle BCF}=\lambda(S_{\triangle BFC_1}+S_{\triangle AFC_1})=\lambda(1+\lambda)\cdot S_{\triangle BFC_1}.$$

所以$\frac{S_{\triangle BCF}}{S_{\triangle BFC_1}}=\lambda(1+\lambda)$,所以$\frac{S_{\triangle BCF}}{S_{\triangle BFC_1}+S_{\triangle BCF}}=\frac{\lambda(1+\lambda)}{\lambda(1+\lambda)+1}$,即$\frac{S_{\triangle BCF}}{S_{\triangle BCC_1}}=\frac{\lambda^2+\lambda}{\lambda^2+\lambda+1}$.

因为$\frac{S_{\triangle BCC_1}}{S_{\triangle ABC}}=\frac{BC_1}{AB}=\frac{1}{1+\lambda}$,代入上式,就是$\frac{S_{\triangle BCF}}{\frac{1}{1+\lambda}\cdot S_{\triangle ABC}}=\frac{\lambda^2+\lambda}{\lambda^2+\lambda+1}$,所以 $S_{\triangle BCF}=\frac{\lambda}{\lambda^2+\lambda+1}S_{\triangle ABC}$.同理可证 $S_{\triangle ADC}=S_{\triangle BAE}=S_{\triangle BCF}=\frac{\lambda}{\lambda^2+\lambda+1}S_{\triangle ABC}$.

所以 $S_{\triangle DEF}=S_{\triangle ABC}-(S_{\triangle ADC}+S_{\triangle BAE}+S_{\triangle BCF})=\left(1-\dfrac{3\lambda}{\lambda^2+\lambda+1}\right)S_{\triangle ABC}=\dfrac{(\lambda-1)^2}{\lambda^2+\lambda+1}S_{\triangle ABC}$.

所以$\dfrac{S_{\triangle DEF}}{S_{\triangle ABC}}=\dfrac{(\lambda-1)^2}{\lambda^2+\lambda+1}$.

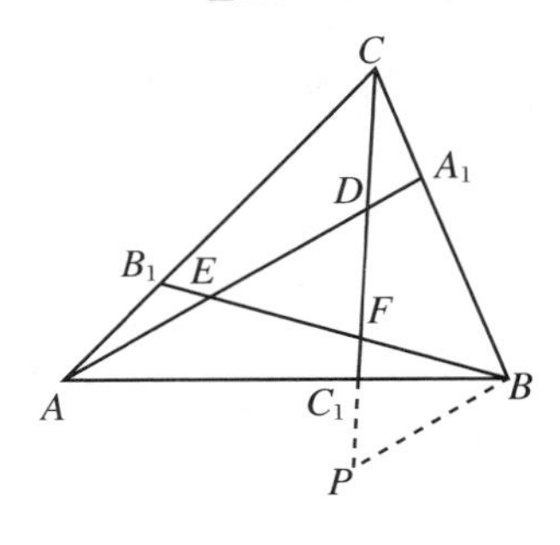

图 Y6.5.2

证明 2(三角形相似、面积比)

如图 Y6.5.2 所示,作 $BP /\!/ AA_1$,交 CC_1 的延长线于 P.

由$\triangle ADC_1\backsim\triangle BPC_1$ 知$\dfrac{BP}{AD}=\dfrac{BC_1}{AC_1}=\dfrac{1}{\lambda}$.

由$\triangle A_1DC\backsim\triangle BPC$ 知$\dfrac{DA_1}{BP}=\dfrac{CA_1}{CB_1}=\dfrac{1}{\lambda+1}$.

两式相乘,得

$$\frac{A_1D}{AD}=\frac{1}{\lambda(\lambda+1)},$$

$$\frac{A_1D+AD}{AD}=\frac{AA_1}{AD}=\frac{\lambda^2+\lambda+1}{\lambda(\lambda+1)}.$$

因为$\dfrac{S_{\triangle ADC}}{S_{\triangle AA_1C}}=\dfrac{AD}{AA_1}$,所以$\dfrac{S_{\triangle ADC}}{S_{\triangle AA_1C}}=\dfrac{\lambda(\lambda+1)}{\lambda^2+\lambda+1}$.

因为$\dfrac{S_{\triangle AA_1C}}{S_{\triangle ABC}}=\dfrac{A_1C}{BC}=\dfrac{1}{\lambda+1}$,代入上式,有

$$\frac{S_{\triangle ADC}}{\dfrac{1}{1+\lambda}\cdot S_{\triangle ABC}}=\frac{\lambda(\lambda+1)}{\lambda^2+\lambda+1},$$

所以 $S_{\triangle ADC}=\dfrac{\lambda}{\lambda^2+\lambda+1}S_{\triangle ABC}$.

以下部分同证明 1.

证明 3(平行截比定理、面积比)

作 $B_1P /\!/ CC_1$,交 AB 于 P,如图 Y6.5.3 所示.由平行截比定理,$\dfrac{PC_1}{AP}=\dfrac{B_1C}{AB_1}=\lambda$,所以

$$\frac{PC_1+AP}{AP}=\frac{AC_1}{AP}=\lambda+1. \quad ①$$

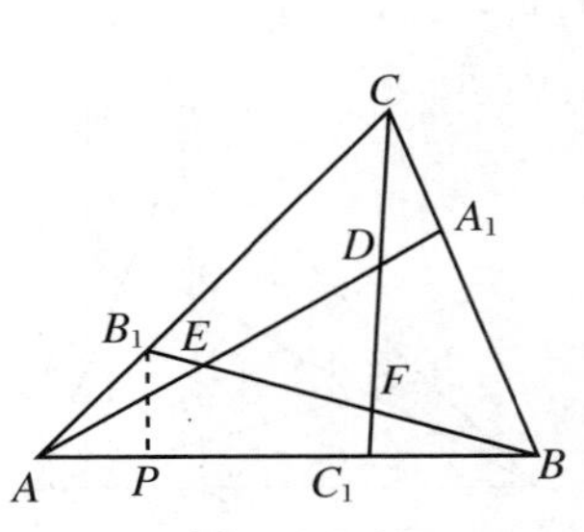

图 Y6.5.3

由$\dfrac{AC_1}{C_1B}=\lambda$,有

$$\frac{AC_1}{AC_1+C_1B}=\frac{AC_1}{AB}=\frac{\lambda}{1+\lambda}. \quad ②$$

式②÷式①得$\dfrac{AP}{AB}=\dfrac{\lambda}{(1+\lambda)^2}$,所以$\dfrac{AB-AP}{AB}=1-\dfrac{\lambda}{(1+\lambda)^2}=\dfrac{\lambda^2+\lambda+1}{(1+\lambda)^2}=\dfrac{BP}{AB}$,

$$BP=\frac{\lambda^2+\lambda+1}{(1+\lambda)^2}AB. \quad ③$$

由平行截比定理,有

$$\frac{BF}{BB_1}=\frac{BC_1}{BP}, \quad ④$$

$$BC_1=\frac{1}{\lambda}AC_1=\frac{1}{\lambda}\cdot\frac{\lambda}{1+\lambda}AB=\frac{1}{1+\lambda}AB. \quad ⑤$$

把式③、式⑤代入式④，得$\dfrac{BF}{BB_1}=\dfrac{\dfrac{1}{1+\lambda}AB}{\dfrac{\lambda^2+\lambda+1}{(1+\lambda)^2}AB}=\dfrac{\lambda+1}{\lambda^2+\lambda+1}$.

所以$\dfrac{S_{\triangle BFC_1}}{S_{\triangle ABB_1}}=\dfrac{BF\cdot BC_1}{AB\cdot BB_1}=\dfrac{BF}{BB_1}\cdot\dfrac{BC_1}{AB}=\dfrac{\lambda+1}{\lambda^2+\lambda+1}\cdot\dfrac{1}{1+\lambda}=\dfrac{1}{\lambda^2+\lambda+1}$.

所以$\dfrac{S_{\triangle ABB_1}-S_{\triangle BFC_1}}{S_{\triangle ABB_1}}=\dfrac{S_{AB_1FC_1}}{S_{\triangle ABB_1}}=\dfrac{\lambda^2+\lambda}{\lambda^2+\lambda+1}$. 再把 $S_{\triangle ABB_1}=\dfrac{1}{1+\lambda}\cdot S_{\triangle ABC}$ 代入上式，得 $S_{AB_1FC_1}=\dfrac{\lambda}{\lambda^2+\lambda+1}S_{\triangle ABC}$.

同理 $S_{B_1EA_1C}=S_{A_1DC_1B}=\dfrac{\lambda}{\lambda^2+\lambda+1}S_{\triangle ABC}$，所以

$$S_{\triangle DEF}=S_{\triangle ABC}-(S_{AB_1FC_1}+S_{A_1DC_1B}+S_{B_1EA_1C})=\frac{(\lambda-1)^2}{\lambda^2+\lambda+1}S_{\triangle ABC}.$$

证明 4(面积比)

如图 Y6.5.4 所示，连 A_1C_1、BD，作 $C_1M\perp AA_1$，$BN\perp AA_1$，垂足分别是 M、N，则 $C_1M\parallel BN$. 由$\triangle AC_1M\backsim\triangle ABN$ 知$\dfrac{C_1M}{BN}=\dfrac{AC_1}{AB}=\dfrac{\lambda}{\lambda+1}$.

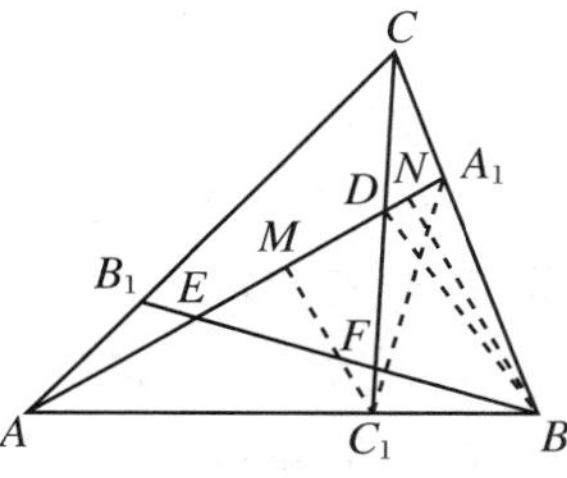

图 Y6.5.4

因为$\triangle DC_1A_1$ 和$\triangle DA_1B$ 有同底，所以

$$\frac{S_{\triangle DC_1A_1}}{S_{\triangle DA_1B}}=\frac{C_1M}{BN}=\frac{\lambda}{\lambda+1}. \qquad ①$$

因为$\triangle BDA_1$ 和$\triangle DCA_1$ 等高，$\triangle C_1DA_1$ 和$\triangle DCA_1$ 等高，所以

$$\frac{S_{\triangle BDA_1}}{S_{\triangle DCA_1}}=\frac{BA_1}{A_1C}=\lambda, \qquad ②$$

$$\frac{S_{\triangle C_1DA_1}}{S_{\triangle DCA_1}}=\frac{DC_1}{DC}. \qquad ③$$

由式①×式②，得$\dfrac{S_{\triangle DC_1A_1}}{S_{\triangle DCA_1}}=\dfrac{\lambda^2}{1+\lambda}$，所以$\dfrac{DC_1}{DC}=\dfrac{\lambda^2}{1+\lambda}$，所以

$$\frac{DC_1+DC}{DC}=\frac{CC_1}{DC}=\frac{\lambda^2+\lambda+1}{\lambda+1},$$

所以$\dfrac{S_{\triangle ACD}}{S_{\triangle ACC_1}}=\dfrac{\lambda+1}{\lambda^2+\lambda+1}$. 因为$\dfrac{S_{\triangle ACC_1}}{S_{\triangle ABC}}=\dfrac{AC_1}{AB}=\dfrac{\lambda}{1+\lambda}$，所以 $S_{\triangle ACD}=\dfrac{\lambda}{\lambda^2+\lambda+1}S_{\triangle ABC}$.

以下部分同证明 2.

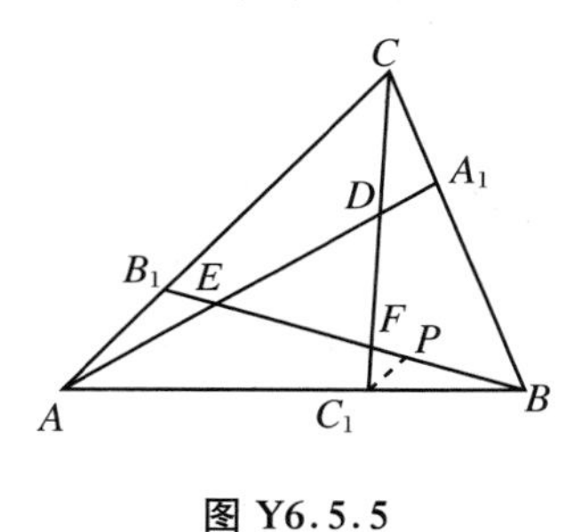

图 Y6.5.5

证明 5(相似三角形、面积比)

作 $C_1P\parallel AC$，交 BB_1 于 P，如图 Y6.5.5 所示，则

$$\frac{C_1P}{AB_1}=\frac{BC_1}{AB}=\frac{1}{\lambda+1},$$

$$\frac{C_1F}{CF}=\frac{C_1P}{CB_1}=\frac{C_1P}{\lambda B_1A}=\frac{1}{\lambda^2+\lambda},$$

$$\frac{C_1F+CF}{CF}=\frac{CC_1}{CF}=\frac{\lambda^2+\lambda+1}{\lambda^2+\lambda}.$$

即$\dfrac{S_{\triangle BCF}}{S_{\triangle BCC_1}}=\dfrac{CF}{CC_1}=\dfrac{\lambda^2+\lambda}{\lambda^2+\lambda+1}$.

以下部分同证明 1.

[例 6]　在正六边形 $ABCDEF$ 中，P、Q 分别为CD、DE 的中点，则 $S_{APDQ}=\dfrac{1}{3}S$，这里 S 指正六边形的面积.

证明 1(同底等高的三角形等积)

如图 Y6.6.1 所示，连 AD、AE. 由对称性只需证 $S_{\triangle ADQ}=\dfrac{1}{3}S_{ADEF}$. 因为 $DQ=QE$，所以 $S_{\triangle ADQ}=S_{\triangle AQE}$.

作 $FR\perp AE$，垂足为 R，则 $S_{\triangle AEF}=\dfrac{1}{2}AE\cdot FR=\dfrac{1}{2}AE\cdot AF\cdot\sin30^\circ=\dfrac{1}{4}AF\cdot AE$，所以 $S_{\triangle AEQ}=S_{\triangle AEF}$，所以 $S_{\triangle ADQ}=\dfrac{1}{3}S_{ADEF}$，所以 $S_{APDQ}=\dfrac{1}{3}S$.

证明 2(菱形的性质、等积)

如图 Y6.6.2 所示，设 O 是正六边形的中心，连 OC、OP、OQ、OE、AC、AE、OA、OD，则易证 A、O、D 共线.

因为 OP 是$\triangle ACD$ 的中位线，所以 $OP\parallel AC$，所以 $S_{\triangle OAP}=S_{\triangle OCP}$，所以 $S_{\triangle OAP}+S_{\triangle OPD}=S_{\triangle OCP}+S_{\triangle OPD}$，即 $S_{\triangle APD}=S_{\triangle OCD}$.

显然 $S_{\triangle OCD}=\dfrac{1}{6}S$，所以 $S_{\triangle APD}=\dfrac{1}{6}S$，所以 $S_{APDQ}=\dfrac{1}{3}S$.

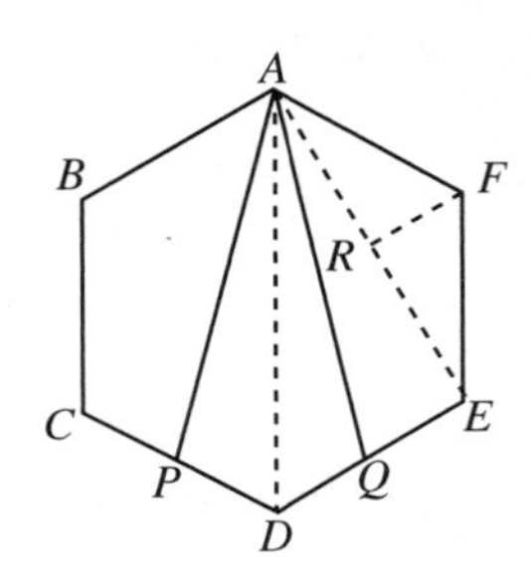

图 Y6.6.1

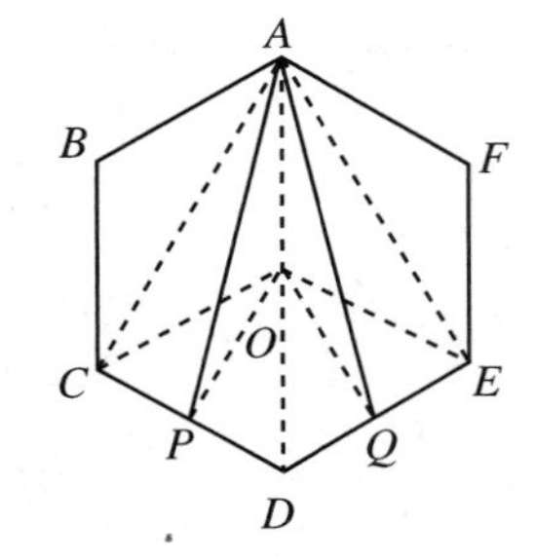

图 Y6.6.2

证明 3(梯形面积的计算)

如图 Y6.6.3 所示，连 AD、CE、PQ，则 PQ 是$\triangle DCE$ 的中位线，所以 $PQ\underline{\underline{\parallel}}\dfrac{1}{2}CE$. 设 PQ、CE 分别与AD 交于M、H 点，则 $EH=2MQ$.

易证 $PQ\perp AD$，$CE\perp AD$，所以 EH 是等腰梯形 $ADEF$ 的高.

所以 $S_{ADEF}=\dfrac{1}{2}(AD+EF)\cdot EH=\dfrac{1}{2}\cdot 3EF\cdot 2MQ=3EF\cdot QM$.

所以 $S_{\triangle ADQ}=\dfrac{1}{2}AD\cdot QM=EF\cdot QM$，所以 $S_{\triangle ADQ}=\dfrac{1}{3}S_{ADEF}$，所以 $S_{APDQ}=\dfrac{1}{3}S$.

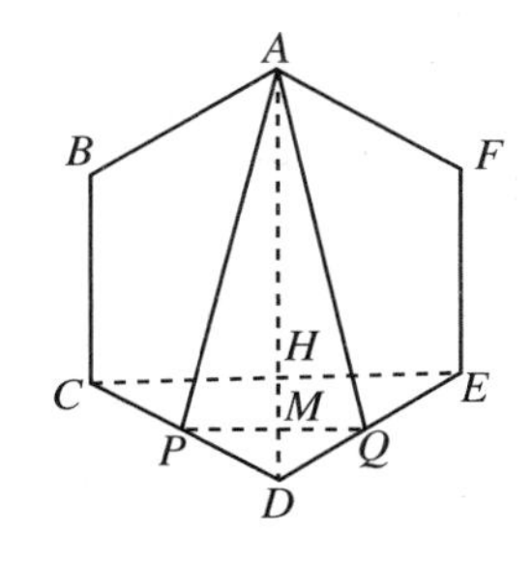

图 Y6.6.3

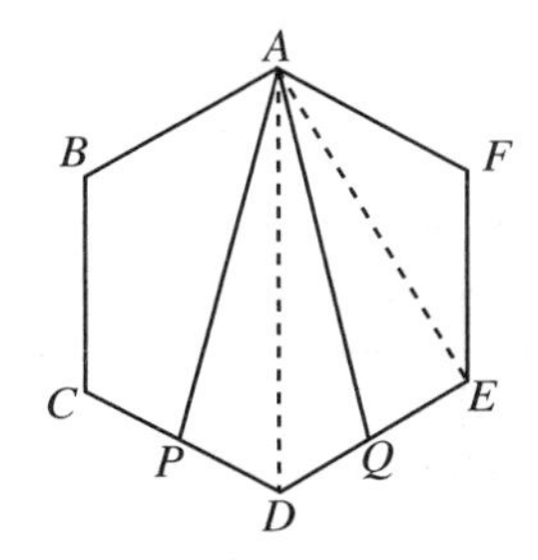

图 Y6.6.4

证明4(计算法)

如图 Y6.6.4 所示,连 AD、AE.易证 $S_{APDQ}=S_{\triangle ADE}$.

设正六边形的边长为 a,则 $AE=\sqrt{3}a$,$S=\frac{3\sqrt{3}}{2}a^2$.

因为 $AE\perp ED$,所以 $S_{\triangle ADE}=\frac{1}{2}AE\cdot DE=\frac{1}{2}\cdot\sqrt{3}a^2$,所以 $S_{APDQ}=\frac{\sqrt{3}}{2}a^2=\frac{1}{3}\left(\frac{3\sqrt{3}}{2}a^2\right)=\frac{1}{3}S$.

证明5(三角形、海伦公式)

设正六边形的边长为 a,连 PQ,则 $S=6\cdot\frac{1}{2}a\cdot\frac{\sqrt{3}}{2}a=\frac{3\sqrt{3}}{2}a^2$.

$S_{\triangle PDQ}=\frac{1}{2}DP\cdot DQ\cdot\sin120^\circ=\frac{1}{2}\cdot\frac{a}{2}\cdot\frac{a}{2}\cdot\frac{\sqrt{3}}{2}=\frac{\sqrt{3}}{16}a^2$.

因为 PQ 是$\triangle DCE$ 的中位线,所以 $PQ=\frac{1}{2}CE=\frac{1}{2}\left(2\cdot\frac{\sqrt{3}}{2}a\right)=\frac{\sqrt{3}}{2}a$.

在 Rt$\triangle AEQ$ 中,$AQ=\sqrt{AE^2+EQ^2}=\sqrt{(\sqrt{3}a)^2+\left(\frac{1}{2}a\right)^2}=\frac{\sqrt{13}}{2}a$.可见,$\triangle APQ$ 三边长分别是$\frac{\sqrt{13}}{2}a$、$\frac{\sqrt{13}}{2}a$、$\frac{\sqrt{3}}{2}a$.由海伦公式,有

$$\begin{aligned}S_{\triangle APQ}&=\sqrt{\left[\left(\frac{\sqrt{13}}{2}+\frac{\sqrt{3}}{4}-\frac{\sqrt{13}}{2}\right)a\right]^2\cdot\left(\frac{\sqrt{13}}{2}+\frac{\sqrt{3}}{4}\right)a\cdot\left(\frac{\sqrt{13}}{2}+\frac{\sqrt{3}}{4}-\frac{\sqrt{3}}{2}\right)a}\\&=\frac{7\sqrt{3}}{16}a^2.\end{aligned}$$

$$\begin{aligned}S_{APDQ}&=S_{\triangle APQ}+S_{\triangle PDQ}=\frac{7\sqrt{3}}{16}a^2+\frac{\sqrt{3}}{16}a^2=\frac{\sqrt{3}}{2}a^2=\frac{1}{3}\left(\frac{3\sqrt{3}}{2}a^2\right)\\&=\frac{1}{3}S.\end{aligned}$$

证明6(解析法)

如图 Y6.6.5 所示,建立直角坐标系.连 PQ.设正六边形的边长为 a,则 $A(0,a)$,$D(0,-a)$,$C\left(-\frac{\sqrt{3}}{2}a,-\frac{1}{2}a\right)$,$E\left(\frac{\sqrt{3}}{2}a,-\frac{1}{2}a\right)$,$P\left(-\frac{\sqrt{3}}{4}a,-\frac{3}{4}a\right)$,$Q\left(\frac{\sqrt{3}}{4}a,-\frac{3}{4}a\right)$.

因为 $S_{APDQ}=S_{\triangle APQ}+S_{\triangle PDQ}$,所以

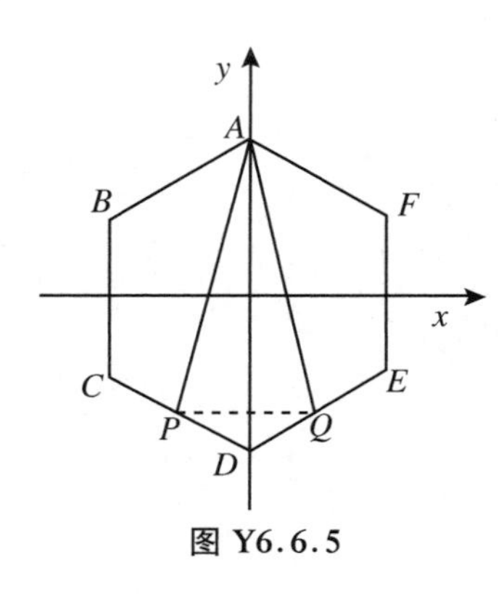

图 Y6.6.5

$$S_{\triangle APQ}=\frac{1}{2}\begin{vmatrix}0 & a & 1\\ -\frac{\sqrt{3}}{4}a & -\frac{3}{4}a & 1\\ \frac{\sqrt{3}}{4}a & -\frac{3}{4}a & 1\end{vmatrix}=\frac{7\sqrt{3}}{16}a^2,$$

$$S_{\triangle PDQ}=\frac{1}{2}\begin{vmatrix}-\frac{\sqrt{3}}{4}a & -\frac{3}{4}a & 1\\ 0 & -a & 1\\ \frac{\sqrt{3}}{4}a & -\frac{3}{4}a & 1\end{vmatrix}=\frac{\sqrt{3}}{16}a^2,$$

所以 $S_{APDQ}=\left(\frac{7\sqrt{3}}{16}+\frac{\sqrt{3}}{16}\right)a^2=\frac{\sqrt{3}}{2}a^2=\frac{1}{3}\left(\frac{3\sqrt{3}}{2}a^2\right)=\frac{1}{3}S$.

［例 7］ P 为矩形 $ABCD$ 内的一点，$PA=a$，$PB=b$，$PC=c$，$PD=d$，则 $a^2+c^2=b^2+d^2$.

证明 1（中线定理）

如图 Y6.7.1 所示，连 AC、BD，设 AC、BD 交于 O，则 O 点平分 AC 和 BD. 连 PO. 可见，PO 是△APC 和△BPD 的中线.

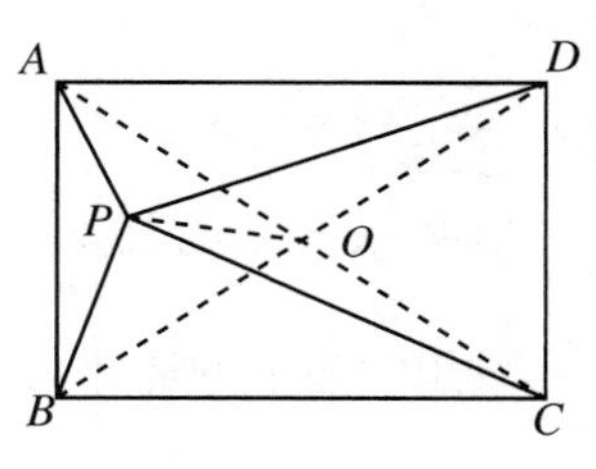

图 Y6.7.1

由中线定理，有

$$PA^2+PC^2=2(PO^2+AO^2),$$
$$PB^2+PD^2=2(PO^2+DO^2).$$

因为 $ABCD$ 是矩形，所以 $AC=BD$，所以 $AO=DO$，上式表明 $PA^2+PC^2=PB^2+PD^2$，即 $a^2+c^2=b^2+d^2$.

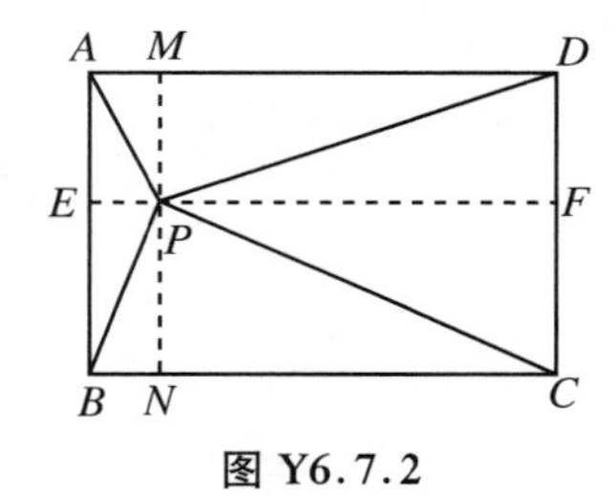

图 Y6.7.2

证明 2（勾股定理）

如图 Y6.7.2 所示，过 P 作 $MN\perp BC$，垂线交 BC、AD 于 N、M，过 P 作 $EF\perp AB$，交 AB、CD 于 E、F. 由勾股定理，有

$$PA^2=AM^2+PM^2,$$
$$PB^2=BN^2+PN^2,$$
$$PC^2=PN^2+CN^2,$$
$$PD^2=PM^2+MD^2.$$

所以

$$\begin{aligned}PA^2+PC^2&=AM^2+PM^2+PN^2+CN^2\\&=BN^2+PM^2+PN^2+MD^2=PB^2+PD^2,\end{aligned}$$

即 $a^2+c^2=b^2+d^2$.

证明 3（余弦定理、共圆、相交弦定理）

如图 Y6.7.3 所示，连 AC、BD. 作 $AM\perp PC$，$BN\perp PD$，垂足分别为 M、N.

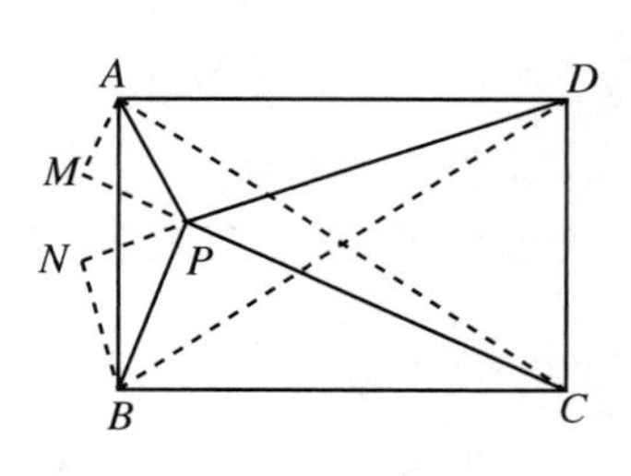

图 Y6.7.3

在△APC 和△BPD 中，由余弦定理，有

$$AC^2=a^2+c^2-2ac\cos\angle APC,$$
$$BD^2=b^2+d^2-2bd\cos\angle BPD.$$

$$-ac\cos\angle APC = ac\cos\angle APM = c\cdot(a\cos\angle APM) = c\cdot PM,$$
$$-bd\cos\angle BPD = bd\cos\angle BPN = d\cdot(b\cos\angle BPN) = d\cdot PN.$$

易证 A、M、N、B、C、D 都在以 AC 为直径的圆上，由相交弦定理，$c\cdot PM = d\cdot PN$.

因为 $ABCD$ 是矩形，所以 $AC = BD$，所以 $AC^2 = BD^2$，即 $a^2 + c^2 - 2c\cdot PM = b^2 + d^2 - 2d\cdot PN$，所以 $a^2 + c^2 = b^2 + d^2$.

证明4(三角法)

如图 Y6.7.4 所示，设 $\angle PAB = \alpha$，$\angle PDC = \beta$.

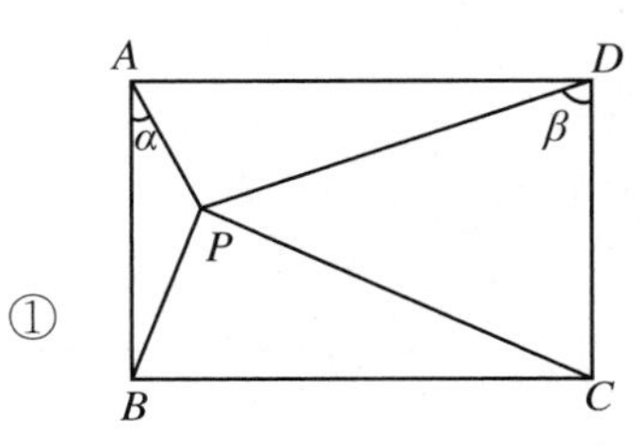

图 Y6.7.4

在 $\triangle ABP$ 中，由余弦定理，有

$$\cos\alpha = \frac{AB^2 + a^2 - b^2}{2a\cdot AB}. \quad ①$$

在 $\triangle PCD$ 中，同理

$$\cos\beta = \frac{CD^2 + d^2 - c^2}{2d\cdot CD}. \quad ②$$

在 $\triangle APD$ 中，由正弦定理，有

$$\frac{AP}{PD} = \frac{a}{d} = \frac{\sin(90^\circ - \beta)}{\sin(90^\circ - \alpha)} = \frac{\cos\beta}{\cos\alpha}. \quad ③$$

由式② ÷ 式①并把式③代入，注意到 $AB = CD$，则 $a^2 + c^2 = b^2 + d^2$.

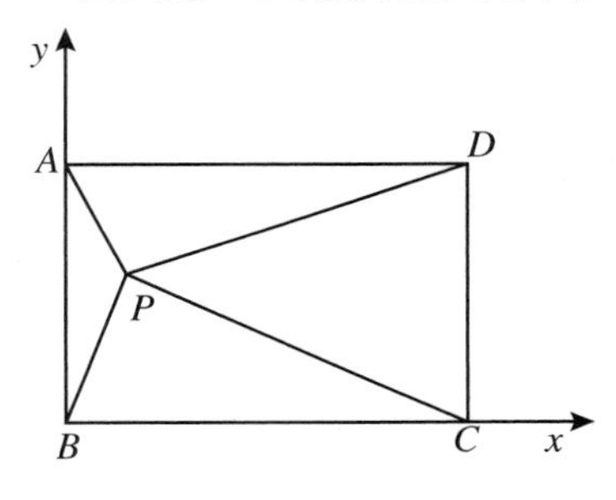

图 Y6.7.5

证明5(解析法)

如图 Y6.7.5 所示，建立直角坐标系.

设 $AB = m$，$AD = n$，则 $A(0,m)$，$C(n,0)$，$D(n,m)$.

设 $P(x_0,y_0)$，则

$$x_0^2 + y_0^2 = b^2,$$
$$(x_0 - n)^2 + y_0^2 = c^2,$$
$$(x_0 - n)^2 + (y_0 - m)^2 = d^2,$$
$$x_0^2 + (y_0 - m)^2 = a^2.$$

因为

$$a^2 + c^2 = 2(x_0^2 + y_0^2) + m^2 + n^2 - 2nx_0 - 2my_0,$$
$$b^2 + d^2 = 2(x_0^2 + y_0^2) + m^2 + n^2 - 2nx_0 - 2my_0,$$

故 $a^2 + c^2 = b^2 + d^2$.

[**例8**]　在梯形 $ABCD$ 中，$AB /\!/ CD$，$CE \perp AD$，垂足为 E，CE 是 $\angle C$ 的平分线，$AE = \frac{1}{2}ED$，则 $S_{ABCE} : S_{\triangle CDE} = 7 : 8$.

证明1(相似三角形面积之比)

如图 Y6.8.1 所示，延长 DA、CB，设它们交于 D_1. 易知 $\triangle CDD_1$ 是等腰三角形，所以 $S_{\triangle CDE} = S_{\triangle CD_1E}$，且 $DE = D_1E$.

因为 $AE = \frac{1}{2}ED$，所以 $AE = \frac{1}{2}ED_1$，即 $AE = AD_1$，所以 $AD_1 = \frac{1}{4}DD_1$.

由 $\triangle D_1AB \backsim \triangle D_1DC$ 知 $\frac{S_{\triangle D_1AB}}{S_{\triangle D_1DC}} = \left(\frac{AD_1}{DD_1}\right)^2 = \left(\frac{1}{4}\right)^2$，即 $S_{\triangle D_1AB} = \frac{1}{16}S_{\triangle D_1DC}$，所以 S_{ABCE}

$=\left(\frac{1}{2}-\frac{1}{16}\right)S_{\triangle D_1DC}=\frac{7}{16}S_{\triangle D_1DC}$，所以$\frac{S_{ABCE}}{S_{\triangle EDC}}=\frac{\frac{7}{16}}{\frac{1}{2}}=\frac{7}{8}$.

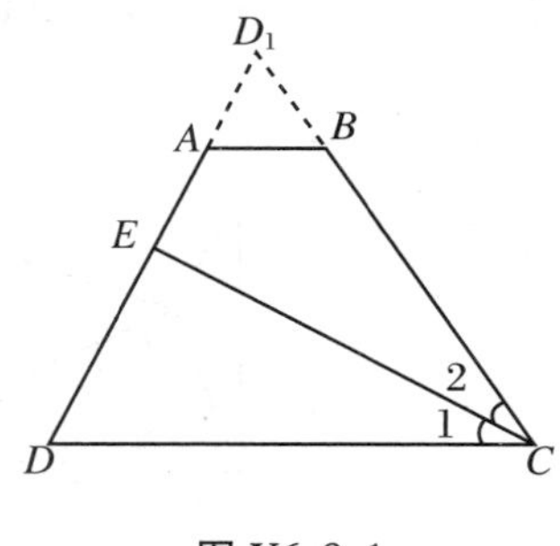

图 Y6.8.1

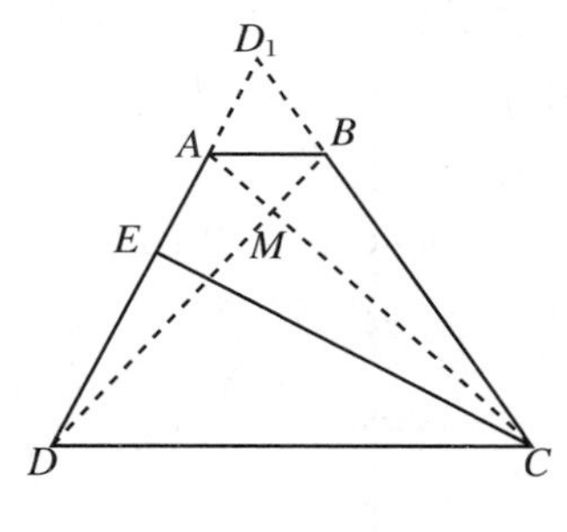

图 Y6.8.2

证明 2(相似三角形的面积比)

连 AC、BD，设它们交于 M，延长 DA、CB，设它们交于 D_1，如图 Y6.8.2 所示，易证$\triangle D_1AB\backsim\triangle D_1DC$，所以$\frac{AB}{DC}=\frac{D_1A}{D_1D}=\frac{1}{4}$. 因为$\triangle ABM\backsim\triangle CDM$，所以$\frac{BM}{MD}=\frac{AB}{DC}=\frac{1}{4}$. 因为$\triangle ABC$ 和$\triangle ADC$ 有公共底 AC，所以$\frac{S_{\triangle ABC}}{S_{\triangle ADC}}=\frac{BM}{MD}=\frac{1}{4}$，即 $S_{\triangle ABC}=\frac{1}{4}S_{\triangle ADC}$. 因为 $S_{\triangle AEC}=\frac{1}{2}S_{\triangle EDC}$，所以 $S_{\triangle ABC}=\frac{1}{4}(S_{\triangle EDC}+\frac{1}{2}S_{\triangle EDC})=\frac{3}{8}S_{\triangle EDC}$.

所以 $S_{\triangle ABC}+S_{\triangle AEC}=\left(\frac{3}{8}+\frac{1}{2}\right)S_{\triangle EDC}=\frac{7}{8}S_{\triangle EDC}$，所以 $S_{ABCE}:S_{\triangle EDC}=\frac{7}{8}S_{\triangle EDC}:S_{\triangle EDC}=\frac{7}{8}$.

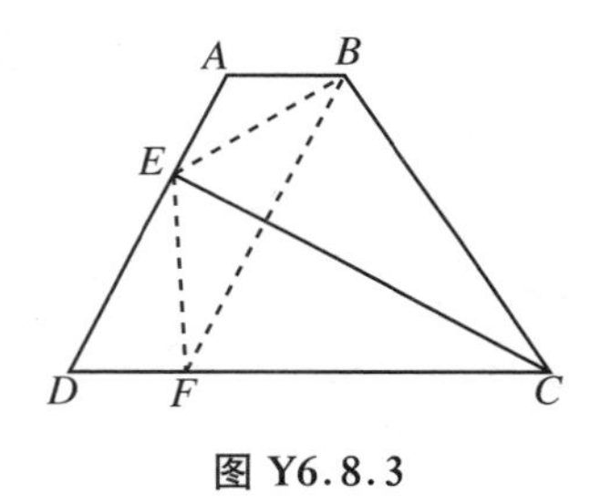

图 Y6.8.3

证明 3(等积证明)

如图 Y6.8.3 所示，作 $BF\parallel AD$，交 DC 于F，连 EF、EB. 因为 $CE\perp AD$，所以 $CE\perp BF$，所以$\triangle CBF$ 是等腰三角形，易证$\triangle CBE\cong\triangle CFE$.

如前所证，$AB=\frac{1}{4}CD$，所以 $DF=\frac{1}{4}CD$，所以

$$S_{\triangle DEF}=\frac{1}{4}S_{\triangle CDE},\quad S_{\triangle CEF}=S_{\triangle CBE}=\frac{3}{4}S_{\triangle CDE}.$$

因为在$\triangle ABE$ 和$\triangle DEF$ 中有$\angle A+\angle D=180^\circ$，所以$\frac{S_{\triangle ABE}}{S_{\triangle DEF}}=\frac{AB\cdot AE}{DF\cdot ED}=\frac{1}{2}$，所以

$$S_{\triangle ABE}=\frac{1}{2}S_{\triangle DEF}=\frac{1}{2}\left(\frac{1}{4}S_{\triangle CDE}\right)=\frac{1}{8}S_{\triangle CDE}.$$

所以$\frac{S_{ABCE}}{S_{\triangle EDC}}=\frac{\left(\frac{1}{8}+\frac{3}{4}\right)S_{\triangle CDE}}{S_{\triangle CDE}}=\frac{7}{8}$.

证明 4(梯形面积之比、平行截比定理)

如图 Y6.8.4 所示，作 $EF\parallel AB$，交 BC 于F，作 $FM\parallel AD$，交 DC 于M，作 $BN\parallel AD$，交 DC 于N，连 EM.

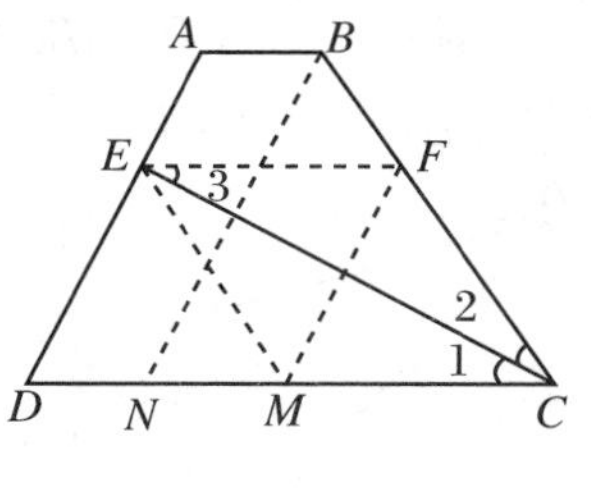

图 Y6.8.4

因为$\angle 1=\angle 2$，$\angle 1=\angle 3$，所以$\angle 2=\angle 3$，所以 $EFCM$ 是菱形，$EF=MC=FC$.

由平行截比定理，$\dfrac{AE}{ED}=\dfrac{BF}{CF}=\dfrac{MN}{CM}=\dfrac{1}{2}$，所以 $MN=\dfrac{1}{2}MC$.

易证 $EFMD$ 是平行四边形，所以 $EF=DM$，所以 M 为 DC 的中点，所以 $MN=\dfrac{1}{4}DC$.

易证 $ABND$ 是平行四边形，所以 $AB=DN=\dfrac{1}{4}DC$.

设梯形 $ABFE$ 和梯形 $EFCD$ 的高各是 h_1、h_2，易证$\dfrac{h_1}{h_2}=\dfrac{BF}{FC}=\dfrac{1}{2}$.

所以$\dfrac{S_{ABFE}}{S_{EFCD}}=\dfrac{\frac{1}{2}(AB+EF)\cdot h_1}{\frac{1}{2}(EF+CD)\cdot h_2}\cdot\dfrac{1}{2}=\dfrac{1}{4}$. 因为 M 为 CD 的中点，所以 $S_{\triangle EMD}=S_{\triangle EMC}=S_{\triangle EFC}$，所以 $S_{ABFE}=\dfrac{1}{4}S_{EFCD}=\dfrac{3}{4}S_{\triangle EMD}$，所以$\dfrac{S_{ABCE}}{S_{\triangle CED}}=\dfrac{\left(\frac{3}{4}+1\right)S_{\triangle EMD}}{2S_{\triangle EMD}}=\dfrac{7}{8}$.

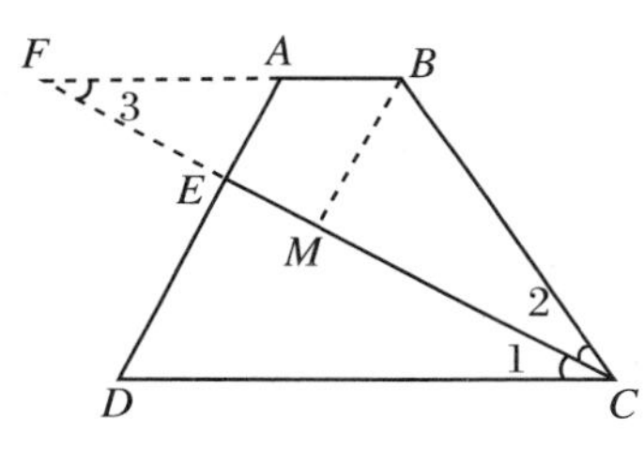

图 Y6.8.5

证明 5（相似三角形的面积比）

如图 Y6.8.5 所示，延长 CE，交 BA 的延长线于 F. 因为$\angle 1=\angle 2$，$\angle 1=\angle 3$，所以$\angle 2=\angle 3$，所以 $BF=BC$.

由$\triangle AEF\backsim\triangle DEC$ 知$\dfrac{EF}{EC}=\dfrac{AF}{CD}=\dfrac{AE}{ED}=\dfrac{1}{2}$，所以 $EF=\dfrac{1}{2}CE$，所以

$$CF=\frac{3}{2}CE. \qquad ①$$

作 $BM\perp CF$，垂足为 M，由三线合一定理知 M 是 CF 的中点. 由平行截比定理知

$$\begin{aligned}\frac{AB}{AF}&=\frac{EM}{EF}=\frac{MF-EF}{EF}=\frac{\frac{1}{2}CF}{EF}-1=\frac{\frac{1}{2}(CE+EF)}{EF}-1\\&=\frac{CE}{2EF}+\frac{1}{2}-1=1+\frac{1}{2}-1=\frac{1}{2},\end{aligned}$$

所以

$$AB=\frac{1}{2}AF, \qquad ②$$

$$\frac{S_{\triangle BCF}}{S_{\triangle CDE}}=\frac{BC\cdot CF}{CE\cdot CD}=\frac{CF}{CE}\cdot\frac{BF}{CD}=\frac{CF}{CE}\cdot\frac{AB+AF}{2AF}. \qquad ③$$

把式①、式②代入式③，可得$\dfrac{S_{\triangle BCF}}{S_{\triangle CDE}}=\dfrac{9}{8}$，所以 $S_{\triangle BCF}=\dfrac{9}{8}S_{\triangle CDE}$.

因为$\triangle AEF\backsim\triangle DEC$，所以$\dfrac{S_{\triangle AEF}}{S_{\triangle CDE}}=\left(\dfrac{AE}{ED}\right)^2=\dfrac{1}{4}$，所以 $S_{\triangle AEF}=\dfrac{1}{4}S_{\triangle DCE}$，所以$\dfrac{S_{ABCE}}{S_{\triangle DCE}}=\dfrac{S_{\triangle BCF}-S_{\triangle AEF}}{S_{\triangle DCE}}=\dfrac{\frac{9}{8}-\frac{1}{4}}{1}=\dfrac{7}{8}$.

［例 9］ 在矩形 $ABCD$ 中，E、F 分别是 AB、BC 上的任意点. 连 DE、DF、EF，则 $S_{ABCD}=2S_{\triangle DEF}+AE\cdot CF$.

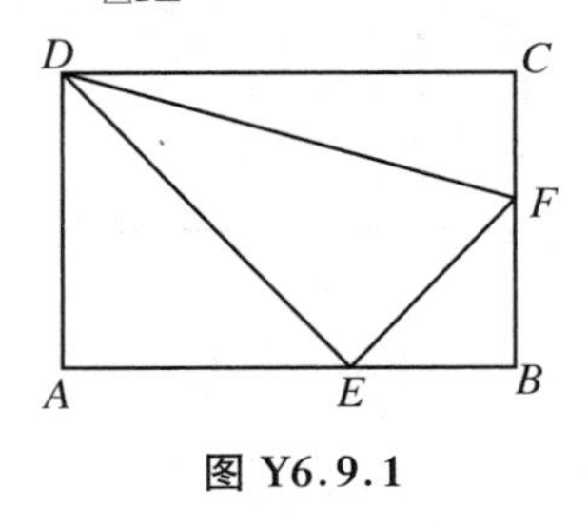

图 Y6.9.1

证明 1(计算法)

如图 Y6.9.1 所示，设 $AE=x$，$CF=y$，$AD=a$，$AB=b$，则

$$\begin{aligned}S_{ABCD}&=S_{\triangle DEF}+S_{\triangle ADE}+S_{\triangle CDF}+S_{\triangle BEF}\\&=S_{\triangle DEF}+\frac{1}{2}[ax+by+(a-y)(b-x)]\\&=S_{\triangle DEF}+\frac{1}{2}(ab+xy)=S_{\triangle DEF}+\frac{1}{2}S_{ABCD}+\frac{1}{2}xy.\end{aligned}$$

$$S_{ABCD}=2S_{\triangle DEF}+xy=2S_{\triangle DEF}+AE\cdot CF.$$

证明 2(三角形相似、等积证明)

如图 Y6.9.2 所示，作 $EP/\!/DF$，交 AD 于 P，作 $PQ/\!/AB$，交 BC 于 Q，连 PF，则 $S_{\triangle DEF}=S_{\triangle DPF}$，$S_{CDPQ}=2S_{\triangle DPF}=2S_{\triangle DEF}$.

由$\triangle AEP\backsim\triangle CDF$ 知$\dfrac{AE}{CD}=\dfrac{AP}{CF}$，所以 $AE\cdot CF=AP\cdot CD=AP\cdot AB=S_{ABQP}$.

所以 $S_{ABCD}=S_{CDPQ}+S_{ABQP}=2S_{\triangle DEF}+AE\cdot CF$.

证明 3(三角形相似、等积证明)

作 $FH/\!/AB$，交 AD 于 H，交 DE 于 K. 过 K 作 $MN/\!/AD$，交 CD 于 M，交 AB 于 N. 如图 Y6.9.3 所示，则 $S_{MKFC}=2S_{\triangle DKF}$，$S_{KNBF}=2S_{\triangle KEF}$，所以 $S_{MNBC}=2S_{\triangle DKF}+2S_{\triangle KEF}=2S_{\triangle DEF}$.

由$\triangle DHK\backsim\triangle DAE$ 知$\dfrac{HK}{AE}=\dfrac{DH}{AD}$，所以 $HK\cdot AD=AE\cdot DH=AE\cdot CF$，即 $S_{DMNA}=AE\cdot CF$.

所以 $S_{ABCD}=S_{MNBC}+S_{DMNA}=2S_{\triangle DEF}+AE\cdot CF$.

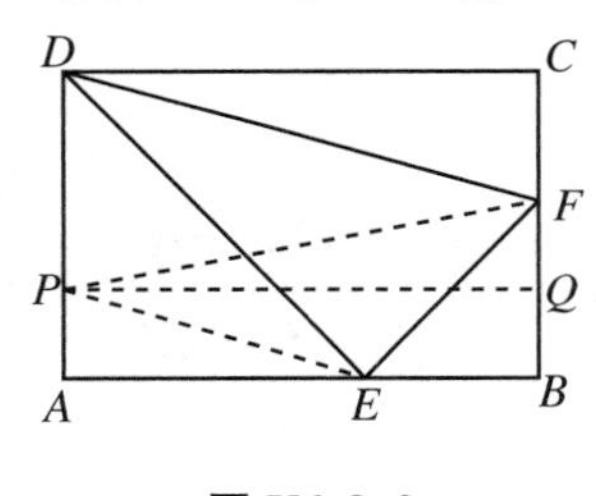

图 Y6.9.2

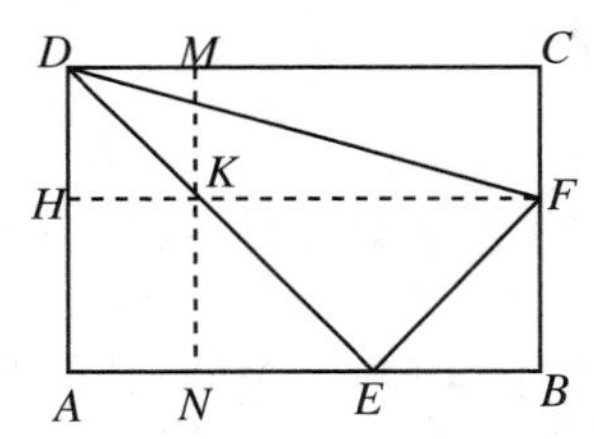

图 Y6.9.3

证明 4(等积证明)

作 $EE_1/\!/BC$，交 DC 于 E_1，作 $FF_1/\!/AB$，交 AD 于 F_1，设 EE_1、FF_1 交于 O，连 OD、EF_1、FE_1，如图 Y6.9.4 所示，则 $S_{\triangle DOF}=S_{\triangle E_1OF}=\dfrac{1}{2}S_{OFCE_1}$，$S_{\triangle DOE}=S_{\triangle F_1OE}=\dfrac{1}{2}S_{OEAF_1}$，$S_{\triangle OEF}=\dfrac{1}{2}S_{OEBF}$.

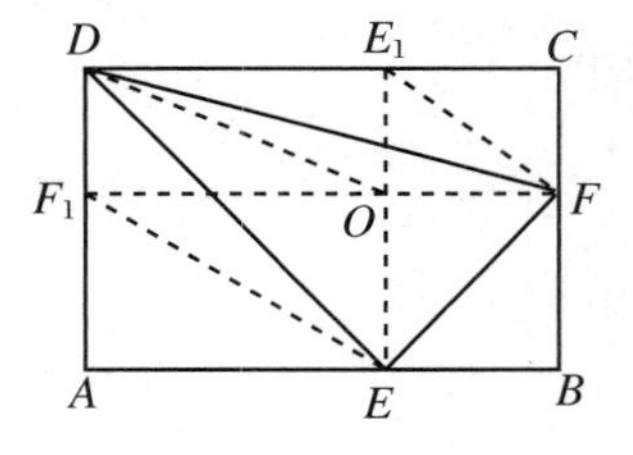

图 Y6.9.4

所以

$$\begin{aligned}S_{ABCD}&=S_{OFCE_1}+S_{OEAF_1}+S_{OEBF}+S_{OE_1DF_1}\\&=2S_{\triangle DOF}+2S_{\triangle F_1OE}+2S_{\triangle OEF}+S_{OE_1DF_1}\\&=2S_{\triangle DEF}+DE_1\cdot DF_1=2S_{\triangle DEF}+AE\cdot CF.\end{aligned}$$

证明 5(三角法)

如图 Y6.9.5 所示，设 $AD=a$，$DC=b$，$\angle ADE=\alpha$，$\angle EDF=\theta$，$\angle FDC=\beta$，则 $AE=$

$a\tan\alpha$, $CF=b\tan\beta$,所以 $AE\cdot CF=ab\tan\alpha\tan\beta$, $DE=a\sec\alpha$, $DF=b\sec\beta$, $\theta=90^\circ-(\alpha+\beta)$,所以

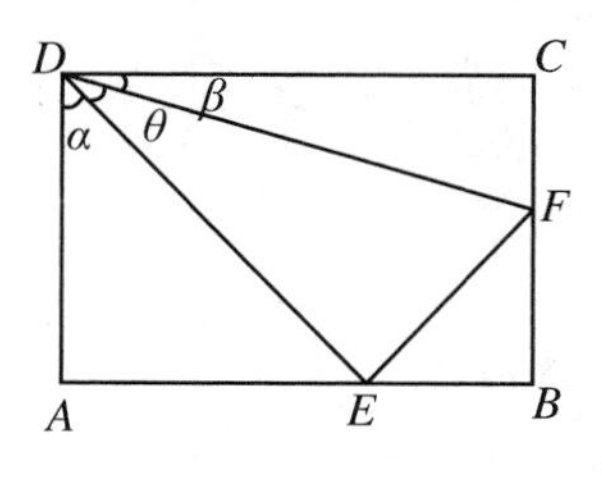

图 Y6.9.5

$$\begin{aligned}S_{\triangle DEF}&=\frac{1}{2}DE\cdot DF\cdot\sin\theta=\frac{1}{2}ab\sec\alpha\sec\beta\sin\theta\\&=\frac{ab}{2}\sec\alpha\sec\beta\sin[90^\circ-(\alpha+\beta)]\\&=\frac{ab}{2}\sec\alpha\sec\beta\cos(\alpha+\beta)\\&=\frac{ab}{2}\cdot\frac{\cos\alpha\cos\beta-\sin\alpha\sin\beta}{\cos\alpha\cos\beta}=\frac{ab}{2}(1-\tan\alpha\tan\beta)\\&=\frac{ab}{2}-\frac{1}{2}AE\cdot CF.\end{aligned}$$

所以 $S_{ABCD}=2S_{\triangle DEF}+AE\cdot CF$.

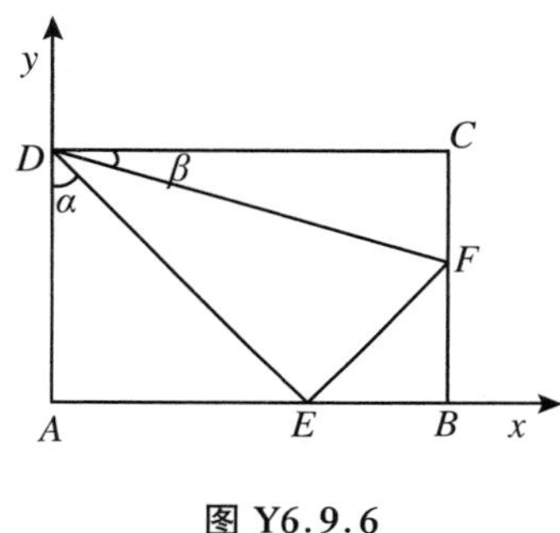

图 Y6.9.6

证明 6(解析法)

如图 Y6.9.6 所示,建立直角坐标系.

设$\angle ADE=\alpha$, $\angle CDF=\beta$, $AB=b$, $AD=a$,则 $B(b,0)$, $C(b,a)$, $D(0,a)$, $E(a\tan\alpha,0)$, $F(b,a-b\tan\beta)$,所以

$$AE\cdot CF=ab\tan\alpha\tan\beta,$$

$$S_{\triangle DEF}=\frac{1}{2}\begin{vmatrix}0&a&1\\a\tan\alpha&0&1\\b&a\tan\beta&1\end{vmatrix}=\frac{ab-ab\tan\alpha\tan\beta}{2}.$$

所以 $S_{ABCD}=ab=2S_{\triangle DEF}+AE\cdot CF$.

[**例 10**]　在四边形 ADD_1A_1 中,B、C 是 AD 上的三等分点,B_1、C_1 是 A_1D_1 上的三等分点,则 $S_{BCC_1B_1}=\frac{1}{3}S_{ADD_1A_1}$.

证明 1(三角形的等积证明)

如图 Y6.10.1 所示,连 AB_1、B_1C、CD_1、AD_1,则

$$S_{\triangle ABB_1}=S_{\triangle BCB_1},$$
$$S_{\triangle B_1CC_1}=S_{\triangle C_1CD_1}.$$

所以 $S_{BCC_1B_1}=\frac{1}{2}S_{ACD_1B_1}$.

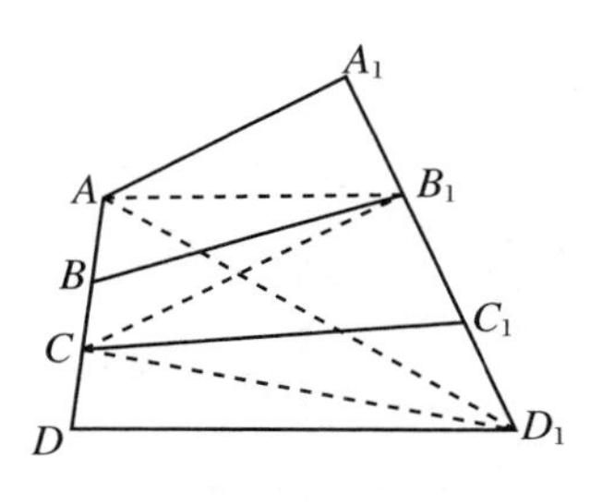

图 Y6.10.1

因为 $S_{\triangle AB_1A_1}=\frac{1}{3}S_{\triangle AA_1D_1}$, $S_{\triangle CDD_1}=\frac{1}{3}S_{\triangle ADD_1}$,所以 $S_{\triangle AB_1A_1}+S_{\triangle CDD_1}=\frac{1}{3}S_{ADD_1A_1}$,所以 $S_{ACD_1B_1}=\frac{2}{3}S_{ADD_1A_1}$,所以 $S_{BCC_1B_1}=\frac{1}{3}S_{ADD_1A_1}$.

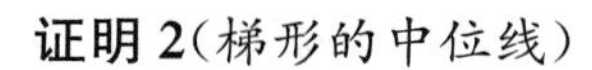
证明 2(梯形的中位线)

连 AB_1、BC_1、CD_1. 过 B_1、C_1、D_1分别作 AD 的垂线,垂足分别是 B_2、C_2、D_2,如图 Y6.10.2

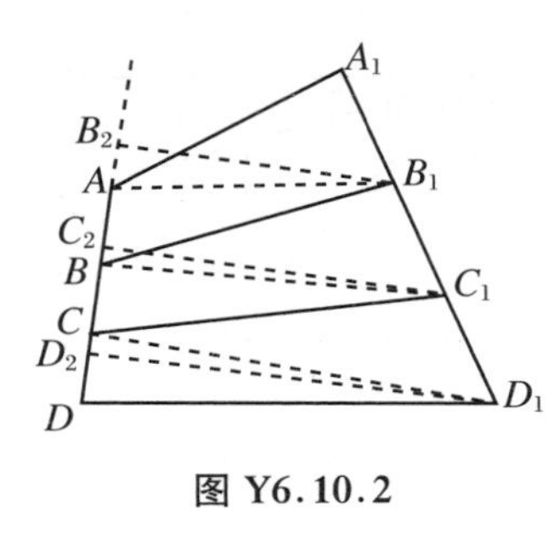

图 Y6.10.2

所示.易证 C_1C_2 是梯形 $B_1D_1D_2B_2$ 的中位线,所以 $C_1C_2=\frac{1}{2}(B_1B_2+D_1D_2)$.

因为 $S_{\triangle ABB_1}=\frac{1}{2}AB\cdot B_1B_2$,$S_{\triangle BCC_1}=\frac{1}{2}BC\cdot C_1C_2$,$S_{\triangle CDD_1}=\frac{1}{2}CD\cdot D_1D_2$,注意到 $AB=BC=CD$,所以 $S_{\triangle BCC_1}=\frac{1}{2}(S_{\triangle ABB_1}+S_{\triangle CDD_1})$.

同理 $S_{\triangle B_1C_1B}=\frac{1}{2}(S_{\triangle A_1B_1A}+S_{\triangle C_1D_1C})$.

所以 $S_{BCC_1B_1}=\frac{1}{2}(S_{ABB_1A_1}+S_{CDD_1C_1})$.

所以 $S_{BCC_1B_1}=\frac{1}{3}S_{ADD_1A_1}$.

证明 3(三角形中位线、等积证明)

如图 Y6.10.3 所示,连 A_1D,取 A_1D 的三等分点 P、Q,连 PB、PB_1、QC、QC_1.易证 $S_{BCQP}=\frac{1}{3}S_{\triangle ADA_1}$,$S_{B_1C_1QP}=\frac{1}{3}S_{\triangle A_1D_1D}$,所以 $S_{BCQC_1B_1P}=\frac{1}{3}S_{ADD_1A_1}$.

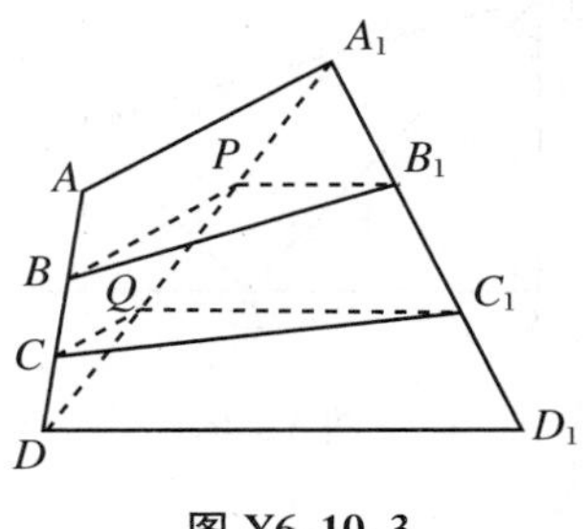

图 Y6.10.3

因为 CQ 是 $\triangle DBP$ 的中位线,PB_1 是 $\triangle A_1QC_1$ 的中位线,所以 $CQ=\frac{1}{2}BP$,$PB_1=\frac{1}{2}C_1Q$.

因为 $\angle BPB_1$ 和 $\angle CQC_1$ 两双边对应平行且方向相同,所以 $\angle BPB_1=\angle CQC_1$,所以 $\frac{S_{\triangle BPB_1}}{S_{\triangle CQC_1}}=\frac{BP\cdot PB_1}{CQ\cdot QC_1}=1$,所以 $S_{BCQC_1B_1P}=S_{BCC_1B_1}$,所以 $S_{BCC_1B_1}=\frac{1}{3}S_{ADD_1A_1}$.

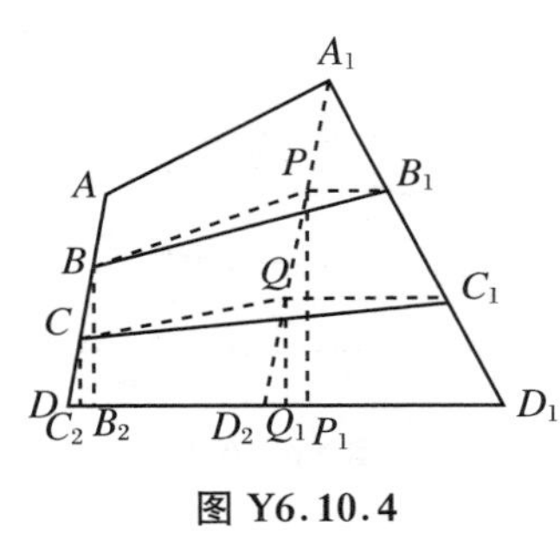

图 Y6.10.4

证明 4(梯形和三角形的三分之一面积)

如图 Y6.10.4 所示,作 $A_1D_2/\!/AD$,交 DD_1 于 D_2,取 A_1D_2 的三等分点 P、Q,连 PB、PB_1、QC、QC_1.易证 $S_{BCQP}=\frac{1}{3}S_{ADD_2A_1}$,$S_{PQC_1B_1}=\frac{1}{3}S_{\triangle A_1D_2D_1}$,所以 $S_{BCQC_1B_1P}=\frac{1}{3}S_{ADD_1A_1}$.

作 $PP_1\perp DD_1$,$QQ_1\perp DD_1$,$BB_2\perp DD_1$,$CC_2\perp DD_1$,垂足分别为 P_1、Q_1、B_2、C_2,则 QQ_1 是 $\triangle D_2PP_1$ 的中位线,CC_2 是 $\triangle DBB_2$ 的中位线,所以 $QQ_1=\frac{1}{2}PP_1$,$CC_2=\frac{1}{2}BB_2$,所以 $QQ_1-CC_2=\frac{1}{2}(PP_1-BB_2)$.可见 $\triangle PBB_1$ 的高是 $\triangle QC_1C$ 的高的两倍.又易证 $PB_1=\frac{1}{2}QC_1$,所以 $S_{\triangle PB_1B}=S_{\triangle QC_1C}$,所以 $S_{BCQC_1B_1P}=S_{BCC_1B_1}$,所以 $S_{BCC_1B_1}=\frac{1}{3}S_{ADD_1A_1}$.

证明 5(平行四边形和三角形的三分之一面积)

如图 Y6.10.5 所示,作 $A_1D_2\mathrel{\underline{/\!/}}AD$,连 D_2D、D_2D_1,取 A_1D_2 的三等分点 B_2、C_2,连

B_2B、B_2B_1、C_2C、C_2C_1，则 ADD_2A_1 是平行四边形，且 $S_{BCC_2B_2}=\frac{1}{3}S_{ADD_2A_1}$，$S_{B_2C_2C_1B_1}=\frac{1}{3}S_{\triangle A_1D_2D_1}$，所以 $S_{BCC_2C_1B_1B_2}=\frac{1}{3}S_{ADD_2D_1A_1}$.

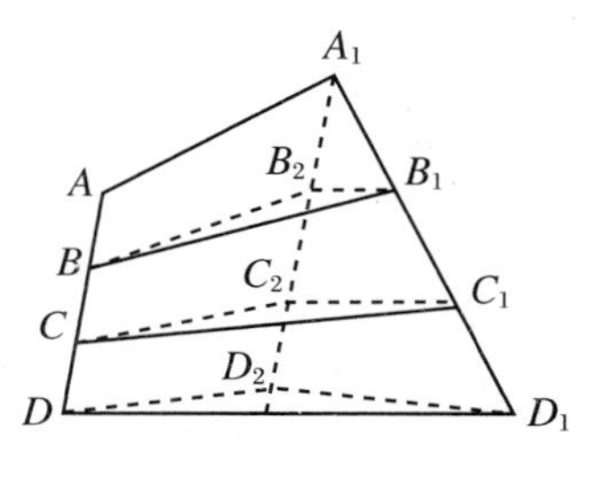

图 Y6.10.5

因为 $BB_2 /\!/ CC_2 /\!/ DD_2$，$B_2B_1 /\!/ C_2C_1 /\!/ D_2D_1$，所以 $\angle BB_2B_1=\angle CC_2C_1=\angle DD_2D_1$.

由三角形相似，易证 $B_2B_1=\frac{1}{2}C_2C_1=\frac{1}{3}D_2D_1$.

所以$\frac{S_{\triangle DD_2D_1}}{S_{\triangle BB_2B_1}}=\frac{DD_2\cdot D_2D_1}{BB_2\cdot B_2B_1}=3$，$\frac{S_{\triangle CC_2C_1}}{S_{\triangle BB_2B_1}}=\frac{CC_2\cdot C_2C_1}{BB_2\cdot B_2B_1}=2$，所以 $S_{\triangle DD_2D_1}=3S_{\triangle BB_2B_1}$，$S_{\triangle CC_2C_1}=2S_{\triangle BB_2B_1}$.

所以 $S_{BCC_1B_1}=S_{BCC_2C_1B_1B_2}-S_{\triangle BB_2B_1}+S_{\triangle CC_2C_1}=\frac{1}{3}S_{ADD_2D_1A_1}-S_{\triangle BB_2B_1}+2S_{\triangle BB_2B_1}=\frac{1}{3}S_{ADD_2D_1A_1}+S_{\triangle BB_2B_1}=\frac{1}{3}S_{ADD_2D_1A_1}+\frac{1}{3}S_{\triangle DD_2D_1}=\frac{1}{3}S_{ADD_1A_1}$.

证明 6(对称法)

如图 Y6.10.6 所示，设 O 为 A_1D_1 的中点，作 A、D 关于 O 的对称点 A'、D'，连 D_1A'、$A'D'$、$D'A_1$、AD'、DA'. 设 $A'D'$ 的三等分点是 B'、C'，显然 B'、C' 分别是 B、C 关于 O 的对称点. 连 BC'、CB'，则 $ADD_1A'D'A_1$ 是中心对称的图形.

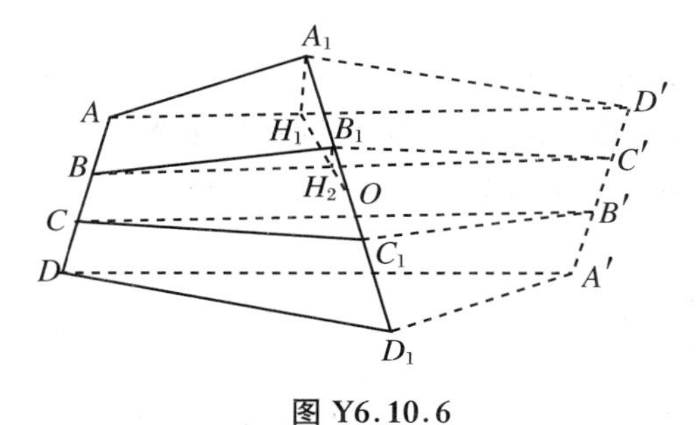

图 Y6.10.6

作 $A_1H_1\perp AD'$，垂足为 H_1，连 H_1O，交 BC' 于 H_2，连 B_1H_2. 由中心对称性，$\frac{A_1B_1}{B_1O}=\frac{H_1H_2}{H_2O}=2$，由平行截比逆定理知 $B_1H_2 /\!/ A_1H_1$，所以 $B_1H_2\perp BC'$.

所以$\frac{A_1H_1}{B_1H_2}=\frac{A_1O}{B_1O}=3$，所以 $A_1H_1=3B_1H_2$，所以 $S_{\triangle AA_1D'}=3S_{\triangle BB_1C'}$.

$$\begin{aligned}S_{BCC_1B'C'B_1}&=S_{BCB'C'}+S_{\triangle CC_1B'}+S_{\triangle BB_1C'}=S_{BCB'C'}+2S_{\triangle BB_1C'}\\&=\frac{1}{3}S_{ADA'D'}+\frac{2}{3}S_{\triangle AA_1D'}=\frac{1}{3}S_{ADA'D'}+\frac{1}{3}(S_{\triangle AA_1D'}+S_{\triangle DD_1A'})\\&=\frac{1}{3}S_{ADD_1A'D'A_1},\end{aligned}$$

$$S_{BCC_1B_1}=\frac{1}{3}S_{ADD_1A_1}.$$

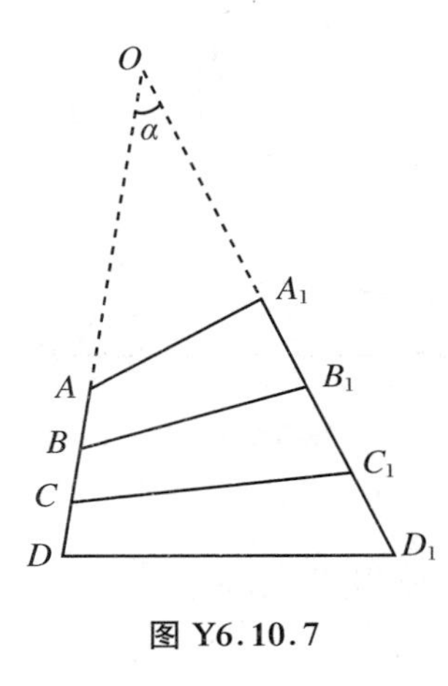

图 Y6.10.7

证明 7(具有等角的三角形的面积关系)

若 $AD /\!/ A_1D_1$,命题显然成立.

若 AD 不平行于 A_1D_1,设 DA、D_1A_1 延长后交于 O 点,如图Y6.10.7所示.记$\angle DOD_1=\alpha$,设 $AD=3a$,$A_1D_1=3a_1$,则 $OB=OC-a$,$OD=OC+a$,$OB_1=OC_1-a_1$,$OD_1=OC_1+a_1$.

由 $S_{\triangle BOB_1}=\dfrac{1}{2}OB\cdot OB_1\cdot\sin\alpha$,$S_{\triangle COC_1}=\dfrac{1}{2}OC\cdot OC_1\cdot\sin\alpha$,$S_{\triangle DOD_1}=\dfrac{1}{2}OD\cdot OD_1\cdot\sin\alpha$ 知 $S_{\triangle BOB_1}+S_{\triangle DOD_1}=\dfrac{\sin\alpha}{2}(OB\cdot OB_1+OD\cdot OD_1)=\dfrac{\sin\alpha}{2}[(OC-a)(OC_1-a_1)+(OC+a)(OC_1+a_1)]=\dfrac{\sin\alpha}{2}(2OC\cdot OC_1+2aa_1)=2S_{\triangle COC_1}+aa_2\sin\alpha$.

设 $S_{ABB_1A_1}=S_1$,$S_{BCC_1B_1}=S_2$,$S_{CDD_1C_1}=S_3$,$S_{\triangle AOA_1}=S_0$,上面的式子就是$(S_0+S_1)+(S_0+S_1+S_2+S_3)=2(S_0+S_1+S_2)+aa_1\sin\alpha$,即 $S_3=S_2+aa_1\sin\alpha$.

同理可得 $S_2=S_1+aa_1\sin\alpha$,可见,S_1、S_2、S_3 是公差为 $aa_1\sin\alpha$ 的等差数列,所以 $2S_2=S_1+S_3$,所以 $S_2=\dfrac{1}{3}(S_1+S_2+S_3)$,即 $S_{BCC_1B_1}=\dfrac{1}{3}S_{ADD_1A_1}$.

[例 11] P 为$\square ABCD$ 内的任一点,连 PA、PB、PC、PD、BD,则 $S_{\triangle BPD}=|S_{\triangle ABP}-S_{\triangle BPC}|$.

证明 1(三角形的等积证明)

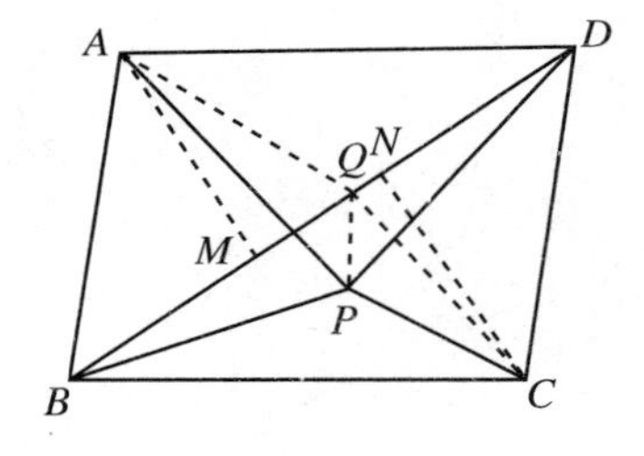

图 Y6.11.1

如图 Y6.11.1 所示,作 $PQ /\!/ AB$,交 BD 于 Q,连 QA、QC.作 $AM\perp BD$,$CN\perp BD$,垂足分别为 M、N,则 $AM=CN$,所以 $S_{\triangle ABQ}=S_{\triangle BQC}$.

因为 $PQ /\!/ AB$,所以 $S_{\triangle ABP}=S_{\triangle ABQ}$.

所以 $S_{\triangle ABP}-S_{\triangle BPC}=S_{\triangle BQC}-S_{\triangle BPC}=S_{BPCQ}$.

因为 $S_{\triangle PQD}=S_{\triangle PQC}$,所以 $S_{BPCQ}=S_{\triangle BPD}$,所以 $S_{\triangle BPD}=S_{\triangle ABP}-S_{\triangle BPC}$.

证明 2(等面积证明)

过 P 作 $MN /\!/ AD$,交 AB 于 M,交 CD 于 N,连 DM,如图 Y6.11.2 所示,则 $S_{\triangle AMP}=S_{\triangle DMP}$.

因为 $S_{\triangle BMD}=\dfrac{1}{2}S_{BCNM}$,$S_{\triangle BPC}=\dfrac{1}{2}S_{BCNM}$,所以 $S_{\triangle BMD}=S_{\triangle BPC}$.

所以 $S_{\triangle ABP}=S_{\triangle AMP}+S_{\triangle BMP}=S_{\triangle DMP}+S_{\triangle BMP}=S_{\triangle BMD}+S_{\triangle BPD}=S_{\triangle BPC}+S_{\triangle BPD}$,所以 $S_{\triangle BPD}=S_{\triangle ABP}-S_{\triangle BPC}$.

证明 3(面积运算)

过 P 作 $MN\perp AB$,交 AB 于 M,交 CD 于 N,如图 Y6.11.3 所示,则

$$S_{\triangle ABP}+S_{\triangle PCD}=\frac{1}{2}AB\cdot PM+\frac{1}{2}CD\cdot PN=\frac{1}{2}AB\cdot(PM+PN)$$
$$=\frac{1}{2}AB\cdot MN=\frac{1}{2}S_{ABCD}.$$

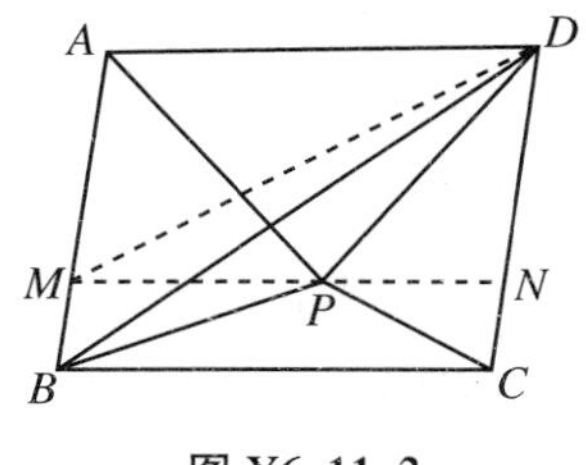

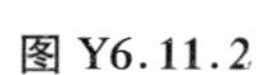
图 Y6.11.2

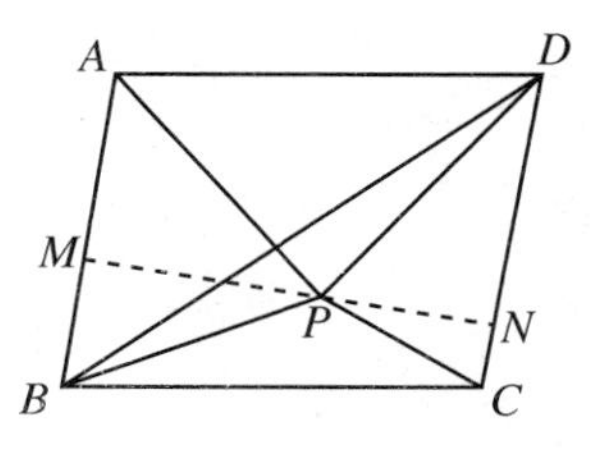

图 Y6.11.3

所以 $S_{\triangle BPC}+S_{\triangle BPD}=S_{\triangle BCD}-S_{\triangle PCD}=\frac{1}{2}S_{ABCD}-\left(\frac{1}{2}S_{ABCD}-S_{\triangle ABP}\right)=S_{\triangle ABP}$，所以 $S_{\triangle BPD}=S_{\triangle ABP}-S_{\triangle BPC}$.

证明 4(相似三角形)

作 AA_1、CC_1、DD_1 与 BP 垂直，垂足分别为 A_1、C_1、D_1，设 BD_1 交 CD 于 Q，如图 Y6.11.4 所示.

由 $\triangle CC_1Q\backsim\triangle DD_1Q$ 知 $\frac{DD_1}{CC_1}=\frac{DQ}{QC}$，故

$$\frac{S_{\triangle BPD}}{S_{\triangle BPC}}=\frac{DD_1}{CC_1}=\frac{DQ}{QC}. \qquad ①$$

由 $\triangle AA_1B\backsim\triangle DD_1Q$ 知 $\frac{AA_1}{DD_1}=\frac{AB}{DQ}$，故

$$\frac{S_{\triangle ABP}}{S_{\triangle BPD}}=\frac{AA_1}{DD_1}=\frac{AB}{DQ}=\frac{CD}{DQ}=1+\frac{CQ}{DQ}. \qquad ②$$

由式①、式②知 $\frac{S_{\triangle ABP}}{S_{\triangle BPD}}=1+\frac{S_{\triangle BPC}}{S_{\triangle BPD}}$，所以 $S_{\triangle ABP}=S_{\triangle BPD}+S_{\triangle BPC}$，所以 $S_{\triangle BPD}=S_{\triangle ABP}-S_{\triangle BPC}$.

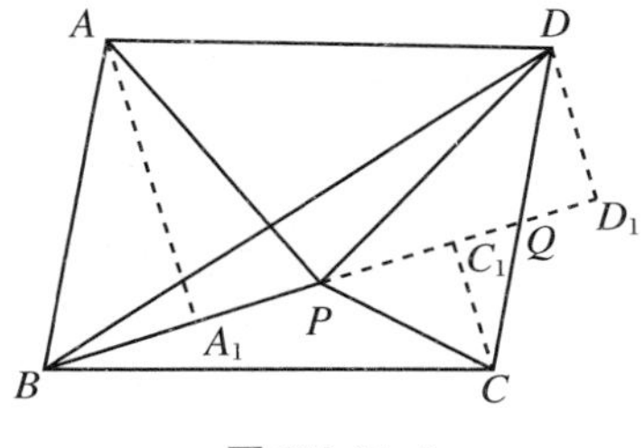

图 Y6.11.4

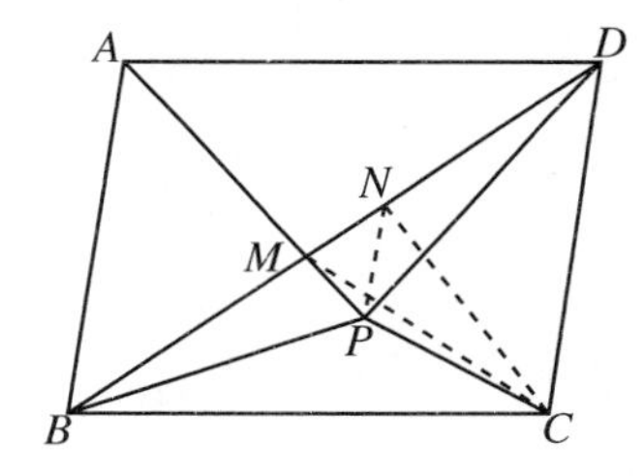

图 Y6.11.5

证明 5(等积证明)

设 AP 交 BD 于 M，作 $CN\parallel AM$，交 BD 于 N，如图Y6.11.5所示. 由平行四边形的中心对称性知 $AM=CN$，$BM=DN$.

所以 $S_{\triangle BPM}=S_{\triangle NPD}$，$S_{\triangle PMN}=S_{\triangle PMC}$，$S_{\triangle ABM}=S_{\triangle BMC}$，所以

$$\begin{aligned}S_{\triangle ABP}-S_{\triangle BPC}&=(S_{\triangle ABM}+S_{\triangle BPM})-S_{\triangle BPC}\\&=(S_{\triangle BMC}+S_{\triangle NPD})-S_{\triangle BPC}\\&=S_{\triangle BMC}-S_{\triangle BPC}+S_{\triangle NPD}\\&=S_{BPCM}+S_{\triangle NPD}\\&=S_{\triangle BPM}+S_{\triangle PMC}+S_{\triangle NPD}\\&=S_{\triangle BPM}+S_{\triangle PMN}+S_{\triangle NPD}\\&=S_{\triangle BPD}.\end{aligned}$$

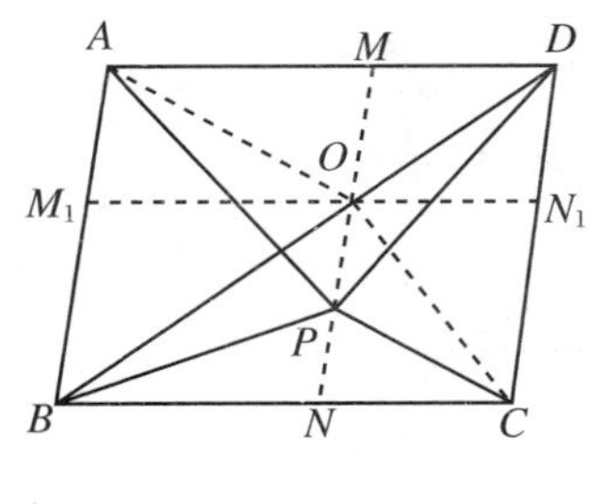

图 Y6.11.6

证明 6(等积证明)

过 P 作 $MN /\!/ AB$,交 BD 于 O,交 AD 于 M,交 BC 于 N,过 O 作 $M_1N_1 /\!/ AD$,交 AB 于 M_1,交 CD 于 N_1,连 OC、OA.如图 Y6.11.6 所示.

$$S_{\triangle ABP}=\frac{1}{2}S_{ABNM}=S_{\triangle BON}+S_{\triangle AOM}=S_{\triangle BON}+\frac{1}{2}S_{AMOM_1}, \quad ①$$

$$\begin{aligned}S_{\triangle BPC}+S_{\triangle BPD}&=S_{\triangle BON}+S_{\triangle PNC}+S_{\triangle POD}=S_{\triangle BON}+S_{\triangle NOC}\\&=S_{\triangle BON}+\frac{1}{2}S_{ONCN_1}, \quad ②\end{aligned}$$

$$\begin{aligned}S_{AMOM_1}&=S_{\triangle ABD}-S_{\triangle BOM_1}-S_{\triangle DOM}\\&=S_{\triangle BCD}-S_{\triangle BON}-S_{\triangle DON_1}=S_{ONCN_1}. \quad ③\end{aligned}$$

由式①、式②、式③知 $S_{\triangle ABP}=S_{\triangle BPC}+S_{\triangle BPD}$,即 $S_{\triangle BPD}=S_{\triangle ABP}-S_{\triangle BPC}$.

证明 7(解析法)

如图 Y6.11.7 所示,建立直角坐标系.

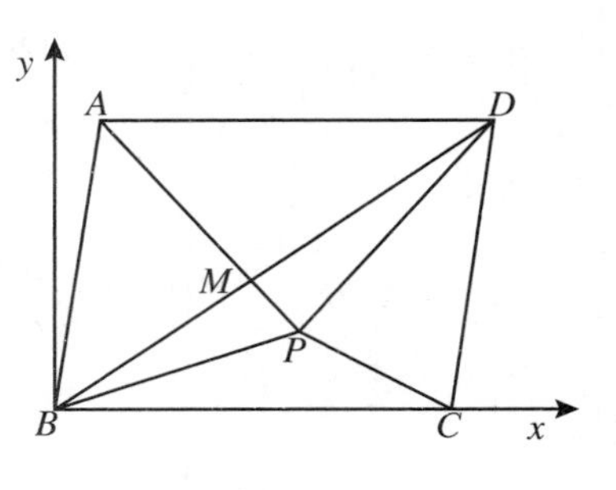

图 Y6.11.7

设 $\angle ABC=\alpha$, $BC=a$, $AB=b$, 则 $C(a,0)$, $A(b\cos\alpha,b\sin\alpha)$, $D(a+b\cos\alpha,b\sin\alpha)$.设 $P(x,y)$,则

$$\begin{aligned}S_{\triangle ABP}&=\frac{1}{2}\begin{vmatrix}b\cos\alpha & b\sin\alpha & 1\\0 & 0 & 1\\x & y & 1\end{vmatrix}\\&=\frac{b}{2}(x\sin\alpha-y\cos\alpha), \quad ①\end{aligned}$$

$$S_{\triangle BPC}=\frac{1}{2}\begin{vmatrix}0 & 0 & 1\\a & 0 & 1\\x & y & 1\end{vmatrix}=\frac{ay}{2}, \quad ②$$

$$S_{\triangle BPD}=\frac{1}{2}\begin{vmatrix}0 & 0 & 1\\x & y & 1\\a+b\cos\alpha & b\sin\alpha & 1\end{vmatrix}=\frac{xb\sin\alpha-ya-yb\cos\alpha}{2}. \quad ③$$

由式①、式②、式③知 $S_{\triangle BPD}=S_{\triangle ABP}-S_{\triangle BPC}$.

[**例 12**] 两圆外切于 A,BC、B_1C_1 是外公切线,B、C、B_1、C_1 是切点,则 $S_{\triangle BAC}+S_{\triangle B_1AC_1}=S_{\triangle BAB_1}+S_{\triangle CAC_1}$.

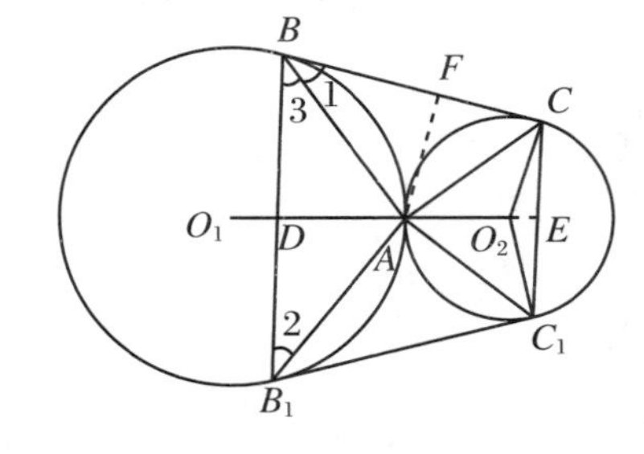

图 Y6.12.1

证明 1(全等三角形)

如图 Y6.12.1 所示,设 BB_1 交 O_1O_2 于 D,CC_1 交 O_1O_2 的延长线于 E,作 $AF\perp BC$,垂足为 F,则$\angle 1=\angle 2=\angle 3$, $BD\perp AD$, 所以 $\mathrm{Rt}\triangle ABD\cong\mathrm{Rt}\triangle ABF$. 同理 $\mathrm{Rt}\triangle ACE\cong\mathrm{Rt}\triangle ACF$.所以 $S_{\triangle BAC}=S_{\triangle ABF}+S_{\triangle ACF}=S_{\triangle ABD}+S_{\triangle ACE}$.

由轴对称性,$S_{\triangle BAC}+S_{\triangle B_1AC_1}=S_{\triangle BAB_1}+S_{\triangle CAC_1}$.

证明 2(三角形全等)

如图 Y6.12.2 所示,延长 CA,交 BB_1 于 F,如证明 1

所证，$\angle 1=\angle 2$. 设 CC_1 交 OO_1 的延长线于 E，BB_1 交 OO_1 于 D.

易证 $AB\perp AC$，所以 $\mathrm{Rt}\triangle ABC\cong\mathrm{Rt}\triangle ABF$，所以 $AF=AC$，所以 $\mathrm{Rt}\triangle ADF\cong\mathrm{Rt}\triangle AEC$，所以 $S_{\triangle ABC}=S_{\triangle ABF}=S_{\triangle ADB}+S_{\triangle AEC}$，所以 $S_{\triangle ABC}+S_{\triangle AB_1C_1}=S_{\triangle ABB_1}+S_{\triangle ACC_1}$.

证明3（平行截比定理、切线长定理）

如图 Y6.12.3 所示，作内公切线 MM_1，分别交 BC、B_1C_1 于 M、M_1，由切线长定理，$BM=MA=MC$.

设 BB_1 交 O_1O_2 于 D，CC_1 交 O_1O_2 的延长线于 E. 因为 $BD/\!/AM/\!/CE$，由平行截比定理，$\dfrac{DA}{AE}=\dfrac{BM}{MC}=1$，所以 $DA=AE$.

连 DM、ME，易证 $S_{\triangle AMD}=S_{\triangle AMB}$，$S_{\triangle AME}=S_{\triangle AMC}$，所以 $S_{\triangle ABC}=S_{\triangle DME}$.

所以 $S_{\triangle ABD}+S_{\triangle ACE}=\dfrac{1}{2}AD\cdot BD+\dfrac{1}{2}AE\cdot CE=\dfrac{1}{2}AD(BD+CE)=AD\cdot\dfrac{BD+CE}{2}=AD\cdot AM=S_{\triangle DME}=S_{\triangle ABC}$.

所以 $S_{\triangle ABC}+S_{\triangle AB_1C_1}=S_{\triangle ABB_1}+S_{\triangle ACC_1}$.

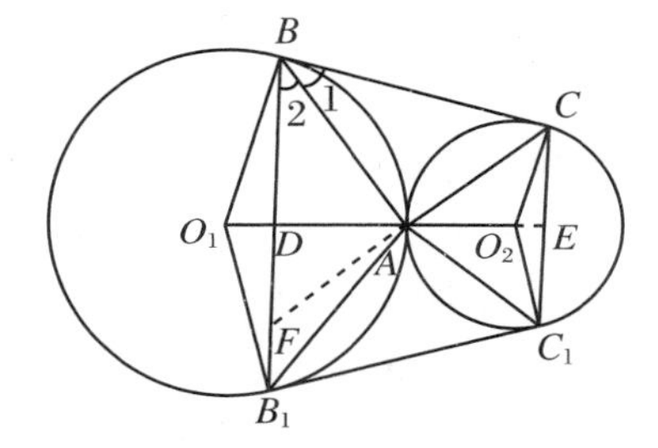

图 Y6.12.2

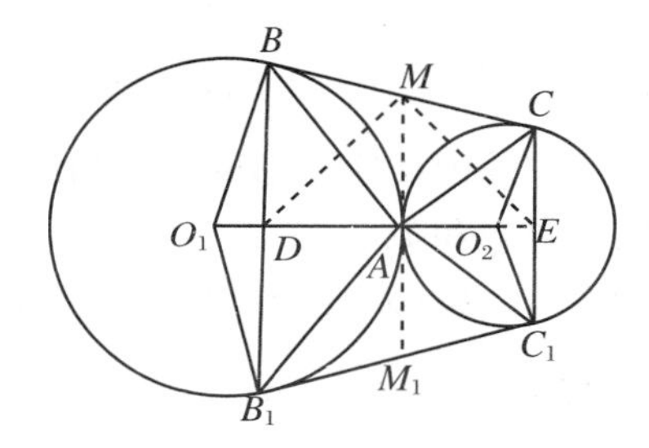

图 Y6.12.3

证明4（三角形全等）

如图 Y6.12.4 所示，作内公切线 MM_1，交 BC 于 M，交 B_1C_1 于 M_1. 过 B、C 分别作 MM_1 的垂线，垂足分别是 P、Q. 由切线长定理，易证 $BM=MC$，所以 $\mathrm{Rt}\triangle BMP\cong\mathrm{Rt}\triangle CMQ$.

所以 $S_{\triangle ABC}=S_{\triangle ABP}+S_{\triangle ACQ}$.

易证 $\mathrm{Rt}\triangle ABD\cong\mathrm{Rt}\triangle BAP$，$\mathrm{Rt}\triangle ACE\cong\mathrm{Rt}\triangle CAQ$，所以 $S_{\triangle ABC}=S_{\triangle ABD}+S_{\triangle ACE}$，所以 $S_{\triangle ABC}+S_{\triangle AB_1C_1}=S_{\triangle ABB_1}+S_{\triangle ACC_1}$.

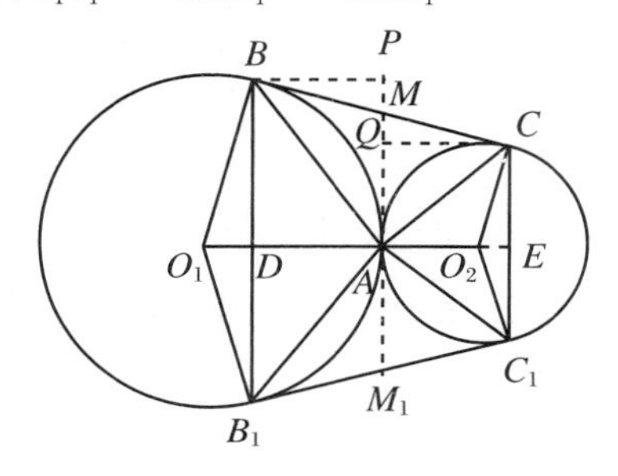

图 Y6.12.4

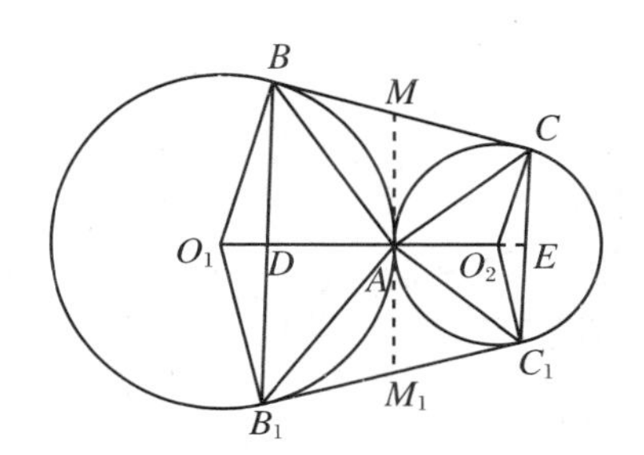

图 Y6.12.5

证明5（梯形的中位线）

作内公切线 MM_1，交 BC 于 M，交 B_1C_1 于 M_1，如图 Y6.12.5 所示，则 MM_1 是梯形

BCC_1B_1 的中位线,设 BB_1 交 OO_1 于 D,CC_1 交 OO_1 的延长线于 E,则 DE 是梯形 BCC_1B_1 的高,所以 $S_{BCC_1B_1}=MM_1\cdot DE$.

易证 $S_{\triangle BAM}=S_{\triangle CAM}=S_{\triangle B_1AM_1}=S_{\triangle C_1AM_1}$,所以 $S_{\triangle ABC}+S_{\triangle AB_1C_1}=4S_{\triangle BAM}=4\cdot\left(\frac{1}{2}AM\cdot AD\right)=2\cdot\frac{MM_1}{2}\cdot\frac{DE}{2}=\frac{1}{2}DE\cdot MM_1=\frac{1}{2}S_{BCC_1B_1}$,所以 $S_{\triangle ABC}+S_{\triangle AB_1C_1}=S_{\triangle ABB_1}+S_{\triangle ACC_1}$.

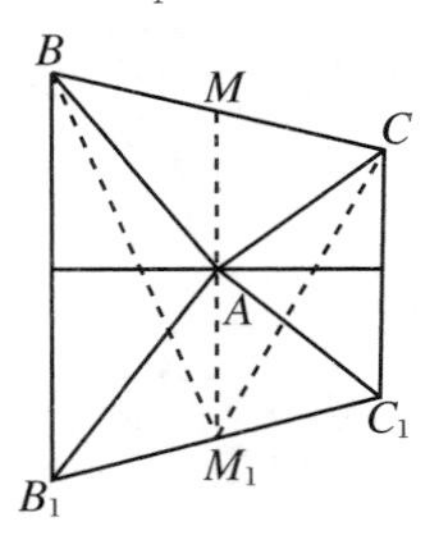

图 Y6.12.6

证明 6(利用梯形等积分割的性质)

作内公切线 MM_1,交 BC 于 M,交 B_1C_1 于 M_1,连 BM_1、CM_1,如图 Y6.12.6 所示,则 MM_1 是梯形 BCC_1B_1 的中位线.利用梯形等积分割的性质,$S_{\triangle BM_1C}=\frac{1}{2}S_{BCC_1B_1}$.

因为 $MM_1\parallel BB_1\parallel CC_1$,所以 $S_{\triangle AM_1C}=S_{\triangle AM_1C_1}$,$S_{\triangle AM_1B}=S_{\triangle AM_1B_1}$,所以 $S_{\triangle BM_1C}=S_{\triangle ABC}+S_{BACM_1}=S_{\triangle ABC}+S_{\triangle AM_1C}+S_{\triangle AM_1B}=S_{\triangle ABC}+S_{\triangle AB_1C_1}=\frac{1}{2}S_{BCC_1B_1}$.

所以 $S_{\triangle ABC}+S_{\triangle AB_1C_1}=S_{\triangle ABB_1}+S_{\triangle ACC_1}$.

[例 13] 圆的内接四边形的两对角线之积等于两组对边乘积之和.(Ptolemy 定理)

证明 1(三角形相似)

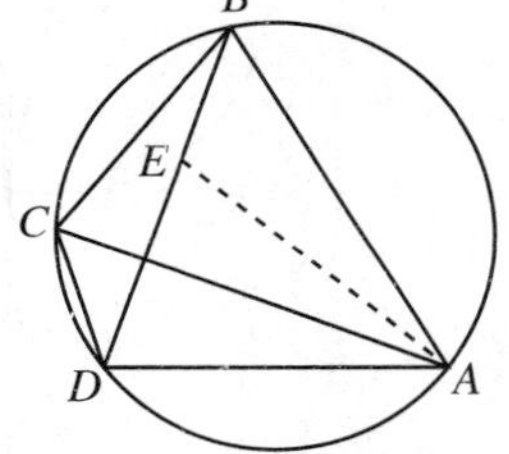

图 Y6.13.1

作$\angle DAE=\angle CAB$,设 AE 交 BD 于 E,如图 Y6.13.1 所示.

因为$\angle ADE=\angle ACB$,所以$\triangle ADE\backsim\triangle ACB$,所以$\frac{AC}{AD}=\frac{BC}{DE}$,即

$$AD\cdot BC=AC\cdot DE.\quad ①$$

因为$\angle DAE=\angle CAB$,所以$\angle DAE-\angle CAE=\angle CAB-\angle CAE$,即$\angle DAC=\angle EAB$.又$\angle ABE=\angle ACD$,所以$\triangle ABE\backsim\triangle ACD$,所以$\frac{AB}{AC}=\frac{BE}{CD}$,即

$$AB\cdot CD=AC\cdot BE.\quad ②$$

式①+式②,得 $AB\cdot CD+AD\cdot BC=AC\cdot(BE+DE)=AC\cdot BD$.

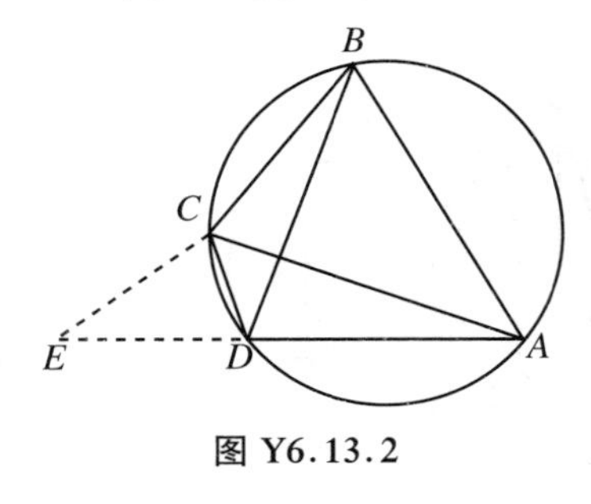

图 Y6.13.2

证明 2(三角形相似)

作$\angle DCE=\angle ACB$,设 CE 交 AD 的延长线于 E,如图 Y6.13.2 所示.

因为$\angle CDE$ 是圆的内接四边形 $ABCD$ 的外角,所以$\angle CDE=\angle ABC$,所以$\triangle CDE\backsim\triangle CBA$,所以$\frac{CD}{BC}=\frac{DE}{AB}$,即

$$AB\cdot CD=BC\cdot DE.\quad ①$$

因为$\angle CAE=\angle CBD$,$\angle DCE=\angle ACB$,所以$\angle DCE+\angle DCA=\angle ACB+\angle DCA$,即$\angle ACE=\angle BCD$,所以$\triangle ACE\backsim\triangle BCD$,所以$\frac{AC}{BC}=\frac{AE}{BD}$,即

$$AC\cdot BD=BC\cdot AE.\quad ②$$

由式②－式①得 $AC \cdot BD - AB \cdot CD = BC \cdot (AE - DE) = BC \cdot AD$.

所以 $AB \cdot CD + BC \cdot AD = AC \cdot BD$.

证明3(正弦定理)

设圆的半径为 R, $AC = x$, $BD = y$, $CD = a$, $AD = b$, $AB = c$, $BC = d$, $\angle DBC = \alpha$, $\angle ABD = \beta$, $\angle ADB = \gamma$, $\angle BDC = \delta$. 如图 Y6.13.3 所示.

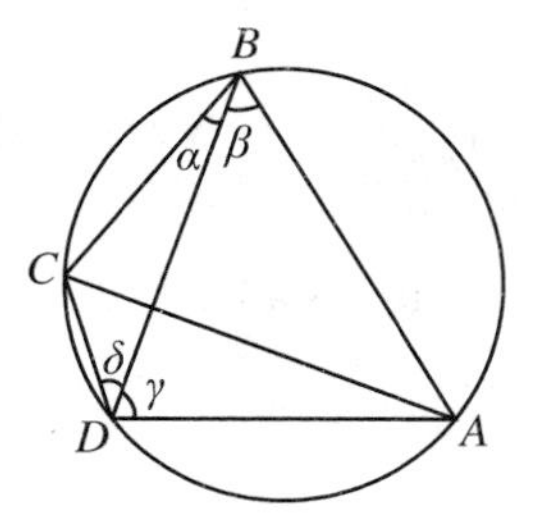

图 Y6.13.3

由正弦定理, $a = 2R\sin\alpha$, $b = 2R\sin\beta$, $c = 2R\sin\gamma$, $d = 2R\sin\delta$, $x = 2R\sin(\alpha + \beta)$, $y = 2R\sin(180^\circ - \beta - \gamma) = 2R\sin(\beta + \gamma)$.

因为 $(\alpha + \beta) + (\delta + \gamma) = 180^\circ$, 所以 $\beta + \delta = 180^\circ - (\alpha + \gamma)$, 所以

$$\begin{aligned} ac + bd &= 4R^2(\sin\alpha \cdot \sin\gamma + \sin\beta \cdot \sin\delta) \\ &= 4R^2 \cdot \left(-\frac{1}{2}\right)[\cos(\alpha + \gamma) - \cos(\alpha - \gamma) + \cos(\beta + \delta) - \cos(\beta - \delta)] \\ &= -2R^2[\cos(\alpha + \gamma) - \cos(\alpha - \gamma) - \cos(\alpha + \gamma) - \cos(\beta - \delta)] \\ &= 2R^2[\cos(\alpha - \gamma) + \cos(\beta - \delta)], \end{aligned}$$

$$\begin{aligned} xy &= 4R^2\sin(\alpha + \beta) \cdot \sin(\beta + \gamma) = 2R^2[\cos(\alpha - \gamma) - \cos(\alpha + 2\beta + \gamma)] \\ &= 2R^2[\cos(\alpha - \gamma) - \cos(180^\circ - \delta + \beta)] = 2R^2[\cos(\alpha - \gamma) + \cos(\beta - \delta)]. \end{aligned}$$

由此可知 $ac + bd = xy$, 即 $CD \cdot AB + AD \cdot BC = AC \cdot BD$.

证明4(余弦定理)

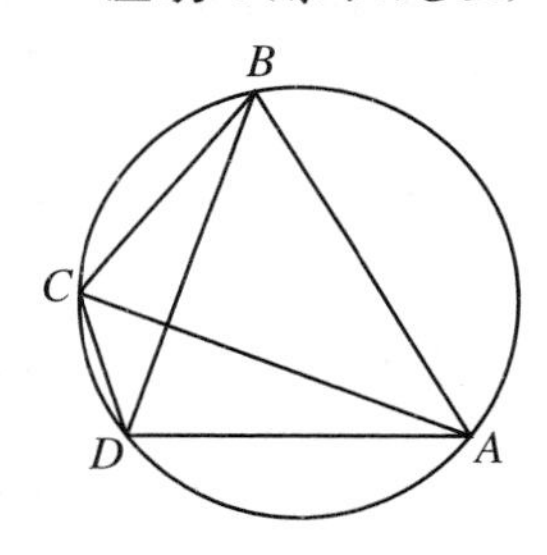

图 Y6.13.4

设 $AC = x$, $BD = y$, $CD = a$, $AD = b$, $AB = c$, $BC = d$, $\angle BCD = \alpha$, $\angle BAD = \beta$. 如图 Y6.13.4 所示.

由余弦定理,

$$\begin{aligned} y^2 &= a^2 + d^2 - 2ad\cos\alpha = a^2 + d^2 - 2ad\cos(180^\circ - \beta) \\ &= a^2 + d^2 + 2ad\cos\beta = b^2 + c^2 - 2bc\cos\beta. \end{aligned}$$

所以

$$\begin{aligned} ady^2 &= adb^2 + adc^2 - 2abcd\cos\beta, \\ bcy^2 &= bca^2 + bcd^2 + 2abcd\cos\beta. \end{aligned}$$

两式相加, 得 $(ad + bc)y^2 = adb^2 + adc^2 + bca^2 + bcd^2 = ab(bd + ac) + cd(ac + bd) = (ab + cd)(ac + bd)$, 故

$$y^2 = \frac{(ab + cd)(ac + bd)}{ad + bc}. \qquad ①$$

同理

$$x^2 = \frac{(ac + bd)(ad + bc)}{ab + cd}. \qquad ②$$

式①×式②, 得 $x^2y^2 = (ac + bd)^2$, 所以 $xy = ac + bd$, 即 $CD \cdot AB + AD \cdot BC = AC \cdot BD$.

证明5(垂足三角形的边长公式、Simson 定理)

先建立一个关于垂足三角形边长的引理:"如图 Y6.13.5 所示, 在 $\triangle ABC$ 中, $BC = a$, $CA = b$, $AB = c$, 外接圆的半径为 R, P 为平面上任一点, $PA = x$, $PB = y$, $PC = z$, 从 P 向

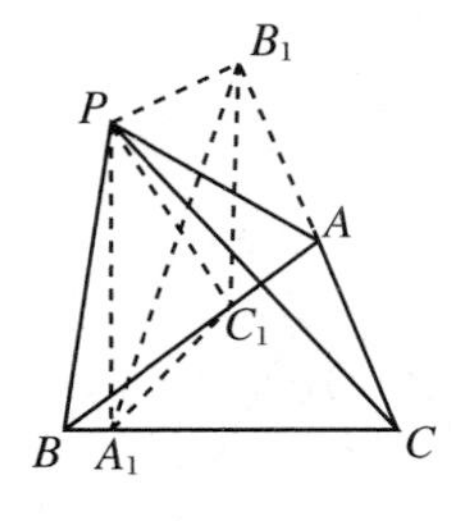

图 Y6.13.5

$\triangle ABC$ 的三边作垂线，垂足分别是 A_1、B_1、C_1，则垂足三角形的边长为：$B_1C_1=\dfrac{ax}{2R}$，$C_1A_1=\dfrac{by}{2R}$，$A_1B_1=\dfrac{cz}{2R}$.”

引理的证明：因为$\angle AB_1P=\angle AC_1P=90^\circ$，所以 A、B_1、P、C_1 共圆，AP 是该圆的直径. 由正弦定理知 $AP=\dfrac{B_1C_1}{\sin\angle BAC}$，

$$B_1C_1=AP\cdot\sin\angle BAC. \quad ①$$

在$\triangle ABC$ 中，由正弦定理，有

$$\sin\angle BAC=\frac{a}{2R}. \quad ②$$

把式②代入式①，就有 $B_1C_1=\dfrac{a\cdot AP}{2R}=\dfrac{ax}{2R}$.

同理可证 $C_1A_1=\dfrac{by}{2R}$，$A_1B_1=\dfrac{cz}{2R}$. 引理证毕.

现在来证 Ptolemy 定理.

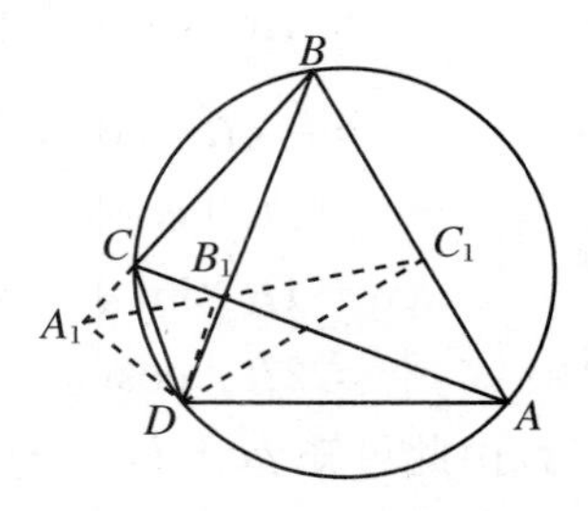

图 Y6.13.6

如图 Y6.13.6 所示，从 D 向$\triangle ABC$ 的三边作垂线，垂足分别是 A_1、B_1、C_1，由 Simson 定理知 A_1、B_1、C_1 三点共线，所以 $A_1B_1+B_1C_1=A_1C_1$.

由引理的结果，$A_1B_1=\dfrac{AB\cdot CD}{2R}$，$B_1C_1=\dfrac{BC\cdot AD}{2R}$，$A_1C_1=\dfrac{AC\cdot BD}{2R}$，所以$\dfrac{AB\cdot CD}{2R}+\dfrac{BC\cdot AD}{2R}=\dfrac{AC\cdot BD}{2R}$，去分母后得 $AB\cdot CD+BC\cdot AD=AC\cdot BD$.

[例 14] 在$\triangle ABC$ 中，$\angle A$ 的平分线交外接圆于 D，则 $AD\cdot BC=BD\cdot(AB+AC)$.

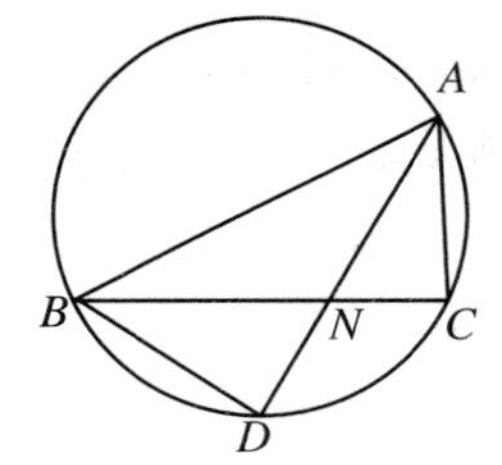

图 Y6.14.1

证明 1（相似三角形、角平分线性质定理）

如图 Y6.14.1 所示，设 BC、AD 交于 N. 由角平分线性质定理，$\dfrac{AB}{AC}=\dfrac{BN}{NC}$，所以$\dfrac{AB+AC}{AC}=\dfrac{BN+NC}{NC}=\dfrac{BC}{NC}$，故

$$\frac{AB+AC}{BC}=\frac{AC}{NC}. \quad ①$$

因为$\angle BAD=\angle NAC$，$\angle BDA=\angle NCA$，所以$\triangle BDA\backsim\triangle NCA$，故

$$\frac{AC}{NC}=\frac{AD}{BD}. \quad ②$$

由式①、式②得$\dfrac{AB+AC}{BC}=\dfrac{AD}{BD}$，所以 $AD\cdot BC=BD\cdot(AB+AC)$.

证明 2（三角形相似、等腰三角形）

延长 BA 到 E，使 $AE=AC$，连 EC、CD，如图 Y6.14.2 所示.

因为$\angle1+\angle2=\angle3+\angle4$，$\angle1=\angle2$，$\angle3=\angle4$，所以$\angle2=\angle4$. 因为$\angle5=\angle6$，所以$\triangle EBC\backsim\triangle ADC$，所以$\dfrac{EB}{BC}=\dfrac{AD}{DC}$，所以 $AD\cdot BC=EB\cdot DC$.

因为 $BD=DC$，$EB=AB+AE=AB+AC$，所以 $AD\cdot BC=(AB+AC)\cdot DC=BD\cdot(AB+AC)$.

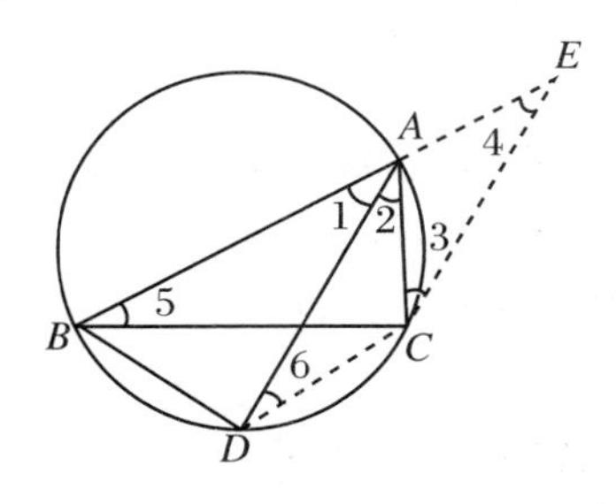

图 Y6.14.2

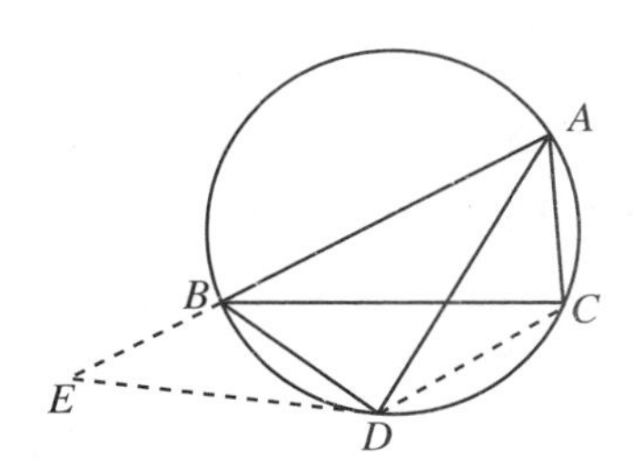

图 Y6.14.3

证明 3（三角形相似、圆的内接四边形的外角）

如图 Y6.14.3 所示，延长 AB 到 E，使 $BE=AC$，连 ED、DC. 因为 $\angle EBD$ 是圆的内接四边形 $ABCD$ 的外角，所以 $\angle EBD=\angle ACD$. 因为 $EB=AC$，$BD=DC$，所以 $\triangle EBD\cong\triangle ACD$，所以 $AD=DE$. 可见 $\triangle DAE$ 和 $\triangle DCB$ 都是等腰三角形. 因为 $\angle DAE=\angle DCB$，所以 $\triangle DAE\backsim\triangle DCB$，所以 $\dfrac{AE}{BC}=\dfrac{AD}{BD}$，所以 $AD\cdot BC=AE\cdot BD$，所以 $AD\cdot BC=(AB+BE)\cdot BD=(AB+AC)\cdot BD$.

证明 4（三角形相似）

设 AD、BC 交于 N 点，连 DC. 如图 Y6.14.4 所示.

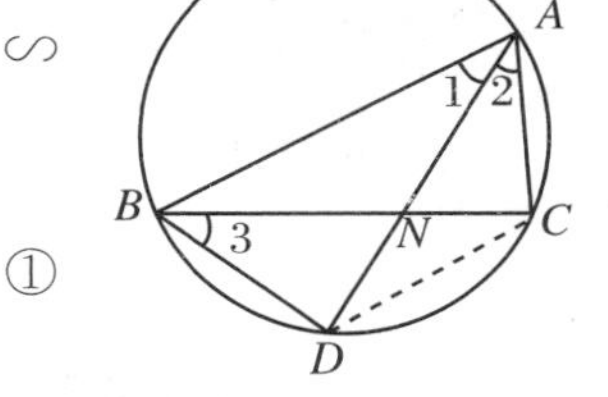

图 Y6.14.4

因为 $\angle 1=\angle 2$，$\angle 2=\angle 3$，所以 $\angle 1=\angle 3$，所以 $\triangle ABD\backsim\triangle BND$，所以 $\dfrac{AB}{AD}=\dfrac{BN}{BD}$，即

$$AB\cdot BD=AD\cdot BN. \quad ①$$

同理又有

$$AC\cdot CD=AD\cdot CN. \quad ②$$

式① + 式②并注意 $BD=DC$，则

$$AD\cdot(BN+CN)=AB\cdot BD+AC\cdot CD=(AB+AC)\cdot BD.$$

即

$$AD\cdot BC=(AB+AC)\cdot BD.$$

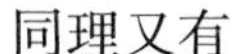

证明 5（Ptolemy 定理）

对圆的内接四边形 $ABCD$ 应用 Ptolemy 定理，有 $AD\cdot BC=AB\cdot DC+AC\cdot BD$. 因为 $BD=DC$，所以 $AD\cdot BC=(AB+AC)\cdot BD$.

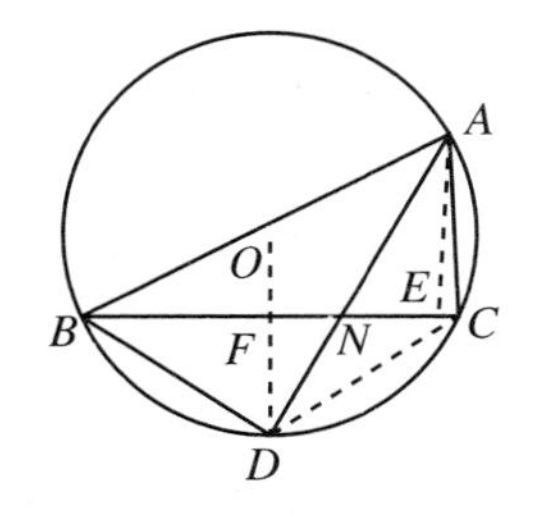

图 Y6.14.5

证明 6（面积计算、三角法）

如图 Y6.14.5 所示，作 $AE\perp BC$，垂足为 E，作 $DF\perp BC$，垂足为 F，则 $\angle ADF=\angle DAE$. 设 $\angle ADF=\alpha$. 连 CD，则

$$AD=AN+ND=\frac{AE}{\cos\alpha}+\frac{DF}{\cos\alpha},$$

$$AD\cdot BC=\frac{1}{\cos\alpha}(AE+DF)\cdot BC$$

$$= \frac{2}{\cos\alpha}\left(\frac{1}{2}AE \cdot BC + \frac{1}{2}DF \cdot BC\right)$$

$$= \frac{2}{\cos\alpha} \cdot S_{ABDC}. \qquad ①$$

又 $2S_{ABDC} = 2S_{\triangle ABD} + 2S_{\triangle ADC} = AB \cdot BD \cdot \sin\angle ABD + AC \cdot CD \cdot \sin\angle ACD$. 注意到 $BD = DC$，$\sin\angle ABD = \sin(180^\circ - \angle ACD) = \sin\angle ACD$，上式就是

$$2S_{ABDC} = (AB + AC) \cdot BD \cdot \sin\angle ABD. \qquad ②$$

由式①、式②得

$$AD \cdot BC = \frac{(AB + AC) \cdot BD \cdot \sin\angle ABD}{\cos\alpha}. \qquad ③$$

在 Rt$\triangle ANE$ 中，$\cos\alpha = \sin\angle ANE$. 由 $\triangle ANC \backsim \triangle ABD$，得 $\angle ANE = \angle ABD$，故

$$\sin\angle ABD = \cos\alpha. \qquad ④$$

把式④代入式③，得 $AD \cdot BC = (AB + AC) \cdot BD$.

［例 15］ 在圆的内接正$\triangle ABC$ 中，P 为劣弧$\overset{\frown}{BC}$上的任一点，则 $AP^2 = AB^2 + BP \cdot PC$.

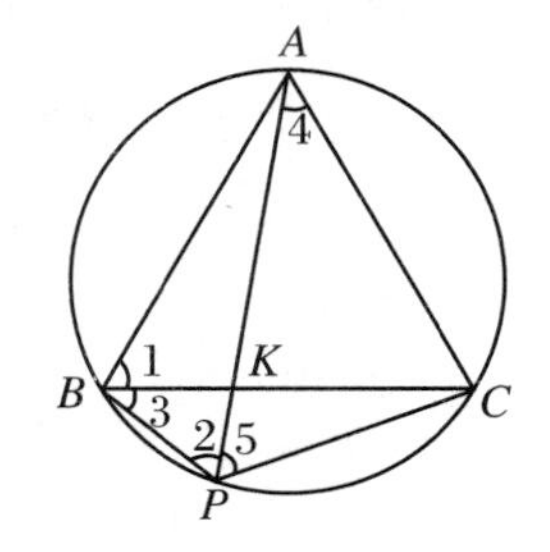

图 Y6.15.1

证明 1（切割线定理、三角形相似）

设 PA、BC 交于 K. 如图 Y6.15.1 所示.

因为$\overset{\frown}{AB} = \overset{\frown}{AC}$，所以$\angle 2 = \angle 1$. 可见 AB 是$\triangle BKP$ 的外接圆的切线，由切割线定理，有

$$AB^2 = AK \cdot AP. \qquad ①$$

因为$\angle 3 = \angle 4$，$\angle 2 = \angle 1 = \angle 5$，所以$\triangle APC \backsim \triangle BPK$，所以$\dfrac{BP}{AP} = \dfrac{PK}{PC}$，所以

$$BP \cdot PC = AP \cdot PK. \qquad ②$$

式①＋式②，得 $AB^2 + BP \cdot PC = AP \cdot (AK + PK) = AP^2$.

证明 2（切割线定理、三角形相似）

作 $PK \parallel BC$，交 AB 的延长线于 K. 如图 Y6.15.2 所示.

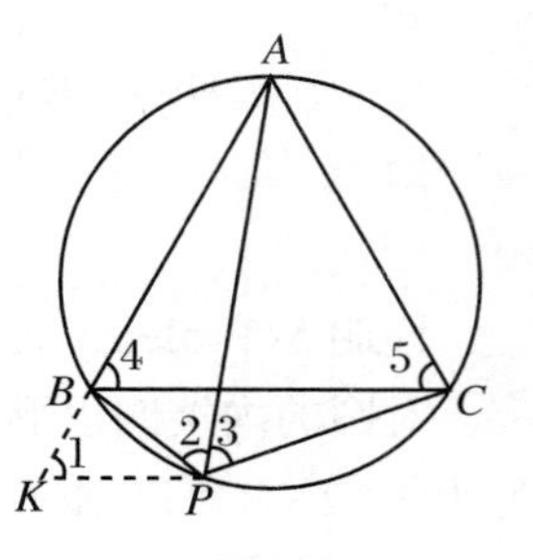

图 Y6.15.2

因为$\angle 2 = \angle 5 = \angle 4 = \angle 1$，所以 AP 是$\triangle BPK$ 的外接圆的切线，故

$$AP^2 = AB \cdot AK. \qquad ①$$

因为$\angle PBK = \angle ACP$，$\angle 1 = \angle 4 = \angle 3$，所以$\triangle PBK \backsim \triangle ACP$，所以$\dfrac{PB}{AC} = \dfrac{BK}{PC}$，故

$$PB \cdot PC = AC \cdot BK. \qquad ②$$

式①－式②，得 $AP^2 - BP \cdot PC = AB \cdot AK - AC \cdot BK = AB \cdot (AK - BK) = AB^2$，所以 $AB^2 + BP \cdot PC = AP^2$.

证明 3（勾股定理的推广、全等三角形）

如图 Y6.15.3 所示，作 $AH \perp BP$，垂足为 H.

不失一般性，可设$\angle ABP > 90^\circ$，这时 H 在 PB 的延长线上. 延长 PH 到 G，使 $HG = HB$，易证 $AG = AB = AC$.

在$\triangle ABP$中,由勾股定理的推广,有

$$AP^2 = AB^2 + BP^2 + 2BP \cdot BH$$
$$= AB^2 + BP \cdot (BP + 2BH). \quad ①$$

因为$\angle 1 = \angle 2$,$\angle 3 = \angle 4 = \angle ACP$,$AP$为公共边,所以$\triangle APG \cong \triangle APC$,所以$PC = PG$.

$$PG = PB + BG = PB + 2BH = PC. \quad ②$$

由式①、式②得$AP^2 = AB^2 + BP \cdot PC$.

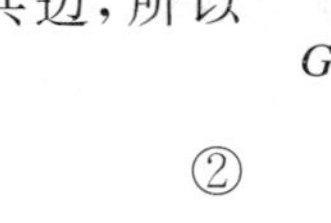

图 Y6.15.3

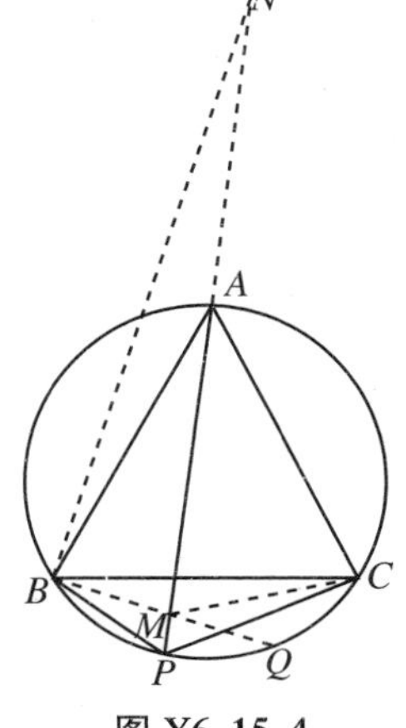

图 Y6.15.4

证明 4(三角形相似、内心的性质)

延长PA到N,使$AN = AB$,连NB,在AP上取M,使$AM = AB$,连MB、MC,延长BM,交$\overset{\frown}{PC}$于Q.如图 Y6.15.4 所示.

因为$AB = AM$,所以$\angle ABM = \angle AMB$,所以

$$\frac{1}{2}(\overset{\frown}{AC} + \overset{\frown}{CQ}) = \frac{1}{2}(\overset{\frown}{AB} + \overset{\frown}{PQ}).$$

因为$\overset{\frown}{AB} = \overset{\frown}{AC}$,所以$\overset{\frown}{PQ} = \overset{\frown}{CQ}$,即$BQ$是$\angle PBC$的平分线.

易证PA是$\angle BPC$的平分线,所以M是$\triangle PBC$的内心,所以$\angle PCM = \frac{1}{2}\angle PCB = \frac{1}{2}\angle PAB$.

$\angle PAB$是等腰$\triangle ABN$的外角,所以$\frac{1}{2}\angle PAB = \angle N$,所以$\angle PCM = \angle N$.因为$\angle CPM = \angle NPB$,所以$\triangle CPM \backsim \triangle NPB$,所以$\frac{PN}{PC} = \frac{PB}{PM}$,所以$PB \cdot PC = PN \cdot PM$.

把$PN = PA + AB$,$PM = PA - AB$代入并移项,得$AP^2 = AB^2 + BP \cdot PC$.

证明 5(三角形相似)

作$\angle PAK = \angle PCA$,AK交PB的延长线于K.如图 Y6.15.5 所示.因为$\angle APC = \angle KPA$,所以$\triangle APC \backsim \triangle KPA$,所以$\frac{AP}{PC} = \frac{PK}{AP}$,则

$$AP^2 = PK \cdot PC. \quad ①$$

因为$\angle ABK = \angle PCA$,又由$\triangle APC \backsim \triangle KPA$知$\angle K = \angle PAC$,所以$\triangle PAC \backsim \triangle AKB$,所以$\frac{AB}{BK} = \frac{PC}{AC}$,所以$\frac{AB}{BK} = \frac{PC}{AB}$,即

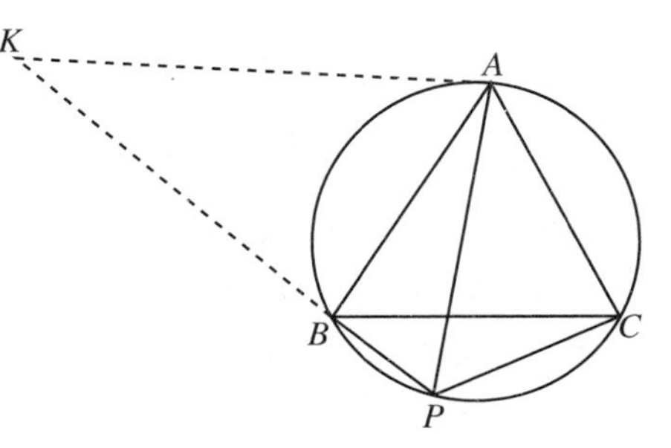

图 Y6.15.5

$$AB^2 = PC \cdot BK. \quad ②$$

式①-式②得

$$AP^2 - AB^2 = PC(PK - BK) = PC \cdot PB,$$

所以$AP^2 = AB^2 + PB \cdot PC$.

证明 6(应用第 2 章例 13 的结果、余弦定理)

如图 Y6.15.6 所示,由第 2 章例 13 的结果,$PA = PB + PC$,平方得

$$PA^2 = PB^2 + PC^2 + 2PB \cdot PC. \quad ①$$

在$\triangle BPC$ 中,由余弦定理,有

$$\begin{aligned} BC^2 &= PB^2 + PC^2 - 2PB \cdot PC \cdot \cos 120^\circ \\ &= PB^2 + PC^2 + PB \cdot PC. \quad ② \end{aligned}$$

式① - 式②并移项,得 $PA^2 = AB^2 + PB \cdot PC$.

[**例 16**] CD 是半圆中与直径AB 平行的弦,P 为AB 上任一点,则 $PC^2 + PD^2 = PA^2 + PB^2$.

证明 1(中线定理、勾股定理)

设 O 为圆心,E 为 CD 的中点,连 OE、PE、OC.如图 Y6.16.1 所示.

在$\triangle CPD$ 中,由中线定理,有

$$\begin{aligned} PC^2 + PD^2 &= 2PE^2 + 2CE^2 \\ &= 2(PO^2 + OE^2) + 2(OC^2 - OE^2) \\ &= 2PO^2 + 2CO^2. \quad ① \end{aligned}$$

$$\begin{aligned} PA^2 + PB^2 &= (OA - PO)^2 + (OB + PO)^2 \\ &= 2OA^2 + 2PO^2. \quad ② \end{aligned}$$

因为 $CO = OA$,由式①、式②可知 $PA^2 + PB^2 = PC^2 + PD^2$.

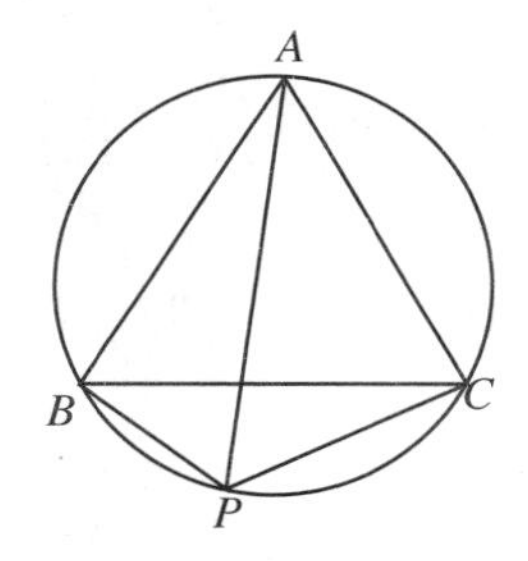

图 Y6.15.6

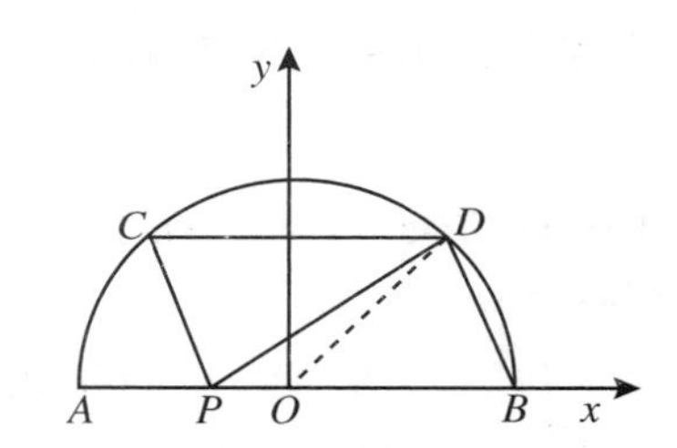

图 Y6.16.1

证明 2(中线定理、对称法)

设 P 关于O 的对称点是P_1,连 P_1D、OD、AC、BD.如图 Y6.16.2 所示.

由轴对称性,$\triangle APC \cong \triangle BP_1D$,所以 $PC = P_1D$,所以 $PC^2 + PD^2 = P_1D^2 + PD^2$.

在$\triangle PDP_1$ 中,由中线定理,有

$$\begin{aligned} PD^2 + P_1D^2 = 2OD^2 + 2OP^2 &= 2OA^2 + 2OP^2 = (OA + OP)^2 + (OA - OP)^2 \\ &= (OB + OP)^2 + (OA - OP)^2 = PB^2 + PA^2, \end{aligned}$$

所以 $PA^2 + PB^2 = PC^2 + PD^2$.

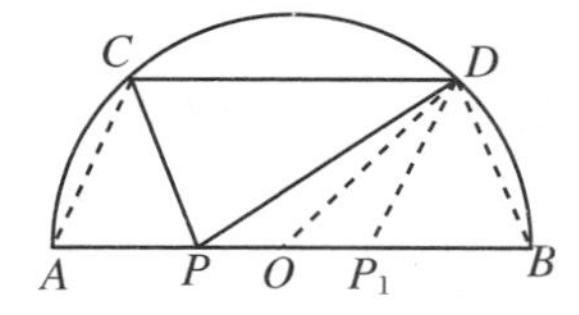

图 Y6.16.2

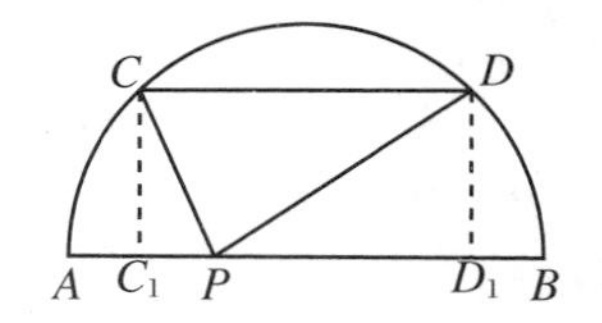

图 Y6.16.3

证明3(勾股定理、比例中项定理)

如图 Y6.16.3 所示,作 $CC_1 \perp AB$、$DD_1 \perp AB$,垂足分别为 C_1、D_1.因为 $CD /\!/ AB$,所以 $CC_1 = DD_1$.由轴对称性,$AC_1 = BD_1$.

在 Rt$\triangle CC_1P$ 和 Rt$\triangle DD_1P$ 中,由勾股定理,有

$$PC^2 + PD^2 = (CC_1^2 + PC_1^2) + (DD_1^2 + PD_1^2) = 2CC_1^2 + PC_1^2 + PD_1^2.$$

由比例中项定理,$CC_1^2 = AC_1 \cdot C_1B$,代入上式,得

$$\begin{aligned} PC^2 + PD^2 &= 2AC_1 \cdot C_1B + PC_1^2 + PD_1^2 \\ &= 2AC_1 \cdot C_1B + (PA - AC_1)^2 + (PB - BD_1)^2 \\ &= PA^2 + PB^2 + 2AC_1 \cdot C_1B + 2AC_1^2 - 2AC_1 \cdot PA - 2AC_1 \cdot PB \\ &= PA^2 + PB^2 + 2AC_1[(C_1B + AC_1) - (PA + PB)] \\ &= PA^2 + PB^2 + 2AC_1 \cdot (AB - AB) \\ &= PA^2 + PB^2. \end{aligned}$$

证明4(比例中项定理、余弦定理)

如图 Y6.16.4 所示,连 AC、BC、BD,作 $CC_1 \perp AB$,垂足为 C_1,则 $AC = BD$.设$\angle CAP = \alpha$.

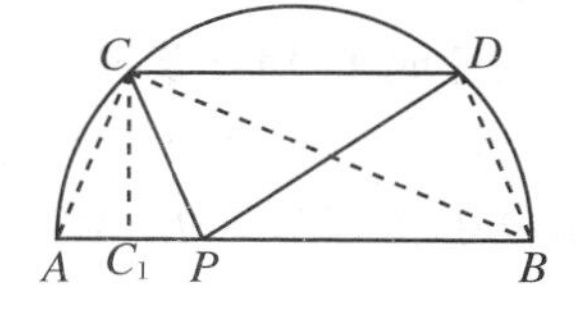

图 Y6.16.4

在$\triangle APC$ 中,由余弦定理,$PC^2 = PA^2 + AC^2 - 2PA \cdot AC \cdot \cos\alpha$.在$\triangle BPD$ 中,同理,$PD^2 = PB^2 + BD^2 - 2PB \cdot BD \cdot \cos\alpha$.故

$$\begin{aligned} PC^2 + PD^2 &= PA^2 + AB^2 + AC^2 + BD^2 \\ &\quad - 2(PA \cdot AC + PB \cdot BD)\cos\alpha \\ &= PA^2 + PB^2 + 2AC^2 - 2AC(PA + PB)\cos\alpha \\ &= PA^2 + PB^2 + 2AC^2 - 2AB \cdot AC \cdot \cos\alpha \\ &= PA^2 + PB^2 + 2AC^2 - 2AB \cdot AC_1. \end{aligned}$$

在 Rt$\triangle ACB$ 中,由比例中项定理,$AC^2 = AB \cdot AC_1$,代入上式,则有 $PA^2 + PB^2 = PC^2 + PD^2$.

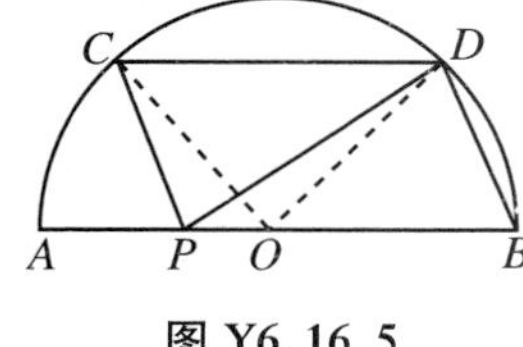

图 Y6.16.5

证明5(圆幂定理、余弦定理)

如图 Y6.16.5 所示,设 O 为圆心,连 OC、OD.设半径为 R,则 $PA^2 + PB^2 = (PA + PB)^2 - 2PA \cdot PB = (2R)^2 + 2PA \cdot PB$.

因为 $PA \cdot PB$ 是点 P 关于圆的幂,由圆幂定理,$PA \cdot PB = R^2 - OP^2$.因此

$$PA^2 + PB^2 = (2R)^2 - 2(R^2 - OP^2) = 2(R^2 + OP^2). \quad ①$$

在$\triangle OPC$ 和$\triangle OPD$ 中,由余弦定理,有

$$PC^2 = OC^2 + OP^2 - 2OC \cdot OP \cdot \cos\angle POC, \quad ②$$

$$PD^2 = OD^2 + OP^2 - 2OD \cdot OP \cdot \cos\angle POD. \quad ③$$

因为$\angle POC = \angle BOD = 180^\circ - \angle POD$,所以 $\cos\angle POD = -\cos\angle POC$.注意到 $OC = OD = R$,由式②+式③得

$$PC^2 + PD^2 = 2(R^2 + OP^2). \quad ④$$

由式①、式④知 $PA^2 + PB^2 = PC^2 + PD^2$.

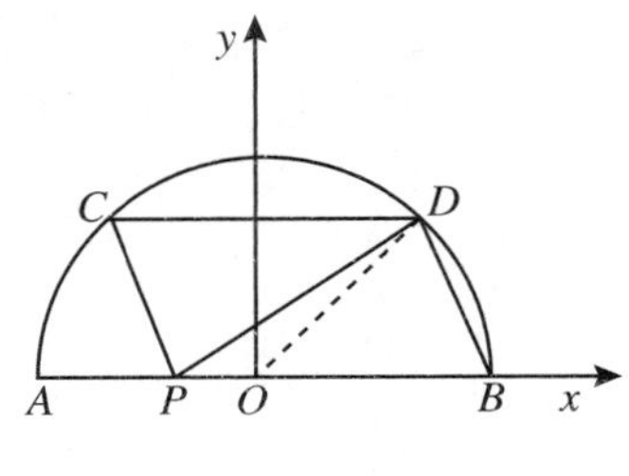

图 Y6.16.6

证明 6(解析法)

如图 Y6.16.6 所示,建立直角坐标系.

设半径为 R,$\angle BOD=\alpha$,则 $B(R,0)$,$D(R\cos\alpha, R\sin\alpha)$,$C(-R\cos\alpha, R\sin\alpha)$,$A(-R,0)$.

设 $P(x_0,0)(-R\leqslant x_0\leqslant R)$,则

$$PC^2=(x_0+R\cos\alpha)^2+(R\sin\alpha)^2,$$

$$PD^2=(x_0-R\cos\alpha)^2+(R\sin\alpha)^2,$$

$$PC^2+PD^2=2x_0^2+2R^2. \quad ①$$

$$PA^2=(x_0+R)^2,\quad PB^2=(x_0-R)^2,$$

$$PA^2+PB^2=2x_0^2+2R^2. \quad ②$$

由式①、式②知 $PA^2+PB^2=PC^2+PD^2$.

[例 17] 在直角$\triangle ABC$ 中,$\angle A=90^\circ$,内切圆在斜边上的切点为 D,则 $S_{\triangle ABC}=BD\cdot CD$.

证明 1(切线长定理)

设 O 为内心,E、F 分别为 AC、AB 边的切点,连 OD、OE、OF,如图 Y6.17.1 所示.设$\odot O$ 的半径为 r,$BC=a$,$AC=b$,$AB=c$,则

$$\begin{aligned}S_{\triangle ABC}&=\frac{1}{2}AB\cdot AC=\frac{1}{2}(AF+FB)(AE+EC)\\&=\frac{1}{2}(r+BD)(r+DC)\\&=\frac{1}{2}[r^2+(BD+CD)r+BD\cdot CD].\end{aligned}$$

所以

$$\begin{aligned}BD\cdot CD&=2S_{\triangle ABC}-[r^2+(BD+CD)r]=2S_{\triangle ABC}-r(r+BD+CD)\\&=2S_{\triangle ABC}-\frac{r}{2}(a+b+c)=2S_{\triangle ABC}-S_{\triangle ABC}=S_{\triangle ABC}.\end{aligned}$$

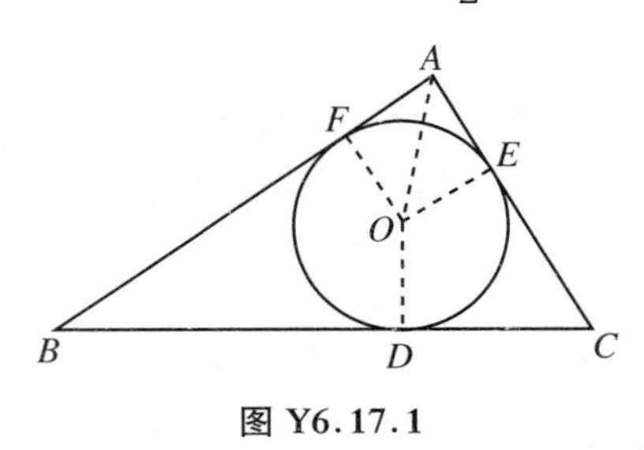

图 Y6.17.1

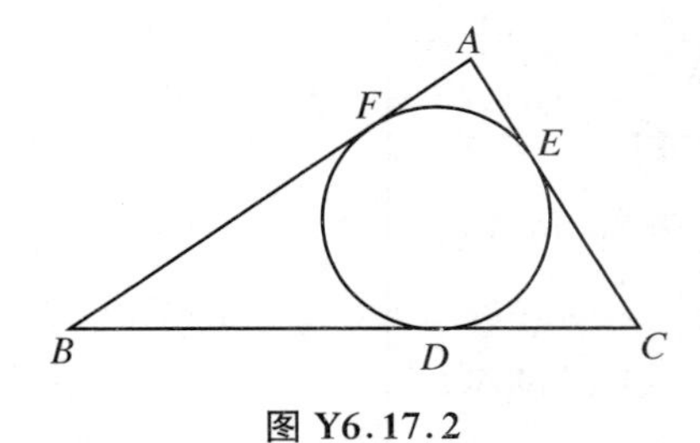

图 Y6.17.2

证明 2(计算法)

如图 Y6.17.2 所示,设 $BC=a$,$AC=b$,$AB=c$,$s=\frac{1}{2}(a+b+c)$,则 $BD=s-b$,$DC=s-c$,所以

$$\begin{aligned}BD\cdot DC&=(s-b)(s-c)=s^2+bc-(b+c)s\\&=\left(\frac{a+b+c}{2}\right)^2+bc-(b+c)\left(\frac{a+b+c}{2}\right)\end{aligned}$$

$$=\left(\frac{a+b+c}{2}\right)\left[\frac{a+b+c}{2}-(b+c)\right]+bc$$
$$=\frac{(a+b+c)(a-b-c)}{4}+bc$$
$$=\frac{1}{4}\left[a^2-(b+c)^2\right]+bc$$
$$=\frac{1}{4}(a^2-b^2-c^2-2bc)+bc$$
$$=\frac{1}{2}bc=S_{\triangle ABC}.$$

证明3(面积割补法)

设内心为 O，AC、AB 边的切点为 E、F，过 B、C 分别作 AC、AB 的平行线，交点为 G. 连 EO 并延长，交 BG 于 M，连 FO 并延长，交 CG 于 N. 设 FN、EM 分别交 BC 于 Q、P，如图 Y6.17.3 所示.

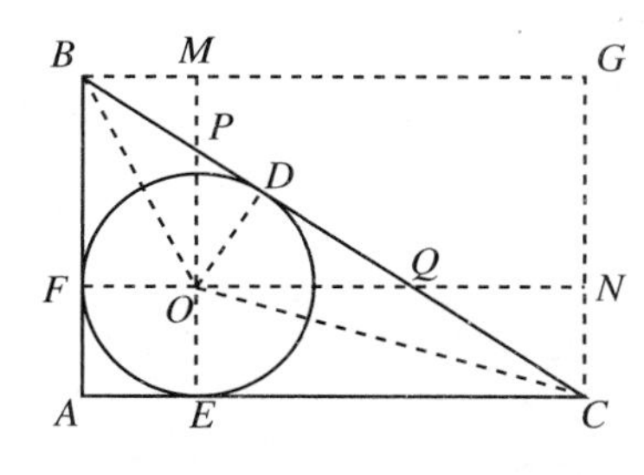

图 Y6.17.3

由切线长定理，$BD=BF=OM$，$CD=CE=ON$，故

$$BD\cdot CD=OM\cdot ON=S_{OMGN}.$$

连 OD、OC、OB，易证 $\text{Rt}\triangle BOM\cong\text{Rt}\triangle OBD$，$\text{Rt}\triangle CON\cong\text{Rt}\triangle OCD$，所以 $S_{\triangle BPM}=S_{\triangle OPD}$，$S_{\triangle CQN}=S_{\triangle ODQ}$，所以 $S_{OMGN}=S_{\triangle BCG}=S_{\triangle ABC}$.

所以 $BC\cdot CD=S_{\triangle ABC}$.

证明4(面积计算、三角法)

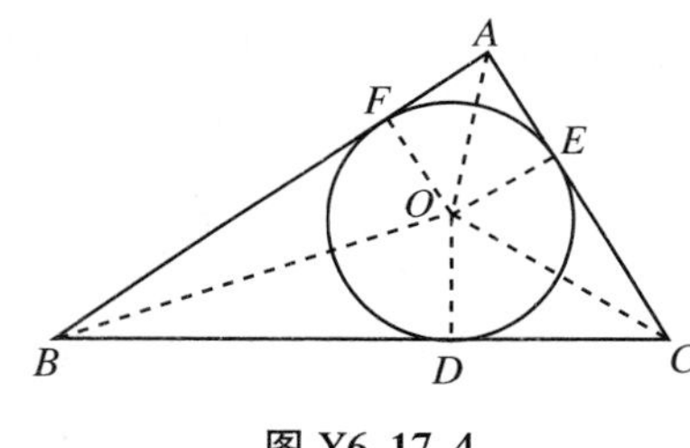

图 Y6.17.4

设 O 为内心，内切圆的半径为 r，连 OA、OB、OC，设 E、F 分别是 AC、AB 边的切点，连 OD、OE、OF，如图 Y6.17.4 所示.

在 $\text{Rt}\triangle BOD$ 和 $\text{Rt}\triangle COD$ 中，$BD=r\cot\dfrac{B}{2}$，$CD=r\cot\dfrac{C}{2}$，$\cot\dfrac{A}{2}=\cot45^\circ=1$，所以

$$BD\cdot CD=r^2\cot\frac{B}{2}\cot\frac{C}{2}\cot\frac{A}{2}=S_{\triangle ABC}.\tag{*}$$

(*)式的证明：

在 $\text{Rt}\triangle BOD$ 中，$\cot\dfrac{B}{2}=\dfrac{BD}{r}=\dfrac{s-b}{r}$，在 $\text{Rt}\triangle COD$ 中，$\cot\dfrac{C}{2}=\dfrac{CD}{r}=\dfrac{s-c}{r}$，在 $\text{Rt}\triangle AOE$ 中，$\cot\dfrac{A}{2}=\dfrac{AE}{r}=\dfrac{s-a}{r}$，所以 $r^2\cot\dfrac{A}{2}\cdot\cot\dfrac{B}{2}\cdot\cot\dfrac{C}{2}=r^2\cdot\dfrac{s-b}{r}\cdot\dfrac{s-c}{r}\cdot\dfrac{s-a}{r}$ $=\dfrac{s(s-a)(s-b)(s-c)}{rs}=\dfrac{(S_{\triangle ABC})^2}{S_{\triangle ABC}}=S_{\triangle ABC}$.(*)式得证.

证明5(解析法)

作 $\triangle ABC$ 的外接圆，圆心在 BC 中点 O，以 O 为坐标原点，建立直角坐标系，如图 Y6.17.5 所示. 设 $AB=c$，$BC=a$，$CA=b$，则 $B\left(-\dfrac{a}{2},0\right)$，$C\left(\dfrac{a}{2},0\right)$，$\odot O$ 的方程为

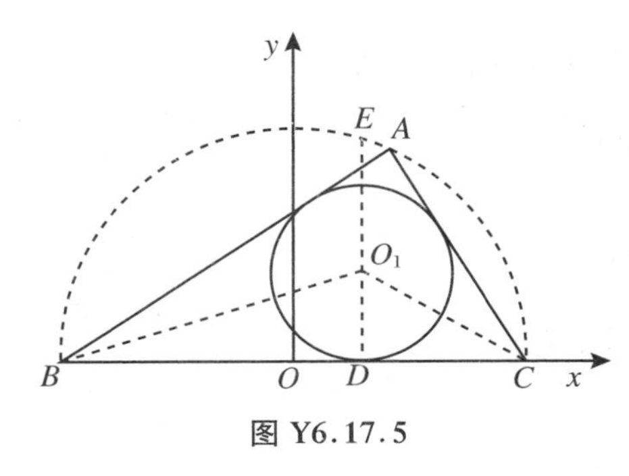

图 Y6.17.5

$$x^2+y^2=\left(\frac{a}{2}\right)^2. \qquad ①$$

设内心为 O_1，连 O_1B、O_1C，则 $\angle O_1BD=\frac{\angle B}{2}$. 在 $\triangle BAC$ 中，$\tan\angle B=\frac{b}{c}$，由 $\tan\angle B=\frac{2\tan\frac{\angle B}{2}}{1-\tan^2\frac{\angle B}{2}}=\frac{b}{c}$，解得 $\tan\frac{\angle B}{2}=\frac{a-c}{b}$.

所以 BO_1 的方程是

$$y=\frac{a-c}{b}\cdot\left(x+\frac{a}{2}\right)=\frac{a-c}{2b}(2x+a). \qquad ②$$

同理 $\tan\frac{\angle C}{2}=\frac{a-b}{c}$，所以 $k_{CO_1}=-\tan\frac{\angle C}{2}=\frac{b-a}{c}$，所以 CO_1 的方程是

$$y=\frac{b-a}{c}\cdot\left(x-\frac{a}{2}\right)=\frac{b-a}{2c}(2x-a). \qquad ③$$

由式②、式③可解出内心 O_1 的横坐标为$\frac{c-b}{2}$.

延长 DO_1，交外接圆于 E，故 E 的横坐标也是$\frac{c-b}{2}$. 把 E 的横坐标的值代入式①，可得

$$y_E^2=\left(\frac{a}{2}\right)^2-\left(\frac{c-b}{2}\right)^2=\frac{bc}{2}=S_{\triangle ABC}=DE^2.$$

由比例中项定理知，$DE^2=BD\cdot DC$，所以 $BD\cdot DC=S_{\triangle ABC}$.

[例 18]　在圆的内接四边形 $ABCD$ 中，对角线 AC 平分 BD 于 E，则 $AB^2+BC^2+CD^2+DA^2=2AC^2$.

证明 1(中线定理、相交弦定理)

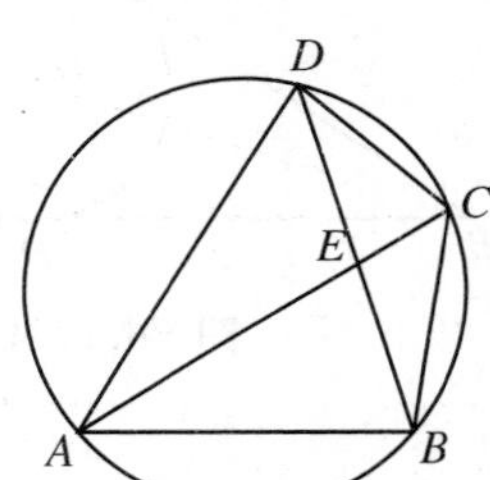

图 Y6.18.1

如图 Y6.18.1 所示，在$\triangle ABD$ 中，由中线定理，有

$$AB^2+AD^2=2(AE^2+BE^2).$$

在$\triangle BCD$ 中，同理，有

$$BC^2+DC^2=2(BE^2+CE^2).$$

所以 $AB^2+BC^2+CD^2+DA^2=2(AE^2+CE^2+2BE^2)$.

由相交弦定理，$DE\cdot BE=BE^2=AE\cdot CE$，代入上式得

$$\begin{aligned}AB^2+BC^2+CD^2+DA^2&=2(AE^2+CE^2+2AE\cdot CE)\\&=2(AE+CE)^2=2AC^2.\end{aligned}$$

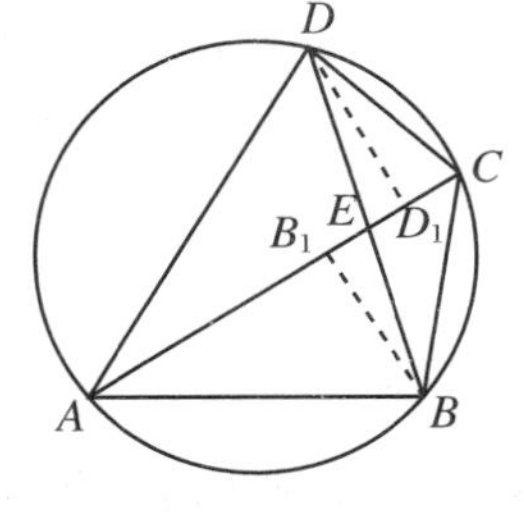

图 Y6.18.2

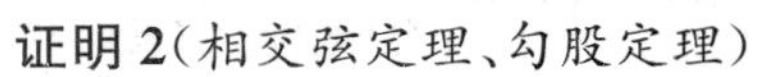

证明 2(相交弦定理、勾股定理)

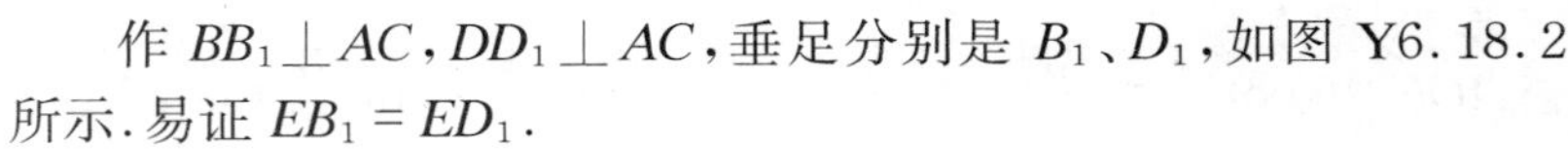

作 $BB_1\perp AC$，$DD_1\perp AC$，垂足分别是 B_1、D_1，如图 Y6.18.2 所示. 易证 $EB_1=ED_1$.

在 $\mathrm{Rt}\triangle ABB_1$ 中，由勾股定理，有

$$AB^2=AB_1^2+BB_1^2=AB_1^2+(BE^2-EB_1^2). \qquad ①$$

在 $\mathrm{Rt}\triangle ADD_1$ 中，同理，有

$$\begin{aligned}AD^2&=AD_1^2+DD_1^2\\&=(AB_1+2EB_1)^2+(BE^2-EB_1^2)\\&=AB_1^2+4AB_1\cdot EB_1+4EB_1^2+BE^2-EB_1^2. \qquad ②\end{aligned}$$

在 $\text{Rt}\triangle CBB_1$ 中，同理，有

$$\begin{aligned}BC^2 &= CB_1^2 + BB_1^2 = (CD_1 + 2EB_1)^2 + (BE^2 - EB_1^2)\\ &= CD_1^2 + 4CD_1 \cdot EB_1 + 4EB_1^2 + BE^2 - EB_1^2.\end{aligned} \tag{③}$$

在 $\text{Rt}\triangle CDD_1$ 中，同理，有

$$DC^2 = CD_1^2 + DD_1^2 = CD_1^2 + (EB^2 - EB_1^2). \tag{④}$$

由式①、式②、式③、式④，$AB^2+BC^2+CD^2+DA^2=2(AB_1+B_1E)^2+2(CD_1+ED_1)^2+4BE^2=2(AE^2+CE^2+2BE^2)$.

由相交弦定理，$BE^2=AE\cdot CE$，代入上式得 $AB^2+BC^2+CD^2+DA^2=2(AE^2+CE^2+2AE\cdot CE)=2(AE+CE)^2=2AC^2$.

证明 3（相似三角形、面积比、Ptolemy 定理）

因为 $EB=ED$，所以 $S_{\triangle CED}=S_{\triangle CEB}$，$S_{\triangle AED}=S_{\triangle AEB}$，所以 $S_{\triangle ABC}=S_{\triangle ADC}$. 因为 $\angle ABC=180^\circ-\angle ADC$，所以

$$AB \cdot BC = AD \cdot DC. \tag{①}$$

因为 $\angle BCD=180^\circ-\angle BAD$，且 $\triangle BCD$ 和 $\triangle BAD$ 有公共底 BD，所以 $\dfrac{S_{\triangle BAD}}{S_{\triangle BCD}}=\dfrac{AE}{CE}=\dfrac{AB\cdot AD}{BC\cdot CD}$，所以

$$\frac{AE+CE}{CE}=\frac{AC}{CE}=\frac{AB\cdot AD+BC\cdot CD}{BC\cdot CD}. \tag{②}$$

由 Ptolemy 定理，有

$$AC\cdot BD = 2AC\cdot BE = AD\cdot BC + AB\cdot DC. \tag{③}$$

由式①解出 $AB=\dfrac{AD\cdot DC}{BC}$，$BC=\dfrac{AD\cdot DC}{AB}$，代入式③，得 $2AC\cdot BE=AD\cdot BC+\dfrac{AD\cdot DC^2}{BC}$，所以 $DC^2+BC^2=2AC\cdot BE\cdot\dfrac{BC}{AD}$. 同理 $2AC\cdot BE=\dfrac{AD^2\cdot DC}{AB}+AB\cdot DC$，所以 $AB^2+AD^2=2AC\cdot BE\cdot\dfrac{AB}{DC}$. 故

$$AB^2+BC^2+CD^2+DA^2=2AC\cdot BE\left(\frac{BC}{AD}+\frac{AB}{DC}\right). \tag{④}$$

因为 $\triangle ADE\backsim\triangle BCE$，所以 $BE=\dfrac{AD\cdot CE}{BC}$，把 BE 代入式④得

$$\begin{aligned}AB^2+BC^2+CD^2+DA^2&=2AC\cdot\frac{AD\cdot CE}{BC}\left(\frac{BC}{AD}+\frac{AB}{DC}\right)\\&=2AC\cdot CE\left(1+\frac{AB\cdot AD}{BC\cdot DC}\right)\\&=2AC\cdot CE\cdot\frac{BC\cdot DC+AB\cdot AD}{BC\cdot DC}.\end{aligned} \tag{⑤}$$

把式②代入式⑤，得

$$AB^2+BC^2+CD^2+DA^2=2AC^2.$$

证明 4（三角形相似、余弦定理）

在 $\triangle ABC$ 中，由余弦定理，有

$$AC^2=AB^2+BC^2-2AB\cdot BC\cdot\cos\angle ABC. \tag{①}$$

在 $\triangle ADC$ 中，同理，有

$$AC^2 = AD^2 + CD^2 - 2AD \cdot CD \cdot \cos\angle ADC. \qquad ②$$

因为$\angle ABC + \angle ADC = 180^\circ$,所以$\cos\angle ABC = -\cos\angle ADC$.把式①、式②相加得

$$2AC^2 = AB^2 + BC^2 + CD^2 + DA^2 + 2\cos\angle ABC(AD \cdot CD - AB \cdot BC). \qquad ③$$

由$\triangle AEB \backsim \triangle CED$,$\triangle AED \backsim \triangle BEC$知$\dfrac{AB}{CD} = \dfrac{BE}{CE}$,$\dfrac{AD}{BC} = \dfrac{DE}{CE}$.因为$BE = DE$,所以$\dfrac{AD}{BC} = \dfrac{AB}{CD}$,所以$AB \cdot BC = AD \cdot CD$.把它代入式③,立得$AB^2 + BC^2 + CD^2 + DA^2 = 2AC^2$.

［例 19］ 过$\square ABCD$的顶点A任作一个圆,设圆交AB、AC、AD(或交它们的延长线)于E、F、G,则有$AB \cdot AE + AD \cdot AG = AC \cdot AF$.

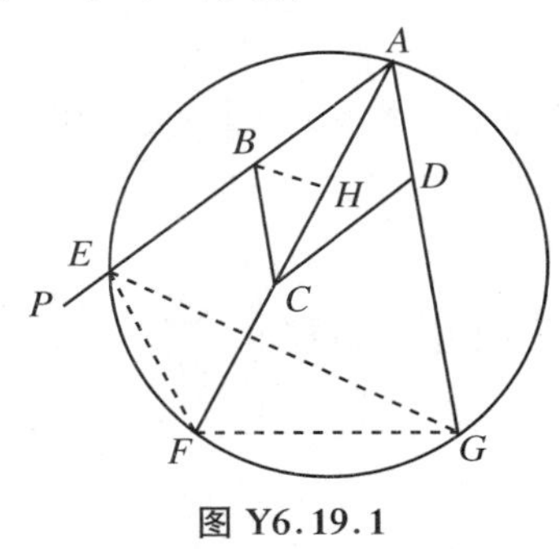

图 Y6.19.1

证明 1(三角形相似)

连EF、FG、EG,作$\angle ABH = \angle AFE$,BH交AF于H,如图 Y6.19.1 所示,则$\triangle ABH \backsim \triangle AFE$,所以$\dfrac{AB}{AF} = \dfrac{AH}{AE}$,因此

$$AB \cdot AE = AF \cdot AH. \qquad ①$$

因为$\angle ABH = \angle AFE$,所以E、F、H、B共圆,所以$\angle PEF = \angle BHC$,又因为$\angle PEF = \angle FGA$,所以$\angle BHC = \angle FGA$.因为$\angle BCH = \angle FAG$,所以$\triangle BCH \backsim \triangle FAG$,所以$\dfrac{BC}{CH} = \dfrac{FA}{AG}$,故

$$AG \cdot BC = CH \cdot AF. \qquad ②$$

式①+式②并把$AD = BC$代入,得$AB \cdot AE + AG \cdot AD = (AH + CH) \cdot AF = AC \cdot AF$.

证明 2(Ptolemy 定理、三角形相似)

如图 Y6.19.2 所示,连EF、FG、EG.

因为$\angle 1 = \angle 2$,$\angle 3 = \angle 4 = \angle 5$,所以$\triangle EGF \backsim \triangle CAB$,所以$\dfrac{EG}{AC} = \dfrac{EF}{BC}$.因为$BC = AD$,所以$EG = \dfrac{AC \cdot EF}{AD}$.同理,$FG = \dfrac{AB \cdot EF}{AD}$.

由 Ptolemy 定理,$AF \cdot EG = AE \cdot FG + EF \cdot AG$,即

$$AF \cdot \frac{AC \cdot EF}{AD} = AE \cdot \frac{AB \cdot EF}{AD} + EF \cdot AG.$$

两边乘$\dfrac{AD}{EF}$,得$AF \cdot AC = AB \cdot AE + AG \cdot AD$.

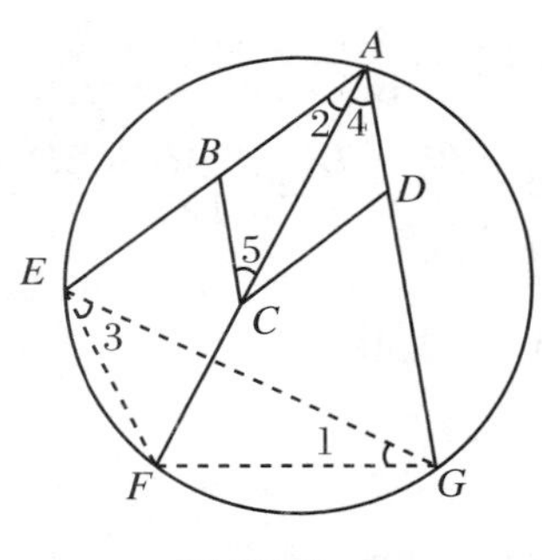

图 Y6.19.2

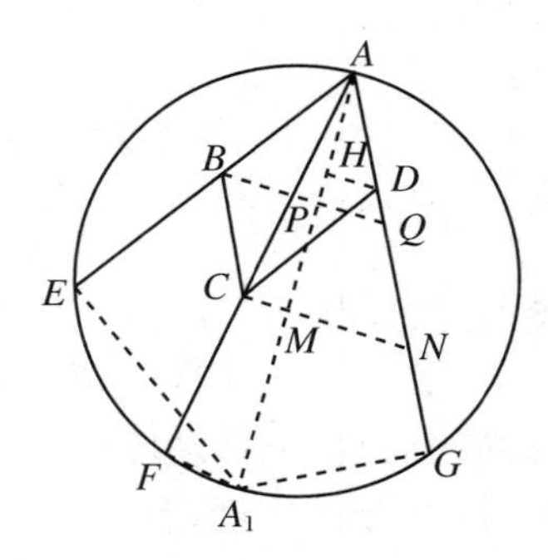

图 Y6.19.3

证明 3(共圆、相交弦定理)

作直径 AA_1,分别过 B、C、D 作 AA_1 的垂线 BP、CM、DH,垂足各是 P、M、H,延长 BP,交 AG 于 Q,延长 CM,交 AG 于 N,连 EA_1、FA_1、GA_1,如图 Y6.19.3 所示.

因为 AA_1 是直径,所以 $AE\perp A_1E$,$AF\perp A_1F$,$AG\perp A_1G$,易证 $BCNQ$ 也是平行四边形,所以 $NQ=BC=AD$.

因为 $BQ/\!/DH/\!/CN$,由平行截比定理,$\dfrac{AH}{AD}=\dfrac{AP}{AQ}=\dfrac{MH}{ND}$.

因为 $AQ=AD+DQ$,$DN=DQ+QN$,所以 $AQ=DN$,所以 $AP=MH$,所以 $AP+AH=MH+AH=AM$.

由 B、E、A_1、P 共圆知

$$AE\cdot AB=AA_1\cdot AP. \tag{①}$$

由 F、C、M、A_1 共圆知

$$AF\cdot AC=MA\cdot AA_1. \tag{②}$$

由 G、D、H、A_1 共圆知

$$AG\cdot AD=AH\cdot AA_1. \tag{③}$$

式①+式③,得

$$AB\cdot AE+AD\cdot AG=AA_1(AP+AH)=AA_1\cdot AM. \tag{④}$$

把式②代入式④,得

$$AB\cdot AE+AD\cdot AG=AF\cdot AC.$$

证明 4(三角法)

设$\angle AFE=\alpha$,$\angle ACB=\beta$,$\angle BAC=\gamma$,连 EF、GF,如图 Y6.19.4 所示.

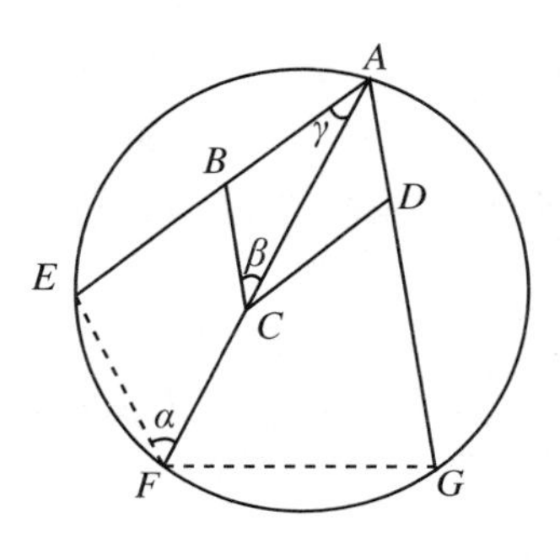

图 Y6.19.4

在$\triangle AEF$ 中,由正弦定理,$\dfrac{AE}{\sin\alpha}=\dfrac{AF}{\sin(\alpha+\gamma)}$.

在$\triangle ABC$ 中,同理,$\dfrac{AB}{\sin\beta}=\dfrac{AC}{\sin(\beta+\gamma)}$.

在$\triangle AFG$ 中,同理,$\dfrac{AG}{\sin(\alpha+\beta+\gamma)}=\dfrac{AF}{\sin(\alpha+\gamma)}$.

在$\triangle ACD$ 中,同理,$\dfrac{AD}{\sin\gamma}=\dfrac{AC}{\sin(\beta+\gamma)}$.

所以

$$AB\cdot AE=AC\cdot AF\cdot\frac{\sin\alpha\sin\beta}{\sin(\alpha+\gamma)\sin(\beta+\gamma)},$$

$$AG\cdot AD=AC\cdot AF\cdot\frac{\sin\gamma\sin(\alpha+\beta+\gamma)}{\sin(\alpha+\gamma)\sin(\beta+\gamma)}.$$

所以 $AB\cdot AE+AG\cdot AD=AF\cdot AC\cdot\dfrac{\sin\alpha\sin\beta+\sin\gamma\sin(\alpha+\beta+\gamma)}{\sin(\alpha+\gamma)\sin(\beta+\gamma)}$.

注意到

$$\begin{aligned}&\sin\alpha\sin\beta+\sin\gamma\sin(\alpha+\beta+\gamma)\\&\quad=\sin\alpha\sin\beta+\sin\gamma\sin\alpha\cos(\beta+\gamma)+\sin\gamma\cos\alpha\sin(\beta+\gamma)\\&\quad=\sin\alpha\sin\beta+\sin\gamma\sin\alpha(\cos\beta\cos\gamma-\sin\beta\sin\gamma)+\sin\gamma\cos\alpha\sin(\beta+\gamma)\end{aligned}$$

$$
\begin{aligned}
&= \sin\alpha\sin\beta + \sin\alpha\sin\gamma\cos\beta\cos\gamma - \sin\alpha\sin^2\gamma\sin\beta + \sin\gamma\cos\alpha\sin(\beta+\gamma)\\
&= \sin\alpha\sin\beta(1-\sin^2\gamma) + \sin\alpha\sin\gamma\cos\beta\cos\gamma + \sin\gamma\cos\alpha\sin(\beta+\gamma)\\
&= \sin\alpha\sin\beta\cos^2\gamma + \sin\alpha\sin\gamma\cos\beta\cos\gamma + \sin\gamma\cos\alpha\sin(\beta+\gamma)\\
&= \sin\alpha\cos\gamma(\sin\beta\cos\gamma + \cos\beta\sin\gamma) + \sin\gamma\cos\alpha\sin(\beta+\gamma)\\
&= \sin(\beta+\gamma)\sin(\alpha+\gamma).
\end{aligned}
$$

所以$\dfrac{\sin\alpha\sin\beta+\sin\gamma\sin(\alpha+\beta+\gamma)}{\sin(\alpha+\gamma)\sin(\beta+\gamma)}=1$.

所以 $AB\cdot AE+AD\cdot AG=AC\cdot AF$.

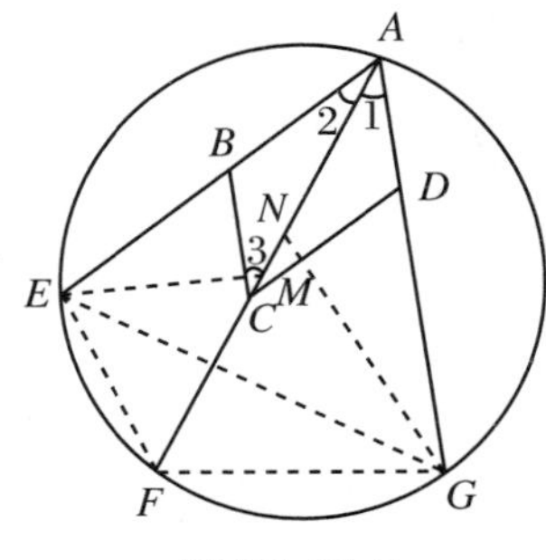

图 Y6.19.5

证明 5(三角形相似、共圆、相交弦定理)

如图 Y6.19.5 所示,作$\angle AEM=\angle 1$,EM 交 AF 于 M.因为$\angle 1=\angle 3$,所以$\angle 3=\angle BEM$,所以 B、E、M、C 共圆,故

$$AE\cdot AB = AM\cdot AC. \qquad ①$$

作$\angle AGN=\angle 2$,GN 交 AF 于 N.因为$\angle 2=\angle ACD$,所以$\angle NCD=\angle AGN$,所以 N、C、G、D 共圆.故

$$AD\cdot AG = AN\cdot AC. \qquad ②$$

式①+式②,得

$$AE\cdot AB+AD\cdot AG=AC(AM+AN).$$

连 EG、EF、FG.

因为

$$
\begin{aligned}
\angle EFM &= \angle EGA = \angle EGN + \angle NGA = \angle EGN + \angle 2\\
&= \angle EGN + \angle EGF = \angle FGN,\\
\angle EMF &= \angle 1 + \angle 2 = \angle GNF,
\end{aligned}
$$

所以$\triangle EMF\backsim\triangle FNG$,故

$$\frac{MF}{EM}=\frac{NG}{FN}. \qquad ③$$

由$\triangle ANG\backsim\triangle EMA$,知

$$\frac{AN}{EM}=\frac{GN}{AM}. \qquad ④$$

式④÷式③,得$\dfrac{AN}{MF}=\dfrac{FN}{AM}$,即$\dfrac{AN}{MF}=\dfrac{AF-AN}{AF-MF}$,由等比定理,$\dfrac{AN}{MF}=\dfrac{(AF-AN)+AN}{(AF-MF)+MF}=\dfrac{AF}{AF}=1$,所以 $AN=MF$,所以 $AM+AN=AM+MF=AF$.

所以 $AE\cdot AB+AD\cdot AG=AC\cdot AF$.

第 7 章　几何不等式

7.1　解法概述

一、常用定理

（1）三角形的两边之和大于第三边，两边之差小于第三边.

（2）在同一个三角形中，大边对大角，大角对大边.

（3）在直角三角形中，斜边大于直角边.

（4）三角形的任一外角大于它不相邻的任一内角.

（5）两个三角形，若有两边对应相等，第三边不等，则第三边大的夹角大；若两边对应相等，夹角不等，则夹角大的第三边大.

（6）两点之间，线段最短.

（7）在同圆或等圆中，弦较长则弦心距较小；直径是最大的弦；弧越长，所对的圆心角越大.

（8）圆内的点到圆心的距离小于半径；圆外的点到圆心的距离大于半径.

（9）有关不等式的公理、定理.

二、常用方法

（1）平移法：把线或角平行移动到新的位置，使其与有关的线或角发生关系.

（2）翻折法：作出一部分几何图形关于某一直线的对称图形，使之与有关的线、角发生关系.

（3）旋转法：把一部分几何图形绕某一定点旋转到新的位置.

三、常用技巧

对于形如 $a+b+\cdots>a'+b'+\cdots$ 的几何线段不等式，常用下列技巧证明.

（1）把较小的一方变为直线段，同时把较大的一方变为折线，且使它们有公共端点.

（2）移项变形，常用求差法，即若 $A-B>0$，则 $A>B$.

（3）寻找媒介线段，利用同向不等式的传递性.

（4）把不等式两端同时扩大（或缩小）同样的倍数，这里常用的是 2 倍关系，即采用折半法或加倍法，证明等价不等式.

四、其他方法

(1) 计算法:把不等式的两边用同一种度量单位计算出数值加以比较.

(2) 比值法:若要证线段 $a>b$,只要证$\frac{a}{b}>1$.

(3) 反证法.

7.2 范例分析

[范例 1] AD 是$\triangle ABC$ 中 BC 边的中线,则 $AD<\frac{1}{2}(AB+AC)$.

分析 1 采用加倍法,改证 $2AD<AB+AC$,只要延长 AD 到 E,使 $DE=AD$.在$\triangle ABE$ 中很容易由三边间的不等关系证出结论.

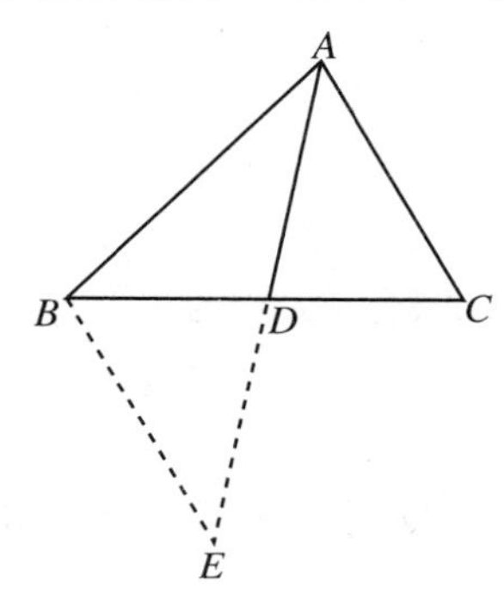

图 F7.1.1

证明 1 延长 AD 到 E,使 $DE=AD$,连 BE,如图 F7.1.1 所示.易证$\triangle ADC\cong\triangle EDB$,所以 $BE=AC$.

在$\triangle ABE$ 中,$AB+BE>AE$,即 $AB+AC>2AD$.

所以 $AD<\frac{1}{2}(AB+AC)$.

分析 2 采用折半法,从$\frac{1}{2}AB$ 和$\frac{1}{2}AC$ 入手,设法把$\frac{1}{2}AB$、$\frac{1}{2}AC$ 和 AD 放在一个三角形内.注意到 D 是 BC 的中点,只要过 D 作 AB 的平行线,交 AC 于 E,则 $DE=\frac{1}{2}AB$.这样就得到了$\triangle ADE$.

证明 2 作 $DE/\!/AB$,交 AC 于 E,如图 F7.1.2 所示.由中位线逆定理知 DE 是$\triangle ABC$ 的中位线,所以 $DE=\frac{1}{2}AB,AE=\frac{1}{2}AC$.

在$\triangle ADE$ 中,$AE+DE>AD$,所以 $AD<\frac{1}{2}AB+\frac{1}{2}AC=\frac{1}{2}(AB+AC)$.

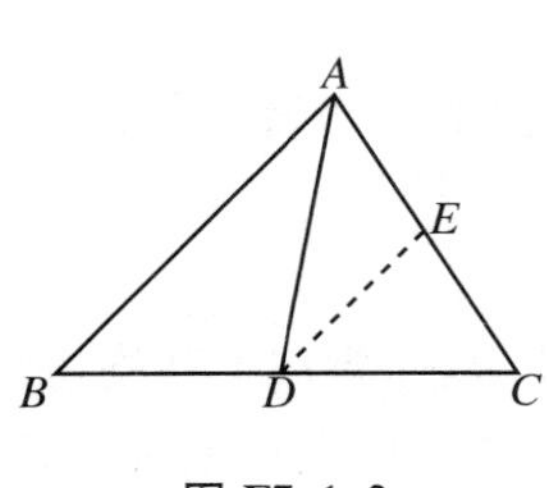

图 F7.1.2

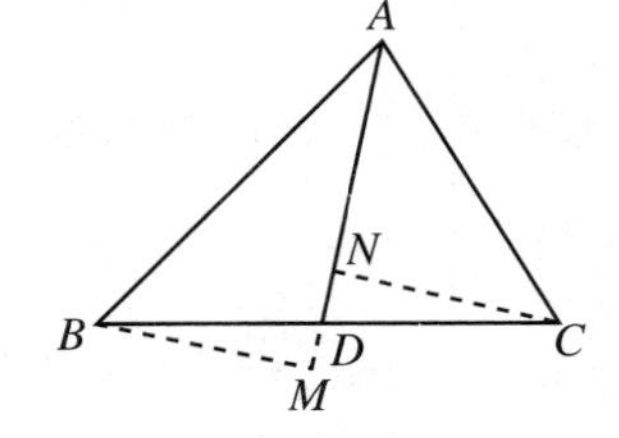

图 F7.1.3

分析 3 要证 $AB+AC>2AD$,如果我们可以找到线段 a、b,使 $AB>a$,$AC>b$,$a+b\geqslant 2AD$,那么运用不等式性质就可得到 $AB+AC>2AD$.这种分别找到每一条线段的不等条件的方法是一种常用办法.利用熟知的“斜边大于直角边”的结果,自然想到作 CN、BM 与

直线 AD 垂直，如图 F7.1.3 所示，则 $AB>AM$，$AC>AN$. 利用 $BD=DC$ 的条件，容易证出 $AN+AM=2AD$. 这样，问题就解决了.（证明略.）

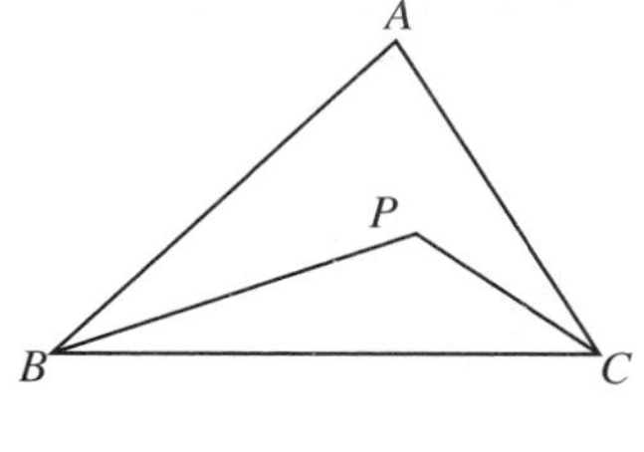

图 F7.2.1

［范例 2］ 在$\triangle ABC$ 内任取一点 P，则$\angle BAC<\angle BPC$.

分析 1 这两个角分别在$\triangle BAC$ 和$\triangle BPC$ 中，分别利用内角和定理可证出结论.

证明 1 如图 F7.2.1 所示. 因为 P 是$\triangle ABC$ 内部的点，所以 $\angle PBC<\angle ABC$，$\angle PCB<\angle ACB$，所以 $\angle PBC+\angle PCB-\angle ABC-\angle ACB<0$.

因为$\angle BPC+\angle PBC+\angle PCB=180^\circ$，$\angle BAC+\angle ABC+\angle ACB=180^\circ$，所以（$\angle BAC+\angle ABC+\angle ACB$）$-$（$\angle BPC+\angle PBC+\angle PCB$）$=0$，所以$\angle BAC-\angle BPC=\angle PBC+\angle PCB-\angle ABC-\angle ACB<0$，所以$\angle BAC<\angle BPC$.

分析 2 把$\angle BPC$ 和$\angle BAC$ 各分成几部分之和，若各个对应的部分间有不等关系，则总体也有不等关系. 这只要连 AP 并延长，交 BC 于 D，利用三角形外角与内角的不等定理即可证出结论.

证明 2 连 AP 并延长，交 BC 于 D，如图 F7.2.2 所示.

则$\angle 1>\angle 3$，$\angle 2>\angle 4$，所以$\angle 1+\angle 2>\angle 3+\angle 4$，即$\angle BPC>\angle BAC$.

分析 3 上面两法都是直接比较两个角，也可以找一个媒介角，通过同向不等式的传递性来证. 这只要延长 BP，交 AC 于 E，则$\angle PEC$ 就是所求的媒介角.

证明 3 延长 BP，交 AC 于 E，如图 F7.2.3 所示，则$\angle BPC$ 是$\triangle PEC$ 的外角，$\angle PEC$ 是$\triangle BAE$ 的外角，所以$\angle BPC>\angle PEC$，$\angle PEC>\angle BAC$，所以$\angle BPC>\angle BAC$.

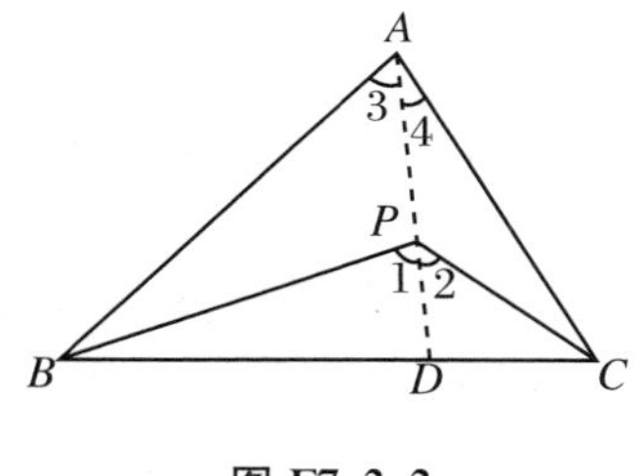

图 F7.2.2

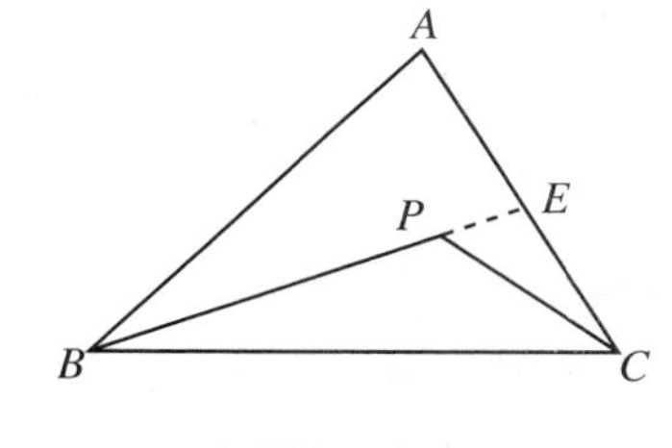

图 F7.2.3

［范例 3］ D 为$\triangle ABC$ 中 BC 边的中点，以 D 为顶点任作一直角$\angle EDF$，DE 交 AB 于 E，DF 交 AC 于 F，则 $BE+CF>EF$.

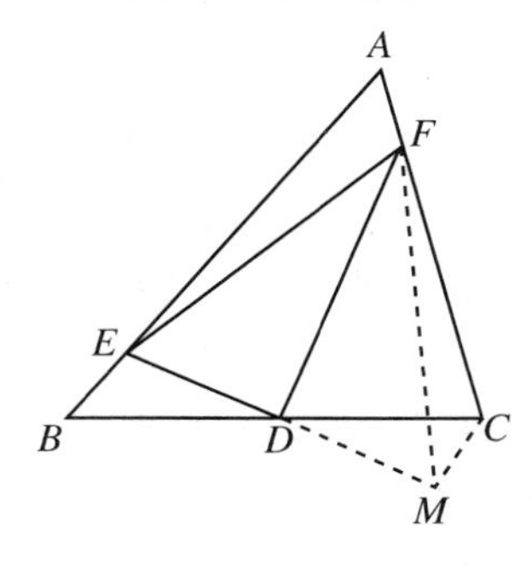

图 F7.3.1

分析 1 不等式中包括的三条线段比较分散，不便于直接应用不等定理，必须把它们集中到一处. 利用中点条件，只要使用平移法把 BE 移到 CM，则可以在$\triangle CMF$ 中应用不等定理.

证明 1 作 $CM\parallel AB$，交 ED 的延长线于 M，连 FM，如图 F7.3.1 所示. 易证 $DE=DM$，$BE=CM$. 又由 Rt$\triangle EDF\cong$Rt$\triangle MDF$ 知 $EF=FM$.

在$\triangle CMF$ 中，$CF+CM>FM$，即 $BE+CF>EF$.

分析 2 根据 D 为 BC 的中点和$\angle EDF=90^\circ$的特点，易知$\angle BDE+\angle CDF=90^\circ=\angle EDF$，这样，分别作出 DB 关于 DE、

DC 关于 DF 的对称线段，可证它们实际上重合，即均为 DM. 在 $\triangle MEF$ 中，应用不等定理，命题很容易获证. 这种方法叫翻折法.

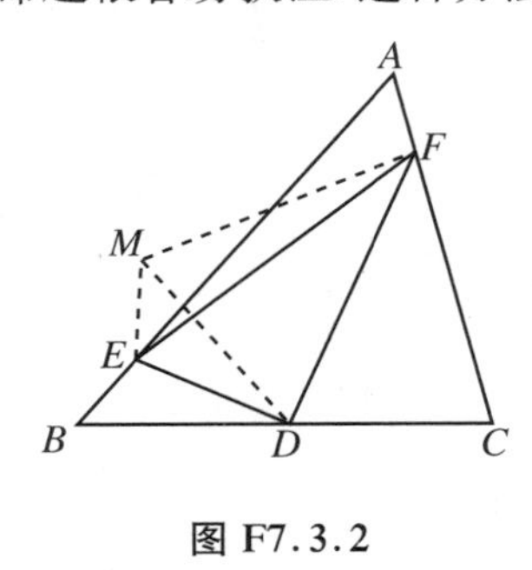

图 F7.3.2

证明 2　作 B 关于 DE 的对称点 M，连 MD、ME，如图 F7.3.2所示，则 $\triangle BDE \cong \triangle MDE$，所以 $BE = ME$，$BD = DM$，$\angle BDE = \angle MDE$. 连 MF.

因为 $\angle BDE + \angle EDF + \angle CDF = 180°$，所以 $\angle BDE + \angle CDF = 90° = \angle EDF$，所以 $\angle EDF - \angle BDE = \angle CDF$，即 $\angle EDF - \angle MDE = \angle CDF$，所以 $\angle MDF = \angle CDF$. 又 $MD = DC$，所以 $\triangle MDF \cong \triangle CDF$，所以 $MF = CF$.

在 $\triangle MEF$ 中，$ME + MF > EF$，所以 $BE + CF > EF$.

分析 3　使用平移折半法也可以把分散的线段集中起来，即设法证明 $\frac{1}{2}(BE + CF) > \frac{1}{2}EF$，考虑到直角和中点条件，只要取 EF 的中点 Q，CE 的中点 P，连 PQ、QD、DP 即可.

证明 3　设 EF 的中点为 Q，CE 的中点为 P，连 PQ、QD、DP，如图 F7.3.3 所示，则 DQ 是 Rt$\triangle EDF$ 的斜边上的中线，所以 $DQ = \frac{1}{2}EF$. 因为 PQ 是 $\triangle ECF$ 的中位线，所以 $PQ = \frac{1}{2}CF$. 因为 PD 是 $\triangle CEB$ 的中位线，所以 $PD = \frac{1}{2}BE$.

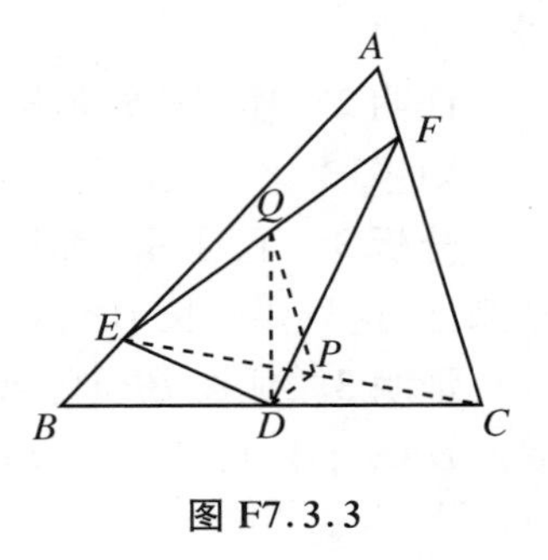

图 F7.3.3

在 $\triangle DPQ$ 中，$DP + PQ > DQ$，即 $\frac{1}{2}BE + \frac{1}{2}CF > \frac{1}{2}EF$，所以 $BE + CF > EF$.

［范例 4］　在 $\triangle ABC$ 中，$AB = AC$，D 为 $\triangle ABC$ 内的任一点，若 $\angle ADB > \angle ADC$，则 $DC > BD$.

分析 1　虽然 DC、BD 都在 $\triangle DBC$ 内，但要通过证明 $\angle DBC > \angle DCB$ 的途径去证 $DC > DB$，由于不容易和已知条件发生联系，因此有困难. 如果把已知条件中的两角之一通过旋转改变位置，则有可能在新的位置得到 $\triangle CDD'$，由大角对大边使问题得到解决. 利用旋转法将分散的条件集中是一种重要方法.

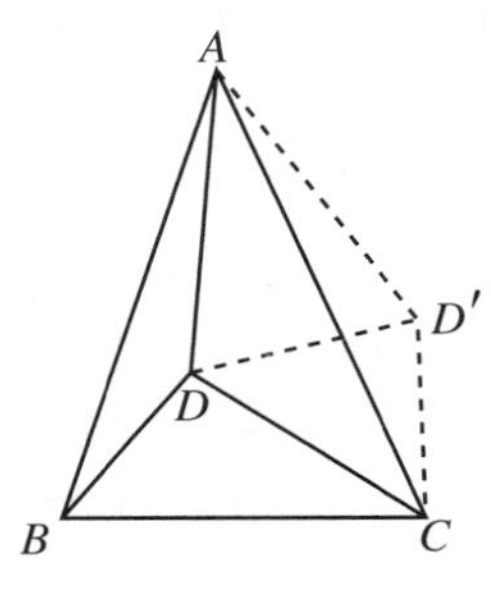

图 F7.4.1

证明 1　把 $\triangle ABD$ 绕 A 点逆时针旋转，使 AB 与 AC 重合. 这时 D 转到 D'，形成 $\triangle ACD'$，其中 $AD' = AD$，$D'C = BD$，$\angle ADB = \angle AD'C$. 如图 F7.4.1 所示.

因为 $\angle ADB > \angle ADC$，所以 $\angle AD'C > \angle ADC$. 连 DD'. 因为 $AD = AD'$，所以 $\angle ADD' = \angle AD'D$，所以 $\angle DD'C > \angle D'DC$.

在 $\triangle DD'C$ 中. 因为 $\angle DD'C > \angle D'DC$，所以 $DC > CD'$，所以 $DC > BD$.

分析 2　利用翻折法. 这只要作出 C 关于 AD 的对称点 C'，并进一步证明在 $\triangle DBC'$ 中，$\angle DBC' > \angle DC'B$.

证明 2　作 C 关于 AD 的对称点 C'，连 $C'A$、$C'D$、$C'B$. 如图 F7.4.2 所示，则 $\triangle ADC \cong \triangle ADC'$，所以 $\angle ADC = \angle ADC'$，$CD = C'D$.

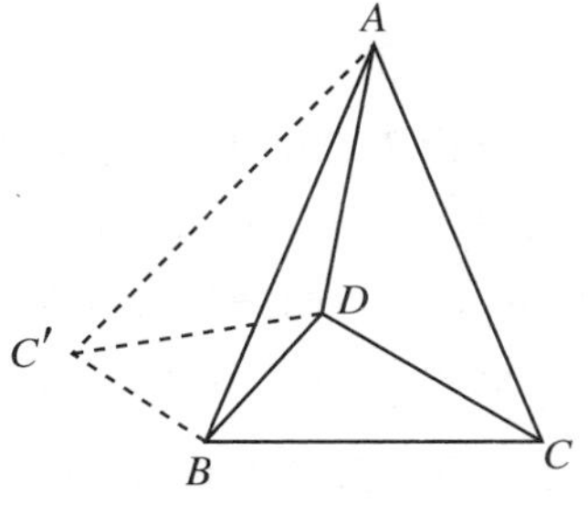

图 F7.4.2

因为$\angle ADB>\angle ADC$，所以$\angle ADB>\angle ADC'$，可见DC'在$\angle ADB$的内部，所以$C'D$也在$\angle AC'B$的内部，所以$\angle DC'B<\angle AC'B$.

因为$AB=AC=AC'$，所以$\angle ABC'=\angle AC'B$，所以$\angle ABC'>\angle DC'B$.

若$\angle DAB>\angle DAC$，在$\triangle DAB$和$\triangle DAC$中，$\angle DAB+\angle ADB+\angle ABD=\angle ADC+\angle DAC+\angle ACD$，又有$\angle ADB>\angle ADC$，所以$\angle ABD<\angle ACD$. 因为$\triangle ABC$为等腰三角形，所以$\angle ABC=\angle ACB$，所以$\angle ABC-\angle ABD>\angle ACB-\angle ACD$，即$\angle DBC>\angle DCB$，这样在$\triangle DBC$中，立刻可推出$DC>DB$.

若$\angle DAB\leqslant\angle DAC$，则$C'$点必不落在$\triangle ABC$的内部，所以$\angle ABC'\leqslant\angle DBC'$.

由$\angle DBC'\geqslant\angle ABC'>\angle DC'B$知，在$\triangle DBC'$中，应有$DC'>DB$，即$DC>DB$.

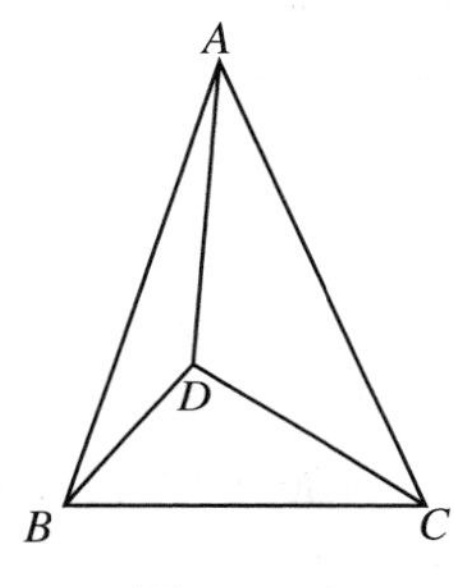

图 F7.4.3

分析 3　采用反证法. 如图 F7.4.3 所示. 假设$DC\leqslant DB$. 当$DC=BD$时可推出$\angle ADB=\angle ADC$，与已知矛盾，所以$DC\neq BD$. 当$DC<BD$时，我们看到，在$\triangle ABD$和$\triangle ACD$中有$AB=AC$，AD为公共边，$DC<BD$. 这就推出$\angle DAC<\angle DAB$. 注意到在$\triangle DBC$中，在$DC<BD$的假设下，又可推出$\angle DBC<\angle DCB$.

因为$AB=AC$，$\angle ABC=\angle ACB$，所以由$\angle DBC<\angle DCB$可推出$\angle ABD>\angle ACD$. 为清楚起见，我们把已知、假设以及由假设推出来的有关结果列在下边：已知$\angle ADB>\angle ADC$，假设$DC\leqslant BD$.

由假设推出

$$\angle DAC\leqslant\angle DAB, \tag{①}$$

$$\angle ACD\leqslant\angle ABD. \tag{②}$$

这时在$\triangle ABD$和$\triangle ACD$中使用内角和定理就可由式①、式②推知$\angle ADB\leqslant\angle ADC$，这与已知矛盾. 因而可以断定假设错误.（证明略.）

注　本范例的证明 2 区分了$\angle DAB>\angle DAC$和$\angle DAB\leqslant\angle DAC$两种情况，目的在于指出$C$关于$AD$的对称点$C'$落在$\triangle ABC$之外，以便利用$\angle ABC'<\angle DBC'$. 应当指出：根据分析 3 中的结果知$\angle DAB>\angle DAC$和$\angle DAB=\angle DAC$的情况是不存在的. 可见证明 2 有缺点.

[范例 5]　在$\triangle ABC$中，$AB\geqslant 2AC$，则$\angle C>2\angle B$.

分析 1　这是一个倍数关系的不等式. 很容易想到利用加倍法或折半法. 因为要证的是角的关系，因此加倍法或折半法通常先考虑角. 折半的对象是$\angle C$. 把$\angle C$折半的途径有两个：一是作$\angle C$的平分线，二是作以$\angle ACB$的外角为顶角的等腰三角形. 前一种途径由于不易和已知条件$AB\geqslant 2AC$挂上钩，所以不宜采用. 后一种折半法容易把已知条件利用起来，因而是可行的方法.

证明 1　延长BC到D，使$CD=AC$. 连AD. 如图 F7.5.1 所示，则$\angle 3=\angle 2$. 又$\angle 1=\angle 3+\angle 2=2\angle 2$，所以$\angle 2=\frac{1}{2}\angle C$.

因为$AB\geqslant 2AC=AC+CD$，在$\triangle ACD$中，$AC+CD>AD$，所以$AB>AD$.

在$\triangle ABD$中，$\angle 2>\angle B$，即$\frac{1}{2}\angle C>\angle B$，所以$\angle C>2\angle B$.

分析2 采用加倍法，把$\angle B$加倍的途径有几个，我们选取容易和已知条件联系起来的方法.作AB的中垂线DE，交BC于E.在$\triangle AEC$中，$\angle AEC=2\angle B$，要证$\angle AEC<\angle C$，只要$AE>AC$，而AE可以通过$Rt\triangle ADE$中边的不等关系同AB发生联系.

证明2 设AB的中点为D，作$DE\perp AB$，设DE交BC于E，连AE，如图F7.5.2所示，则DE是AB的中垂线，所以$EA=EB$，$\angle B=\angle EAB=\frac{1}{2}\angle AEC$.

在$Rt\triangle ADE$中，AE是斜边，所以$AE>AD=\frac{1}{2}AB\geqslant AC$.在$\triangle AEC$中.因为$AE>AC$，所以$\angle C>\angle AEC=2\angle B$.

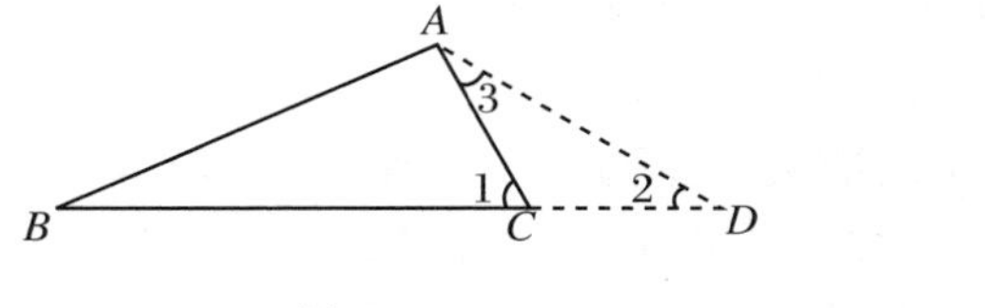

图 F7.5.1

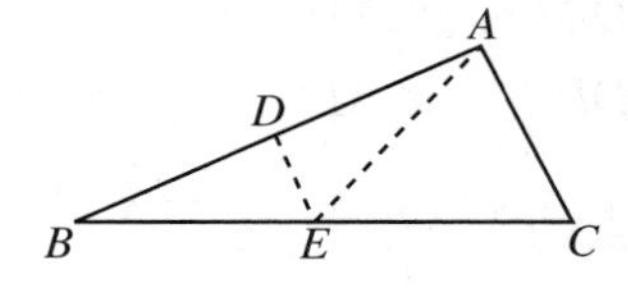

图 F7.5.2

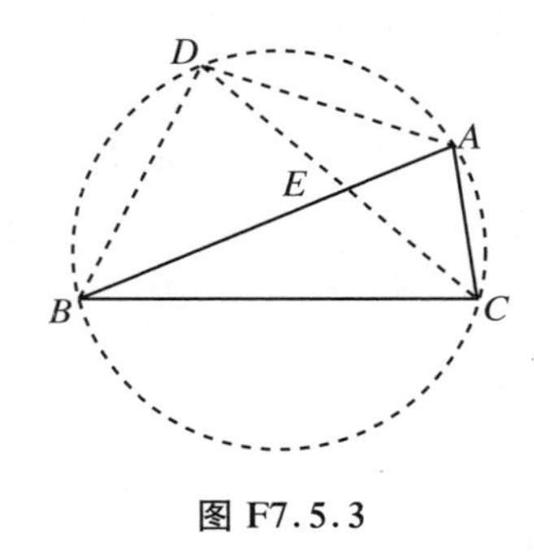

图 F7.5.3

分析3 用折半法作出$\angle C$的平分线CE.这就只需证$\angle ACE>\angle B$.但它们之间的关系不易同已知条件挂上钩.我们要设法把这两个角移到一个三角形内.作出$\triangle ABC$的外接圆并把CE延长，交圆于D，如图F7.5.3所示，则$\angle ADC=\angle ABC$，利用等圆周角对等弦，又有$AD=BD$.于是只要比较$\angle ADC$和$\angle ACD$的关系，即只要证$AD>AC$.注意到在$\triangle ABD$中有显然的不等关系$AB<AD+DB=2AD$，这样就可进一步由已知条件$2AC\leqslant AB$得到$AC<AD$，问题就解决了.在这种有角平分线的条件的问题中，作出三角形的外接圆，利用圆周角定理进行角的移动的方法是一种常用方法.(证明略.)

[范例6] 在$\triangle ABC$中，$AC<BC$，$AD\perp BC$于D，$BE\perp AC$于E，则$AD+BC>AC+BE$.

分析1 把不等式变形，即$BC-AC>BE-AD$.由已知$BC-AC>0$，利用面积等式$\frac{1}{2}BC\cdot AD=\frac{1}{2}AC\cdot BE$，可知$AD<BE$，所以$BE-AD>0$.可见$BC-AC$和$BE-AD$能看作两条线段.问题变成两线段间不等问题.为作出$BC-AC$，在$CB$上截取$CA_1=CA$，$A_1$必在$BC$内部.为作出$BE-AD$，我们过$A_1$作$A_1F\perp AC$，易知$A_1F=AD$，$A_1F\parallel BE$.再作出$A_1F$在$BE$上的射影$GE$，易证$GE=A_1F$，于是我们得到了$BA_1=BC-AC$，$BG=BE-AD$.只要比较$BA_1$和$BG$.注意到它们分别是同一直角三角形的斜边和直角边，问题不难证出.

证明1 如图F7.6.1所示，在BC上截取$CA_1=CA$.因为$BC>AC$，所以A_1必在BC内部.作$A_1F\perp AC$于F，$A_1G\perp BE$于G，则A_1FEG是矩形，$A_1F=EG$，且G在BE内部.

易证$Rt\triangle ADC\cong Rt\triangle A_1FC$，所以$A_1F=AD$，所以$BG=BE-EG=BE-A_1F=BE$

$-AD$，$BA_1=BC-CA_1=BC-CA$.

在 Rt$\triangle BGA_1$ 中，BA_1 是斜边，BG 是直角边，所以 $BA_1>BG$，即 $BC-AC>BE-AD$，所以 $AD+BC>AC+BE$.

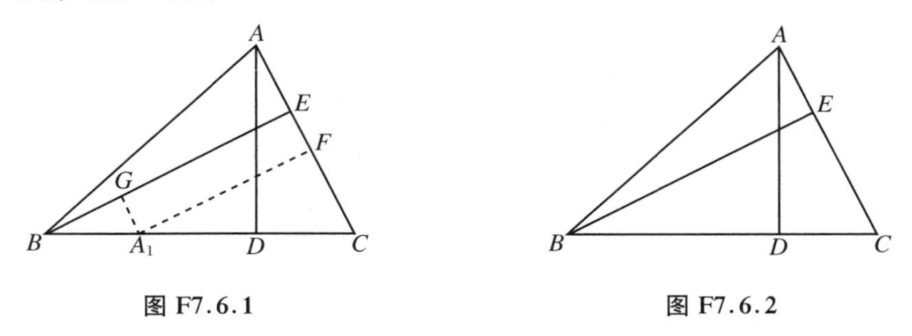

图 F7.6.1　　　　图 F7.6.2

分析 2　证明 $BC-AC>BE-AD$，也可用比值法，即证明 $\dfrac{BC-AC}{BE-AD}>1$. 如图 F7.6.2 所示，这里的 BC、AC、BE、AD 分别在 Rt$\triangle BEC$ 和 Rt$\triangle ADC$ 中，易证两者相似，所以 $\dfrac{BC}{BE}=\dfrac{AC}{AD}$. 注意到 AC 是斜边，AD 是直角边，所以 $\dfrac{AC}{AD}>1$. 最后只要对 $\dfrac{BC}{BE}=\dfrac{AC}{AD}>1$ 使用等比定理，就能证出 $\dfrac{BC-AC}{BE-AD}>1$.（证明略.）

分析 3　把有关线段的不等式两边平方，利用勾股定理或射影定理以及中线定理，有时可使问题得到简化处理. 对本题来说，如果能证出 $(BC+AD)^2>(AC+BE)^2$，就相当于证出了 $BC+AD>AC+BE$. 上面的不等式平方展开就是 $BC^2+AD^2+2BC\cdot AD>AC^2+BE^2+2AC\cdot BE$. 利用面积算式 $\dfrac{1}{2}BC\cdot AD=\dfrac{1}{2}AC\cdot BE$，上面的不等式就是 $BC^2-BE^2>AC^2-AD^2$. 在 Rt$\triangle BEC$ 和 Rt$\triangle ADC$ 中，由勾股定理，上式化为 $CE^2>CD^2$. 为此只要证 $CE>CD$.

利用 Rt$\triangle BEC\backsim$Rt$\triangle ADC$ 得出的 $\dfrac{CE}{BC}=\dfrac{CD}{AC}$ 和已知条件 $BC>AC$，二式相乘，即得 $CE>CD$.（证明略.）

［**范例 7**］　P 为$\triangle ABC$ 中$\angle A$ 的平分线 AD 上的任一点，$AB>AC$，则 $\dfrac{PB}{PC}>\dfrac{AB}{AC}$.

分析 1　关于线段比值的不等式，要设法转化为线段的不等式. 如果能找到一个比例式，它的四项包含了要证不等式的线段中的三个，则可通过比较第四条线段得到比值的不等关系. 利用角平分线的性质有 $\dfrac{AB}{AC}=\dfrac{BD}{DC}$. 为把 BD、DC、PC 通过比例关系得到一个等式. 作 $BF\parallel PC$，交 AD 的延长线于 F，则 $\dfrac{BD}{DC}=\dfrac{BF}{PC}$. 可见，只要证 $BF<BP$，即只要证$\angle 2>\angle 1$. 因为$\angle 3=\angle 2$，只要证$\angle 3>\angle 1$. 注意到$\angle 3=\angle 5+\angle 8$，$\angle 1=\angle 7+\angle 6$，$\angle 7=\angle 8$，于是只要证$\angle 5>\angle 6$. 利用 $AB>AC$ 的条件，把$\triangle APC$ 以 AP 为轴翻折就得到$\triangle APE$. 这时$\angle 4$ 是$\triangle EBP$ 的外角，$\angle 4=\angle 5$，所以$\angle 5>\angle 6$.

证明 1　作 $BF\parallel PC$，交 AD 的延长线于 F，在 AB 上截取 $AE=AC$. 因为 $AB>AC$，所以 E 在线段 AB 的内部，连 EP，如图 F7.7.1 所示. 易证$\triangle APE\cong\triangle APC$，所以$\angle 4=\angle 5$.

因为 $BF \parallel PC$，所以 $\angle 2=\angle 3$.

又因为 $\angle 3=\angle 5+\angle 8$，$\angle 1=\angle 6+\angle 7$，$\angle 7=\angle 8$，所以 $\angle 3-\angle 1=\angle 5-\angle 6=\angle 4-\angle 6=\angle EPB>0$，所以 $\angle 3>\angle 1$，所以 $\angle 2>\angle 1$. 在 $\triangle PBF$ 中就有 $PB>BF$.

由 $\triangle BDF \backsim \triangle CDP$ 知 $\dfrac{BD}{DC}=\dfrac{BF}{PC}<\dfrac{PB}{PC}$.

由角平分线性质定理，$\dfrac{AB}{AC}=\dfrac{BD}{DC}$，所以 $\dfrac{PB}{PC}>\dfrac{AB}{AC}$.

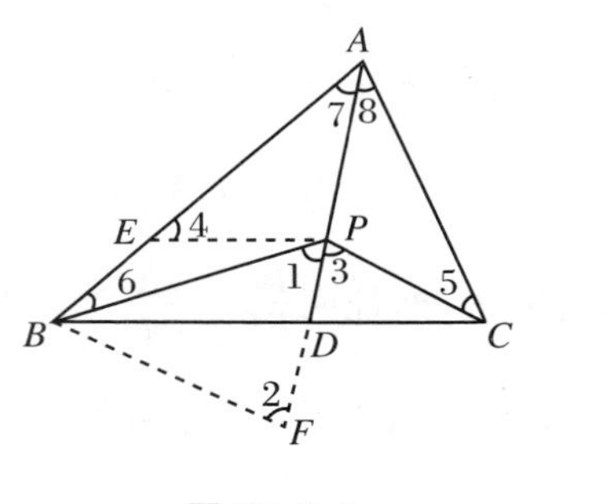

图 F7.7.1

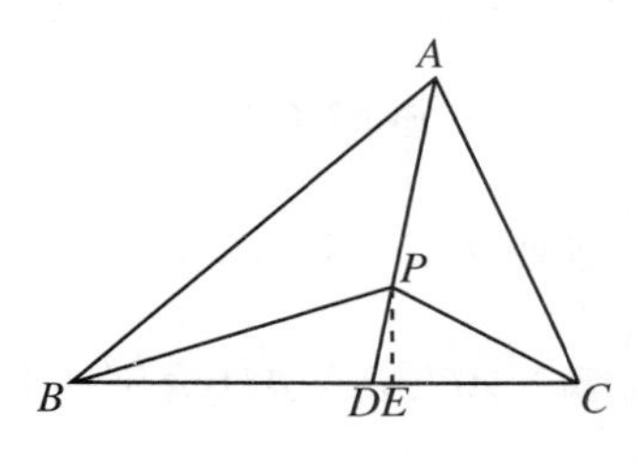

图 F7.7.2

分析 2　分别找出与 $\dfrac{AB}{AC}$、$\dfrac{PB}{PC}$ 相等的比值，再把找出的两个比值加以比较也是一种有效的方法. 利用角平分线的性质，得到了 $\dfrac{AB}{AC}=\dfrac{BD}{DC}$. 为得到 $\dfrac{PB}{PC}$ 的另外形式，作 $\angle BPC$ 的平分线 PE，如图 F7.7.2 所示，就有 $\dfrac{PB}{PC}=\dfrac{BE}{CE}$，只要证 $\dfrac{BE}{CE}>\dfrac{BD}{DC}$.

由分析 1 知 $\angle DPB<\angle DPC$，可见 E 必落在线段 CD 内，所以 $BE>BD$，$CE<DC$，所以 $\dfrac{BE}{CE}>\dfrac{BD}{DC}$.（证明略.）

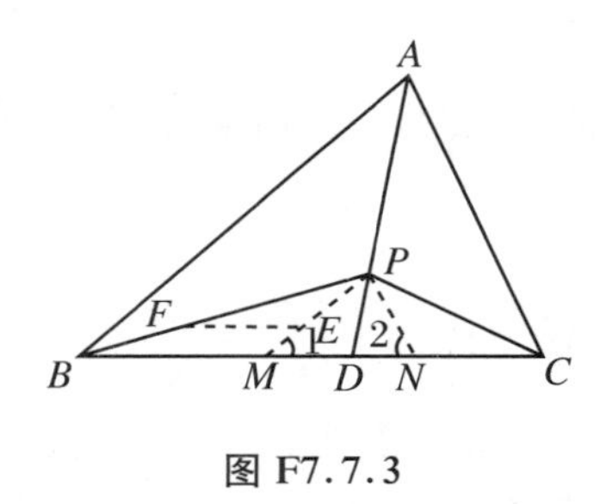

图 F7.7.3

分析 3　把 $\dfrac{AB}{AC}$ 和 $\dfrac{PB}{PC}$ 集中，可以建立它们间的关系. 这只要作 $PM \parallel AB$，$PN \parallel AC$，如图 F7.7.3 所示，则能得出 $\dfrac{AB}{AC}=\dfrac{PM}{PN}$. 因为 $AB>AC$，所以 $PM>PN$，所以可在 PM 上截取 $PE=PN$，所以 $\dfrac{AB}{AC}=\dfrac{PM}{PE}$. 为把 $\dfrac{PM}{PE}$ 表示为另外的比值，只要作 $EF \parallel BC$，交 PB 于 F，就有 $\dfrac{PM}{PE}=\dfrac{PB}{PF}$，所以只要证 $\dfrac{PB}{PC}>\dfrac{PB}{PF}$，即证出 $PC<PF$. 这就化为线段间的不等式.

由 $\dfrac{AB}{AC}=\dfrac{PM}{PN}=\dfrac{BD}{DC}=\dfrac{DM}{DN}=\dfrac{BD-DM}{DC-DN}=\dfrac{BM}{CN}$，$\dfrac{PM}{PN}=\dfrac{PM}{PE}=\dfrac{BM}{EF}$ 知 $\dfrac{BM}{EF}=\dfrac{BM}{CN}$，所以 $EF=CN$.

我们看到，$\triangle PEF$ 和 $\triangle PCN$ 中，$EF=CN$，$PE=PN$，要证 $PC<PF$，只要证 $\angle PNC<\angle PEF$，即只要证出 $\angle 2>\angle 1$. 最后这个不等式很容易由 $AB>AC$ 推出.（证明略.）

［**范例 8**］　M 是 $\triangle ABC$ 内的一点，满足 $\angle AMB=\angle BMC=\angle CMA=120^\circ$，$P$ 为三角形

内的任一点,则 $PA+PB+PC \geqslant MA+MB+MC$.

分析1 证明含有较多线段的不等式,通常将其化为含较少线段的不等式,这就需要用等量代换法或放大法把要证的不等式的一端换成较少的线段.根据题目中 M 为三个 120° 角顶点的特点,用作正三角形的办法把原不等式的 $MA+MB+MC$ 换成一条线段.再把另一端换成与这条线段有公共端点的折线,问题就解决了.注意,条件中有 30°、60°、120° 等角度时,常常考虑作出正三角形.

证明1 延长 BM 到 N,使 $MN=MC$,再延长 BN 到 Q,使 $NQ=MA$,连 CQ、CN,如图F7.8.1所示.因为 $\angle BMC=120^\circ$,所以 $\angle CMN=60^\circ$,所以 $\triangle CMN$ 是正三角形,所以 $MC=NC$,$\angle MCN=60^\circ$,$\angle MNC=60^\circ$,所以 $\angle CNQ=120^\circ=\angle CMA$.

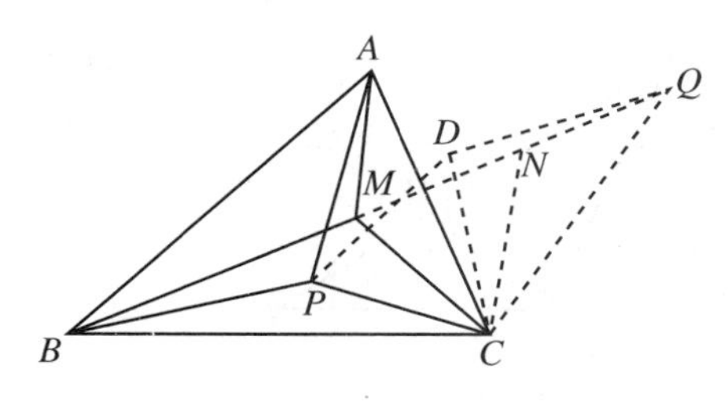

图 F7.8.1

因为 $MC=NC$,$MA=NQ$,$\angle CMA=\angle CNQ$,所以 $\triangle CMA \cong \triangle CNQ$,所以 $CA=CQ$,$\angle ACM=\angle QCN$.

于是 $MA+MB+MC=BQ$.

作正 $\triangle PCD$,连 DQ,则 $\angle PCD=60^\circ=\angle MCN$,所以 $\angle PCM=\angle DCN$,所以 $\angle PCM+\angle ACM=\angle DCN+\angle QCN$,即 $\angle PCA=\angle DCQ$.

因为 $PC=CD$,$CA=CQ$,$\angle PCA=\angle DCQ$,所以 $\triangle PCA \cong \triangle DCQ$,所以 $PA=DQ$.

于是 $PA+PB+PC=PB+PD+DQ=$ 折线 $BPDQ$.

因为折线 $BPDQ$ 与线段 PQ 有公共端点,所以折线 $BPDQ$ 的长度 $\geqslant BQ$,即 $PA+PB+PC \geqslant MA+MB+MC$.

分析2 利用 MA、MB、MC 互成 120° 的特点,如果过 A、B、C 分别作 MA、MB、MC 的垂线,则形成一个正三角形,而正三角形内的点到三边距离之和为定值(见第8章例1),这样可以把 $MA+MB+MC$ 用过 P 向正三角形三边作的三条垂线段之和代替.

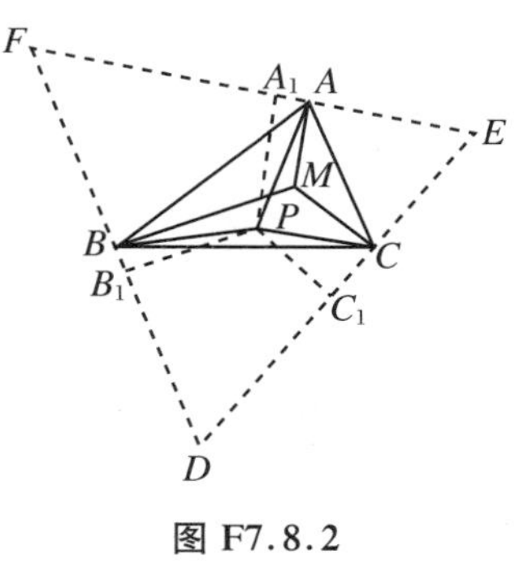

图 F7.8.2

证明2 过 A、B、C 分别作 MA、MB、MC 的垂线,两两相交,形成 $\triangle DEF$,如图F7.8.2所示.

因为 $\angle MAE=\angle MCE=90^\circ$,所以 A、M、C、E 共圆,所以 $\angle E=180^\circ-\angle AMC=180^\circ-120^\circ=60^\circ$,同理 $\angle D=\angle F=60^\circ$,所以 $\triangle DEF$ 是正三角形,M、P 是其内点.

过 P 向 $\triangle DEF$ 三边作垂线,垂足各是 A_1、B_1、C_1,由第8章例1的结论,$PA_1+PB_1+PC_1=MA+MB+MC$.

因为 PA、PB、PC 分别是 $\mathrm{Rt}\triangle PA_1A$、$\mathrm{Rt}\triangle PB_1B$、$\mathrm{Rt}\triangle PC_1C$ 的斜边,所以 $PA \geqslant PA_1$,$PB \geqslant PB_1$,$PC \geqslant PC_1$(写等号是考虑到有的直角三角形可能退化,即斜边和直角边重合),所以 $PA+PB+PC \geqslant PA_1+PB_1+PC_1$.

所以 $PA+PB+PC \geqslant MA+MB+MC$.

7.3 研　究　题

［例 1］ 三角形中若两条边不等，则它们的对角也不等，大边对大角.

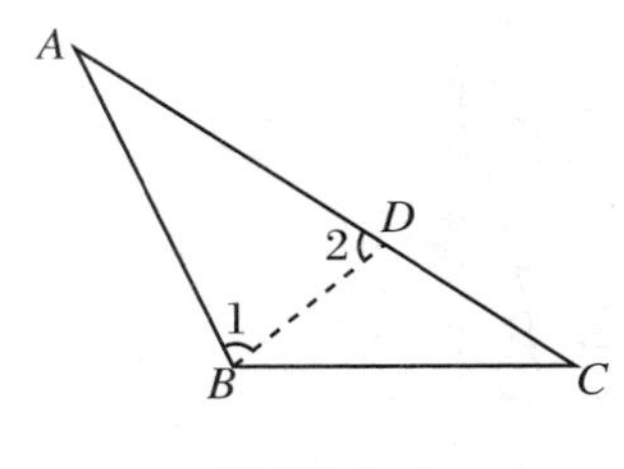

图 Y7.1.1

证明 1（截取法）

如图 Y7.1.1 所示，在 AC 上取 D，使 $AD=AB$，连 BD，则 $\angle 1=\angle 2$.

因为 D 在 AC 内，所以 BD 在 $\angle ABC$ 内，即 $\angle ABC>\angle 1=\angle 2$.

因为 $\angle 2$ 是 $\triangle BCD$ 的外角，所以 $\angle 2>\angle C$.

所以 $\angle ABC>\angle C$.

证明 2（延长法）

如图 Y7.1.2 所示，延长 AB 到 D，使 $AD=AC$，连 CD，则 $\angle D=\angle ACD$.

因为 B 在 AD 内，所以 CB 在 $\angle ACD$ 内，即 $\angle ACD>\angle ACB$.

因为 $\angle ABC$ 是 $\triangle BCD$ 的外角，所以 $\angle ABC>\angle D$，

所以 $\angle ABC>\angle ACB$.

证明 3（翻折法）

如图 Y7.1.3 所示，作 $\angle A$ 的平分线 AE，交 BC 于 E. 在 AC 上取 D，使 $AD=AB$，连 DE，则 $\triangle ABE$ 和 $\triangle ADE$ 关于 AE 对称，所以 $\angle B=\angle ADE$. 因为 $AC>AB$，所以 $AC>AD$，所以 D 在 AC 内，即 $\angle ADE$ 是 $\triangle DEC$ 的外角.

所以 $\angle B=\angle ADE>\angle C$.

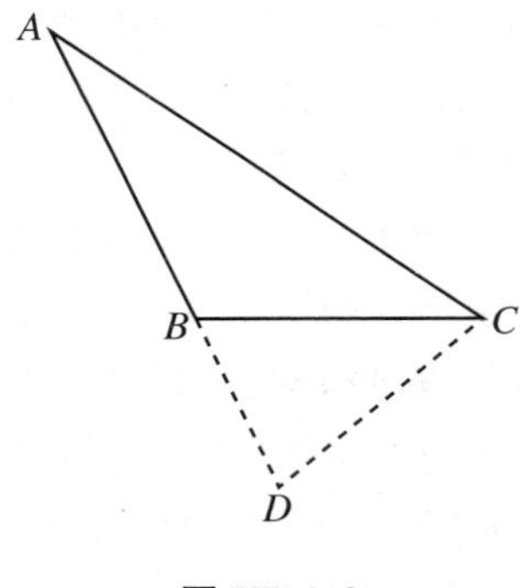

图 Y7.1.2

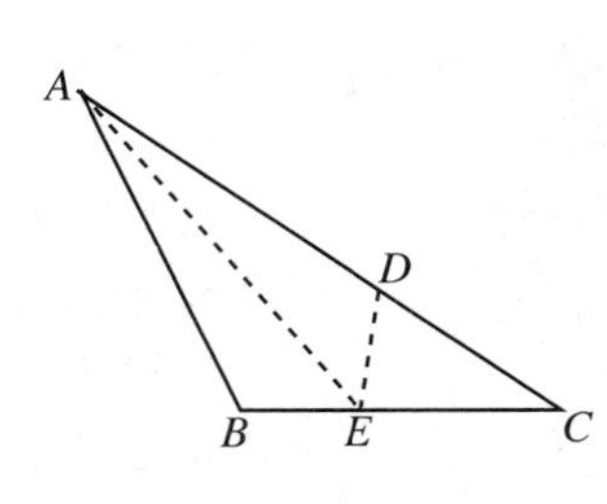

图 Y7.1.3

证明 4（翻折法）

如图 Y7.1.4 所示，作 $\angle A$ 的平分线 AE，交 BC 于 E. 在 AB 的延长线上取 D，使 $AD=AC$，连 DE，则 $\triangle AEC$ 和 $\triangle AED$ 关于 AE 对称，所以 $\angle C=\angle D$.

因为 $\angle ABC$ 是 $\triangle BDE$ 的外角，所以 $\angle ABC>\angle D$，所以 $\angle ABC>\angle C$.

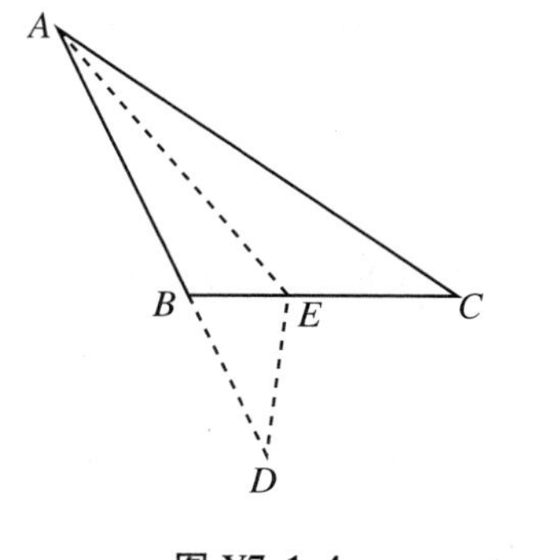

图 Y7.1.4

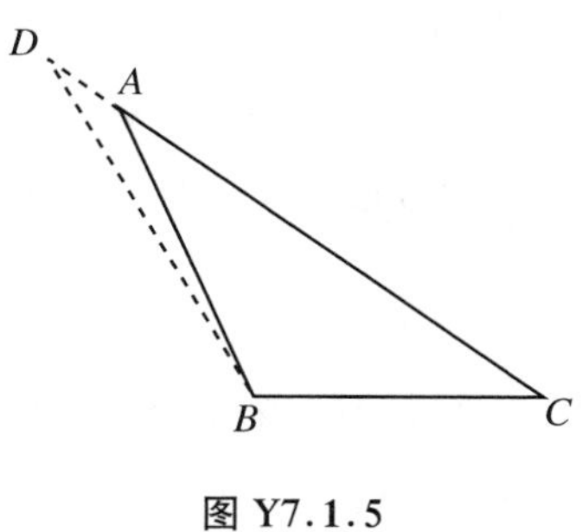

图 Y7.1.5

证明 5(反证法)

设 $AC>AB$.

若$\angle B\leqslant\angle C$,则以 B 为顶点,以 BC 为一边可作$\angle DBC=\angle C$,BD 不落在$\triangle ABC$ 内部.设 BD 交CA 的延长线于D,如图 Y7.1.5 所示.

因为$\angle DBC=\angle C$,所以 $BD=DC$.

在$\triangle ABD$ 中,$AB+AD\geqslant BD$,所以 $AB+AD\geqslant DC$,即 $AB+AD\geqslant AD+AC$,所以 $AB\geqslant AC$.这与题设矛盾,所以$\angle B>\angle C$ 为真.

证明 6(三角法)

设 $BC=a$,$CA=b$,$AB=c$,$b>c$.

由余弦定理,有

$$\cos\angle B=\frac{a^2+c^2-b^2}{2ac},$$

$$\cos\angle C=\frac{a^2+b^2-c^2}{2ab},$$

$$\begin{aligned}\cos\angle B-\cos\angle C&=\frac{1}{2abc}[b(a^2+c^2-b^2)-c(a^2+b^2-c^2)]\\&=\frac{1}{2abc}[(b-c)a^2+bc(c-b)+c^3-b^3]\\&=\frac{(c-b)(b^2+c^2-a^2+2bc)}{2abc}\\&=\frac{(c-b)[(b+c)^2-a^2]}{2abc}.\end{aligned}$$

因为 $b+c>a$,所以$(b+c)^2-a^2>0$.因为 $b>c$,所以 $\cos\angle B-\cos\angle C<0$,所以$\cos\angle B<\cos\angle C$.

在$[0^\circ,180^\circ]$上,余弦函数为减函数,所以$\angle B>\angle C$.

[例 2]　在$\triangle ABC$ 中,$AB>AC$,BD、CE 分别是AC、AB 边的中线,则 $CE<BD$.

证明 1(重心的性质)

如图 Y7.2.1 所示,设 BD、CE 交于G,则 G 是$\triangle ABC$ 的重心.连 AG 并延长,交 BC 于F,则 $BF=FC$.

在$\triangle ABF$ 和$\triangle ACF$ 中,$BF=FC$,AF 为公共边,$AB>AC$,所以$\angle AFB>\angle AFC$.

在$\triangle GBF$和$\triangle GCF$中，$BF=FC$，GF为公共边，$\angle GFB>\angle GFC$，所以$GB>GC$，所以$\frac{2}{3}BD>\frac{2}{3}CE$，所以$CE<BD$.

证明 2(三角形的中位线的性质)

如图 Y7.2.2 所示，设BD、CE交于G，G是$\triangle ABC$的重心. 连AG并延长，交BC于F，则$BF=FC$.

如前所证，$\angle 1>\angle 2$.

作$EM/\!/AF$，$DN/\!/AF$，各交BC于M、N，则EM、DN分别是$\triangle ABF$和$\triangle ACF$的中位线，所以$EM=\frac{1}{2}AF=DN$，$\angle 1=\angle 3$，$\angle 2=\angle 4$，所以$\angle 3>\angle 4$.

在$\triangle BDN$和$\triangle CEM$中，$EM=DN$，$CM=BN=\frac{3}{4}BC$，$\angle 4<\angle 3$，所以$CE<BD$.

证明 3(平行四边形的性质、中位线逆定理)

如图 Y7.2.3 所示，作$BF \mathrel{\underline{\parallel}} CE$，连$CF$，则$BECF$是平行四边形，$BE=CF=\frac{1}{2}AB$.

连ED、EF、DF，设EF、DF分别交BC于G、H，则EF、BC是$\square BECF$的两条对角线，所以$EG=GF$.

因为ED是$\triangle ABC$的中位线，所以$ED/\!/BC$. 在$\triangle FED$中，$GH/\!/ED$，$EG=GF$，由中位线逆定理知H是DF的中点.

因为$AB>AC$，所以$\frac{1}{2}AB>\frac{1}{2}AC$，即$CF>CD$.

在$\triangle CHD$和$\triangle CHF$中，$CF>CD$，$HD=HF$，CH为公共边，所以$\angle CHF>\angle CHD$，所以$\angle DHB>\angle BHF$.

在$\triangle BHD$和$\triangle BHF$中，BH为公共边，$DH=HF$，$\angle BHD>\angle BHF$，所以$BF<BD$，所以$CE<BD$.

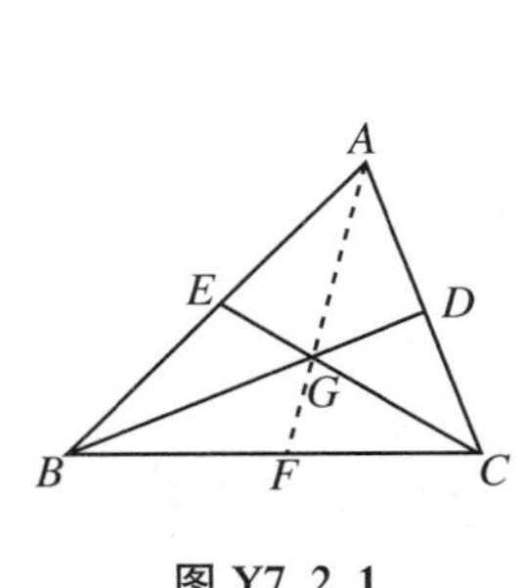

图 Y7.2.1

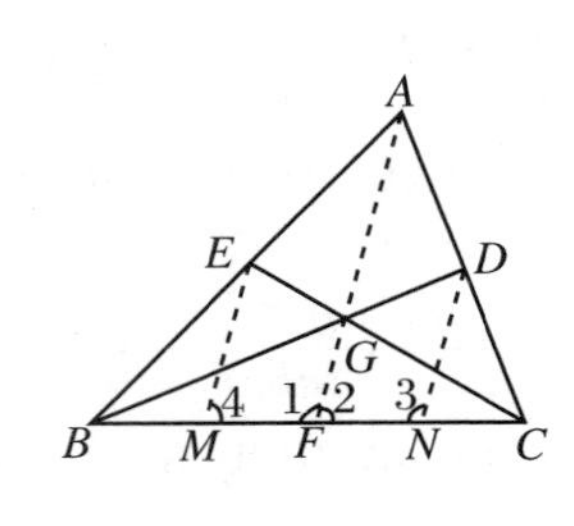

图 Y7.2.2

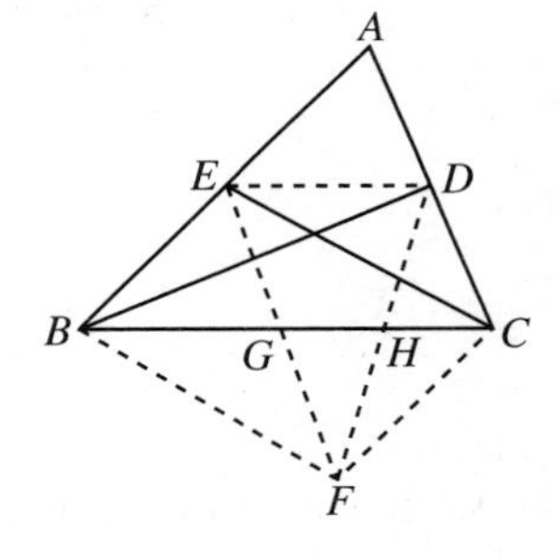

图 Y7.2.3

证明 4(三角形的外角的性质)

如图 Y7.2.4 所示，设F为BC的中点，连FE、FD，则EF、FD是$\triangle ABC$的中位线，所以$\angle BFE=\angle C$，$\angle CFD=\angle B$，所以$\angle EFC=180^\circ-\angle C$，$\angle DFB=180^\circ-\angle B$.

因为$AB>AC$，所以$\angle C>\angle B$，所以$\angle EFC<\angle DFB$.

因为$AB>AC$，所以$\frac{1}{2}AB>\frac{1}{2}AC$，即$DF>EF$. 在$DF$上取$G$，使$FG=EF$，连$BG$，则$G$在$FD$内.

在$\triangle BFG$和$\triangle CFE$中,$CF=BF$,$EF=FG$,$\angle BFG>\angle CFE$,所以$BG>CE$.

因为$\angle B<\angle C$,所以$\angle B$是锐角,所以$\angle BFD$是钝角.因为$\angle BGD$是$\triangle BFG$的外角,所以$\angle BGD>\angle BFG>90^\circ$.可见在$\triangle BGD$中,$\angle BGD$是最大角,所以$BD$是$\triangle BGD$中的最大边,所以$BD>BG$.

所以$BD>CE$.

证明5(过直线外的点作此直线的斜线和垂线,斜足和垂足距离较远的斜线较长)

如图Y7.2.5所示,作$EG/\!/BD$,$EH\perp BC$,$EF/\!/AC$,各交直线BC于G、H、F,连ED.

易证$EDBG$、$EDCF$都是平行四边形,所以$BG=ED=CF$,$EG=BD$.

由$\triangle BEF\backsim\triangle BAC$知$\dfrac{EB}{EF}=\dfrac{AB}{AC}>1$,所以$EB>EF$,所以$BH>HF$,所以$GH>CH$.

所以$EG>CE$,所以$BD>CE$.

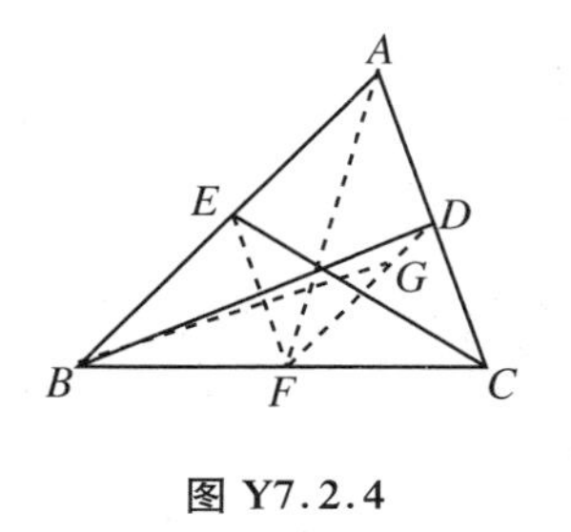

图Y7.2.4

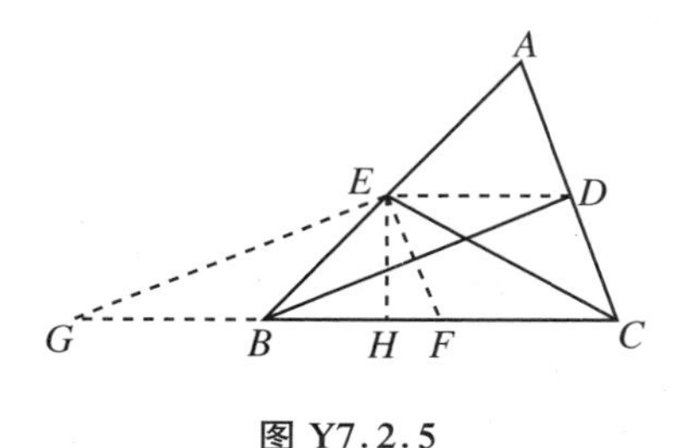

图Y7.2.5

证明6(中线定理)

如图Y7.2.6所示,由中线定理,$2(BD^2+CD^2)=AB^2+BC^2$,$2(CE^2+BE^2)=AC^2+BC^2$,即

$$2\left(BD^2+\frac{1}{4}AC^2\right)=AB^2+BC^2,$$

$$2\left(CE^2+\frac{1}{4}AB^2\right)=AC^2+BC^2.$$

两式相减得$AB^2-AC^2=2(BD^2-CE^2)-\dfrac{1}{2}(AB^2-AC^2)$,所以$\dfrac{3}{2}(AB^2-AC^2)=2(BD^2-CE^2)$.

因为$AB>AC$,所以$BD^2-CE^2>0$,所以$BD>CE$.

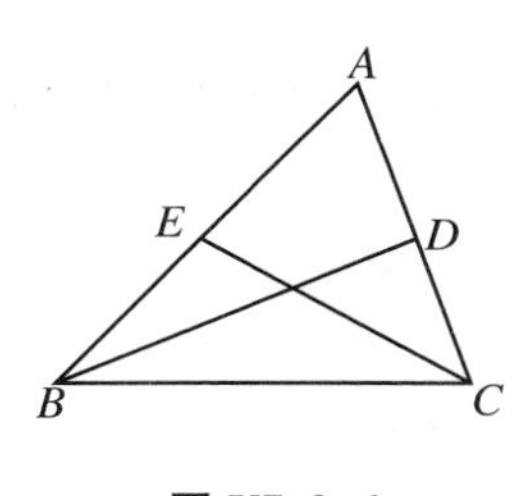

图Y7.2.6

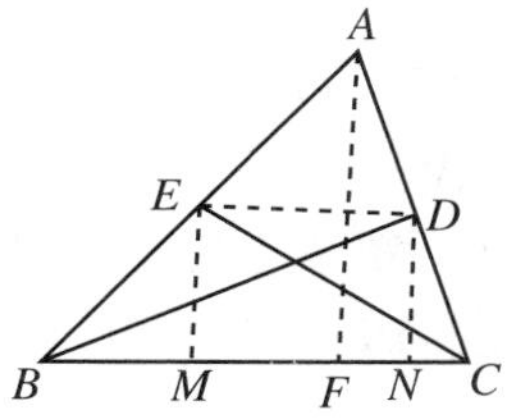

图Y7.2.7

证明7(直角三角形中的不等关系)

如图Y7.2.7所示,作AF、EM、DN都与BC垂直,垂足分别是F、M、N.连ED,则$ED/\!/BC$,所以$EM=DN$.

在$\triangle EMB$和$\triangle DNC$中,$EM=DN$,$BE=\dfrac{1}{2}AB>\dfrac{1}{2}AC=DC$,所以$BM>CN$,所以$BM$

$+MN>CN+MN$，即 $BN>CM$.

在 Rt$\triangle BND$ 和 Rt$\triangle CME$ 中，$EM=DN$，$BN>CM$，所以 $BD>CE$.

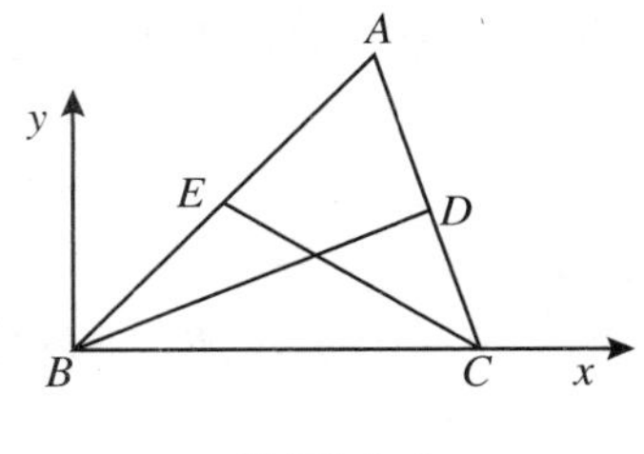

图 Y7.2.8

证明 8(解析法)

如图 Y7.2.8 所示，建立直角坐标系. 设 $C(a,0)$，$A(b,c)$，则

$$AC=\sqrt{(b-a)^2+c^2}=\sqrt{b^2+c^2+a^2-2ab},$$

$$AB=\sqrt{b^2+c^2}.$$

因为 $AB>AC$，所以 $AB^2>AC^2$，所以 $b^2+c^2>b^2+c^2+a^2-2ab$，所以 $a<2b$.

因为 $D\left(\frac{b+a}{2},\frac{c}{2}\right)$，$E\left(\frac{b}{2},\frac{c}{2}\right)$，所以

$$BD^2=\left(\frac{b+a}{2}\right)^2+\left(\frac{c}{2}\right)^2,\quad CE^2=\left(\frac{b}{2}-a\right)^2+\left(\frac{c}{2}\right)^2,$$

所以

$$BD^2-CE^2=\left(\frac{b+a}{2}\right)^2-\left(\frac{b}{2}-a\right)^2=\frac{3a}{4}(2b-a)>0.$$

所以 $BD>CE$.

[例 3] 在 Rt$\triangle ABC$ 中，$\angle C=90^\circ$，$CD\perp AB$，垂足为 D，则 $AC+BC<AB+CD$.

证明 1(勾股定理)

如图 Y7.3.1 所示. 因为 $AB^2=AC^2+BC^2$，所以 $AB^2+CD^2>AC^2+BC^2$.

因为 $4S_{\triangle ABC}=2AB\cdot AC=2AC\cdot BC$，所以 $AB^2+CD^2+2AB\cdot CD>AC^2+BC^2+2AC\cdot BC$，即 $(AB+CD)^2>(AC+BC)^2$，所以 $AB+CD>AC+BC$.

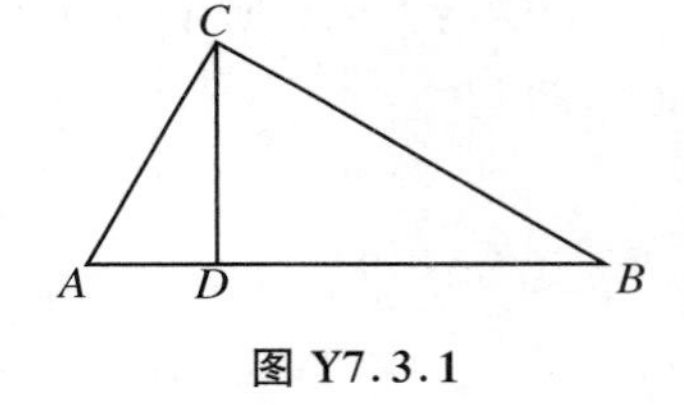

图 Y7.3.1

证明 2(截取法)

因为 AB 是斜边，所以 $AB>BC$. 在 AB 上取 E，使 $BE=BC$，连 CE，作 $EG\perp AC$，$EF\perp BC$，G、F 为垂足，如图 Y7.3.2 所示，则 $CGEF$ 是矩形，且易证 $EF=CD=CG$.

所以

$$AC+BC=AG+GC+BC=AG+CD+BE,\quad AB+CD=AE+BE+CD.$$

所以 $(AB+CD)-(AC+BC)=AE-AG$.

在 Rt$\triangle EGA$ 中，AE 是斜边，所以 $AE>AG$，所以 $AE-AG>0$，所以 $(AB+CD)-(AC+BC)>0$，所以 $AB+CD>AC+BC$.

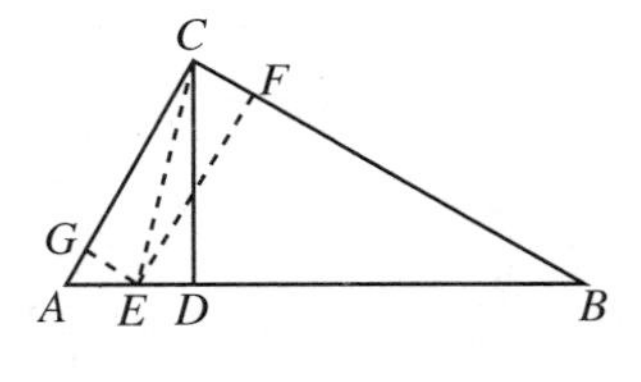

图 Y7.3.2

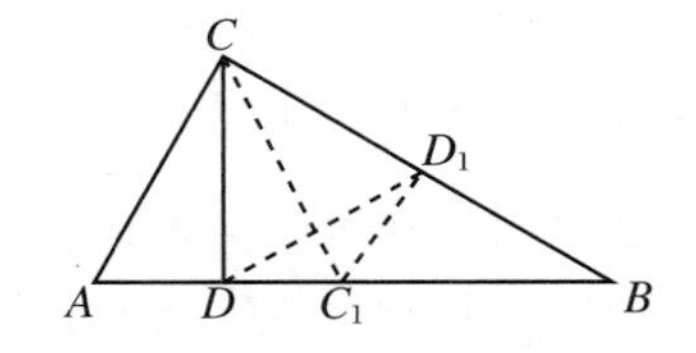

图 Y7.3.3

证明3(截取法)

在 AB 上取 C_1,使 $AC_1=AC$,在 BC 上取 D_1,使 $CD_1=CD$,连 C_1D_1、DD_1、CC_1,如图 Y7.3.3 所示,则 $(AB+CD)-(AC+BC)=(AC_1+C_1B+CD)-(AC+CD_1+D_1B)=C_1B-D_1B$.

因为 $\frac{AC_1}{AB}=\frac{AC}{AB}=\frac{DC}{CB}=\frac{D_1C}{CB}$,所以 $C_1D_1 /\!/ AC$,所以 $\angle C_1D_1B=90^\circ$.在 $\mathrm{Rt}\triangle C_1D_1B$ 中,C_1B 是斜边,所以 $C_1B>D_1B$.

所以 $AB+CD>AC+BC$.

证明4(截取法)

在 BC 上取 E,使 $BE=CD$,在 BA 上取 F,使 $BF=AC$,如图 Y7.3.4 所示,则

$(AB+CD)-(AC+BC)=(AF+BF+CD)-(AC+BE+CE)=AF-CE$.

因为 $\angle ACD=\angle B$,$AC=BF$,$CD=BE$,所以 $\triangle ACD\cong\triangle FBE$,所以 $\angle BEF=\angle CDA=90^\circ$,所以 $AFEC$ 是直角梯形,CE 是直腰,AF 是斜腰,所以 $AF>CE$,所以 $AB+CD>AC+BC$.

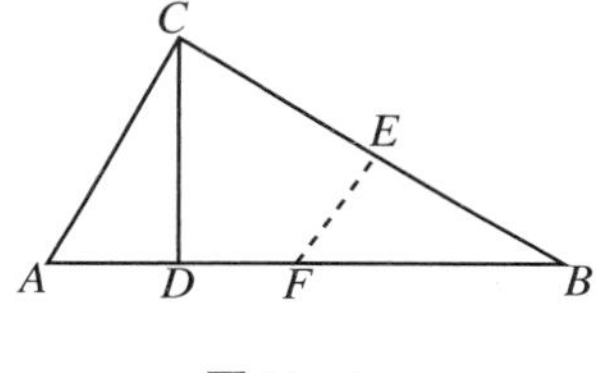

图 Y7.3.4

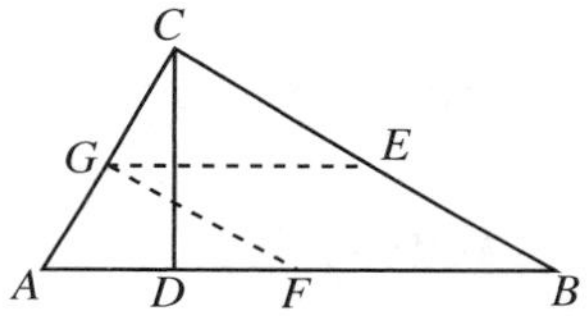

图 Y7.3.5

证明5(截取法)

如图 Y7.3.5 所示,在 CB 上取 E,使 $CE=CD$,在 AB 上取 F,使 $BF=AC$,作 $EG /\!/ AB$,交 AC 于 G,连 GF.易证 $\mathrm{Rt}\triangle CDA\cong\mathrm{Rt}\triangle ECG$,所以 $EG=AC$,所以 $BF \mathrel{\underline{\parallel}} EG$,所以 $BEGF$ 是平行四边形,所以 $FG /\!/ BC$,所以 $FG\perp AC$.

在 $\mathrm{Rt}\triangle AGF$ 中,AF 是斜边,所以 $AF>GF$,所以 $AB-BF>BE=BC-CE$,即 $AB-AC>BC-CD$,所以 $AB+CD>BC+AC$.

证明6(延长法)

如图 Y7.3.6 所示,延长 DC 到 E,使 $DE=BC$,作 $EF /\!/ AC$,交 BA 的延长线于 F,易证 $\mathrm{Rt}\triangle ACB\cong\mathrm{Rt}\triangle FDE$,所以 $EF=AB$.

在 EF 上取 G,使 $FG=AC$,连 CG,则 $ACGF$ 是平行四边形,所以 $GC\perp CE$.

在 $\mathrm{Rt}\triangle CGE$ 中,EG 是斜边,所以 $EG>EC$,即 $EF-FG>ED-CD$,所以 $AB-AC>BC-CD$,所以 $AB+CD>AC+BC$.

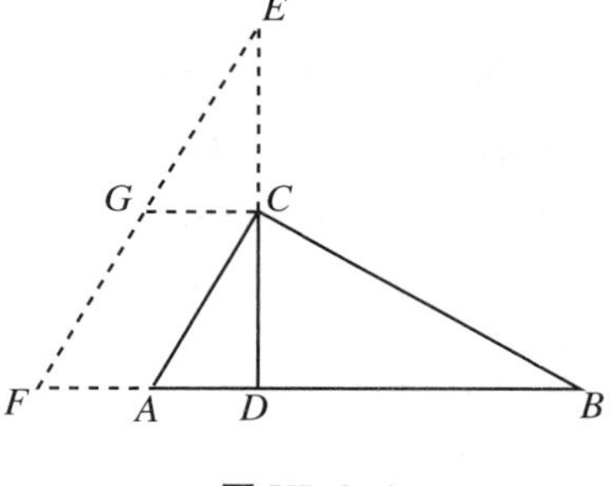

图 Y7.3.6

证明7(把线段移到一个三角形内)

如图 Y7.3.7 所示,以 AB 为边向外作正方形 ABB_1A_1,延长 CB 到 B_2,使 $BB_2=AC$,连 B_1B_2,延长 CD,交 A_1B_1 于 D_1,连 D_1B_2.易证 $\triangle ABC\cong\triangle BB_1B_2$,所以 $BC=B_1B_2$,$\angle CB_2B_1=90^\circ$.

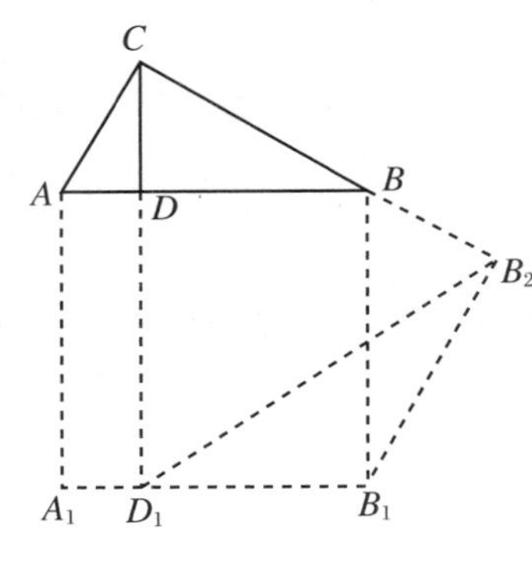

图 Y7.3.7

所以 $CD_1=CD+DD_1=CD+AB$，$CB_2=CB+BB_2=BC+AC$.

在 Rt$\triangle BDC$ 中，$BD<BC$，又 $BD=B_1D_1$，$BC=B_1B_2$，所以 $B_1D_1<B_1B_2$. 可见，在 $\triangle D_1B_1B_2$ 中 $\angle D_1B_2B_1<\angle B_2D_1B_1$.

因为 $\angle CB_2D_1+\angle D_1B_2B_1=90^\circ$，$\angle CD_1B_2+\angle B_2D_1B_1=90^\circ$，所以 $\angle CB_2D_1>\angle CD_1B_2$.

所以在 $\triangle CD_1B_2$ 中，$CD_1>CB_2$.

所以 $AB+CD>AC+BC$.

证明 8（面积等式、比例定理）

如图 Y7.3.8 所示，由直角边和斜边的关系，易知

$$AB>AC,\quad BC>CD,\quad AC>CD.$$

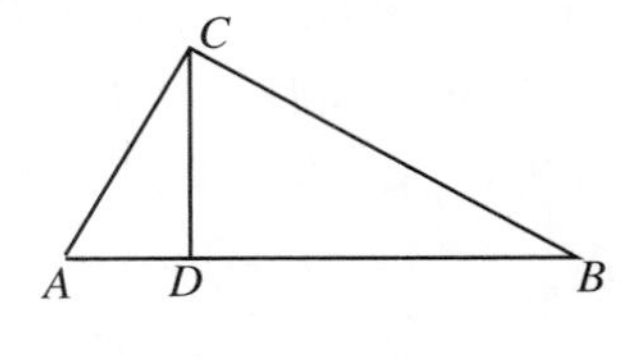

图 Y7.3.8

因为 $2S_{\triangle ABC}=AC\cdot BC=AB\cdot CD$，所以

$$\frac{AB}{AC}=\frac{BC}{CD},$$

$$\frac{AB-AC}{AC}=\frac{BC-CD}{CD}.$$

在上面的正项等式中. 因为 $AC>CD$，所以 $AB-AC>BC-CD$，即 $AB+CD>BC+AC$.

证明 9（三角法）

设 $\angle A=\alpha$，则

$$AC+BC=CD\cdot\left(\frac{1}{\sin\alpha}+\frac{1}{\cos\alpha}\right)=CD\cdot\frac{\sin\alpha+\cos\alpha}{\sin\alpha\cdot\cos\alpha},$$

$$AB=AD+DB=DC(\cot\alpha+\tan\alpha)=DC\cdot\frac{1}{\sin\alpha\cdot\cos\alpha},$$

$$AB+CD=CD\cdot\frac{\sin\alpha\cdot\cos\alpha+1}{\sin\alpha\cdot\cos\alpha},$$

$$(AB+CD)-(AC+BC)=DC\cdot\frac{1+\sin\alpha\cdot\cos\alpha-\sin\alpha-\cos\alpha}{\sin\alpha\cdot\cos\alpha}.$$

因为 α 为锐角，所以 $\sin\alpha$、$\cos\alpha>0$. 又 $1+2\sin\alpha\cdot\cos\alpha+\sin^2\alpha\cdot\cos^2\alpha>1+2\sin\alpha\cdot\cos\alpha$，所以 $(1+\sin\alpha\cdot\cos\alpha)^2>1+2\sin\alpha\cdot\cos\alpha=(\sin\alpha+\cos\alpha)^2$.

所以 $1+\sin\alpha\cdot\cos\alpha>\sin\alpha+\cos\alpha$，即 $1+\sin\alpha\cdot\cos\alpha-\sin\alpha-\cos\alpha>0$.

所以 $AB+CD>AC+BC$.

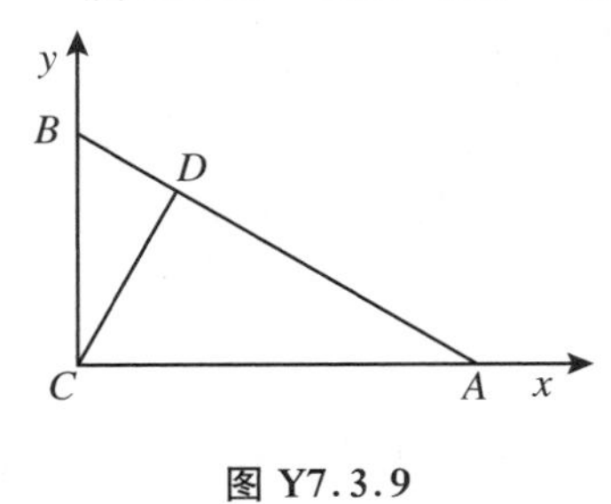

图 Y7.3.9

证明 10（解析法）

如图 Y7.3.9 所示，建立直角坐标系.

设 $A(b,0)$，$B(0,a)$.

AB 的方程为 $\frac{x}{b}+\frac{y}{a}=1$，即 $ax+by-ab=0$. 因为 $CD=\frac{ab}{\sqrt{a^2+b^2}}$，$AB=\sqrt{a^2+b^2}$，$AC+BC=a+b$，$AB+CD=\sqrt{a^2+b^2}+\frac{ab}{\sqrt{a^2+b^2}}$，所以

$$(AB + CD) - (AC + BC) = \sqrt{a^2 + b^2} + \frac{ab}{\sqrt{a^2 + b^2}} - (a + b)$$

$$= \frac{a^2 + b^2 + ab - \sqrt{a^2 + b^2}(a + b)}{\sqrt{a^2 + b^2}}.$$

注意到 $a^4 + b^4 + 2a^2b^2 + 2(a^2 + b^2)ab + a^2b^2 > a^4 + b^4 + 2a^2b^2 + 2(a^2 + b^2)ab$，即

$$(a^2 + b^2)^2 + 2ab(a^2 + b^2) + a^2b^2 > (a^2 + b^2)(a^2 + b^2 + 2ab),$$

所以$(a^2 + b^2 + ab)^2 > [(a + b)\sqrt{a^2 + b^2}]^2$，所以 $a^2 + b^2 + ab > (a + b)\sqrt{a^2 + b^2}$.

由此可知 $AB + CD > AC + BC$.

［例 4］　在$\triangle ABC$ 中，$AB > AC$，CE、BD 分别是AB、AC 上的高，则 $BD > CE$.

证明 1（面积法）

如图 Y7.4.1 所示，$2S_{\triangle ABC} = AC \cdot BD = AB \cdot CE$.

因为 $AB > AC$，所以 $CE < BD$.

（$AC \cdot BD = AB \cdot CE$ 也可由$\triangle ABD \backsim \triangle ACE$ 得到.）

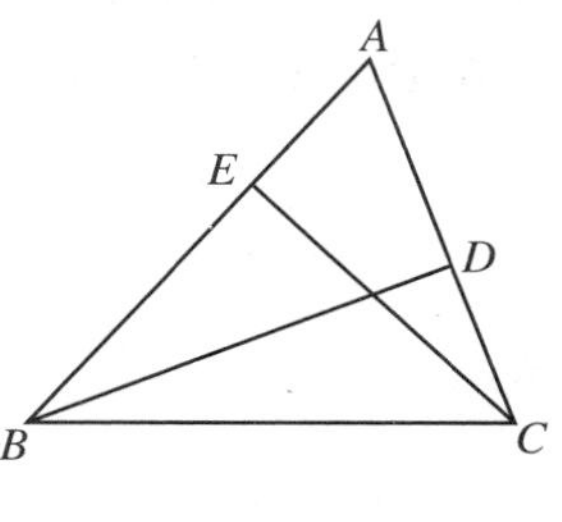

图 Y7.4.1

证明 2（截取法）

如图 Y7.4.2 所示，在 AB 上取 C_1，使 $AC_1 = AC$. 作 $C_1E_1 \parallel BD$，交 AC 于E_1，则 $C_1E_1 \perp AC$. 易证$\triangle AC_1E_1 \cong \triangle ACE$，所以 $C_1E_1 = CE$.

因为 $AB > AC$，所以 $AB > AC_1$，所以 C_1 在 AB 内.

由$\triangle ABD \backsim \triangle AC_1E$ 知$\frac{CE}{BD} = \frac{C_1E_1}{BD} = \frac{AC_1}{AB} < 1$，所以 $CE < BD$.

证明 3（延长法）

如图 Y7.4.3 所示，延长 BD 到 G，使 $DG = BD$，延长 CE 到 H，使 $EH = CE$，连 CG、BH，则$\triangle CDB \cong \triangle CDG$，$\triangle BEC \cong \triangle BEH$，所以 $BC = CG$，$\angle ACB = \frac{1}{2}\angle BCG$，$BC = BH$，$\angle ABC = \frac{1}{2}\angle HBC$.

因为 $AB > AC$，所以$\angle ACB > \angle ABC$，所以$\angle BCG > \angle HBC$，可见在等腰$\triangle CBG$ 和$\triangle BCH$ 中，腰长彼此相等，顶角不等，所以 $BG > CH$，所以 $BD > CE$.

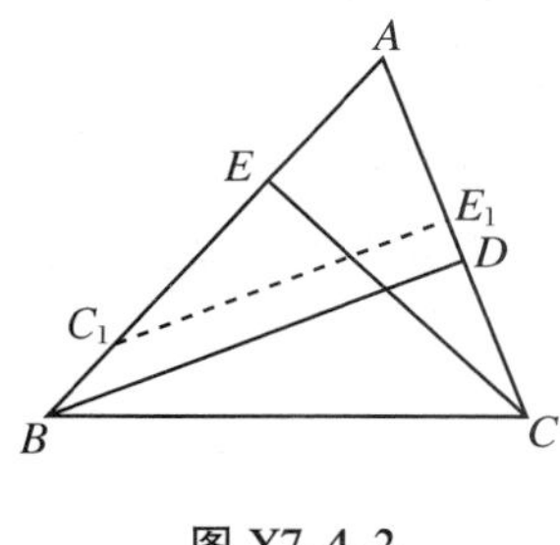

图 Y7.4.2

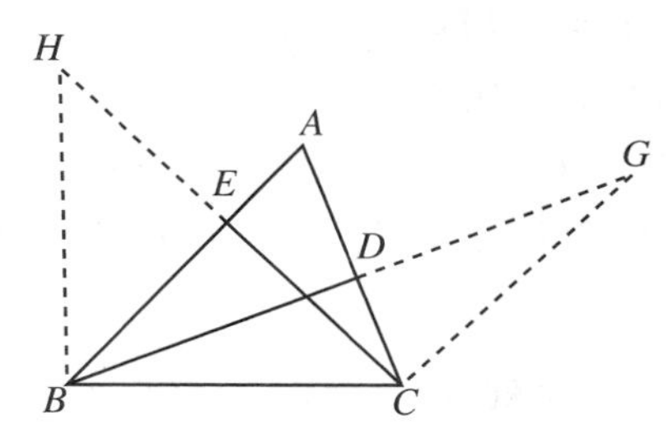

图 Y7.4.3

证明 4（斜边中线定理）

如图 Y7.4.4 所示，取 BC 的中点F，连 EF、DF，则 EF、DF 各是 Rt$\triangle BEC$ 和 Rt$\triangle BDC$ 的斜边上的中线，所以 $DF = EF = \frac{1}{2}BC$，$\angle 1 = 180^\circ - 2\angle C$，$\angle 2 = 180^\circ - 2\angle B$.

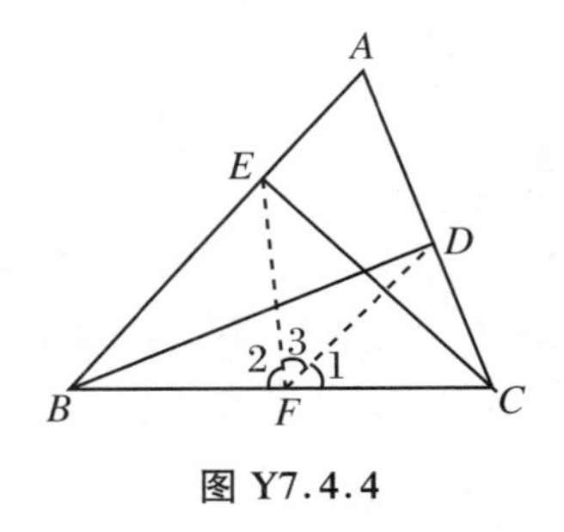

图 Y7.4.4

因为 $AB>AC$，所以 $\angle C>\angle B$，所以 $\angle 1<\angle 2$，所以 $\angle 1+\angle 3<\angle 2+\angle 3$，即 $\angle CFE<\angle BFD$. 可见，在等腰 $\triangle FBD$ 和 $\triangle FCE$ 中，腰长彼此相等，顶角不等，所以 $BD>CE$.

证明 5（三角形全等、对称作图）

如图 Y7.4.5 所示，作 D 关于 BC 的中垂线的对称点 D'，连 BD'、CD'. 易证 $\triangle BCD'\cong\triangle CBD$，$CD'=BD$，$\angle CBD'=\angle BCD$.

因为 $AB>AC$，所以 $\angle BCA>\angle CBA$，所以 $\angle CBD'>\angle CBA$，可见 BD' 在 $\angle ABC$ 的 BA 边外侧.

因为 $\angle DBC+\angle BCD=90^\circ$，$\angle BCE+\angle CBE=90^\circ$，$\angle BCD>\angle CBE$，所以 $\angle BCD'<\angle BCE$，可见 CD' 在 $\angle BCE$ 的内部. 设 CD' 交 AB 于 G，则 G 在 BE 间，所以 $CD'>CG$.

在 Rt$\triangle CEG$ 中，CG 是斜边，故 $CG>CE$. 又 $CD'=BD$，所以 $BD>CE$.

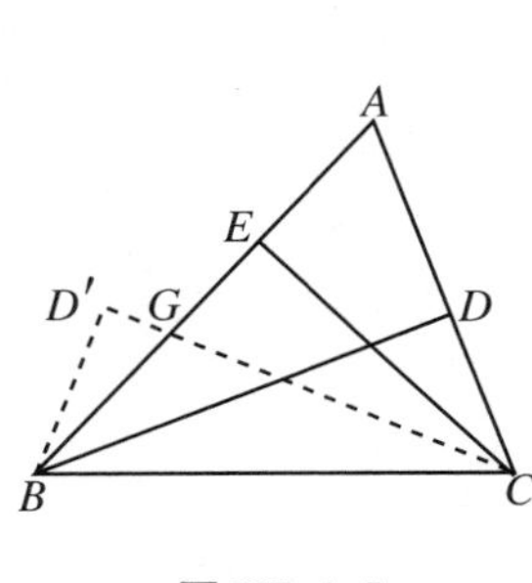

图 Y7.4.5

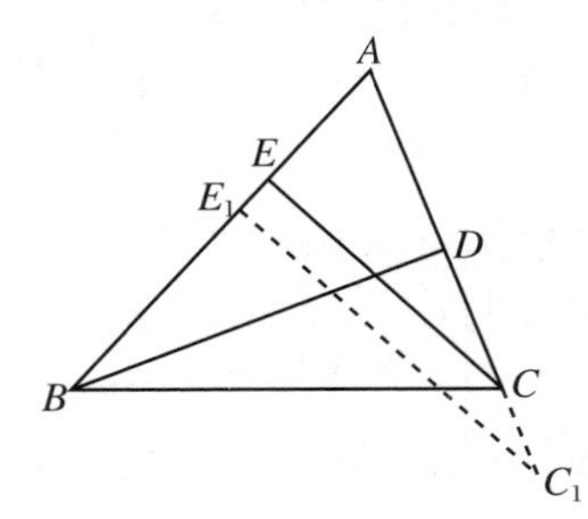

图 Y7.4.6

证明 6（延长法）

延长 AC 到 C_1，使 $AC_1=AB$，作 $C_1E_1/\!/CE$，交 AB 于 E_1，如图 Y7.4.6 所示. 由平行截比定理，$\dfrac{AC}{AC_1}=\dfrac{CE}{C_1E_1}<1$，所以 $CE<C_1E_1$.

易证 Rt$\triangle ABD\cong$Rt$\triangle AC_1E_1$，所以 $BD=C_1E_1$.

所以 $BD>CE$.

证明 7（利用圆中的不等关系）

因为 $\angle BEC=\angle BDC=90^\circ$，所以 B、E、D、C 共圆，BC 是此圆的直径，作出此圆，如图 Y7.4.7 所示.

因为 $AB>AC$，所以 $\angle DCB>\angle EBC$，所以 $\overset{\frown}{BED}>\overset{\frown}{EDC}$，而 BD、CE 分别是它们对的弦. 因为 $\overset{\frown}{BED}$、$\overset{\frown}{EDC}$ 都是劣弧，所以 $BD>CE$.

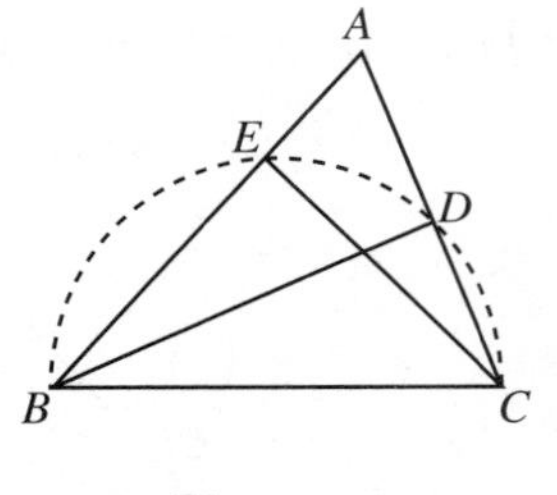

图 Y7.4.7

［例 5］ 在 $\triangle ABC$ 中，$\angle C=2\angle B$，则 $AB<2AC$.

证明 1（延长法）

延长 BC 到 D，使 $CD=CA$，连 AD，如图 Y7.5.1 所示.

因为 $\angle ACD=2\angle B$，$\angle ACB=\angle CDA+\angle CAD=2\angle CDA$，所以 $\angle B=\angle CDA$，所以 $AB=AD$.

在 $\triangle ACD$ 中，$AC+CD=2AC>AD$，所以 $AB<2AC$.

证明2（截取法、翻折法）

在 AB 上取 C_1，使 $AC_1=AC$，作$\angle A$ 的平分线 AD，交 BC 于 D，连 DC_1，如图 Y7.5.2 所示. 易证$\triangle ACD\cong\triangle AC_1D$，所以$\angle AC_1D=\angle C$，$DC_1=DC$.

在$\triangle DAC$ 中，$\angle ADC$ 是$\triangle DAB$ 的外角，所以$\angle ADC=\angle B+\frac{1}{2}\angle A$，所以$\angle ADC>\angle DAC$，所以 $AC>CD$，所以 $AC_1>C_1D$. 又因为$\angle C=2\angle B$，所以$\angle AC_1D=2\angle B=\angle B+\angle C_1DB$，所以$\angle B=\angle C_1DB$，所以 $C_1D=C_1B$，所以 $AC_1>C_1B$，所以 $2AC_1>BC_1+AC_1=AB$，所以 $AB<2AC$.

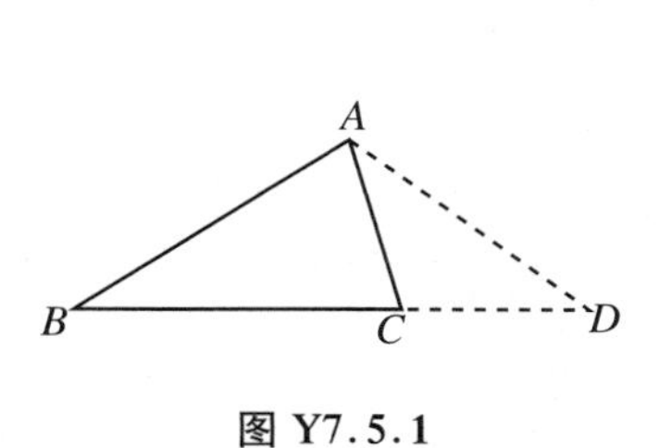

图 Y7.5.1

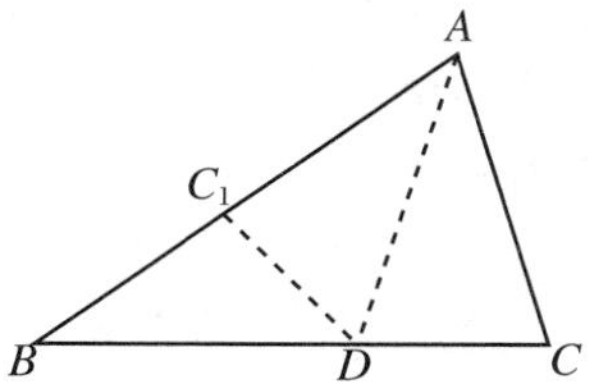

图 Y7.5.2

证明3（角平分线的性质、三角形相似）

如图 Y7.5.3 所示，作$\angle C$ 的平分线 CC_1，交 AB 于 C_1. 因为$\angle C=2\angle B$，所以$\angle C_1CB=\angle B$，所以 $BC_1=CC_1$.

由$\triangle ABC\backsim\triangle ACC_1$ 知$\frac{AC}{AB}=\frac{AC_1}{AC}$.

由角平分线性质定理，$\frac{AC_1}{AC}=\frac{BC_1}{BC}$，所以$\frac{BC_1}{BC}=\frac{AC}{AB}$.

在$\triangle BCC_1$ 中，$BC_1+CC_1=2BC_1>BC$，所以$\frac{BC_1}{BC}>\frac{1}{2}$，所以$\frac{AC}{AB}>\frac{1}{2}$，所以 $AB<2AC$.

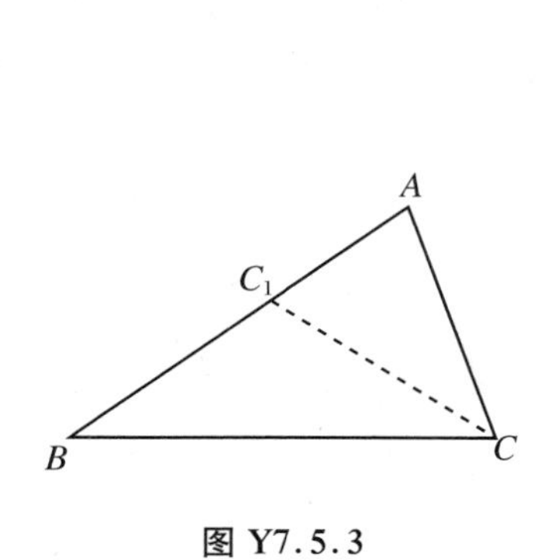

图 Y7.5.3

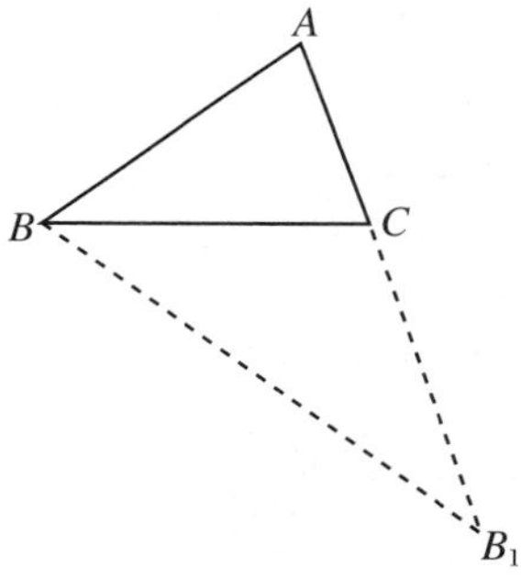

图 Y7.5.4

证明4（角平分线的性质）

作$\angle CBB_1=\angle ABC$，设 BB_1 交 AC 的延长线于 B_1，如图 Y7.5.4 所示，则$\angle ABB_1=2\angle ABC=\angle ACB$. 又$\angle ACB=\angle B_1+\angle CBB_1=\angle B_1+\angle ABC$，所以$\angle B_1=\angle ABC=\angle CBB_1$，所以 $CB=CB_1$.

在$\triangle ABB_1$ 中，BC 是角平分线. 由角平分线性质定理，$\frac{AC}{AB}=\frac{B_1C}{BB_1}$.

在$\triangle CBB_1$中，$CB+CB_1=2CB_1>BB_1$，所以$\frac{CB_1}{BB_1}>\frac{1}{2}$，所以$\frac{AC}{AB}>\frac{1}{2}$，所以$AB<2AC$.

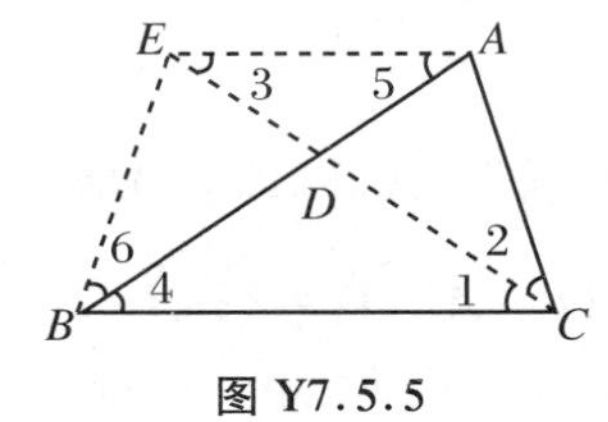

图 Y7.5.5

证明5（等腰梯形的性质）

如图Y7.5.5所示，作$\angle C$的平分线CD，交AB于D，延长CD，过A作BC的平行线，交CD的延长线于E，连EB. 因为$AE\parallel BC$，所以$\angle 5=\angle 4$，$\angle 1=\angle 3$. 因为$\angle C=\angle 1+\angle 2=2\angle 1=2\angle 4$，所以$\angle 1=\angle 2=\angle 4$，所以$\angle 1=\angle 5$，所以$\angle 3=\angle 5$，所以$DA=DE$，$DB=DC$，所以$AB=CE$，所以$ACBE$是等腰梯形. 由对称性，$\angle 2=\angle 6$，所以$\angle 5=\angle 6$，所以$AC=AE=EB$.

在$\triangle AEB$中，$AE+EB>AB$，即$2AC>AB$.

证明6（三角法）

由正弦定理，$\frac{AC}{\sin\angle B}=\frac{AB}{\sin\angle C}=\frac{AB}{\sin 2\angle B}=\frac{AB}{2\sin\angle B\cos\angle B}$，所以$AB=2AC\cdot\cos\angle B$，所以$AB<2AC$.

[例6] 四直线l_1、l_2、l_3、l_4共点于O，过l_1上异于O的A点作$AA_1\parallel l_4$，交l_2于A_1. 过A_1作$A_1A_2\parallel l_1$，交l_3于A_2. 过A_2作$A_2A_3\parallel l_2$，交l_4于A_3. 过A_3作$A_3B\parallel l_3$，交l_1于B，则$OB<\frac{1}{2}OA$.

证明1（平行四边形、平行线的内错角）

延长A_1A_2，交l_4于Q，延长A_2A_3，交l_1于P，延长BA_3，交A_2Q于B_1，如图Y7.6.1所示，则

$$\angle A_1OA_3=\angle OA_3P=\angle A_2A_3Q,$$
$$\angle A_2OA_3=\angle OA_3B=\angle QA_3B_1.$$

因为$\angle A_1OA_3>\angle A_2OA_3$，所以$\angle OA_3P>\angle OA_3B$，$\angle A_2A_3Q>\angle QA_3B_1$，可见$B$在$OP$内，$B_1$在$A_2Q$内，所以$OP>OB$，$A_2Q>A_2B_1=OB$，所以$OP+A_2Q>2OB$.

易证AA_1QO、A_1A_2PO都是平行四边形，所以$OP+A_2Q=A_1A_2+A_2Q=A_1Q=OA$，所以$OA>2OB$.

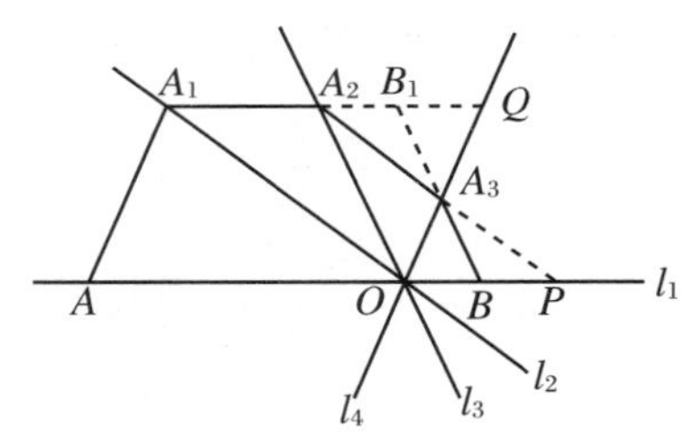

图 Y7.6.1

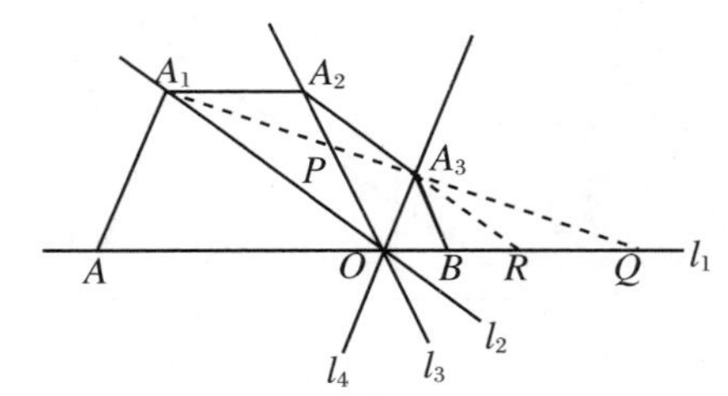

图 Y7.6.2

证明2（平行截比定理、求差法）

连A_1A_3并延长，交l_1于Q，交l_3于P，延长A_2A_3，交l_1于R，如图Y7.6.2所示.

因为$A_3B\parallel OA_2$，由平行截比定理，$\frac{OB}{PA_3}=\frac{BQ}{A_3Q}$，所以$OB=PA_3\cdot\frac{BQ}{A_3Q}$.

因为$OA_3\parallel AA_1$，同理$OA=A_1A_3\cdot\frac{OQ}{A_3Q}$.

因为 $OQ=OB+BQ$，$A_1A_3=A_1P+PA_3$，所以

$$\begin{aligned}\frac{OA}{2}-OB&=\frac{A_1A_3}{2}\cdot\frac{OQ}{A_3Q}-PA_3\cdot\frac{BQ}{A_3Q}\\&=\frac{1}{2A_3Q}(OB\cdot A_1P+BQ\cdot A_1P+OB\cdot PA_3+BQ\cdot PA_3-2BQ\cdot PA_3)\\&=\frac{1}{2A_3Q}(OB\cdot A_1A_3+BQ\cdot A_1P-BQ\cdot PA_3)\\&=\frac{1}{2A_3Q}[OB\cdot A_1A_3+BQ\cdot(A_1P-PA_3)].\end{aligned}$$

易证 A_1A_2RO 为平行四边形，所以 $A_2R=OA_1$。因为 $A_2A_3<A_2R$，所以 $A_2A_3<OA_1$，所以 $PA_3<PA_1$。

所以$\frac{1}{2}OA-OB>0$，所以 $OB<\frac{1}{2}OA$。

证明3（面积法）

如图Y7.6.3所示，过 A_3 作 $A_3P\parallel l_1$，交 AA_1 于 P，作 $A_2H\perp l_1$，垂足为 H，设 A_2H 交A_3P 于M，连 AA_3、A_1A_3、A_2B，则

$$S_{\triangle AOA_3}=S_{\triangle A_1OA_3}=S_{\triangle A_1OA_2},$$
$$S_{\triangle A_2OB}=S_{\triangle A_2OA_3}=S_{\triangle A_1A_2A_3}.$$

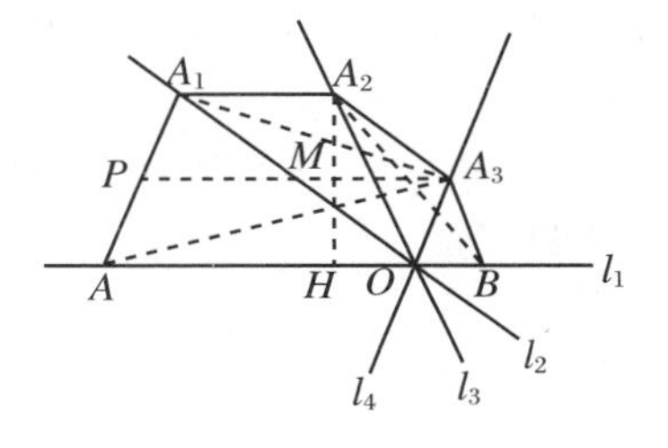

图Y7.6.3

因为 $S_{\triangle A_2OB}=\frac{1}{2}OB\cdot A_2H$，$S_{\triangle A_1A_2A_3}=\frac{1}{2}A_1A_2\cdot A_2M$，所以$\frac{1}{2}OB\cdot A_2H=\frac{1}{2}A_1A_2\cdot A_2M$，所以

$$OB=\frac{A_1A_2\cdot A_2M}{A_2H}. \quad ①$$

同理，由$\frac{1}{2}OA\cdot HM=\frac{1}{2}A_1A_2\cdot A_2H$，得

$$OA=\frac{A_1A_2\cdot A_2H}{MH}. \quad ②$$

由式①、式②并注意 $A_2M=A_2H-MH$，可求出

$$\begin{aligned}\frac{1}{2}OA-OB&=\frac{A_1A_2\cdot A_2H}{2MH}-\frac{A_1A_2\cdot A_2M}{A_2H}\\&=\frac{A_1A_2}{2MH\cdot A_2H}(A_2H^2-2A_2H\cdot MH+2MH^2)\\&=\frac{A_1A_2}{2MH\cdot A_2H}[(A_2H-MH)^2+MH^2]>0.\end{aligned}$$

所以$\frac{1}{2}OA>OB$。

证明4（三角法）

如图Y7.6.4所示，设$\angle AOA_1=\alpha_1$，$\angle A_1OA_2=\alpha_2$，$\angle A_2OA_3=\alpha_3$，$\angle A_3OB=\alpha_4$，则

$$\alpha_1+\alpha_2+\alpha_3+\alpha_4=180^\circ.$$

因为 l_1、l_2、l_3、l_4 为不重合的四条直线，所以 α_1、α_2、α_3、$\alpha_4>0$。

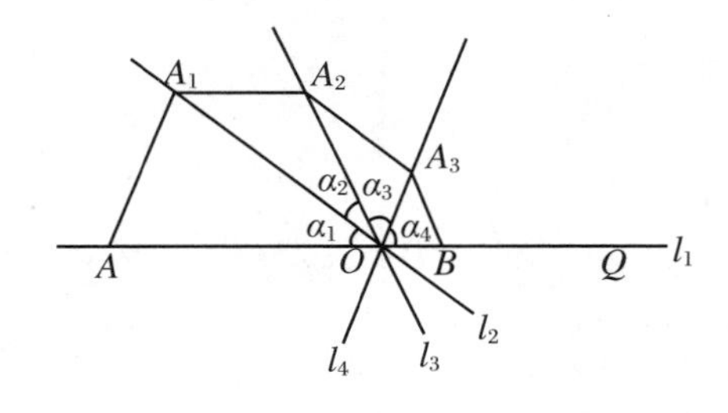

图 Y7.6.4

由正弦定理,有

$$\frac{OA_1}{OA}=\frac{\sin\alpha_4}{\sin(\alpha_2+\alpha_3)},$$

$$\frac{OA_2}{OA_1}=\frac{\sin\alpha_1}{\sin(\alpha_3+\alpha_4)},$$

$$\frac{OA_3}{OA_2}=\frac{\sin\alpha_2}{\sin(\alpha_4+\alpha_1)},$$

$$\frac{OB}{OA_3}=\frac{\sin\alpha_3}{\sin(\alpha_1+\alpha_2)}.$$

把这四式相乘,就是

$$\frac{OB}{OA}=\frac{\sin\alpha_1\sin\alpha_2\sin\alpha_3\sin\alpha_4}{\sin(\alpha_1+\alpha_2)\sin(\alpha_2+\alpha_3)\sin(\alpha_3+\alpha_4)\sin(\alpha_4+\alpha_1)}.$$

因为上式右端的三角函数式的值不超过$\frac{1}{4}$,所以$\frac{OB}{OA}\leqslant\frac{1}{4}$,$\frac{1}{2}OA>OB$ 成立.

当 $\alpha_1+\alpha_2+\alpha_3+\alpha_4=180^\circ$,$\alpha_1$、$\alpha_2$、$\alpha_3$、$\alpha_4>0$ 时,有

$$\frac{\sin\alpha_1\sin\alpha_2\sin\alpha_3\sin\alpha_4}{\sin(\alpha_1+\alpha_2)\sin(\alpha_2+\alpha_3)\sin(\alpha_3+\alpha_4)\sin(\alpha_4+\alpha_1)}\leqslant\frac{1}{4}$$

的证明:

$$\begin{aligned}分子&=\frac{1}{4}[\cos(\alpha_1-\alpha_3)-\cos(\alpha_1+\alpha_3)][\cos(\alpha_2-\alpha_4)-\cos(\alpha_2+\alpha_4)]\\&=\frac{1}{4}[\cos(\alpha_1-\alpha_3)-\cos(\alpha_1+\alpha_3)][\cos(180^\circ-\alpha_2-\alpha_4)-\cos(180^\circ-\alpha_2+\alpha_4)]\\&=\frac{1}{4}[\cos(\alpha_1-\alpha_3)-\cos(\alpha_1+\alpha_3)][\cos(\alpha_1+\alpha_3)-\cos(\alpha_1+2\alpha_4+\alpha_3)],\end{aligned}$$

$$\begin{aligned}分母&=\frac{1}{4}[\cos(\alpha_1-\alpha_3)-\cos(\alpha_1+2\alpha_2+\alpha_3)][\cos(\alpha_1-\alpha_3)-\cos(\alpha_1+2\alpha_4+\alpha_3)]\\&=\frac{1}{4}[\cos(\alpha_1-\alpha_3)-\cos(\alpha_1+2\alpha_4+\alpha_3)]^2.\end{aligned}$$

令 $a=\cos(\alpha_1-\alpha_3)-\cos(\alpha_1+\alpha_3)$,$b=\cos(\alpha_1+\alpha_3)-\cos(\alpha_1+\alpha_3+2\alpha_4)$.因为 $\alpha_1+\alpha_3>\alpha_1-\alpha_3$,$\alpha_1+\alpha_3+2\alpha_4>\alpha_1+\alpha_3$,而在$[0^\circ,180^\circ]$上余弦函数是减函数,所以 a、$b>0$,则

$$分子=\frac{1}{4}ab,\quad 分母=\frac{1}{4}(a+b)^2.$$

所以分式$=\frac{ab}{(a+b)^2}$.因为 $a+b\geqslant2\sqrt{ab}$,所以$\frac{ab}{(a+b)^2}\leqslant\frac{ab}{(2\sqrt{ab})^2}=\frac{1}{4}$.证毕.

[例 7] 在⊙O 中两弦 AB、CD 交于 P,$AB>CD$,则$\angle OPD>\angle OPA$.

证明 1(弦心距和弦的不等关系)

分别作 AB、CD 的弦心距 OM、ON,如图 Y7.7.1 所示.因为 $AB>CD$,所以 $OM<ON$.

因为$\angle OMP+\angle ONP=90^\circ+90^\circ=180^\circ$,所以 O、M、P、N 共圆.在此圆中,$ON>OM$,所以$\angle OPN>\angle OPM$.

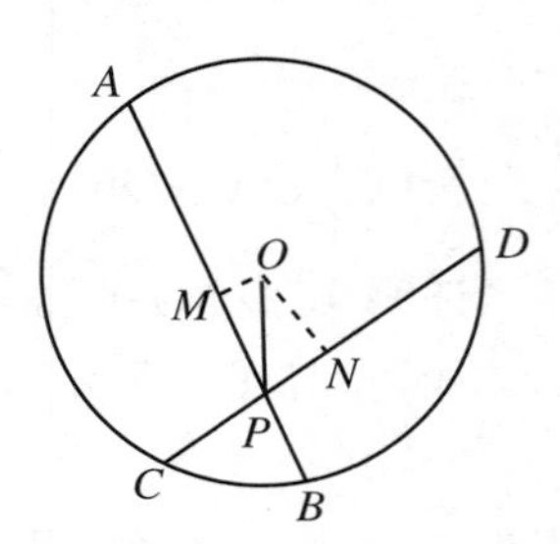

图 Y7.7.1

证明 2(斜边中线定理、大边对大角)

作 $OM\perp AB$,$ON\perp CD$,垂足分别是 M、N,设 OP 的中点为

E，连 EM、EN，如图 Y7.7.2 所示，则 EM、EN 分别是 $\mathrm{Rt}\triangle OMP$ 和 $\mathrm{Rt}\triangle ONP$ 的斜边上的中线，所以 $OE=EP=EM=EN$. 因为 $AB>CD$，所以 $OM<ON$.

在等腰 $\triangle EOM$ 和等腰 $\triangle EON$ 中，腰长彼此相等，底边不等，$OM<ON$，所以顶角不等，所以 $\angle OEN>\angle OEM$，所以 $\frac{1}{2}\angle OEN>\frac{1}{2}\angle OEM$，即 $\angle OPN>\angle OPM$.

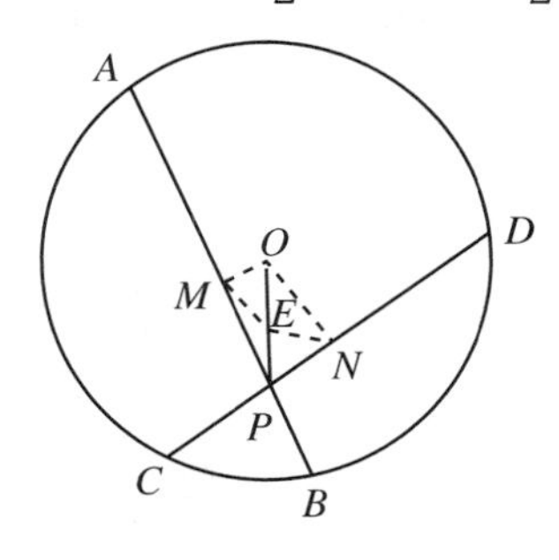

图 Y7.7.2

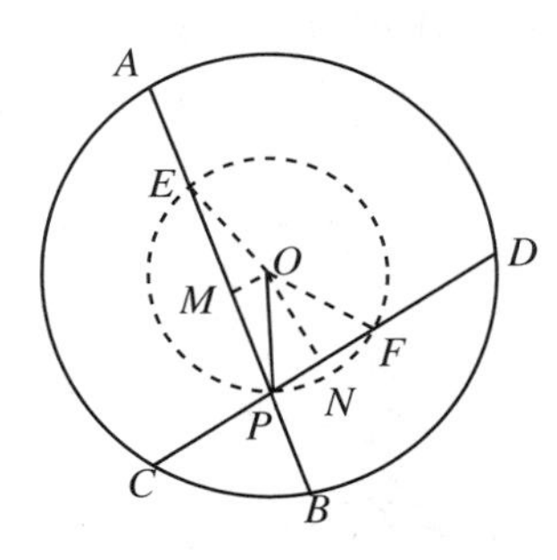

图 Y7.7.3

证明 3（等腰三角形间的不等关系）

如图 Y7.7.3 所示，以 O 为圆心，OP 为半径画圆. 设该圆与 AB、CD 的交点除 P 点外分别为 E、F 点，连 OE、OF，作 $OM\perp AB$，$ON\perp CD$，垂足分别是 M、N，则等腰 $\triangle OEP$ 和等腰 $\triangle OFP$ 的腰长相等.

因为 $AB>CD$，所以 $OM<ON$，所以 $EP>PF$，所以 $\angle OPF>\angle OPE$.

证明 4（等腰三角形、圆心角定理）

作直径 AM、DN，连 BC、OC、OB，如图 Y7.7.4 所示. 因为 $AB>CD$，所以 $\angle AOB>\angle COD$，而 $\angle AOB$ 和 $\angle COD$ 分别是等腰 $\triangle AOB$ 和 $\triangle COD$ 的顶角，所以 $\angle 1>\angle 2$，所以 $\overset{\frown}{CN}>\overset{\frown}{BM}$. 因为 $\overset{\frown}{AN}=\overset{\frown}{DM}$，所以 $\overset{\frown}{CN}+\overset{\frown}{AN}=\overset{\frown}{BM}+\overset{\frown}{DM}$，即 $\overset{\frown}{AC}>\overset{\frown}{BD}$，所以 $\angle 3>\angle 4$. 在 $\triangle PBC$ 中，则有 $PC>PB$.

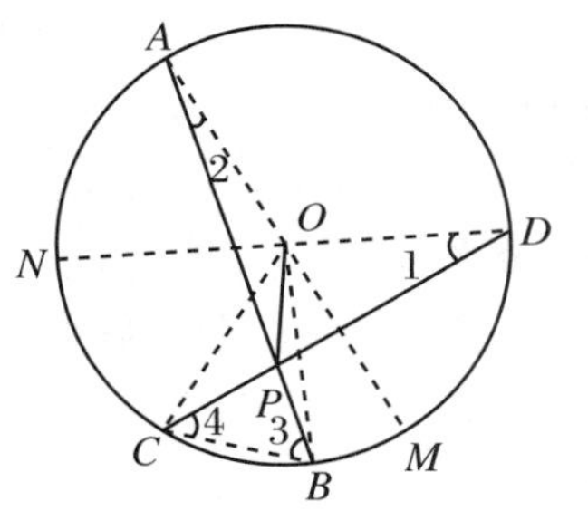

图 Y7.7.4

在 $\triangle OCP$ 和 $\triangle OPB$ 中，OP 为公共边，$OC=OB$，$PC>PB$，所以 $\angle COP>\angle BOP$.

因为 $\angle COP>\angle BOP$，$\angle 1>\angle 2$，$\angle OCP=\angle 1$，$\angle OBP=\angle 2$，所以 $\angle COP+\angle OCP>\angle BOP+\angle OBP$，又因为 $\angle OPD=\angle COP+\angle OCP$，$\angle OPA=\angle BOP+\angle OBP$，所以 $\angle OPD>\angle OPA$.

［例 8］　在弓形 BAC 中，A 为 $\overset{\frown}{BC}$ 的中点，P 是 $\overset{\frown}{BC}$ 上异于 A 的任何一点，则 $AB+AC>PB+PC$.

证明 1（延长法）

延长 BP 到 P_1，使 $PP_1=PC$，连 AP、AP_1，如图 Y7.8.1 所示，则 $\angle APP_1+\angle APB=180^\circ$，$\angle APB=\angle ACB=\angle ABC$，所以 $\angle APP_1+\angle ABC=180^\circ$.

因为 $\angle APC+\angle ABC=180^\circ$，所以 $\angle APP_1=\angle APC$，所以 $\triangle APP_1\cong\triangle APC$，所以 $AP_1=AC$.

在 $\triangle ABP_1$ 中，$AB=AP_1$，$BP_1=PB+PC$，所以 $AB+AP_1=AB+AC>BP_1=PB+PC$.

证明2(延长法)

如图 Y7.8.2 所示,延长 CP 到 P_1,使 $PP_1 = PB$,则 $CP_1 = PB + PC$.连 AP、AP_1.

因为 $\angle APP_1 = \angle ABC = \angle ACB$,$\angle ACB = \angle APB$,所以 $\angle APB = \angle APP_1$,所以 $\triangle APP_1 \cong \triangle APB$,所以 $\angle P_1 = \angle ABP$.

因为 $\angle ACP = \angle ABP$,所以 $\angle ACP = \angle P_1$,所以 $AC = AP_1$,即 $AP_1 = AC = AB$.在 $\triangle ACP_1$ 中,$AC + AP_1 > CP_1$,所以 $AB + AC > PB + PC$.

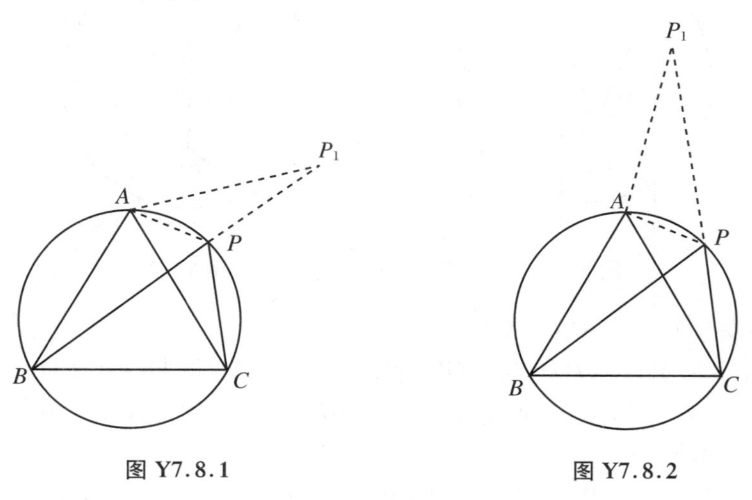

图 Y7.8.1　　　　图 Y7.8.2

证明3(直径是最大的弦、延长法)

以 A 为圆心,AB 为半径画圆,延长 BA,交该圆于 A_1,延长 BP,交该圆于 P_1,连 A_1C、P_1C,如图 Y7.8.3 所示,则 $\angle 1 = \angle 2$,$\angle 3 = \angle 4$,所以 $\angle 1 + \angle 5 = \angle 2 + \angle 6$.因为 $AA_1 = AC$,所以 $\angle 5 = \angle 1$,所以 $\angle 6 = \angle 2$,所以 $PC = PP_1$,所以 $BA_1 = AB + AC$,$BP_1 = PB + PP_1 = PB + PC$.

在大圆中,BA_1 是直径,BP_1 是非直径的弦,所以 $BA_1 > BP_1$,所以 $AB + AC > PB + PC$.

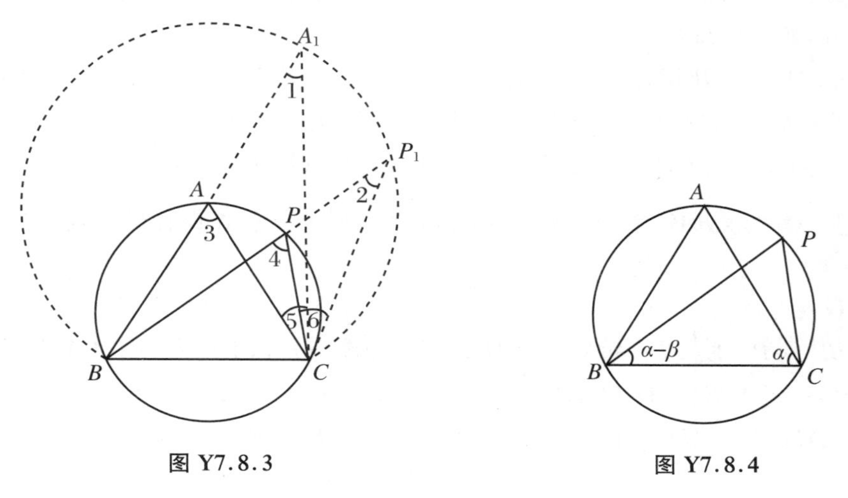

图 Y7.8.3　　　　图 Y7.8.4

证明4(三角法)

设 $BC = a$,$\angle ABC = \angle ACB = \alpha$,$\angle ACP = \beta$,则 $\angle P = \angle A = 180^\circ - 2\alpha$,$\angle PBC = \alpha - \beta$.

如图 Y7.8.4 所示.

在$\triangle ABC$、$\triangle PBC$中,由正弦定理,有

$$\frac{AB}{\sin\alpha}=\frac{a}{\sin(180^\circ-2\alpha)}=\frac{a}{\sin2\alpha}=\frac{a}{2\sin\alpha\cos\alpha},\quad AB=\frac{a}{2\cos\alpha}.$$

因为$\dfrac{PB}{\sin(\alpha+\beta)}=\dfrac{a}{\sin(180^\circ-2\alpha)}=\dfrac{PC}{\sin(\alpha-\beta)}$,所以

$$PB=\frac{a\sin(\alpha+\beta)}{2\sin\alpha\cos\alpha},\quad PC=\frac{a\sin(\alpha-\beta)}{2\sin\alpha\cos\alpha}.$$

所以

$$\begin{aligned}(AB+AC)-(PB+PC)&=\frac{a}{\cos\alpha}-\frac{a}{2\sin\alpha\cos\alpha}[\sin(\alpha+\beta)+\sin(\alpha-\beta)]\\&=\frac{a}{\cos\alpha}-\frac{a}{2\sin\alpha\cos\alpha}\cdot2\sin\alpha\cos\beta=\frac{a}{\cos\alpha}(1-\cos\beta)>0.\end{aligned}$$

所以$AB+AC>PB+PC$.

证明 5(解析法)

如图 Y7.8.5 所示,建立直角坐标系.

设$AB=AC=a$,以B、C为焦点作一长轴为$2a$的椭圆,则椭圆上任一点到B、C的距离之和为$2a$.

因为$\triangle ABC$的外接圆与椭圆在A点相切,可知除A点外,$\triangle ABC$的外接圆必在椭圆的内部.

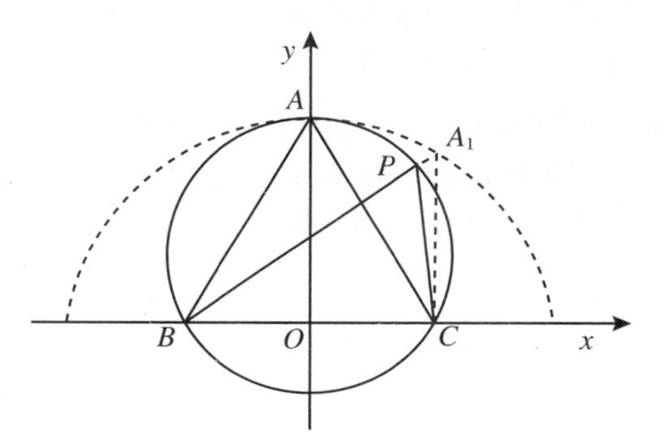

图 Y7.8.5

延长BP,交椭圆于A_1,连A_1C,则$PB+PC<A_1B+A_1C$,而$A_1B+A_1C=2a=AB+AC$,所以$AB+AC>PB+PC$.

第8章　定值问题

8.1　解法概述

定值问题的解题途径分两种：一种是先把定值是什么找出来，再证明任意一种条件下都是这个值，简称“先找后证”；另一种是不找定值，而是任取条件范围内的两种情况，证明它们对应的有关值相等. 大多数定值问题是通过“先找后证”的途径解决的.

找定值的方法通常是把条件特殊化，即在条件的范围内取某个具体位置或某个具体值，通过有关定理或公理计算出这个定值. 定值找到之后，就变成了普通证明题.

8.2　范例分析

［**范例1**］　两圆内切于 A，P 为大圆上异于 A 的任一点，作小圆的切线 PQ，切点为 Q，则 $\frac{PQ}{PA}$ 为定值.

分析1　直接观察比值 $\frac{PQ}{PA}$ 本身，不易求出定值. 于是试图把这个比值用别的比值代替. 注意到有切线条件，容易想到切割线定理：$PQ^2=PF\cdot PA$，所以 $\frac{PQ^2}{PA^2}=\frac{PF}{PA}$. 是否能证出 $\frac{PF}{PA}$ 是定值呢？我们知道，圆中有关线段的定值问题常和半径有关，这样就要作直径 AB，连 PB、FE，容易证明 $PB/\!/FE$. 这就不难证出 $\frac{PF}{PA}$ 是定值.

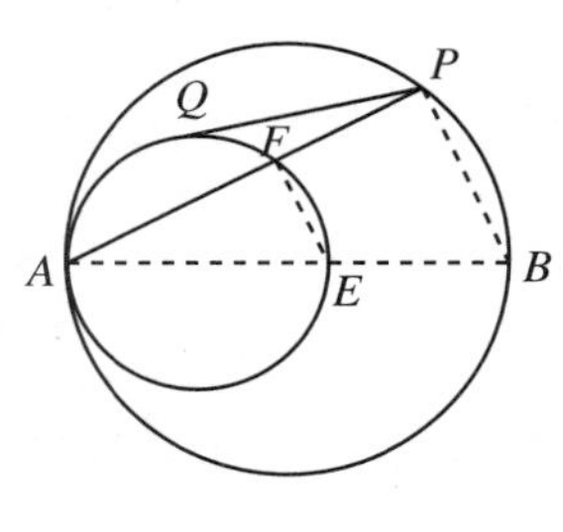

图 F8.1.1

证明1　作大圆的直径 AB，交小圆于 E，则 AE 是小圆直径，连 PB、FE，如图 F8.1.1 所示，所以 $PB\perp PA$，$FE\perp FA$，所以 $PB/\!/FE$. 由平行截比定理，$\frac{PF}{PA}=\frac{BE}{BA}$. 设大圆的半径为 R，小圆的半径为 r，则 $BE=2(R-r)$，$BA=2R$，所以 $\frac{PF}{PA}=\frac{R-r}{R}$.

因为 PQ 是小圆的切线，由切割线定理，$PQ^2=PF\cdot PA$，所以$\dfrac{PQ^2}{PA^2}=\dfrac{PF}{PA}=\dfrac{R-r}{R}$，所以$\dfrac{PQ}{PA}=\sqrt{\dfrac{R-r}{R}}$为定值.

分析2 为证$\dfrac{PF}{PA}$为定值，也可通过连 PO、FO'. 为证 $PO /\!/ FO'$，只要作出外公切线 AT.

证明2 设大圆的圆心为 O，半径为 R；小圆的圆心为 O'，半径为 r，连 PO、FO'，作公切线 AT，如图 F8.1.2 所示.

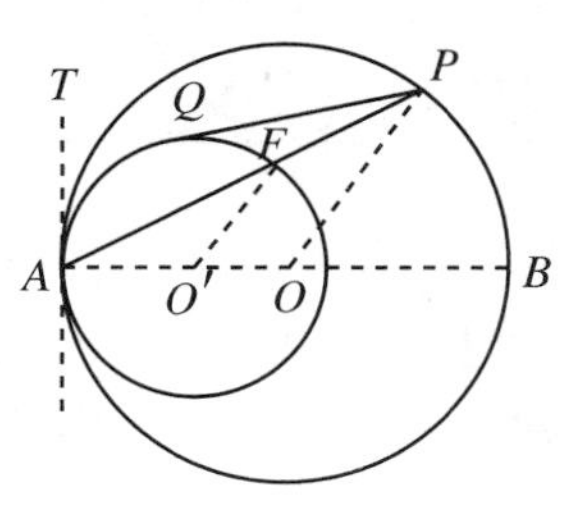

图 F8.1.2

因为$\angle TAP=\dfrac{1}{2}\angle AOP=\dfrac{1}{2}\angle AO'F$，所以 $PO /\!/ FO'$. 由平行截比定理，$\dfrac{PF}{PA}=\dfrac{OO'}{OA}=\dfrac{R-r}{R}$为定值.（以下略.）

分析3 把 P 的位置特殊化，取在直径的另一端点 B 处. 过 B 作小圆的切线 BC，这样只需证$\dfrac{PQ}{PA}=\dfrac{BC}{BA}$. 这只要用两次切割线定理即可.

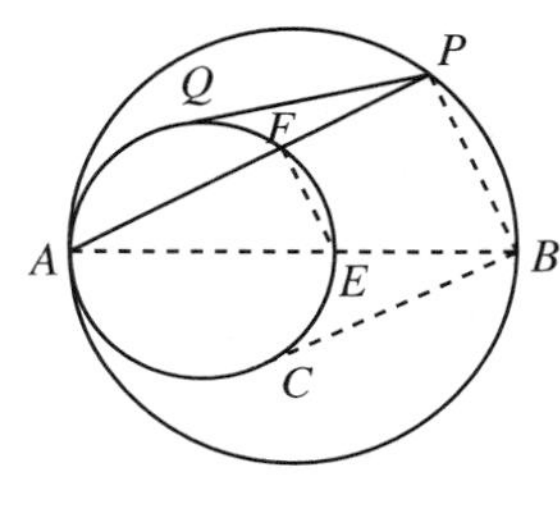

图 F8.1.3

证明3 作大圆直径 AB，设 AB 交小圆于 E，PA 交小圆于 F. 作 BC 与小圆相切，C 为切点，连 PB、FE，如图 F8.1.3 所示. 易证 $PB /\!/ FE$，所以$\dfrac{BE}{AB}=\dfrac{PF}{PA}$，所以 $BE\cdot PA=AB\cdot PF$.

由切割线定理，$BC^2=BE\cdot AB$，$PQ^2=PF\cdot PA$，则

$$\frac{PQ^2}{BC^2}=\frac{PF\cdot PA}{BE\cdot AB}=\frac{(PF\cdot PA)(BE\cdot PA)}{(BE\cdot AB)(AB\cdot PF)}=\frac{PA^2}{AB^2},$$

所以$\dfrac{PQ}{PA}=\dfrac{BC}{AB}$为定值.

［**范例2**］ AD 为$\triangle ABC$ 中$\angle A$ 的平分线，过 A、D 任作一个圆，设该圆交 AC 于 E，交 AB 于 F，则 $AE+AF$ 为定值.

分析1 由于圆是动圆，题目中的定值只能与原三角形中某些线段有关. 因为 AD 是角平分线，所以 D 到角的两边的距离相等，即 $DM=DN$. 连 DE、DF，可知$\triangle DME\cong\triangle DNF$，所以 $EM=FN$. 这就把 $AE+AF$ 和定线段 AM、AN 联系起来了.

证明1 作 $DM\perp AC$，$DN\perp AB$，垂足分别为 M、N，则 $DM=DN$，连 DE、DF，如图 F8.2.1 所示.

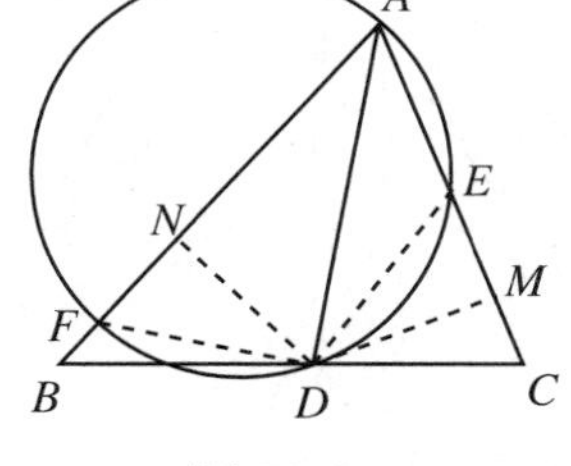

图 F8.2.1

因为$\angle DEM$ 是圆的内接四边形 $DEAF$ 的外角，所以$\angle DEM=\angle DFN$，所以 $\mathrm{Rt}\triangle DEM\cong\mathrm{Rt}\triangle DFN$，所以 $EM=FN$.

所以 $AE+AF=(AM-EM)+(AN+NF)=AM+AN=2AM$ 为定值.

分析2 过 A、D 作一个特殊的圆，可以预先把定值找出来. 最方便的办法是作以 AD 为直径的圆. 显然此时$\angle AED=\angle AFD=90^\circ$，可见定值就是 AD 在$\angle A$ 的一边上的射影的两倍. 然后再根据这个结果证明一般情况.（证明略.）

分析3 过 A、D 任作两个圆，各截 AC、AB 于 E、F 和 E_1、F_1. 我们不找定值，只要证出 $AE+AF=AE_1+AF_1$，即只要证明 $EE_1=FF_1$，这不难从$\triangle DEE_1$ 和$\triangle DFF_1$ 的全等证出.

证明3 过 A、D 任作两个圆，分别交 AC、AB 于 E、F 和 E_1、F_1，连 DE、DE_1、DF、

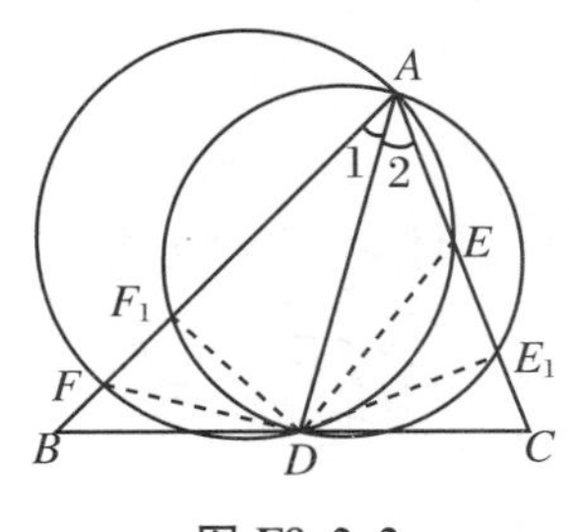

图 F8.2.2

DF_1，如图 F8.2.2 所示. 因为$\angle 1=\angle 2$，所以在两个圆中分别有 $DE=DF$，$DE_1=DF_1$.

利用圆内接四边形外角定理，有$\angle DEE_1=\angle DFF_1$，$\angle DE_1C=\angle DF_1A$，所以$\angle DE_1C-\angle DEE_1=\angle DF_1A-\angle DFF_1$，即$\angle EDE_1=\angle FDF_1$，所以$\triangle EDE_1\cong\triangle FDF_1$，所以 $EE_1=FF_1$.

所以 $AE+AF=AE+EE_1-EE_1+AF=(AE+EE_1)+(AF-FF_1)=AE_1+AF_1$，所以 $AE+AF$ 为定值.

注 过 A、D 作出和 AC 相切的圆，则在该圆中，AB 方向上的弦 AF' 就是这个定值. 用这种办法也可证出本题结论.

［**范例 3**］ 正六边形内的任一点到各边的距离之和为定值.

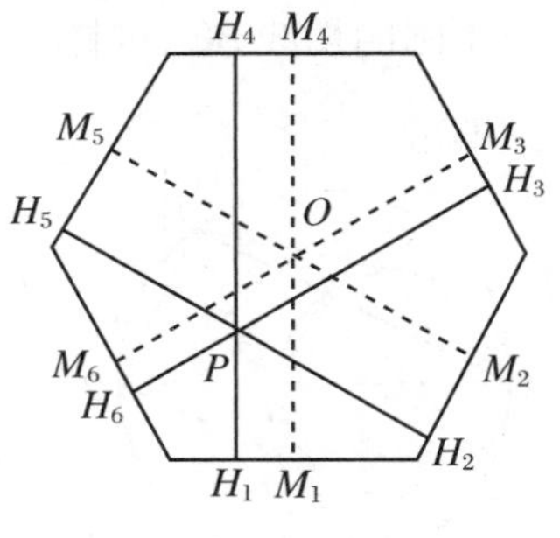

图 F8.3.1

分析 1 把任一点取为特殊点，例如取正六边形的中心 O，如图 F8.3.1 所示，显然这个定值是组成正六边形的六个小正三角形的六条高之和. 只要证 $PH_1+PH_2+PH_3+PH_4+PH_5+PH_6$ 也是这个值. 注意到 P、H_1、H_4 共线，且 $H_1M_1M_4H_4$ 是矩形，所以 $H_1H_3=M_1M_4$，即 $PH_1+PH_4=OM_1+OM_4$，问题就解决了.（证明略.）

分析 2 采用面积法，这是证点到直线的距离的问题的常用有效方法.

证明 2 设 a 为正六边形的边长，h_1、h_2、h_3、h_4、h_5、h_6 分别是 P 到各边的距离. 把 P 与正六边形的六个顶点连起来，则

$$S_{\text{正六}}=S_1+S_2+\cdots+S_6=\frac{1}{2}a(h_1+h_2+\cdots+h_6).$$

所以 $h_1+h_2+\cdots+h_6=\dfrac{2S_{\text{正六}}}{a}$为定值.

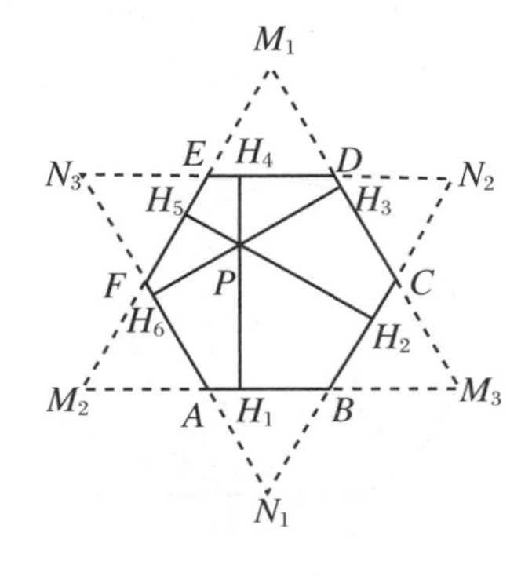

图 F8.3.2

分析 3 利用已知的定值的结果，有时能把问题归结为已证的结论. 把正六边形各边两向延长，得到两个正三角形. 引用本章例 1 的结论，可证出 $PH_1+PH_3+PH_5$ 和 $PH_2+PH_4+PH_6$ 分别是定值.

证明 3 把正六边形各边两向延长，得六个交点，形成正$\triangle M_1M_2M_3$ 和$\triangle N_1N_1N_3$，如图 F8.3.2 所示. P 为内点. 由本章例 1 的结果，$PH_1+PH_3+PH_5$ 为定值，$PH_2+PH_4+PH_6$ 为定值，所以 $PH_1+PH_2+\cdots+PH_6$ 为定值.

［**范例 4**］ $\odot O$、$\odot O_1$ 内切于 A，AL 为公切线. 任作直线平行于 AL，设这条任意直线交两圆于 B、C，则$\triangle ABC$ 的外接圆的半径为定值.

分析 1 把$\triangle ABC$ 的形状特殊化，可以先求出定值来. 这只要让 $BC\parallel AL$，BC 切小圆于C 即可. 这时延长 AC，与大圆交于 D，如图 F8.4.1 所示，AD 即是大圆的直径. 因为$\triangle ABC$ 是直角三角形，所以斜边 AB 就是$\triangle ABC$ 的外接圆的直径. 设$\triangle ABC$ 的外接圆的半径为R'，大圆的半径为 R，小圆的半径为 r. 作出大圆的直径 AD 后，由射影定理，$AB^2=AC$

$\cdot AD$，即$(2R')^2=2r\cdot 2R$，所以$R'=\sqrt{R\cdot r}$. 可见$\triangle ABC$的外接圆的半径是大、小圆半径的比例中项. 有了这个定值后，证明就有确定的目标了. 如何对任意的$\triangle ABC$也证出这个结论呢？一个办法是先就任一个$\triangle ABC$作出它的外接圆的半径. 设O_2为$\triangle ABC$的外心，O_2应为三边中垂线的交点. 可见只要作AB和AC的弦心距OE、O_1F，则EO的延长线和FO_1的延长线的交点即是O_2. O_2A即是$\triangle ABC$的外接圆的半径. 利用A、E、O_2、F共圆，可有$\angle AEF=\angle AO_2O_1$，易证$\angle AEF=\angle AOO_2$，所以$AO_2$是$\triangle OO_1O_2$外接圆的切线，所以$AO_2^2=AO_1\cdot AO$为定值.

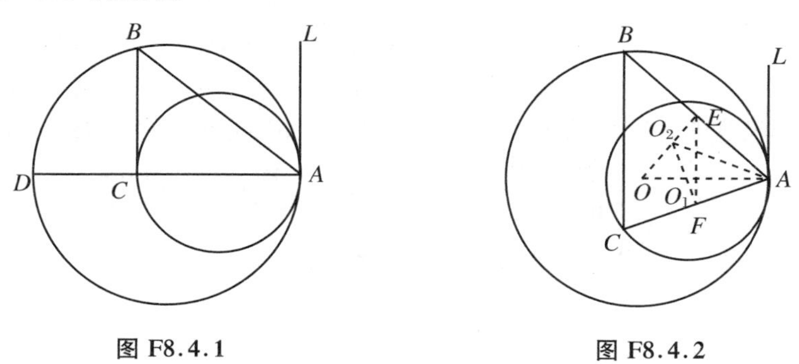

图 F8.4.1　　图 F8.4.2

证明1　设E、F各是AB、AC的中点，连OE、O_1F，延长FO_1，交OE于O_2，连AO_2、EF. 如图F8.4.2所示.

由垂径定理，$OE\perp AB$，$O_1F\perp AC$，所以A、E、O_2、F共圆，所以$\angle AEF=\angle AO_2F$.

因为EF是$\triangle ABC$的中位线，所以$EF/\!/BC$. 因为$BC/\!/AL$，$AL\perp OA$，所以$EF\perp OA$.

因为$\angle AOE$和$\angle AEF$的两双边对应垂直，所以$\angle AOE=\angle AEF$，所以$\angle AOE=\angle AO_2F$. 可见$\angle AOO_2=\angle AO_2O_1$，所以$AO_2$是$\triangle OO_1O_2$外接圆的切线. 由切割线定理，$AO_2^2=AO_1\cdot AO$，所以$AO_2=\sqrt{AO_1\cdot AO}$.

因为O_2是AB、AC的中垂线的交点，所以O_2是$\triangle ABC$的外心，所以AO_2是其外接圆半径. 由$AO_2=\sqrt{AO_1\cdot AO}$知AO_2是AO、AO_1的几何平均值，故为定值.

分析2　要证明有关外接圆半径的问题，容易想到正弦定理. 设$\triangle ABC$的外接圆的半径为R'，则$2R'=\dfrac{AB}{\sin\angle C}$. 要证$\dfrac{AB}{\sin\angle C}$是定值，需把$\sin\angle C$用另外的线段比代换. 注意到在$\text{Rt}\triangle ADC$中，$\sin\angle C=\dfrac{AD}{AC}$，于是只要证明$\dfrac{AB\cdot AC}{AD}$是定值. 这只要作出直径$AE$、$AF$，则可在$\text{Rt}\triangle ABE$和$\text{Rt}\triangle ACF$中分别由比例中项定理证出.

证明2　作$\odot O$的直径AE，设AE交$\odot O_1$于F，则AF是$\odot O_1$的直径. 连BE、CF. 如图F8.4.3所示.

在$\text{Rt}\triangle ABE$和$\text{Rt}\triangle ACF$中，由比例中项定理，$AB^2=AD\cdot AE$，$AC^2=AD\cdot AF$，所以$\dfrac{AB^2\cdot AC^2}{AD^2}=AE\cdot AF$，所以$\dfrac{AB\cdot AC}{AD}=\sqrt{AE\cdot AF}$.

在$\triangle ABC$中，由正弦定理，$2R'=\dfrac{AB}{\sin\angle C}$（$R'$是$\triangle ABC$的外接圆的半径）. 在$\text{Rt}\triangle ADC$中，$\sin\angle C=\dfrac{AD}{AC}$，所以$2R'=\dfrac{AB\cdot AC}{AD}$，所以$2R'=\sqrt{AE\cdot AF}$为定值.

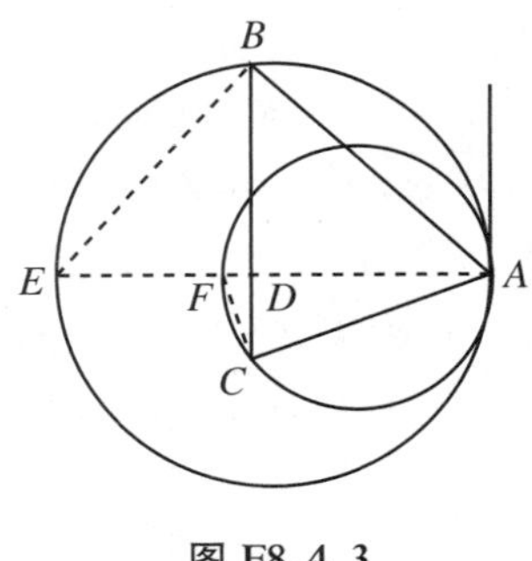

图 F8.4.3

分析 3 如图 F8.4.3 所示，作出直径 AE 后，设⊙O 的半径为 R，⊙O_1 的半径为 r，△ABC 的外接圆的半径为 R'. 由正弦定理，$2R' = \dfrac{AB}{\sin\angle C} = \dfrac{2R\sin\angle E}{\sin\angle C}$. 可见不能仅靠这一式证出 $2R'$是定值. 注意到 $\angle E = \angle ABC$，$\angle AFC = \angle ACB$，容易想到再次写出 $2R' = \dfrac{AC}{\sin\angle B} = \dfrac{2r\sin\angle AFC}{\sin\angle B}$. 把两个表示 $2R'$的式子相乘，即可发现$(2R')^2$ 为定值. 这种通过证某个量的平方为定值进而证出该量为定值的方法是值得注意的.

证明 3 设 $\angle ABC = \beta$，$\angle ACB = \alpha$，则 $\angle AEB = \beta$，$\angle AFC = \alpha$. 设⊙O 的半径为 R，⊙O_1 的半径为 r，△ABC 的外接圆的半径为 R'. 由正弦定理，有

$$2R' = \frac{AB}{\sin\alpha} = \frac{2R\sin\beta}{\sin\alpha}, \quad 2R' = \frac{AC}{\sin\beta} = \frac{2r\sin\alpha}{\sin\beta}.$$

两式相乘得$(2R')^2 = 4Rr$，所以 $2R' = 2\sqrt{Rr}$为定值.

8.3 研 究 题

［例 1］ 正三角形内的任一点到三边的距离之和为定值.

证明 1（利用第 2 章例 3 的结果）

过 P 作 $MN /\!/ BC$，交 AB 于 M，交 AC 于 N，作 $NT \perp AM$，$AR \perp MN$，垂足分别为 T、R，如图 Y8.1.1 所示，则△AMN 是正三角形. P 为 MN 上的点. 由第 2 章例 3 的结果，有 $PB_1 + PC_1 = NT$. 又 $NT = AR$，所以 $PB_1 + PC_1 = AR$.

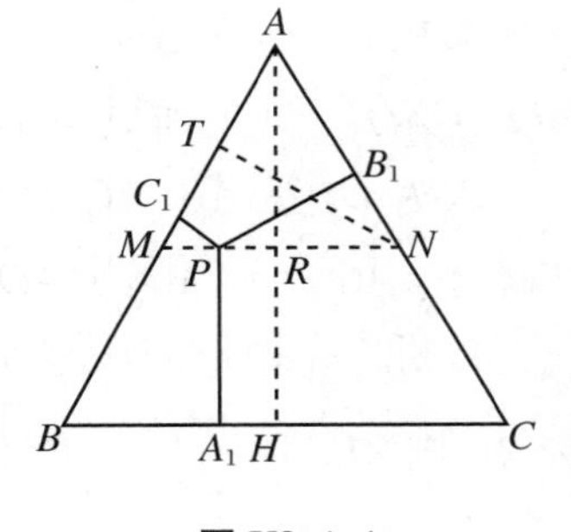

图 Y8.1.1

延长 AR，交 BC 于 H，则 $AH \perp BC$，所以 $PRHA_1$ 是矩形，所以 $RH = PA_1$，所以 $PA_1 + PB_1 + PC_1 = AH$ 为定值.

证明 2（面积法）

如图 Y8.1.2 所示，连 PA、PB、PC，则 $S_{\triangle ABC} = S_{\triangle PAB} + S_{\triangle PBC} + S_{\triangle PCA} = \dfrac{1}{2}PC_1 \cdot AB + \dfrac{1}{2}PA_1 \cdot BC + \dfrac{1}{2}PB_1 \cdot AC = \dfrac{1}{2}AB \cdot (PA_1 + PB_1 + PC_1)$.

设正△ABC 的高为 h，又有 $S_{\triangle ABC} = \dfrac{1}{2} \cdot h \cdot AB$，所以$\dfrac{1}{2} \cdot h \cdot AB = \dfrac{1}{2} \cdot AB \cdot (PA_1 + PB_1 + PC_1)$，所以 $PA_1 + PB_1 + PC_1 = h$.

证明 3（三角法）

设△ABC 的边长为 a，过 P 作 $MN /\!/ BC$，交 AB 于 M，交 AC 于 N，作 $MM_1 \perp BC$，$NN_1 \perp BC$，垂足分别是 M_1、N_1. 如图 Y8.1.3 所示.

在 Rt△PB_1N 中，$\angle B_1PN = 30°$，所以 $PB_1 = PN \cdot \cos 30°$. 同理 $PC_1 = PM \cdot \cos 30°$，所

以 $PC_1+PB_1=(PM+PN)\cos30^\circ=MN\cos30^\circ=M_1N_1\cos30^\circ=(a-BM_1-CN_1)\cdot\cos30^\circ$.

由对称性，$BM_1=CN_1$，$BM_1=MM_1\cdot\tan30^\circ=PA_1\tan30^\circ$，所以 $PA_1+PB_1+PC_1=(a-2PA_1\tan30^\circ)\cos30^\circ+PA_1=a\cos30^\circ-PA_1+PA_1=a\cos30^\circ$，为定值.

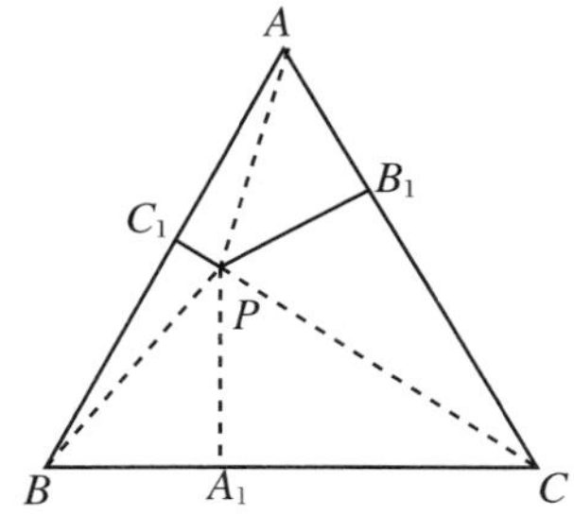

图 Y8.1.2

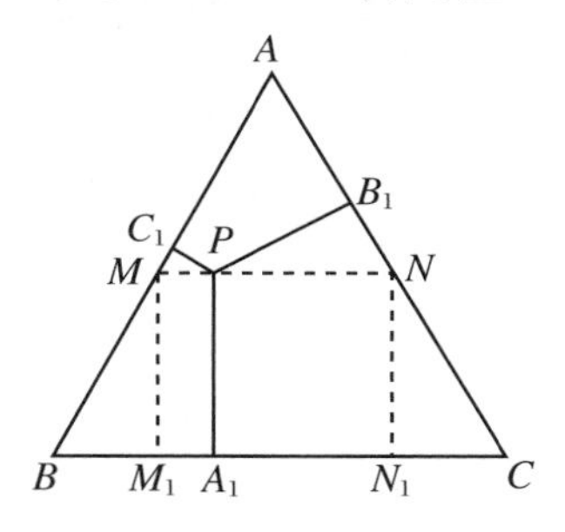

图 Y8.1.3

证明4(三角法)

如图 Y8.1.4 所示，作△ABC 的三条高 AD、BE、CF. 设 O 为中心，连 OP，作 $OM\perp PB_1$，$OL\perp PA_1$，垂足分别为 M、L. 作 $PN\perp OF$，垂足为 N. 易证 ODA_1L、OEB_1M、$PNFC_1$ 都是矩形，所以 $OD=A_1L$，$OE=B_1M$，$FN=C_1P$.

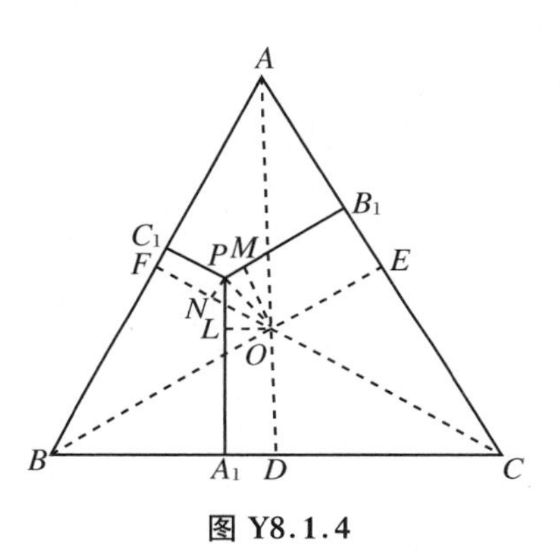

图 Y8.1.4

记$\angle POM=\angle1$，$\angle PON=\angle2$，$\angle POL=\angle3$. 因为$\angle MON=\angle ACO=\angle NOL=30^\circ$，所以$\angle1=30^\circ-\angle2$，$\angle3=30^\circ+\angle2$，在 Rt△$POM$、Rt△$POL$、Rt△$PON$ 中，$PM=OP\cdot\sin\angle1$，$PL=OP\cdot\sin\angle3$，$ON=OP\cdot\cos\angle2$，因为 $\sin(30^\circ-\angle2)+\sin(30^\circ+\angle2)=2\sin\dfrac{60^\circ}{2}\cdot\cos\angle2=\cos\angle2$，即 $\sin\angle1+\sin\angle3=\cos\angle2$，所以 $PM+PL=ON$.

所以 $PA_1+PB_1+PC_1=(PL+LA_1)+(PM+MB_1)+PC_1=(PL+PM)+OD+OE+NF=(ON+NF)+OD+OE=OD+OE+OF$，为定值.

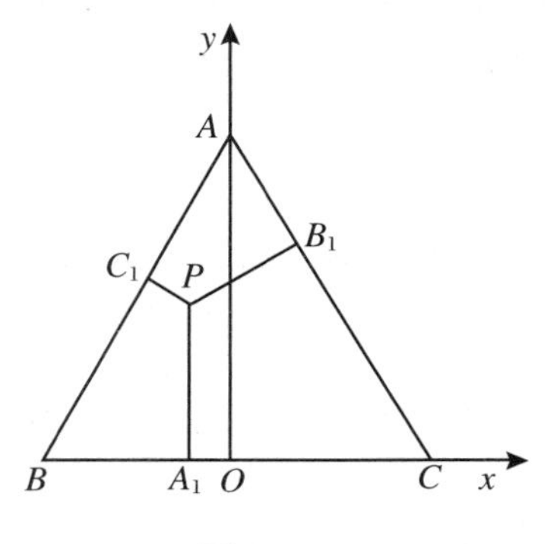

图 Y8.1.5

证明5(解析法)

如图 Y8.1.5 所示，建立直角坐标系.

设△ABC 的边长为 a，则 $A\left(0,\dfrac{\sqrt3}{2}a\right)$，$B\left(-\dfrac{a}{2},0\right)$，$C\left(\dfrac{a}{2},0\right)$.

设 $P(x_0,y_0)$，则 $A_1(x_0,0)$. 设 $B_1(x_1,y_1)$，$C_1(x_2,y_2)$.

为求 B_1、C_1 的坐标，先导出从线外的点(x_0,y_0)向直线 $Ax+By+C=0$ 所作垂线的垂足坐标公式.

设垂足为(a,b)，由$\begin{cases}Aa+Bb+C=0\\ \dfrac{b-y_0}{a-x_0}=\dfrac{B}{A}\end{cases}$ 解得 $a=\dfrac{B^2x_0-ABy_0-AC}{A^2+B^2}$，$b=-\dfrac{C}{B}-\dfrac{A}{B}a$.

因为 AB 的方程为 $y=\sqrt{3}x+\frac{\sqrt{3}}{2}a$，即$\sqrt{3}x-y+\frac{\sqrt{3}}{2}a=0$，$AC$ 的方程为 $y=-\sqrt{3}x+\frac{\sqrt{3}}{2}a$，即$\sqrt{3}x+y-\frac{\sqrt{3}}{2}a=0$，应用垂足坐标公式，可求出

$$\begin{cases} x_1=\dfrac{x_0-\sqrt{3}y_0+\frac{3}{2}a}{4} \\ y_1=\dfrac{\sqrt{3}}{2}a-\sqrt{3}x_1 \end{cases},\quad \begin{cases} x_2=\dfrac{x_0+\sqrt{3}y_0-\frac{3}{2}a}{4} \\ y_2=\dfrac{\sqrt{3}}{2}a+\sqrt{3}x_2 \end{cases}.$$

所以

$$PB_1=\sqrt{\left(x_0-\dfrac{x_0-\sqrt{3}y_0+\frac{3}{2}a}{4}\right)^2+\left(y_0-\dfrac{3y_0-\sqrt{3}x_0+\frac{\sqrt{3}}{2}a}{4}\right)^2}$$

$$=\sqrt{\left(\dfrac{\sqrt{3}x_0+y_0-\frac{\sqrt{3}}{2}a}{2}\right)^2}=\dfrac{\frac{\sqrt{3}}{2}a-\sqrt{3}x_0-y_0}{2},$$

$$PC_1=\sqrt{\left(x_0-\dfrac{x_0+\sqrt{3}y_0-\frac{3}{2}a}{4}\right)^2+\left(y_0-\dfrac{3y_0+\sqrt{3}x_0+\frac{\sqrt{3}}{2}a}{4}\right)^2}$$

$$=\sqrt{\left(\dfrac{-\sqrt{3}x_0+y_0-\frac{\sqrt{3}}{2}a}{2}\right)^2}=\dfrac{\frac{\sqrt{3}}{2}a+\sqrt{3}x_0-y_0}{2},$$

$$PA_1=y_0.$$

所以 $PA_1+PB_1+PC_1=y_0+\frac{1}{2}\left(\frac{\sqrt{3}}{2}a-\sqrt{3}x_0-y_0\right)+\frac{1}{2}\left(\frac{\sqrt{3}}{2}a+\sqrt{3}x_0-y_0\right)=\frac{\sqrt{3}}{2}a$，为定值.

［例 2］ 在等腰$\triangle ABC$ 中，$AB=AC$，直线 $MN /\!/ EF$，$MN\perp BC$，则不论 MN、EF 在什么位置，只要 MN 和EF 间的距离不变并且MN 和EF 总保持和BC 相交，五边形 $AMNFE$ 的周长为定值.

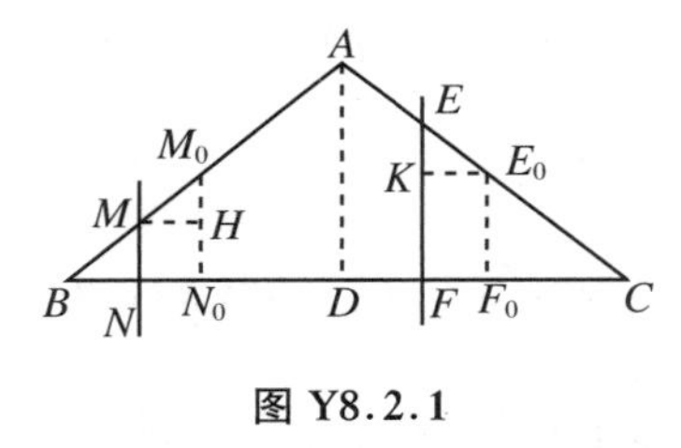

图 Y8.2.1

证明 1（三角形全等）

如图 Y8.2.1 所示，作 $AD\perp BC$，垂足为 D. 在 AD 两侧各作$M_0N_0\perp BC$，$E_0F_0\perp BC$，分别交 AB、AC 于M_0、E_0，垂足分别为 N_0、F_0，使 $N_0D=DF_0=\frac{1}{2}NF$，则 $FN=F_0N_0$，$NN_0=FF_0$.

作 $MH\perp M_0N_0$，垂足为 H，作 $E_0K\perp EF$，垂足为 K，则 $MH=NN_0=FF_0=KE_0$，$MN=HN_0$，$E_0F_0=KF$. 因为$\angle M_0MH=\angle B=\angle C=\angle EE_0K$，所以$\triangle MHM_0\cong\triangle E_0KE$，所以 $MM_0=EE_0$，$M_0H=EK$.

记 l 为五边形$AMNFE$ 的周长，则 $l=AM_0+M_0M+MN+NF+FK+KE+EA=AM_0$

$+EE_0+HN_0+N_0F_0+E_0F_0+M_0H+EA=AM_0+M_0N_0+N_0F_0+F_0E_0+E_0A$,为定值.

证明2(三角形相似)

作 $AD\perp BC$,垂足为 D,如图 Y8.2.2 所示.

因为$\triangle ABD\backsim\triangle MBN$,$\triangle ACD\backsim\triangle ECF$,$AB=AC$,$BD=CD$,所以$\dfrac{AM}{AB}=\dfrac{DN}{BD}$,$\dfrac{AE}{AC}=\dfrac{DF}{CD}$,即$\dfrac{AE}{AB}=\dfrac{DF}{BD}$.

所以$\dfrac{AM+AE}{AB}=\dfrac{DN+DF}{BD}$,所以 $AM+AE=\dfrac{AB}{BD}\cdot(DN+DF)=\dfrac{AB}{BD}\cdot NF$,为定值.

又由三角形相似知$\dfrac{MN}{AD}=\dfrac{BN}{BD}$,$\dfrac{EF}{AD}=\dfrac{CF}{CD}$,所以$\dfrac{MN+EF}{AD}=\dfrac{BN+CF}{BD}$,所以 $MN+EF=\dfrac{AD}{BD}\cdot(BN+CF)=\dfrac{AD}{BD}(BC-NF)$为定值,所以五边形 $AMNFE$ 的周长为定值.

证明3(平行截比定理、梯形的中位线的性质)

连 ME.记 P 为 ME 的中点,过 P 作 BC 的平行线,交 AB 于 M_1,交 NM 的延长线于 Q,交 AC 于 E_1,交 EF 于 Q_1,作 $AA_1\perp BC$,垂足为 A_1,设 AA_1 交 M_1E_1 于 A_2,作 $PP_1\perp BC$,垂足为 P_1,设 NM 的延长线交 CA 的延长线于 N_1.如图 Y8.2.3 所示.

由$\triangle PQM\cong\triangle PQ_1E$ 知 $QM=Q_1E$.因为$\angle QMM_1=\angle Q_1EE_1$,所以 $\mathrm{Rt}\triangle MQM_1\cong\mathrm{Rt}\triangle EQ_1E_1$,所以 $QM_1=Q_1E_1$,所以 $M_1E_1=QQ_1=NF$.

由$\dfrac{AA_2}{AA_1}=\dfrac{M_1E_1}{BC}$知 $AA_2=\dfrac{AA_1\cdot M_1E_1}{BC}=\dfrac{AA_1\cdot NF}{BC}$,所以 $A_2A_1=AA_1-AA_2=AA_1-\dfrac{AA_1\cdot NF}{BC}=AA_1\cdot\dfrac{BC-NF}{BC}$.

因为 $PP_1A_1A_2$ 为矩形,所以 $PP_1=A_2A_1$.

因为 $MNFE$ 是梯形,PP_1 是中位线,所以 $MN+EF=2PP_1$,可见$(MN+EF)$是常量.

易证 $AM=AN_1$,所以 $AM+AE=AN_1+AE=EN_1$,由平行截比定理,$\dfrac{EN_1}{NF}=\dfrac{AC}{A_1C}=\dfrac{2AC}{BC}$,所以 $EN_1=\dfrac{2AC\cdot NF}{BC}$,所以$(AM+AE)$是常量.

所以$(MN+EF)+(AM+AE)+NF=2AA_1\cdot\dfrac{BC-NF}{BC}+\dfrac{2AC}{BC}+NF$ 为常量.

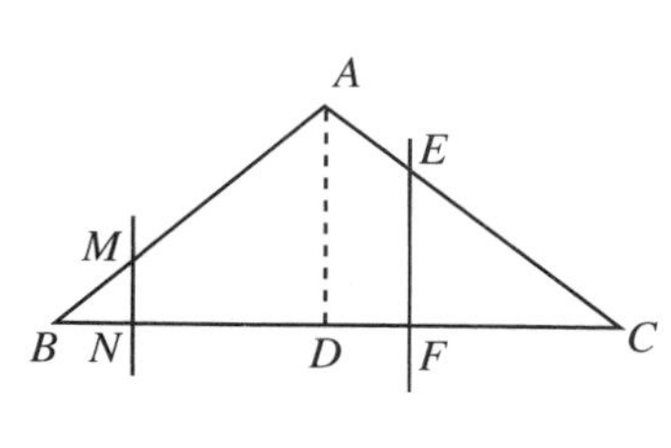

图 Y8.2.2

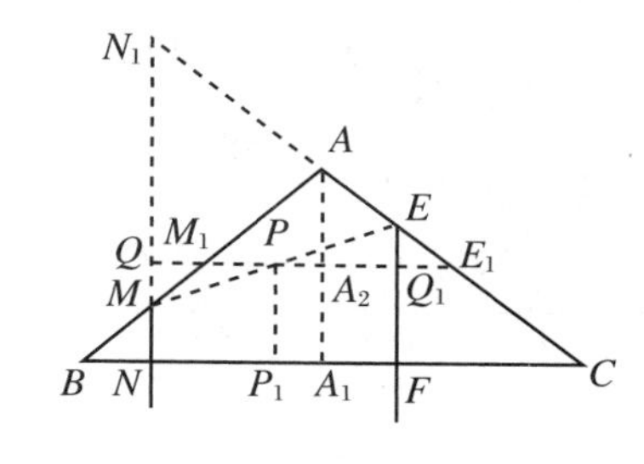

图 Y8.2.3

证明4(三角法)

如图 Y8.2.4 所示,设$\angle B=\theta$,$BC=a$,$AB=AC=b$,$NF=d$,$CE=x$,则 $AE=b-x$,

$CF=x\cos\theta$，$EF=x\sin\theta$，$BN=a-d-x\cos\theta$，$MN=(a-d-x\cos\theta)\tan\theta$，$AM=b-\dfrac{1}{\cos\theta}\cdot(a-d-x\cos\theta)$.

所以 $l=AE+EF+FN+NM+MA=(b-x)+x\sin\theta+d+(a-d-x\cos\theta)\tan\theta+\left[b-\dfrac{1}{\cos\theta}(a-d-x\cos\theta)\right]=2b+d+(a-d)\left(\tan\theta-\dfrac{1}{\cos\theta}\right)$为定值.

证明 5(解析法)

如图 Y8.2.5 所示，建立直角坐标系.

连 EM，设 EM 的中点为 G，作 $GH\perp BC$，垂足为 H，则 GH 是梯形 $MNFE$ 的中位线.

设 $\angle B=\theta$，$AB=b$，$NF=a$，$N(x_0,0)$，则 $F(x_0+a,0)$，$M(x_0,x_0\tan\theta)$，$C(2b\cos\theta,0)$，$E(x_0+a,(2b\cos\theta-x_0-a)\tan\theta)$.

由中点坐标公式可知 $G\left(x_0+\dfrac{a}{2},b\sin\theta-\dfrac{a}{2}\tan\theta\right)$，所以 $GH=b\sin\theta-\dfrac{a}{2}\tan\theta$ 为定值.

因为 $AM=AB-BM=b-\dfrac{x_0}{\cos\theta}$，$AE=AC-CE=b-(2b\cos\theta-x_0-a)\cdot\dfrac{1}{\cos\theta}=-b+\dfrac{a}{\cos\theta}+\dfrac{x_0}{\cos\theta}$，所以 $AM+AE=\dfrac{a}{\cos\theta}$为定值.

所以 $l=AE+AE+MN+EF+NF=\dfrac{a}{\cos\theta}+2b\sin\theta-a\tan\theta+a$.

所以五边形 $AMNFE$ 的周长为定值.

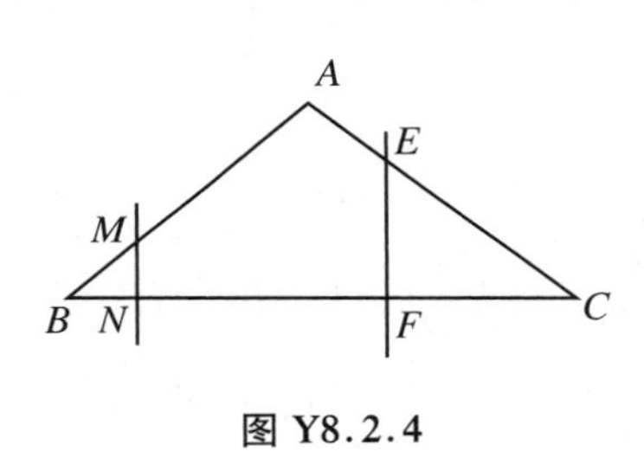

图 Y8.2.4

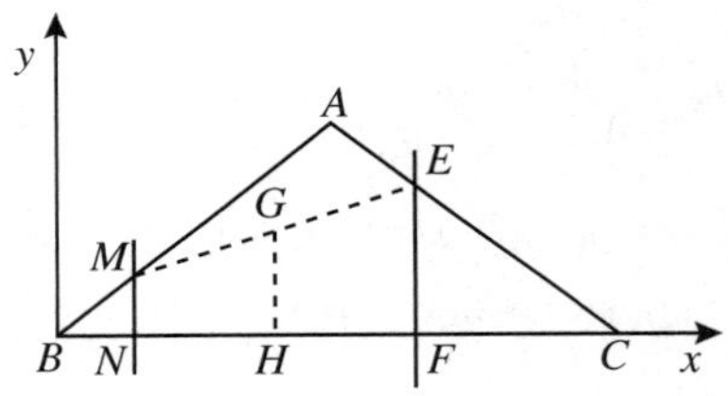

图 Y8.2.5

［**例 3**］ 正方形的中心为 P，以 P 为顶点，任作一个直角$\angle O_1PO_2$，则正方形被此直角的两边截得的面积不变.

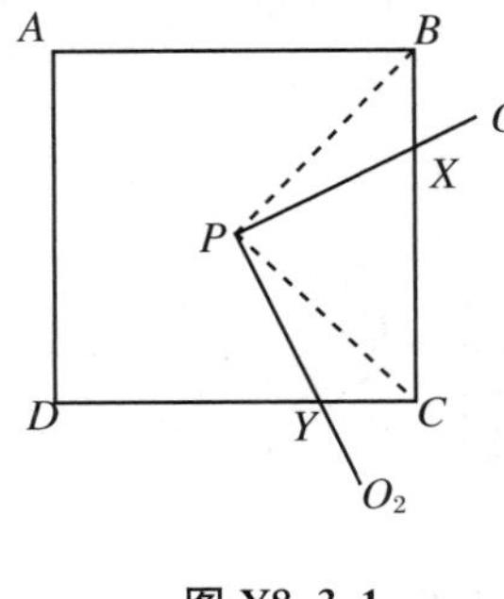

图 Y8.3.1

证明 1(三角形全等)

设 PO_1 交 BC 于 X，PO_2 交 CD 于 Y，连 PB、PC，如图 Y8.3.1所示. 显然 $S_{\triangle BPC}=\dfrac{1}{4}S_{ABCD}$.

因为 $PB=PC$，$\angle PBX=\angle PCY=45^\circ$，$\angle BPX$ 和$\angle CPY$ 两双边对应垂直，所以$\angle BPX=\angle CPY$，所以$\triangle PBX\cong\triangle PCY$.

所以 $S_{PXCY}=S_{\triangle PXC}+S_{\triangle PCY}=S_{\triangle PXC}+S_{\triangle PBX}=S_{\triangle BPC}=\dfrac{1}{4}S_{ABCD}$，为定值.

证明2(三角形全等)

作 $PM\perp BC$,$PN\perp CD$,垂足分别是 M、N,如图Y8.3.2所示,则 $PM=PN$.

因为$\angle XPM$ 和$\angle YPN$ 两双边对应垂直,所以$\angle XPM=\angle YPN$,所以$\triangle XPM\cong\triangle YPN$,所以 $S_{PXCY}=S_{PMCN}=\frac{1}{4}S_{ABCD}$ 为定值.

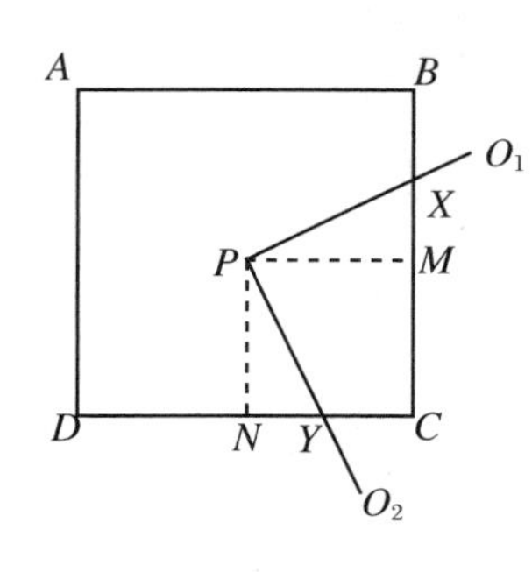

图 Y8.3.2

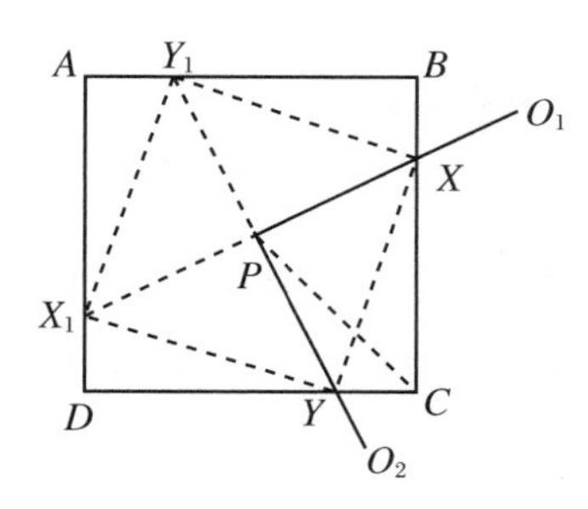

图 Y8.3.3

证明3(对称法)

如图Y8.3.3所示,延长 XP、YP,各与 AD、AB 交于 X_1、Y_1,则 X_1、Y_1 分别是 X、Y 关于P 的对称点.连 XY_1、XY、X_1Y、X_1Y_1,则 XY_1 和 X_1Y 关于P 对称,XY 和X_1Y_1 关于 P 对称,所以 $S_{XCDX_1}=\frac{1}{2}S_{ABCD}$.

因为 $PX=PX_1$,所以 $\mathrm{Rt}\triangle YPX\cong\mathrm{Rt}\triangle YPX_1$,所以 $YX=YX_1$.

连 PC.因为$\angle XPY=\angle XCY=90^\circ$,所以 P、X、C、Y 共圆,所以$\angle PXY=\angle PCY=45^\circ$,同理$\angle PX_1Y=45^\circ$,所以$\angle XYX_1=180^\circ-45^\circ-45^\circ=90^\circ$,所以 XYX_1Y_1 是正方形.因为$\angle CXY$ 和$\angle DYX_1$ 的两双边对应垂直,所以$\angle CXY=\angle DYX_1$,又 $XY=X_1Y$,所以$\mathrm{Rt}\triangle CXY\cong\mathrm{Rt}\triangle DYX_1$,所以 $S_{PXCY}=S_{PYDX_1}$,所以 $S_{PXCY}=\frac{1}{4}S_{ABCD}$ 为定值.

证明4(共圆、勾股定理)

如图Y8.3.4所示,连 XY、PC,则 P、X、C、Y 共圆.

因为$\angle 1=\angle 2=45^\circ$,$PX$、$PY$ 各是$\angle 1$、$\angle 2$ 对的弦,所以 $PX=PY$,所以

$$S_{\triangle PXY}=\frac{1}{2}PX^2=\frac{1}{2}\left(\frac{1}{2}XY^2\right)=\frac{1}{4}XY^2.$$

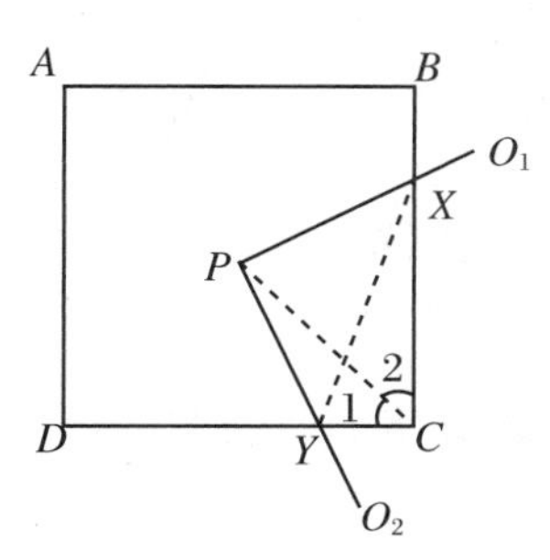

图 Y8.3.4

如前所证,$CY=BX$,所以在 $\mathrm{Rt}\triangle CXY$ 中,

$$\begin{aligned}XY^2&=CX^2+CY^2=CX^2+BX^2\\&=(BX+CX)^2-2BX\cdot CX\\&=BC^2-2CY\cdot CX=BC^2-4S_{\triangle CXY},\end{aligned}$$

所以

$$BC^2=4S_{\triangle CXY}+XY^2=4S_{\triangle CXY}+4S_{\triangle PXY}=4S_{PXCY},$$

所以 S_{PXCY} 为定值.

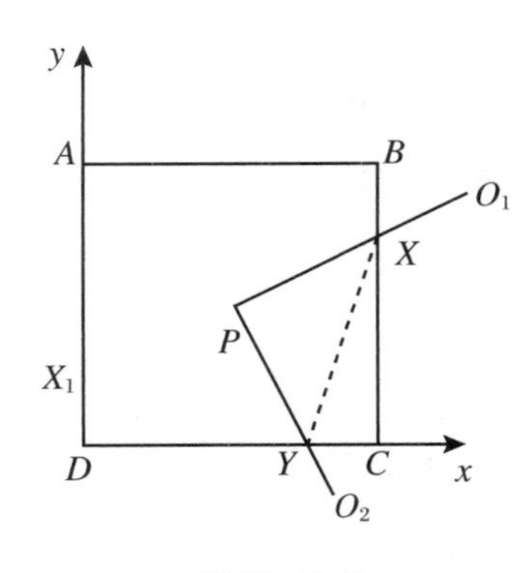

图 Y8.3.5

证明 5(解析法)

如图 Y8.3.5 所示,建立直角坐标系.连 XY.

设正方形的边长为 a,XP 的倾角为 α,则 PX 的方程为

$$y-\frac{a}{2}=\tan\alpha\cdot\left(x-\frac{a}{2}\right). \quad ①$$

BC 的方程为

$$x=a. \quad ②$$

PY 的方程为

$$y-\frac{a}{2}=-\cot\alpha\cdot\left(x-\frac{a}{2}\right). \quad ③$$

DC 的方程为

$$y=0. \quad ④$$

由式①、式②联立,可解出 $X\left(a,\frac{a}{2}\left(1+\tan\alpha\right)\right)$,由式③、式④联立,可解出 $Y\left(\frac{a}{2}\left(1+\tan\alpha\right),0\right)$.于是

$$S_{PXCY}=S_{\triangle PXY}+S_{\triangle XCY}$$

$$=\frac{1}{2}\begin{vmatrix}\frac{a}{2} & \frac{a}{2} & 1\\ \frac{a}{2}(1+\tan\alpha) & 0 & 1\\ a & \frac{a}{2}(1+\tan\alpha) & 1\end{vmatrix}+\frac{1}{2}\begin{vmatrix}\frac{a}{2}(1+\tan\alpha) & 0 & 1\\ a & 0 & 1\\ a & \frac{a}{2}(1+\tan\alpha) & 1\end{vmatrix}$$

$$=\frac{1}{2}\left[\frac{a^2}{2}+\frac{a^2}{4}(1+\tan\alpha)^2-\frac{a^2}{4}(1+\tan\alpha)\times 2\right]+\frac{1}{2}\left[\frac{a^2}{2}(1+\tan\alpha)-\frac{a^2}{4}(1+\tan\alpha)^2\right]$$

$$=\frac{a^2}{4}=\frac{1}{4}S_{ABCD}.$$

所以 S_{PXCY} 为定值.

[**例 4**] $\odot O_1$、$\odot O_2$ 交于 A、B 两点,过 B 的直线交 $\odot O_1$ 于 C,交 $\odot O_2$ 于 D,则 $\frac{AC}{AD}$ 为定值.

证明 1(三角形相似)

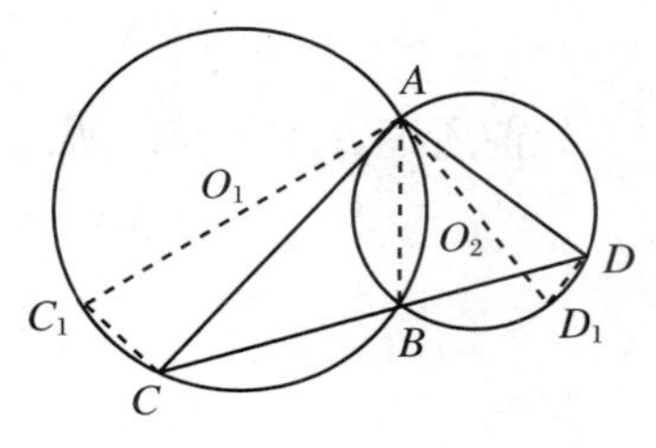

图 Y8.4.1

如图 Y8.4.1 所示,作 $\odot O_1$、$\odot O_2$ 的直径 AC_1、AD_1,连 CC_1、DD_1、AB.

因为 $\angle ABD$ 是 $ABCC_1$ 的外角,所以 $\angle ABD=\angle C_1$.因为 $\angle ABD$ 与 $\angle D_1$ 是同弧对的圆周角,所以 $\angle ABD=\angle D_1$,所以 $\angle C_1=\angle D_1$.

因为 $\angle ACC_1=\angle ADD_1=90^\circ$,所以 $\mathrm{Rt}\triangle ACC_1\backsim \mathrm{Rt}\triangle ADD_1$,所以 $\frac{AC}{AD}=\frac{AC_1}{AD_1}$,所以 $\frac{AC}{AD}$ 为定值.

证明2(三角形相似)

连 AB、O_1O_2,设 O_1O_2 交 AB 于 O,作$\odot O_1$、$\odot O_2$ 的直径 AC_1、AD_1,连 BC_1、BD_1,如图 Y8.4.2 所示.

由连心线的性质,$AB\perp O_1O_2$.

因为 AC_1、AD_1 是直径,所以 $BC_1\perp AB$,$BD_1\perp AB$,所以 C_1、B、D_1 三点共线,$C_1D_1/\!/O_1O_2$.

因为$\angle C=\angle C_1$,$\angle D=\angle D_1$,所以$\triangle ACD\backsim\triangle AC_1D_1$,所以$\dfrac{AC}{AD}=\dfrac{AC_1}{AD_1}$为定值.

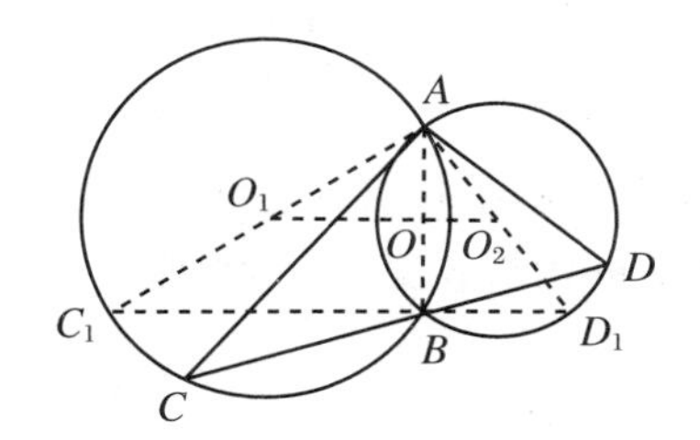

图 Y8.4.2

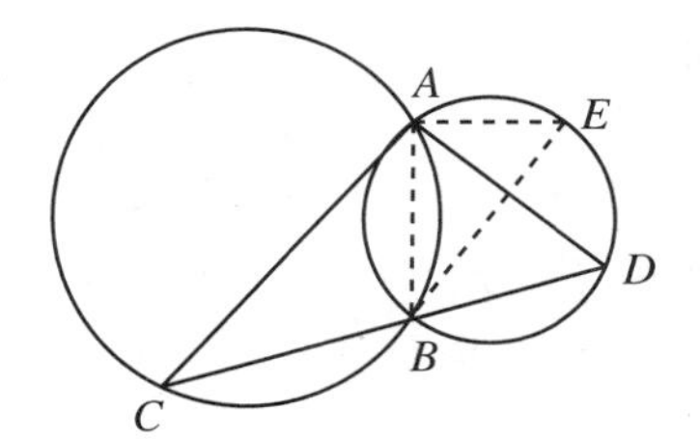

图 Y8.4.3

证明3(三角形相似)

过 B 作$\odot O_1$ 的切线,交$\odot O_2$ 于 E,连 AB、AE,如图 Y8.4.3 所示,则$\angle ABE=\angle C$,$\angle E=\angle D$,所以$\triangle ABE\backsim\triangle ACD$,所以$\dfrac{AC}{AD}=\dfrac{AB}{AE}$为定值.

证明4(等腰三角形相似)

连 O_1A、O_1C、O_2A、O_2D、AB,如图 Y8.4.4 所示.

因为

$$\frac{1}{2}\angle AO_1C+\angle ABC=180^\circ,\quad \frac{1}{2}\angle AO_2D=\angle ABD,\quad \angle ABD+\angle ABC=180^\circ,$$

所以$\angle AO_1C=\angle AO_2D$,所以等腰$\triangle AO_1C\backsim$等腰$\triangle AO_2D$,所以$\dfrac{AC}{AD}=\dfrac{AO_1}{AO_2}$为定值.

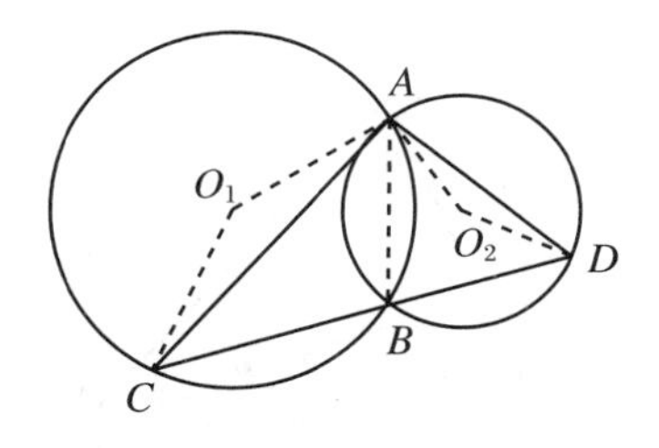

图 Y8.4.4

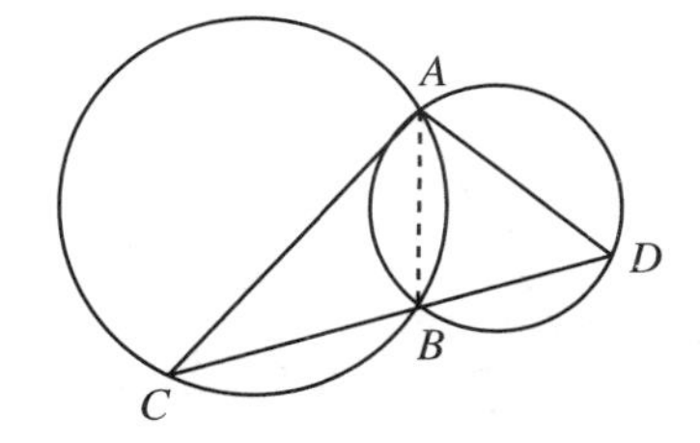

图 Y8.4.5

证明5(面积法)

如图 Y8.4.5 所示,连 AB.设$\odot O_1$、$\odot O_2$ 的半径分别为 r_1、r_2,由公式 $R=\dfrac{abc}{4S}$,分别有

$$r_1=\frac{AB\cdot BC\cdot CA}{4\cdot S_{\triangle ABC}},\quad r_2=\frac{AD\cdot AB\cdot BD}{4\cdot S_{\triangle ABD}},$$

所以$\dfrac{r_1}{r_2}=\dfrac{AC\cdot BC\cdot S_{\triangle ABD}}{AD\cdot BD\cdot S_{\triangle ABC}}$.

因为$\triangle ABC$、$\triangle ABD$等高，所以$\dfrac{S_{\triangle ABD}}{S_{\triangle ABC}}=\dfrac{BD}{BC}$，所以$\dfrac{r_1}{r_2}=\dfrac{AC\cdot BC\cdot BD}{AD\cdot BD\cdot BC}=\dfrac{AC}{AD}$为定值.

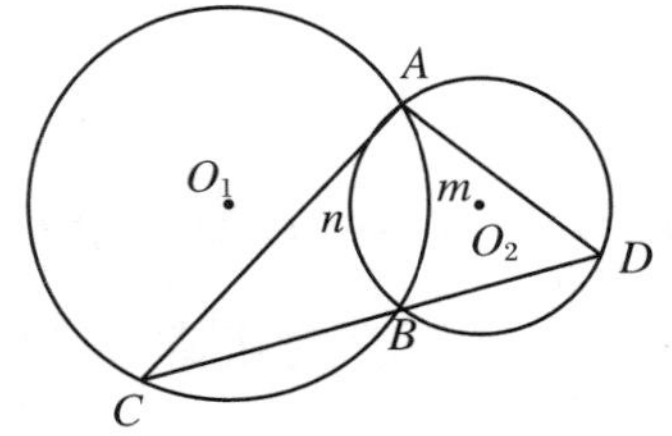

图 Y8.4.6

证明 6(三角法)

如图 Y8.4.6 所示，在$\odot O_1$中，$\angle C\overset{\text{m}}{=}\dfrac{1}{2}\overset{\frown}{AmB}$. 在$\odot O_2$中，$\angle D\overset{\text{m}}{=}\dfrac{1}{2}\overset{\frown}{AnB}$. 可见$\angle C$、$\angle D$是定角.

在$\triangle ABC$中，由正弦定理，$\dfrac{AC}{AD}=\dfrac{\sin\angle D}{\sin\angle C}$. 可见$\dfrac{AC}{AD}$是定值.

［例 5］ 过$\odot O_1$、$\odot O_2$的一个交点P作两条与两圆都相交的直线AE、BD，设它们分别与$\odot O_1$交于A、B，与$\odot O_2$交于E、D，设BA、ED的延长线交于C点，则$\angle C$为定角.

证明 1(割线的极限位置)

过P分别作$\odot O_1$、$\odot O_2$的切线PE_1、PB_1，分别交$\odot O_2$、$\odot O_1$于E_1、B_1. 如图 Y8.5.1 所示.

在$\odot O_1$中，$\angle 1=\angle PBA$.

在$\odot O_2$中，$\angle B_1PE=\angle PDE$.

因为$\angle B_1PE=\angle B_1PE_1+\angle E_1PE=\angle B_1PE_1+\angle 1=\angle B_1PE_1+\angle PBA$，$\angle PDE=\angle PBA+\angle C$，所以$\angle B_1PE_1=\angle C$. 因为$\angle B_1PE_1$是定角，所以$\angle C$是定角.

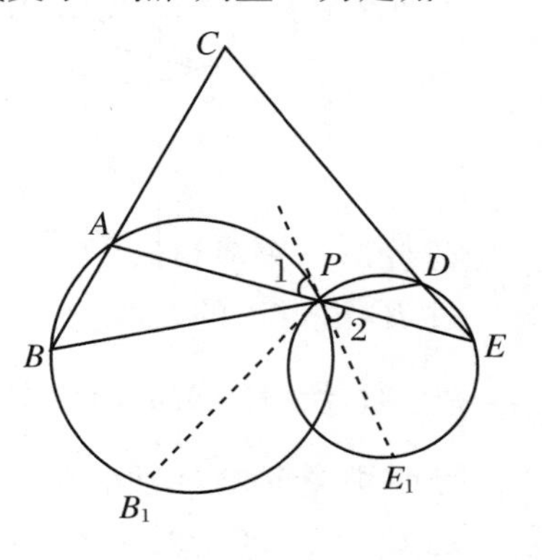

图 Y8.5.1

证明 2(圆周角度数定理、三角形的内角和)

设$\odot O_1$、$\odot O_2$的另一个交点是Q. 连PQ、AQ、EQ，如图 Y8.5.2 所示，则$\angle PAQ\overset{\text{m}}{=}\dfrac{1}{2}\overset{\frown}{PmQ}$，$\angle PEQ\overset{\text{m}}{=}\dfrac{1}{2}\overset{\frown}{PnQ}$，所以$\angle PAQ+\angle PEQ$是定角.

所以$\angle C=180^\circ-\angle B-\angle CDB=180^\circ-\angle 1-\angle 2=\angle PAQ+\angle PEQ$，所以$\angle C$为定角.

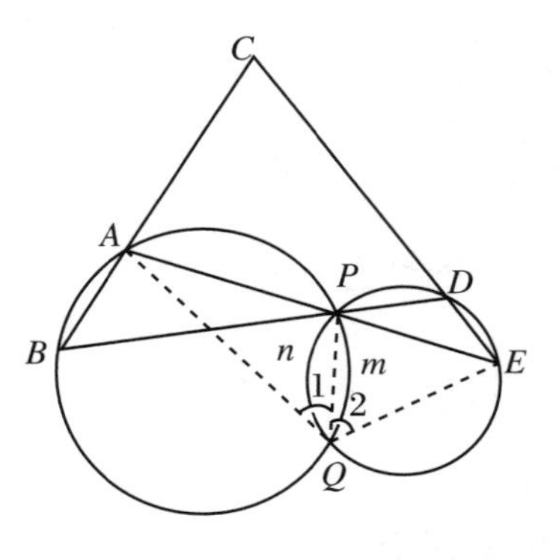

图 Y8.5.2

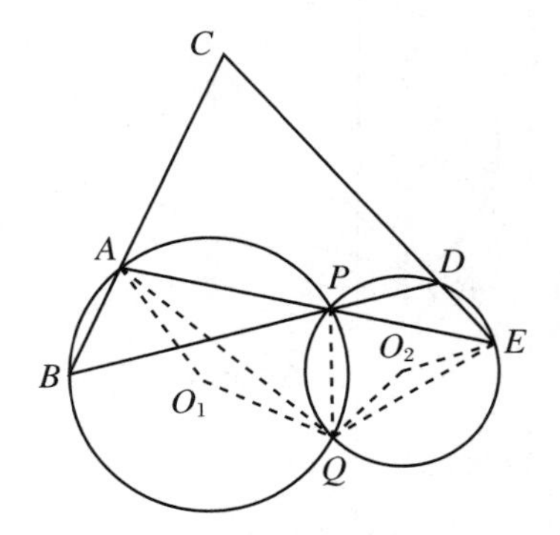

图 Y8.5.3

证明 3(三角形相似、圆心角与圆心角)

设$\odot O_1$、$\odot O_2$的另一个交点是Q. 连PQ、AQ、QE、O_1A、O_1Q、O_2Q、O_2E，如图 Y8.5.3 所示.

在$\odot O_1$中，$\frac{1}{2}\angle AO_1Q+\angle APQ=180^\circ$.

在$\odot O_2$中，$\frac{1}{2}\angle QO_2A=\angle QPE$.

因为$\angle QPE=180^\circ-\angle APQ$，所以$\angle AO_1Q=\angle QO_2E$，所以等腰$\triangle AO_1Q\backsim$等腰$\triangle QO_2E$，所以$\angle O_1QA=\angle O_2QE$.

因为$\angle B=\angle AQP$，$\angle BDC=\angle PQE=\angle O_2QE+\angle O_2QP$，所以$\angle B+\angle BDC=\angle AQP+\angle O_1QA+\angle O_2QP=\angle O_1QO_2$，所以$\angle C=180^\circ-(\angle B+\angle BDC)=180^\circ-\angle O_1QO_2$，所以$\angle C$为定值.

证明4(共圆、等腰三角形相似)

连PQ、AQ、BQ、DQ、EQ、O_1B、O_2D，连QO_1并延长，交BC于M，连QO_2并延长，交EC于N，如图Y8.5.4所示，则$\triangle O_1BQ$和$\triangle O_2DQ$都是等腰三角形. 因为$\angle BO_1Q=2\angle BAQ=2\angle BPQ=2\angle DEQ=\angle DO_2Q$，所以$\triangle O_1BQ\backsim\triangle O_2DQ$，所以$\angle BQO_1=\angle DQO_2$.

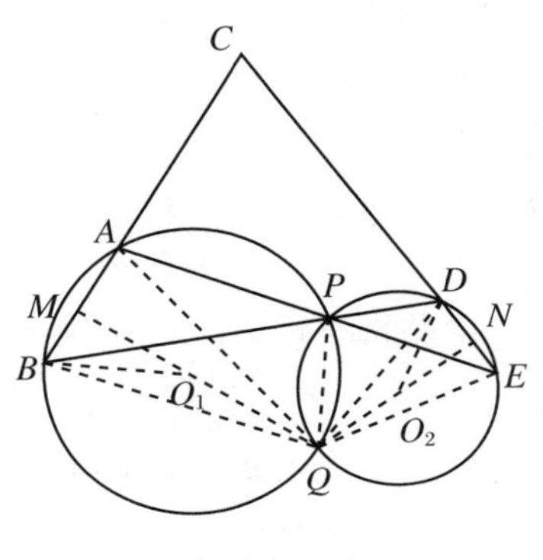

图 Y8.5.4

因为$\angle MBQ=\angle QPE$，$\angle QEN=\angle BPQ$，$\angle CMQ=\angle MBQ+\angle BQM=\angle QPE+\angle DQO_2$，$\angle QNC=\angle NEQ+\angle NQE=\angle BPQ+\angle O_2QE$，所以$\angle CMQ+\angle QNC=\angle QPE+\angle BPQ+\angle DQO_2+\angle O_2QE=\angle QPE+\angle BPQ+\angle DQE=\angle QPE+\angle BPQ+\angle DPE=180^\circ$，所以$C$、$M$、$Q$、$N$共圆，所以$\angle C+\angle MQN=180^\circ$.

因为$\angle MQN=\angle O_1QO_2$为定角，所以$\angle C$为定角.

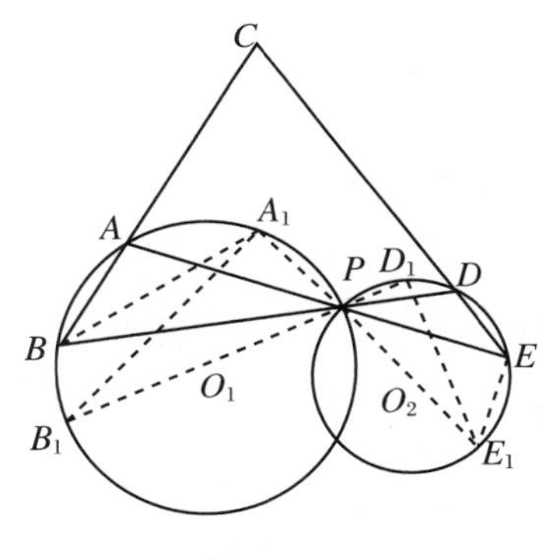

图 Y8.5.5

证明5(共圆、圆周角定理)

作两圆的直径PB_1、PE_1.

若PB_1、PE_1都是切线，则如证明1所证，命题成立. 若PB_1、PE_1不都是切线，设PB_1、PE_1与$\odot O_2$、$\odot O_1$的另外的交点分别是D_1、A_1. 连A_1B、A_1B_1、D_1E_1、EE_1，如图Y8.5.5所示. 在$\odot O_1$中，$\angle B_1=\angle A_1BP$，$\angle A_1BC=\angle A_1PA$，又$\angle A_1PA=\angle E_1PE$，所以$\angle A_1BC=\angle E_1PE$.

在$\odot O_2$中，$\angle CDB=\angle EE_1P$.

在$\text{Rt}\triangle PEE_1$中，$\angle EE_1P+\angle E_1PE=90^\circ$，所以$\angle CDB+\angle A_1BC=90^\circ$.

在$\triangle DBC$中，有

$$\begin{aligned}\angle C&=180^\circ-\angle CBD-\angle CDB\\&=180^\circ-\angle A_1BC-\angle A_1BP-\angle CDB\\&=180^\circ-(\angle A_1BC+\angle CDB)-\angle A_1BP\\&=180^\circ-90^\circ-\angle B_1=90^\circ-\angle B_1.\end{aligned}$$

因为$\angle B_1$为定值，所以$\angle C$为定角.

［例6］ 在$\odot O$中，MN是直径，AB是弦，AB和MN交于圆内的C点，$\angle BCN=45^\circ$，则

AC^2+BC^2 是定值.

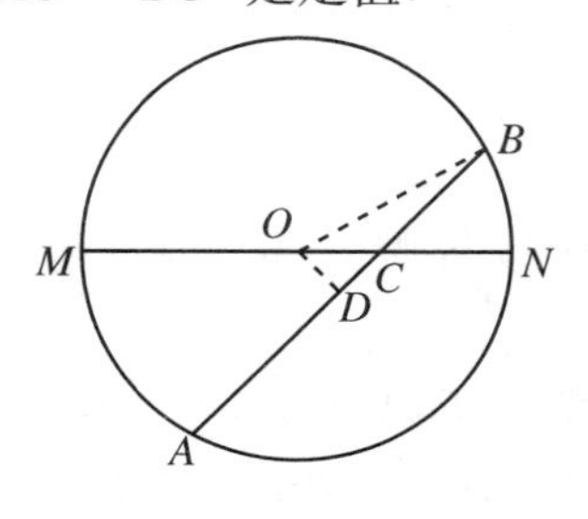

图 Y8.6.1

证明 1(垂径定理)

作 $OD\perp AB$,垂足为 D,如图 Y8.6.1 所示.由垂径定理知 D 为 AB 的中点.连 OB.

因为 $\angle BCN=45^\circ$,所以 $\angle OCD=45^\circ$,所以 $\triangle ODC$ 为等腰直角三角形,所以 $OD=DC$.

所以 $AC^2+BC^2=(AD+DC)^2+(BD-DC)^2=AD^2+BD^2+2DC^2+2AD\cdot DC-2BD\cdot DC=2(BD^2+OD^2)=2OB^2$,为定值.

证明 2(三角形的中位线、圆幂定理)

如图 Y8.6.2 所示,作直径 AE,连 BE,则 $AB^2+BE^2=AE^2$.

作 $OD\perp AB$,垂足为 D,由垂径定理知 $AD=DB$,所以 OD 是 $\triangle ABE$ 的中位线,$2OD=BE$,所以 $AB^2+(2OD)^2=AE^2$,即 $(AC+BC)^2=AE^2-(2OD)^2$,所以

$$AC^2+BC^2+2AC\cdot BC=AE^2-(2OD)^2. \quad ①$$

由圆幂定理,$AC\cdot BC=OM^2-OC^2$,所以

$$2AC\cdot BC=2OM^2-2(\sqrt{2}OD)^2. \quad ②$$

把式②代入式①,则 $AC^2+BC^2=2OM^2$,为定值.

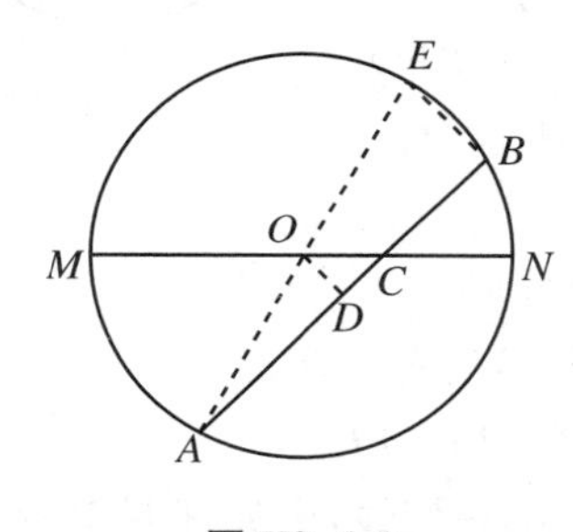

图 Y8.6.2

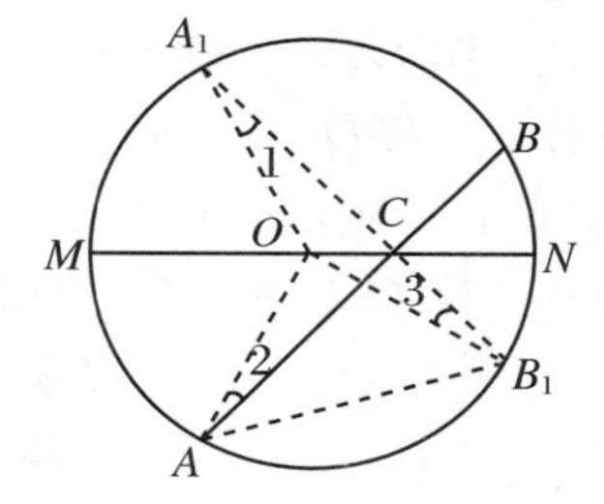

图 Y8.6.3

证明 3(共圆、勾股定理)

如图 Y8.6.3 所示,作 AB 关于 MN 的对称弦 A_1B_1,则 $CB_1=CB$,$\angle 1=\angle 2$,$\angle BCB_1=90^\circ$.

连 OA、OB_1、OA_1.因为 $\triangle OA_1B_1$ 是等腰三角形,所以 $\angle 1=\angle 3$,所以 $\angle 2=\angle 3$,所以 A、B_1、C、O 共圆,所以 $\angle AOB_1=\angle ACB_1=90^\circ$.因为 $\mathrm{Rt}\triangle AOB_1$ 和 $\mathrm{Rt}\triangle ACB_1$ 有公共斜边,由勾股定理,$AC^2+CB_1^2=OA^2+OB_1^2$.

因为 $AC^2+CB_1^2=AC^2+BC^2$,在 $\mathrm{Rt}\triangle AOB_1$ 中 $OA=OB_1$,所以 $AC^2+BC^2=2OA^2$,为定值.

证明 4(三角法)

如图 Y8.6.4 所示,连 OA、OB,作 $OE\perp AB$,垂足为 E,作 $OD\perp MN$,交 AB 于 D.易证 $\triangle OEC$、$\triangle OED$、$\triangle COD$ 都是等腰直角三角形,所以 $ED=EC$,$AE=BE$,所以 $AD=BC$,所以

$$AC-BC=DC=\sqrt{2}OD. \quad ①$$

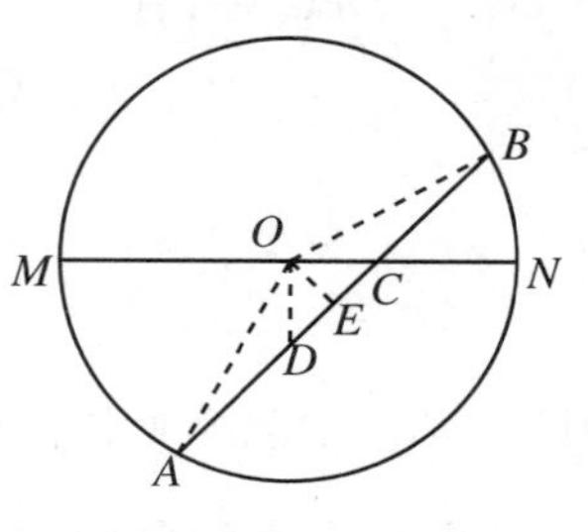

图 Y8.6.4

在 $\triangle OCB$、$\triangle OCA$ 中,由余弦定理,有

$$OB^2 = OC^2 + CB^2 - 2OC \cdot CB \cdot \cos 135^\circ,$$

$$OA^2 = OC^2 + AC^2 - 2OC \cdot AC \cdot \cos 45^\circ,$$

$$OA^2 + OB^2 = 2OA^2 = AC^2 + BC^2 + 2OC^2 + \sqrt{2}OC \cdot BC - \sqrt{2}OC \cdot AC$$
$$= AC^2 + BC^2 + \sqrt{2}OC \cdot [\sqrt{2}OC - (AC - BC)]. \quad ②$$

把式①代入式②,得到 $AC^2 + BC^2 = 2OA^2$ 为定值.

证明5(解析法)

如图Y8.6.5所示,建立直角坐标系.

设⊙O的半径为R,则⊙O的方程是

$$x^2 + y^2 = R^2. \quad ①$$

设$C(c,0)(-R \leqslant c \leqslant R)$,则$AB$的方程是

$$y = x - c. \quad ②$$

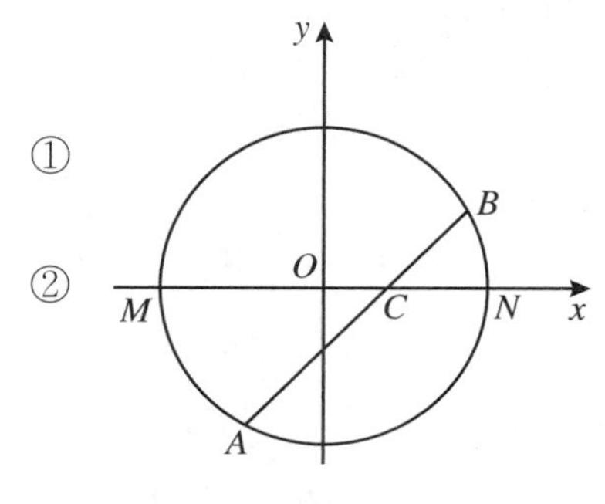

图Y8.6.5

联立式①、式②可求出

$$A\left(\frac{-\sqrt{2R^2 - c^2} + c}{2}, \frac{-\sqrt{2R^2 - c^2} - c}{2}\right),$$

$$B\left(\frac{\sqrt{2R^2 - c^2} + c}{2}, \frac{\sqrt{2R^2 - c^2} - c}{2}\right).$$

所以

$$AC^2 + BC^2 = \left(\frac{-\sqrt{2R^2 - c^2} + c}{2} - c\right)^2 + \left(\frac{-\sqrt{2R^2 - c^2} - c}{2}\right)^2$$
$$+ \left(\frac{\sqrt{2R^2 - c^2} + c}{2} - c\right)^2 + \left(\frac{\sqrt{2R^2 - c^2} - c}{2}\right)^2$$
$$= (R^2 + c\sqrt{2R^2 - c^2}) + (R^2 - c\sqrt{2R^2 - c^2}) = 2R^2,$$

为定值.

[**例7**] 三个等圆共点于O,每两个圆的另外的交点分别是A、B、C,则三叶花瓣形$O\text{-}ABC$的周长为定值.

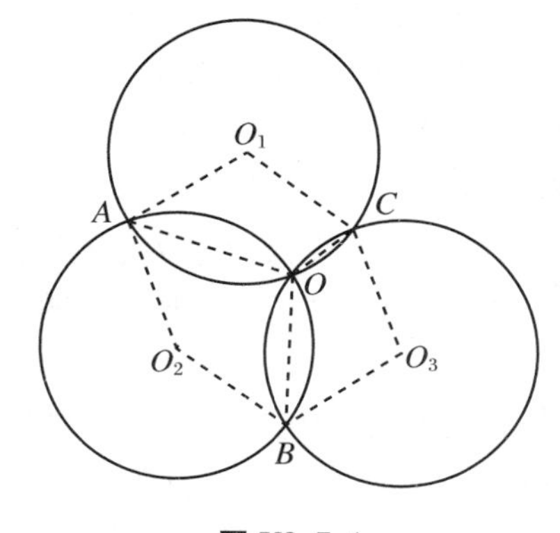

图Y8.7.1

证明1(圆的内接四边形的性质、圆周角与圆心角)

连OA、OB、OC、O_1A、O_1C、O_2A、O_2B、O_3C、O_3B,如图Y8.7.1所示,则

$$\angle AOC + \frac{1}{2}\angle AO_1C = 180^\circ,$$

$$\angle BOA + \frac{1}{2}\angle BO_2A = 180^\circ,$$

$$\angle COB + \frac{1}{2}\angle CO_3B = 180^\circ.$$

因为$\angle AOC + \angle COB + \angle BOA = 360^\circ$,所以$\angle AO_2C + \angle CO_3B + \angle BO_2A = 360^\circ$.

由圆心角度数定理,$\angle AO_1C \overset{m}{=} \overset{\frown}{AOC}$,$\angle CO_3B \overset{m}{=} \overset{\frown}{COB}$,$\angle BO_2A \overset{m}{=} \overset{\frown}{BOA}$,所以$\overset{\frown}{AOC} + \overset{\frown}{COB} + \overset{\frown}{BOA} = 360^\circ$,所以$l_{\overset{\frown}{AOC}} + l_{\overset{\frown}{COB}} + l_{\overset{\frown}{BOA}} = C$($C$表示一个圆的周长)为定值.

证明 2(菱形的性质、六边形的内角和)

如图 Y8.7.2 所示，连 O_1A、O_1C、O_2A、O_2B、O_3B、O_3C、OO_1、OO_2、OO_3. 易证 O_1AO_2O、O_2BO_3O、O_3CO_1O 都是菱形，所以 $\angle O_1AO_2=\angle O_1OO_2$，$\angle O_2BO_3=\angle O_2OO_3$，$\angle O_3CO_1=\angle O_3OO_1$，所以 $\angle O_1AO_2+\angle O_2BO_3+\angle O_3CO_1=\angle O_1OO_2+\angle O_2OO_3+\angle O_3OO_1=360^\circ$.

因为六边形 $O_1AO_2BO_3C$ 的内角和为 720°，所以 $\angle AO_1C+\angle BO_2A+\angle CO_3B=720^\circ-360^\circ=360^\circ$.

所以 $\overset{\frown}{AOC}+\overset{\frown}{BOA}+\overset{\frown}{COB}=360^\circ$，所以 $l_{\overset{\frown}{AOC}}+l_{\overset{\frown}{BOA}}+l_{\overset{\frown}{COB}}=C$.

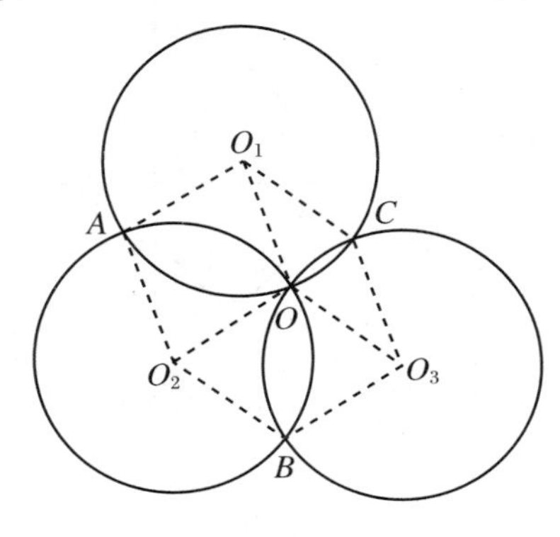

图 Y8.7.2

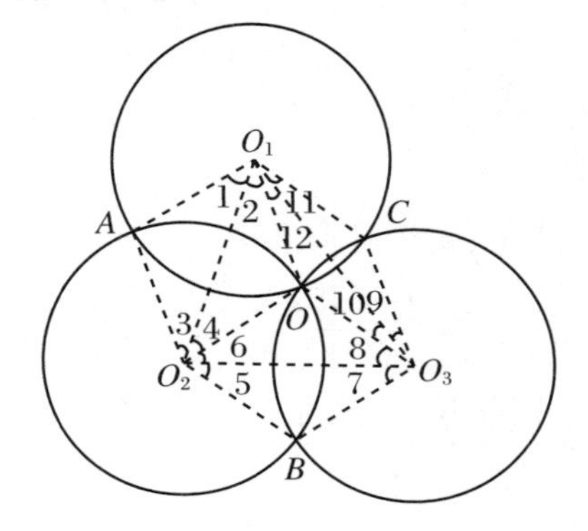

图 Y8.7.3

证明 3(菱形、三角形内角和)

连 O_1A、O_1C、O_2A、O_2B、O_3B、O_3C、OO_1、OO_2、OO_3、O_1O_2、O_2O_3、O_3O_1，如图 Y8.7.3 所示.

易证 O_1AO_2O、O_2BO_3O、O_3CO_1O 都是菱形，所以 $\angle 1=\angle 2=\angle 3=\angle 4$，$\angle 5=\angle 6=\angle 7=\angle 8$，$\angle 9=\angle 10=\angle 11=\angle 12$.

因为 $(\angle 2+\angle 12)+(\angle 4+\angle 6)+(\angle 8+\angle 10)=180^\circ$，所以 $\angle 1+\angle 2+\cdots+\angle 12=2\times 180^\circ=360^\circ$，即 $\overset{\frown}{AOC}+\overset{\frown}{BOA}+\overset{\frown}{COB}=360^\circ$，所以 $l_{\overset{\frown}{AOC}}+l_{\overset{\frown}{BOA}}+l_{\overset{\frown}{COB}}=C$.

证明 4(两相交的等圆关于公共弦的中点的中心对称性、三点共线的证明)

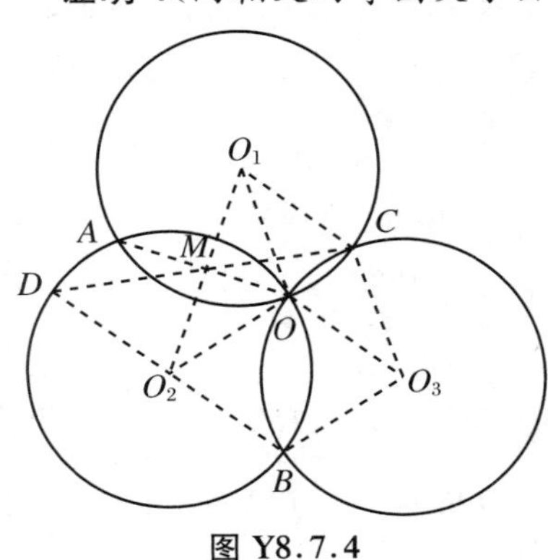

图 Y8.7.4

如图 Y8.7.4 所示，连 OA、OO_1、OO_2、OO_3、O_1O_2，设 OA 和 O_1O_2 交于 M，连 CM 并延长，交 $\odot O_2$ 于 D，连 O_2D、O_2B、BO_3、CO_3、CO_1.

因为 OA 为 $\odot O_1$、$\odot O_2$ 的公共弦，O_1O_2 为连心线，所以 $OM\perp O_1O_2$. 因为 $OO_1=OO_2$，所以 $MO_1=MO_2$.

由相交的两个等圆关于公共弦的中点 M 中心对称知 $CM=MD$，所以 C、O_1、D、O_2 是平行四边形的四顶点，所以 $O_2D /\!/ O_1C$. 由中心对称性又知 $\overset{\frown}{OC}=\overset{\frown}{AD}$.

因为 O_1CO_3O、O_2BO_3O 都是菱形，所以 $O_2B /\!/ OO_3 /\!/ O_1C$，可见 $O_2B /\!/ O_1C$，$O_2D /\!/ O_1C$，所以 D、O_2、B 三点共线，即 DB 是直径，所以 $\overset{\frown}{BO}+\overset{\frown}{OA}+\overset{\frown}{AD}=180^\circ$，所以 $\overset{\frown}{BO}+\overset{\frown}{OA}+\overset{\frown}{OC}=180^\circ$，所以 $2(\overset{\frown}{BO}+\overset{\frown}{OA}+\overset{\frown}{OC})=360^\circ$，即 $l_{\overset{\frown}{AOB}}+l_{\overset{\frown}{BOC}}+l_{\overset{\frown}{COA}}=C$.

证明5(平行四边形)

如图 Y8.7.5 所示,连 OA、OB、OC、O_2A、O_3C、AB、BC、CA、O_1O_2、O_2O_3、O_1O_3. 易证 $O_2A \mathrel{\underline{\mathrel{/\!/}}} O_3C$,所以 AO_2O_3C 是平行四边形,所以 $AC /\!/ O_2O_3$. 因为 $O_2O_3 \perp OB$,所以 $AC \perp OB$. 同理 $BC \perp OA$,$AB \perp OC$.

延长 AO_2,交$\odot O_2$ 于 D,连 BD、OD,则 AD 是直径,所以 $BD \perp AB$,$OD \perp AO$. 因为 $OC \perp AB$,$BC \perp OA$,所以 $OD /\!/ BC$,$OC /\!/ BD$,所以 $OCBD$ 是平行四边形,所以 $OC = BD$,所以$\overset{\frown}{OC} = \overset{\frown}{BD}$.

所以$\overset{\frown}{AO} + \overset{\frown}{BO} + \overset{\frown}{BD} = 180^\circ$,所以$\overset{\frown}{AO} + \overset{\frown}{BO} + \overset{\frown}{CO} = 180^\circ$,所以$\overset{\frown}{AOB} + \overset{\frown}{BOC} + \overset{\frown}{COA} = 360^\circ$,$l_{\overset{\frown}{AOB}} + l_{\overset{\frown}{BOC}} + l_{\overset{\frown}{COA}} = C$.

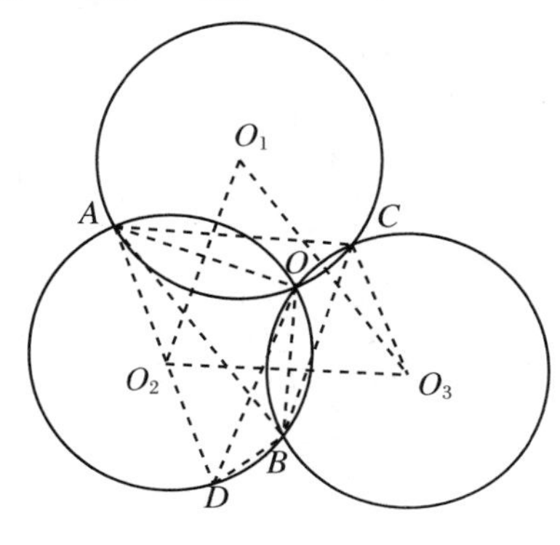

图 Y8.7.5

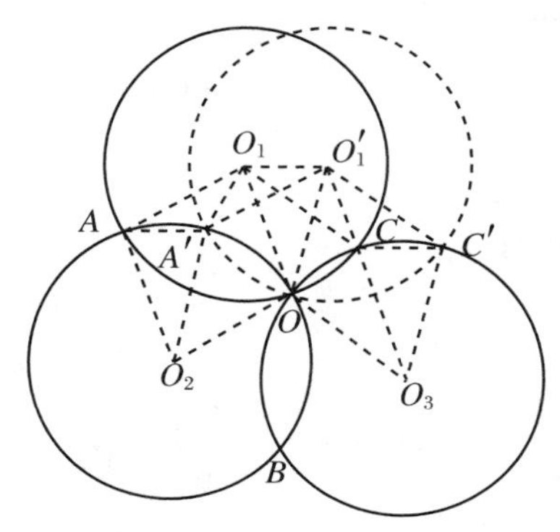

图 Y8.7.6

证明6(图形变动法)

保持$\odot O_2$、$\odot O_3$ 不动,把$\odot O_1$ 绕定点 O 旋转到$\odot O_1'$处. 这时$\odot O_1'$与$\odot O_2$、$\odot O_3$ 交点分别为 A'、C'. 如图 Y8.7.6 所示.

连 O_2A、O_2O、O_2A',连 O_1O、O_1A、O_1O_1',连 $A'O_1'$、$A'A$,易证 AO_2OO_1、$A'O_2OO_1'$ 都是菱形,所以 $O_1A \mathrel{\underline{\mathrel{/\!/}}} OO_2 \mathrel{\underline{\mathrel{/\!/}}} O_1'A'$,所以 A、A'、O_1'、O_1 是平行四边形的顶点,所以 $AA' = O_1O_1'$.

由$\triangle AO_2A' \cong \triangle O_1OO_1'$知$\angle AO_2A' = \angle O_1OO_1'$,同理$\angle O_1OO_1' = \angle CO_3C'$,所以$\angle CO_3C' = \angle AO_2A'$,所以$\overset{\frown}{AA'} = \overset{\frown}{CC'}$. 此等式表明,若保持$\odot O_2$、$\odot O_3$ 不动,使$\odot O_1$ 绕 O 旋转,则在旋转的过程中,定圆被动圆割下的总弧长不变,所以三叶花瓣形 O-ABC 有定周长.

[**例8**]　在等腰$\triangle ABC$ 中,$AC = CB$,P 为外接圆上异于 C 所在的$\overset{\frown}{AB}$上的任一点,则$\dfrac{PA + PB}{PC}$为定值.

证明1(三角形相似)

延长 PB 到 D,使 $PD = PA$,连 AD,如图 Y8.8.1 所示,则$\angle 1 = \angle 2$,$BD = PA + PB$.

因为$\angle APD = \angle ACB$,所以等腰$\triangle APD \backsim \triangle ACB$,所以$\angle 2 = \angle 3 = \angle 4$. 又因为$\angle 4 = \angle 5$,所以$\angle 2 = \angle 5$.

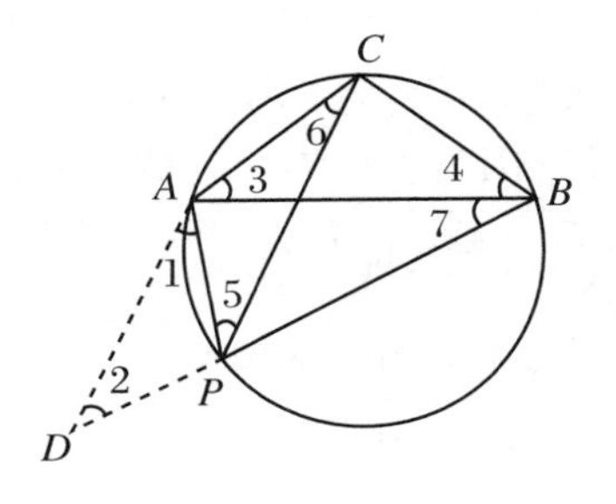

图 Y8.8.1

因为$\angle 6=\angle 7$，$\angle 2=\angle 5$，所以$\triangle ADB\backsim\triangle APC$，所以$\dfrac{BD}{PC}=\dfrac{AB}{AC}$，所以$\dfrac{PA+PB}{PC}=\dfrac{AB}{AC}$为定值.

证明2(Ptolemy定理)

对圆的内接四边形$APBC$使用Ptolemy定理，有$PB\cdot AC+PA\cdot BC=PC\cdot AB$，即$(PB+PA)AC=PC\cdot AB$，所以$\dfrac{PB+PA}{PC}=\dfrac{AB}{AC}$为定值.

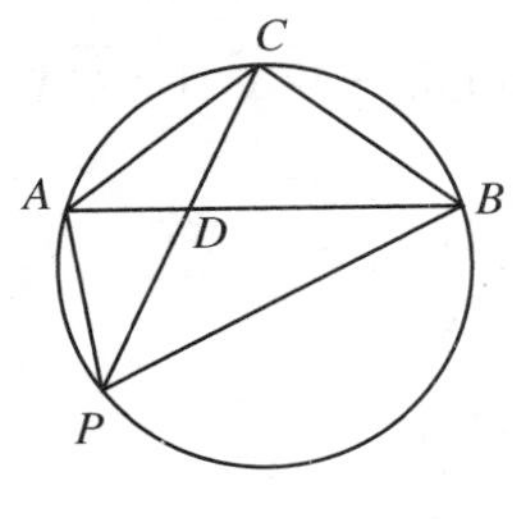

图 Y8.8.2

证明3(相似三角形)

如图 Y8.8.2 所示，设AB、PC的交点为D.

因为$\angle ABC=\angle BAC$，$\angle BAC=\angle BPC$，所以$\angle BPC=\angle ABC$，所以$\triangle PCB\backsim\triangle BCD$，所以$\dfrac{PB}{PC}=\dfrac{BD}{BC}$.

同理，由$\triangle PCA\backsim\triangle ACD$，又有$\dfrac{PA}{PC}=\dfrac{DA}{AC}$. 注意到$AC=BC$，所以

$$\frac{PB}{PC}+\frac{PA}{PC}=\frac{BD}{BC}+\frac{DA}{AC}=\frac{BD}{BC}+\frac{DA}{BC},$$

所以$\dfrac{PB+PA}{PC}=\dfrac{BD+DA}{BC}=\dfrac{AB}{AC}$为定值.

证明4(角平分线性质定理、三角形相似)

如图 Y8.8.2 所示，设AB、PC交于D. 因为$AC=BC$，所以$\overset{\frown}{AC}=\overset{\frown}{BC}$，所以$PC$是$\angle APB$的平分线. 由角平分线性质定理，$\dfrac{PA}{PB}=\dfrac{AD}{DB}$，故

$$\frac{PA+PB}{PB}=\frac{AD+DB}{DB}=\frac{AB}{DB}. \quad ①$$

因为$\angle PBD=\angle PCA$，$\angle BPD=\angle CPA$，所以$\triangle PBD\backsim\triangle PCA$，所以

$$\frac{PB}{BD}=\frac{PC}{AC}. \quad ②$$

式①×式②得$\dfrac{PA+PB}{BD}=\dfrac{PC\cdot AB}{AC\cdot DB}$，所以$\dfrac{PA+PB}{PC}=\dfrac{AB}{AC}$为定值.

证明5(三角形全等、三角形相似)

延长PB到D，使$BD=PA$，连CD，如图 Y8.8.3 所示.

因为$\angle CBD=\angle CAB$，$CB=CA$，$BD=PA$，所以$\triangle CBD\cong\triangle CAP$，所以$PC=CD$.

因为$\angle CPD=\angle CAB$，所以等腰$\triangle CAB\backsim\triangle CPD$，所以$\dfrac{PD}{PC}=\dfrac{AB}{AC}$，即$\dfrac{PA+PB}{PC}=\dfrac{AB}{AC}$为定值.

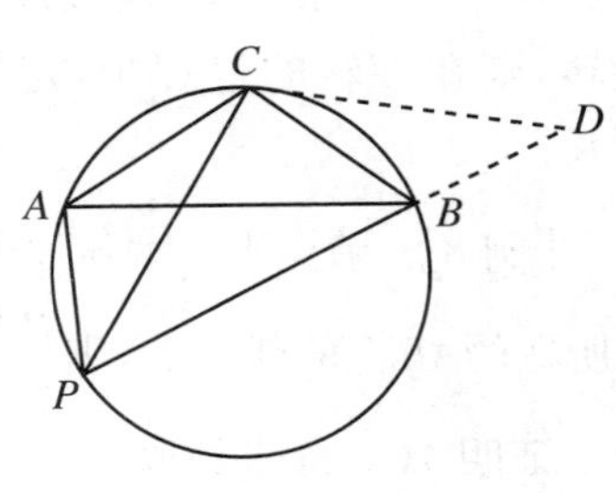

图 Y8.8.3

证明6(三角法)

设$\angle APC=\alpha$，则

$$\angle CAB=\angle CBA=\angle CPB=\alpha.$$

在$\triangle PAC$中，有

$$AC^2=PA^2+PC^2-2PA\cdot PC\cdot\cos\alpha. \quad ①$$

在$\triangle PBC$中,有

$$BC^2 = PB^2 + PC^2 - 2PB \cdot PC \cdot \cos\alpha. \qquad ②$$

式① - 式②,并把$AC = BC$代入,则有$PA^2 - PB^2 = 2PC(PA - PB)\cos\alpha$,所以

$$(PA + PB)\cdot(PA - PB) = 2PC\cdot(PA - PB)\cdot\cos\alpha,$$

所以$\dfrac{PA + PB}{PC} = 2\cos\alpha$为定值.

证明7(解析法)

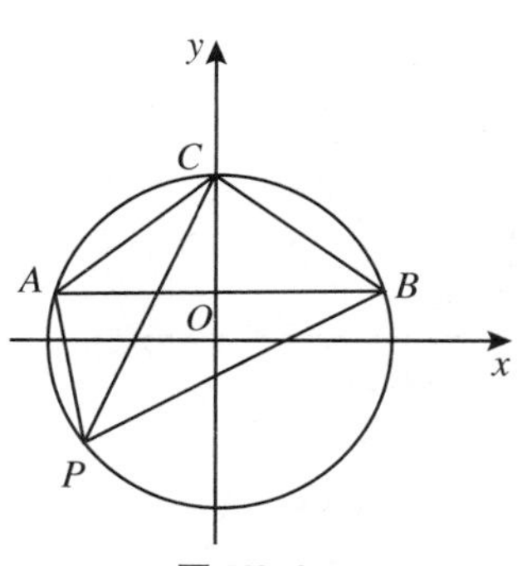

图 Y8.8.4

如图Y8.8.4所示,建立直角坐标系.

设圆的半径为R,则$\odot O$的方程为$x^2 + y^2 = R^2$.

设$A(-m, n)$,$B(m, n)$,$P(x_0, y_0)$,它们满足条件$m^2 + n^2 = x_0^2 + y_0^2 = R^2$,所以

$$\begin{aligned} PA^2 &= (x_0 + m)^2 + (y_0 - n)^2 \\ &= x_0^2 + y_0^2 + m^2 + n^2 + 2mx_0 - 2ny_0, \qquad ① \\ PB^2 &= (x_0 - m)^2 + (y_0 - n)^2 \\ &= x_0^2 + y_0^2 + m^2 + n^2 - 2mx_0 - 2ny_0, \qquad ② \end{aligned}$$

$$\begin{aligned} 2PA \cdot PB &= 2\sqrt{[(x_0 + m)^2 + (y_0 - n)^2]\cdot[(x_0 - m)^2 + (y_0 - n)^2]} \\ &= 2\sqrt{[(x_0^2 + y_0^2) + (m^2 + n^2) - 2ny_0 + 2mx_0]} \\ &\quad \cdot\sqrt{[(x_0^2 + y_0^2) + (m^2 + n^2) - 2ny_0 - 2mx_0]} \\ &= 2\sqrt{(2R^2 - 2ny_0 + 2mx_0)\cdot(2R^2 - 2ny_0 - 2mx_0)} \\ &= 4\cdot\sqrt{(R^2 - ny_0)^2 - (mx_0)^2} \\ &= 4\cdot\sqrt{R^4 + n^2y_0^2 - 2nR^2y_0 - (R^2 - y_0^2)\cdot m^2} \\ &= 4\sqrt{R^2(R^2 - m^2) - 2ny_0R^2 + y_0^2(m^2 + n^2)} \\ &= 4R\sqrt{n^2 - 2ny_0 + y_0^2} = 4R(n - y_0), \qquad ③ \end{aligned}$$

$$PC^2 = x_0^2 + (y_0 - R)^2 = x_0^2 + y_0^2 + R^2 - 2Ry_0. \qquad ④$$

由式①、式②、式③、式④得

$$\begin{aligned} &\frac{PA^2 + PB^2 + 2PA \cdot PB}{PC^2} \\ &= \frac{(PA + PB)^2}{PC^2} = \frac{4R^2 - 4ny_0 + 4R(n - y_0)}{2R^2 - 2Ry_0} \\ &= 2\cdot\frac{R^2 - ny_0 + nR - Ry_0}{R^2 - Ry_0} \\ &= 2\cdot\frac{R(R - y_0) + n(R - y_0)}{R(R - y_0)} \\ &= 2\left(1 + \frac{n}{R}\right). \qquad ⑤ \end{aligned}$$

另一方面,有

$$\left(\frac{AB}{AC}\right)^2 = \frac{(2m)^2}{(R - n)^2 + m^2} = \frac{4m^2}{R^2 + m^2 + n^2 - 2nR}$$

$$= \frac{2m^2}{R^2 - nR} = \frac{2(R^2 - n^2)}{R(R - n)} = 2\left(1 + \frac{n}{R}\right). \quad ⑥$$

由式⑤、式⑥可知$\left(\frac{PA + PB}{PC}\right)^2 = \left(\frac{AB}{AC}\right)^2$，所以$\frac{PA + PB}{PC} = \frac{AB}{AC}$为定值.

［**例 9**］ 正三角形的外接圆上的任一点到三顶点距离的平方和为定值.

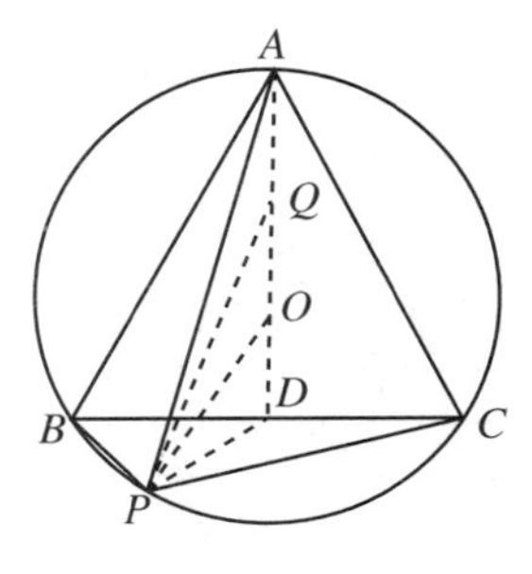

图 Y8.9.1

证明 1(中线定理)

如图 Y8.9.1 所示，连 AO 并延长，交 BC 于 D，易证 $BD = DC$. 因为 O 是$\triangle ABC$ 的外心，也是重心，所以 $OA = 2OD$. 取 OA 的中点 Q，连 PQ、PO、PD.

在$\triangle AOP$、$\triangle QDP$ 中，由中线定理，有

$$PO^2 + PA^2 = 2(PQ^2 + AQ^2),$$
$$PA^2 = 2PQ^2 + 2AQ^2 - PO^2. \quad ①$$
$$PD^2 + PQ^2 = 2(PO^2 + OD^2),$$
$$2PD^2 = 4PO^2 + 4OD^2 - 2PQ^2. \quad ②$$

由式① + 式②并注意到 $AQ = QO = OD$，则有

$$PA^2 + 2PD^2 = 3PO^2 + 6OD^2. \quad ③$$

在$\triangle PBC$ 中，由中线定理，有

$$PB^2 + PC^2 = 2(PD^2 + CD^2),$$
$$2PD^2 = PB^2 + PC^2 - 2CD^2. \quad ④$$

式③ - 式④并移项得 $PA^2 + PB^2 + PC^2 = 3PO^2 + 6OD^2 + 2CD^2$. 设正三角形的边长为 a，所以 $PO = \frac{\sqrt{3}}{3}a$，$OD = \frac{\sqrt{3}}{6}a$，$CD = \frac{a}{2}$，所以 $PA^2 + PB^2 + PC^2 = 2a^2$ 为定值.

证明 2(引用第 2 章例 13 的结果)

由第 2 章例 13 的结果，$PA = PB + PC$，故 $PA^2 = PB^2 + PC^2 + 2PB \cdot PC$，所以

$$PA^2 + PB^2 + PC^2 = 2(PB^2 + PC^2 + PB \cdot PC). \quad ①$$

在$\triangle BPC$ 中，$\angle BPC = 180^\circ - \angle A = 180^\circ - 60^\circ = 120^\circ$，由余弦定理，有

$$BC^2 = PB^2 + PC^2 - 2PB \cdot PC \cdot \cos 120^\circ = PB^2 + PC^2 + PB \cdot PC. \quad ②$$

把式②代入式①得 $PA^2 + PB^2 + PC^2 = 2BC^2$ 为定值.

证明 3(引用第 6 章例 15 的结果)

由第 6 章例 15 的结果，$PA^2 = AB^2 + BP \cdot PC$，所以 $PA^2 + PB^2 + PC^2 = AB^2 + PB^2 + PC^2 + BP \cdot PC$.

同证明 2，$BC^2 = PB^2 + PC^2 + BP \cdot PC$，所以 $PB^2 + PC^2 + PA^2 = AB^2 + BC^2$，为定值.

证明 4(三角法)

如图 Y8.9.2 所示，设$\angle PBC = \alpha$，则

$$\angle BPC = 120^\circ,$$
$$\angle PBA = 60^\circ + \alpha,$$
$$\angle PCB = \angle PAB = 60^\circ - \angle PAC = 60^\circ - \alpha.$$

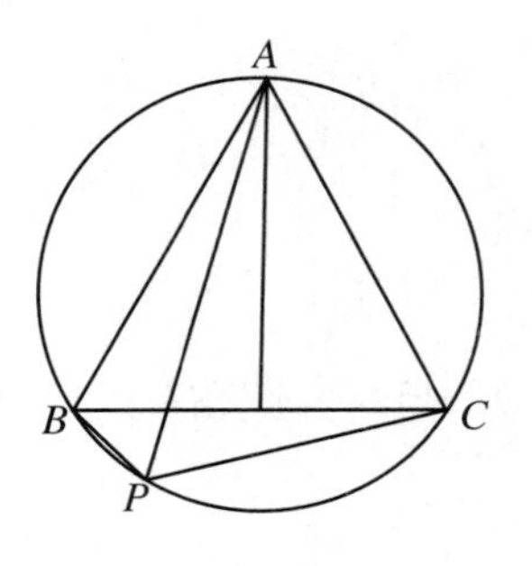

图 Y8.9.2

在$\triangle ABP$ 中，由正弦定理，有

$$PA = AB \cdot \frac{\sin(60^\circ + \alpha)}{\sin 60^\circ}, \quad PB = AB \cdot \frac{\sin(60^\circ - \alpha)}{\sin 60^\circ}.$$

在$\triangle BPC$中,同理,有

$$PC = BC \cdot \frac{\sin\alpha}{\sin 120^\circ} = AB \cdot \frac{\sin\alpha}{\sin 60^\circ},$$

$$\begin{aligned} PA^2 + PB^2 + PC^2 &= \frac{4}{3}AB^2[\sin^2(60^\circ + \alpha) + \sin^2(60^\circ - \alpha) + \sin^2\alpha] \\ &= \frac{4}{3}AB^2\left[\left(\frac{\sqrt{3}}{2}\cos\alpha + \frac{1}{2}\sin\alpha\right)^2 + \left(\frac{\sqrt{3}}{2}\cos\alpha - \frac{1}{2}\sin\alpha\right)^2 + \sin^2\alpha\right] \\ &= \frac{4}{3}AB^2\left(\sin^2\alpha + \frac{3}{2}\cos^2\alpha + \frac{1}{2}\sin^2\alpha\right) = 2AB^2, \end{aligned}$$

为定值.

证明5(三角法)

如图Y8.9.3所示,设圆心为O,连OA、OB、OC、OP.设圆的半径为R,$\angle AOP = \alpha$,$\angle BOP = \beta$,$\angle COP = \gamma$,则$\alpha - \beta = 120^\circ$,$\beta + \gamma = 120^\circ$.

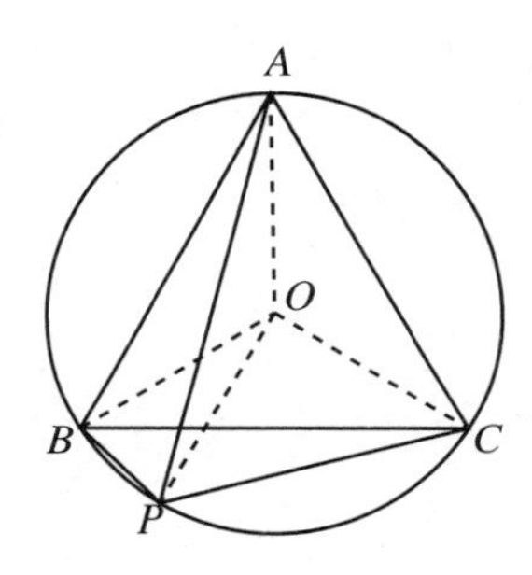

图Y8.9.3

在等腰$\triangle AOP$、$\triangle BOP$、$\triangle COP$中,应用余弦定理,有

$$PA^2 = 2R^2(1 - \cos\alpha),$$
$$PB^2 = 2R^2(1 - \cos\beta),$$
$$PC^2 = 2R^2(1 - \cos\gamma).$$

所以$PA^2 + PB^2 + PC^2 = 2R^2(3 - \cos\alpha - \cos\beta - \cos\gamma)$.

因为

$$\begin{aligned} \cos\alpha + \cos\beta + \cos\gamma &= \cos(\beta + 120^\circ) + \cos\beta + \cos(120^\circ - \beta) \\ &= [\cos(120^\circ + \beta) + \cos(120^\circ - \beta)] + \cos\beta \\ &= 2\cos 120^\circ \cdot \cos\beta + \cos\beta = -\cos\beta + \cos\beta = 0, \end{aligned}$$

所以$PA^2 + PB^2 + PC^2 = 6R^2$为定值.

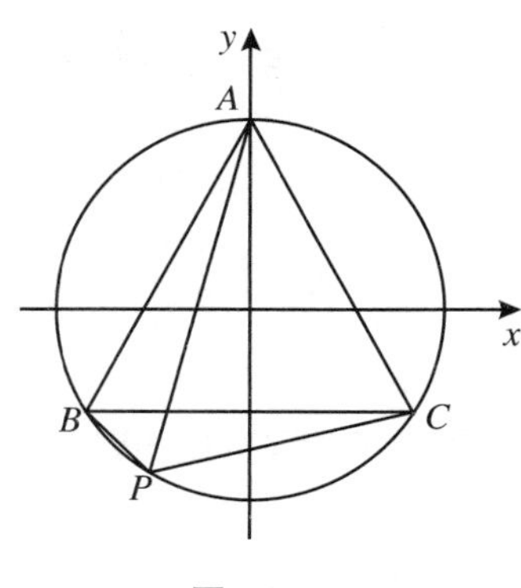

图Y8.9.4

证明6(解析法)

如图Y8.9.4所示,建立直角坐标系.

设圆的半径为R,则$A(0, R)$,$B\left(-\frac{\sqrt{3}}{2}R, -\frac{1}{2}R\right)$,$C\left(\frac{\sqrt{3}}{2}R, -\frac{1}{2}R\right)$.设$P(x_0, y_0)$,满足$x_0^2 + y_0^2 = R^2$.

所以$PA^2 = x_0^2 + (y_0 - R)^2 = x_0^2 + y_0^2 + R^2 - 2y_0R = 2R^2 - 2y_0R$.

同理,有

$$PB^2 = 2R^2 + \sqrt{3}Rx_0 + Ry_0,$$
$$PC^2 = 2R^2 - \sqrt{3}Rx_0 + Ry_0.$$

所以$PA^2 + PB^2 + PC^2 = 6R^2$为定值.

[例10]　$\triangle ABC$是定圆$\odot O$的内接三角形,BC的中垂线交AB于D,交CA的延长线于E,则$OE \cdot OD$为定值.

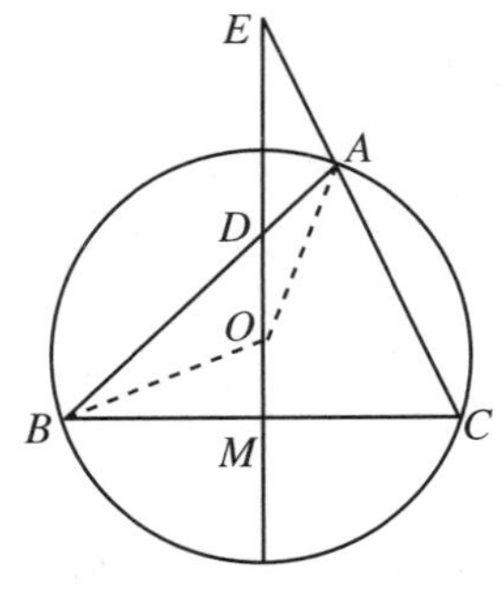

图 Y8.10.1

证明 1(三角形相似、圆周角与圆心角)

如图 Y8.10.1 所示,连 OA、OB,设 BC 的中点为 M.

$\angle BOM$ 是圆心角,$\angle BAC$ 是圆周角.由垂径定理知$\angle BAC$ 对的弧是$\angle BOM$ 对的弧的 2 倍,所以$\angle BAC=\angle BOM$,所以$\angle BOD=180^\circ-\angle BOM=180^\circ-\angle BAC=\angle EAD$.

由$\triangle BOD\backsim\triangle EAD$ 知$\angle DBO=\angle DEA$,又因为$\angle DBO=\angle DAO$,所以$\angle DAO=\angle DEA$,所以$\triangle DAO\backsim\triangle AEO$,所以$\dfrac{OD}{OA}=\dfrac{OA}{OE}$,所以 $OD\cdot OE=OA^2$ 为定值.

证明 2(垂径定理、相似三角形、切割线定理)

连 OA,作直径 BF,连 AF,如图 Y8.10.2 所示.

因为$\angle AFB=\angle ACB$,所以 $\mathrm{Rt}\triangle AFB\backsim\mathrm{Rt}\triangle MCE$,所以$\angle 1=\angle 2$,又$\angle 1=\angle 3$,所以$\angle 2=\angle 3$.可见 OA 是$\triangle ADE$ 的外接圆的切线,由切割线定理,$OD\cdot OE=OA^2$,所以 $OD\cdot OE$ 为定值.

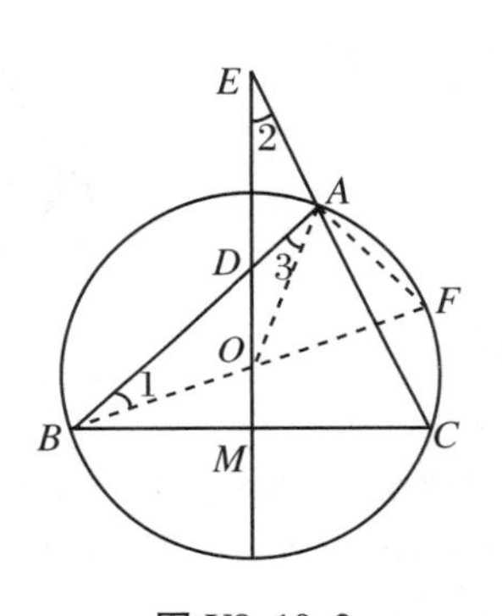

图 Y8.10.2

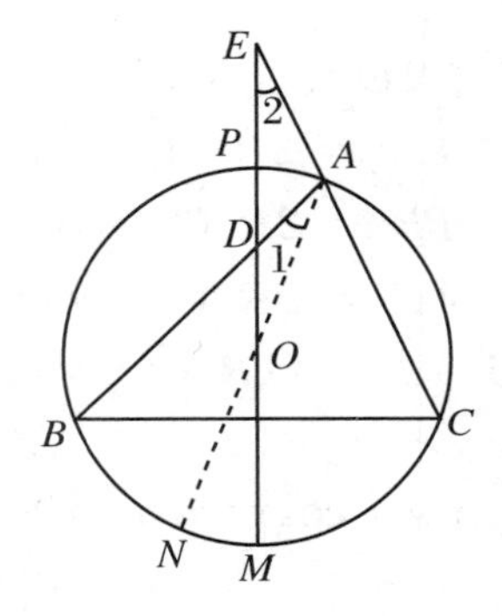

图 Y8.10.3

证明 3(圆外角、圆周角、切割线定理)

设 ED 交圆于 P,作直径 PM、AN,如图 Y8.10.3 所示,则$\overset{\frown}{PA}=\overset{\frown}{MN}$.由垂径定理,$\overset{\frown}{BM}=\overset{\frown}{MC}$.

因为$\angle 2$ 是圆外角,$\angle 1$ 是圆周角,所以

$$\angle 2\overset{\mathrm{m}}{=}\frac{1}{2}(\overset{\frown}{MC}-\overset{\frown}{PA})=\frac{1}{2}(\overset{\frown}{BM}-\overset{\frown}{MN})=\frac{1}{2}\overset{\frown}{BN},\quad \angle 1\overset{\mathrm{m}}{=}\frac{1}{2}\overset{\frown}{BN},$$

所以$\angle 1=\angle 2$.

所以 OA 是$\triangle ADE$ 的外接圆的切线.由切割线定理,$OD\cdot OE=OA^2$,所以 $OD\cdot OE$ 为定值.

证明 4(内、外角平分线性质定理)

如图 Y8.10.4 所示,设 DE 交圆于 P,连 AP,作直径 PM,连 AM、OA.

因为$\overset{\frown}{BM}=\overset{\frown}{MC}$,所以$\angle BAM=\angle MAC$,所以 AM 是$\angle BAC$ 的平分线.

因为 PM 是直径,所以 $AP\perp AM$,所以 AP 是$\angle EAB$ 的平分线,即$\angle PAE=\angle PAD$.

因为$\angle APD$ 是$\triangle APE$ 的外角,所以$\angle APD=\angle E+\angle PAE=\angle E+\angle PAD$.

因为 $OP=OA$,所以$\angle APD=\angle PAO=\angle PAB+\angle OAD$,所以$\angle E=\angle OAD$.

由切割线定理，$OD \cdot OE = OA^2$，所以 $OD \cdot OE$ 为定值.

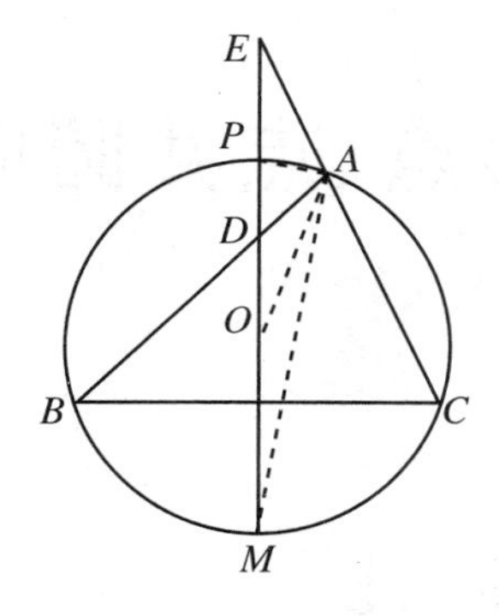

图 Y8.10.4

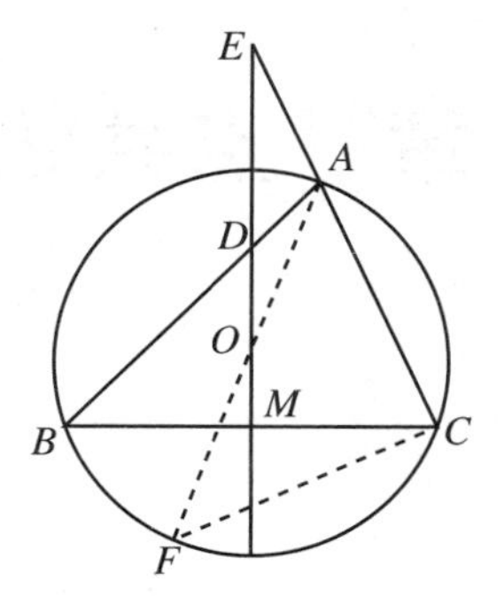

图 Y8.10.5

证明 5(三角形相似、圆周角定理)

如图 Y8.10.5 所示，作直径 AF. 设 BC 的中点为 M，连 CF，则

$$\angle EAF = \angle AFC + \angle ACF = \angle AFC + 90^\circ,$$

$$\angle ADO = \angle B + \angle DMB = \angle B + 90^\circ.$$

又因为 $\angle B = \angle AFC$，所以 $\angle EAF = \angle ADO$. 因为 $\angle AOD$ 为公共角，所以 $\triangle OAD \backsim \triangle OEA$，所以 $OD \cdot OE = OA^2$，所以 $OD \cdot OE$ 为定值.

第9章　点共线、线共点、点共圆问题

9.1　解法概述

一、证明三点共线的常用方法

(1) 取三点中的一点，与另外两点分别连两条直线，证明它们都平行于或都垂直于某一条直线.

(2) 证明连接两点的直线通过第三点.

(3) 以三点中居中的点为顶点，过另外两点作两条射线，证明形成平角.

(4) 居中的点与另外两点分别相连，形成两条直线，若与过中间点的一条直线组成对顶角，则三点共线.

(5) 连接三点的三条线段中，有一条等于另外两条之和.

(6) 以三点为顶点的三角形的面积为0.

(7) 同一法、反证法.

二、证明三线共点的常用方法

(1) 设两直线的交点，再证明此点在第三条直线上.

(2) 证明各直线都过同一个特殊点.

(3) 设两直线的交点，过此交点作出某一条直线，证明这条直线与第三条直线重合.

(4) 证明以三直线两两相交的三个交点为顶点的三角形的面积为0.

(5) 利用已知的线共点的结论.

(6) 同一法、反证法.

三、证明四点共圆的常用方法

(1) 四边形对角互补或者某一外角等于内对角.

(2) 线段同侧的两点对于线段的张角相等.

(3) 各点到某一定点的距离相等.

(4) 利用相交弦定理的逆定理.

(5) 把四边形分成两个有公共边的三角形，证明这两个三角形的外接圆重合.

(6) 利用四点共圆的有关判定定理.

9.2　范例分析

［范例1］　三角形一边上的高线的垂足在另外两边及另外两高线上的射影四点共线.

分析1　对于四点共线问题,先证其中三点共线,再证第四点也在该直线上,如图F9.1.1所示,我们先证P、Q、M三点共线,这只要证$\angle PQD+\angle DQM=180^\circ$.容易看出$B$、$P$、$Q$、$D$共圆,$D$、$Q$、$H$、$M$共圆,所以$\angle B+\angle PQD=180^\circ$,$\angle DQM=\angle DHM$,于是只要证$\angle B=\angle DHM$,这可由$B$、$D$、$H$、$F$的共圆证出.

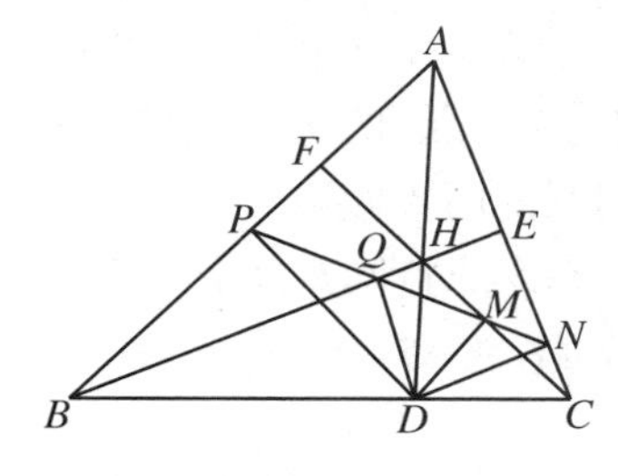

图F9.1.1

证明1　因为$\angle BPD=\angle BQD=90^\circ$,所以$B$、$P$、$Q$、$D$共圆,所以$\angle PQD+\angle B=180^\circ$.

因为$\angle DQH+\angle DMH=90^\circ+90^\circ=180^\circ$,所以$D$、$Q$、$H$、$M$共圆,所以$\angle DQM=\angle DHM$.

因为$\angle HDB+\angle HFB=90^\circ+90^\circ=180^\circ$,所以$B$、$D$、$H$、$F$共圆,所以$\angle DHM=\angle B$.

所以$\angle PQD+\angle DQM=180^\circ$,即$P$、$Q$、$M$三点共线.同理$N$、$M$、$Q$共线.因为$M$、$Q$为两直线上的公共点,所以$P$、$Q$、$M$、$N$四点共线.

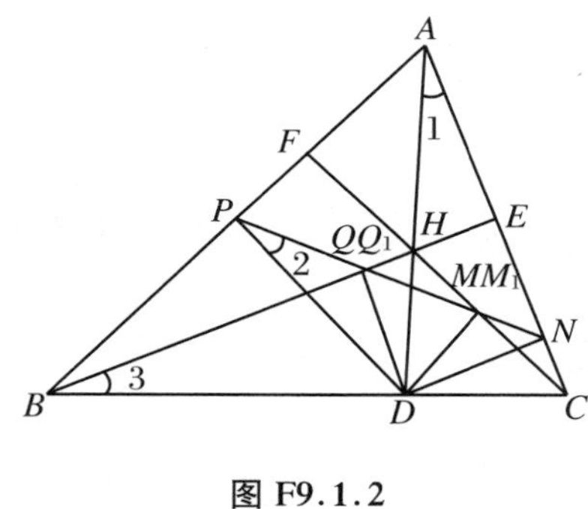

图F9.1.2

分析2　也可以采用同一法,连PN,再证明Q、M在直线PN上.

设PN与BE、CF各交于Q_1、M_1,如图F9.1.2所示.因为$\angle APD+\angle AND=180^\circ$,所以$A$、$P$、$D$、$N$共圆,所以$\angle 1=\angle 2$.又由$A$、$E$、$D$、$B$共圆,$\angle 1=\angle 3$,所以$\angle 2=\angle 3$,所以$B$、$D$、$Q_1$、$P$共圆,所以$\angle BQ_1D=\angle BPD=90^\circ$,即$DQ_1\perp BE$.但过$BE$外的点$D$只能作一条垂线与$BE$垂直,由$DQ\perp BE$,$DQ_1\perp BE$,可见$Q$与$Q_1$重合.同理$M$与$M_1$重合.这就证出了$P$、$Q$、$M$、$N$共线.(证明略.)

分析3　如图F9.1.3所示,连PN、PQ.若能证出PN、PQ都与同一条直线平行,则P、N、Q共线.从图上观察,容易发现EF是所说的直线,连EF.

因为$CF\perp AB$,$DP\perp AB$,所以$CF/\!/DP$,同理$BE/\!/DN$.设H为$\triangle ABC$的垂心.由$\dfrac{AF}{FP}=\dfrac{AH}{HD}$,$\dfrac{AH}{HD}=\dfrac{AE}{EN}$知$\dfrac{AF}{FP}=\dfrac{AE}{EN}$,所以$PN/\!/EF$.只要再证$PQ/\!/EF$,也就是要证明$\dfrac{BP}{PF}=\dfrac{BQ}{QE}$.

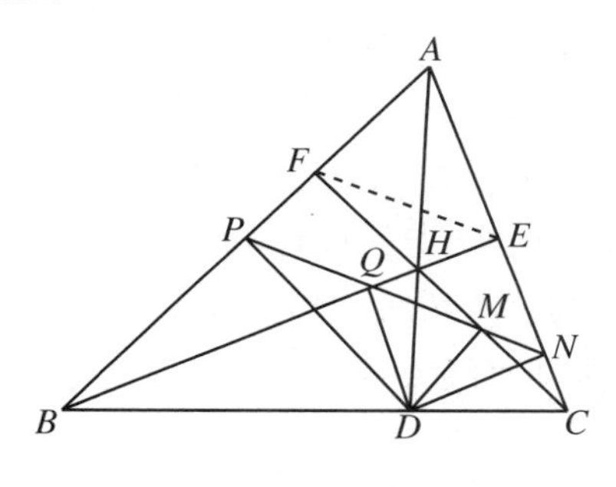

图F9.1.3

和证明$PN/\!/EF$的方法类似,我们也尝试找一媒介比值，这只要取$\frac{BD}{DC}$即可，很容易由平行截比定理证出$\frac{BP}{PF}=\frac{BQ}{QE}$，所以 $PQ/\!/EF$.

这表明从 P 发出的两直线PQ、PN 都与EF 平行，所以 P、Q、N 共线. 同理可证 P、M、N 共线.（证明略.）

［范例 2］ $\odot O_1$ 和$\odot O_2$ 外离，A_1B_1 是一条外公切线，A_2B_2 是一条内公切线，A_1、A_2 是$\odot O_1$ 上的切点，B_1、B_2 是$\odot O_2$ 上的切点，则 O_1O_2、A_1A_2、B_1B_2 三线共点.

分析 1 证明三线共点，可先设两条直线交于一点，再证另一直线也过此点或两直线与第三条直线的交点都与之重合. 设 A_1B_1 和 A_2B_2 交于 P，容易证明 P、B_1、O_2、B_2 共圆，利用圆的内接四边形的外角等于内对角的定理，可证$\triangle PA_1A_2\backsim\triangle O_2B_1B_2$，从而推出 $A_1A_2/\!/PO_2$. 同理有 $O_1P/\!/B_1B_2$，这样分析后可以看出有可能通过比例证出 A_1A_2、B_1B_2 和 O_1O_2 的交点重合.

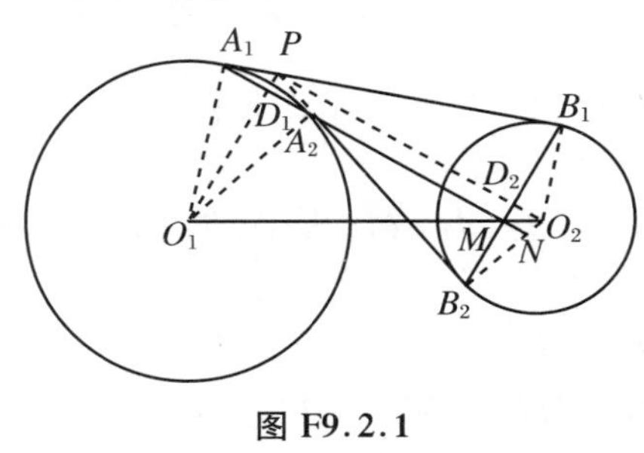

图 F9.2.1

证明 1 连 O_1A_1、O_1A_2、O_2B_1、O_1B_2，延长 B_2A_2，交 A_1B_1 于 P，连 PO_1、PO_2，设 PO_1 交 A_1A_2 于 D_1，PO_2 交 B_1B_2 于 D_2. 如图 F9.2.1 所示.

因为 $O_2B_1\perp B_1P$，$O_2B_2\perp B_2P$，所以 P、B_1、O_2、B_2 共圆，所以$\angle A_1PA_2=\angle B_1O_2B_2$. 因为 $PA_1=PA_2$，$O_2B_1=O_2B_2$，所以等腰$\triangle A_1PA_2\backsim\triangle B_1O_2B_2$，所以$\angle B_2B_1O_2=\angle PA_1A_2$.

因为 $O_2B_1\perp A_1B_1$，即$\angle B_2B_1O_2+\angle B_2B_1P=90^\circ$，所以$\angle PA_1A_2+\angle B_2B_1P=90^\circ$，所以 $A_1A_2\perp B_1B_2$.

因为 $PO_2\perp B_1B_2$，所以 $PO_2/\!/A_1A_2$.

因为 $PO_1\perp A_1A_2$，所以 $PO_1/\!/B_1B_2$.

设 A_1A_2 的延长线交 O_1O_2 于 M，设 B_1B_2 和 O_1O_2 交于 N. 由平行截比定理，$\frac{PD_1}{D_1O_1}=\frac{O_2M}{MO_1}$，$\frac{O_2D_2}{D_2P}=\frac{O_2N}{NO_1}$.

因为$\triangle PA_1A_2\backsim\triangle O_2B_1B_2$，$\triangle PB_1B_2\backsim\triangle O_1A_1A_2$，所以$\frac{PD_1}{O_2D_2}=\frac{A_1A_2}{B_1B_2}$，$\frac{D_1O_1}{D_2P}=\frac{A_1A_2}{B_1B_2}$，所以$\frac{PD_1}{O_2D_2}=\frac{D_1O_1}{D_2P}$，所以$\frac{PD_1}{D_1O_1}=\frac{O_2D_2}{D_2P}$.

所以$\frac{O_2M}{MO_1}=\frac{O_2N}{NO_1}$. 由合比定理，$\frac{O_2M+MO_1}{MO_1}=\frac{O_2N+NO_1}{NO_1}$，即$\frac{O_2O_1}{MO_1}=\frac{O_2O_1}{NO_1}$，所以 $MO_1=NO_1$，所以 M、N 重合.

所以 A_1A_2、B_1B_2、O_1O_2 三线共点.

分析 2 O_1A_1 和 O_2B_1 同垂直于 A_1B_1，则 O_1A_1 和 O_2B_1 可看作以 A_1B_1 为直径的圆的两条切线. 同理 O_1A_2、O_2B_2 都垂直于 A_2B_2，则 O_1A_2、O_2B_2 又可看作以 A_2B_2 为直径的圆的切线. 因为 $O_1A_1=O_1A_2$，$O_2B_1=O_2B_2$，可见 O_1、O_2 是到两个圆的切线长相等的点，即直线 O_1O_2 是此二圆的根轴.

由分析 1 知 $A_1A_2\perp B_1B_2$，设垂足为 M. 因为$\angle A_1MB_1=\angle A_2MB_2=90^\circ$，所以 M 是此两圆的公共点. 故 O_1O_2 应在两圆的公共弦线上. 这样，只要连 O_1M、O_2M，证出 O_1、M、O_2

共线，问题就解决了.证明这样的三点共线可采取分别证出 O_1、O_2 都在过 M 的某一条直线上的方法.

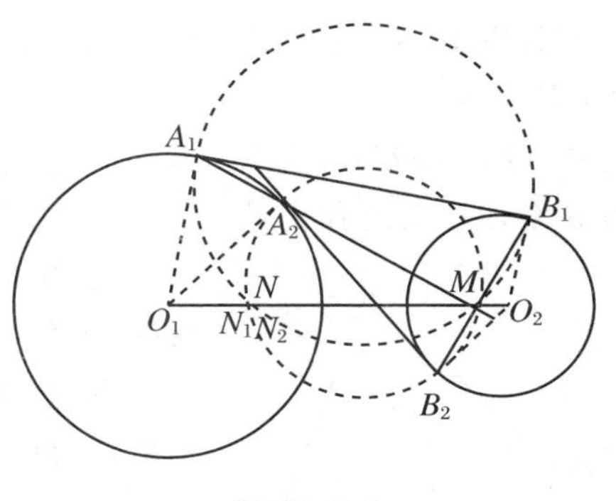

图 F9.2.2

证明 2　设 A_1A_2 的延长线和 B_1B_2 交于 M.如证明 1 所证，$A_1M\perp B_1B_2$.如图 F9.2.2 所示，以 A_1B_1、A_2B_2 为直径各作一个圆.因为 $\angle A_1MB_1=\angle A_2MB_2=90^\circ$，所以 M 在此两圆上.设两圆另外一交点为 N.

连 O_1A_1、O_1A_2、O_2B_1、O_2B_2.因为 $O_1A_1\perp A_1B_1$，$O_2B_1\perp A_1B_1$，所以 O_1A_1 和 O_2B_1 是 $\odot A_1B_1$ 的两条切线.同理 O_1A_2 和 O_2B_2 是 $\odot A_2B_2$ 的两条切线.

连 O_1M，设 O_1M 与 $\odot A_1B_1$ 和 $\odot A_2B_2$ 各交于 N_1、N_2，由切割线定理，$OA_1^2=OM\cdot ON_1$，$OA_2^2=OM\cdot ON_2$.因为 $OA_1^2=OA_2^2$，所以 $OM\cdot ON_1=OM\cdot ON_2$，所以 $ON_1=ON_2$，所以 N_1、N_2 重合，即 N_1 是 $\odot A_1B_1$ 和 $\odot A_2B_2$ 的公共点.因为两圆相交只有两个公共点，所以 N_1、N_2 都与 N 点重合.可见 O_1 在 MN 上，即 O_1 在 $\odot A_1B_1$ 和 $\odot A_2B_2$ 的公共弦上.同理可证 O_2 在 MN 上，所以 O_1、M、O_2 三点共线.

所以 O_1O_2、A_1A_2、B_1B_2 三线共点.

分析 3　这个公共点是否能预先确定它的性质？也即是说，M 点是怎样的特殊点？作出另一条内公切线 EF，E、F 各是 $\odot O_1$、$\odot O_2$ 上的切点.设 EF 的延长线与 A_1B_1 交于 P_1，过 P_1 作 $P_1P_2\perp O_1O_2$，M 为垂足，则这个垂足 M 即是所说的点.这样，我们可以先作出 M，然后证出 A_1A_2、B_1B_2 也过此点.这只要在连 B_1M、B_2M 后证出 $\angle B_1MP_1=\angle B_2MP_2$，则可推知 B_1、M、B_2 三点共线.同理，A_1、M、A_2 三点共线.可见 A_1A_2、B_1B_2 都过 O_1O_2 上的这个特殊点.

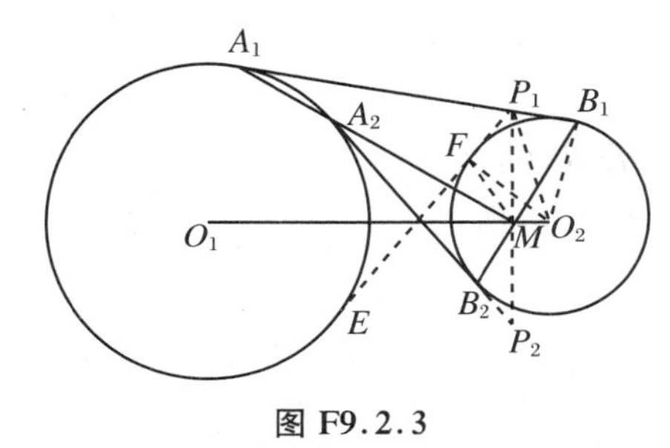

图 F9.2.3

证明 3　作另一条内公切线 EF，在 $\odot O_1$ 上的切点为 E，在 $\odot O_2$ 上的切点为 F.延长 EF，交 A_1B_1 于 P_1，过 P_1 作 O_1O_2 的垂线 P_1P_2，交 A_2B_2 于 P_2，交 O_1O_2 于 M.连 MB_1、MB_2、MF、O_2P_1、O_2B_1、O_2F，如图 F9.2.3 所示.

由整个图形关于 O_1O_2 轴对称知 $\angle FMP_1=\angle B_2MP_2$.因为 P_1F、P_1B_1 都是切线，所以 $O_2F\perp P_1F$，$O_2B_1\perp P_1B_1$，可见 P_1、F、M、O_2、B_1 五点都在以 O_2P_1 为直径的圆上，所以 $\angle FMP_1=\angle FO_2P_1$，又 $\angle FO_2P_1=\angle B_1O_2P_1$，$\angle B_1O_2P_1=\angle B_1MP_1$，所以 $\angle B_1MP_1=\angle B_2MP_2$.可见 B_1、M、B_2 共线，即 B_1B_2 与 O_1O_2 也交于 M 点.

同理，利用 A_1、P_1、M、E、O_1（以 O_1P_1 为直径）五点共圆及关于 O_1O_2 的轴对称性，又可证出 $\angle A_1MO_1=\angle A_2MO_1$，可见 A_1、A_2、M 共线，即 A_1A_2 的延长线也过 M 点.

综上，A_1A_2、B_1B_2、O_1O_2 三线共点于 M.

［**范例 3**］　P 为等腰 $\triangle ABC$ 的底边 BC 上的任一点，$PQ /\!/ AB$，$PR /\!/ AC$，分别交 AC、AB 于 Q、R.设 D 为 P 点关于直线 RQ 的对称点，则 A、D、B、C 四点共圆.

分析 1 通过对角互补可证四点共圆.从条件知 $RB=RP=RD$,$\angle ABC=\angle ACB$,$QD=QP=QC$,又由 $ARPQ$ 是平行四边形,可进一步得到 $AQ=RP=RD$,$QD=AR$,可见 $\triangle ADQ\cong\triangle DAR$,所以 $\angle RDA=\angle QAD$.这时把四边形 $ADBC$ 的两组对角分别加起来,很容易发现对角之和相等.

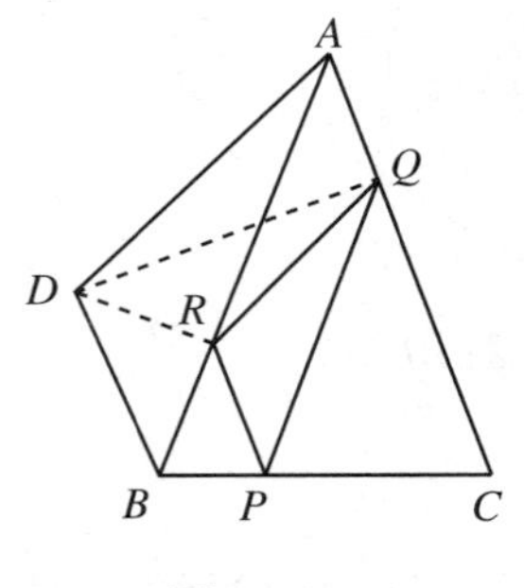

图 F9.3.1

证明 1 如图 F9.3.1 所示,连 RD、DQ.由对称性,$QD=QP$,$RD=RP$.

易证 $ARPQ$ 是平行四边形,所以 $QP=AR$,$RP=AQ$,所以 $AR=QD$,$AQ=RD$,所以 $\triangle ADQ\cong\triangle DAR$,故

$$\angle QAD=\angle RDA. \qquad ①$$

易证 $RP=RB$,所以 $RB=RD$,因此

$$\angle RDB=\angle RBD. \qquad ②$$

因为 $AB=AC$,所以

$$\angle ABC=\angle ACB. \qquad ③$$

式①+式②+式③得

$$\angle QAD+\angle ABC+\angle RBD=\angle RDA+\angle RDB+\angle ACB,$$

即 $\angle DAC+\angle DBC=\angle ADB+\angle ACB$.

因为 $\angle DAC+\angle DBC+\angle ADB+\angle ACB=360^\circ$,所以 $\angle DAC+\angle DBC=180^\circ$,所以 A、D、B、C 共圆.

分析 2 要证四点共圆,还可通过证明 $\angle BDC=\angle BAC$.由于 $\angle BAC=\angle PQC=\angle BRP$,只要证出 $\angle BDC$ 和其中任一角相等即可.但是直接证 $\angle BDC$ 和 $\angle BAC$、$\angle PQC$、$\angle BRP$ 中的任何一个相等都有困难,这时可试着把 $\angle BDC$ 分成几部分,若每部分都和要证的角有一定的关系,则 $\angle BDC$ 整体也容易建立与要证的角的联系.

注意到 $RD=RB=RP$,$QD=QP=QC$ 的事实,可以想到 $\triangle BDP$ 的外心是 R,$\triangle PDC$ 的外心是 Q,引用圆周角和同弧对的圆心角关系的定理,可很快证出结论.

证明 2 连 DQ、DP、DR、DC,如图 F9.3.2 所示.

易证 $RD=PB=PR$,$QD=QP=QC$.可见 R 是 $\triangle DBP$ 的外心,Q 是 $\triangle PDC$ 的外心.由圆周角和同弧上的圆心角关系的定理,$\angle BDP=\frac{1}{2}\angle BRP$,$\angle PDC=\frac{1}{2}\angle PQC$.

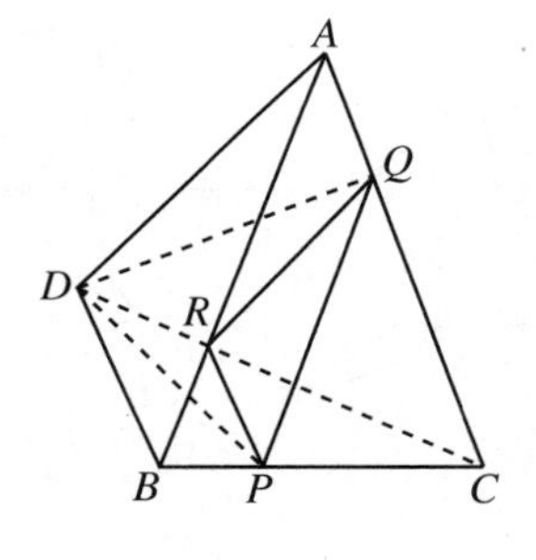

图 F9.3.2

易证 $\angle BRP=\angle PQC=\angle BAC$,所以 $\angle BDP+\angle PDC=\frac{1}{2}\angle BRP+\frac{1}{2}\angle PQC=\frac{1}{2}\angle BAC+\frac{1}{2}\angle BAC=\angle BAC$,即 $\angle BDC=\angle BAC$,所以 A、D、B、C 共圆.

分析 3 要证四点共圆,可以通过证 A、D、B、C 到一个定点等距离.这个定点如果存在,那么显然是 $\triangle ABC$ 的外心 O.利用 $\triangle BRO\cong\triangle AQO$,可得 $OR=OQ$,即 O 点在 RQ 的中垂线上.只要证出 $ADRQ$ 是等腰梯形,RQ、AD 是底,则可知 O 也在 AD 的中垂线上.这样,O 到 A、D、B、C 距离相等.

要证明 $ADRQ$ 是等腰梯形,只要证出 $\triangle ADR\cong\triangle ADQ$ 即可.

证明 3 设 O 为 $\triangle ABC$ 的外心.连 OA、OB、OR、OQ、DR、DQ、OD、OC,如图 Y9.3.3

所示.

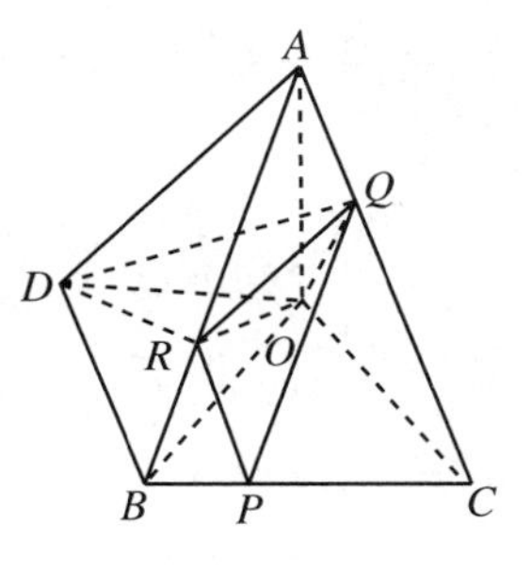

图 F9.3.3

因为 $OA=OB$，所以 $\angle OAB=\angle OBA$. 又 $\angle OAB=\angle OAC$，所以 $\angle OAC=\angle OBA$.

易证 $ARPQ$ 是平行四边形，所以 $AQ=RP$，又 $RP=RD=RB$，所以 $AQ=RB=RD$，所以 $\triangle OBR\cong\triangle OAQ$，所以 $OR=OQ$，即 O 在 RQ 的中垂线上.

因为 $DQ=QP=AR$，$RD=AQ$，AD 为公共边，所以 $\triangle ADR\cong\triangle ADQ$，所以 R、Q 到 AD 等距离，所以 $ADRQ$ 是等腰梯形. 由等腰梯形的轴对称性知，O 点又在 AD 的中垂线上，即 $OA=OD$.

所以 $OA=OD=OB=OC$，可见 A、D、B、C 共圆.

9.3 研　究　题

［例 1］　三角形的三条中线共点.

证明 1（三角形中位线定理、平行四边形的性质）

设中线 BE、CF 交于 G，连 AG 并延长，交 BC 于 D，延长 AD 到 H，使 $GH=AG$，连 BH、CH，如图 Y9.1.1 所示，则 GF、GE 各是 $\triangle ABH$ 和 $\triangle AHC$ 的中位线，所以 $GF\parallel BH$，$GE\parallel HC$，所以 $GBHC$ 是平行四边形，BC、GH 是其对角线.

因为平行四边形的对角线互相平分，所以 $BD=DC$，所以 AD 是 BC 边的中线，所以 AD、BE、CF 三中线共点.

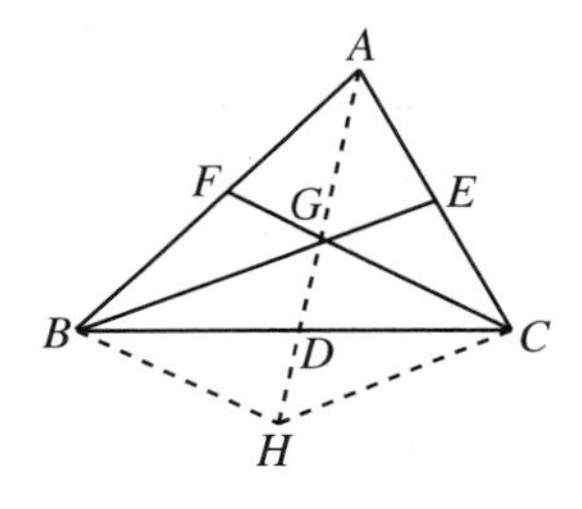

图 Y9.1.1

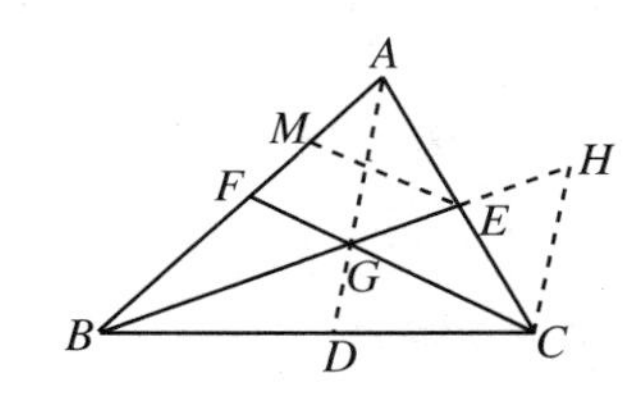

图 Y9.1.2

证明 2（三角形的中位线、平行四边形的性质）

设中线 BE、CF 交于 G 点，D 为 BC 的中点，连 GA、GD，作 $CH\parallel GD$，交 BE 的延长线于 H，作 $EM\parallel CF$，交 AF 于 M，如图 Y9.1.2 所示.

在 $\triangle BCH$ 和 $\triangle ACF$ 中，由中位线定理知 $GB=GH$，$AM=MF=\dfrac{1}{2}AF=\dfrac{1}{2}BF$.

在 $\triangle BEM$ 中，由平行截比定理，$\dfrac{EG}{GB}=\dfrac{MF}{BF}=\dfrac{1}{2}$，所以 $EG=\dfrac{1}{2}GB$，所以 $EG=\dfrac{1}{2}GH$，所以 $EG=EH$.

因为 $AE=EC$，$EG=EH$，所以 A、G、C、H 是平行四边形的四个顶点，所以 $GA\parallel CH$.

因为 $GA /\!/ CH$，$GD /\!/ CH$，所以 A、G、D 共线，即 AD 是中线，所以 AD、BE、CF 三中线共点.

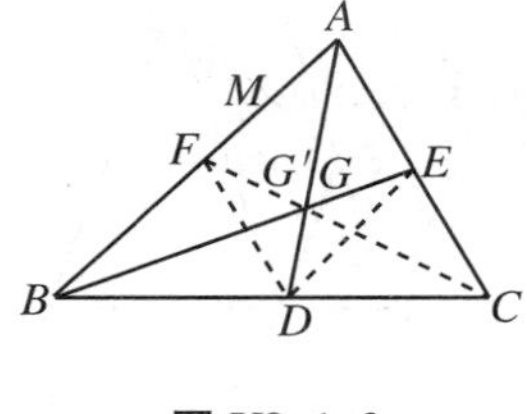

图 Y9.1.3

证明 3（中位线定理、相似三角形）

设中线 AD、BE 交于 G，中线 AD、CF 交于 G'. 连 DE，如图 Y9.1.3 所示，则 DE 是 $\triangle ABC$ 的中位线，所以 $DE \underline{\underline{/\!/}} \frac{1}{2}AB$.

由 $\triangle DEG \backsim \triangle ABG$ 知 $\frac{AG}{GD}=\frac{AB}{DE}=2$.

同理，连 DF 后有 $\frac{AG'}{G'D}=\frac{AC}{DF}=2$，所以 $\frac{AG}{GD}=\frac{AG'}{G'D}$，所以 $\frac{AG+GD}{GD}=\frac{AG'+G'D}{G'D}$，即 $\frac{AD}{GD}=\frac{AD}{G'D}$，所以 $GD=G'D$，G 与 G' 必定重合.

所以三中线 AD、BE、CF 共点.

证明 4（三角形的中位线、平行四边形的性质）

设中线 BE、CF 交于 G，中线 BE、AD 交于 G'. 设 P、Q 分别是 GB、GC 的中点，连 EF、PQ，如图 Y9.1.4 所示，则 EF、PQ 分别是 $\triangle ABC$ 和 $\triangle GBC$ 的中位线，所以 $EF \underline{\underline{/\!/}} \frac{1}{2}BC$，$PQ \underline{\underline{/\!/}} \frac{1}{2}BC$，所以 $EF \underline{\underline{/\!/}} PQ$，所以 E、F、P、Q 是平行四边形的四顶点，所以 $GE=GP=PB$.

同理，若连 DE，又可证 $G'E=G'P=PB$，所以 $GE=G'E=PB$，所以 G、G' 重合.

所以三中线 AD、BE、CF 共点.

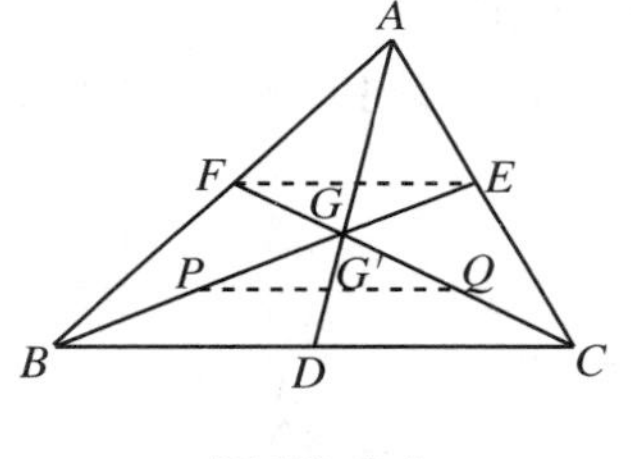

图 Y9.1.4

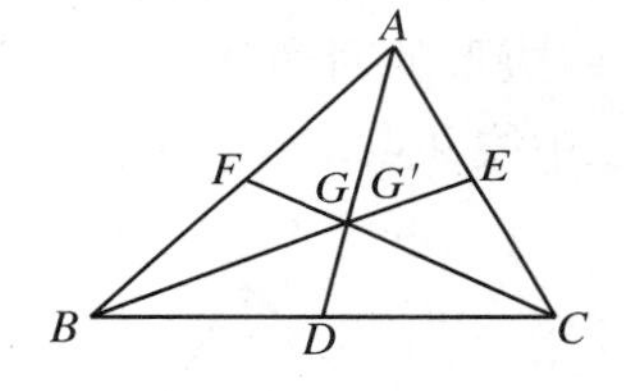

图 Y9.1.5

证明 5（引用第 5 章例 2 的结果）

设中线 AD、BE 交于 G，AD、CF 交于 G'. 如图 Y9.1.5 所示.

由第 5 章例 2 的结果，$\frac{AG}{GD}=2\frac{AE}{EC}=2$，$\frac{AG'}{G'D}=2\frac{AF}{FB}=2$，所以 $\frac{AG}{GD}=\frac{AG'}{G'D}$. 可见 G、G' 内分 AD 成等比值. 由分点的唯一性知 G、G' 重合，即三中线 AD、BE、CF 共点.

证明 6（Ceva 定理）

设 $BD=DC$，$CE=EA$，$AF=FB$.

因为 $\frac{AF}{FB}\cdot\frac{BD}{DC}\cdot\frac{CE}{EA}=1$，由三线共点的 Ceva 定理知 AD、BE、CF 共点.

证明 7（面积法、反证法）

设三中线两两相交于 P、Q、R，如图 Y9.1.6 所示. 若 P、Q、R 共线，表明 AD、BE、CF 各有两公共点，所以 AD、BE、CF 共线，与三角形的假设违背，所以 P、Q、R 不共线.

若 P、Q、R 实际上只是两点，设 P、Q 重合而与 R 不重合，则 AD 与 CF 有两个公共点，

所以 AD、CF 应重合，与已知矛盾，所以 P、Q、R 不能仅有两点重合.

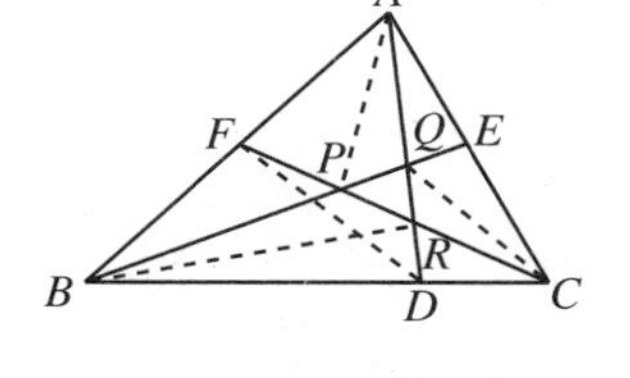

图 Y9.1.6

若 P、Q、R 是不共线的三点，则 $S_{\triangle PQR}\neq 0$. 连 FD，如图 Y9.1.6所示. FD 是中位线，所以 $FD /\!/ AC$，所以 $S_{\triangle ADC}=S_{\triangle AFC}$，所以 $S_{\triangle ADC}-S_{\triangle ARC}=S_{\triangle AFC}-S_{\triangle ARC}$，所以 $S_{\triangle AFR}=S_{\triangle CDR}$.

同理，$S_{\triangle AQE}=S_{\triangle BQD}$，$S_{\triangle CPE}=S_{\triangle BPF}$.

连 AP、BR、CQ. 因为 D、E、F 各是 BC、CA、AB 的中点，所以 $S_{\triangle BRD}=S_{\triangle CRD}$，$S_{\triangle AQE}=S_{\triangle CQE}$，$S_{\triangle APF}=S_{\triangle BPF}$. 故

$$S_{\triangle CRD}=S_{\triangle ARF}=S_{AQPF}+S_{\triangle PQR},\qquad ①$$

$$S_{\triangle AQE}=S_{\triangle BQD}=S_{BPRD}+S_{\triangle PQR},\qquad ②$$

$$S_{\triangle BPF}=S_{\triangle CPE}=S_{CRQE}+S_{\triangle PQR}.\qquad ③$$

因为 $S_{AQPF}=S_{\triangle APF}+S_{\triangle APQ}=S_{\triangle BPF}+S_{\triangle APQ}$，$S_{BPRD}=S_{\triangle BRD}+S_{\triangle BPR}=S_{\triangle CRD}+S_{\triangle BPR}$，$S_{CRQE}=S_{\triangle CQE}+S_{\triangle CQR}=S_{\triangle AQE}+S_{\triangle CQR}$，把它们代入式①、式②、式③，再把三式相加，就得到 $S_{\triangle AQP}+S_{\triangle BPR}+S_{\triangle CQR}+3S_{\triangle PQR}=0$，此式表明 $S_{\triangle PQR}=0$，这与假设矛盾.

所以 P、Q、R 是一个点，即三中线 AD、BE、CF 共点.

证明 8（引用第 6 章例 5 的结论）

设三中线 AD、BE、CF 两两相交于 P、Q、R. 由第 6 章例 5 的结论，$\dfrac{S_{\triangle PQR}}{S_{\triangle ABC}}=\dfrac{(\lambda-1)^2}{\lambda^2+\lambda+1}$. 这里 $\lambda=\dfrac{BD}{DC}=\dfrac{CE}{EA}=\dfrac{AF}{FB}=1$，所以$\dfrac{S_{\triangle PQR}}{S_{\triangle ABC}}=0$，所以 $S_{\triangle PQR}=0$.

但由证明 7 的分析知，P、Q、R 不可能共线或仅有两点重合，所以 P、Q、R 实为一个点，即三中线 AD、BE、CF 共点.

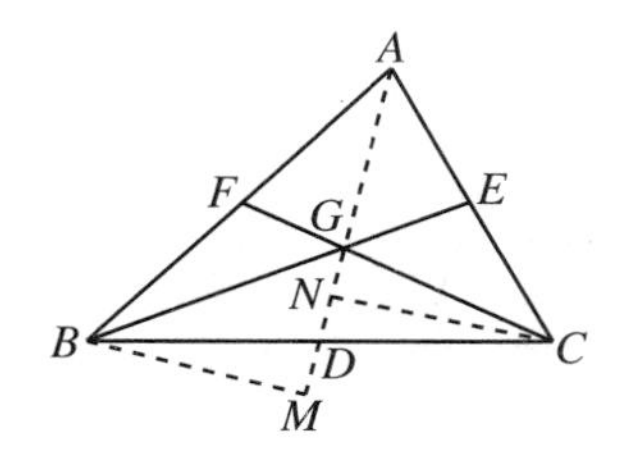

图 Y9.1.7

证明 9（面积法、三角形全等）

设中线 BE、CF 交于 G，连 AG 并延长，交 BC 于 D，作 BM、CN，均与 AD 垂直，垂足分别是 M、N，如图 Y9.1.7 所示.

因为 E、F 分别是 AC、AB 的中点，所以 $S_{\triangle AEB}=S_{\triangle AFC}=\dfrac{1}{2}S_{\triangle ABC}$. 所以 $S_{\triangle AEB}-S_{AEGF}=S_{\triangle AFC}-S_{AEGF}$，即 $S_{\triangle EGC}=S_{\triangle FGB}$. 又因为 $S_{\triangle EGC}=S_{\triangle EGA}$，$S_{\triangle FGB}=S_{\triangle FGA}$，所以 $S_{\triangle AGC}=S_{\triangle AGB}$.

因为$\triangle AGC$、$\triangle AGB$ 有公共底 AG，CN、BM 是对应高，所以 $CN=BM$.

因为$\angle CDN=\angle BDM$，所以 $\mathrm{Rt}\triangle CND\cong\mathrm{Rt}\triangle BMD$，所以 $CD=BD$，即 AD 是 BC 边上的中线，所以三中线 AD、BE、CF 共点.

证明 10（解析法）

如图 Y9.1.8 所示，建立直角坐标系.

设 $C(c,0)$，$A(a,b)$，则 $D\left(\dfrac{c}{2},0\right)$，$E\left(\dfrac{a+c}{2},\dfrac{b}{2}\right)$，$F\left(\dfrac{a}{2},\dfrac{b}{2}\right)$.

内分 AD 成比值$\lambda=2$ 的点的坐标为

$$x=\frac{x_A+\lambda x_D}{1+\lambda}=\frac{a+2\cdot\dfrac{c}{2}}{1+2}=\frac{a+c}{3},$$

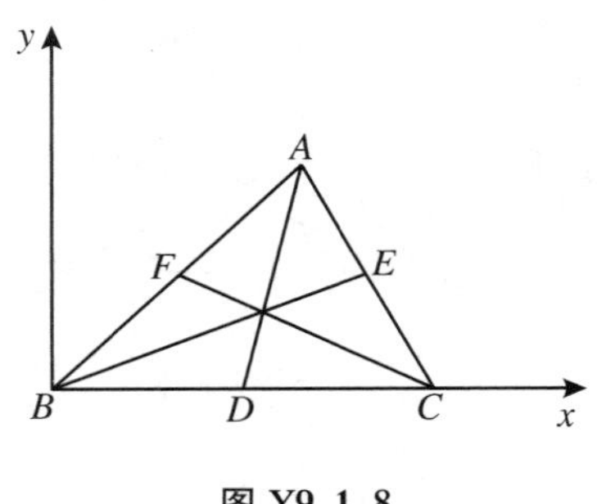

图 Y9.1.8

$$y=\frac{y_A+\lambda y_D}{1+\lambda}=\frac{b+2\cdot 0}{1+2}=\frac{b}{3}.$$

即$\left(\dfrac{a+c}{3},\dfrac{b}{3}\right)$.

内分 BE 成比值$\lambda=2$的点的坐标为

$$x=\frac{x_B+\lambda x_E}{1+\lambda}=\frac{0+2\cdot\dfrac{a+c}{2}}{1+2}=\frac{a+c}{3},$$

$$y=\frac{y_B+\lambda y_E}{1+\lambda}=\frac{0+2\cdot\dfrac{b}{2}}{1+2}=\frac{b}{3}.$$

即$\left(\dfrac{a+c}{3},\dfrac{b}{3}\right)$.

同法还可求出内分 CF 为$\lambda=2$的分点也是这个点,即$\left(\dfrac{a+c}{3},\dfrac{b}{3}\right)$是 AD、BE、CF 的公共点,所以三中线 AD、BE、CF 共点.

[**例 2**] 三角形的三高共点.

证明 1(相似三角形、共圆)

设两高 BE、CF 的交点为H,连 AH 并延长,交 BC 于D,连 EF,如图 Y9.2.1 所示.

由 A、F、H、E 共圆知$\angle 1=\angle 2$.

由 B、C、E、F 共圆知$\angle 2=\angle 3$,所以$\angle 1=\angle 3$.因为$\angle C$ 为公共角,所以$\triangle BEC\backsim\triangle ADC$,所以$\angle ADC=\angle BEC=90^\circ$,所以 AD 也是高线,即三高 AD、BE、CF 共点.

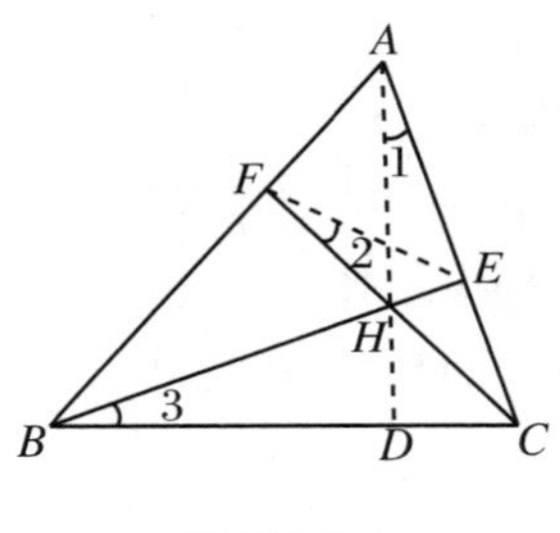

图 Y9.2.1

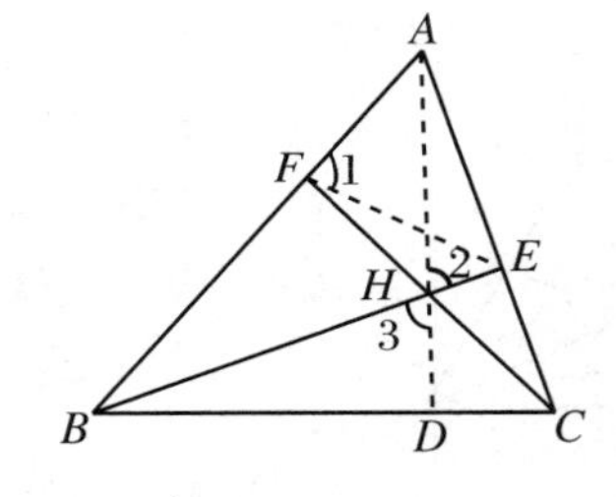

图 Y9.2.2

证明 2(共圆、证三点共线)

设两高 BE、CF 交于H,连 AH,作 $HD\perp BC$,垂足为 D,连 FE,如图 Y9.2.2 所示.

因为 A、F、H、E 共圆,所以$\angle 1=\angle 2$.

因为 B、C、E、F 共圆,所以$\angle 1=\angle ACB$.

因为 H、D、C、E 共圆,所以$\angle 3=\angle ACB$.

所以$\angle 3=\angle 2$,所以 A、H、D 共线,即 $AD\perp BC$,所以三高 AD、BE、CF 共点.

证明 3(利用三角形三边的中垂线共点的性质)

分别过 A、B、C 作对边的平行线,三条直线两两相交,交点为 A_1、B_1、C_1,如图 Y9.2.3 所示.易证$\triangle A_1B_1C_1$ 各边的中点分别是 A、B、C,所以 AD、BE、CF 是$\triangle A_1B_1C_1$ 各边的中垂线.

因为三角形各边的中垂线共点，所以 AD、BE、CF 共点，即$\triangle ABC$ 的三高共点.

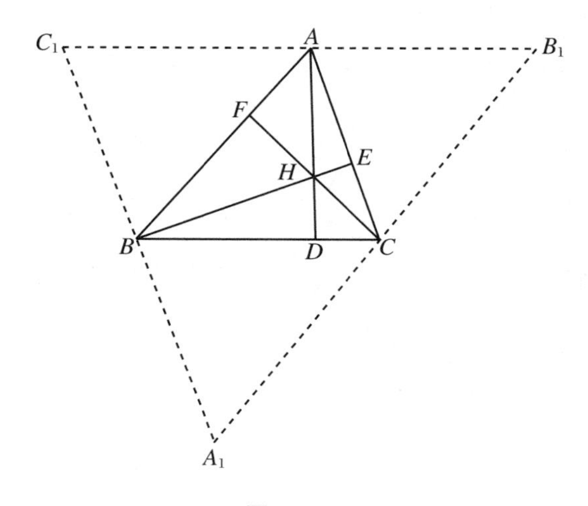

图 Y9.2.3

证明 4(Ceva 定理)

如图 Y9.2.4 所示.

由 Rt$\triangle ADC$∽Rt$\triangle BEC$ 知$\dfrac{DC}{AC}=\dfrac{EC}{BC}$.

由 Rt$\triangle BEA$∽Rt$\triangle CFA$ 知$\dfrac{AE}{AB}=\dfrac{AF}{AC}$.

由 Rt$\triangle BFC$∽Rt$\triangle BDA$ 知$\dfrac{BF}{BC}=\dfrac{BD}{AB}$.

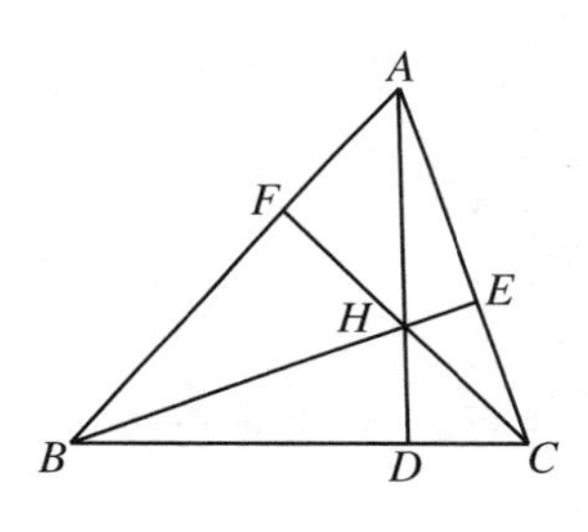

图 Y9.2.4

以上三式连乘，得到$\dfrac{DC}{AC}\cdot\dfrac{AE}{AB}\cdot\dfrac{BF}{BC}=\dfrac{EC}{BC}\cdot\dfrac{AF}{AC}\cdot\dfrac{BD}{AB}$，所以 $\dfrac{BD}{DC}\cdot\dfrac{CE}{EA}\cdot\dfrac{AF}{FB}=1$. 由 Ceva 定理知 AD、BE、CF 共点.

证明 5(解析法)

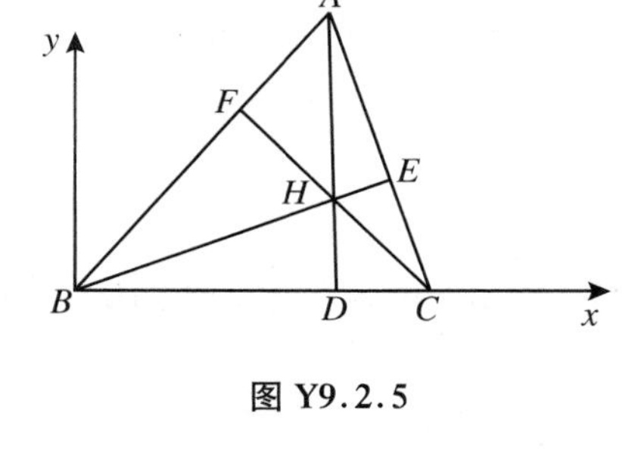

图 Y9.2.5

如图 Y9.2.5 所示，建立直角坐标系.

设 $C(a,0)$，$A(b,c)$.

AD 的方程为 $x=b$.

因为 $k_{AC}=\dfrac{c}{b-a}$，所以 $k_{BE}=\dfrac{a-b}{c}$，所以 BE 的方程为 $y=\dfrac{a-b}{c}x$.

两方程联立可得 $H\left(b,\dfrac{b(a-b)}{c}\right)$.

所以 $k_{AB}=\dfrac{c}{b}$，$k_{CH}=\dfrac{\dfrac{b(a-b)}{c}-0}{b-a}=-\dfrac{b}{c}$，所以 $k_{AB}\cdot k_{CH}=-1$，所以 $CH\perp AB$，可见 CH 也是高，所以三高 AD、BE、CF 共点.

[**例 3**]　两直线 l_1、l_2 交于 O 点，在 l_1 上有 A、B、C，满足 $OA=AB=BC$. 在 l_2 上有

L、M、N，满足 $LO=OM=MN$，则 AL、BN、CM 三直线共点.

证明 1(三角形中位线定理、同一法)

设 AL、BN 交于 K，连 MK 并延长，交 OB 的延长线于 C_1，连 AM，如图 Y9.3.1 所示，则 AM 是$\triangle OBN$ 的中位线，所以 $AM \mathrel{\underline{\mathrel{/\!/}}} \frac{1}{2}BN$.

因为$\triangle LAM \backsim \triangle LKN$，所以$\frac{NK}{AM}=\frac{LN}{LM}=\frac{3}{2}$，所以 $NK=\frac{3}{2}AM=\frac{3}{4}BN$，所以 $KB=\frac{1}{4}BN=\frac{1}{2}AM$. 因为 $KB /\!/ AM$，所以$\frac{C_1B}{C_1A}=\frac{KB}{AM}=\frac{1}{2}$，所以 $C_1B=AB$.

因为 $AB=BC$，所以 $BC=C_1B$，即 C 与 C_1 重合.

所以 AL、BN、CM 三线共点.

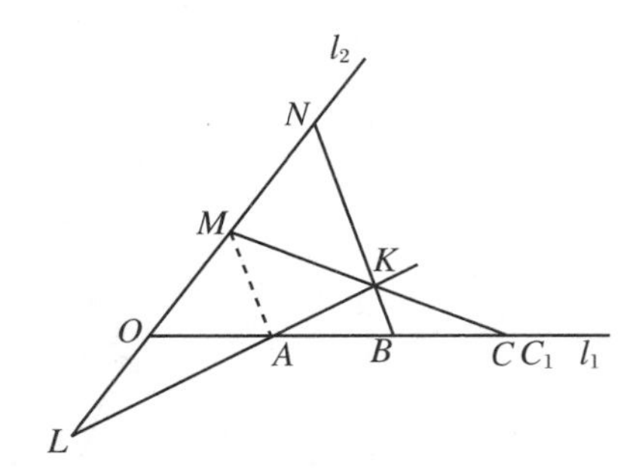

图 Y9.3.1

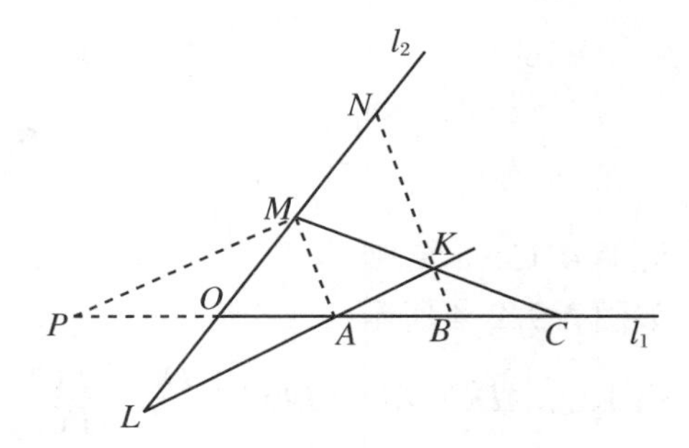

图 Y9.3.2

证明 2(平行截比定理、三角形的中位线)

作 $MP /\!/ AL$，交 l_1 于 P，连 AM，设 AL、CM 交于 K，连 BN，如图 Y9.3.2 所示.

易证$\triangle AOL \cong \triangle POM$，所以 $AO=PO$，$AP=AC$. 在$\triangle CMP$ 中，由中位线逆定理知 AK 是$\triangle CMP$ 的中位线，所以 $CK=KM$.

因为$\frac{OA}{AB}=\frac{OM}{MN}$，所以 $AM /\!/ BN$.

在$\triangle CMA$ 中，由中位线逆定理知 BN 与 CM 的交点是 CM 的中点，即 BN 也过 K.

所以 AL、BN、CM 三线共点.

证明 3(中位线定理、重心的性质)

连 MA、CL，如图 Y9.3.3 所示.

在$\triangle OBN$ 中，AM 是中位线，所以 $AM /\!/ BN$. 在$\triangle AMC$ 中，由中位线逆定理知 BN 必过 CM 的中点 K，即 $CK=KM$.

在$\triangle MLC$ 中，CO 是 ML 边上的中线，A 点分 CO 成 2∶1 的两部分，所以 A 是$\triangle MLC$ 的重心，所以 LA 必是 CM 上的中线，即 LA 过 K.

所以 AL、BN、CM 三线共点.

证明 4(同一法)

设 AL、BN 交于 K，作 $BP /\!/ l_2$，分别交 CM、LK 于 P、Q，设 CM、BN 交于 K'，如图 Y9.3.4 所示.

易证$\triangle OAL \cong \triangle BAQ$，所以 $BQ=OL=OM=MN$.

由$\triangle LKN \backsim \triangle QKB$知$\frac{KN}{KB}=\frac{LM}{BQ}=\frac{3OL}{BQ}=3$.

由$\triangle MNK' \backsim \triangle PBK'$知$\frac{MN}{BP}=\frac{K'N}{K'B}$.

在$\triangle COM$中,$\frac{OM}{BP}=\frac{OC}{BC}=3$,所以$\frac{MN}{BP}=3$,所以$\frac{K'N}{K'B}=3$,即$\frac{KN}{KB}=\frac{K'N}{K'B}=3$.可见$K$、$K'$都是内分线段$NB$成比值3的点,由定比分点的唯一性知$K$、$K'$重合,即$AL$、$BN$、$CM$共点.

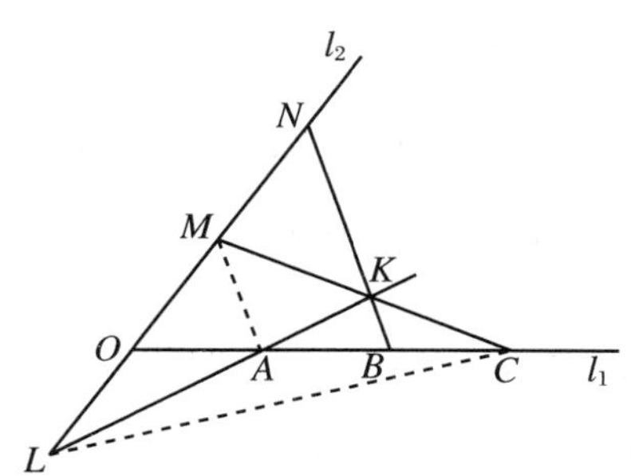

图 Y9.3.3

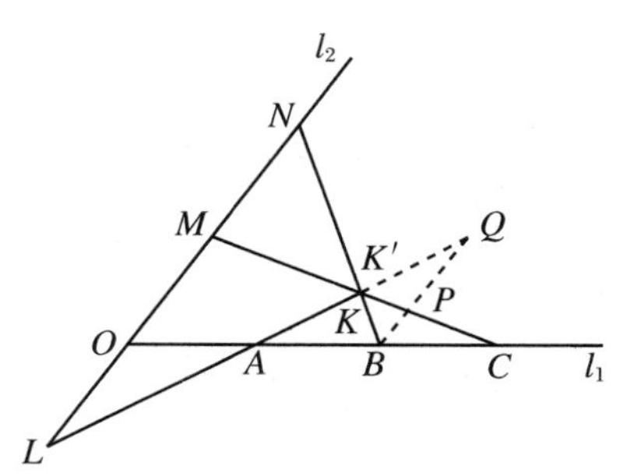

图 Y9.3.4

证明5(解析法)

如图Y9.3.5所示,建立直角坐标系.

设$OA=AB=BC=a$,$LO=OM=MN=b$,$\angle AOM=\alpha$,则$A(a,0)$,$B(2a,0)$,$C(3a,0)$,$L(-b\cos\alpha,-b\sin\alpha)$,$M(b\cos\alpha,b\sin\alpha)$,$N(2b\cos\alpha,2b\sin\alpha)$.

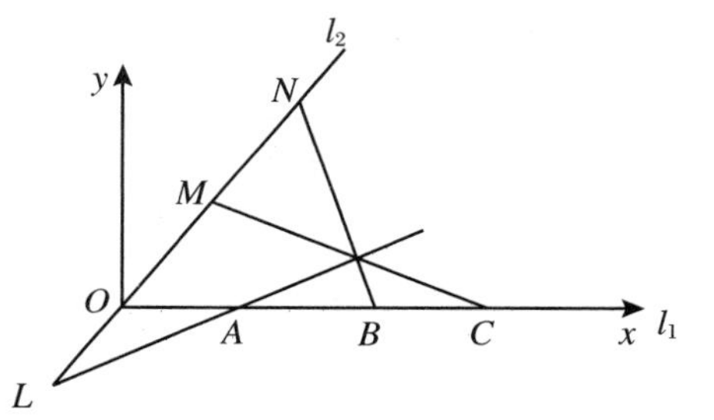

图 Y9.3.5

AL的方程为$y=\frac{-b\sin\alpha}{-b\cos\alpha-a}\cdot(x-a)$,即

$$x b\sin\alpha-(b\cos\alpha+a)y-ab\sin\alpha=0. \quad ①$$

BN的方程为$y=\frac{2b\sin\alpha}{2b\cos\alpha-2a}\cdot(x-2a)$,即

$$x b\sin\alpha-(b\cos\alpha-a)y-2ab\sin\alpha=0. \quad ②$$

CM的方程为$y=\frac{b\sin\alpha}{b\cos\alpha-3a}\cdot(x-3a)$,即

$$x b\sin\alpha-(b\cos\alpha-3a)y-3ab\sin\alpha=0. \quad ③$$

方程①、②、③的系数行列式为

$$\begin{vmatrix} b\sin\alpha & -a-b\cos\alpha & -ab\sin\alpha \\ b\sin\alpha & a-b\cos\alpha & -2ab\sin\alpha \\ b\sin\alpha & 3a-b\cos\alpha & -3ab\sin\alpha \end{vmatrix}$$

$$=ab^2\sin^2\alpha\begin{vmatrix} 1 & -a-b\cos\alpha & -1 \\ 1 & a-b\cos\alpha & -2 \\ 1 & 3a-b\cos\alpha & -3 \end{vmatrix}$$

$$=ab^2\sin^2\alpha\cdot\left(a\begin{vmatrix}1&-1&-1\\1&1&-2\\1&3&-3\end{vmatrix}+b\cos\alpha\cdot\begin{vmatrix}1&1&1\\1&1&2\\1&1&3\end{vmatrix}\right)=0.$$

所以 AL、BN、CM 三线共点.

［例 4］ 在梯形 $ABCD$ 中，$AD\parallel BC$，$AD+BC=AB$，F 为 CD 的中点，则$\angle A$、$\angle B$ 的平分线必交于 F.

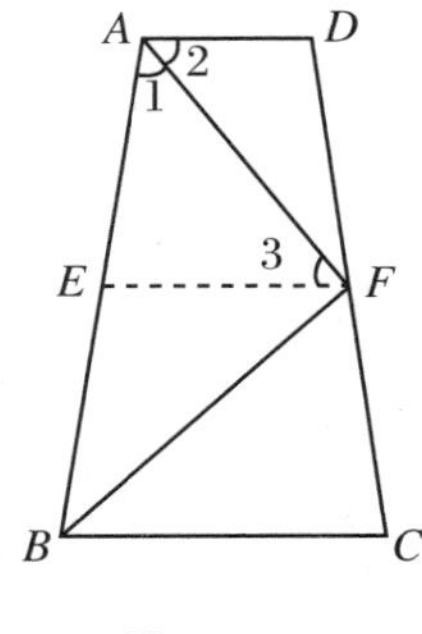

图 Y9.4.1

证明 1（梯形的中位线、等腰三角形）

作 $FE\parallel AD$，交 AB 于 E，如图 Y9.4.1 所示，则 EF 是梯形的中位线，所以 $EF=\frac{1}{2}(AD+BC)=\frac{1}{2}AB=AE=EB$，所以$\angle 1=\angle 3$. 因为$\angle 2=\angle 3$，所以$\angle 1=\angle 2$，即$\angle A$ 的平分线为 AF.

同理可证$\angle B$ 的平分线是 BF.

证明 2（三角形全等、等腰三角形）

延长 AF，交 BC 的延长线于 G，如图 Y9.4.2 所示. 易证$\triangle ADF\cong\triangle GCF$，所以 $AD=CG$.

因为 $AD+BC=AB$，所以 $BC+CG=AB$，即 $AB=BG$，所以$\angle 1=\angle 3$. 又$\angle 2=\angle 3$，所以$\angle 1=\angle 2$，即$\angle A$ 的平分线过 F 点.

同理可证$\angle B$ 的平分线也过 F 点.

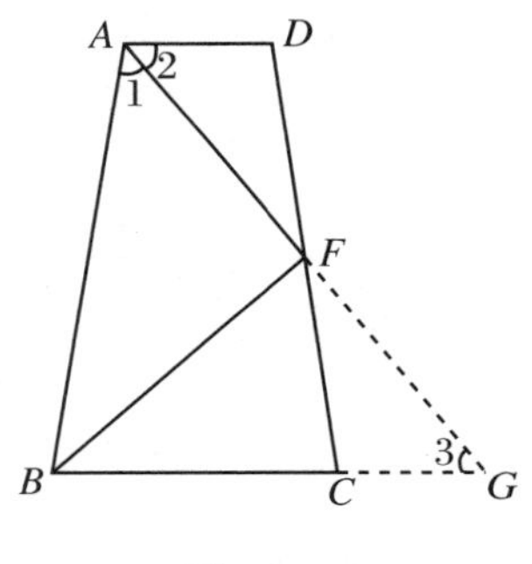

图 Y9.4.2

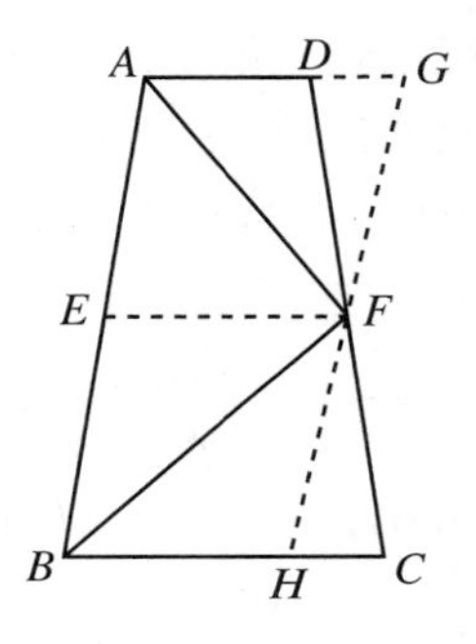

图 Y9.4.3

证明 3（梯形的中位线、三角形全等、菱形的性质）

作 $FE\parallel AD$，交 AB 于 E，则 EF 是梯形的中位线. 过 F 作 AB 的平行线，交 BC 于 H，交 AD 的延长线于 G，如图 Y9.4.3 所示.

易证$\triangle FDG\cong\triangle FHC$，所以 $DG=CH$，所以 $AD+BC=AG+BH=AB$.

易证 $ABHG$ 是平行四边形，所以 $AG=BH$，所以 $AG=\frac{1}{2}AB=AE=EB$，所以 $AEFG$、$BHFE$ 都是菱形，AF、BF 分别是它们的对角线. 由菱形的对角线的性质知 AF、BF 分别是$\angle A$、$\angle B$ 的角平分线.

证明 4（三角形全等、内角和定理）

在 AB 上取 G，使 $AG=AD$. 因为 $AB=AD+BC=AG+GB$，所以 $BG=BC$. 连 GD、GC、GF、AF、BF，如图 Y9.4.4 所示，则$\angle 1=\angle 2$，$\angle 3=\angle 4$.

因为$\angle 1+\angle 2+\angle A=180^\circ$，$\angle 3+\angle 4+\angle B=180^\circ$，$\angle A+\angle B=180^\circ$，所以$\angle 1+\angle 2$

$+\angle 3+\angle 4=180^\circ$，即 $\angle 1+\angle 3=90^\circ$，所以 $\angle DGC=180^\circ-\angle 1-\angle 3=180^\circ-90^\circ=90^\circ$.

所以 GF 是 $\mathrm{Rt}\triangle DGC$ 斜边上的中线，所以 $FD=FC=FG$.

由 $\triangle ADF\cong\triangle AGF$，$\triangle BCF\cong\triangle BGF$ 知 $\angle 5=\angle 6$，$\angle 7=\angle 8$，所以 $\angle A$、$\angle B$ 的平分线交于 F 点.

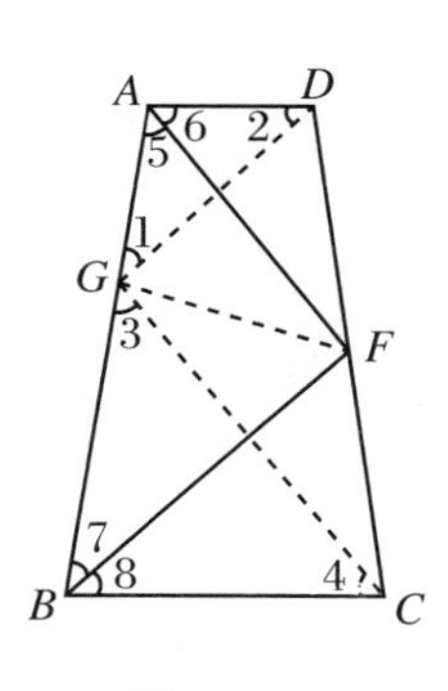

图 Y9.4.4

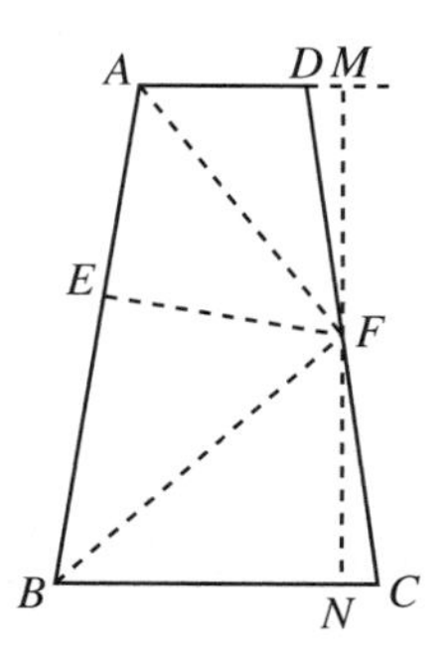

图 Y9.4.5

证明 5（面积法）

过 F 作 $MN\perp AD$，交 AD 于 M，交 BC 于 N. 作 $FE\perp AB$，垂足为 E. 连 AF、BF. 如图 Y9.4.5 所示.

易证 $\mathrm{Rt}\triangle FMD\cong\mathrm{Rt}\triangle FNC$，所以 $FM=FN$.

因为 $S_{\triangle ADF}+S_{\triangle BCF}=\frac{1}{2}AD\cdot FM+\frac{1}{2}BC\cdot FN=\frac{1}{2}(AD+BC)\cdot FM=\frac{1}{2}AB\cdot FM=\frac{1}{2}(AD+BC)\cdot\frac{MN}{2}=\frac{1}{2}S_{ABCD}$，$S_{\triangle ABF}=\frac{1}{2}S_{ABCD}=\frac{1}{2}AB\cdot EF=\frac{1}{2}AB\cdot MF$，所以 $MF=EF$，所以 $MF=EF=FN$.

可见 F 点到 $\angle A$、$\angle B$ 的两边等距离，所以 AF、BF 分别是 $\angle A$、$\angle B$ 的平分线.

证明 6（解析法）

如图 Y9.4.6 所示，建立直角坐标系.

设 $AD=b$，$BC=a$，$\angle ABC=\alpha$，则 $C(a,0)$，$A((a+b)\cos\alpha,(a+b)\sin\alpha)$，$D(b+(a+b)\cos\alpha,(a+b)\sin\alpha)$，$F\left(\frac{a+b}{2}(1+\cos\alpha),\frac{a+b}{2}\sin\alpha\right)$.

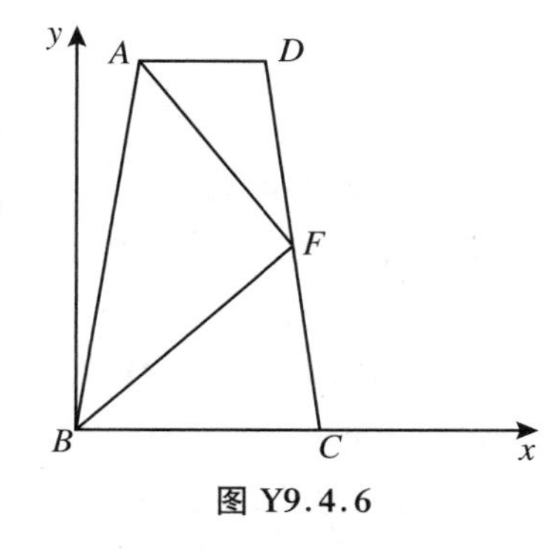

图 Y9.4.6

连 BF、AF.

因为 $k_{AB}=\tan\alpha$，$k_{BF}=\dfrac{\frac{a+b}{2}\sin\alpha}{\frac{a+b}{2}(1+\cos\alpha)}=\dfrac{\sin\alpha}{1+\cos\alpha}=\tan\dfrac{\alpha}{2}$，所以 BF 是 $\angle B$ 的平分线. 同理 AF 是 $\angle A$ 的平分线.

[例 5]　在 $\triangle ABC$ 中，$\angle B=2\angle C$，$AD\perp BC$，M 在 AB 的延长线上，$BD=BM$，N 为 AC 的中点，则 M、D、N 共线.

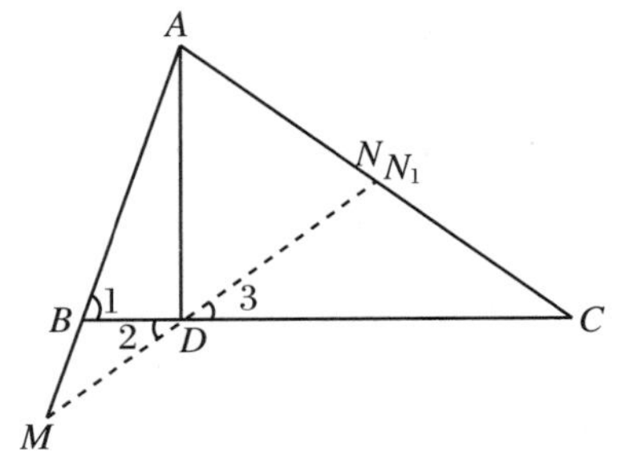

图 Y9.5.1

证明 1(同一法)

连 MD 并延长,交 AC 于 N_1,如图 Y9.5.1 所示.

在$\triangle BMD$ 中,$\angle 1=\angle 2+\angle M=2\angle 2$,$\angle 2=\angle 3$,所以$\angle 1=2\angle 3$.因为$\angle 1=2\angle C$,所以$\angle 3=\angle C$,所以 $DN_1=N_1C$.易证 $DN_1=AN_1$.

所以 N_1 是 Rt$\triangle ADC$ 的斜边的中点,所以 N 与 N_1 重合.

所以 M、D、N 共线.

证明 2(直角三角形斜边中线定理)

如图 Y9.5.2 所示,连 DM、DN.

在 Rt$\triangle ADC$ 中,DN 是斜边上的中线,所以$\angle NDC=\angle C$.因为$\angle C=\frac{1}{2}\angle ABC$,所以$\angle NDC=\frac{1}{2}\angle ABC$.

因为$\angle ABC$ 是等腰$\triangle BMD$ 的外角,所以$\angle ABC=\angle M+\angle BDM=2\angle BDM$,所以$\angle BDM=\frac{1}{2}\angle ABC$.

所以$\angle BDM=\angle NDC$,所以 M、D、N 共线.

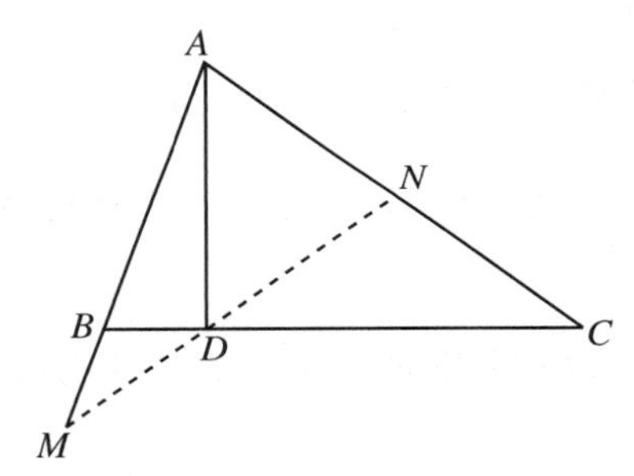

图 Y9.5.2

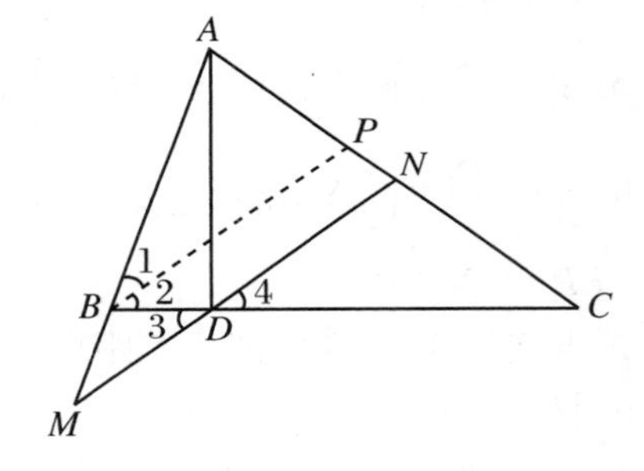

图 Y9.5.3

证明 3(角平分线、平行公理)

连 DM、DN,作$\angle ABC$ 的平分线 BP,交 AC 于 P,如图 Y9.5.3 所示.因为$\angle ABC=2\angle C=2\angle 2$,所以$\angle 2=\angle C$.

因为 DN 是 Rt$\triangle ADC$ 斜边上的中线,所以$\angle 4=\angle C$,所以$\angle 2=\angle 4$,所以 $BP\parallel DN$.

因为$\angle ABC$ 是等腰$\triangle BMD$ 的外角,所以$\angle ABC=2\angle 3$,$2\angle 2=2\angle 3$,所以$\angle 2=\angle 3$,所以 $BP\parallel MD$.

可见 MD、DN 都与 BP 平行,所以 M、D、N 共线.

证明 4(Menelaus 定理)

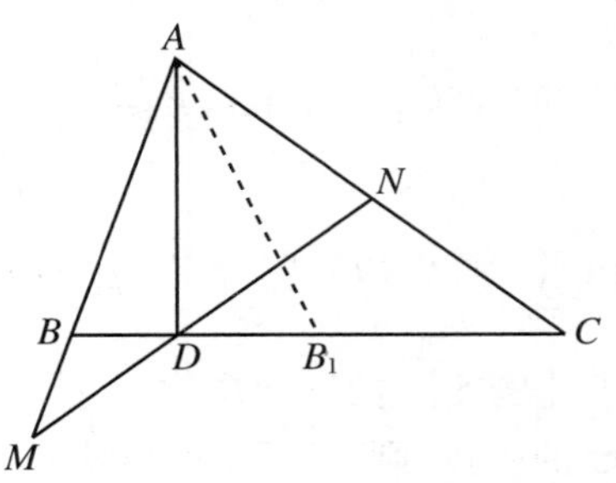

图 Y9.5.4

在 DC 上取 B_1,使 $DB_1=DB$,连 AB_1,如图 Y9.5.4 所示,则$\triangle ABB_1$ 是等腰三角形,所以 $AB=AB_1$,$\angle ABB_1=\angle AB_1B$.

因为$\angle ABC=2\angle C$,所以$\angle AB_1B=2\angle C$,所以$\triangle AB_1C$ 也是等腰三角形.所以 $AB_1=B_1C$.

因为 $BM=BD$，$AN=NC$，所以 $DC=DB_1+B_1C=BD+AB=BM+AB=AM$，所以 $\frac{AM}{BM}\cdot\frac{BD}{DC}\cdot\frac{CN}{NA}=1$.

由 Menelaus 定理知 M、D、N 三点共线.

证明 5(解析法)

如图 Y9.5.5 所示，建立直角坐标系.

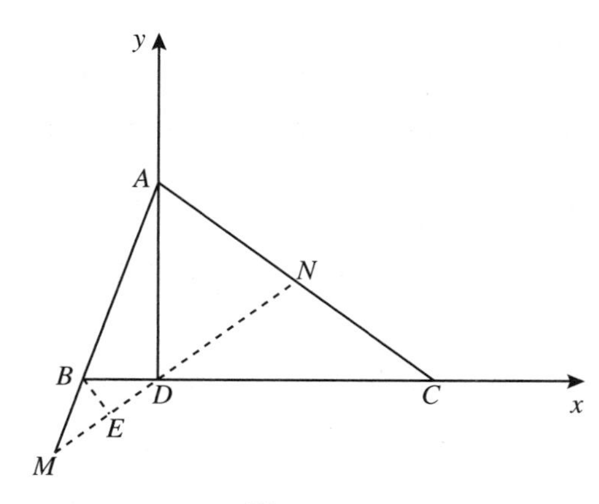

图 Y9.5.5

连 DM、DN、MN.

设 $A(0,a)$，$C(c,0)$，$B(b,0)$，则 $N\left(\frac{c}{2},\frac{a}{2}\right)$.

作 $BE\perp DM$，垂足为 E，由三线合一定理知 $ME=ED$. 设 $\angle BMD=\alpha$，则 $\angle BDM=\alpha$，$\angle ABC=2\alpha$. 因为 $\angle ABC=2\angle C$，所以 $\angle C=\alpha$，所以 $M(2b\cos^2\alpha,2b\cos\alpha\sin\alpha)$.

所以

$$S_{\triangle MND}=\frac{1}{2}\begin{vmatrix}2b\cos^2\alpha & 2b\cos\alpha\sin\alpha & 1\\ \frac{c}{2} & \frac{a}{2} & 1\\ 0 & 0 & 1\end{vmatrix}=\frac{1}{2}\begin{vmatrix}2b\cos^2\alpha & 2b\cos\alpha\sin\alpha\\ \frac{c}{2} & \frac{a}{2}\end{vmatrix}$$

$$=\frac{b\cos\alpha}{2}(a\cos\alpha-c\sin\alpha).$$

在 Rt$\triangle ADC$ 中，由正弦定理，$\frac{a}{\sin\alpha}=\frac{c}{\sin\angle DAC}=\frac{c}{\sin(90^\circ-\alpha)}=\frac{c}{\cos\alpha}$，所以 $a\cos\alpha=c\cdot\sin\alpha$，所以 $S_{\triangle MND}=0$，所以 M、N、D 三点共线.

［例 6］　在 $\triangle ABC$ 中，E、F 分别是 AB、AC 的中点，延长 CE 到 P，使 $EP=EC$，延长 BF 到 Q，使 $FQ=FB$，则 P、A、Q 共线.

证明 1(证明平角)

如图 Y9.6.1 所示，连 AP、AQ.

易证 $\triangle AEP\cong\triangle BEC$，$\triangle AFQ\cong\triangle CFB$，所以 $\angle 1=\angle ABC$，$\angle 3=\angle ACB$.

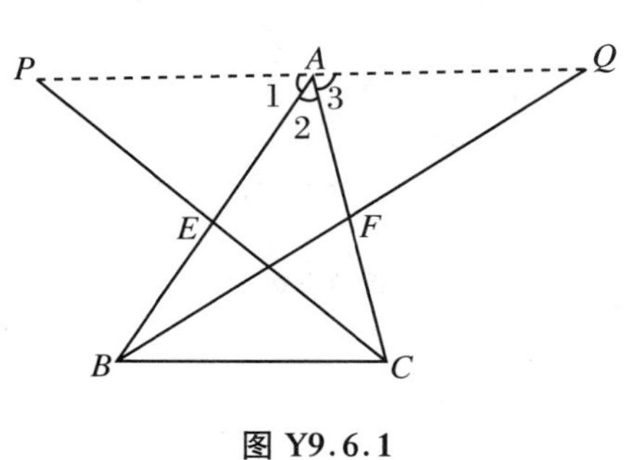

图 Y9.6.1

因为$\angle 2+\angle ABC+\angle ACB=180^\circ$，所以$\angle 2+\angle 1+\angle 3=180^\circ$，即$\angle PAQ$为平角，所以$P$、$A$、$Q$共线．

证明2（利用平行公理）

如图Y9.6.2所示，连AP、AQ、PB、QC．

因为四边形$APBC$和四边形$ABCQ$的对角线互相平分，所以$APBC$和$ABCQ$都是平行四边形，所以$AP /\!/ BC$，$AQ /\!/ BC$．由平行公理知P、A、Q共线．

证明3（中位线定理、平行截比定理、同一法）

连QA并延长，交CE的延长线于P_1，连EF，如图Y9.6.3所示．

因为EF是$\triangle BAQ$的中位线，所以$AQ /\!/ EF$，所以$AP_1 /\!/ EF$．

在$\triangle CAP_1$中，由平行截比定理，$\dfrac{P_1E}{EC}=\dfrac{AF}{FC}=1$，所以$P_1E=EC$．又$PE=EC$，所以$P_1E=PE$．且$P_1$、$P$、$E$共线，$P_1$、$P$在$E$点同侧，所以$P_1$和$P$重合．

所以P、A、Q共线．

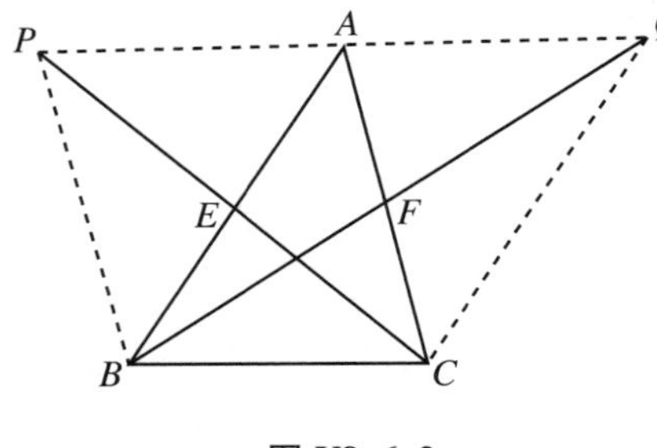

图 Y9.6.2

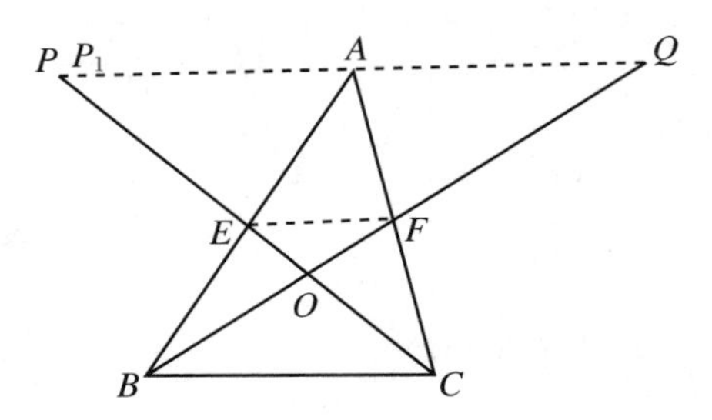

图 Y9.6.3

证明4（平行截比逆定理、平行公理）

连PQ、AQ、EF，设CE、BF交于O，如图Y9.6.3所示．

因为EF是$\triangle ABC$和$\triangle ABQ$的中位线，所以$EF /\!/ BC /\!/ AQ$，所以$\triangle EOF \backsim \triangle COB$，所以$\dfrac{OF}{BO}=\dfrac{OE}{CO}$，所以$\dfrac{OF}{BF}=\dfrac{OE}{CE}$．

因为$BF=FQ$，$CE=EP$，所以$\dfrac{OF}{FQ}=\dfrac{OE}{PE}$，由平行截比逆定理，$PQ /\!/ EF$，所以$PQ /\!/ AQ$．

所以P、A、Q共线．

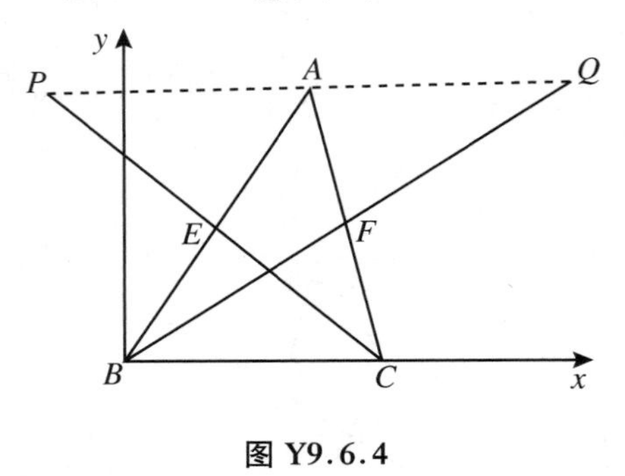

图 Y9.6.4

证明5（解析法）

如图Y9.6.4所示，建立直角坐标系．

设$C(a,0)$，$A(b,c)$，则$E\left(\dfrac{b}{2},\dfrac{c}{2}\right)$，$F\left(\dfrac{a+b}{2},\dfrac{c}{2}\right)$．

由中点坐标公式可求出P、Q的纵坐标，$y_P=2\cdot\dfrac{c}{2}-0=c$，$y_Q=2\cdot\dfrac{c}{2}-0=c$，所以$y_P=y_Q=y_A$，所以$P$、$A$、$Q$共线．

［例7］ 梯形的上下底的中点和对角线的交点共线.

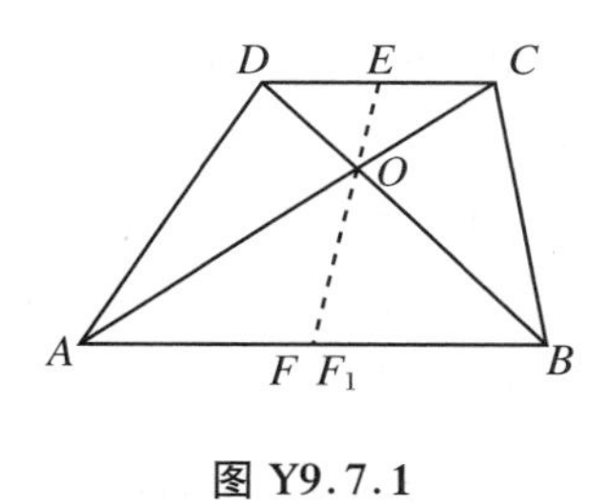

图 Y9.7.1

证明1(同一法)

如图 Y9.7.1 所示,设上、下底的中点各为 E、F,对角线的交点为 O(以下同).连 EO 并延长,交 AB 于 F_1.

由$\triangle COE \backsim \triangle AOF_1$ 知$\dfrac{CE}{AF_1}=\dfrac{OE}{OF_1}$.

由$\triangle DOE \backsim \triangle BOF_1$ 知$\dfrac{DE}{BF_1}=\dfrac{OE}{OF_1}$.

所以$\dfrac{CE}{AF_1}=\dfrac{DE}{BF_1}$.因为 $CE=DE$,所以 $AF_1=BF_1$,所以 F_1 为 AB 的中点,所以 F_1 与 F 重合.

所以 E、O、F 共线.

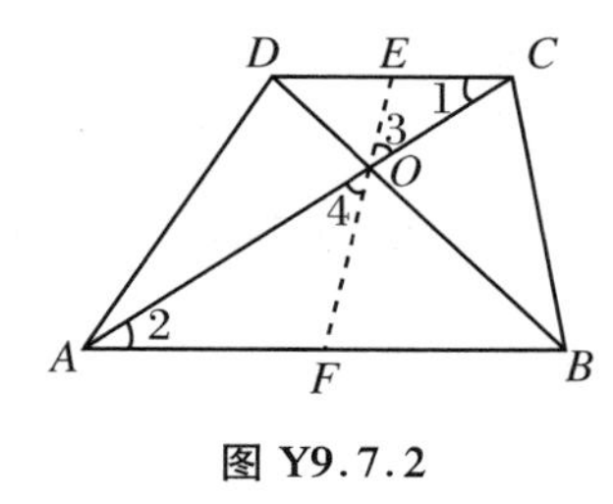

图 Y9.7.2

证明2(证明对顶角)

连 OE、OF,如图 Y9.7.2 所示.

由$\triangle COD \backsim \triangle AOB$ 知$\dfrac{CO}{OA}=\dfrac{CD}{AB}=\dfrac{\frac{1}{2}CD}{\frac{1}{2}AB}=\dfrac{CE}{AF}$.

因为$\dfrac{CO}{OA}=\dfrac{CE}{AF}$,$\angle 1=\angle 2$,所以$\triangle COE \backsim \triangle AOF$,所以$\angle 3=\angle 4$,即$\angle 3$、$\angle 4$ 形成对顶角.

所以 E、O、F 共线.

证明3(平行截比定理、同一法)

如图 Y9.7.3 所示,过 O 作 $MN /\!/ AB$,分别交 AD、BC 于 M、N,则 $MO=ON$.

延长 AD、BC,相交于 P,连 PF.设 PF 与 MN、CD 各交于 O_1、E_1.

因为 $AB /\!/ MN /\!/ CD$,$AF=FB$,由平行截比定理知 $MO_1=O_1N$,$DE_1=E_1C$,所以 O 与 O_1,E 与 E_1 分别重合.

所以 E、O、F 共线.

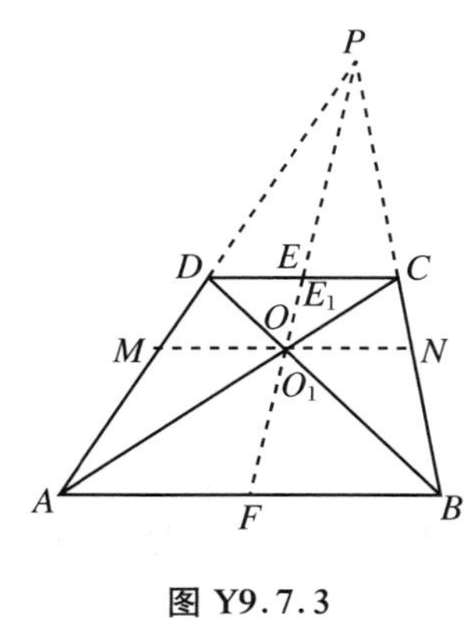

图 Y9.7.3

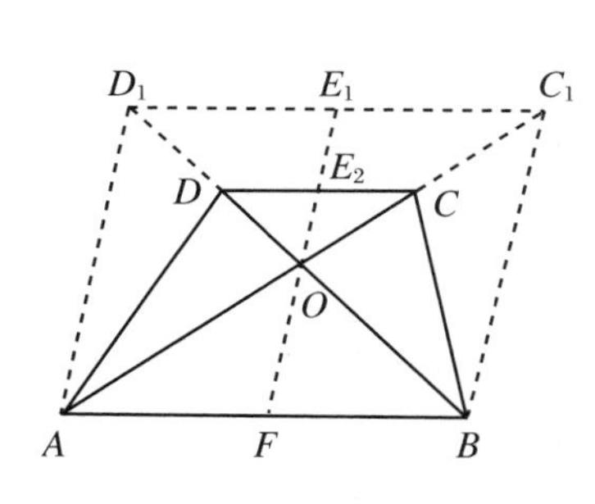

图 Y9.7.4

证明4(平行截比定理、平行四边形的性质)

如图 Y9.7.4 所示,连 OF.作 $AD_1 /\!/ OF$,$BC_1 /\!/ OF$,各交 BO、AO 的延长线于 D_1、C_1.连 D_1C_1.

由中位线性质逆定理知 $AD_1 \mathrel{\underline{\underline{\parallel}}} 2OF$，$BC_1 \mathrel{\underline{\underline{\parallel}}} 2OF$，所以 $AD_1 \mathrel{\underline{\underline{\parallel}}} BC_1$，所以 ABC_1D_1 是平行四边形.

延长 FO，交 C_1D_1 于 E_1，交 CD 于 E_2，则 E_1 是 C_1D_1 的中点. 因为 $C_1D_1 /\!/ AB$，$CD /\!/ AB$，所以 $C_1D_1 /\!/ CD$，由平行截比定理知 E_2 是 CD 的中点，所以 E_2 与 E 重合.

所以 E、O、F 共线.

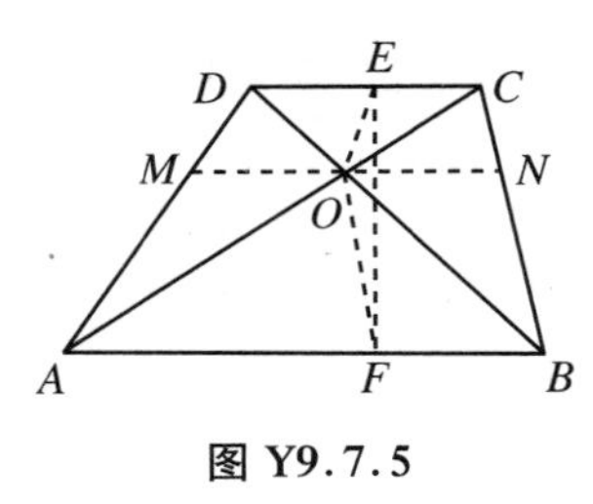

图 Y9.7.5

证明 5（面积法、反证法）

若 E、O、F 不共线，则 $S_{\triangle EOF} \neq 0$.

连 OE、OF、EF，过 O 作 $MN /\!/ AB$，分别交 AD、BC 于 M、N，如图 Y9.7.5 所示，则 $OM = ON$.

所以 $S_{\triangle ODM} = S_{\triangle OCN}$，$S_{\triangle OMA} = S_{\triangle ONB}$.

因为 $AF = FB$，$DE = EC$，又有 $S_{\triangle OCE} = S_{\triangle ODE}$，$S_{\triangle OBF} = S_{\triangle OAF}$，所以 $S_{\triangle ODM} + S_{\triangle ODE} + S_{\triangle OMA} + S_{\triangle OAF} = S_{\triangle ONC} + S_{\triangle OCE} + S_{\triangle ONB} + S_{\triangle OBF}$，即 $S_{AFOED} = S_{EOFBC}$.

因为 $S_{AFED} = \frac{1}{2}(AF + ED)h$，$S_{EFBC} = \frac{1}{2}(BF + CE)h$（$h$ 表示梯形 $ABCD$ 的高），$AF + ED = BF + CE$，所以 $S_{AFED} = S_{EFBC}$，即 $S_{AFOED} + S_{\triangle EOF} = S_{EOFBC} - S_{\triangle EOF}$.

由此可知 $S_{\triangle EOF} = 0$，与假设矛盾，所以 E、O、F 共线.

证明 6（解析法）

如图 Y9.7.6 所示，建立直角坐标系.

设 $B(b, 0)$，$D(d, a)$，$C(c, a)$，则 $E\left(\frac{c+d}{2}, a\right)$，$F\left(\frac{b}{2}, 0\right)$.

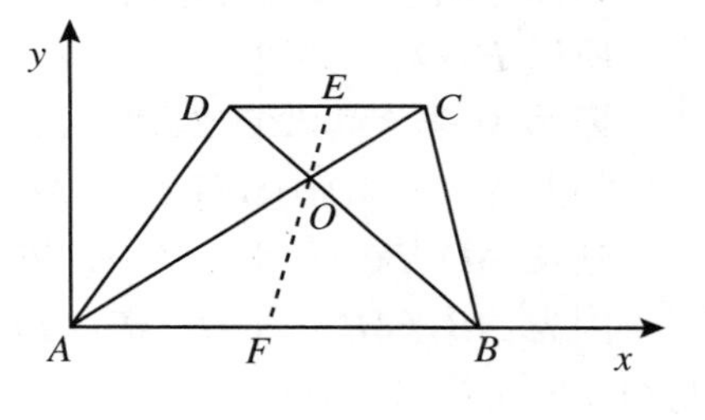

图 Y9.7.6

连 EF. EF 的方程是 $y = \left[\dfrac{a}{\frac{c+d}{2} - \frac{b}{2}}\right]\left(x - \frac{b}{2}\right)$，即

$$y = \frac{a}{c+d-b}(2x - b). \qquad ①$$

AC 的方程为

$$y = \frac{a}{c}x. \qquad ②$$

BD 的方程为

$$y = \frac{a}{d-b}(x - b). \qquad ③$$

联立式②、式③，得到 $O\left(\frac{bc}{b+c-d}, \frac{ab}{b+c-d}\right)$.

因为 $\frac{ab}{b+c-d} = \frac{a}{c+d-b} \cdot \left(\frac{2bc}{b+c-d} - b\right)$，可见 O 点的坐标满足方程①，即 O 点在 EF 上.

所以 E、O、F 共线.

［**例 8**］ 在△ABC 中，H 为垂心，D 为 BC 的中点，AE 是外接圆的直径，则 H、D、E 共线.

证明1（同一法）

设 O 为外心，连 AH 并延长，交 BC 于 M，则 $AM\perp BC$. 连 OD，连 ED 并延长，交 AM 于 H'，如图 Y9.8.1 所示.

由垂径定理，$OD\perp BC$，所以 $OD/\!/AM$.

因为 $AO=OE$，$OD/\!/AM$，在 $\triangle AEH'$ 中，由中位线逆定理知 $OD\underline{\underline{/\!/}}\frac{1}{2}AH'$.

由第2章例14的结果，$OD\underline{\underline{/\!/}}\frac{1}{2}AH$，所以 $AH=AH'$，所以 H 和 H' 重合，所以 E、D、H 共线.

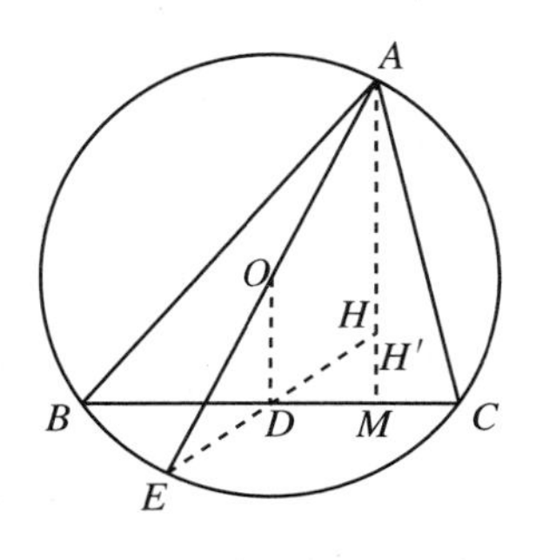

图 Y9.8.1

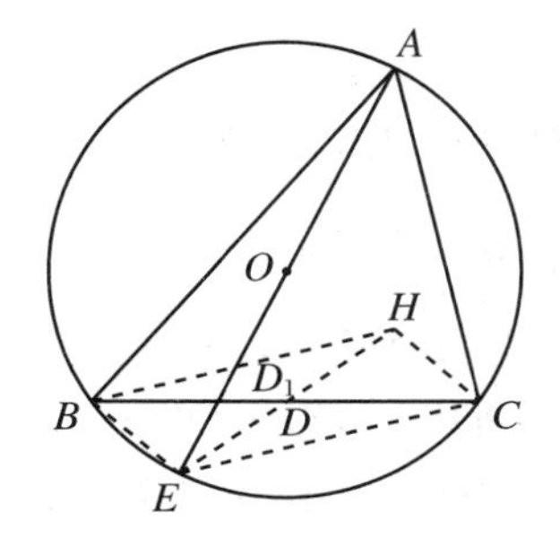

图 Y9.8.2

证明2（同一法、平行四边形）

连 BH、BE、CH、CE，如图 Y9.8.2 所示.

因为 H 为垂心，所以 $BH\perp AC$.

因为 AE 为直径，所以 $EC\perp AC$，所以 $BH/\!/EC$. 同理 $CH/\!/BE$，所以 $BHCE$ 是平行四边形. 连 EH，交 BC 于 D_1. 由平行四边形的对角线互相平分的性质知 D_1 为 BC 的中点，所以 D_1 与 D 重合，所以 E、D、H 共线.

证明3（对顶角、三角形全等、等腰梯形的对称性）

如图 Y9.8.3 所示，连 DE、DH，连 AH 并延长，交 BC 于 M，交 $\odot O$ 于 K，连 KC、KE、EB、DK、HC.

因为 H 为垂心，所以 $CH\perp AB$，所以 $\angle MCH=\angle MAB$. 因为 $\angle MAB=\angle MCK$，所以 $\angle MCK=\angle MCH$，所以 $CH=CK$，即 CM 是 HK 的中垂线，所以 $DH=DK$，所以 $\triangle CDH\cong\triangle CDK$，所以 $\angle 1=\angle 2$.

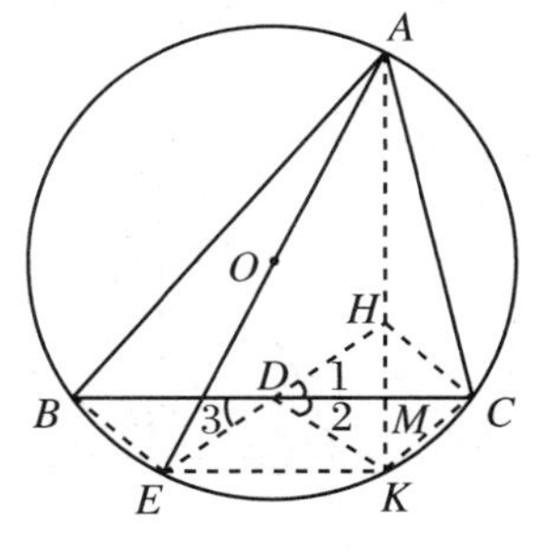

图 Y9.8.3

因为 AE 是直径，所以 $EK\perp AK$. 因为 $BC\perp AK$，所以 $BC/\!/EK$，所以 $BCKE$ 是等腰梯形，D 是其底边的中点. 由等腰梯形的轴对称性，$\angle 3=\angle 2$.

因为 $\angle 3=\angle 2$，$\angle 2=\angle 1$，所以 $\angle 3=\angle 1$，所以 H、D、E 共线.

证明4（Menelaus 定理）

连 OD、AH，则 $AH=2OD$，$OD/\!/AH$. 延长 AH，交 BC 于 M，交 $\odot O$ 于 K，则 $MH=MK$. 设 AE、BC 的交点为 N，连 EK，则 $EK/\!/BC$. 如图 Y9.8.4 所示.

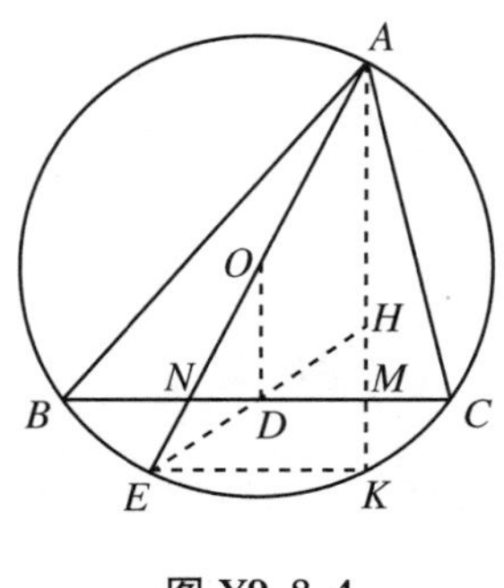

图 Y9.8.4

在$\triangle ANM$中，$\dfrac{ND}{DM}=\dfrac{OD}{AM-OD}=\dfrac{\frac{1}{2}AH}{AM-\frac{1}{2}AH}=\dfrac{AH}{2AM-AH}$

$=\dfrac{AH}{AM+MH}$.

在$\triangle AEK$中，$\dfrac{AE}{NE}=\dfrac{AK}{KM}=\dfrac{AM+MK}{KM}=\dfrac{AM+MH}{MH}$.

所以$\dfrac{AE}{NE}\cdot\dfrac{ND}{DM}\cdot\dfrac{MH}{HA}=\dfrac{(AM+MH)\cdot AH\cdot MH}{MH\cdot(AM+MH)\cdot AH}=1$.

由三点共线的 Menelaus 定理知，E、H、D 共线.

证明 5（三角法、求边长）

连 OD、AH、ED、EH，如图 Y9.8.5 所示. 由第 2 章例 14 的结果知 $OD \underline{\underline{/\!/}} \frac{1}{2}AH$，所以$\angle 1=\angle 2$.

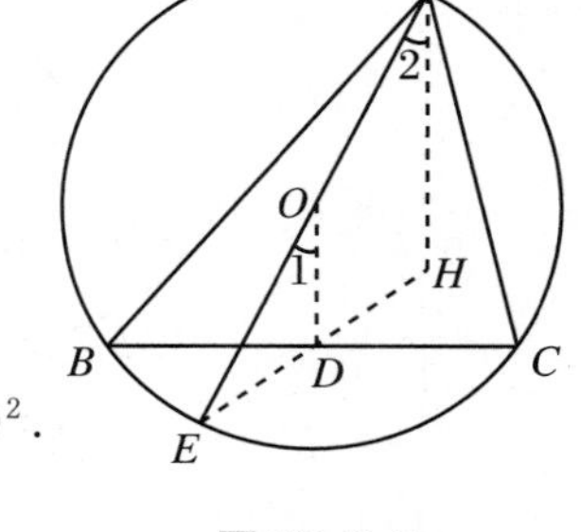

图 Y9.8.5

在$\triangle EOD$和$\triangle EAH$中，由余弦定理，有

$ED^2=EO^2+OD^2-2EO\cdot OD\cdot\cos\angle 1$.

$EH^2=AE^2+AH^2-2AE\cdot AH\cdot\cos\angle 2$

$\quad=(2OE)^2+(2OD)^2-2\cdot 2OE\cdot 2OD\cdot\cos\angle 1=(2ED)^2$.

所以 $EH=2ED$.

由正弦定理，又有

$$\sin\angle OED=\frac{OD}{ED}\cdot\sin\angle 1,$$

$$\sin\angle AEH=\frac{AH}{EH}\cdot\sin\angle 2=\frac{2OD}{2ED}\cdot\sin\angle 2=\frac{OD}{ED}\cdot\sin\angle 2.$$

所以 $\sin\angle OED=\sin\angle AEH$.

因为$\angle OED$、$\angle AEH$ 都是锐角，所以$\angle OED=\angle AEH$，所以 E、H、D 共线.

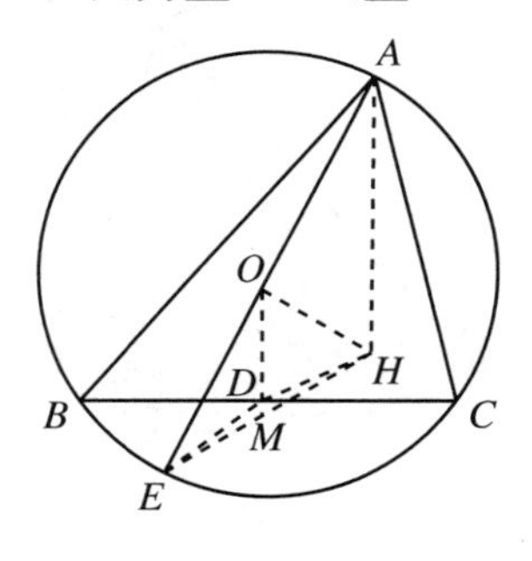

图 Y9.8.6

证明 6（面积法、反证法）

如图 Y9.8.6 所示，连 AH、OD，由第 2 章例 14 知 $OD \underline{\underline{/\!/}} \frac{1}{2}AH$.

连 ED、DH、EH、OH，设 EH 交 OD 或 OD 的延长线于 M. 若 E、D、H 不共线，则 D 与 M 不重合.

在$\triangle AEH$中，OM 是中位线，所以 $S_{\triangle OEM}=\frac{1}{2}S_{\triangle OEH}$，又因为 $S_{\triangle AOH}=S_{\triangle EOH}$，所以 $S_{\triangle OEM}=\frac{1}{2}S_{\triangle AOH}$.

因为$\triangle ODE$和$\triangle AOH$在互相平行的底 OD 和 AH 上具有等高，所以 $S_{\triangle ODE}=\frac{1}{2}S_{\triangle AOH}$.

所以 $S_{\triangle ODE}=S_{\triangle OEM}$.

又因为$\triangle ODE$和$\triangle OEM$在底 OD、OM 上具有等高，所以$\dfrac{S_{\triangle ODE}}{S_{\triangle OEM}}=\dfrac{OD}{OM}$，所以 $OD=OM$. 这表明 D 与 M 应当重合. 与假设矛盾.

所以 E、D、H 共线.

［例 9］　自△ABC 的外接圆上的任一点 P 向三边所在的直线引垂线，设 L、M、N 为垂足，则 L、M、N 共线.（Simson 定理）

证明 1（共圆、证明平角）

连 PB、PC、ML、MN，如图 Y9.9.1 所示.

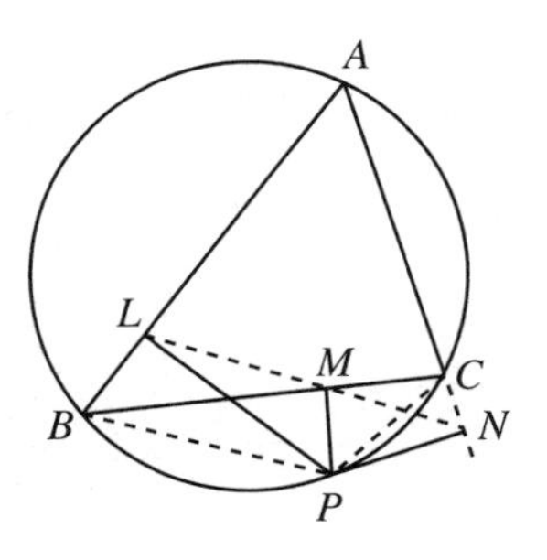

图 Y9.9.1

因为$\angle PCN$ 是圆的内接四边形 $ABPC$ 的外角，所以$\angle PCN=\angle ABP$.

因为$\angle BLP=\angle BMP=90^\circ$，$\angle PMC+\angle PNC=180^\circ$，所以 P、B、L、M 和 P、M、C、N 分别共圆，所以

$$\angle PMN=\angle PCN,\quad \angle LMP+\angle LBP=180^\circ,$$

所以

$$\angle LMP+\angle PMN=\angle LMP+\angle PCN=\angle LMP+\angle ABP=180^\circ.$$

所以$\angle LMN$ 为平角，所以 L、M、N 共线.

证明 2（同一法、共圆）

连 PB、PC，连 LM 并延长，交 AC 的延长线于 N_1，连 PN_1，如图 Y9.9.2 所示.

因为 P、B、L、M 共圆，所以$\angle N_1MP=\angle ABP$.

因为 P、C、A、B 共圆，所以$\angle PCN_1=\angle ABP$.

所以$\angle N_1MP=\angle PCN_1$，所以 P、M、C、N_1 共圆，所以$\angle PMC+\angle PN_1C=180^\circ$，所以$\angle PN_1C=180^\circ-\angle PMC=180^\circ-90^\circ=90^\circ$，所以 $PN_1\perp AC$.

又 $PN\perp AC$，所以 N、N_1 重合，所以 L、M、N 共线.

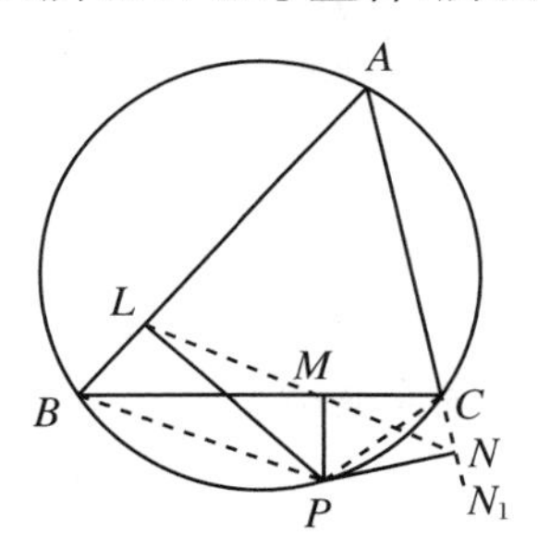

图 Y9.9.2

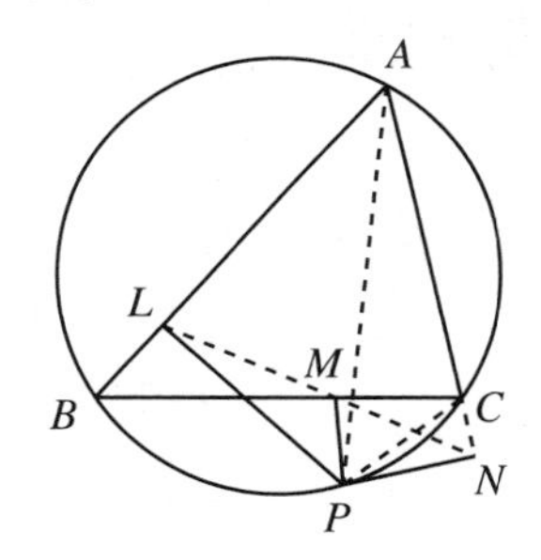

图 Y9.9.3

证明 3（平行公理）

连 PA、PC、MN、NL，如图 Y9.9.3 所示.

因为 A、L、P、N 共圆，所以$\angle PAL=\angle PNL$.

因为 P、N、C、M 共圆，所以$\angle PNM=\angle PCM$.

因为 A、B、P、C 共圆，所以$\angle PAL=\angle PCB$.

所以$\angle PNM=\angle PNL$，所以 $NM/\!/NL$，所以 L、M、N 共线.

证明 4（证对顶角相等）

连 PB、PC、ML、MN，如图 Y9.9.4 所示.

因为 A、B、P、C 共圆，所以$\angle BPC=180^\circ-\angle A$.

因为 A、L、P、N 共圆，所以$\angle LPN=180^\circ-\angle A$，所以$\angle LPN=\angle BPC$，所以$\angle BPL$

$=\angle CPN$.

因为 B、P、M、L 共圆，所以$\angle BPL=\angle BML$.

因为 M、P、N、C 共圆，所以$\angle CPN=\angle CMN$，所以$\angle BML=\angle CMN$，所以 L、M、N 共线.

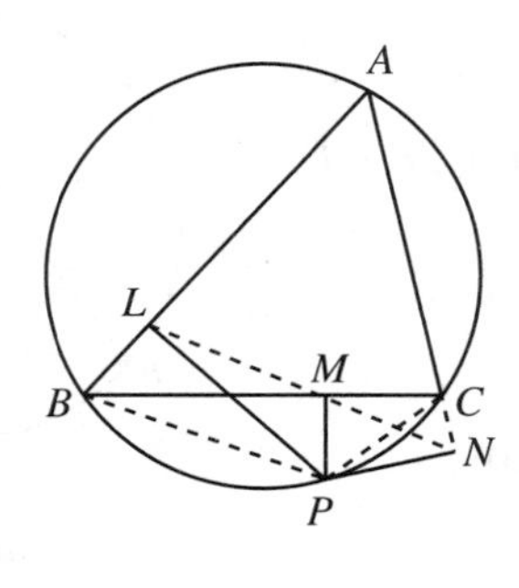

图 Y9.9.4

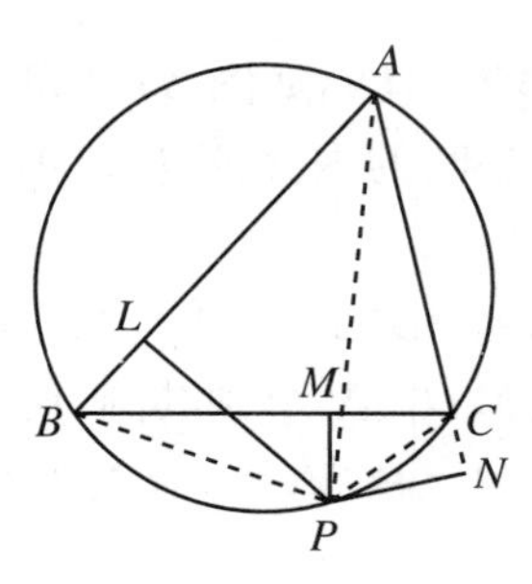

图 Y9.9.5

证明 5(Menelaus 定理)

如图 Y9.9.5 所示，连 PB、PC、PA.

因为 A、B、P、C 共圆，所以$\angle PCN=\angle ABP$，所以 Rt$\triangle PCN\backsim$Rt$\triangle PBL$，所以$\dfrac{CN}{BL}=\dfrac{PC}{PB}$.

同理，Rt$\triangle PCM\backsim$Rt$\triangle PAL$，Rt$\triangle BPM\backsim$Rt$\triangle APN$，又有$\dfrac{AL}{CM}=\dfrac{PA}{PC}$，$\dfrac{BM}{AN}=\dfrac{PB}{PA}$.

所以$\dfrac{CN}{BL}\cdot\dfrac{AL}{CM}\cdot\dfrac{BM}{AN}=\dfrac{CN}{AN}\cdot\dfrac{AL}{BL}\cdot\dfrac{BM}{CM}=\dfrac{PC}{PB}\cdot\dfrac{PA}{PC}\cdot\dfrac{PB}{PA}=1$. 由 Menelaus 定理知 L、M、N 共线.

［例 10］ 在$\triangle ABC$ 中，$\angle C=90^\circ$，以 BC 为直径的圆交 AB 于 D，过 B 任作一直线，与圆交于 F，与 AC 交于 E，则 E、F、D、A 共圆.

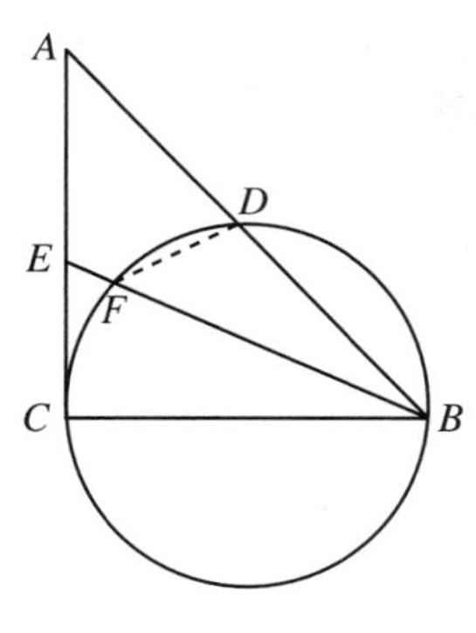

图 Y9.10.1

证明 1(圆外角定理、圆周角定理)

如图 Y9.10.1 所示，连 DF，则$\angle DFB\overset{\text{m}}{=}\dfrac{1}{2}\overset{\frown}{BD}$.

因为$\angle A$ 是圆外角，所以$\angle A\overset{\text{m}}{=}\dfrac{1}{2}(\overset{\frown}{BC}-\overset{\frown}{CD})=\dfrac{1}{2}\overset{\frown}{BD}$.

所以$\angle A=\angle DFB$.

所以 A、E、F、D 共圆.

证明 2(直径上的圆周角、圆的内接四边形的外角)

如图 Y9.10.2 所示，连 CF、FD.

因为 BC 是直径，所以 $CF\perp FB$，所以$\angle CEB$ 和$\angle FCB$ 的两双边对应垂直，所以$\angle CEB=\angle FCB$.

因为$\angle ADF$ 是圆的内接四边形 $CBDF$ 的外角，所以$\angle ADF=\angle FCB$，所以$\angle ADF=\angle CEB$.

所以 A、E、F、D 共圆.

证明 3(相交弦定理、比例中项定理)

如图 Y9.10.3 所示,连 CF、CD.

因为 BC 是直径,所以 $CF \perp FB$,$CD \perp DB$.

在 Rt$\triangle BCE$ 和 Rt$\triangle BCA$ 中,由比例中项定理,有

$$BC^2 = BF \cdot BE, \quad BC^2 = BD \cdot BA.$$

所以 $BF \cdot BE = BD \cdot BA$.

所以 A、E、F、D 共圆.

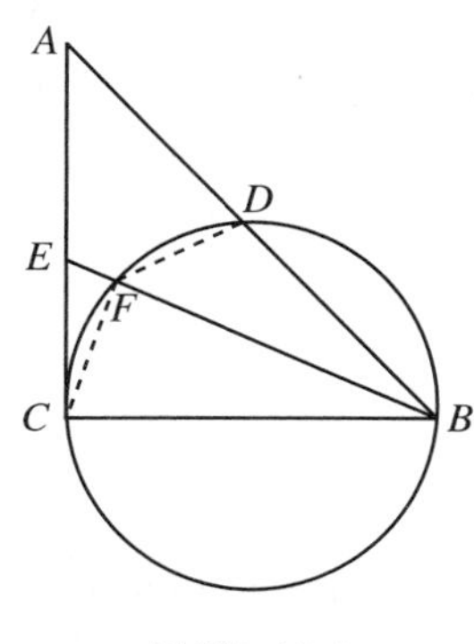

图 Y9.10.2

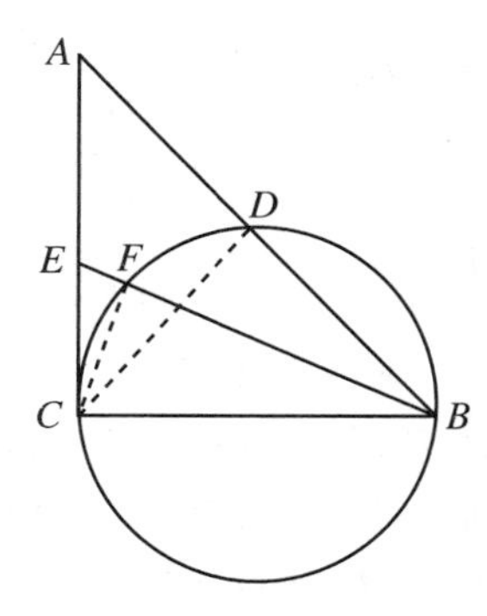

图 Y9.10.3

证明 4(同弧上的圆周角)

连 CF、CD、FD,如图 Y9.10.4 所示.

因为 BC 是直径,所以 $CD \perp AB$.

因为$\angle A$ 和$\angle DCB$ 的两双边对应垂直,所以$\angle A = \angle DCB$.因为$\angle DCB$ 和$\angle DFB$ 是同弧上的圆周角,所以$\angle DCB = \angle DFB$,所以$\angle DFB = \angle A$.

所以 A、E、F、D 共圆.

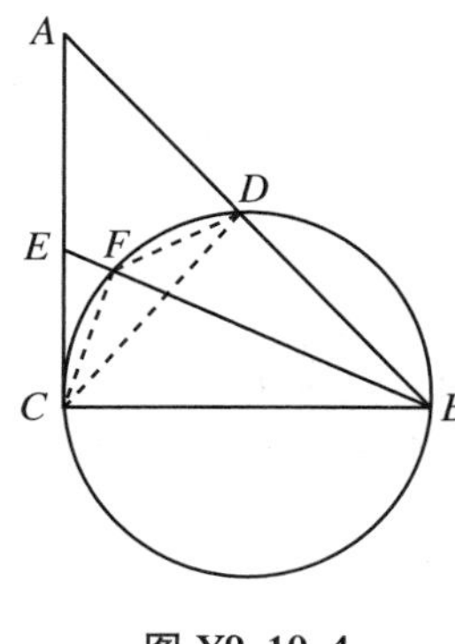

图 Y9.10.4

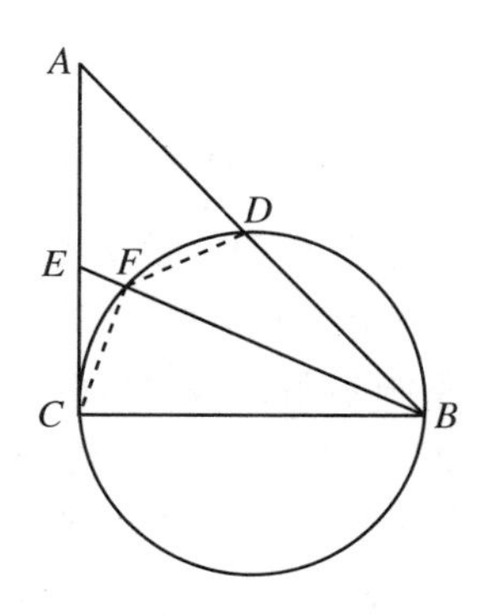

图 Y9.10.5

证明 5(圆的内接四边形中的对角互补、周角)

连 CF、FD,如图 Y9.10.5 所示,则$\angle EFD + \angle EFC + \angle CFD = 360^\circ$.

因为 D、F、D、B 共圆,所以$\angle CFD + \angle CBD = 180^\circ$.因为$\triangle ACB$ 是直角三角形,所以$\angle A + \angle CBA = 90^\circ$.因此

$$\begin{aligned}\angle EFD + \angle A &= (360^\circ - \angle EFC - \angle CFD) + (90^\circ - \angle CBA) \\ &= (360^\circ - \angle EFC - 180^\circ + \angle CBD) + (90^\circ - \angle CBA)\end{aligned}$$

$$= 270^\circ - \angle EFC = 270^\circ - 90^\circ = 180^\circ.$$

所以 A、E、F、D 共圆.

［例 11］ AB、CD 为⊙O 中的两条平行弦，M 为 CD 的中点，BM 的延长线交⊙O 于 E，则 A、O、M、E 共圆.

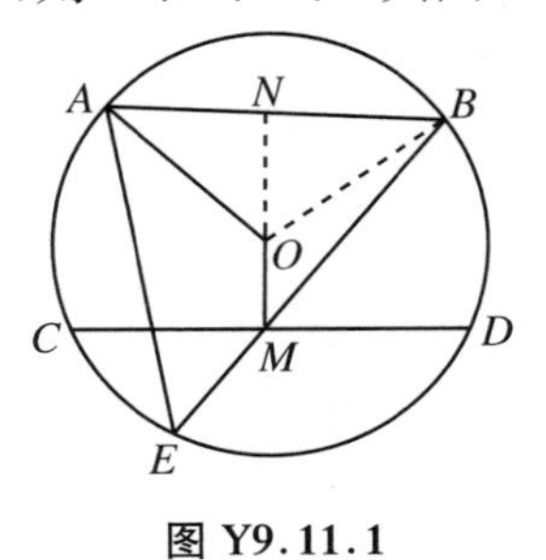

图 Y9.11.1

证明 1（垂径定理、圆心角与同弧上的圆周角）

连 OB，延长 MO，交 AB 于 N，如图 Y9.11.1 所示.

由垂径定理知 $OM \perp CD$. 因为 $AB /\!/ CD$，所以 $MN \perp AB$，由垂径定理知 N 为 AB 的中点，所以 $\angle NOA = \angle NOB$.

因为圆周角 $\angle AEB$ 和圆心角 $\angle AOB$ 同弧，所以 $\angle AEB = \frac{1}{2}\angle AOB = \angle NOA$.

所以 A、O、M、E 共圆.

证明 2（对称性、垂径定理、等腰三角形）

如图 Y9.11.2 所示，连 OB、OE、AM.

因为 $OB = OE$，所以 $\angle OEB = \angle OBE$.

由垂径定理知 $OM \perp CD$. 因为 $AB /\!/ CD$，所以 $OM \perp AB$，所以 OM 是 AB、CD 的中垂线. 由对称性，$\angle OBM = \angle OAM$.

所以 $\angle OAM = \angle OEB$，所以 A、O、M、E 共圆.

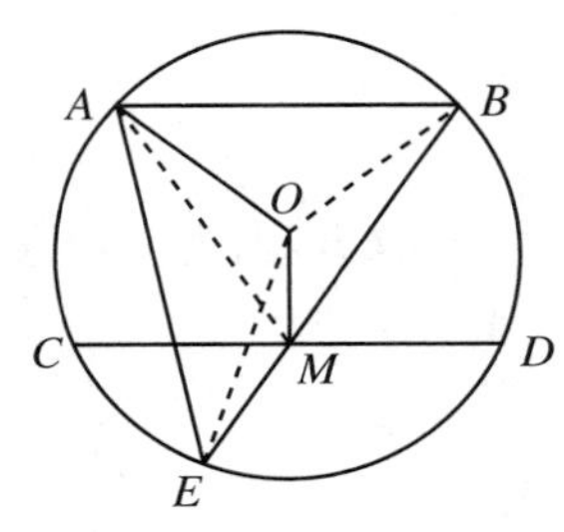

图 Y9.11.2

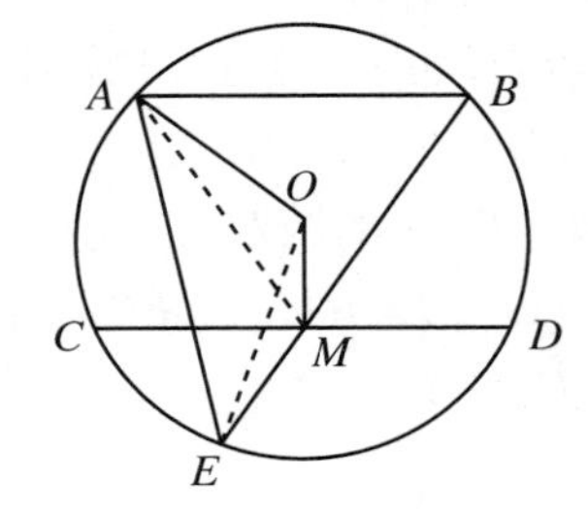

图 Y9.11.3

证明 3（三角形的外角、圆周角与同弧上的圆心角）

如图 Y9.11.3 所示，连 MA、OE.

因为 $\angle AOE$ 是圆心角，$\angle B$ 是同弧上的圆周角，所以 $\angle AOE = 2\angle B$.

$\angle AME$ 是 $\triangle MAB$ 的外角，由对称性知 $\triangle MAB$ 是等腰三角形，所以 $\angle AME = 2\angle B$.

所以 $\angle AME = \angle AOE$，所以 A、O、M、E 共圆.

证明 4（对称性、圆周角与同弧上的圆心角）

连 AM 并延长，交⊙O 于 F，则 AF 和 BE 关于 OM 对称. 连 OF、OE，如图 Y9.11.4 所示，所以 $\angle EOM = \angle FOM = \frac{1}{2}\angle EOF$.

因为 $\angle EAF$ 和 $\angle EOF$ 分别为同弧上的圆周角和圆心角，所以 $\angle EAF = \frac{1}{2}\angle EOF = \angle EOM$，所以 A、O、M、E 共圆.

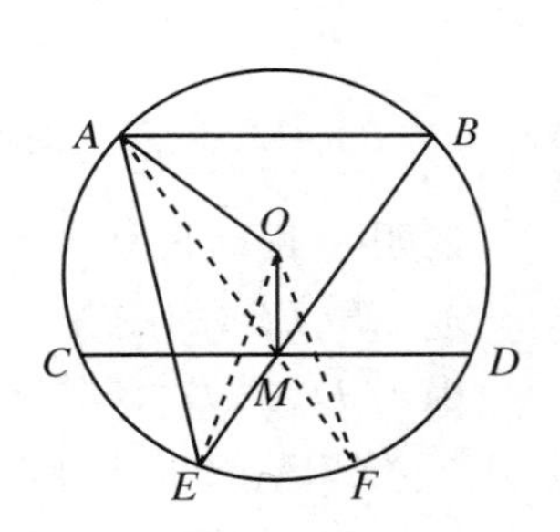

图 Y9.11.4

［例 12］ 在正方形 $ABCD$ 中，E 为 AD 的三等分点中距 A 近

的分点，F 在 CD 的延长线上，$DF=\frac{1}{2}CD$，AF 和 BE 的延长线交于 M，则 A、B、C、D、M 共圆.

证明1(三角形相似、相交弦定理的逆定理)

延长 BM，交 CD 的延长线于 P，如图 Y9.12.1 所示. 由 $\triangle AEB\backsim\triangle DEP$ 知 $\frac{AE}{ED}=\frac{AB}{DP}$. 设 $AB=a$，则 $DP=\frac{ED\cdot AB}{AE}=2a$，$PC=3a$，$PF=\frac{3}{2}a$.

由 $\triangle PMF\backsim\triangle BMA$ 知 $\frac{PM}{MB}=\frac{PF}{AB}=\frac{3}{2}$.

在 $\mathrm{Rt}\triangle PCB$ 中，$PB=\sqrt{PC^2+BC^2}=\sqrt{10}a$，又 $PB=PM+MB$，由此可解出 $PM=\frac{3}{5}\sqrt{10}a$.

由 $PM\cdot PB=\frac{3}{5}\sqrt{10}a\cdot\sqrt{10}a=6a^2$，$PC\cdot PD=3a\cdot 2a=6a^2$，得 $PM\cdot PB=PC\cdot PD$，所以 M、B、C、D 共圆. 又因为 A、B、C、D 共圆，所以 A、M、D、C、B 共圆.

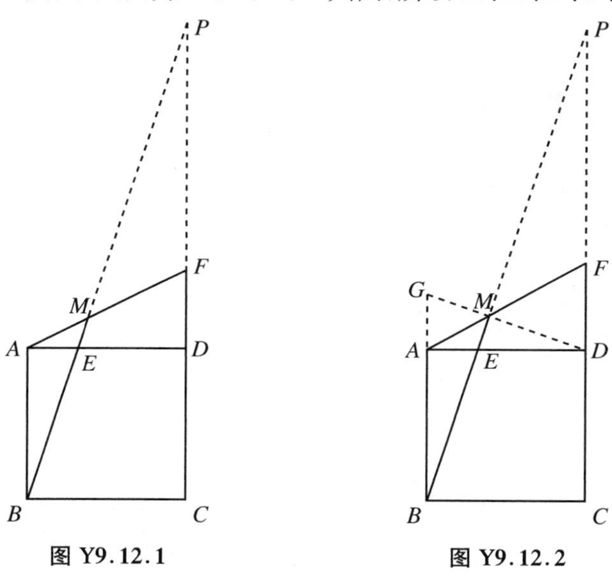

图 Y9.12.1　　　　图 Y9.12.2

证明2(圆周角定理的逆定理)

连 DM 并延长，交 BA 的延长线于 G，延长 BM，交 CD 的延长线于 P，如图 Y9.12.2 所示. 设 $AB=a$.

如证明1所证，$PF=\frac{3}{2}a$.

由 $\triangle MAG\backsim\triangle MFD$ 知 $\frac{AG}{DF}=\frac{AM}{MF}=\frac{AB}{PF}=\frac{a}{\frac{3}{2}a}=\frac{2}{3}$，所以 $AG=\frac{2}{3}DF=\frac{2}{3}\cdot\frac{1}{2}a=\frac{1}{3}a$，所以 $AG=AE$.

因为 $AG=AE$，$AD=AB$，所以 $\mathrm{Rt}\triangle GAD\cong\mathrm{Rt}\triangle EAB$，所以 $\angle MDA=\angle MBA$，所以 B、A、M、D 共圆.

所以 B、A、M、D、C 共圆.

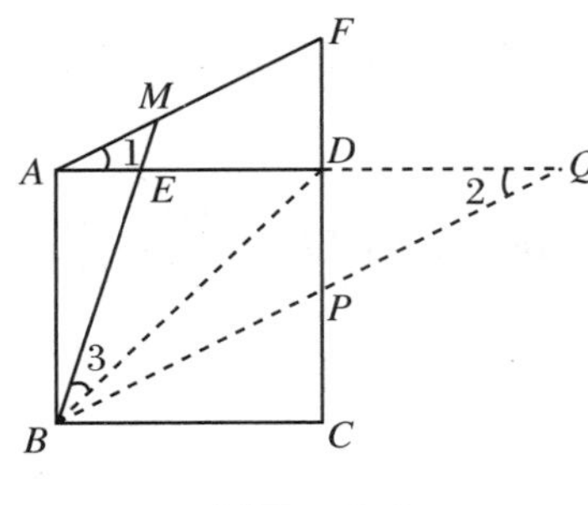

图 Y9.12.3

证明 3(切割线定理、同弧上的圆周角)

延长 AD 到 Q,使 $DQ = AD$,连 BQ,交 CD 于 P,如图 Y9.12.3 所示.易证 $DP = PC$,$\angle 1 = \angle 2$.设 $AB = a$.

连 BD.在 Rt$\triangle ABE$ 中,$BE^2 = AB^2 + AE^2 = a^2 + \left(\frac{1}{3}a\right)^2 = \frac{10}{9}a^2$.

因为 $ED \cdot EQ = \frac{2}{3}a \cdot \left(a + \frac{2}{3}a\right) = \frac{10}{9}a^2$,所以 $BE^2 = ED \cdot EQ$.可见,BE 是$\triangle BDQ$ 的外接圆的切线,所以 $\angle 2 = \angle 3$.

所以$\angle 1 = \angle 3$,所以 B、A、M、D 共圆.

所以 A、B、C、D、M 共圆.

证明 4(引用第 4 章例 11 的结果、直径上的圆周角)

连 DM.

因为 $AE = \frac{1}{3}AD$,若以 AD 为边连续作两个和 $ABCD$ 全等的正方形,如图 Y9.12.4 所示,则知 BE 是矩形的对角线,由证明 1 得 F 为矩形的长边的中点,由第 4 章例 11 的结果知 $BM \perp MD$.

所以$\angle BAD = \angle BMD = 90°$,所以 B、A、M、D 共圆,所以 A、B、C、D、M 共圆.

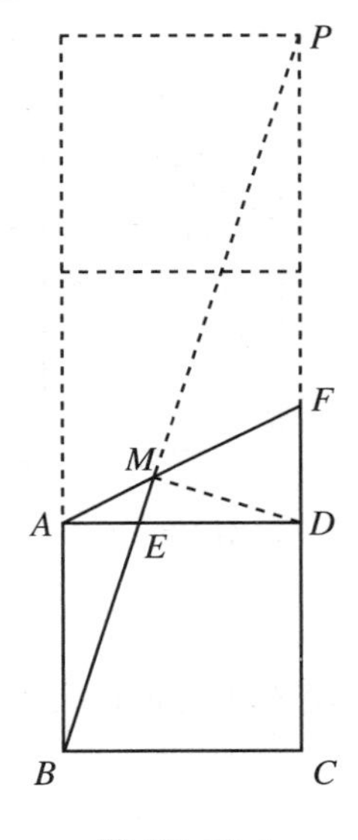

图 Y9.12.4

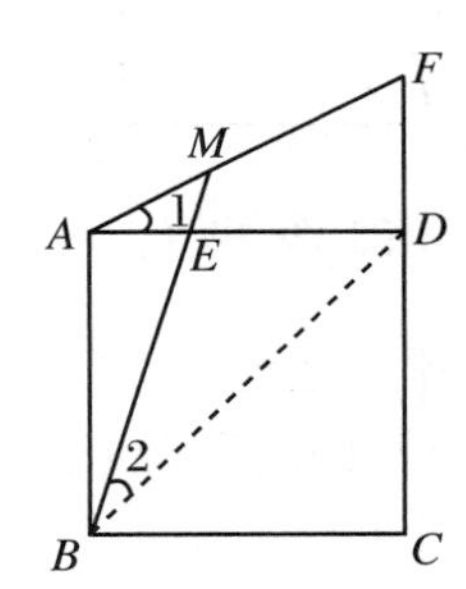

图 Y9.12.5

证明 5(三角法)

如图 Y9.12.5 所示,连 BD.设 $AB = a$.

在 Rt$\triangle ADF$ 中,$\tan\angle 1 = \frac{DF}{AD} = \frac{1}{2}$.

在$\triangle BDE$ 中,$\cos\angle 2 = \frac{BD^2 + BE^2 - DE^2}{2BD \cdot BE} = \frac{(\sqrt{2}a)^2 + \frac{10}{9}a^2 - \frac{4}{9}a^2}{2 \cdot \sqrt{2}a \cdot \frac{\sqrt{10}}{3}a} = \frac{2}{\sqrt{5}}$,所以 $\tan\angle 2 =$

$\sqrt{\dfrac{1}{\cos^2\angle 2}-1}=\sqrt{\dfrac{1}{\dfrac{4}{5}}-1}=\dfrac{1}{2}$.

所以 $\tan\angle 1=\tan\angle 2$，所以 $\angle 1=\angle 2$，所以 B、A、M、D 共圆，所以 A、B、C、D、M 共圆.

证明 6（解析法）

如图 Y9.12.6 所示，建立直角坐标系.

设 $AB=a$，正方形的中心为 O，则 $A(0,a)$，$C(a,0)$，$D(a,a)$，$O\left(\dfrac{a}{2},\dfrac{a}{2}\right)$，$E\left(\dfrac{a}{3},a\right)$，$F\left(a,\dfrac{3}{2}a\right)$.

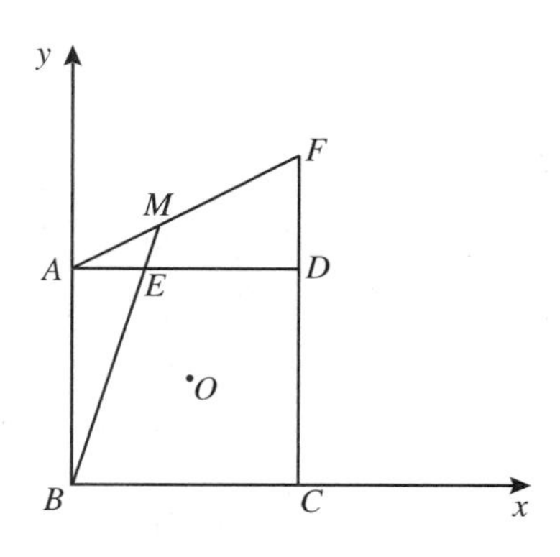

图 Y9.12.6

AF 的方程为 $y=\dfrac{1}{2}x+a$，BM 的方程为 $y=3x$，联立解得 $M\left(\dfrac{2}{5}a,\dfrac{6}{5}a\right)$.

所以 $MO^2=\left(\dfrac{2}{5}a-\dfrac{1}{2}a\right)^2+\left(\dfrac{6}{5}a-\dfrac{1}{2}a\right)^2=\dfrac{1}{2}a^2=AO^2=BO^2=CO^2=DO^2$. 可见，$A$、$B$、$C$、$D$、$M$ 到 O 点等距离，所以 A、B、C、D、M 共圆.

［例 13］　在任一个$\triangle ABC$ 中，下列九点共圆：各边的中点 G、H、K，三高的垂足 D、E、F，各顶点与垂心间线段的中点 L、M、N.

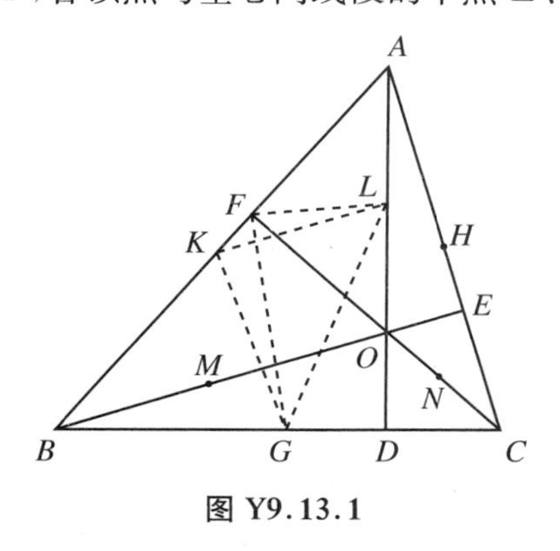

图 Y9.13.1

证明 1（直角三角形的斜边的中线、三角形的中位线）

如图 Y9.13.1 所示，连 GK、GL、GF、KL、FL，则 KG 是$\triangle ABC$ 的中位线，KL 是$\triangle ABO$ 的中位线，所以 $KG\,/\!/\,AC$，$KL\,/\!/\,BE$.

因为$\angle LKG$ 和$\angle AEB$ 的两双边对应垂直，所以$\angle LKG=\angle AEB=90^\circ$，所以 K 在以 LG 为直径的圆上. 同理，H、M、N 也在该圆上.

在 Rt$\triangle BFC$ 和 Rt$\triangle AFO$ 中，FG、FL 各是斜边上的中线，所以$\angle GFC=\angle OCD$，$\angle OFL=\angle FOL=\angle COD$，所以$\angle GFC+\angle OFL=\angle OCD+\angle COD=90^\circ$，所以 F 在以 LG 为直径的圆上. 同理，E 也在该圆上.

因为$\angle LDG=90^\circ$，所以 D 也在以 LG 为直径的圆上，所以 D、E、F、G、H、K、L、M、N 九点共圆.

证明 2（先证四点共圆，再扩充结论）

如图 Y9.13.2 所示，连 GF、FE、FD、EG、ED.

因为 O、F、B、D，O、E、A、F，A、B、D、E 分别共圆，所以$\angle 2=\angle 3=\angle 4=\angle 5$.

在 Rt$\triangle BEC$ 中，GE 是斜边上的中线，所以$\angle GEB=\angle 2$，所以$\angle 1=2\angle 2=\angle 4+\angle 5=\angle DFE$，所以 D、E、F、G 共圆. 同理，D、E、H、F 和 D、E、F、K 分别共圆. 在这三组四点共圆中，每两组间都有三个公共点，由三点定圆的定理知 D、E、F、G、H、K 六点共圆.

连 FL，则 L 是 A、F、O、E 决定的圆的圆心，$\angle 6$ 和 $\angle 7$ 分别是同弧上的圆心角和圆周角，所以 $\angle 6 = 2\angle 7$.

由垂足三角形的性质，$\angle 7 = \angle 8$，所以 $\angle 6 = \angle DEF$，所以 D、E、L、F 共圆. 同理，D、E、F、M，E、F、D、N 分别共圆，所以 D、E、F、L、M、N 共圆.

所以 D、E、F、L、M、N、G、H、K 九点共圆.

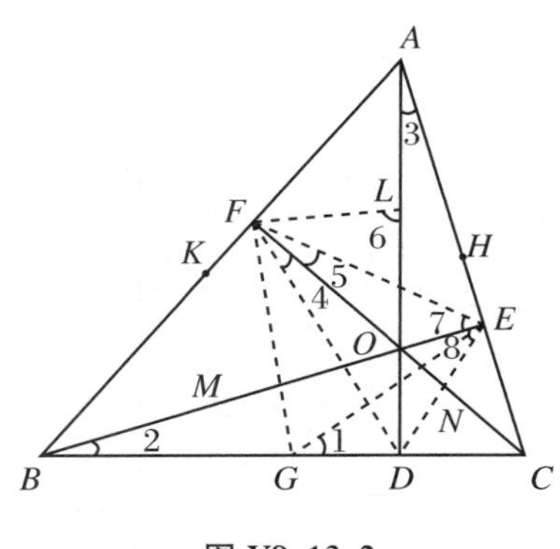

图 Y9.13.2

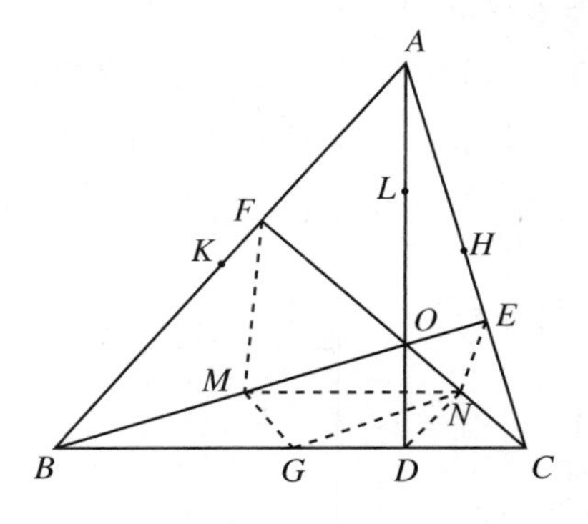

图 Y9.13.3

证明 3（先证四点共圆、等腰梯形的性质）

如图 Y9.13.3 所示，连 MN、MG、ND、NG、NE，则 MG、MN 是 $\triangle OBC$ 的中位线，所以 $MN /\!/ BC /\!/ DG$，$MG = \dfrac{1}{2}OC = NC$.

ND 是 $\mathrm{Rt}\triangle ODC$ 的斜边上的中线，所以 $ND = NC$，所以 $MG = ND$，所以 $MNDG$ 是等腰梯形，所以 M、N、D、G 共圆.

连 MF. 同理，M、G、N、F 共圆.

同理，M、G、N、E 共圆，所以 M、G、D、N、E、F 共圆.

同理，N、E、H、L、F、D 共圆，L、F、K、M、D、E 共圆.

所以 D、E、F、M、N、L、G、H、K 九点共圆.

证明 4（矩形、证到定点等距离）

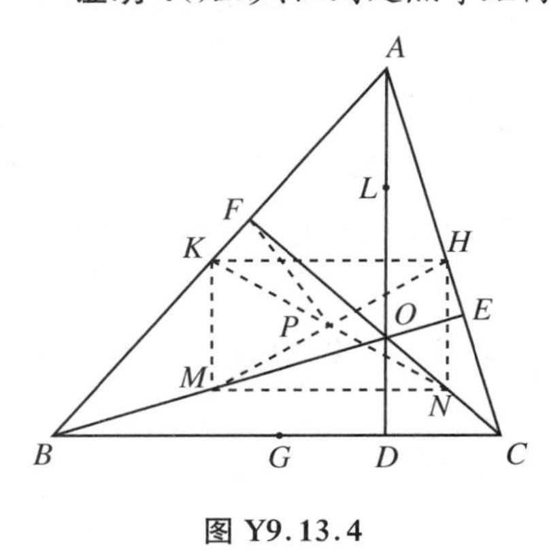

图 Y9.13.4

连 KH、MN、KM、HN、KN、HM，设 MH、KN 交于 P，连 PF，如图 Y9.13.4 所示.

因为 KM、HN 分别是 $\triangle ABO$ 和 $\triangle ACO$ 的中位线，所以 $KM \underline{\underline{/\!/}} \dfrac{1}{2}AO \underline{\underline{/\!/}} HN$.

因为 KH 是 $\triangle ABC$ 的中位线，所以 $KH /\!/ BC$，所以 $KH \perp AD$，所以 $KH \perp HN$，所以 $KHNM$ 是矩形，所以 $PK = PN$，所以 PF 是 $\mathrm{Rt}\triangle NFK$ 的斜边上的中线，所以 $PF = PK = PN = PM = PH$. 同理，$PE = PF$.

同样的方法，又可证 $GHLM$ 是矩形. 因为矩形 $GHLM$ 和矩形 $KHNM$ 有公共对角线 MH，所以两矩形有共同的中心 P，即 P 到 G、H、H、M 等距离. 同理又有 $PD = PG$.

所以 D、E、F、M、N、L、G、H、K 九点共圆.

证明 5(三角形的中位线、引用本章例 8 的结果)

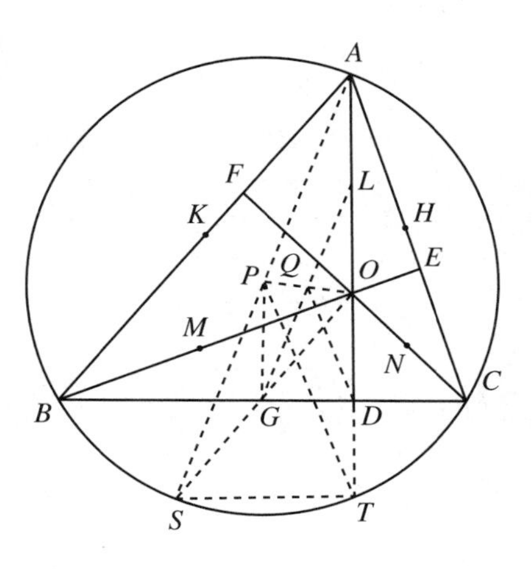

图 Y9.13.5

作△ABC 的外接圆及其直径 AS. 设 P 为外接圆的圆心,R 为半径. 延长 AD,交⊙P 于 T. 连 ST、PG、PT、OS、OP,设 OP 的中点为 Q,连 QG、QD、QL. 如图 Y9.13.5 所示.

由本章例 8 的结果,O、G、S 三点共线. 因为 $AO\perp BC$,由垂径定理,$PG\perp BC$,所以 $PG\parallel AO$. 在△AOS 中,由中位线逆定理知 G 为 OS 的中点.

因为 L、Q、G 分别为 OA、OP、OS 的中点,所以 L、Q、G 共线,所以 $QL=QG=\frac{1}{2}AP=\frac{1}{2}R$. 因为 QD 为 Rt△LGD 的斜边上的中线,所以 $QD=\frac{1}{2}GL=\frac{1}{2}R$.

同理,$QH=QM=\frac{1}{2}R$,$QE=QF=\frac{1}{2}R$,$QK=QN=\frac{1}{2}R$.

所以 D、E、F、M、N、L、G、H、K 九点共圆.

证明 6(解析法)

如图 Y9.13.6 所示,建立直角坐标系. 设 LG 的中点为 O_1. 设 $A(0,a)$,$B(b,0)$,$C(c,0)$,则 $G\left(\frac{b+c}{2},0\right)$,$H\left(\frac{c}{2},\frac{a}{2}\right)$,$K\left(\frac{b}{2},\frac{a}{2}\right)$.

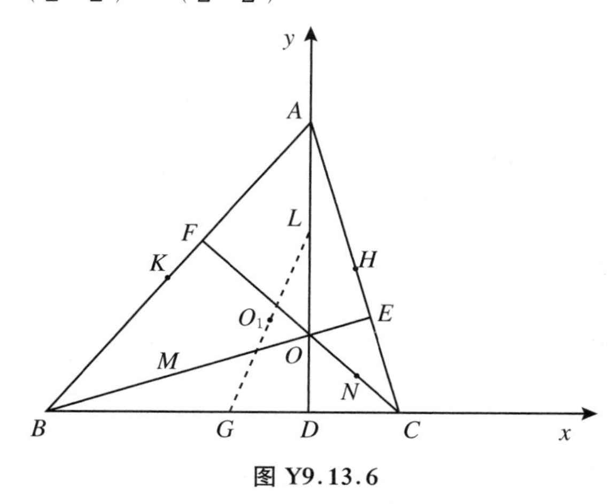

图 Y9.13.6

AC 的方程为$\frac{x}{c}+\frac{y}{a}=1$,即 $ax+cy-ac=0$.

因为 $BE\perp AC$,所以 $k_{BE}=-\frac{1}{k_{AC}}=\frac{c}{a}$.

BE 的方程为 $y=\frac{c}{a}(x-b)$,即 $cx-ay-bc=0$.

由$\begin{cases}cx-ay-bc=0\\x=0\end{cases}$,解得 $O\left(0,-\frac{bc}{a}\right)$.

利用中点公式,可求出

$$L\left(0,\frac{a^2-bc}{2a}\right),\quad M\left(\frac{b}{2},-\frac{bc}{2a}\right),\quad N\left(\frac{c}{2},-\frac{bc}{2a}\right),\quad O_1\left(\frac{b+c}{4},\frac{a^2-bc}{4a}\right).$$

因为 O_1 是 $\mathrm{Rt}\triangle LDG$ 的斜边的中点,所以 $O_1L=O_1G=O_1D$.设 $O_1L=r$,则

$$r=\sqrt{\left(\frac{b+c}{4}-\frac{b+c}{2}\right)^2+\left(\frac{a^2-bc}{4a}-0\right)^2}=\frac{1}{4a}\sqrt{a^4+a^2b^2+a^2c^2+b^2c^2}$$

$$=\frac{1}{4a}\sqrt{(a^2+c^2)(b^2+a^2)},$$

$$MO_1=\sqrt{\left(\frac{b+c}{4}-\frac{b}{2}\right)^2+\left(\frac{a^2-bc}{4a}+\frac{bc}{2a}\right)^2}=\frac{1}{4a}\sqrt{(ac-ab)^2+(a^2+bc)^2}$$

$$=\frac{1}{4a}\sqrt{(a^2+c^2)(a^2+b^2)}=r,$$

$$KO_1=\sqrt{\left(\frac{b+c}{4}-\frac{b}{2}\right)^2+\left(\frac{a^2-bc}{4a}-\frac{a}{2}\right)^2}$$

$$=\frac{1}{4a}\sqrt{(ac-ab)^2+(a^2+bc)^2}=MO_1,$$

$$HO_1=\sqrt{\left(\frac{b+c}{4}-\frac{c}{2}\right)^2+\left(\frac{a^2-bc}{4a}-\frac{a}{2}\right)^2}=\sqrt{\left(\frac{b-c}{4}\right)^2+\left(\frac{a^2+bc}{4a}\right)^2}$$

$$=\frac{1}{4a}\sqrt{(ac-ab)^2+(a^2+bc)^2}=MO_1,$$

$$NO_1=\sqrt{\left(\frac{b+c}{4}-\frac{c}{2}\right)^2+\left(\frac{a^2-bc}{4a}+\frac{bc}{2a}\right)^2}=\sqrt{\left(\frac{b-c}{4}\right)^2+\left(\frac{a^2+bc}{4a}\right)^2}=HO_1.$$

所以 L、G、D、K、M、N、H 到 O_1 点等距离.

再由 $\begin{cases}cx-ay-bc=0\\ax+cy-ac=0\end{cases}$,解得 $E\left(\frac{c(a^2+bc)}{a^2+c^2},\frac{ac(c-b)}{a^2+c^2}\right)$,所以

$$EO_1=\left\{\left[\frac{b+c}{4}-\frac{c(a^2+bc)}{a^2+c^2}\right]^2+\left[\frac{ac(c-b)}{a^2+c^2}-\frac{a^2-bc}{4a}\right]^2\right\}^{\frac{1}{2}}$$

$$=\left\{\left[\frac{a^2b-3a^2c-3bc^2+c^3}{4(a^2+c^2)}\right]^2+\left[\frac{3a^2c^2-3a^2bc-a^4+bc^3}{4(a^2+c^2)a}\right]^2\right\}^{\frac{1}{2}}$$

$$=\frac{1}{4a(a^2+c^2)}\left[(a^3b-3a^3c-3abc^2+ac^3)^2+(3a^2c^2-3a^2bc-a^4+bc^3)^2\right]^{\frac{1}{2}}$$

$$=\frac{1}{4a(a^2+c^2)}(a^6b^2+9a^6c^2+9a^2b^2c^4+a^2c^6-6a^4b^2c^2-6a^6bc$$

$$+2a^4bc^3+18a^4bc^3-6a^4c^4-6a^2bc^5+9a^4c^4+9a^4b^2c^2+a^8$$

$$+b^2c^6-18a^4bc^3-6a^6c^2+6a^2bc^5+6a^6bc-6a^2b^2c^4-2a^4bc^3)^{\frac{1}{2}}$$

$$=\frac{1}{4a(a^2+c^2)}(a^8+3a^4b^2c^2+3a^4c^4+b^2c^6+a^2c^6+3a^2b^2c^4+3a^6c^2+a^6b^2)^{\frac{1}{2}}$$

$$=\frac{1}{4a(a^2+c^2)}\left[(a^8+a^6c^2+a^6b^2+a^4b^2c^2)+(a^4c^4+b^2c^6+a^2c^6+a^2b^2c^4)\right.$$

$$\left.+(2a^4b^2c^2+2a^4c^4+2a^2b^2c^4+2a^6c^2)\right]^{\frac{1}{2}}$$

$$=\frac{1}{4a(a^2+c^2)}\left[a^4(a^4+a^2b^2+b^2c^2+c^2a^2)+c^4(a^4+b^2c^2+a^2c^2+a^2b^2)\right.$$

$$+2a^2c^2(a^4+a^2b^2+b^2c^2+a^2c^2)]^{\frac{1}{2}}$$

$$=\frac{1}{4a(a^2+c^2)}(a^4+b^2c^2+c^2a^2+a^2b^2)^{\frac{1}{2}}(a^2+c^2)$$

$$=\frac{1}{4a}\sqrt{(a^2+c^2)(a^2+b^2)}=r.$$

同理，$FO_1=EO_1=r$.

所以 D、E、F、L、M、N、K、G、H 九点共圆.

第10章 计 算 题

10.1 解法概述

平面几何计算题的对象包括线段长、角度、弧长、弧的度数、面积、比值等.常用定理可分为以下四个方面.

一、关于线段和线段比的计算

(1) 三角形的中位线定理,梯形的中位线定理,平行截比定理,相似三角形的对应边成比例.

(2) 中线定理及重心是中线的定比分点的性质.

(3) 直角三角形的勾股定理,射影定理,比例中项定理,斜边中线定理.

(4) 角平分线性质定理.

(5) 比例性质定理.

(6) 相交弦定理,切割线定理,切线长定理.

(7) 托勒密定理.

(8) 相切圆的圆心距,连心线的性质.

(9) 正弦定理,余弦定理.

(10) 有关线段的计算公式,如角平分线长,中线长,高线长,内切圆半径,外接圆半径,正多边形的边长、半径、边心距,正多边形的倍边公式.

二、关于角度、弧的度数的计算

(1) 三角形、多边形内、外角和定理;平角和周角.

(2) 正多边形内、外角,中心角公式.

(3) 圆的内接四边形的内、外角关系定理.

(4) 圆心角、圆周角、弦切角、圆内角、圆外角度数定理.

(5) 弧度公式.

三、关于弧长的计算

(1) 圆周长公式.

(2) 弧长、半径、圆心角的弧度的公式.

四、关于面积和面积比的计算

(1) 三角形的各种面积计算公式.

(2) 等高三角形的面积之比等于底边之比;等底三角形的面积之比等于高的比.

(3) 已知两个三角形,若一个角对应相等或互补,则两个三角形的面积之比等于夹此角的两边的乘积之比.

(4) 相似图形的面积之比等于相似比的平方.

(5) 圆面积公式,扇形面积公式;弓形面积的求法.

(6) 全面积等于组成图形的所有部分的面积之和;全等图形必等面积.

10.2 范例分析

[范例1] 在正$\triangle ABC$中,MN是任一条与BC平行的直线,I为$\triangle AMN$的内心,D为CM的中点,求$\triangle BDI$各角.

分析1 由已知条件知$\triangle AMN$是正三角形,所以$\angle IMN=\angle IAM=30^\circ$,$IM=IA$.因为$D$为$CM$的中点,若把$ID$延长一倍,就得到$\square MICE$.因为$MN\parallel BC$,$MI\parallel CE$,所以$\angle IMN=\angle BCE=\angle IAB=30^\circ$,且$CE=IM=IA$.这样就把$\triangle BAI$旋转了$60^\circ$,到了$\triangle BCE$的位置.而$\triangle IBE$的内角很容易求出.

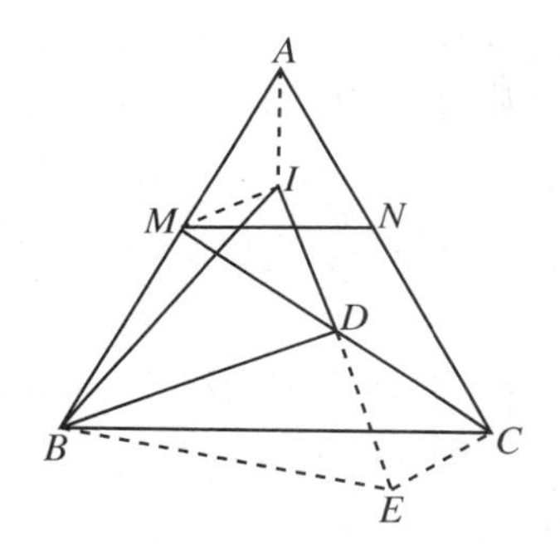

图 F10.1.1

解1 如图F10.1.1所示,连IA、IM,延长ID到E,使$DE=ID$,连CE、BE,则M、I、C、E是平行四边形的四个顶点,所以$IM\underline{\underline{\parallel}}CE$.

因为$MN\parallel BC$,$IM\parallel CE$,所以$\angle IMN=\angle BCE$.

易证$\triangle AMN$是正三角形,所以$IM=IA$,$\angle IMN=\angle IAM=30^\circ$.因为$\angle BCE=\angle BAI$,$CE=IM=IA$,所以$\triangle BAI\cong\triangle BCE$,所以$BI=BE$,即$\triangle BIE$是等腰三角形.因为$BD$是底边$IE$的中线,由等腰三角形三线合一定理知$BD\perp IE$,即$\angle BDI=90^\circ$.

因为$\triangle BAI\cong\triangle BCE$,所以$\angle ABI=\angle CBE$,所以$\angle IBC+\angle CBE=\angle IBC+\angle ABI=\angle ABC=60^\circ$.可见$\triangle BIE$是顶角为$60^\circ$的等腰三角形,即正三角形,所以$\angle BID=60^\circ$,$\angle IBD=30^\circ$.

分析2 如图F10.1.2所示.因为I是正$\triangle AMN$的内心,所以AI是MN和BC的中垂线.设直线AI交MN于E,交BC于F.遇到线段中点的条件,除去解1中作出平行四边形的方法之外,另外的较常用的办法就是作出三角形的中位线.如果连ED、FD,则容易看出ED和FD分别是$\triangle CMN$和$\triangle CMB$的中位线,从而可求出$\angle IED=90^\circ+60^\circ=150^\circ$,$\angle IMB=30^\circ+120^\circ=150^\circ$,所以$\angle IED=\angle IMB$.注意到$\dfrac{IE}{IM}=\dfrac{ED}{CM}=\dfrac{ED}{BM}=\dfrac{1}{2}$,所以$\triangle IED\backsim\triangle IMB$.这样,$\angle BID$就是把$\angle MIE$逆时针旋转了大小等于$\angle MIB$的角的结果,所以$\angle BID=60^\circ$.

因为 $DF /\!/ MB$,所以$\angle DFC=\angle MBC=60^\circ$,所以$\angle DFC=\angle BID$.由此可判断 B、I、D、F 共圆,所以$\angle BDI=\angle BFI=90^\circ$,最后得到$\angle IBD=30^\circ$.(解略.)

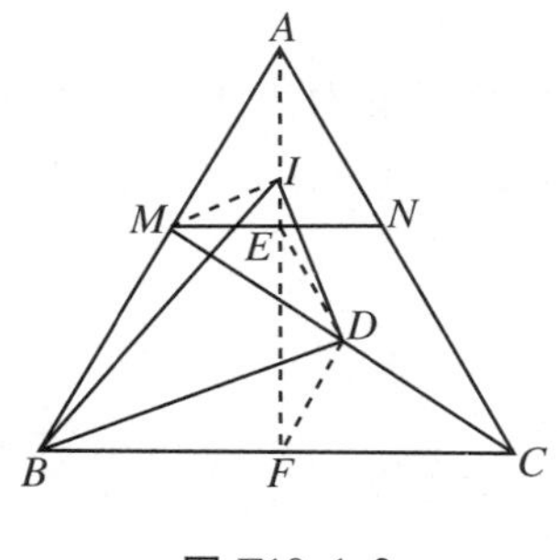

图 F10.1.2

图 F10.1.3

分析 3 如图 F10.1.3 所示.因为 I 是正$\triangle AMN$ 的内心,所以 AI 是MN 和BC 的中垂线.设直线 AI 交BC 于F,则 DF 是$\triangle CMB$ 的中位线,所以$\angle BFD=120^\circ$.另一方面,从图中可以看出,$\angle MBI+\angle MIB=\angle AMI=30^\circ$.如果$\angle MIB=\angle DBF$,那么$\angle MBI+\angle DBF=30^\circ$,这样$\angle IBD$ 就可求出.但$\angle MIB=\angle DBF$ 仅仅是猜想(通过画出较准确的图形后,从图中产生的猜想),还需要验证.注意到$\angle DBF$ 在有一个内角为 120°的$\triangle DBF$ 中,如果能找到一个包含$\angle MIB$ 在内的三角形与$\triangle DBF$ 相似且$\angle MIB$ 和$\angle DBF$ 又是对应角,问题就解决了.但图中没有这样的三角形,因此要添辅助线.为形成 120°的内角,作 $MP /\!/ AF$,交 BI 于 P,则$\angle IMP=30^\circ+90^\circ=120^\circ$.

因为$\dfrac{DF}{BF}=\dfrac{\frac{1}{2}BM}{\frac{1}{2}BC}=\dfrac{\frac{1}{2}BM}{\frac{1}{2}AB}=\dfrac{BM}{AB}$,$\dfrac{MP}{MI}=\dfrac{MP}{AI}=\dfrac{BM}{AB}$,所以$\dfrac{DF}{BF}=\dfrac{MP}{MI}$,所以$\triangle MIP\backsim\triangle FBD$,所以$\angle MIP=\angle FBD$,所以$\angle ABI+\angle CBD=30^\circ$,所以$\angle IBD=60^\circ-30^\circ=30^\circ$.

因为$\angle DFI=30^\circ$,所以$\angle DFI=\angle IBD$,所以 I、B、F、D 共圆.由此可继续求出$\triangle BID$ 的另外的内角.(解略.)

[**范例 2**] 等腰梯形的两条对角线互相垂直,中位线长为 a,求梯形的高.

分析 1 由轴对称性,$\triangle BOC$ 是等腰直角三角形,进一步分析可知$\triangle BHD$ 也是等腰直角三角形,所以 $DH=BH$.为求 BH,把 F、H 连起来后,由斜边中线定理证出 $BHFE$ 是平行四边形,问题就解决了.

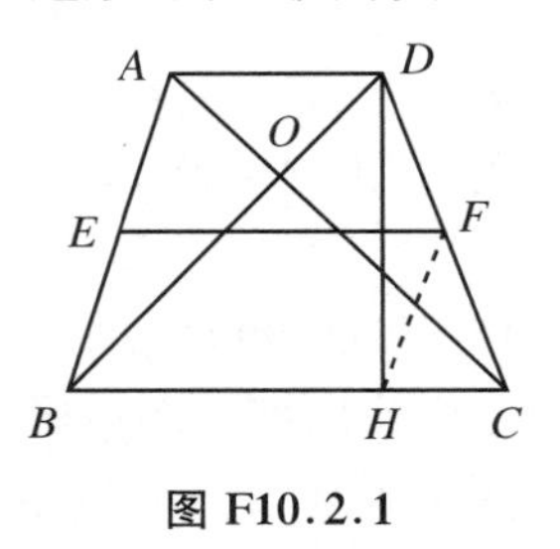

图 F10.2.1

解 1 连 FH,如图 F10.2.1 所示.FH 是 Rt$\triangle DHC$ 的斜边上的中线,所以 $FH=FC$,$\angle FHC=\angle FCH$.

因为$\angle ABC=\angle DCB$,$BE=FC$,所以$\angle ABC=\angle FHC$,$BE=FH$,即 $BE \mathrel{\underline{/\!/}} FH$,所以 $BHFE$ 是平行四边形,所以 $BH=EF$.

由对称性知$\triangle BOC$ 是等腰直角三角形,$\angle OBC=45^\circ$,所以$\triangle BHD$ 也是等腰直角三角形.

所以 $DH=BH=EF=a$.

分析 2 有关梯形的问题的常用辅助线之一是对角线的平行线.作出 $DG /\!/ AC$ 之后,得到了等腰直角$\triangle BDG$,可求 DH.

解 2 作 $DG /\!/ AC$,交 BC 的延长线于G,如图 F10.2.2 所示,则 $ACGD$ 是平行四边

形，所以 $DG=AC$. 因为 $AC=BD$，所以 $DG=BD$，$DG\perp BD$，即$\triangle BDG$ 是等腰直角三角形，DH 是它的高，所以 $DH=\frac{1}{2}BG$.

易证 $CG=AD$，所以 $BG=BC+CG=BC+AD$.

所以 $DH=\frac{1}{2}(BC+AD)=EF=a$.

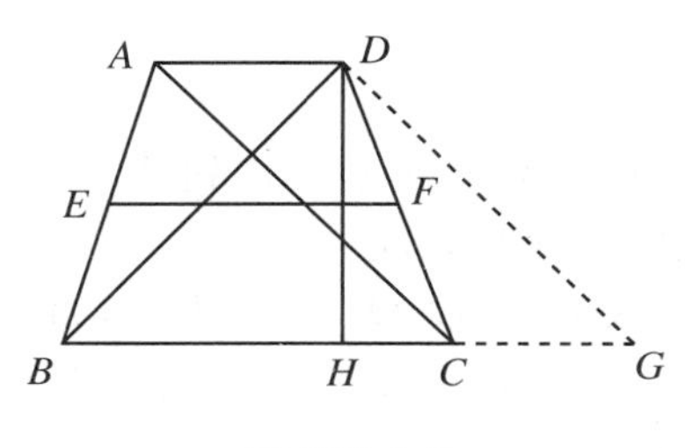

图 F10.2.2

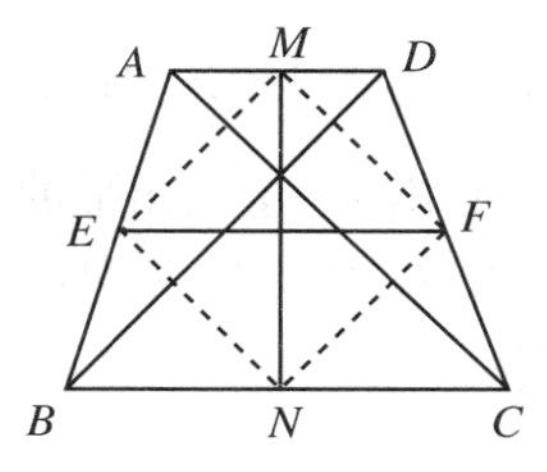

图 F10.2.3

分析 3 如图 F10.2.3 所示，利用等腰梯形的轴对称性知，上下底的中点和对角线的交点三点共线，而且 MN 就是等腰梯形的高. 注意到 MF、EN 分别是$\triangle ACD$、$\triangle ACB$ 的中位线，所以 $MF \underline{\underline{/\!/}} \frac{1}{2}AC \underline{\underline{/\!/}} EN$. 同理 $ME \underline{\underline{/\!/}} \frac{1}{2}BD \underline{\underline{/\!/}} NF$. 由等腰梯形对角线垂直的已知条件可知，$AC\perp BD$，$AC=BD$，所以 $MENF$ 是正方形，MN、EF 是对角线，所以 $MN=EF=a$.（解略.）

［**范例 3**］ AB 为半圆的直径，圆心为 O，$AB=6$，C 为 AB 内的点，$AC=2$. 以 AC、BC 为直径在半圆 AB 内作两个半圆，圆心各是 O_1、O_2. 设$\odot O_3$ 与$\odot O$、$\odot O_1$、$\odot O_2$ 都相切，求$\odot O_3$ 的半径.

分析 1 设$\odot O_3$ 的半径为 r. 把与 r 有关的线段都列出来，则 $O_1O_3=1+r$，$O_2O_3=2+r$，$OO_3=3-r$，若能把与 r 有关的线段用代数式联系起来，则 r 可求. 注意到 C、O 是 O_1O_2 的两个三等分点的特征，在$\triangle O_1OO_3$ 和$\triangle CO_2O_3$ 中分别应用中线定理，就可达到目的.

解 1 连 O_1O_3、OO_3、O_2O_3、CO_3，如图 F10.3.1 所示. 由相切关系知，$O_1O_3=r+1$，$O_2O_3=r+2$，$OO_3=3-r$，且 $O_1C=CO=OO_2=1$. 在$\triangle O_1OO_3$、$\triangle CO_2O_3$ 中分别应用中线定理，有

$$2(CO_3^2+O_1C^2)=O_1O_3^2+OO_3^2,$$
$$2(OO_3^2+CO^2)=CO_3^2+O_2O_3^2.$$

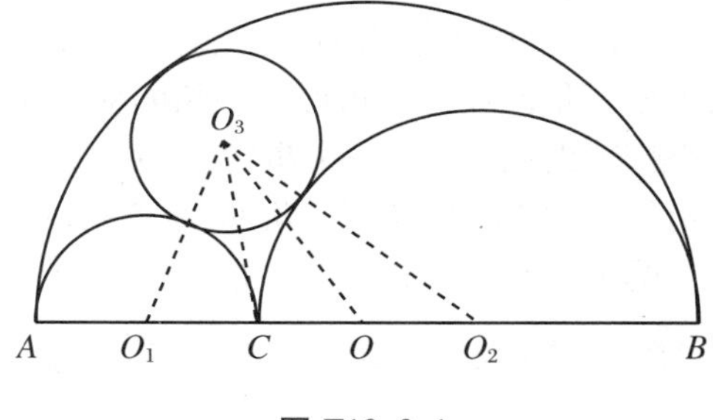

图 F10.3.1

所以 $CO_3^2=\frac{1}{2}(O_1O_3^2+OO_3^2)-O_1C^2=2OO_3^2+2OC^2-O_2O_3^2$.

所以$\frac{1}{2}[(1+r)^2+(3-r)^2]-1=2(3-r)^2+2-(2+r)^2$.

所以 $r=\frac{6}{7}$，即$\odot O_3$ 的半径为$\frac{6}{7}$.

分析 2 把关于 r 的线段联系起来也可通过面积公式. 这只要注意到 $S_{\triangle O_1OO_3}=$

$2S_{\triangle OO_3O_2}$并利用海伦公式求出面积即可.

解 2 $\triangle O_1OO_3$ 的半周长为$\frac{1}{2}(r+1+2+3-r)=3$,$\triangle OO_2O_3$ 的半周长为$\frac{1}{2}(r+2+3-r+1)=3$.

因为 $S_{\triangle O_1OO_3}=2S_{\triangle OO_2O_3}$,所以

$$\sqrt{3(3-r-1)(3-2)(3-3+r)}=2\sqrt{3(3-3+r)(3-1)(3-r-2)},$$

所以$3r(2-r)=24r(1-r)$,所以 $r=\frac{6}{7}$.

分析 3 利用同一个三角形的面积的两种不同的计算法,也可得到关于 r 的方程.这只要作 $O_3D\perp O_1O_2$,设垂足为 D,并把 O_3D 也用r 表示出来就可以了.

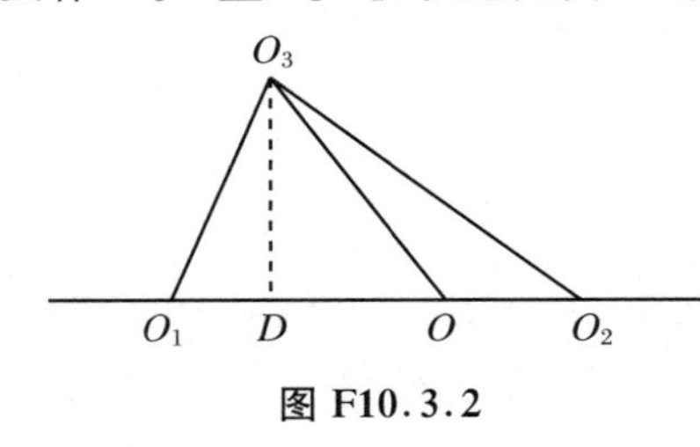

图 F10.3.2

解 3 作 $O_3D\perp O_1O_2$,垂足为 D,如图 F10.3.2 所示.记 $O_3D=h$,$O_1D=x$.由勾股定理,$h^2=O_1O_3^2-O_1D^2=OO_3^2-OD^2$,即$(1+r)^2-x^2=(3-r)^2-(2-x)^2$,所以 $x=2r-1$,$h^2=3r(2-r)$.因为

$$\begin{aligned}S_{\triangle O_1O_2O_3}&=\frac{1}{2}O_1O_2\cdot O_3D\\&=\sqrt{s(s-a)(s-b)(s-c)},\end{aligned}$$

这里 $s=\frac{1}{2}(1+r+3+2+r)=3+r$,所以

$$\left(\frac{3}{2}\right)^2\cdot 3r(2-r)=(3+r)(3+r-r-1)(3+r-3)(3+r-2-r).$$

所以 $r=\frac{6}{7}$.

[范例 4] 在等腰$\triangle ABC$ 中,顶角$\angle A=20^\circ$.D、E 分别是AB、AC 上的点,$\angle DCB=50^\circ$,$\angle EBC=60^\circ$,求$\angle ADE$.

分析 1 求角的问题,容易想到利用三角形内角和、外角等于不相邻的两个内角和等定理.图中虽有几个三角形,也有很多可求的角,但要马上求出$\angle ADE$ 却办不到.这说明还缺少辅助线.借助于适当的辅助线,先求出一个与$\angle ADE$ 直接相关的角,则可解决问题.辅助的等腰三角形或正三角形是求角问题中常用的辅助线.注意到题目条件中已包含 $BC=BD$.如果作辅助线 BP,使$\angle CBP=\angle A=20^\circ$,则$\triangle CBP$ 是等腰三角形.这时易推知$\triangle PBD$ 是正三角形,$\triangle PDE$ 是等腰三角形,至此可求出$\angle PDE$.这就给求出$\angle ADE$ 打下了重要的基础.

解 1 作$\angle CBP=20^\circ$,使 P 在AC 内,连 DP,如图 F10.4.1 所示.因为$\angle ABC=\frac{1}{2}(180^\circ-20^\circ)=80^\circ$,在$\triangle CBD$ 中,$\angle BDC=180^\circ-80^\circ-50^\circ=50^\circ$,所以$\angle BDC=\angle BCD$,所以 $BC=BD$,所以 $BP=BD$.因为$\angle DBP=80^\circ-20^\circ=60^\circ$,所以$\triangle DBP$ 是正三角形.

因为$\angle BEC=180^\circ-80^\circ-60^\circ=40^\circ$,$\angle PBE=60^\circ-20^\circ=40^\circ$,所以$\angle BEC=\angle PBE$,所以 $BP=EP$,所以 $PD=PE$,即$\triangle PDE$ 是顶角为 $180^\circ-80^\circ-60^\circ=40^\circ$的等腰三角形,所以$\angle PDE=\frac{1}{2}(180^\circ-40^\circ)=70^\circ$.

所以$\angle ADE=180^\circ-70^\circ-60^\circ=50^\circ$.

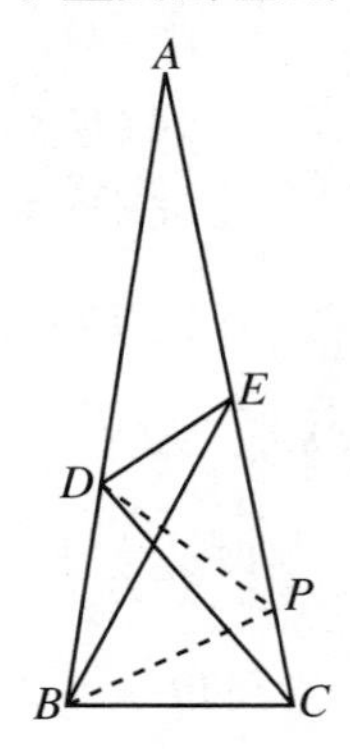

图 F10.4.1

分析 2 由已知$\angle EBC=60^\circ$,容易想到作 60° 的角.于是得到正

$\triangle PBC$、正$\triangle PEQ$. 注意到$\triangle BDP$、$\triangle DPQ$ 各是等腰三角形，易证$\triangle DEP\cong\triangle DEQ$，于是$\angle ADE$ 可求.

解 2 作$\angle BCQ=60^\circ$，CQ 交 AB 于 Q，设 CQ 交 BE 于 P，连 QE、PD，如图 F10.4.2 所示.

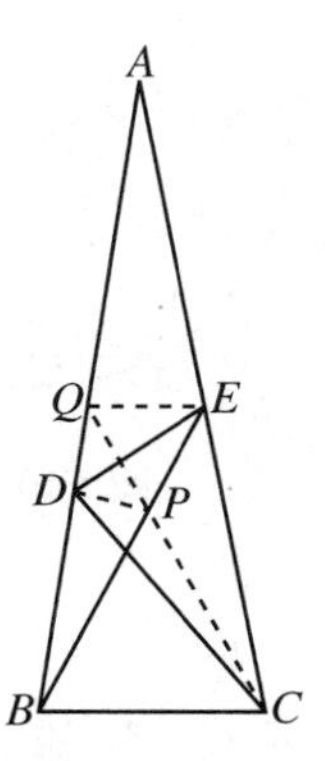

图 F10.4.2

因为$\angle PBC=\angle PCB=60^\circ$，所以$\triangle PBC$ 是正三角形. 由等腰三角形的轴对称性，$BE=CQ$，所以 $PE=EQ$，所以$\triangle PEQ$ 也是正三角形.

因为$\angle BDC=\angle BCD=50^\circ$，所以 $BC=BD$. 又 $BC=BP$，所以 $BP=BD$，即$\triangle BDP$ 是等腰三角形. 故$\angle BPD=\frac{1}{2}(180^\circ-20^\circ)=80^\circ=\angle BDP$.

因为$\angle ADB$ 为平角，所以$\angle ADP=180^\circ-80^\circ=100^\circ$.

因为$\angle BPE$ 为平角，所以$\angle DPQ=180^\circ-80^\circ-60^\circ=40^\circ$，在$\triangle BCQ$ 中，$\angle BQC=180^\circ-80^\circ-60^\circ=40^\circ$，所以$\angle DPQ=\angle BQC$，所以$\triangle DPQ$ 是等腰三角形，所以 $DP=DQ$.

因为 $DP=DQ$，$QE=PE$，DE 为公共边，所以$\triangle DPE\cong\triangle DQE$，所以

$$\angle QDE=\angle EDP=\frac{1}{2}\angle ADP=\frac{1}{2}\times100^\circ=50^\circ.$$

所以$\angle ADE=50^\circ$.

分析 3 以 BC 为一边，向外作正三角形$\triangle BCP$. 连 DP 后易发现，$\triangle DBP$ 是等腰三角形，进而发现 $DP\,/\!/\,AC$，由平行截比定理，可证出$\triangle ADC\backsim\triangle BDE$. 最后证得$\angle ADE=\angle BDC=50^\circ$. 此题的三种解法实际上都采用了正三角形的辅助线，说明条件与 60°有关时采用这种辅助线的重要性.

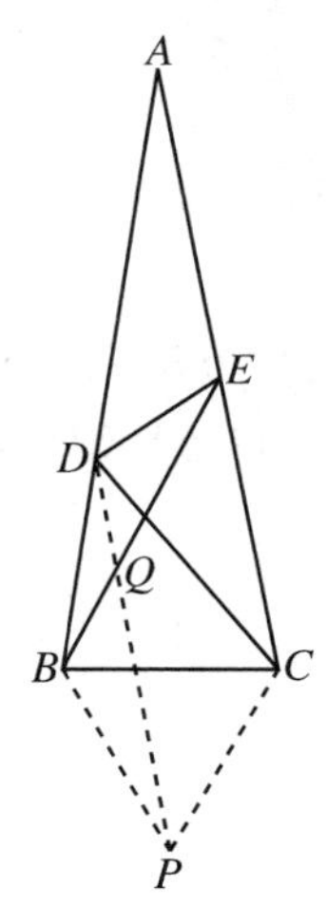

图 F10.4.3

解 3 以 BC 为边，向三角形外作一个正三角形$\triangle BCP$，连 DP、BP、CP，DP 交 BE 于 Q，如图 F10.4.3 所示.

由前面的解法，$BD=BC$. 又 $BP=BC$，所以 $BP=BD$，所以$\angle BDP=\frac{1}{2}(180^\circ-80^\circ-60^\circ)=20^\circ$，所以$\angle BDP=\angle A$，所以 $DQ\,/\!/\,AE$，所以$\frac{BE}{QE}=\frac{AB}{AD}$.

因为$\angle EBC=\angle BCP=60^\circ$，所以 $BE\,/\!/\,CP$.

因为 $BE\,/\!/\,CP$，$EC\,/\!/\,QP$，所以 $PCEQ$ 是平行四边形，所以 $QE=PC=PB=BD$，所以$\frac{BE}{BD}=\frac{AC}{AD}$.

因为$\frac{BE}{BD}=\frac{AC}{AD}$，$\angle A=\angle DBE=20^\circ$，所以$\triangle ADC\backsim\triangle BDE$，所以$\angle ADC=\angle BDE$.

所以$\angle ADE=\angle BDC=180^\circ-80^\circ-50^\circ=50^\circ$.

［**范例 5**］ 在圆的内接四边形 $ABCD$ 中，AC 为对角线，$\angle DCA=45^\circ$，$\angle CAB=15^\circ$，$DC=2AB$，$AB=a$，求圆的半径.

分析 1 题目的条件较分散，要设法集中条件. 因为$\angle DCA+\angle CAB=60^\circ$，考虑作一个正三角形$\triangle ABE$. 设 AE 的延长线交圆于 F. 由$\angle FAC=\angle DCA=45^\circ$知，$CD\perp AF$. 设 CD、

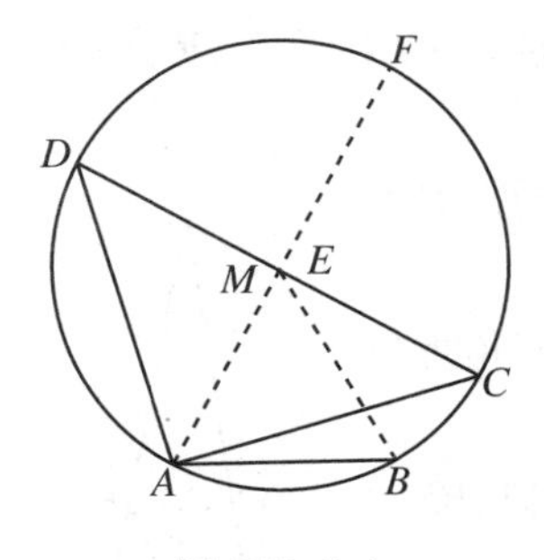

图 F10.5.1

AF 交于 M，则有 $AM=CM$．利用相交弦定理可知 $DM=FM$，所以 $CD=AF=2AB=2a$．可见 E 是 AF 的中点，A、B、F 是直角三角形的三个顶点，AF 为斜边，所以 AF 为直径，a 为半径．

解 1 以 AB 为一边向圆内作正三角形，设三角形为 $\triangle ABE$，延长 AE，交圆于 F，如图 F10.5.1 所示．

由 $\angle FAC=\angle FAB-\angle CAB=60^\circ-15^\circ=45^\circ$，$\angle DCA=45^\circ$，即 $\angle DCA=\angle FAC=45^\circ$，所以 $AF\perp CD$．设 AF、CD 的交点为 M．由相交弦定理，$AM\cdot MF=CM\cdot MD$．注意到 $AM=CM$，所以 $MF=MD$，所以 $AF=CD=2a$．

因为 $AE=a$，所以 E 为 AF 的中点且 $AE=EF=BE$，所以 A、B、F 是直角三角形的三个顶点，AF 是其斜边，所以 AF 是直径，半径为 a．

分析 2 把边的条件集中起来也可解决问题．这只要以 C 为圆心，AB 为半径画弧，交 DC 于 E，交 $\overset{\frown}{AC}$ 于 F，连 EF、CF，如图 F10.5.2 所示，则在弦 AC 同侧有两等弦，可推知 $\angle CAB=\angle ACF=15^\circ$，所以 $\angle ECF=60^\circ$，即 $\triangle ECF$ 是正三角形．对于 D、C、F 重复分析 1 的过程．(解略．)

分析 3 能否把边和角的条件同时集中起来呢？这只要连 BD，交 AC 于 M，如图 F10.5.2 所示，就有 $\angle CAB=\angle CDB$，所以 $\angle DMA=45^\circ+15^\circ=60^\circ$．利用 $\triangle DCM\backsim\triangle ABM$ 及 $DC=2AB$ 的条件可得 $DM=2AM$．这就把边和角的条件集中到 $\triangle DAM$ 中．在 $\triangle DAM$ 中，60° 角的邻边是斜边的一半，所以 $\triangle DAM$ 是直角三角形，所以 $\triangle DAC$ 是直角三角形，所以 DC 是直径．(解略．)

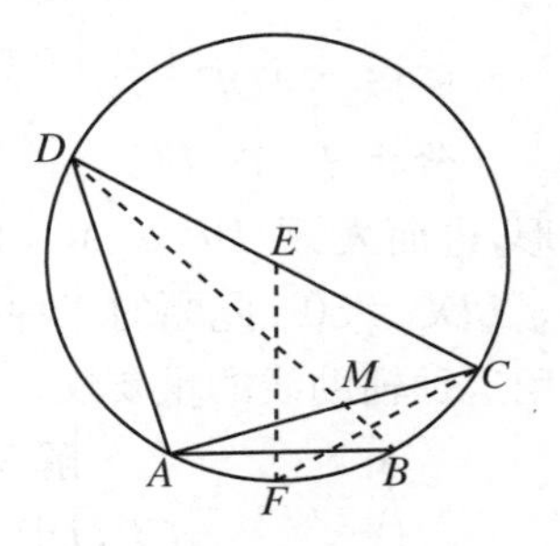

图 F10.5.2

[范例 6] 在 $\triangle ABC$ 中，$\angle C=90^\circ$，$AB=c$，$BC=a$，$CA=b$，在三角形内有两个等圆互相外切且都与 AB 相切，分别与 BC、CA 相切，求这两个圆的半径．

分析 1 在推导三角形的内切圆的半径时，我们曾采用面积分割法．把这种方法用于有两个内切圆的 $\triangle ABC$，只要连 AO_1、CO_1、BO_2、CO_2、O_1O_2，作 $CD\perp AB$ 于 D，设 CD 交 O_1O_2 于 E，这里 O_1、O_2 是两个内切圆圆心，如图 F10.6.1 所示．

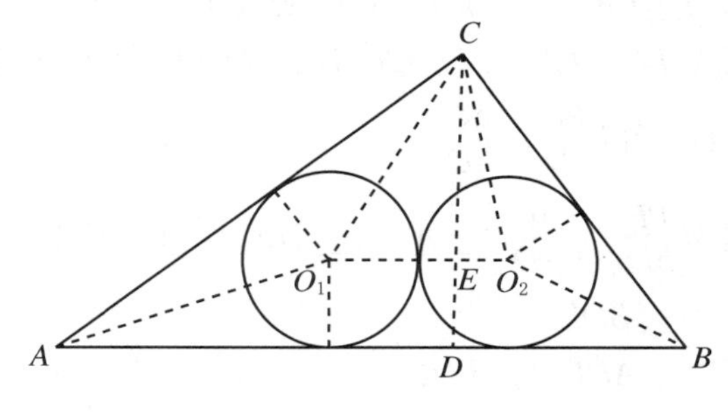

图 F10.6.1

设圆的半径为 r，则由 $S_{\triangle ABC}=S_{\triangle AO_1C}+S_{\triangle BO_2C}+S_{\triangle CO_1O_2}+S_{梯形ABO_2O_1}$，即

$$\frac{1}{2}ab=\frac{1}{2}\cdot r\cdot b+\frac{1}{2}\cdot r\cdot a+\frac{1}{2}\cdot 2r\cdot CE+\frac{1}{2}\cdot(2r+c)\cdot r.$$

问题归结为用 a、b、c、r 表示出 CE. 易见 $CE = CD - r = \frac{ab}{c} - r$. 把它代入上式就可解出 $r = \frac{abc}{2ab + c(a+b+c)}$.

分析 2 由 Rt△ABC 的内切圆的半径与三边关系，联想到此题可连 O_1O_2，则 $O_1O_2 /\!/ AB$，$O_1O_2 = 2r$. 作 $O_1G /\!/ AC$，$O_2G /\!/ BC$，O_1G、O_2G 交于 G，如图 F10.6.2 所示. 容易看出△GO_1O_2∽△CAB，相似比为$\frac{2r}{c}$. 这时 EF、MP、NQ、CP、CQ 都可用 a、b、c、r 表示出来，它们分别是 $2r$、$\frac{2r}{c} \cdot a$、$\frac{2r}{c} \cdot b$、r、r. 显然只要找到一个含有未知数 r 的等式就可解出 r.

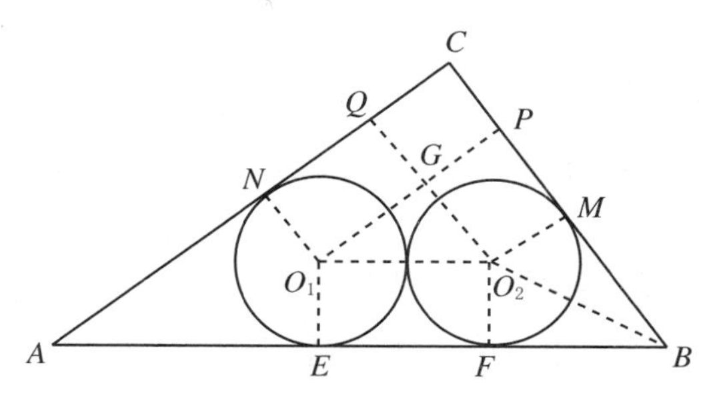

图 F10.6.2

由切线长定理，可知 $AE = AN$，$BF = BM$，可见

$$a + b - c = MP + CP + CQ + NQ - EF,$$

即

$$a + b - c = \frac{2r}{c} \cdot a + r + r + \frac{2r}{c} \cdot b - 2r,$$

所以 $r = \frac{c(a+b-c)}{2(a+b)}$.

分析 3 作两圆的内公切线，设内公切线与 AC、AB 分别交于 M、N，直线 MN 和直线 BC 交于 S，如图 F10.6.3 所示. 在 Rt△AMN 和 Rt△SBN 中，∠A = ∠S，可见，△AMN∽△SBN. 它们的相似比等于对应线段之比. 由于它们的内切圆是等圆，可见它们的相似比为 1，所以△AMN≌△SBN，所以 $MN = BN$.

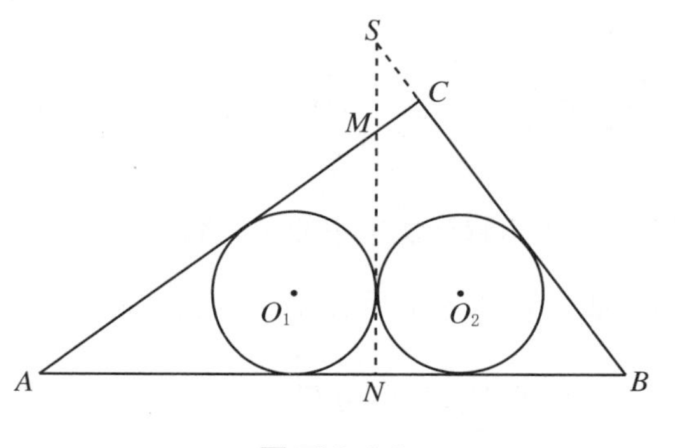

图 F10.6.3

利用 Rt△AMN∽Rt△ABC，可求出 MN、AN，进而在 Rt△AMN 中求得 AM. 于是可计算出△AMN 的内切圆的半径.

略解：△AMN∽△SBN，其相似比为 1，所以△AMN≌△SBN，所以 $MN = BN$. 设 $MN = x$.

由△AMN∽△ABC 得 $\frac{x}{a} = \frac{c-x}{b}$，所以 $x = \frac{ac}{a+b}$，所以 $AN = c - BN = c - \frac{ac}{a+b}$

$=\dfrac{bc}{a+b}$.

在 Rt$\triangle AMN$ 中，$AM=\sqrt{MN^2+AN^2}=\sqrt{\left(\dfrac{ac}{a+b}\right)^2+\left(\dfrac{bc}{a+b}\right)^2}=\dfrac{c^2}{a+b}$.由该三角形的边长可求内切圆的半径 $r=\dfrac{\Delta}{s}$,其中

$$\Delta=\frac{1}{2}AN\cdot MN=\frac{1}{2}\cdot\frac{bc}{a+b}\cdot\frac{ac}{a+b},$$

$$s=\frac{1}{2}\left(\frac{ac}{a+b}+\frac{bc}{a+b}+\frac{c^2}{a+b}\right),$$

所以 $r=\dfrac{abc}{(a+b)(a+b+c)}$.

说明 ① 上述三个方法中求得的三种形式上不同的结果：$\dfrac{abc}{2ab+c(a+b+c)}$、$\dfrac{c(a+b-c)}{2(a+b)}$、$\dfrac{abc}{(a+b)(a+b+c)}$实质是相同的.请读者自行验证.

② 本题采用三角法，解法也很简单.这只要连 O_1A、O_2B，考虑折线 AO_2O_1B 在 AB 上的投影，则有

$$r\cdot\cot\frac{\angle A}{2}+2r+r\cdot\cot\frac{\angle B}{2}=c.$$

由半角公式知

$$\cot\frac{\angle A}{2}=\frac{1+\cos\angle A}{\sin\angle A}=\frac{1+\dfrac{b}{c}}{\dfrac{a}{c}}=\frac{b+c}{a},$$

$$\cot\frac{\angle B}{2}=\frac{1+\cos\angle B}{\sin\angle B}=\frac{1+\dfrac{a}{c}}{\dfrac{b}{c}}=\frac{a+c}{b}.$$

所以 $r=\dfrac{c}{\cot\dfrac{\angle A}{2}+\cot\dfrac{\angle B}{2}+2}=\dfrac{abc}{2ab+c(a+b+c)}$.

③ 使用解析法也很简单，略解如下：

如图 F10.6.4 所示，建立直角坐标系，设 $B(a,0)$，$A(0,b)$，则 AB 的方程是$\dfrac{x}{a}+\dfrac{y}{b}=1$.

设直线 O_1O_2 的方程是$\dfrac{x}{a}+\dfrac{y}{b}=m$，由原点到直线 O_1O_2 的距离为$\dfrac{ab}{c}-r$ 的条件定出 $m=1-\dfrac{rc}{ab}$，由此写出 O_1、O_2 的坐标

$$O_1\left(r,b-\frac{r}{a}(b+c)\right),\quad O_2\left(a-\frac{r}{b}(a+c),r\right).$$

利用 $O_1O_2=2r$ 的条件可得

$$\left(a-\frac{a+b+c}{b}r\right)^2+\left(b-\frac{a+b+c}{a}r\right)^2=4r^2.$$

解得 $r=\dfrac{abc}{(a+b)(a+b+c)}$.

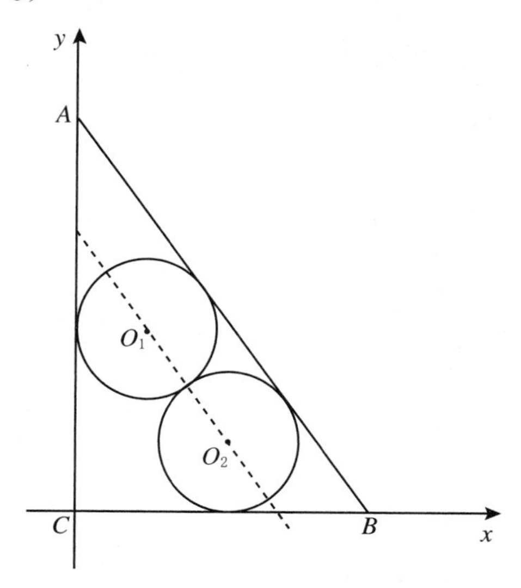

图 F10.6.4

10.3 研 究 题

[例 1] 在$\triangle ABC$中,$\angle C$的平分线为CD. $DE\parallel BC$, $BC=a$, $CA=b$,求 DE.

解 1(角平分线的性质)

由角平分线性质定理,$\dfrac{AD}{DB}=\dfrac{b}{a}$,所以$\dfrac{AD}{AD+DB}=\dfrac{b}{a+b}$,即$\dfrac{AD}{AB}=\dfrac{b}{a+b}$.

因为 $DE\parallel BC$,由$\triangle ADE\backsim\triangle ABC$知$\dfrac{AD}{AB}=\dfrac{DE}{BC}$,所以 $DE=BC\cdot\dfrac{AD}{AB}=\dfrac{ab}{a+b}$.

解 2(相似三角形、等腰三角形)

如图 Y10.1.1 所示. 因为$\angle 1=\angle 2$,$\angle 1=\angle 3$,所以$\angle 2=\angle 3$,所以 $DE=EC$.

由$\triangle ADE\backsim\triangle ABC$ 知$\dfrac{DE}{BC}=\dfrac{AE}{AC}=\dfrac{AC-EC}{AC}=\dfrac{AC-DE}{AC}$,所以$\dfrac{DE}{a}=\dfrac{b-DE}{b}$,所以

$DE=\dfrac{ab}{a+b}$.

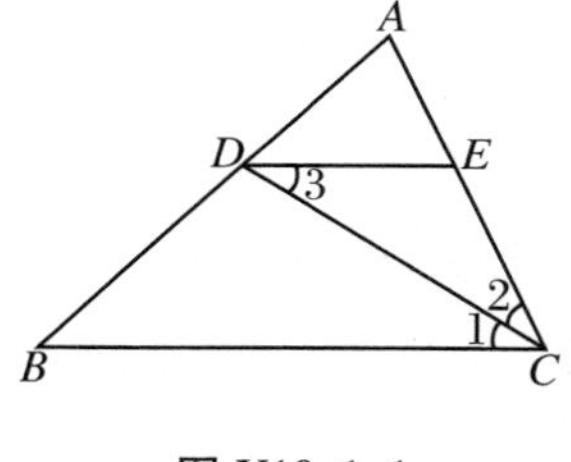

图 Y10.1.1

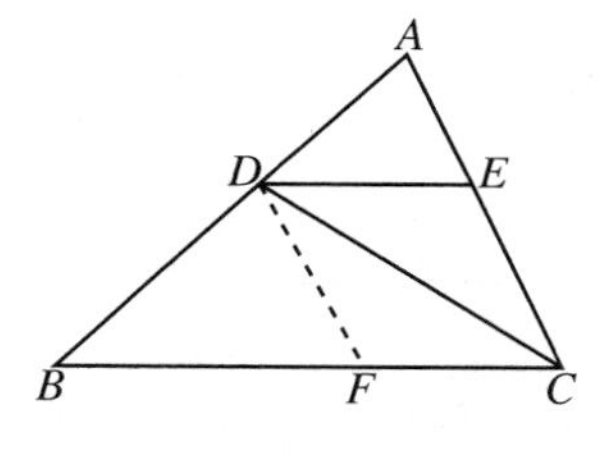

图 Y10.1.2

解 3(菱形的性质、三角形相似)

作 $DF /\!/ AC$,交 BC 于 F,如图 Y10.1.2 所示,易证 $DECF$ 是菱形,所以 $DF /\!/ CE$,$CF = DE$.

因为$\triangle BDF \backsim \triangle BAC$,所以$\dfrac{BF}{DF} = \dfrac{BC}{AC}$,所以$\dfrac{BC - CF}{DF} = \dfrac{BC}{AC}$,所以$\dfrac{BC - DE}{DE} = \dfrac{BC}{AC}$,所以$\dfrac{a - DE}{DE} = \dfrac{a}{b}$.

所以 $DE = \dfrac{ab}{a + b}$.

解 4(平行四边形、等腰三角形的性质)

作 $EF /\!/ AB$,交 BC 于 F,如图 Y10.1.3 所示,则 $DEFB$ 是平行四边形,所以 $BF = DE$.

因为$\angle 1 = \angle 2$,$\angle 1 = \angle 3$,所以$\angle 2 = \angle 3$,所以 $DE = EC$.

由$\triangle CEF \backsim \triangle CAB$ 知$\dfrac{CE}{CF} = \dfrac{CA}{CB}$,所以$\dfrac{DE}{BC - DE} = \dfrac{CA}{CB}$,即$\dfrac{DE}{a - DE} = \dfrac{b}{a}$,所以 $DE = \dfrac{ab}{a + b}$.

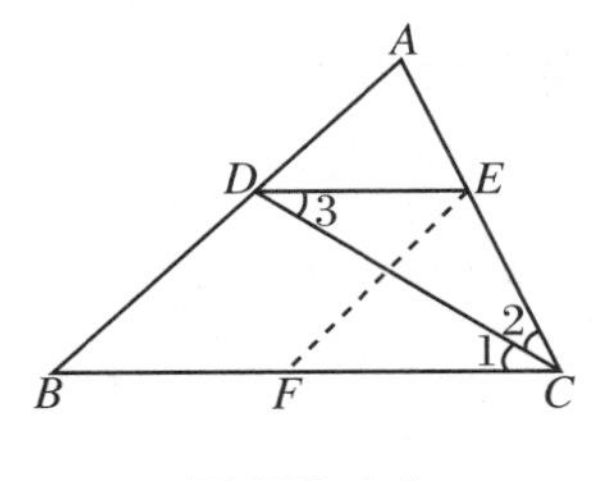

图 Y10.1.3

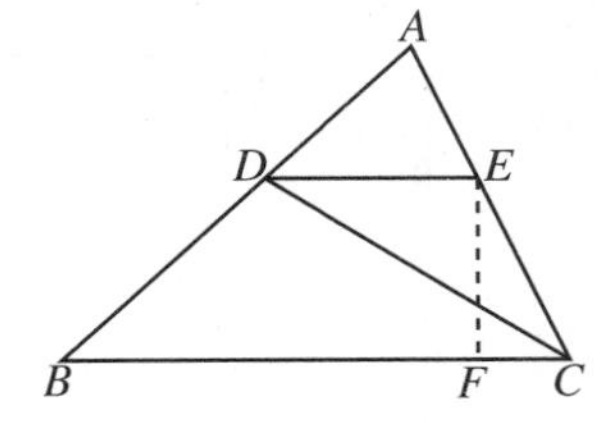

图 Y10.1.4

解 5(面积法)

由前法可知 $DE = CE$.

作 $EF \perp BC$,垂足为 F,如图 Y10.1.4 所示.设 $DE = x$,$\angle BCD = \angle DCE = \angle CDE = \alpha$,则

$$S_{BCED} = \frac{1}{2}(x + a)(x\sin 2\alpha).$$

另一方面,有

$$S_{BCED} = S_{\triangle ABC} - S_{\triangle ADE} = \frac{1}{2}ab\sin 2\alpha - \frac{1}{2}x(b - x)\sin 2\alpha,$$

由此得到关于 x 的方程

$$\frac{1}{2}(x + a)(x\sin 2\alpha) = \frac{1}{2}ab\sin 2\alpha - \frac{1}{2}(b - x)x\sin 2\alpha.$$

所以 $x = DE = \dfrac{ab}{a + b}$.

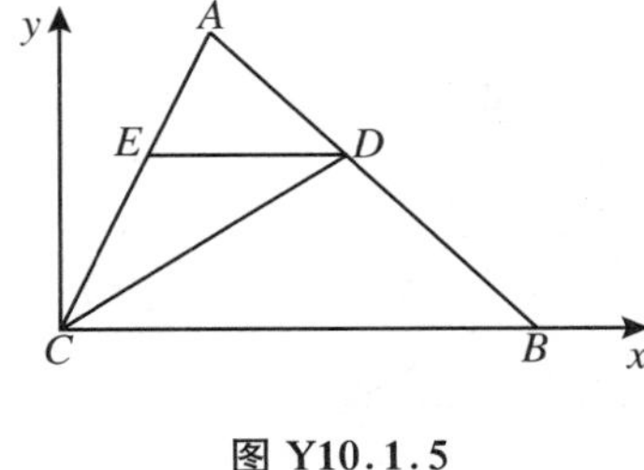

图 Y10.1.5

解 6(解析法)

如图 Y10.1.5 所示,建立直角坐标系.

设$\angle ACD = \angle DCB = \alpha$,则 $B(a, 0)$,$A(b\cos 2\alpha, b\sin 2\alpha)$.

由角平分线性质定理,可求出 D 分有向线段 BA 的比值$\lambda = \dfrac{BD}{DA} = \dfrac{BC}{CA} = \dfrac{a}{b}$,所以 D 的横、纵坐标分别是

$$x_D=\frac{a+\frac{a}{b}(b\cdot\cos 2\alpha)}{1+\frac{a}{b}}=\frac{ab}{a+b}(1+\cos 2\alpha),$$

$$y_D=\frac{0+\frac{a}{b}(b\cdot\sin 2\alpha)}{1+\frac{a}{b}}=\frac{ab}{a+b}\sin 2\alpha.$$

DE 的方程是

$$y=\frac{ab}{a+b}\sin 2\alpha. \qquad ①$$

AC 的方程是

$$y=x\cdot\tan 2\alpha. \qquad ②$$

联立式①、式②，消去 y，可得 E 点的横坐标 $x_E=\frac{ab}{a+b}\cos 2\alpha$，所以

$$DE=x_D-x_E=\frac{ab}{a+b}(1+\cos 2\alpha)-\frac{ab}{a+b}\cos 2\alpha=\frac{ab}{a+b}.$$

［例 2］ AD、BE 分别是正$\triangle ABC$ 中 BC、AC 上的高，D、E 为垂足，$EF/\!/BC$，交 AD 于 F，$BE=b$，求 $S_{\triangle BEF}$.

解 1（三角形中位线定理）

如图 Y10.2.1 所示，BE 是高，也是 AC 上的中线，$AE=EC$. 由平行截比定理，$AF=FD$. 故 $FD=\frac{1}{2}AD=\frac{1}{2}BE=\frac{b}{2}$.

因为 EF 是$\triangle ADC$ 的中位线，所以 $EF=\frac{1}{2}DC=\frac{1}{4}BC=\frac{1}{4}\left(\frac{2}{\sqrt{3}}b\right)=\frac{b}{2\sqrt{3}}$.

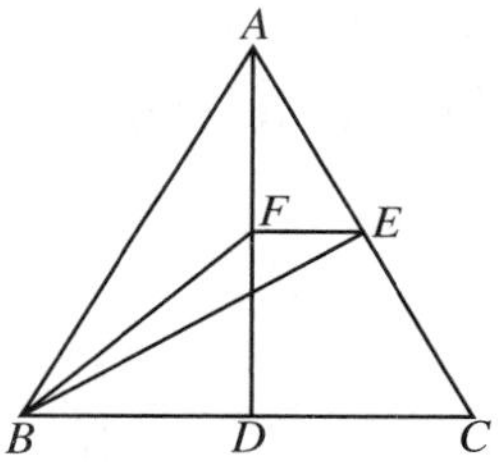

图 Y10.2.1

所以 $S_{\triangle BEF}=\frac{1}{2}EF\cdot DF=\frac{1}{2}\cdot\frac{b}{2\sqrt{3}}\cdot\frac{b}{2}=\frac{\sqrt{3}}{24}b^2$.

解 2（等积原理）

因为 E 为 AC 的中点，F 为 AD 的中点，所以 $S_{\triangle BEF}=S_{\triangle AEF}$. 延长 EF，交 AB 于 G. 如图 Y10.2.2 所示.

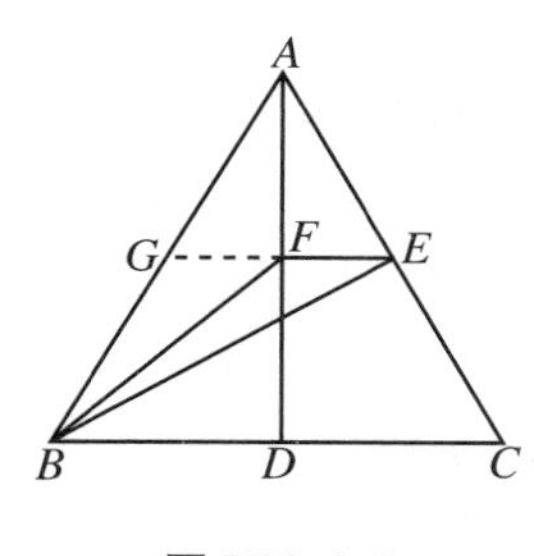

图 Y10.2.2

由轴对称性，$S_{\triangle AEF}=\frac{1}{2}S_{\triangle AEG}$.

易证 EG 是$\triangle ABC$ 的中位线，故 $S_{\triangle AEG}=\frac{1}{4}S_{\triangle ABC}$，所以

$$S_{\triangle BEF}=\frac{1}{8}S_{\triangle ABC}=\frac{1}{8}\left(\frac{1}{2}\cdot b\cdot\frac{2}{\sqrt{3}}b\right)=\frac{\sqrt{3}}{24}b^2.$$

解 3（三角形相似）

设 AD、BE 交于 O，作 $FG\perp BE$，垂足为 G，如图 Y10.2.3 所示. 易证 $\mathrm{Rt}\triangle FGO\backsim\mathrm{Rt}\triangle BDO$，故

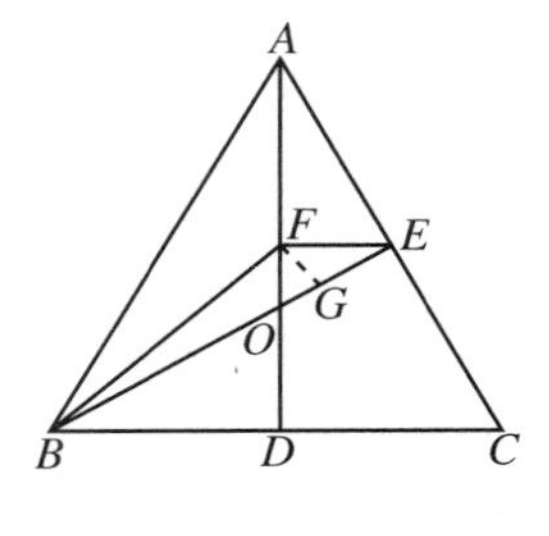

图 Y10.2.3

$$\frac{FG}{BD}=\frac{FO}{BO},$$

$$FG=BD\cdot\frac{FO}{BO}=\frac{BC}{2}\cdot\frac{FD-OD}{BO}$$

$$=\frac{1}{2}\cdot\frac{2}{\sqrt{3}}b\cdot\frac{\frac{b}{2}-\frac{b}{3}}{\frac{2}{3}b}=\frac{b}{4\sqrt{3}}.$$

所以

$$S_{\triangle BEF}=\frac{1}{2}BE\cdot FG=\frac{1}{2}b\cdot\frac{b}{4\sqrt{3}}=\frac{\sqrt{3}}{24}b^2.$$

解 4(三角法)

在 Rt$\triangle AFE$ 中,$EF=AF\cdot\tan30^\circ=\frac{1}{2}AD\cdot\tan30^\circ=\frac{\sqrt{3}}{6}b$,$FD=\frac{1}{2}AD=\frac{1}{2}b$,所以 $S_{\triangle BEF}=\frac{1}{2}EF\cdot FD=\frac{1}{2}\cdot\frac{1}{2}b\cdot\frac{\sqrt{3}}{6}b=\frac{\sqrt{3}}{24}b^2$.

解 5(解析法)

如图 Y10.2.4 所示,建立直角坐标系.则 $B\left(-\frac{\sqrt{3}}{3}b,0\right)$,$A(0,b)$,$C\left(\frac{\sqrt{3}}{3}b,0\right)$,$E\left(\frac{\sqrt{3}}{6}b,\frac{b}{2}\right)$,$F\left(0,\frac{b}{2}\right)$.

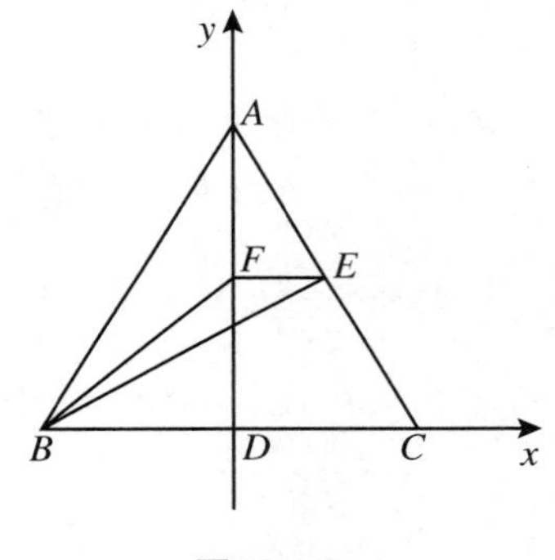

图 Y10.2.4

所以 $S_{\triangle BEF}=\frac{1}{2}\begin{vmatrix}-\frac{\sqrt{3}}{3}b & 0 & 1\\ \frac{\sqrt{3}}{6}b & \frac{b}{2} & 1\\ 0 & \frac{b}{2} & 1\end{vmatrix}=\frac{\sqrt{3}}{24}b^2$.

[例 3] 在$\triangle ABC$ 中,$\angle A=45^\circ$,AD 为 BC 边上的高,$BD=2$,$DC=3$,求 $S_{\triangle ABC}$.

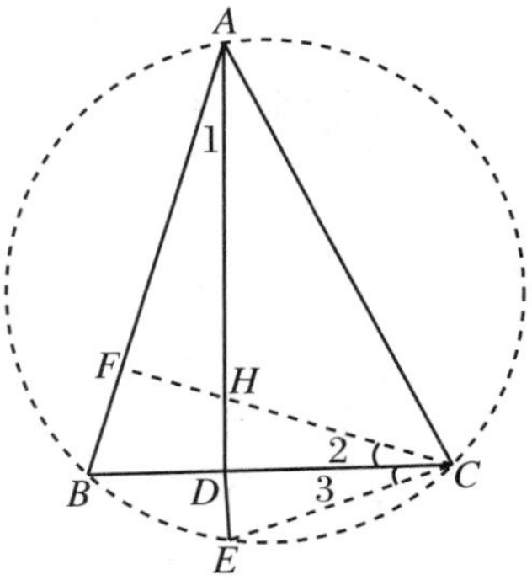

图 Y10.3.1

解 1(相交弦定理、三角形全等)

作$\triangle ABC$ 的外接圆,延长 AD,交外接圆于 E,连 EC,作 $CF\perp AB$,垂足为 F,CF 交 AD 于 H,如图 Y10.3.1 所示.

因为$\angle A=45^\circ$,$CF\perp AB$,所以$\triangle AFC$ 是等腰直角三角形,所以 $AF=FC$.

因为$\angle 1$、$\angle 2$ 的两双边对应垂直,所以$\angle 1=\angle 2$,所以 Rt$\triangle AFH\cong$Rt$\triangle CFB$,所以 $AH=BC=5$.

设 $DH=x$.因为$\angle 3=\angle 1$,$\angle 1=\angle 2$,所以$\angle 3=\angle 2$,所以 Rt$\triangle CDH\cong$Rt$\triangle CDE$,所以 $DE=DH=x$.

由相交弦定理,$AD\cdot DE=BD\cdot DC$,所以 $x\cdot(5+x)=2\times3$,得到 $x^2+5x-6=0$.舍去负根,得 $x=1$.

所以 $AD=AH+DH=5+1=6$,所以 $S_{\triangle ABC}=\frac{1}{2}\times6\times5=15$.

解 2(等腰直角三角形、相似三角形、勾股定理)

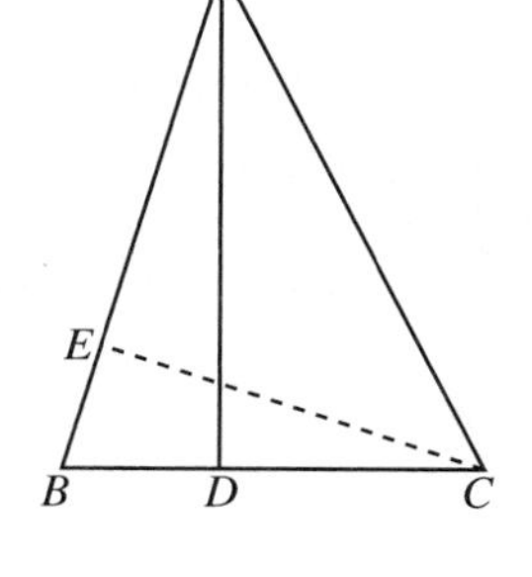

图 Y10.3.2

作 $CE \perp AB$,垂足为 E,如图 Y10.3.2 所示. 设 $AD = x$,由 $Rt\triangle ABD \backsim Rt\triangle CBE$,得 $\dfrac{AD}{CE} = \dfrac{AB}{BC}$,即

$$\frac{x}{CE} = \frac{AB}{5}. \qquad ①$$

在 $Rt\triangle ADB$ 和 $Rt\triangle ADC$ 中,由勾股定理,有

$$AB^2 = BD^2 + AD^2 = 4 + x^2,$$
$$AC^2 = DC^2 + AD^2 = 9 + x^2,$$

所以

$$AB = \sqrt{4 + x^2}, \qquad ②$$
$$AC = \sqrt{9 + x^2}. \qquad ③$$

因为 $\triangle AEC$ 是等腰直角三角形,所以 $AC = \sqrt{2}CE$,所以

$$CE = \sqrt{\frac{9 + x^2}{2}}. \qquad ④$$

把式②、式④代入式①,得 $\dfrac{x}{\sqrt{\dfrac{x^2+9}{2}}} = \dfrac{\sqrt{x^2+4}}{5}$,即 $x^4 - 37x^2 + 36 = 0$,所以 $x_1 = 1$,$x_2 = 6$,$x_3 = -1$,$x_4 = -6$.

因为在 $Rt\triangle BAD$ 中,$\angle B + \angle BAD = 90^\circ$,而 $\angle BAD < \angle A = 45^\circ$,所以 $\angle B > 45^\circ$,所以 $AD > BD = 2$,上述四个实根中,应取 $x = 6$. 故

$$S_{\triangle ABC} = \frac{1}{2}AD \cdot BC = \frac{1}{2} \times 6 \times 5 = 15.$$

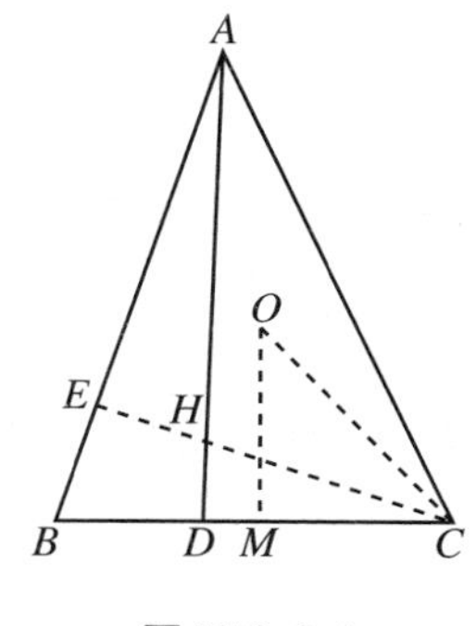

图 Y10.3.3

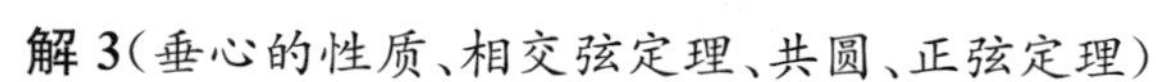

解 3(垂心的性质、相交弦定理、共圆、正弦定理)

如图 Y10.3.3 所示,作 $CE \perp AB$,垂足为 E,CE 交 AD 于 H,则 H 为 $\triangle ABC$ 的垂心. 设 O 为 $\triangle ABC$ 的外心,作 $OM \perp BC$,垂足为 M,则 $BM = MC$,连 OC,则 OC 是 $\triangle ABC$ 的外接圆的半径,设 $OC = R$.

由正弦定理,$\dfrac{BC}{\sin A} = 2R$,所以 $R = \dfrac{BC}{2\sin A} = \dfrac{5}{\sqrt{2}}$.

在 $Rt\triangle OMC$ 中,$OM = \sqrt{OC^2 - CM^2} = \sqrt{\left(\dfrac{5}{\sqrt{2}}\right)^2 - \left(\dfrac{5}{2}\right)^2} = \dfrac{5}{2}$,

由第 2 章例 14 的结论,$AH = 2OM = 5$.

因为 B、D、H、E 共圆,由割线定理,有

$$BC \cdot DC = CH \cdot CE = CH(CH + HE) = CH^2 + CH \cdot HE. \qquad ①$$

在 $Rt\triangle CHD$ 中,有

$$CH^2 = CD^2 + HD^2 = 3^2 + HD^2. \qquad ②$$

因为 A、E、D、C 共圆,由相交弦定理,有

$$CH \cdot HE = AH \cdot HD = 5HD. \qquad ③$$

把式②、式③代入式①得 $BC \cdot DC = 9 + HD^2 + 5HD$，即 $5 \times 3 = 9 + HD^2 + 5HD$，所以 $HD = 1$，所以 $AD = 1 + 5 = 6$，所以 $S_{\triangle ABC} = \dfrac{1}{2} \times 5 \times 6 = 15$.

解 4(三角法)

如图 Y10.3.4 所示，设 $AD = x$，$\angle BAD = \alpha$，则 $\angle CAD = 45^\circ - \alpha$. 在 Rt$\triangle ADB$ 中，$\tan\alpha = \dfrac{2}{x}$，在 Rt$\triangle ADC$ 中，$\tan(45^\circ - \alpha) = \dfrac{3}{x}$，所以

$$\frac{\tan 45^\circ - \tan\alpha}{1 + \tan 45^\circ \tan\alpha} = \frac{1 - \tan\alpha}{1 + \tan\alpha} = \frac{1 - \dfrac{2}{x}}{1 + \dfrac{2}{x}} = \frac{3}{x}.$$

去分母，化为 $x^2 - 5x - 6 = 0$，舍去负根，得到 $x = 6$，所以 $S_{\triangle ABC} = \dfrac{1}{2} \times 6 \times 5 = 15$.

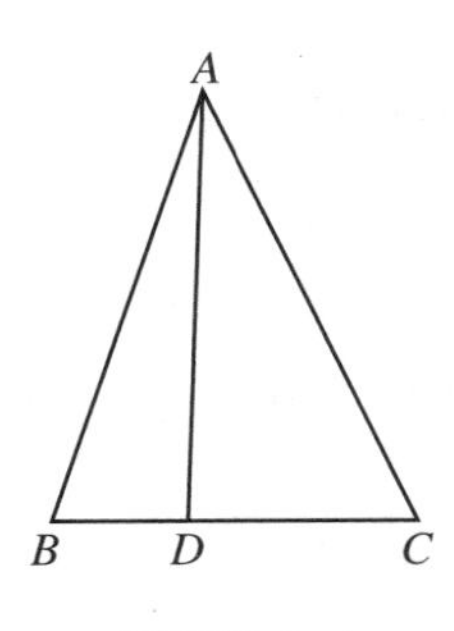

图 Y10.3.4

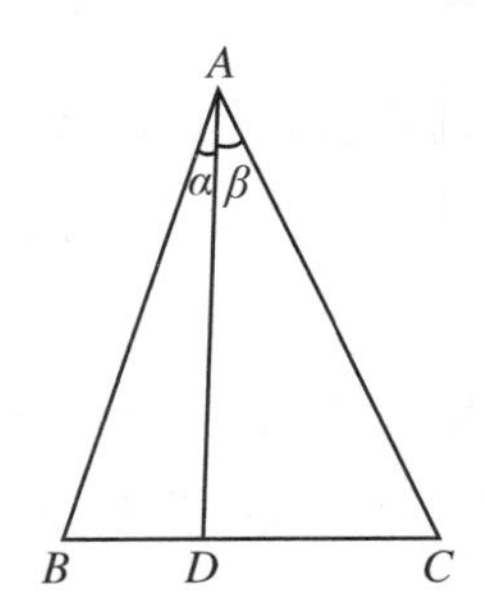

图 Y10.3.5

解 5(三角法)

如图 Y10.3.5 所示，设 $\angle BAD = \alpha$，$\angle CAD = \beta$，所以 $\alpha + \beta = 45^\circ$. 易知 $3\cot\beta = 2\cot\alpha$，即

$$3\cot(45^\circ - \alpha) = 2\cot\alpha,$$

$$3\tan\alpha = 2\tan(45^\circ - \alpha) = 2 \cdot \frac{1 - \tan\alpha}{1 + \tan\alpha},$$

$$3\tan^2\alpha + 5\tan\alpha - 2 = 0,$$

$$\tan\alpha = \frac{1}{3} \quad 或 \quad \tan\alpha = -2.$$

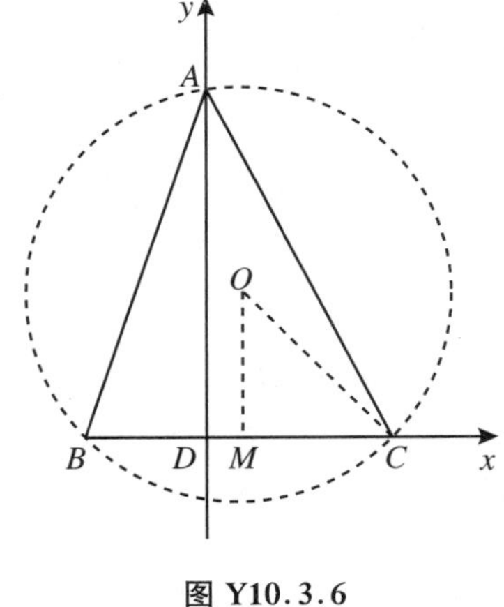

图 Y10.3.6

舍去负根，取 $\tan\alpha = \dfrac{1}{3}$，所以 $AD = BD \cdot \cot\alpha = 2 \times 3 = 6$，所以 $S_{\triangle ADC} = \dfrac{1}{2} \times 5 \times 6 = 15$.

解 6(解析法)

如图 Y10.3.6 所示，建立直角坐标系，则 $B(-2, 0)$，$C(3, 0)$，作 $\triangle ABC$ 的外接圆 $\odot O$，作 $OM \perp BC$，垂足为 M，连 OC.

因为 $\angle A$ 是 $\overset{\frown}{BC}$ 上的圆周角，$\angle COM$ 是 $\overset{\frown}{BC}$ 上的圆心角的一半，所以 $\angle A = \angle COM = 45^\circ$，所以 Rt$\triangle CMO$ 是等腰直角三角形，所以 $OM = CM$，所以 $O\left(\dfrac{1}{2}, \dfrac{5}{2}\right)$，所以 $OC =$

$\sqrt{2}\cdot OM=\frac{5\sqrt{2}}{2}$.

$\odot O$ 的方程是$\left(x-\frac{1}{2}\right)^2+\left(y-\frac{5}{2}\right)^2=\left(\frac{5\sqrt{2}}{2}\right)^2$.在$\odot O$ 的方程中令 $x=0$,可得 A 点纵坐标,$\left(0-\frac{1}{2}\right)^2+\left(y_A-\frac{5}{2}\right)^2=\left(\frac{5\sqrt{2}}{2}\right)^2$,所以 $y_A=6$.

所以 $S_{\triangle ABC}=\frac{1}{2}\times5\times6=15$.

[**例 4**] 菱形的边是它的两条对角线的比例中项,求菱形的锐角.

解 1(三角形相似)

设对角线 AC、BD 交于 O,作 $DE\perp AB$,垂足为 E,如图 Y10.4.1 所示.

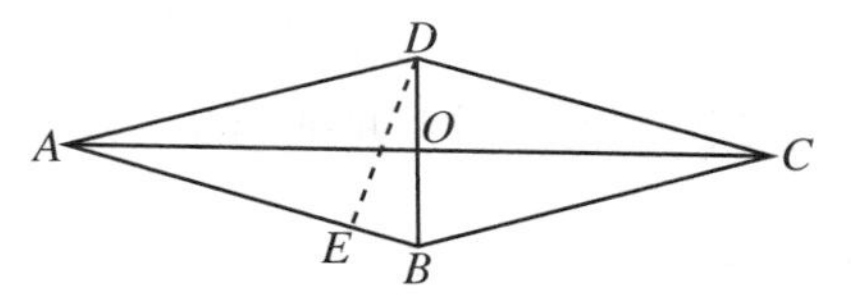

图 Y10.4.1

由 $\text{Rt}\triangle DEB\backsim\text{Rt}\triangle AOB$ 知$\frac{AB}{BD}=\frac{AO}{DE}$,所以

$$AB\cdot DE=AO\cdot BD=\frac{1}{2}AC\cdot BD.$$

由条件 $AB^2=AC\cdot BD$ 知 $AB\cdot DE=\frac{1}{2}AB^2$,所以 $DE=\frac{1}{2}AB=\frac{1}{2}AD$.在 $\text{Rt}\triangle AED$ 中,可知$\angle A=30^\circ$.

解 2(面积法)

如图 Y10.4.1 所示.因为 $S_{ABCD}=AB\cdot DE=\frac{1}{2}AC\cdot BD$,$AB^2=AC\cdot BD$,所以 $AB\cdot DE=\frac{1}{2}AB^2$,所以 $DE=\frac{1}{2}AB=\frac{1}{2}AD$,所以$\angle A=30^\circ$.

解 3(三角法)

设菱形的边长为 a,$\angle A=2\alpha$,则 $AC=2OA=2a\cos\alpha$,$BD=2OB=2a\sin\alpha$,所以 $AC\cdot BD=(2a\cos\alpha)\cdot(2a\sin\alpha)=2a^2\sin2\alpha$.

因为 $AC\cdot BD=AB^2$,所以 $2a^2\sin2\alpha=a^2$,所以 $\sin2\alpha=\frac{1}{2}$,所以 $2\alpha=30^\circ$,即$\angle A=30^\circ$.

解 4(三角法、正弦定理)

在$\triangle ABD$ 中,由正弦定理,$\frac{AB}{\sin\angle ADB}=\frac{BD}{\sin\angle A}$.因为$\angle ADB=\frac{1}{2}(180^\circ-\angle A)$,所以 $\sin\angle ADB=\cos\frac{\angle A}{2}$,所以

$$\frac{AB}{\cos\frac{\angle A}{2}}=\frac{BD}{\sin\angle A}. \qquad ①$$

在$\triangle ABC$ 中,同理$\frac{AB}{\sin\angle ACB}=\frac{AC}{\sin\angle ABC}$,即

$$\frac{AB}{\sin\frac{\angle A}{2}}=\frac{AC}{\sin\angle A}. \qquad ②$$

式①、式②相乘，把 $AB^2=AC\cdot BD$ 代入，得 $\sin^2\angle A=\sin\dfrac{\angle A}{2}\cdot\cos\dfrac{\angle A}{2}=\dfrac{1}{2}\sin\angle A$，所以$\sin\angle A=\dfrac{1}{2}$，所以$\angle A=30^\circ$.

解 5（三角法、余弦定理）

设菱形的边长为 a.

在$\triangle ABD$ 中，由余弦定理，有

$$BD^2=2a^2\cdot(1-\cos\angle A).\qquad ①$$

在$\triangle ABC$ 中，同理，有

$$AC^2=2a^2[1-\cos(180^\circ-\angle A)]=2a^2\cdot(1+\cos\angle A).\qquad ②$$

式①、式②相乘并把 $AB^2=a^2=AC\cdot BD$ 代入，得 $a^2=2a^2\sin\angle A$，所以 $\sin\angle A=\dfrac{1}{2}$，所以$\angle A=30^\circ$.

解 6（勾股定理、三角法）

设对角线 AC、BD 交于 O，设 $AO=x$，$BO=y$，$AB=a$，$\angle OAB=\dfrac{1}{2}\angle A=\alpha$.

在 Rt$\triangle AOB$ 中，由勾股定理，有

$$x^2+y^2=a^2.\qquad ①$$

由条件，有

$$2x\cdot 2y=a^2.\qquad ②$$

把式②代入式①，得到 $x^2+y^2=4xy$. 以 x^2 除此式，整理后得$\left(\dfrac{y}{x}\right)^2-4\left(\dfrac{y}{x}\right)+1=0$. 解得$\dfrac{y}{x}=2\pm\sqrt{3}$.

因为$\dfrac{y}{x}=\tan\alpha$，所以 $\alpha_1=15^\circ$，$\alpha_2=75^\circ$，所以 $2\alpha_1=30^\circ$，$2\alpha_2=150^\circ$，所以所求的锐角为 30°.

［例 5］ 在四边形 $ABCD$ 中，$AC=l$，$BD=m$，AC、BD 的夹角为α，求 S_{ABCD}.

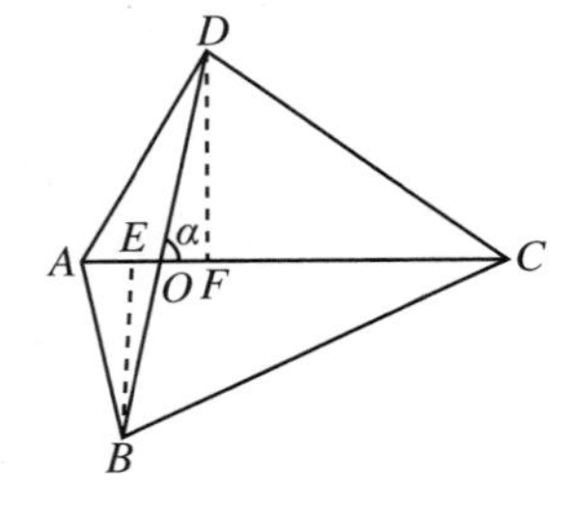

图 Y10.5.1

解 1（化为三角形的面积、三角形相似）

设 AC、BD 交于 O 点，过 B、D 分别作 AC 的垂线，垂足为 E、F，如图 Y10.5.1 所示.

所以 $S_{ABCD}=S_{\triangle ABC}+S_{\triangle ADC}=\dfrac{1}{2}AC\cdot BE+\dfrac{1}{2}AC\cdot DF=\dfrac{1}{2}AC\cdot(BE+DF)$.

由$\triangle BOE\backsim\triangle DOF$ 知$\dfrac{BE}{DF}=\dfrac{BO}{OD}$，所以$\dfrac{BE+DF}{DF}=\dfrac{BO+OD}{OD}=\dfrac{BD}{OD}$，所以 $BE+DF=\dfrac{BD\cdot DF}{OD}$.

在 Rt$\triangle ODF$ 中，$\dfrac{DF}{OD}=\sin\alpha$，所以 $BE+DF=m\sin\alpha$，所以 $S_{ABCD}=\dfrac{1}{2}ml\sin\alpha$.

解 2（四个三角形的面积和）

因为

$$S_{\triangle AOD}=\frac{1}{2}OA\cdot OD\cdot\sin(180^\circ-\alpha)=\frac{1}{2}OA\cdot OD\cdot\sin\alpha,$$

$$S_{\triangle AOB}=\frac{1}{2}OB\cdot OA\cdot\sin\alpha,$$

$$S_{\triangle BOC}=\frac{1}{2}OB\cdot OC\cdot\sin(180^\circ-\alpha)=\frac{1}{2}OB\cdot OC\cdot\sin\alpha,$$

$$S_{\triangle COD}=\frac{1}{2}OC\cdot OD\cdot\sin\alpha.$$

所以

$$\begin{aligned}S_{ABCD}&=S_{\triangle AOD}+S_{\triangle AOB}+S_{\triangle BOC}+S_{\triangle COD}\\&=\frac{\sin\alpha}{2}\cdot(OA\cdot OB+OB\cdot OC+OC\cdot OD+OD\cdot OA)\\&=\frac{\sin\alpha}{2}\cdot(OA+OC)\cdot(OB+OD)\\&=\frac{1}{2}ml\sin\alpha.\end{aligned}$$

解 3（利用平行四边形的面积公式）

过 A、C 作 BD 的平行线，过 B、D 作 AC 的平行线，设平行线的交点顺次为 A_1、B_1、C_1、D_1，如图 Y10.5.2 所示，则 $A_1B_1C_1D_1$ 是平行四边形，所以

$$\begin{aligned}S_{A_1B_1C_1D_1}&=S_{AODD_1}+S_{AOBA_1}+S_{BOCB_1}+S_{CODC_1}\\&=2S_{\triangle AOB}+2S_{\triangle BOC}+2S_{\triangle COD}+2S_{\triangle DOA}\\&=2S_{ABCD}.\end{aligned}$$

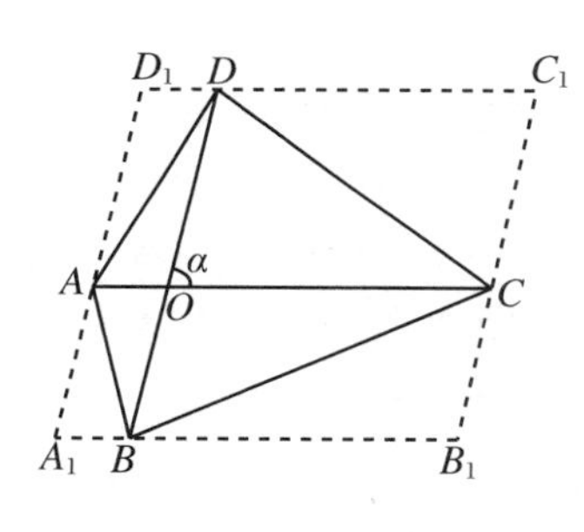

图 Y10.5.2

因为$\angle D_1A_1B_1$ 和$\angle DOC$ 的两边对应平行且方向相同，所以$\angle D_1AB_1=\angle DOC=\alpha$，所以

$$S_{ABCD}=\frac{1}{2}S_{A_1B_1C_1D_1}=\frac{1}{2}ml\sin\alpha.$$

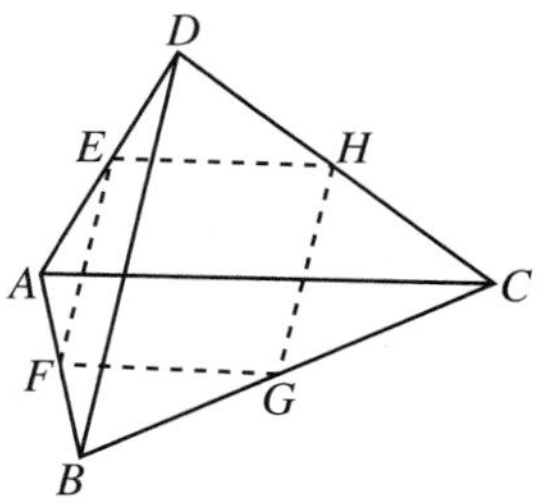

图 Y10.5.3

解 4（四边形各边中点组成的平行四边形的性质）

设 AD、AB、BC、CD 的中点分别是 E、F、G、H，连 EF、FG、GH、HE，如图 Y10.5.3 所示，则 $EFGH$ 是平行四边形，且 $S_{EFGH}=\frac{1}{2}S_{ABCD}$.

因为 $EF \mathrel{\underline{\underline{/\!/}}} \frac{1}{2}BD$，$FG \mathrel{\underline{\underline{/\!/}}} \frac{1}{2}AC$，所以 $EF=\frac{1}{2}m$，$FG=\frac{1}{2}l$，$\angle EFG=\alpha$，所以

$$S_{ABCD}=2S_{EFGH}=2\cdot\frac{1}{2}m\cdot\frac{1}{2}l\cdot\sin\alpha=\frac{1}{2}ml\sin\alpha.$$

解 5（面积割补法，化为等积三角形）

如图 Y10.5.4 所示，作 $DD_1 \mathrel{\underline{\underline{/\!/}}} AB$，连 AD_1、CD_1，则 $ABDD_1$ 是平行四边形，所以 $AD_1=BD=m$. 因为 $AD_1/\!/BD$，所以$\angle D_1AC=\angle DOC=\alpha$，所以

$$S_{\triangle AD_1C}=\frac{1}{2}AD_1\cdot AC\cdot\sin\angle D_1AC=\frac{1}{2}ml\sin\alpha.$$

过 C 作 $CH_2\perp AB$，H_2 为垂足，设 CH_2 交 D_1D 的延长线于 H_1，则 $S_{\triangle CAB}=\frac{1}{2}AB\cdot CH_2=\frac{1}{2}AB\cdot(CH_1+H_1H_2)$，$S_{\triangle AD_1D}=\frac{1}{2}DD_1\cdot H_1H_2$，$S_{\triangle CDD_1}=\frac{1}{2}DD_1\cdot CH_1$，注意到 $AB=DD_1$，所以 $S_{\triangle AD_1D}+S_{\triangle CDD_1}=S_{\triangle ABC}$.

所以 $S_{ABCD}=S_{\triangle ACD_1}=\frac{1}{2}ml\sin\alpha$.

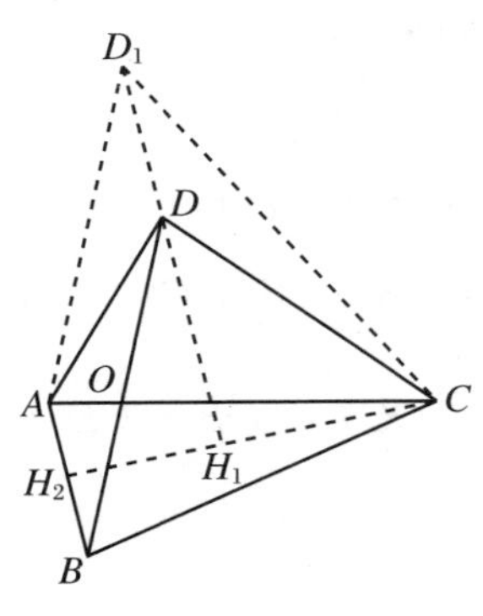

图 Y10.5.4

解 6(面积割补法)

延长 AC 到 A_1，使 $CA_1=AO$，延长 BD 到 B_1，使 $DB_1=BO$，连 B_1A_1、DA_1、BA_1，如图 Y10.5.5 所示，则 $S_{\triangle AOB}=S_{\triangle A_1CB}$，$S_{\triangle AOD}=S_{\triangle A_1CD}$，所以 $S_{ABCD}=S_{\triangle A_1BD}$.

因为 $S_{\triangle A_1OB}=S_{\triangle A_1B_1D}$，所以 $S_{\triangle A_1BD}=S_{\triangle A_1OB_1}$.

因为 $S_{\triangle A_1OB_1}=\frac{1}{2}OA_1\cdot OB_1\cdot\sin\angle A_1OB_1=\frac{1}{2}ml\sin\alpha$，所以 $S_{ABCD}=\frac{1}{2}ml\sin\alpha$.

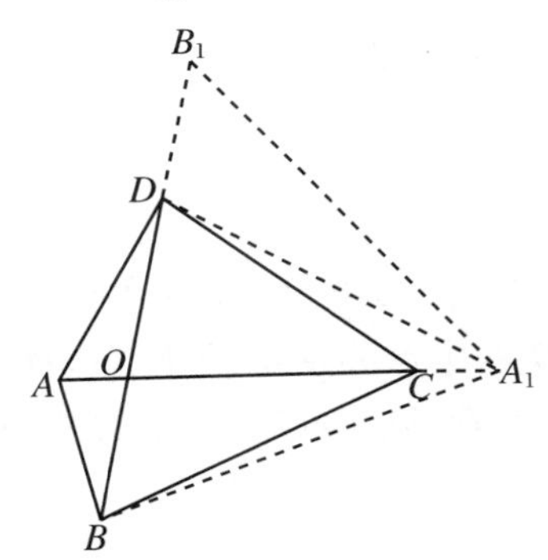

图 Y10.5.5

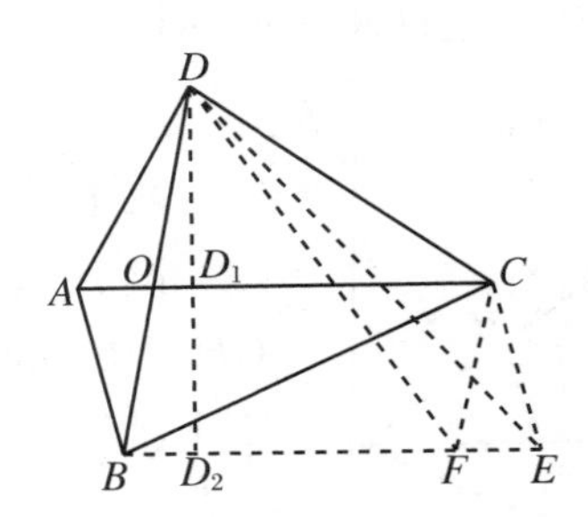

图 Y10.5.6

解 7(等积变形，化为等积三角形)

如图 Y10.5.6 所示，作 $BE \mathrel{\underline{\underline{/\!/}}} AC$，连 CE，则 $ABEC$ 是平行四边形，所以 $BE=AC=l$，$\angle DBE=\alpha$.

作 $CF/\!/BD$，交 BE 于 F，连 DF，则 $S_{\triangle BCD}=S_{\triangle BFD}$，且 $BOCF$ 是平行四边形.

作 $DD_2\perp BE$，D_2 为垂足，设 DD_2 交 AC 于 D_1，则

$$S_{\triangle ABD}=S_{\triangle AOB}+S_{\triangle AOD}=\frac{1}{2}AO\cdot D_1D_2+\frac{1}{2}AO\cdot D_1D=\frac{1}{2}AO\cdot DD_2.$$

因为 $ABEC$、$BOCF$ 都是平行四边形，所以 $AO=EF$，所以 $S_{\triangle ABD}=\frac{1}{2}EF\cdot DD_2=S_{\triangle DEF}$，所以 $S_{\triangle BDE}=S_{ABCD}$，所以 $S_{ABCD}=\frac{1}{2}BE\cdot BD\cdot\sin\angle DBE=\frac{1}{2}ml\sin\alpha$.

［例6］ 在矩形 $ABCD$ 中，$AD=a$，$AB=b$，$DP\perp AC$，垂足为 P，$PE\perp AB$，$PF\perp BC$，垂足各为 E、F，求 S_{PEBF}.

解1(直角三角形中比例中项定理)

延长 EP，交 CD 于 E_1，延长 FP，交 AD 于 F_1，如图 Y10.6.1 所示.

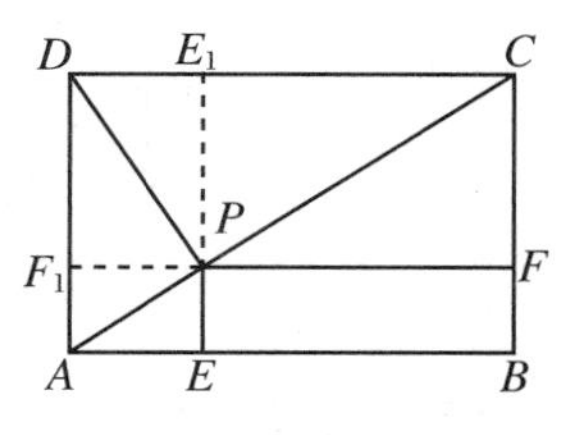

图 Y10.6.1

在 Rt$\triangle DPC$ 中，由比例中项定理，$PC^2=CE_1\cdot CD$，所以 $CE_1=\frac{PC^2}{CD}$. 同理，$AF_1=\frac{PA^2}{AD}$，$PD^2=PA\cdot PC$.

所以 $S_{PEBF}=CE_1\cdot AF_1=\frac{PC^2\cdot PA^2}{CD\cdot AD}=\frac{(PD^2)^2}{CD\cdot AD}$.

由面积等式，有 $PD\cdot AC=AD\cdot DC=ab$，所以 $PD=\frac{ab}{AC}=\frac{ab}{\sqrt{a^2+b^2}}$，所以

$$S_{PEBF}=\left(\frac{ab}{\sqrt{a^2+b^2}}\right)^4\cdot\frac{1}{ab}=\frac{(ab)^3}{(a^2+b^2)^2}.$$

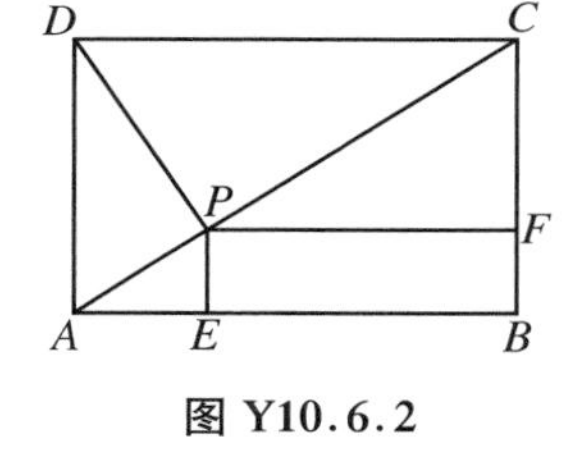

图 Y10.6.2

解2(三角形相似)

如图 Y10.6.2 所示.

由$\triangle PCF\backsim\triangle ACB$ 知$\frac{PF}{b}=\frac{PC}{AC}$. 由$\triangle APE\backsim\triangle ACB$ 知$\frac{PE}{a}=\frac{PA}{AC}$. 两式相乘得$\frac{PE\cdot PF}{ab}=\frac{PA\cdot PC}{AC^2}=\frac{PD^2}{AC^2}=\frac{(PD\cdot AC)^2}{AC^4}$. 因为 $PD\cdot AC=AD\cdot DC=ab$，所以 $S_{PEBF}=PE\cdot PF=\frac{(ab)^3}{(a^2+b^2)^2}$.

解3(相似三角形的面积比)

$S_{PEBF}=S_{\triangle ABC}-S_{\triangle APE}-S_{\triangle PCF}$.

因为$\triangle APE\backsim\triangle ACB$，所以$\frac{S_{\triangle APE}}{S_{\triangle ACB}}=\left(\frac{PA}{AC}\right)^2$. 同理，$\frac{S_{\triangle PCF}}{S_{\triangle ACB}}=\left(\frac{PC}{AC}\right)^2$. 故

$$\begin{aligned}S_{PEBF}&=\frac{ab}{2}-\left(\frac{PA}{AC}\right)^2\cdot\frac{ab}{2}-\left(\frac{PC}{AC}\right)^2\frac{ab}{2}\\&=\frac{ab}{2}\cdot\left(1-\frac{PA^2}{AC^2}-\frac{PC^2}{AC^2}\right)=\frac{ab}{2}\cdot\frac{(PA+PC)^2-PA^2-PC^2}{AC^2}\\&=\frac{ab\cdot PD^2}{AC^2}=\frac{ab\cdot(PD\cdot AC)^2}{AC^4}\\&=ab\cdot\frac{(AD\cdot DC)^2}{AC^4}=\frac{(ab)^3}{(a^2+b^2)^2}.\end{aligned}$$

解4(相似三角形的面积比)

延长 EP，交 CD 于 E_1，延长 FP，交 AD 于 F_1，如图 Y10.6.3 所示，所以 $S_{\triangle PCF}=S_{\triangle PCE_1}$，$S_{\triangle PAE}=S_{\triangle PAF_1}$，$S_{\triangle ABC}=S_{\triangle ADC}$，所以 $S_{PEBF}=S_{PE_1DF_1}$.

由 Rt$\triangle PE_1D\backsim$Rt$\triangle CDA$ 知$S_{\triangle PE_1D}=\frac{PD^2}{AC^2}S_{\triangle CDA}$，所以

$$S_{PEBF}=S_{PE_1DF_1}=2S_{\triangle PE_1D}=2\frac{PD^2}{AC^2}\cdot S_{\triangle CDA}=\frac{PD^2}{AC^2}S_{ABCD}$$
$$=\frac{(PD\cdot AC)^2}{AC^4}\cdot S_{ABCD}=\frac{S_{ABCD}^2}{AC^4}\cdot S_{ABCD}=\frac{(ab)^3}{(a^2+b^2)^2}.$$

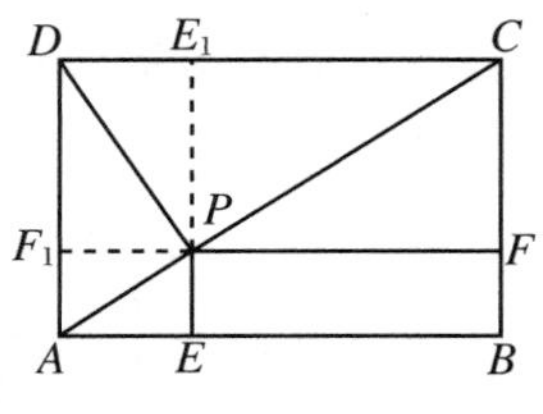

图 Y10.6.3

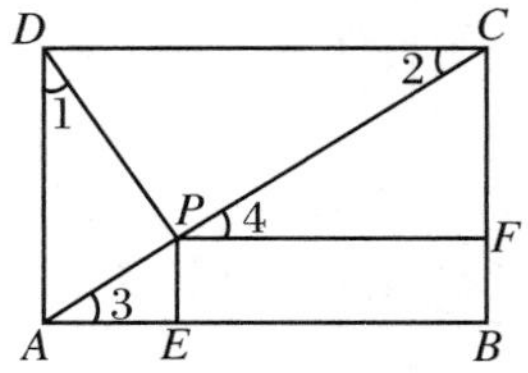

图 Y10.6.4

解 5(三角法)

如图 Y10.6.4 所示,易知$\angle 1=\angle 2=\angle 3=\angle 4$,设它们的大小为 α. 在 Rt$\triangle PAE$ 和 Rt$\triangle PCF$ 中,有

$$PE=PA\cdot\sin\alpha=AD\cdot\sin^2\alpha,$$
$$PF=PC\cdot\cos\alpha=DC\cdot\cos^2\alpha,$$
$$PE\cdot PF=AD\cdot DC\cdot\sin^2\alpha\cdot\cos^2\alpha$$
$$=ab\cdot\left(\frac{a}{\sqrt{a^2+b^2}}\right)^2\cdot\left(\frac{b}{\sqrt{a^2+b^2}}\right)^2$$
$$=\frac{a^3b^3}{(a^2+b^2)^2}.$$

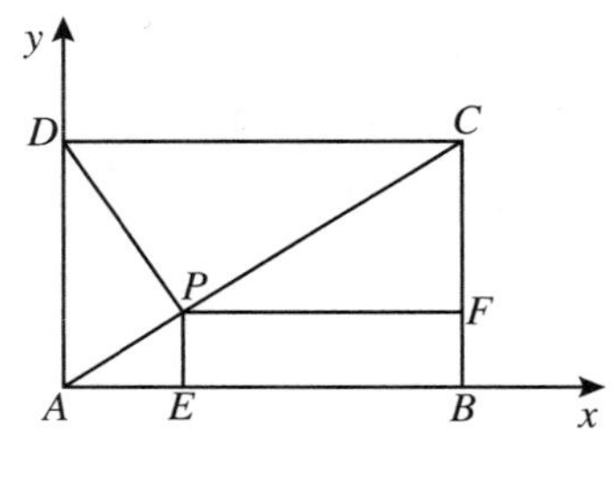

图 Y10.6.5

解 6(解析法)

如图 Y10.6.5 所示,建立直角坐标系.

在题设条件下,$B(b,0)$,$C(b,a)$,$D(0,a)$.

直线 AC 的方程为

$$y=\frac{a}{b}x. \qquad ①$$

直线 DP 的方程为

$$y=-\frac{b}{a}x+a. \qquad ②$$

联立式①、式②,可得 $P\left(\frac{a^2b}{a^2+b^2},\frac{a^3}{a^2+b^2}\right)$,所以 $PE=\frac{a^3}{a^2+b^2}$,$PF=b-\frac{a^2b}{a^2+b^2}=\frac{b^3}{a^2+b^2}$,所以 $S_{PEBF}=PE\cdot PF=\frac{a^3b^3}{(a^2+b^2)^2}$.

[**例 7**] 弓形的弦长为 s,矢高为 h,求半径 R.

解 1(勾股定理)

设圆心为 O,作 $OD\perp AB$,垂足为 D,延长 OD,交弧于 C,如图 Y10.7.1 所示. 由垂径定理,$AD=BD=\frac{1}{2}s$.

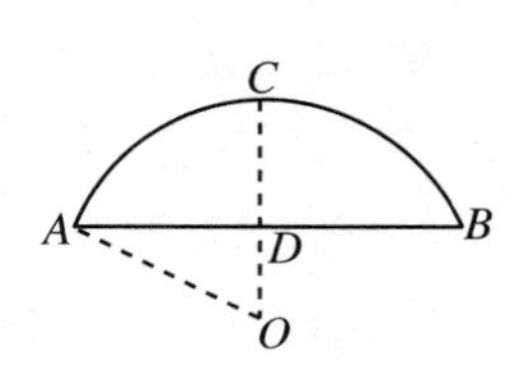

图 Y10.7.1

在 Rt$\triangle ADO$ 中,$OA^2=AD^2+DO^2$,即 $R^2=\left(\frac{1}{2}s\right)^2+(R-$

$h)^2$，所以 $R=\frac{1}{2h}\left[\left(\frac{s}{2}\right)^2+h^2\right]$.

解 2(相交弦定理)

作直径 CE 与 AB 垂直，CE 交 AB 于 D，如图 Y10.7.2 所示. 由垂径定理，D 是 AB 的中点.

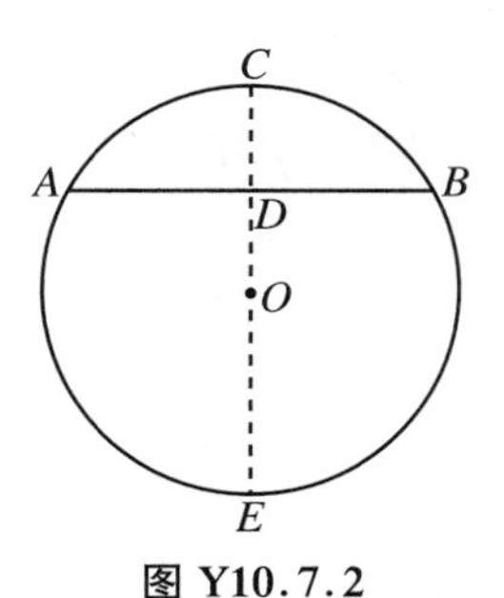

图 Y10.7.2

由相交弦定理，$AD\cdot DB=CD\cdot DE$，即 $\left(\frac{s}{2}\right)^2=h(2R-h)$.

所以 $R=\frac{1}{2h}\left[\left(\frac{s}{2}\right)^2+h^2\right]$.

解 3(利用公式 $R=\frac{abc}{4\Delta}$，其中"Δ"表示三角形的面积)

设 $\overset{\frown}{AB}$ 的中点为 C，AB 的中点为 D，连 AC、CB、CD，如图 Y10.7.3所示，则 $\triangle ACB$ 是等腰三角形，$CD\perp AB$. 因为 $S_{\triangle ABC}=\frac{1}{2}\cdot AB\cdot CD$，$AC=\sqrt{AD^2+CD^2}=\sqrt{\left(\frac{s}{2}\right)^2+h^2}$，故

$$
\begin{aligned}
R=\frac{abc}{4\Delta}&=\frac{abc}{4\cdot\left(\frac{1}{2}\cdot AB\cdot CD\right)}\\
&=\frac{\sqrt{\left(\frac{s}{2}\right)^2+h^2}\cdot\sqrt{\left(\frac{s}{2}\right)^2+h^2}\cdot s}{2\cdot s\cdot h}\\
&=\frac{1}{2h}\left[\left(\frac{s}{2}\right)^2+h^2\right].
\end{aligned}
$$

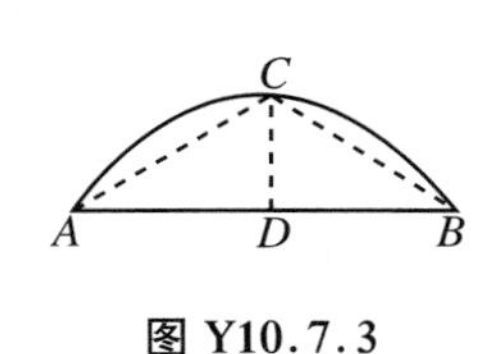

图 Y10.7.3

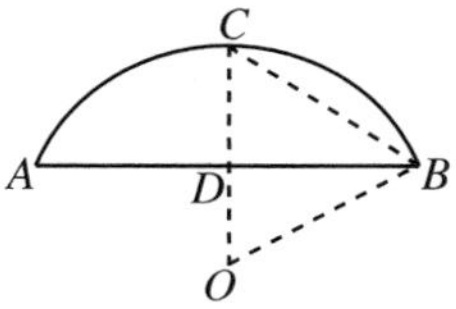

图 Y10.7.4

解 4(三边求面积公式)

如图 Y10.7.4 所示，连 OC、OB、BC，设 OC 交 AB 于 D，则 D 为 AB 的中点.

在$\triangle BOC$ 中，$S_{\triangle BOC}=\frac{1}{2}\cdot BD\cdot OC=\frac{1}{2}\cdot\frac{s}{2}\cdot R=\frac{1}{4}sR$.

另一方面，根据 $\Delta=\sqrt{p(p-a)(p-b)(p-c)}$，这里 $p=\frac{1}{2}\left(R+R+\sqrt{\left(\frac{s}{2}\right)^2+h^2}\right)$，又有

$$
\begin{aligned}
\Delta&=\sqrt{\left(R+\frac{1}{2}\sqrt{\left(\frac{s}{2}\right)^2+h^2}\right)\cdot\frac{1}{2}\sqrt{\left(\frac{s}{2}\right)^2+h^2}\cdot\frac{1}{2}\sqrt{\left(\frac{s}{2}\right)^2+h^2}\cdot\left(R-\frac{1}{2}\sqrt{\left(\frac{s}{2}\right)^2+h^2}\right)}\\
&=\frac{1}{2}\sqrt{\left[\left(\frac{s}{2}\right)^2+h^2\right]R^2-\frac{1}{4}\left[\left(\frac{s}{2}\right)^2+h^2\right]^2}.
\end{aligned}
$$

所以$\frac{1}{4}sR=\frac{1}{2}\sqrt{\left[\left(\frac{s}{2}\right)^2+h^2\right]R^2-\frac{1}{4}\left[\left(\frac{s}{2}\right)^2+h^2\right]^2}$.

所以 $R=\frac{1}{2h}\left[\left(\frac{s}{2}\right)^2+h^2\right]$.

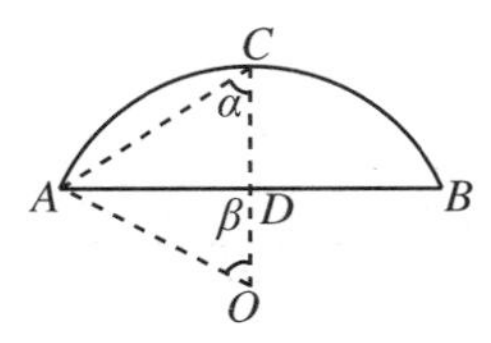

图 Y10.7.5

解 5(三角法)

如图 Y10.7.5 所示，设$\angle ACD=\alpha$，$\angle AOD=\beta$.

在 Rt$\triangle ADC$ 中，$\tan\alpha=\frac{AD}{DC}=\frac{s}{2h}$.

因为$\triangle OAC$ 为等腰三角形，β 为顶角，所以 $\beta=180^\circ-2\alpha$.

所以在 Rt$\triangle ADO$ 中，有

$$OA=R=\frac{AD}{\sin\beta}=\frac{\frac{s}{2}}{\sin(180^\circ-2\alpha)}=\frac{\frac{s}{2}}{\sin2\alpha}=\frac{s}{2}\cdot\frac{1+\tan^2\alpha}{2\tan\alpha}$$

$$=\frac{s}{2}\cdot\frac{1+\left(\frac{s}{2h}\right)^2}{2\cdot\frac{s}{2h}}=\frac{1}{2h}\left[\left(\frac{1}{2}s\right)^2+h^2\right].$$

解 6(正弦定理、勾股定理)

如图 Y10.7.3 所示，设$\angle A=\angle B=\alpha$，由正弦定理，$2R=\frac{AC}{\sin\alpha}$.

在 Rt$\triangle CDB$ 中，$\sin\alpha=\frac{CD}{BC}$，故

$$R=\frac{AC}{2\sin\alpha}=\frac{AC}{2\cdot\frac{CD}{BC}}=\frac{AC^2}{2CD}=\frac{AD^2+CD^2}{2CD}=\frac{1}{2h}\left[\left(\frac{s}{2}\right)^2+h^2\right].$$

解 7(解析法)

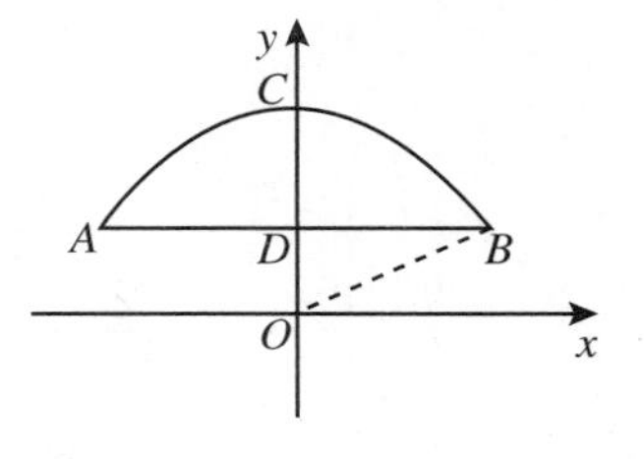

图 Y10.7.6

如图 Y10.7.6 所示，建立直角坐标系，则 $B\left(\frac{s}{2},R-h\right)$，连 OB.

由距离公式，$R=OB=\sqrt{\left(\frac{s}{2}\right)^2+(R-h)^2}$，所以 $R=\frac{1}{2h}\left[\left(\frac{s}{2}\right)^2+h^2\right]$.

[例 8]　120°的$\overset{\frown}{AB}$长为l，PA、PB 是弧的切线，切点分别是 A、B，$\odot O_1$ 与$\overset{\frown}{AB}$、PA、PB 都相切，求$\odot O_1$ 周长 c.

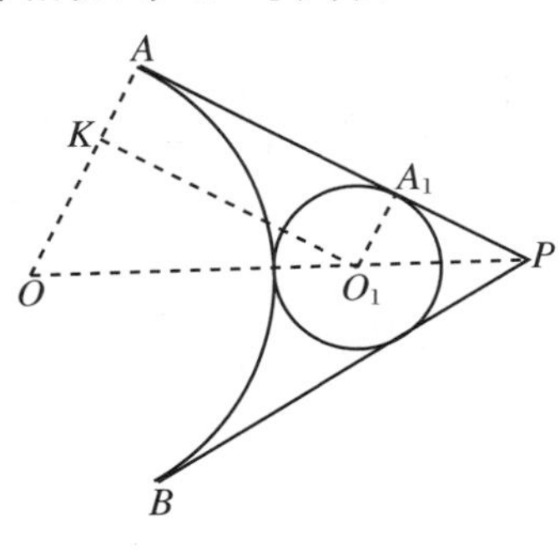

图 Y10.8.1

解 1(含 30°角的直角三角形).

如图 Y10.8.1 所示，设$\overset{\frown}{AB}$的圆心为O，设$\odot O_1$ 与 PA 切于A_1，连 OA、O_1A_1，则 $OA\parallel O_1A_1$.

连 OO_1 并延长，由对称性知，P 在直线OO_1 上. 作 $O_1K\parallel AA_1$，交 OA 于K，设$\odot O$、$\odot O_1$ 的半径分别为 r、r_1，则 $OK=r-r_1$，$OO_1=r+r_1$. 因为$\angle APB\overset{\text{m}}{=}\frac{1}{2}(240^\circ-120^\circ)=60^\circ$，所以$\angle APO=30^\circ$，所以$\angle KO_1O=\angle APO=30^\circ$.

所以在 Rt$\triangle KO_1O$ 中，$OK=\frac{1}{2}OO_1$，即 $r-r_1=\frac{1}{2}(r$

$+r_1)$，所以 $r_1=\frac{1}{3}r$，所以 $c=2\pi r_1=\frac{1}{3}\times 2\pi r=l$.

解 2（解直角三角形）

如上法所证，$\angle APO=30^\circ$.

因为 $OA /\!/ O_1A_1$，且它们都与 AP 垂直，所以 $OA=\frac{1}{2}OP$，所以 $OP=2OA=2r$. 同理，$O_1P=2r_1$.

因为 $OP=OO_1+O_1P$，所以 $2r=(r+r_1)+2r_1$，所以 $r_1=\frac{1}{3}r$，所以 $c=l$.

解 3（内、外公切线长度公式）

如图 Y10.8.2 所示，设 $\odot O_1$ 切 PA 于 A_1，则 AA_1 是 $\odot O$、$\odot O_1$ 的外公切线的长，由公式知 $AA_1=2\sqrt{rr_1}$.

作内公切线 MN，由切线长定理，$MC=MA$，$CN=BN$，由对称性有 $CM=CN$，所以 $MN=AM+BN=A_1M+BN=AA_1=2\sqrt{rr_1}$.

如前所证，$\angle APB=60^\circ$，又 $PM=PN$，所以 $\triangle PMN$ 是正三角形. 故

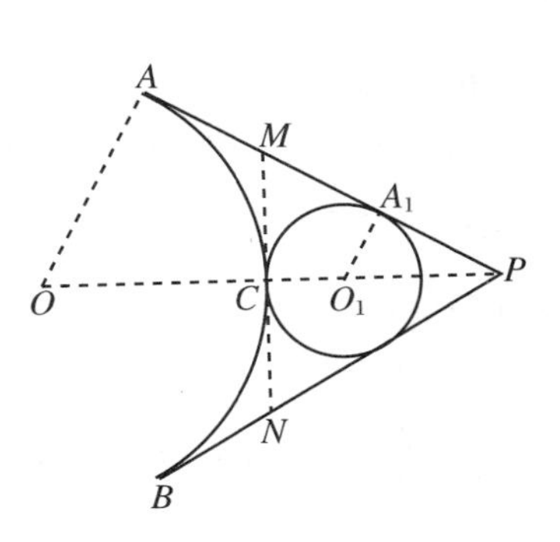

图 Y10.8.2

$$r_1=\frac{S_{\triangle PMN}}{\frac{1}{2}(MN+PM+PN)}=\frac{\frac{\sqrt{3}}{4}\cdot(2\sqrt{rr_1})^2}{\frac{1}{2}\times 3\times 2\sqrt{rr_1}}=\sqrt{\frac{rr_1}{3}},$$

所以 $r_1=\frac{1}{3}r$，所以 $c=l$.

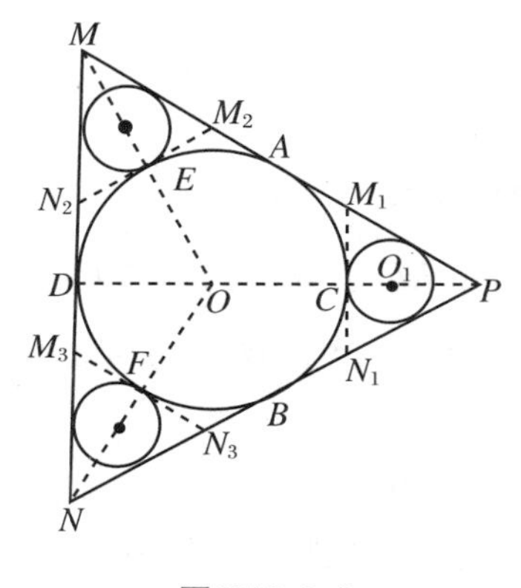

图 Y10.8.3

解 4（正三角形的性质、相似比）

如图 Y10.8.3 所示，过 C 作内公切线 M_1N_1，作 $\odot O$ 的直径 CD，过 D 作 $MN /\!/ M_1N_1$，分别交 PA、PB 的延长线于 M、N，则 MN 是 $\odot O$ 的切线. 易证 $\triangle PMN$ 是正三角形.

连 OM、ON，各交 $\odot O$ 于 E、F，过 E、F 各作 $\odot O$ 的切线 M_2N_2、M_3N_3，易证 $M_1N_1N_3M_3N_2M_2$ 是 $\odot O$ 的外切正六边形，所以 $M_1N_1=M_3N_3$.

易证 $\triangle MM_2N_2$、$\triangle NM_3N_3$ 是正三角形，所以 $MN_2=N_2M_3=M_3N$，所以 $M_1N_1=\frac{1}{3}MN$.

由 $\triangle PM_1N_1 \backsim \triangle PMN$，相似比 $k=\frac{M_1N_1}{MN}=\frac{1}{3}$，所以 $r_1=\frac{1}{3}r$. 所以 $c=l$.

解 5（圆心角、切线长定理、正三角形的性质）

如图 Y10.8.4 所示，连 OP，由对称性，O、O_1、C、P 在一条直线上，作内公切线 MN，内公切线交 AP 于 M，交 BP 于 N，连 OM、OA.

利用切线长定理，易证 $\text{Rt}\triangle OAM \cong \text{Rt}\triangle OCM$，所以 $\angle AMO=\angle CMO$. 如前所证，

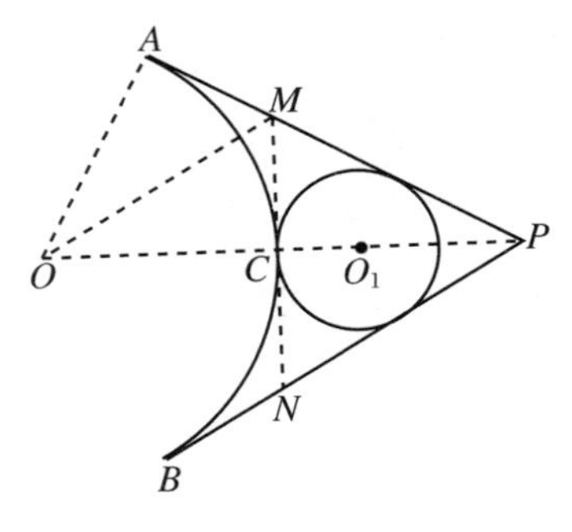

图 Y10.8.4

$\angle AOC=60^\circ$，所以$\angle AOM=\frac{1}{2}\angle AOC=30^\circ$，所以$\angle AMO=60^\circ$，所以$\angle CMP=60^\circ$.

由对称性，$PM=PN$，所以$\triangle PMN$是正三角形，所以$MN=2MC=2MA=2r\cdot\tan30^\circ=\frac{2\sqrt{3}}{3}r$.

所以边长为$\frac{2\sqrt{3}}{3}r$的正三角形的内切圆的半径为$r_1=\frac{\sqrt{3}}{6}MN=\frac{\sqrt{3}}{6}\cdot\frac{2\sqrt{3}}{3}r=\frac{1}{3}r$，所以$c=l$.

解 6（解析法）

如图 Y10.8.5 所示，建立直角坐标系.

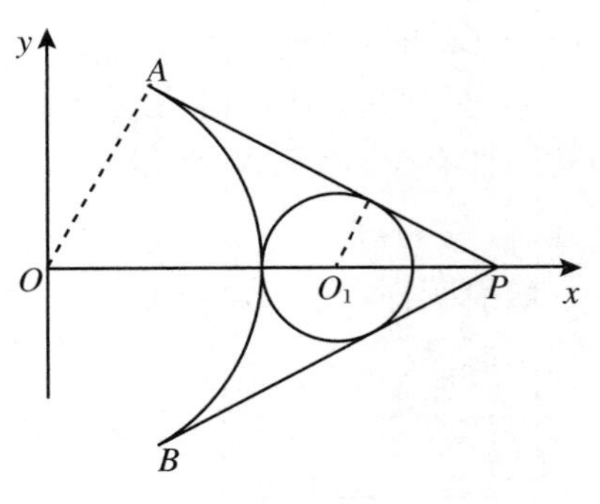

图 Y10.8.5

则$O_1(r_1+r,0)$，$P(2r,0)$，PA的方程为$y=\tan150^\circ\cdot(x-2r)=-\frac{\sqrt{3}}{3}(x-2r)$，即$\frac{\sqrt{3}}{3}x+y-\frac{2\sqrt{3}}{3}r=0$.

因为O_1到AP的距离为r_1，所以$r_1=\frac{\left|\frac{\sqrt{3}}{3}(r_1+r)+0-\frac{2\sqrt{3}}{3}r\right|}{\sqrt{\left(\frac{\sqrt{3}}{3}\right)^2+1}}=\frac{\left|\sqrt{3}(r+r_1)-2\sqrt{3}r\right|}{2\sqrt{3}}$. 因为$r>r_1$，所以$2\sqrt{3}r>\sqrt{3}(r+r_1)$，所以$r_1=\frac{2\sqrt{3}r-\sqrt{3}(r+r_1)}{2\sqrt{3}}$，所以$r_1=\frac{1}{3}r$，所以$c=l$.

［**例 9**］ $\triangle ABC$的内心为I，外接圆的半径为R，内切圆的半径为r，D、E、F为三边上的切点，试用r、R表示$S_{\triangle DEF}:S_{\triangle ABC}$.

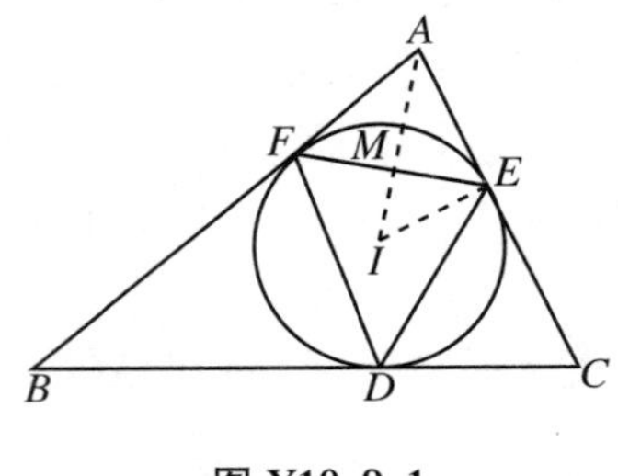

图 Y10.9.1

解 1（共圆、切割线定理、面积公式）

如图 Y10.9.1 所示，连IA，交EF于M，记$p=\frac{1}{2}(a+b+c)$，其中$BC=a$，$CA=b$，$AB=c$，则$AE=p-a$，$AI=\sqrt{r^2+(p-a)^2}$.

因为A、E、I、F共圆，所以$\angle IEF=\angle IAF=\angle IAE$，所以$IE$是$\triangle AME$的外接圆的切线. 由切割线定理，$IE^2=IM\cdot IA$，即$r^2=IM\cdot IA$，所以$IM=\frac{r^2}{IA}$.

在 Rt$\triangle IME$中，有

$$EM=\sqrt{r^2-IM^2}=\sqrt{r^2-\left(\frac{r^2}{IA}\right)^2}$$
$$=\sqrt{r^2-\frac{r^4}{r^2+(p-a)^2}}=\frac{r(p-a)}{\sqrt{r^2+(p-a)^2}}.$$

所以 $S_{\triangle IEF}=EM\cdot IM=\dfrac{r(p-a)}{\sqrt{r^2+(p-a)^2}}\cdot\dfrac{r^2}{\sqrt{r^2+(p-a)^2}}=\dfrac{r^3(p-a)}{r^2+(p-a)^2}$.

因为 $r^2=\dfrac{(p-a)(p-b)(p-c)}{p}$,所以 $r^2+(p-a)^2=\dfrac{bc(p-a)}{p}$,所以 $S_{\triangle IEF}=\dfrac{r^3p}{bc}$.

同理,$S_{\triangle IED}=\dfrac{r^3p}{ab}$,$S_{\triangle IDF}=\dfrac{r^3p}{ca}$,所以

$$\begin{aligned}S_{\triangle DEF}&=S_{\triangle IEF}+S_{\triangle IED}+S_{\triangle IDF}=r^3p\left(\frac{1}{ab}+\frac{1}{bc}+\frac{1}{ca}\right)\\&=\frac{r^3p(a+b+c)}{abc}=\frac{2r^3p^2}{abc}=\frac{2r\cdot(S_{\triangle ABC})^2}{4R\cdot S_{\triangle ABC}},\end{aligned}$$

$$S_{\triangle DEF}:S_{\triangle ABC}=\frac{r}{2R}.$$

解2(三角法、正弦定理)

如图 Y10.9.2 所示,连 ID、IE、IF,设 $BC=a$,$CA=b$,$AB=c$,则 $IE\perp AC$,$IF\perp AB$,$\angle EIF=180^\circ-\angle A$,所以 $S_{\triangle IEF}=\dfrac{1}{2}IE\cdot IF\cdot\sin\angle EIF=\dfrac{1}{2}r^2\cdot\sin\angle A$.

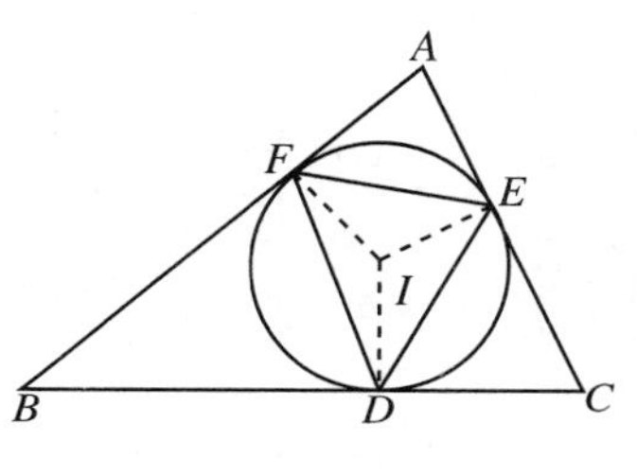

图 Y10.9.2

同理,有

$$S_{\triangle IED}=\frac{1}{2}r^2\cdot\sin\angle C,\quad S_{\triangle IDF}=\frac{1}{2}r^2\cdot\sin\angle B.$$

$$\begin{aligned}S_{\triangle DEF}&=S_{\triangle IEF}+S_{\triangle IED}+S_{\triangle IDF}\\&=\frac{r^2}{2}(\sin\angle A+\sin\angle B+\sin\angle C).\end{aligned}$$

另一方面,在$\triangle ABC$中,由正弦定理,$\sin\angle A=\dfrac{a}{2R}$,$\sin\angle B=\dfrac{b}{2R}$,$\sin\angle C=\dfrac{c}{2R}$,代入上式,得

$$S_{\triangle DEF}=\frac{r^2}{2}\left(\frac{a}{2R}+\frac{b}{2R}+\frac{c}{2R}\right)=\frac{r}{2R}\left[\frac{r}{2}(a+b+c)\right]=\frac{r}{2R}\cdot S_{\triangle ABC},$$

$$S_{\triangle DEF}:S_{\triangle ABC}=\frac{r}{2R}.$$

解3(面积法)

连 ID、IE、IF,如图 Y10.9.2 所示,则

$$\frac{S_{\triangle IEF}}{S_{\triangle ABC}}=\frac{\frac{1}{2}r^2\cdot\sin\angle EIF}{\frac{1}{2}b\cdot c\cdot\sin\angle A}=\frac{r^2\sin(180^\circ-A)}{bc\sin\angle A}=\frac{r^2}{bc}.$$

同理,$\dfrac{S_{\triangle IDE}}{S_{\triangle ABC}}=\dfrac{r^2}{ab}$,$\dfrac{S_{\triangle IDF}}{S_{\triangle ABC}}=\dfrac{r^2}{ca}$,所以

$$\frac{S_{\triangle DEF}}{S_{\triangle ABC}}=\frac{S_{\triangle IEF}+S_{\triangle IDE}+S_{\triangle IDF}}{S_{\triangle ABC}}=\frac{r^2}{abc}(a+b+c)=\frac{r^2}{4R}\cdot\frac{\frac{2S_{\triangle ABC}}{r}}{S_{\triangle ABC}}=\frac{r}{2R}.$$

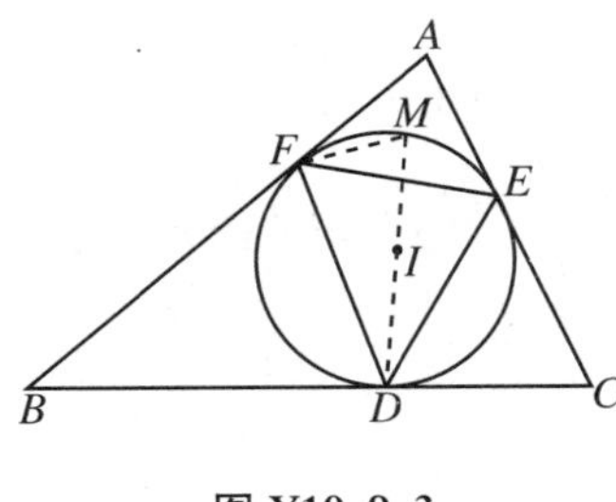

图 Y10.9.3

解 4(三角法、余弦定理)

连 DI 并延长,交⊙I 于 M,连 MF,如图 Y10.9.3 所示.因为 DM 是直径,所以 $DF=2r\cdot\cos\angle FDM$.

易证$\angle FDI=\frac{\angle B}{2}$,所以 $DF=2r\cdot\cos\frac{\angle B}{2}$.同理,$DE=2r\cdot\cos\frac{\angle C}{2}$,$EF=2r\cdot\cos\frac{\angle A}{2}$.

所以 $S_{\triangle DEF}=\frac{DE\cdot DF\cdot EF}{4r}=2r^2\cdot\cos\frac{\angle A}{2}\cdot\cos\frac{\angle B}{2}\cdot\cos\frac{\angle C}{2}$.

由余弦定理,$\cos\angle A=\frac{b^2+c^2-a^2}{2bc}$,故

$$\cos\frac{\angle A}{2}=\sqrt{\frac{1+\cos\angle A}{2}}=\sqrt{\frac{1+\frac{b^2+c^2-a^2}{2bc}}{2}}=\sqrt{\frac{p(p-a)}{bc}},$$

其中 $p=\frac{1}{2}(a+b+c)$.同理,$\cos\frac{\angle B}{2}=\sqrt{\frac{p(p-b)}{ac}}$,$\cos\frac{\angle C}{2}=\sqrt{\frac{p(p-c)}{ab}}$.

所以 $S_{\triangle DEF}=2r^2\cdot\sqrt{\frac{p^3(p-a)(p-b)(p-c)}{a^2b^2c^2}}=\frac{2r^2p}{abc}\cdot\sqrt{p(p-a)(p-b)(p-c)}$
$=\frac{r}{2R}\cdot S_{\triangle ABC}$,所以 $S_{\triangle DEF}:S_{\triangle ABC}=\frac{r}{2R}$.

解 5(面积求和)

因为

$$\begin{aligned}
S_{\triangle DEF}&=S_{\triangle ABC}-S_{\triangle AEF}-S_{\triangle BDF}-S_{\triangle CDE},\\
S_{\triangle BDF}&=\frac{1}{2}BD\cdot BF\sin\angle B=\frac{1}{2}BD^2\cdot\sin\angle B\\
&=\frac{1}{2}(p-b)^2\cdot\sin\angle B=\left(\frac{1}{2}ac\cdot\sin\angle B\right)\cdot\frac{(p-b)^2}{ac}\\
&=\frac{(p-b)^2}{ac}\cdot S_{\triangle ABC},\\
S_{\triangle AEF}&=\frac{(p-a)^2}{bc}\cdot S_{\triangle ABC},\quad S_{\triangle CDF}=\frac{(p-c)^2}{ab}\cdot S_{\triangle ABC},
\end{aligned}$$

所以

$$S_{\triangle DEF}:S_{\triangle ABC}=1-\frac{(p-a)^2}{bc}-\frac{(p-b)^2}{ac}-\frac{(p-c)^2}{ab}. \tag{①}$$

以下推演式①.

$$\begin{aligned}
&1-\frac{(p-a)^2}{bc}-\frac{(p-b)^2}{ac}-\frac{(p-c)^2}{ab}\\
&=1-\frac{p^2b-2b^2p+b^3+p^2c-2c^2p+c^3+p^2a-2a^2p+a^3}{abc}\\
&=\frac{abc-[a^3+b^3+c^3+(a+b+c)p^2-2p(a^2+b^2+c^2)]}{abc}
\end{aligned}$$

$$= \frac{abc - \left[a^3 + b^3 + c^3 + \frac{p}{2}(a+b+c)^2 - 2p(a^2+b^2+c^2)\right]}{abc}$$

$$= \frac{abc - \left[a^3 + b^3 + c^3 - \frac{3}{2}(a^2+b^2+c^2)p + p(ab+bc+ca)\right]}{abc}$$

$$= \frac{abc - \left[a^3 + b^3 + c^3 - \frac{3}{4}(a+b+c)(a^2+b^2+c^2) + \frac{1}{2}(a+b+c)(ab+bc+ca)\right]}{abc}$$

$$= \frac{abc - \left[\frac{1}{4}(a^3+b^3+c^3) - \frac{1}{4}(ab^2+ac^2+a^2b+bc^2+a^2c+b^2c) + \frac{3}{2}abc\right]}{abc}$$

$$= \frac{(ab^2+ac^2+a^2b+bc^2+a^2c+b^2c) - (a^3+b^3+c^3) - 2abc}{4abc}$$

$$= \frac{(b^2-a^2-c^2+2ac)(a+c-b)}{4abc}$$

$$= \frac{(b+c-a)(a+c-b)(a+b-c)}{4abc}$$

$$= \frac{8(p-a)(p-b)(p-c)}{4abc}$$

$$= \frac{2\sqrt{\frac{(p-a)(p-b)(p-c)}{p}} \cdot \sqrt{p(p-a)(p-b)(p-c)}}{abc}$$

$$= \frac{2r \cdot S_{\triangle ABC}}{4R \cdot S_{\triangle ABC}} = \frac{r}{2R}. \qquad ②$$

由式①、式②知 $S_{\triangle DEF} : S_{\triangle ABC} = \frac{r}{2R}$.

第11章　作　图　题

11.1　解法概述

一、常用方法

(1) 三角形奠基法：如果与所求作的图形有关的一个三角形具备作图条件，可以先作出这个三角形，然后以这个三角形为基础作出整个图形.

(2) 平行移动法：把某些线段平行移动到适当的位置，进一步作出整个图形.

(3) 轨迹相交法：一个待作的图形如果需要满足几个条件，可以分别舍掉部分条件，作出适合部分条件的轨迹，再求出这些轨迹的交.

(4) 面积割补法：利用等积原理，把一个图形分成几部分，再分别作出每一部分.

(5) 比例线段法：利用线段的比例关系，求出某些线段. 如第四比例项、比例中项等.

(6) 代数法：用代数解析式求出某线段，再作出这条线段.

(7) 位似作图法：先作一个与待作图形位似的图形，再通过位似关系作出图形.

二、其他方法

(1) 对称法.

(2) 变更问题法.

(3) 旋转位移法.

注　由于篇幅关系，作图题都略去讨论部分.

11.2　范例分析

[**范例1**]　已知两内角 α、β 和内切圆的半径 r，求作三角形.

分析1　问题实质是要求在半径为 r 的圆上作三条切线，使一条切线和另两条切线夹角分别为 α、β. 我们先把条件减弱一下，先作一个半径为 r 的圆及任一条切线，然后再作两个角，使它们分别等于已知的两角. 这时这两个角的另外的两条边不一定是切线. 利用切线垂直于过切点的半径的定理,可以采用平行移动法作出另外两条切线.注意,凡条件多的作图题,大都是先作出符合一部分条件的图,而后再设法满足其余条件.

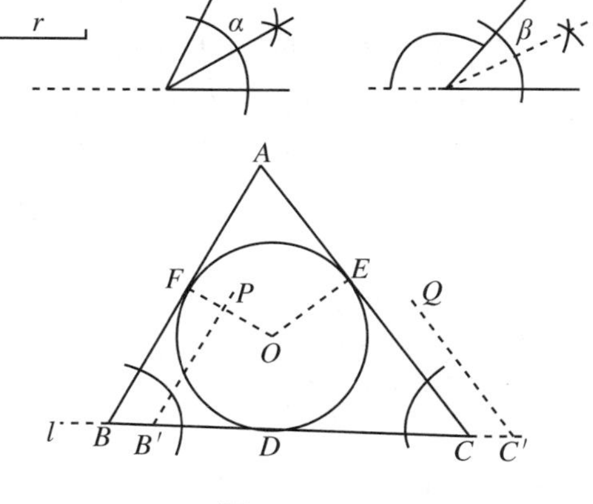

图 F11.1.1

作法 1　如图 F11.1.1 所示.

① 作一个半径为 r 的圆,记圆心为 O.

② 任作⊙O 的一条切线 l,设切点为 D.

③ 在 D 点两侧各取一点 B'、C',然后分别以 B'、C'为顶点,以 $B'C'$为边在 O 点所在一侧作$\angle PB'D$、$\angle QC'D$,使$\angle PB'D=\alpha$,$\angle QC'D=\beta$.

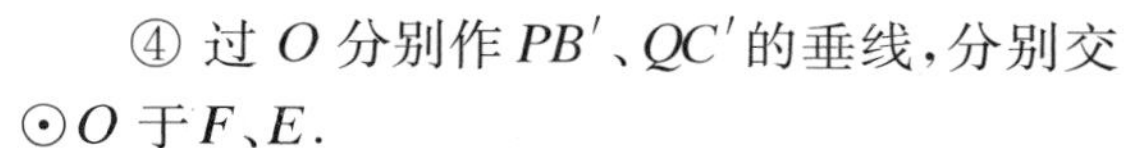

④ 过 O 分别作 PB'、QC'的垂线,分别交⊙O 于F、E.

⑤ 分别过 F、E 作 PB'和 QC'的平行线,与 $B'C'$分别交于 B、C,设 BF、CE 的延长线交于A,则$\triangle ABC$ 即所求.(证明、讨论略.)

分析 2　设三角形已作出,O 为内心.因为 OB、OC 分别是$\angle B$、$\angle C$ 的平分线,所以$\angle OBD=\frac{\alpha}{2}$,$\angle OCD=\frac{\beta}{2}$,可见,Rt$\triangle ODB$ 和 Rt$\triangle ODC$ 可预先作出.这样可采取三角形奠基法.

作法 2　如图 F11.1.2 所示.

① 作 Rt$\triangle ODB$,使一直角边 $OD=r$,$\angle OBD=\frac{\alpha}{2}$.

② 以 O 为顶点,OD 为边,在 OD 的另一侧作$\angle COD=90^\circ-\frac{\beta}{2}$,设 OC 和BD 的延长线交于 C 点.

③ 分别以 B、C 为顶点,BC、CB 为边,向 O 点两侧各作α、β,设两个角的另一边交于 A 点,则$\triangle ABC$ 为所求.(证明、讨论略.)

分析 3　如果仅保留内角条件,可以任作一个$\triangle A'B'C'$.显然它与待作的三角形相似.如取$\triangle A'B'C'$的内心 O 为位似中心,很容易作出符合条件的$\triangle ABC$.

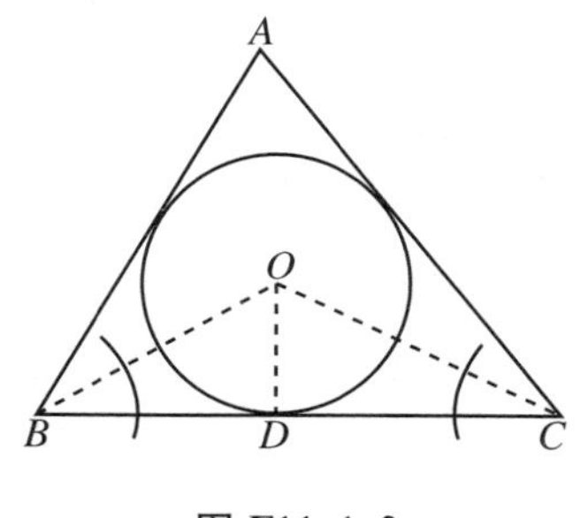

图 F11.1.2

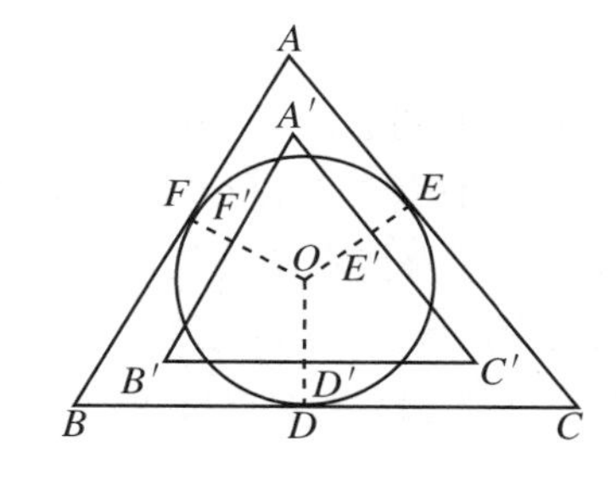

图 F11.1.3

作法 3　如图 F11.1.3 所示.

① 任作$\triangle A'B'C'$,使$\angle B'=\alpha$,$\angle C'=\beta$.

② 取$\triangle A'B'C'$的内心 O,过 O 分别作$\triangle A'B'C'$的三边的垂线 OD'、OE'、OF',垂足

为 D'、E'、F'.

③ 在直线 OD'、OE'、OF'上取 D、E、F,使 $OD=OE=OF=r$.

④ 过 D、E、F 分别作 $B'C'$、$C'A'$、$A'B'$的平行线,设它们两两相交于 A、B、C,则$\triangle ABC$ 即为所求.(证明、讨论略.)

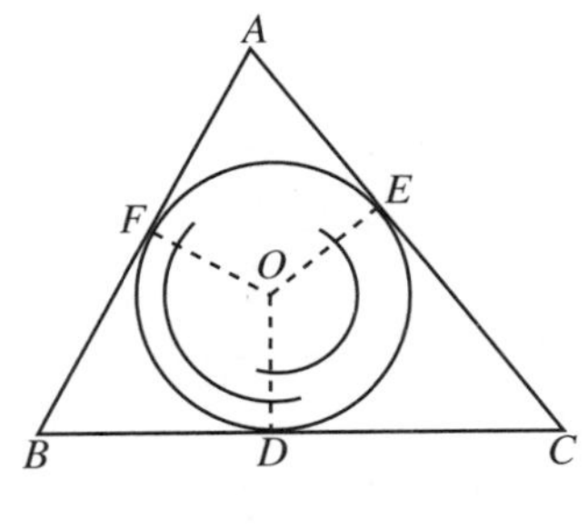

图 F11.1.4

分析 4 利用 O、D、B、F 和 O、D、C、E 分别共圆,可知$\angle DOF=180^{\circ}-\angle B=180^{\circ}-\alpha$,$\angle DOE=180^{\circ}-\angle C=180^{\circ}-\beta$.于是可在作出$\odot O$ 后先作出三边上的切点 D、E、F,再作出$\triangle ABC$.

作法 4 如图 F11.1.4 所示.

① 作$\odot O$,使其半径为 r.

② 任作一条半径 OD.

③ 以 O 为顶点,OD 为边,在 OD 两侧各作$\angle FOD$、$\angle EOD$,使$\angle FOD=180^{\circ}-\alpha$,$\angle EOD=180^{\circ}-\beta$.

④ 取 $OE=OF=OD$.

⑤ 过 D、E、F 分别作 OD、OE、OF 的垂线,设三条垂线两两相交于 A、B、C,则$\triangle ABC$ 为所求.(证明、讨论略.)

[范例 2] 过相交两直线外的一点 P 作一圆,使圆与已知两直线相切.

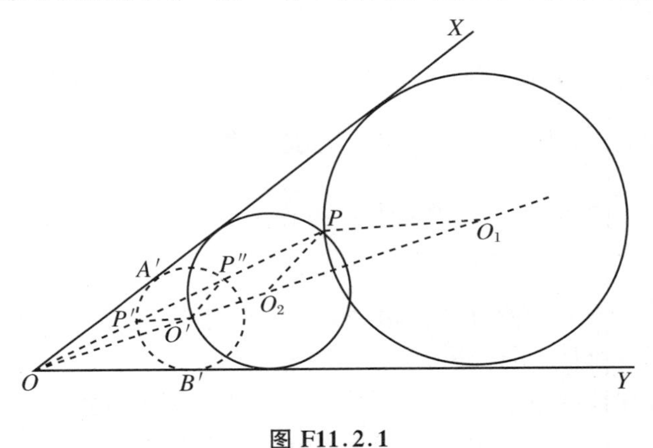

图 F11.2.1

分析 1 待求的圆的圆心必在$\angle XOY$ 的平分线上.先放松一些限制,可以任作一个圆$\odot O'$,与$\angle XOY$ 两边相切.设切点为 A'、B'.$\odot O'$与直线 OP 有两个交点 P'、P''.这时采用位似法作图,可以求得待求圆的圆心.本题有两解.

作法 1 如图 F11.2.1 所示.

① 任作$\odot O'$,使其与$\angle XOY$ 的两边相切.

② 连 OO'并延长.

③ 连 OP,设 OP 或它的延长线与$\odot O'$交于 P'、P''.

④ 连 $O'P'$、$O'P''$.

⑤ 过 P 各作 $O'P'$、$O'P''$的平行线,与射线 OO'分别交于 O_1、O_2.

⑥ 分别以 O_1、O_2 为圆心,O_1P、O_2P 为半径作圆,则$\odot O_1$、$\odot O_2$ 为所求.(证明、讨论略.)

分析2 由图形关于$\angle XOY$的角平分线OO'轴对称知，P关于OO'的对称点P'也在所求的圆上. 如图F11.2.2所示. 这样就找到了圆上的另一个点. 于是问题转化为过直线OX(或OY)外的两点P、P'作圆，使圆与直线相切的问题. 其解法见本章例7.(以下略.)

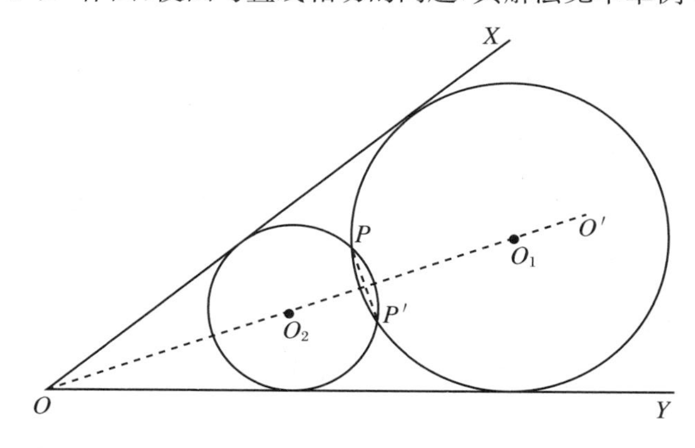

图 F11.2.2

［范例3］ 在$\triangle ABC$内求一点P，使$S_{\triangle ABP}:S_{\triangle BPC}:S_{\triangle CPA}=1:2:3$.

分析1 假设P点已作出，满足$\frac{S_{\triangle ABP}}{S_{\triangle BPC}}=\frac{1}{2}$，$\frac{S_{\triangle ABP}}{S_{\triangle CPA}}=\frac{1}{3}$. 我们先考虑满足$\frac{S_{\triangle ABP}}{S_{\triangle BPC}}=\frac{1}{2}$的$P$点的轨迹. 因为$\triangle ABP$和$\triangle BPC$有公共底$BP$，若延长$BP$，与$AC$交于$E$，则$\frac{S_{\triangle ABP}}{S_{\triangle BPC}}=\frac{AE}{EC}$，所以$\frac{AE}{EC}=\frac{1}{2}$，即$E$是$AC$的三等分点中靠近$A$的一个. 只要$P$点在$BE$上，总有$\frac{S_{\triangle ABP}}{S_{\triangle BPC}}=\frac{1}{2}$. 这就找到了满足一部分条件的$P$点的轨迹. 同样，在$BC$的四等分点中取距离$B$最近的那个分点为$D$，$AD$又是满足$\frac{S_{\triangle ABP}}{S_{\triangle CPA}}=\frac{1}{3}$的$P$点的轨迹. 这样，使用轨迹相交法可以找到$P$点.

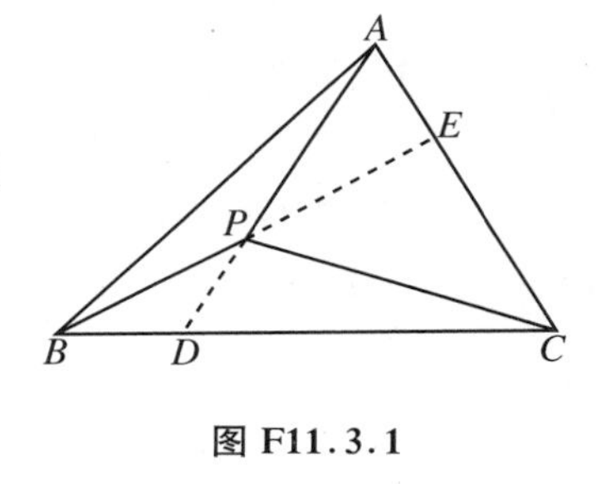

图 F11.3.1

作法1 如图F11.3.1所示.

① 在AC上取E，使$AE=\frac{1}{3}AC$，连BE.

② 在BC上取D，使$BD=\frac{1}{4}BC$，连AD，设AD和BE交于P. P点为所求.(证明略.)

分析2 把面积比换一种方法表示，那就是求点P，使$S_{\triangle ABP}=\frac{1}{6}S_{\triangle ABC}$，$S_{\triangle BPC}=\frac{2}{6}S_{\triangle ABC}=\frac{1}{3}S_{\triangle ABC}$，$S_{\triangle CPA}=\frac{3}{6}S_{\triangle ABC}=\frac{1}{2}S_{\triangle ABC}$，先考虑$S_{\triangle ABP}=\frac{1}{6}S_{\triangle ABC}$时$P$点的轨迹. 由于$\triangle ABP$和$\triangle ABC$有公共底，可见只要过$BC$的六等分点中距离$B$最近的分点$D$作$AB$的平行线，则这条平行线上的任一点都可满足$S_{\triangle ABP}=\frac{1}{6}S_{\triangle ABC}$的条件. 同样，过$BC$的中点$E$作$AC$的平行线，就得到满足$S_{\triangle PCA}=\frac{1}{2}S_{\triangle ABC}$的$P$点的轨迹. 运用轨迹相交法可求得$P$.

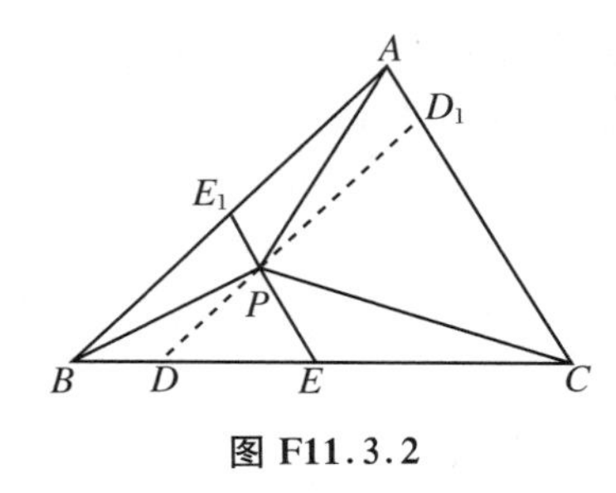

图 F11.3.2

作法 2 如图 F11.3.2 所示.

① 分别取 BC 的中点 E 和 BC 的六等分点中距离 B 最近的分点 D.

② 作 $DD_1 /\!/ AB$,交 AC 于 D_1,作 $EE_1 /\!/ AC$,交 AB 于 E_1,设 DD_1 和 EE_1 交于 P,P 点为所求.(证明略.)

分析 3 问题与 $\frac{1}{2}S_{\triangle ABC}$、$\frac{1}{3}S_{\triangle ABC}$、$\frac{1}{6}S_{\triangle ABC}$ 有关,容易联想到三角形的三条中线把三角形分成六个等积三角形,每一部分是 $\frac{1}{6}S_{\triangle ABC}$.故 $S_{\triangle AGF}=\frac{1}{6}S_{\triangle ABC}$,$S_{\triangle BGC}=\frac{1}{3}S_{\triangle ABC}$,$S_{\triangle AGB}=\frac{1}{3}S_{\triangle ABC}$.于是可以尝试运用等积原理改变已知面积的三角形形状.要使$\triangle BGC$ 的面积不变,底边 BC 不动,只要让 G 点沿着过 G 点与 BC 平行的直线移动就可以.移动到 P 点刚好使 $S_{\triangle ABP}=\frac{1}{6}S_{\triangle ABC}=S_{\triangle AGF}$.注意到$\triangle ABP$ 和$\triangle AGF$ 的底边共线,且 $AB=2AF$,于是只要让$\triangle ABP$ 的高是$\triangle AGF$ 的高的一半,进一步,只要使 $PG=PH$ 即可.这样 P 点即可作出.

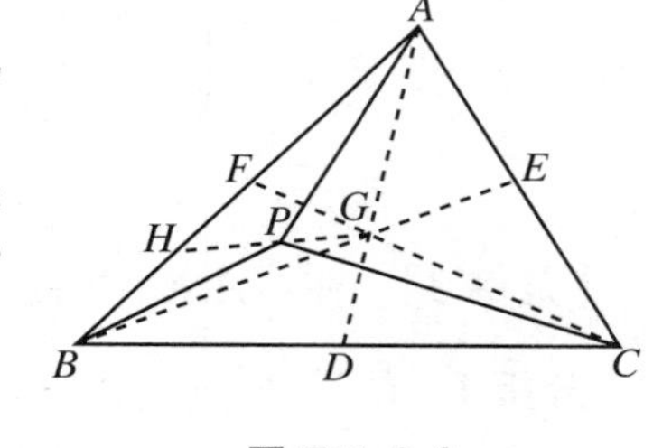

图 F11.3.3

作法 3 如图 F11.3.3 所示.

① 作$\triangle ABC$ 的三条中线 AD、BE、CF,设重心为 G.

② 过 G 作 $GH /\!/ BC$,交 AB 于 H.

③ 取 GH 的中点 P,则 P 为所求.(证明略.)

11.3 研　究　题

[例 1] 在$\triangle ABC$ 内求一点 P,使 $S_{\triangle PAB}=S_{\triangle PBC}=S_{\triangle PCA}$.

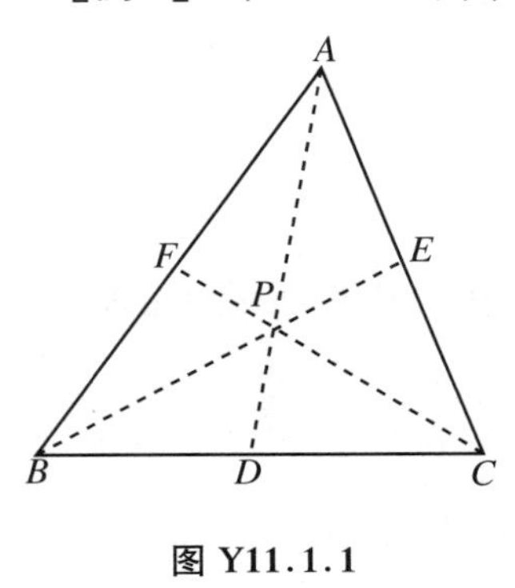

图 Y11.1.1

作法 1(利用重心的性质)

如图 Y11.1.1 所示.

① 分别取 BC、AC 的中点 D、E.

② 连 AD、BE,设 AD、BE 交于 P,则 P 点为所求.

证明 由作图知 P 为重心.连 CP 并延长,交 AB 于 F,则 $AF=FB$.

因为 $BD=DC$,所以 $S_{\triangle BPD}=S_{\triangle CPD}$,$S_{\triangle BAD}=S_{\triangle CAD}$,所以 $S_{\triangle BAD}-S_{\triangle BPD}=S_{\triangle CAD}-S_{\triangle CPD}$,即 $S_{\triangle BPA}=S_{\triangle CPA}$.同理,$S_{\triangle CPA}=S_{\triangle CPB}$,所以 $S_{\triangle APB}=S_{\triangle BPC}=S_{\triangle CPA}=\frac{1}{3}S_{\triangle ABC}$.

作法 2(等积原理)

如图 Y11.1.2 所示.

① 取 BC 边的三等分点 D、E.

② 作 $DP /\!/ AB$，$EP /\!/ AC$，设 DP、EP 交于 P，则 P 点为所求.

证明　连 AP、PC. 因为 $EP /\!/ AC$，所以 $S_{\triangle APC} = S_{\triangle AEC}$.

因为△AEC 和△ABC 等高，所以 $\dfrac{S_{\triangle AEC}}{S_{\triangle ABC}} = \dfrac{EC}{BC} = \dfrac{1}{3}$，即 $S_{\triangle AEC} = \dfrac{1}{3}S_{\triangle ABC}$，所以 $S_{\triangle APC} = \dfrac{1}{3}S_{\triangle ABC}$.

同理，$S_{\triangle BPC} = S_{\triangle APB} = S_{\triangle APC} = \dfrac{1}{3}S_{\triangle ABC}$.

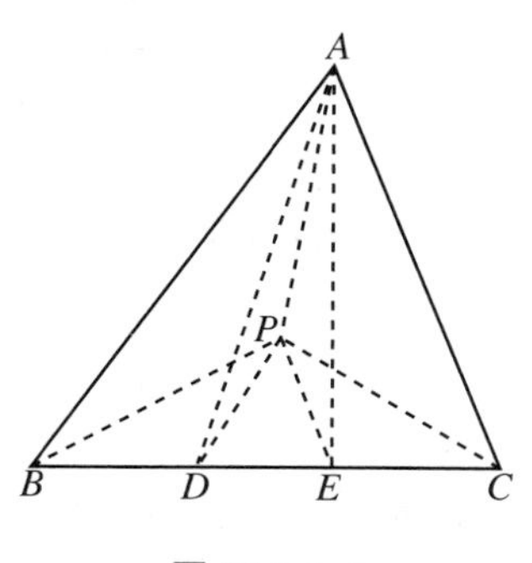

图 Y11.1.2

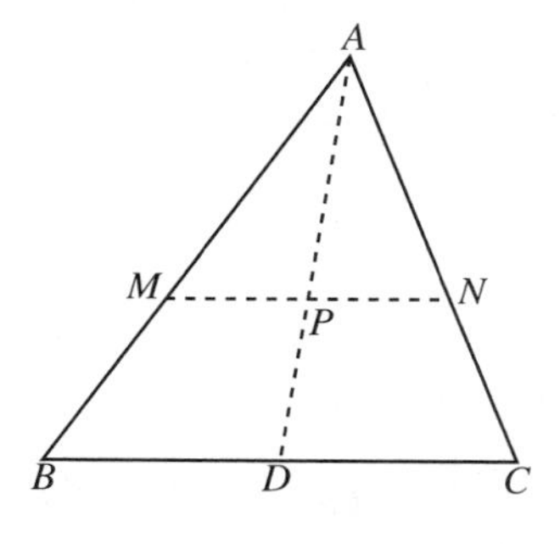

图 Y11.1.3

作法 3(重心的性质)

如图 Y11.1.3 所示.

① 在 AB、AC 上分别取点 M、N，使 $AM = 2MB$，$AN = 2NC$.

② 连 MN 并取 MN 的中点 P，则 P 为所求.

证明　连 AP 并延长，交 BC 于 D.

因为 $\dfrac{AM}{MB} = \dfrac{AN}{NC}$，所以 $MN /\!/ BC$，所以 $\dfrac{AP}{PD} = \dfrac{AM}{MB} = 2$.

由平行截比定理，$\dfrac{BD}{DC} = \dfrac{MP}{PN} = 1$，所以 $BD = DC$，即 AD 是 BC 边上的中线，所以 P 是重心.(以下略.)

作法 4(利用面积的计算式)

如图 Y11.1.4 所示.

① 分别作 BC、AC 上的高 AD、BE.

② 在 AD、BE 上各取三等分点 P_1、P_2，设 P_1、P_2 分别是靠近 D、E 的三等分点.

③ 过 P_1、P_2 分别作 BC、AC 的平行线，设两条平行线交于 P，则 P 为所求.(证明略.)

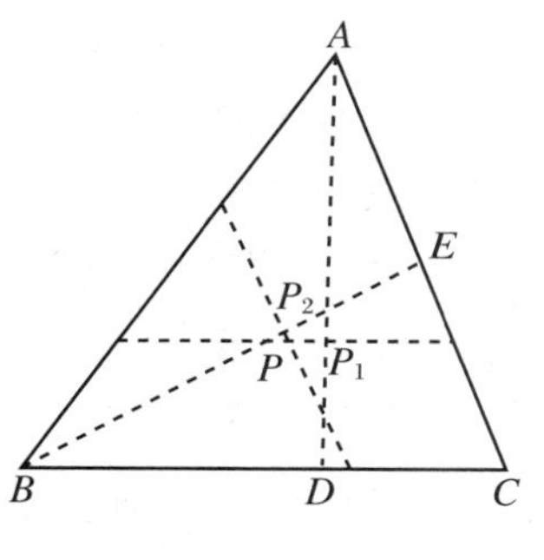

图 Y11.1.4

[**例 2**]　已知三中线 m_a、m_b、m_c，求作三角形.

作法 1(三角形奠基法、重心的性质、中位线)

如图 Y11.2.1 所示.

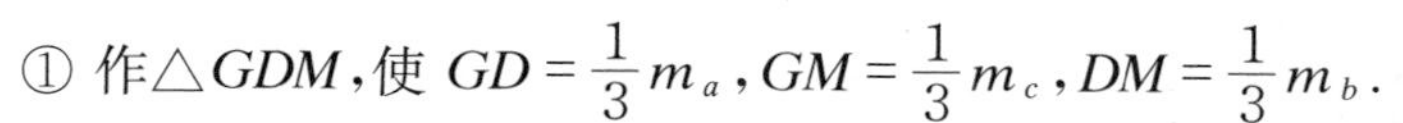

① 作△GDM，使 $GD = \dfrac{1}{3}m_a$，$GM = \dfrac{1}{3}m_c$，$DM = \dfrac{1}{3}m_b$.

② 延长 DG 到 A，使 $DA = m_a$. 延长 GM 到 C，使 $MC = GM$.

③ 连 CD 并延长 CD 到 B，使 $CD=BD$.

④ 连 AB、AC，则△ABC 为所求.（证明略.）

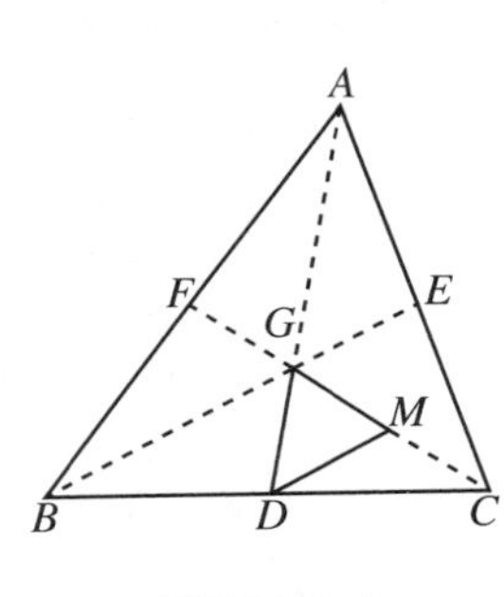

图 Y11.2.1

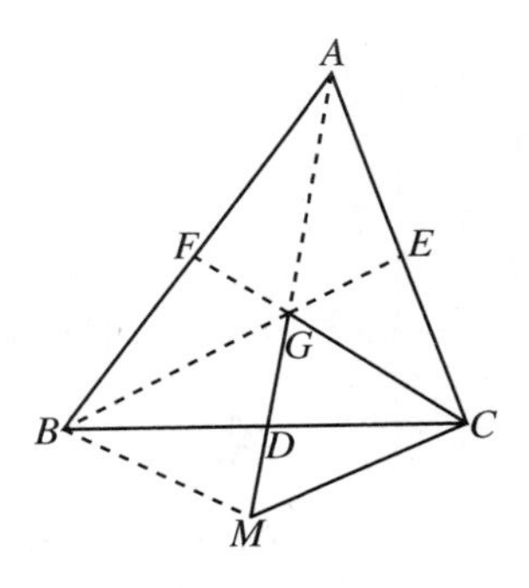

图 Y11.2.2

作法 2（三角形奠基法、平行四边形的性质）

如图 Y11.2.2 所示.

① 作△GMC，使 $GM=\frac{2}{3}m_a$，$GC=\frac{2}{3}m_c$，$CM=\frac{2}{3}m_b$.

② 取 GM 的中点 D，连 CD 并延长 CD 到 B，使 $BD=CD$.

③ 延长 MG 到 A，使 $GA=GM$.

④ 连 AB、AC，则△ABC 为所求.（证明略.）

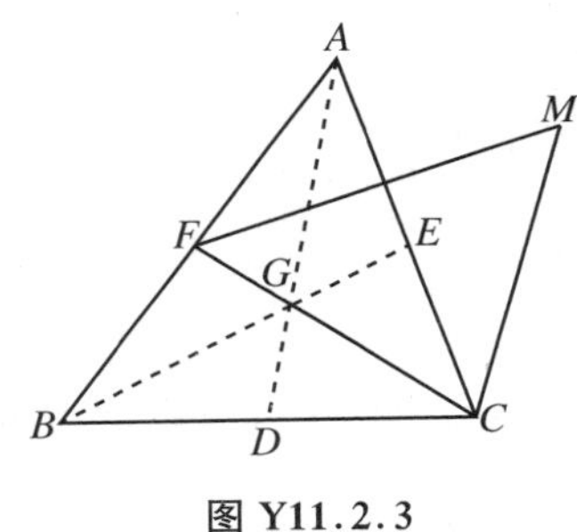

图 Y11.2.3

作法 3（三角形奠基法、平行四边形的性质）

如图 Y11.2.3 所示.

① 作△CFM，使 $CF=m_c$，$CM=m_a$，$FM=m_b$.

② 在 CF 上取 G，使 $CG=2GF$.

③ 过 G 分别作 CM、FM 的平行线 GA、GB，使 $GA=\frac{2}{3}m_a$，$GB=\frac{2}{3}m_b$.

④ 连 AB、BC、CA，则△ABC 为所求.（证明略.）

作法 4（三角形奠基法、三角形的中位线的性质）

如图 Y11.2.4 所示.

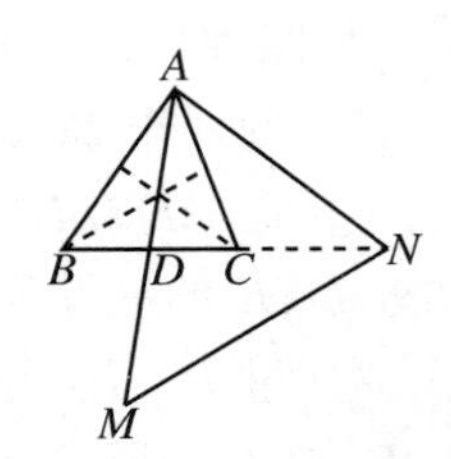

图 Y11.2.4

① 作△AMN，使 $AM=2m_a$，$MN=2m_b$，$AN=2m_c$.

② 取 AM 的中点 D，连 ND，在 ND 上取 C，使 $NC=2CD$.

③ 延长 CD 到 B，使 $DB=CD$.

④ 连 AB、AC，则△ABC 为所求.（证明略.）

作法 5（代数法、中线定理）

设三边长为 a、b、c. 由中线定理，$m_a^2=\frac{1}{4}(2b^2+2c^2-a^2)$，$m_b^2=\frac{1}{4}(2c^2+2a^2-b^2)$，$m_c^2=\frac{1}{4}(2a^2+2b^2-c^2)$，所以 $a^2=\frac{4}{9}(2m_b^2+2m_c^2-m_a^2)$，$b^2=\frac{4}{9}(2m_a^2+2m_c^2-m_b^2)$，$c^2=\frac{4}{9}(2m_a^2+2m_b^2-m_c^2)$. 于是有下列作法.

① 作 $\sqrt{2}m_a$、$\sqrt{2}m_b$、$\sqrt{2}m_c$.

② 以$\sqrt{2}m_b$、$\sqrt{2}m_c$为直角边作直角三角形,设斜边为u,则$u^2=2m_b^2+2m_c^2$.

③ 以u为斜边,m_a为直角边作直角三角形,设另一直角边为p,则$p^2=2m_b^2+2m_c^2-m_a^2$.

④ 作$\frac{2}{3}p$,则得到三角形的一边长为a.

⑤ 同法可得b、c.

⑥ 以a、b、c为三边作三角形,此三角形为所求.(证明略.)

[例3] 过△ABC的BC边上的一点P作一直线,把△ABC分成两个等积图形.

作法1(中线的性质、割补法)

如图 Y11.3.1 所示.

① 取BC的中点M,连AM.

② 连AP.

③ 过M作$ME /\!/ AP$,交AB于E,连PE,则直线PE为所求.

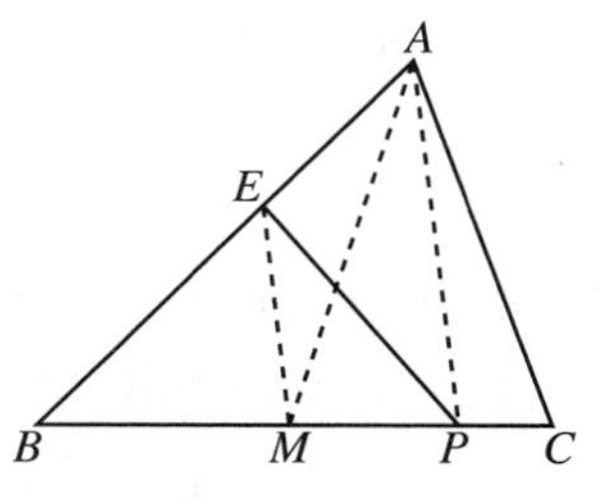

图 Y11.3.1

证明 因为$BM=MC$,所以$S_{\triangle ABM}=S_{\triangle ACM}=\frac{1}{2}S_{\triangle ABC}$.因为$ME /\!/ AP$,所以$S_{\triangle AME}=S_{\triangle PME}$,所以$S_{\triangle ABM}=S_{\triangle BPE}=\frac{1}{2}S_{\triangle ABC}$,所以$S_{\triangle BPE}=S_{AEPC}$.

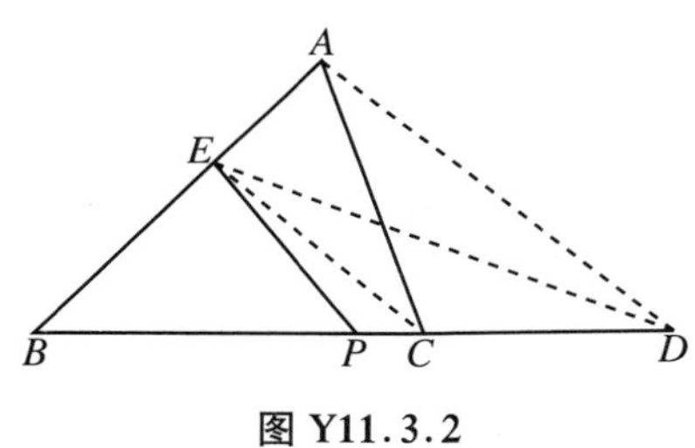

图 Y11.3.2

作法2(中线的性质、割补法)

如图 Y11.3.2 所示.

① 延长BC到D,使$PD=BP$.

② 连AD.

③ 作$CE /\!/ AD$,交AB于E.

④ 连PE,则直线PE为所求.

证明 连ED.因为$BP=PD$,所以$S_{\triangle BPE}=S_{\triangle PED}=\frac{1}{2}S_{\triangle BED}$.

因为$CE /\!/ AD$,所以$S_{\triangle ACE}=S_{\triangle CED}$,所以$S_{\triangle BEC}+S_{\triangle CED}=S_{\triangle BEC}+S_{\triangle ACE}=S_{\triangle ABC}$,即$S_{\triangle ABC}=S_{\triangle BED}$.

所以$S_{\triangle BPE}=\frac{1}{2}S_{\triangle ABC}$,所以$S_{\triangle BPE}=S_{AEPC}$.

作法3(中线的性质、割补法)

如图 Y11.3.3 所示.

① 取AB的中点M,连MP.

② 作$CE /\!/ MP$,交AB于E.

③ 连PE,则直线PE为所求.

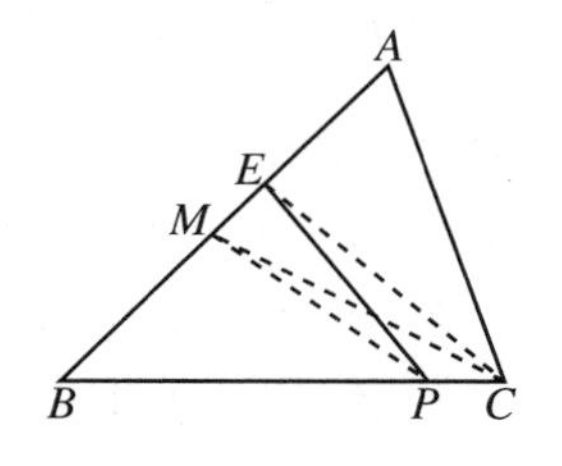

图 Y11.3.3

证明 连CM.因为$BM=MA$,所以$S_{\triangle BMC}=S_{\triangle CMA}=\frac{1}{2}S_{\triangle ABC}$.

因为$MP /\!/ CE$,所以$S_{\triangle EMP}=S_{\triangle CMP}$,所以$S_{\triangle BMP}+S_{\triangle EMP}=S_{\triangle BMP}+S_{\triangle CMP}$,即$S_{\triangle BEP}=S_{\triangle BMC}$.

所以 $S_{\triangle BEP}=S_{AEPC}$.

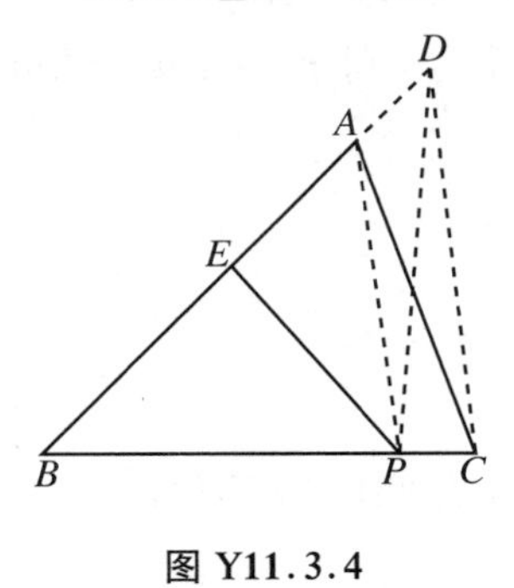

图 Y11.3.4

作法 4（中线的性质、割补法）

如图 Y11.3.4 所示.

① 连 AP.

② 作 $CD/\!/AP$，交 BA 的延长线于 D.

③ 取 BD 的中点 E，连 EP，则直线 EP 为所求.

证明 连 PD. 因为 $BE=ED$，所以 $S_{\triangle EBP}=\frac{1}{2}S_{\triangle BPD}$. 因为 $AP/\!/CD$，所以 $S_{\triangle APC}=S_{\triangle APD}$，所以 $S_{\triangle ABC}=S_{\triangle BPD}$，所以 $S_{\triangle EBP}=\frac{1}{2}S_{\triangle ABC}$.

所以 $S_{\triangle EBP}=S_{AEPC}$.

作法 5（代数法、求第四比例项）

设 PE 已作出，作 $EF\perp BC$，垂足为 F. 设 BC 边上的高为 h，$EF=x$，$BC=a$，$BP=d$，则 $\frac{1}{2}d\cdot x=\frac{1}{2}\left(\frac{1}{2}ah\right)$，所以 $x=\frac{ah}{2d}$. 因此有下列作法，如图 Y11.3.5 所示.

① 作 $2d$、a、h 的第四比例项 x.

② 作 BC 的平行线，使之与 BC 的距离为 x，且与 A 在 BC 同侧. 设平行线与 AB 交于 E.

③ 连 PE，则直线 PE 为所求.（证明略.）

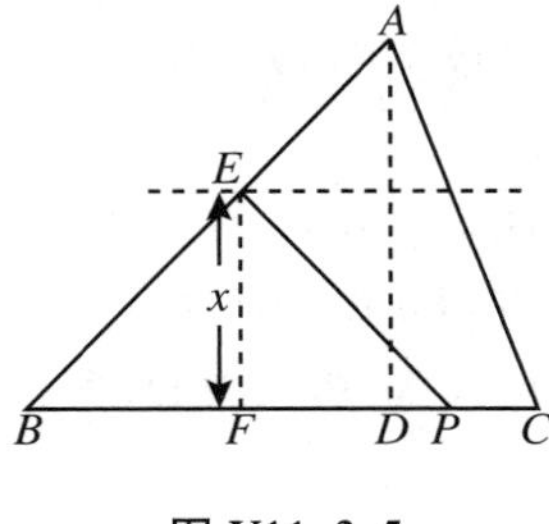

图 Y11.3.5

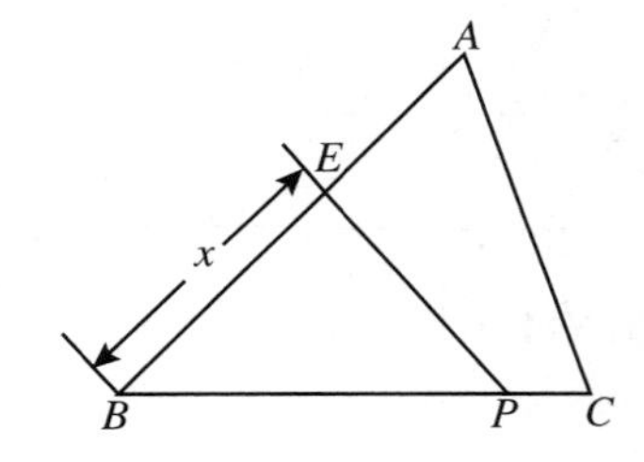

图 Y11.3.6

作法 6（代数法、面积比、第四比例项）

设 $BC=a$，$BP=d$，$AB=c$，$BE=x$. 由 $\frac{1}{2}\left(\frac{1}{2}ac\cdot\sin B\right)=\frac{1}{2}x\cdot d\cdot\sin B$，得 $x=\frac{ac}{2d}$. 因此有下列作法.

① 作 $2d$、a、c 的第四比例项 x.

② 在 AB 上取点 E，使 $BE=x$，如图 Y11.3.6 所示.

③ 连 PE，则直线 PE 为所求.（证明略.）

[例 4] 在△ABC 内作内接正方形，使正方形的一边在 BC 上.

作法 1（以 B 为位似中心）

如图 Y11.4.1 所示.

① 任作一个正方形 $D_1E_1F_1G_1$，使 D_1E_1 在 BC 上，G_1 在 AB 上.

② 连 BF_1，设直线 BF_1 交 AC 于 F.

③ 作 $FE /\!/ F_1E_1$，交 BC 于 E，作 $FG /\!/ BC$，交 AB 于 G，作 $GD /\!/ FE$，交 BC 于 D，则 $DEFG$ 为所求.

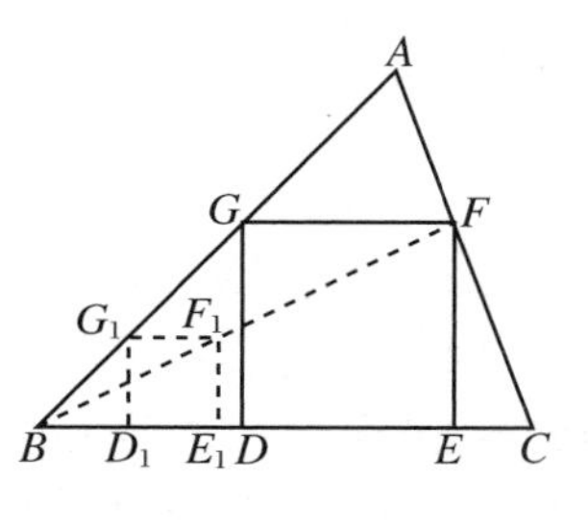

图 Y11.4.1

证明 由三角形相似，得$\frac{EF}{E_1F_1}=\frac{FG}{F_1G_1}=\frac{BF}{BF_1}$. 因为 $E_1F_1=G_1F_1$，所以 $EF=FG$. 又$\angle GFE=\angle G_1F_1E_1=90^\circ$，所以 $DEFG$ 是正方形，且 DE 在 BC 上，G、F 各在 AB、AC 上，所以 $DEFG$ 为所求.

作法 2(以 A 为位似中心)

如图 Y11.4.2 所示.

① 作正方形 $D_1E_1F_1G_1$，使 G_1、F_1 各在 AB、AC 上，且 $G_1F_1 /\!/ BC$.

② 连 AD_1、AE_1 并分别延长，交 BC 于 D、E.

③ 作 $DG /\!/ D_1G_1$，交 AB 于 G，作 $EF /\!/ E_1F_1$，交 AC 于 F.

④ 连 GF，则 $DEFG$ 为所求.(证明略.)

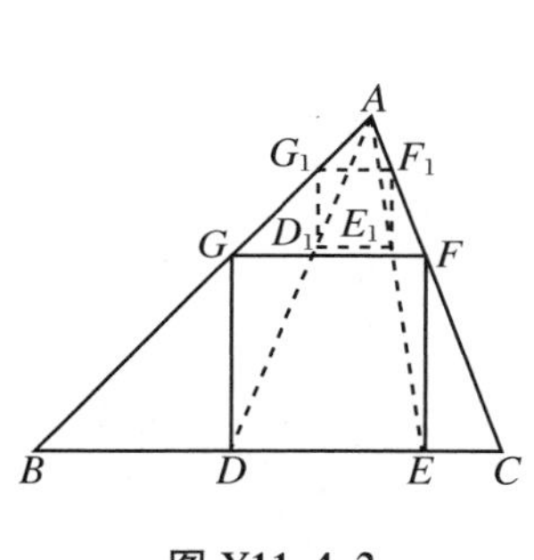

图 Y11.4.2

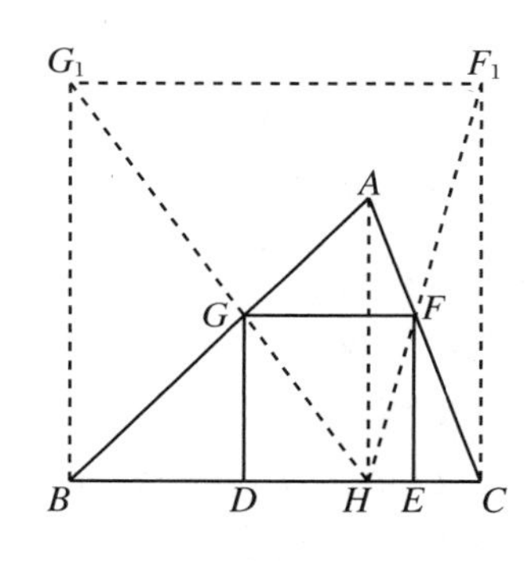

图 Y11.4.3

作法 3(以 BC 边的高的垂足 H 为位似中心)

如图 Y11.4.3 所示.

① 作 BC 边的高 AH，垂足为 H.

② 以 BC 为边作一正方形 BCF_1G_1.

③ 连 HF_1、HG_1，设直线 HF_1 交 AC 于 F；HG_1 交 AB 于 G.

④ 过 F、G 各作 $FE /\!/ CF_1$，$GD /\!/ G_1B$，设 FE、GD 各交 BC 于 E、D.

⑤ 连 GF，则 $DEFG$ 为所求.(证明略.)

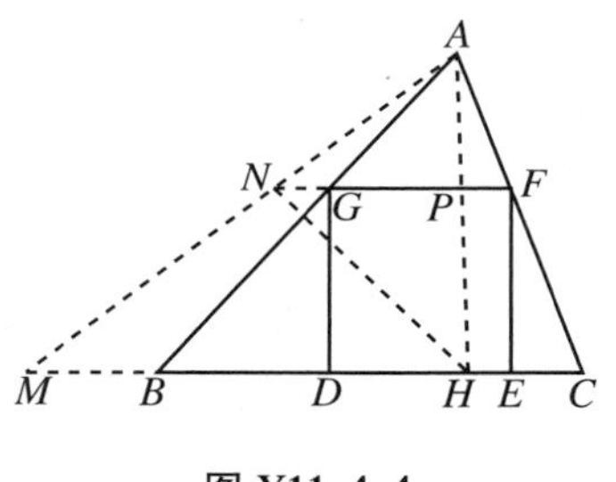

图 Y11.4.4

作法 4(平行截比定理)

如图 Y11.4.4 所示.

① 作 BC 边的高 AH，垂足为 H.

② 延长 CB 到 M，使 $BM=CH$.

③ 连 AM.

④ 作$\angle AHM$ 的平分线 HN，交 AM 于 N.

⑤ 作 $NF /\!/ BC$，交 AC 于 F，交 AB 于 G.

⑥ 作 $FE\perp BC$，垂足为 E. 作 $GD\perp BC$，垂足为 D，则 $DEFG$ 为所求.

证明 因为 $NF /\!/ CM$，$BM = CH$，所以$\dfrac{FP}{CH}=\dfrac{AP}{AH}=\dfrac{AG}{AB}=\dfrac{NG}{BM}$，所以 $NG = FP$，所以 $NP = FG$.

因为$\angle AHN = 45^\circ$，$NP \perp AH$，所以 $NP = PH$.

因为 $PH \perp BC$，$FE \perp BC$，所以 $PH /\!/ FE$，所以 $PHEF$ 和 $PHDG$ 都是矩形，所以 $DG = PH = EF$，所以 $DG = EF = NP = FG$，所以 $DEFG$ 是正方形. 又 DE 在 BC 上，F、G 分别在 AC、AB 上，所以 $DEFG$ 为所求.

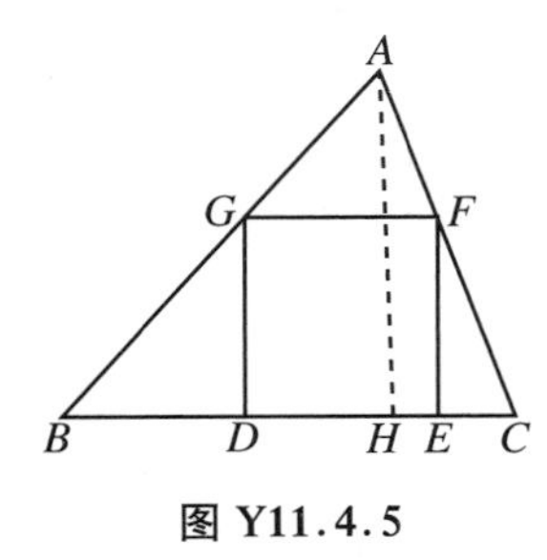

图 Y11.4.5

作法 5（代数法、第四比例项）

设正方形 $DEFG$ 已作出. 作 BC 边上的高 AH，垂足为 H，如图 Y11.4.5 所示. 设 $BC = a$，$AH = h$，正方形的边长为 x. 由$\triangle ABC \backsim \triangle AGF$，得$\dfrac{a}{x}=\dfrac{h}{h-x}$，所以 $x=\dfrac{ah}{a+h}$. 由此有如下作法.

① 作$(a+h)$、a、h 的第四比例项x.

② 作 $FG /\!/ BC$，使 FG 与 BC 的距离为x，设平行线分别交 AB、AC 于 G、F.

③ 作 $GD \perp BC$，$FE \perp BC$，垂足分别为 D、E，则 $DEFG$ 为所求.（证明略.）

［例 5］ 过⊙O 外的一点 P 作割线 PAB，使 $PA = AB$.

作法 1（切割线定理、比例中项的作图）

如图 Y11.5.1 所示.

① 过 P 作⊙O 的一条切线 PC，C 为切点.

② 作 PC 和$\dfrac{1}{2}PC$ 的比例中项x.

③ 以 P 为圆心，x 为半径画弧，交⊙O 于A.

④ 连 PA 并延长，交圆于 B，则 PAB 为所求.

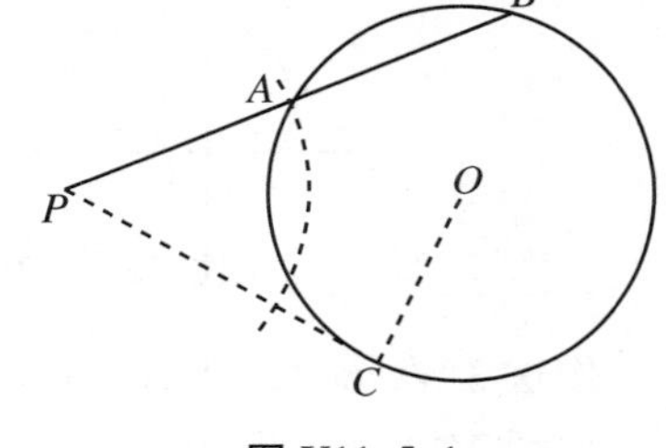

图 Y11.5.1

证明 由切割线定理，$PA \cdot PB = PC^2$.

由作法，$PA = x = \dfrac{1}{2}PC^2$，所以 $PC=\sqrt{2}PA$，所以 $PB=\dfrac{PC^2}{PA}=2PA$，所以 $PA = AB$.

作法 2（切割线定理、直角三角形的作图）

① 过 P 作⊙O 的一条切线，设切线长为 a.

② 以 a 为斜边作一等腰直角三角形，设其直角边为 x.

③ 以 P 为圆心，x 为半径画弧，设弧与圆交于 A.

④ 连 PA 并延长，交⊙O 于B，则割线 PAB 为所求.

（读者可自行实践一下.）

作法 3（相交弦定理、比例中项的作图）

如图 Y11.5.2 所示.

① 过 P 任作⊙O 的一条割线 PCD，设 $PC = a$，$PD = b$.

② 作 a、$\dfrac{b}{2}$的比例中项 x.

③ 以 P 为圆心，x 为半径画弧，设弧与⊙O 交于A.

④ 连 PA 并延长，交⊙O 于 B，则割线 PAB 为所求.（证明、讨论略.）

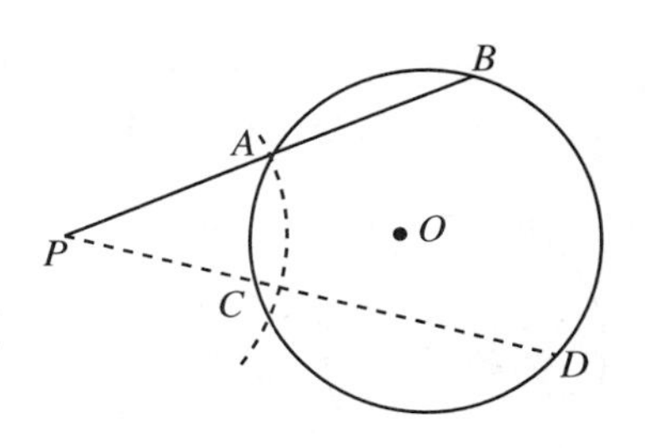

图 Y11.5.2

作法 4（等腰三角形的性质、直径上的圆周角）

如图 Y11.5.3 所示.

① 设⊙O 的直径为 d，以 P 为圆心，d 为半径画弧，交⊙O 于 C.

② 连 PC. 以 PC 为直径画圆，与⊙O 交于另一点 A.

③ 连 PA 并延长，交⊙O 于 B，则割线 PAB 为所求.（证明略.）

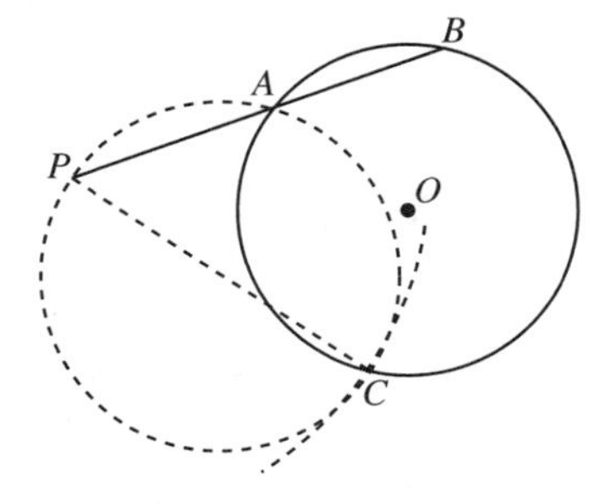

图 Y11.5.3

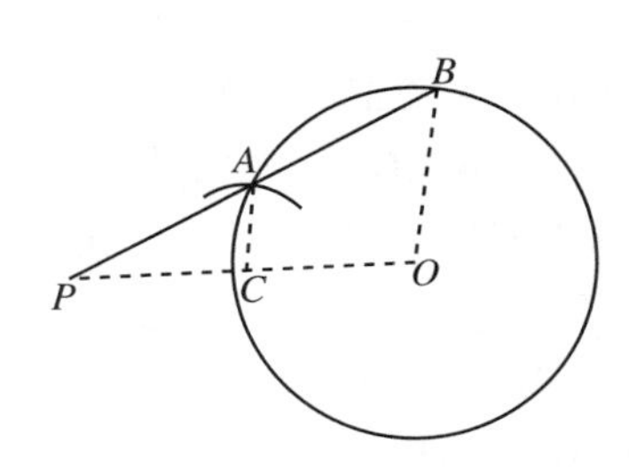

图 Y11.5.4

作法 5（三角形中位线的性质）

如图 Y11.5.4 所示.

① 设⊙O 的半径为 r，连 OP，取 OP 的中点 C.

② 以 C 为圆心，$\frac{1}{2}r$ 为半径画弧，交⊙O 于 A.

③ 连 PA 并延长，交⊙O 于 B，则割线 PAB 为所求.（证明略.）

作法 6（三角形中位线的性质）

如图 Y11.5.5 所示.

① 作 P 关于 O 的对称点 P'.

② 以 P' 为圆心，$2r$ 为半径画弧，交⊙O 于 B.

③ 连 PB，交⊙O 于 A，则割线 PAB 为所求.（证明略.）

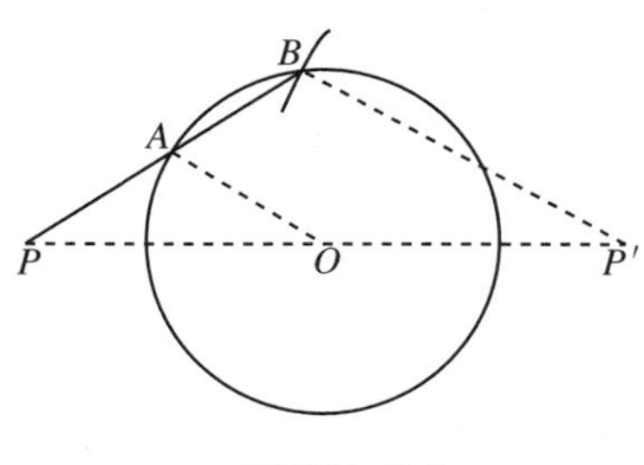

图 Y11.5.5

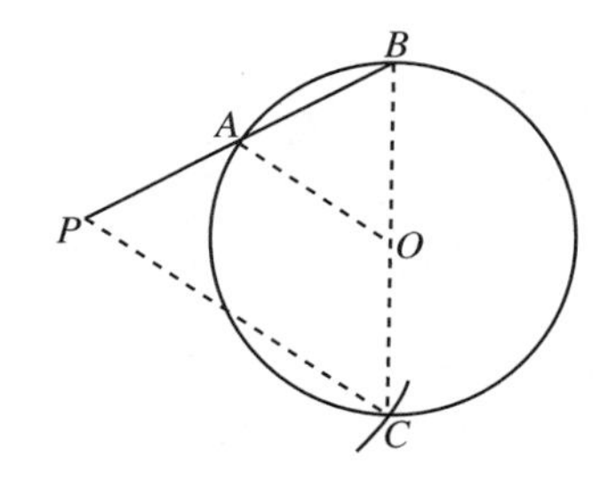

图 Y11.5.6

作法 7（三角形中位线的性质）

如图 Y11.5.6 所示.

① 以 P 为圆心，$2r$ 为半径画弧，交⊙O 于 C.

② 连 CO 并延长，交⊙O 于 B.

③ 连 PB，交⊙O 于 A，则割线 PAB 为所求.（证明略.）

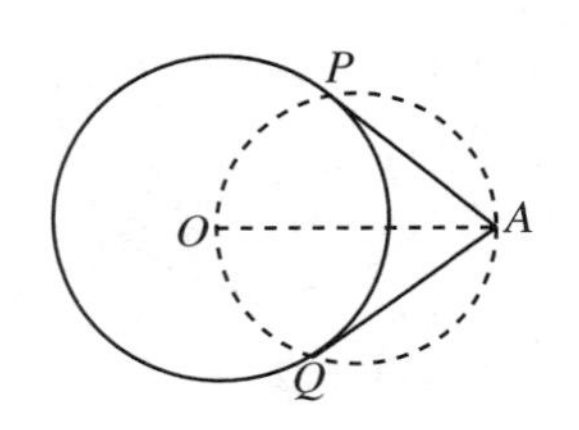

图 Y11.6.1

［例 6］ 过⊙O 外的一点 A 作⊙O 的切线.

作法 1（直径上的圆周角）

如图 Y11.6.1 所示.

① 连 OA，以 OA 为直径作圆，设该圆与⊙O 交于 P、Q.

② 连 AP、AQ，则 AP、AQ 为所求的切线.（证明、讨论略.）

作法 2（直角三角形全等）

如图 Y11.6.2 所示.

① 连 OA，设 OA 交⊙O 于 B.

② 过 B 作 OA 的垂线 MN.

③ 以 O 为圆心，OA 为半径作圆，设该圆交 MN 于 M、N.

④ 连 OM、ON，分别交圆于 P、Q.

⑤ 连 AP、AQ，则 AP、AQ 为所求的切线.

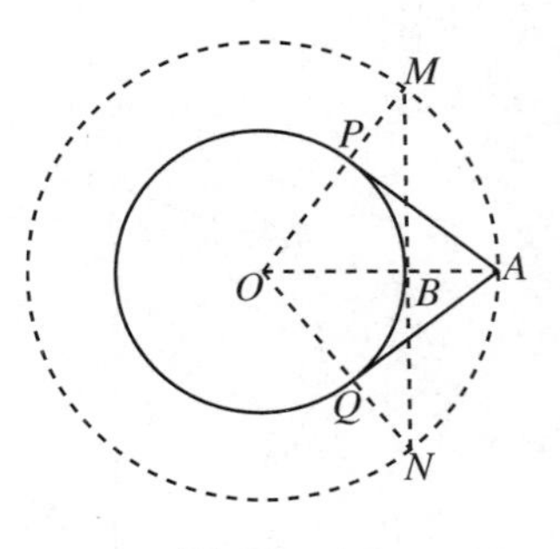

图 Y11.6.2

证明 因为 $OA=OM$，$OP=OB$，$\angle AOM$ 为公共角，所以 $\triangle AOP\cong\triangle MOB$，所以 $\angle APO=\angle MBO=90^\circ$，所以 AP 是⊙O 的一条切线. 同理可证 AQ 也是切线.

作法 3（直角三角形全等）

如图 Y11.6.3 所示.

① 任作⊙O 的一直径 BC.

② 分别以 B、C 为圆心，OA 为半径画弧，两弧交于 D.

③ 以 A 为圆心，OD 为半径画弧，交⊙O 于 P、Q.

④ 连 AP、AQ，则 AP、AQ 为所求.

证明 连 OA、OD、OP、DC、BD，则 $\triangle DBC$ 是等腰三角形. 由三线合一定理，$OD\perp BC$. 因为 $CD=OA$，$OD=AP$，$OP=OC$，所以 $\triangle DOC\cong\triangle APO$，所以 $\angle APO=\angle DOC=90^\circ$，所以 AP 是一条切线. 同理可证 AQ 也是切线.

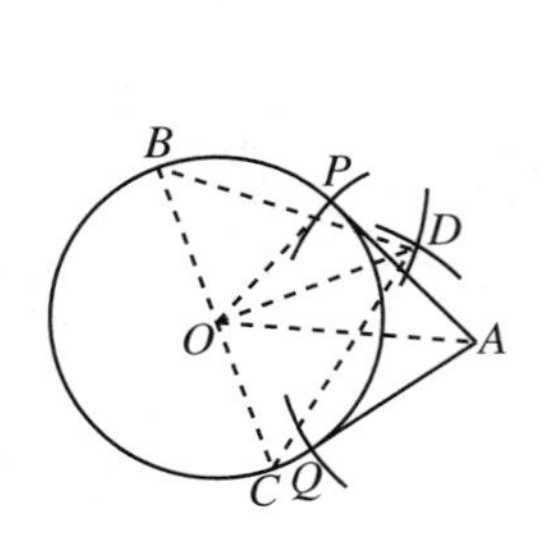

图 Y11.6.3

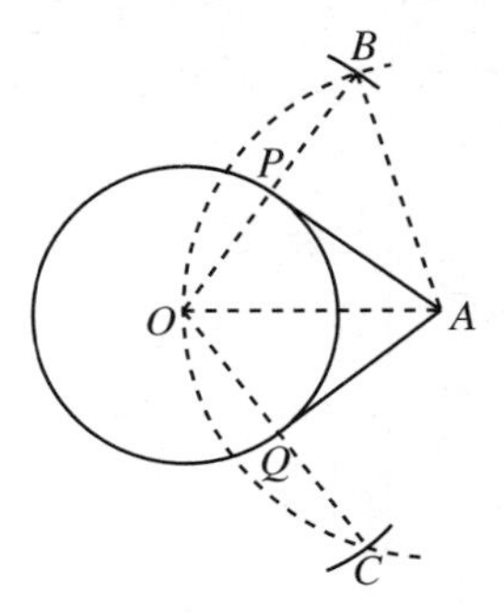

图 Y11.6.4

作法 4（等腰三角形三线合一定理）

如图 Y11.6.4 所示.

① 以 A 为圆心，OA 为半径画弧.

② 以 O 为圆心，$\odot O$ 的直径为半径画弧，交前弧于 B、C.

③ 连 OB、OC，交$\odot O$ 于 P、Q.

④ 连 AP、AQ，则 AP、AQ 为所求.

证明 连 OA、AB. 因为 $OA=AB$，$OB=2OP$，即 $OP=PB$，AP 为公共边，所以$\triangle APO\cong\triangle APB$，所以$\angle APO=\angle APB=90^\circ$，所以 AP 是$\odot O$ 的一条切线.

同理可证 AQ 也是切线.

作法5(三角形的中位线、直径上的圆周角)

如图 Y11.6.5 所示.

① 以 O 为圆心，OA 为半径作圆.

② 连 AO 并延长，交大圆于 P.

③ 以 P 为圆心，$\odot O$ 的直径为半径画弧，交大圆于 E、F.

④ 连 AE、AF，则 AE、AF 为所求.

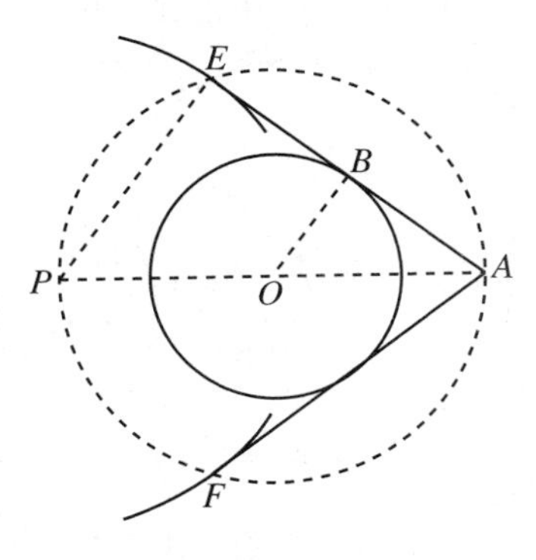

图 Y11.6.5

证明 连 PE，作 $OB\parallel PE$，交 AE 于B. 因为 AP 是大圆的直径，所以 $PE\perp AE$，所以 $OB\perp AE$.

因为 OB 是$\triangle APE$ 的中位线，所以 $OB=\dfrac{1}{2}PE$，所以 OB 是$\odot O$ 的半径，所以 AE 是一条切线.

同理可证 AF 也是切线.

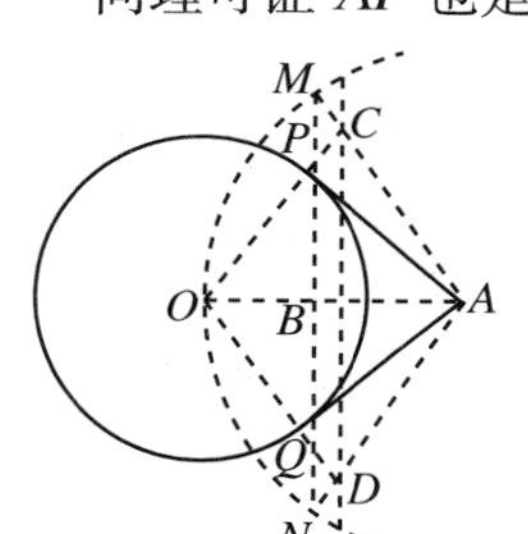

图 Y11.6.6

作法6(直角三角形全等)

如图 Y11.6.6 所示.

① 连 OA，以 A 为圆心，OA 为半径画弧.

② 设$\odot O$ 的半径为r，在 OA 上取B，使 $AB=r$.

③ 过 B 作OA 的垂线，交$\odot A$ 于M、N.

④ 连 AM、AN.

⑤ 作 OA 的中垂线，分别交 AM、AN 于C、D.

⑥ 连 OC、OD，分别交$\odot O$ 于P、Q.

⑦ 连 AP、AQ，则 AP、AQ 为所求.

证明 因为 $OA=AM$，$AB=OP$，CD 是 AO 的中垂线，所以$\angle COA=\angle CAO$，所以$\triangle APO\cong\triangle MBA$，所以$\angle APO=\angle MBA=90^\circ$，所以 AP 是$\odot O$ 的一条切线. 同理可证 AQ 也是$\odot O$ 的切线.

作法7(切割线定理、等腰三角形相似)

如图 Y11.6.7 所示.

① 过 A 任作一割线ABC.

② 延长 CA 到D，使 $AD=BC$.

③ 分别以 C、D 为圆心，以 AC 为半径画弧，两弧交于 E.

④ 以 A 为圆心，AE 为半径画弧，交$\odot O$ 于P、Q.

⑤ 连 AP、AQ，则 AP、AQ 为所求.

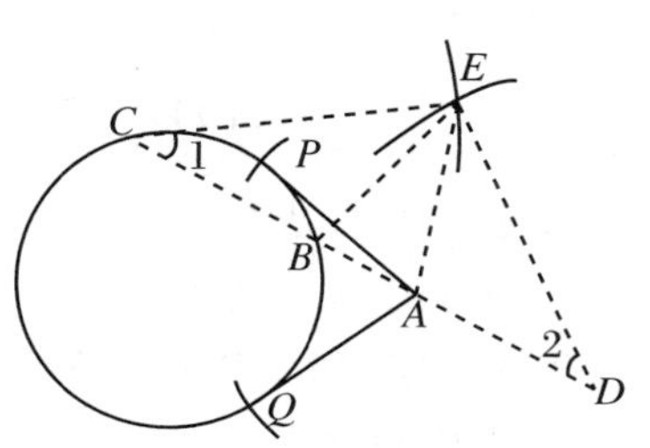

图 Y11.6.7

证明 连 CE、EA、EB、ED.

因为 $CE=ED$,所以$\angle 1=\angle 2$.因为 $BC=AD$,所以$\triangle CEB\cong\triangle DEA$,所以 $BE=EA$.因为等腰$\triangle CAE$ 和等腰$\triangle EBA$ 有公共底角,所以$\triangle CAE\backsim\triangle EAB$,所以 $AE^2=AC\cdot AB$.因为 $AP=AE$,所以 $AP^2=AC\cdot AB$.

由切割线逆定理知 AP 是$\odot O$ 的切线.同理可证 AQ 也是$\odot O$ 的切线.

[例 7] 已知直线 l 同侧的两点 A、B,求作圆,使圆过 A、B 且与 l 相切.

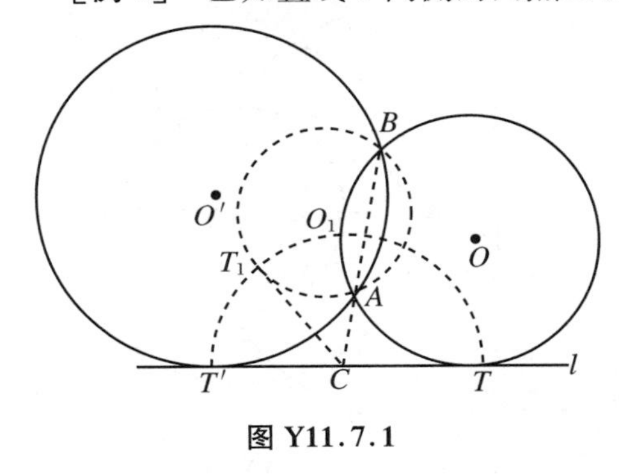

图 Y11.7.1

作法 1(切割线定理、三点定圆)

如图 Y11.7.1 所示.

① 过 A、B 任作$\odot O_1$.

② 连 BA 并延长,交 l 于C.

③ 过 C 作$\odot O_1$ 的一条切线 CT_1.

④ 以 C 为圆心,CT_1 为半径画弧,交 l 于 T、T'.

⑤ 过 A、B、T 或 A、B、T'作$\odot O$ 或$\odot O'$,则该圆为所求.

证明 对于$\odot O_1$,$CT_1^2=CA\cdot CB$,所以 $CT^2=CA\cdot CB$,所以 CT 是$\odot O$ 的切线,所以$\odot O$ 为所求.同理可证$\odot O'$为所求.

作法 2(切割线定理、比例中项作图)

如图 Y11.7.2 所示.

① 连 BA 并延长,交 l 于C.

② 作 CA、CB 的比例中项x.

③ 以 C 为圆心,x 为半径画弧,交 l 于T、T'点.

④ 过 A、B、T(或 A、B、T')三点作圆,记为$\odot O$($\odot O'$),则$\odot O$(或$\odot O'$)为所求.(证明略.)

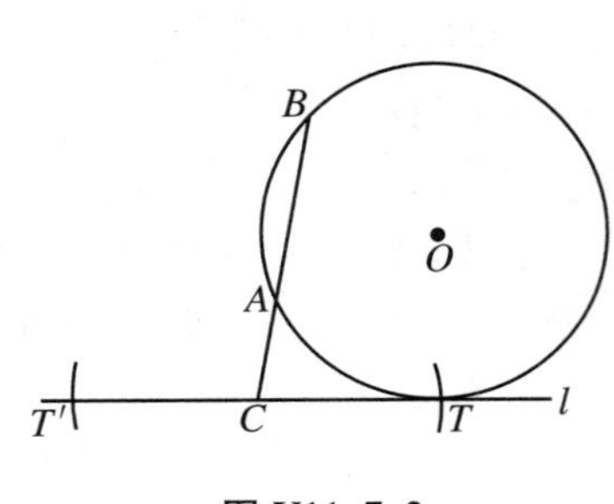

图 Y11.7.2

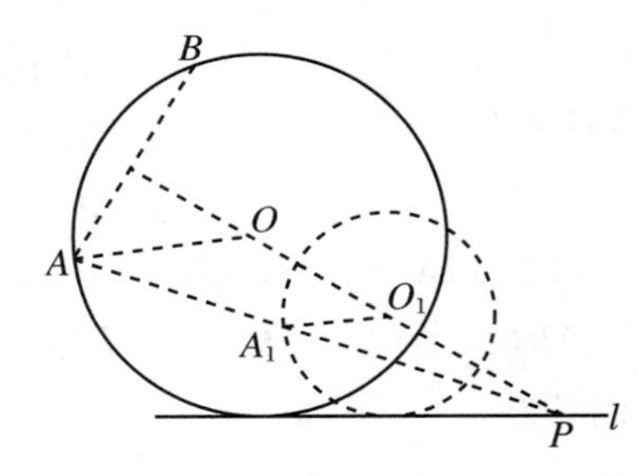

图 Y11.7.3

作法 3(位似法)

如图 Y11.7.3 所示.

① 连 AB.作 AB 的中垂线,设中垂线交 l 于P.

② 在中垂线上任取一点 O_1,以 O_1 为圆心,O_1 到 l 的距离为半径作$\odot O_1$.

③ 连 PA,交$\odot O_1$ 于 A_1.

④ 连 O_1A_1,作 $AO\parallel A_1O_1$,交中垂线于 O.

⑤ 以 O 为圆心,OA 为半径画⊙O,则⊙O 为所求.(证明、讨论略.)

作法 4(对称法、弦切角定理、弓形弧的性质)

如图 Y11.7.4 所示.

① 连 BA 并延长,交 l 于 P,设 BA 与 l 形成$\angle 3$.

② 作 A 关于 l 的对称点 A_1,连 A_1B.

③ 以 BA_1 为弦,作含有$\angle 3$ 的弓形弧.

④ 设弓形弧与 l 的一个交点是 T,作 $TN\perp l$.

⑤ 作 AB 的中垂线,与 TN 交于 O.

⑥ 以 O 为圆心,OT 为半径作⊙O,则⊙O 为所求.

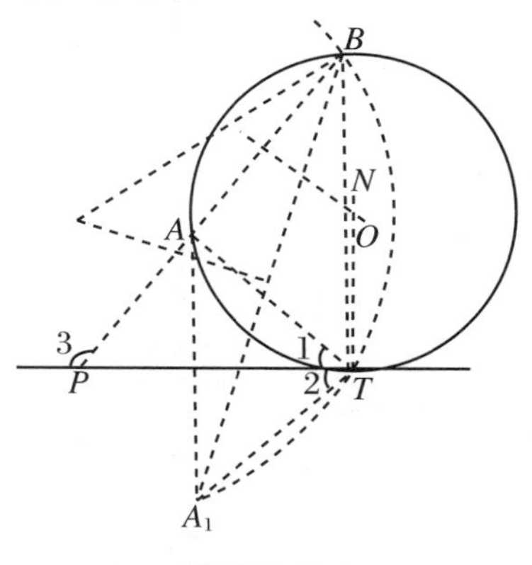

图 Y11.7.4

证明 连 AT、A_1T、BT.由对称性,$\angle 1=\angle 2$.

因为 $\angle 3$ 是 $\triangle BTP$ 的外角,所以 $\angle 3=\angle PBT+\angle PTB$.

由弓形弧的作图知$\angle 3=\angle BTA_1$,所以$\angle BTA_1=\angle PTB+\angle PBT=\angle PTB+\angle PTA_1$,所以$\angle PTA_1=\angle PBT$,所以$\angle 1=\angle PBT$.

由弦切角逆定理知 l 是⊙O 的切线.(讨论略.)

[**例 8**] 求作一圆,使其与已知⊙O_1 相切,且与已知直线 l 切于直线上定点 A.

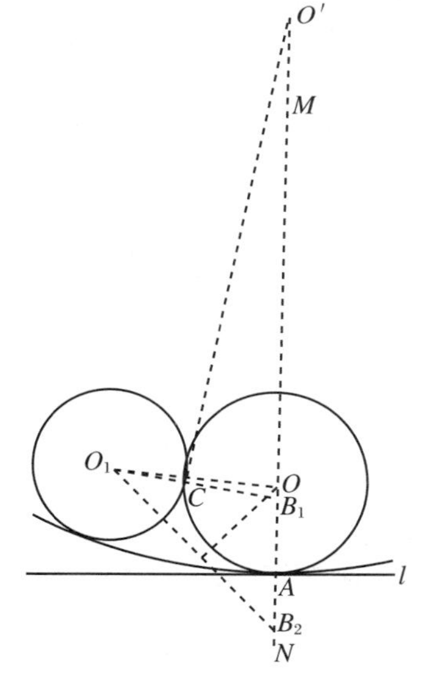

图 Y11.8.1

作法 1(交轨法)

如图 Y11.8.1 所示.

① 过 A 作 $MN\perp l$.

② 设⊙O_1 的半径为 r,在 MN 上取 B_1、B_2,使 $AB_1=AB_2=r$.

③ 连 O_1B_1、O_1B_2,分别作 O_1B_1、O_1B_2 的中垂线,交 MN 于 O'、O.

④ 分别以 O、O' 为圆心,OA、$O'A$ 为半径作⊙O、⊙O',则此两圆为所求.

证明 连 OO_1,则 $OO_1=OB_2$.设 OO_1 交⊙O 于 C.因为 $AB_2=CO_1$,所以 $OA=OC$.又 $OA\perp l$,所以⊙O 为所求.

同理可证⊙O'也为所求.

作法 2(梯形法)

如图 Y11.8.2 所示.

① 过 A 作 l 的垂线,在垂线上于 l 两侧分别截取 $AB_1=$

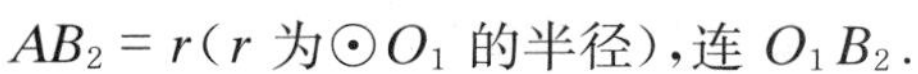

$AB_2=r$(r 为⊙O_1 的半径),连 O_1B_2.

② 作 $AC /\!/ O_1B_2$,设 AC 交⊙O_1 于 C.

③ 连 O_1C 并延长,交 B_1B_2 于 O.

④ 以 O 为圆心,OA 为半径画⊙O,则⊙O 为所求.

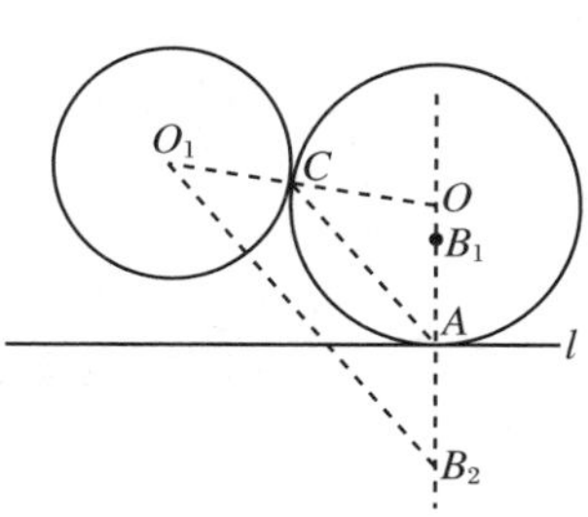

图 Y11.8.2

同样的方法,若连 O_1B_1,则通过梯形 O_1B_1AC 又可得到O',进一步可作出另一符合条件的⊙O',如图 Y11.8.3 所示.(证明略.)

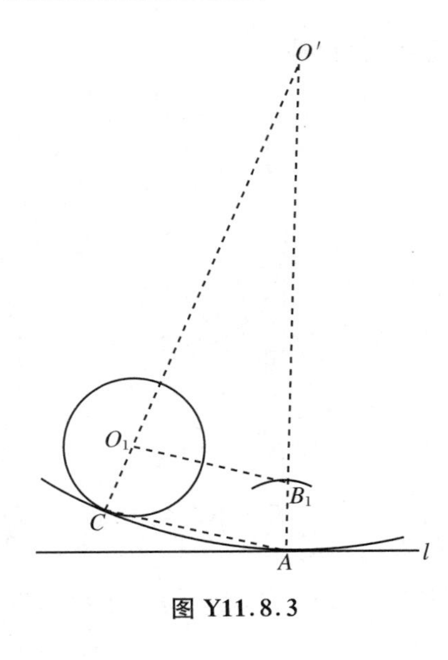

图 Y11.8.3

作法 3(连心线过切点的性质)

如图 Y11.8.4 所示.

① 过 A 作 $AM\perp l$.

② 过 O_1 作 $CB\perp l$,垂足为 B,设 CB 交$\odot O_1$ 于 C、C_1.

③ 连 AC、AC_1,分别交$\odot O$ 于P、P_1.

④ 连 O_1P 并延长,交 AM 于O.连 P_1O_1 并延长,交 AM 于O'.

⑤ 分别以 O、O'为圆心,OA、$O'A$ 为半径作$\odot O$、$\odot O'$,则$\odot O$、$\odot O'$为所求.(证明略.)

作法 4(代数法、余弦定理)

设$\odot O$ 已作出.设$\odot O_1$ 的半径为 r_1,$\odot O$ 的半径为 r.连 OA,则 $OA\perp l$,作 $O_1A_1\perp l$,A_1 为垂足,则 $OA/\!/O_1A_1$,如图 Y11.8.5 所示,所以$\angle 1=\angle 2$.设 $O_1A=a$,$O_1A_1=b$,在$\triangle OO_1A$ 中,由余弦定理,$O_1O^2=O_1A^2+OA^2-2O_1A\cdot OA\cdot\cos\angle 2$,即$(r+r_1)^2=a^2+r^2-2ar\cdot\cos\angle 1$.

在 Rt$\triangle O_1A_1A$ 中,$\cos\angle 1=\dfrac{b}{a}$,所以$(r+r_1)^2=a^2+r^2-2ar\cdot\dfrac{b}{a}=a^2+r^2-2br$,所以 $r=\dfrac{a^2-r_1^2}{2(b+r_1)}$.

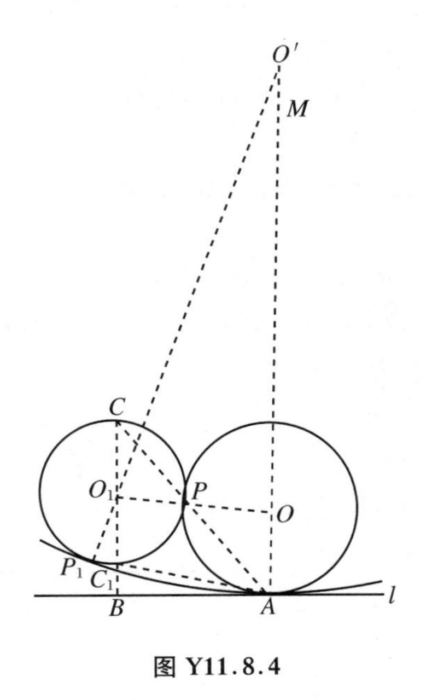

图 Y11.8.4

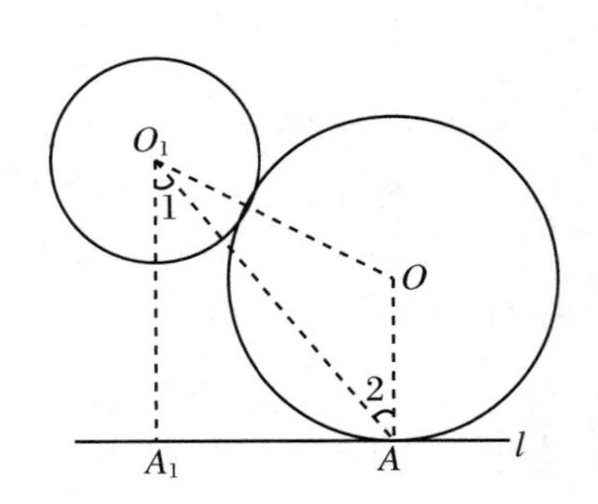

图 Y11.8.5

同理,利用图 Y11.8.6,又可求出$\odot O'$的半径 $r'=\dfrac{a^2-r_1^2}{2(b-r_1)}$.

可见,r、r'都可作出,所以$\odot O$、$\odot O'$可作出.(作法、证明略.)

作法 5(切割线定理)

如图 Y11.8.7 所示.

① 过 A 作 $AM \perp l$.

② 在 AM 上任取一点 C,以 C 为圆心,CA 为半径画圆. C 点的选择应使 $\odot C$ 与 $\odot O_1$ 有两个交点,设两个交点为 E、F.

③ 连 EF 并延长,交 l 于 B.

④ 以 B 为圆心,BA 为半径画弧,与 $\odot O_1$ 交于 P、P_1.

⑤ 连 O_1P、O_1P_1 并延长,分别交 AM 于 O、O'.

⑥ 分别以 O、O' 为圆心,OA、$O'A$ 为半径画圆,则 $\odot O$、$\odot O'$ 为所求.(证明略.)

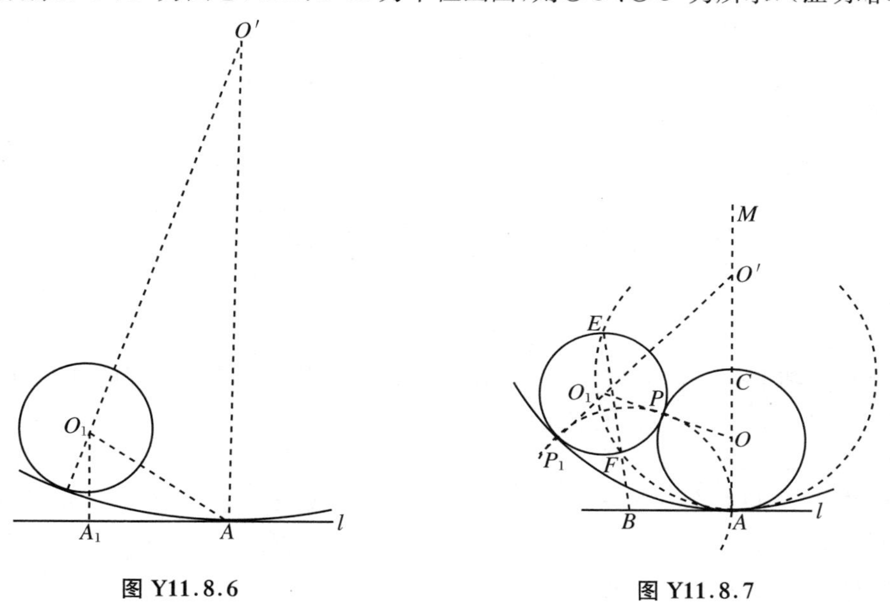

图 Y11.8.6　　　　图 Y11.8.7

第12章　杂　　题

从本质上说，平面几何中的杂题不是独立的题目类型，它们总可以归入前面的某一类别. 但由于这些题目的条件和结论的特殊性，往往不易立刻断定它们应当按哪类问题去解，有的题甚至同时属于某几种类型. 这就给解题带来了一定的困难. 这就要求我们在熟悉前面各种基本问题的解法的基础上，仔细地分析题目中的条件和结论，尽快地确定问题的类型，从而找到合适的解题方法.

12.1　范例分析

［**范例1**］　圆中有三条弦 PP'、QQ'、RR'，它们两两相交于 A、B、C，且 $AP=BQ=CR$，$AR'=BP'=CQ'$，则$\triangle ABC$ 是正三角形.

分析1　如能证出$\triangle ABC$ 的内角相等，则证出了$\triangle ABC$ 是正三角形. 由于条件的对称性，只要证出两个角相等. 要证$\angle ABC=\angle ACB$，也就是证$\angle QBP'=\angle RCQ'$，只要证$\triangle QBP'\cong\triangle RCQ'$即可，即证明 $QP'=RQ'$. 这时发现，如能证出 $QQ'RP'$是等腰梯形，则前面的命题得证. 于是转而证明 $QQ'\parallel P'R$. 这只要由$\triangle PAR'$和$\triangle RAP'$相似并运用比例性质即可获证.

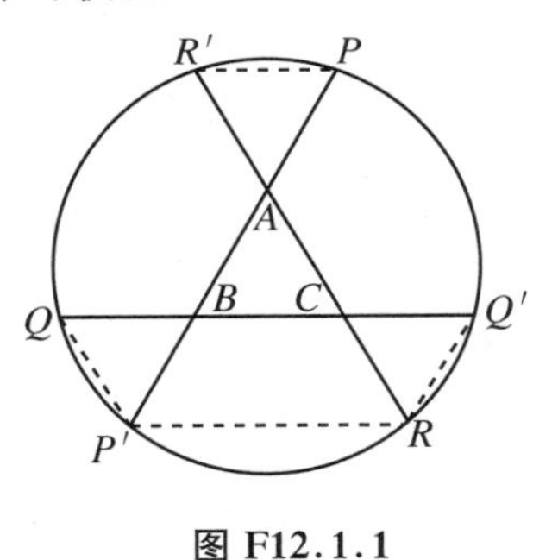

图 F12.1.1

证明1　连 PR'、QP'、RQ'、RP'，如图 F12.1.1 所示.

由$\triangle PAR'\backsim\triangle RAP'$知$\dfrac{AP}{AR'}=\dfrac{AR}{AP'}$，即$\dfrac{AP}{AR'}=\dfrac{AC+CR}{AB+BP'}=\dfrac{AC+AP}{AB+AR'}$.

由等比定理，就有$\dfrac{AP}{AR'}=\dfrac{AC+AP-AP}{AB+AR'-AR'}=\dfrac{AC}{AB}$，所以$\dfrac{CR}{BP'}=\dfrac{AC}{AB}$.

由平行截比逆定理，$BC\parallel P'R$，所以 $QQ'RP'$是等腰梯形，所以 $RQ'=QP'$.

因为 $BQ=CR$，$BP'=CQ'$，$RQ'=QP'$，所以$\triangle QBP'\cong\triangle RCQ'$，所以$\angle QBP'=\angle RCQ'$，所以$\angle ABC=\angle ACB$.

同理可证$\angle ABC=\angle BAC$，所以$\triangle ABC$ 是正三角形.

分析2　为证$\triangle ABC$ 是正三角形，可以通过证明 $AB=BC=CA$ 实现. 题目所给的条件中有三条两两相交的弦，容易想到相交弦定理. 在 A、B、C 三点处各写出相交弦定理的等式

后很快证得 $AB=BC=CA$.

证明 2 设 $AP=BQ=CR=x$，$AR'=BP'=CQ'=y$，在 A、B、C 三点处由相交弦定理得

$$\begin{cases}AP\cdot AP'=AR\cdot AR',\\ BQ\cdot BQ'=BP\cdot BP',\\ CQ\cdot CQ'=CR\cdot CR',\end{cases}\quad 即\begin{cases}x(AB+y)=(AC+x)y,\\ x(BC+y)=(AB+x)y,\\ x(CA+y)=(BC+x)y.\end{cases}$$

由此得到

$$\begin{cases}x\cdot AB=y\cdot AC,\\ x\cdot BC=y\cdot AB,\\ x\cdot CA=y\cdot BC.\end{cases}$$

所以 $x^3\cdot AB\cdot BC\cdot CA=y^3\cdot AC\cdot AB\cdot BC$，所以 $x^3=y^3$，所以 $x=y$，所以 $AB=BC=CA$.

所以$\triangle ABC$ 是正三角形.

分析 3 条件 $AP=BQ=CR$，$AR'=BP'=CQ'$ 具有对称性.利用这种对称循环的特点及圆的特点，可以用反证法证出 $AP=AR'$，进而证出$\triangle ABC$ 是正三角形.

证明 3 若 $AP\neq AR'$，设 $AP>AR'$，则同时有 $BQ>BP'$，$CR>CQ'$.连 PR'、QP'、RQ'.如图 F12.1.2 所示.

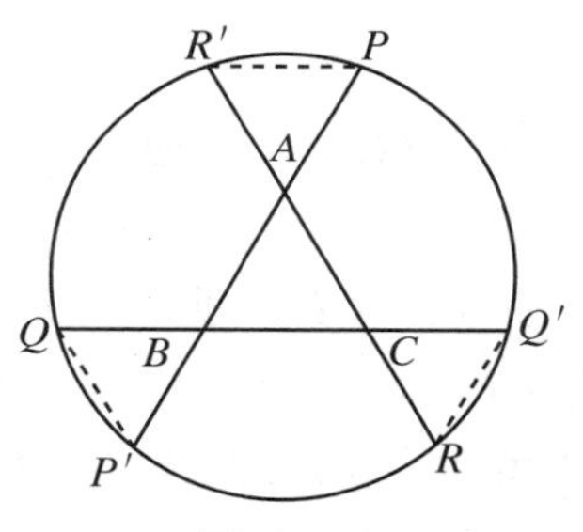

图 F12.1.2

在$\triangle APR'$、$\triangle BQP'$、$\triangle CRQ'$中，则有$\angle R'>\angle P$，$\angle P'>\angle Q$，$\angle Q'>\angle R$，所以$\angle R'+\angle P'+\angle Q'>\angle P+\angle Q+\angle R$.

由圆周角度数定理，$\angle R'\overset{m}{=}\frac{1}{2}\overset{\frown}{PQ'R}$，$\angle P'\overset{m}{=}\frac{1}{2}\overset{\frown}{QR'P}$，$\angle Q'\overset{m}{=}\frac{1}{2}\overset{\frown}{RP'Q}$，$\angle P\overset{m}{=}\frac{1}{2}\overset{\frown}{R'QP'}$，$\angle Q\overset{m}{=}\frac{1}{2}\overset{\frown}{P'RQ'}$，$\angle R\overset{m}{=}\frac{1}{2}\overset{\frown}{Q'PR'}$，所以$\angle R'+\angle P'+\angle Q'\overset{m}{=}\frac{1}{2}(\overset{\frown}{PQ'R}+\overset{\frown}{QR'P}+\overset{\frown}{RP'Q})=180^\circ$，$\angle P+\angle Q+\angle R\overset{m}{=}\frac{1}{2}(\overset{\frown}{R'QP'}+\overset{\frown}{P'RQ'}+\overset{\frown}{Q'PR'})=180^\circ$，所以$\angle R'+\angle P'+\angle Q'=\angle P+\angle Q+\angle R$，与$\angle R'+\angle P'+\angle Q'>\angle P+\angle Q+\angle R$ 矛盾.这表明 $AP\not>AR'$.同理可证 $AP\not<AR'$，所以 $AP=AR'$，所以 $AP=AR'=BQ=BP'=CR=CQ'$.

易证 $PP'=RR'$，所以 $PP'-AP-BP'=RR'-AR'-CR$，即 $AB=AC$.同理可证 $AB=BC$，所以$\triangle ABC$ 是正三角形.

［**范例 2**］ 有两条角平分线相等的三角形是等腰三角形.

分析 1 题目看起来很简单，但直接证明 $AB=AC$ 有一定的困难.困难之处在于没有容易利用的全等三角形.注意到角平分线相等的条件，可想到角平分线上的点到角的两边距离相等，角平分线的交点是内心，切线垂直于过切点的半径以及切线长定理等.这些结果必须通过与 AC、AB 有关的两个三角形全等才起作用.由切线长定理，可知 $AC+BD=AB+DC$，这里 D 是BC 边上的切点，可以设想，如果延长 CB 到B_1，使 $BB_1=AC$，延长 BC 到C_1，使 $CC_1=AB$，则有 $B_1D=C_1D$，设 I 为内心，则 $\mathrm{Rt}\triangle IDB_1\cong\mathrm{Rt}\triangle IDC_1$，从而得到 $IB_1=IC_1$.但是要证明$\triangle IBB_1$ 和$\triangle ICC_1$ 全等或者$\triangle IB_1C$ 和$\triangle IC_1B$ 全等，条件不具备.因此只

能从 $IB_1=IC_1$ 出发，再寻找新的全等三角形. 设 B_1、C_1 在直线 CF、BE 上的射影各是 B_2、C_2. 若能证出 $\text{Rt}\triangle B_1B_2I$ 和 $\text{Rt}\triangle C_1C_2I$ 全等，则有 $\angle B_2B_1I=\angle C_2C_1I$，连同 $\angle IB_1D=\angle IC_1D$，就有 $\angle B_2B_1C=\angle C_2C_1B$. 最后通过 $\text{Rt}\triangle CB_2B_1$ 和 $\text{Rt}\triangle BC_2C_1$ 全等完成证明. 因此，$\text{Rt}\triangle B_1B_2I\cong\text{Rt}\triangle C_1C_2I$ 成为关键. 为此目的，就要证明 $B_1B_2=C_1C_2$. 而 B_1B_2、C_1C_2 各是 $\triangle B_1CF$ 和 $\triangle C_1BE$ 的高，这两个三角形具有等底. 为此只要证 $S_{\triangle B_1CF}=S_{\triangle C_1BE}$. 利用 $FF_1=FF_2$，容易通过媒介 $S_{\triangle ABC}$ 证出这个关于面积的等式.

证明 1 如图 F12.2.1 所示，设角平分线 BE、CF 交于 I，I 是 $\triangle ABC$ 的内心. 设 BC 边和内切圆的切点为 D，连 ID，则 $ID\perp BC$.

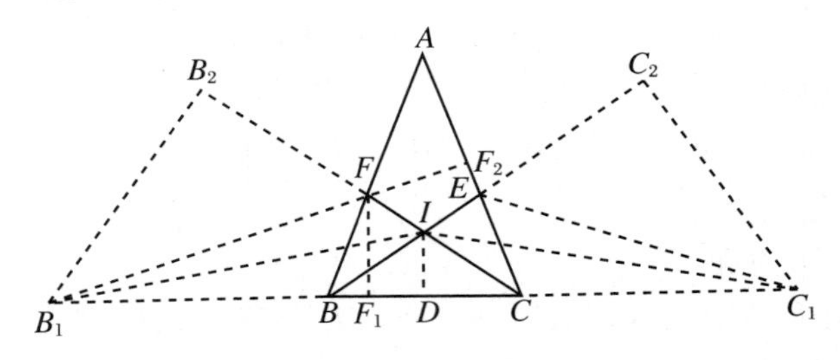

图 F12.2.1

延长 BC 到 C_1，使 $CC_1=AB$，延长 CB 到 B_1，使 $BB_1=AC$. 连 IB_1、IC_1.

作 $B_1B_2\perp CF$，垂足为 B_2，作 $C_1C_2\perp BE$，垂足为 C_2. 连 B_1F、C_1E.

作 $FF_1\perp BC$，垂足为 F_1，作 $FF_2\perp AC$，垂足为 F_2. 因为 CF 是 $\angle ACB$ 的平分线，所以 $FF_1=FF_2$.

由切线长定理，$AC+BD=AB+CD$，即 $B_1B+BD=C_1C+CD$，所以 $B_1D=C_1D$，所以 $\text{Rt}\triangle IB_1D\cong\text{Rt}\triangle IC_1D$，所以 $\angle IB_1D=\angle IC_1D$，$IB_1=IC_1$.

因为 $S_{\triangle B_1FB}=\dfrac{1}{2}B_1B\cdot FF_1$，$S_{\triangle ACF}=\dfrac{1}{2}AC\cdot FF_2$，而 $B_1B=AC$，$FF_1=FF_2$，所以 $S_{\triangle B_1FB}=S_{\triangle ACF}$，所以 $S_{\triangle B_1FC}=S_{\triangle ABC}$. 同理，$S_{\triangle C_1EB}=S_{\triangle ABC}$，所以 $S_{\triangle B_1FC}=S_{\triangle C_1EB}$.

因为 $S_{\triangle B_1FB}=\dfrac{1}{2}CF\cdot B_1B_2$，$S_{\triangle C_1EB}=\dfrac{1}{2}BE\cdot C_1C_2$，$BE=CF$，所以 $B_1B_2=C_1C_2$.

因为 $B_1B_2=C_1C_2$，$IB_1=IC_1$，所以 $\text{Rt}\triangle B_1B_2I\cong\text{Rt}\triangle C_1C_2I$，所以 $\angle B_2B_1I=\angle C_2C_1I$，所以 $\angle B_2B_1I+\angle IB_1D=\angle C_2C_1I+\angle IC_1D$，即 $\angle B_2B_1C=\angle C_2C_1B$，所以 $\text{Rt}\triangle B_1B_2C\cong\text{Rt}\triangle C_1C_2B$，所以 $B_1C=C_1B$，所以 $B_1C-BC=C_1B-BC$，即 $B_1B=C_1C$，所以 $AC=AB$，即 $\triangle ABC$ 是等腰三角形.

分析 2 利用角平分线的长度公式 $t_a=\dfrac{2}{b+c}\sqrt{bcs(s-a)}$，可以通过代数式的因式分解完成证明.

证明 2 设 $BC=a$，$AC=b$，$AB=c$. 记 $s=\dfrac{1}{2}(a+b+c)$. 由角平分线的长度公式，$BE=t_b=\dfrac{2}{a+c}\sqrt{acs(s-b)}$，$CF=t_c=\dfrac{2}{a+b}\sqrt{abs(s-c)}$.

因为 $t_b=t_c$，所以 $t_b^2=t_c^2$，所以 $\dfrac{4}{(a+c)^2}acs(s-b)=\dfrac{4}{(a+b)^2}abs(s-c)$. 因为 $a+b$

$=a+b+c-c=2s-c$，$a+c=2s-b$，上式就是$\frac{c(s-b)}{(2s-b)^2}=\frac{b(s-c)}{(2s-c)^2}$，即

$$c(s-b)(2s-c)^2-b(s-c)(2s-b)^2=0.$$

$$\begin{aligned}
\text{此式左端}&=c(s-b)[(s-c)^2+s^2+2s(s-c)]-b(s-c)[(s-b)^2+s^2+2s(s-b)]\\
&=c(s-b)(s-c)^2+cs^2(s-b)+2cs(s-b)(s-c)-b(s-c)(s-b)^2\\
&\quad-bs^2(s-c)-2bs(s-c)(s-b)\\
&=(s-b)(s-c)[c(s-c)-b(s-b)]+2s(s-b)(s-c)(c-b)\\
&\quad+s^2[c(s-b)-b(s-c)]\\
&=(s-b)(s-c)(c-b)(s-c-b)+2s(s-b)(s-c)(c-b)+s^3(c-b)\\
&=(c-b)[(s-b)(s-c)(s-c-b)+2s(s-b)(s-c)+s^3]\\
&=(c-b)[(s-b)(s-c)(s+a)+s^3].
\end{aligned}$$

因为$(s-b)(s-c)(s+a)+s^3\neq 0$，所以$c-b=0$，即$c=b$，所以$\triangle ABC$是等腰三角形.

分析3 直接证明命题如果有困难，可试用反证法. 这里是通过平移把$BE=CF$的条件转移到$\triangle CFG$中推出矛盾的.

证明3 如果$AB\neq AC$，不妨设$AB>AC$，则有$\angle ACB>\angle ABC$，所以$\angle BCF>\angle CBE$. 在$\triangle BCE$和$\triangle BCF$中，BC为公共边，$BE=CF$，$\angle BCF>\angle CBE$，所以$BF>CE$.

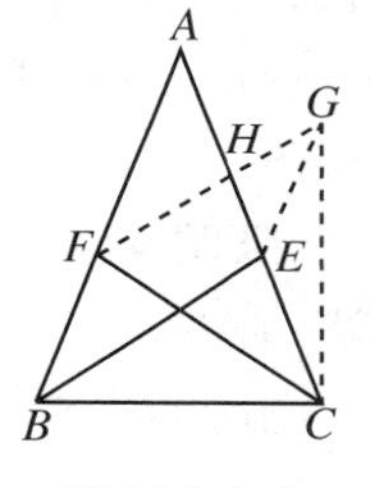

图 F12.2.2

作$FG \underline{\parallel} BE$，连$GE$、$GC$，如图F12.2.2所示，则$BEGF$是平行四边形，所以$BF=EG$，所以$EG>CE$，所以$\angle ECG>\angle EGC$.

因为$BE=GF=CF$，所以$\angle FCG=\angle FGC$.

因为F在AB内，所以$\frac{AF}{AB}<1$. 因为$BE\parallel FH$，所以$\frac{AH}{AE}=\frac{AF}{AB}<1$，所以$H$在$AE$的内部. 但$E$在$AC$的内部，可见$E$在$HC$的内部. 因为$BE=FG>FH$，所以$H$在$F$、$G$之间，所以$E$在$\triangle FGC$的内部，所以$\angle FCE=\angle FCG-\angle ECG$，$\angle FGE=\angle FGC-\angle EGC$，所以$\angle FCE<\angle FGE$.

因为$\angle FGE=\angle FBE=\frac{1}{2}\angle ABC$，$\angle FCE=\frac{1}{2}\angle ACB$，所以$\angle ACB<\angle ABC$，所以$AB<AC$. 这与假设矛盾，表明$AB\not>AC$.

同理可证$AB\not<AC$.

所以$AB=AC$，$\triangle ABC$是等腰三角形.

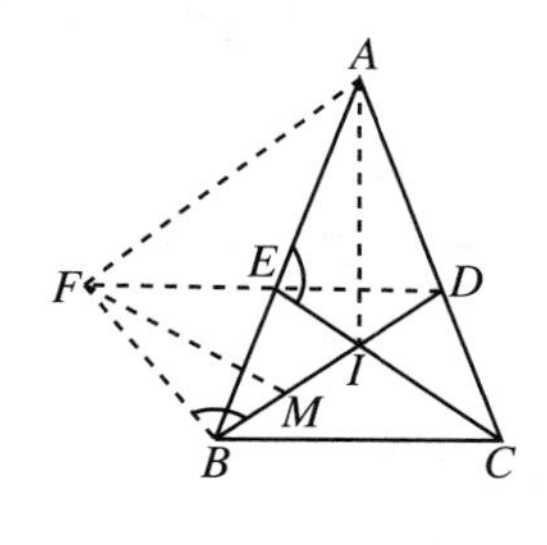

图 F12.3

分析4 通过三角形全等直接证明$AB=AC$有困难. 试作出一个与$\triangle AEC$全等的三角形，很可能改变了要证的两线段AC、AB的位置关系，因而可能不用三角形全等证线段相等.

如图F12.2.3所示，以BD为一边，作$\angle DBF=\angle CEA$，使$BF=AE$. 连DF，容易发现$\triangle BDF\cong\triangle ECA$. 可见$\angle BFD=\angle EAC$，$DF=AC$，所以$B$、$D$、$A$、$F$共圆. 问题转化为证明圆的内接四边形$BDAF$的对角线相等.

注意到圆的内接四边形的对角线相等的充要条件是这个四边

形是等腰梯形(这个命题请读者自己先证一下),而圆的内接梯形必定是等腰梯形,问题又转化为证明 $BD /\!/ AF$.

证明 $BD /\!/ AF$ 时,通过证角相等或证它们同垂直于(或同平行于)第三条直线等方法有困难.注意到"有一双对边相等的圆的内接四边形是等腰梯形"的命题(也请读者证明这个命题),只要证明 $AD = BF$.但很容易看到证明 $AD = BF$ 有困难.

能不能用直线 AF、BD 为底作一个梯形?试连 AI.由于 I 是$\triangle ABC$ 的内心,所以 $\angle EAI = \frac{1}{2}\angle BAC = \frac{1}{2}\angle BFD$.若作$\angle BFD$ 的平分线 FM,设 FM 交 BD 于 M.容易看到 $\triangle BFM \cong \triangle EAI$(角、边、角条件),所以 $FM = AI$.这样只要证明 M、I、A、F 共圆.

由图 F12.2.3 看出,$\angle BMF$ 是$\triangle FMD$ 的外角,所以$\angle BMF = \angle MDF + \angle MFD = \angle MDF + \frac{1}{2}\angle BFD$,另一方面,由 B、D、A、F 共圆知$\angle BDF = \angle BAF$,所以$\angle BMF = \angle BAF + \frac{1}{2}\angle BFD = \angle BAF + \frac{1}{2}\angle BAC = \angle IAF$.可见 M、I、A、F 共圆.这样问题就解决了.

应当说明一点,作$\angle BFD$ 的角平分线 FM 时,只要 M、I 不重合,上述证明就可行.当 M、I 重合时,仍然可证出$\angle BMF = \angle IAF$(此时 M、I 重合),这时由 $FM = AI$(I、M 重合)知$\triangle IAF$ 是等腰三角形,所以$\angle IAF = \angle IFA$,所以$\angle BMF = \angle IFA$(I、M 重合),所以 $BD /\!/ AF$.

证明 4 以 BD 为边作$\angle DBF = \angle CEA$,取 $BF = AE$,连 DF,则$\triangle DBF \cong \triangle CEA$,所以 $DF = AC$,$\angle DFB = \angle CAE$,所以 B、D、A、F 共圆,所以$\angle BDF = \angle BAF$.

作$\angle DFB$ 的平分线 FM,设 FM 交 BD 于 M,BD、CE 交于 I,I 是$\triangle ABC$ 的内心.连 AI.在$\triangle BFM$、$\triangle EAI$ 中,$\angle MBF = \angle IEA$,$BF = AE$,$\angle BFM = \frac{1}{2}\angle DFB = \frac{1}{2}\angle CAE = \angle EAI$,所以$\triangle BFM \cong \triangle EAI$,所以 $FM = AI$.

若 M、I 重合,则$\triangle MAF$ 是等腰三角形,$\angle MAF = \angle MFA$;若 M、I 不重合,$MIAF$ 是四边形,它有一双对边 FM、AI 相等.

因为$\angle BMF$ 是$\triangle MDF$ 的外角,所以$\angle BMF = \angle MDF + \angle DFM$.又$\angle MDF = \angle BAF$,$\angle DFM = \frac{1}{2}\angle DFB = \frac{1}{2}\angle CAE = \angle EAI$,所以$\angle BMF = \angle IAF$.

若 M、I 重合,$\angle IAF = \angle IFA$,所以$\angle BIF = \angle IFA$,所以 $BD /\!/ AF$.若 M、I 不重合,则 M、I、A、F 共圆,又 $FM = AI$,所以 $MIAF$ 是圆的内接等腰梯形.又有 $BD /\!/ AF$,所以 $BDAF$ 是梯形.又 B、D、A、F 共圆,所以 $BDAF$ 是等腰梯形,AB、DF 是其对角线,所以 $AB = DF$.

由于 $DF = AC$,所以 $AB = AC$.

[范例 3] H 为$\triangle ABC$ 的垂心,$BC = a$,$CA = b$,$AB = c$,$AH = a'$,$BH = b'$,$CH = c'$,则$\frac{a}{a'} + \frac{b}{b'} + \frac{c}{c'} = \frac{abc}{a'b'c'}$.

分析 1 把左边的各比值表示成另外的比值然后加起来,即从左边往右边推导.一边推导,一边注意规律和共性.这是一种常用的有效方法.有时不具备部分线段,可以采取凑的方法补上.例如在关于线段的等式两边同加(减)或同乘(除)另外的线段.在这个过程中要注意统一分母.

证明 1 因为 A、C、D、F，B、C、E、F，A、B、D、E 分别共圆，由相交弦定理分别有 $BH \cdot HE = AH \cdot HD = CH \cdot HF$.

所以 $\frac{1}{BH}=\frac{HE}{AH \cdot HD}$，$\frac{1}{AH}=\frac{HD}{AH \cdot HD}$，$\frac{1}{CH}=\frac{HF}{AH \cdot HD}$，所以 $\frac{BC}{AH}=\frac{BC \cdot HD}{AH \cdot HD}$，$\frac{AC}{BH}=\frac{AC \cdot HE}{AH \cdot HD}$，$\frac{AB}{CH}=\frac{AB \cdot HF}{AH \cdot HD}$，所以

$$\begin{aligned}\frac{BC}{AH}+\frac{AC}{BH}+\frac{AB}{CH} &= \frac{BC \cdot HD + AC \cdot HE + AB \cdot HF}{AH \cdot HD} \\ &= \frac{2S_{\triangle BHC}+2S_{\triangle CHA}+2S_{\triangle AHB}}{AH \cdot HD} \\ &= \frac{2S_{\triangle ABC}}{AH \cdot HD}.\end{aligned} \quad ①$$

延长 AD，交外接圆于 P. 作直径 BQ，连 QP、PC、PB. 如图 F12.3.1 所示.

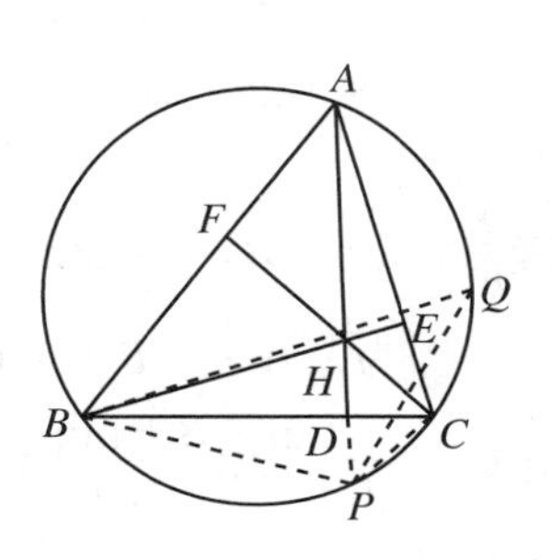

图 F12.3.1

易证 $\angle BAP=\angle BQP=\angle BCF$，$\angle BPQ=\angle HDC=90^\circ$，所以 $\mathrm{Rt}\triangle BPQ \backsim \mathrm{Rt}\triangle HDC$，所以 $\frac{BQ}{BP}=\frac{CH}{HD}$，所以 $HD=\frac{BP \cdot CH}{BQ}$. 易证 $BP=BH$，所以

$$AH \cdot HD = \frac{AH \cdot BH \cdot CH}{BQ}. \quad ②$$

把式②代入式①并注意到 $BQ=2R$，$S_{\triangle ABC}=\frac{abc}{4R}$，则有 $\frac{a}{a'}+\frac{b}{b'}+\frac{c}{c'}=\frac{abc}{a'b'c'}$.

分析 2 等式右边有 abc 连乘积，容易联想到面积公式 $S_{\triangle ABC}=\frac{abc}{4R}$. 把 $\triangle AHB$、$\triangle BHC$、$\triangle CHA$、$\triangle ABC$ 的面积都写出来并注意到它们具有相等的外接圆，于是可利用面积求和的等式推出结论.

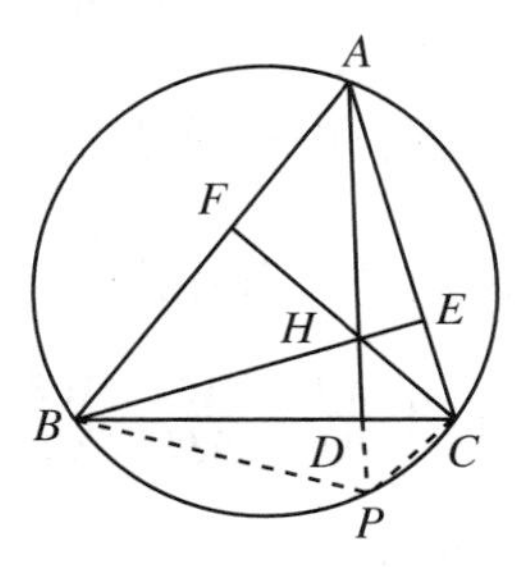

图 F12.3.2

证明 2 延长 AD，交外接圆于 P，连 PB、PC，如图 F12.3.2 所示. 因为 $\angle BCH=\angle BAD=\angle BCP$，$\angle CBH=\angle CAH=\angle CBP$，所以 $\triangle CBH \cong \triangle CBP$，所以 $\triangle CBH$ 的外接圆与 $\triangle CBP$ 的外接圆相等，它们和 $\triangle ABC$ 的外接圆是等圆. 同理，$\triangle ABH$、$\triangle ACH$ 的外接圆与 $\triangle ABC$ 的外接圆是等圆. 设它们的外接圆的半径为 R，则 $S_{\triangle ABC}=\frac{abc}{4R}$，$S_{\triangle BHC}=\frac{ab'c'}{4R}$，$S_{\triangle CHA}=\frac{a'bc'}{4R}$，$S_{\triangle AHB}=\frac{a'b'c}{4R}$.

由 $S_{\triangle ABC}=S_{\triangle AHB}+S_{\triangle BHC}+S_{\triangle CHA}$，就是 $\frac{abc}{4R}=\frac{ca'b'}{4R}+\frac{bc'a'}{4R}+\frac{ab'c'}{4R}$，所以 $ab'c'+bc'a'+ca'b'=abc$. 用 $a'b'c'$ 除之，就是 $\frac{a}{a'}+\frac{b}{b'}+\frac{c}{c'}=\frac{abc}{a'b'c'}$.

分析 3 可以通过折半法把 $\frac{a}{a'}$ 在直角三角形内用锐角的三角函数表示出来. 这只要取外心 O、BC 的中点 D_1，在 $\mathrm{Rt}\triangle OD_1B$ 中，$\frac{BD_1}{OD_1}=\frac{2BD_1}{2OD_1}=\frac{BC}{AH}=\frac{a}{a'}$，可知 $\frac{a}{a'}=\tan\angle BOD_1$. 利用

圆心角和同弧上的圆周角的关系易知$\angle BOD_1=\angle A$，就得到$\frac{a}{a'}+\frac{b}{b'}+\frac{c}{c'}=\tan\angle A+\tan\angle B+\tan\angle C$. 利用熟知的三角恒等式：当$\alpha+\beta+\gamma=180^\circ$时，$\tan\alpha+\tan\beta+\tan\gamma=\tan\alpha\cdot\tan\beta\cdot\tan\gamma$，立得要证的结论.

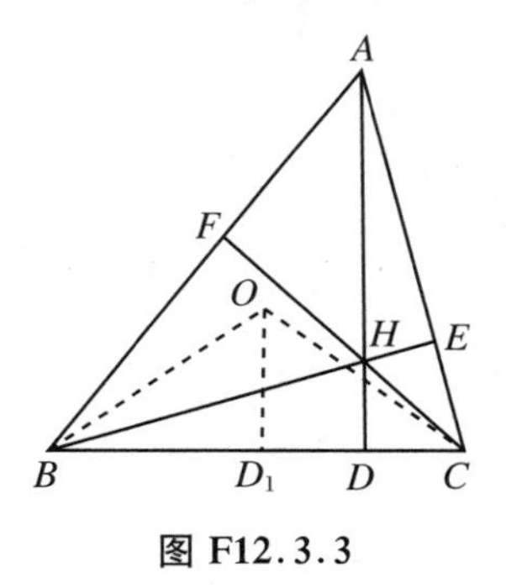

图 F12.3.3

证明 3 设O为$\triangle ABC$的外心，D_1为BC的中点，连OD_1，则$OD_1\perp BC$. 连OC、OB. 如图 F12.3.3 所示.

由第 2 章例 14 的结果知$OD_1=\frac{1}{2}AH$，所以在$\mathrm{Rt}\triangle BD_1O$中，$\tan\angle BOD_1=\frac{BD_1}{OD_1}=\frac{2BD_1}{2OD_1}=\frac{BC}{AH}=\frac{a}{a'}$.

因为$\angle BOD_1=\frac{1}{2}\angle BOC$，$\angle BOC$是圆心角，$\angle A$是同弧对的圆周角，所以$\angle A=\frac{1}{2}\angle BOC=\angle BOD_1$，所以$\frac{a}{a'}=\tan\angle A$. 同理$\frac{b}{b'}=\tan\angle B$，$\frac{c}{c'}=\tan\angle C$.

因为$\angle A+\angle B+\angle C=180^\circ$，所以$\tan\angle A=\tan(180^\circ-\angle B-\angle C)=-\tan(\angle B+\angle C)=\frac{\tan\angle B+\tan\angle C}{\tan\angle B\cdot\tan\angle C-1}$，所以$\tan\angle A+\tan\angle B+\tan\angle C=\tan\angle A\cdot\tan\angle B\cdot\tan\angle C$.

所以$\frac{a}{a'}+\frac{b}{b'}+\frac{c}{c'}=\frac{abc}{a'b'c'}$.

［**范例 4**］ 在$\triangle ABC$中，G为重心，过G任作一直线，交AC、BC、AB（或其延长线）于E、F、P，则$\frac{1}{GE}=\frac{1}{GF}+\frac{1}{GP}$.

分析 1 把求证的等式化成比例式，例如化成$\frac{GP}{EG}=\frac{GP}{GF}+1=\frac{GP+GF}{GF}$，于是只要分别求出$\frac{GP}{EG}$和$\frac{GP+GF}{GF}$. 因为$GP$、$EG$、$GF$共线，直接证明它们相等有困难，为此采用媒介法. 这就要选取适当的与$\frac{GP}{EG}$和$\frac{GP+GF}{GF}$都有联系的线段比为媒介. 注意到题目中有重心条件，可作出中线AD. 于是$AG=2GD$. 为把$\frac{GP}{EG}$用另外的比值代替，一般采用平行截比定理. 过B作PE的平行线，交AD于Q，交AC于H，则有$\frac{GP}{EG}=\frac{BQ}{QH}$. 容易证明$\frac{BQ}{QH}=\frac{AC}{AH}$，$\frac{AQ}{QD}=2\frac{AH}{HC}$（这是第 5 章例 2 的结果），这样就可用$\frac{DQ}{AQ}$表示$\frac{BQ}{QH}$. 另一方面，借助于$\triangle APG$、$\triangle DBQ$中两次相似，又可得到用$\frac{DQ}{AQ}$表示$\frac{GP+GF}{GF}$的式子. 于是$\frac{DQ}{AQ}$可作为媒介比值.

证明 1 如图 F12.4.1 所示，连AG并延长，交BC于D，则AD是BC边的中线，$AG=2GD$.

过B作PE的平行线，交AD于Q，交AC于H.

由$\triangle APG\backsim\triangle ABQ$知$\frac{GP}{BQ}=\frac{AG}{AQ}=\frac{2GD}{AQ}$. ①

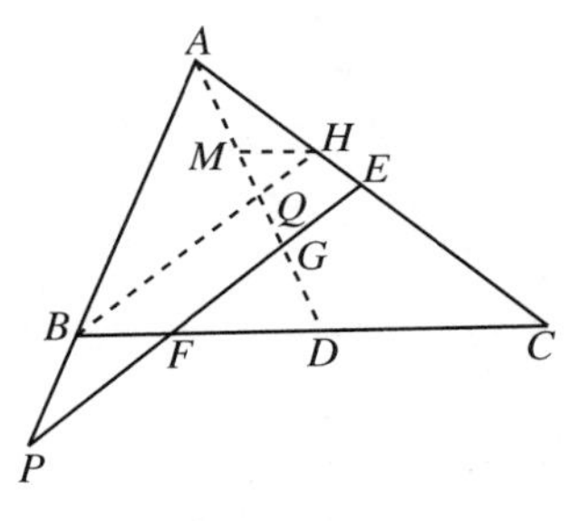

图 F12.4.1

由$\triangle DFG \backsim \triangle DBQ$知$\dfrac{BQ}{FG}=\dfrac{DQ}{DG}$.　②

式①×式②得$\dfrac{GP}{FG}=2\dfrac{DQ}{AQ}$.　③

由第5章例2的结论,$\dfrac{AQ}{QD}=2\dfrac{AH}{HC}$,所以$\dfrac{HC}{AH}=2\dfrac{DQ}{AQ}$.　④

由式③、式④,得$\dfrac{HC}{AH}=\dfrac{GP}{FG}$,所以$\dfrac{HC+AH}{AH}=\dfrac{GP+GF}{GF}$,即$\dfrac{AC}{AH}=\dfrac{GP+GF}{GF}$.　⑤

作$HM/\!/BC$,交AD于M,由$\triangle ACD \backsim \triangle AHM$,得$\dfrac{AC}{AH}=\dfrac{DC}{HM}=\dfrac{BD}{HM}$.又$\triangle BQD \backsim \triangle HQM$,所以$\dfrac{BD}{HM}=\dfrac{BQ}{HQ}$,所以$\dfrac{AC}{AH}=\dfrac{BQ}{QH}$,由式⑤,$\dfrac{BQ}{QH}=\dfrac{GP+GF}{GF}$.

因为$BH/\!/PE$,所以$\dfrac{BQ}{QH}=\dfrac{PG}{GE}$,所以$\dfrac{PG}{GE}=\dfrac{GP+GF}{GF}$.用$PG$除此式,得到$\dfrac{1}{GE}=\dfrac{1}{GF}+\dfrac{1}{GP}$.

分析2　把$\dfrac{1}{GE}=\dfrac{1}{GF}+\dfrac{1}{GP}$变形为$\dfrac{GE}{GF}+\dfrac{GE}{GP}=1$,此时需要将$\dfrac{GE}{GF}$和$\dfrac{GE}{GP}$都用另外的比值代替,这两个比值要有公共分母.作出$BH/\!/PE$,可以得到$\dfrac{GE}{GP}=\dfrac{QH}{QB}$,为借助平行截比定理得到$\dfrac{GE}{GF}$,只要作出$AB$边的中线$CM$.设$CM$交$BH$于$N$,就得到$\dfrac{GE}{GF}=\dfrac{NH}{NB}$.只要证出$\dfrac{QH}{QB}+\dfrac{NH}{NB}=1$.虽然$QH$、$QB$、$NH$、$NB$仍在一条直线上,但从$H$作$AD$、$CM$的平行线后很容易把$\dfrac{QH}{QB}$、$\dfrac{NH}{NB}$转化到$\dfrac{AH}{AC}$和$\dfrac{CH}{AC}$.问题就解决了.

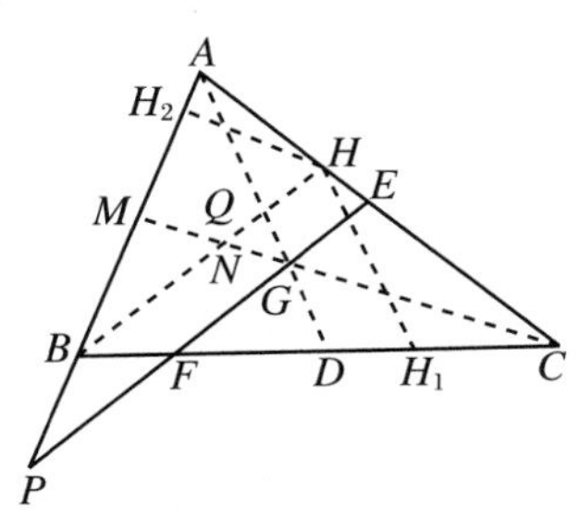

图 F12.4.2

证明2　如图F12.4.2所示,作BC、AB边的中线AD、CM,它们交于G,作$BH/\!/PE$,交CM、AD、AC于N、Q、H,作$HH_1/\!/AD$,交BC于H_1,作$HH_2/\!/CM$,交AB于H_2.

由平行截比定理,$\dfrac{GE}{GF}=\dfrac{NH}{NB}$,$\dfrac{GE}{GP}=\dfrac{QH}{QB}$.而$\dfrac{QH}{QB}=\dfrac{DH_1}{DB}=\dfrac{DH_1}{DC}=\dfrac{AH}{AC}$,$\dfrac{NH}{NB}=\dfrac{MH_2}{MB}=\dfrac{MH_2}{MA}=\dfrac{CH}{AC}$,所以$\dfrac{GE}{GF}+\dfrac{GE}{GP}=\dfrac{NH}{NB}+\dfrac{QH}{QB}=\dfrac{CH}{AC}+\dfrac{AH}{AC}=\dfrac{CH+AH}{AC}=1$,所以$\dfrac{1}{GE}=\dfrac{1}{GF}+\dfrac{1}{GP}$.

分析3　把$\dfrac{1}{GE}$、$\dfrac{1}{GF}$、$\dfrac{1}{GP}$中的两个先求出来进行(加或减的)运算,证出运算的结果等于第三个值是一种基本方法.但$\dfrac{1}{GP}$这类表达式不能直接在几何图上找到表达式,需借助于线段或线段比值的等式推得.为得到包含GP、GE、GF的比值,可以采用过G作$MN/\!/BC$,作中线AD这类常用辅助线.如图F12.4.3所示,容易看出$GM=GN$,因此

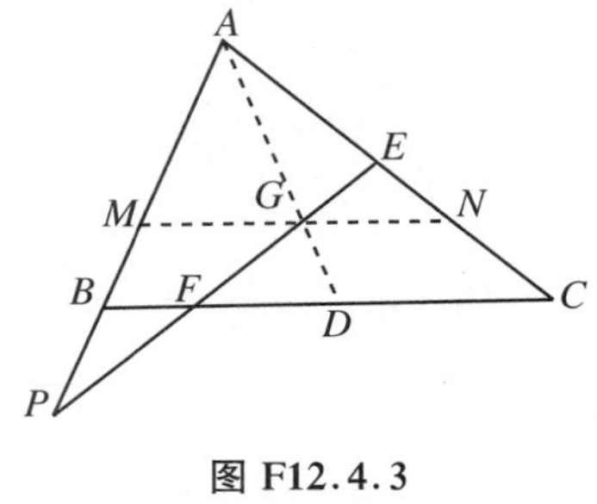

图 F12.4.3

$$\frac{GF}{GE}=\frac{EF}{GE}-1=\frac{FC}{GN}-1,$$

$$\frac{GF}{GP}=\frac{GP-PF}{GP}=1-\frac{PF}{GP}=1-\frac{BF}{GM}.$$

所以$\frac{GF}{GE}-\frac{GF}{GP}=\left(\frac{FC}{GN}-1\right)-\left(1-\frac{BF}{GM}\right)=\frac{BC}{GN}-2=\frac{2DC}{GN}-2$. 注意到 G 为重心，所以$\frac{DC}{GN}=\frac{AD}{AG}=\frac{3}{2}$，代入上式立得$\frac{GF}{GE}-\frac{GF}{GP}=1$，即$\frac{1}{GE}=\frac{1}{GF}+\frac{1}{GP}$.（证明略.）

［**范例 5**］ AB 为$\odot O$ 的直径，C 为 AB 内的一个定点，MN 切$\odot O$ 于 A，在 MN 上任取一点 D，以 D 为圆心，DC 为半径的$\odot D$ 交 MN 于 X、Y. 连 BX、BY，设 BX、BY 分别交$\odot O$ 于 E、F，则 EF 过定点.

分析 1 过定点的问题一般来说与定值问题有关，我们先试着用特殊位置的图形寻找这个定点. 若使 D 与 A 重合，则两圆的公共弦必与 MN 平行，这时 EF 也与 MN 平行，由此可想到这个定点应在 AB 内. 问题转化为证明$\frac{AP}{PB}$为定值. 在图 F12.5.1 这种特殊图形中，连 AF，易得$\frac{AP}{PB}=\frac{AF^2}{BF^2}=\left(\frac{AY}{AB}\right)^2=\left(\frac{AC}{AB}\right)^2$. 再考虑一般情形，如图 F12.5.2 所示.

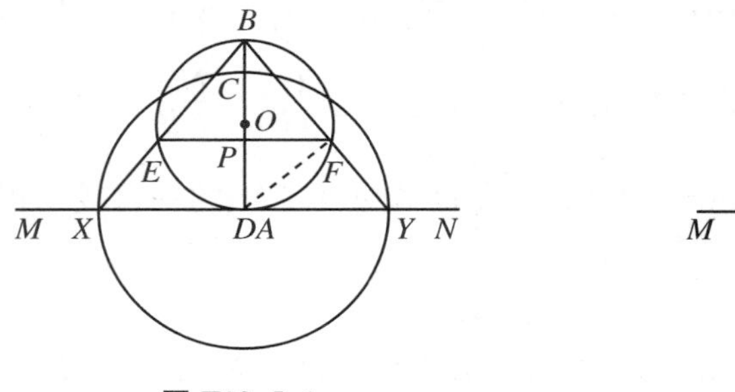

图 F12.5.1

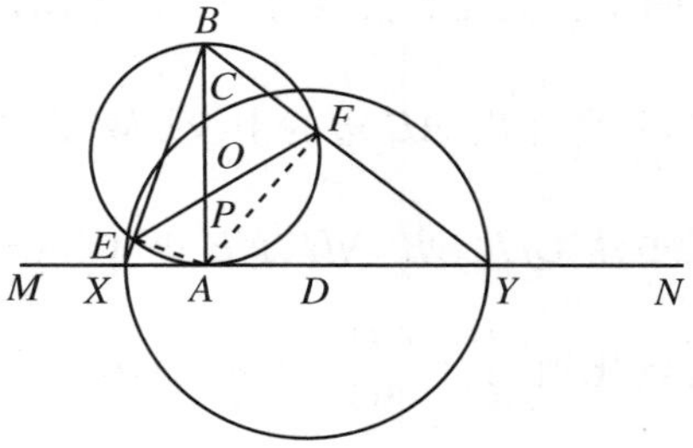

图 F12.5.2

由 Rt$\triangle AFY\backsim$Rt$\triangle BFA$，Rt$\triangle AEX\backsim$Rt$\triangle BEA$，可得到

$$\frac{AF}{BF}\cdot\frac{AE}{BE}=\frac{AY}{AB}\cdot\frac{AX}{AB}.$$

注意到 $AC^2=AX\cdot AY$，上式就是

$$\frac{AF}{BF}\cdot\frac{AE}{BE}=\frac{AC^2}{AB^2}.$$

在$\odot O$ 内，$\triangle BPF\backsim\triangle EPA$，$\triangle BPE\backsim\triangle FPA$，所以$\frac{AE}{BF}=\frac{PA}{PF}$，$\frac{AF}{BE}=\frac{PF}{PB}$.

把这两个等式相乘，就是$\frac{AF\cdot AE}{BF\cdot BE}=\frac{PA}{PB}$. 这就证出$\frac{AP}{PB}=\frac{AC^2}{AB^2}$为定值.

分析 2 设 EF 交 AB 于 P，我们考虑$\frac{PA}{PB}$. 为此过 P 点作 $QR\parallel MN$，设 QR 与 BX、BY 各交于 Q、R，如图 F12.5.3 所示. 这样可用相似三角形和平行截比定理求出$\frac{PA}{PB}$.

设 QR 交⊙O 于 E_1、F_1，直线 BF_1 交 MN 于 Y_1. 在 $\triangle BAY_1$ 中，$\frac{AB}{PB}=\frac{AY_1}{PF_1}$，所以 $\frac{AB^2}{PB^2}=\frac{AY_1^2}{PF_1^2}$. 注意到 AB 是直径，可知 $PF_1^2=PA\cdot PB$. 代入上式后就是 $\frac{PA}{PB}=\frac{AY_1^2}{AB^2}$. 问题归结为证明 AY_1 是定值.

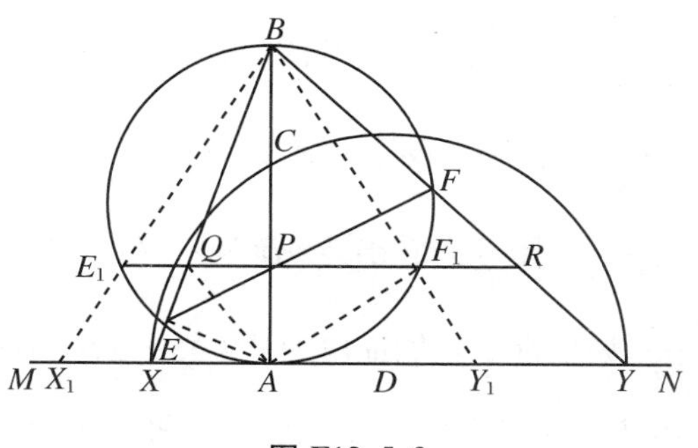

图 F12.5.3

连 AQ. 易见 P、A、E、Q 共圆，所以 $\angle PAQ=\angle PEQ$. 又 $\angle PEQ \overset{m}{=} \frac{1}{2}\overset{\frown}{BF}$，$\angle BRE_1 \overset{m}{=} \frac{1}{2}(\overset{\frown}{BE_1}-\overset{\frown}{FF_1}) \overset{m}{=} \frac{1}{2}\overset{\frown}{BF}$，所以 $\angle PAQ=\angle BRQ$，即 B、R、A、Q 共圆. 由相交弦定理知，$PA\cdot PB=PQ\cdot PR$，所以 $PF_1^2=PQ\cdot PR$，即 $\frac{PF_1}{PQ}=\frac{PR}{PF_1}$.

由 $E_1F_1 /\!/ MN$ 可得 $\frac{AY_1}{AX}=\frac{AY}{AY_1}$，即 $AY_1^2=AX\cdot AY$. 另一方面，从⊙D 来看，XY 是直径，由射影定理，$AC^2=AX\cdot AY$.

所以 $AC^2=AY_1^2$，即 AY_1 是定值.

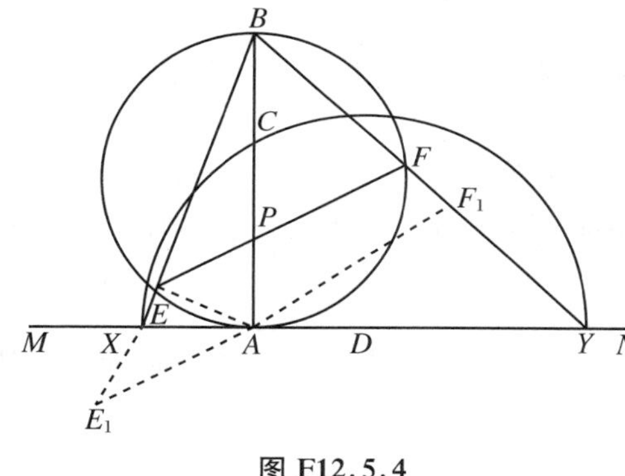

图 F12.5.4

分析 3 把分析 2 中的 $E_1F_1 /\!/ MN$ 的辅助线改为过 A 作 $E_1F_1 /\!/ EF$，设 E_1F_1 交直线 BX、BY 于 E_1、F_1，如图 F12.5.4 所示. 同样可证出 $\frac{PA}{PB}$ 是定值. 略证如下：

由 $\triangle BPE \backsim \triangle BAE_1$，$\triangle BPF \backsim \triangle BAF_1$ 知 $\frac{PB}{AB}=\frac{PE}{AE_1}$，$\frac{PB}{AB}=\frac{PF}{AF_1}$，因此

$$\frac{PB^2}{AB^2}=\frac{PE\cdot PF}{AE_1\cdot AF_1}. \quad ①$$

由相交弦定理，有

$$PE\cdot PF=PA\cdot PB. \quad ②$$

连 AE，则 $\angle ABF=\angle AEF$. 在 Rt$\triangle ABY$ 中，$\angle ABF=90^\circ-\angle AYB$. 在 Rt$\triangle AEB$ 中，$\angle AEF=90^\circ-\angle BEF$. 因为 $EF /\!/ E_1F_1$，所以 $\angle BEF=\angle BE_1F_1$，所以 $\angle BE_1F_1=\angle AYB$. 可见 E_1、Y、F_1、X 四点共圆，于是

$$AE_1\cdot AF_1=AX\cdot AY. \quad ③$$

在⊙D 中，XY 是直径，所以

$$AX\cdot AY=AC^2. \quad ④$$

由式①、式②、式③、式④，我们得到

$$\frac{PA}{PB}=\frac{AC^2}{AB^2}.$$

［**范例 6**］ 顶角为 20° 的等腰三角形，若底长为 a，腰长为 b，则 $a^3+b^3=3ab^2$.

分析1 把要证的等式变形，成为$\frac{a^2}{b}+\frac{b^2}{a}=3b$. 这里的$\frac{a^2}{b}$和$\frac{b^2}{a}$是可由$a$、$b$利用作图的方法得到的. 例如设$\frac{a^2}{b}=x$，则$a^2=b\cdot x$. 可见$a$是$b$和$x$的比例中项. 如果作出$\angle CBP=\angle A=20^\circ$，则容易看出$\triangle ABC\backsim\triangle BPC$，所以$\frac{BC^2}{AC}=CP$，即$\frac{a^2}{b}=CP=b-AP$，所以$AP=b-\frac{a^2}{b}$. 如果进一步能证出$AP=\frac{b^2}{a}-2b$，即$\frac{AP}{b}=\frac{b-2a}{a}$，则命题成立. 考虑到$\angle ABP=60^\circ$，$\angle BAP=20^\circ$的特点，只要连续作两个与原三角形全等的等腰三角形$\triangle CAD$和$\triangle DAE$，则$\triangle ABE$就是正三角形，所以$BE=b$，所以$PQ=b-2a$.

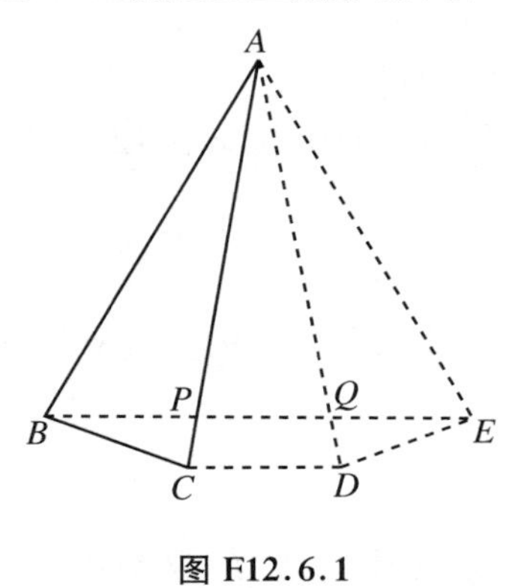

图 F12.6.1

证明1 作$\triangle CAD$、$\triangle DAE$与$\triangle ABC$全等，连BE，如图F12.6.1所示，则$\angle BAE=3\times 20^\circ=60^\circ$，所以$\triangle ABE$是正三角形.

因为$\angle PBC=\angle ABC-\angle ABE=80^\circ-60^\circ=20^\circ=\angle BAC$，所以$\triangle ABC\backsim\triangle BPC$，所以$\frac{BC}{AC}=\frac{CP}{BC}$，所以$CP=\frac{BC^2}{AC}=\frac{a^2}{b}$.

由对称性，$BP=EQ=a$，所以$PQ=BE-BP-EQ=b-2a$.

因为$\angle APQ=\angle BPC=\angle BCP=\angle ACD$，所以$PQ\parallel CD$，所以$\frac{AP}{AC}=\frac{PQ}{CD}$，所以$AP=\frac{AC\cdot PQ}{CD}=\frac{b(b-2a)}{a}=\frac{b^2}{a}-2b$.

因为$AP+CP=AC=b$，将AP、CP表达式代入，得到$\frac{a^2}{b}+\frac{b^2}{a}=3b$，所以$a^3+b^3=3ab^2$.

分析2 由于$\angle ABP=60^\circ$，考虑作出含60°角的直角三角形，则这个直角三角形的各边可用b表示出来：$BE=\frac{1}{2}b$，$AE=\frac{\sqrt{3}}{2}b$，$PE=\frac{1}{2}b-a$.

另一方面，利用三角形相似求出$CP=\frac{a^2}{b}$（见分析1），$AP=b-\frac{a^2}{b}$，在$\mathrm{Rt}\triangle AEP$中又可通过勾股定理把a和b的表达式联系起来，这样就证出了这个命题.

证明2 作$\angle BAE=30^\circ$，作$BE\perp AE$，垂足为E，如图F12.6.2所示，则$\angle ABE=60^\circ$，$\angle EBC=80^\circ-60^\circ=20^\circ$，所以$\triangle ABC\backsim\triangle BPC$，所以$BC^2=AC\cdot CP$，所以$CP=\frac{BC^2}{AC}=\frac{a^2}{b}$，所以$AP=AC-CP=b-\frac{a^2}{b}$. 易知$BP=BC=a$.

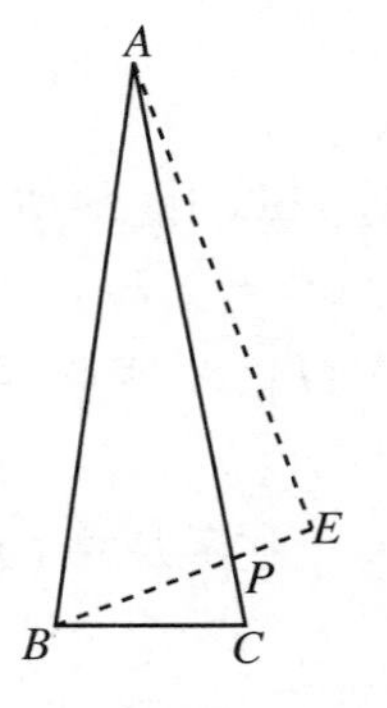

图 F12.6.2

在$\mathrm{Rt}\triangle ABE$中，$BE=\frac{1}{2}AB=\frac{b}{2}$，$AE=\frac{\sqrt{3}}{2}b$，$PE=BE-BP=\frac{1}{2}b-a$.

在 Rt△AEP 中，由勾股定理，$AP^2=AE^2+PE^2$，即$\left(b-\frac{a^2}{b}\right)^2=\left(\frac{\sqrt{3}}{2}b\right)^2+\left(\frac{1}{2}b-a\right)^2$.

所以 $a^3+b^3=3ab^2$.

分析 3 证明1中我们得到 $CD=\frac{a^2}{b}$.能不能用作图的办法再求得$\frac{b^2}{a}$呢？由类比的方法知，这只要作出一个以 b 为底边，顶角为20°的等腰三角形△EAB，则可得到 $AE=\frac{b^2}{a}$.这时只要证 $AE+CD=3b$，即 $AE+AC-AD=3AC$ 或者 $AE-AD=2AC$.问题转化成线段和、差问题.在 AE 上先用截取法，取 $AF=2AC$，只要证出 $AD=EF$.为通过全等三角形证明线段相等，作出$\angle EFN=\angle ADB=100^\circ$，若能证出 $BD=FN$，则由$\triangle ABD\cong\triangle ENF$ 可得 $AD=EF$.但 $BD=FN$ 不能从这两个三角形中得到证明，因此通过另外的全等三角形来证.取 AF 的中点 M，则 $MF=AC=b$，若能证出$\triangle MFN\cong\triangle ABC$，则 $FN=BC=BD$.注意到由 $AC=AM=MF$ 推知$\angle ACF=90^\circ$，由$\angle FNE=180^\circ-20^\circ-100^\circ=60^\circ=\angle CAE$，所以 F、N、C、A 共圆，所以$\angle ANF=\angle ACF=90^\circ$，所以$\triangle MNF$ 是等腰三角形，且有$\angle FMN=180^\circ-2(180^\circ-100^\circ)=20^\circ$，所以$\triangle ABC\cong\triangle MFN$.

证明 3 如图 F12.6.3 所示，作$\angle CBD=20^\circ$，BD 交 AC 于 D.由$\triangle ABC\backsim\triangle BCD$ 知 $BC^2=CD\cdot AC$，所以 $CD=\frac{BC^2}{AC}=\frac{a^2}{b}$.

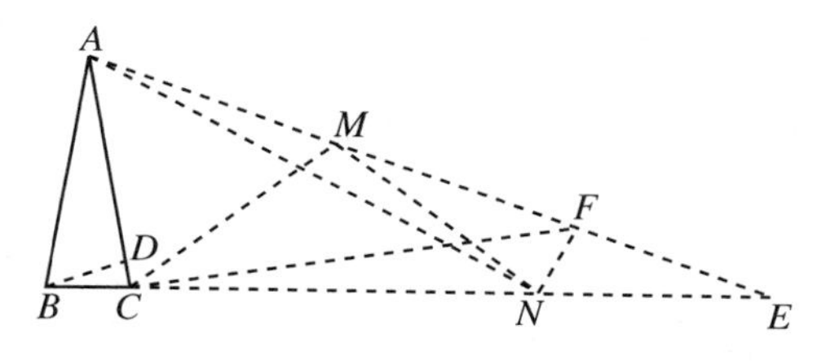

图 F12.6.3

作$\angle CAE=60^\circ$，设 AE 交 BC 的延长线于 E，则$\angle ACE=100^\circ$.作$\angle ACM=60^\circ$，设 CM 交 AE 于 M.作$\angle MCF=30^\circ$，设 CF 交 ME 于 F.作$\angle EFN=100^\circ$，设 FN 交 CE 于 N.连 AN、MN.

因为$\angle BAE=60^\circ+20^\circ=80^\circ=\angle ABE$，所以 $EA=EB$，$\angle AEB=20^\circ$，所以$\triangle EAB\backsim\triangle ABC$，所以 $BA^2=BC\cdot BE$，所以 $BE=\frac{BA^2}{BC}=\frac{b^2}{a}$.

因为$\angle ACF=60^\circ+30^\circ=90^\circ$，所以$\triangle ACF$ 是直角三角形.因为$\triangle ACM$ 是正三角形，所以 $MA=MC$，所以 M 是 Rt△ACF 的斜边的中点，所以 $AM=MF$，即 $AF=2AC=2b$.

因为$\angle FNE=180^\circ-20^\circ-100^\circ=60^\circ=\angle CAF$，所以 F、N、C、A 共圆，所以$\angle ANF=\angle ACF=90^\circ$.又 M 是其斜边的中点，所以 $MF=MN=AC$.

因为$\angle MFN=180^\circ-100^\circ=80^\circ$，所以等腰$\triangle MFN\cong\triangle ABC$，所以 $FN=BC=BD$.

在$\triangle ABD$ 和$\triangle EFN$ 中，$\angle BAC=\angle E=20^\circ$，$\angle EFN=\angle ADB=100^\circ$，$FN=BD$，所以$\triangle ABD\cong\triangle ENF$，所以 $AD=EF$.

所以 $AE=AF+EF=2b+AD=2b+(b-CD)$，所以 $AE+CD=3b$，即$\frac{b^2}{a}+\frac{a^2}{b}=3b$，

所以 $a^3+b^3=3ab^2$.

［范例 7］ 以$\triangle ABC$ 的三边为底边向外分别作顶角为 120° 的等腰三角形$\triangle ABC_1$、$\triangle BCA_1$、$\triangle CAB_1$，则$\triangle A_1B_1C_1$ 是正三角形.

分析 1 对一些几何习题，不仅要会分析和解决，而且还要对结果充分理解，有的重要结果要记住.这样就能开阔眼界，有助于解题能力的提高.例如对下述命题"从$\triangle ABC$ 三边同时向外作三个正三角形$\triangle ABC_2$、$\triangle BCA_2$、$\triangle CAB_2$，则$\triangle ABC_2$、$\triangle BCA_2$、$\triangle CAB_2$ 的外接圆共点且 $AA_2=BB_2=CC_2$"的结果比较熟悉时，对本题的证明将有一定的帮助.要证$\triangle A_1B_1C_1$ 是正三角形，能不能把它的三边与 AA_2、BB_2、CC_2 都建立一种比例关系呢？这就要寻找以 A_1B_1、B_1C_1、C_1A_1 和 AA_2、BB_2、CC_2 为边的相似三角形.注意到$\dfrac{BA_1}{BA_2}=\dfrac{BC_1}{BA}=\sqrt{3}$，$\angle ABA_2=\angle C_1BA_1$，可立刻推得$\triangle ABA_2\backsim\triangle C_1BA_1$.

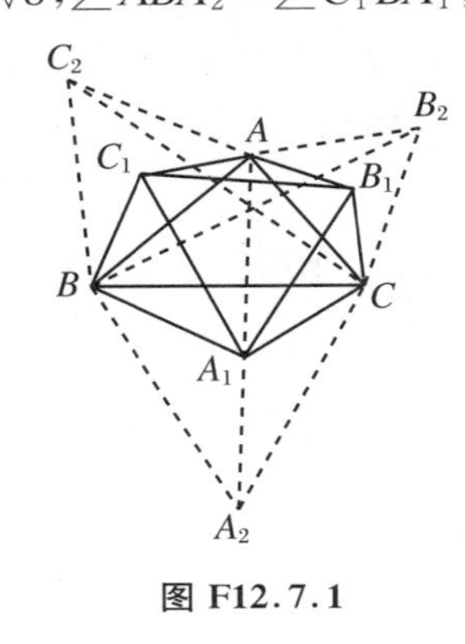

图 F12.7.1

证明 1 如图 F12.7.1 所示，以 AB、BC、CA 为边向$\triangle ABC$ 外各作正$\triangle ABC_2$、正$\triangle BCA_2$、正$\triangle CAB_2$，连 AA_2、BB_2、CC_2.易证$\triangle ABA_2\cong\triangle C_2BC$，所以 $AA_2=CC_2$.同理，$AA_2=BB_2$.

因为 $C_1A=C_1B$，$\angle AC_1B=120^\circ$，所以 C_1 是正$\triangle ABC_2$ 的中心，所以$\dfrac{AB}{BC_1}=\sqrt{3}$.同理$\dfrac{BC}{BA_1}=\sqrt{3}$，所以$\dfrac{AB}{BC_1}=\dfrac{BA_2}{BA_1}$.注意到

$$\angle ABA_2=\angle ABC+60^\circ=30^\circ+\angle ABC+30^\circ=\angle C_1BA_1,$$

所以$\triangle C_1BA_1\backsim\triangle ABA_2$，所以$\dfrac{AA_2}{C_1A_1}=\dfrac{AB}{BC_1}=\sqrt{3}$.同理

$$\frac{BB_2}{B_1A_1}=\frac{CC_2}{B_1C_1}=\sqrt{3},$$

即

$$\frac{AA_2}{C_1A_1}=\frac{BB_2}{A_1B_1}=\frac{CC_2}{B_1C_1}.$$

因为 $AA_2=BB_2=CC_2$，所以 $C_1A_1=A_1B_1=B_1C_1$，所以$\triangle A_1B_1C_1$ 是正三角形.

分析 2 关于正三角的证明，除证明 1 那样证明边相等之外，还可证明内角都是 60°.为把$\triangle A_1B_1C_1$ 的内角求出来，采取分割计算的办法.考虑到已知条件中$\angle A_1$、$\angle B_1$、$\angle C_1$ 为 120°的特点，能不能把这个条件集中到$\triangle A_1B_1C_1$ 内部呢？联想到三角形内的费马点就是对三边张角为 120°的点，先将$\triangle ABC$ 的费马点作出来试试.实际上$\triangle ABC$ 的费马点就是证明 1 中正$\triangle ABC_2$、正$\triangle BCA_2$、正$\triangle CAB_2$ 的外接圆的公共点，设其为 O.容易看出 A_1、B_1、C_1 是这三个外接圆的圆心，A_1C、B_1C、C_1A 分别是这三个外接圆的半径，所以 $OA_1=A_1C=A_1B$，$OB_1=B_1C=B_1A$，$OC_1=C_1B=C_1A$，所以$\triangle OA_1B_1\cong\triangle CA_1B_1$，$\triangle OB_1C_1\cong\triangle AB_1C_1$，$\triangle OC_1A_1\cong\triangle BC_1A_1$.最后可证出$\angle A_1C_1B_1=\angle A_1C_1O+\angle OC_1B_1=\angle A_1C_1B+\angle AC_1B_1=\dfrac{1}{2}\angle AC_1B=\dfrac{1}{2}\times120^\circ=60^\circ$.其余同理.

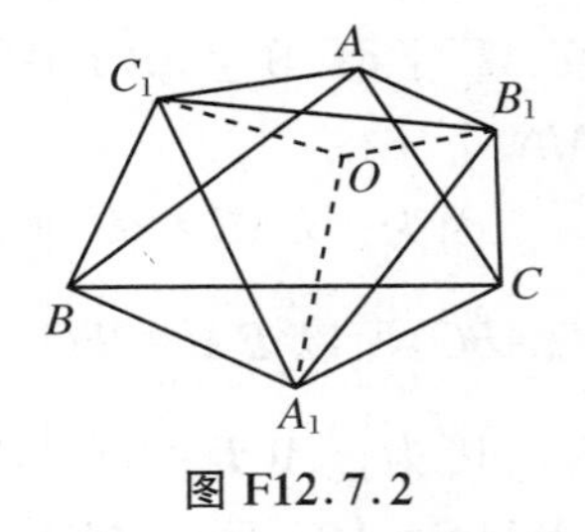

图 F12.7.2

证明 2 分别以 A_1、B_1 为圆心，A_1C、B_1C 为半径画弧，在$\triangle ABC$ 内部交于O 点.显然 O 点是以BC、AC 为边向$\triangle ABC$ 外作的两个正三角形的外接圆的交点，所以 O 也在以 AB

为边向$\triangle ABC$外作的正三角形的外接圆上，所以$OA_1=A_1C=A_1B$，$OB_1=B_1C=B_1A$，$OC_1=C_1A=C_1B$，所以$\triangle OA_1B_1\cong\triangle CA_1B_1$，$\triangle OB_1C_1\cong\triangle AB_1C_1$，$\triangle OC_1A_1\cong\triangle BC_1A_1$，所以$\angle OA_1B_1=\angle CA_1B_1$，$\angle OA_1C_1=\angle BA_1C_1$，所以$\angle B_1A_1C_1=\dfrac{1}{2}\angle CA_1B=\dfrac{1}{2}\times 120^\circ=60^\circ$. 同理，$\angle A_1B_1C_1=\angle B_1C_1A_1=60^\circ$，所以$\triangle A_1B_1C_1$是正三角形.

分析3 以$\triangle ABC$的三边为基础向形外作等腰三角形、正三角形或正方形等的问题，我们统称为外翻问题. 如果是向形内作这些图形，则称内翻问题. 有的边向外作，有的边向内作，则称内外翻问题. 这些问题由于实质相同，存在着一定的联系. 有时我们可以利用其中的一些结果推导出另外的结果. 例如本题的另一种证明就可以借助命题“以$\triangle ABC$的边AB、AC为底边，向外各作顶角为120°的等腰三角形$\triangle ABC_1$、$\triangle ACB_1$，再以BC为底边向内作顶角为120°的等腰三角形$\triangle BCD$，则AB_1DC_1是平行四边形”的结果和证明过程完成. 事实上$\triangle BCD$和$\triangle BCA_1$是关于BC轴对称的图形，所以BA_1CD是含有120°和60°角的菱形，所以$A_1D=A_1B$，$B_1D=AC_1=BC_1$. 这样我们看到，只要证出$\angle A_1DB_1=\angle A_1BC_1$，则有$\triangle A_1DB_1\cong\triangle A_1BC_1$，所以$A_1B_1=A_1C_1$. 同理$A_1B_1=A_1C_1=B_1C_1$. 由于$\angle A_1BC_1=\angle ABC+\angle A_1BC+\angle ABC_1=\angle ABC+60^\circ$，$\angle A_1DB_1=\angle A_1DC+\angle CDB_1=\angle CDB_1+60^\circ$. 可见只要证明$\angle ABC=\angle CDB_1$. 这容易由$\triangle ABC\backsim\triangle B_1DC$得到.

证明3 取A_1关于BC的对称点D，则D在$\triangle ABC$内. 连DB、DC、DB_1、DC_1、DA_1. 如图F12.7.3所示.

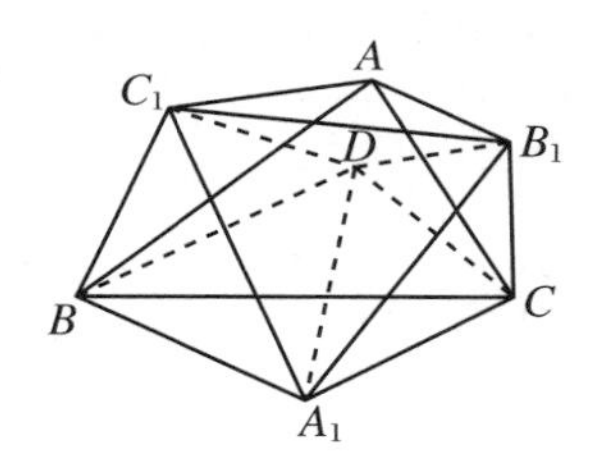

图 F12.7.3

因为$\angle DCB_1=\angle DCA+\angle ACB_1=\angle DCA+30^\circ=\angle BCD+\angle DCA=\angle BCA$，$\dfrac{DC}{BC}=\dfrac{CB_1}{AC}=\dfrac{\sqrt{3}}{3}$，所以$\triangle DCB_1\backsim\triangle BCA$，所以$\angle CDB_1=\angle ABC$. 同理$\triangle BC_1D\backsim\triangle BAC$，又有$\angle C_1BD=\angle ABC$，$\angle BDC_1=\angle BCA$，所以$\angle C_1BD=\angle CDB_1$，$\angle BDC_1=\angle DCB_1$.

因为$\triangle BDC$是等腰三角形，$BD=DC$. 在$\triangle BC_1D$和$\triangle DB_1C$中，$BD=DC$，$\angle C_1BD=\angle CDB_1$，$\angle BDC_1=\angle DCB_1$，所以$\triangle BC_1D\cong\triangle DB_1C$，所以$BC_1=DB_1$.

在$\triangle A_1BC_1$和$\triangle A_1DB_1$中，$BC_1=DB_1$. 注意到A_1CDB是内角为120°和60°的菱形，所以$\triangle A_1BD$是正三角形，所以$A_1B=A_1D$. 因为$\angle A_1BC_1=\angle A_1BC+\angle ABC+\angle ABC_1=60^\circ+\angle ABC$，$\angle A_1DB_1=\angle A_1DC+\angle CDB_1=\angle A_1DC+\angle ABC=60^\circ+\angle ABC$，所以$\angle A_1BC_1=\angle A_1DB_1$，所以$\triangle A_1BC_1\cong\triangle A_1DB_1$，所以$A_1C_1=A_1B_1$. 同理$A_1B_1=B_1C_1=A_1C_1$，所以$\triangle A_1B_1C_1$是正三角形.

分析4 若能找到一个正三角形与$\triangle A_1B_1C_1$相似，则$\triangle A_1B_1C_1$也是正三角形. 为找到这样的正三角形，需借助一个命题的结果，这个命题是：“以$\triangle ABC$的三边为边向外分别作正三角形，作出这三个正三角形的外接圆，设它们在$\triangle ABC$外的三段优弧为$\overset{\frown}{AB}$、$\overset{\frown}{BC}$、$\overset{\frown}{CA}$. 过A任作一直线，交$\overset{\frown}{AB}$、$\overset{\frown}{AC}$于P、Q，连QC并延长，交$\overset{\frown}{BC}$于R，则P、B、R共线且$\triangle PQR$是正三角形.”如图F12.7.4所示. 事实上只要连RB并延长，交直线PQ于P'. 因为$\angle PQR=\angle QRP'=60^\circ$，由三角形内角和定理知$\angle RP'Q=60^\circ$. 又$\angle BPQ=60^\circ$，所以$P$与$P'$重合，所以$\triangle PQR$是正三角形.

由上面的命题结果可以看出，任过A点作一条割线PQ，都可按这个办法形成一个

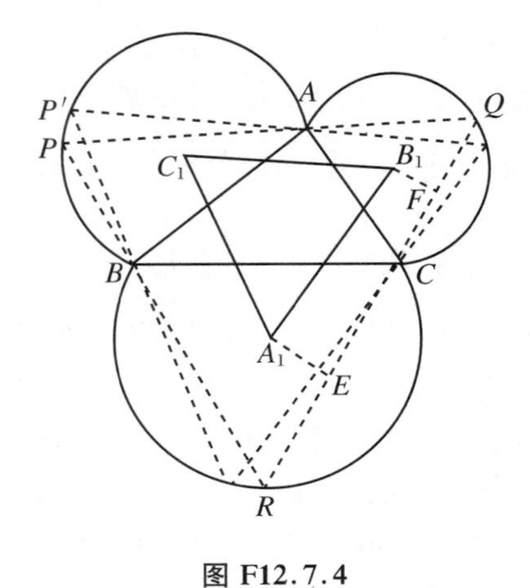

图 F12.7.4

正△PQR.

注意到 A_1、B_1、C_1 是 $\overset{\frown}{BC}$、$\overset{\frown}{CA}$、$\overset{\frown}{AB}$ 的圆心，若作 A_1E、$B_1F\perp QR$，由垂径定理知 E、F 分别是弦 CR 和 CQ 的中点，所以 $EF=\dfrac{1}{2}QR$. 而 EF 是 A_1B_1 在 QR 上的射影，所以 $A_1B_1\geqslant\dfrac{1}{2}QR$. 同理 $B_1C_1\geqslant\dfrac{1}{2}PQ$，$C_1A_1\geqslant\dfrac{1}{2}PR$.

如果过 A 作 B_1C_1 的平行线，得到割线 PQ，这时易知 $PQ=2B_1C_1$，即 PQ 取得最小值. 与此同时，QR、RP 也应都取得最小值. 否则，例如 QR 还没有达到最小值 $2A_1B_1$，我们又可过 C 作 A_1B_1 的平行线，得到割线 $R'Q'$，这时 $R'Q'=2A_1B_1$，即 $R'Q'$ 取到了最小值. 因为△PQR 总是正三角形，其三边等长，所以当 QR 边缩小时，其余边也同时缩小. 但由开始假设知 PQ 已经是最小值，再改变位置就不是最小了，所以正△PQR 的三边必然同时达到最小值，即当 $PQ\,/\!/\,B_1C_1$ 时，$PQ=2B_1C_1$，$QR=2A_1B_1$，$PR=2A_1C_1$，所以必有 $PQ\,/\!/\,B_1C_1$，$QR\,/\!/\,A_1B_1$，$RP\,/\!/\,A_1C_1$，所以△$A_1B_1C_1$∽△PQR，所以△$A_1B_1C_1$ 是正三角形.（证明略.）

12.2 研 究 题

［例 1］ 正方形 $ABCD$ 内有一点 E，满足∠EAD = ∠EDA = 15°，则△EBC 是正三角形.

证明 1（平行四边形的性质）

以 AD 为边，向形外作正△ADF，连 EF，如图 Y12.1.1 所示，则△AEF≌△DEF，所以∠AFE = ∠DFE = 30°，∠FAE = ∠FDE = 75°，∠FEA = 180° − 30° − 75° = 75°，∠BAE = 90° − 15° = 75°，所以 $AF=EF$，所以 $AB=EF$，且 $AB\,/\!/\,EF$，所以 $ABEF$ 是平行四边形，所以 $BE=AF$.

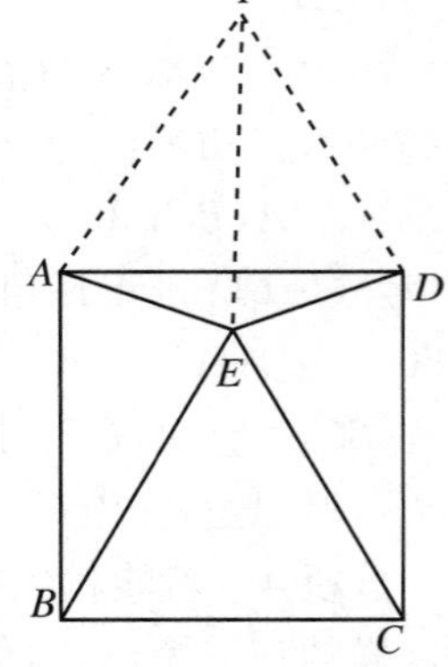

图 Y12.1.1

同理，$CE=DF$，所以 $BE=CE=AD=BC$，即△EBC 是正三角形.

证明 2（等腰梯形的性质、轴对称性）

以 AD 为边，向形内作正△ADF. 连 FB、FC、EF. 如图 Y12.1.2 所示. 因为 $EA=ED$，$FA=FD$，所以 EF 是 AD 的中垂线，所以 $AB\,/\!/\,CD\,/\!/\,EF$，所以 $ABFE$、$CDEF$ 都是梯形.

因为∠FAD = 60°，所以∠BAF = 30°. 因为 $AB=AF$，所以∠AFB = ∠ABF = $\dfrac{1}{2}$(180° − 30°) = 75°. 又∠EAB = 90° − 15° = 75°，所以∠EAB = ∠ABF，所以 $ABFE$ 是等腰梯形，所以 $BE=AF$.

同理，$CE = DF$，所以 $BE = CE = AF = AD = BC$，即$\triangle EBC$ 是正三角形.

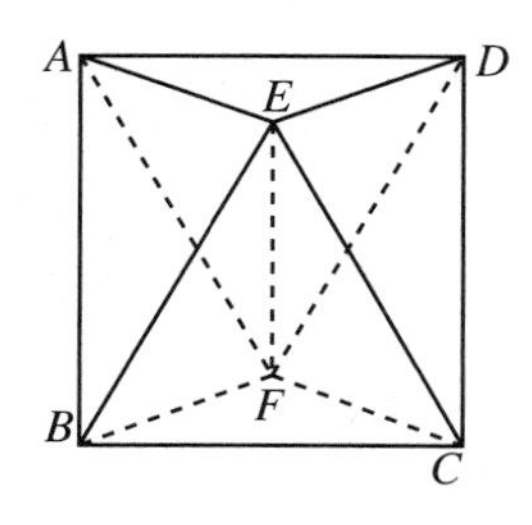

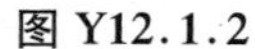
图 Y12.1.2

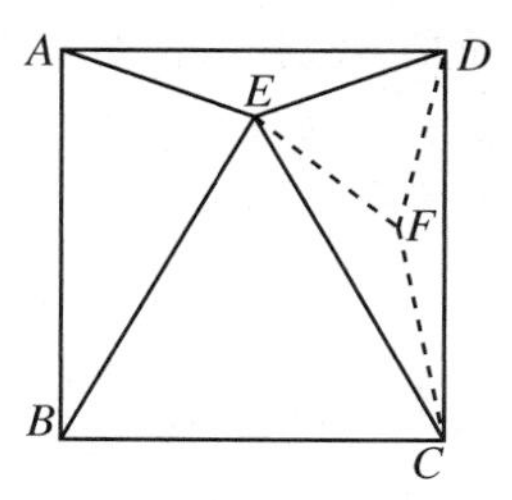

图 Y12.1.3

证明 3(三角形全等)

以 CD 为底，向形内作一个底角为 15° 的等腰$\triangle FCD$. 如图 Y12.1.3 所示. 连 EF，则$\triangle EAD \cong \triangle FCD$，所以 $ED = FD$.

因为$\angle EDF = 90^\circ - \angle EDA - \angle FDC = 90^\circ - 15^\circ - 15^\circ = 60^\circ$，所以$\triangle EDF$ 是正三角形，所以 $FD = FE$，$\angle DFE = 60^\circ$.

因为$\angle DFC = 180^\circ - 2 \times 15^\circ = 150^\circ$，$\angle EFC = 360^\circ - 60^\circ - 150^\circ = 150^\circ$，所以$\angle DFC = \angle EFC$，所以$\triangle DFC \cong \triangle EFC$，所以 $EC = DC$. 同理，$EB = AB$，所以 $EC = EB = BC$，即$\triangle EBC$ 是正三角形.

证明 4(同一法)

以 BC 为一边，在形内作正三角形，设另一顶点为 E_1，连 E_1A、E_1D，如图 Y12.1.4 所示，则 $E_1B = BC = AB$，所以$\angle BAE_1 = \angle BE_1A$.

因为$\angle E_1BC = 60^\circ$，所以$\angle E_1BA = 90^\circ - 60^\circ = 30^\circ$，所以$\angle BAE_1 = \dfrac{1}{2}(180^\circ - 30^\circ) = 75^\circ$，所以$\angle E_1AD = 90^\circ - 75^\circ = 15^\circ$. 又$\angle EAD = 15^\circ$，所以 AE、AE_1 共线.

同理，DE、DE_1 共线，所以 E、E_1 都是两相交直线的交点. 由交点的唯一性，E、E_1 重合. 故$\triangle EBC$ 是正三角形.

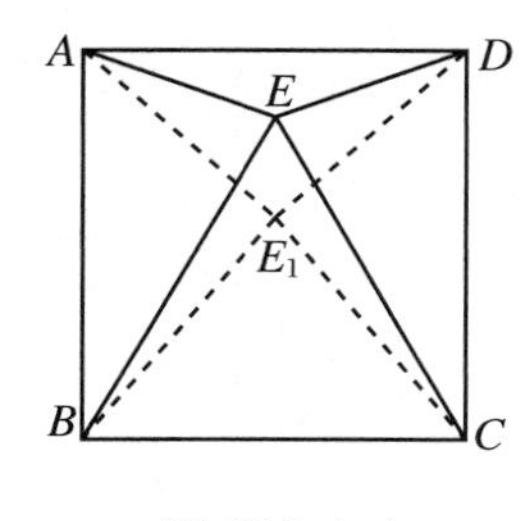

图 Y12.1.4

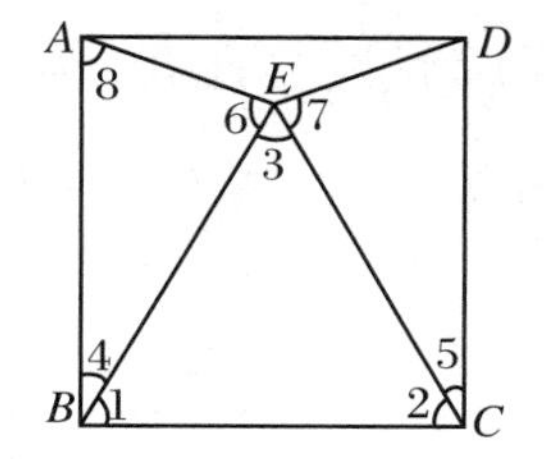

图 Y12.1.5

证明 5(反证法)

如图 Y12.1.5 所示，由对称性，$\triangle ABE \cong \triangle DCE$，所以$\angle 6 = \angle 7$，$\angle 4 = \angle 5$，所以$\angle 1 = \angle 2$，所以 $BE = CE$.

因为$\angle 3 + \angle 6 + \angle 7 = \angle 3 + 2\angle 6 = 360^\circ - \angle AED = 360^\circ - 150^\circ = 210^\circ$，所以$\angle 3 = 210^\circ - 2\angle 6$.

若$\angle 3 < \angle 1$，在$\triangle BCE$ 中，则 $BC < EC$，$BC < EB$. 在$\triangle ABE$ 中又有 $AB < BE$，所以$\angle 6 < \angle 8 = 75^\circ$.

所以$\angle 3>210^\circ-2\times75^\circ=60^\circ$,所以$\angle 1=\angle 2>\angle 3>60^\circ$,所以$\angle 1+\angle 2+\angle 3>180^\circ$,与三角形内角和定理矛盾.此矛盾表明$\angle 3\not<\angle 1$.

同样,若$\angle 3>\angle 1$,又会导出$\angle 1+\angle 2+\angle 3<180^\circ$的矛盾,可见$\angle 3\not>\angle 1$,所以$\angle 3=\angle 1=\angle 2$,即$\triangle EBC$是正三角形.

证明6(三角法)

设正方形的边长为a,则$AE=\dfrac{a}{2}\div\cos15^\circ$.

因为$\angle BAE=90^\circ-15^\circ=75^\circ$,在$\triangle BAE$中,由余弦定理,$BE^2=a^2+\left(\dfrac{a}{2}\div\cos15^\circ\right)^2-2a\cdot\left(\dfrac{a}{2}\div\cos15^\circ\right)\cdot\cos75^\circ$.把$\cos15^\circ=\dfrac{\sqrt{6}+\sqrt{2}}{4}$,$\cos75^\circ=\dfrac{\sqrt{6}-\sqrt{2}}{4}$代入并化简,就得到$BE^2=a^2$.同理$CE^2=a^2$,所以$EB=EC=BC$,所以$\triangle EBC$是正三角形.

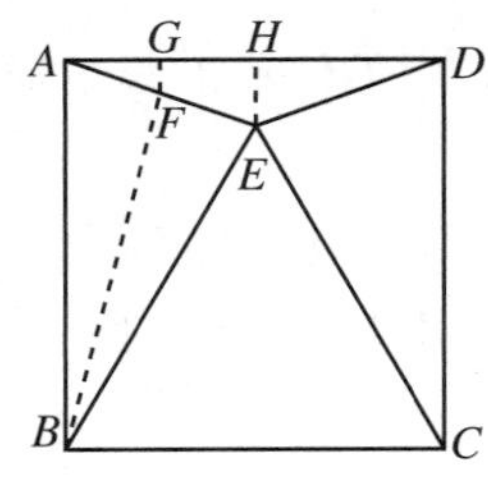

图 Y12.1.6

证明7(三角法)

作$BF\perp AE$,垂足为F,作$FG\perp AD$,垂足为G,记H为AD的中点,连EH.如图Y12.1.6所示.

因为$\angle DAE$和$\angle ABF$两双边对应垂直,所以$\angle DAE=\angle ABF=15^\circ$.

在Rt$\triangle AGF$和Rt$\triangle ABF$中,$AG=AF\cdot\cos15^\circ$,$AF=AB\cdot\sin15^\circ$,所以$AG=AB\cdot\sin15^\circ\cdot\cos15^\circ=\dfrac{1}{2}AB\cdot\sin30^\circ=\dfrac{1}{4}AB$,所以$G$为$AH$的中点.

由等腰三角形的三线合一,得$EH\perp AD$,所以$EH/\!/FG$.在$\triangle AEH$中,由中位线逆定理知$AF=FE$.

由Rt$\triangle AFB\cong$Rt$\triangle EFB$知$EB=AB$.

同理,$EC=DC$,所以$EB=EC=BC$,所以$\triangle EBC$是正三角形.

证明8(解析法)

如图Y12.1.7所示,建立直角坐标系.

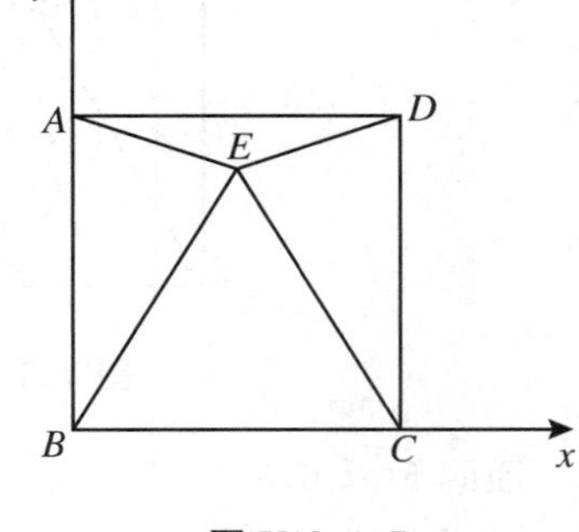

图 Y12.1.7

设正方形的边长为a,则$C(a,0)$,$E\left(\dfrac{a}{2},a-\dfrac{a}{2}\cdot\tan15^\circ\right)$.故

$$\begin{aligned}BE&=\sqrt{\left(\frac{a}{2}\right)^2+\left(a-\frac{a}{2}\cdot\tan15^\circ\right)^2}\\&=a\sqrt{\frac{1}{4}+\left(1-\tan15^\circ+\frac{1}{4}\tan^2 15^\circ\right)}\\&=a\sqrt{\frac{1}{4}+1-(2-\sqrt{3})+\frac{1}{4}(2-\sqrt{3})^2}=a.\end{aligned}$$

同理,$CF=a$,所以$\triangle EBC$是正三角形.

[例2] P为$\triangle ABC$内的任一点,直线AP、BP、CP分别交BC、CA、AB于D、E、F,则$\dfrac{PD}{AD}+\dfrac{PE}{BE}+\dfrac{PF}{CF}=1$.

证明1(三角形相似)

过 P 作 BC 的平行线,分别交 AB、AC 于 M、N.

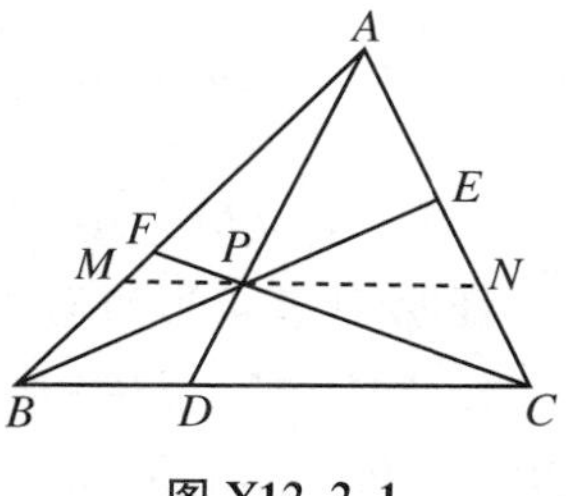

图 Y12.2.1

由△EPN∽△EBC,△FPM∽△FCB,分别有 $\frac{PE}{BE}=\frac{PN}{BC}$,$\frac{PF}{CF}=\frac{PM}{BC}$.

所以 $\frac{PE}{BE}+\frac{PF}{CF}=\frac{PN+PM}{BC}=\frac{MN}{BC}$.

由△ANP∽△ACD,△ANM∽△ACB,又分别有 $\frac{AN}{AC}=\frac{AP}{AD}=\frac{AD-PD}{AD}=1-\frac{PD}{AD}$,$\frac{AN}{AC}=\frac{MN}{BC}$.

所以 $\frac{PE}{BE}+\frac{PF}{CF}=1-\frac{PD}{AD}$.

所以 $\frac{PD}{AD}+\frac{PE}{BE}+\frac{PF}{CF}=1$.

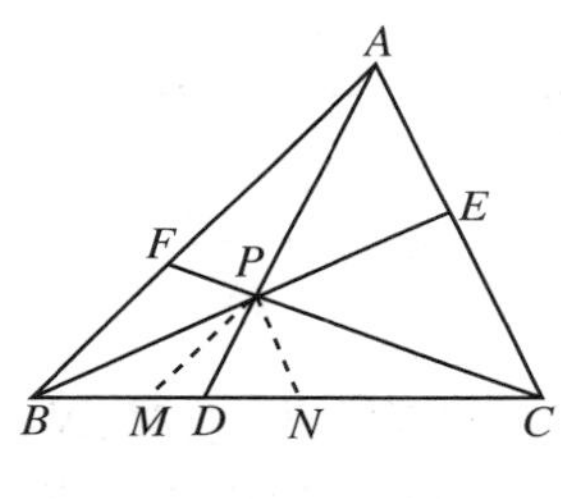

图 Y12.2.2

证明2(三角形相似)

作 $PM /\!/ AB$,交 BC 于 M,作 $PN /\!/ AC$,交 BC 于 N,如图 Y12.2.2 所示,则 $\frac{PE}{BE}=\frac{NC}{BC}$,$\frac{PF}{CF}=\frac{BM}{BC}$.

由△PMN∽△ABC,D 是它们的位似中心知 $\frac{PD}{AD}=\frac{MN}{BC}$.

所以

$$\frac{PD}{AD}+\frac{PE}{BE}+\frac{PF}{CF}=\frac{MN}{BC}+\frac{NC}{BC}+\frac{BM}{BC}=1.$$

证明3(相似三角形、平行截比定理)

作 $EM /\!/ CF$,交 AB 于 M,作 $EN /\!/ AD$,交 BC 于 N,如图 Y12.2.3 所示.由相似三角形及平行截比定理,$\frac{EM}{CF}=\frac{AM}{AF}$,$\frac{PF}{EM}=\frac{BF}{BM}$,所以 $\frac{PF}{CF}=\frac{AM\cdot BF}{AF\cdot BM}$.

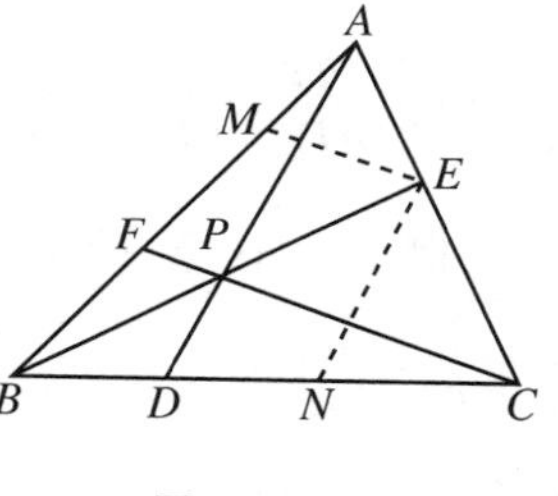

图 Y12.2.3

因为 $\frac{PD}{EN}=\frac{PB}{BE}=\frac{BE-PE}{BE}=1-\frac{PE}{BE}=1-\frac{MF}{BM}$,$\frac{EN}{AD}=\frac{CE}{AC}=\frac{MF}{AF}$,所以 $\frac{PD}{AD}=\left(1-\frac{MF}{BM}\right)\cdot\frac{MF}{AF}=\frac{MF}{AF}-\frac{MF^2}{AF\cdot BM}$.

因为 $\frac{PE}{BE}=\frac{FM}{BM}$,三式相加,得 $\frac{PD}{AD}+\frac{PE}{BE}+\frac{PF}{CF}=\frac{FM}{BM}+\frac{FM}{AF}+\frac{AM\cdot BF}{BM\cdot AF}-\frac{MF^2}{AF\cdot BM}=\frac{FM}{BM}+\frac{FM}{AF}+\left(1-\frac{FM}{BM}-\frac{FM}{AF}\right)=1$.

$\frac{AM\cdot BF}{BM\cdot AF}-\frac{MF^2}{AF\cdot BM}=1-\frac{FM}{BM}-\frac{FM}{AF}$ 的证明:

$$左式=\frac{1}{BM\cdot AF}(AM\cdot BF-MF^2)=\frac{1}{BM\cdot AF}[(AF-MF)\cdot(BM-MF)-MF^2]$$
$$=\frac{1}{BM\cdot AF}(AF\cdot BM-BM\cdot MF-AF\cdot MF)=1-\frac{FM}{BM}-\frac{FM}{AF}.$$

证明 4(三角形的面积比)

作 PM、AN 与 BC 垂直，垂足各是 M、N，如图 Y12.2.4 所示. 由 $\mathrm{Rt}\triangle PMD\backsim\mathrm{Rt}\triangle AND$ 知$\frac{PM}{AN}=\frac{PD}{AD}$，所以$\frac{S_{\triangle PBC}}{S_{\triangle ABC}}=\frac{PM}{AN}=\frac{PD}{AD}$.

同理，$\frac{S_{\triangle PAC}}{S_{\triangle ABC}}=\frac{PE}{BE}$，$\frac{S_{\triangle PAB}}{S_{\triangle ABC}}=\frac{PF}{CF}$，所以$\frac{PD}{AD}+\frac{PE}{BE}+\frac{PF}{CF}=\frac{S_{\triangle PBC}}{S_{\triangle ABC}}+\frac{S_{\triangle PAC}}{S_{\triangle ABC}}+\frac{S_{\triangle PAB}}{S_{\triangle ABC}}=\frac{S_{\triangle PBC}+S_{\triangle PAC}+S_{\triangle PAB}}{S_{\triangle ABC}}=1$.

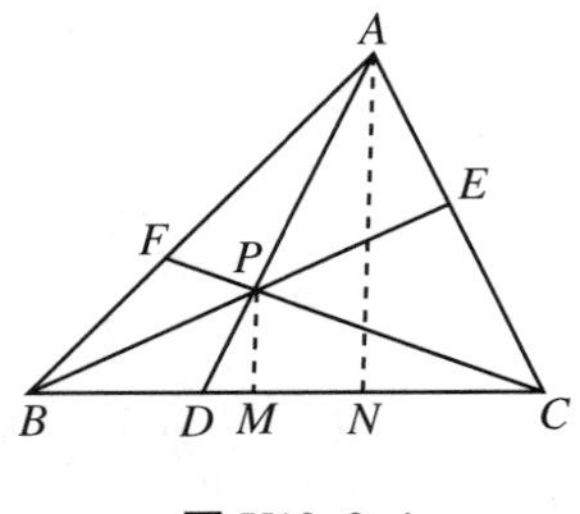

图 Y12.2.4

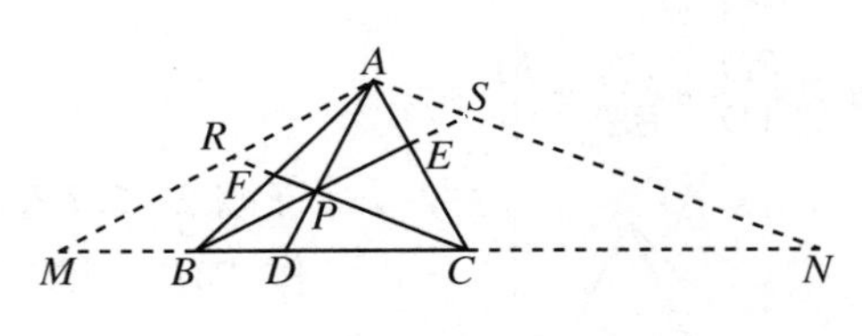

图 Y12.2.5

证明 5(平行截比定理、相似三角形)

如图 Y12.2.5 所示，过 A 分别作 BE、CF 的平行线 AM、AN，各交直线 BC 于 M、N，分别延长 BE、CF，各交 AN、AM 于 S、R. 在$\triangle CAM$ 和$\triangle AMN$ 中，由平行截比定理，分别有$\frac{PE}{BE}=\frac{RA}{MA}$，$\frac{RA}{AM}=\frac{CN}{MN}$，所以$\frac{PE}{BE}=\frac{CN}{MN}$. 同理，$\frac{PF}{CF}=\frac{BM}{MN}$.

因为$\triangle PBC$ 与$\triangle ABC$ 位似，所以$\frac{PD}{AD}=\frac{BC}{MN}$.

所以$\frac{PD}{AD}+\frac{PE}{BE}+\frac{PF}{CF}=\frac{BC}{MN}+\frac{CN}{MN}+\frac{BM}{MN}=\frac{BC+CN+BM}{MN}=\frac{MN}{MN}=1$.

[例 3]　在$\triangle ABC$ 中，$\angle ACB=120^\circ$，CD 是角平分线，设 $AC=b$，$BC=a$，$CD=x$，则$\frac{1}{a}+\frac{1}{b}=\frac{1}{x}$.

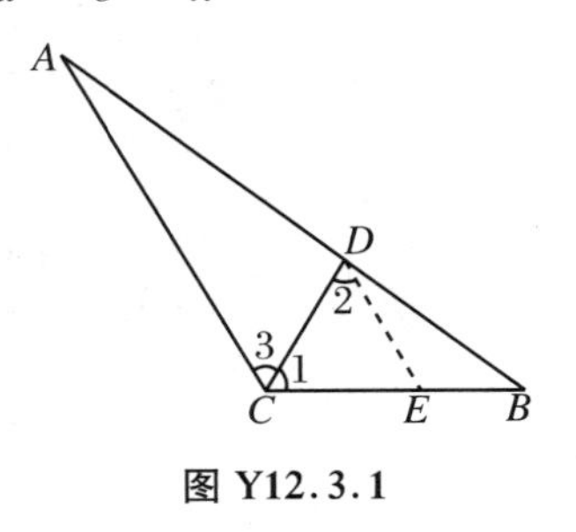

图 Y12.3.1

证明 1(三角形相似)

作 $DE/\!/AC$，交 BC 于 E，如图 Y12.3.1 所示，则$\angle 2=\angle 3=60^\circ$. 因为$\angle 1=\angle 2=60^\circ$，所以$\triangle CDE$ 是正三角形，所以 $CD=DE=EC=x$.

由$\triangle BDE\backsim\triangle BAC$ 知$\frac{DE}{AC}=\frac{BE}{BC}$，即$\frac{x}{b}=\frac{a-x}{a}$，所以$\frac{1}{a}+\frac{1}{b}=\frac{1}{x}$.

证明 2(三角形相似)

作 $AE/\!/CD$，交 BC 的延长线于 E，如图 Y12.3.2 所示. 易证$\triangle AEC$ 是正三角形.

由$\triangle BDC \backsim \triangle BAE$知$\frac{CD}{AE}=\frac{BC}{BE}$，即$\frac{x}{b}=\frac{a}{a+b}$，所以$\frac{1}{a}+\frac{1}{b}=\frac{1}{x}$.

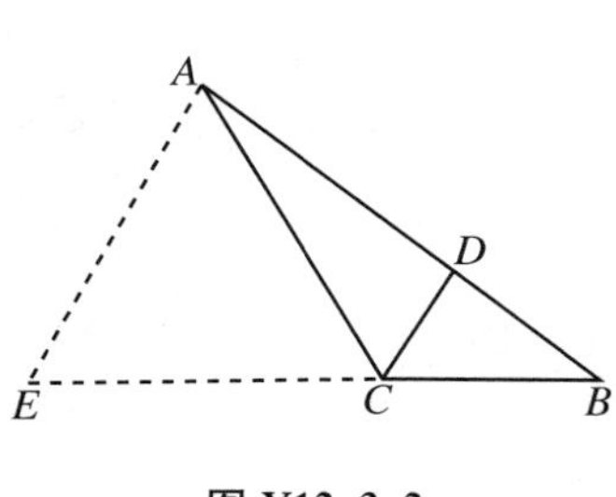

图 Y12.3.2

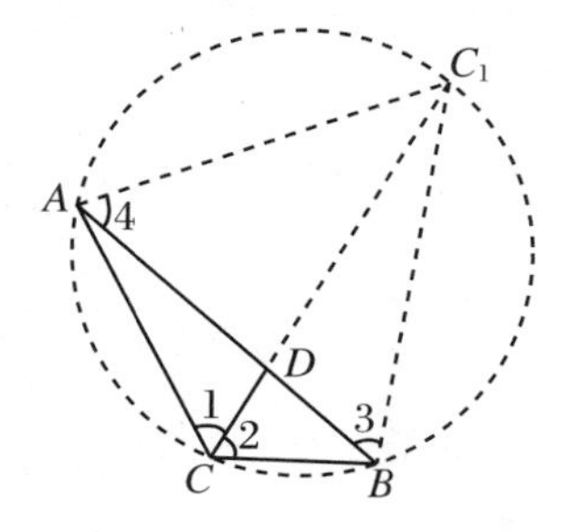

图 Y12.3.3

证明 3（作外接圆、引用第 2 章例 13 的结论）

作$\triangle ABC$的外接圆，延长CD，交外接圆于C_1，连AC_1、BC_1，如图 Y12.3.3 所示，则C_1是优弧$\overset{\frown}{AB}$的中点，所以$AC_1=BC_1$. 因为$\angle 1=\angle 3=60^\circ$，$\angle 2=\angle 4=60^\circ$，所以$\triangle ABC_1$是正三角形. 由第 2 章例 13 的结论，$CC_1=CA+CB$.

易证$\triangle ACC_1 \backsim \triangle DCB$，所以$\frac{AC}{CD}=\frac{CC_1}{BC}$，所以$\frac{AC}{CD}=\frac{CA+CB}{BC}$，即$\frac{b}{x}=\frac{a+b}{a}$，所以$\frac{1}{a}+\frac{1}{b}=\frac{1}{x}$.

证明 4（三角形相似）

作AA_1、BB_1都与CD平行，分别交BC、AC的延长线于A_1、B_1，如图 Y12.3.4 所示. 易证$\triangle AA_1C$和$\triangle BB_1C$都是正三角形.

由$\triangle BDC \backsim \triangle BAA_1$知$\frac{CD}{AA_1}=\frac{BD}{BA}$，由$\triangle ADC \backsim \triangle ABB_1$知$\frac{CD}{BB_1}=\frac{AD}{BA}$，所以$\frac{CD}{AA_1}+\frac{CD}{BB_1}=\frac{AD+BD}{BA}=1$，所以$\frac{1}{AA_1}+\frac{1}{BB_1}=\frac{1}{CD}$，即$\frac{1}{AC}+\frac{1}{BC}=\frac{1}{CD}$，所以$\frac{1}{a}+\frac{1}{b}=\frac{1}{x}$.

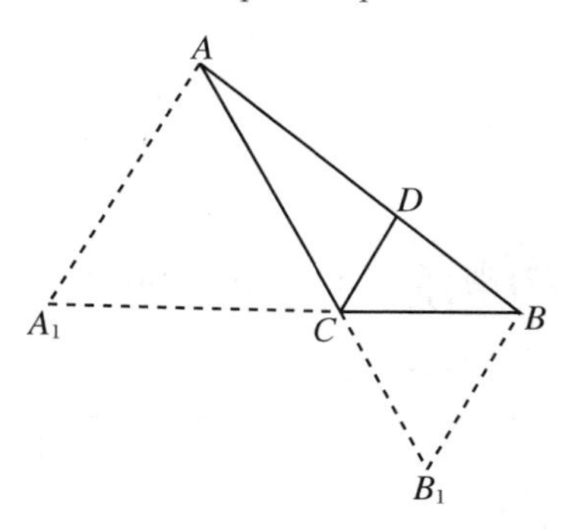

图 Y12.3.4

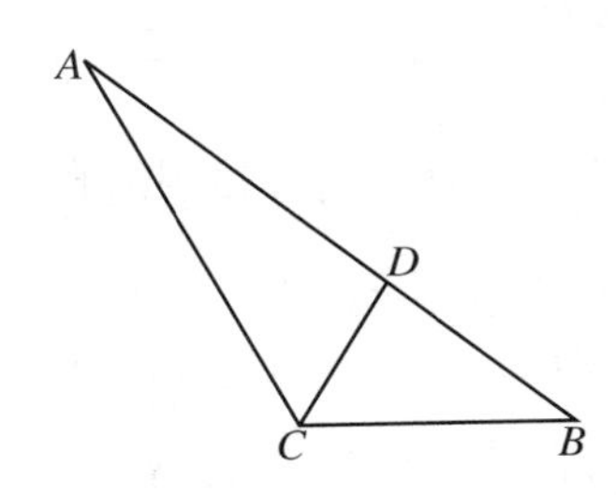

图 Y12.3.5

证明 5（面积法）

如图 Y12.3.5 所示.

因为$S_{\triangle ACD}+S_{\triangle BCD}=S_{\triangle ABC}$，所以$\frac{1}{2}ax\sin 60^\circ+\frac{1}{2}bx\sin 60^\circ=\frac{1}{2}ab\sin 120^\circ$.

所以$ax+bx=ab$. 用abx除之，得到$\frac{1}{b}+\frac{1}{a}=\frac{1}{x}$.

证明 6(三角法)

设$\angle B=\alpha$,则$\angle A=180^\circ-120^\circ-\alpha=60^\circ-\alpha$,$\angle ADC=60^\circ+\alpha$,$\angle BDC=180^\circ-(60^\circ+\alpha)=120^\circ-\alpha$.

在$\triangle ACD$中,由正弦定理,$\dfrac{CD}{\sin\angle A}=\dfrac{AC}{\sin\angle ADC}$,即$\dfrac{x}{\sin(60^\circ-\alpha)}=\dfrac{b}{\sin(60^\circ+\alpha)}$.在$\triangle BCD$中,同理,$\dfrac{x}{\sin\alpha}=\dfrac{a}{\sin(120^\circ-\alpha)}$,所以

$$\begin{aligned}\frac{1}{a}+\frac{1}{b}&=\frac{1}{x}\cdot\frac{\sin\alpha+\sin(60^\circ-\alpha)}{\sin(60^\circ+\alpha)}=\frac{1}{x}\cdot\frac{2\sin30^\circ\cdot\cos(\alpha-30^\circ)}{\sin(60^\circ+\alpha)}\\&=\frac{1}{x}\cdot\frac{\cos(30^\circ-\alpha)}{\sin(60^\circ+\alpha)}=\frac{1}{x}\cdot\frac{\sin[90^\circ-(30^\circ-\alpha)]}{\sin(60^\circ+\alpha)}\\&=\frac{1}{x}.\end{aligned}$$

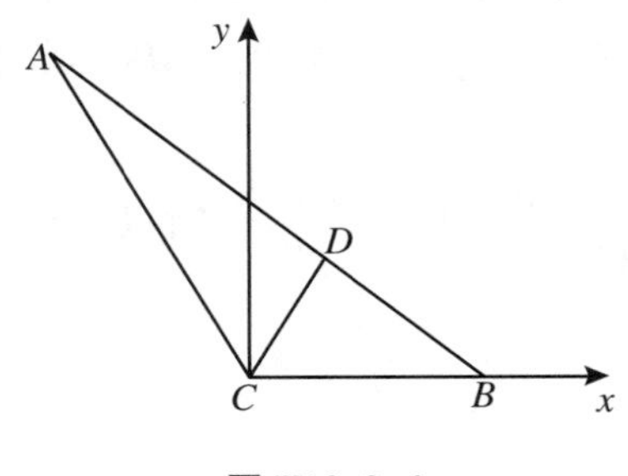

图 Y12.3.6

证明 7(解析法)

如图 Y12.3.6 所示,建立直角坐标系,则$B(a,0)$,$A\left(-\dfrac{b}{2},\dfrac{\sqrt{3}}{2}b\right)$.

AB的方程为$y=\dfrac{\frac{\sqrt{3}}{2}b}{-\frac{b}{2}-a}\cdot(x-a)$,即

$$y=\frac{\sqrt{3}b}{2a+b}(a-x).\qquad ①$$

CD的方程为

$$y=x\cdot\tan60^\circ=\sqrt{3}x.\qquad ②$$

由式①、式②联立可得$D\left(\dfrac{1}{2}\left(\dfrac{ab}{a+b}\right),\dfrac{\sqrt{3}}{2}\left(\dfrac{ab}{a+b}\right)\right)$.

所以$CD=\sqrt{\left[\dfrac{1}{2}\left(\dfrac{ab}{a+b}\right)\right]^2+\left[\dfrac{\sqrt{3}}{2}\left(\dfrac{ab}{a+b}\right)\right]^2}=\dfrac{ab}{a+b}=x$,所以$\dfrac{1}{a}+\dfrac{1}{b}=\dfrac{1}{x}$.

[例 4] $\triangle ABC$的外接圆的直径AE交BC于D,则$\dfrac{AD}{DE}=\tan\angle B\cdot\tan\angle C$.

证明 1(三角形相似)

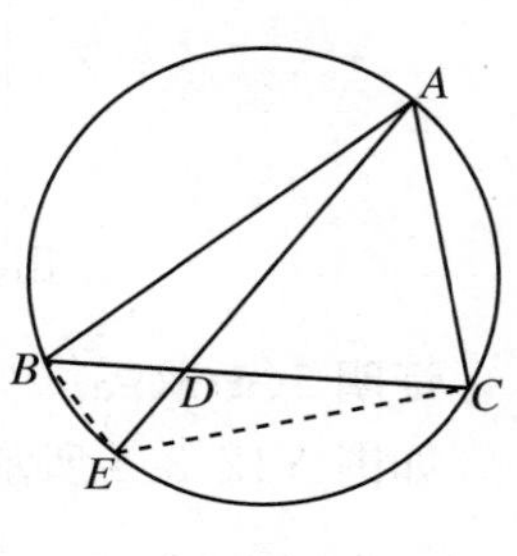

图 Y12.4.1

如图 Y12.4.1 所示,连BE、EC.在$Rt\triangle ACE$、$Rt\triangle ABE$中,$\tan\angle B=\tan\angle AEC=\dfrac{AC}{CE}$,$\tan\angle C=\tan\angle AEB=\dfrac{AB}{BE}$.

由$\triangle ACD\backsim\triangle BED$,$\triangle ABD\backsim\triangle CED$知$\dfrac{AC}{BE}=\dfrac{AD}{BD}$,$\dfrac{AB}{CE}=\dfrac{BD}{DE}$,所以$\dfrac{AC}{BE}\cdot\dfrac{AB}{CE}=\dfrac{AD}{DE}$,即$\dfrac{AC}{CE}\cdot\dfrac{AB}{BE}=\dfrac{AD}{DE}$,所以$\tan\angle B\cdot\tan\angle C=\dfrac{AD}{DE}$.

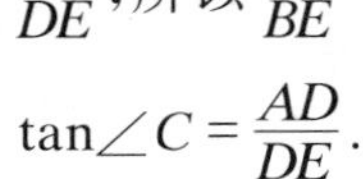

证明2(三角形相似)

连 BE、EC,作 $AH\perp BC$,$EK\perp BC$,垂足分别是 H、K,如图 Y12.4.2 所示.在 $\mathrm{Rt}\triangle ACE$、$\mathrm{Rt}\triangle ABE$ 中,$\tan\angle B=\tan\angle AEC=\dfrac{AC}{CE}$,$\tan\angle C=\tan\angle AEB=\dfrac{AB}{BE}$,所以 $\tan\angle B\cdot\tan\angle C=\dfrac{AC\cdot AB}{BE\cdot CE}$.

因为 $\mathrm{Rt}\triangle ACE\backsim\mathrm{Rt}\triangle AHB$,所以$\dfrac{AC}{AH}=\dfrac{AE}{AB}$,所以 $AC\cdot AB=AH\cdot AE$.因为 $\mathrm{Rt}\triangle BEK\backsim\mathrm{Rt}\triangle AEC$,所以$\dfrac{BE}{AE}=\dfrac{EK}{CE}$,所以 $BE\cdot CE=AE\cdot EK$,所以$\dfrac{AC\cdot AB}{BE\cdot CE}=\dfrac{AH\cdot AE}{AE\cdot EK}=\dfrac{AH}{EK}$.

由 $\mathrm{Rt}\triangle ADH\backsim\mathrm{Rt}\triangle EDK$,得$\dfrac{AD}{DE}=\dfrac{AH}{EK}$,所以$\dfrac{AC\cdot AB}{BE\cdot CE}=\dfrac{AD}{DE}$.

综上可得 $\tan\angle B\cdot\tan\angle C=\dfrac{AD}{DE}$.

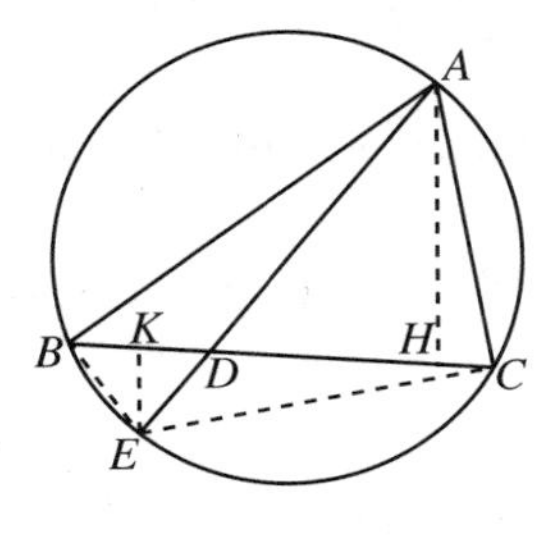

图 Y12.4.2

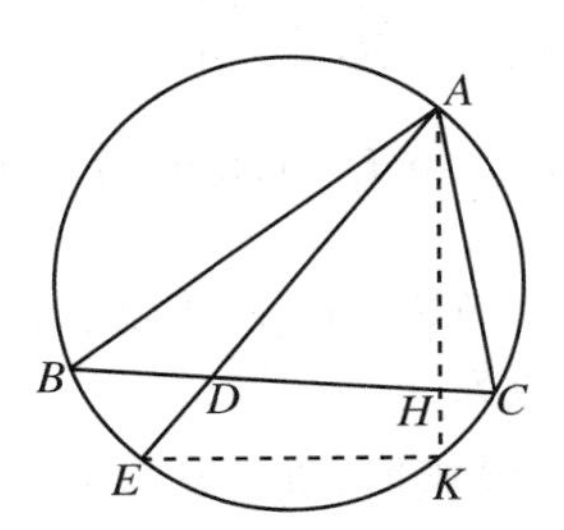

图 Y12.4.3

证明3(平行截比定理、相交弦定理)

作 $AH\perp BC$,垂足为 H,延长 AH,交外接圆于 K,连 EK.如图 Y12.4.3 所示.

因为 AE 是直径,所以 $AK\perp EK$,所以 $EK/\!/BC$.由平行截比定理,$\dfrac{AH}{HK}=\dfrac{AD}{DE}$.

由相交弦定理,$AH\cdot HK=BH\cdot HC$.

在 $\mathrm{Rt}\triangle ABH$ 和 $\mathrm{Rt}\triangle AHC$ 中,$\tan\angle B\cdot\tan\angle C=\dfrac{AH}{BH}\cdot\dfrac{AH}{HC}=\dfrac{AH^2}{AH\cdot HK}=\dfrac{AH}{HK}=\dfrac{AD}{DE}$.

证明4(面积法)

如图 Y12.4.4 所示,连 EB、EC,则$\angle BEC=180^\circ-\angle BAC$.

因为$\triangle ABC$ 和$\triangle BEC$ 有公共底 BC,所以$\dfrac{S_{\triangle ABC}}{S_{\triangle BEC}}=\dfrac{AD}{DE}$.

因为$\triangle ABC$ 和$\triangle BEC$ 有一对角互补,所以$\dfrac{S_{\triangle ABC}}{S_{\triangle BEC}}=\dfrac{AB\cdot AC}{EB\cdot EC}$,

所以

$$\frac{AB\cdot AC}{EB\cdot EC}=\frac{AD}{DE}. \qquad ①$$

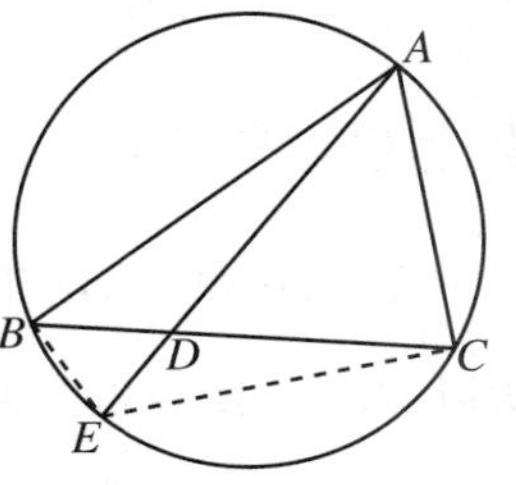

图 Y12.4.4

在 $\mathrm{Rt}\triangle ABE$ 和 $\mathrm{Rt}\triangle ACE$ 中,$\tan\angle C=\tan\angle AEB=\dfrac{AB}{EB}$,$\tan\angle B=\tan\angle AEC=\dfrac{AC}{EC}$,

所以

$$\tan\angle B\cdot\tan\angle C=\frac{AB}{EB}\cdot\frac{AC}{EC}. \qquad ②$$

由式①、式②，得 $\tan\angle B\cdot\tan\angle C=\dfrac{AD}{DE}$.

证明 5（三角法）

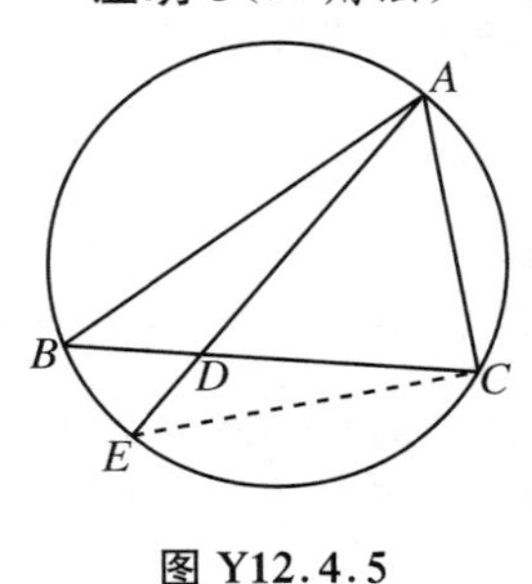

图 Y12.4.5

如图 Y12.4.5 所示，连 CE. 设 $\angle DCE=\alpha$，则 $\angle BAE=\alpha$. 因为 AE 是直径，所以 $\angle ACE=\angle ACB+\alpha=90^\circ$.

因为 $\triangle ACD$ 和 $\triangle ECD$ 等高，所以 $\dfrac{S_{\triangle ACD}}{S_{\triangle ECD}}=\dfrac{AD}{DE}$，而 $\dfrac{S_{\triangle ACD}}{S_{\triangle ECD}}=\dfrac{\frac{1}{2}AC\cdot CD\cdot\sin\angle C}{\frac{1}{2}EC\cdot ED\cdot\sin\angle E}=\dfrac{AC\cdot CD\cdot\sin\angle C}{EC\cdot ED\cdot\sin\angle B}$.

在 $\triangle CDE$ 中，由正弦定理，$\dfrac{CD}{ED}=\dfrac{\sin\angle E}{\sin\alpha}=\dfrac{\sin\angle B}{\cos\angle C}$.

所以 $\dfrac{AD}{DE}=\dfrac{AC}{CE}\cdot\dfrac{CD}{ED}\cdot\dfrac{\sin\angle C}{\sin\angle B}=\dfrac{AC}{CE}\cdot\dfrac{\sin\angle B}{\cos\angle C}\cdot\dfrac{\sin\angle C}{\sin\angle B}=\dfrac{AC}{CE}\cdot\tan\angle C$.

注意到在 $\mathrm{Rt}\triangle ACE$ 中，$\tan\angle E=\tan\angle B=\dfrac{AC}{CE}$，上式就是 $\tan\angle B\cdot\tan\angle C=\dfrac{AD}{DE}$.

［例 5］ 在 $\triangle ABC$ 中，AD 是 $\angle A$ 的平分线，O 为外心，I 为内心，$OI\perp AD$，则 AB、BC、CA 成等差数列.

证明 1（三角形相似、角平分线的性质）

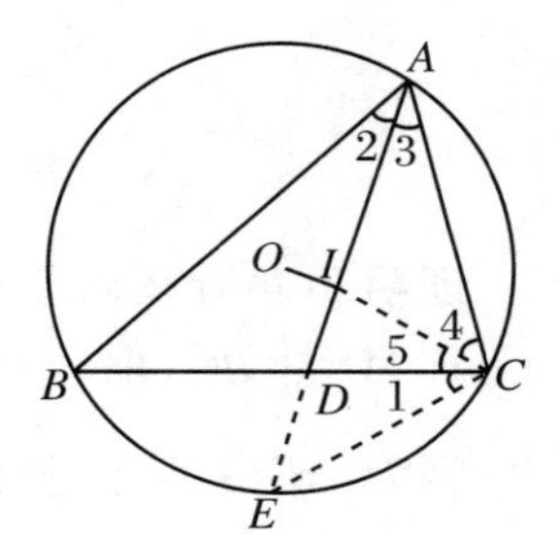

图 Y12.5.1

延长 AD，交外接圆于 E，连 EC、CI，如图 Y12.5.1 所示.

由垂径定理，$AI=IE$.

因为 $\angle 1=\angle 2$，$\angle 2=\angle 3$，所以 $\angle 1=\angle 3$. $\angle E$ 为公共角，所以 $\triangle CDE\backsim\triangle ACE$，所以

$$\frac{CE}{DE}=\frac{AE}{CE}. \qquad ①$$

因为 $\angle CIE=\angle 3+\angle 4=\angle 1+\angle 5=\angle ICE$，所以 $CE=IE=\dfrac{1}{2}AE$.

把 $CE=\dfrac{1}{2}AE$ 代入式①，得 $\dfrac{CE}{DE}=2$，所以 $CE=2DE$，所以 $IE=2DE$，即 D 是 IE 的中点，所以 $ID=\dfrac{1}{2}AI$.

在 $\triangle ACD$ 中，由角平分线的性质，$\dfrac{CD}{AC}=\dfrac{ID}{AI}=\dfrac{1}{2}$，所以 $CD=\dfrac{1}{2}AC$. 同理，$BD=\dfrac{1}{2}AB$，所以 $AC+AB=2(BD+CD)=2BC$，所以 AB、BC、CA 成等差数列.

证明 2（三角形的中位线、直径上的圆周角）

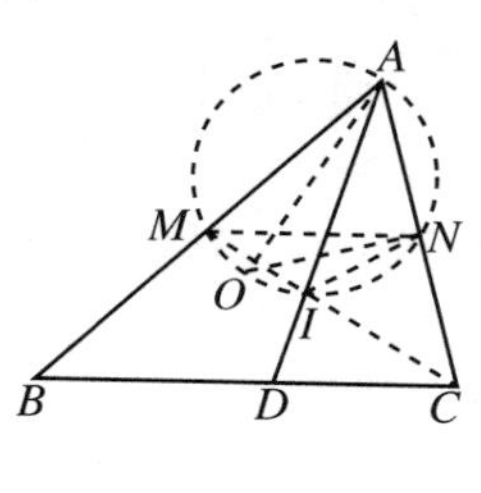

图 Y12.5.2

以 AO 为直径作圆，设此圆交 AB、AC 于 M、N，连 OM、ON，连 MN、IM、IN、IC. 如图 Y12.5.2 所示.

因为 AO 是直径，所以 $OM\perp AM$，$ON\perp AN$. 因为 O 为 $\triangle ABC$ 的外心，所以 M、N 分别为 AB、AC 的中点，所以 $MN\parallel BC$.

因为 $OI\perp AI$，所以 I 也在所作的圆上.

因为$\angle ADC=\angle B+\frac{1}{2}\angle A$，$\angle CNI=\angle AMI=\angle AMN+\angle NMI=\angle B+\angle NAI=\angle B+\frac{1}{2}\angle A$，所以$\angle ADC=\angle CNI$，所以$\triangle CDI\cong\triangle CNI$，所以$CN=CD$，所以$CD=\frac{1}{2}AC$. 同理，$BD=\frac{1}{2}AB$，所以$AB+AC=2(BD+DC)=2BC$，所以$AB$、$BC$、$CA$成等差数列.

证明3（面积法）

作$AH\perp BC$，$IH'\perp BC$，垂足各是H、H'，如图Y12.5.2所示. 设内切圆的半径为r，则$IH'=r$. 由$\text{Rt}\triangle AHD\backsim\text{Rt}\triangle IH'D$，得$\frac{IH'}{AH}=\frac{ID}{AD}$.

由证明1所证，$\frac{ID}{AI}=\frac{1}{2}$，所以$\frac{ID}{AD}=\frac{1}{3}$，所以$r=\frac{1}{3}AH$.

由$\triangle ABC$的面积等式，$\frac{1}{2}BC\cdot AH=\frac{1}{2}(AB+BC+CA)\cdot r$，所以$\frac{3}{2}BC=\frac{1}{2}(AB+BC+CA)$，所以$2BC=AB+AC$，即$AB$、$BC$、$CA$成等差数列.

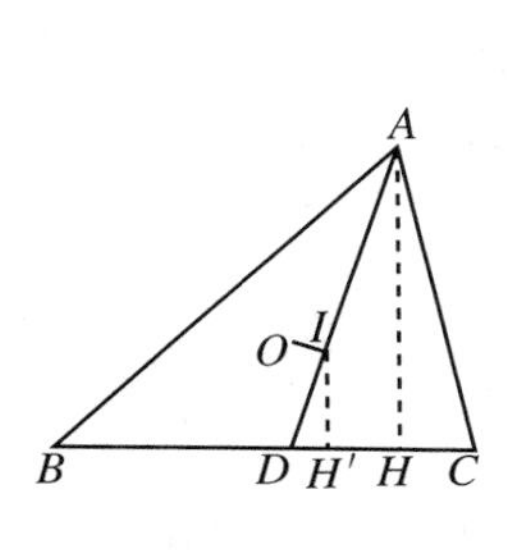

图 Y12.5.3

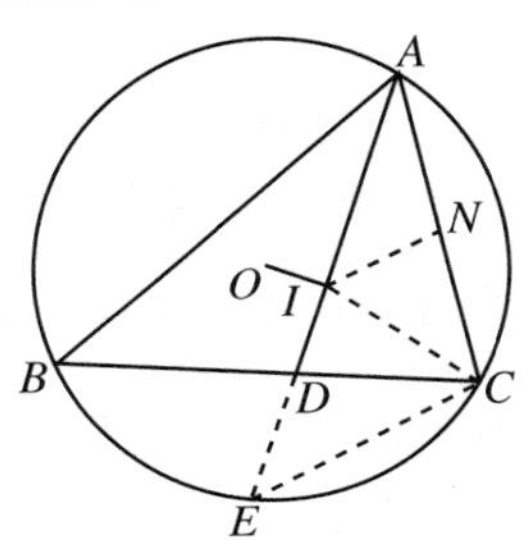

图 Y12.5.4

证明4（三角形的中位线、三角形全等）

延长AD，交外接圆于E，连EC、CI，作$IN/\!/CE$，交AC于N，如图Y12.5.4所示.

如证明1所证，$CE=IE$，$AI=IE$，由中位线逆定理知$AN=NC$.

因为$\angle IAN=\angle DCE$，$\angle DEC=\angle AIN$，$AI=IE=EC$，所以$\triangle AIN\cong\triangle CED$，所以$DC=AN=\frac{1}{2}AC$.

同理，$BD=\frac{1}{2}AB$，所以$AC+AB=2BC$，即AB、BC、CA成等差数列.

证明5（计算法、欧拉公式）

如图Y12.5.5所示，作$IN\perp AC$，垂足为N，则N是$\triangle ABC$的内切圆在AC边的切点. 连AO. 设$BC=a$，$CA=b$，$AB=c$，$p=\frac{1}{2}(a+b+c)$，则$AN=p-a$. 设内切圆的半径为r，外接圆的半径为R，在$\text{Rt}\triangle ANI$中，$AI^2=(p-a)^2+r^2$.

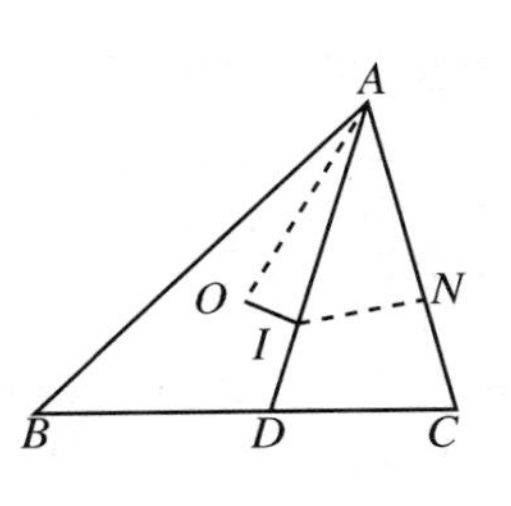

图 Y12.5.5

由欧拉公式，$OI^2=R^2-2Rr$. 在$\text{Rt}\triangle AIO$中又有$OI^2=R^2-AI^2$，所以$AI^2=(p-a)^2+r^2=2Rr$.

把$R=\frac{abc}{4\Delta}$，$r=\frac{\Delta}{p}$代入上式，就是$\frac{abc}{2p}=(p-a)^2+\frac{\Delta^2}{p^2}$. 再把

$\Delta=\sqrt{p(p-a)(p-b)(p-c)}$代入上式，得 $abcp=2p^2(p-a)^2+2p(p-a)(p-b)(p-c)$，所以

$$\begin{aligned}abc&=2(p-a)[p(p-a)+(p-b)(p-c)]\\&=(b+c-a)\left[\frac{1}{4}(a+b+c)(b+c-a)+\frac{1}{4}(a+c-b)(a+b-c)\right]\\&=\frac{1}{4}(b+c-a)[(b+c)^2-(b-c)^2]=bc(b+c-a).\end{aligned}$$

所以 $a=b+c-a$，即 $b+c=2a$，所以 AB、BC、CA 成等差数列.

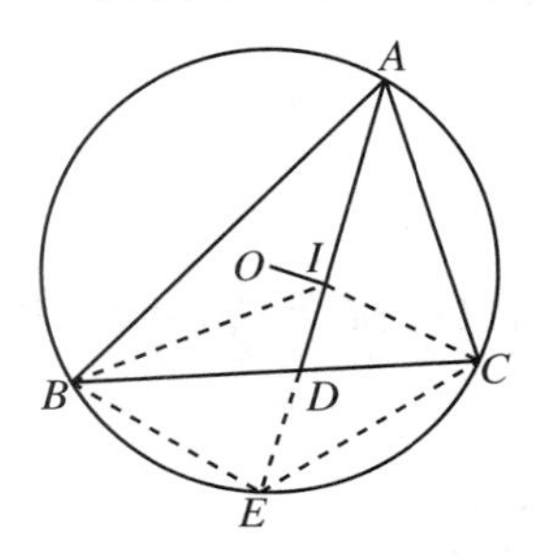

图 Y12.5.6

证明 6(三角法、面积法)

延长 AD，交⊙O 于 E，连 IB、IC、CE、BE，如图 Y12.5.6 所示，则

$$\angle CIE=\frac{1}{2}(\angle A+\angle C),$$

$$\angle ICE=\frac{1}{2}\angle C+\angle BCE=\frac{1}{2}\angle C+\angle BAE=\frac{1}{2}(\angle C+\angle A),$$

所以$\angle CIE=\angle ICE$，所以 $IE=CE$.

由垂径定理，$AI=IE$，所以 $AI=CE$.

$\dfrac{S_{\triangle BIC}}{S_{\triangle BEC}}=\dfrac{\frac{1}{2}BC\cdot CI\cdot\sin\angle BCI}{\frac{1}{2}BC\cdot CE\cdot\sin\angle BCE}=\dfrac{CI\cdot\sin\frac{\angle C}{2}}{IE\cdot\sin\frac{\angle A}{2}}$. 另一方面，在$\triangle AIC$ 中，由正弦定理，$\dfrac{CI}{\sin\frac{\angle A}{2}}=\dfrac{AI}{\sin\frac{\angle C}{2}}$，即$\dfrac{CI}{\sin\frac{\angle A}{2}}=\dfrac{IE}{\sin\frac{\angle C}{2}}$. 可见，$S_{\triangle BIC}=S_{\triangle BEC}$，所以 $ID=DE=\frac{1}{2}IE=\frac{1}{2}AI$. 所以 $S_{\triangle AIC}=2S_{\triangle DIC}$.

对于底 AC、CD 而言，两个三角形具有等高，都等于内切圆的半径，所以 $AC=2CD$.

同理，$AB=2BD$，所以 $AB+AC=2(CD+BD)=2BC$，所以 AB、BC、CA 成等差数列.

[例 6]　在$\triangle ABC$ 中，$AB=AC$. ⊙O'与 AB、AC 各切于 P、Q 点且与$\triangle ABC$ 的外接圆相切于 D，则 PQ 的中点 O 是$\triangle ABC$ 的内心.

证明 1(垂径定理、弦切角定理)

连 OA、OB、OD、PD、BD，如图 Y12.6.1 所示.

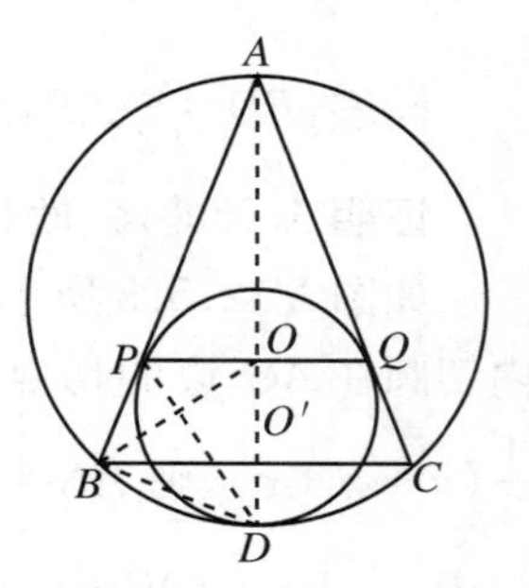

图 Y12.6.1

易证 A、O、D 共线. 由切线长定理，$AP=AQ$，所以 AD 是 PQ 和 BC 的公共中垂线. AD 是外接圆的直径，$PQ/\!/BC$.

在 Rt$\triangle OPD$ 和 Rt$\triangle BPD$ 中，PD 为公共边. 另一方面，由垂径定理知$\overset{\frown}{PD}=\overset{\frown}{DQ}$，所以$\angle BPD\overset{m}{=}\frac{1}{2}\overset{\frown}{PD}=\frac{1}{2}\overset{\frown}{DQ}\overset{m}{=}\angle DPQ$，所以 Rt$\triangle OPD\cong$Rt$\triangle BPD$，所以 $OP=BP$，所以$\angle PBO=\angle POB$. 又$\angle POB=\angle OBC$，所以$\angle PBO=\angle OBC$，即 BO 是$\angle ABC$ 的平分线. 而 AD 是$\angle BAC$ 的平分线，所以 O 为$\triangle ABC$ 的内心.

证明 2(对称性、弦切角定理)

如图 Y12.6.2 所示，连 OB、BD、DP、DQ，作直径 AD，则 AD 是圆和等腰三角形的对称

轴，所以 AD 是 $\angle BAC$ 的平分线，也是 $\angle PDQ$ 的平分线，即 $\angle PDO=\frac{1}{2}\angle PDQ$.

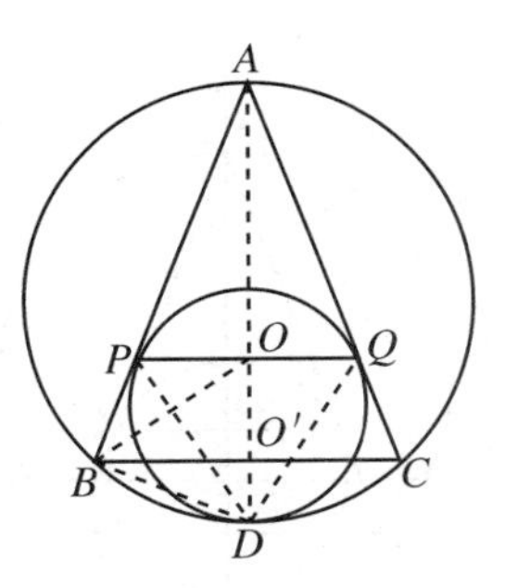

图 Y12.6.2

易证 A、O、D 共线，$PQ/\!/BC$. 因为 $\angle PBD=\angle POD=90^\circ$，所以 P、B、D、O 共圆，所以 $\angle PDO=\angle PBO$，所以 $\angle PBO=\frac{1}{2}\angle PDQ$.

因为 $\angle APQ$ 是 $\odot O'$ 的弦切角，$\angle PDQ$ 是其所夹弧上的圆周角，所以 $\angle PDQ=\angle APQ$. 又 $PQ/\!/BC$，所以 $\angle APQ=\angle ABC$，所以 $\angle PBO=\frac{1}{2}\angle ABC$，即 BO 是 $\angle ABC$ 的平分线，所以 O 为 $\triangle ABC$ 的内心.

证明3(共圆)

连 OB、BD、$O'P$、PD、$O'D$，如图 Y12.6.3 所示.

易证 A、O、O'、D 共线，$PQ/\!/BC$，所以 $\angle POB=\angle OBC$. 易证 O、P、B、D 共圆，所以 $\angle POB=\angle PDB$. 因为 $O'P\perp AB$，$DB\perp AB$，所以 $O'P/\!/DB$，所以 $\angle PDB=\angle DPO'$. 因为 $O'P=O'D$，所以 $\angle DPO'=\angle PDO'$. 又 $\angle PDO'=\angle PBO$，所以 $\angle PBO=\angle OBC$，即 OB 是 $\angle ABC$ 的平分线，所以 O 是 $\triangle ABC$ 的内心.

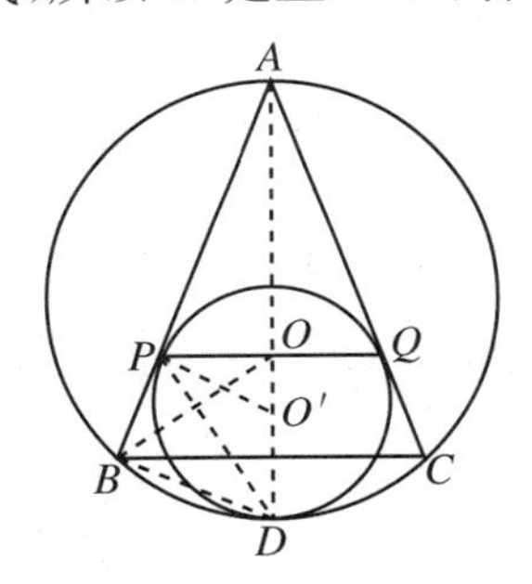

图 Y12.6.3

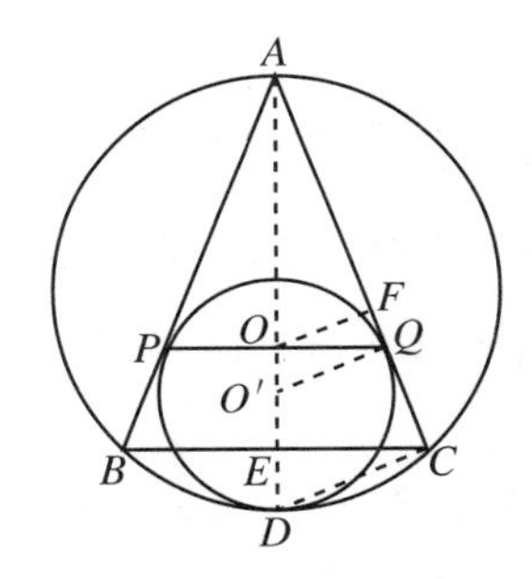

图 Y12.6.4

证明4(角平分线的性质)

连 $O'Q$、CD，作 $OF\perp AC$，垂足为 F，连 AD，设 AD 交 BC 于 E，如图 Y12.6.4 所示，则 $O'Q\perp AC$，$DC\perp AC$，所以 $DC/\!/O'Q/\!/OF$.

由 $\triangle OFA\backsim\triangle O'QA$ 知 $\frac{O'Q}{O'A}=\frac{OF}{OA}$. 因为 $O'Q/\!/CD$，所以 $\frac{O'D}{O'A}=\frac{CQ}{QA}$. 因为 $PQ/\!/BC$，所以 $\frac{QC}{QA}=\frac{OE}{OA}$，又 $O'Q=O'D$，所以 $\frac{OF}{OA}=\frac{OE}{OA}$，所以 $OF=OE$，所以 O 到 BC、AC 等距离，所以 CO 是 $\angle ACB$ 的平分线，所以 O 是 $\triangle ABC$ 的内心.

证明5(解析法)

如图 Y12.6.5 所示，建立直角坐标系.

设外接圆的圆心为 O_1，并设 $O_1(0,a)$.

设小圆的半径为 1，则外接圆的半径 $R=a+1$，所以 $A(0,2a+1)$.

$\odot O'$ 的方程为 $x^2+y^2=1$.

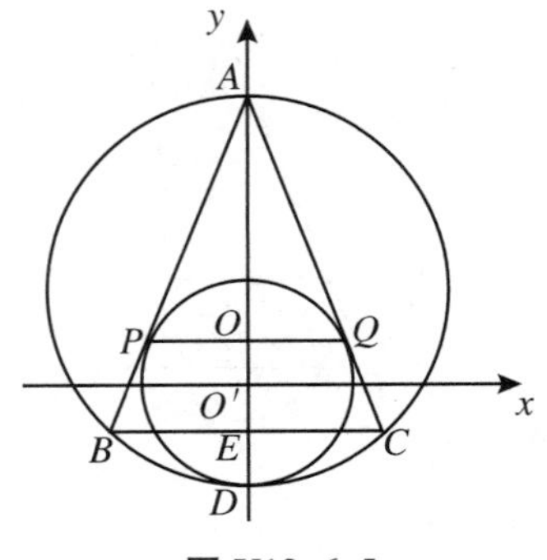

图 Y12.6.5

$\odot O_1$ 的方程为 $x^2+(y-a)^2=(a+1)^2$.

设 $Q(x_1,y_1)$，AC 是$\odot O'$的切线，它的方程就是 $x_1x+y_1y=1$. 因为 A 在此切线上，所以

$$x_1\cdot 0+y_1(2a+1)=1. \quad ①$$

因为 Q 在$\odot O'$上，所以

$$x_1^2+y_1^2=1. \quad ②$$

联立式①、式②，得到 $Q\left(\frac{2\sqrt{a^2+a}}{2a+1},\frac{1}{2a+1}\right)$，所以 $O\left(0,\frac{1}{2a+1}\right)$，$AC$ 的方程是$\frac{2\sqrt{a^2+a}}{2a+1}x+\frac{1}{2a+1}y-1=0$. 由点到直线的距离公式，可得 O 点到 AC 的距离 $d_1=\left|\frac{2\sqrt{a^2+a}}{2a+1}\cdot 0+\left(\frac{1}{2a+1}\right)^2-1\right|=\frac{4a(a+1)}{(2a+1)^2}$.

同理可求出 O 点到 AB 的距离 $d_2=\frac{4a(a+1)}{(2a+1)^2}$.

由$\begin{cases}x^2+(y-a)^2=(a+1)^2\\ \frac{2\sqrt{a^2+a}}{2a+1}x+\frac{1}{2a+1}y-1=0\end{cases}$解得 $C\left(\frac{4\sqrt{a^2+a}(a+1)}{(2a+1)^2},\frac{-4a^2-2a+1}{(2a+1)^2}\right)$，所以 $E\left(0,\frac{-4a^2-2a+1}{(2a+1)^2}\right)$，所以 O 到 BC 的距离 $d_3=\frac{1}{2a+1}-\frac{-4a^2-2a+1}{(2a+1)^2}=\frac{4a(a+1)}{(2a+1)^2}$，所以 $d_1=d_2=d_3$. 可见，O 到$\triangle ABC$ 的三边等距离，所以 O 是$\triangle ABC$ 的内心.

［例 7］ $\overset{\frown}{ADCB}$ 为半圆，AB 为直径，O 为圆心. $AD\parallel OC$，$2S_{\triangle BCD}=S_{AOCD}$，则$\triangle OBC$ 为正三角形.

证明 1(三角形的中位线、直径上的圆周角)

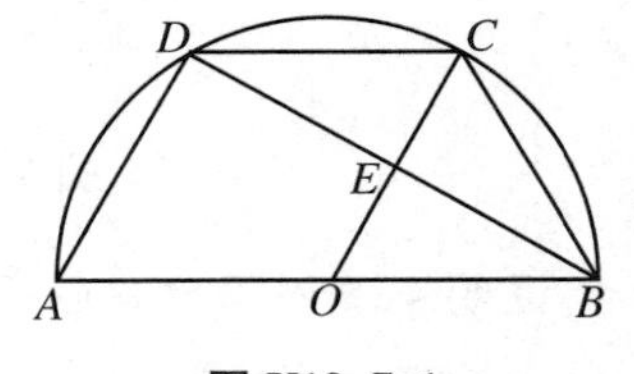

图 Y12.7.1

如图 Y12.7.1 所示. 因为 AB 为直径，所以 $AD\perp BD$. 设 BD 和 OC 交于 E. 因为 $OE\parallel AD$，所以 $OE\perp BD$，又由中位线逆定理，$BE=ED$，所以 OC 是 BD 的中垂线，所以 $S_{\triangle DEC}=\frac{1}{2}S_{\triangle BCD}=\frac{1}{4}S_{AOCD}$，所以 $S_{\triangle DEC}=\frac{1}{3}S_{AOED}$.

因为 $OE \underline{\underline{\parallel}} \frac{1}{2}AD$，所以 $S_{\triangle BEO}=\frac{1}{4}S_{\triangle BDA}=\frac{1}{3}S_{AOED}$，所以 $S_{\triangle BEO}=S_{\triangle DEC}$，所以$\frac{1}{2}DE\cdot EC=\frac{1}{2}BE\cdot EO$，所以 $EC=EO$. 由 $\mathrm{Rt}\triangle BEC\cong\mathrm{Rt}\triangle BEO$ 知 $BO=BC$，所以 $BO=BC=OC$，所以$\triangle OBC$ 是正三角形.

证明 2(同一法)

作 $BA_1\parallel CD$，交 AD 于 A_1，交 OC 于 O_1，连 O_1D，如图 Y12.7.2 所示. 若 A、A_1 不重合，则 A_1、O_1 处在直线 AB 的同侧. 因为 $O_1A_1\parallel CD$，$O_1C\parallel A_1D$，所以 A_1O_1CD 是平行四边形，所以 $S_{A_1O_1CD}=2S_{\triangle DO_1C}=2S_{\triangle BDC}$.

因为 $S_{AOCD}=2S_{\triangle BDC}$，所以 $S_{AOCD}=S_{A_1O_1CD}$.

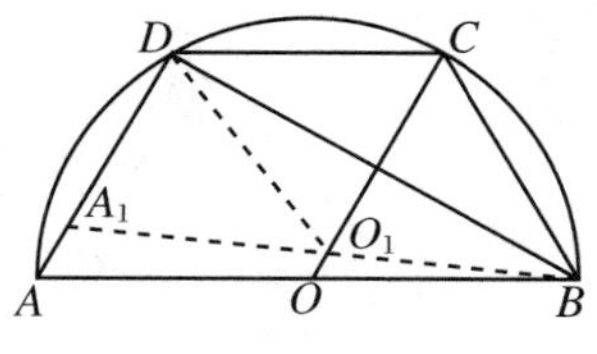

图 Y12.7.2

又因为 $S_{AOCD}=S_{A_1O_1CD}+S_{A_1O_1OA}$，所以 $S_{A_1O_1OA}=0$. 这表明 A_1 与 A，O_1 与 O 应重合，所以 $ABCD$ 是等腰梯形，$AOCD$ 是平行四边形，所以 $AO=OB=CD=BC=AD$，所以△BOC 为正三角形.

证明 3（计算法）

如证明 1 所证，OC 是 BD 的中垂线. 设 BD、OC 交于 E.

因为 $AD\parallel OC$，所以 $ADCO$ 是梯形，DE 是它的高，所以 $S_{AOCD}=\frac{1}{2}(AD+OC)\cdot DE=2S_{\triangle BDC}=2\left(\frac{1}{2}BD\cdot CE\right)$，所以 $DE(AD+OC)=4DE\cdot EC$，所以 $AD+OC=4EC=4(OC-OE)=4\left(OC-\frac{1}{2}AD\right)=4OC-2AD$，所以 $AD=OC$.

在 Rt△BDA 中，$AD=\frac{1}{2}AB$，所以∠DAB=∠$COB=60^\circ$，所以△BOC 是正三角形.

证明 4（相似三角形的相似比、等积）

如图 Y12.7.3 所示，连 AC. 因为 $OC\parallel AD$，所以∠2=∠5. 又∠5=∠4，所以∠2=∠4. 因为∠1=∠3，所以△AOC∽△BCD，设它们的相似比值为 k.

如证明 1 所证，$S_{\triangle ECD}=S_{\triangle EOB}$，所以 $S_{\triangle BCD}=S_{\triangle BOC}$. 因为 $S_{\triangle BOC}=S_{\triangle AOC}$，所以 $S_{\triangle AOC}=S_{\triangle BCD}$，所以 $k=1$，所以 $BC=CD=OC=OA=OB$，所以△OBC 是正三角形.

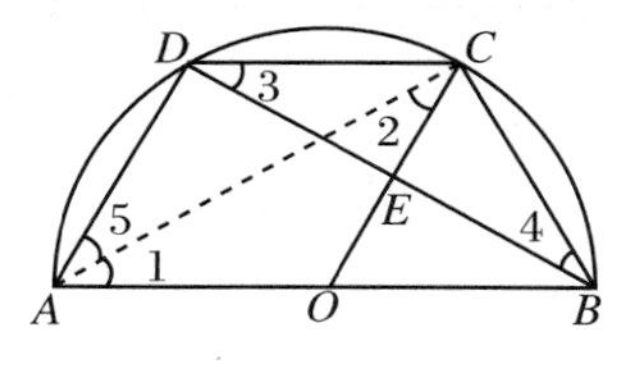

图 Y12.7.3

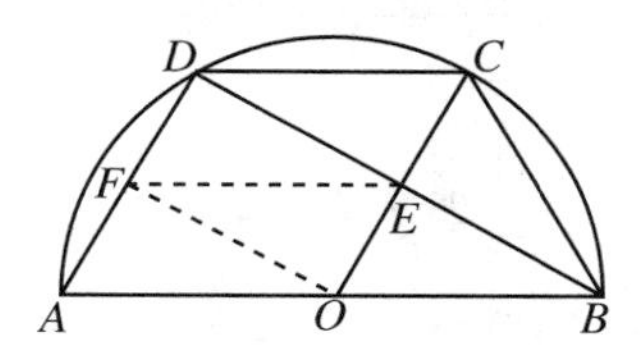

图 Y12.7.4

证明 5（三角形等积、菱形和梯形的性质）

设 F 为 AD 的中点，连 OF、EF，如图 Y12.7.4 所示，则△OEF 是△DAB 的中位三角形，所以 $S_{\triangle OEF}=S_{\triangle DEF}$.

如前法所证，OC 是 BD 的中垂线，所以 $S_{\triangle BCE}=S_{\triangle DCE}$.

因为 EF 是梯形 $AOCD$ 两底的中点的连线，所以 $S_{ECDF}=\frac{1}{2}S_{AOCD}=S_{\triangle DEC}+S_{\triangle DEF}=S_{\triangle BCD}=2S_{\triangle DEC}$，所以 $S_{\triangle DEC}=S_{\triangle DEF}=S_{\triangle OEF}$.

因为△DEC 和△OEF 等高，所以 $OE=EC$，所以 $AD=2OE=OC$，所以 $AOCD$ 是平行四边形，所以 $CD\parallel AB$，所以 $AD=BC=OC$，所以 $BC=OC=OB$，所以△OBC 是正三角形.

[例 8]　AM 是△ABC 中 BC 边的中线，任作一直线，交 AB、AC、AM 或它们的延长线于 P、Q、N，则 $\frac{AB}{AP}$、$\frac{AM}{AN}$、$\frac{AC}{AQ}$ 成等差数列.

证明 1（三角形全等、平行截比定理）

作 $CF\parallel PQ$、$BE\parallel PQ$，分别交直线 AM 于 F、E，如图 Y12.8.1 所示. 易证△CMF≌

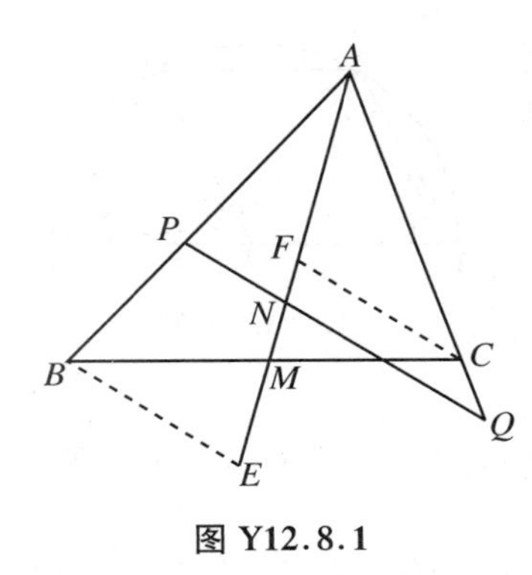

图 Y12.8.1

$\triangle BME$,所以 $ME=MF$.

由平行截比定理,$\dfrac{AB}{AP}=\dfrac{AE}{AN}$,$\dfrac{AC}{AQ}=\dfrac{AF}{AN}$,所以

$$\frac{AB}{AP}+\frac{AC}{AQ}=\frac{AE+AF}{AN}=\frac{AM+ME+AM-MF}{AN}=2\frac{AM}{AN}.$$

所以$\dfrac{AB}{AP}$、$\dfrac{AM}{AN}$、$\dfrac{AC}{AQ}$成等差数列.

证明 2(平行截比定理)

作 $ME\parallel PQ$,$CF\parallel PQ$,分别交 AB 于 E、F,如图 Y12.8.2 所示,则 ME 是$\triangle BCF$ 的中位线,所以 $BE=EF$.

由平行截比定理,$\dfrac{AC}{AQ}=\dfrac{AF}{AP}$,$\dfrac{AM}{AN}=\dfrac{AE}{AP}$,所以 $2\dfrac{AM}{AN}-\dfrac{AC}{AQ}=2\dfrac{AE}{AP}-\dfrac{AF}{AP}=\dfrac{2AE-AF}{AP}=$ $\dfrac{AE+EF}{AP}=\dfrac{AE+BE}{AP}=\dfrac{AB}{AP}$,所以$\dfrac{AB}{AP}+\dfrac{AC}{AQ}=2\dfrac{AM}{AN}$,即$\dfrac{AB}{AP}$、$\dfrac{AM}{AN}$、$\dfrac{AC}{AQ}$成等差数列.

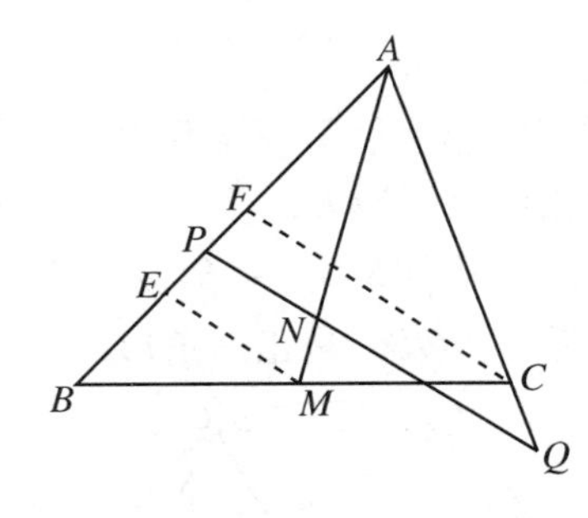

图 Y12.8.2

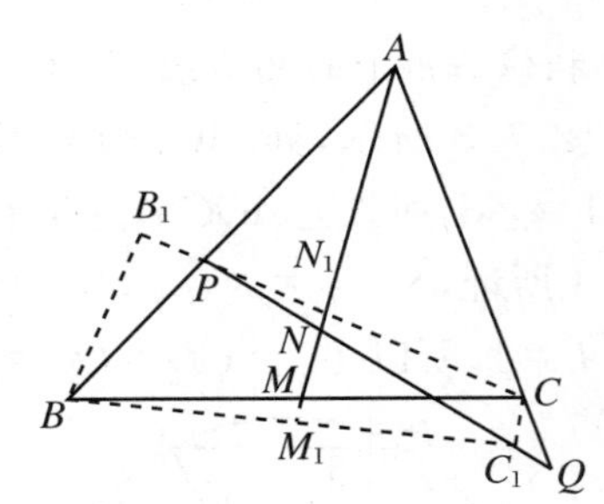

图 Y12.8.3

证明 3(梯形的中位线、三角形的中位线)

作 BB_1、CC_1 与 AM 平行,各交直线 PQ 于 B_1、C_1,连 BC_1、CB_1,延长 AM,交 BC_1 于 M_1,设 AM 交 CB_1 于 N_1.如图 Y12.8.3 所示.

在$\triangle B_1C_1C$ 和$\triangle BCC_1$ 中,由中位线定理,$NN_1=MM_1=\dfrac{1}{2}C_1C$.

因为 M_1N_1 是梯形 BB_1CC_1 的中位线,所以 $M_1N_1=\dfrac{1}{2}(BB_1+CC_1)$,所以 $MN=$ $\dfrac{1}{2}(BB_1+CC_1)-CC_1=\dfrac{1}{2}(BB_1-CC_1)$.

由$\triangle BB_1P\backsim\triangle ANP$,$\triangle CC_1Q\backsim\triangle ANQ$ 知$\dfrac{BB_1}{AN}=\dfrac{BP}{PA}$,$\dfrac{CC_1}{AN}=\dfrac{CQ}{AQ}$,所以

$$\frac{1}{2}\left(\frac{BB_1}{AN}-\frac{CC_1}{AN}\right)=\frac{1}{2}\left(\frac{BP}{PA}-\frac{CQ}{AQ}\right),$$

所以$\dfrac{MN}{AN}=\dfrac{1}{2}\left(\dfrac{BP}{PA}-\dfrac{CQ}{AQ}\right)$,所以

$$\frac{MN}{AN}+1=\frac{1}{2}\left[\left(\frac{BP}{PA}+1\right)-\left(\frac{CQ}{AQ}-1\right)\right],$$

即$\dfrac{MN+AN}{AN}=\dfrac{MA}{AN}=\dfrac{1}{2}\left(\dfrac{BP+PA}{PA}-\dfrac{CQ-AQ}{AQ}\right)=\dfrac{1}{2}\left(\dfrac{AB}{PA}+\dfrac{AC}{AQ}\right)$,所以$\dfrac{AB}{PA}+\dfrac{AC}{AQ}=2\dfrac{AM}{AN}$,

所以$\frac{AB}{AP}$、$\frac{AM}{AN}$、$\frac{AC}{AQ}$成等差数列.

证明4(平行截比定理)

作 $PP_1 /\!/ BC$,交 AC 于P_1,交 AM 于E.作 $QQ_1 /\!/ BC$,交 AB 的延长线于 Q_1,交 AM 的延长线于F.作 $Q_1Q_2 /\!/ AM$,交 QP 的延长线于Q_2.如图 Y12.8.4 所示.

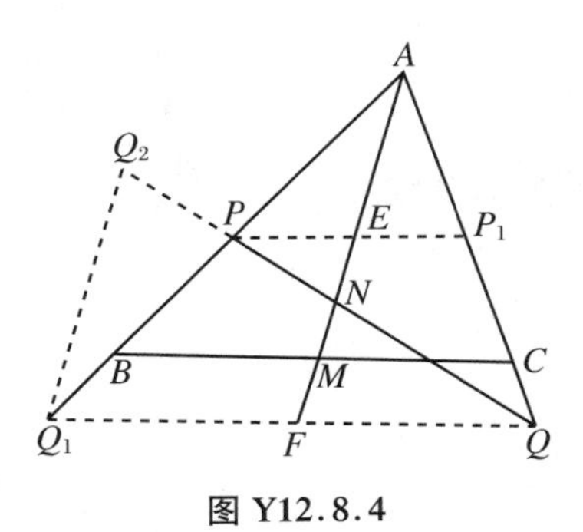

图 Y12.8.4

由平行截比定理,$\frac{AB}{AP}=\frac{AM}{AE}$,$\frac{AC}{AQ}=\frac{AM}{AF}$,所以$\frac{AB}{PA}+\frac{AC}{AQ}=AM\cdot\left(\frac{1}{AE}+\frac{1}{AF}\right)$. ①

因为$\frac{BM}{MC}=\frac{Q_1F}{FQ}$,$BM=MC$,所以 $Q_1F=FQ$,所以 FN 是$\triangle QQ_1Q_2$ 的中位线,所以 $Q_1Q_2=2FN$.

由$\triangle Q_1Q_2P\backsim\triangle ANP$,得$\frac{Q_1Q_2}{AN}=\frac{PQ_1}{AP}$.因为 $PE /\!/ Q_1F$,所以$\frac{PQ_1}{AP}=\frac{EF}{AE}$,所以$\frac{EF}{AE}=\frac{Q_1Q_2}{AN}=\frac{2FN}{AN}$,所以$\frac{2}{AN}=\frac{EF}{AE\cdot FN}$. ②

由$\triangle ENP\backsim\triangle FNQ$,得$\frac{EN}{FN}=\frac{PE}{FQ}=\frac{\frac{1}{2}PP_1}{\frac{1}{2}QQ_1}=\frac{PP_1}{QQ_1}$,由$\triangle APP_1\backsim\triangle AQ_1Q$,得$\frac{PP_1}{QQ_1}=\frac{AE}{AF}$,所以$\frac{EN}{FN}=\frac{AE}{AF}$,所以$\frac{1}{AF}=\frac{1}{AE}\cdot\frac{EN}{FN}$,所以$\frac{1}{AE}+\frac{1}{AF}=\frac{1}{AE}\left(1+\frac{EN}{FN}\right)=\frac{1}{AE}\cdot\frac{EN+FN}{FN}=\frac{EF}{AE\cdot FN}$. ③

由式②、式③知$\frac{1}{AE}+\frac{1}{AF}=\frac{2}{AN}$. ④

把式④代入式①,则有$\frac{AB}{PA}+\frac{AC}{AQ}=2\frac{AM}{AN}$,所以$\frac{AB}{AP}$、$\frac{AM}{AN}$、$\frac{AC}{AQ}$成等差数列.

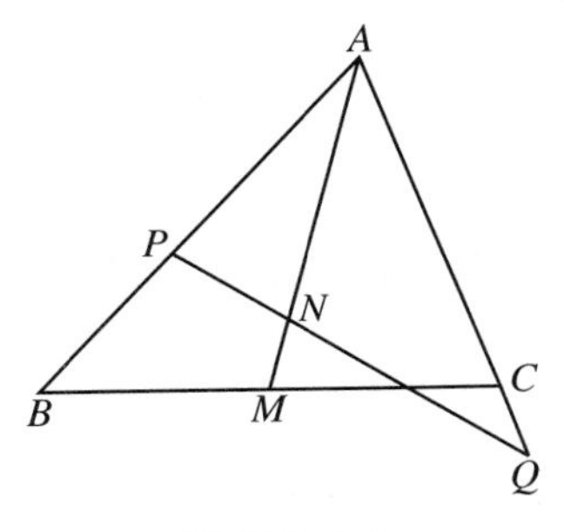

图 Y12.8.5

证明5(面积法)

如图 Y12.8.5 所示.

$$\frac{S_{\triangle ABM}}{S_{\triangle APN}}=\frac{AB\cdot AM}{AP\cdot AN}. \quad ①$$

$$\frac{S_{\triangle ACM}}{S_{\triangle ANQ}}=\frac{AC\cdot AM}{AN\cdot AQ}. \quad ②$$

$$\frac{S_{\triangle ABC}}{S_{\triangle APQ}}=\frac{AB\cdot AC}{AP\cdot AQ}. \quad ③$$

式①÷式②并注意到 $S_{\triangle ABM}=S_{\triangle ACM}$,则有$\frac{S_{\triangle ANQ}}{S_{\triangle APN}}=\frac{AB\cdot AM\cdot AN\cdot AQ}{AP\cdot AN\cdot AM\cdot AC}=\frac{AB\cdot AQ}{AP\cdot AC}$,所以

$$\frac{S_{\triangle ANQ}+S_{\triangle APN}}{S_{\triangle APN}}=\frac{S_{\triangle APQ}}{S_{\triangle APN}}=\frac{AB\cdot AQ+AP\cdot AC}{AP\cdot AC}. \quad ④$$

式③×式④得

$$\frac{S_{\triangle ABC}}{S_{\triangle APN}}=\frac{AB\cdot AC}{AP\cdot AQ}\cdot\frac{AB\cdot AQ+AP\cdot AC}{AP\cdot AC}=\frac{2S_{\triangle ABM}}{S_{\triangle APN}}.\qquad ⑤$$

把式①代入式⑤,得

$$\frac{2AB\cdot AM}{AP\cdot AN}=\frac{AB\cdot AC}{AP\cdot AQ}\cdot\frac{AB\cdot AQ+AP\cdot AC}{AP\cdot AC}.$$

将此式化简后立得 $2\frac{AM}{AN}=\frac{AB}{AP}+\frac{AC}{AQ}$,所以$\frac{AB}{AP}$、$\frac{AM}{AN}$、$\frac{AC}{AQ}$成等差数列.

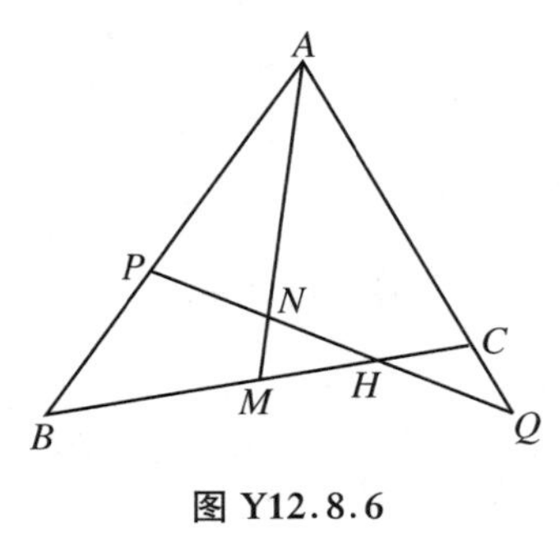

图 Y12.8.6

证明 6(Menelaus 定理)

如图 Y10.8.6 所示,在$\triangle ABM$ 中,P、N、H 共线.由 Menelaus 定理,$\frac{AP}{PB}\cdot\frac{BH}{HM}\cdot\frac{MN}{NA}=1$.于是

$$\frac{BP}{AP}=\frac{BH\cdot MN}{MH\cdot AN},$$

$$\frac{BP+AP}{AP}=\frac{BH\cdot MN+MH\cdot AN}{MH\cdot AN}=\frac{AB}{AP}.\qquad ①$$

在$\triangle AMC$ 中,N、H、Q 共线.同理,$\frac{AN}{MN}\cdot\frac{MH}{HC}\cdot\frac{CQ}{QA}=1$,所以$\frac{CQ}{QA}=\frac{MN\cdot HC}{AN\cdot MH}$,所以 $1-\frac{CQ}{AQ}=1-\frac{MN\cdot HC}{AN\cdot MH}$,即

$$\frac{AC}{AQ}=\frac{AN\cdot MH-MN\cdot HC}{AN\cdot MH}.\qquad ②$$

式①+式②,得

$$\begin{aligned}\frac{AC}{AQ}+\frac{AB}{AP}&=\frac{AN\cdot MH-MN\cdot HC+BH\cdot MN+MH\cdot AN}{AN\cdot MH}\\&=\frac{2AN\cdot MH+MN(BH-HC)}{AN\cdot MH}\\&=\frac{2AN\cdot MH+MN(MH+BM-MC+MH)}{AN\cdot MH}\\&=\frac{2AN\cdot MH+2MN\cdot MH}{AN\cdot MH}=\frac{2MH\cdot(AN+MN)}{AN\cdot MH}=2\frac{AM}{AN}.\end{aligned}$$

所以$\frac{AB}{AP}$、$\frac{AM}{AN}$、$\frac{AC}{AQ}$成等差数列.

[例 9] 等腰梯形 $ABCD$ 的对角线夹角为 60°,$AD/\!/BC$,对角线 AC、BD 交于 O,P、Q 各是 OA、OB 的中点,R 是 CD 的中点,则$\triangle PQR$ 是正三角形.

证明 1(三角形的中位线、直角三角形的斜边上的中线)

如图 Y12.9.1 所示,连 PD.易证$\triangle OAD$ 是正三角形.因为 P 为 OA 的中点,由三线合一定理,$DP\perp AO$,所以$\triangle DPC$ 是直角三角形,PR 是其斜边上的中线,所以 $PR=\frac{1}{2}CD=\frac{1}{2}AB$.

因为 PQ 是$\triangle OAB$ 的中位线,所以 $PQ=\frac{1}{2}AB$,所以 $PR=PQ$.

同理,若连 CQ,又有 $QR=QP$.

所以 $PQ = QR = RP$,所以$\triangle PQR$ 是正三角形.

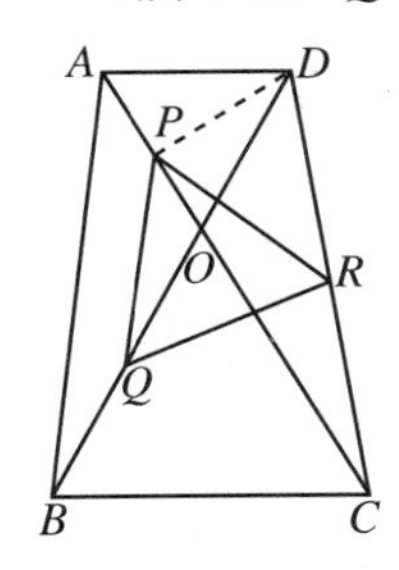

图 Y12.9.1

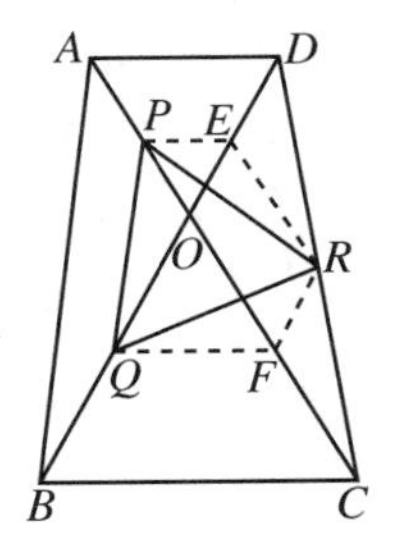

图 Y12.9.2

证明 2(三角形全等)

设 OD、OC 的中点分别为 E、F,连 PE、ER、RF、FQ,如图 Y12.9.2 所示,则 PE 是$\triangle OAD$ 的中位线,RF 是$\triangle COD$ 的中位线,ER 是$\triangle COD$ 的中位线,QF 是$\triangle OBC$ 的中位线.

易证$\triangle OAD$、$\triangle OBC$ 是正三角形,所以 $PE = \frac{1}{2}AD = \frac{1}{2}OD = FR = OP$,$ER = \frac{1}{2}OC = \frac{1}{2}BC = QF = OQ$.

因为$\angle PER = \angle PEO + \angle OER = 60^\circ + (180^\circ - \angle EOC) = 60^\circ + (180^\circ - 120^\circ) = 120^\circ$,同理,$\angle RFQ = 120^\circ$,$\angle POQ = 120^\circ$,所以$\triangle PER \cong \triangle RFQ \cong \triangle POQ$,所以 $PR = RQ = QP$,所以$\triangle PQR$ 是正三角形.

证明 3(三角形全等、三角形的中位线)

延长 DB 到 D_1,使 $BD_1 = OD$,连 D_1C,如图 Y12.9.3 所示.

因为 $BD_1 = OD = OA$,$BC = BO$,$\angle CBD_1 = \angle BOA = 120^\circ$,所以$\triangle CBD_1 \cong \triangle BOA$,所以 $CD_1 = AB$.

因为 PQ 是$\triangle OAB$ 的中位线,所以 $PQ = \frac{1}{2}AB$. 因为 QR 是$\triangle DD_1C$ 的中位线,所以 $QR = \frac{1}{2}CD_1$,所以 $PQ = QR$.

同理,若延长 CA 到 C_1,使 $AC_1 = OC$,又有 $PR = PQ$,所以 $PQ = QR = RP$,所以$\triangle PQR$ 是正三角形.

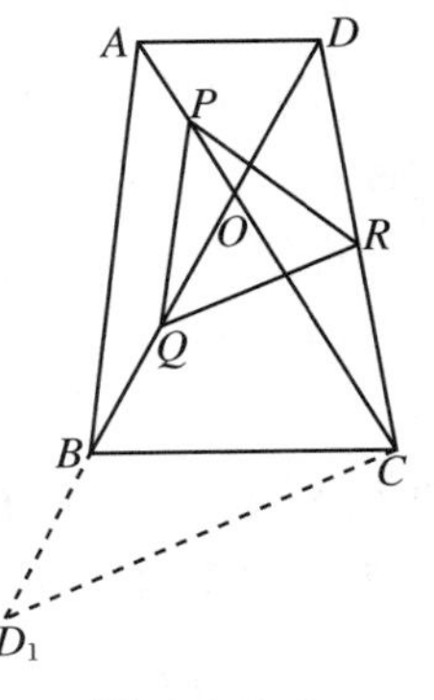

图 Y12.9.3

证明 4(共圆)

设 AB、OD、OC 的中点各是 O_1、O_2、O_3. 连 O_1P、O_2P、O_2R、O_3R、O_3Q、O_1Q,如图 Y12.9.4 所示,则 O_2R 是$\triangle COD$ 的中位线,PO_2 是$\triangle OAD$ 的中位线,RO_3 是$\triangle COD$ 的中位线,所以 $O_2R /\!/ OC$,$O_2P = \frac{1}{2}AD = \frac{1}{2}OD = O_3R$,所以 PO_2RO_3 是等腰梯形. 同理,PO_2QO_1、O_1QO_3R、QO_3RO_2、O_1PO_2R、O_3QO_1P 也是等腰梯形,所以 P、O_2、R、O_3、Q、O_1 六点共圆.

因为$\angle QO_3R = \angle QO_3O + \angle OO_3R = \angle QO_3O + \angle AOD = 60^\circ + 60^\circ = 120^\circ$,所以$\angle QPR = 180^\circ - \angle QO_3R = 180^\circ - 120^\circ = 60^\circ$. 同理,$\angle PRQ = \angle RQP = 60^\circ$,所以$\triangle PQR$ 是正三角形.

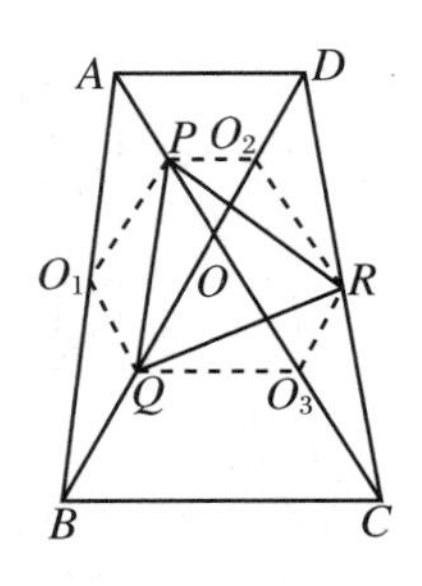

图 Y12.9.4

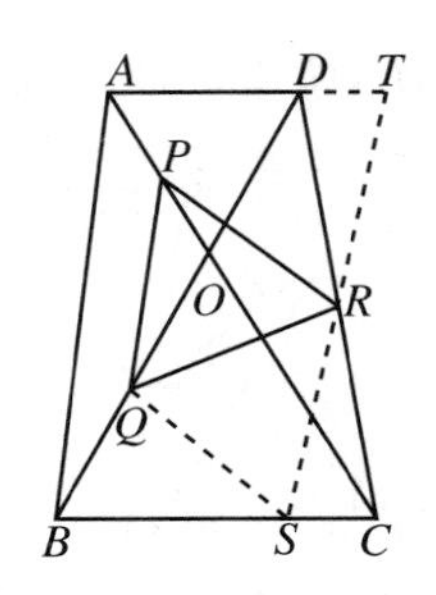

图 Y12.9.5

证明 5(三角形全等、平行四边形、相似三角形)

设 $AD=a,BC=b(a<b)$.过 R 作 AB 的平行线,交 AD 的延长线于 T,交 BC 于 S,连 QS,如图 Y12.9.5 所示.易证 $DT=SC,RD=RT=RS=RC$,所以$\angle RDT=\angle RSC$.

在$\triangle BSQ$ 和$\triangle BDC$ 中,$\angle B$ 为公共角,$\dfrac{BS}{BQ}=\dfrac{b-\dfrac{b-a}{2}}{\dfrac{1}{2}b}=\dfrac{a+b}{b}=\dfrac{BD}{BC}$,所以$\triangle BSQ\backsim\triangle BDC$,所以$\angle BSQ=\angle BDC$.

因为$\angle RDT+\angle BDC+\angle ADO=180^\circ$,$\angle RSC+\angle BSQ+\angle QSR=180^\circ$,所以$\angle QSR=\angle ADO=60^\circ$.

因为 $RS=\dfrac{1}{2}ST=\dfrac{1}{2}AB=PQ$,$RS/\!/AB/\!/PQ$,所以 $RSQP$ 为平行四边形,所以$\angle QPR=\angle QSR=60^\circ$.

同理可证$\angle PQR=60^\circ$,所以$\triangle PQR$ 为正三角形.

[例 10] 三角形各内角的相邻的三等分线的交点是正三角形的顶点.(Frank Morley 定理)

证明 1(内心的性质、共圆、同一法)

设三个交点为 F、G、H.

如图 Y12.10.1 所示,延长 BG、AH,交于 L.作$\triangle ABL$ 的内切圆$\odot F$,设$\odot F$ 与 AL、BL 切于 N、D.连 FN、FD 并分别延长,各与 AC、BC 交于 P、E.过 P 作$\odot F$ 的切线 PM,M 为切点,设 PM 的延长线交 BL 于 G',连 FM、FG',则 $FM=FN$,$\angle DFG'=\angle MFG'$.

在$\triangle AFP$ 中.因为$\angle FAN=\angle NAP$,$AN\perp FP$,所以 $FN=NP$,所以 $FM=FN=\dfrac{1}{2}FP$.

在 Rt$\triangle FMP$ 中.因为 $FM=\dfrac{1}{2}FP$,所以$\angle FPM=30^\circ$,所以$\angle PFM=60^\circ$.

连 $G'E$.易证$\triangle BEF$ 是等腰三角形,所以

$$\begin{aligned}\angle G'FE=\angle G'EF&=\frac{1}{2}\angle DFM=\frac{1}{2}(\angle DFN-\angle PFM)\\&=\frac{1}{2}(180^\circ-\angle ALB-60^\circ)=\frac{1}{2}(120^\circ-\angle ALB)\\&=\frac{1}{2}\left[120^\circ-\left(60^\circ+\frac{2}{3}\angle ACB\right)\right]=30^\circ-\frac{1}{3}\angle ACB.\end{aligned}$$

易证 $PF=EF=2FD$.

连 PE，则$\angle PEF=\angle EPF=\frac{1}{2}(180^\circ-\angle EFP)=\frac{1}{2}\angle ALB=\frac{1}{2}\left(60^\circ+\frac{2}{3}\angle ACB\right)=30^\circ+\frac{1}{3}\angle ACB$.

所以$\angle PEG'=\angle PEF-\angle G'EF=\frac{2}{3}\angle ACB$.

因为$\angle EPG'=\angle EPF-30^\circ=\frac{1}{3}\angle ACB$，所以$\angle PG'E=180^\circ-(\angle PEG'+\angle EPG')=180^\circ-\angle ACB$，所以$\angle PG'E+\angle ACB=180^\circ$，所以 C、P、G'、E 共圆，所以$\angle PCG'=\angle PEG'=\frac{2}{3}\angle ACB$.

所以 G、G'重合.

同样，若从 E 作$\odot F$ 的切线ET，则 ET 也必然与AL 交于H 点. 因为 NL、DL，PM、ET 关于直线FL 对称，所以 $DG=HN=GM=TH$，所以 $\mathrm{Rt}\triangle FDG\cong\mathrm{Rt}\triangle FNH$，所以$\angle GFM=\angle HFN=\angle GFD$.

因为$\angle PFM=60^\circ$，所以$\angle GFH=60^\circ$.

同理可证$\angle FHG=\angle HGF=60^\circ$.

所以$\triangle FGH$ 是正三角形.

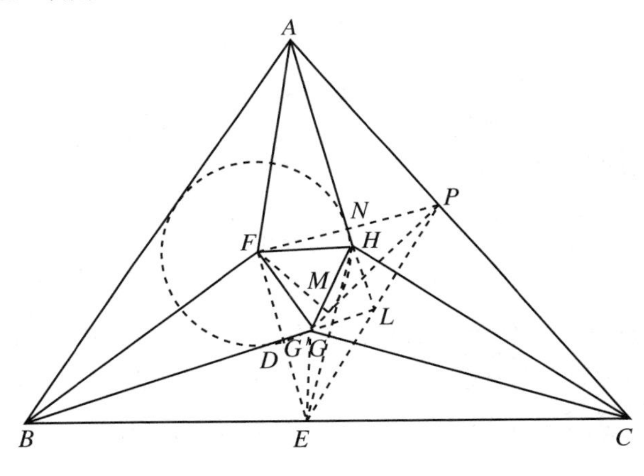

图 Y12.10.1

证明2（内心的性质、借助引理的证明）

引理　四个点 Y'、Z、Y、Z'若满足：① $Y'Z=ZY=YZ'$，② $\angle YZY'=\angle Z'YZ=180^\circ-2\alpha>60^\circ$，则四点共圆. 此外，若有一点 A 在 $Y'Z'$的一侧而远离 Y、Z，且使得$\angle Y'AZ'=3\alpha$，则点 A 也在该圆上.

引理的证明　设$\angle YZY'$和$\angle Z'YZ$ 的角平分线交于O，连 OY'、OZ'，如图 Y12.10.2 所示.

因为 $Y'Z=ZY=YZ'$，所以$\triangle OY'Z\cong\triangle OZY\cong OYZ'$，它们都是等腰三角形.

设$\angle Y'OZ=\angle ZOY=\angle YOZ'=2\alpha$，则每个等腰三角形的底角都是 $90^\circ-\alpha$，所以$\angle Y'ZY=\angle Z'YZ=180^\circ-2\alpha$，它们相等的腰 $OY'=OZ=OY=OZ'$是圆心为 O 的圆的半径，各弦 $Y'Z$、ZY、YZ'对的圆心角为 2α.

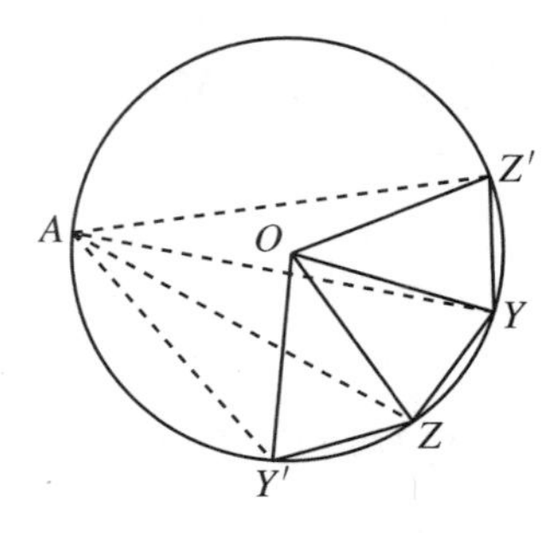

图 Y12.10.2

设 A 为⊙O 中不含 Y 的 $\overset{\frown}{Y'Z'}$ 上的任一点，则弦 $Y'Z$、ZY、YZ' 对的圆周角都是 α，所以 $\overset{\frown}{Y'Z'}$ 是远离 Y、Z 点的对弦 $Y'Z'$ 张 3α 角的点的轨迹，即任何满足 $\angle Y'AZ'=3\alpha$ 的点 A 必在此圆上. 引理证毕.

设 $\angle A=3\alpha$，$\angle B=3\beta$，$\angle C=3\gamma$. $\angle B$、$\angle C$ 的三等分线交于 U、X. 连 UX. 如图 Y12.10.3 所示.

在 $\triangle BCU$ 中，BX、CS 是两条内角平分线，所以 X 是 $\triangle BCU$ 的内心，所以 UX 是 $\angle BUC$ 的平分线.

在 CU、BU 上取点 Y、Z，使 XY、XZ 在 XU 的两侧且都与 XU 成 30° 角，即 $\angle UXZ=\angle UXY=30^\circ$，易证 $\triangle UXY\cong\triangle UXZ$，所以 $XY=XZ$，$UZ=UY$. 因为 $\angle ZXY=60^\circ$，所以 $ZX=ZY=XY$，即 $\triangle XYZ$ 是正三角形.

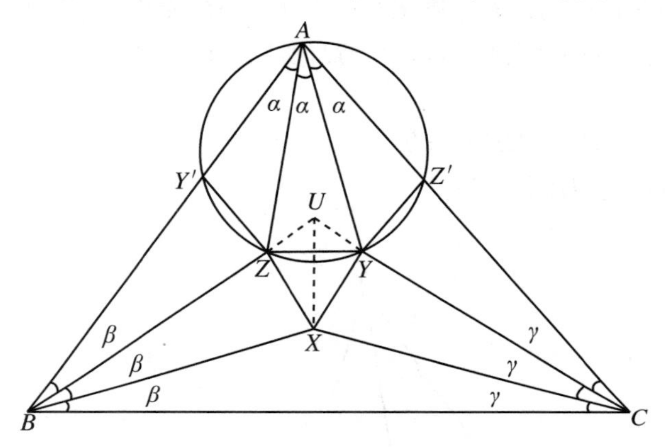

图 Y12.10.3

因为 $UZ=UY$，所以 $\angle UZY=\angle UYZ$. 因为 $\angle UZY+\angle UYZ=180^\circ-\angle ZUY=180^\circ-(180^\circ-\angle UBC-\angle UCB)=\angle UBC+\angle UCB=2\beta+2\gamma$，所以 $\angle UZY=\beta+\gamma$. 因为 $\alpha+\beta+\gamma=\dfrac{\angle A}{3}+\dfrac{\angle B}{3}+\dfrac{\angle C}{3}=60^\circ$，所以 $\beta+\gamma=60^\circ-\alpha$，即 $\angle UZY=60^\circ-\alpha$，所以 $\angle XZU=60^\circ+(60^\circ-\alpha)=120^\circ-\alpha$.

在 AB 上取 Y'，使 $BY'=BX$，在 CA 上取 Z'，使 $CZ'=CX$，连 $Y'Z$、YZ'. 易证 $\triangle BZX\cong\triangle BZY'$，$\triangle CYX\cong\triangle CYZ'$，所以 $Y'Z=ZX=ZY=XY=YZ'$，所以 $\angle UZY'=\angle UZX=120^\circ-\alpha$，所以 $\angle YZY'=\angle YZU+\angle UZY'=(60^\circ-\alpha)+(120^\circ-\alpha)=180^\circ-2\alpha$.

同理 $\angle ZYZ'=180^\circ-2\alpha$. 因为 $\alpha=\dfrac{\angle A}{3}<60^\circ$，由引理的结论，$Y'$、$Z$、$Y$、$Z'$ 共圆，所以等弦 $Y'Z$、ZY、YZ' 对 A 点张等角 α，直线 AZ、AY 三等分 $\triangle ABC$ 的内角 $\angle A$，所以 X、Y、Z 是三角形各内角之间相邻的三等分线的交点.

所以 $\triangle XYZ$ 是正三角形.

证明 3（三角法、正弦定理）

如图 Y12.10.4 所示.

$$\frac{AE}{\sin\angle AFE}=\frac{AF}{\sin\angle AEF}. \qquad ①$$

$$\frac{AE}{\sin\frac{\angle C}{3}}=\frac{AC}{\sin\angle AEC}=\frac{AC}{\sin\left(\pi-\frac{\angle A+\angle C}{3}\right)}$$

$$=\frac{AC}{\sin\frac{\angle A+\angle C}{3}}. \qquad ②$$

$$\frac{AF}{\sin\frac{\angle B}{3}}=\frac{AB}{\sin\angle AFB}=\frac{AB}{\sin\left(\pi-\frac{\angle A+\angle B}{3}\right)}$$

$$=\frac{AB}{\sin\frac{\angle A+\angle B}{3}}. \qquad ③$$

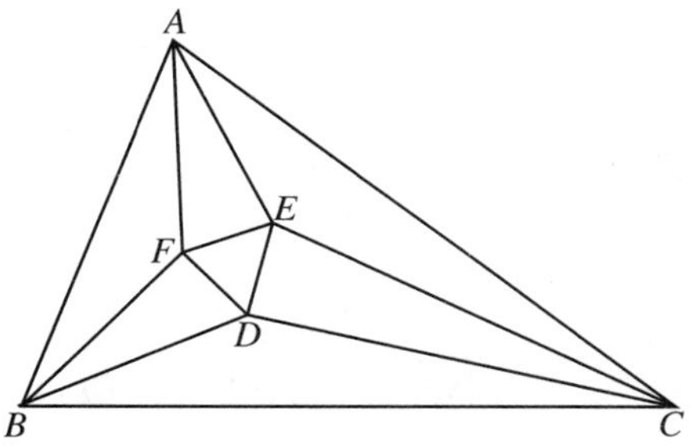

图 Y12.10.4

由式②、式③，得

$$\frac{AE}{AF}=\frac{AC}{AB}\cdot\frac{\sin\frac{\angle A+\angle B}{3}\cdot\sin\frac{\angle C}{3}}{\sin\frac{\angle A+\angle C}{3}\cdot\sin\frac{\angle B}{3}}=\frac{\sin\angle B\cdot\sin\frac{\angle A+\angle B}{3}\cdot\sin\frac{\angle C}{3}}{\sin\angle C\cdot\sin\frac{\angle A+\angle C}{3}\cdot\sin\frac{\angle B}{3}}$$

$$=\frac{\left(3\sin\frac{\angle B}{3}-4\sin^3\frac{\angle B}{3}\right)\cdot\sin\frac{\pi-\angle C}{3}\cdot\sin\frac{\angle C}{3}}{\left(3\sin\frac{\angle C}{3}-4\sin^3\frac{\angle C}{3}\right)\cdot\sin\frac{\pi-\angle B}{3}\cdot\sin\frac{\angle B}{3}}$$

$$=\frac{\left(3-4\sin^2\frac{\angle B}{3}\right)\cdot\left(\frac{\sqrt{3}}{2}\cos\frac{\angle C}{3}-\frac{1}{2}\sin\frac{\angle C}{3}\right)}{\left(3-4\sin^2\frac{\angle C}{3}\right)\cdot\left(\frac{\sqrt{3}}{2}\cos\frac{\angle B}{3}-\frac{1}{2}\sin\frac{\angle B}{3}\right)}$$

$$=\frac{\left[3\left(\sin^2\frac{\angle B}{3}+\cos^2\frac{\angle B}{3}\right)-4\sin^2\frac{\angle B}{3}\right]\cdot\left(\sqrt{3}\cos\frac{\angle C}{3}-\sin\frac{\angle C}{3}\right)}{\left[3\left(\sin^2\frac{\angle C}{3}+\cos^2\frac{\angle C}{3}\right)-4\sin^2\frac{\angle C}{3}\right]\cdot\left(\sqrt{3}\cos\frac{\angle B}{3}-\sin\frac{\angle B}{3}\right)}$$

$$=\frac{\left(3\cos^2\frac{\angle B}{3}-\sin^2\frac{\angle B}{3}\right)\cdot\left(\sqrt{3}\cos\frac{\angle C}{3}-\sin\frac{\angle C}{3}\right)}{\left(3\cos^2\frac{\angle C}{3}-\sin^2\frac{\angle C}{3}\right)\cdot\left(\sqrt{3}\cos\frac{\angle B}{3}-\sin\frac{\angle B}{3}\right)}$$

$$=\frac{\left(\sqrt{3}\cos\frac{\angle B}{3}+\sin\frac{\angle B}{3}\right)\left(\sqrt{3}\cos\frac{\angle B}{3}-\sin\frac{\angle B}{3}\right)\left(\sqrt{3}\cos\frac{\angle C}{3}-\sin\frac{\angle C}{3}\right)}{\left(\sqrt{3}\cos\frac{\angle C}{3}-\sin\frac{\angle C}{3}\right)\left(\sqrt{3}\cos\frac{\angle C}{3}+\sin\frac{\angle C}{3}\right)\left(\sqrt{3}\cos\frac{\angle B}{3}-\sin\frac{\angle B}{3}\right)}$$

$$=\frac{\sqrt{3}\cos\frac{\angle B}{3}+\sin\frac{\angle B}{3}}{\sqrt{3}\cos\frac{\angle C}{3}+\sin\frac{\angle C}{3}}=\frac{\sin\frac{\pi+\angle B}{3}}{\sin\frac{\pi+\angle C}{3}}. \qquad ④$$

由式①、式④，得

$$\frac{\sin\angle AFE}{\sin\angle AEF}=\frac{\sin\frac{\pi+\angle B}{3}}{\sin\frac{\pi+\angle C}{3}}. \qquad ⑤$$

易知

$$\angle AEF+\angle AFE=\pi-\frac{\angle A}{3}=\pi-\left(\frac{\pi}{3}-\frac{\angle B}{3}-\frac{\angle C}{3}\right)=\frac{\pi+\angle B}{3}+\frac{\pi+\angle C}{3}. \qquad ⑥$$

由式⑤、式⑥,得$\angle AFE=\frac{\pi+\angle B}{3}$,$\angle AEF=\frac{\pi+\angle C}{3}$.同理,$\angle BDF=\frac{\pi+\angle C}{3}$,$\angle BFD=\frac{\pi+\angle A}{3}$.因为

$$\angle AFB+\angle AFE+\angle BFD+\angle EFD=2\pi,\quad \angle AFB=\pi-\frac{\angle A+\angle B}{3},$$

所以

$$\angle EFD=2\pi-(\angle AFB+\angle AFE+\angle BFD)=2\pi-\left(\pi-\frac{\angle A+\angle B}{3}\right)-\frac{\pi+\angle B}{3}-\frac{\pi+\angle A}{3}=\frac{\pi}{3}.$$

同理,$\angle FED=\frac{\pi}{3}$.

所以$\triangle DEF$是正三角形.

证明4(三角法)

设$\angle A=3\alpha$,$\angle B=3\beta$,$\angle C=3\gamma$,$\triangle ABC$的外接圆的半径为R.在$\triangle ABF$中,$\frac{AB}{\sin(\alpha+\beta)}=\frac{AF}{\sin\beta}$.故

$$\begin{aligned}AF&=AB\cdot\frac{\sin\beta}{\sin(\alpha+\beta)}=\frac{2R\sin3\gamma\cdot\sin\beta}{\sin(\alpha+\beta)}=\frac{2R\sin[\pi-3(\alpha+\beta)]\cdot\sin\beta}{\sin(\alpha+\beta)}\\&=2R[3-4\sin^2(\alpha+\beta)]\cdot\sin\beta=2R\{3-2[1-\cos(2\alpha+2\beta)]\}\cdot\sin\beta\\&=2R[1+2\cos(120^\circ-2\gamma)]\sin\beta=2R\{1-2\cos[180^\circ-(120^\circ-2\gamma)]\}\cdot\sin\beta\\&=2R[1-2\cos(60^\circ+2\gamma)]\sin\beta=2R\left[1-2\left(\frac{1}{2}\cos2\gamma-\frac{\sqrt{3}}{2}\sin2\gamma\right)\right]\cdot\sin\beta\\&=2R(2\sin^2\gamma+2\sqrt{3}\sin\gamma\cos\gamma)\sin\beta=4R\sin\beta\sin\gamma(\sin\gamma+\sqrt{3}\cos\gamma)\\&=8R\sin\beta\sin\gamma\left(\frac{1}{2}\sin\gamma+\frac{\sqrt{3}}{2}\cos\gamma\right)=8R\sin\beta\sin\gamma\sin(60^\circ+\gamma).\end{aligned}$$

同理,$AE=8R\sin\beta\sin\gamma\sin(60^\circ+\beta)$.

在$\triangle AEF$中,由余弦定理,$EF=\sqrt{AE^2+AF^2-2AE\cdot AF\cdot\cos\alpha}$,把$AE$、$AF$的表达式代入,得

$$EF=8R\sin\beta\sin\gamma\sqrt{\sin^2(60^\circ+\gamma)+\sin^2(60^\circ+\beta)-2\sin(60^\circ+\gamma)\sin(60^\circ+\beta)\cos\alpha}.$$

记$x=\sqrt{\sin^2(60^\circ+\beta)+\sin^2(60^\circ+\gamma)-2\sin(60^\circ+\beta)\sin(60^\circ+\gamma)\cos\alpha}$.因为

$$\begin{aligned}\cos\alpha&=\cos[60^\circ-(\beta+\gamma)]=-\cos\{180^\circ-[60^\circ-(\beta+\gamma)]\}\\&=-\cos[120^\circ+(\beta+\gamma)]=-\cos[(60^\circ+\beta)+(60^\circ+\gamma)],\end{aligned}$$

设$60^\circ+\beta=\theta_1$,$60^\circ+\gamma=\theta_2$,则有

$$x=\sqrt{\sin^2\theta_1+\sin^2\theta_2+2\sin\theta_1\sin\theta_2\cos(\theta_1+\theta_2)},$$

所以

$$\begin{aligned}x^2&=\frac{1-\cos2\theta_1}{2}+\frac{1-\cos2\theta_2}{2}+2\sin\theta_1\sin\theta_2\cos(\theta_1+\theta_2)\\&=1-\frac{1}{2}(\cos2\theta_1+\cos2\theta_2)+2\sin\theta_1\sin\theta_2\cos(\theta_1+\theta_2)\end{aligned}$$

$$=1-\cos(\theta_1+\theta_2)\cos(\theta_1-\theta_2)+2\sin\theta_1\sin\theta_2\cos(\theta_1+\theta_2)$$
$$=1-\cos(\theta_1+\theta_2)[\cos(\theta_1-\theta_2)-2\sin\theta_1\sin\theta_2]$$
$$=1-\cos(\theta_1+\theta_2)\cos(\theta_1+\theta_2)=\sin^2(\theta_1+\theta_2),$$

所以 $x=\sin(\theta_1+\theta_2)$，即 $x=\sin[(60^\circ+\beta)+(60^\circ+\gamma)]=\sin(120^\circ+\beta+\gamma)=\sin[60^\circ-(\beta+\gamma)]=\sin\alpha$.

所以 $EF=8R\sin\beta\sin\gamma\sin\alpha$.

同理，$DE=DF=8R\sin\beta\sin\gamma\sin\alpha$，所以 $DE=EF=FD$，所以$\triangle DEF$ 是正三角形.

思　考　题

1. 在$\triangle ABC$中，AD是BC边的中线，直线BE交AC于E，交AD于F，若$AE=EF$，则$AC=BF$.

2. 在$\triangle ABC$中，M是BC的中点，E、F各是AB、AC上的点，CE和BF交于Q，直线ME、MQ、MF分别与过A点的BC的平行线交于P、N、D，则$AP=DN$.

3. P为$\odot O$外的一点，PA、PB分别切$\odot O$于A、B，过P任作一割线，与$\odot O$交于C、D，弦$AN /\!/ BC$，直线AN与直线BD、CD分别交于M、E，则$EM=MN$.

4. $\triangle ABC$的三条高线分别是AA_1、BB_1、CC_1. B_2、C_2各是BB_1、CC_1的中点，则过A_1、B_2、C_2的圆平分BC边.

5. 以锐角$\triangle ABC$的高AD为直径作圆，该圆交AB、AC于M、N，MN交AD于P，$PE /\!/ BC$，PE交圆于E，直线AE交BC于F，以BC为直径的圆交AD于Q，则$DF=DQ$.

6. 在$\triangle ABC$中，$\angle B$、$\angle C$的平分线分别是BD、CE. P为DE的中点，$PM\perp BC$于M，$PN\perp AB$于N，$PQ\perp AC$于Q，则$PM=PN+PQ$.

7. 在$\triangle ABC$中，AE是BC边的中线，AD是$\angle A$的平分线，I、G各是内心和重心，直线IG交BC于F，若$DF=DC$，则$EF=\dfrac{1}{2}AC$.

8. 在$\triangle ABC$中，$AB=AC$，$\angle B=36^\circ$，AD、CE为两条高线，AC的中点为F，则$CD=AE+AF$.

9. 在$\triangle ABC$中，$\angle A=90^\circ$，M为BC的中点，O为$\triangle ACM$的外心，$AH\perp BC$于H，BO交AH于D，则$AD=2DH$.

10. 在圆的内接$\triangle ABC$中，$AB=AC$，$\angle ABC>60^\circ$，作$\angle ABD=60^\circ$，BD交圆于D，则$AB=BD+CD$.

11. P为正七边形$ABCDEFG$的外接圆的劣弧$\overset{\frown}{AB}$上的任一点，则$PA+PB+PD+PF=PC+PE+PG$.

12. 在$\triangle ABC$中，$\angle C=90^\circ$，M为BC的中点，$AC=2BC$，CD平分$\angle C$，交AB于D，连接AM、MD，则$\angle AMB=\angle CMD$.

13. 在$\triangle ABC$中，延长AB到P，使$BP=AC$，AP的中垂线交$\triangle ABC$的外接圆于D，则AD平分$\angle A$.

14. 在正$\triangle ABC$中，E、F是BC的三等分点，以BC为直径向形外作半圆，则直线AE、AF把半圆弧三等分.

15. 在$\triangle ABC$中，$\angle A=100^\circ$，$AB=AC$，$\angle B$的平分线交三角形的外接圆于E，$EF\perp BC$于F，EF交AC于P，则BP平分$\angle EBC$.

16. 在$\triangle ABC$中，D、E分别是BC、AB与内切圆的切点，直线$DN\perp DE$，交直线AC于

N,交直线 AB 于 M,则 $AM:AN=CD:DN$.

17. 在$\triangle ABC$ 中,G 是重心.过 A、G 的一个圆切 BG 于 G,CG 的延长线交圆于 D,则 $AG^2=GC\cdot GD$.

18. 在$\triangle ABC$ 中,$\angle B=18^\circ$,$\angle C=54^\circ$,$AD\perp BC$ 于 D,则 $AB\cdot AC=4AD^2$.

19. BC 是$\odot O$ 的直径,P 为圆外的一点并在直线 BC 的延长线上,PA 切$\odot O$ 于 A,$AD\perp BC$ 于 D,则 $OB:CD=OP:PC$.

20. 在$\triangle ABC$ 中,$AB=AC$,G 为重心,H 为垂心,$BM\perp AC$ 于 M,$GP\perp BM$ 于 P,GP 交 AB 于 F,则 $BH:PH=3GF:GP$.

21. 在$\triangle ABC$ 中,$\angle A=90^\circ$,$AD\perp BC$ 于 D,BE 平分$\angle ABC$,交 AD 于 F,交 AC 于 E. $EM/\!/BC$,交 AB 于 M,$FN/\!/BC$,交 AC 于 N,则 $DM\perp DN$.

22. 以 AB 为直径的半圆中,P 为 AB 上的任一点,$PC\perp AB$,交半圆于 C,在 AB 上截取 $AD=AC$,$DE\perp AB$,交半圆于 E,AE 交 PC 于 F,则 $DF\perp AE$.

23. 在正方形 $ABCD$ 中,M 为 CD 的中点,AC、BM 交于 P,则 $DP\perp AM$.

24. AB 是$\odot O$ 的直径,以 A 为圆心任作一个圆,交$\odot O$ 于 C、D,M 为$\odot A$ 上的一点,CM、DM 分别与$\odot O$ 交于 P、Q,则 $PC/\!/BQ$.

25. 在$\triangle ABC$ 中,E、F 各是 AB、AC 上的点,$BE=CF$,N 为 EF 的中点,M 为 BC 的中点,则 MN 与$\angle A$ 的平分线平行.

26. 在$\square ABCD$ 中,P 为$\triangle BCD$ 内的任一点,过 P 作 $EF/\!/AB$,直线 EF 分别交 AD、BC 于 E、F,过 P 作直线 $GH/\!/BC$,直线 GH 分别交 DC、AB 于 G、H,则 $S_{AHPE}-S_{PFCG}=2\cdot S_{\triangle PBD}$.

27. 在四边形 $ABCD$ 的边 AB、BC、CD、DA 上分别取点 E、F、G、H,使 $\dfrac{AE}{EB}=\dfrac{BF}{FC}=\dfrac{CG}{GD}=\dfrac{DH}{HA}=\dfrac{m}{n}$,则 $\dfrac{S_{EFGH}}{S_{ABCD}}=\dfrac{m^2+n^2}{(m+n)^2}$.

28. G 是$\triangle ABC$ 的垂心,P 为任一点,则 $AP^2+BP^2+CP^2=AG^2+BG^2+CG^2+3GP^2$.

29. 两圆外切于 P,过 P 有三条公共割线 APB、CPD、NPM,其中 $BP\perp CP$,又知两圆的圆心都在 NPM 上,则 $MP\cdot NP=AP\cdot BP+CP\cdot DP$.

30. 在$\triangle ABC$ 中,$AB=AC$,$BD\perp AC$ 于 D,则 $AB\geqslant 2(BC-CD)$.

31. 在$\triangle ABC$ 中,$\angle A=90^\circ$,$AD\perp BC$ 于 D,$CE\perp AC$ 于 E,$DF\perp AB$ 于 F,则 $AD<\dfrac{1}{3}(BC+BF+CE)$.

32. 在圆的内接四边形 $ABCD$ 中,对角线 AC 是直径,$\angle A=90^\circ$,若 $AD\geqslant CD$,则 $AB\leqslant BC$.

33. 在$\triangle ABC$ 中,D 为 BC 上的任一点,则 $AB\cdot CD+AC\cdot BC>AD\cdot BC$.

34. 三角形的内心到三顶点的距离之和不小于内心到三边的距离和的 2 倍.

35. 在$\triangle ABC$ 中,$\angle A>120^\circ$,P 为任一点,则 $PA+PB+PC>AB+AC$.

36. 有两个同心圆. PA 是内圆的一条弦,BC 是外圆的一条弦,BC 过 P. $PA\perp PB$,则 $PA^2+PB^2+PC^2$ 为定值.

37. A、B 是$\odot O$ 上的不在一条直径上的两点,$BE\perp OA$ 于 E,$EP\perp AB$ 于 P,则 OP^2+EP^2 为定值.

38. P 为直径 AB 上的一点,过 P 任作一条弦 CD,直线 BC、BD 与过 A 点的切线交于 E、F,则 $AE\cdot AF$ 为定值.

39. 从三角形各顶点向任一直线作垂线,由三个垂足向原三角形相应顶点的对边作垂线,则这三条垂线共点.

40. AB、CD 是$\odot O$ 中任意两条相交弦,过 A、C 的切线交于 E,过 B、D 的切线交于 F,则 AB、CD、EF 三线共点.

41. 在圆的内接四边形 $ABCD$ 中,对角线 AC 是圆的直径,过 B、D 的切线交于 P,BA、CD 交于 E,DA、BC 交于 F,则 E、P、F 共线.

42. 自圆外的一点 P 任作两条割线 PAB、PCD. AD 和 BC 交于 E,PM、PN 与圆切于 M、N,则 M、E、N 共线.

43. 在$\triangle ABC$ 中,从三条高的垂足分别向另外两条边作垂线,所得到的六个垂足共圆.

44. 在梯形 $ABCD$ 中,$AB/\!/CD$,AC、BD 交于 O,E、F 各是 AC、BD 的中点. $\triangle OEF$ 是正三角形,边长为 1. $S_{\triangle BOC}=\frac{15}{4}\sqrt{3}$,求 S_{ABCD}.

45. 在四边形 $ABCD$ 中,$\angle A=\angle B$,$\angle D=90^\circ$,$\angle C=78^\circ$,$AD=\frac{1}{2}AB$,求$\angle CAD$ 的度数.

46. 在$\triangle ABC$ 的边 AB、AC 上分别求点 X 和 Y,使 $AX=CY$,且线段 XY 为定长 a.

47. 直线 MN 的同侧有两点 A、B. 在 MN 上求点 X,使$\angle AXM=2\angle BXN$.

48. 过已知的 A、B 两点作一个圆,使圆与已知的两条平行线都相交,且圆在两平行线间的弧所对弦长等于 AB.

49. PP_1、QQ_1、RR_1、SS_1 是圆中的四条弦. PP_1 分别交 QQ_1、SS_1 于 A、D,RR_1 分别交 QQ_1、SS_1 于 B、C,满足条件 $AP=BQ=CR=DS$,$AQ_1=BR_1=CS_1=DP_1$,则 $ABCD$ 是正方形.

50. 在$\triangle ABC$ 中,以 AC、AB 为底边向形外作顶角为 120° 的等腰$\triangle ACB_1$ 和等腰$\triangle ABC_1$. 再以 BC 为底边向形内作顶角为 120° 的等腰$\triangle BCA_1$,则 A_1、B_1、A、C_1 是平行四边形的四个顶点.

51. 圆的内接四边形的对角线把四边形分成四个三角形,这四个三角形的内心是矩形的四个顶点.

52. 过$\triangle ABC$ 的重心任作一直线,与直线 AB、AC 各交于 M、N,则$\frac{BM}{AM}+\frac{CN}{AN}=1$.

53. 在圆的外切梯形 $ABCD$ 中,$AD/\!/BC$. E 是对角线的交点,$\triangle ABE$、$\triangle CDE$、$\triangle BCE$、$\triangle DAE$ 的内切圆的半径分别是 r_1、r_2、r_3、r_4,则$\frac{1}{r_1}+\frac{1}{r_2}=\frac{1}{r_3}+\frac{1}{r_4}$.

54. 用几何方法证明:在圆的内接三角形中,正三角形的周长最大.

55. 在等腰$\triangle ABC$ 中,$AB=AC$,$\angle B=\frac{360^\circ}{7}$,$AD\perp BC$ 于 D,$CE\perp AB$ 于 E,求证:$2AD-CE=\sqrt{7}AE$.

各章范例、研究题一览

范　　例

第 1 章　线段相等

○[范例 1]　在$\triangle ABC$中，$AB=3AC$，AD是$\angle A$的平分线，$BE\perp AD$于E，则$AD=DE$.

○[范例 2]　在正方形$ABCD$中，延长AD到E，使$DE=AD$，延长DE到F，使$DF=BD$，连BF，设BF与CE、CD分别交于H、G，则$HD=HG$.

○[范例 3]　E、F分别是$\triangle ABC$中AC、AB上的点，$\angle EBC=\angle FCB=\frac{1}{2}\angle A$，则$BF=CE$.

○[范例 4]　AB是$\odot O$的直径，半径$OC\perp AB$，E为OC上的点，$EF/\!/AB$，EF交$\odot O$于F，OF、BE交于P，$PQ\perp AB$于Q，则$OP=BQ$.

*[范例 5]　AB是$\odot O$的直径，AC是切线，$AC=AB$，CO交$\odot O$于D，BD的延长线交AC于E，则$AE=CD$.

○[范例 6]　AB是半圆的直径，弦$CD/\!/AB$，BE切半圆于B，直线AD交直线BE于E，过E作直线AC的垂线，垂足为F，则$AC=CF$.

第 2 章　线段的和差倍分问题

○[范例 1]　过P点向正$\triangle ABC$的三条中线作垂线PE、PF、PG，E、F、G为垂足，$PG=\max(PE,PF,PG)$，则$PG=PE+PF$.

○[范例 2]　在$\triangle ABC$中，$AB=AC$，O为外心，H为垂心，D为BC的中点，直线CH交直线OB于E，则$BE=2HD$.

○[范例 3]　在正方形$ABCD$中，AC、BD交于O，过A作$\angle CBD$的平分线的垂线AF，垂足为F，直线AF交BC于E，交BD于G，则$OG=\frac{1}{2}CE$.

○[范例 4]　从$\square ABCD$各顶点分别作$AA_1/\!/BB_1/\!/CC_1/\!/DD_1$，分别与形外一条直线交于$A_1$、$B_1$、$C_1$、$D_1$，则$AA_1+CC_1=BB_1+DD_1$.

*[范例 5]　P是正五边形$ABCDE$的外接圆的劣弧$\overset{\frown}{AB}$上的任一点，则$PA+PB+PD=PC+PE$.

○[范例 6]　在△ABC 中，$\angle BAC=90°$，M 为 BC 的中点，⊙O 是△AMC 的外接圆，$AD\perp BC$ 于 D，直线 BO 交 AD 于 H，则 $AH=2HD$.

第 3 章　角和角的和差倍分问题

○[范例 1]　在等腰△ABC 中，$AB=AC$，$\angle A=90°$，D、E 各是 AB、AC 上的点，$AD=\frac{2}{3}AB$，$AE=\frac{1}{3}AC$，则$\angle ADE=\angle EBC$.

○[范例 2]　在 Rt△ABC 中，$\angle C=90°$，$AE/\!/BC$，BE 交 AC 于 D，交 AE 于 E，$DE=2AB$，则$\angle ABD=2\angle DBC$.

○[范例 3]　在四边形 $ABCD$ 中，E、F 各是 AB、CD 上的点，$\frac{AE}{EB}=\frac{DF}{FC}=\frac{AD}{BC}$，则 DA、CB 的延长线与 FE 的延长线的交角相等.

[范例 4]　D、E、F 各是△ABC 的内切圆在 BC、CA、AB 上的切点，则$\angle EDF=90°-\frac{1}{2}\angle A$.

[范例 5]　在△ABC 中，若 $BC^2=AC\cdot(AB+AC)$，则$\angle A=2\angle B$.

[范例 6]　⊙O 与⊙O_1 内切于 P，任作大圆的一弦 AD，设 AD 交小圆于 B、C，则$\angle APB=\angle CPD$.

○[范例 7]　AB 是⊙O 的直径，C、D 在圆外的直线 AB 上，满足 $CA=AB=BD$，过 C 作圆的切线 CP，切点为 P，把 CP 延长为直线 CE，则$\angle APC=\angle DPE$.

*[范例 8]　在△ABC 中，D、E、F 各是内切圆在 BC、CA、AB 上的切点，$DP\perp EF$ 于 P，则$\angle PBF=\angle PCE$.

第 4 章　垂直与平行关系

*[范例 1]　在△ABC 中，$\angle A=90°$，$AD\perp BC$ 于 D，$\angle B$ 的平分线交 AC 于 E，交 AD 于 F，$FM/\!/BC$，交 AB 于 M，则 $MD\perp DE$.

○[范例 2]　在△ABC 中，D 为 BC 的中点，以 AB、AC 为底向形外各作等腰直角三角形△ABO_1、△ACO_2，则 $O_1D=O_2D$ 且 $O_1D\perp O_2D$.

*[范例 3]　在△ABC 中，$AB=AC$，M 为 BC 的中点，$MH\perp AC$ 于 H，N 为 MH 的中点，则 $AN\perp BH$.

○[范例 4]　圆的内接四边形 $ABCD$ 的两组对边的延长线各交于 E、F，EG、FH 分别是$\angle E$、$\angle F$ 的平分线，则 $EG\perp FH$.

*[范例 5]　AB 是半圆的直径，弦 AC、BD 交于 H，过 C、D 的切线交于 P，则 $PH\perp AB$.

[范例 6]　从△ABC 的顶点 A 向$\angle B$、$\angle C$ 的平分线作垂线 AE、AF，E、F 为垂足，则 $EF/\!/BC$.

○[范例 7]　⊙O_1 和⊙O_2 外离，在连心线同侧作切线 O_1C 切⊙O_2 于 C，切线 O_2D 切⊙O_1 于 D，O_1C 交⊙O_1 于 A，O_2D 交⊙O_2 于 B，则 $O_1O_2/\!/AB$.

*[范例 8]　以△ABC 的三边为边向形外分别作正方形 $BCFE$、$ACMN$、$ABGH$，AE 和 BM 交于 P，AF 和 CG 交于 Q，则 $PQ/\!/BC$.

○[范例 9]　△ABC 的外接圆为⊙O，$\angle A$ 的平分线交 BC 于 D，AE 切⊙O 于 A，$CE/\!/$

AD，CE 交 AE 于 E，则 $DE /\!/ AB$.

第 5 章　线段成比例问题

○[范例 1]　在△ABC 中，$\angle B=90^\circ$，$BD\perp AC$ 于 D，E 在 AC 的延长线上，$\angle A=\angle CBE$，则 $\dfrac{AD}{AE}=\dfrac{CD}{CE}$.

○[范例 2]　在△ABC 中，D、E 各是 AC、AB 上的点，$\angle DBC=\angle ECB=\dfrac{1}{2}\angle A$，则 $\dfrac{AB}{AC}=\dfrac{BD}{CE}$.

*[范例 3]　AB 为⊙O 的直径，设有⊙A 和⊙O 交于 C、D，过 B 的一条直线与⊙A、CD、⊙O 的交点各是 M、P、N，则 $MN^2=BN\cdot PN$.

[范例 4]　在△ABC 中，AD 是 $\angle A$ 的平分线，以 B、C 为圆心，BD、CD 为半径的两个圆各交直线 AD 于 E、F，则 $AD^2=AE\cdot AF$.

*[范例 5]　在△ABC 中，AD 是角平分线，AM 是 BC 边上的中线，AN 是与 AM 关于 AD 对称的直线，AN 交 BC 于 N，则 $\dfrac{AB^2}{AC^2}=\dfrac{BN}{CN}$.

*[范例 6]　在圆的内接四边形 $ABCD$ 中，M 为 AB 上的任一点，MP、MQ、MR 分别与 BC、CD、DA 垂直，垂足各是 P、Q、R，MQ 与 PR 交于 N，则 $\dfrac{PN}{RN}=\dfrac{BM}{AM}$.

○[范例 7]　BC 是⊙O 的直径，P 在直线 BC 上，P 在⊙O 外，PA 切⊙O 于 A，$AD\perp BC$ 于 D，则 $\dfrac{OB}{CD}=\dfrac{OP}{PC}$.

第 6 章　线段的平方和面积问题

[范例 1]　在△ABC 中，$\angle A=90^\circ$，G 为重心，则 $GB^2+GC^2=5GA^2$.

[范例 2]　在等腰梯形 $ABCD$ 中，$AD /\!/ BC$，则 $AC^2=AB^2+AD\cdot BC$.

*[范例 3]　在△ABC 中，$AB=AC$，任作一直线，交 AC 于 E，交 AB 于 F，交 CB 的延长线于 D，则 $DE\cdot DF=DC\cdot DB+CE\cdot BF$.

○[范例 4]　AB 是半圆的直径，弦 AC、BD 交于 E，则 $AB^2=AE\cdot AC+BE\cdot BD$.

○[范例 5]　△ABC 内接于⊙O，AA_1、BB_1、CC_1 是直径，则 $S_{\triangle ABC_1}+S_{\triangle BCA_1}+S_{\triangle CAB_1}=S_{\triangle ABC}$.

*[范例 6]　在凸四边形 $ABCD$ 中，AD、BC 的延长线交于 E，AC、BD 的中点各是 G、H，则 $S_{\triangle EHG}=\dfrac{1}{2}S_{ABCD}$.

第 7 章　几何不等式

[范例 1]　AD 是△ABC 中 BC 边的中线，则 $AD<\dfrac{1}{2}(AB+AC)$.

[范例 2]　P 为△ABC 内的任一点，则 $\angle BAC<\angle BPC$.

○[范例 3]　D 为△ABC 中 BC 边的中点，以 D 为顶点任作一直角 $\angle EDF$，DE 交 AB 于 E，

DF 交 AC 于 F，则 $BE+CF>EF$.

○[范例 4]　在△ABC 中，$AB=AC$，D 为△ABC 内的任一点，若∠ADB>∠ADC，则 $DC>DB$.

[范例 5]　在△ABC 中，$AB\geqslant 2AC$，则∠C>2∠B.

[范例 6]　在△ABC 中，$AC<BC$，$AD\perp BC$ 于 D，$BE\perp AC$ 于 E，则 $AD+BC>AC+BE$.

○[范例 7]　P 为△ABC 中∠A 的平分线 AD 上的任一点，$AB>AC$，则$\frac{PB}{PC}>\frac{AB}{AC}$.

*[范例 8]　M 为△ABC 内的一点，∠AMB=∠BMC=∠CMA=120°，P 为△ABC 内的任一点，则 $PA+PB+PC\geqslant MA+MB+MC$.

第 8 章　定值问题

[范例 1]　两圆内切于 A，P 为大圆上异于 A 的点，过 P 作小圆的切线 PQ，Q 为切点，则$\frac{PQ}{PA}$为定值.

[范例 2]　AD 为△ABC 中∠A 的平分线，过 A、D 任作一圆，交 AC 于 E，交 AB 于 F，则 $AE+AF$ 为定值.

[范例 3]　正六边形内的任一点到各边距离之和为定值.

*[范例 4]　⊙O 和⊙O_1 内切于 A，AL 为公切线.任作一条直线与 AL 平行，设直线交两圆于 B、C，则△ABC 的外接圆的半径为定值.

第 9 章　点共线、线共点、点共圆问题

[范例 1]　三角形一条高的垂足在另外两边及另外两边上的高上的射影四点共线.

*[范例 2]　⊙O_1 和⊙O_2 外离，A_1B_1 是一条外公切线，A_2B_2 是一条内公切线，A_1、A_2 是⊙O_1 上的切点，B_1、B_2 是⊙O_2 上的切点，则 O_1O_2、A_1A_2、B_1B_2 三线共点.

○[范例 3]　P 为等腰△ABC 的底边 BC 上的任一点，$PQ/\!/AB$，$PR/\!/AC$，各与 AC、AB 交于 Q、R. D 为 P 关于直线 RQ 的对称点，则 A、D、B、C 四点共圆.

第 10 章　计算题

*[范例 1]　在正△ABC 中，MN 是任一条与 BC 平行的直线，MN 各与 AB、AC 交于 M、N，I 为△AMN 的内心，D 为 CM 的中点，求△BID 的各角.

[范例 2]　等腰梯形的两条对角线互相垂直，中位线长为 a，求梯形的高.

○[范例 3]　AB 为半圆的直径，O 为圆心，C 为 AB 上的点，$AB=6$，$AC=2$，以 AC、BC 为直径在已知半圆内作两个半圆，圆心各为 O_1、O_2，设有⊙O_3 与⊙O、⊙O_1、⊙O_2 都相切，求⊙O_3 的半径.

*[范例 4]　在等腰△ABC 中，顶角∠A=20°，D、E 各是 AB、AC 上的点，∠DCB=50°，∠EBC=60°，求∠ADE.

○[范例 5]　在圆的内接四边形 $ABCD$ 中，AC 为对角线.∠DCA=45°，∠CAB=15°，$CD=2AB$，$AB=a$，求圆的半径.

*[范例 6] 在$\triangle ABC$中，$\angle C=90^\circ$，$AB=c$，$BC=a$，$CA=b$，在三角形内有两个等圆互相外切且它们分别与BC、CA相切，又都与AB相切. 求这两个圆的半径.

第 11 章 作图题

[范例 1] 已知两内角α、β和内切圆的半径r，求作三角形.

○[范例 2] 过两相交直线外的一定点P作一圆，使圆与两直线都相切.

○[范例 3] 在$\triangle ABC$内求一点P，使$S_{\triangle ABP}:S_{\triangle BCP}:S_{\triangle CAP}=1:2:3$.

第 12 章 杂题

*[范例 1] 圆中的三条弦PP'、QQ'、RR'两两相交于A、B、C，$AP=BQ=CR$，$AR'=BP'=CQ'$，则$\triangle ABC$是正三角形.

*[范例 2] 有两条内角的平分线相等的三角形是等腰三角形.

*[范例 3] H为$\triangle ABC$的垂心，$BC=a$，$CA=b$，$AB=c$，$AH=a'$，$BH=b'$，$CH=c'$，则$\frac{a}{a'}+\frac{b}{b'}+\frac{c}{c'}=\frac{abc}{a'b'c'}$.

*[范例 4] G为$\triangle ABC$的重心，过G任作一直线，各交直线AC、BC、AB于E、F、P，则$\frac{1}{GE}=\frac{1}{GF}+\frac{1}{GP}$.

*[范例 5] AB为$\odot O$的直径，C为AB上一点，直线MN切$\odot O$于A，在MN上任取一点D，以D为圆心，DC为半径作$\odot D$，设$\odot D$交MN于X、Y，连BX、BY，设BX、BY各交$\odot O$于E、F，则EF过定点.

*[范例 6] 在顶角为20°的等腰三角形中，底边长a，腰长为b，则$a^3+b^3=3ab^2$.

*[范例 7] 以$\triangle ABC$的三边为底边向形外分别作顶角为120°的等腰三角形$\triangle ABC_1$、$\triangle BCA_1$、$\triangle CAB_1$，则$\triangle A_1B_1C_1$是正三角形.

研 究 题

第 1 章 线段相等

○[例 1] 过线段AB的端点作AB的垂线段AC、BD，设O为CD的中点，则$OA=OB$.

○[例 2] 在$\triangle ABC$中，$AB=AC$，D为AB上的点，E为AC的延长线上的点，$BD=CE$，DE交BC于F，则$DF=EF$.

○[例 3] 在$\triangle ABC$中，$\angle A=90^\circ$，$AD\perp BC$，CE是$\angle C$的平分线，CE交AD于O，$OF\parallel BC$，交AB于F，则$AE=BF$.

○[例 4] 在$\triangle ABC$中，AM是BC边的中线，AD是$\angle A$的平分线，过M作AD的平行线，分别交直线AB、AC于E、F，则$BE=CF=\frac{1}{2}(AB+AC)$.

*[例 5] D是$\triangle ABC$中$\angle A$的平分线上的任一点，连BD、DC，作$CE\parallel DB$，$BF\parallel DC$，设

CE、BF 分别与 AB、AC 的延长线交于 E、F，则 $BE=CF$.

[例 6] 在▱$ABCD$ 中，E、F 分别为 BC、CD 的中点，AE、AF 分别与 BD 交于 P、Q，则 $BP=PQ=QD$.

○[例 7] 在正方形 $ABCD$ 中，以 A 为顶点向形内任作 $\angle EAF=45^\circ$，AE 交 BC 于 E，AF 交 CD 于 F，作 $AP\perp EF$ 于 P，则 $AP=AB$.

[例 8] 在△ABC 中，$\angle A=90^\circ$，以 AB、AC 为边向形外各作正方形 $ABDE$、$ACFG$，连 DC、BF，设 DC、BF 各与 AB、AC 交于 M、N，则 $AM=AN$.

*[例 9] 过正方形 $ABCD$ 的顶点 A 作直线 $MN\parallel BD$，在 MN 上取 E 点，使 $BE=BD$，设 BE 交 AD 于 F，则 $DE=DF$.

[例 10] MN 是⊙O 的直径，半径 $OB\perp MN$，A 为 MN 上异于 O 的任一点，连 BA，交⊙O 于 C，过 C 作⊙O 的切线，交 MN 的延长线于 D，则 $DC=DA$.

[例 11] 以直角△ABC 的斜边 AB 为直径作圆，过 C 作该圆的切线，设切线各交以 AC、BC 为直径的圆于 D、E，则 $CD=CE$.

[例 12] C、D 是四分之一圆弧$\overset{\frown}{AB}$上的三等分点，AB 与 OC、OD 分别交于 E、F，则 $AE=CD=BF$.

○[例 13] ⊙O_1 和⊙O_2 交于 A、B，EAF 和 CAD 是两条公共割线，$\angle EAB=\angle DAB$，则 $CD=EF$.

○[例 14] 从圆上的一点 P 向直径 AB 作垂线 PM，M 为垂足，过 A、P 分别作圆的切线，设两切线交于 Q，连 BQ，则 BQ 平分 PM.

○[例 15] 以⊙O 的半径 OA 为直径作一圆，内切于⊙O，设 EF 是小圆的任一条弦，直线 OE 交⊙O 于 C，$CG\perp OF$ 于 G，则 $EF=CG$.

○[例 16] 在正方形 $ABCD$ 中，以 A 为圆心，AB 为半径画弧$\overset{\frown}{BD}$，⊙O 与$\overset{\frown}{BD}$内切于 E，与 AB、AD 分别切于 N、M，则 $OE=EC$.

*[例 17] 在⊙O 中，P 为弦 MN 的中点，过 P 任作两条弦 AB、CD，A、C 在 MN 的同侧，BC、AD 各与 MN 交于 E、F，则 $PE=PF$.

*[例 18] △ABC 的内心为 O，BC 和内切圆切于 D，DE 为内切圆的直径，AE 的延长线交 BC 于 F，则 $BF=DC$.

第 2 章 线段的和差倍分问题

[例 1] 在△ABC 中，$AB=AC$，延长 AB 到 D，使 $BD=AB$，E 为 AB 的中点，则 $CD=2CE$.

[例 2] 直角三角形的斜边上的中线等于斜边的一半.

[例 3] 等腰△ABC 的底边 BC 上任一点 P 到两腰的距离之和等于一腰上的高.

○[例 4] 在△ABC 中，$\angle B=2\angle C$，M 为 BC 的中点，$AD\perp BC$ 于 D，则 $MD=\frac{1}{2}AB$.

○[例 5] 过三角形的重心任作一直线，在这直线同侧的两个顶点到此直线的距离之和等于另一顶点到此直线的距离.

*[例 6] 在等腰△ABC 中，$\angle A=100^\circ$，BE 为 $\angle B$ 的平分线，则 $AE+BE=BC$.

*[例 7] 在△ABC 中，AD、BE 为两高，H 为垂心，$AD=BC$，P 为 BC 的中点，则 $PH+$

$DH = PC$.

*[例 8] 在等腰△ABC 中，底角∠B 的平分线 BD 交腰 AC 于 D，$DE \perp BC$ 于 E，$DF \perp BD$，交 BC 于 F，M 为 BC 的中点，则 $ME = \frac{1}{4}BF$.

○[例 9] 梯形的对角线的中点的连线平行于底并且等于两底差的绝对值的一半.

○[例 10] 在正方形 $ABCD$ 中，P 为 BC 边上的任一点，AQ 平分∠DAP，则 $AP - BP = DQ$.

○[例 11] 以△ABC 的边 AB、AC 为边向形外各作正方形 $ACDE$、$ABGF$，连 EF，H 为 EF 的中点，则 $AH = \frac{1}{2}BC$.

○[例 12] 在▱$ABCD$ 中，E 为 AB 的中点，F 为 AD 的三等分点中离 A 近的分点，EF 交 AC 于 P，则 $AP = \frac{1}{5}AC$.

○[例 13] P 为正△ABC 的外接圆上的劣弧$\overset{\frown}{BC}$上的任一点，则 $PA = PB + PC$.

○[例 14] 三角形的垂心到一顶点的距离是外心到这顶点对边的距离的两倍.

○[例 15] 对角线互相垂直的圆的内接四边形中，圆心到一边的距离等于对边边长的一半.

○[例 16] M 为圆中优弧$\overset{\frown}{AB}$的中点，C 为不含 B 的$\overset{\frown}{AM}$上的任一点，$ME \perp BC$ 于 E，则 $AC + CE = BE$.

○[例 17] 在等腰△ABC 中，$AB = AC$，过 C 作外接圆的切线，切线交 AB 的延长线于 D，过 D 作 AC 的垂线 DE，垂足为 E，则 $BD = 2CE$.

第 3 章 角和角的和差倍分问题

[例 1] 在△ABC 中，AH 是 BC 边的高，D、E、F 分别是 BC、CA、AB 的中点，则∠EDF = ∠EHF.

○[例 2] 在 Rt△ABC 中，∠$C = 90°$，AD 是∠A 的平分线，$CM \perp AD$ 于 M，CM 的延长线交 AB 于 N，$NE \perp BC$ 于 E，则∠B = ∠EMD.

○[例 3] 在等腰 Rt△ABC 中，∠$A = 90°$，D 为 AB 的中点，$AF \perp CD$，AF 交 BC 于 F，则∠ADC = ∠BDF.

[例 4] 在△ABC 中，$AB = AC$，$CD \perp AB$ 于 D，则∠A = 2∠BCD.

[例 5] 在△ABC 中，$AD \perp BC$，AE 平分∠A，则∠$DAE = \frac{1}{2}|\angle B - \angle C|$.

○[例 6] 在△ABC 中，$AD \perp BC$，$BE = EC$，$DE = \frac{1}{2}AC$，$AC < AB$，则∠C = 2∠B.

[例 7] 在△ABC 中，AD 是∠A 的平分线，$AB + BD = AC$，则∠B = 2∠C.

*[例 8] ▱$ABCD$ 内的一点 P 满足条件∠PAB = ∠PCB，则∠PBA = ∠PDA.

[例 9] 在 Rt△ABC 中，∠$A = 90°$，以 BC 为边向外作正方形，O 为正方形的对角线的交点，则 AO 是∠A 的平分线.

*[例 10] 在▱$ABCD$ 中，E、F 各是 DC、AD 上的点，$CE = AF$，CF、AE 交于 P，则 BP 平分∠ABC.

○[例 11] 在▱$ABCD$ 中，$AD = 2AB$，$CE \perp AB$ 于 E，M 为 AD 的中点，则∠EMD =

$3\angle AEM$.

○[例 12]　在正方形 $ABCD$ 中，E 为 CD 的中点，F 为 CE 的中点，则 $\angle DAE=\frac{1}{2}\angle BAF$.

[例 13]　过弦 AB 的端点 B 作切线 BC，AD 是直径，$AC\perp BC$ 于 C，则 $\angle DAB=\angle BAC$.

[例 14]　D 为圆外的一点，DA 是切线，A 是切点，DCB 是割线，E 在 BC 上，$DA=DE$，则 AE 平分 $\angle BAC$.

[例 15]　AB 是半圆的直径，半径 $OC\perp AB$，D 是 OC 的中点，过 D 作弦 $EF/\!/AB$，则 $\angle CBE=2\angle ABE$.

○[例 16]　在正方形 $ABCD$ 中，以 AB 为直径在形内作半圆，以 B 为圆心，AB 为半径在形内作四分之一弧 $\overset{\frown}{AC}$，P 为半圆上的任一点，直线 BP 交 $\overset{\frown}{AC}$ 于 E，则 AE 平分 $\angle DAP$.

○[例 17]　在矩形 $ABCD$ 中，$AB=3BC$，E、F 是 AB 的三等分点，H、G 是 DC 的三等分点，则 $\angle DEA+\angle DFA+\angle DBA=90^\circ$.

第 4 章　垂直与平行关系

[例 1]　已知折线 $MABCN$，若 $\angle ABC=\angle BAM+\angle BCN$，则 $AM/\!/CN$.

[例 2]　在 $\triangle ABC$ 中，$\angle A=2\angle C$，$AC=2AB$，则 $AB\perp BC$.

[例 3]　在 $\triangle ABC$ 中，$AD\perp BC$，$BE\perp AC$，M 为 AB 的中点，N 为 ED 的中点，则 $MN\perp ED$.

○[例 4]　在等腰 Rt$\triangle ABC$ 中，$\angle A=90^\circ$，P 为 BC 的中点，D 为 BC 上的任一点，$DE\perp AB$，$DF\perp CA$，E、F 为垂足，则 $PE\perp PF$.

*[例 5]　$\angle AOB$ 内有一点 C，过 C 作 $CD\perp OA$ 于 D，$CE\perp OB$ 于 E，$DN\perp OB$ 于 N，作 $EM\perp OA$ 于 M，则 $OC\perp MN$.

[例 6]　在 $\triangle ABC$ 中，$\angle A=90^\circ$，$AD\perp BC$，BE 是 $\angle B$ 的平分线，BE、AD 交于 M，AN 是 $\angle DAC$ 的平分线，则 $MN/\!/AC$.

[例 7]　在 $\triangle ABC$ 中，O 为中线 AD 上的任一点，延长 BO，交 AC 于 E，延长 CO，交 AB 于 F，则 $EF/\!/BC$.

○[例 8]　在等腰 $\triangle ABC$ 中，底角 $\angle B$ 的三等分线交底边上的中线 AD 于 M、N，BN 是靠近底边的那条三等分线，CN 的延长线交 AB 于 P，则 $PM/\!/BN$.

[例 9]　在正方形 $ABCD$ 中，E 为 AD 的中点，F 为 CD 的四等分点中靠近 D 的分点，则 $\angle FEB=90^\circ$.

[例 10]　在 $\square ABCD$ 中，$AD=2AB$，两向延长 AB 到 E、F，使 $AE=AB=BF$，则 $EC\perp FD$.

○[例 11]　在矩形 $ABCD$ 中，$AB=3BC$，F、E 是 AB 的三等分点，$EB=\frac{1}{3}AB$，AC、DE 交于 G，则 $GF\perp DE$.

*[例 12]　在正方形 $ABCD$ 中，M 是 AB 上的一点，N 为 BC 上的一点，$BM=BN$，$BP\perp MC$ 于 P，则 $DP\perp NP$.

○[例 13]　在梯形 $ABCD$ 中，$AB/\!/CD$，E 为 AD 上的一点，$DF/\!/BE$，交 BC 于 F，则 $AF/\!/CE$.

［例 14］ 以 Rt△ABC 的直角边 AB 为直径作圆，O 是圆心，圆与斜边 AC 交于 D，过 D 作切线，交 BC 于 E，则 $OE /\!/ AC$.

［例 15］ AD 是△ABC 的角平分线，⊙O 过 A、D 且与 BC 相切于 D，⊙O 各与 AB、AC 交于 E、F，则 $EF /\!/ BC$.

*［例 16］ 四边形 $ABCD$ 同时有外接圆和内切圆，内切圆在各边上的切点顺次为 E、F、G、H，则 $EG \perp FH$.

*［例 17］ ⊙O_1 和⊙O_2 交于 A、B，两圆半径不相同. 过 A 作两圆的切线 AM、AN，各交⊙O_1 和⊙O_2 于 M、N，过 O_1、O_2 分别作 AM、AN 的垂线，设两条垂线交于 P，连 PB，则 $PB /\!/ O_1O_2$.

第 5 章 线段成比例问题

［例 1］ 三角形的内角平分线分对边成两线段，这两线段与夹此角的两边成比例.

［例 2］ AD 是△ABC 中 BC 边上的中线，过 B 任作一射线，交 AD 于 E，交 AC 于 F，则 $\dfrac{AE}{ED}=2\dfrac{AF}{FC}$.

［例 3］ 在△ABC 中，$AB>AC$，E、F 为 AC、AB 上的点，$AE=AF$，EF 的延长线交 BC 的延长线于 D，则 $DC\cdot BF=DB\cdot CE$.

○［例 4］ 在 Rt△ABC 中，$\angle A=90^\circ$，$AD\perp BC$ 于 D，$DE\perp AB$ 于 E，$DF\perp AC$ 于 F，则 $\dfrac{AB^3}{AC^3}=\dfrac{BE}{CF}$.

○［例 5］ 一直线与△ABC 的三边 BC、CA、AB 所在的直线分别交于 F、E、D，则 $\dfrac{AD}{DB}\cdot\dfrac{BF}{CF}\cdot\dfrac{CE}{EA}=1$.

○［例 6］ 在△ABC 内任取一点 O，AO、BO、CO 的延长线分别交 BC、CA、AB 于 X、Y、Z，则 $\dfrac{BX}{CX}\cdot\dfrac{CY}{YA}\cdot\dfrac{AZ}{ZB}=1$.

○［例 7］ 在△ABC 中，AM 是 BC 边上的中线，E、F 分别是 AB、AC 上的点，$AE=AF$，EF 交 AM 于 D，则 $\dfrac{AC}{AB}=\dfrac{DE}{DF}$.

［例 8］ 在△ABC 中，$\angle A=90^\circ$，内接有一个正方形 $EFGD$，E、F 在 BC 上，则 $EF^2=CF\cdot BE$.

［例 9］ E 为▱$ABCD$ 的对角线 AC 上的任一点，$EF\perp AB$，$EG\perp AD$，F、G 是垂足，则 $AB\cdot EF=AD\cdot EG$.

［例 10］ 过▱$ABCD$ 的顶点 A 作一直线，交 BD 于 E，交 DC 于 F，交 BC 的延长线于 G，则 $AE^2=EF\cdot EG$.

○［例 11］ ⊙O、⊙A 交于 C、E 两点，A 在⊙O 上，B 为⊙O 上处于⊙A 外的一点，BA 交⊙A 于 D，交 CE 于 F，则 $AD^2=AB\cdot AF$.

［例 12］ AB 切⊙O 于 A，BO 交⊙O 于 C，$AD\perp BC$ 于 D，则 $\dfrac{AB}{BC}=\dfrac{AD}{DC}$.

○[例 13] C 为半圆$\overset{\frown}{AB}$上的任一点，过 C 作切线，作 AM、BN 与切线垂直，垂足各是 M、N，作 $CD\perp AB$ 于 D，则：① $CD=CM=CN$；② $CD^2=AM\cdot BN$.

[例 14] 有内切圆的等腰梯形的高是两底的比例中项.

[例 15] AB 和 CD 是互相垂直的直径，K 在 AB 上，$AK=2KB$，CK 的延长线交圆于 E，AE 交 CD 于 L，则 $CL:LD=3:1$.

*[例 16] AB 是圆的直径，C 是 AB 上的任一点，$CD\perp AB$，CD 交圆于 D，E 为 CB 上的任一点，$CF\perp DE$，交 BD 于 F，则$\dfrac{AC}{CE}=\dfrac{DF}{FB}$.

第 6 章　线段的平分和面积问题

[例 1] 在直角三角形中，斜边的平方等于两直角边的平方和.

○[例 2] 在$\triangle ABC$ 中，$AD\perp BC$，$DE\perp AB$，$DF\perp AC$，R 为外接圆的半径，则 $S_{\triangle ABC}=R\cdot EF$.

○[例 3] AD 是$\triangle ABC$ 中$\angle A$ 的平分线，D 为角平分线与 BC 的交点，则 $AD^2=AB\cdot AC-BD\cdot DC$.

○[例 4] 在$\triangle ABC$ 中，$AB>AC$，AM、AE、AD 各是 BC 边的中线、$\angle A$ 的平分线、BC 边的高线，则$(AB-AC)^2=4ME\cdot MD$.

*[例 5] 在$\triangle ABC$ 中，BC、CA、AB 上各有 A_1、B_1、C_1，满足条件$\dfrac{AC_1}{C_1B}=\dfrac{BA_1}{A_1C}=\dfrac{CB_1}{B_1A}=\lambda$，$AA_1$、$BB_1$、$CC_1$ 两两交于 D、E、F，则$\dfrac{S_{\triangle DEF}}{S_{\triangle ABC}}=\dfrac{(\lambda-1)^2}{\lambda^2+\lambda+1}$.

[例 6] S 表示正六边形 $ABCDEF$ 的面积，P、Q 分别为 CD、DE 的中点，则 $S_{APDQ}=\dfrac{1}{3}S$.

[例 7] P 为矩形 $ABCD$ 内的任一点，则 $PA^2+PC^2=PB^2+PD^2$.

○[例 8] 在梯形 $ABCD$ 中，$AB/\!/CD$，$CE\perp AD$ 于 E，CE 是$\angle C$ 的平分线，$AE=\dfrac{1}{2}ED$，则$\dfrac{S_{ABCE}}{S_{\triangle CDE}}=\dfrac{7}{8}$.

○[例 9] 在矩形 $ABCD$ 中，E、F 各是 AB、BC 上的任意点，则 $S_{ABCD}=2S_{\triangle DEF}+AE\cdot CF$.

○[例 10] 在四边形 ADD_1A_1 中，B、C 是 AD 上从 A 开始的三等分点，B_1、C_1 是 A_1D_1 上从 A_1 开始的三等分点，则 $S_{BCC_1B_1}=\dfrac{1}{3}S_{ADD_1A_1}$.

○[例 11] P 为$\square ABCD$ 内的任一点，连 PA、PB、PC、PD、BD，则 $S_{\triangle BPD}=|S_{\triangle ABP}-S_{\triangle BPC}|$.

[例 12] $\odot O_1$ 和$\odot O_2$ 外切于 A，BC、B_1C_1 是两条外公切线，B、C、B_1、C_1 是切点，则 $S_{\triangle BAC}+S_{\triangle B_1AC_1}=S_{\triangle BAB_1}+S_{\triangle CAC_1}$.

○[例 13] 圆的内接四边形的两对角线之积等于两组对边乘积之和.

[例 14] 在$\triangle ABC$ 中，$\angle A$ 的平分线交外接圆于 D，则 $AD\cdot BC=BD(AB+AC)$.

○[例 15] 在圆的内接正$\triangle ABC$ 中，P 为劣弧$\overset{\frown}{BC}$上的任一点，则 $AP^2=AB^2+BP\cdot PC$.

○[例 16] CD 是半圆中与直径 AB 平行的弦，P 为 AB 上的任一点，则 $PC^2+PD^2=PA^2+PB^2$.

［例 17］ 在$\triangle ABC$中，$\angle A=90^\circ$，内切圆在斜边上的切点为D，则$S_{\triangle ABC}=BD\cdot CD$.

○［例 18］ 在圆的内接四边形$ABCD$中，对角线AC平分BD于E，则$AB^2+BC^2+CD^2+DA^2=2AC^2$.

*［例 19］ 过▱$ABCD$的顶点A任作一个圆，设圆与直线AB、AC、AD交于E、F、G，则$AB\cdot AE+AD\cdot AG=AC\cdot AF$.

第 7 章 几何不等式

［例 1］ 在三角形中，若两边不等，则它们的对角也不等，大边对大角.

［例 2］ 在$\triangle ABC$中，$AB>AC$，BD、CE各是AC、AB边上的中线，则$CE<BD$.

○［例 3］ 在$\triangle ABC$中，$\angle C=90^\circ$，$CD\perp AB$于D，则$AC+BC<AB+DC$.

［例 4］ 在$\triangle ABC$中，$AB>AC$，CE、BD各是AB、AC上的高线，则$BD>CE$.

［例 5］ 在$\triangle ABC$中，$\angle C=2\angle B$，则$AB<2AC$.

*［例 6］ 有序的四直线l_1、l_2、l_3、l_4共点于O，过l_1上异于O的A点作$AA_1/\!/l_4$，交l_2于A_1，过A_1作$A_1A_2/\!/l_1$，交l_3于A_2，过A_2作$A_2A_3/\!/l_2$，交l_4于A_3，过A_3作$A_3B/\!/l_3$，交l_1于B，则$OB<\frac{1}{2}OA$.

［例 7］ $\odot O$中的两弦AB、CD交于P，$AB>CD$，则$\angle OPD>\angle OPA$.

○［例 8］ 在弓形BAC中，A为$\overset{\frown}{BC}$的中点，P为$\overset{\frown}{BC}$上异于A的任一点，则$AB+AC>PB+PC$.

第 8 章 定值问题

［例 1］ 正三角形内的任一点到三边的距离之和为定值.

*［例 2］ 在等腰$\triangle ABC$中，$AB=AC$，有两条平行线MN、EF都与BC垂直，不论MN、EF在什么位置，只要MN和EF间的距离不变且都与BC相交，则五边形$AMNFE$的周长为定值.

［例 3］ 正方形的中心为P，以P为顶点任作一个直角$\angle O_1PO_2$，则正方形被此直角截得的面积为定值.

［例 4］ $\odot O_1$和$\odot O_2$交于A、B，过B的直线分别交$\odot O_1$、$\odot O_2$于C、D，则$\frac{AC}{AD}$为定值.

○［例 5］ 过$\odot O_1$和$\odot O_2$的一个交点P作两条与两圆都相交的直线AE、BD，设它们各与$\odot O_1$交于A、B，与$\odot O_2$交于E、D，直线BA和ED交于C，则$\angle C$为定角.

○［例 6］ 在$\odot O$中，MN是直径，AB是弦，AB和MN交于圆内的C点，$\angle BCN=45^\circ$，则AC^2+BC^2为定值.

○［例 7］ 三等圆共点于O，每两个圆的另外的交点各是A、B、C，则三叶花瓣形$O\text{-}ABC$的周长为定值.

○［例 8］ 在等腰$\triangle ABC$中，$AC=BC$，P为外接圆上异于C所在的$\overset{\frown}{AB}$上的任一点，则$\frac{PA+PB}{PC}$为定值.

○［例 9］ 正三角形的外接圆上的任一点到三顶点的距离的平方和为定值.

○［例 10］ $\triangle ABC$是$\odot O$的内接三角形，BC的中垂线交AB于D，交CA的延长线于E，则

$OE \cdot OD$ 为定值.

第 9 章　点共线、线共点、点共圆问题

[例 1]　三角形的三条中线共点.

[例 2]　三角形的三条高线共点.

○[例 3]　两直线 l_1、l_2 交于 O,在 l_1 上顺次有 A、B、C,$OA = AB = BC$,在 l_2 上顺次有 L、M、N,$LO = OM = MN$,则三直线 AL、BN、CM 共点.

[例 4]　在梯形 $ABCD$ 中,$AD /\!/ BC$,$AD + BC = AB$,F 为 CD 的中点,则$\angle A$、$\angle B$ 的平分线必交于F.

[例 5]　在$\triangle ABC$ 中,$\angle B = 2\angle C$,$AD \perp BC$,M 在 AB 的延长线上,$BD = BM$,N 为 AC 的中点,则 M、D、N 三点共线.

[例 6]　在$\triangle ABC$ 中,E、F 各是 AB、AC 的中点,延长 CE 到 P,使 $EP = EC$,延长 BF 到 Q,使 $FQ = FB$,则 P、A、Q 三点共线.

[例 7]　梯形的两底的中点和对角线的交点共线.

○[例 8]　在$\triangle ABC$ 中,H 为垂心,D 为 BC 的中点,AE 是外接圆的直径,则 H、D、E 三点共线.

○[例 9]　从$\triangle ABC$ 的外接圆上的任一点 P 向三边所在的直线作垂线,L、M、N 为垂足,则 L、M、N 共线.

[例 10]　在$\triangle ABC$ 中,$\angle C = 90^\circ$,以 BC 为直径的圆交 AB 于 D,过 B 任作一直线,与圆交于 F,与 AC 交于 E,则 E、F、D、A 共圆.

[例 11]　AB、CD 是$\odot O$ 中的两条平行弦,M 为 CD 的中点,BM 的延长线交$\odot O$ 于 E,则 A、O、M、E 共圆.

○[例 12]　在正方形 $ABCD$ 中,E 为 AD 的三等分点中离 A 近的分点,F 在 CD 的延长线上,$DF = \dfrac{1}{2}CD$,设 AF 和 BE 的延长线交于 M,则 A、B、C、D、M 共圆.

*[例 13]　在任一个三角形中,下列九点共圆:三边的中点 G、H、K,三高的垂足 D、E、F,各顶点与垂心间线段的中点 L、M、N.

第 10 章　计算题

○[例 1]　在$\triangle ABC$ 中,CD 是$\angle C$ 的平分线,$DE /\!/ BC$,$BC = a$,$AC = b$,求 DE.

[例 2]　AD、BE 各是正$\triangle ABC$ 中 BC、AC 上的高,D、E 为垂足,$EF /\!/ BC$,交 AD 于 F,$BE = b$,求 $S_{\triangle BEF}$.

○[例 3]　在$\triangle ABC$ 中,$\angle A = 45^\circ$,AD 为 BC 边的高,$BD = 2$,$DC = 3$,求 $S_{\triangle ABC}$.

[例 4]　菱形的边是它的两条对角线的比例中项,求此菱形的锐角.

○[例 5]　在四边形 $ABCD$ 中,$AC = l$,$BD = m$,AC、BD 间的夹角为 α,求 S_{ABCD}.

○[例 6]　在矩形 $ABCD$ 中,$AD = a$,$AB = b$,$DP \perp AC$ 于 P,$PE \perp AB$ 于 E,$PF \perp BC$ 于 F,求 S_{PEBF}.

[例 7]　弓形的弦长为 s,矢高为 h,求半径 R.

[例 8]　120° 的$\overset{\frown}{AB}$长为 l,PA、PB 是两条切线,A、B 是切点,$\odot O_1$ 与 PA、PB、$\overset{\frown}{AB}$都相

切，求$\odot O_1$的周长.

*［例 9］ $\triangle ABC$的内心为I，内切圆的半径为r，外接圆的半径为R，D、E、F为内切圆在三边上的切点，试用r、R表示$\dfrac{S_{\triangle DEF}}{S_{\triangle ABC}}$.

第 11 章 作图题

［例 1］ 在$\triangle ABC$内求一点P，使$S_{\triangle PAB}=S_{\triangle PBC}=S_{\triangle PCA}$.

［例 2］ 已知三条中线m_a、m_b、m_c，求作三角形.

○［例 3］ 过$\triangle ABC$的边BC上的一点P作一直线，使这个三角形被分为等积的两部分.

［例 4］ 在$\triangle ABC$内作内接正方形，使正方形的一边在BC上.

○［例 5］ 过$\odot O$外的一点P作割线PAB，使$PA=AB$.

［例 6］ 过圆外的一点作圆的切线.

［例 7］ 已知位于直线l同侧的两点A、B，求作一圆，使圆过A、B又与l相切.

○［例 8］ 求作一圆，使它和已知圆相切，并且切于已知直线上的定点.

第 12 章 杂题

○［例 1］ 正方形$ABCD$内的一点E满足$\angle EAD=\angle EDA=15^\circ$，则$\triangle EBC$是正三角形.

○［例 2］ P为$\triangle ABC$内的任一点，AP、BP、CP的延长线分别交BC、CA、AB于D、E、F，则$\dfrac{PD}{AD}+\dfrac{PE}{BE}+\dfrac{PF}{CF}=1$.

［例 3］ 在$\triangle ABC$中，$\angle ACB=120^\circ$，CD是$\angle C$的平分线，$AC=b$，$BC=a$，$CD=x$，则$\dfrac{1}{a}+\dfrac{1}{b}=\dfrac{1}{x}$.

○［例 4］ $\triangle ABC$的外接圆的直径AE交BC于D，则$\dfrac{AD}{DE}=\tan\angle B\cdot\tan\angle C$.

○［例 5］ 在$\triangle ABC$中，AD是$\angle A$的平分线，O为外心，I为内心，$OI\perp AD$，则AB、BC、CA成等差数列.

*［例 6］ 在$\triangle ABC$中，$AB=AC$，$\odot O'$与AB、AC分别切于P、Q，$\odot O'$与$\triangle ABC$的外接圆内切于D，O为PQ的中点，则O是$\triangle ABC$的内心.

○［例 7］ $\overset{\frown}{ABCD}$是半圆，AB是直径，O为圆心，$AD\parallel OC$，$2S_{\triangle BCD}=S_{AOCD}$，则$\triangle OBC$是正三角形.

*［例 8］ AM是$\triangle ABC$中BC边上的中线，一直线交直线AB、AC、AM于P、Q、N，则$\dfrac{AB}{AP}$、$\dfrac{AM}{AN}$、$\dfrac{AC}{AQ}$成等差数列.

○［例 9］ 等腰梯形$ABCD$的对角线夹60°角，$AD\parallel BC$，对角线的交点为O，OA的中点为P，OB的中点为Q，CD的中点为R，则$\triangle PQR$是正三角形.

*［例 10］ 三角形各内角的三等分线的交点中，相邻内角的靠近这两角的夹边的两条三等分线的交点是正三角形的三个顶点.

注 题前符号“○”“*”分别代表中等题和较难题.

中国科学技术大学出版社中小学数学用书

全国高中数学联赛模拟试题精选(第二辑)/本书编委会
全国高中数学联赛预赛试题分类精编/王文涛　等
第51—76届莫斯科数学奥林匹克/苏淳　申强
第77—86届莫斯科数学奥林匹克/苏淳
全俄中学生数学奥林匹克(2007—2019)/苏淳
圣彼得堡数学奥林匹克(2000—2009)/苏淳
圣彼得堡数学奥林匹克(2010—2019)/苏淳　刘杰
平面几何题的解题规律/周沛耕　刘建业
高中数学进阶与数学奥林匹克(上册、下册)/马传渔　张志朝　陈荣华　杨运新
强基计划校考数学模拟试题精选/方景贤　杨虎
数学思维培训基础教程/俞海东
从初等数学到高等数学(第1卷、第2卷、第3卷)/彭翕成
高考题的高数探源与初等解法/李鸿昌
轻松突破高考数学基础知识/邓军民　尹阳鹏　伍艳芳
轻松突破高考数学重难点/邓军民　胡守标
高三数学总复习核心72讲/李想
高中数学母题与衍生.函数/彭林　孙芳慧　邹嘉莹
高中数学母题与衍生.数列/彭林　贾祥雪　计德桂
高中数学母题与衍生.概率与统计/彭林　庞硕　李扬眉　刘莎丽
高中数学母题与衍生.导数/彭林　郝进宏　柏任俊
高中数学母题与衍生.解析几何/彭林　石拥军　张敏
高中数学母题与衍生.三角函数与平面向量/彭林　尹嵘　赵存宇
高中数学母题与衍生.立体几何与空间向量/彭林　李新国　刘丹
高中数学一题多解.导数/彭林　孙芳慧
高中数学一题多解.解析几何/彭林　尹嵘　孙世林
高中数学一点一题型(新高考版)/李鸿昌　杨春波　程汉波
高中数学一点一题型/李鸿昌　杨春波　程汉波
高中数学一点一题型.一轮强化训练/李鸿昌
高中数学一点一题型.二轮强化训练/李鸿昌　刘开明　陈晓
数学高考经典(6册)/张荣华　蓝云波
解析几何经典题探秘/罗文军　梁金昌　朱章根
高考导数解题全攻略/孙琦
函数777题问答/马传渔　陈荣华
怎样学好高中数学/周沛耕
高中数学单元主题教学习题链探究/周学玲

初等数学解题技巧拾零/朱尧辰
怎样用复数法解中学数学题/高仕安
面积关系帮你解题(第3版)/张景中　彭翕成
函数与函数思想/朱华伟　程汉波
统计学漫话(第2版)/陈希孺　苏淳